| 积淀孕育创新 智慧创造价值 |

Excel 2013应用大全

Excel Home 编著

人民邮电出版社
北京

图书在版编目（CIP）数据

Excel 2013应用大全 / Excel Home编著. -- 北京 : 人民邮电出版社, 2015.8(2018.2重印)
ISBN 978-7-115-38856-8

Ⅰ. ①E… Ⅱ. ①E… Ⅲ. ①表处理软件 Ⅳ. ①TP391.13

中国版本图书馆CIP数据核字(2015)第080428号

内 容 提 要

本书全面系统地介绍了 Excel 2013 的技术特点和应用方法，深入揭示背后的原理概念，并配合大量典型实用的应用案例，帮助读者全面掌握 Excel 应用技术。全书分为 7 篇共 50 章，内容包括 Excel 基本功能、使用公式和函数、图表与图形、使用 Excel 进行数据分析、使用 Excel 的高级功能、使用 Excel 进行协同、Excel 自动化。附录中还提供了 Excel 规范与限制，Excel 常用快捷键以及 Excel 简繁英文词汇对照表等内容，方便读者查阅。

本书适合各层次的 Excel 用户，既可作为初学者的入门指南，又可作为中、高级用户的参考手册。书中大量的实例还适合读者直接在工作中借鉴。

◆ 编　　著　Excel Home
责任编辑　马雪伶
责任印制　杨林杰

◆ 人民邮电出版社出版发行　　北京市丰台区成寿寺路 11 号
邮编　100164　　电子邮件　315@ptpress.com.cn
网址　http://www.ptpress.com.cn
三河市君旺印务有限公司印刷

◆ 开本：787×1092　1/16
印张：61
字数：1 895 千字　　　　2015 年 8 月第 1 版
印数：35001-37000 册　　2018年2月河北第11次印刷

定价：99.00 元

读者服务热线：(010) 81055410　印装质量热线：(010) 81055316
反盗版热线：(010) 81055315
广告经营许可证：京东工商广登字20170147号

前言

非常感谢您选择《Excel 2013 应用大全》。

本书是由 Excel Home 技术专家团队在继《Excel 2013 实战技巧精粹》之后的一部更大规模和更高水准的著作，全书分为七大部分，完整详尽地介绍了Excel所有功能的技术特点和应用方法。全书从Excel的技术背景与表格基本应用开始，逐步展开到公式与函数、图表图形、数据分析工具的使用、各项高级功能与协同办公的应用以及 VBA 基础知识，形成一套结构清晰、内容丰富的 Excel 知识体系。

本书的每个部分都采用循序渐进的方式，由易到难地介绍各个知识点。除了原理和基础性的讲解，本书还配以大量的典型示例帮助读者加深理解，甚至可以在自己的实际工作中直接进行借鉴。

读者对象

本书面向的读者群是所有需要使用 Excel 的用户。无论是初学者，中、高级用户还是 IT 技术人员，都将从本书找到值得学习的内容。当然，希望读者在阅读本书以前至少对 Windows 操作系统有一定的了解，并且知道如何使用键盘与鼠标。

本书约定

在正式开始阅读本书之前，建议读者花上几分钟时间来了解一下本书在编写和组织上使用的一些惯例，这会对您的阅读有很大的帮助。

软件版本

本书的写作基础是安装于 Windows 7 专业版操作系统上的中文版 Excel 2013。尽管本书中的许多内容也适用于 Excel 的早期版本，如 Excel 2003、Excel 2007 或 Excel 2010，或者其他语言版本的 Excel，如英文版、繁体中文版。但是为了能顺利学习本书介绍的全部功能，仍然强烈建议读者在中文版 Excel 2013 的环境下学习。

菜单命令

我们会这样来描述在 Excel 或 Windows 以及 Windows 中其他程序的操作，如在讲到对某张 Excel 工作表进行隐藏时，通常会写成：在 Excel 功能区中单击【开始】选项卡中的【格式】下拉按钮，在其扩展菜单中依次选择【隐藏和取消隐藏】→【隐藏工作表】。

鼠标指令

本书中表示鼠标操作的时候都使用标准方法："指向"、"单击"、"右键单击"、"拖动"、"双击"等。您可以很清楚地知道它们表示的意思。

键盘指令

当读者见到类似<Ctrl+F3>这样的键盘指令时，表示同时按<Ctrl>键和<F3>键。

Win 表示 Windows 键，就是键盘上画着⊞的键。本书还会出现一些特殊的键盘指令，表示方法相同，但操作方法会稍许不一样，有关内容会在相应的章节中详细说明。

Excel 函数与单元格地址

本书中涉及的 Excel 函数与单元格地址将全部使用大写，如 SUM()、A1:B5。但在讲到函数的参数时，为了和 Excel 中显示一致，函数参数全部使用小写，如 SUM(number1,number2, ...)。

图标

注意 表示此部分内容非常重要或者需要引起重视。

提示 表示此部分内容属于经验之谈，或者是某方面的技巧。

深入了解 为需要深入掌握某项技术细节的用户所准备的内容。

本书结构

本书包括 7 篇共 50 章以及 3 则附录。

第一篇　Excel 基本功能

主要介绍 Excel 的发展历史、技术背景以及大多数基本功能的使用方法，本篇并非只为初学者准备，中、高级用户也能从中找到许多从未接触到的技术细节。

第二篇　使用公式和函数

主要介绍如何创建简单和复杂的公式，如何使用名称以及如何在公式中运用各种函数。本篇不但介绍了常用函数的多个经典用法，还对其他图书少有涉及的数组公式和多维引用计算进行了全面的讲解。

第三篇　图表与图形

主要介绍如何利用图表来表达数字所不能直接传递的信息，以及如何利用图形来增强工作表的效果。

第四篇　使用 Excel 进行数据分析

主要介绍 Excel 提供的各项数据分析工具的使用，除了常用的排序、筛选、外部数据查询以外，浓墨重彩地介绍了数据透视表及 Power BI 的使用技巧。另外，对于模拟运算表、单变量求解、规划求解以及分析工具库等专业分析工具的使用也进行了大量详细的介绍。

第五篇　使用 Excel 的高级功能

主要介绍了数据处理高级功能的使用，包括条件格式、数据有效性、分级显示与合并计算等。另外，还特别介绍了语音引擎的使用技巧。

第六篇　使用 Excel 进行协同

主要介绍 Excel 在开展协同办公中的各项应用方法，包括充分利用 Internet 与 Intranet 进行协同应用、Excel 与其他应用程序之间的协同等。

第七篇　Excel 自动化

主要介绍利用宏与 VBA 来进行 Excel 自动化方面的内容。

附录

主要包括 Excel 的规范与限制、Excel 的快捷键以及 Excel 术语简繁英对照表。

阅读技巧

不同水平的读者可以使用不同的方式阅读本书，以求在相同的时间和精力之下获得最大的回报：

Excel 初级用户或者任何一位希望全面熟悉 Excel 各项功能的读者，可以从头开始阅读，因为本书是按照各项功能的使用频度以及难易程度来组织章节顺序的。

Excel 中、高级用户可以挑选自己感兴趣的主题来有侧重地学习，虽然各知识点之间有千丝万缕的联系，但通过我们在本书中提示的交叉参考，可以轻松地顺藤摸瓜。

如果遇到困惑的知识点不必烦躁，可以暂时先跳过，保留个印象即可，今后遇到具体问题时再研究。当然，更好的方式是与其他爱好者进行探讨。如果读者身边没有这样的人选，可以登录 Excel Home 技术论坛，这里有无数 Excel 爱好者正在积极交流。

另外，本书为读者准备了大量的示例，它们都有相当的典型性和实用性，并能解决特定的问题。因此，读者也可以直接从目录中挑选自己需要的示例开始学习，然后快速应用到自己的工作中，就像查辞典那么简单。

写作团队

本书的第 1、6、31、37～41 章由周庆麟编写，第 2~5 章由梁才编写，第 7、18、34～36 章由朱明编写，第 8～9、27～30 章由杨彬编写，第 10～11、32 章由陈胜编写，第 12～13、15～17 章由祝洪忠编写，第 14、19～22 章由余银编写，第 23～26 章由盛杰编写，第 33 章由韦法祥编写，第 42～50 章由郗金甲编写，最后由杨彬和周庆麟完成统稿。

感谢 Excel Home 全体专家作者团队成员对本书的支持和帮助，尤其是本书较早版本的原作者——李幼乂、赵丹亚、陈国良、方骥、陈虎、王建发、黄朝阳等，他们为本系列图书的出版贡献了重要的力量。

Excel Home 论坛管理团队和 Excel Home 免费在线培训中心教管团队长期以来都是 Excel Home 图书的坚实后盾，他们是 Excel Home 中最可爱的人。最为广大会员所熟知的代表人物有朱尔轩、林树珊、吴晓平、刘晓月、赵刚、赵文妍、陈军、顾斌、黄成武、孙继红、王建民、周文林等。在此向这些最可爱的人表示由衷的感谢。

特别感谢由 Excel Home 会员志愿组成的本书预读团队所做出的卓越贡献。他们用耐心和热情帮助作者团队不断优化书稿，让作为读者的您可以读到更优秀的内容。他们分别是（排名不分先后）：郭新建、张文洲、万铨、李金良、陈玺、郑志泽、刘钰和钟勤。

衷心感谢 Excel Home 论坛的百万会员，是他们多年来不断的支持与分享，才营造出热火朝天的学习氛围，并成就了今天的 Excel Home 系列图书。

衷心感谢 Excel Home 微博的所有粉丝和 Excel Home 微信的所有好友，他们的“赞”和“转”是我们不断前进的新动力。

后续服务

在本书的编写过程中，尽管作者团队始终竭尽全力，但仍无法避免存在不足之处。如果您在阅读过程中有任何意见或建议，敬请您反馈给我们，我们将根据您宝贵的意见或建议进行改进，继续努力，争取做得更好。

如果您在学习过程中遇到困难或疑惑，可以通过以下任意一种方式和我们互动。

（1）访问 http://club.excelhome.net，通过论坛和我们进行交流。

（2）访问 http://t.excelhome.net，参加 Excel Home 免费培训。

（3）如果你是微博控和微信控，可以关注我们的新浪微博：@ExcelHome，腾讯微博：@excel_home，微信公众号：iexcelhome。微博和微信会长期更新很多优秀的学习资源和实用的 Office 技巧，并与大家进行交流。

您也可以发送电子邮件到 book@excelhome.net，我们将尽力为您服务。

请扫描以下二维码，快速加入我们吧！

微信号：iexcelhome	新浪微博：@ExcelHome	腾讯微博：@excel_home	Excel Home 门户 www.excelhome.net

目录

示例目录

第一篇　Excel基本功能

第二篇　使用公式和函数

第三篇 图表与图形

第四篇 使用Excel进行数据分析

第五篇 使用Excel的高级功能

第六篇　使用Excel进行协同

第七篇　Excel自动化

第一篇

Excel基本功能

本篇内容主要介绍 Excel 的一些基础性信息，使读者能够清楚认识构成 Excel 的基本元素，了解和掌握相关的基本功能和常用操作，为读者进一步深入地了解和学习 Excel 的函数、图表、VBA 编程等一系列高级功能奠定坚实的基础。虽然本篇介绍的都是基础性知识，但“基础”并不一定意味着“粗浅”或“低级”，相信大多数 Excel 用户都可以在本篇中获得不少有用的技巧和知识。

第 1 章　Excel 简介

本章主要对 Excel 的历史、用途以及基本功能进行简单的介绍。初次接触 Excel 的用户将了解到 Excel 软件的主要功能与特点，从较早版本升级而来的用户将了解到 Excel 2013 的主要新增功能。

本章学习要点

（1）Excel 的起源与历史。

（2）Excel 的主要功能。

（3）Excel 2013 的新增功能。

无论您是否已经在使用 Excel，在学习 Excel 各种强大的功能之前，我们非常希望读者能够认真地阅读本章的内容。在这里，我们会尝试解释一个许多用户都在问的问题：Excel 能够帮助我做什么？

事实上，Excel 并不是什么神秘之物，从本质上来说，它与人们所熟悉的算盘、电子计算器没有区别，只不过功能更加强大而已。

1.1　Excel 的主要功能

"数据处理" 实际上是一个非常广义的概念，包含了与数据这个对象共同产生的一切活动。具体地说，Excel 拥有强大的计算、分析、传递和共享功能，可以帮助用户将繁杂的数据转化为信息。

1.1.1　数据记录与整理

孤立的数据包含的信息量太少，而过多的数据又难以理清头绪，利用表格的形式将它们记录下来并加以整理是一个不错的方法。Excel 作为电子表格软件，围绕着表格制作与使用所具备的一系列功能是其最基本的功能，可以说是与生俱来的。在本书的第一篇里，主要介绍了这方面的功能。

大到多表格视图的精确控制，小到一个单元格的格式设置，Excel 几乎能为用户做到他们在处理表格时想做的一切。除此以外，利用条件格式功能，用户可以快速地标识出表格中具有特征的数据而不必用肉眼去逐一查找。利用数据验证功能，用户还可以设置允许输入何种数据，而何种数据不被允许，如图 1-1 所示。

	A	B	C	D	E
1	销售清单				
2	所属期间: 2014年8月				
3	单位名称:	天顺油品公司			
4	销售日期	油品品种	销售数量	销售单价（元/吨）	销售金额
5	2014年8月1日	0号柴油	100.000	6,800.00	680,000.00
6	2014年8月2日	93号汽油	200.000	7,000.00	1,400,000.00
7		90号汽油		-	-
8		93号汽油		-	-
9		97号汽油		-	-
10		0号柴油		-	-
11		-10号柴油			

图 1-1　设置只允许预置的选项输入到表格

对于复杂的表格，分级显示功能可以帮助用户随心所欲地调整表格阅读模式，既能一览众山小，又能明察秋毫，如图 1-2 所示。

	A	B	C	D	E	F	G	H	I	J	N	R	S
1	工种	人数	1月工资合计	2月工资合计	3月工资合计	一季度	4月工资合计	5月工资合计	6月工资合计	二季度	三季度	四季度	工资合计
2	车工	24	22,159	20,233	22,652	65,043	13,762	18,214	20,993	52,968	45,751	36,818	200,581
3	副工	4	3,693	3,372	3,776	10,841	2,294	3,036	3,499	8,828	7,625	6,136	33,431
4	检验	4	3,693	3,372	3,776	10,841	2,294	3,036	3,499	8,828	7,625	6,136	33,431
5	组长	1	1,117	989	1,149	3,254	694	912	1,058	2,664	2,296	1,856	10,071
6	**平缝一组合**	**33**	**30,662**	**27,965**	**31,353**	**89,980**	**19,043**	**25,197**	**29,049**	**73,289**	**63,297**	**50,947**	**277,513**
7	车工	24	22,159	20,233	22,652	65,043	13,762	18,214	20,993	52,968	45,751	36,818	200,581
8	副工	4	3,693	3,372	3,776	10,841	2,294	3,036	3,499	8,828	7,625	6,136	33,431
9	检验	4	3,693	3,372	3,776	10,841	2,294	3,036	3,499	8,828	7,625	6,136	33,431
10	组长	1	1,117	989	1,149	3,254	694	912	1,058	2,664	2,296	1,856	10,071
11	**平缝二组合**	**33**	**30,662**	**27,965**	**31,353**	**89,980**	**19,043**	**25,197**	**29,049**	**73,289**	**63,297**	**50,947**	**277,513**
12	车工	24	22,159	20,233	22,652	65,043	13,762	18,214	20,993	52,968	45,751	36,818	200,581
13	副工	4	3,693	3,372	3,776	10,841	2,294	3,036	3,499	8,828	7,625	6,136	33,431
14	检验	4	3,693	3,372	3,776	10,841	2,294	3,036	3,499	8,828	7,625	6,136	33,431
15	组长	2	2,234	1,977	2,297	6,508	1,388	1,824	2,117	5,328	4,592	3,712	20,141
16	**平缝三组合**	**34**	**31,780**	**28,954**	**32,501**	**93,234**	**19,737**	**26,109**	**30,107**	**75,953**	**65,594**	**52,803**	**287,583**
21	**平缝四组合**	**33**	**30,662**	**27,965**	**31,353**	**89,980**	**19,043**	**25,197**	**29,049**	**73,289**	**63,297**	**50,947**	**277,513**
26	**平缝五组合**	**31**	**28,816**	**26,279**	**29,465**	**84,560**	**17,896**	**23,679**	**27,299**	**68,875**	**59,485**	**47,878**	**260,798**
31	**平缝六组合**	**33**	**30,662**	**27,965**	**31,353**	**89,980**	**19,043**	**25,197**	**29,049**	**73,289**	**63,297**	**50,947**	**277,513**
36	**平缝七组合**	**44**	**41,012**	**37,384**	**41,939**	**120,335**	**25,471**	**33,698**	**38,854**	**98,023**	**84,656**	**68,144**	**371,158**
41	**平缝八组合**	**21**	**10,087**	**10,721**	**10,031**	**30,840**	**6,265**	**8,593**	**9,556**	**24,414**	**21,330**	**16,760**	**93,344**
42	**总计**	**262**	**234344**	**215200**	**239347**	**688891**	**145540**	**192868**	**222010**	**560418**	**484255**	**389372**	**2122936**

图 1-2　分级显示功能帮助用户全面掌控表格内容

数据记录与整理工作往往比较烦琐和枯燥，Excel 为此还提供了语音功能，可以让耳朵和嘴来帮助眼睛进行作业，既轻松又高效。

1.1.2　数据计算

Excel 的计算功能与算盘、普通电子计算器相比，完全不可同日而语。四则运算、开方乘幂这样的计算只需用简单的公式来完成，而一旦借助了函数，则可以执行非常复杂的运算。

内置充足又实用的函数是 Excel 的一大特点，函数其实就是预先定义的、能够按一定规则进行计算的功能模块。在执行复杂计算时，用户只需要选择正确的函数，然后为其指定参数，它就能在眨眼之间返回结果。

Excel 内置了四百多个函数，分为多个类别，如图 1–3 所示。利用不同的函数组合，用户几乎可以完成绝大多数领域的常规计算任务。在以前，这些计算任务都需要专业计算机研究人员进行复杂编程才能实现，现在任何一个普通的用户只需要点几次鼠标就可以了。

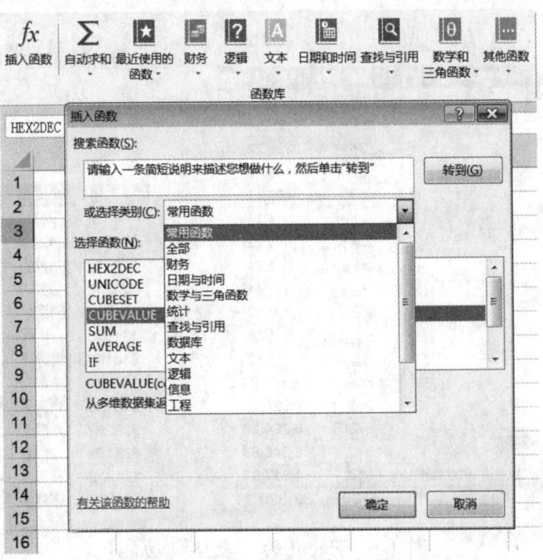

图 1-3　内置大量函数的 Excel

图 1-4 展示了在一份进销存管理表格中使用函数公式进行复杂的先进先出法计算的示例。

G5 {=LOOKUP(SUM(E$2:E5),InQuantity,InMoney+(SUM(E$2:E5)-InQuantity)*C$3:C5)-SUM(G$2:G4)}

	A	B	C	D	E	F	G	H	I	J	K	L	M
1	日期	入库			出库			结余				出库金额演算	
2		数量	单价	金额	数量	单价	金额	数量	单价	金额		公式	结果
3	2013-10-1	50	1.20	60.00				50	1.200	60.00			
4	2013-10-2	12	1.30	15.60				62	1.219	75.60			
5	2013-10-4				51	1.202	61.30	11	1.300	14.30		50*1.2+1*1.3	61.30
6	2013-10-5				10	1.300	13.00	1	1.300	1.30		10*1.3	13.00
7	2013-10-6	34	1.40	47.60				35	1.397	48.90			
8	2013-10-8				12	1.392	16.70	23	1.400	32.20		1*1.3+11*1.4	16.70
9	2013-10-9				20	1.400	28.00	3	1.400	4.20		20*1.4	28.00
10	2013-10-12	32	1.50	48.00				35	1.491	52.20			
11	2013-10-13	88	1.20	105.60				123	1.283	157.80		3*1.4+32*1.5	
12	2013-10-14				48	1.413	67.80	75	1.200	90.00		+13*1.2	67.80
13													

图 1-4　在商业表格中使用函数公式进行复杂计算

值得一提的是，Excel 2013 新增了 Web 引用类函数，可以直接从互联网上的数据集中提取数据，如图 1-5 所示。

	A	B	C	D
1	城市	从服务器获取的XML格式文本		
2	杭州	<?xml version="1.0" encoding="utf-8" ?> <CityWeatherResponse		
3				
4	date	weather	wind	temperature
5	周一 02月16日 (实时：13℃)	多云	东北风微风	6℃
6	周二	多云转晴	东北风微风	15 ~ 4℃
7	周三	晴	东北风3-4级	14 ~ 1℃
8	周四	多云转阴	东风3-4级	12 ~ 3℃
9				

图 1-5　使用 Web 引用函数直接从互联网上提取数据

1.1.3　数据分析

要从大量的数据中获取信息，仅仅依靠计算是不够的，还需要利用某种思路和方法进行科学地分析。数据分析也是 Excel 所擅长的一项工作。

排序、筛选和分类汇总是最简单的数据分析方法，它们能够对表格中的数据进行合理的归类与组织。“表格”则是 Excel 的一项非常实用的功能，它允许用户在一张工作表中创建多个独立的数据列表，进行不同的分类和组织，如图 1-6 所示。

	A	B	C	D	E	F
1	CO	工单号	产品码	款号	订单数量	订单金额
2	C012376-003				81	632.50
3	C012376-005				250	1,952.18
4	C012376-006				38	296.73
5	C012376-007				57	445.10
6	C012376-008				59	460.71
7	C012376-009					.11
8	C012376-011					5.22
9	C012376-012					3.74
10	C012376-013					0.44
11	C012376-014					2.90
12	C012376-021					4.26
13	C012376-023					3.52
14	C012819-001				304	2,373.84
15	C012819-002				899	7,020.02
16	C012819-003				678	5,294.30
17	C012819-004				812	6,340.66
18	C012819-005	D02-008	FG61	37124	617	4,817.97
19	汇总				4139	32,320.21

升序(S)
降序(O)
按颜色排序(T)
从"款号"中清除筛选(C)
按颜色筛选(I)
文本筛选(F)
搜索
(全选)
32123
32124
32301
32302
32303
32304
32612
32614
37120
确定 取消

等于(E)...
不等于(N)...
开头是(I)...
结尾是(T)...
包含(A)...
不包含(D)...
自定义筛选(F)...

工号	姓名	性别	籍贯	出生日期
12	林达	男	哈尔滨	1978/5/28
626262	贾丽丽	女	成都	1983/6/5
727272	赵睿	男	杭州	1974/5/25
424242	师丽莉	男	广州	1977/5/8
323232	岳恩	男	南京	1983/12/9
131313	李勤	男	成都	1975/9/5
414141	郝尔冬	男	北京	1980/1/1
313131	朱丽叶	女	天津	1971/12/17
212121	白可燕	女	山东	1970/9/28
929292	师胜昆	男	天津	1986/9/28
525252	郝河	男	广州	1969/5/12
121212	艾思迪	女	北京	1966/5/4
232323	张祥志	男	桂林	1989/12/3

图 1-6　Excel 的“表格”功能

数据透视表是 Excel 最具特色的数据分析功能，只需几步操作，它就能灵活地以多种不同方式展示数据的特征，变换出各种类型的报表，实现对数据背后的信息透视，如图 1-7 所示。

	A	B	C	D	E	F	G	H	I
1	销售单ID	销售地区	销售人员	品名	数量	单价¥	销售金额¥	销售日期	销售方式
171	4853	杭州	许三多	按摩椅	63	1,020	50,400	2007/2/11	代理
172	4854	杭州	许三多	液晶电视	44	5,000	220,000	2007/2/25	代理
173	4855	北京	苏珊	显示器	42	1,560	65,520	2007/4/12	代理
174	4856	南京	高伟	液晶电视	70	6,600	462,000	2008/7/17	直销
175	4857	北京	李兵	跑步					
176	4858	杭州	许三多	显示					
177	4859	上海	林平之	显示					
178	4860	杭州	许三多	液晶					
179	4861	上海	令狐冲	跑步					
180	4862	上海	令狐冲	微波					
181	4863	杭州	许三多	液晶					
182	4864	南京	高伟	显示					
183	4865	北京	苏珊	液晶					
184	4866	上海	令狐冲	微波					
185	4867	北京	苏珊	液晶					
186	4868	北京	李兵	跑步					
187	4869	北京	苏珊	显示					
188	4870	北京	李兵	微波					
189	4871	杭州	许三多	微波					
190	4872	南京	高伟	显示					

	A	B	C	D	E	F	G	H
1								
2	销售方式	(全部)		销售地区	(全部)			
3								
4	求和项:销售	品名						
5	年	月	按摩椅	跑步机	微波炉	显示器	液晶电视	总计
6	2007年	1月	131,200	277,200	78,000			486,400
7		2月	240,800	602,800		513,220	881,000	2,237,820
8		3月	76,000			153,000		229,000
9		4月	147,200		122,140	296,940	536,400	1,102,680
10		5月		41,800		118,800	253,000	413,600
11		6月		13,200	6,000	356,190		375,390
12		7月				147,600	1,465,800	1,613,400
13		8月	67,200	140,800	2,340	265,140	204,600	680,080
14		9月	24,000	649,000		197,500	2,117,200	2,987,700
15		10月	70,400			58,500	217,000	345,900
16		11月				30,000	1,705,200	1,735,200
17		12月		574,200	85,560	483,000	800,000	1,942,760
18	2008年	1月	69,600	514,800	63,700	19,880		667,980
19		2月		83,600	33,540	82,500	1,147,300	1,346,940
20		3月		954,800		432,000	509,600	1,896,400
21		4月			11,000	447,000	944,500	1,402,500
22		5月	120,000	112,200	78,000	429,600	488,500	1,228,300
23		6月		220,000	111,030	49,500	465,400	845,930
24		7月	361,600	244,200	55,000	144,000	927,500	1,732,300
25		8月	28,000		90,450	387,140	435,600	941,190
26		9月	43,200	96,800	83,700	79,500	1,175,000	1,478,200
27		10月		101,200	39,840		210,000	351,040
28		11月		50,600	106,500	190,200	60,000	407,300
29		12月	12,800	46,200	53,000	45,000		157,000
30	总计		1,392,000	4,723,400	1,019,800	4,926,210	14,543,600	26,605,010

图 1-7　快速挖掘数据背后信息的数据透视表

此外，Excel 还可以进行 What-If 分析，以及执行更多更专业的分析，这些内容都将在本书第四篇中详细介绍。

1.1.4　数据展现

所谓一图胜千言，一份精美切题的商业图表可以让原本复杂枯燥的数据表格和总结文字立即变得生动起来。Excel 的图表图形功能可以帮助用户迅速创建各种各样的商业图表，直观形象地传达信息，如图 1-8 所示。

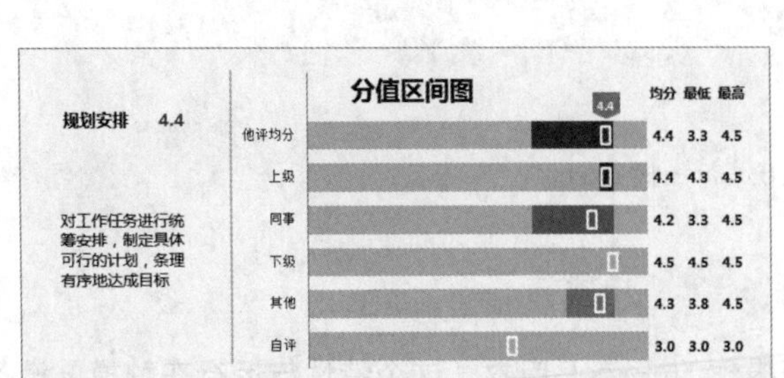

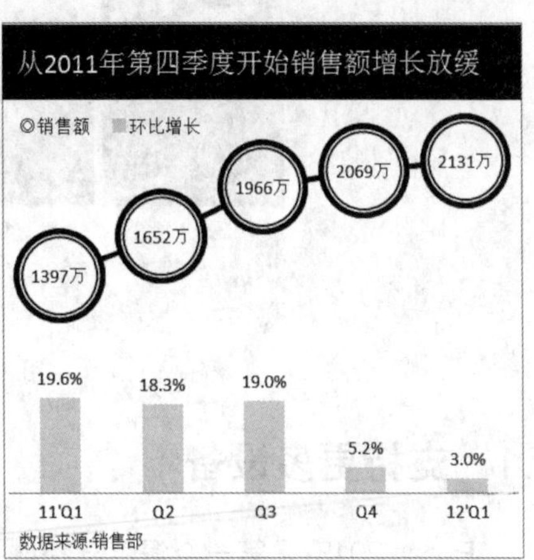

图 1-8　精美的商业图表能够直观地传达信息

图 1-9 展示了利用条件格式和迷你图对普通数据表格做的优化，使之更容易被阅读和理解。

	A	B	C	D	E	F
1	业务指标缺口	季度1	季度2	季度3	季度4	
2	海曙	0	0.12	-0.03	-0.1	
3	江东	0.12	0.14	0.15	0	
4	江北	0.11	-0.08	0.06	-0.08	
5	慈溪	-0.04	0.05	-0.02	-0.02	
6	余姚	0.08	0.11	-0.07	0.12	
7	鄞州	0.04	-0.05	-0.06	0.09	
8	象山	-0.09	0.07	0.1	0.01	
9	宁海	0.08	-0.02	-0.1	-0.05	
10	奉化	0.03	-0.04	0.06	0.06	
11	镇海	-0.07	-0.06	0.14	-0.01	
12	北仑	-0.03	0.08	0.06	0.04	
13						

	A	B	C	D	E	F
1		第一季度	第二季度	第三季度	第四季度	
2	销售计划	2,000	2,200	2,400	2,600	
3	销售实绩	2,010	2,546	2,386	2,678	
4	差额	10	346	-14	78	
5						

图 1-9　直观易读的数据可视化

1.1.5　信息传递和共享

协同工作是 21 世纪的重要工作理念，Excel 不但可以与其他 Office 组件无缝链接，而且可以帮助用户通过 Intranet 内部网络或 Internet 互联网与其他用户进行协同工作，方便地交换信息。

1.1.6　自动化定制 Excel 的功能和用途

尽管 Excel 自身的功能已经能够满足绝大多数用户的需要，但用户对计算和分析的需求是会不断提高的。为了应付这样的情况，Excel 内置了 VBA 编程语言，允许用户可以定制 Excel 的功能，开发自己的自动化解决方案。从只有几行代码的小程序，到功能齐备的专业管理系统，以 Excel 作为开发平台所产生的应用案例数不胜数。本书第七篇中介绍了这方面的内容，用户还可以随时到 http://club.excelhome.net 去查找使用 Excel VBA 开发的各种实例。

1.2　Excel 2013 的主要新特性

Excel 2013 是微软拥抱大数据和云时代的一个里程碑级的版本，它在 Excel 2010 的基础上进行了多个细节的优化与提高，并提供了一系列新功能，如图 1-10 所示。

新一代 Excel | 知人•成事

图 1-10　新一代 Excel

1.2.1　支持更多设备

Excel 2013 是第一个深度支持触摸操作的 Excel 版本，这个特性与运行在触摸屏设备的 Windows 8 珠联璧合，相得益彰，给予用户良好的操作体验，如图 1-11 所示。

同时，Office 2013 发布了多个移动版本，完美支持多种操作系统的平板电脑和手机。

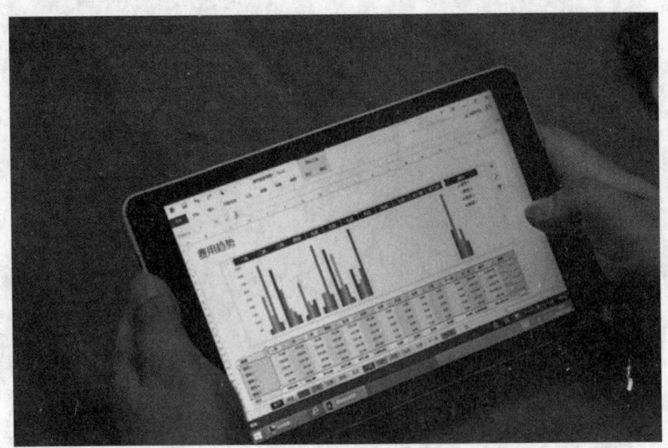

图 1-11　运行在平板电脑上的 Excel

1.2.2　增强的云计算能力

随着互联网与手机应用的不断革新，Excel 也不再局限于在用户的桌面运行了。

借助 OneDrive 和 Office Online，用户可以在任何能连接互联网的电脑上访问、编辑、共享和协同编辑 Excel 文件，该电脑甚至不必安装 Excel，用户也不必关心文件的存储，如图 1-12 所示。

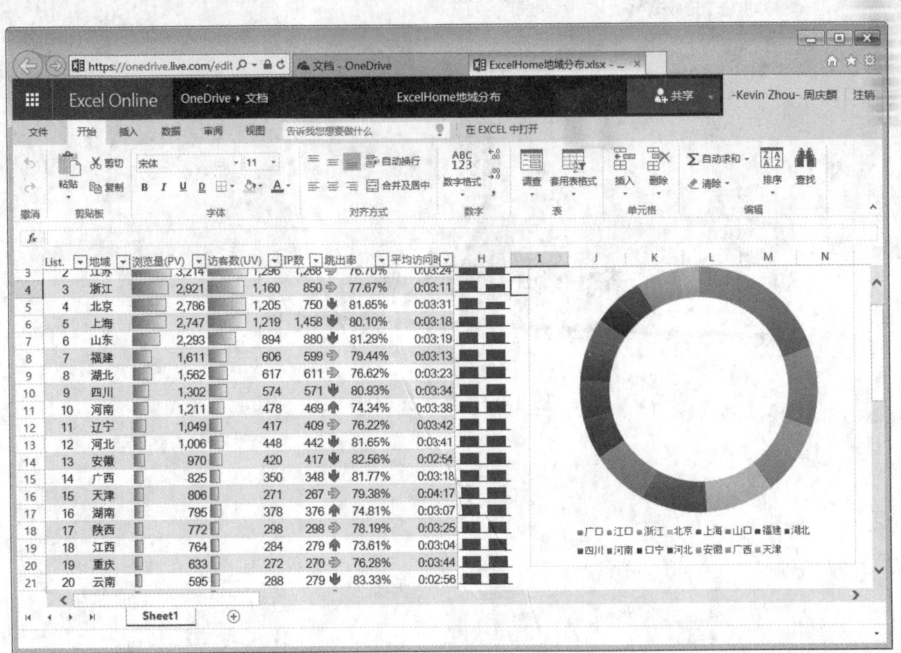

图 1-12　Excel Online 完美支持多数 Excel 功能特性的展示和使用

在 Excel 2013 中，微软引入了一种新的机制——Apps for Office，用户可以像在智能手机的应用商店（如 Android 手机的 Google Play 和 iOS 的 iTunes Store）里安装 App 一样，在 Excel 中按需选择和使用应用程序。这些应用程序都托管在云端，计算处理也在云端，只将结果返回到 Excel 中，非常方便，如图 1-13 所示。相关内容请参阅第 41 章。

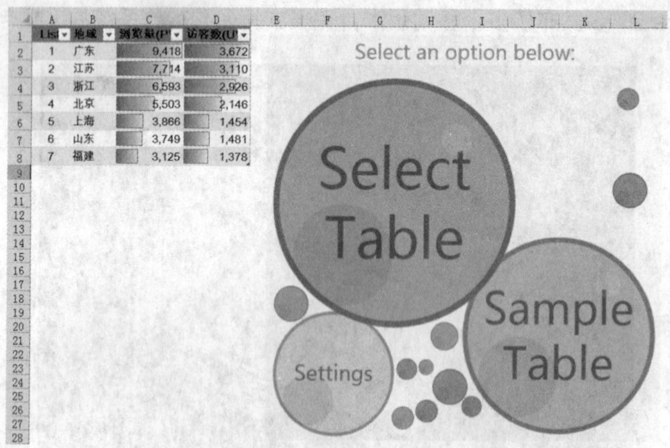

图 1-13 添加到工作表中的 Bubbles 应用程序对象

1.2.3 大数据时代的 Power BI

Excel 2013 引入了 Power BI 工具集以应对大数据时代的数据分析需求，包括内置于 Excel 的 PowerPivot 和 Power View，以及需要单独安装加载的 Power Query 和 Power Map，如图 1-14 所示。相关内容请参阅第四篇。

图 1-14 Power Map

第 2 章　Excel 工作环境

本章主要介绍 Excel 的工作环境，包括 Excel 的启动方式、Excel 文件的特点以及如何使用并定制功能区。这些知识点将帮助读者了解 Excel 的基本操作方法，为进一步学习各项功能做好准备。

本章学习要点

（1）Excel 启动方式。

（2）Excel 文件的特点。

（3）Excel 的界面与操作方法。

2.1　启动 Excel 程序

在操作系统中安装 Microsoft Office 2013 后，可以通过以下几种方式启动 Excel 程序。

2.1.1　通过 Windows 开始菜单

在 Windows 操作系统中依次单击【开始】→【所有程序】→【Microsoft Office 2013】→【Excel 2013】，即可启动 Microsoft Excel 2013 程序，如图 2–1 所示。

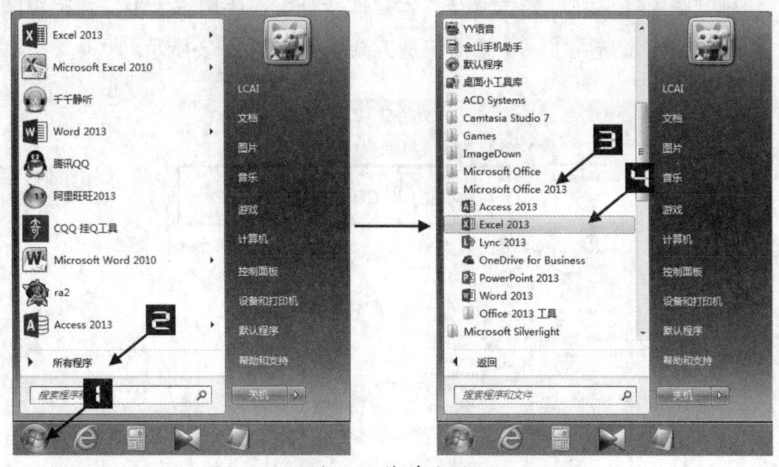

图 2-1　通过开始菜单启动 Excel 2013

2.1.2　通过桌面快捷方式

双击桌面上 Microsoft Excel 2013 的快捷方式即可启动 Excel 程序。

如果在安装时，没有在桌面上生成程序快捷方式，可以手动自行创建。通常有以下两种方法。

方法 1：通过开始菜单创建桌面快捷方式

步骤1 在 Windows 系统中依次单击【开始】→【所有程序】→【Microsoft Office 2013】→鼠标指针指向【Excel 2013】。

步骤2 在【Excel 2013】菜单上单击鼠标右键，在弹出的快捷菜单中，依次单击【发送到】→【桌面快捷方式】，如图 2-2 所示。

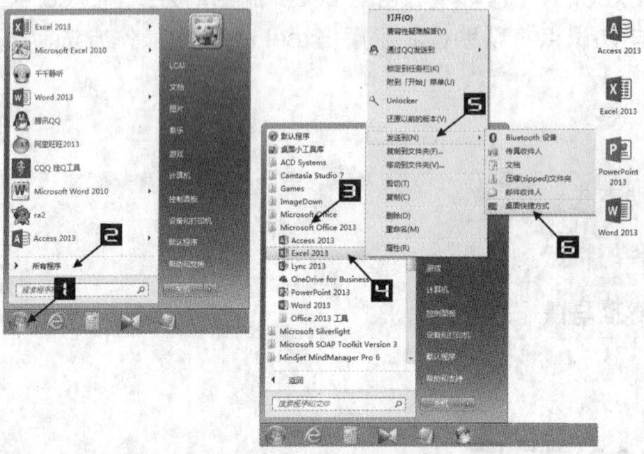

图 2-2　通过开始菜单创建桌面快捷方式

方法 2：通过 Excel 2013 程序文件创建桌面快捷方式

步骤1 按<Win+E>组合键启动“Windows 资源管理器”，在 Windows 资源管理器窗口中，定位到“C:\Program Files\Microsoft Office\Office15”路径（或者用户自定义的 Office 安装路径）下。

步骤2 找到“EXCEL.EXE”程序文件，在程序文件上单击鼠标右键，在弹出的快捷菜单中，依次单击【发送到】→【桌面快捷方式】，如图 2-3 所示。

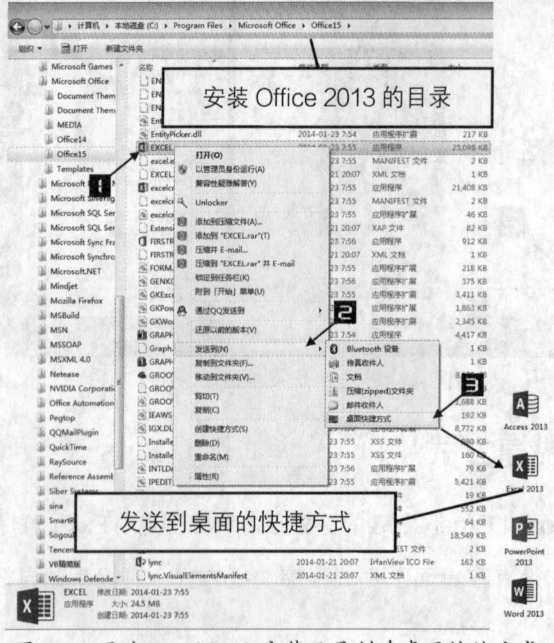

图 2-3　通过 Excel 2013 安装目录创建桌面快捷方式

2.1.3 通过已存在的 Excel 工作簿

双击已存在的 Excel 工作簿，如图 2-4 所示，双击文件名为“报表.xlsx”的工作簿即可启动 Excel 程序并且同时打开此工作簿文件。

图 2-4 已存在的 Excel 工作簿

2.2 其他特殊启动方式

2.2.1 以安全模式启动 Excel

如果用户使用的 Excel 程序存在某种问题，无法正常启动，可以通过安全模式强制启动 Excel。

以安全模式启动 Excel 的方法如下。

方法 1：修改启动参数

步骤 1 自行创建 Excel 程序快捷方式，详细步骤请参阅 2.1.2 小节中的方法 2。

步骤 2 选定创建的快捷方式并单击鼠标右键，在弹出的快捷菜单中单击【属性】命令，打开【EXCEL.EXE 属性】对话框，在【快捷方式】选项卡中【目标】文本框的原有内容末尾加上参数“ /s”（注意，新加入的参数与原内容之间需要有一个空格）。

步骤 3 单击【确定】按钮，保存设置并关闭对话框，如图 2-5 所示。

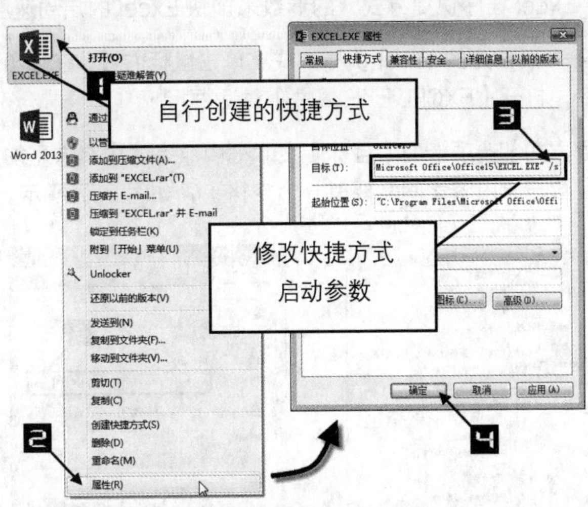

图 2-5 修改快捷方式启动参数

注意 通过程序文件创建的快捷方式可以修改目标参数，而通过开始菜单所创建的快捷方式无法修改目标参数。

双击修改参数以后的 Excel 程序快捷方式，此时 Excel 将以安全模式启动。在安全模式下，Excel 只提供最基本的功能，而禁止使用可能产生问题的部分功能，如自定义快速访问工具栏、加载宏以及大部分的 Excel 选项，如图 2-6 所示。

方法 2：快捷键

除了以上方式以外，还可以在键盘上按住<Ctrl>键，然后启动 Excel 程序，进入安全模式。

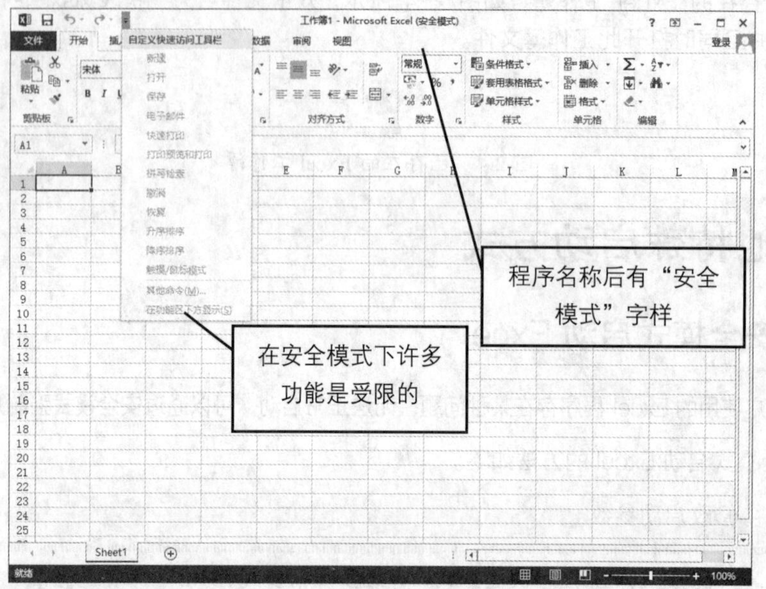

图 2-6 在安全模式下很多功能是受限的

2.2.2 加快启动速度

（1）通过修改启动参数，加速 Excel 程序启动速度

可以通过修改“Excel 程序快捷方式”的参数来加快 Excel 的启动速度。

步骤1 → 在按图 2-3 所创建的 Excel 快捷方式上单击鼠标右键，在弹出的快捷菜单中单击“属性”命令，打开【EXCEL.EXE 属性】对话框。

步骤2 → 在【快捷方式】选项卡的【目标】文本框中原有的内容末尾加上参数“ /e”（注意，新加的参数与原内容之间需要有一个空格），如图 2-7 所示。

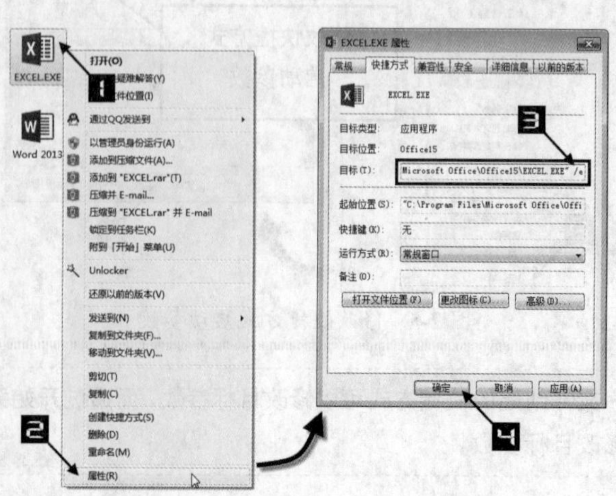

图 2-7 修改快捷方式启动参数

步骤3 → 单击【确定】按钮，保存修改的内容。

（PowerPoint 97-PowerPoint 2003 的扩展名为“.ppt”），等等。

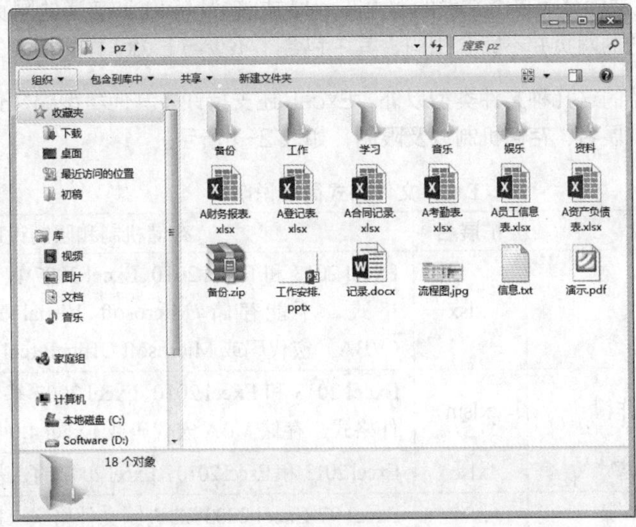

图 2-17 显示扩展名的文件

2.4.2 Excel 的文件

通常情况下，Excel 文件是指 Excel 的工作簿文件，即扩展名为“.xlsx”（Excel 97-Excel 2003 默认的扩展名为“.xls”）的文件，这是 Excel 最基础的电子表格文件类型。但是与 Excel 相关的文件类型并非仅此一种，下面对其他几种主要由 Excel 程序所创建的，或者是在使用 Excel 进行相关应用过程中所使用到的文件类型做一下简单介绍。

（1）启用宏的工作簿（.xlsm）

启用宏的工作簿是一种特殊的工作簿，是自 Excel 2007 以后的版本所特有的，是 Excel 2007、Excel 2010 和 Excel 2013 基于 XML 和启用宏的文件格式，用于存储 VBA 宏代码或者 Excel 4.0 宏工作表（.xlm）。启用宏的工作簿的扩展名为“.xlsm”。自 Excel 2007 以后的版本，基于安全考虑，普通工作簿无法存储宏代码，而保存为这种工作簿则可以保留其中的宏代码。

（2）模板文件（.xltx/.xltm）

模板是用来创建具有相同特色的工作簿或者工作表的模型，如果要使自己创建的工作簿或者工作表具有自定义的颜色、文字样式、表格样式、显示设置等统一的样式，那么就可以通过使用模板文件来实现。模板文件的扩展名为“.xltx”。关于模板的具体使用方法，请参阅第 8 章。如果用户需要将 VBA 宏代码或 Excel 4.0 宏工作表存储在模板中，则需要存储为启用宏的模板文件类型，其文件扩展名为“.xltm”。

（3）加载宏文件（.xlam）

加载宏是一些包含了 Excel 扩展功能的程序，其中既包括 Excel 自带的加载宏程序（如分析工具库、规划求解等），也包括用户自己或者第三方软件厂商所创建的加载宏程序（如自定义函数、命令等）。加载宏文件（.xlam）就是包含了这些程序的文件，通过移植加载宏文件，用户可以在不同的电脑上使用想用功能的加载宏程序。

（4）网页文件（.mht、.htm）

Excel 可以从网页上获取数据，也可以把包含数据的表格保存为网页格式发布，其中还可以设置保存为“交互式”的网页，转化后的网页中保留了使用 Excel 继续进行编辑和数据处理的功能。Excel 保存的网页文件分为单个文件的网页（.mht 或者.mhtml）和普通的网页（.htm），这些 Excel 创建的网页与普通的网页并不完全相同，其中包含了不少与 Excel 格式相关的信息。

除了上面介绍的这几种文件类型以外，Excel 还支持许多其他类型的文件格式，不同的 Excel 格式具有不同的扩展名、存储机制以及限制，如表 2-1 所示。

表 2-1　**Excel 文件格式简要说明**

格　式	扩展名	存储机制和限制说明
Excel 工作簿	.xlsx	Excel 2013 和 Excel 2010、Excel 2007 默认的基于 XML 的文件格式。不能存储 Microsoft Visual Basic for Applications（VBA）宏代码或 Microsoft OfficeExcel 4.0 宏工作表（.xlm）
Excel 启用宏的工作簿	.xlsm	Excel 2013 和 Excel 2010、Excel 2007 基于 XML 和启用宏的文件格式。存储 VBA 宏代码或 Excel 4.0 宏工作表（.xlm）
Excel 二进制工作簿	.xlsb	Excel 2013 和 Excel 2010、Excel 2007 的二进制文件格式（BIFF12）
Excel 97-2003 工作簿	.xls	Excel 97-Excel 2003 二进制文件格式（BIFF8）
XML 数据	.xml	XML 数据格式
单个文件网页	.mht	MHTML Document 文件格式
模板	.xltx	Excel 2013 和 Excel 2010、Excel 2007 的 Excel 模板默认的文件格式。不能存储 VBA 宏代码或 Excel 4.0 宏工作表（.xlm）
Excel 启用宏的模板	.xltm	Excel 模板 Excel 2013 和 Excel 2010、Excel 2007 启用宏的文件格式。存储 VBA 宏代码或 Excel 4.0 宏工作表（.xlm）
Excel 97-2003 模板	.xlt	Excel 模板的 Excel 97-Excel 2003 二进制文件格式（BIFF8）
文本文件（以制表符分隔）	.txt	将工作簿另存为以制表符分隔的文本文件，以便在其他操作系统上使用，并确保正确解释制表符、换行符和其他字符。仅保存活动工作表
Unicode 文本	.txt	将工作簿另存为 Unicode 文本，这是一种由 Unicode 协会开发的字符编码标准
XML 电子表格 2003	.xml	XML 电子表格 2003 文件格式（XMLSS）
Microsoft Excel 5.0/95 工作簿	.xls	Excel 5.0/95 二进制文件格式（BIFF5）
CSV（逗号分隔）	.csv	将工作簿另存为以逗号分隔的文本文件，以便在其他 Windows 操作系统上使用，并确保正确解释制表符、换行符和其他字符。仅保存活动工作表
带格式文本文件（以空格分隔）	.prn	Lotus 以空格分隔的格式。仅保存活动工作表
Strict Open XML 电子表格	.xlsx	Excel 工作簿文件格式（.xlsx）的 ISO 严格版本
DIF（数据交换格式）	.dif	数据交换格式。仅保存活动工作表
SYLK（符号链接）	.slk	符号链接格式。仅保存活动工作表
Excel 加载宏	.xlam	Excel 2013 和 Excel 2010、Excel 2007 基于 XML 和启用宏的加载项格式。加载宏是用于运行其他代码的补充程序。支持 VBA 项目和 Excel 4.0 宏工作表（.xlm）的使用
Excel 97-2003 加载宏	.xla	Excel 97-2003 加载宏，即设计用于运行其他代码的补充程序。支持 VBA 项目的使用

识别这些不同类型文件，除了通过它们的扩展名之外，有经验的用户还可以从这些文件的图标上发现它们的区别，如图 2-18 所示。

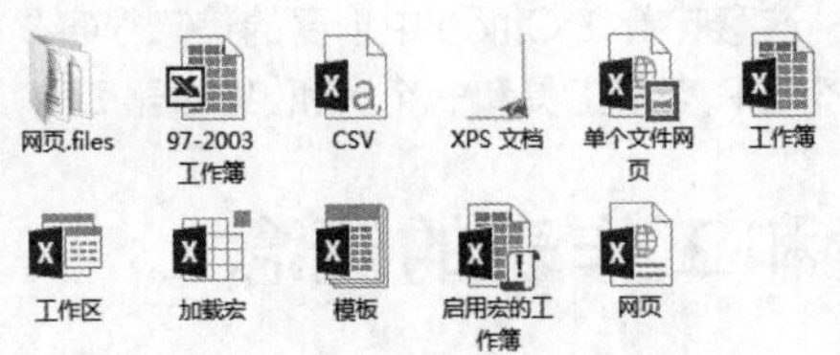

图 2-18　几种与 Excel 相关的文件

2.5 Office Open XML 文件格式

从 Microsoft Office 2007 开始，引入了一种基于 XML 的新文件格式。这种新格式称为 Microsoft Office Open XML 格式，适用于 Microsoft Office Word、Microsoft Office Excel 和 Microsoft Office PowerPoint。

在 Microsoft Office 的早期版本中，由 Microsoft Office Excel、Microsoft Office PowerPoint 和 Microsoft Office Word 创建的文件以独有的、单一文件格式进行保存，它们被称之为二进制文件。

Office Open XML 格式是基于 XML 和 ZIP 压缩技术创建的。和早期 Microsoft Office 版本类似，文档保存在一个单一的文件或者容器中，所以管理这些文档的过程仍然是简单的。但是，与早期文件不同的是，Office Open XML 格式的文件能够被打开并显示其中的组件，使得用户能够访问此文件的结构。

Office Open XML 格式有许多优点，它不仅适用于开发人员及其构建的解决方案，而且适用于个人以及各种规模的组织。

◆ 压缩文件

文件会自动压缩，某些情况下最多可缩小 75%。Office Open XML 格式使用 ZIP 压缩技术来存储文档，由于这种格式可以减少存储文件所需的磁盘空间，因而可能节省成本。

◆ 改进了受损文件的恢复

文件结构以模块形式进行组织，从而使文件中的不同数据组件彼此分隔。这样，即使文件中的某个组件（如图表或表格）受到损坏，文件本身还是可以打开。

◆ 易于检测到包含宏的文档

使用默认的“x”后缀（如.docx 和.pptx）保存的文件不能包含 Visual Basic for Applications（VBA）宏或 ActiveX 控件，因此不会引发与相关类型的嵌入代码有关的安全风险。只有扩展名以“m”结尾（如.docm 和.xlsm）或.xlsb 的文件才能包含 VBA 宏和 ActiveX 控件，这些宏和控件存储在文件内单独的一节中。不同的文件扩展名使包含宏的文件和不包含宏的文件更加容易区分，从而使防病毒软件更容易识别出包含潜在恶意代码的文件。此外，IT 管理员可阻止包含不需要的宏或控件的文档，这样在打开文档时就会更加安全。

◆ 更好的隐私保护和更强有力的个人信息控制

可以采用保密方式共享文档，因为使用文档检查器可以轻松地识别和删除个人身份信息和业务敏感信息，如作者姓名、批注、修订和文件路径。

◆ 更好的业务数据集成性和互操作性

将 Office Open XML 格式作为文件格式意味着文档、工作表、演示文稿和表单都可以采用 XML 文件格式保存，任何人都可免费使用该文件格式。此外还支持用户自定义的 XML 架构，用于增强现有 Office 文档类型的功能。这意味着在 Office 中创建的信息很容易被其他应用程序所采用，打开和编辑 Office 文件只需要一个 ZIP 实用工具和一个 XML 编辑器即可。

2.6 理解工作簿和工作表的概念

前文已经提到，扩展名为.xlsx 的文件就是我们通常所称的工作簿文件，它是用户进行 Excel 操作的主要对象和载体。用户使用 Excel 创建数据表格、在表格中进行编辑以及操作完成后进行保存等一系列操作的过程，大都是在工作簿这个对象上完成的。在 Excel 2013 程序窗口中，可以同时打开多个工作簿。

如果把工作簿比作书本，那么工作表就类似于书本中的书页，工作表是工作簿的组成部分。工作簿在英文中叫做“Workbook”，而工作表则称为“Worksheet”，大致也就是包含了书本和书页的意思。

书本中书页可以根据需要增减或者改变顺序，工作簿中的工作表也可以根据需要增加、删除和移动。

现实中的书本是有一定的页码限制的，太厚了就无法方便地进行阅读，甚至装订都困难。而 Excel 工作簿可以包括的最大工作表数量只与当前所使用计算机的内存有关，也就是说在内存充足的前提下，可以是无限多个。

一本书至少应该有一页纸，同样，一个工作簿也至少需要包含一个可视工作表。

2.7 认识 Excel 的工作窗口

Excel 2013 继续沿用了前一版本的功能区（Ribbon）界面风格，将 Excel 2007 版本之前的传统风格菜单和工具栏以多页选项卡功能面板代替。此外，在窗口界面中设置了一些便捷的工具栏和按钮，如【快速访问工具栏】、【录制宏】按钮、【视图切换】按钮和【显示比例】滑动条等，同时还增强了【状态栏】的计算显示功能，如图 2-19 所示。

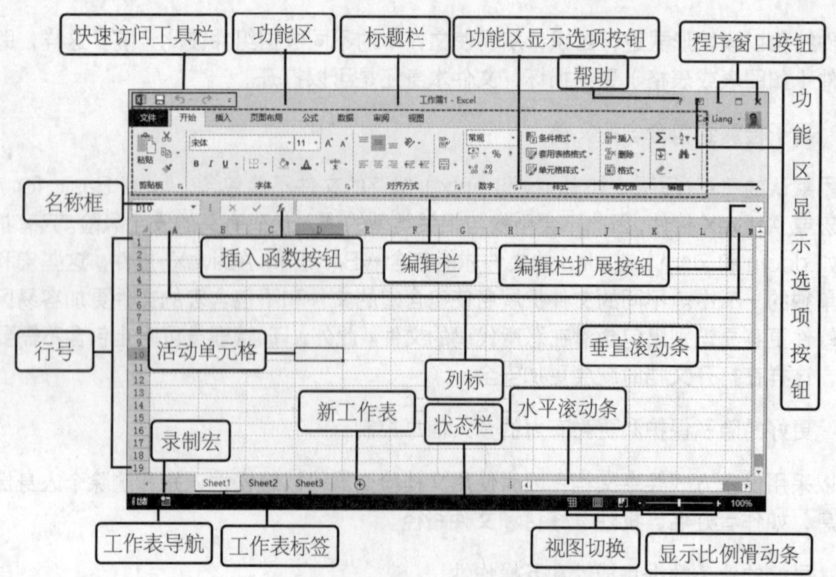

图 2-19 Excel 2013 窗口界面

2.8 认识 Ribbon 功能区

2.8.1 功能区选项卡

功能区是 Excel 窗口界面中的重要元素，通常位于标题栏的下方。功能区由一组选项卡面板所组成，单击选项卡标签可以切换到不同的选项卡功能面板。

图 2-20 所示的功能区，当前选中【公式】选项卡，当前所选定的选项卡也被称为“活动选项卡”。每个选项卡中包含了多个命令组，每个命令组通常都由一些密切相关的命令所组成。例如，图 2-20 中【公式】选项卡中包含了【函数库】、【定义的名称】、【公式审核】和【计算】4 个命令组，而【函数库】命令组中则包含了多个插入函数的命令。

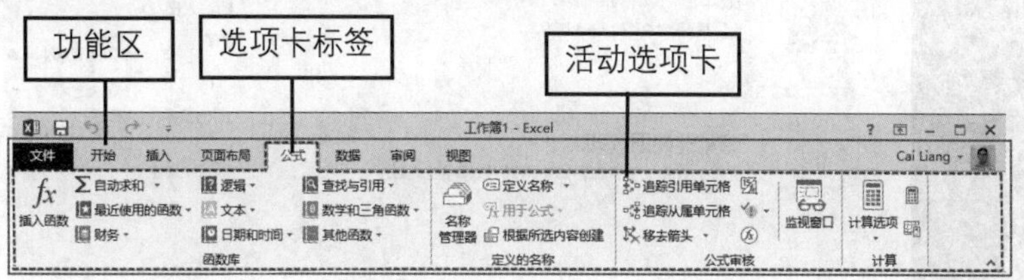

图 2-20 功能区

按<Ctrl+F1>组合键或单击功能区右下角的【折叠功能区】按钮，可以最小化功能区的显示，如图 2-21 所示，或可以单击程序窗口上方的【功能区显示选项】按钮，在弹出的快捷菜单中选择【自动隐藏功能区】命令，只保留显示各选项卡的标签。折叠功能区后，若要显示完整的功能区，可以按<Ctrl+F1>组合键，或单击程序窗口上方的【功能区显示选项】按钮，在弹出的快捷菜单中选择【显示选项卡和命令】命令。

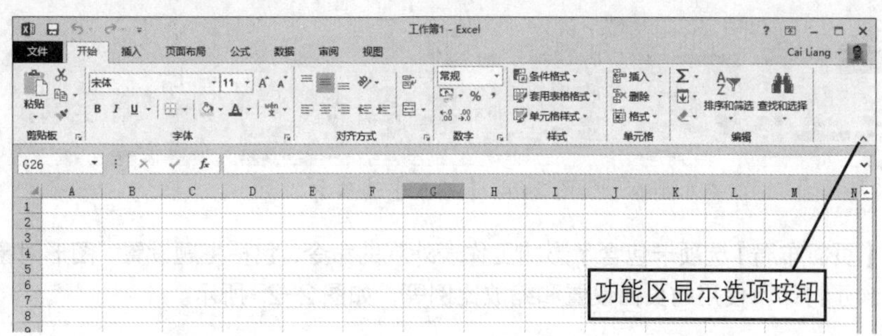

图 2-21 折叠功能区按钮

以下简要介绍几个主要选项卡。

◆ 【文件】选项卡是一个比较特殊的功能区选项卡，由一组纵向的菜单列表组成，其中包括了文件的【返回】按钮、【信息】、【新建】、【打开】、【保存】、【另存为】、【打印】、【共享】、【导出】、【关闭】、【账户】以及【选项】等功能，其中左上角的【返回】按钮，是用户返回工作表操作区域的选项，这也是 Excel 2013 较之前版本做的一项变动，如图 2-22 所示。

◆ 【开始】选项卡包含一些最常用的命令。该选项卡包括基本的剪贴板命令、字体格式、单元格对齐方式、单元格格式和样式、条件格式、单元格和行列的插入删除命令以及数据编辑命令，如图 2-23 所示。

◆ 【插入】选项卡几乎包含了所有可以插入到工作表中的对象，主要包括图表、图片和形状、联机图片、SmartArt（早期版本称之为“图示”）、艺术字、符号、文本框和超链接等，也可以从这里创建数据透视表和表格（Table），此外，Excel 2013 版本新增的几个功能也出现在这个选项卡中，包括“应用程序”组中的“应用商店”、“我的应用”，推荐的数据透视表、推荐的图表、Power View、Power Map、“迷你筛选器”组中的“切片器”、“日程表”等，如图 2-24 所示。

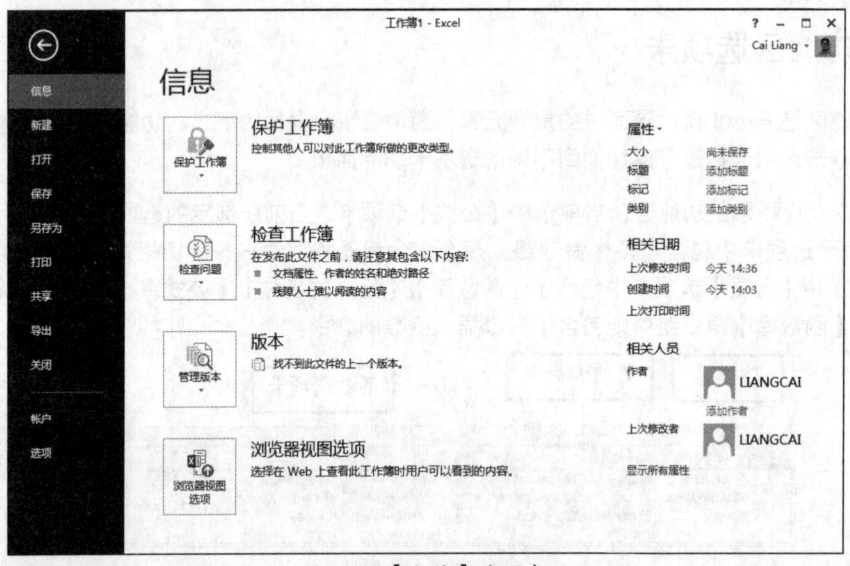

图 2-22 【文件】选项卡

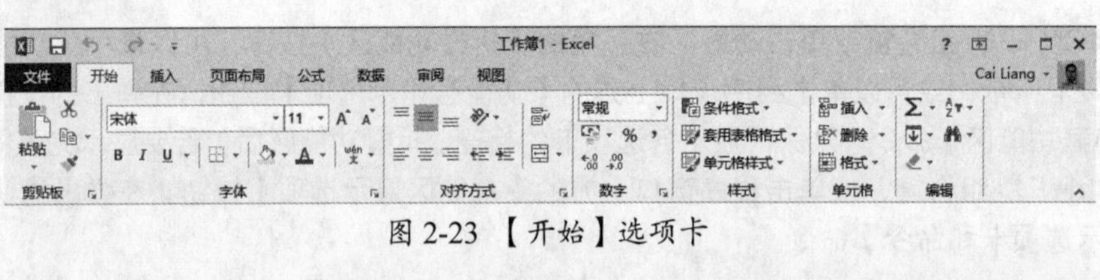

图 2-23 【开始】选项卡

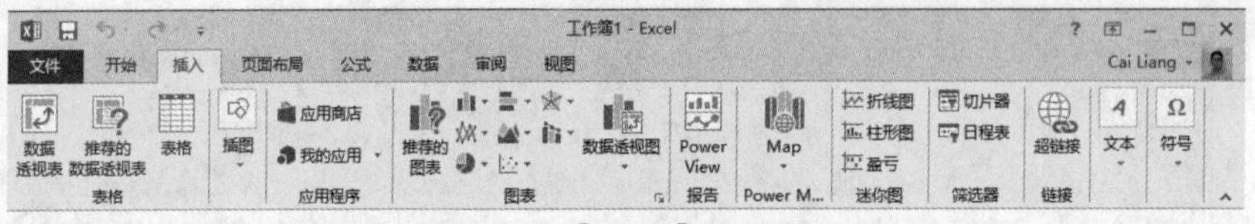

图 2-24 【插入】选项卡

◆ 【页面布局】选项卡包含了影响工作表外观的命令，包括主题设置、图形对象排列位置等，同时也包含了打印所使用的页面设置和缩放比例等，如图 2-25 所示。

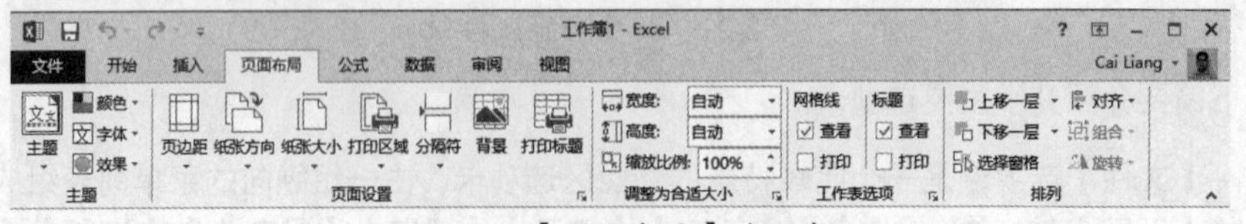

图 2-25 【页面布局】选项卡

◆ 【公式】选项卡包含了函数、公式、计算相关的命令，如插入函数、名称管理器、公式审核以及控制 Excel 执行计算的计算选项等，如图 2-26 所示。

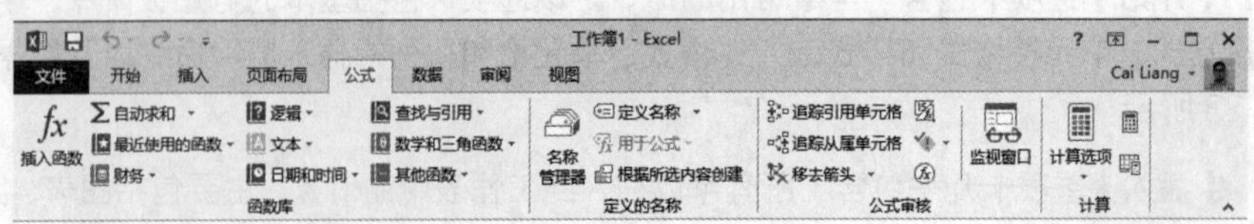

图 2-26 【公式】选项卡

◆ 【数据】选项卡包含了数据处理相关的命令，如外部数据的管理、排序和筛选、分列、数据验证、合并计算、模拟分析、删除重复项、组合及分类汇总等。值得一提的是，Excel 2013 版本新增的“快速填充”功能也出现在这个选项卡中，如图 2–27 所示。

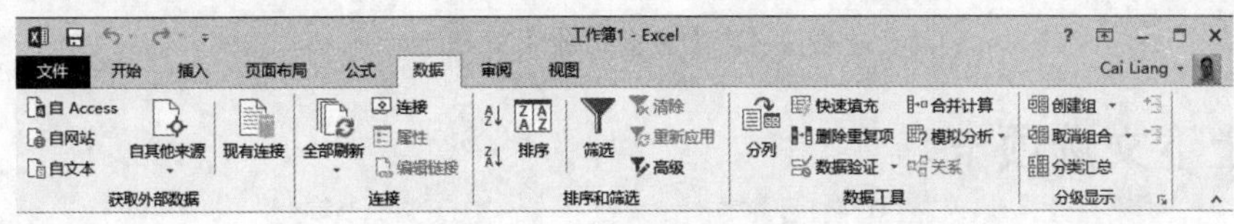

图 2-27 【数据】选项卡

◆ 【审阅】选项卡包含拼写检查、翻译文字、批注管理及工作簿、工作表的权限管理等，如图 2–28 所示。

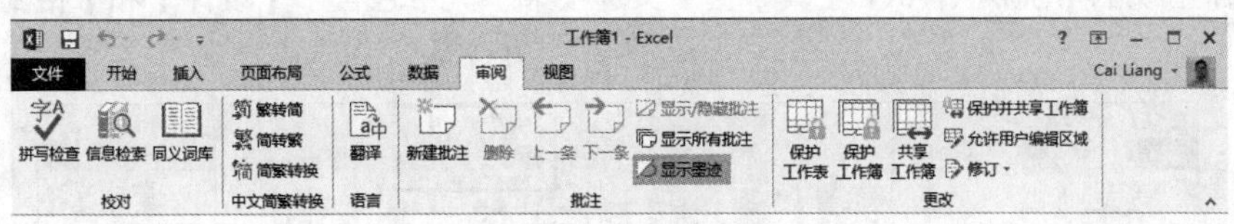

图 2-28 【审阅】选项卡

◆ 【视图】选项卡中包含了 Excel 窗口界面底部状态栏附近的几个主要按钮功能，包括显示视图切换、显示比例缩放和录制宏命令。除此以外，还包括窗口冻结和拆分、网格线、标题等窗口元素的显示/隐藏等。另外，值得一提的是，在 Excel 2013 中已经移除“保存工作区”功能，因此在 Excel 2010 版本中出现于【视图】选项卡中的【保存工作区】命令已经从这个选项卡中移除，如图 2–29 所示。

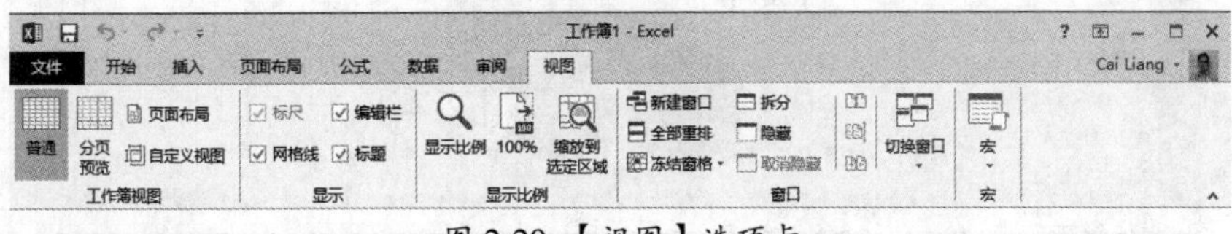

图 2-29 【视图】选项卡

◆ 【开发工具】选项卡在默认方式下是不可见的。它主要包含使用 VBA 进行程序开发时需要用到的命令，如图 2–30 所示。显示【开发工具】选项卡的方法请参阅 42.5.1 小节。

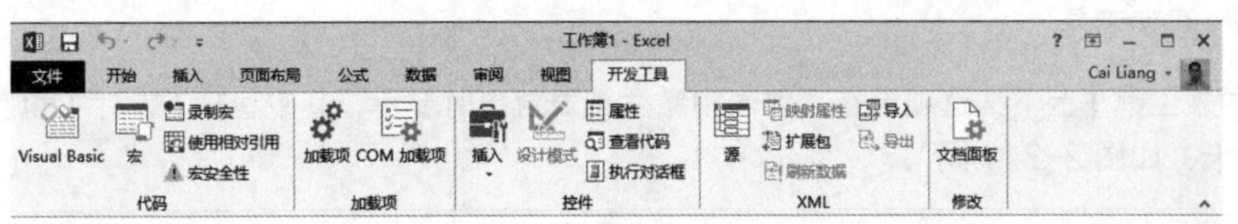

图 2-30 【开发工具】选项卡

◆ 【加载项】选项卡在默认情况下不可见，当工作簿中包含自定义菜单命令和自定义工具栏以及第三方软件安装的加载项时会显示在功能区中，如图 2–31 所示。

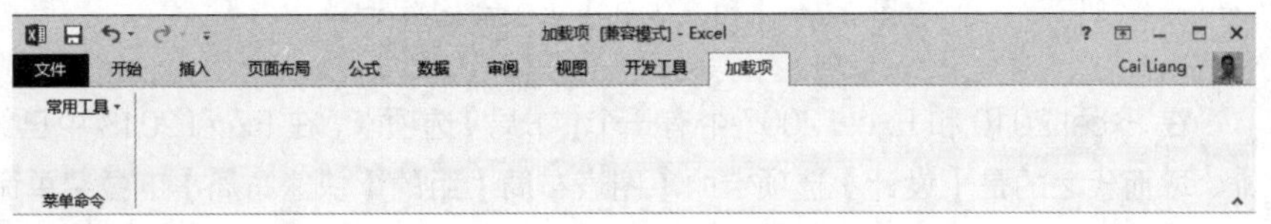

图 2-31 【加载项】选项卡

◆ 【背景消除】选项卡默认情况下不可见，仅在对工作表中的图片使用“删除背景”操作时显示在功能区中，如图 2–32 所示。其中主要包括与图片背景消除相关的一些命令。

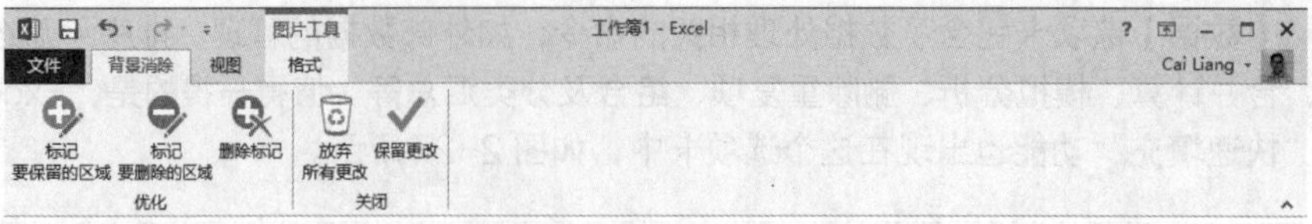

图 2-32 【背景消除】选项卡

2.8.2 上下文选项卡

除以上这些“常规”选项卡外，Excel 2013 还包含了许多附加的选项卡，它们只在进行特定操作时才会显现出来，因此也被称为“上下文选项卡”。例如，当选中某些类型的对象时（如图表、表格等），功能区中就会显示处理该对象的专用选项卡，如图 2-33 所示，操作 SmartArt 对象时所出现的【SMARTART 工具】上下文选项卡，其中包含了【设计】和【格式】两个子选项卡。

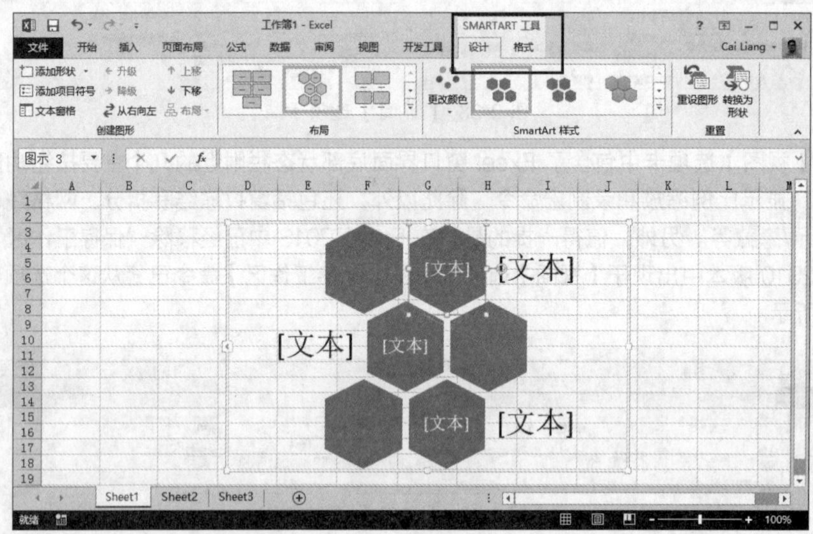

图 2-33 【SMARTART 工具】上下文选项卡

常见的上下文选项卡主要包括以下几种。

◆ 图表工具

【图表工具】上下文选项卡在工作表中激活图表对象时显示，其中包括【设计】和【格式】两个子选项卡，如图 2-34 所示。

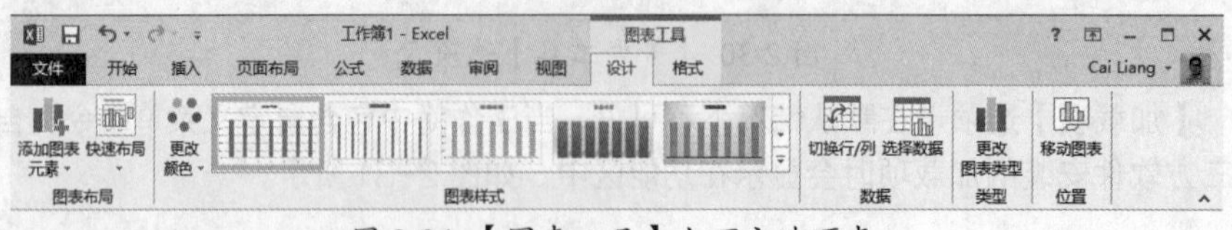

图 2-34 【图表工具】上下文选项卡

注意

在 Excel 2010 和 Excel 2007 中有一个【布局】选项卡，在 Excel 2013 中已经移除，取而代之的是【设计】选项卡的【图表布局】组的【快速布局】下拉菜单命令。

◆ 绘图工具

【绘图工具】上下文选项卡在激活图形对象时显示，其中包括【格式】子选项卡，如图 2-35 所示。

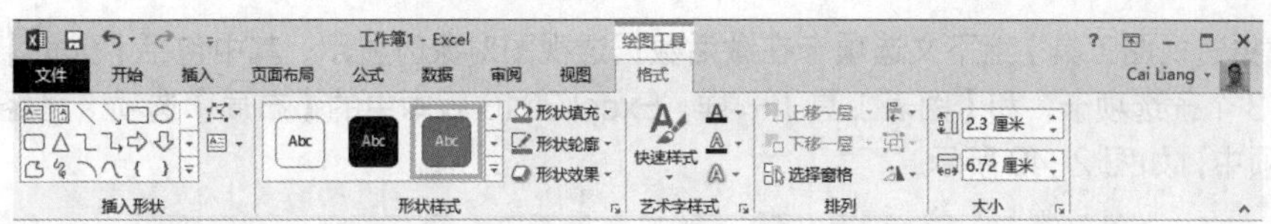

图 2-35 【绘图工具】上下文选项卡

◆ 图片工具

【图片工具】上下文选项卡在激活图片或剪贴画时显示，其中包括【格式】子选项卡，如图 2-36 所示。

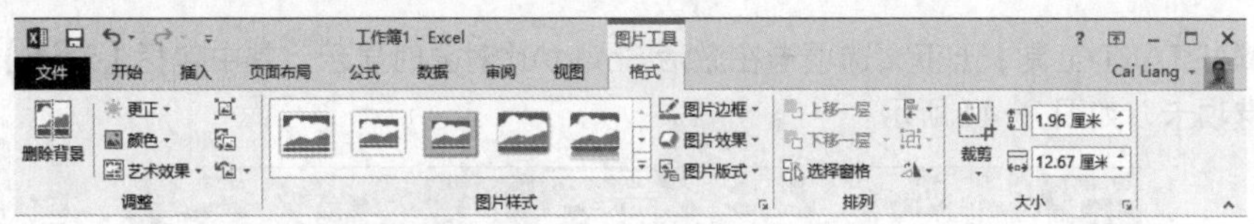

图 2-36 【图片工具】上下文选项卡

◆ 页眉和页脚工具

【页眉和页脚工具】上下文选项卡在插入页眉或页脚并对其进行操作时显示，其中包括【设计】子选项卡，如图 2-37 所示。

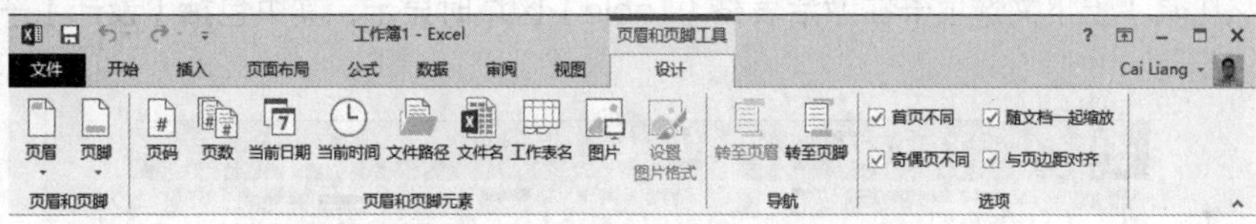

图 2-37 【页眉和页脚工具】上下文选项卡

◆ 公式工具

【公式工具】上下文选项卡在激活数学公式对象时显示，其中包括了【设计】子选项卡，如图 2-38 所示。

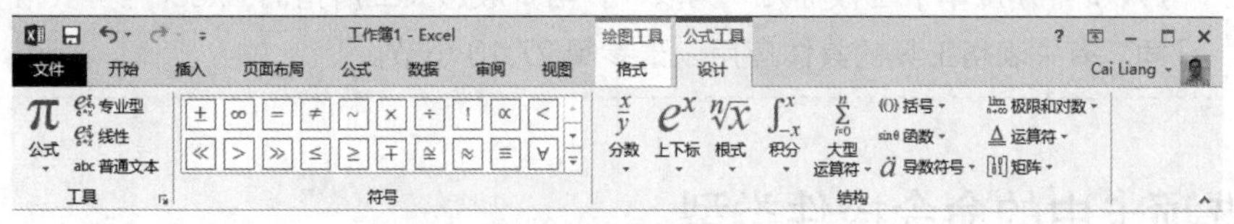

图 2-38 【公式工具】上下文选项卡

注意

上述中的公式是指在文本框中进行编辑的、以数学符号为主的公式表达式，不同于 Excel 的公式，前者没有计算功能。有关公式工具的使用请参阅 26.9.2 小节。

◆ 数据透视表工具

【数据透视表工具】上下文选项卡在激活数据透视表区域时显示，其中包括【分析】和【设计】两个子选项卡，如图 2-39 所示。

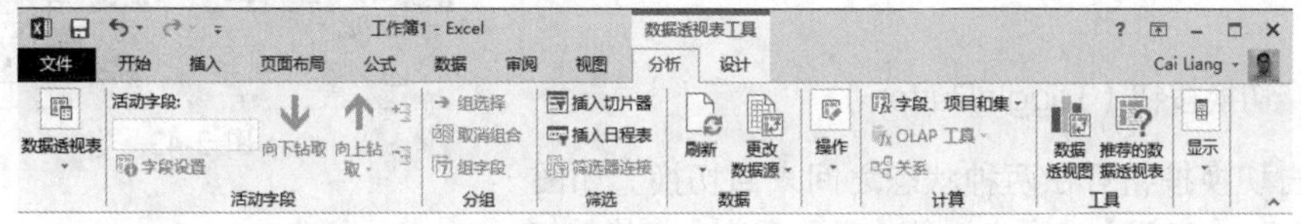

图 2-39 【数据透视表工具】上下文选项卡

◆ 数据透视图工具

第 2 章 Excel 2013

【数据透视图工具】上下文选项卡在激活数据透视图对象时显示，其中包括【分析】、【设计】和【格式】3 个子选项卡，和【图表工具】一样，Excel 2010 版本中的【布局】选项卡已经合并到【设计】选项中，如图 2-40 所示。

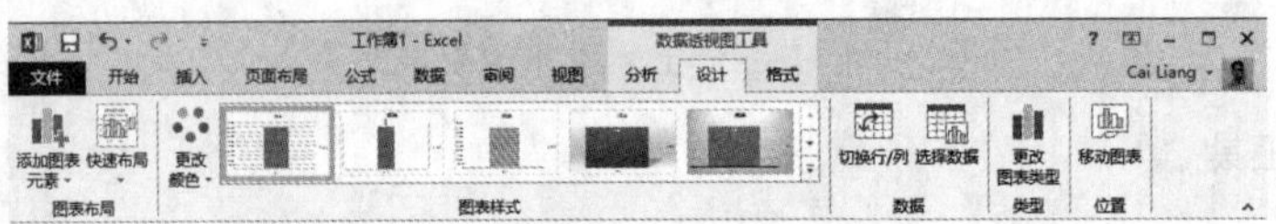

图 2-40 【数据透视图工具】上下文选项卡

◆ SMARTART 工具

【SMARTART 工具】上下文选项卡在激活 SmartArt 对象时显示，其中包括【设计】和【格式】两个子选项卡，如图 2-41 所示。

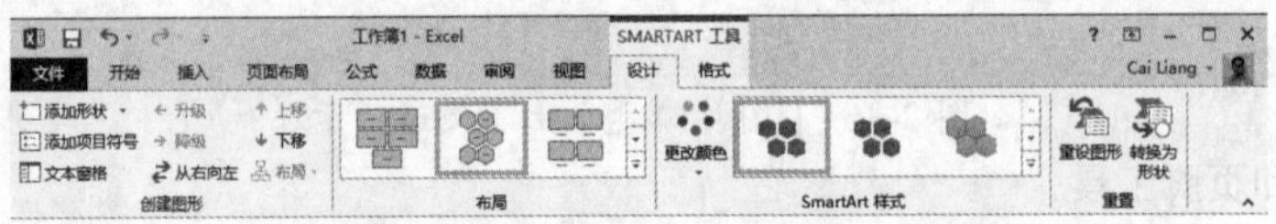

图 2-41 【SMARTART 工具】上下文选项卡

◆ 表格工具

【表格工具】上下文选项卡在激活表格（Table）区域时显示，其中包括【设计】子选项卡，如图 2-42 所示。

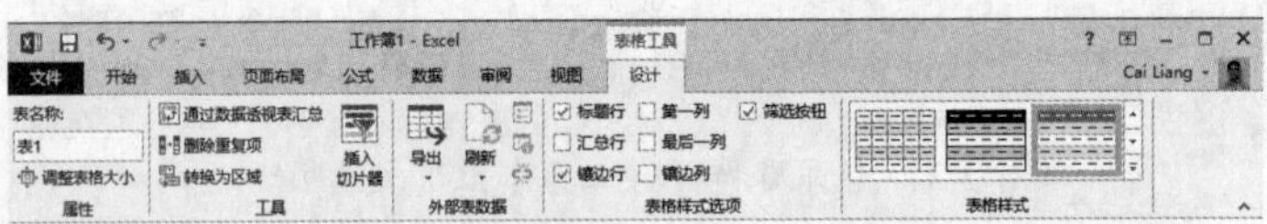

图 2-42 【表格工具】上下文选项卡

注意

上述中的“表格”指的是一种特殊的数据编辑处理工具，英文称为“Table”，在 Excel 早期版本中也被称为“列表”，与一般意义上所指的 Excel 电子表格有所不同。有关表格工具的具体应用，请参阅 27.10 小节。

2.8.3 选项卡中的命令控件类型

功能区选项卡中包含了多个命令组，每个命令组中包含了一些功能相近或相互关联的命令，这些命令通过多种不同类型的控件显示在选项卡面板中，认识和了解这些控件的类型和特性有助于正确使用功能区命令。

◆ 按钮（Button）

单击按钮可执行一项命令或一项操作。如图 2-43 所示，【开始】选项卡中的【剪切】、【格式刷】按钮以及【插入】选项卡中的【表格】和【应用商店】按钮。

图 2-43 按钮

◆ 切换按钮（ToggleButton）

单击切换按钮可在两种状态之间来回切换。如图 2-44 所示，【审阅】选项卡中的【显示墨迹】切换按钮。

◆ 下拉按钮（DropDown）

下拉按钮包含一个黑色倒三角标识符号，单击下拉按钮可以显示详细的命令列表或图标库，或显示多级扩展菜单。如图 2-45 所示的【清除】下拉按钮、图 2-46 所示的【柱形图】下拉按钮和图 2-47 所示的【条件格式】下拉按钮所示。

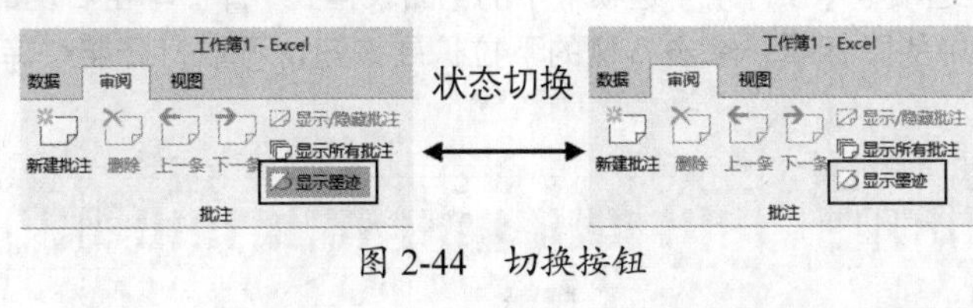

图 2-44　切换按钮

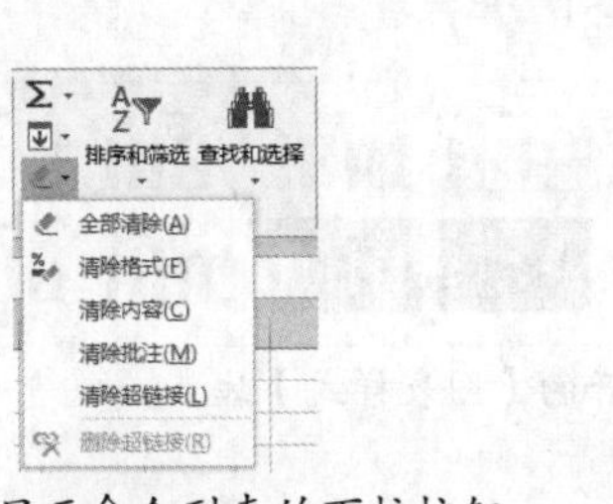

图 2-45　显示命令列表的下拉按钮

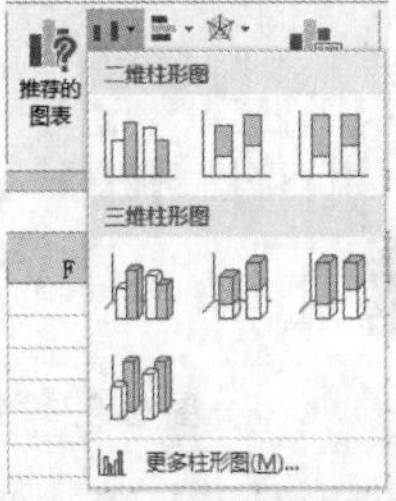

图 2-46　显示图标库的下拉按钮

◆　拆分按钮（SplitButton）

拆分按钮（或称组合按钮）是一种新型的控件形式，由按钮和下拉按钮组合而成。单击其中的按钮部分可以执行特定的命令，而单击其下拉按钮部分则可以在下拉列表中选择其他相近或相关的命令。如图 2-48 所示的【开始】选项卡中的【粘贴】拆分按钮和【插入】拆分按钮。

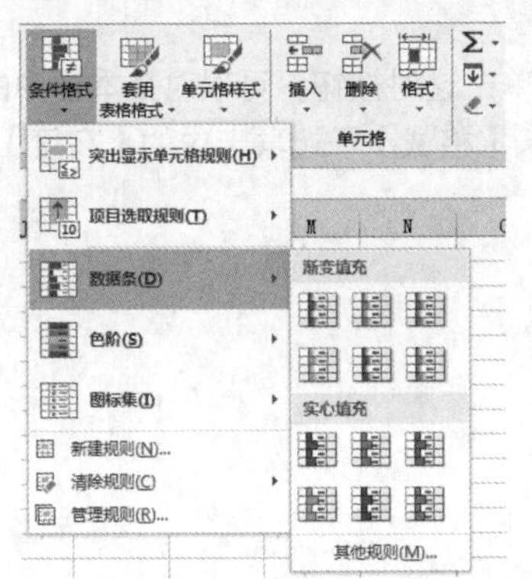

图 2-47　显示多级扩展菜单的下拉按钮

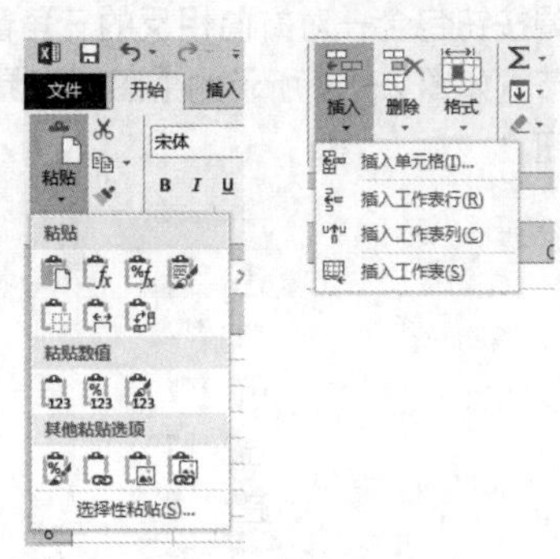

图 2-48　拆分按钮

◆　复选框（CheckBox）

复选框与切换按钮作用方式相似，通过单击复选框可以在“勾选”和“取消勾选”两个选项状态之间来回切换，通常用于选项设置。如图 2-49 所示的【页面布局】选项卡中的【查看】和【打印】复选框。

◆　文本框（TextBox）

文本框可以显示文本，并且允许对其进行编辑。如图 2-50 所示的【数据透视表工具】上下文选项卡【分析】子选项卡中的【数据透视表名称】文本框。

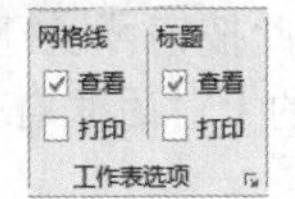

图 2-49　复选框

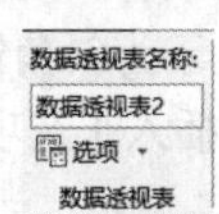

图 2-50　文本框

◆ 库（Gallery）

库包含了一个图标容器，在其中显示一组可供用户选择的命令或方案图标。如图 2–51 所示的【图表工具】上下文选项卡【设计】子选项卡中的【图表样式】库。单击右侧的上、下三角箭头，可以切换显示不同行中的图标项；单击右侧的下拉扩展按钮，可以打开整个库，显示全部内容，如图 2–52 所示。

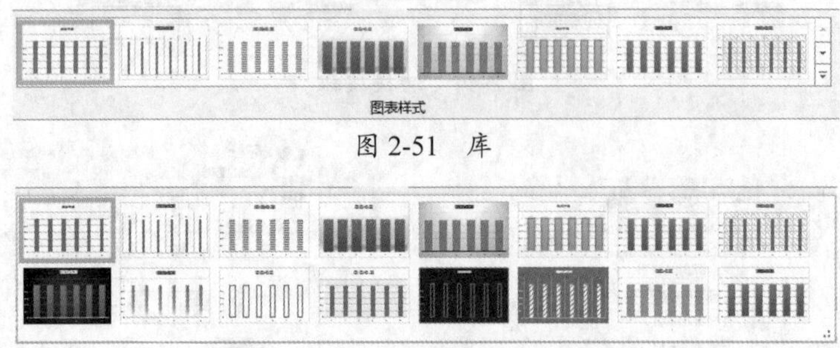

图 2-51 库

图 2-52 完全展开的【图表样式】库

◆ 组合框（ComboBox）

组合框控件由文本框、下拉按钮控件和列表框所组合而成，通常用于多种属性选项的设置。通过单击其中显示黑色倒三角的下拉按钮，可以在下拉列表框中选取列表项，所选中的列表项会同时显示在组合框的文本框中。同时，也可以直接在文本框中输入某个选项名称后，按<Enter>键确认。如图 2–53 所示的【开始】选项卡中的【数字格式】组合框。

◆ 微调按钮（SpinButton）

微调按钮包含一对方向相反的三角箭头按钮，通过单击这对按钮，可以对文本框中的数值大小进行调节。如图 2–54 所示的【图表工具】上下文选项卡【格式】子选项卡中的【高度】和【宽度】微调按钮。

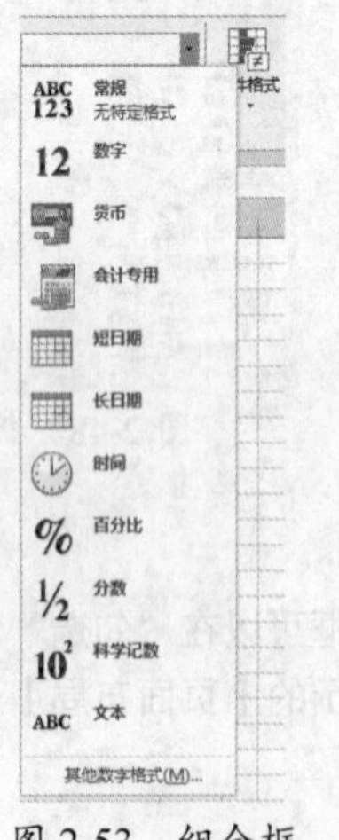

图 2-53 组合框

图 2-54 微调按钮

◆ 对话框启动器（Dialog Box Launcher）

对话框启动器是一种比较特殊的按钮控件，它位于特定的命令组的右下角，并与此命令组相关联。对话框启动器按钮显示为斜角箭头图标，单击此按钮可以打开与该命令组相关的对话框。如图 2–55 所示通过单击【插入】选项卡【图表】组的【对话框启动器】按钮来打开【插入图表】对话框。

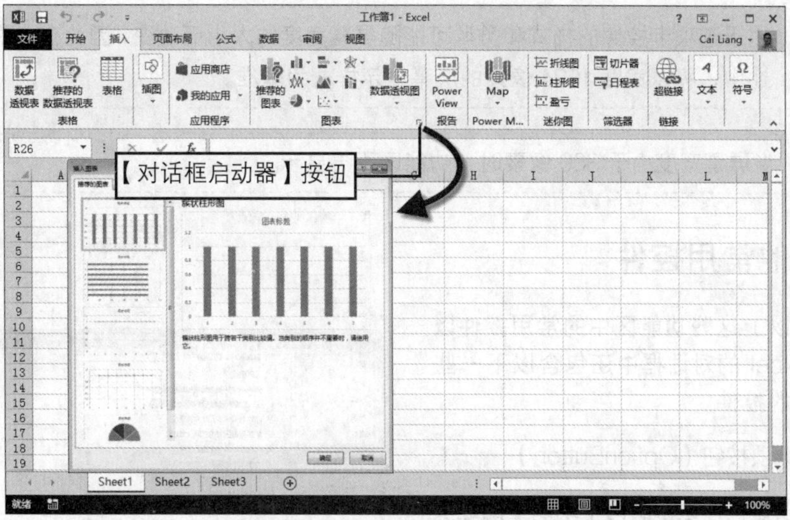

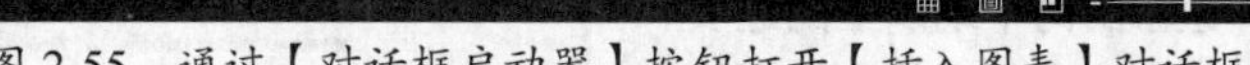

图 2-55　通过【对话框启动器】按钮打开【插入图表】对话框

2.8.4　选项卡控件的自适应缩放

功能区的选项卡控件有一个十分智能化的功能，就是可以随 Excel 程序窗口宽度的大小自动更改控件尺寸样式，以适应显示空间的要求。在屏幕宽度足够大时尽可能显示更多的控件信息，而在屏幕宽度比较小时则尽可能以小图标代替大图标，甚至改变原有控件的类型，以求在有限的空间中显示更多控件图标。

在屏幕宽度减小时，选项卡控件可能发生的样式改变大致包括以下几种情况。

◆ 同时显示文字和图标的按钮转而仅显示图标，如图 2-56 所示。

◆ 纵向的拆分按钮转而改变为横向的拆分按钮，如图 2-57 所示。

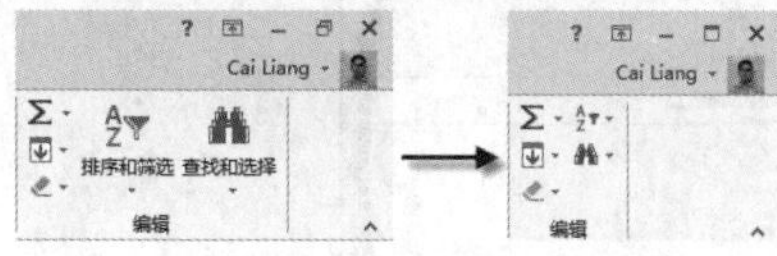

图 2-56　不显示文字仅显示图标

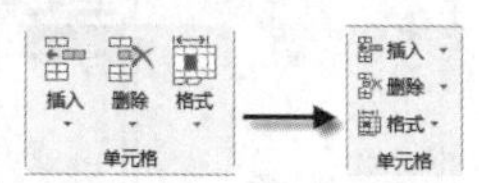

图 2-57　纵向转为横向

◆ 库转变为下拉按钮，如图 2-58 所示。

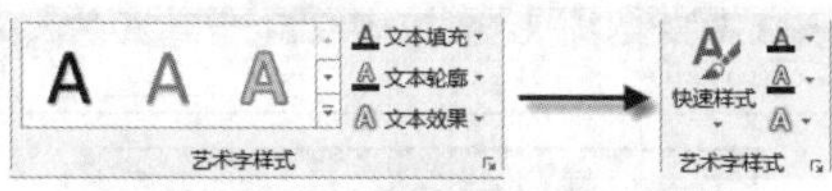

图 2-58　库转变为下拉按钮

◆ 命令组转而改变为下拉按钮，如图 2-59 所示。

◆ 选项卡标签增加滚动按钮，如图 2-60 所示。

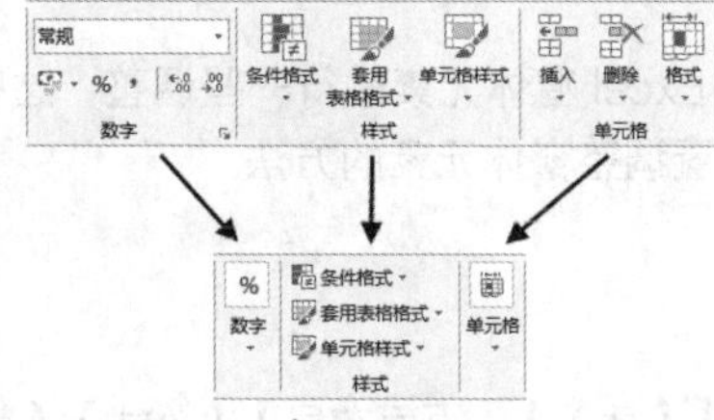

图 2-59　命令组变为下拉按钮

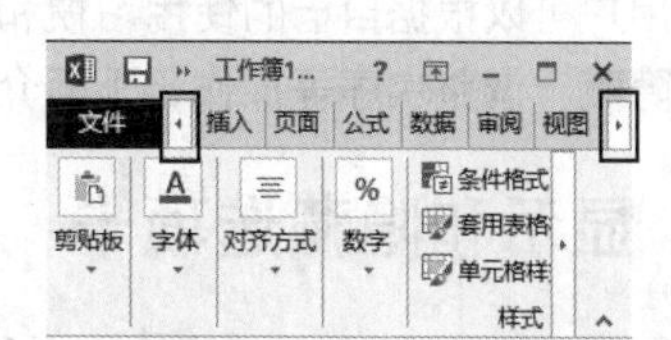

图 2-60　增加滚动按钮用于选取选项卡标签

注意

由于选项卡控件的样式和类型可能随屏幕宽度的大小而改变，因此在本书的操作描述中，将以宽度 1024 像素的屏幕显示样式为基准。

提示

当屏幕宽度小于 300 像素时，功能区不再显示。

2.8.5 其他常用控件

除了以上这些功能区中的常用控件以外，在 Excel 的对话框中还包含以下一些其他类型的控件。

◆ 选项按钮（OptionButton）

选项按钮控件通常由两个或以上的选项按钮成组使用，在单击选中其中一个选项按钮时，同时取消同组中其他选项按钮的选取状态。因此，选项按钮也称为“单选按钮”。如图 2-61 所示的【Excel 选项】对话框中【高级】选项卡中的某组选项按钮。

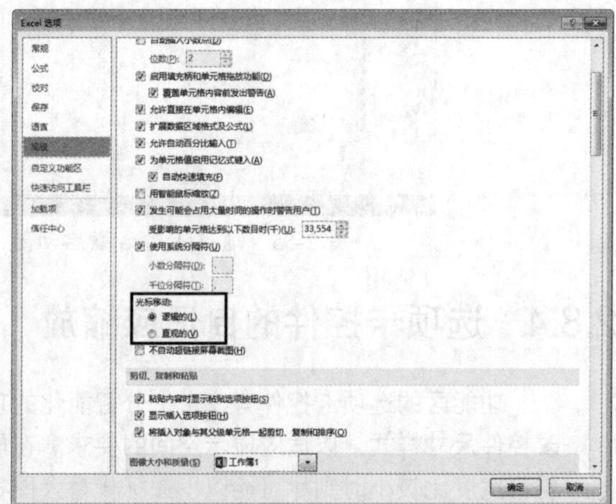

图 2-61 选项按钮

◆ 编辑框（EditBox）

编辑框由文本框和文本框右侧的折叠按钮所组成，文本框内可以直接输入或编辑文本，单击折叠按钮可以在工作表中直接框选目标区域，目标区域的单元格地址会自动填写在文本框中，如图 2-62 所示。

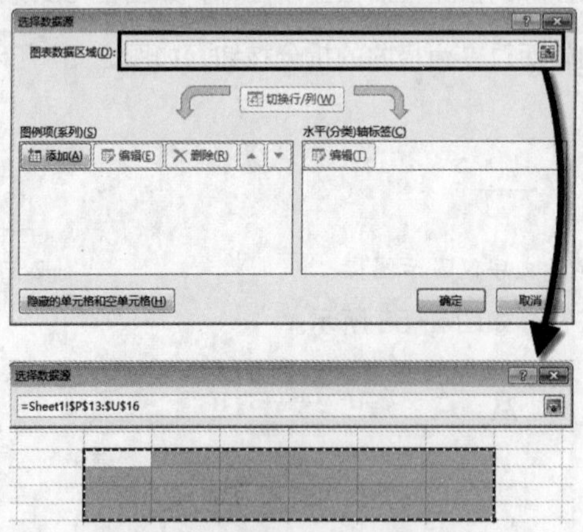

图 2-62 编辑框和折叠按钮

2.9 通过选项设置调整窗口元素

用户可以根据自己的使用习惯和实际需要，对 Excel 窗体元素进行一些调整，这些调整包括显示、隐藏、调整次序等操作，下面介绍通过选项设置调整窗体元素的方法。

2.9.1 显示和隐藏选项卡

在 Excel 工作窗口中，默认显示【文件】、【开始】、【插入】、【页面布局】、【公式】、【数据】、【审阅】

和【视图】8 个选项卡，其中【文件】选项卡是一个特殊的选项卡，默认始终保持显示。选项卡分为主选项卡和工具选项卡，用户可以通过勾选【Excel 选项】对话框中【自定义功能区】选项卡的【自定义功能区】下方的各主选项卡复选框，来显示对应的主选项卡，如图 2-63 所示的显示【开发工具】选项卡。

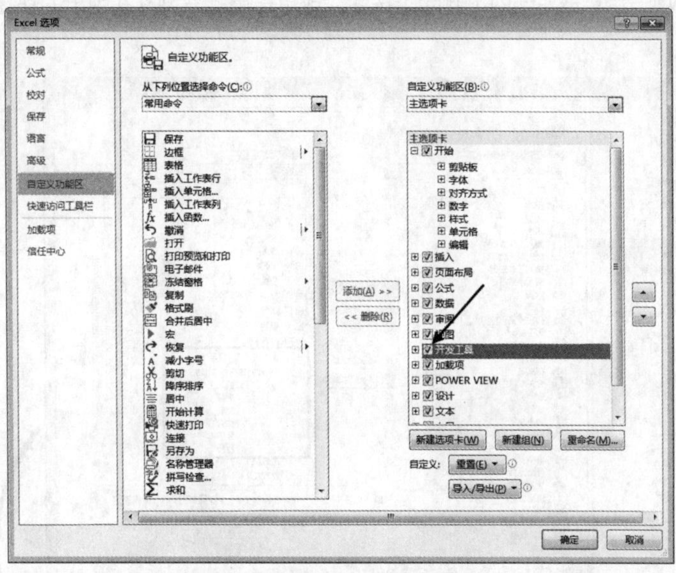

图 2-63　隐藏或显示选项卡

2.9.2　添加和删除自定义选项卡

用户可以自行添加或者删除自定义选项卡，操作方法如下。

◆　添加自定义选项卡

在【Excel 选项】对话框中单击【自定义功能区】选项卡，然后单击右侧下方的【新建选项卡】按钮，【自定义功能区】列表中会显示新创建的自定义选项卡，如图 2-64 所示。

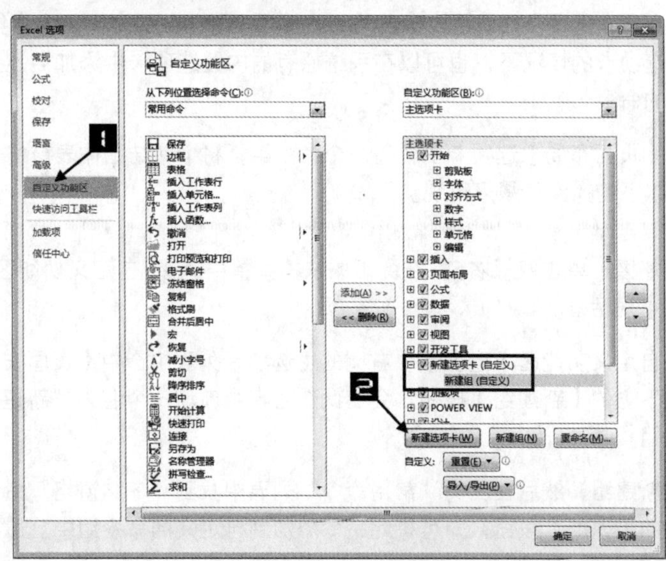

图 2-64　新建选项卡

用户可以为新建的选项卡和其下的命令组重新命名，并通过左侧的命令列表向右侧的命令组中添加命令，如图 2-65 所示。

◆ 删除自定义选项卡

如果用户需要删除自定义的选项卡（程序原有内置的选项卡无法删除），可以在选项卡列表中选定指定的自定义选项卡后单击左侧的【删除】按钮，或单击鼠标右键，在弹出的快捷菜单上选择【删除】命令。

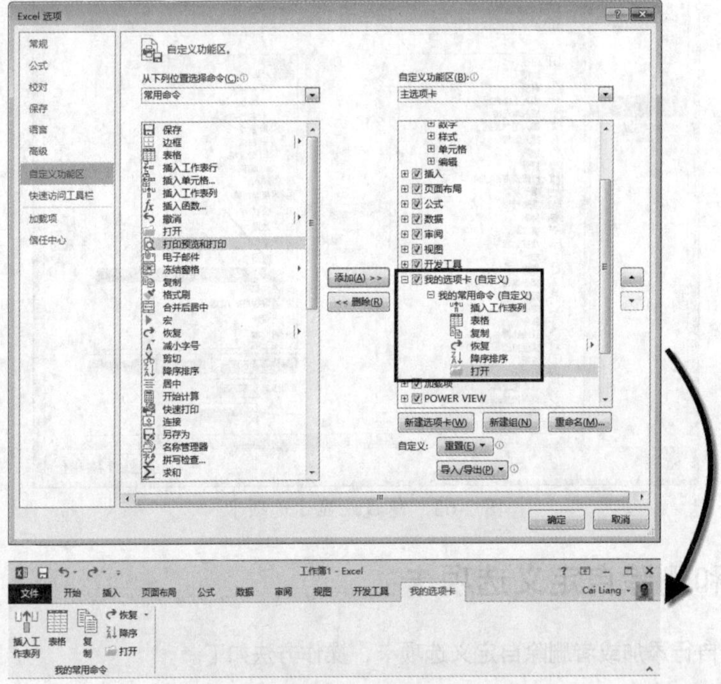

图 2-65 在自定义选项卡中添加命令

2.9.3 自定义命令组

在创建新的自定义选项卡时，系统会自动为此选项卡附带新的自定义命令组，如图 2-60 所示。在不添加自定义选项卡的情况下，也可以在系统原有的内置选项卡中添加自定义命令组，为内置选项卡增加可操作的命令。

例如，要在【页面布局】选项卡中新建一个命令组，将【冻结工作表窗格】命令添加到此命令组中，可以参照以下的操作步骤来实现。

步骤1 在功能区上单击鼠标右键，在弹出的快捷菜单中选择【自定义功能区】命令打开【Excel选项】对话框。

步骤2 在【自定义功能区】选项卡中右侧的主选项卡列表中选中【页面布局】选项卡，然后单击下方的【新建组】按钮，会在此选项卡中新增一个名为“新建组（自定义）”的命令组。

步骤3 选中新建组，然后在左侧“常用命令”列表中找到“冻结窗格”命令并选中，再单击中间的【添加】按钮，即可将此命令添加到自定义的命令组中。最后单击【确定】按钮完成操作，如图 2-66 所示。

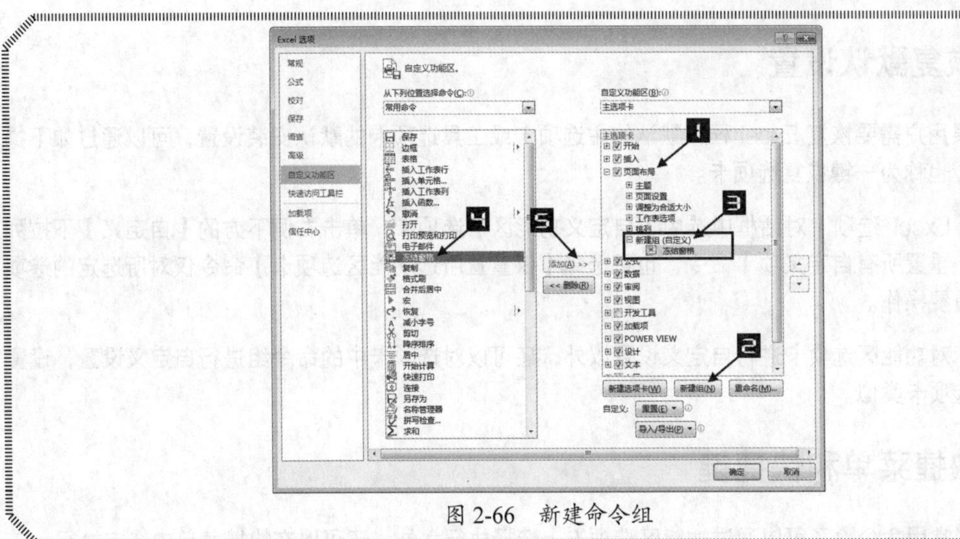

图 2-66　新建命令组

新建的自定义命令组如图 2-67 所示。

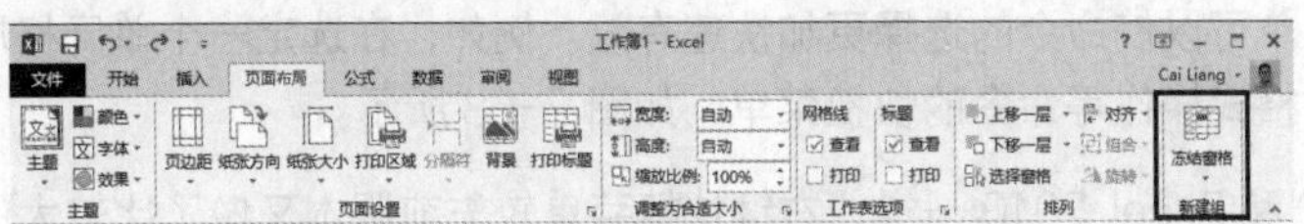

图 2-67　自定义命令组在选项卡中的显示

2.9.4　重命名选项卡

用户可以重命名现有的选项卡（包括 Excel 程序自带的选项卡），操作方法如下。

在【主选项卡】列表中选中需要重命名的选项卡，单击下方的【重命名】按钮，在弹出的【重命名】对话框中的【显示名称】文本框中输入新的名称，最后单击【确认】按钮保存设置。此时，在【主选项卡】列表中就会显示新的选项卡名称。

2.9.5　调整选项卡显示的次序

Excel 程序默认以【开始】、【插入】、【页面布局】、【公式】、【数据】、【审阅】和【视图】7 个选项卡的次序显示，用户可以根据需要调整选项卡在功能区中的排放次序，有以下几种等效的操作方法。

◆　打开【Excel 选项】对话框，单击【自定义功能区】选项卡，在【自定义功能区】的【主选项卡】列表中选择需要调整的选项卡，单击右侧的上移或下移按钮，即可对选择的选项卡进行向上或者向下移动。

◆　单击【主选项卡】列表中选择需要调整的选项卡，按住鼠标左键拖动到需要移动的位置，松开鼠标左键。

2.9.6　导出和导入配置

如果用户需要保留选项卡的各项设置，并在其他计算机使用或者在重新安装 Microsoft Office 2013 程序后保持之前的选项卡设置，则可以通过导出和导入选项卡的配置文件实现，操作方法如下。

在【Excel 选项】对话框中选定【自定义功能区】选项卡，然后单击右侧下方的【导入/导出】按钮，选择保存的路径并输入保存的文件名称后单击【确定】按钮，完成选项卡配置文件的导出操作。在需要导入配置时，可参考以上操作方式，定位到配置文件的存放路径后选择文件导入。

2.9.7 恢复默认设置

如果用户需要恢复 Excel 程序默认的主选项卡或工具选项卡的默认安装设置，可以通过如下操作实现，也称为一键恢复选项卡。

在【Excel 选项】对话框中选中【自定义功能区】选项卡，单击右侧下方的【自定义】下拉列表中的【重置所有自定义项】命令，也可选择【仅重置所选功能区选项卡】命令仅对所选定的选项卡进行重置操作。

除了对功能区选项卡进行自定义设置以外，还可以对选项卡中的命令组进行自定义设置，设置方法与选项卡类似。

2.9.8 快捷菜单和快捷键

许多常用命令除了可以通过功能区选项卡上选择执行之外，还可以在快捷菜单中选定执行。在 Excel 中，单击鼠标右键就可以显示快捷菜单，所显示的快捷菜单内容取决于鼠标所选定的对象，因此使用快捷菜单可以使命令的选择更加快速有效。例如，在选定一个单元格后单击鼠标右键，会出现包含单元格格式操作等命令的快捷菜单，如图 2-68 所示。

Excel 2013 和 Excel 2010 一样，右键快捷菜单较先前版本又做了比较大的改动，最显著的地方，就是在其中增加了选择性粘贴的常用选项。

图 2-68 中显示在单元格上方的菜单栏称为【浮动工具栏】，是 Excel 2007 版本之后新增的功能。【浮动工具栏】主要包括了单元格格式设置的一些基本命令，例如字体、字号、字体颜色、边框等，此外还有按颜色筛选、排序的命令。

提示

如果 Excel 程序中没有显示【浮动工具栏】，可以通过以下方法进行设置：在功能区上依次单击【文件】→【选项】，打开【Excel 选项】对话框，选定【常规】选项卡，然后勾选右侧的【选择时显示浮动工具栏】复选框。

除了使用鼠标操作，还可以借助快捷按键来执行命令，自 Excel 2007 之后，可以使用<Alt>键来实现许多快捷键操作，例如需要弹出【高级筛选】对话框，可以依次单击<Alt>、<A>、<Q>键，如图 2-69 所示。

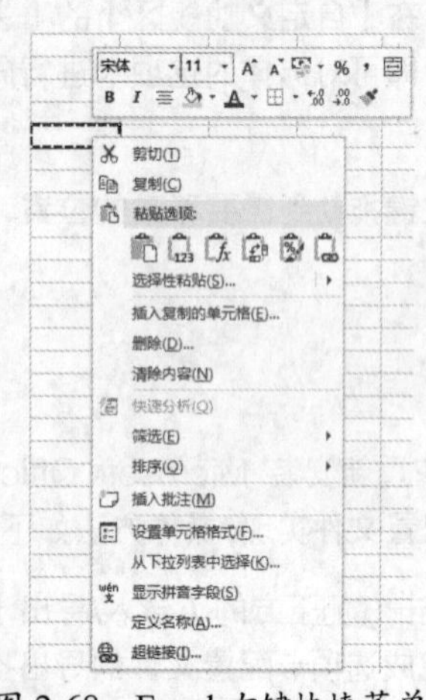

图 2-68 Excel 右键快捷菜单

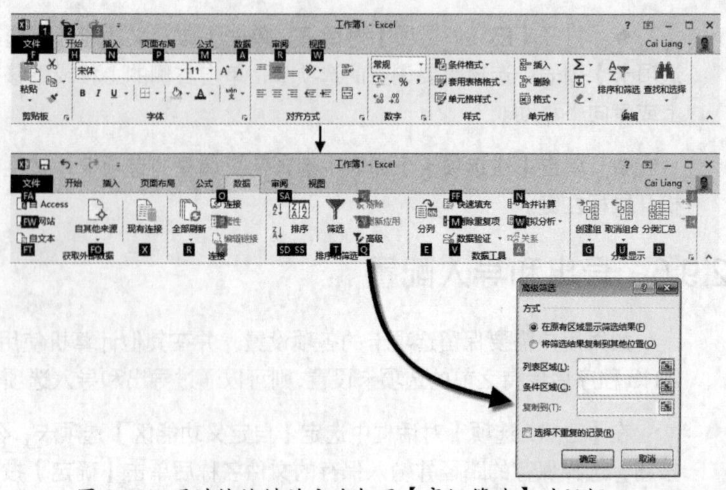

图 2-69 通过快捷键的方法打开【高级筛选】对话框

提示

> 按<Alt>键时，功能区选项卡上会显示进一步的按键提示，只需要按照提示的按键依次操作即可。

2.10 快速访问工具栏（QAT）

快速访问工具栏是一个可自定义的工具栏，它包含一组常用的命令快捷按钮，并且支持用户自定义其中的命令，用户可以根据需要快速添加或删除其所包含的命令按钮。使用快速访问工具栏可减少对功能区菜单的操作频率，提高常用命令的访问速度。

2.10.1 快速访问工具栏的使用

快速访问工具栏通常位于功能区的上方，系统默认情况下包含了【保存】、【撤消】和【恢复】3 个命令按钮。单击工具栏右侧的下拉箭头（自定义快速访问工具栏按钮），可在扩展菜单中显示更多的内置命令选项，其中包括【新建】、【打开】、【电子邮件】等，如果勾选这些命令选项，就可以在快速访问工具栏中显示对应的命令按钮。如图 2-70 所示。

提示

> 快速访问工具栏默认情况下显示在功能区上方，如果有必要，也可以让其显示在功能区下方。在图 2-70 所示的下拉菜单中勾选【在功能区下方显示】选项即可实现切换，如图 2-71 所示。

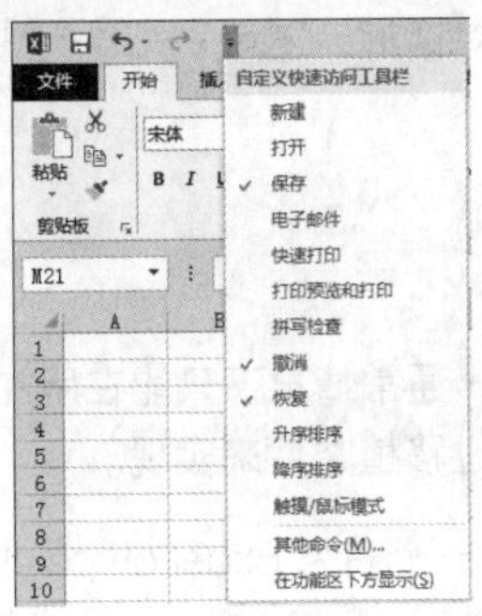

图 2-70 快速访问工具栏

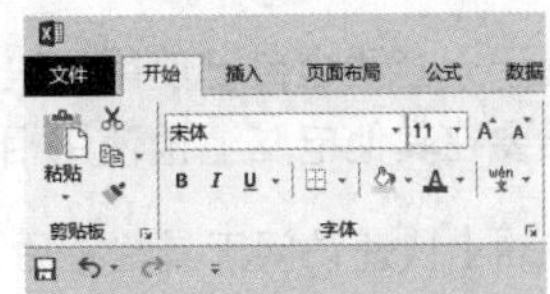

图 2-71 将快速访问工具栏显示在功能区下方

2.10.2 自定义快速访问工具栏

除了系统内置的几项命令以外，用户还可以通过自定义快速访问工具栏按钮将其他命令添加到此工具栏上。

以添加【照相机】命令为例，自定义【快速访问工具栏】的一般步骤如下。

步骤 1 单击【快速访问工具栏】右侧的下拉按钮，在弹出的扩展菜单中单击【其他命令】选项，弹出【Excel 选项】对话框的【快速访问工具栏】选项卡。

步骤 2 在左侧【从下列位置选择命令】下拉列表中选择【不在功能区中的命令】选项。然后在命令列表中找到【照相机】命令并选中，再单击中间的【添加】按钮，此命令就会出现在右侧的命令列表中，如图 2-72 所示。

步骤 3 单击【确定】按钮完成操作。

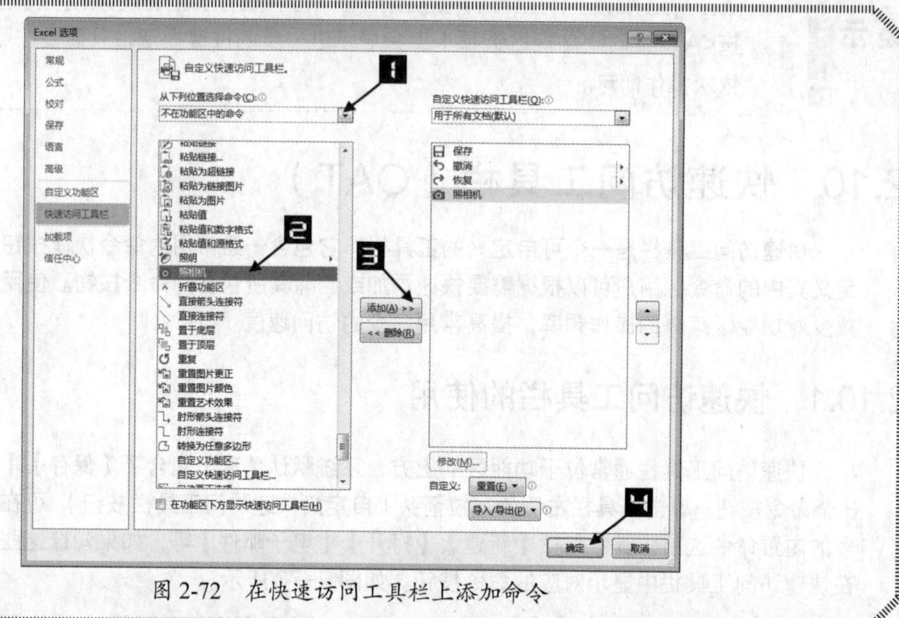

图 2-72　在快速访问工具栏上添加命令

添加完成的快速访问工具栏显示如图 2-73 所示。

如果用户需要删除【快速访问工具栏】上的命令按钮可以参照以上步骤选择中间的【删除】按钮进行操作。

图 2-73　快速访问工具栏上的照相机命令按钮

除了添加和删除命令以外，通过图 2-72 所示的选项对话框，还可以在右侧单击三角形按钮调整命令的排列顺序。

2.10.3 移植自定义快速访问工具栏

用户设置了一套适合自己使用的快速访问工具栏之后，通常情况下只能在所在电脑的所在系统中使用，如果要在其他电脑上也使用相同的配置，可以通过移植文件来实现。

当用户编辑【快速访问工具栏】后，Excel 程序会生成一个名为 Excel.officeUI 的文件，存放于用户配置文件夹中，在 Windows 7 系统中的路径通常为：

“C:\Users\<用户名>\AppData\Local\Microsoft\Office\”

将 Excel.officeUI 文件复制到另一台计算机对应的用户配置文件夹路径下，就实现了【快速访问工具栏】配置从一台计算机到另一台计算机的移植。

注意

Excel.officeUI 文件中不仅包含快速访问工具栏的配置信息，还包括了自定义功能区选项卡等用户界面信息，因此复制此文件会对整个用户界面产生影响。

第 3 章　工作簿和工作表操作

本章主要对工作簿和工作表的基础操作进行介绍，诸如工作簿的创建、保存，工作表的创建、移动、删除等基础操作。通过对本章的学习，用户将掌握工作簿和工作表的基础操作方法，并为后续进一步学习 Excel 的其他操作打下基础。

本章学习要点

（1）工作簿和工作表的基础操作。

（2）工作表视图窗口的设置。

3.1　工作簿的基本操作

工作簿（Workbook）是用户使用 Excel 进行操作的主要对象和载体，下面介绍对工作簿的创建、保存等基本操作。

3.1.1　工作簿类型

Excel 工作簿有多种类型。当保存一个新的工作簿时，可以在【另存为】对话框的【保存类型】下拉菜单中选择所需要保存的 Excel 文件格式，如图 3-1 所示。和 Excel 2007、Excel 2010 相同，在 Excel 2013 中，“*.xlsx”为普通 Excel 工作簿；“*.xlsm”为启用宏的工作簿，当工作簿中包含宏代码时，选择这种类型；“*.xlsb”为二进制工作簿；“*.xls”为 Excel 97-2003 工作簿，无论工作簿中是否包含宏代码，都可以保存为这种与 Excel 2003 兼容的文件格式。

Excel 工作簿
Excel 启用宏的工作簿
Excel 二进制工作簿
Excel 97-2003 工作簿
XML 数据
单个文件网页
网页
Excel 模板
Excel 启用宏的模板
Excel 97-2003 模板
文本文件(制表符分隔)
Unicode 文本
XML 电子表格 2003
Microsoft Excel 5.0/95 工作簿
CSV (逗号分隔)
带格式文本文件(空格分隔)
DIF (数据交换格式)
SYLK (符号链接)
Excel 加载宏
Excel 97-2003 加载宏
PDF
XPS 文档
Strict Open XML 电子表格
OpenDocument 电子表格

图 3-1　Excel 保存格式

默认情况下，Excel 2013 文件保存的类型为“Excel 工作簿（*.xlsx）”。如果用户需要和早期的 Excel 版本用户共享电子表格，或者需要经常性制作包含宏代码的工作簿时，可以通过设置“工作簿默认保存文件格式”来提高保存操作的效率，操作方法如下。

打开【Excel 选项】对话框，单击【保存】选项卡，然后在右侧【保存工作簿】区域中的【将文件保存为此格式】下拉菜单中选择需要默认保存的文件类型，例如“Excel 97-2003 工作簿”，最后单击【确定】按钮保存设置并退出【Excel 选项】对话框，如图 3-2 所示。

设置完默认的文件保存类型后，再对新建的工作簿使用【保存】或者是【另存为】命令时，弹出的【另存为】对话框中的保存类型就会被预置为之前所选择的文件类型，如图 3-3 所示。

如果将默认的文件保存类型设置为“Excel 97-2003 工作簿”，则在 Excel 程序中新建工作簿时，将运行在“兼容模式”，如图 3-4 所示。

其他保存的方法，请参考 3.1.3 小节。

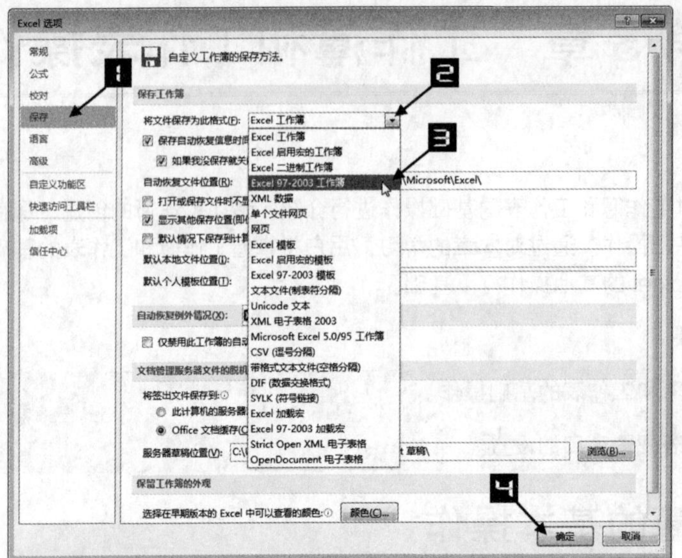

图 3-2 设置默认的文件保存类型

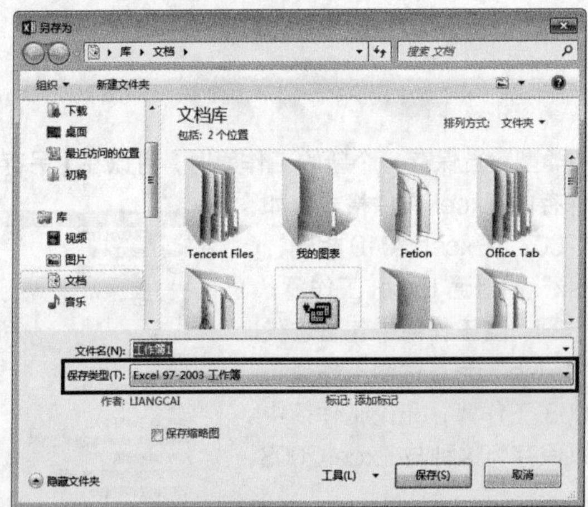

图 3-3 “保存类型”自动预设为默认的保存类型

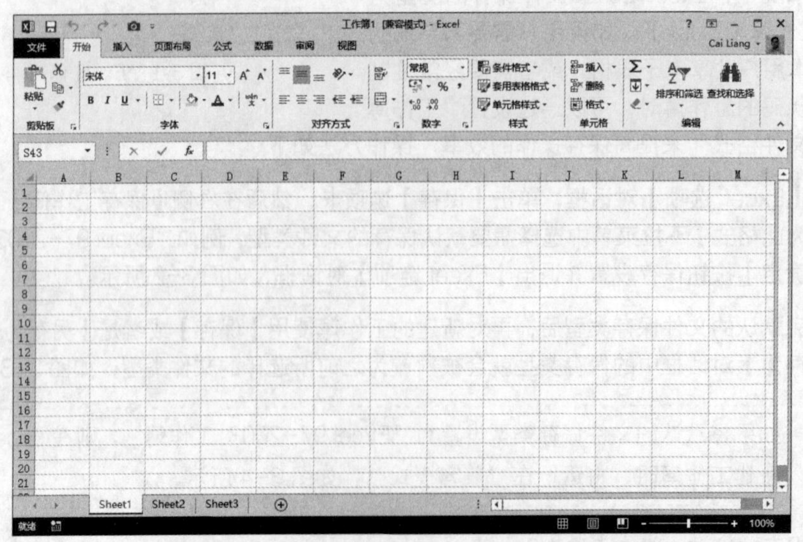

图 3-4 默认文件保存类型对 Excel 运行模式的影响

3.1.2 创建工作簿

用户可以通过以下几种方法创建新的工作簿。

1. 在 Excel 工作窗口中创建

自 Excel 2010 版本以后，由系统开始菜单或者桌面快捷方式启动 Excel，启动后的 Excel 工作窗口中自动创建了一个名为“工作簿 1”的空白工作簿（如多次重复启动动作，则名称中的编号依次增大），这个工作簿在用户进行保存操作之前都只存在于内存中，没有实体文件存在。

提示

Excel 2010 之前的版本，创建新工作簿默认的名称为“Book1”。

在现有的工作窗口中，有以下 3 种等效操作可以创建新的工作簿。

- 双击桌面快捷方式，打开 Excel 程序窗体，在右侧单击【空白工作簿】命令。
- 在功能区上依次单击【文件】→【新建】命令，在右侧单击【空白工作簿】命令。
- 在键盘上按<Ctrl+N>组合键。

上述方法所创建的工作簿同样只存在于内存中，并会依照创建次序自动命名。

提示

用户如果需要启动 Excel 时取消自动创建工作簿，请参阅第 8 章。

2. 在系统中创建工作簿文件

安装了 Excel 2013 的 Windows 系统，会在鼠标右键快捷菜单中自动添加新建【Microsoft Excel 工作表】的快捷命令，通过这一快捷命令也可以创建新的 Excel 工作簿文件，并且所创建的工作簿是一个存在于磁盘空间内的真实文件，操作方法如下。

在 Windows 桌面或者文件夹窗口的空白处单击鼠标右键，在弹出的快捷菜单中依次单击【新建】→【Microsoft Excel 工作表】命令，如图 3-5 所示。完成操作后可在当前位置创建一个新的 Excel 工作簿文件，双击此新建的文件即可在 Excel 工作窗口中打开此工作簿。

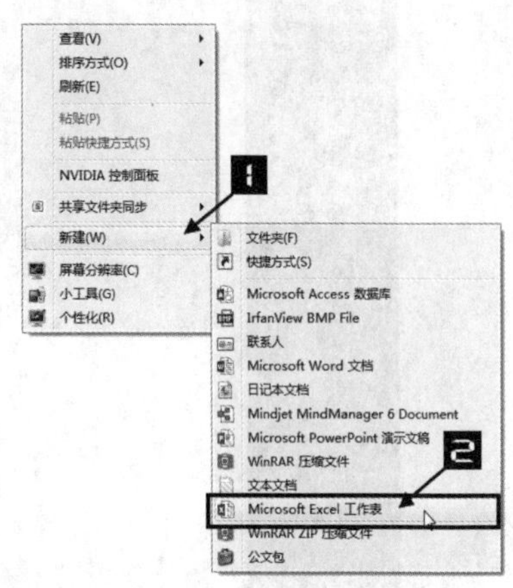

图 3-5　通过右键快捷菜单创建工作簿

3.1.3 保存工作簿

工作簿都需要经过保存才能成为磁盘空间的实体文件，用于以后的读取和编辑。培养良好的保存文件习惯对于长时间进行表格操作的用户来说，具有特别重要的意义，经常性的保存工作可以避免很多由系统崩溃、停电故障等原因所造成的损失。

1. 保存工作簿的几种方法

有以下几种等效操作可以保存当前窗口中的工作簿。

- 在功能区中依次单击【文件】→【保存】（或【另存为】）命令。
- 单击【快速启动工具栏】上的【保存】按钮。

◆ 在键盘上按<Ctrl+S>组合键。

◆ 在键盘上按<Shift+F12>组合键。

此外，经过编辑修改却未经保存的工作簿在被关闭时会自动弹出警告信息，询问用户是否要求保存，如图 3-6 所示，单击【保存】按钮就可以保存此工作簿。关闭工作簿的详细内容，请参阅 3.1.11 小节。

图 3-6 关闭工作簿时询问是否保存

2. 保存工作簿位置

在 Excel 2013 之前，保存工作簿的路径只能为本地，当用户使用 Excel 2013 保存工作簿，单击【文件】→【另存为】命令时，右侧会出现 3 个选项（如图 3-7 所示），分别如下。

◆ OneDrive – 个人：将工作簿保存到当前登录到的 Office 2013 的 Microsoft 账户对应的个人 OneDrive 空间。

◆ 计算机：将工作簿保存到本地。

◆ 添加位置：添加保存的路径位置。

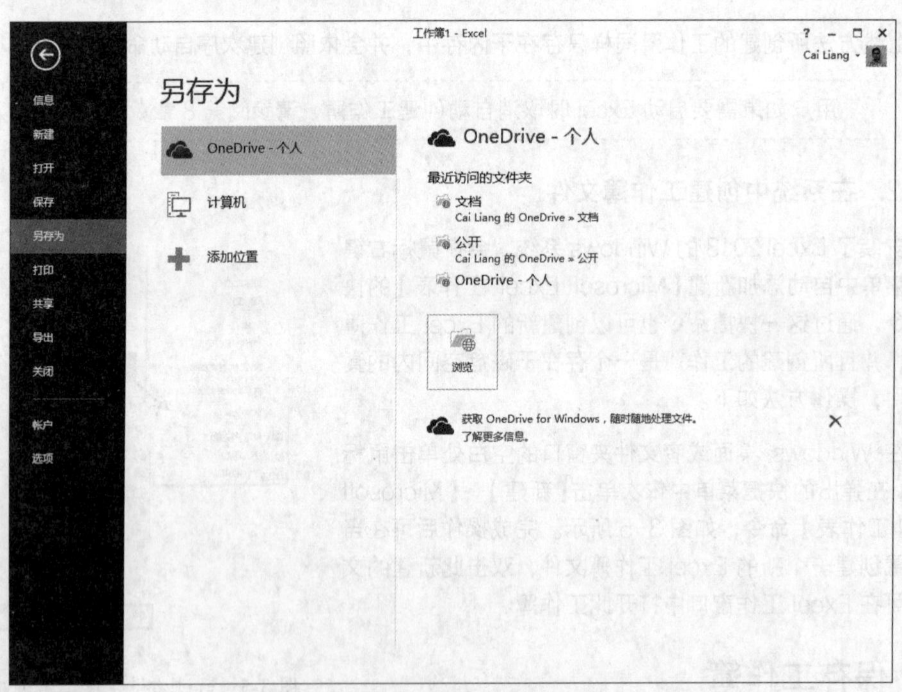

图 3-7 “另存为”路径

示例 3-1 将工作簿保存到 OneDrive 上

操作目的：将当前工作簿保存到 OneDrive 空间上。

操作步骤如下。

步骤 1 → 在当前工作簿依次单击【文件】→【另存为】→【OneDrive–个人】命令，如图 3-8 所示，若用户尚未登录账户，则需要先登录 OneDrive。

图 3-8 文件"另存为"

步骤2 在右侧单击【浏览】按钮，弹出【另存为】对话框，如图 3-9 所示。

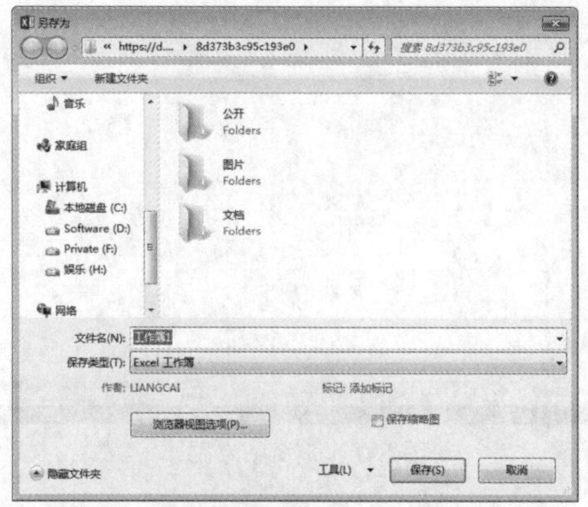

图 3-9 【另存为】对话框

步骤3 双击需要保存的文件夹，如"文档"，并输入文件名，如"保存到 OneDrive 工作簿"，最后单击【保存】按钮，关闭【另存为】对话框，完成操作，如图 3-10 所示。

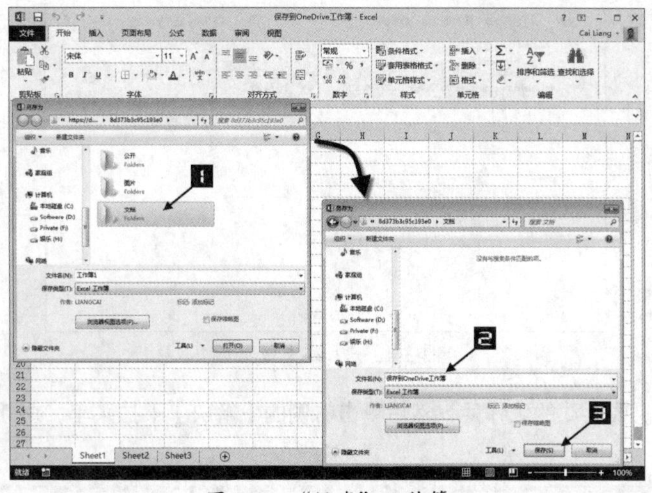

图 3-10 "保存"工作簿

当用户登录 OneDrive 空间时，可以看到刚才保存在 OneDrive 空间中的工作簿。

提示 用户将工作簿保存到 OneDrive 时，系统右下角会出现一个【Microsoft Office 上载中心】按钮，如图 3-11 所示。

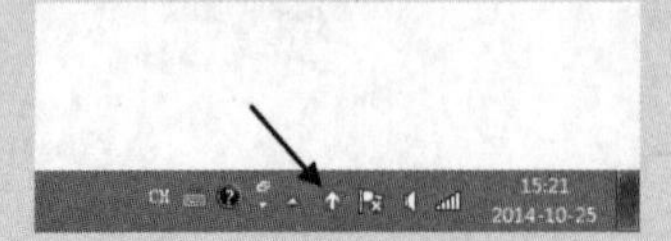

图 3-11 Microsoft Office 上载中心

若因为各种原因，如网络不通，导致工作簿暂时无法保存到 OneDrive 中，Excel 程序会提示将工作簿保存为本地副本，如图 3-12 所示。

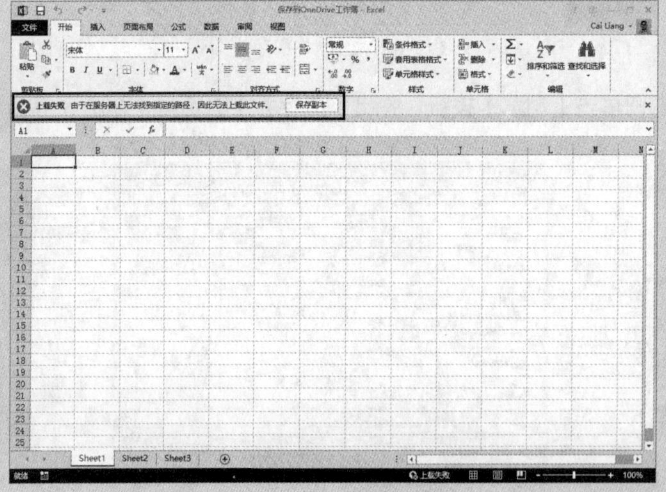

图 3-12 保存为副本

且会在“Microsoft Office 上载中心”显示“上载错误”提示，如图 3-13 所示。

图 3-13 上载失败提示

用户先选择需要上载的工作簿，然后单击右侧的【解决】下拉菜单，重新上载，在这里就不再赘述了。

3.【另存为】对话框

在对新建的工作簿进行第一次保存操作时，会弹出【另存为】对话框，如图 3-14 所示。

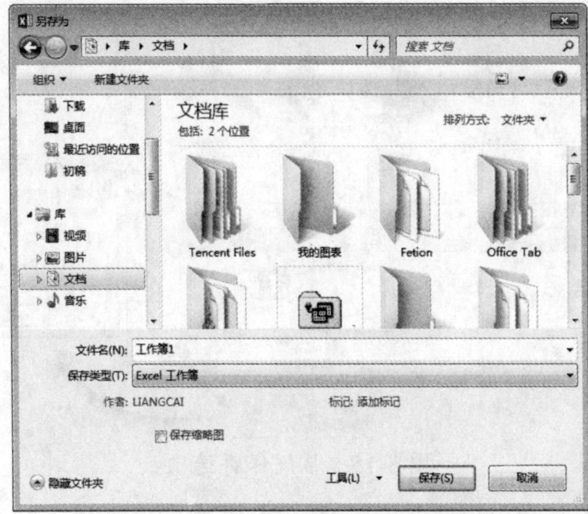

图 3-14 【另存为】对话框

在【另存为】对话框左侧列表框中选择具体的文件存放路径。如果需要新建一个文件夹，可以单击【新建文件夹】按钮，在当前路径中创建一个新的文件夹。

用户可以在【文件名】文本框中为工作簿命名，默认名称为“工作簿 1”，文件保存类型一般默认为“Excel 工作簿”，即以 xlsx 为扩展名的文件。用户可以自定义文件保存的类型。最后单击【保存】按钮关闭【另存为】对话框，完成保存操作。

深入了解

“保存”和“另存为”

Excel 有两个和保存功能有关的菜单命令，分别是“保存”和“另存为”，它们的名字和实际作用都非常相似，但是实际上却有一定的区别。

对于新创建的工作簿，在第一次执行保存操作时，“保存”和“另存为”命令的功能将完全相同，它们都将打开【另存为】对话框，供用户进行路径定位、文件命名和格式选择等一系列设置。

对于之前已经被保存过的现有工作簿，再次执行保存操作时，这两个命令则有以下区别。

“保存”命令不会打开【另存为】对话框，而是直接将编辑修改后的内容保存到当前工作簿中。工作簿的文件名、存放路径不会发生任何改变。

“另存为”命令将会打开【另存为】对话框，允许用户重新设置存放路径、命令和其他保存选项，以得到当前工作簿的另一个副本。

3.1.4 更多保存选项

在【另存为】对话框底部依次单击【工具】→【常规选项】，将弹出【常规选项】对话框，如图 3-15 所示。

在【常规选项】对话框中，用户可以为工作簿设置更多的保存选项。

◆ 生成备份文件：勾选此复选框，则每次保存工作簿时，都会自动创建备份文件。

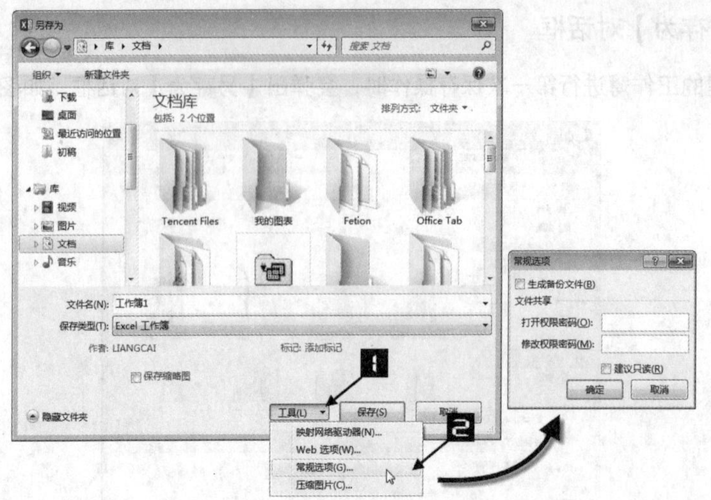

图 3-15 常规保存选项

所谓自动创建备份文件，其过程是这样的：当保存工作簿文件时，Excel 将磁盘上前次保存过的同名文件重命名为“XXX 的备份”，扩展名改为：xlk，即前文所提到过备份文件格式，同时，将当前工作窗口中的工作簿保存为与原文件同名的工作簿文件。这样每次保存时，在磁盘空间上始终存在着新旧两个版本的文件，用户可以在需要时打开备份文件以使表格内容状态恢复到上一次保存的状态。

备份文件只会在保存时生成，并不会“自动”生成。用户从备份文件中也只能获取前一次保存时的状态，并不能恢复到更久以前的状态。

◆ 打开权限密码：在这个文本框内输入密码可以为保存的工作簿设置打开文件的密码保护，没有输入正确的密码就无法用常规方法读取所保存的工作簿文件。密码长度最大支持 15 位。

◆ 修改权限密码：与上面的密码有所不同，这里设置的密码可以保护工作表不被意外地修改。打开设置过修改权限密码的工作簿时，会弹出对话框要求用户输入密码或者以“只读”方式打开文件，如图 3-16 所示。只有掌握此密码的用户可以在编辑修改工作簿后进行保存，否则只能以“只读”方式打开工作簿。在“只读”方式下，用户不能将工作簿内容所作的修改保存到原文件中，而只能保存到其他副本中。

◆ 建议只读：勾选此复选框并保存工作簿以后，再次打开此工作簿时，会弹出如图 3-17 所示的对话框，建议用户以“只读”方式打开工作簿。

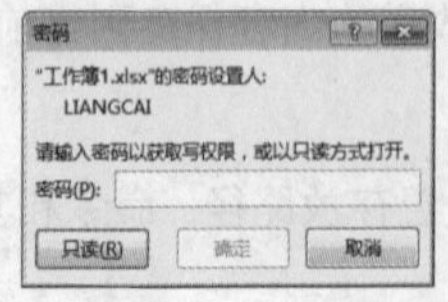

图 3-16 要求输入密码的对话框

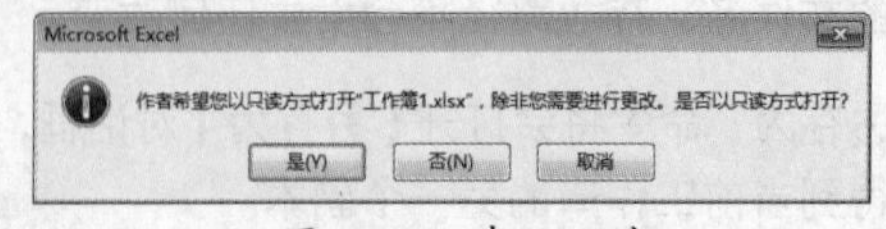

图 3-17 建议只读

注意

自 Excel 2007 版本开始，【常规选项】对话框中已经取消了在 Excel 2003 版本中出现的【高级】按钮，用户不能在此处进一步选择加密技术的类型。

3.1.5 自动保存功能

由于断电、系统不稳定、Excel 程序本身问题、用户误操作等原因，Excel 程序可能会在用户保存文档之前就意外关闭，使用“自动保存”功能可以减少这些意外情况所造成的损失。

1. 设置“自动保存”

在 Excel 2013 中，自动保存功能得到进一步增强，不仅会自动生成备份文档，而且会根据间隔定时需求生成多个文件版本。当 Excel 程序因意外崩溃而退出或者用户没有保存文档就关闭工作簿时，可以选择其中的某一个版本进行恢复。

设置自动保存的方法如下。

步骤1 打开【Excel 选项】对话框，单击【保存】选项卡。

步骤2 勾选【保存工作簿】区域中【保存自动恢复信息时间间隔】的复选框（默认被勾选），即所谓的“自动保存”。在右侧的微调框内设置自动保存的间隔时间，默认为 10 分钟，用户可以设置从 1~120 分钟之间的整数。勾选【如果我没保存就关闭，请保留上次自动保留的版本】的复选框。在下方【自动恢复文件位置】文本框输入需要保存的位置，Windows 7 系统中的默认路径为“C:\Users\用户名\AppData\Roaming\Microsoft\Excel\”，如图 3-18 所示。

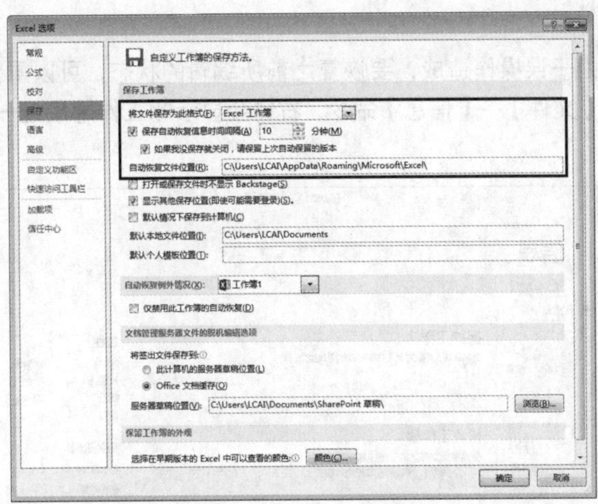

图 3-18 自动保存选项设置

步骤3 单击【确定】按钮保存设置并退出【Excel 选项】对话框。

设置开启了“自动保存”功能之后，在工作簿文档的编辑修改过程中，Excel 会根据保存间隔时间的设定自动生成备份副本。在 Excel 功能区中依次单击【文件】→【信息】命令，可以查看到这些通过自动保存生成的副本版本信息，如图 3-19 所示。

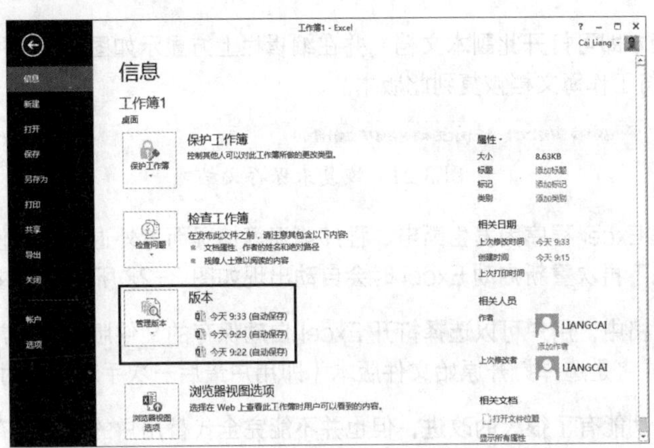

图 3-19 自动生成的备份副本

深入了解 自动保存的定时机制

自动保存的间隔时间在实际使用中遵循以下几条规则。

（1）只有工作簿发生新的修改时，计时器才开始启动计时，到达指定的间隔时间后发生保存动作。如果在保存后没有新的修改编辑产生，计时器不会再次激活，也不会有新的备份副本产生。

（2）在一个计时周期过程中，如果进行了手动保存工作，计时器立即清零，直到下一次工作簿发生修改时再次开始激活计时。

2. 恢复文档

恢复文档的方式根据 Excel 程序关闭的情况不同而分为两种，第一种情况是用户手动关闭 Excel 程序之前没有保存文档。

这种情况通常是由于误操作造成，要恢复之前所编辑的状态，可以重新打开目标工作簿文档后在功能区上依次单击【文件】→【信息】命令，右侧会显示此工作簿最近一次自动保存的文档副本，如图 3-20 所示。

图 3-20 未保存就关闭的文档恢复

单击此文件版本即可打开此副本文档，并在编辑栏上方显示如图 3-21 所示的提示信息，单击【还原】按钮即可将工作簿文档恢复到此版本。

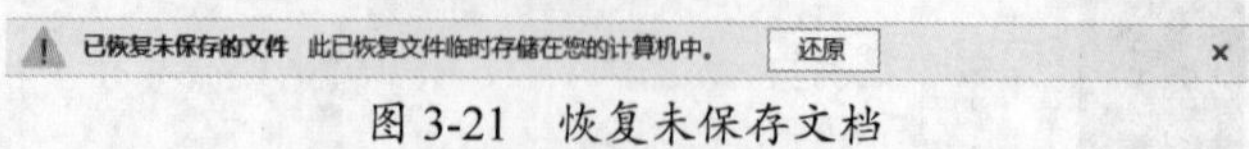

图 3-21 恢复未保存文档

第二种情况是 Excel 程序因发生断电、程序崩溃等情况而意外退出，致使 Excel 工作窗口非正常关闭。这种情况下再次重新启动 Excel 时会自动出现如图 3-22 所示的“文档恢复”任务窗格。

在这个任务窗格中，用户可以选择打开 Excel 自动保存的文件版本（通常是最近一次自动保存时的文件状态），或者是选择打开原始文件版本（即用户最后一次手动保存时的文件状态）。

虽然自动保存功能有了很大的改进，但也并不能完全代替用户的手动保存操作。在使用 Excel 的过程中，养成良好的保存习惯才是避免重大损失的有效途径。

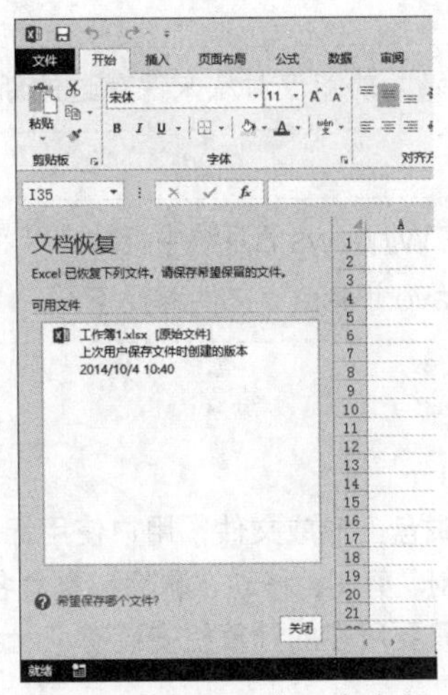

图 3-22　文档恢复任务窗格

3.1.6　恢复未保存的工作簿

Excel 2013 还新增一项【恢复未保存的工作簿】功能，此项功能与自动保存功能相关，但在对象和方式上与前面所说的自动保存功能有所区别。

在勾选了图 3-18 中所示的【如果我没保存就关闭，请保留上次自动保留的版本】复选框的情况下，在用户对尚未保存过的新建工作簿或 Excel 中打开的临时工作簿文件进行编辑时，也会定时进行备份保存。在未进行手动保存的情况下关闭此工作簿时，Excel 程序会弹出如图 3-23 所示的对话框，提示用户保存文档。

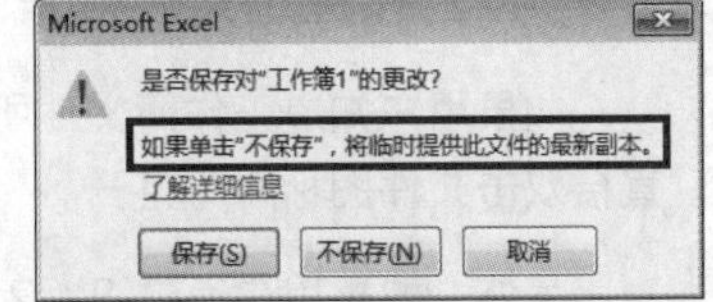

图 3-23　未保存而直接关闭提示对话框

如果单击【不保存】按钮而关闭了工作簿（通常是用户误操作），可以使用“恢复未保存的工作簿”功能恢复到之前所编辑的状态，操作步骤如下。

步骤1 依次单击【文件】选项卡→【打开】→【最近使用的工作簿】→【恢复未保存的工作簿】命令，如图 3-24 所示。

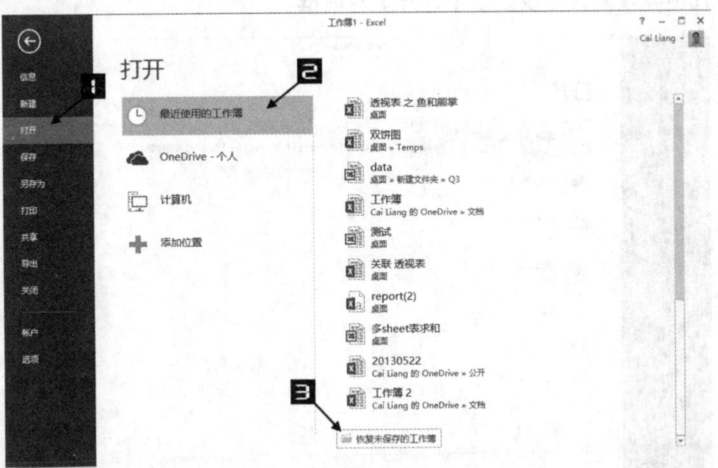

图 3-24　恢复未保存的工作簿

步骤2 在弹出的【打开】对话框中，选择需要恢复的文件，最后单击【打开】按钮，完成恢复未保存的工作簿。

注意 "恢复未保存的工作簿"功能仅对从未保存过的新建工作簿或临时文件有效。

提示 未保存的工作簿文档在Windows 7系统中存放在"C:\Users\<用户名>\AppData\Local\Microsoft\Office\UnsavedFiles\"文件路径下。

3.1.7 打开现有工作簿

经过保存的工作簿在计算机磁盘上形成文件，用户使用标准的计算机文件管理操作方法就可以对工作簿文件进行管理，诸如复制、剪切、移动、删除和重命名等。无论工作簿文件被保存在何处，或者是复制到不同的计算机上，只要所在的计算机安装有Excel程序，工作簿文件就可以被再次打开进行读取和编辑等操作。

提示 Excel新版本一般都会兼容旧版本的文件，即新版本的Excel程序都可以打开旧版本的Excel文件，例如Excel 2013程序可以打开Excel 2003创建的工作簿（后缀名为.xls），详细的操作方法，请参阅3.1.8小节。

打开现有工作簿的方法如下。

1. 直接通过文件打开

如果用户知道工作簿文件所保存的确切位置，可以利用Windows的资源管理器找到文件所在，直接双击文件图标即可打开。

另外，如果用户通过3.1.2小节中所示的方法创建过启动Excel的快捷方式，那么将工作簿文件拖动到此快捷方式图标上也可以打开此工作簿。

2. 使用【打开】对话框

如果用户已经启动了Excel程序，那么可以通过执行【打开】命令打开指定的工作簿，如图3-25所示。有以下几种等效方式可以显示【打开】对话框。

图3-25 【打开】界面

◆ 在功能区中依次单击【文件】→【打开】命令。

◆ 在键盘上按<Ctrl+O>组合键。

此时用户可以选择 3 种方式打开已有的工作簿，分别如下所示。

◆ 最近使用的工作簿：在右侧会显示用户最近使用的工作簿列表，当在列表中单击工作簿名称时，即可以打开该工作簿。

◆ OneDrive－个人：打开用户保存在 OneDrive 中的工作簿。

◆ 计算机：打开本地工作簿，右侧显示“最近访问的文件夹”，用户单击指定文件夹，弹出【打开】对话框，文件夹路径为用户选择的列表文件夹路径。如果在“最近访问的文件夹”列表中没有指定打开工作簿的文件夹选项，如图 3-26 所示。用户还可以单击【浏览】按钮，弹出【打开】对话框，如图 3-27 所示。

图 3-26 “打开”本地工作簿页面

在【打开】对话框中，用户可以通过左侧的树型列表选择工作簿文件的存放路径，在目标路径下选中具体文件后，双击文件图标或者单击【打开】按钮即可打开文件。如果按住<Ctrl>键后用鼠标选中多个文件，再单击【打开】按钮，则可以同时打开多个工作簿。

图 3-27 中【打开】下拉按钮的右侧显示有三角箭头，其中也包含了一个下拉菜单，具体内容如图 3-28 所示。

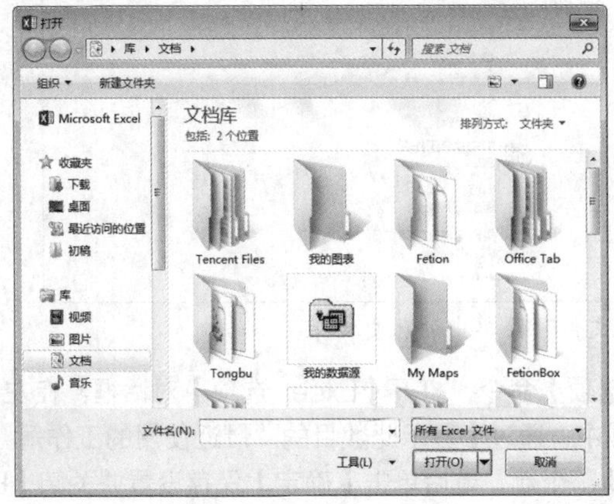

图 3-27 【打开】对话框

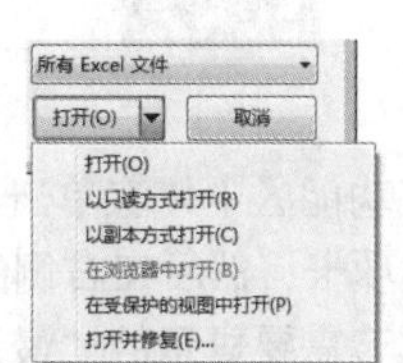

图 3-28 【打开】下拉菜单中的选项

这些打开选项的含义大致如下。

◆ 打开：正常打开方式。

◆ 以“只读”方式打开：以“只读”的方式打开目标文件，不能对文件进行覆盖性保存。

◆ 以副本方式打开：选择此方法时，Excel 自动创建出一个目标文件的副本文件，命名为类似“副本（1）属于（原文件名）”的形式，同时打开这个文件。这样用户可以在副本文件上进行编辑修改，而不会对原文件造成任何影响。

◆ 在浏览器中打开：使用 Web 浏览器打开文件，如 IE。

◆ 在受保护的视图中打开：受保护视图模式主要用于在打开可能包含病毒或其他任何不安全因素的工作簿前的一种保护性措施。为了尽可能保护电脑安全，存在安全隐患的工作簿都会在受保护的视图中打开，此时大多数编辑功能都将被禁用，用户可以检查工作簿中的内容，以便降低可能发生的任何危险。

◆ 打开并修复：由于某些原因，例如程序崩溃可能会造成用户的工作簿遭受破坏，无法正常打开，应用此选项可以对损坏文件进行修复并重新打开。但修复还原后并不一定能够和损坏前的文件状态保持一致。

3. 通过历史记录

用户近期曾经打开过的工作簿文件，通常情况下都会在 Excel 程序中留有历史记录，如果用户需要打开最近曾经操作过的工作簿文件，也可以通过历史记录来快速打开文件。

调用历史记录的方法如下。

在 Excel 功能区中依次单击【文件】→【打开】→【最近使用的工作簿】命令，就会列出最近曾经打开过的文件记录，如图 3-29 所示，默认显示 25 条最近记录。单击文件名即可打开相应工作簿文件。用户可以自行修改显示最近记录的数量，操作方法如下。

图 3-29 “文件”菜单中的历史记录

在功能区中依次单击【文件】→【选项】命令，打开【Excel 选项】对话框，在左侧选中【高级】选项卡，然后在右侧的【显示】区域中，通过【显示此数目的“最近使用的工作簿”】的微调按钮，调节需要显示的“最近使用的工作簿”个数，最后单击【确定】保存设置并关闭【Excel 选项】对话框，如图 3-30 所示。

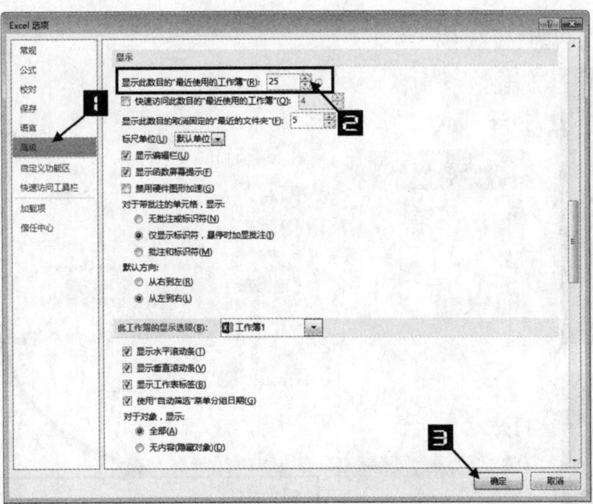

图 3-30　显示的最近使用的文档个数

用户通过勾选【快速访问此数目的“最近使用工作簿”】的复选框，同时调节右侧的微调按显示数目（工作簿数目默认为 4 个），可以在【文件】选项卡底部显示“快速访问工作簿”列表，如图 3–31 所示。单击列表中的文件名称，即可打开相应工作簿文件。

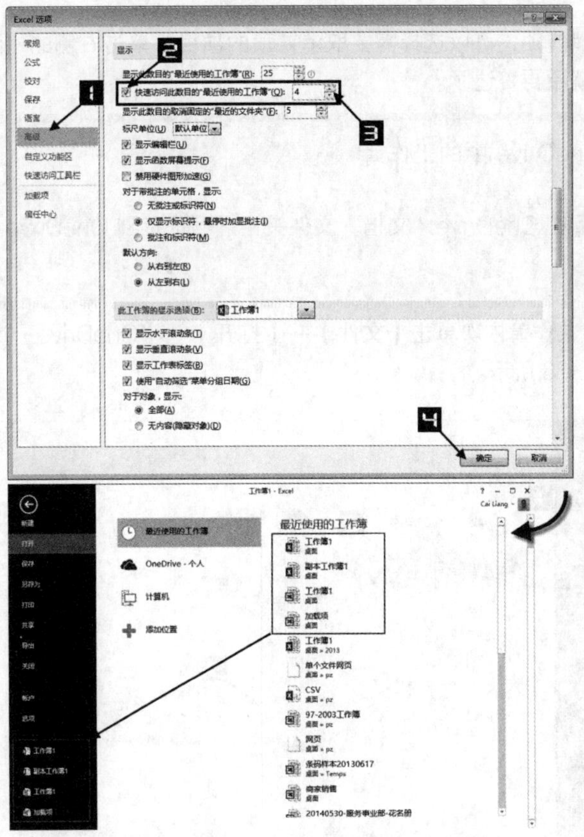

图 3-31　快速访问最近使用的工作簿

用户还可以将在“最近使用的工作簿”中常用的工作簿“钉在”最顶端位置（称之为置顶），操作方法如下。

在【最近使用的工作簿】列表中选择需要置顶的项目，如“冻结窗格”，单击右侧的“图钉”按钮，完成置顶操作，如图 3-32 所示。

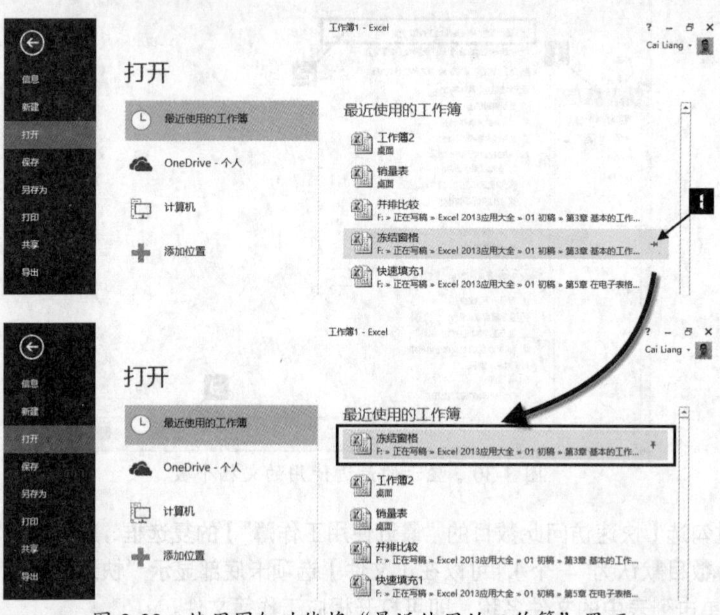

图 3-32 使用图钉功能将“最近使用的工作簿”置顶

用户如果想取消置顶，可以选择需要取消置顶的项目，单击右侧的“图钉”按钮，即可完成取消置顶操作，在此就不再赘述了。

示例 3-2 打开 OneDrive 中的工作簿

如果要打开保存在 OneDrive“文档”文件夹中的“保存到 OneDrive 工作簿”工作簿。

操作步骤如下。

步骤1 在当前工作簿依次单击【文件】→【打开】→【OneDrive-个人】→【浏览】命令，如图 3-33 所示。

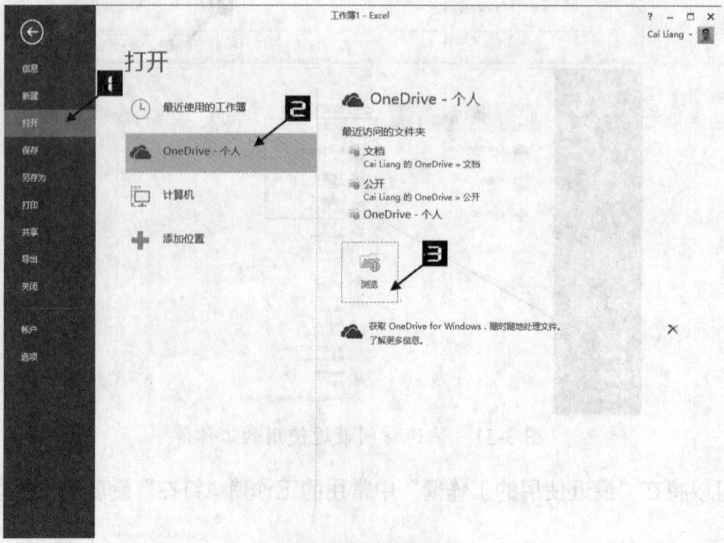

图 3-33 【浏览】按钮

步骤2 弹出【打开】对话框，选择需要打开的工作簿路径（或文件夹），如“文档”，单击【打开】按钮。

步骤3 选择打开的工作簿文件，如“保存到 OneDrive 工作簿”，最后单击【打开】按钮，完成打开 OneDrive 中指定工作簿操作，如图 3-34 所示。

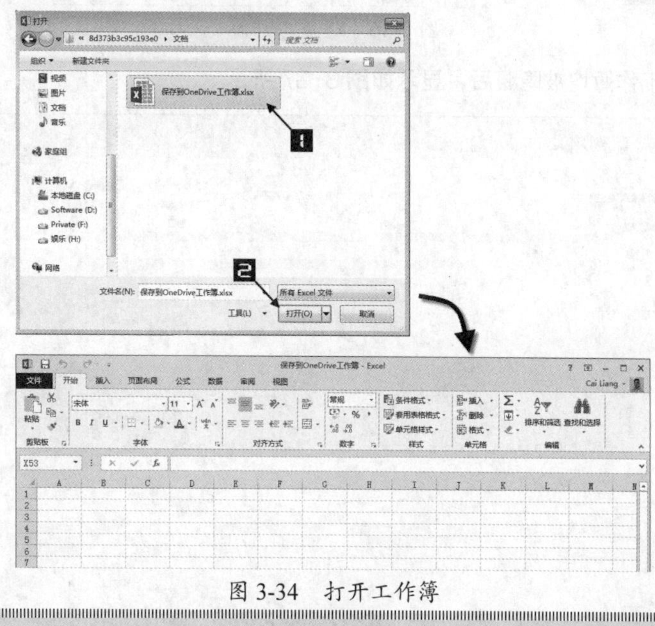

图 3-34 打开工作簿

3.1.8 以兼容模式打开早期版本工作簿

在 3.1.1 小节中提到，用户在 Excel 2013 中打开由 Excel 2003、Excel 2002 或 Excel 2000 创建的文档，则会开启“兼容模式”，并且在标题栏显示“兼容模式”字样。“兼容模式”可确保用户在处理文档时不使用到 Excel 2013 中新增或增强的功能，仅使用与早期版本相兼容的功能进行编辑操作。

提示 由 Excel 2007、Excel 2010 创建的固有格式（非早期版本），在 Excel 2013 中不会以兼容模式运行。

3.1.9 显示和隐藏工作簿

如果在 Excel 程序中同时打开多个工作簿时，Windows 的任务栏上就会显示所有的工作簿标签，或在【视图】选项卡上单击【切换窗口】的下拉按钮查看所有的工作簿列表，如图 3-35 所示。

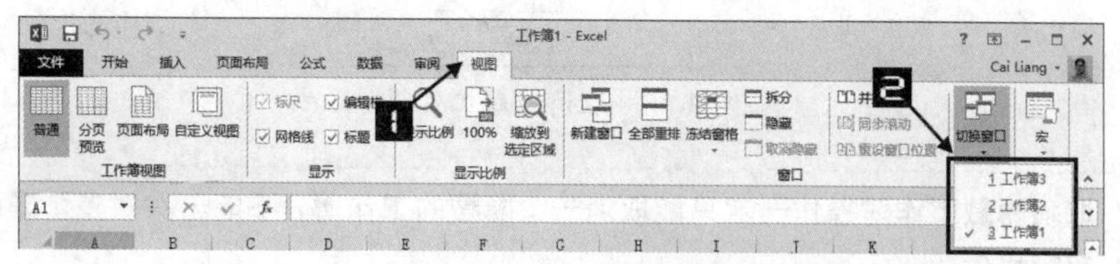

图 3-35 显示所有在 Windows 状态栏中所有的工作簿

如需隐藏其中的某个工作簿，可在激活目标工作簿后，在【视图】选项卡上单击【隐藏】按钮，如图 3-36 所示。

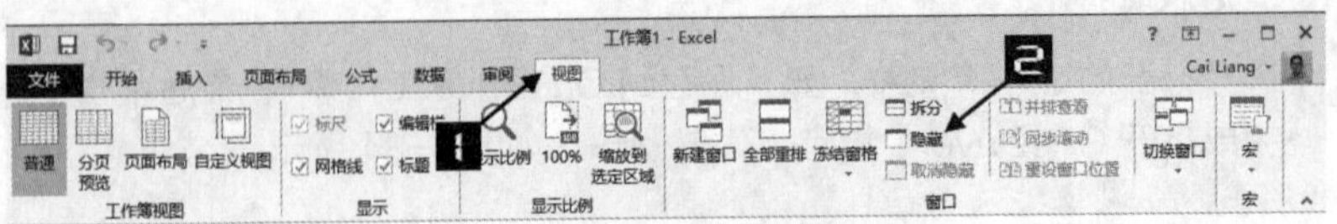

图 3-36 隐藏工作簿

如果打开的工作簿均被隐藏后，显示如图 3-37 所示。

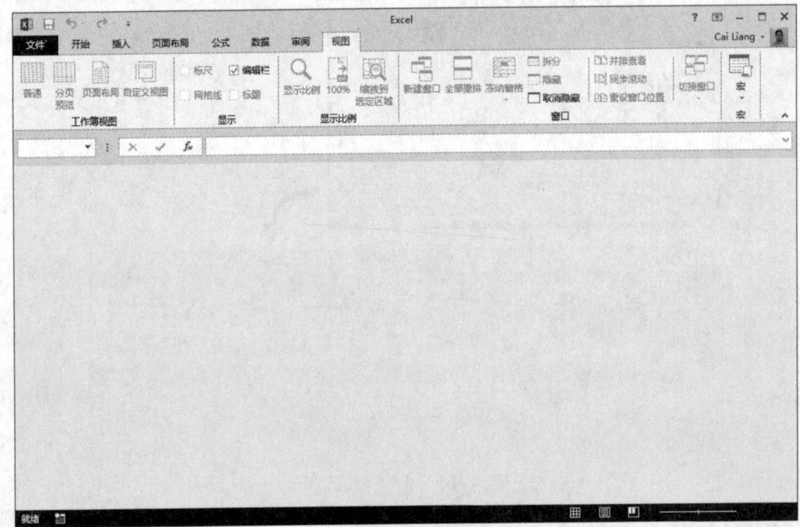

图 3-37 所有工作簿隐藏

隐藏后的工作簿并没有退出或关闭，而是继续驻留在 Excel 程序中，但无法通过正常的窗口切换方法来显示。

如需取消隐藏，恢复显示工作簿，操作方法如下。

在【视图】选项卡上单击【取消隐藏】按钮，在弹出的【取消隐藏】对话框中选择需要取消隐藏的工作簿名称，最后单击【确定】按钮完成，如图 3-38 所示，此时目标工作簿的标签将会重新显示在【切换窗口】按钮的列表中，并在 Windows 系统的任务栏上重新显示。

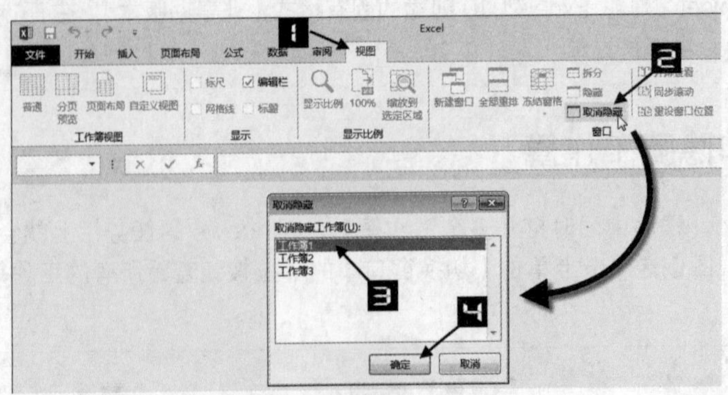

图 3-38 取消隐藏工作簿

提示

取消隐藏工作簿操作一次只能取消一个隐藏的工作簿，不能一次对多个隐藏工作簿同时操作。

3.1.10 版本和格式转换

Excel 2013 除了可以用兼容模式打开和编辑早期版本以外，还可以将早期版本工作簿转换为当前版本。有两种常用的方法。

1. 直接转换

步骤1 → 打开需要转换的早期版本文件。

步骤2 → 依次单击【文件】选项卡→【信息】→【转换】按钮。

步骤3 → 在弹出的提示对话框中单击【确定】按钮，即可完成格式转换，单击【是】按钮，此时 Excel 程序重新打开转换格式后的工作簿文件，标题栏“兼容模式”字样消失，工作簿在正常模式中，如图 3-39 所示。

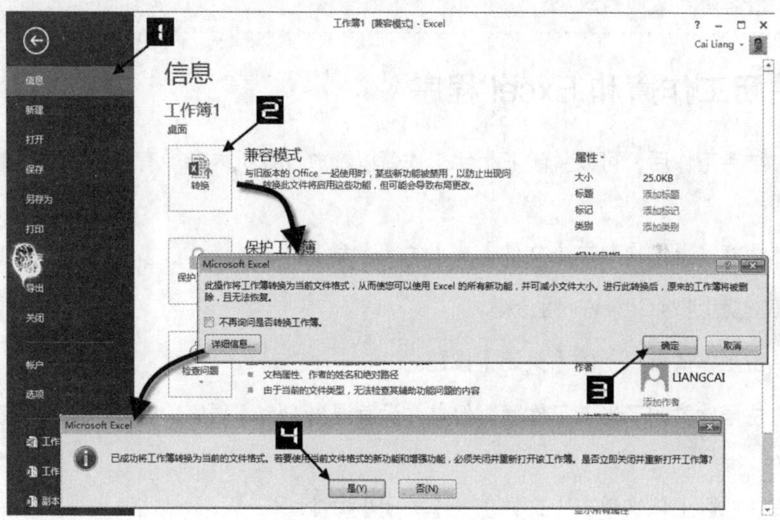

图 3-39 转换 Excel 格式

2. “另存为”方法

用户可以使用“另存为”的方法，将 Excel 早期的版本转换为 Excel 2013 版本，操作方法请参阅 3.1.3 小节。

虽然以上两种方法都可以将早期版本的工作簿文件转换为 Excel 2013 格式的工作簿文件，但是这两种方法是有区别的，如表 3-1 所示。

表 3-1 转换早期本版工作簿文件格式的两种方式对比

比较项目	“转换”方式	“另存为”方式
早期版本工作簿文件	删除早期版本工作簿文件	不删除早期版本工作簿文件
工作模式	立即以正常模式工作	保持原版本的兼容模式，需要关闭早期版本文件并打开转换新版本的文件后才可以以正常模式工作
新建工作表文件格式	Excel 工作簿（.xlsx）	可以选择多种文件格式

此外，需要注意的是，如果早期版本的工作簿中包含了宏代码或其他启用宏的内容，在另存为 2013 版本时，需要保存为“启用宏的工作簿”。当工作簿中带有宏代码时，如果选择将此工作簿保存成“Excel 工作簿”文件类型，单击“保存”操作后，则会弹出提示对话框，如图 3-40 所示。

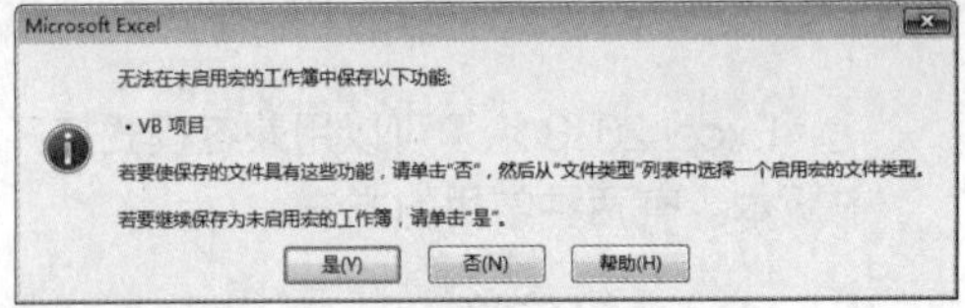

图 3-40　带有宏代码保存成常规类型时的提示框

如果用户选择【是】，则保存为“Excel 工作簿”文件类型，但是系统自动删除文件中的所有宏代码。如果用户选择【否】，则会弹出【另存为】对话框，用户可以在【保存类型】下拉菜单中选择“Excel 启用宏的工作簿”或者“Excel 97-2003 工作簿”文件类型，设置文件存储路径和文件名称后，单击【确定】按钮将文件保存成保留宏代码的 Excel 文档。

提示

如果用户保存为“Excel 97-2003 工作簿”文件类型，系统将自动转换工作簿的功能、元素为 Excel 97 ~ Excel 2003 版本，将不再具备 Excel 2013 新功能或者新特性，具体细节请参阅 3.1.8 小节。因此，建议用户将工作簿保存为“Excel 启用宏的工作簿”文件格式。

3.1.11　关闭工作簿和 Excel 程序

当用户结束工作后，可以关闭 Excel 工作簿以释放计算机内存。有以下几种等效操作可以关闭当前工作簿。

- 在功能区上依次单击【文件】→【关闭】命令。
- 在键盘上按<Ctrl+W>组合键。
- 单击工作簿窗口上的【关闭】按钮。

以上方法虽然关闭了当前工作簿，但是并没有退出 Excel 程序，有以下几种等效方法可以关闭 Excel 程序。

- 在功能区上依次单击【文件】→【关闭】命令。
- 在键盘上按<Alt+F4>组合键。
- 单击 Excel 工作窗口按钮中的【关闭】按钮。
- 双击当前的 Excel 工作窗口标题栏左端的 Excel 程序图标。

如果当前的 Excel 工作窗口中同时打开了多个工作簿，也可以通过以上这些关闭 Excel 程序的方法来同时关闭所有工作簿。

提示

在 Excel 2007、Excel 2010 和 Excel 2013 版本中，单击 Excel 程序关闭按钮，关闭的是当前工作簿，而在 Excel 2003 中，单击 Excel 程序【关闭】按钮，关闭的则是所有打开的工作簿。

3.2　工作表的基本操作

工作表包含于工作簿之中，是工作簿的必要组成部分，工作簿总是包含了一个或者数个工作表，它们之间的关系就好比是图书与书中的书页。下面将对工作表的创建、复制等基本操作进行详细介绍。

3.2.1 工作表的创建

工作表的创建通常情况下分为两种情况，一种是随着工作簿的创建而一同创建，另一种是从现有工作簿中创建新的工作表。

1. 随着工作簿一同创建

默认情况下，Excel 在创建工作簿时，自动包含了名为“Sheet1”的 1 张工作表。用户可以通过设置来改变新建工作簿时所包含的工作表数目。

打开【Excel 选项】对话框，在【常规】选项卡中的【包含的工作表数】的微调框内，可以设置新工作簿默认所包含的工作表数目，数值范围为 1~255，单击【确定】按钮保存设置并退出【Excel 选项】对话框。调整数值后，新建工作簿时，自动创建的内置工作表会随着设置的数目所定，并且自动命名为 Sheet1~Sheetn，如图 3-41 所示。

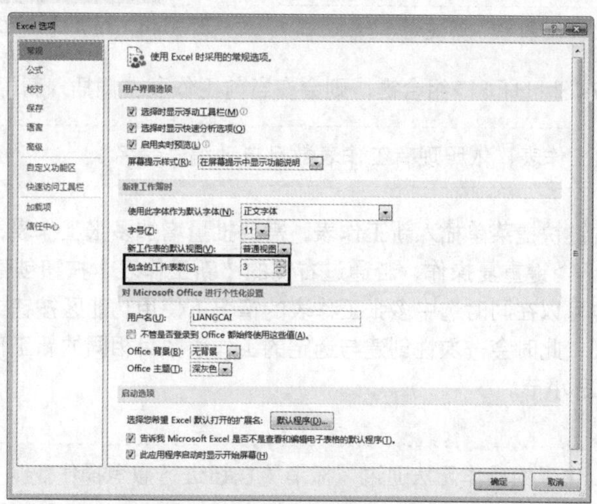

图 3-41 设置新工作簿的工作表数目

提示

> 在大多数情况下，用户的工作簿中并没有包含太多工作表的必要，而且空白的工作表会增加工作簿文件的体积，造成不必要的存储容量占用。所以，建议用户将新工作簿内的工作表数设置得尽可能少，在需要的时候增加工作表比不需要的时候删除空白工作表更容易。

2. 从现有的工作簿中创建

有以下几种等效方式可以在当前工作簿中创建一个新的工作表。

◆ 在【开始】选项卡中依次单击【插入】→【插入工作表】命令，如图 3-42 所示，则会在当前工作表左侧插入新工作表。

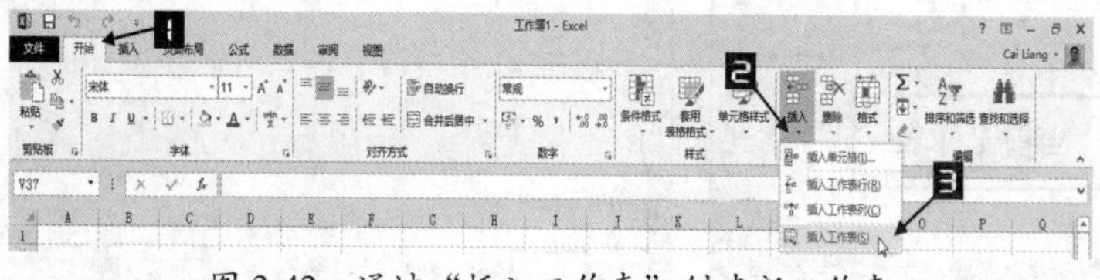

图 3-42 通过“插入工作表”创建新工作表

◆ 在当前工作表标签上单击鼠标右键，在弹出的快捷菜单上选择【插入】命令，在弹出的【插入】对话框中选中【工作表】，再单击【确定】按钮，如图 3-43 所示。

◆ 单击工作表标签右侧的【新工作表】按钮，如图 3-44 所示，则会在工作表的末尾快速插入新工作表。

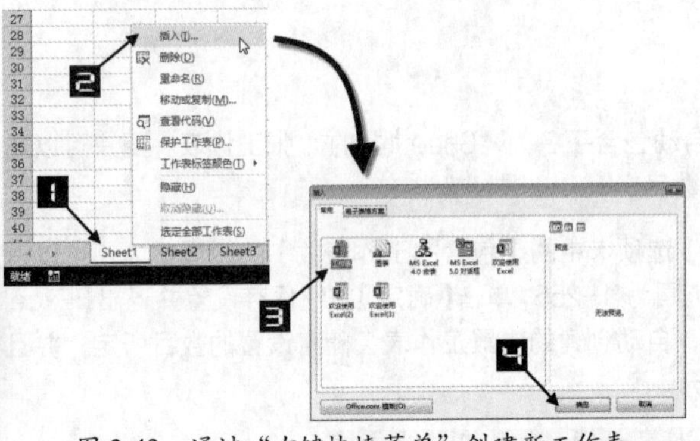

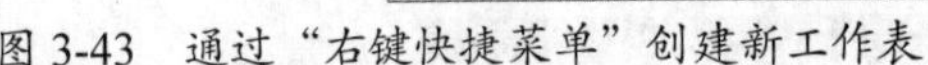

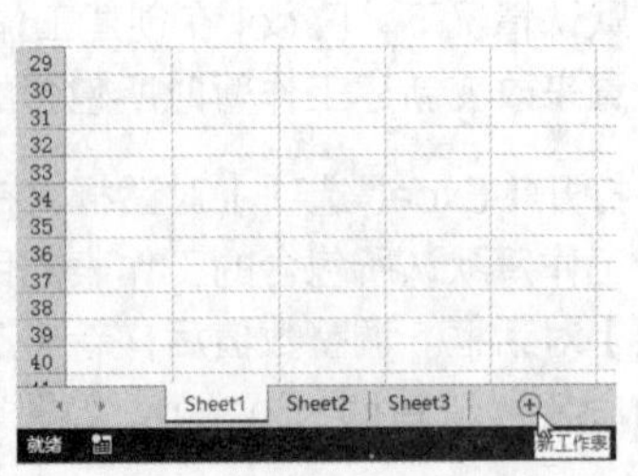

图 3-43 通过“右键快捷菜单”创建新工作表　　图 3-44 使用【新工作表】按钮创建工作表

◆ 在键盘上按<Shift+F11>组合键，则会在当前工作表左侧插入新工作表。

提示 新创建的工作表，依照现有工作表数目自动编号命名。

如果用户通过右键快捷菜单插入新工作表，需要批量增加多张工作表，可以在第一次插入工作表操作完成后，按<F4>键重复操作，若通过右侧的【新工作表】按钮创建新工作表，则无法使用<F4>键重复创建。也可以在同时选中多张工作表的情况下使用功能区按钮或使用工作表标签的右键菜单命令插入工作表，此时会一次性创建与选定的工作表数目相同的新工作表。同时选定多张工作表的方法可参见 3.2.3 小节。

注意 创建新工作表的操作无法通过“撤消”按钮进行撤消操作。

3.2.2 设置当前工作表

在 Excel 的操作过程中，始终有一个“当前工作表”作为用户输入和编辑等操作的对象和目标，用户的大部分操作都是在“当前工作表”上得以体现。在工作表标签栏上，“当前工作表”的标签背景会以反白显示，如图 3-45 所示的 Sheet1。要切换其他工作表为当前工作表，可以直接在目标工作表标签上单击。

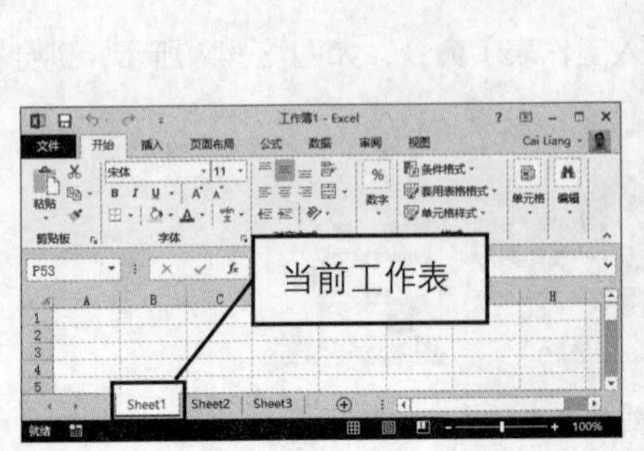

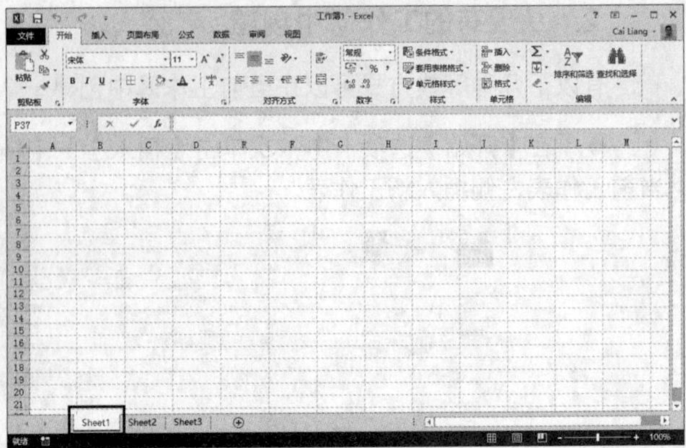

图 3-45 当前工作表

如果工作簿内包含工作表较多，标签栏上不一定能够全部显示所有工作表标签，则可以通过单击标签栏左侧的工作表导航按钮来滚动显示工作表标签，如图 3-46 所示。

除此以外，通过拖动工作窗口上的水平滚动条边框，用户可以改变工作表标签的显示宽度，如图 3-47 所示，以方便显示更多的工作表标签。

图 3-46　工作表导航按钮

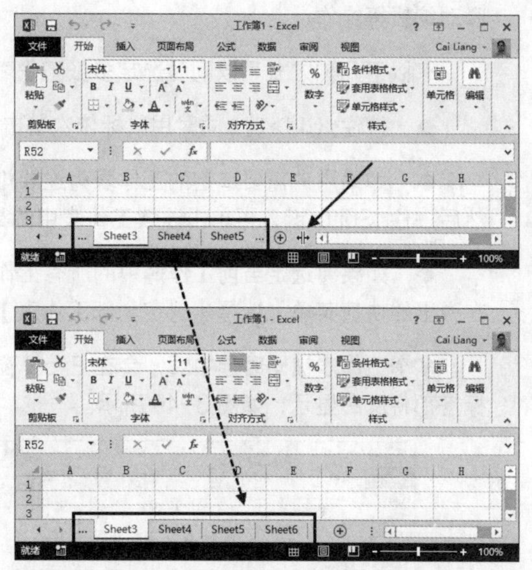

图 3-47　调整工作表标签与水平滚动条的显示宽度

如果工作簿中的工作表很多，需要滚动很久才能看到目标工作表，那么还可以在工作表导航栏上单击鼠标右键，此时会显示一个工作表标签列表，如图 3-48 所示，选中其中任何一个工作表名称，单击【确定】按钮就可以显示相应的工作表，双击其中任何一个工作表名称也可以显示相应的工作表。

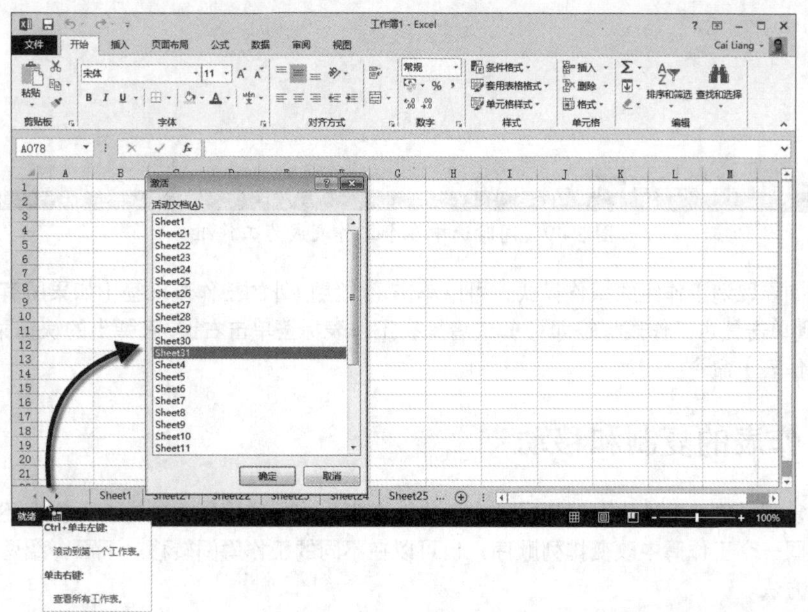

图 3-48　工作表标签列表

另外，常用于切换工作表的快捷键是<Ctrl+Page UP>组合键和< Ctrl+Page Down>组合键，它们的作用分别是切换到上一张工作表和下一张工作表。

3.2.3 同时选定多张工作表

除了选定某个工作表作为当前工作表以外，用户还可以同时选中多个工作表形成“工作组”。在工作组模式下，用户可以方便地同时对多个工作表对象进行复制、删除等操作，也可以进行多数据联动编辑等操作。

有以下几种方式可以同时选定多张工作表形成工作组。

◆ 按住<Ctrl>键，同时用鼠标依次单击需要选定的工作表标签，就可以同时选定多个工作表。

◆ 如果用户需要选定的工作表为连续排列的工作表，可以先单击其中的第一个工作表标签，然后按住<Shift>键，再单击连续工作表中的最后一个工作表标签，即可同时选定工作表。

◆ 如果要选定当前工作簿中的所有工作表组成工作组，可以在任意工作表标签上单击右键，在弹出的快捷菜单上选择【选定全部工作表】命令。

多个工作表被同时选中后，会在 Excel 窗口标题栏上显示“[工作组]”字样。被选定的工作表标签都将反白显示，如图 3-49 所示。

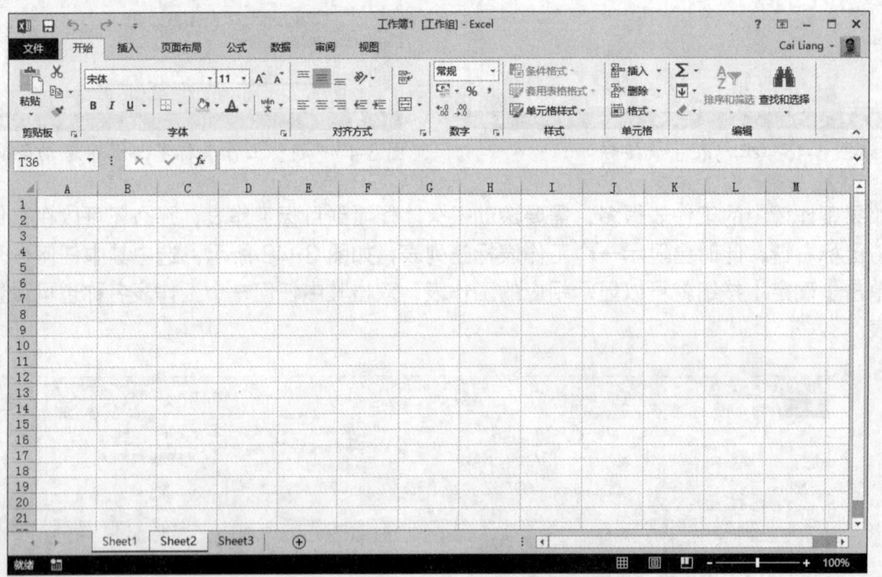

图 3-49 同时选中多个工作表成为工作组

用户如要取消工作组的操作模式，可以单击工作组以外的工作表标签（如果所有工作表都在工作组内，则单击任意工作表标签即可），或者是在工作表标签单击右键，在弹出的快捷菜单上选择【取消组合工作表】命令。

3.2.4 工作表的复制和移动

通过复制操作，工作表可以在另一个工作簿或者不同工作簿创建副本。工作表还可以通过移动操作，在同一个工作簿中改变排列顺序，也可以在不同的工作簿间转移。下面介绍两种复制和移动工作表的方法。

1. 菜单操作

有以下两种等效方法可以显示【移动或复制工作表】对话框，如图 3-50 所示。

◆ 在工作表标签上单击鼠标右键，在弹出的快捷菜单上选择【移动或复制】命令，如图 3-51 所示。

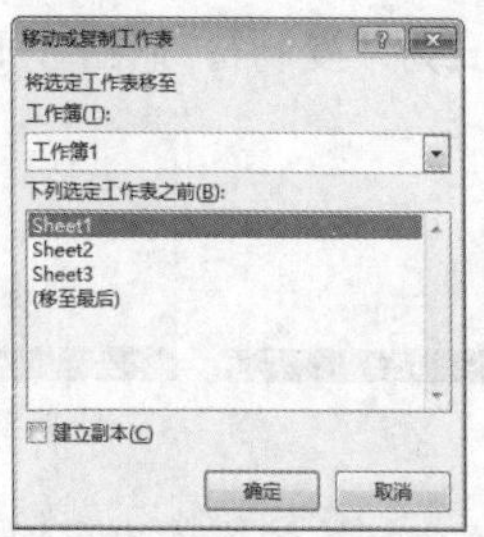

图 3-50 【移动或复制工作表】对话框

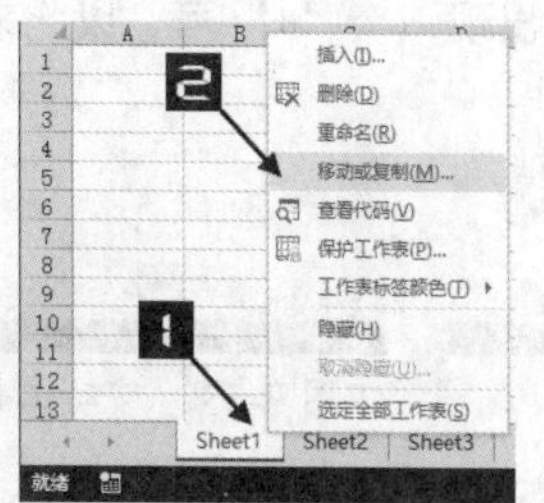

图 3-51 通过右键快捷菜单调取【移动或复制工作表】对话框

◆ 选中需要进行移动或复制的工作表，在【开始】选项卡中依次单击【格式】→【移动或复制工作表】命令，如图 3-52 所示。

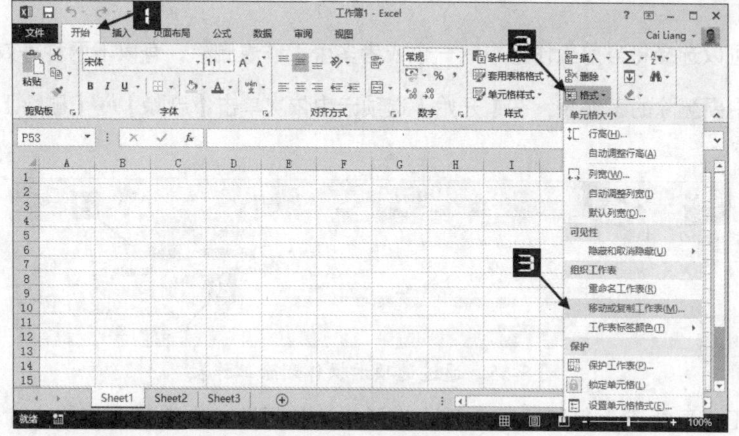

图 3-52 通过选项卡调取【移动或复制工作表】对话框

在【移动或复制工作表】对话框中，单击【工作簿】的下拉按钮，在下拉列表中可选择将要复制/移动到的目标工作簿，用户也可以选择新建工作簿。【下列选定工作表之前】列表框中显示了指定工作簿中所包含的全部工作表，可以选择要复制/移动的工作表的在全部工作表中的排列位置。

【建立副本】复选框是一个操作类型开关，勾选此复选框则为“复制”方式，取消勾选则为“移动”方式。

在复制和移动操作中，如果当前工作表与目标工作簿中的工作表名称相同，则会被自动重新命名，例如，“Sheet1”会被更名为“Sheet1(2)”。

设置完毕后，单击【确定】按钮退出【移动或复制工作表】对话框，完成工作表复制/移动操作。

2. 拖动工作表标签

拖动工作表标签来实现移动或者复制工作表的方法更为直接。

将光标移至需要移动的工作表标签上，按下鼠标左键，鼠标指针显示出文档的图标，此时就可以拖动鼠标将此工作表移动至其他位置。如图 3-53 所示，拖动 Sheet2 标签至 Sheet1 标签上方时，Sheet1 标签前出现黑色三角箭头图标，以此标识了工作表的移动插入位置。此时松开鼠标按键即可把 Sheet2 移至 Sheet1 之前。

如果在按住鼠标左键的同时，按住<Ctrl>键，则执行“复制”操作。此时鼠标指针下显示的文档图标上还会出现一个“+”号，以此来表示当前操作方式为“复制”，如图 3-54 所示。

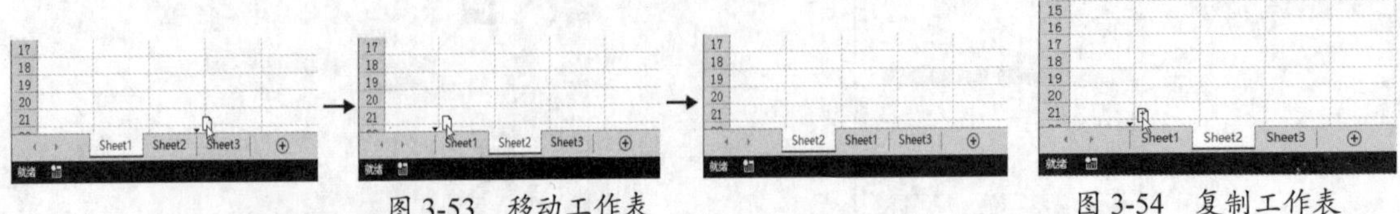

图 3-53 移动工作表　　图 3-54 复制工作表

如果在当前工作窗口中显示了多个工作簿，拖动工作表标签的操作也可以在不同工作簿中进行。如何在当前工作窗口中显示多个工作簿的方法，请参阅 3.3.1 小节。

无论是移动还是复制，都可以同时对多张工作表进行操作。

3.2.5 删除工作表

用户也可以选择将当前工作簿中的一个或者多个工作表删除，有以下两种等效方法。

◆ 选中要删除的工作表，在【开始】选项卡中依次单击【删除】→【删除工作表】命令，如图 3-55 所示。

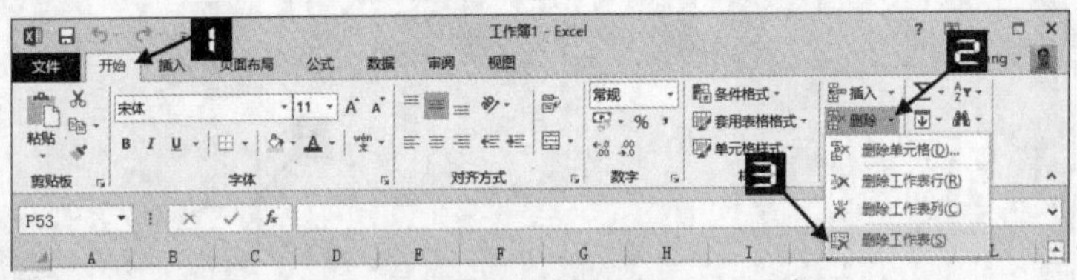

图 3-55 通过选项卡操作删除工作表

◆ 在工作表标签上单击鼠标右键，在弹出的快捷菜单中选择【删除】命令，如图 3-56 所示。

如果用户删除的工作表中包含数据，则会弹出如图 3-57 所示的提示对话框。

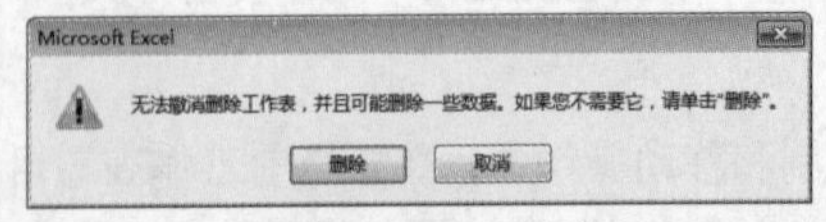

图 3-56 通过右键快捷方式删除工作表　　图 3-57 删除有数据的工作表提示对话框

用户可以在选定多个工作表后同时进行删除操作。

注意

删除工作表是 Excel 中无法进行撤消的操作，如果用户不慎误删除了工作表，将无法恢复。但是在某些情况下，马上关闭当前工作簿，并选择不保存刚才所做的修改，能够有所挽回。

工作簿中至少包含一张可视工作表，所以当工作窗口中只剩一张工作表时，无法删除此工作表。

3.2.6 重命名工作表

用户可以更改当前工作簿中的工作表名称，选定待修改名称的工作表后，有以下几种等效方法可以为工作表重命名。

- ◆ 在【开始】选项卡中依次单击【格式】→【重命名工作表】命令，如图 3-58 所示。
- ◆ 在工作表标签上单击右键，在弹出的快捷菜单中选择【重命名】命令，如图 3-59 所示。
- ◆ 双击工作表标签。

完成以上任意一种操作后，选定的工作表标签会显示黑色背景，标识当前处于工作表标签名称的编辑状态，此时可输入新的工作表名称。

注意 为工作表重新命名时不得与工作簿中现有的工作表重名，工作表名不区分英文大小写，并且不能包含下列字符：*、/、:、?、[、\、]。

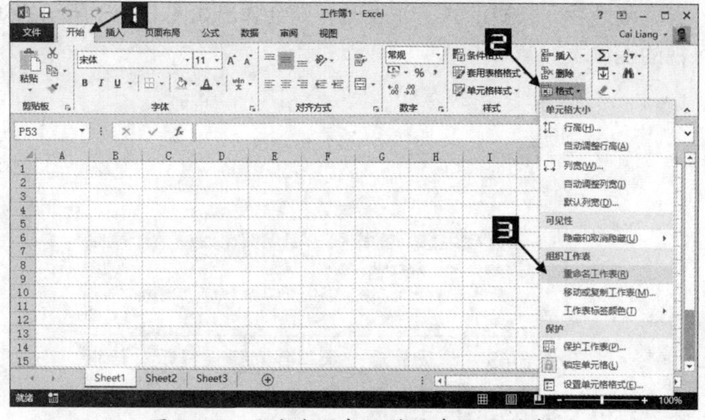

图 3-58 通过选项卡操作重命名工作表

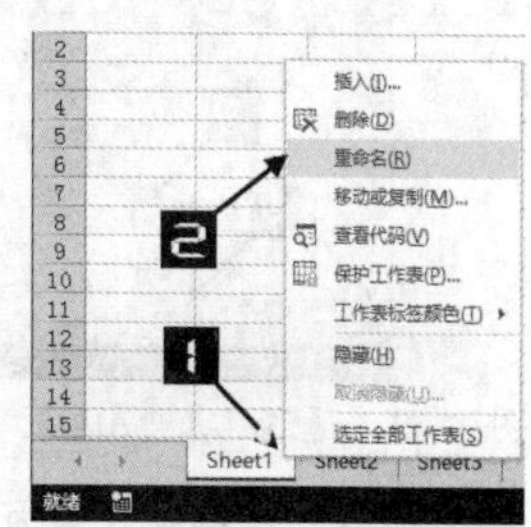

图 3-59 通过右键快捷菜单重命名工作表

3.2.7 工作表标签颜色

为了方便用户对工作表进行辨识，为工作表标签设置不同的颜色是一种不错的方法。在工作表标签上单击右键，在弹出的快捷菜单中选择【工作表标签颜色】命令，在弹出的【颜色】面板中选择颜色，即可完成对工作表标签颜色的设置。设置过颜色的工作表标签如图 3-60 所示。

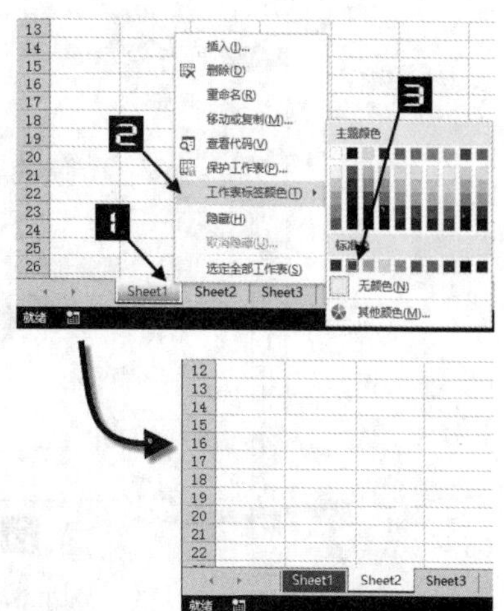

图 3-60 设置颜色的工作标签

3.2.8 显示和隐藏工作表

出于对某些应用需要，或者安全方面的原因，用户可以使用工作表隐藏功能，将一些工作表隐藏。选定工作表后，有以下两种等效方法可以隐藏工作表。

- ◆ 在【开始】选项卡中依次单击【格式】下拉按钮→【隐藏和取消隐藏】→【隐藏工作表】，如图 3-61 所示。

◆ 在工作表标签上单击鼠标右键，在弹出的快捷菜单中选择【隐藏】命令，如图 3-62 所示。

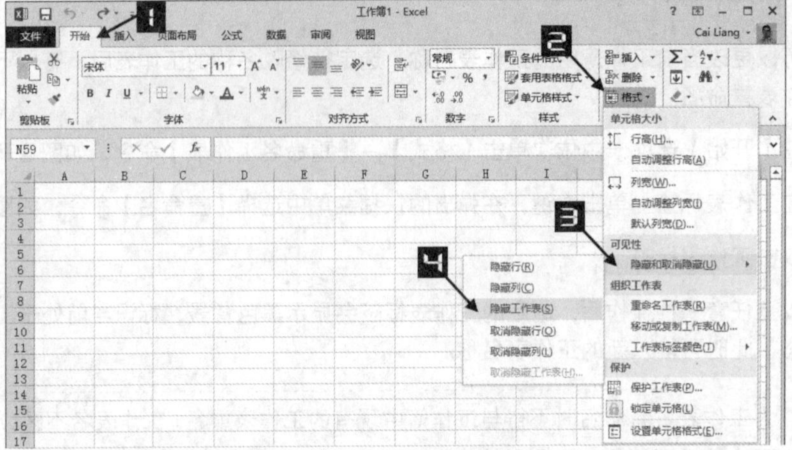

图 3-61 通过选项卡操作隐藏工作表

不可以隐藏所有的工作表，当隐藏最后一张显示的工作表时，则会弹出如图 3-63 所示的对话框，即工作簿中至少含有一张可视的工作表。

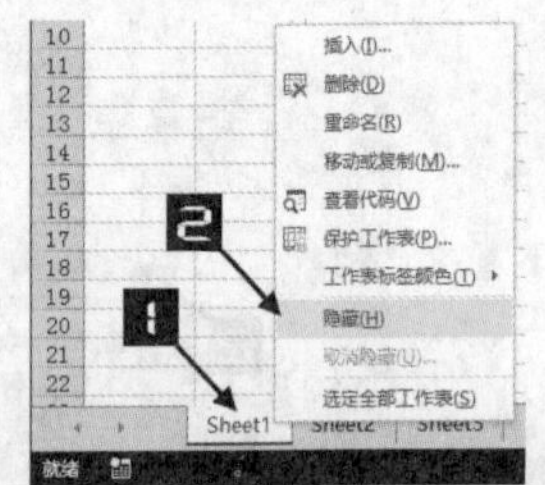

图 3-62 通过右键快捷菜单隐藏工作表

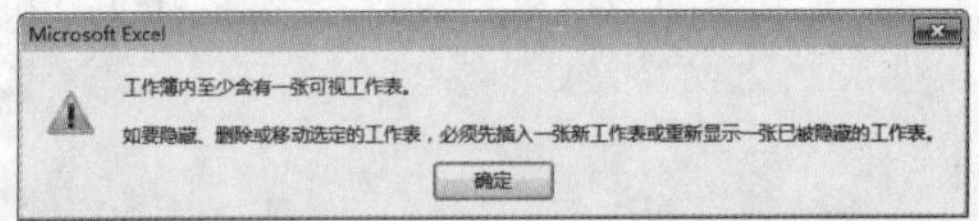

图 3-63 隐藏最后一张工作表错误提示对话框

如果要取消工作表的隐藏状态，有以下两种等效方法。

◆ 在【开始】选项卡中依次单击【格式】下拉按钮→【隐藏和取消隐藏】→【取消隐藏工作表】命令，在弹出的【取消隐藏】对话框中选择需要取消隐藏的工作表，最后单击【确定】按钮，如图 3-64 所示。

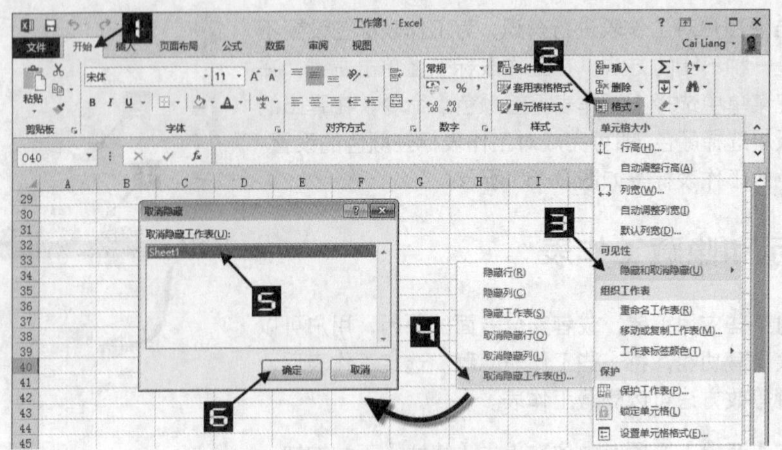

图 3-64 通过选项卡操作取消隐藏工作表

◆ 在工作表标签上单击鼠标右键，在弹出的快捷菜单中选择【取消隐藏】命令，然后在弹出的【取消隐藏】对话框中选择需要取消隐藏的工作表，最后单击【确定】按钮，如图 3-65 所示。

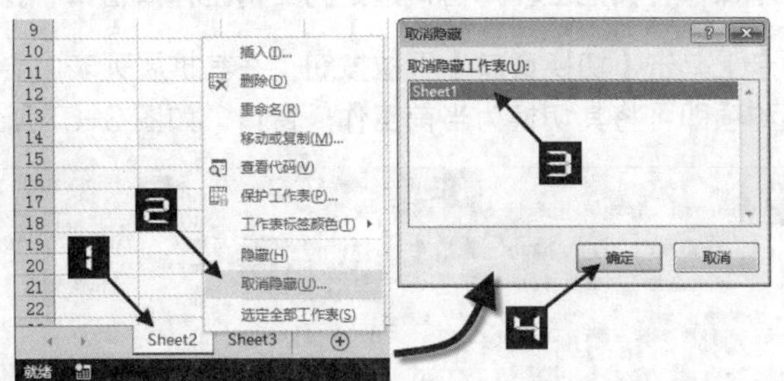

图 3-65 通过右键快捷菜单取消隐藏工作表

注意

无法对多张工作表一次性取消隐藏。如果没有隐藏的工作表，则取消隐藏命令呈灰色不可用状态。工作表的隐藏操作不改变工作表的排列顺序。

3.3 工作窗口的视图控制

在处理一些复杂的大型表格时，用户通常需要花费很多精力在诸如切换工作簿（或者工作表），查找浏览和定位所需内容等烦琐操作上。事实上，为了能够在有限的屏幕区域中显示更多的有用信息，以方便对表格内容的查询和编辑，用户可以通过工作窗口的视图控制改变窗口显示。下面将对各项控制窗口视图显示的操作功能及方法进行详细介绍。

3.3.1 工作簿的多窗口显示

在 Excel 工作窗口中同时打开多个工作簿时，通常每个工作簿只有一个独立的工作簿窗口，并处于最大化显示状态。通过【新建窗口】命令可以为同一个工作簿创建多个窗口。

用户可以根据需要在不同的窗口中选择不同的工作表为当前工作表，或者是将窗口显示定位到同一个工作表中的不同位置，以满足自己的浏览或者编辑需求。用户对表格所做的编辑修改会同时反映在该工作簿的所有窗口上。

1. 创建新窗口

依次单击【视图】→【新建窗口】按钮，即可为当前工作簿创建出新的窗口。原有的工作簿窗口和新建的工作簿窗口都会相应地更改标题栏上的名称，例如原工作簿名称为“工作簿 1”，则在新建窗口后，原工作簿窗口标题变为“工作簿 1:1”，新工作簿窗口标题名为“工作簿 1:2”，如图 3-66 所示。

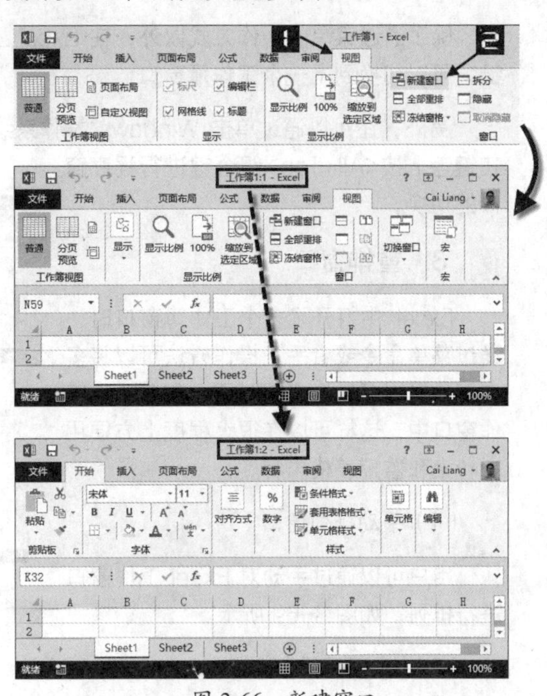

图 3-66 新建窗口

2. 窗口切换

在默认情况下，每一个工作簿窗口总是以最大化形式出现在 Excel 工作窗口中，并在工作窗口标题栏上显示自己的名称。

用户可以通过菜单操作将其他工作簿窗口选定为当前工作簿窗口，操作方法如下。

在【视图】选项卡上单击【切换窗口】下拉按钮，在其扩展列表中会显示当前所有的工作簿窗口名称，单击相应名称项即可将其切换为当前工作簿窗口，如图 3-67 所示。

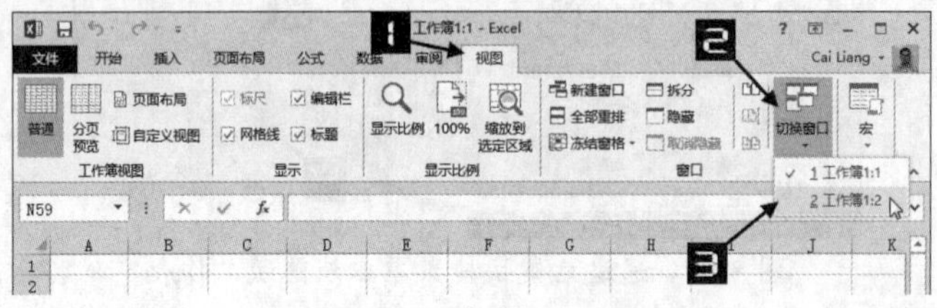

图 3-67　多窗口切换

如果当前打开的工作簿窗口较多（9 个以上），在【切换窗口】下拉列表中将无法显示所有窗口名称，在列表底部会显示【其他窗口】选项，单击此选项会弹出【激活】对话框，在【激活】列表框中选定工作簿窗口，单击【确定】，即可切换至目标工作簿窗口，如图 3-68 所示。

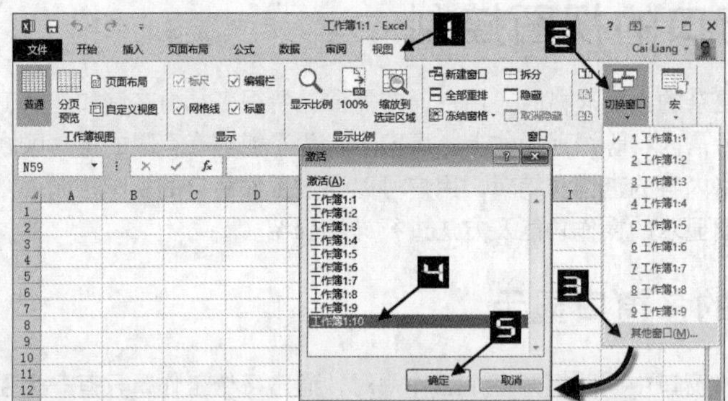

图 3-68　激活新窗口

除了通过菜单的操作方式以外，在 Excel 工作窗口中按<Ctrl+F6>组合键或者<Ctrl+Tab>组合键，可以切换到上一个工作簿窗口。

另外，还可以通过单击 Windows 操作系统任务栏上的窗口，来进行工作簿窗口的切换，或者在键盘上按<Alt+Tab>组合键进行程序窗口的切换。

3. 重排窗口

Excel 中打开了多个工作簿窗口时，通过菜单命令或者手工操作方法可以将多个工作簿以多种形式同时显示在 Excel 工作窗口中，这样可以在很大程度上方便用户检索和监控表格内容。

（1）手动排列窗口

用户可以通过手动对 Excel 工作窗口进行排列，如图 3-69 所示。

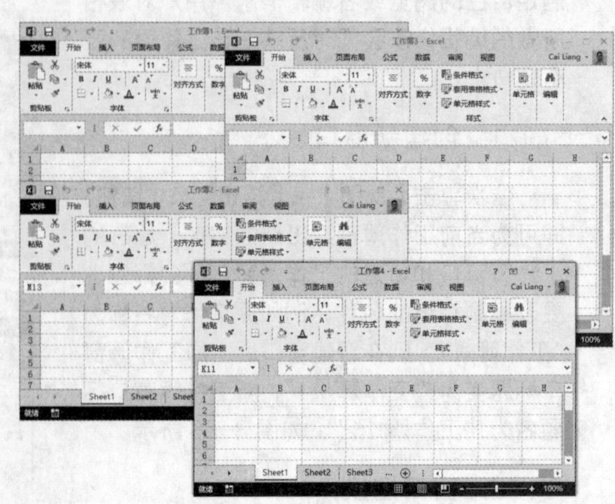

图 3-69　手工重排

（2）【全部重排】命令

手动排列窗口的操作虽然可以由用户自由设置，但是操作上比较烦琐，使用【全部重排】命令可以更快捷方便。

在【视图】选项卡中单击【全部重排】按钮，在弹出的【重排窗口】对话框中选择一种排列方式，如【平铺】，然后单击【确定】按钮，如图 3-70 所示。

就可以将当前 Excel 程序中所有的工作簿窗口“平铺”显示在工作窗口中，如图 3-71 所示。

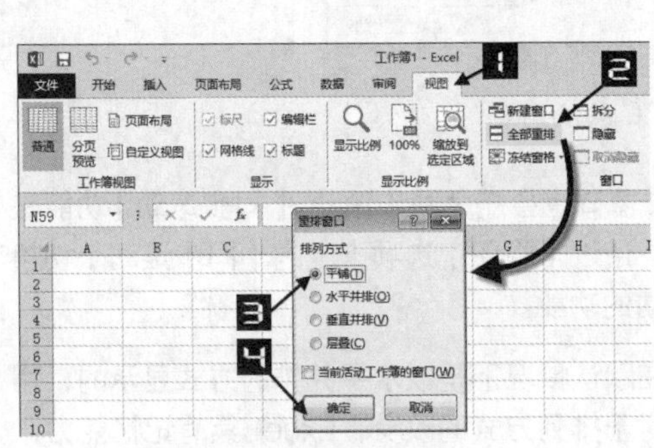

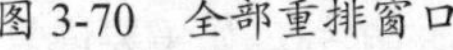

图 3-70　全部重排窗口

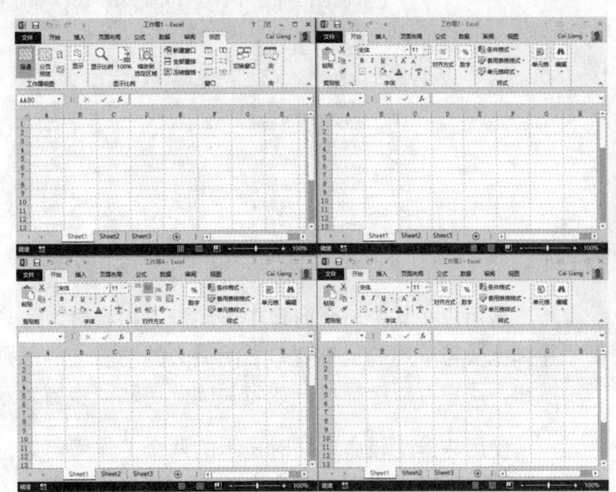

图 3-71　平铺显示窗口

类似地，用户也可以在【重排窗口】对话框中选择其他排列方式，例如【水平并排】、【垂直并排】或者【层叠】，工作簿窗口则会对应有不同的排列显示方式。

如果在【重排窗口】对话框中勾选【当前活动工作簿的窗口】复选框，则在工作窗口中只会同时显示出当前工作簿的所有窗口，当然，如果当前工作簿只有唯一一个窗口，也可以勾选此复选框来单独显示此工作簿窗口。

通过【重排窗口】命令自动排列的浮动工作簿窗口，同样也可以通过拖动鼠标的方法来改变位置和窗口大小。将自动排列和手动操作的方式相结合，用户可以同时享受便捷的操作方式和自由的发挥空间。

3.3.2　并排比较

在有些情况下，用户需要在两个同时显示的窗口中并排比较两个工作表，并要求两个窗口中的内容能够同步滚动浏览，那就可以用到【并排比较】功能。

【并排比较】是一种特殊的重排窗口方式，选定需要对比的某个工作簿窗口，在【视图】选项卡上单击【并排查看】按钮，如果存在多个工作簿，则弹出【并排比较】对话框在其中选择需要进行对比的目标工作簿，然后单击【确定】按钮，如图 3-72 所示，即可将两个工作簿窗口并排显示在 Excel 工作窗口之中。当只有两个工作簿时，则直接显示“并排比较”后的状态，如图 3-73 所示。

并排比较只能作用于两个工作簿窗口，而无法作用于两个以上的工作簿窗口。参加并排比较的工作簿窗口，可以是用一个工作簿的不同窗口，也可以是完全不相同的两个工作簿。

用户可以很方便地观察比较两个窗口内容的异同之处，唯一遗憾的是，用户只能凭借自己的观察对内容进行比较，而不能像某些软件（如 UltraEdit）一样在比较文档时自动显示出内容的差异之处。

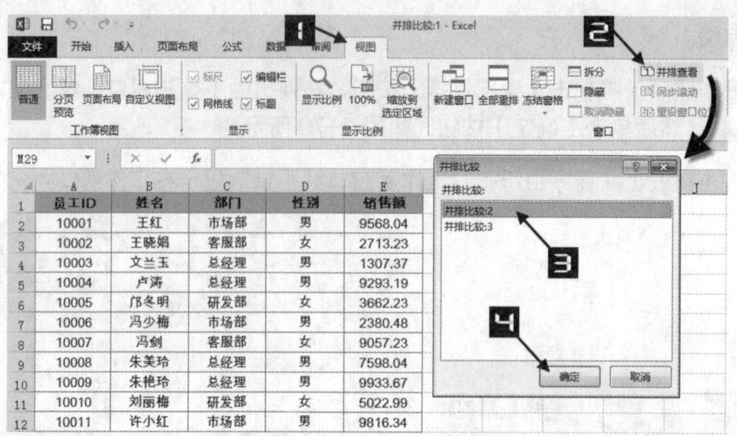

图 3-72 执行“并排查看”

当用户在其中一个窗口中滚动浏览内容时，另一个窗口也会随之同步滚动。【同步滚动】功能是并排比较与单纯的重排窗口之间最大的功能上的区别。通过【视图】选项卡上的【同步滚动】切换按钮，用户可以选择打开或者关闭此自动同步窗口滚动的功能。

使用并排比较命令同时显示的两个工作簿窗口，在默认情况下是以水平并排的方式显示的，用户也可以通过重排窗口命令来改变它们的排列方式。对于排列方式的改变，Excel 具有记忆能力，在下次执行并排比较命令时，还将以用户所选择的方式来进行窗口的排列。如果要恢复初始默认的水平状态，可以在【视图】选项卡上单击【重设窗口位置】按钮。当光标置于某个窗口上，然后再单击【重设窗口位置】按钮，则此窗口会置于上方。

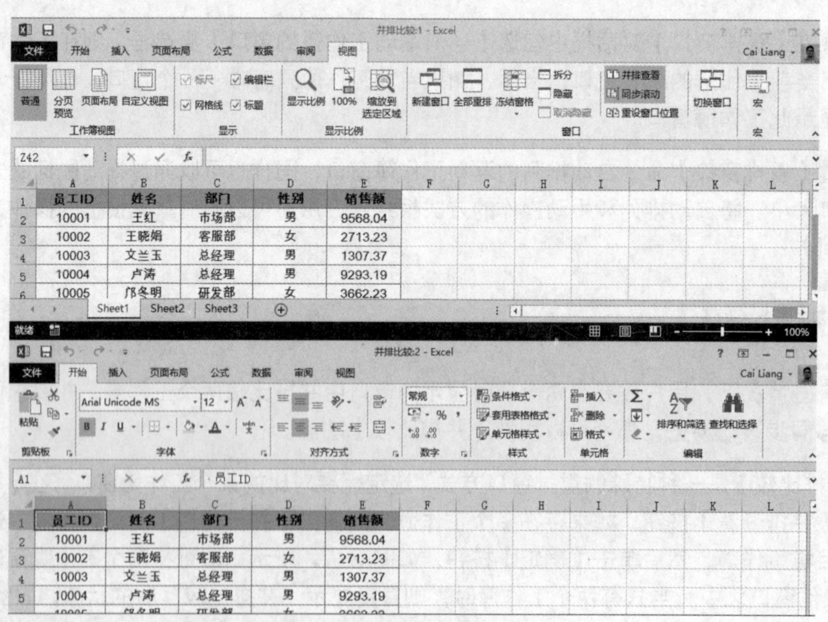

图 3-73 进行并排比较

要关闭并排比较的工作模式，可以在【视图】选项卡上单击【并排查看】切换按钮，则取消【并排查看】功能。单击某一个工作表窗口的【最大化】按钮，并不会取消【并排查看】。

如果当前 Excel 工作窗口中只打开了一个工作簿窗口，则【并排查看】命令呈现灰色不可选状态（没有比较对象）。

3.3.3 拆分窗口

对于单个工作表来说，除了通过新建窗口的方法来显示工作表的不同位置之外，还可以通过拆分窗口的方法在现有的工作表窗口中同时显示多个位置。

当鼠标指针定位于 Excel 工作区域内时，在【视图】选项卡中单击【拆分】按钮，就可以将当前表格区域沿着当前激活单元格的左边框和上边框的方向拆分为 4 个窗格，如图 3-74 所示。

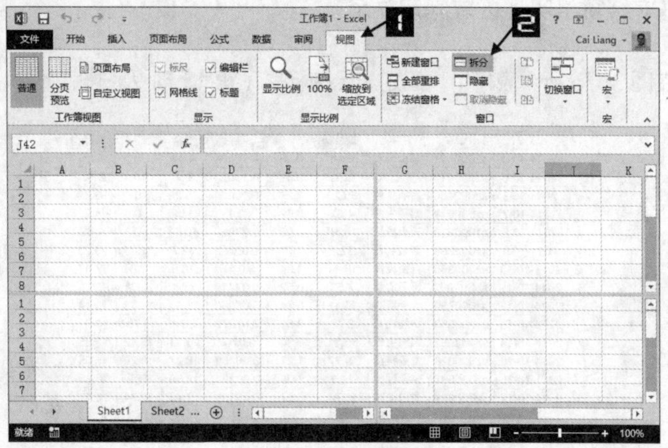

图 3-74 拆分窗体

提示

根据鼠标指针定位位置的不同，拆分操作也可能只将表格区域拆分为水平或者垂直的两个窗格。

每个拆分得到的窗格都是独立的，用户可以在根据自己的需要让它们显示在同一张工作表不同位置的内容。

将光标定位到拆分条上，按住鼠标左键即可移动拆分条，从而改变窗格的布局，如图 3-75 所示。

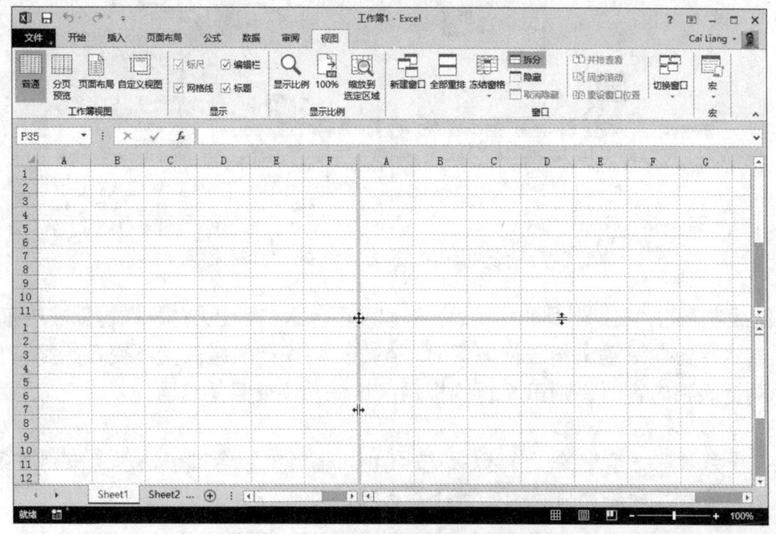

图 3-75 移动拆分条调整窗格布局

要在窗口内去除某条拆分条，可将此拆分条拖到窗口边缘或者是在拆分条上双击鼠标左键。要取消整个窗口的拆分状态，可以在【视图】选项卡上再次单击【拆分】按钮进行状态切换。

3.3.4 冻结窗格

对于比较复杂的大型表格，常常需要在滚动浏览表格时，固定显示表头标题行（或者标题列），使用【冻结窗格】命令可以方便地实现这种效果。

冻结窗格与拆分窗口的操作类似，具体实现方法可参照以下示例。

示例 3-3 通过冻结窗格实现区域固定显示

操作目的：在图 3-76 所示表格中，固定显示列标题（第 1 行）及日期、代码两列区域（A、B 列）。

	A	B	C	D	E	F	G	H	I
1	日期	代码	名称	最新价	涨跌额	涨跌幅	买入	卖出	昨收
2	2014-10-4	sz000821	京山轻机	6.44	0.59	0.10085	6.44	0	5.85
3	2014-10-5	sz000413	宝石A	9.55	0.87	0.10023	9.55	0	8.68
4	2014-10-6	sz002439	启明星辰	35.29	3.21	0.10006	35.29	0	32.08
5	2014-10-7	sz000518	四环生物	4.62	0.42	0.1	4.62	0	4.2
6	2014-10-8	sz000813	天山纺织	10.59	0.96	0.09969	10.59	0	9.63
7	2014-10-9	sz002388	新亚制程	32.7	2.77	0.09255	32.7	32.71	29.93
8	2014-10-10	sz002366	丹甫股份	18.81	1.34	0.0767	18.8	18.81	17.47
9	2014-10-11	sh601002	晋亿实业	7.53	0.52	0.07418	7.51	7.52	7.01
10	2014-10-12	sz000790	华神集团	11.18	0.74	0.07088	11.17	11.18	10.44
11	2014-10-13	sz000553	沙隆达A	8.78	0.58	0.07073	8.78	8.79	8.2
12	2014-10-14	sz002052	同洲电子	13.11	0.86	0.0702	13.11	13.12	12.25
13	2014-10-15	sz300028	金亚科技	19.27	1.22	0.06759	19.27	19.28	18.05
14	2014-10-16	sz000887	中鼎股份	17.9	1.05	0.06231	17.89	17.9	16.85
15	2014-10-17	sz000837	秦川发展	10.74	0.62	0.06126	10.73	10.74	10.12
16	2014-10-18	sz000636	风华高科	11.09	0.63	0.06023	11.09	11.1	10.46
17	2014-10-19	sz002108	沧州明珠	13.84	0.78	0.05972	13.84	13.85	13.06
18	2014-10-20	sh600114	东睦股份	9	0.5	0.05882	9.02	9.03	8.5
19	2014-10-21	sz000869	张裕A	82.5	4.49	0.05756	82.49	82.5	78.01
20	2014-10-22	sz002236	大华股份	46.08	2.38	0.05446	46.06	46.08	43.7

图 3-76 冻结窗格示例表格

操作方法：需要固定显示的行列为 A、B 列及第 1 行，因此选中 C2 单元格为当前活动单元格，在【视图】选项卡上单击【冻结窗格】→【冻结拆分窗格】命令，此时就会沿着当前激活单元格的左边框和上边框的方向出现水平和垂直方向的两条黑线冻结线条，结果如图 3-77 所示。

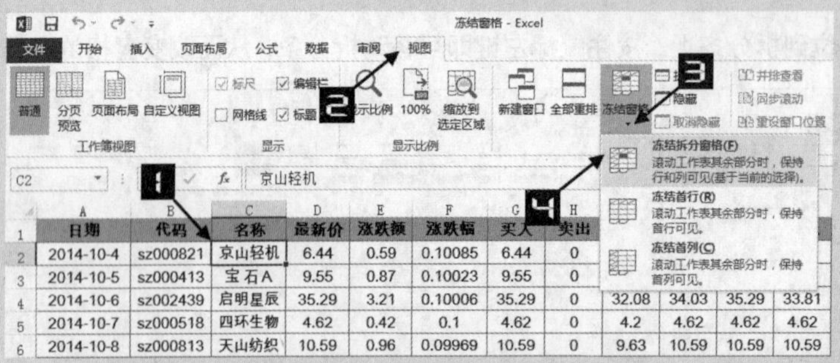

图 3-77 使用冻结窗格功能显示标题行列

黑色冻结线左侧的“日期”列和“代码”列以及黑色冻结线上方的标题行都被“冻结”，如图 3-78 所示。在沿着水平方向滚动浏览表格内容时，A、B 列冻结区域保持不变且始终可见；而当沿着垂直方向滚动浏览表格内容时，则第 1 行的标题区域保持不变且始终可见。

提示

在设置了冻结窗格的工作表中，按<Ctrl+Home>组合键可快速定位到两条冻结线交叉的位置，即最初执行冻结窗格命令时的定位位置所在。

此外，用户还可以在【冻结窗格】的下拉菜单中选择【冻结首行】或【冻结首列】命令，快速地冻结表格首行或者冻结首列。

	A	B	C	D	E	F	G	H	I
1	日期	代码	名称	最新价	涨跌额	涨跌幅	买入	卖出	昨收
2	2014-10-4	sz000821	京山轻机	6.44	0.59	0.10085	6.44	0	5.85
3	2014-10-5	sz000413	宝石A	9.55	0.87	0.10023	9.55	0	8.68
4	2014-10-6	sz002439	启明星辰	35.29	3.21	0.10006	35.29	0	32.08
5	2014-10-7	sz000518	四环生物	4.62	0.42	0.1	4.62	0	4.2
6	2014-10-8	sz000813	天山纺织	10.59	0.96	0.09969	10.59	0	9.63
7	2014-10-9	sz002388	新亚制程	32.7	2.77	0.09255	32.7	32.71	29.93
8	2014-10-10	sz002366	丹甫股份	18.81	1.34	0.0767	18.8	18.81	17.47
9	2014-10-11	sh601002	晋亿实业	7.53	0.52	0.07418	7.51	7.52	7.01
10	2014-10-12	sz000790	华神集团	11.18	0.74	0.07088	11.17	11.18	10.44
11	2014-10-13	sz000553	沙隆达A	8.78	0.58	0.07073	8.78	8.79	8.2
12	2014-10-14	sz002052	同洲电子	13.11	0.86	0.0702	13.11	13.12	12.25
13	2014-10-15	sz300028	金亚科技	19.27	1.22	0.06759	19.27	19.28	18.05
14	2014-10-16	sz000887	中鼎股份	17.9	1.05	0.06231	17.89	17.9	16.85
15	2014-10-17	sz000837	秦川发展	10.74	0.62	0.06126	10.73	10.74	10.12
16	2014-10-18	sz000636	风华高科	11.09	0.63	0.06023	11.09	11.1	10.46
17	2014-10-19	sz002108	沧州明珠	13.84	0.78	0.05972	13.84	13.85	13.06
18	2014-10-20	sh600114	东睦股份	9	0.5	0.05882	9.02	9.03	8.5
19	2014-10-21	sz000869	张裕A	82.5	4.49	0.05756	82.49	82.5	78.01
20	2014-10-22	sz002236	大华股份	46.08	2.38	0.05446	46.06	46.08	43.7

图 3-78　使用冻结窗格功能显示标题行列

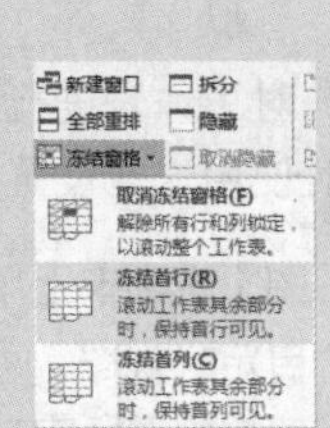

图 3-79　冻结窗口下拉菜单

提 示

用户如果需要变换冻结位置，需要先取消冻结，然后再执行一次冻结窗口操作，但“冻结首行”或者“冻结首列”不受此限制。

要取消工作表的冻结窗格状态，可以在 Excel 功能区上再次单击【视图】选项卡上的【冻结窗格】→【取消冻结窗格】命令，窗口状态即可恢复到冻结前状态。

冻结窗格与拆分窗口功能无法在同一工作表上同时使用。

3.3.5　窗口缩放

对于一些表格中数据信息的文字较小、不易分辨，或者是信息量太大，无法在一个窗口中纵览全局的情况下，使用放大或者缩小比例的缩放功能是一种比较理想的解决办法。

在【视图】选项卡上单击【显示比例】按钮，弹出【显示比例】对话框，如图 3-80 所示。

当前默认的缩放比例为 100%，用户可在对话框中选择“200%”、“75%”等预先设定的缩放比例，或者是单击【自定义】单选按钮，并在右侧的文本框中输入所需的缩放比例，数值允许范围为 10～400。如果选择【恰好容纳选定区域】，则 Excel 会对当前选定的表格区域进行缩放，以使得当前窗口恰好完整显示所选定的区域（前提是不超过 10%～400%的缩放允许范围）。

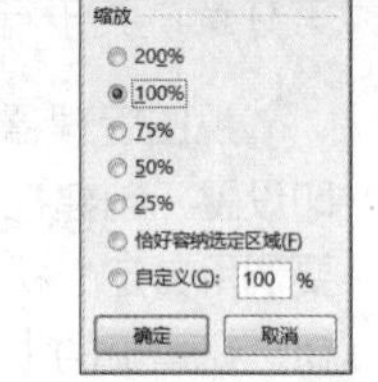

图 3-80　【缩放比例】对话框

除了使用功能区命令按钮之外，在 Excel 状态栏上也有【显示比例】滑动按钮，可以直接调节缩放比例，如图 3-81 所示。也可以单击滑动条左侧的【缩放级别】按钮，打开【显示比例】对话框进行选择设置，如图 3-80 所示。

图 3-81　窗口右下角状态栏上的缩放比例滚动条

要快速地将缩放比例恢复到 100%显示状态，可以直接单击【视图】选项卡上的【100%】按钮。

提 示

如果用户使用的是鼠标带滚轮，可以在按住<Ctrl>键的同时滚动滚轮，也可以方便地调整显示比例。

窗口缩放比例设置只对当前工作表窗口有效，可以对不同的工作表或者同一个工作表的不同窗口设置不同的缩放显示比例。

3.3.6 自定义视图

在用户对工作表进行了各种视图显示调整之后，如果想要保存这些设置内容，并在以后的工作中能够随时使用这些设置后的视图显示，可以通过【视图管理器】来实现。

在【视图】选项卡上单击【自定义视图】按钮，弹出【视图管理器】对话框。要将当前的视图显示保存为一个自定义视图，可在对话框上单击【添加】按钮，在弹出的【添加视图】对话框的【名称】框中填入为创建的视图所定义的名称，最后单击【确定】按钮即可完成创建工作，如图3-82所示。

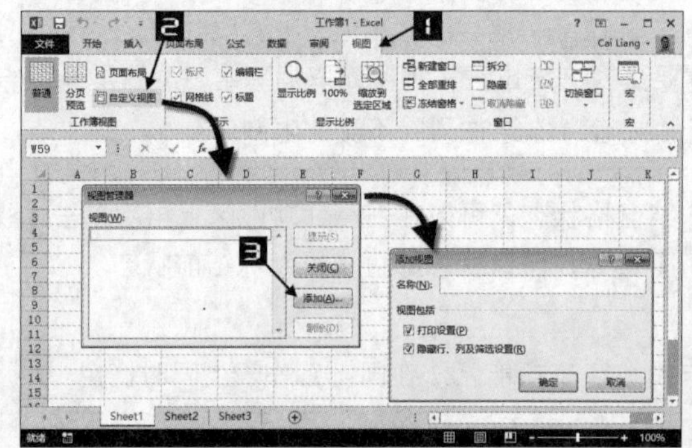

图 3-82 【视图管理器】对话框及【添加视图】对话框

在【添加视图】对话框中，【打印设置】和【隐藏行、列及筛选设置】两个复选框为用户选择需要保存在视图中的相关设置内容，通过勾选这两个复选框，用户在当前视图窗口中所进行过的打印设置以及行列隐藏、筛选等设置也会保留在保存的自定义视图中。关于打印设置的详细内容请参阅第9章，关于行列隐藏的内容请参阅4.2.6小节，关于筛选操作的详细介绍请参阅第27章。

视图管理器所能保存的视图设置包括窗口的大小、位置、拆分窗口、冻结窗格、显示比例、打印设置、创建视图时的选定单元格、行列的隐藏、筛选，以及【Excel 选项】对话框的许多设置。需要调用自定义视图的显示时，可以再次在Excel功能区上单击【视图】选项卡上的【自定义视图】按钮，在弹出的【视图管理器】对话框的列表框中选择相应的视图名称，然后单击【显示】按钮即可。

创建的自定义视图名称均保存在当前工作簿中，用户可以在同一个工作簿中创建多个自定义视图，也可以为不同的工作簿创建不同的自定义视图，但是在【视图管理器】对话框中，只显示出当前激活的工作簿中所保存的视图名称列表。

要删除已经保存的自定义视图，可以选择相应的工作簿，在【视图管理器】对话框的列表框中选择相应的视图名称，最后单击【删除】按钮完成删除。

如果当前工作簿的任何工作表中存在“表格”，则“自定义视图” 按钮会变成灰色不可用。关于“表格”功能请参阅27.10小节。

第 4 章　认识行、列及单元格区域

本章主要介绍工作表中的行、列以及单元格等最重要的操作对象，使读者理解这些对象的概念及基本操作方法。

本章学习要点

（1）行与列的概念及基础操作。

（2）单元格和区域的概念及基础操作。

4.1　行与列的概念

4.1.1　认识行与列

日常生活中所说的“表格”，通常是指由许多条横线和竖线交叉而成的一排排格子。在这些线条围成的格子中，填上各种数据就构成了我们日常所用的表，如学生使用的课程表、公司用工使用的人事履历表、工作考勤表等。

Excel 作为一个电子表格软件，其最基本的操作形态就是标准的表格——由横线和竖线所构成的格子。在 Excel 工作表中，由横线所间隔出来的区域被称为“行”（Row），而由竖线分隔出来的区域被称为“列”（Column）。行列互相交叉所形成的一个个格子被称为“单元格”（Cell）。

启动 Excel，工作簿窗口如图 4-1 所示。

图 4-1　行标题和列标题

在窗口中，一组垂直的灰色标签中的阿拉伯数字标识了电子表格的行标题；而另一组水平的灰色标签中的英文字母，则标识了电子表格的列号。这两组标签在 Excel 中分别被称为“行标题”和“列标题”。

行标题的概念类似于二维坐标中的纵坐标（Vertical），或者是地理平面中的纬度（Latitude）；

列标题的概念类似于二维坐标中的横坐标（Horizon），或者是地理平面中的经度（Longitude）；单元格则好比二维坐标中的某个坐标点，或者是地图上的某个地点。

注意

如果 Excel 界面中没有显示行标题和列标题，可以在【Excel 选项】对话框的【高级】选项卡中的【此工作表的显示选项】区域的下拉菜单中，选择需要显示行标题和列标题的工作表名称，然后勾选下方【显示行和列标题】的复选框，最后单击【确定】按钮完成操作，如图 4-2 所示。

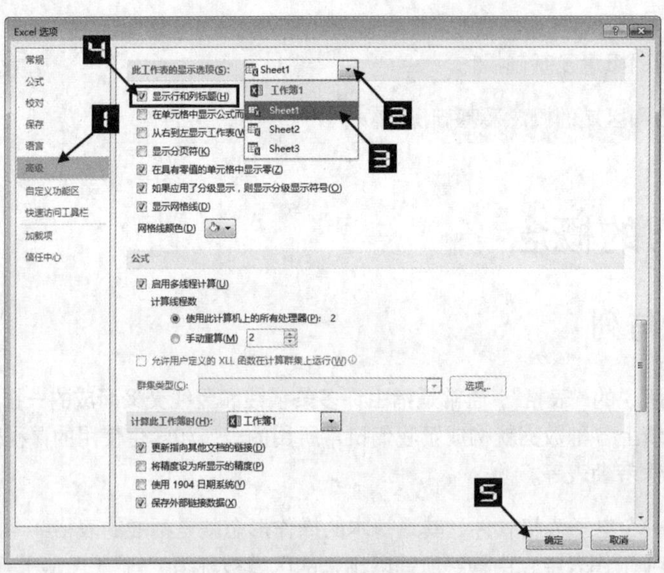

图 4-2　显示行和列标题

注意

如果 Excel 界面中的列标题显示为阿拉伯数字而不是英文字母，如图 4-3 所示，是因为使用了“R1C1 引用样式”。若要恢复英文字母样式的列标题，可以取消勾选【Excel 选项】对话框的【公式】选项卡中【R1C1 引用样式】的复选框，如图 4-4 所示。关于“R1C1 引用样式”的相关内容，请参阅 4.1.3 小节。

图 4-3　“R1C1 引用样式”

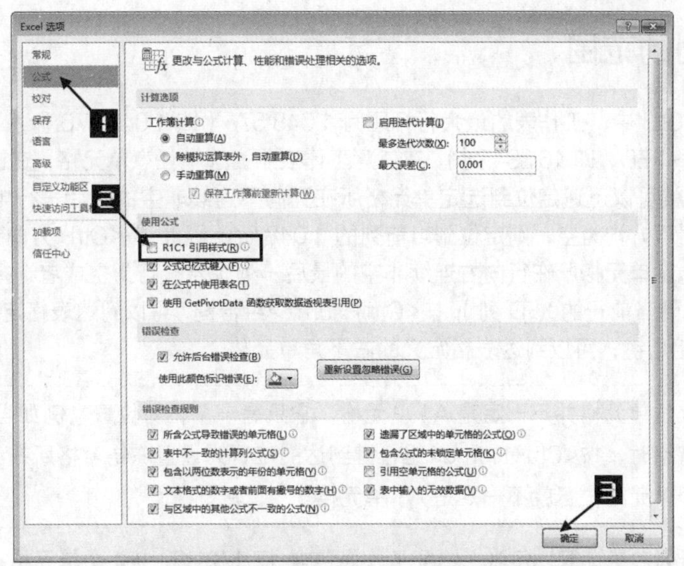

图 4-4　选项中的【R1C1 引用样式】复选框

在工作表区域中，用于划分不同行列的横线和竖线被称为“网格线”。它们可以使用户更加方便地辨别行、列以及单元格的位置，而且在默认的情况下，网格线并不会随着表格内容被实际打印出来。

通过设置可以关闭网格线的显示或者更改网格线的颜色，以适应不同用户的实际需求，操作方法如下。在【Excel 选项】对话框的【高级】选项卡中，取消勾选【显示网格线】的复选框可以关闭网格线的显示。若需要修改网络线颜色，则先在【此工作表的显示选项】下拉菜单中选择需要修改的工作表，然后勾选【显示网格线】复选框的同时单击【网格线颜色】的下拉按钮，在颜色面板上选择相应颜色，设置完毕后，单击【确定】按钮确认操作，完成对网格线的设置，如图 4-5 所示。

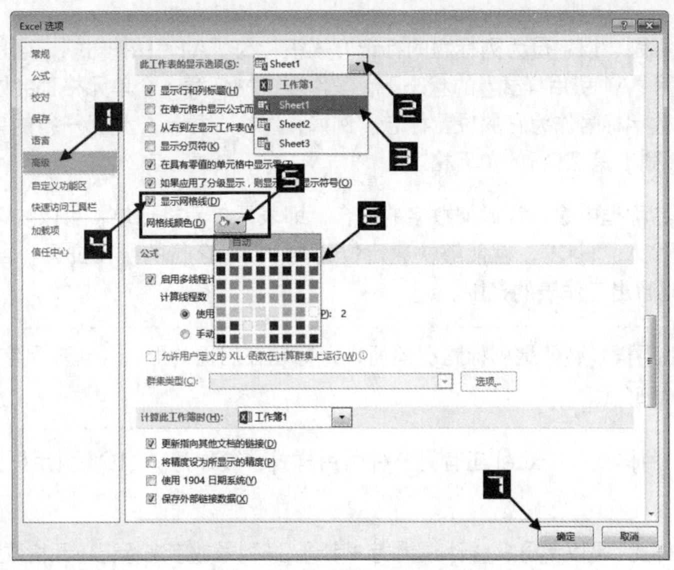

图 4-5　网格线颜色的设置

此外，在【视图】选项卡上取消对【网格线】复选框的勾选也可以快速取消本工作表网格线的显示。

网格线的选项设置只对设置的目标工作表有效，目标工作表可以在图 4-5 中【此工作表的显示选项】右侧的下拉菜单中选择。

4.1.2 行与列的范围

在 Excel 2013 中，工作表的最大行标题为 1 048 576（即 1 048 576 行），最大列标题为 XFD 列（A～Z、AA～XFD，即 16 384 列）。在任意工作表中，选中任意单元格，在键盘上按<Ctrl+方向键↓>组合键，就可以迅速定位到选定单元格所在列向下连续非空的最后一行（若整列为空或者选择单元格所在列下方均为空，则定位到当前列的 1 048 576 行）；按<Ctrl+方向键→>组合键，则可以迅速定位到选定单元格所在行向右连续非空的最后一列（若整行为空或者选择单元格所在行右方均为空，则定位到当前行的 XFD 列）；按<Ctrl+Home>组合键，可以到达表格定义的左上角单元格；按<Ctrl+End>组合键，可以到达表格定义的右下角单元格。

注意

左上角单元格并不一定是 A1 单元格，它只是一个相对位置，例如当工作表设置冻结窗格时，按<Ctrl+Home>组合键到达的位置为设置冻结窗格所在的单元格位置，这个单元格位置就不一定是 A1 单元格。

按照以上行列数量计算，每张 Excel 工作表包含 17 179 869 184 个单元格。如此巨大的空间，对于一般应用来说，已经足够了，并且这已经超过交互式网页格式所能存储的单元格数量。

提示

交互式网页（.mht 文件或者.htm 文件）形式下的 Excel 表格的可编辑区域为（1～262 144）×（1～18 278）列（共计 4 791 468 032）。如果有更大容量的需求，建议用户使用标准的数据库来存储，当数据量不是很大，操作不是很复杂时，Excel 2013 可以作为一个小型的数据库软件来使用。

4.1.3 A1 引用样式与 R1C1 引用样式

以数字为行标题、以字母为列标题的标记方式被称为“A1 引用样式”，这是 Excel 默认使用的引用样式。在使用“A1 引用样式”的状态下，工作表中的任意一个单元格都会以其所在列的字母标号加上所在行的数字标号作为它的位置标志。例如，“A1”表示 A 列第一行的单元格，“AB23”表示 AB 列（第 28 列）第 23 行的单元格。

在 Excel 的名称框中输入字母加数字的组合，即表示单元格地址，可以快速定位到该单元格，例如，在名称框输入“H12”，就能够快速定位到 H 列第 12 行的所在位置。当然，这里输入的字母+数字组合不能超出工作表的范围。

注意

A1 引用样式必须是列标题在前面，行标题在后面的形式，也就是字母在前，数字在后的形式。

除了“A1 引用样式”，Excel 还有另一种引用样式，被称为“R1C1 引用样式”，图 4-4 曾介绍过它的启用方法。

“R1C1 引用样式”是以字母 R+行标题数字+字母 C+列号数字来标记单元格位置，其中字母 R 就是行（Row）的缩写，字母 C 就是列（Column）的缩写。这样的标记含义也就是传统习惯上的定位方式：第几行第几列。例如，“R12C23”表示位于第 12 行第 23 列（W 列）的单元格，而最右下角的单元格地址就是“R1048676C16384”。这十分类似于地理平面上的定位——东经 XX 度、北纬 XX 度。

注意

“R1C1 引用样式”必须是行标题在前，列号在后的形式，这与 A1 引用样式完全相反。

当 Excel 处于“R1C1 引用样式”的状态下时，工作表列标题标签的字母会显示为数字，如图 4-4 所示。此时，在工作表的名称框里输入形如“RnCm”的组合，即表示 R1C1 形式的单元格地址，可以快速定位到该地址，例如在名称框中输入“R4C6”，则可以快速定位到第 4 行第 6 列的单元格。

与“A1 引用样式”区别的是，“R1C1 引用样式”不仅可以标记单元格的绝对位置，还能标记单元格的相对位置。有关 R1C1 引用样式的更详细的内容，请参阅 10.4 小节。

4.2 行与列的基本操作

下面介绍与行列相关的各项操作方法。

4.2.1 选择行和列

1. 选定单行或者单列

鼠标单击某个行标题标签或者列标题标签即可选中相应的整行或者整列。当选中某行后，此行的行标题标签会改变颜色，所有的列标题标签会加亮显示，此行的所有单元格也会加亮显示，以此来表示此行当前处于选中状态。相应地，当列被选中时也会有类似的显示效果。

除此以外，使用快捷键也可以快速地选定单行或者单列，操作方法如下：鼠标选中单元格后，按<Shift+空格键>组合键，即可选定单元格所在的行；按<Ctrl+空格键>组合键，即可选定单元格所在的列。

在大多数中文 Windows 操作系统中，<Ctrl+空格键>组合键都被默认为切换中文输入法方式的快捷键，如果要在 Excel 中使用这一快捷键组合，必须先将切换中文输入法方式的快捷键设置为其他的按键组合。

2. 选定相邻连续的多行或者多列

鼠标单击某行的标签后，按住左键不放，向上或者向下拖动，即可选中此行相邻的连续多行。选中多列的方法与此相似（鼠标向左或者向右拖动）。拖动鼠标时，行或者列标题标签旁会出现一个带数字和字母内容的提示框，显示当前选中的区域中有多少行或者多少列。如图 4-6 所示，第 10 行下方的提示框内显示“5R×16384C”，表示当前选中了 5 行（Rows）、16 384 列。当选择多列时，则会显示“1048576R×nC”，其中 n 表示选中的列数。在 Excel 2010 及之前的版本，当用户选择整行或整列，提示框只显示 nR 或 nC，在 Excel 2013 中则显示行数和列数，这是 Excel 2013 新增加的功能之一。

图 4-6 选中相邻连续多行

选定某行后按<Ctrl+Shift+方向键↓>组合键，如果选定行中活动单元格以下的行都不存在非空单元格，则将同时选定该行到工作表中的最后可见行。同理，选定某列后按<Ctrl+Shift+方向键→>组合键，如果选定列中活动单元格右侧的列中不存在非空单元格，则将同时选定该列到工作表中的最后可见列。使用相反的方向键则可以选中相反方向的所有行或者列。

提示

单击行列标题标签交叉处的“全选”按钮，可以同时选中工作表中的所有行和所有列，即选中整个工作表区域。

3. 选定不相邻的多行或者多列

要选定不相邻的多行可以通过如下操作实现。选中单行后，按住<Ctrl>键不放，继续使用鼠标单击多个行标签，直至选择完所有需要选择的行，然后松开<Ctrl>键，即可完成不相邻的多行的选择。如果要选定不相邻的多列，方法与此类似。

4.2.2 设置行高和列宽

1. 精确设置行高和列宽

设置行高前，先选定目标行（单行或者多行）整行或者行中单元格，然后在【开始】选项卡上依次单击【格式】→【行高】命令，在弹出的【行高】对话框中输入所需设定的行高的具体数值，最后单击【确定】按钮确定操作，如图 4-7 所示。设置列宽的方法与此类似。

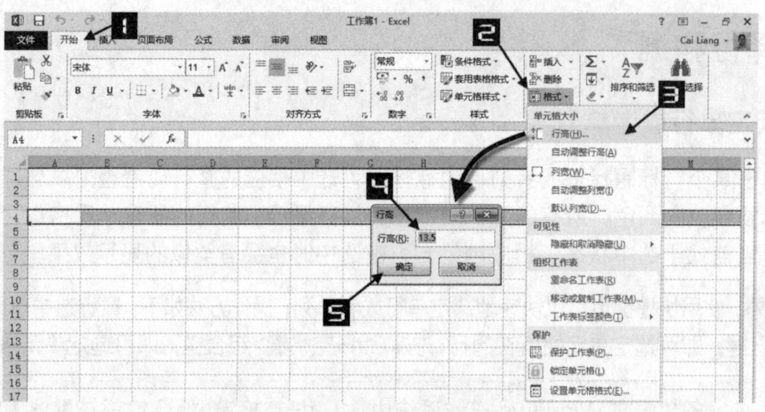

图 4-7 设置行高的对话框

另一种方法是在选定行或者列后，单击鼠标右键，在弹出的快捷菜单中选择【行高】(或者【列宽】) 命令，然后进行相应的操作，如图 4-8 所示。

2. 直接改变行高和列宽

除了使用菜单命令精确设置行高和列宽的方法以外，还可以直接在工作表中拖动鼠标来改变行高和列宽。

在工作表中选中单列或者多列，当鼠标指针放置在选中的列与相邻的列标签之间，此时在列标签之间的中线上鼠标指针显示为一个黑色双向箭头。按住鼠标标左键不放，向左或者向右拖动鼠标，此时在列标签上方会出现一个提示框，里边显示当前的列宽，如图 4-9 所示。调整到所需的列宽时，松开鼠标左键即可完成列宽的设置。设置行高的方法与此操作类似。

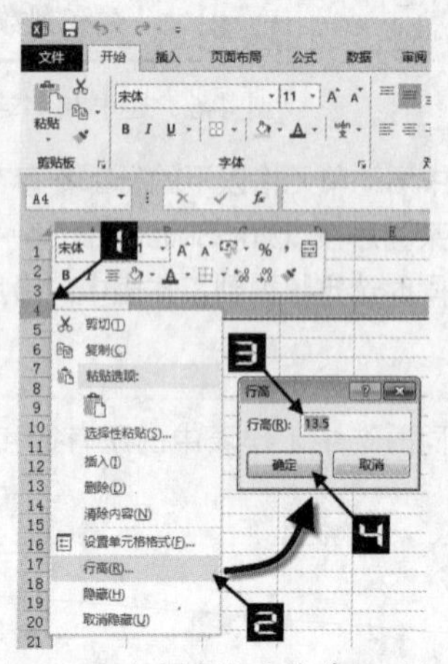

图 4-8 通过右键快捷菜单设置行高

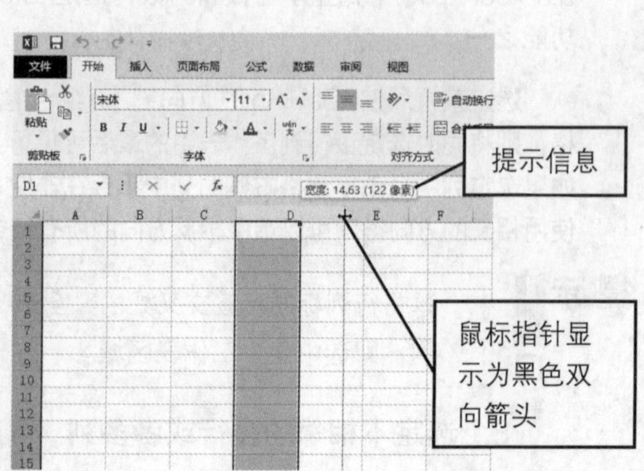

图 4-9 拖动鼠标指针设置列宽

深入了解

行高和列宽数值的单位

一直以来，Excel 的行高和列宽数值的单位是一个令初学者容易混淆的问题，Excel 不但没有使用多数用户所熟悉的公制长度单位，如 cm、mm，而且为行高和列宽分别使用了不同单位。

行高的单位是磅（Point）。这里的磅并非英制重量单位的磅（Pound），而是一种印刷业描述印刷字体大小的专用尺度，英文 Point 的音译，所以磅数制又被称为点制、点数制。1 磅近似等于 1/72 英寸（inch），1 英寸约等于 25.4mm，所以 1 磅近似等于 0.35278mm。行高的最大限制为 409 磅，即 144.286mm。

列宽的单位是字符。列宽的数值是指适用于单元格的“标准字体”的数字 0~9 的平均值。所谓的“标准字体”是指在【Excel 选项】对话框【常规】选项卡中【新建工作簿时】区域的【标准字体】处的设置，包括了选用字体及字号，如图 4-10 所示。根据此处的设置，数字 0~9 的宽度的平均值（每个数字本身的显示宽度并不相同）即为列宽的数值单位。如果不考虑不同字符之间的宽度差异，可以用更通俗易懂的话来描述列宽：列宽的值表示这一列所能容纳的数字字符个数。列宽设置的数字为 0~255 之间，即列宽的最大限制为 255 个字符，最小列宽为 0，当设置为 0 时，即隐藏该列。

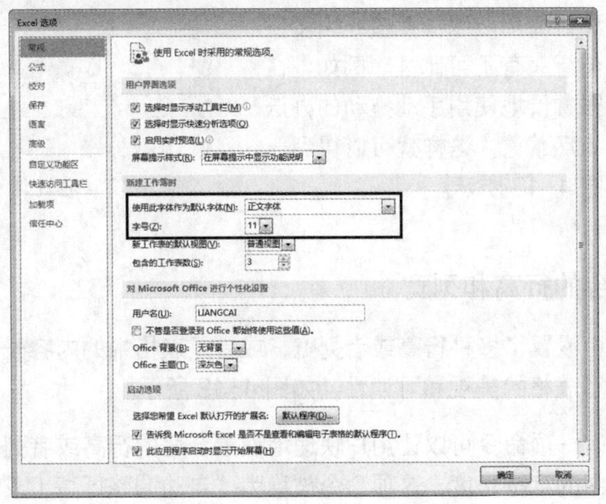

图 4-10 “标准字体”选项设置

为了进一步理解列宽单位与字符之间的关系，可以将某列的列宽设置为 5，然后在此列中任意单元格输入数字组合“12345”，按<Enter>键后可以看到数字恰好填满此单元格。如果输入数字组合“123456”，则需要把列宽调整为 6 才能恰好完整地显示出来，如图 4-11 所示。

由此可以看出，列宽的宽度约等于该列单元格中可以显示容纳的数字字符个数。

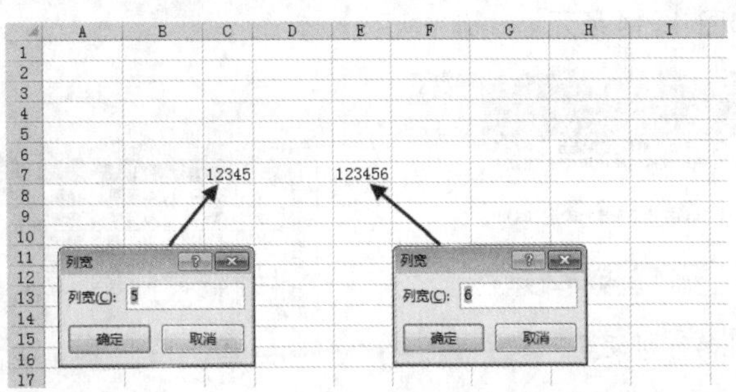

图 4-11 不用列宽设置下的字符显示效果

由于列宽的单位与使用的字体有关（其实还与屏幕显示精度有关），所以要转换成常用的公制长度单位并没有实际的意义，毕竟 Excel 不是一个用于高精度制图的软件，所以也没有必要去深究行列宽度的具体实际长度。

但是有时，可能需要将行高和列宽建立一定的关系，例如，需要设置出一个正方形的单元格。行高和列宽的不可比性形成了障碍，此时需要借助另一个隐形的行高列宽单位——像素（pixel）。

虽然无法在菜单中以像素作为行高列宽的单位设置精确数值，但是在直接拖动鼠标设置行高列宽的过程中，像素这个隐形的宽度单位就会被显示出来。例如，在图 4-12 所示的例子中，当拖动鼠标设置列宽的时候，列标签上方的提示框里会显示当前的列宽以及像素值——“宽度 12.75（107 像素）”，以此指明了当前虚线位置的列宽值为 12.75，对应的像素值为 107。同样，当拖动设置行高时，也会有类似的信息提示。

由于像素值也跟系统的显示精度有关，同样的 107 像素，在不用的显示模式之下，并不一定都等于列宽 12.75 字符，所以要建立精确的行高列宽与像素单位之间的换算关系也是比较困难的。但是在同一环境之下，列宽和行高都能以像素值作为度量单位，这就使得列宽与行高有了可比性。例如，在刚才的例子中，可以很方便地使用手动拖动的办法使行高和列宽都变为 107 像素，这样就可以得到一个正方形单元格，如图 4-12 所示。

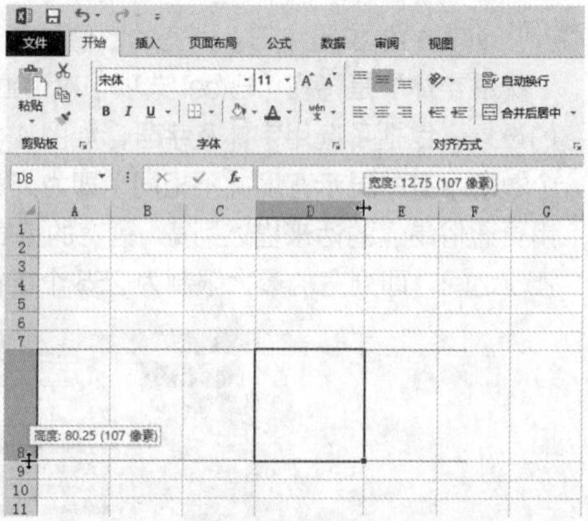
文件
开始
插入
页面布局
公式
数据
审阅
视图
宋体
自动换行
合并后居中
剪贴板
字体
对齐方式
D8
宽度: 12.75 (107 像素)
高度: 80.25 (107 像素)

图 4-12　通过像素值设置正方形区域

3. 设置最适合的行高和列宽

如果在一个表格中设置了多种行高或者列宽，或者是表格中的内容长短参差不齐，会使表格看上去比较凌乱，影响了表格的美观和可读性，如图 4-13 所示。

针对这种情况，有一项命令可以让用户快速地设置合适的行高或者列宽，使得设置后的行高和列宽自动适应于表格中的字符长度，这项命令被称为“自动调整行高（或者列宽）”，具体操作方法如下。

选中需要调整列宽的多列，在【开始】选项卡上依次单击【格式】→【自动调整列宽】命令，这样就可以将选定列的列宽调整到“最合适”的宽度，使得列中的每一行字符都可以恰好完全地显示。

类似的，使用菜单中的【自动调整行高】命令，则可以设置最合适的行高以适应行中字符的高度。设置后的样式如图 4-14 所示。

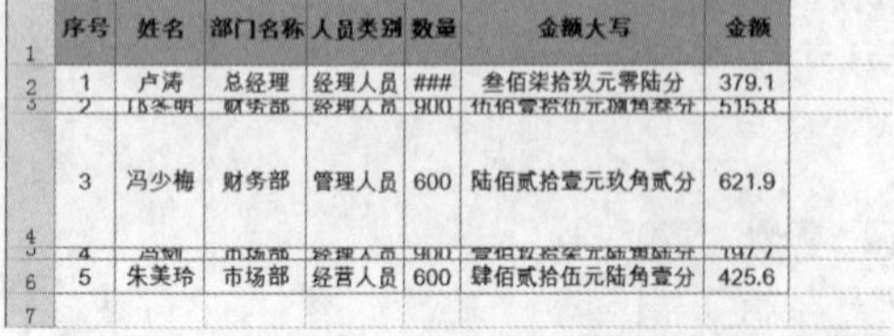
序号 姓名 部门名称 人员类别 数量 金额大写 金额
1 卢涛 总经理 经理人员 ### 叁佰柒拾玖元零陆分 379.1
3 冯少梅 财务部 管理人员 600 陆佰贰拾壹元玖角贰分 621.9
5 朱美玲 市场部 经营人员 600 肆佰贰拾伍元陆角壹分 425.6

图 4-13　凌乱的行列设置

序号 姓名 部门名称 人员类别 数量 金额大写 金额
1 卢涛 总经理 经理人员 1500 叁佰柒拾玖元零陆分 379.06
2 邝冬明 财务部 经理人员 900 伍佰壹拾伍元捌角叁分 515.83
3 冯少梅 财务部 管理人员 600 陆佰贰拾壹元玖角贰分 621.92
4 冯剑 市场部 经理人员 900 壹佰玖拾柒元陆角陆分 197.66
5 朱美玲 市场部 经营人员 600 肆佰贰拾伍元陆角壹分 425.61

图 4-14　“最合适”的行高和列宽

除了使用菜单操作外，还有一种更加快捷的方法可以用来快速调整最合适的行高或者列宽。沿用上面的例子，操作方法如下。

同时选中需要调整列宽的多列，将鼠标指针放置在列标签之间的中线上，此时，鼠标箭头显示为一个黑色双向箭头的图形，如图 4-15 所示。双击鼠标左键即可完成设置“自动调整列宽”的操作。“自动调整行高”的方法与此类似。

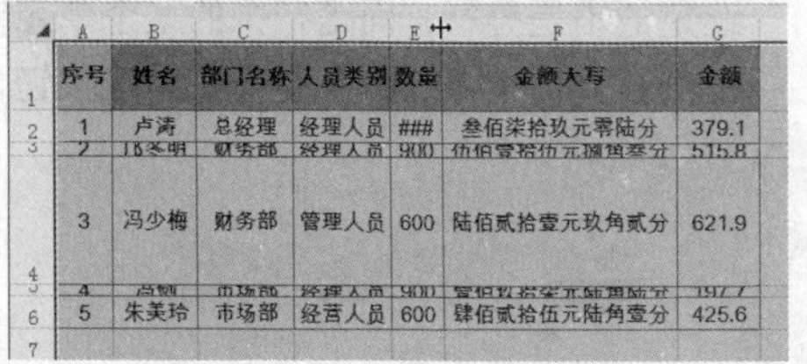

图 4-15　黑色双向箭头图形

4. 标准列宽

在【格式】下拉菜单中，还有一条【默认列宽】命令（无“默认行高”命令），如图 4-16 所示。在 Excel“标准字体”设置为宋体 11 号的默认设置中，新建工作表的列宽通常为 8.38，如图 4-17 所示。使用【默认列宽】命令，可以一次性修改当前工作表的所有列宽。但是，该命令对已经设置过列宽的列无效，也不会影响其他工作表以及新建工作表或者工作簿。如果要为所有的新工作簿和工作表定义默认列宽，需要使用模板功能（关于模板的介绍，请参阅第 8 章）。

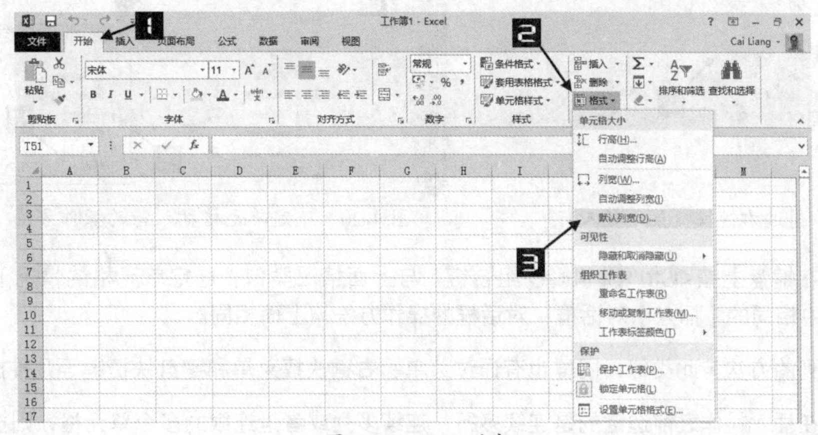

图 4-16　默认列宽

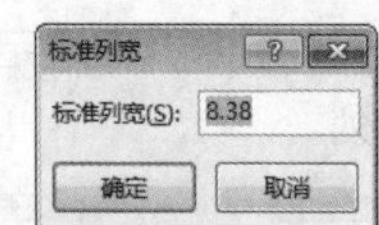

图 4-17　标准列宽值提示框

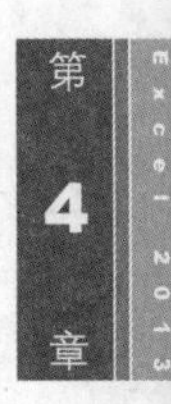

4.2.3　插入行与列

用户有时需要在表格中新增一些条目的内容，并且这些内容不是添加在现有表格内容的末尾，而是插入到现在表格内容的中间，这就需要使用到插入行或者插入列的功能。

单击某行标签，选定此行或者在此行中选定某个单元格，以下几种方法可以在所选定行之前插入新行。

◆ 在【开始】选项卡上依次单击【插入】→【插入工作表行】命令，如图 4-18 所示。

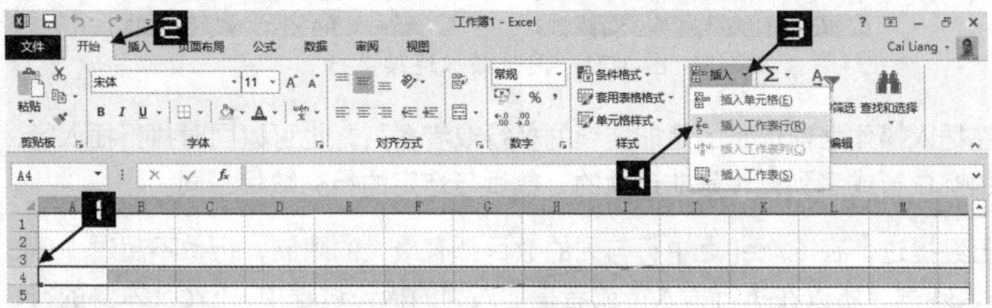

图 4-18　通过工作窗口操作插入行

◆ 单击鼠标右键，在弹出的右键快捷菜单中选择【插入】命令，如图 4-19 所示。如果当前选定的不是整行，而是行中的某个单元格，则在选择命令后会弹出【插入】对话框，如图 4-20 所示。在对话框中选择【整行】单选按钮，然后单击【确定】按钮确认操作。

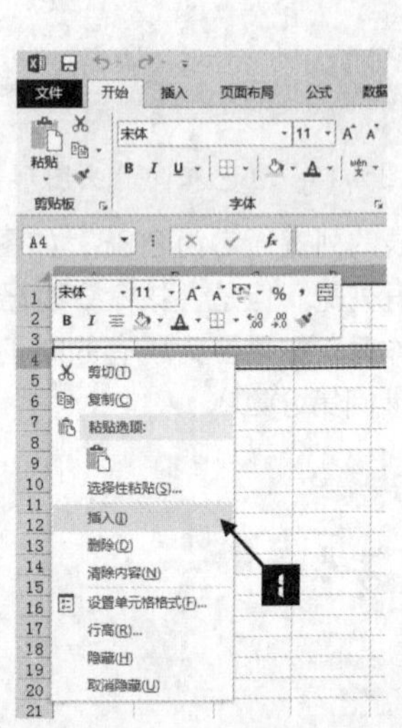

图 4-19 通过右键快捷菜单插入行

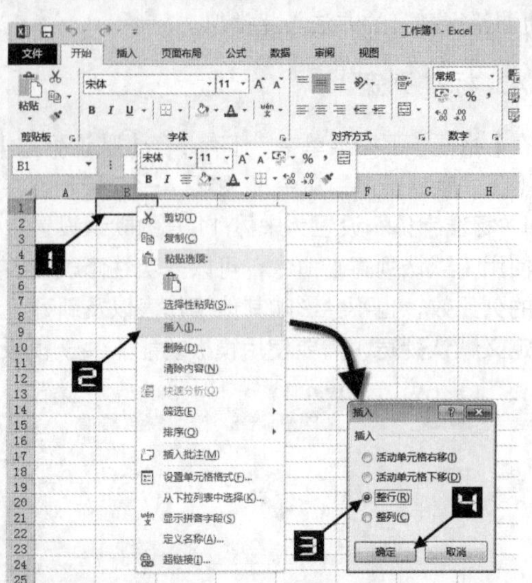

图 4-20 选定单元格插入行的操作方法

◆ 在键盘上按<Ctrl+Shift+=>组合键。与上面情况类似，选定单元格的情况下，会弹出与图 4-20 中相同的【插入】对话框，对话框的操作方法与上面相同。

插入列的方法与此类似，同样也有通过菜单、右键快捷菜单和键盘快捷键等几种操作方法。

如果在插入操作之前选定的是连续多行、连续多列或者是连续的多个单元格，则执行“插入”操作后，会在选定位置之前插入与选定的行、列相同数目的行或者列。例如，当前选定连续 4 行，然后执行“插入行”的操作结果如图 4-21 所示，在选定行之前的位置插入了 4 排新行。此方法可以用于执行插入较多数目的连续行或者列。

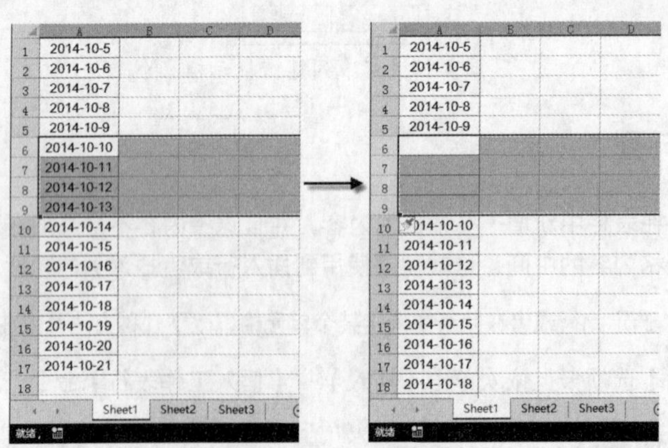

图 4-21 同时插入连续多行

如果在插入操作之前选定的是非连续的多行或者多列，也可以同时执行插入行、列的操作，并且新插入的空白行或者列，也是非连续的，数目与选定的行列数目相同。

前文已经提过，在 Excel 之中行与列的数目都有最大的限制，行数不超过 1 048 576 行，列数不超过 16 384 列，所以在执行插入行或者是插入列的操作过程中，Excel 本身的行、列数并没有增加，只是将当前选定位置之后的行列连续往后移动，而在当前选定位置之前腾出插入的空位，位于表格最末位的空行或者空列则被移除。这样，表格区域内始终还是保持了 1 048 576 行 × 16 384 列的数目。

基于这个原因，如果表格的最后一行或者最后一列不为空，则不能执行插入新行或者新列的操作。如果在这种情况下选择“插入”操作，则会弹出如图 4-22 所示的警告框，提示用户只有清空或者删除最末的行、列后才能在表格中插入新的行或者列。

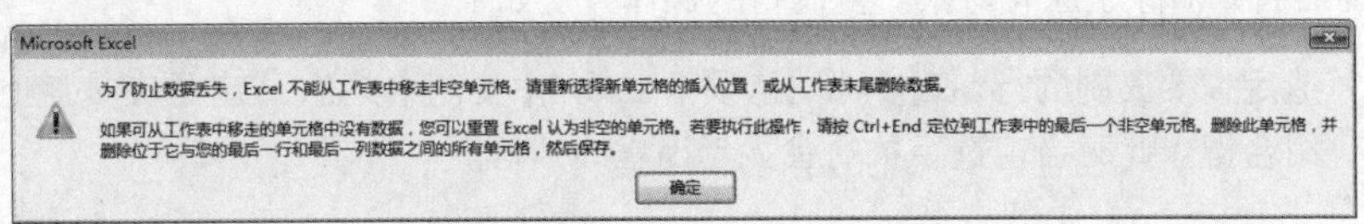

图 4-22　最后的行列不为空时不得执行插入行或者列的操作

4.2.4　移动和复制行与列

用户有时会需要改变行列内容的放置位置或顺序，这时可以使用“移动”行或者列的操作来实现。

1. 移动行列的菜单方式

实现移动行列的基本操作方法是通过菜单方式来进行，其中包含使用选项卡菜单和右键菜单。

步骤 1 → 选定需要移动的行，在【开始】选项卡上单击【剪切】按钮，也可以在右键菜单上选择【剪切】命令，或者是在键盘上按<Ctrl+X>组合键。此时当前选定的行就会显示出虚线边框。

步骤 2 → 选定需要移动的目标位置行的下一行（选定整行或者是此行的第一个单元格），在【开始】选项卡上依次单击【插入】→【插入剪切的单元格】命令，也可以在右键菜单上选择【插入剪切的单元格】命令，或者是在键盘上按<Ctrl+V>组合键即可完成移动行的操作。

完成移动操作后，需要移动的行的次序调整到目标位置之前，而此行的原有位置则被自动清除。如果在步骤 1 中选定连续多行，则移动行的操作也可以同时对连续多行进行。非连续的多行无法同时执行剪切操作。移动列的操作方法与此相似。

2. 移动行列的鼠标拖动方式

相比通过菜单来移动行列，直接使用鼠标拖动的方法更加直接而且方便。

选定需要移动的行，将鼠标移至选定行的黑色边框上，当鼠标指针显示为黑色十字箭头图标时，按住鼠标左键，并且在键盘上按<Shift>键。此时拖动鼠标，可以看到出现一条工字形虚线，显示了移动行的目标插入位置，如图 4-23 左侧所示。拖动鼠标直到工字形虚线位于需要移动的目标位置，松开鼠标左键，即可完成选定行的移动，结果如图 4-23 右侧所示。

	A	B	C	D	E	F	G
1	2014-10-5	乙	未	乙未			
2	2014-10-6	丙	申	丙申			
3	2014-10-7	丁	酉	丁酉			
4	2014-10-8	戊	戌	戊戌			
5	2014-10-9	己	亥	己亥			
6	2014-10-10	庚	子	庚子			
7	2014-10-11	辛	丑	辛丑		7:7	
8	2014-10-12	壬	寅	壬寅			
9	2014-10-13	癸	卯	癸卯			
10	2014-10-14	甲	辰	甲辰			
11	2014-10-15	乙	巳	乙巳			
12	2014-10-16	丙	午	丙午			
13	2014-10-17	丁	未	丁未			
14	2014-10-18	戊	申	戊申			
15	2014-10-19	己	酉	己酉			
16							

	A	B	C	D	E
1	2014-10-5	乙	未	乙未	
2	2014-10-6	丙	申	丙申	
3	2014-10-7	丁	酉	丁酉	
4	2014-10-8	戊	戌	戊戌	
5	2014-10-9	己	亥	己亥	
6	2014-10-10	庚	子	庚子	
7	2014-10-14	甲	辰	甲辰	
8	2014-10-11	辛	丑	辛丑	
9	2014-10-12	壬	寅	壬寅	
10	2014-10-13	癸	卯	癸卯	
11	2014-10-15	乙	巳	乙巳	
12	2014-10-16	丙	午	丙午	
13	2014-10-17	丁	未	丁未	
14	2014-10-18	戊	申	戊申	
15	2014-10-19	己	酉	己酉	
16					

图 4-23　通过拖动鼠标来移动行

鼠标拖动实现移动列的操作与此类似。如果选定连续多行或者多列，同样可以拖动鼠标执行同时移动多行或者多列目标到指定位置。但是，无法对选定的非连续多行或者多列同时执行拖动移动操作。

3. 复制行列的菜单方式

复制行列与移动行列的操作方式十分相似，从结果上来说，两者的区别在于前者保留了原有对象行列，而后者则清除了原有对象。复制行的操作方法如下。

步骤1 选定需要复制的行，在【开始】选项卡上单击【复制】按钮，或者是在键盘上按<Ctrl+C>组合键。此时当前选定的行会显示出虚线边框。

步骤2 选定需要复制的目标位置行的下一行（选定整行或者是此行的第一个单元格），在【开始】选项卡中依次单击【插入】→【插入复制的单元格】命令，也可以在右键菜单上选择【插入复制的单元格】命令，即可完成复制行插入至目标位置的操作。

对于目标位置，除了选择以上这种插入方式，也可以选择替换目标行的方式，具体操作如下。

复制选定数据行后，在【开始】选项卡上单击【粘贴】按钮，也可以在右键菜单上选择【粘贴】或者按<Ctrl+V>组合键，即可将目标行的内容以当前选定行覆盖替换。

复制列的操作方法与此类似，并且可以对连续或者非连续多行多列同时操作。

4. 复制行列的拖动鼠标方式

使用拖动鼠标方式复制行的操作方法，与移动行有些相似。拖动鼠标复制行同样包含两种方式。一种是“替换”方式，选定数据行后，按<Ctrl>键同时拖动鼠标，鼠标指针旁显示“+”号图标，目标位置出现如图 4-24 所示的虚线框，表示复制的数据将覆盖原来区域中的数据。另一种是“插入”方式，选定数据行后，按<Ctrl+Shift>组合键同时拖动鼠标，鼠标指针旁显示“+”号图标，目标位置出现工字形虚线条，表示复制的数据将插入在虚线所示位置，此时松开鼠标即可完成复制并插入行的操作。

	A	B	C	D	E	F
1	2014-10-5	乙	未	乙未		
2	2014-10-6	丙	申	丙申		
3	2014-10-7	丁	酉	丁酉		
4	2014-10-8	戊	戌	戊戌		
5	2014-10-9	己	亥	己亥		
6	2014-10-10	庚	子	庚子		
7	2014-10-11	辛	丑	辛丑		
8	2014-10-12	壬	寅	壬寅		
9	2014-10-13	癸	卯	癸卯		
10	2014-10-14	甲	辰	甲辰		
11	2014-10-15	乙	巳	乙巳		
12	2014-10-16	丙	午	丙午		
13	2014-10-17	丁	未	丁未		
14	2014-10-18	戊	申	戊申		
15	2014-10-19	己	酉	己酉		

图 4-24 鼠标拖动实现复制替换行

通过鼠标拖动来实现复制列的操作方法与此类似。可以同时对连续多行多列进行复制操作，无法对选定非连续多行或者多列执行拖动操作。

提示

如果在拖动鼠标的同时没有按<Ctrl>键，则在目标位置松开鼠标左键，替换目标行列之前，Excel 会弹出对话框询问“是否替换目标单元格内容”，单击【确定】按钮选择确认后，会出现另一种【移动】行列的效果：替换对象目标的同时在原有位置留空显示。

4.2.5 删除行与列

对以一些不再需要的行列内容，用户可以选择删除整行或者整列来进行清除。删除行的操作方法如下。

选定目标整行或者多行，在【开始】选项卡中依次单击【删除】→【删除工作表行】命令，或者单击鼠标右键，在弹出的快捷菜单中选择【删除】命令。如果选定的目标不是整行，而是行中的单元格，则会在执行【删除单元格】命令时，弹出如图 4-25 所示的【删除】对话框，在对话框中选

图 4-25 【删除】对话框

择【整行】单选按钮，然后单击【确定】按钮即可完成目标行的删除。删除列的操作与此类似。

与插入行列的情况类似，删除行列也不会引起 Excel 工作表中行列总数的变化，删除目标行列的同时，Excel 会在行列的末尾位置自动加入新的空白行列，使得行列的总数保持不变。

注意 与删除工作表有所不同，删除行列的操作可以通过【撤消】命令来取消操作。

4.2.6 隐藏和显示行列

有的时候，用户出于方便浏览的需要，或者不想让其他人看到一些特定的内容，希望隐藏一些表格内容，如隐藏工作表中的某些行或者列。

1. 隐藏指定行列

选定目标行（单行或者多行）整行或者行中的单元格，在【开始】选项卡中依次单击【格式】→【隐藏和取消隐藏】→【隐藏行】命令，即可完成目标行的隐藏。隐藏列的操作与此类似，选定目标列后，再依次单击【开始】→【格式】→【隐藏和取消隐藏】→【隐藏列】命令。

如果选定的对象是整行或者整列，也可以通过单击鼠标右键，在弹出的快捷菜单中选择【隐藏】命令来实现隐藏行列的操作。

从实质上来说，被隐藏的行实际上就是行高设置为零的行，同样地，被隐藏的列实际上就是列宽设置为零的列。所以，用户也可以通过将目标行高或者列宽设置为零的方式来隐藏目标行或列。因此，使用 4.2.2 小节中所介绍的，通过菜单命令或者拖动鼠标改变行高或者列宽的操作方法，也可以实现行和列的隐藏。

2. 显示被隐藏的行列

在隐藏行列之后，包含隐藏行列处的行标题或者列标题标签不再显示连续序号，隐藏处的标签分隔线也会显得比其他的分隔线更粗，如图 4-26 所示。通过这些特征，用户可以发现表格中隐藏行列的位置。要把被隐藏的行列取消隐藏，重新恢复显示，有以下几种操作方法。

	A	B	C	D
1	2014-10-5	乙	未	乙未
2	2014-10-6	丙	申	丙申
3	2014-10-7	丁	酉	丁酉
10	2014-10-14	甲	辰	甲辰
11	2014-10-15	乙	巳	乙巳
12	2014-10-16	丙	午	丙午
13	2014-10-17	丁	未	丁未
14	2014-10-18	戊	申	戊申
15	2014-10-19	己	酉	己酉

图 4-26　包括隐藏行列的行列标题签显示

◆ 使用【取消隐藏】命令取消隐藏。在工作表中，选定包含隐藏行的区域，例如选中图 4-26 中的 A3:A10，在【开始】选项卡上依次单击【格式】→【隐藏和取消隐藏】→【取消隐藏行】命令，即可将其中隐藏的行恢复显示。按<Ctrl+Shift+F9>组合键，可以代替菜单操作，更快捷地达到取消隐藏的目的。如果选定的是包含隐藏行的整行，例如选定图 4-26 中的第 3 行至第 10 行，还可以在选定后单击鼠标右键，在弹出的快捷菜单中选择【取消隐藏】命令来显示被隐藏的行。

◆ 使用设置行高列宽的方法取消隐藏。通过将行高列宽设置为 0，可以将选定行列隐藏，反之，通过将行高列宽设置为大于 0 的值，则可以让隐藏的行列变为可见，达到取消隐藏的效果。例如，选中图 4-26 中的第 3 行至第 10 行，让隐藏行包含其中。然后使用 4.2.2 小节中介绍的通过菜单命令设置行高为一个合适的值来取消第 4～9 行的隐藏。

◆ 用“自动调整行高（列宽）”命令取消隐藏。选定包含隐藏行的区域后，在【开始】选项卡上依次单击【格式】→【自动调整行高】命令，即可将其中隐藏的行恢复显示。

取消隐藏列的操作方法与此类似。选定包含隐藏列的区域后，取消列隐藏的快捷键是<Ctrl+Shift+0>组合键。如果要将表格中所有被隐藏的行或者列都同时显示出来，可以单击行列标签交叉处的“全选”按钮，然后再选择以上方法之一，执行“取消隐藏”。以上内容中，关于区域选取的操作方法，请参阅 4.3.3 小节。

> **提示** 通过设置行高或者列宽值的方法，达到取消行列的隐藏，会改变原有行列的行高或者列宽，而通过菜单取消隐藏的方法，则保持原有的行高和列宽。

4.3 单元格和区域

在了解行列的概念和基础操作之后，可以进一步学习和理解单元格和区域，这是工作表最基础的构成元素和操作对象。

4.3.1 单元格的基本概念

1. 认识单元格

行和列相互交叉所形成的一个个格子被称为“单元格”（Cell），单元格是构成工作表最基础的组成元素。单元格的英文名称“Cell”包含了细胞的含义，细胞是组成组织器官乃至机体的最基础元素，众多的单元格也正如同细胞一样组成了一张完整的工作表，默认每张工作表中所包含的单元格数目共有 171 812 061 184 个。

每个单元格都可以通过单元格地址来进行标识，单元格地址由它所在列的列标题和所在行的行标题所组成，其形式通常为“字母+数字”的形式。例如，地址为“A1”的单元格就是位于 A 列第 1 行的单元格。

用户可以在单元格内输入和编辑数据，单元格中可以保存的数据包括数值、文本和公式等，除此以外，用户还可以为单元格添加批注以及设置多种格式。

2. 单元格的选取和定位

在当前的工作表中，无论用户是否曾经用鼠标单击过工作表区域，都存在一个被激活的活动单元格。如图 4-27 所示，C6 单元格即为当前被激活（被选定）的活动单元格。活动单元格的边框显示为绿色矩形线框，在 Excel 工作窗口的名称框中会显示此活动单元格的地址，在编辑栏中则会显示此单元格中的内容，活动单元格所在的行列标签会高亮显示。

	A	B	C	D
1	2014-10-5	乙	未	乙未
2	2014-10-6	丙	申	丙申
3	2014-10-7	丁	酉	丁酉
4	2014-10-8	戊	戌	戊戌
5	2014-10-9	己	亥	己亥
6	2014-10-10	庚	子	庚子
7	2014-10-11	辛	丑	辛丑
8	2014-10-12	壬	寅	壬寅
9	2014-10-13	癸	卯	癸卯
10	2014-10-14	甲	辰	甲辰
11	2014-10-15	乙	巳	乙巳
12	2014-10-16	丙	午	丙午
13	2014-10-17	丁	未	丁未
14	2014-10-18	戊	申	戊申
15	2014-10-19	己	酉	己酉

图 4-27 活动单元格示意

> **提示** 有时活动单元格会在当前工作表窗口的显示范围之外，如使用滚动条滚动浏览工作表时，要快速定位到活动单元格所在位置，将其显示在当前窗口中，用户可按 <Ctrl+BackSpace>组合键。

要选取某个单元格成为活动单元格，只需要通过鼠标或者键盘按键等方式激活目标单元格即可。

使用鼠标直接单击目标单元格，可将目标单元格切换为当前活动单元格，使用键盘方向键及<Page UP>、<Page Down>等按键，也可以在工作表中移动选取活动单元格。具体的按键使用及其含义如表 4-1 所示。

表 4-1　活动单元格的移动按键

按 键 动 作	作 用 含 义
<方向键↑>	向上一行移动活动单元格
<方向键↓>	向下一行移动活动单元格
<方向键←>	向左一列移动活动单元格
<方向键→>	向右一列移动活动单元格
<Page UP>	向上一屏移动活动单元格
<Page Down>	向下一屏移动活动单元格
<Alt+Page UP>	向左一屏移动活动单元格
<Alt+Page Down >	向右一屏移动活动单元格

使用<Page UP>、<Page Down>等按键滚动移动活动单元格时，每次移动间隔的行列数并非固定数值，而是与当前屏幕中所包含显示的行列数有关。

除了上述方法以外，在工作窗口的名称框中直接输入目标单元格地址也可以快速定位到目标单元格所在位置，同时激活目标单元格为当前活动单元格。与此操作效果相似的是使用“定位”的方法：在【开始】选项卡中依次单击【查找和选择】→【转到】命令，或者在键盘上按快捷键<F5>或<Ctrl+G>组合键，在弹出的【定位】对话框的【引用位置】文本框中直接输入目标单元格地址，如图 4-28 所示，最后单击【确定】按钮完成操作。

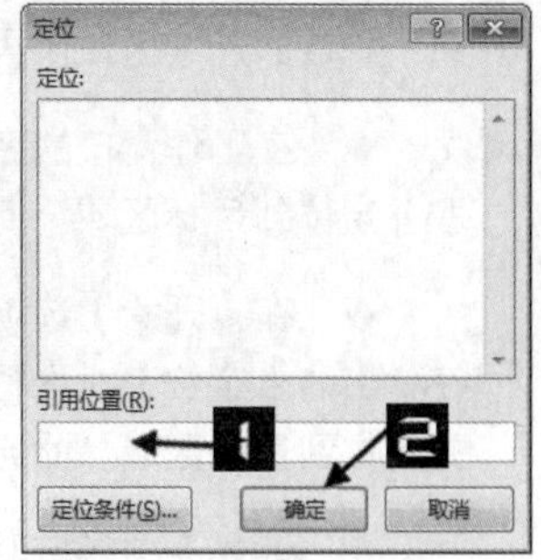

图 4-28 【定位】对话框

对于一些位于隐藏行列中的单元格，无法通过鼠标或者键盘激活，只能通过名称框直接输入选取和定位的方法来激活。

4.3.2 区域的基本概念

“区域（Area）”的概念实际上是单元格概念的延伸，多个单元格所构成的单元格群组就被称为“区域”。

构成区域的多个单元格之间可以是相互连续的，它们所构成的区域就是连续区域，连续区域的形状总为矩形；多个单元格之间也可以是相互独立不连续的，它们所构成的区域就成为不连续区域。对于连续区域，可以使用矩形区域左上角和右下角的单元格地址进行标识，形式为“左上角单元格地址:右下角单元格地址”。例如，连续单元格地址为“C5:F11”，则表示此区域包含了从 C5 单元格到 F11 单元格的矩形区域，矩形区域宽度为 4 列，高度为 7 行，总共包括 28 个连续单元格。

与此类似，“A5:XFD5”则表示区域为工作表的第 5 行整行，习惯表示为“5:5”；“F1:F 1048576”则表示区域为工作表的 F 列整列，习惯表示为“F:F”。对于整个工作表来说，其区域地址就是“A1:XFD1048576”。

4.3.3 区域的选取

在 Excel 工作表中选取区域后，可以对区域内所包含的所有单元格同时执行相关命令操作，如输入数据、复制、粘贴、删除、设置单元格格式等。选取目标区域后，在其中总是包含了一个活动单元格。工作窗口名称框显示的是当前活动单元格的地址，编辑栏所显示的也是当前活动单元格中的内容。

活动单元格与区域中的其他单元格显示风格不同，区域中所包含的其他单元格会加亮显示，而当前活动单元格还是保持正常显示，以此来标识活动单元格的位置，如图 4-29 所示。

选定区域后，区域中包含的单元格所在的行列标签也会显示出不同的颜色，如图 4-29 中 B:D 列和第 5 ~ 8 行标签所示。

	A	B	C	D
1	2014-10-5	乙	未	乙未
2	2014-10-6	丙	申	丙申
3	2014-10-7	丁	酉	丁酉
4	2014-10-8	戊	戌	戊戌
5	2014-10-9	己	亥	己亥
6	2014-10-10	庚	子	庚子
7	2014-10-11	辛	丑	辛丑
8	2014-10-12	壬	寅	壬寅
9	2014-10-13	癸	卯	癸卯
10	2014-10-14	甲	辰	甲辰
11	2014-10-15	乙	巳	乙巳
12	2014-10-16	丙	午	丙午
13	2014-10-17	丁	未	丁未
14	2014-10-18	戊	申	戊申
15	2014-10-19	己	酉	己酉

图 4-29 选定区域与区域中的活动单元格

提示

在键盘上连续按<Enter>键，可以在区域范围内切换不同的单元格为当前活动单元格；如果连续按<Shift+Enter>组合键，则会以相反的次序切换区域的单元格。

1. 连续区域的选取

对于连续单元格，有以下几种方法可以实现选取的操作。

◆ 选定一个单元格，按住鼠标左键直接在工作表中拖动来选取相邻的连续区域。

◆ 选定一个单元格，按<Shift>键，然后使用方向键在工作表中选择相邻的连续区域。

◆ 选定一个单元格，按<F8>键，进入“扩展”模式（在状态栏第三个矩形框中会显示“扩展式选定”字样），此时，再用鼠标单击另一个单元格时，则会自动选中此单元格与前面选中单元格之间所构成的连续区域。再按一次<F8>键，则取消“扩展”模式。

◆ 在工作窗口的名称框中直接输入区域地址，例如“C5:F11”，按<Enter>键确认后，即可选取并定位到目标区域。此方法可适用于选取隐藏行列中所包含的区域。

◆ 在【开始】选项卡中依次单击【查找和选择】→【转到】命令，或者在键盘上按<F5>键，在弹出的【定位】对话框的【引用位置】文本框中输入目标区域地址，单击【确定】按钮即可选取并定位到目标区域。此方法可以适用于选取隐藏行列中所包含的区域。

◆ 选取连续区域时，鼠标或者键盘第一个选定的单元格就是选定区域中的活动单元格。如果使用名称框或者定位窗口选定区域，则所选区域的左上角单元格就是选定区域中的活动单元格。

2. 不连续区域的选取

与上面的这些操作方法相类似，对于不连续区域的选取，也有以下几种适用的方法。

◆ 选定一个单元格，按<Ctrl>键，然后使用鼠标左键单击或者拖拉选择多个单元格或者连续区域，在这种情况下，鼠标最后一次单击的单元格，或者在最后一次拖拉开始之前选定的单元格就是此选定区域的活动单元格。

◆ 按<Shift+F8>组合键，可以进入“添加”模式，与上面按<Ctrl>键的效果相同。进入添加模式后，再用鼠标选取的单元格或者区域会添加到之前的选取当中。

◆ 在工作窗口的名称框中输入多个单元格或者区域地址，地址之间用半角状态下的逗号隔开，例如“C3,C5:F11,G12”，按<Enter>键确认后即可选取并定位到目标区域。在这种情况下，最后输入的一个连续区域的左上角或者最后输入的单元格为区域中的活动单元格。此方法适用于选取隐藏行列中所包含的区域。

◆ 与上面的方法类似，在【定位】对话框的【引用位置】文本框中输入多个地址也可以选取不连续区域，调用【定位】对话框的方法与前面选取连续区域中所述的相同。最后输入的一个连续区域的左上角或者最后输入的单个单元格为区域中的活动单元格。此方法同样适用于选取隐藏行列中所包含的区域。

3. 多表区域的选取

除了可以在一张工作表中选取某个二维区域外，Excel 还允许用户同时在多张工作表上选取三维的多表区域。如果用户希望在多张工作表的同一个位置内输入相同的数值或者是设置相同的格式，就可以使用这样的多表区域选取。

要选取多表区域，可在当前工作表上选定某个区域后，再同时选中多张工作表。选定区域后，当用户在当前工作表中对此多表区域进行输入、编辑以及设置单元格格式等操作时，会同时反映在其他工作表的相同位置上。

同时选中多张工作表的方法，请参阅 3.2.3 小节。

示例 4-1 通过多表区域的操作设置单元格格式

操作目的：将当前工作簿的 Sheet1、Sheet2、Sheet3 的“A1:B6”单元格都设置为红色背景色。

操作步骤如下。

步骤 1 → 在当前工作簿的 Sheet1 工作表选中“A1:B6”区域。

步骤 2 → 按<Shift>键，然后单击 Sheet3 的工作表标签，再松开<Shift>键。此时 Sheet1～Sheet3 的“A1:B6”区域构成了一个三维的多表区域，并且进入了多表区域的工作组编辑模式，在 Excel 工作窗口标题栏上显示出“[工作组]”字样。

步骤 3 → 单击 Excel 功能区上【开始】选项卡的【字体】组中【填充颜色】下拉按钮，在弹出的色板中选取红色，操作完成。

此时切换 3 张工作表，可以看到每个工作的“A1:B6”区域单元格背景色均被统一填充为红色，如图 4-30 所示。

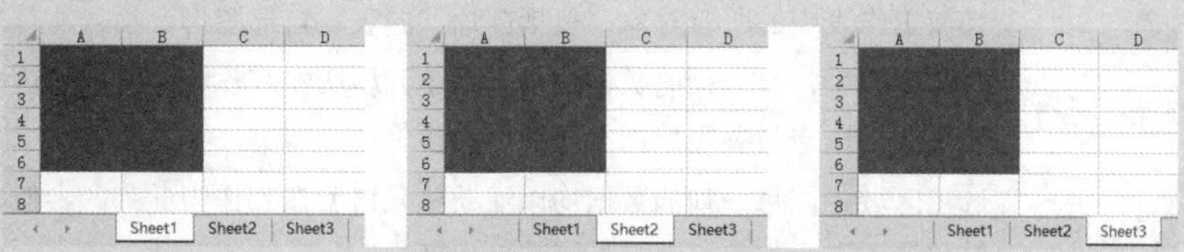

图 4-30 多表区域设置单元格格式

示例 4-1 中提到了设置单元格格式的部分内容，关于单元格格式设置方法更多内容介绍，请参阅第 7 章。

4. 选取特殊的区域

除了通过以上操作方法可以选取区域以外，还有几种特殊的操作方法可以让用户选定一个或者多个符合特定条件的单元格。

在【开始】选项卡中依次单击【查找和选择】→【转到】命令，或者按<F5>键，在弹出的【定位】对话框中单击【定位条件】按钮，显示【定位条件】对话框，如图 4-31 所示。

在此对话框中选择特定的条件，然后单击【确定】按钮，就会在当前选定区域中查找符合选定条件的所有单元格（如果当前只选定了单个单元格，则会在整个工作表中进行查找），并将其一起选中。如果查找范围中没有符合条件的单元格，Excel 会显示【未找到单元格】对话框。

例如，在【定位条件】中选择【常量】单选按钮，然后在下方勾选【数字】复选框，则单击【确定】按钮后，当前选定区域中所有包含有数字形式常量的单元格均被选中。

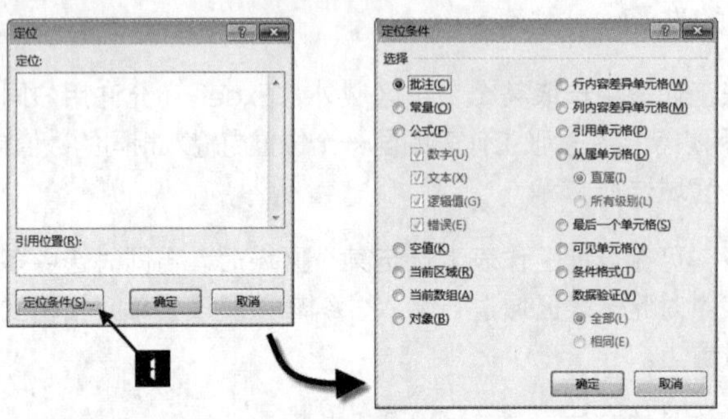

图 4-31 【定位】对话框和【定位条件】对话框

定位条件各选项的含义如表 4-2 所示。

表 4-2 定位条件的含义

选　项	含　义
批注	所有包含批注的单元格
常量	所有不含公式的非空单元格。可在“公式”下方的复选框中进一步筛选常量的数据类型，包括数字、文本、逻辑值和错误值
公式	所有包含公式的单元格。可在“公式”下方的复选框中进一步筛选常量的数据类型，包括数字、文本、逻辑值和错误值
空值	所有空单元格
当前区域	当前单元格周围矩形区域内的单元格。这个区域的范围由周围非空的行列所决定。此选项与<Ctrl+Shift+8>组合键的功能相同
当前数组	选中数组中的一个单元格，使用此定位条件可以选中这个数组的所有单元格。关于数组的详细介绍，请参阅第 21 章
对象	当前工作表中的所有对象，包括图片、图表、自选图形、插入文件等
行内容差异单元格	选定区域中，每一行的数据均以活动单元格所在行作为此行的参照数据，横向比较数据，选定与参照数据不同的单元格
列内容差异单元格	选定区域中，每一列的数据均以活动单元格所在列作为此列的参照数据，纵向比较数据，选定与参照数据不同的单元格
引用单元格	当前单元格中公式引用到的所有单元格，可在【从属单元格】下方的复选框中进一步筛选引用的级别，包括【直属】和【所有级别】
从属单元格	与引用单元格相对应，选定在公式中引用了当前单元格的所有单元格。可在【从属单元格】下方的复选框中进一步筛选从属的级别，包括【直属】和【所有级别】
最后一个的单元格	选择工作表中含有数据或者格式的区域范围中最右下角的单元格
可见单元格	当前工作表选定区域中所有的可见单元格
条件格式	工作表中所有运用了条件格式的单元格。在【数据验证】下方的选项组中可选择定位的范围，包括【相同】(与当前单元格使用相同的条件格式规则）或者【全部】。关于条件格式的详细介绍，请参阅第 34 章

续表

选　项	含　义
数据验证	工作表中所有运用了数据验证的单元格。在【数据验证】下方的选项组中可以选择定位的范围，包括【相同】（与当前单元格使用相同的数据验证规则）或者【全部】。关于数据验证的详细介绍，请参阅第 35 章

使用【空值】和【当前区域】进行定位

深入了解

在【定位】功能中，使用【空值】作为定位条件的情况比较特殊。在使用【空值】作为定位条件时，如果当前选定的是单个单元格，Excel 就不会像通常一样在整个工作表中进行条件匹配查找，而是只会在当前工作表中包含数据或者格式的“最大区域”内进行查找。所谓“最大区域”，指的是以当前包含数据或者格式的单元格地址中最大行标题和最大列标题作为区域边界所构成的区域。

例如，在图 4-32 所示的表格中，当前工作表中包含数据或者格式的单元格中，行标题最大的为 C17（数值 4 所在的单元格），列号最大的为 H7（红色背景单元格），所以最大的行标题和列标题分别为“17”和“H”。在选定单个单元格并且使用【空值】作为定位条件的查找过程中，Excel 只以“A1:H17”作为区域范围进行查找，并且选中其中的空单元格。

与空值定位的情况相似，使用【当前区域】作为定位条件的查找策略也比较特殊。在使用【当前区域】作为定位条件时，Excel 会选中与当前选定单元格“相邻”的包含数据的“最大区域”。如果当前选定的是一个单元格区域，则仅以区域中的活动单元格为参考点（即无论区域形状大小如何，只与活动单元格所在位置有关）。

所谓“相邻”，指的是上下左右以及斜角方向上相邻的单元格。除了首行、末行、首列和末列中的单元格以外，Excel 的每个单元格都有 8 个这样的相邻单元格。如果与当前选定单元格相邻的单元格中包含数据，则使用此种方式进行定位时，Excel 会选中当前单元格与包含数据单元格所围成的矩形区域。例如，在图 4-32 所示的表格中，如果在选定 D8 的情况下使用此方式的定位，则会选中“C7:D9”。

这里的“最大区域”指的是，若前面所围成的区域的相邻单元格中还有包含数据的非空单元格时，则继续扩大所选区域，直到选取区域相邻的范围不再包含非空单元格为止的区域。例如，在如图 4-33 所示的表格中，同样在选定 D8 单元格的情况下使用此方式的定位，在首先选中“C7:E8”区域的情况下，由于 C8 单元格与此区域相邻且包含数据，所以区域继续扩大，直到周围不再有非空单元格，最后选定“B5:E9”区域。

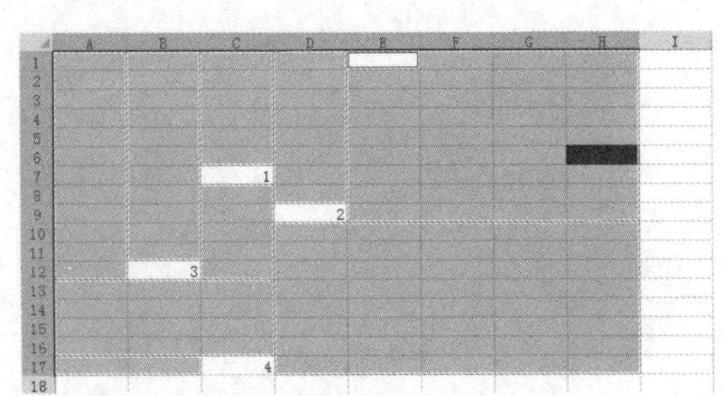

图 4-32　定位“空值”示意

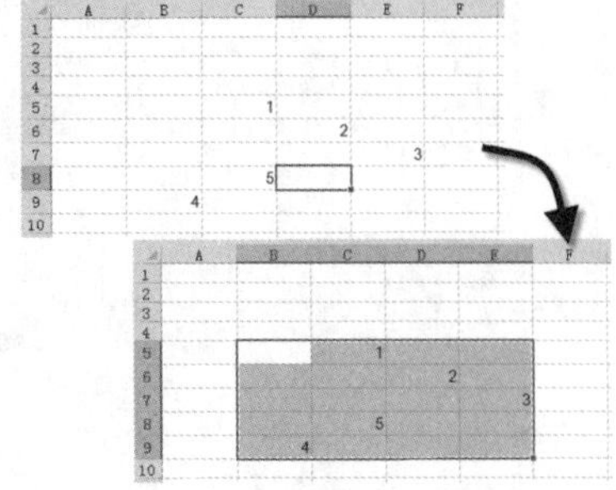

图 4-33　“当前区域”定位示意

如果当前选定单元格的相邻单元格中都不含数据，则定位后只选中当前单元格。如果是在选定区域的情况下，则只定位到区域中的活动单元格。

【当前区域】的定位结果与按<Ctrl+Shift+8>组合键的结果相同。

除了定位功能以外，【查找】功能也可以为用户查找并选取符合特定条件单元格。关于【查找】功能的更详细使用介绍，请参阅 6.5 小节。

4.3.4 通过名称选取区域

对于某个区域来说，如果以区域地址来进行标识和描述有时会显得十分复杂，特别是对于非连续区域，需要以多个地址来进行标识。Excel 中提供了一种名为“定义名称”的功能，用户可以给单元格和区域取个名字，以特定的名称来标识不同的区域，使得区域的选取和使用更加直观和方便。如果在公式中运用名称，则可以使用公式更加容易理解和编辑。为区域和单元格创建定义名称的方法请参阅第 11 章。

当用户为工作表中的区域（连续的或者非连续的）创建过名称以后，可以通过工作窗口中的【名称框】来调用名称以选取目标区域。

示例 4-2 利用名称框快速定位

操作目的：在已经定义了“B2:C6”区域名称为“区域 1”的表格中，选取此区域。

操作方法：如果当前存在为工作表中“B2:C6”表格区域定义的名称“区域 1”，则可以在名称框内输入“区域 1”，按<Enter>键确认即可选定相应区域，如图 4-34 所示。

除了手动输入名称以外，用户也可以单击名称框下拉菜单，并从下拉列表中选择存在于当前工作簿中的区域名称，如图 4-35 所示。

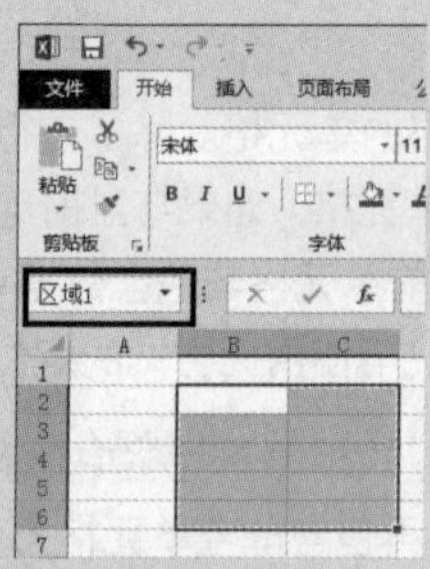

图 4-34 通过名称框输入来选定区域

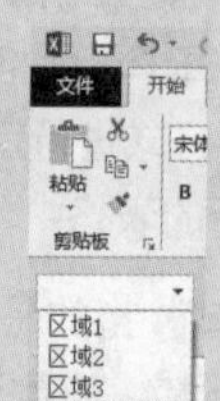

图 4-35 通过下拉列表显示区域名称

第 5 章　在电子表格中输入和编辑数据

本章详细介绍 Excel 的各种数据类型，以及如何在电子表格中输入和编辑各种数据类型的数据。正确合理地输入和编辑数据，对于工作表的数据采集和后续的数据处理与分析具有相当高的重要性。从另一个角度来看，数据的录入工作往往是枯燥和繁琐的，只要掌握了科学的方法并能运用一定的技巧，就能更高效地完成工作。

本章学习要点

（1）Excel 的数据类型。

（2）数据输入与编辑的方法和技巧。

5.1　数据类型的简单认识

在工作表上输入和编辑数据是用户使用 Excel 时最基础的操作项目之一。工作表上的数据都保存在单元格之中，而诸如图形、图表、控件等对象，则保存在工作表的绘图层中（位于工作表上的一层不可见的图层）。

在单元格中可以输入和保存的数据包括 4 种基本类型：数值、日期、文本和公式。除此之外，还有逻辑值、错误值等一些特殊的数值类型。下面，将对这 4 种基本数据类型和两种特殊数据类型进行介绍。

5.1.1　数值

数值是指所有代表数量的数字形式，例如企业的产值和利润、学生的成绩、个人的身高体重等。数值可以是正数，也可以是负数，但是都可以用于进行数值计算，例如加、减、求和、求平均值等。除了普通的数字以外，还有一些带有特殊符号的数字也被 Excel 理解为数值，例如百分号（%）、货币符号（如￥）、千分间隔符（,）以及科学计数符号（E）。

在现实中，数字的大小可以是无穷无尽，但是在 Excel 中，由于软件系统自身的限制，对于所使用的数值也存在着一些规范和限制。

Excel 可以表示和存储的数字最大精确到 15 位有效数字。对于超过 15 位的整数数字，例如 123 456 789 123 456 789（18 位），Excel 会自动将 15 位以后的数字变为零，如 123 456 789 123 456 000。对于大于 15 位有效数字的小数，则会将超出的部分截去。

因此，对于超出 15 位有效数字的数值，Excel 无法进行精确的计算或处理，例如无法比较两个相差无几的 20 位数字的大小、无法用数值形式存储 18 位的身份证号码等。用户可以通过使用文本形式来保存位数过多的数字，来处理和避免上面这些情况，例如在单元格里输入 18 位身份证号码的首位之前加上单引号“'”，或者先将单元格格式设置为文本后，再输入身份证号码（操作方法详见 5.1.3 小节）。

对于一些很大或者很小的数值，Excel 会自动以科学记数法来表示（用户也可以通过设置将所有数值以科学记数法表示），例如 123 456 789 123 456 会以科学记数法表示为 1.23457E+14，即为 1.23457×10^{14} 之意，其中代表 10 的乘方大写字母“E”不可以缺省。

除了前面提到的 15 位有效数字精确度的限制以外，在 Excel 2013 版本中的数值范围如下。

- 单元格中最大可输入的数值：9.99999999999999E+307
- 最大的正数：1.79769313486231E+308
- 最小的正数：2.229E-308
- 最大的负数：-2.2250738585073E-308
- 最小的负数：-1.79769313486231E+308

5.1.2 日期和时间

在 Excel 中，日期和时间是以一种特殊的数值形式存储的，这种数值形式被称为"序列值"（英文 Series，在早期的版本中也被称为"系列值"）。序列值介于一个大于等于 0，小于 2 958 466 的数值区间的数值，因此，日期型数据实际上是一个包括在数值数据范畴中的数值区间。

注意

在本篇的所有叙述中，如果没有特别指出日期型数据，则将它视作为数值型数据进行介绍和处理。

在 Windows 操作系统上所使用的 Excel 版本中，日期系统默认为"1900 年日期系统"，即以 1900 年 1 月 1 日作为序列值的基准日，当日的序列值计为 1，这之后的日期均以距基准日期的天数作为其序列值，例如 1900 年 1 月 15 日的序列值为 15，2007 年 5 月 1 日的序列值为 39 203。在 Excel 中可表示的最大日期是 9999 年 12 月 31 日，当日的序列值为 2 958 465。

提示

要查看一个日期的序列值，操作方法如下：在单元格内输入日期后，将单元格格式设置为"常规"，此时，就会在单元格内显示日期的序列值。但是实际上一般用户并不需要关注日期所对应的具体序列值。关于单元格格式的设置方法，请参阅第 7 章。

由于日期存储为数值的形式，因此它继承着数值的所有运算功能，例如日期数据可以参与加、减等数值运算。日期运算的实质就是序列值的数值运算，例如要计算两个日期之间相距的天数，可以直接在单元格中输入两个日期，再用减法运算的公式来求得。

如果用户使用的是 Macintosh 操作系统下的 Excel 版本，默认的日期系统为"1904 年日期系统"，即是以 1904 年 1 月 1 日作为日期系统的基准日。Windows 用户如有使用此种日期系统的必要，可在【Excel 选项】对话框【高级】选项卡中勾选【计算此工作簿时】区域中的【使用 1904 日期系统】的复选框。

日期系统的序列值是一个整数数值，一天的数值单位就是 1，那么 1 小时就可以表示为 1/24 天，1 分钟就可以表示为 1/(24×60)天等，一天中的每一个时刻都可以由小数形式的序列值来表示。例如，正午 12:00:00 的序列值为 0.5（一天的一半），12:01:00 的序列值近似为 0.500 694。

如果输入的时间值超过 24 小时，Excel 会自动以天为单位进行整数进位处理。例如 26:13:12，转换为序列值为 1.0925，即为 1+0.0925（1 天+2 小时 13 分 12 秒）。Excel 2013 中允许输入的最大时间为 9999:59:59.9999。

将小数部分表示的时间和整数部分所表示的日期结合起来，就可以以序列值表示一个完整的日期时间点。例如 2007 年 5 月 1 日 12:00:00 的序列值为 39 203.5，9999 年 12 月 31 日 12:01:00 的序列值近似为 2 958 465.500 694。

注意

对于不包含日期且小于 24 小时的时间值，例如 12:01:00 的形式，Excel 会自动以 1900 年 1 月 0 日这样的一个实际不存在的日期作为其日期值。在 Excel 的日期系统中，还包含了一个鲜为人知的小错误，在实际中并不存在的 1900 年 2 月 29 日（1900 年并不是闰年），却存在于 Excel 的日期系统中，并且有其所对应的序列值 60。微软公司在对这个问题的解释中，声称保留这个错误是为了保持与 Lotus 1-2-3 相兼容。

5.1.3 文本

文本通常是指一些非数值性的文字、符号等，例如企业的部门名称、学生的考试科目、个人的姓名等。除此以外，许多不代表数量的、不需要进行数值计算的数字也可以保存为文本形式，例如电话号码、身份证号码、股票代码等。所以，文本并没有严格意义上的概念。事实上，Excel 将许多不能理解为数值（包括日期时间）和公式的数据都视为文本。文本不能用于数值计算，但可以比较大小。

在 Excel 2013 中，单元格中最多可显示 2041 个字符，而在编辑栏中最多可以显示 32767 个字符。

提 示

在 Excel 2003 的帮助文件中提到，单元格中最多可显示 1024 个字符，这只是针对单元格内容在单行内显示的情况，如果单元格格式设置了自动换行，则此单元格内可以显示的内容将大大超过这个数目。而在 Excel 2013 中，单元格最多可显示 2041 个字符。

5.1.4 逻辑值

逻辑值是比较特殊的一类参数，它只有 TRUE（真）和 FALSE（假）两种类型。

例如，在公式“=IF(A3=0,"0",A2/A3)”中，“A3=0”就是一个可以返回 TRUE（真）或 FALSE（假）两种结果的参数。当“A3=0”为 TRUE 时公式返回结果为“0”，否则返回“A2/A3”的计算结果。

（1）逻辑值之间进行四则运算，可以认为 TRUE=1，FALSE=0。

例如：TRUE+TRUE=2　FALSE*TRUE=0

（2）逻辑值与数值之间的运算，也可以认为 TRUE=1，FALSE=0。

例如：TRUE−1=0　FALSE*5=0

（3）在逻辑判断中，非 0 的不一定都是 TRUE，例如，这个公式：=TRUE<6，如果把 TRUE 理解为 1，公式的结果应该是 TRUE。但实际上结果是 FALSE，原因是逻辑值就是逻辑值，不是 1，也不是数值，在 Excel 中，数字<字母<逻辑值，因此应该是 TRUE>6。

总之，TRUE 不是 1，FALSE 也不是 0，它们不是数值，它们是逻辑值。只不过有些时候可以把它“当成”1 和 0 来用，但是逻辑值和数值有着本质的不同。

5.1.5 错误值

经常用 Excel 的用户可能都会遇到一些的错误值信息，例如# N/A!、#VALUE!、#DIV/0! 等，出现这些错误的原因有很多种，如果公式不能计算正确结果，Excel 将显示一个错误值。例如，在需要数字的公式中使用文本、删除了被公式引用的单元格等。以下是几种常见的错误及其解决方法。

1.

原因：如果单元格所含的数字、日期或时间超出单元格宽度，或者单元格的日期时间公式产生了一个负值，单元格中会显示#####错误。

解决方法：如果单元格所含的数字、日期或时间超出单元格宽度，可以通过拖动列表之间的宽度来修改列宽。如果使用的是 1900 年的日期系统，那么 Excel 中的日期和时间必须为正值，用较早的日期或者时间值减去较晚的日期或者时间值就会导致#####错误。如果公式正确，也可以将单元格的格式改为非日期和时间型来显示该值。

2. #VALUE!

原因 1：在需要数字或逻辑值时输入了文本，Excel 不能将文本转换为正确的数据类型。

解决方法：确认公式或函数所需的运算符或参数正确，并且公式引用的单元格中包含有效的数值。例如，如果单元格 A1 包含一个数字，单元格 A2 包含文本“学籍”，则公式“=A1+A2”将返回错误值#VALUE!。可以用 SUM 工作表函数将这两个值相加（SUM 函数忽略文本）：=SUM（A1:A2）。

原因 2：将单元格引用、公式或函数作为数组常量输入。

解决方法：确认数组常量不是单元格引用、公式或函数。

原因 3：赋予需要单一数值的运算符或函数一个数值区域。

解决方法：将数值区域改为单一数值。修改数值区域，使其包含公式所在的数据行或列。

3. #DIV/0!

当公式被零除时，将会产生错误值#DIV/0!。

原因 1：在公式中，除数使用了指向空单元格或包含零值的单元格引用（在 Excel 中如果运算对象是空白单元格，Excel 将此空值当作零值）。

解决方法：修改单元格引用，或者在用作除数的单元格中输入不为零的值。

原因 2：输入的公式中包含明显的除数零，例如=5/0。

解决方法：将零改为非零值。

4. #NAME?

在公式中使用了 Excel 不能识别的文本时将产生错误值#NAME?。

原因 1：删除了公式中使用的名称，或者使用了不存在的名称。

解决方法：确认使用的名称确实存在。

原因 2：名称的拼写错误。

解决方法：修改拼写错误的名称。

原因 3：在公式中输入文本时没有使用双引号。

解决方法：Excel 将公式中没有使用双引号的文本作为名称处理，而不理会用户准备将其用作文本的想法。可将公式中的文本括在双引号中，例如下面的公式可将文本“总计：”和单元格 B50 中的数值合并在一起：

```
="总计："&B50
```

原因四：在区域的引用中缺少冒号。

解决方法：确认公式中，使用的所有区域引用都使用冒号。例如：

```
=SUM(A2:B34)。
```

5. #N/A

原因：当在函数或公式中没有可用数值时，将产生错误值#N/A。

解决方法：如果工作表中某些单元格暂时没有数值，请在这些单元格中输入“#N/A”，公式在引用这些单元格时，将不进行数值计算，而是返回#N/A。

6. #REF!

当单元格引用无效时将产生错误值#REF!。

原因：删除了由其他公式引用的单元格，或将移动单元格粘贴到由其他公式引用的单元格中。

解决方法：更改公式或者在删除或粘贴单元格之后，立即单击“撤消”按钮，以恢复工作表中的单元格。

7. #NUM!

当公式或函数中某个数字有问题时将产生错误值#NUM!。

原因 1：在需要数字参数的函数中使用了不能接受的参数。

解决方法：确认函数中使用的参数类型正确无误。

原因 2：使用了迭代计算的工作表函数，例如 IRR 或 RATE，并且函数不能产生有效的结果。

解决方法：为工作表函数使用不同的初始值。

原因 3：由公式产生的数字太大或太小，Excel 不能表示。

解决方法：修改公式，使其结果在有效数字范围之间。

8. #NULL!

当试图为两个并不相交的区域指定交叉点时将产生错误值#NULL!。

原因：使用了不正确的区域运算符或不正确的单元格引用。

解决方法：如果要引用两个不相交的区域，请使用联合运算符逗号（，）。公式要对两个区域求和，请确认在引用这两个区域时，使用逗号。如=SUM(A1:A13,D12:D23)。如果没有使用逗号（用空格代替），Excel 将试图对同时属于两个区域的单元格求和，但是由于 A1:A13 和 D12:D23 并不相交，所以它们没有共同的单元格。

5.1.6 公式

公式是 Excel 中一种非常重要的数据，Excel 作为一种电子数据表格，它许多强大的计算功能都是通过公式来实现。

公式通常都是以等号“=”开头，它的内容可以是简单的数学公式，例如：

```
=24*60+3600/60-12
```

也可以包括 Excel 的内嵌函数，甚至是用户自定义的函数，例如：

```
=SUM(A1:D5)-AVERAGE(E6:G10)+2
```

用户要在单元格内输入公式，可在开始输入的时候以一个等号“=”开头表示当前输入的是公式。除了等号以外，使用加号“+”或者减号“-”开头也可以使Excel识别其内容为公式，但是在按<Enter>键确认输入后，Excel还是会把公式的开头自动加上等号“=”。

当用户在单元格内输入公式并确认后，默认情况下会在单元格内显示公式的运算结果。从数据类型上来说，公式的运算结果也大致可区分为数值型数据和文本型数据两大类。选中公式所在的单元格后，在编辑栏内也会显示公式的内容。有以下3种等效的操作方法可以在单元格中直接显示公式内容。

◆ 单击Excel功能区上【公式】选项卡【公式审核】组中的【显示公式】切换按钮，使得公式的内容直接显示在单元格中，再次单击此按钮，则显示公式计算结果。

◆ 勾选或者取消勾选【Excel 选项】对话框【高级】选项卡中【此工作表的显示选项】区域中的【在单元格中显示公式而非其计算结果】复选框。

◆ 按<Ctrl+~>组合键可以在“公式”与“值”的显示方式之间进行切换。

在Excel 2013中，在使用公式方面有以下一些变化。

◆ 公式长度限制（字符），Excel 2003限制为1K个字符，即1024个字符，Excel 2013限制为8K个字符，即1024×8=8192个字符。

◆ 公式嵌套的层数限制，Excel 2003限制为7层，Excel 2013限制为64层。

◆ 公式中参数的个数限制：Excel 2003限制为30个，Excel 2013限制为 255个。

关于公式和函数更详细的内容，请参阅第 10 章，本篇基础部分将不再过多涉及有关公式和函数方面的内容。

5.2 输入和编辑数据

5.2.1 在单元格中输入数据

要在单元格内输入数值和文本类型的数据，可以先选中目标单元格，使其成为当前活动单元格后，就可以直接向单元格内输入数据。数据输入完毕后按<Enter>键或者使用鼠标单击其他单元格都可以确认完成输入。要在输入过程中取消输入的内容，则可以按<Esc>键退出输入状态。

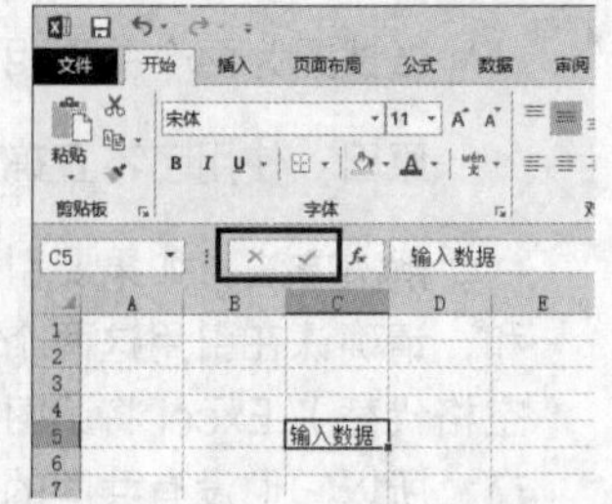

图 5-1 编辑栏出现的新图标

当用户输入数据的时候（Excel 工作窗口底部状态栏的左侧显示“输入”字样），原有编辑栏的左边出现两个新的图标，分别是“×”和“√”的按钮，如图5-1所示。用户单击“√”按钮后，可以对当前输入内容进行确认；如果单击“×”按钮，则表示取消输入。

虽然单击“√”按钮和按<Enter>键同样都可以对输入内容进行确认，但是两者的效果并不完全相同。当用户按<Enter>键确认输入后，Excel会自动将下一个单元格激活为活动单元格，这为需要进行连续数据输入的用户提供了便利。而当用户单击“√”按钮确认输入后，Excel不会改变当前活动单元格。

用户也可以通过选项设置对“下一个”激活单元格的方向进行设置。勾选【Excel 选项】对话框的【高级】选项卡中的【按Enter键后移动所选内容】的复选框（默认处于勾选状态），并在【方向】下拉菜单中选择移动方向（上下左右4个方向），默认为【向下】，如图5-2所示，最后单击【确定】按钮确认操作。

图 5-2　通过选项设置按<Enter>键后的移动方向

如果希望在输入结束后活动单元格仍停留在原位，则可以取消勾选这个复选框。

输入公式的方法与输入数值、文本的方法稍微有点区别，在 5.1.6 小节中已经提到，输入公式时需要以等号“=”开头，以通知 Excel 当前输入的是一个公式。除了等号“=”以外，使用加号“+”或者减号“-”也可以起到相同的效果。

5.2.2 编辑单元格内容

对于已经存有数据的单元格，用户可以激活目标单元格后，重新输入新的内容来替换原有数据，但是，如果用户只想对其中的部分内容进行编辑修改，则可以激活单元格进入编辑模式。有以下几种方式可以进入单元格编辑模式。

◆ 双击单元格。在单元格中的原有内容后会出现竖线光标显示，提示当前进入编辑模式，光标所在的位置为数据插入位置，在内容中不同位置单击鼠标左键或者使用左右方向键，可以移动光标插入点的位置。用户可在单元格中直接对其内容进行编辑修改。

◆ 激活目标单元格后按<F2>键。效果与上面相同。

◆ 激活目标单元格，然后单击 Excel 工作窗口的编辑栏内部。这样可以将竖线形光标定位在编辑栏内，激活编辑栏的编辑模式。用户可在编辑栏内对单元格原有的内容进行编辑修改。对于数据内容较多的编辑修改，特别是对公式的修改，建议用户使用编辑栏的编辑模式。

在进入编辑模式后，工作表窗口底部状态栏的左侧会出现“编辑”字样，用户可以在键盘上按<Insert>键切换“插入”或者“改写”模式。用户也可以使用鼠标或者键盘选取单元格中的部分内容进行复制和粘贴操作。另外，按<Home>键可将光标插入点定位到单元格内容的开头，按<End>键则可以将光标插入点定位到单元格内容的末尾。在编辑修改完成后，按<Enter>键或者使用图 5-1 中所示的“√”按钮同样可以对编辑的内容进行确认输入。如果输入的是一个错误的数据，可以再次输入正确的数据覆盖它，也可以使用“撤消”功能撤消本次的输入。执行撤消命令可以单击快速访问工具栏上的【撤消】拆分按钮，或者按<Ctrl+Z>组合键。

用户单击一次快速访问工具栏上的【撤消】拆分按钮，则只能“撤消”一步操作，如果需要撤消多步操作，用户可以多次单击【撤消】拆分按钮，或者单击【撤消】拆分按钮下拉菜单，将鼠标指针移动到需要撤消返回的具体操作上单击该操作，如图 5-3 所示。

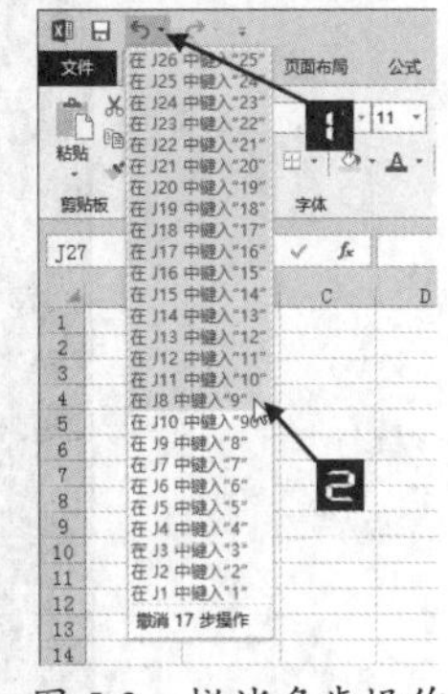

图 5-3　撤消多步操作

以上编辑模式的操作方式也同样适用于空白单元格的数据输入。

注意

可在单元格中直接对内容进行编辑的操作有赖于“单元格内容直接编辑”功能的开启（系统默认开启），功能的开关位于【Excel 选项】对话框【高级】选项卡中的【编辑选项】区域上【允许直接在单元格内编辑】的复选框。

5.2.3 显示和输入的关系

在输入数据后，会在单元格中显示数据的内容（或者公式的结果），同时在选中单元格时，在编辑栏中显示输入的内容。用户可能会发现，有些时候，在单元格内输入的数值和文本，与单元格中的实际显示并不完全相同。

事实上，Excel 对于用户输入的数据，存在着一种智能分析功能，它总是会对输入数据的标识符及结构进行分析，然后以它所认为最理想的方式显示在单元格中，有时甚至会自动更改数据的格式或者是数据的内容。对于此类现象及其原因，大致可以归纳为以下几种情况。

1. 系统规范

如果用户在单元格中输入位数较多的小数，例如“123.456789012”，而单元格列宽设置为默认值时，单元格内会显示“123.4568”。这是由于 Excel 系统默认设置了对数值进行四舍五入显示的缘故。

当单元格列宽无法完整显示数据所有部分时，Excel 会自动以四舍五入的方式对数值的小数部分进行截取显示。如果将单元格的列宽调整得更大，显示的位数相应增多，但是最大也只能显示到保留 10 位有效数字。虽然单元格的显示与实际数值不符，但是当用户选中此单元格，在编辑栏中仍可以完整显示整个数值，并且在数据计算过程中，Excel 也是根据完整的数值进行计算，而不是代之以四舍五入后的数值。

提示

如果用户希望以单元格中实际显示的数值来参与数值计算，可以在选项中进行如下设置：打开【Excel 选项】对话框，勾选对话框中【高级】选项卡中【将精度设置为所显示的精度】的复选框，如图 5-4 所示。此选项默认设置只对当前工作簿有效，如果用户需要对其他工作簿进行设置，可以激活需要设置的工作簿，然后按照上述方法操作，或者在【计算此工作簿时】的下拉列表中选择指定的工作簿。最后单击【确定】按钮完成操作。

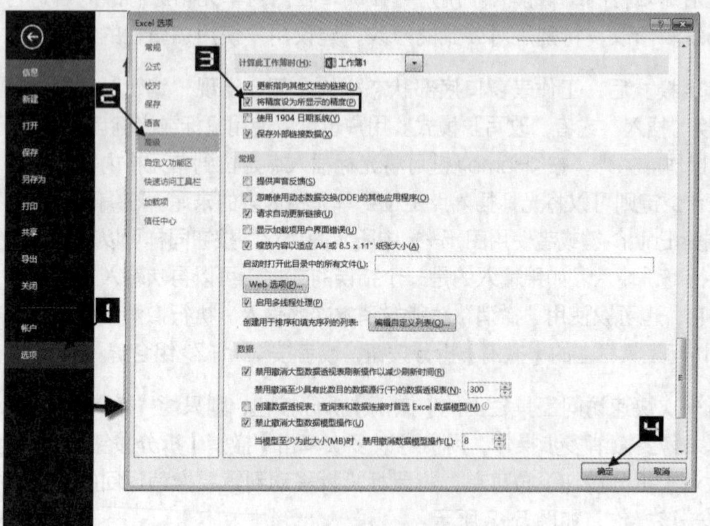

图 5-4 将精度设置为所显示的精度

注意

> 如果单元格的列宽很小，则数值的单元格显示会变为包括“#”符号的内容，此时只要增加单元格列宽就可以重新显示数字。
> 当勾选【将精度设为所显示的精度】复选框的时候，系统会弹出如图 5-5 所示的提示框。

图 5-5 “数据精度将会受到影响”提示框

与以上系统规范类似，还有一些数值方面的规范（关于数值的规范及限制，请参阅 5.1.1 小节）使得输入与实际显示不符，举例如下。

◆ 当用户在单元格中输入非常大或者非常小的数值时，系统会在单元格中自动以科学记数法的形式来显示。

◆ 输入大于 15 位有效数字的数值时（如 18 位身份证号码），Excel 会对原数值进行 15 位有效数字的自动截断处理，如果输入数值是整数，则超过 15 位部分补零。

◆ 当输入的数值外面包括一对半角小括号时，形如“(123456)”，系统会自动以负数形式来保存和显示括号汇总的数值，而括号不再显示（这是会计专业方面的一种数值形式约定）。

◆ 当用户输入以“0”开头的数值时（如深市股票代码），系统因将其识别为数值而将前置的“0”清除。

◆ 当用户输入末尾为“0”的小数时，系统会自动将非有效位数上的“0”清除，使之符合数值的规范显示。

对于后面 4 种情况，如果用户确实需要以完整的形式输入的数据，可以进行以下操作。

对于不需要进行数值计算的数字，如身份证号码、信用卡号码、股票代码等，可将数据形式转换成文本形式来保存和显示完整数字内容。在输入数据时，以单引号“'”开始输入数据，系统会将所输入的内容自动识别为文本数据，并以文本形式在单元格中保存和显示，其中的单引号“'”不显示在单元格中（但在编辑栏中会显示）。

用户也可以先选中目标单元格，启动【设置单元格格式】对话框，如图 5-6 所示。有如下几种等效操作方法可以打开【设置单元格格式】对话框。

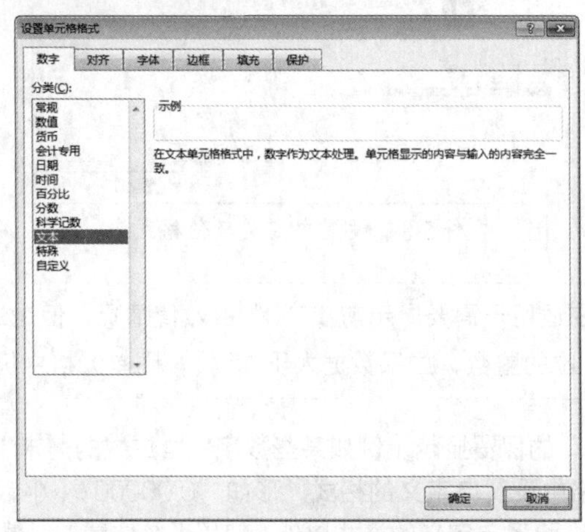

图 5-6 设置单元格格式为文本

◆ 单击 Excel 功能区上的【开始】选项卡中【数字】组的对话框启动器按钮，如图 5-7 所示。

◆ 选中单元格后单击鼠标右键，在弹出的快捷菜单中选择【设置单元格格式】命令。

◆ 按<Ctrl+1>组合键。

在弹出的【设置单元格格式】对话框中选择【数字】选项卡，在【分类】列表中选择【文本】，然后单击【确定】按钮确认操作，如图5-6所示。这样操作即可将单元格格式设置为文本格式，在此单元格中输入的数据将保存并显示为文本。

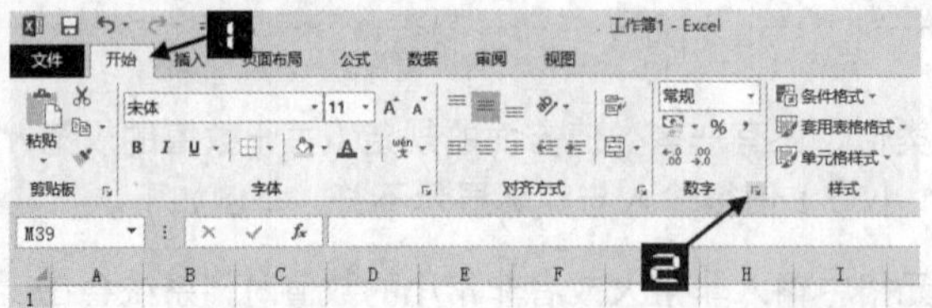

图5-7 单击【数字】组上的对话框启动器按钮

提示

文本和数值（包括日期时间）在单元格中的显示有明显的不同，用户可以很容易地识别：在没有设置过的文本对齐方式的单元格中，数值总是靠右侧对齐，而文本总是靠左侧对齐。

设置成文本后的数据无法正常参与数值计算，如果用户不希望改变数值类型，希望在单元格中能完整显示的同时，仍可以保留数值的特性，可以参照如下操作。以深市某股票代码“000123”为例，先选中目标单元格，打开【设置单元格格式】对话框，选择【数字】选项卡，并在【分类】列表框中选择【自定义】，此时右侧会出现新的【类型】列表框，如图5-8所示。

在列表框顶部的编辑栏内输入“000000”（6个0，与待输入的代码长度保持一致），然后单击【确定】按钮确定操作。此时再在此单元格内输入代码“000123”，即可完全显示，并且仍保留数值的格式。

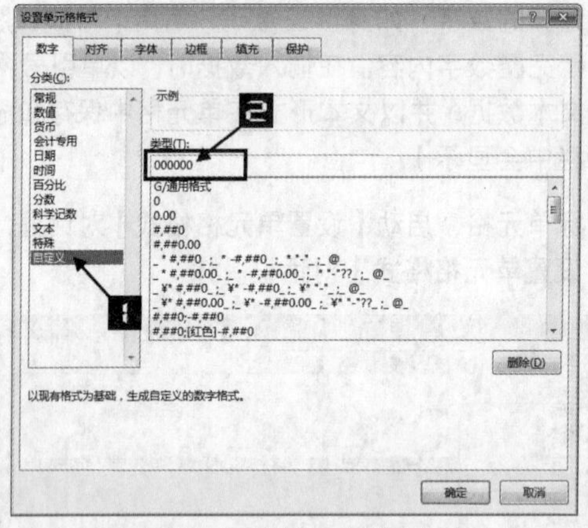

图5-8 设置自定义数值格式

注意

此种方法特别适用于需要显示前置“0”的数值情况，但是这种方法也只限于输入小于等于15位的整数，如果数据大于15位，则单元格中仍然不能真实显示。

对于小数末尾中“0”的保留显示（例如某些数字保留位数的需求），与上面的例子类似。用户可以在输入数据的单元格中设置自定义的格式，形如“0.00000”（小数点后面“0”的个数表示需要保留显示小数的位数）。除了自定义的格式以外，使用系统内置的“数值”格式也可以达到相同的效果。在图5-6所示的对话框中选中【数值】后，对话框右侧会出现设置【小数位数】的微调框，使用微调框调整需要显示的小数位数，就可以将用户输入的数据按照用户需要的保留位数来显示。

除了以上提到的这些数值输入的情况以外，某些文本数据的输入也存在输入与显示不符合的情况。例如，在单元格中输入内容较长的文本时（文本长度大于列宽），如果目标单元格右侧的单元格内没有内容，则文本会完整显示甚至“侵占”到右侧的单元格（图 5-9 所示的 A1 单元格）；而如果右侧单元格中本身就包含内容时，则文本就会显示不完全，如图 5-9 所示的 A2 单元格。

	A	B	C
1	gdsaahahahjearh		
2	gdsaahaha	右侧有数据	
3	gdsaahah ahjearh	右侧有数据	
4	gdsaahahahjearh	右侧有数据	
5			

图 5-9　文本的显示

要将这样的文本输入在单元格中完整显示出来，可有以下几种方法。

◆　将单元格所在列宽调整得更大，容纳更多字符的显示。列宽最大可达 255 个字符。

◆　选中单元格，打开【设置单元格格式】对话框，选择【对齐】选项卡，在【文本控制】区域中勾选【自动换行】的复选框，效果如图 5-9 所示的 A3 单元格。或者单击【开始】选项卡上【对齐方式】组中的【自动换行】按钮，可以达到相同效果。如果勾选【缩小字体填充】的复选框，显示效果则如图 5-9 所示的 A4 单元格。

提示　以上内容中涉及单元格格式设置的更详细介绍，请参阅第 7 章。

2. 自动格式

在某些情况下，当用户输入的数据中带有一些特殊符号时，会被 Excel 识别为具有特殊含义，从而自动为数据设定特有的数字格式来显示。例如以下情况。

◆　在单元格中输入某些分数时，如“12/29”，单元格会自动将输入数据识别为日期形式，进而显示为日期的格式“12 月 29 日”，同时此单元格的单元格格式也会自动被更改。当然，如果用户输入的对应日期不存在，如“11/31”（11 月没有 31 天），单元格还会保持原有输入显示。但实际上此时单元格还是文本格式，并没有被赋予真正的分数数值意义。

关于如何在单元格中输入分数意义的数值，详情请参阅 5.3.3 小节。关于日期时间的输入和显示，具体请参阅 5.1.2 小节。

◆　当在单元格中输入带有货币符号的数值时，例如“￥1112321”，Excel 会自动将单元格格式设置为相应的货币格式，在单元格中也可以以货币的格式显示（自动添加千分分隔符，负数标红显示或者加括号显示）。如果选中单元格，可以看到在编辑栏内显示的是不带货币符号的实际数值。

3. 自动更正和自动套用格式

（1）自动更正

Excel 系统中预置有一种“纠错”功能，会在用户输入数据的时候进行检查，在发现包含有特定条件的内容时，自动进行更正，例如以下几种情况。

◆　在单元格中输入“（R）”时，单元格中会自动更正为“®”。

◆　在输入英文单词时，如果开头有连续两个大写字母，例如“EXcel”，则 Excel 系统会自动将其更正为首字母大写，即改为“Excel”。

此类情况的产生，都是基于 Excel 中【自动更正选项】的相关设置。“自动更正”是一项非常实用的功能，它不仅可以帮助用户减少英文拼写错误，纠正一些中文成语错别字和错误用法，还可以为用户提供一种高效的输入替换用法——输入缩写或者特殊字符，系统自动替换为全称或者用户需要的内容。上面举例的第一种情况，就是通过自动更正中内置的替换选项来实现的。用户也可以根据自己的需要进行设置。

打开【Excel 选项】对话框，单击【校对】选项卡中的【自动更正选项】按钮，弹出【自动更正】对话框，如图 5-10 所示。在此对话框中可以通过复选框及列表框中的内容对原有的更正替换项目进行修改设置，也可以新增用户的自定义设置。例如，要在单元格输入“EH”的时候，就自动替换为“ExcelHome”的全称，可以在【替换】文本框中输入“EH”，然后在【为】文本框中输入“ExcelHome”，最后单击【添加】按钮，这样就可以成功添加了一条用户自定义的自动更正项目，添加完毕后单击【确定】按钮确认操作。

图 5-10 自动更正对话框的【自动更正】选项卡

提示

自动更正功能通用于 Office 组件，用户在 Excel 中添加的自定义更正项目，也可以在 Word、PowerPoint 中使用。此外，自动更正项目还可以保存成文件与他人共享。在 Windows 7 操作系统中，Office 组件默认安装的情况下，自动更正中的自定义项目保存在“C:\Users\<用户名>\AppData\Roaming\Microsoft\Office\”路径下的 MSO1033.acl 文件中。

对于英文单词的拼写错误纠正，除了使用自动更正功能以外，还可以通过“拼写检查”功能来实现，在 Excel 功能区上单击【审阅】选项卡中【校对】组上的【拼写检查】按钮，或者在键盘上按<F7>键，可以启动拼写检查程序。

但是，如果用户不希望输入的内容被 Excel 自动更改，可以对“自动更正选项”进行如下设置。

在图 5-10 所示的【自动更正】对话框中，取消勾选【键入时自动替换】的复选框，以使所有的更正项目停止作用。也可以取消某个单独的复选框，或者在下面的列表框中删除某些特定的替换内容，来中止一些特定的自动更正项目。例如，要取消前面提到的连续两个大写字母开头的英文更正功能，可以取消勾选对话框中的【更正前两个字母连续大写】的复选框。

（2）自动套用格式

自动套用格式与自动更正类似，当在输入内容中发现包含特殊文本标记时，Excel 会自动对单元格加入超链接。

例如，当用户输入的数据中包含@、WWW、FTP、FTP://、HTTP://等文本内容时，Excel 会自动为此单元格添加超链接，并在输入数据下显示下划线。关于超链接的详细内容，请参阅第 37 章。

如果用户不愿意输入的文本内容被加入超链接，可以在确认输入后未作其他操作前按<Ctrl+Z>组合键来取消超链接的自动加入。也可以通过【自动更新选项】按钮来进行操作。例如，在 A1 单元格中输入“www.excelhome.net”，Excel 会自动为此单元格加上超链接，当鼠标指针移至文字上方时，会在开头文字的下方出现一个条状符号，将鼠标指针移至此符号上时，会显示【自动更正选项】按钮，单击下拉按钮，在下拉菜单上单击【撤消超链接】，就可以取消在 A1 单元格所创建的超链接。如图 5-11 所示。

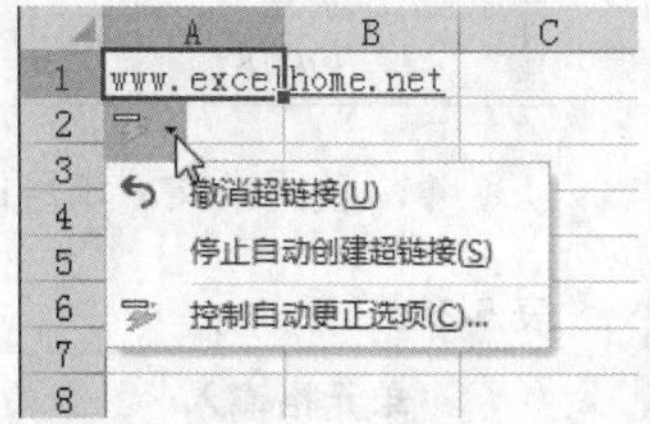

图 5-11 【自动更正选项】按钮

如果要一劳永逸地取消这项功能，则可以单击【停止自动创建超链接】选项，在以后的类似输入时就不会再加入超链接（但此法对此之前已经生成的超链接无效）。

如果用户单击如图 5-12 所示的【自动更正】对话框的【键入时自动套用格式】选项卡，取消勾选【Internet 及网络路径替换为超链接】复选框，同样可以达到停止自动创建超链接的效果。

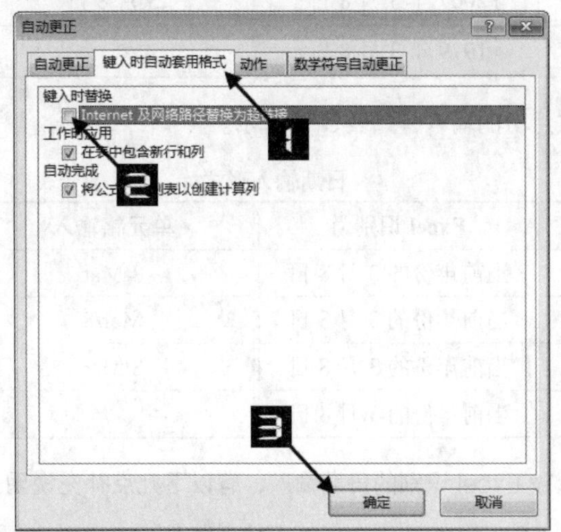

图 5-12 自动更正对话框的【键入时自动套用格式】选项卡

5.2.4 日期和时间的输入和识别

日期和时间属于一类特殊的数值类型，其特殊的属性使得此类数据的数据输入以及 Excel 对输入内容的识别，都有一些特别之处。

1. 日期的输入和识别

在 Windows 中文操作系统的默认日期设置下，可以被 Excel 自动识别为日期数据的输入形式如下。

使用短横线分隔符“-”的输入，如表 5-1 所示。

表 5-1　　日期输入形式 1

单元格输入	Excel 识别为	单元格输入	Excel 识别为
2007-3-8	2007 年 3 月 8 日	2007-3	2007 年 3 月 1 日
07-3-8	2007 年 3 月 8 日	3-8	当前年份的 3 月 8 日
79-3-8	1979 年 3 月 8 日		

◆ 使用斜线分隔符“/”的输入，如表 5-2 所示。

表 5-2　　日期输入形式 2

单元格输入	Excel 识别为	单元格输入	Excel 识别为
2007/3/8	2007 年 3 月 8 日	2007/3	2007 年 3 月 1 日
07/3/8	2007 年 3 月 8 日	3/8	当前年份的 3 月 8 日
79/3/8	1979 年 3 月 8 日		

◆ 使用中文“年月日”的输入，如表 5-3 所示。

表 5-3　　日期输入形式 3

单元格输入	Excel 识别为	单元格输入	Excel 识别为
2007 年 3 月 8 日	2007 年 3 月 8 日	2007 年 3 月	2007 年 3 月 1 日
07 年 3 月 8 日	2007 年 3 月 8 日	3 月 8 日	当前年份的 3 月 8 日
79 年 3 月 8 日	1979 年 3 月 8 日		

◆ 使用包括英文月份的输入，如表 5-4 所示。

表 5-4　　日期输入形式 4

单元格输入	Excel 识别为	单元格输入	Excel 识别为
March 8	当前年份的 3 月 8 日	8-Mar	当前年份的 3 月 8 日
Mar 8	当前年份的 3 月 8 日	Mar/8	当前年份的 3 月 8 日
8 Mar	当前年份的 3 月 8 日	8/Mar	当前年份的 3 月 8 日
Mar-8	当前年份的 3 月 8 日		

对于以上 4 类可以被 Excel 识别的日期输入，有以下几点补充说明。

◆ 年份的输入方式包括短日期（如 79 年）和长日期（如 1979 年）两种。当用户以两位数字的短日期方式来输入年份时，系统默认将 0~29 之间的数字识别为 2000~2029 年，而将 30~99 之间的数字识别为 1930~1999 年。例如，表 5-1 中，用户输入“79-3-8”，会被系统识别为“1979 年 3 月 8 日”，而输入“07-3-8”，则被系统识别为“2007 年 3 月 8 日”。为了避免系统自动识别造成的错误理解，建议用户在输入年份的时候，使用 4 位完整数字的长日期方式，以确保数据的准确性。

◆ 短横线“-”分隔与使用斜线分隔“/”可以结合使用。例如，输入“2007-3/8”与输入“2007/3-8”均可以表示 2007 年 3 月 8 日。

◆ 当用户输入的数据只包含年份和月份时，Excel 会自动以这个月的 1 日作为它的完整日期值。例如表 5-1 中，输入 2007-3 会被自动识别为 2007 年 3 月 1 日。

◆ 当用户输入的数据只包含月份和日期时，Excel 会自动以系统当年年份作为这个日期的年份值。例如表 5-1 中，输入“3-8”，如果系统当前年份为 2007 年，则会被系统自动识别为 2007 年 3 月 8 日。

◆ 包含英文月份的输入方式可以用于只包含月份和日期的数据输入，其中月份的英文单词可以使用完整拼写，也可以使用标准缩写。

注意

以上所述部分的输入和识别方式，只适用于中文 Windows 操作系统中，区域设置为“中国”的操作环境之下。如果用户的区域设置为其他国家或者地区，会根据不同的语言习惯而产生不同的日期识别格式。

除了以上这些可以被 Excel 自动识别为日期的输入方式以外，其他不被识别的日期输入方式，则会被识别为文本形式的数据。不少用户都习惯使用“.”分隔符来输入日期，例如“2005.3.8”这样输入的数据只会被 Excel 识别为文本格式，而不是日期格式，导致无法参与各种运算，对数据处理和计算造成不必要的麻烦。

2. 时间的输入和识别

时间的输入规则比较简单，一般可分为 12 小时制和 24 小时制两种。采用 12 小时制时，需要在输入时间后加入表示上午或下午的后缀“am”或“pm”。例如，用户输入“10:21:30 am”会被 Excel 识别为上午 10 点 21 分 30 秒，而输入“10:21:30 pm”则会被 Excel 识别为夜间 10 点 21 分 30 秒。如果输入形式中不包含英文后缀，则 Excel 默认以 24 小时制来识别输入时间。

用户在输入时间数据时可以省略“秒”的部分，但不能省略“小时”和“分钟”的部分。例如，用户输入“10:21”将会被 Excel 自动识别为“10 点 21 分 0 秒”；要表示“1 点 21 分 35 秒”，用户必须完整输入“01:21:35”或“1:21:35”。

提示

如果要在单元格中快捷输入当前系统时间，可按<Ctrl+Shift+;>组合键。

5.2.5 为单元格添加批注

除了可以在单元格中输入数据内容以外，用户还可以为单元格添加批注。通过批注，用户可以对单元格的内容添加一些注释或者说明，方便自己或者其他用户更好地理解单元格中的内容含义。

有以下几种等效方式可以为单元格添加批注。

◆ 选定单元格，在【审阅】选项卡上单击【新建批注】按钮。

◆ 选定单元格，单击鼠标右键，在弹出的快捷菜单中选择【插入批注】命令。

◆ 选定单元格，按<Shift+F2>组合键。

效果如图 5-13 所示。

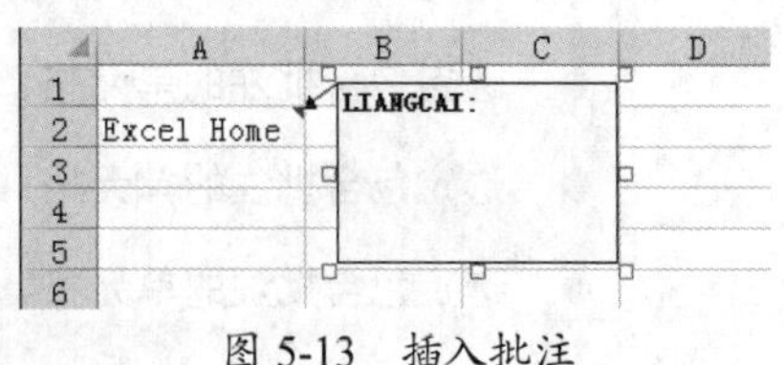

图 5-13 插入批注

插入批注后，在目标单元格的右上角出现红色三角符号，此符号为批注标识符，表示当前单元格包含批注。右侧的矩形文本框通过引导箭头与红色标识符相连，此矩形文本框即为批注内容的显示区域，用户可以在此输入文本内容作为当前单元格的批注。批注内容会默认以加粗字体的用户名称开头，标识了添加此批注的作者。此用户名默认为当前 Excel 用户名，实际使用时，用户名也可以根据自己的需要更改为更方便识别的名称。

完成批注内容的输入以后，用鼠标单击其他单元格即表示完成了添加批注的操作，此时批注内容呈现隐藏状态，只显示出红色标识符。当用户将鼠标移至包括标识符的目标单元格上时，批注内容会自动显示出来。用户也可以在包含批注的单元格上单击鼠标右键，在弹出的快捷菜单中选择【显示/隐藏批注】命令，使得批注内容取消隐藏状态，固定显示在表格上方。或者在 Excel 功能区上单击【审阅】选项卡上【批注】组中的【显示/隐藏批注】切换按钮，就可以切换批注的“显示”和“隐藏”状态。

通过选项设定，也可以将当前所有单元格的批注内容取消隐藏状态，全部显示出来。操作方法如下：打开【Excel 选项】对话框的【高级】选项卡，对于带批注的单元格，系统默认选中【仅显示标识符，悬停时加显批注】选项，如需显示表格中的所有批注，可以在对话框中选择【批注和标识符】选项，如图 5-14 所示，最后单击【确定】按钮确认操作。

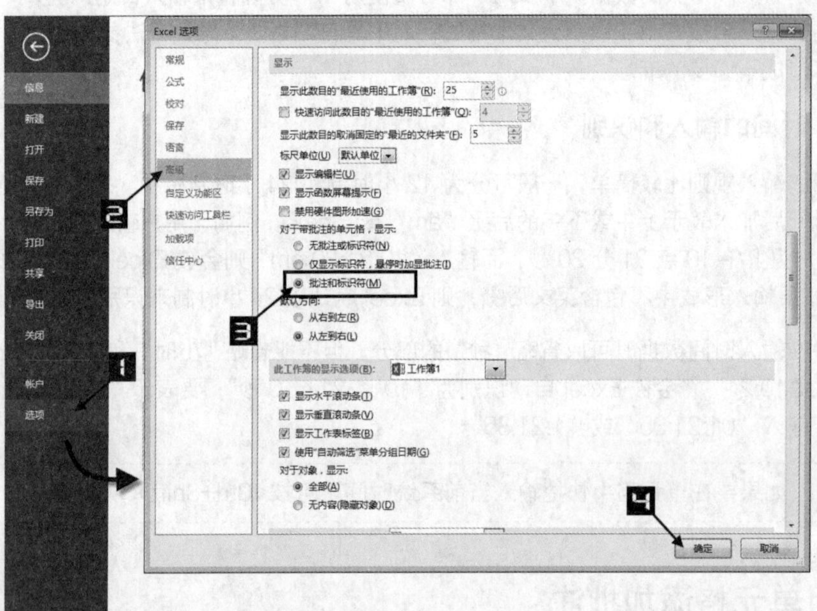

图 5-14 显示所有标注

除了上面的方法以外，也可以单击 Excel 功能区上【审阅】选项卡上【批注】组中的【显示所有批注】切换按钮，切换所有批注的“显示”或者“隐藏”状态。

如果在图 5-14 的对话框中选择【无批注或标识符】选项，则批注和红色标识符都会被隐藏起来，即使当鼠标移至目标单元格上方，也不会显示出它所包含的批注内容来。此时，可以通过【审阅】选项卡上的【批注】组中的按钮来审阅当前工作表中所包含的批注项。

要对现有单元格的批注内容进行编辑修改，有以下几种等效操作方式，和创建方法类似。

- ◆ 选定包含批注的单元格，在【审阅】选项卡上单击【编辑批注】按钮。
- ◆ 选定包含批注的单元格，单击鼠标右键，在弹出的快捷菜单中选择【编辑批注】命令。
- ◆ 选定包含批注的单元格，按<Shift+F2>组合键。

当单元格创建批注或者批注处于编辑状态时，将鼠标移至批注矩形框的边框上方时，鼠标指针会显示为黑色双箭头或者黑色十字箭头图标。当出现前者的时候，可以用鼠标拖拽来改变批注区域的大小；当出现后者图标的时候，可以用鼠标拖曳来移动批注的显示位置。

提示

对于只在鼠标移至目标单元格时才会显示的批注（即设置隐藏状态的批注），Excel 会根据单元格所在位置自动调整批注的显示位置；对于设置了固定显示状态的批注，则可以手动调整显示位置。

要删除一个现有的批注，可以先选中包括批注的目标单元格，然后单击鼠标右键，在弹出的快捷菜单中选择【删除批注】命令。或者在【审阅】选项卡上单击【删除】按钮。

如果需要一次性删除当前工作表中的所有批注，可以按照如下操作。

步骤1 在【开始】选项卡上依次单击【查找和选择】→【转到】（或者在键盘上按<F5>键）命令，在弹出的【定位】对话框中，单击【定位条件】按钮。

步骤2 在弹出的【定位条件】对话框中选择【批注】单选按钮，然后单击【确定】按钮。

步骤3 在【审阅】选项卡上单击【删除】按钮。或者在定位后选定的任一目标单元格上单击鼠标右键，在弹出的快捷菜单中选择【删除批注】命令。

此外，用户还可以通过如下操作，快捷的删除某个区域中的所有批注。

步骤1 选择需要删除批注的区域。

步骤2 在【开始】选项卡中依次单击【清除】→【清除批注】命令。

5.2.6 删除单元格内容

对于不再需要的单元格内容，如果用户想要将其删除，可以先选中目标单元格（可以多选），然后按<Delete>键，这样就可以将单元格中所包含的数据删除。但是这样操作并不会影响单元格中格式、批注等内容。要彻底地删除这些内容，可以在选定目标单元格后，在【开始】选项卡上单击【清除】的下拉按钮，在其扩展菜单中显示出 6 个选项，如图 5-15 所示。

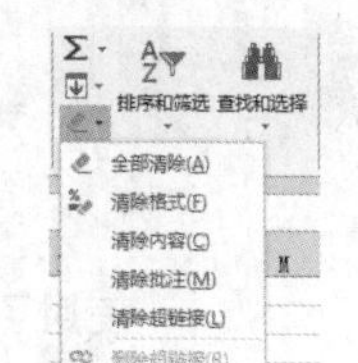

图 5-15 【清除】下拉列表

◆ 全部清除：清除单元格中的所有内容，包括数据、格式、批注等。

◆ 清除格式：只清除格式，保留其他内容。

◆ 清除内容：只清除单元格中的数据，包括文本、数值、公式等，保留其他。

◆ 清除批注：只清除单元格中附加的批注。

◆ 清除超链接：在单元格中弹出【清除超链接选项】下拉按钮，用户在下拉列表中可以选择【仅清除超链接】或者【清除超链接和格式】选项。

◆ 删除超链接：清除单元格中的超链接和格式。

用户可以根据自己的需要选择任意一种清除方式。

注意

以上所述的“删除单元格内容”并不等同于“删除单元格”操作。后者虽然也能彻底清除单元格或者区域中所包含的一切内容，但是它的操作会引起整个表格结构的变化。

5.3 数据输入实用技巧

数据输入是日常工作中使用 Excel 作业的一项必不可少的工作，对于某些特定行业或者特定岗位来说，在工作表中输入数据甚至是一项频率很高却又效率极低的工作。如果用户学习和掌握一些数据输入方面的常用技巧，就可以极大地简化数据输入操作，提高工作效率。正所谓“磨刀不误砍柴工”，下面就来介绍一些数据输入方面的实用技巧。

5.3.1 强制换行

有一部分用户习惯把 Excel 当作记事本来使用，在表格内输入大量的文字信息。但单元格文本内容过长的时候，如何控制文本换行是一个需要解决的问题。

如果使用自动换行功能（在单元格格式的文本控制中进行设置），虽然可将文本显示为多行，但是换行的位置并不受用户控制，而是根据单元格的列宽来决定，如图 5-9 中的 A3 单元格所示。

如果希望控制单元格中文本的换行位置，要求整个文本外观能够按照指定位置进行换行，可以使用【强制换行】功能。【强制换行】即当单元格处于编辑状态时，在需要换行的位置按<Alt+Enter>组合键为文本添加强制换行符。图 5-16 所示为一段文字使用强制换行后的编排效果，此时单元格和编辑栏中都会显示控制换行后的段落结构。

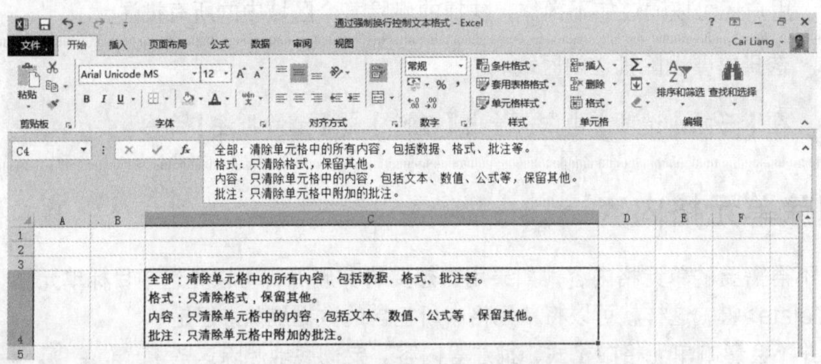

图 5-16　通过【强制换行】功能控制文本格式

注意

使用了强制换行后的单元格，Excel 会自动为其勾选【自动换行】复选框，但事实上它和通常情况下使用【自动换行】功能有着明显的区别。如果用户取消勾选【自动换行】复选框，则使用了强制换行的单元格会重新显示为单行文字，而编辑栏中依旧保留着换行后的显示效果。

5.3.2 在多个单元格同时输入数据

当需要在多个单元格中同时输入相同的数据时，许多用户想到的办法，就是输入其中一个单元格，然后复制到其他所有单元格中。对于这样的方法，如果用户能够熟练操作并且合理使用快捷键，也是一种不错的选择。但还有一种操作方法，更加方便快捷。

同时选中需要输入相同数据的多个单元格，输入所需要的数据，在输入结束时，按<Ctrl+Enter>组合键确认输入，此时就会在选定的所有单元格中出现相同的输入内容。

5.3.3 分数输入

当用户在单元格中直接输入一些分数形式的数据时，如“1/3”、“11/54”，往往会被 Excel 自动识别为日期或者文本。那么究竟怎样才可以正在输入分数数据呢？方法如下。

◆ 如果需要输入的分数包括整数部分，如“$2\frac{1}{5}$”，可在单元格内输入“2 1/5”（整数部分和分数部分之间使用一个空格间隔），然后按<Enter>键确认。Excel 会将输入识别为分数形式的数值类型，在编辑栏中显示此数值为 2.2，在单元格显示出分数形式“2 1/5”，如图 5-17 中的 B2 单元格所示。

◆ 如果需要输入的分数是纯分数（不包含整数部分），用户在输入时必须以“0”作为这个分数的整数部分输入。如需要输入“3/5”，则输入方式为“0 3/5”。这样就可以被 Excel 识别为分数数值而不会被认为是日期数值，如图 5-17 中的 B3 单元格所示。

◆ 如果用户输入分数的分子大于分母，如“13/5”，Excel 会自动进行进位换算，将分数显示为换算后的“整数+真分数”形式，如图 5-17 中的 B4 单元格所示。

◆ 如果用户输入分数的分子和分母还包括大于 1 的公约数，如“2/24”（其分子和分母有公约数 2），在输入单元格后，Excel 会自动对其进行约分处理，转换为最简形式，如图 5-17 中的 B5 单元格所示。

	A	B	C
1	输入形式	显示形式	
2	2 1/5	2 1/5	
3	0 3/5	3/5	
4	0 13/5	2 3/5	
5	0 2/24	1/12	
6			

图 5-17 输入分数及显示

5.3.4 输入指数上标

在工程和数学等方面的应用上，经常会需要输入一些带有指数上标的数字或者符号单位，如“10^2”、“M^3”等。在 Word 中，用户可以方便地使用上标工具按钮x^2来进行输入操作，但在 Excel 中没有此功能，用户需要通过设置单元格格式的方法来改变指数在单元格中的显示。

例如，需要在单元格中输入“E^{-20}”，可先在单元格中输入“E-20”，然后激活单元格的编辑模式，用鼠标选中文本中的“-20”部分，然后按<Ctrl+1>组合键打开【设置单元格格式】对话框，如图 5-18 所示。勾选【字体】选项卡中的【上标】复选框，最后单击【确定】按钮完成操作，此时，在单元格中将数据显示为“E^{-20}”的形式（在编辑栏中依旧显示为“E-20”）。

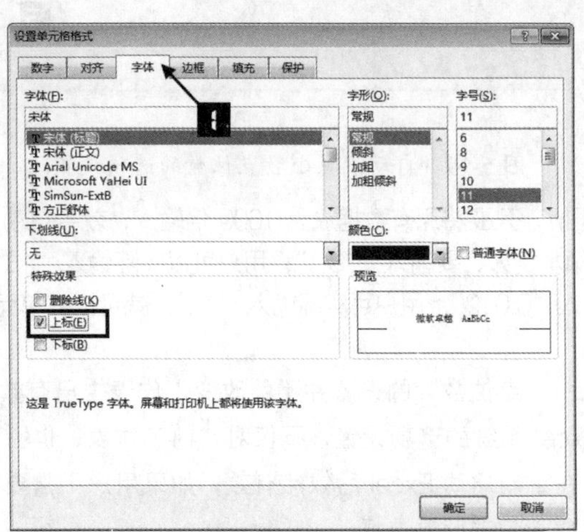

图 5-18 在【单元格格式】中设置部分文字效果

注意

以上所提到的含有上标的数字，在输入单元格后，实际以文本形式保存，并不能参与数值运算。

提 示

在 Excel 2013 中，虽然可以使用【插入】选项卡中的【公式】工具来插入包含上标的数学表达式，但这种方法所创建的文本是以文本框的形式存在，并不保存在某个特定的单元格中。

关于为单元格设置格式，更详细内容请参阅第 7 章。

5.3.5 自动输入小数点

有一些数据处理方面的应用（如财务报表、工程计算等）往往需要用户在单元格中大量输入数值数据，如果这些数据需要保留的最大小数位数是相同的，有一项系统功能的设置可以免去小数点“.”的输入操作。对于单个数据来说，这样做并不一定能简化操作，但是对于大量的小数数据输入操作来说，则可以极大地提高工作效率。

假设希望所有输入的数据最多保留 3 位小数，可以这样操作。勾选【Excel 选项】对话框【高级】选项卡中【编辑选项】区域的【自动插入小数点】复选框，如图 5-19 所示。并在右侧的【位数】微调框内调整需要保留的小数位数，例如设置为“3”，最后单击【确定】按钮确认操作。

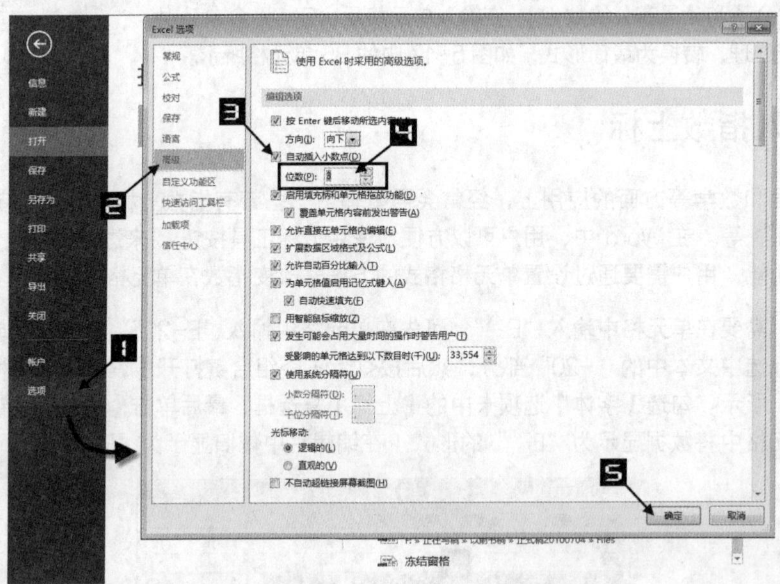

图 5-19 自动设置小数点位数的选项设置

设置完毕再输入数据时，只要将原有数据放大 1000 倍输入，就会自动变为用户所需要的数据，免去了输入小数点“.”的麻烦。例如，要输入“13.1”，用户可以实际输入“13100”，此时就会在单元格中显示为“13.1”；再如要输入“0.012”，用户可实际输入“12”，就可以在单元格内得到正确显示的数值。

注意

“自动插入小数点位数”的设置并不能改变工作表中已有数据的小数位数。此外，此设置是 Excel 系统的选项设置，不仅对当前工作表，也会对其他所有的工作簿都有效，并且在重新启动 Excel 后依然有效，如果用户不需要这项功能，在下次操作之前，记住取消勾选此复选框。

5.3.6 记忆式键入

有时用户输入的数据中包含较多的重复性文字，例如建立员工档案信息时，在“学历”字段中总是会在“大专学历”、“大学本科”、“硕士研究生”、“博士研究生”等几个固定词汇之间来回地重复输入。如果希望简化这样的输入过程，可以借助 Excel 提供的“记忆式键入”功能。

首先，在【Excel 选项】中查看并确认【记忆式键入】功能是否已经被开启：勾选【Excel 选项】

对话框中【高级】选项卡中【编辑选项】区域里的【为单元格值启用记忆式键入】复选框（系统默认为勾选状态），如图 5-20 所示。

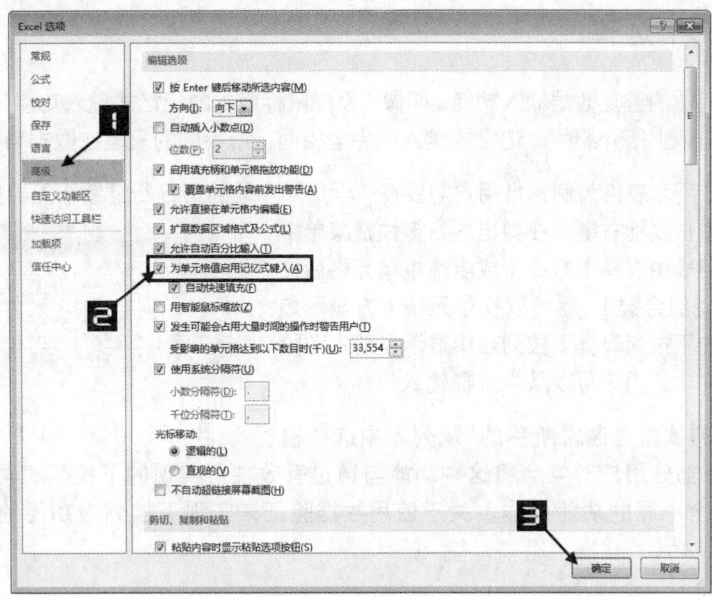

图 5-20　记忆式键入的选项设置

启动此项功能后，当用户在同一列输入相同的信息时，就可以利用“记忆性键入”来简化输入。图 5-21 所示的表格，用户在学历字段的前 3 行分别输入过信息以后，当用户在接下来的第 4 条记录中再次输入“中”时（按<Enter>键确认之前），Excel 会从上面的已有信息中找到“中”字开头的一条记录“中专学历”，然后自动显示在用户正在键入的单元格中提示用户，此时用户只要按<Enter>键，就可以将“中专学历”完整地输入到当前的单元格中，而免去了输入后面 3 个字的工作。记忆性键入就是以此来简化用户的输入操作的。

值得注意的是，如果用户输入的第一个文字在已有信息中存在着多条对应记录，则用户必须增加文字信息，一直到能够仅与一条单独信息匹配为止。还是以图 5-21 所示表格为例，当用户在接下来的“学历”字段中输入文字“大”时，由于之前分别有“大学本科”和“大专学历”两条记录都对应，所以 Excel 的“记忆式键入”功能并不能在此时提供唯一的建议键入项。直到用户输入第二个字，如键入“大专”时，Excel 才能找到唯一匹配项“大专学历”，并显示在单元格中，如图 5-22 所示。

	A	B	C	D	E	F
1	性别	出生年龄	参加工作时间	学历	职务	
2	男	1976年7月	2000年7月	大学本科		
3	男	1924年8月	1944年3月	中专学历		
4	男	1956年5月	1974年7月	大专学历		
5	男	1979年3月	2002年7月	中专学历		
6	女	1978年2月	2001年7月	大专学历		
7	女	1970年7月	1992年10月	中专学历		
8						

图 5-21　记忆式键入 1

	A	B	C	D	E	F
1	性别	出生年龄	参加工作时间	学历	职务	
2	男	1976年7月	2000年7月	大学本科		
3	男	1924年8月	1944年3月	中专学历		
4	男	1956年5月	1974年7月	大专学历		
5	男	1979年3月	2002年7月	中专学历		
6	女	1978年2月	2001年7月	大专学历		
7	女	1970年7月	1992年10月	大专学历		
8						

图 5-22　记忆式键入 2

注意

“记忆式键入”功能只对文本型数据适用，对于数值型数据和公式无效。此外，匹配文本的查找和显示都只能在同一列中进行，而不能跨列进行，并且输入单元格到原有数据间不能存在空行，否则 Excel 只会在空行以下的范围内查找匹配项。

“记忆性键入”功能除了能够帮助用户减少输入以外，还可以自动帮助用户保持输入的一致性。例如，用户在第一行中输入“Excel”，当用户在第二行中输入小写字母“e”时，记忆功能还会帮助用户找到“Excel”，只要此时用户按<Enter>键确认输入后，第一个字母“e”会自动变成大写，使之与先前的输入保持一致。

5.3.7 在列表中选择

还有一种简便的重复数据输入功能，叫做“面向鼠标版本的记忆式键入功能”，它在使用范围和使用条件上，与以上所介绍的“记忆式键入”完全相同，所不同的只是在数据输入方法上。

以图 5-22 所示表格为例，当用户需要在“学历”字段的第 5 行继续输入数据时，可选中目标单元格，然后单击鼠标右键，在弹出的右键快捷菜单中选择【从下拉列表中选择】命令（或者选中单元格后按<Alt+方向键↓>组合键），就可以在单元格下方显示如图 5-23 所示的下拉列表。下拉列表中显示当前本字段中所有种类的文本，用户可以从中选择输入。

	A	B	C	D	E	F
1	性别	出生年龄	参加工作时间	学历	职务	
2	男	1976年7月	2000年7月	大学本科		
3	男	1924年8月	1944年3月	中专学历		
4	男	1956年5月	1974年7月	大专学历		
5	男	1979年3月	2002年7月	中专学历		
6	女	1978年2月	2001年7月	大专学历		
7	女	1970年7月	1992年10月			
8				大学本科		
9				大专学历		
10				中专学历		

图 5-23 使用下拉列表选择数据输入

这种操作方式就是通常所称的“从列表中选择输入”，但是有一部分用户时常会将这种功能与通过有效性所实现的下拉列表功能相互混淆，其实这是两种完全不同的功能操作。关于使用数据验证来实现下拉列表功能的操作，请参阅第 35 章。

5.3.8 为中文添加拼音标注

利用 Excel 中的“拼音指南”功能，用户可以为单元格中的汉字加上拼音注释。操作步骤如下。

步骤1 选定需要添加拼音注释的单元格。

步骤2 在【开始】选项卡中单击【显示或隐藏拼音字段】按钮，在其扩展菜单中选择【编辑拼音】命令，进入拼音编辑状态。如图 5-24 所示。

步骤3 在拼音编辑状态下，手动输入拼音音节。用户只能输入拼音字母，而无法输入拼音的音调。输入完成按<Enter>键确认。

步骤4 依次单击【开始】→【显示或隐藏拼音字段】→【显示拼音字段】命令，工作表中将显示用户所输入的拼音信息，如图 5-25 所示。

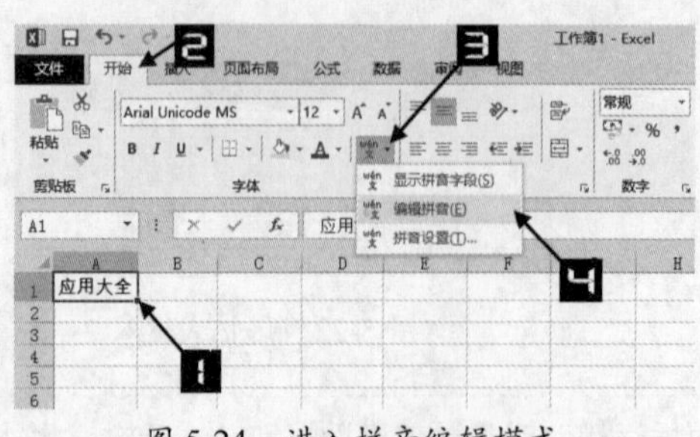

图 5-24 进入拼音编辑模式

	A	B
1	Ying Yong Da Quan 应用大全	
2		

图 5-25 添加了拼音注释的文本

在扩展菜单中选择【拼音设置】命令，还可以对拼音的字体与对齐方式进行进一步的设置。

此外，利用“拼音指南”功能，并且安装了 Microsoft 中文输入法 3.0 或更高版本，则能够自动将汉语拼音标注在选定的中文文字上。首先选定一段文字，然后单击【开始】选项卡中的【字体】组中【拼音指南】按钮，则汉语拼音就会自动标记在选定的中文字符上。一次最多最多可以选定 30

个字符并自动标记拼音。

5.4 填充与序列

除了通常的数据输入方式以外，如果数据本身包括某些顺序上的关联特性，还可以使用 Excel 所提供的填充功能进行快速的批量录入数据。

5.4.1 自动填充功能

当用户需要在工作表内连续输入某些“顺序”数据时，例如“星期一”、“星期二……”、“甲、乙、丙……”等，可以利用 Excel 的自动填充功能实现快速输入。

首先，需要确保“单元格拖放”功能被启用（系统默认启用）：勾选【Excel 选项】对话框【高级】选项卡【编辑选项】区域中的【启用填充柄和单元格拖放功能】复选框，如图 5-26 所示。这样，自动填充功能才可以通过单元格拖放来实现。

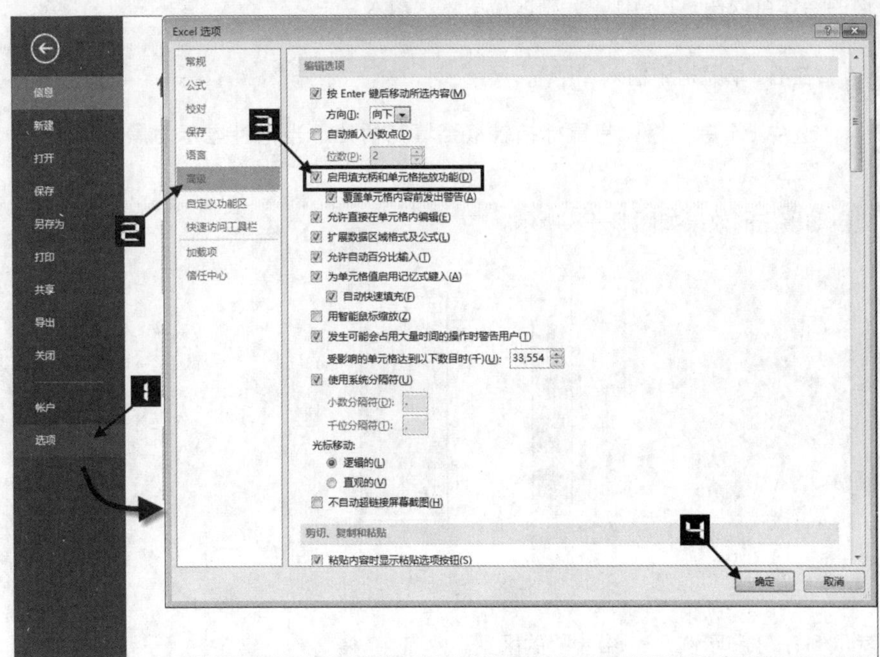

图 5-26 启用【单元格拖放功能】

示例 5-1 使用自动填充连续输入 1～10 的数字

以下操作可以在 A1:A10 的单元格区域内快速连续输入 1～10 之间的数字。

步骤 1 在 A1 单元格内输入“1”，在 A2 单元格内输入“2”。

步骤 2 选中 A1:A2 单元格区域，将鼠标移至选中区域的黑色边框的右下角（此处称为“填充柄”），当鼠标指针显示为黑色加号时（如图 5-27 所示），按住鼠标左键向下拖动，直到 A10 单元格时松开鼠标左键。

1～10 数字的自动填充完成，显示如图 5-27 所示。

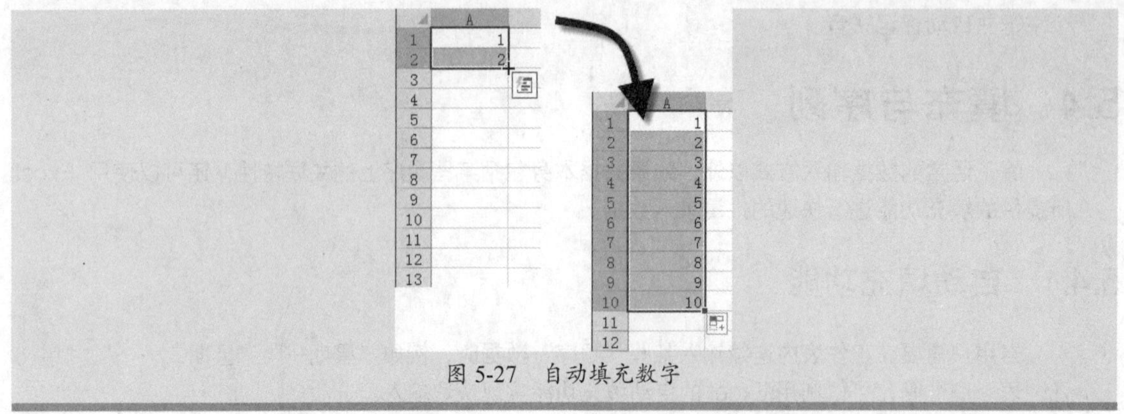

图 5-27 自动填充数字

示例 5-2 使用自动填充连续输入“甲”、“乙”、“丙”等连续 10 个天干

下面的操作可以在 B1:B10 单元格区域中依次输入“甲”、“乙”、“丙”……“癸”。

步骤1 在 B1 单元格中输入“甲”。

步骤2 选中 B1 单元格，将鼠标指针移至填充柄处，当指针显示为黑色加号时，双击左键。

完成自动填充的效果如图 5-28 所示。

图 5-28 自动填充天干

注意示例 5-2 和示例 5-1 中步骤的区别。

首先，除了数值类型数据以外，使用其他类型数据（包括文本类型和日期时间类型）进行连续填充时，并不需要提供头两个数据作为填充依据，只需要提供一个数据即可。例如，示例 5-2 步骤 1 中的 B1 单元格数据“甲”。

其次，除了拖动填充柄的方式以外，双击填充柄也可以完成自动填充的操作。当数据填充的目标区域相邻单元格存在数据时（中间没有空单元格），双击填充柄的操作可以代替拖动填充的方式。在此例中，与 B1:B10 相邻的 A1:A10 中都存在数据，所以可以采用填充柄的操作。

注意 如果相邻区域中存在空白单元格，那么双击填充柄只能将数据自动填充到空白单元格所在的上一行。

提示 自动填充的功能也同样适用于“行”的方向，并且可以选中多行或者多列同时填充。

Excel 如何处理拖曳填充柄进行填充操作

深入了解

在某个单元格中输入不同类型的数据，然后拖曳填充柄进行填充操作，Excel 的默认处理方式是不同的。

对于数值型数据，Excel 将这种“填充”操作处理为复制方式；对于文本型数据（包括数值型文本）和日期型数据，Excel 则将这种“填充”操作处理为顺序填充。

如果按<Ctrl>键再进行拖曳填充柄进行填充操作，则以上默认方式会发生逆转，即原来处理为复制方式的，将变成顺序填充方式，而原来处理为顺序填充方式的，则变成复制方式。

5.4.2 序列

前面提到可以实现自动填充的“顺序”数据在 Excel 中被称为序列。在前几个单元格内输入序列中的元素，就可以为 Excel 提供识别序列的内容及顺序信息，以便 Excel 在使用自动填充功能时，自动按照序列中的元素、间隔顺序来依次填充。

用户可以在 Excel 的选项设置中查看可以被自动填充的包括哪些序列。在【Excel 选项】对话框中单击【高级】选项卡，单击【常规】区域的【编辑自定义列表】按钮，打开【自定义序列】对话框，如图 5-29 所示。

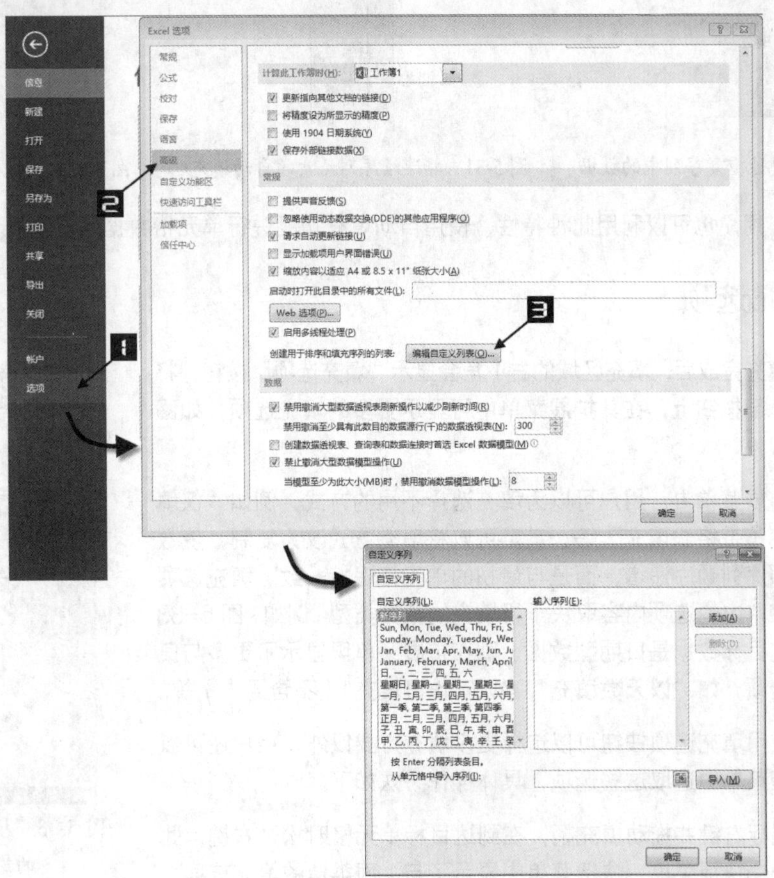

图 5-29　Excel 内置序列及自定义序列

【自定义序列】对话框左侧的列表中显示了当前 Excel 中可以被识别的序列（所有的数值型、日期型数据都是可以被自动填充的序列，不再显示于列表中），用户也可以在右侧的【输入序列】文本框中手动添加新的数据序列作为自定义系列，或者引用表格中已经存在的数据列表作为自定义序列进行导入。

Excel 中自动填充的使用方式相当灵活，用户并非必须从序列中的一个元素开始进行自动填充，而是可以始于序列中的任何一个元素。当填充的数据达到序列尾部时，下一个填充数据会自动取序列开头的元素，循环往复地继续填充。例如，在如图 5-30 所示的表格中，显示了从“星期二”开始自动填充多个单元格的结果。

除了对自动填充的起始元素没有要求之外，填充时序列中的元素的顺序间隔也没有严格限制。

当用户只在第一个单元格中输入序列元素时（除了纯数值数据以外），自动填充功能默认以连续顺序的方式进行填充。而当用户在第一个、第二个单元格内输入具有一定间隔的序列元素时，Excel 会自动按照间隔的规律来选择元素进行填充。例如，在图 5-31 所示的表格中，显示了从“二月”、“五月”开始自动填充多个单元格的结果。

但是，如果用户提供的初始信息缺乏线性的规律，不符合序列元素的基本排列顺序，则 Excel 不能将其识别为序列，此时使用填充功能并不能使得填充区域出现序列内的其他元素，而只是单纯实现复制功能效果。例如，在图 5-32 所示的表格中，显示了从“甲、丙、乙”3 个元素开始自动填充连续多个单元格的结果。

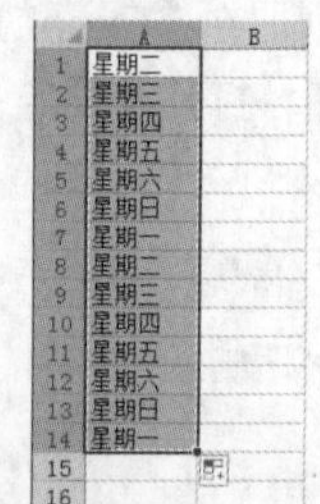

图 5-30 循环往复地重复序列中的数据

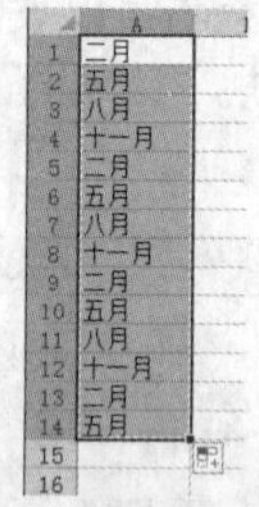

图 5-31 非连续序列元素的自动填充

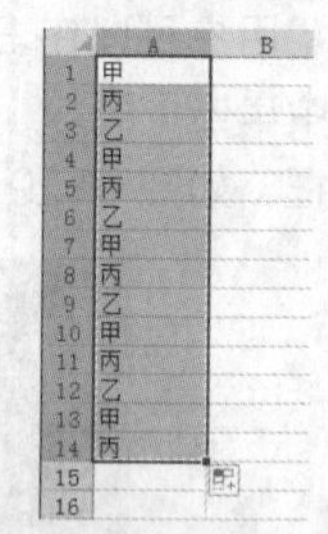

图 5-32 无规律序列元素的填充

当然，用户也可以利用此种特性，使用自动填充功能进行单元格数据的复制操作。

5.4.3 填充选项

自动填充完成后，填充区域的右下角会显示“填充选项”按钮，将鼠标指针移至按钮上，在其扩展菜单中可显示更多的填充选项，如图 5-33 所示。

在此扩展菜单中，用户可以为填充选择不用的方式，例如“仅填充格式”、“不带格式填充”等，甚至可以将填充方式改为复制，使数据不再按照序列顺序递增，而是与最初的单元格保持一致。填充选项按钮下拉菜单中的选项内容取决于所填充的数据类型。例如，图 5-33 所示的填充目标数据是日期型数据，则在扩展菜单里显示了更多与日期有关的选项，如“以天数填充”、“以工作日填充”（不含周末）等。

图 5-33 填充选项按钮中的选项菜单

除了使用填充选项按钮可以选择更多填充方式以外，用户还可以从右键快捷菜单中选取这些选项，具体操作方法如下。

单击鼠标右键并拖动填充柄，在到达目标单元格时松开右键，此时会弹出一个快捷菜单，快捷菜单中显示了与上面类似的填充选项。

5.4.4 使用填充菜单

除了可以通过拖动或者双击填充柄的方式进行自动填充以外，使用 Excel 功能区中的填充命令，也可以在连续单元格中批量输入定义为序列的数据内容。

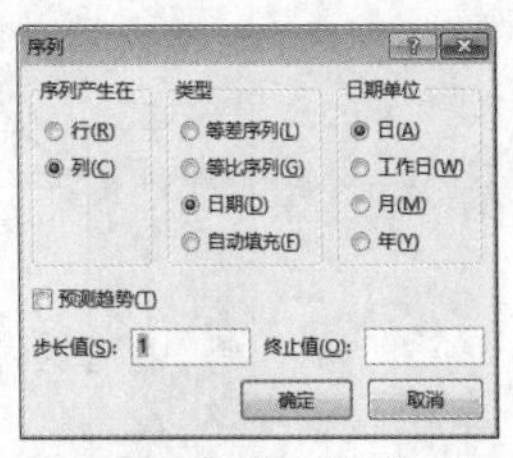

图 5-34 【序列】对话框

在【开始】选项卡中依次单击【填充】→【序列】命令，打开【序列】对话框，如图 5-34 所示。在此对话框中，用户可以选择序列填充的方向为“行”或“列”，也可以根据需要填充的序列数据类型，选择不同的填充方式，如“等差序列”、“等比序列”等。

1. 文本型数据序列

对于包含文本型数据的序列，例如内置的序列“甲、乙、丙……癸”，在【序列】对话框中实际可用的填充类型只有“自动填充”，具体操作方式如下。

步骤1 在单元格中输入需要填充的序列元素，例如“甲”。

步骤2 选中输入序列元素的单元格以及相邻的目标填充区域。

步骤3 在【开始】选项卡上依次单击【填充】→【序列】命令，打开【序列】对话框，在【类型】区域中选择【自动填充】选项，单击【确定】按钮确定操作。

提示 序列对话框中【序列产生在】区域的行列方式，Excel 会根据用户选定的区域位置，自动进行判断选取。

这种填充方式与使用填充柄的自动填充方式十分相似，用户也可以在前两个单元格中输入具有一定间隔的序列元素，然后使用相同的操作方式填充出具有相同间隔的连续单元格区域。

2. 数值型数据序列

对于数值型数据，用户可以有更多的填充类型可以选择。

◆ 等差序列：使数值数据按照固定的差值间隔依次填充，需要在【步长值】文本框内输入此固定差值。

◆ 等比序列：使数值数据按照固定的比例间隔依次填充，需要在【步长值】文本框内输入此固定比例值。

提示 如果选定多个数值数据开始填充，Excel 会以等差序列的方式自动测算出“步长值”；如果只选定单个数值数据开始填充，则“步长值”默认为 1。

对于数值型数据，用户还可以在【终止值】文本框内输入填充的最终目标数据，以确定填充单元格区域的范围。在输入终止值的情况下，用户不需要预先选取填充目标区域即可完成填充操作。

除了用户手动设置数据变化规律以外，Excel 还具有自动测算数据变化趋势的能力。当用户提供连续两个以上单元格数据时，选定这些数据单元格和目标填充区域，然后勾选【序列】对话框内的【预测趋势】复选框，并且选择数据填充类型（【等差序列】或者【等比序列】），然后单击【确定】按钮即可让 Excel 自动测算数据变化趋势并且进行填充操作。例如，图 5-35 显示了初始数据为“1、3、9”，选择等比方式进行预测趋势填充的结果。

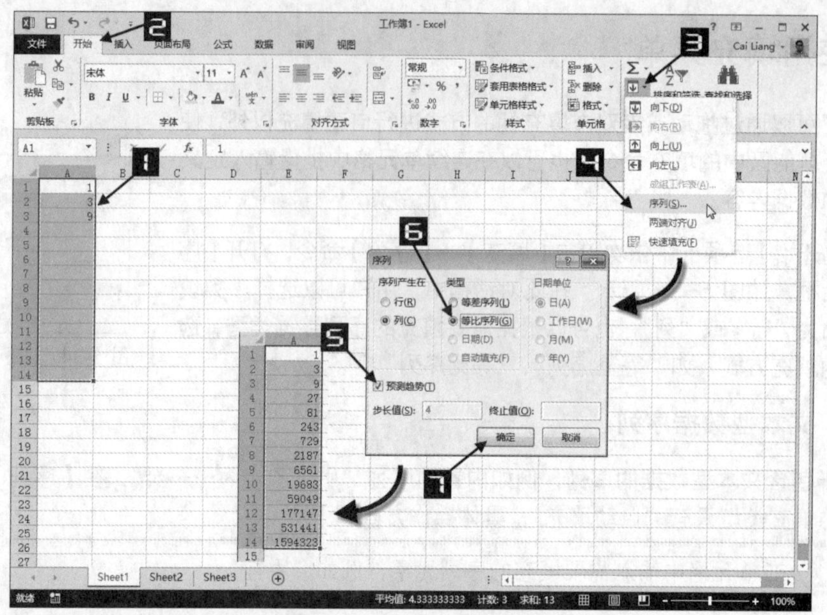

图 5-35 预测趋势的数值填充

3. 日期型数据序列

对于日期型数据，Excel 会自动选中【序列】对话框中的【日期】类型，同时右侧【日期单位】区域中的选项高亮显示，用户可对其进行进一步的选择。

- 日：填充时以天数作为日期数据递增变化的单位。
- 工作日：填充时同样以天数作为日期数据递增变化的单位，但是其中不包含周末以及定义过的节假日。
- 月：填充时以月份作为日期数据递增变化的单位。
- 年：填充时以年份作为日期数据递增变化的单位。

选中以上任意选项后，需要在【步长值】文本框内输入日期组成部分递增变化的间隔值。此外，用户还可以在【终止值】文本框内输入填充的最终目标日期，以确定填充单元格区域的范围。

例如，图 5-36 显示了以“2014-10-05”为初始日期，选择按“月”变化，“步长值”为 2 的填充效果。

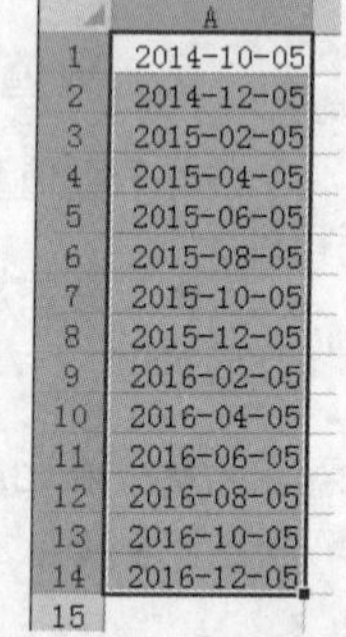

图 5-36 日期数据按月间隔填充

当然，日期型数据也能使用等差序列和等比序列的填充方式，但是，当填充的数值超过 Excel 的日期范围时，则单元格中的数据无法正常显示，而是显示为一串“#”号。

5.4.5 快速填充

在图 5-33 中，在右键快捷菜单的最后一项为【快速填充】，快速填充（Flash Fill）是 Excel 2013 版本中新增的一项功能，它能让一些不太复杂的字符串处理工作变得更简单。在此之前的版本中，使用单元格填充可以进行复制，可以按照一定的序列规律自动扩展。而现在，除了上述功能以外，填充还能实现日期拆分、字符串分列和合并等以前需要借助公式或“分列”功能才能实现的功能。

快速填充必须是在数据区域的相邻列内才能使用，在横向填充当中不起作用。启用“快速填充”有以下 3 种等效的方法。

◆ 选中填充起始单元格以及需要填充的目标区域，然后在【数据】选项卡上单击【快速填充】命令按钮，如图 5-37 所示。

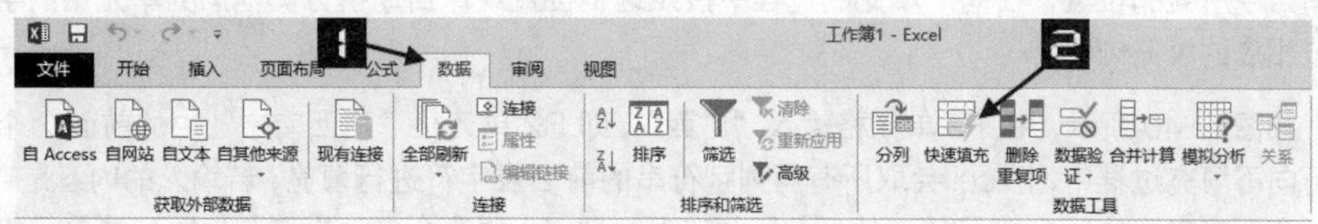

图 5-37 功能区“快速填充”

◆ 选中填充起始单元格，使用双击或拖曳填充柄填充至目标区域，在填充完成后会在右下角显示【自动填充选项】按钮，单击按钮出现下拉快捷菜单，在其中选择【快速填充】选项，如图 5-38 所示。

复制单元格(C)
填充序列(S)
仅填充格式(F)
不带格式填充(O)
快速填充(F)

图 5-38 右键快捷菜单“快速填充”

◆ 选中填充起始单元格以及需要填充的目标区域，按<Ctrl+E>组合键。

以上 3 种方式都可以实现快速填充。除此以外，在生成快速填充之后，填充区域右侧还会显示【快速填充选项】按钮（Flash Fill Options），用户可以在这个选项中选择是否接受 Excel 的自动处理，也可以直接在填充区域中更改单元格内容生成新的填充。

1. 字段自动匹配

快速填充的最基本功能是“字段匹配”，即在单元格中输入相邻数据列表中与当前单元格位于同一行的某个单元格内容，则在向下“快速填充”时会自动按照这个对应字段的整列顺序来进行匹配式填充。

如在 F1 单元格输入同一行 A1 单元格中的内容，如“姓名”，在向下快速填充的过程当中，就会自动填充 A2、A3、A4……的相应内容，如图 5-39 所示。

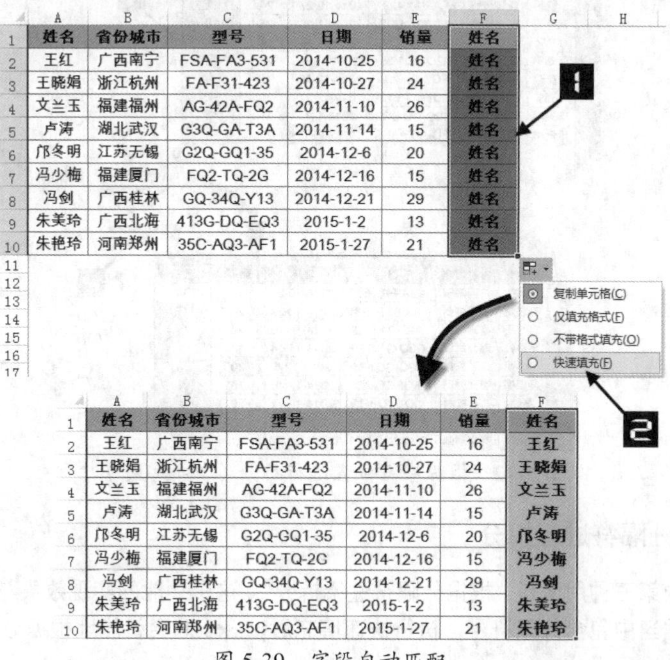

姓名	省份城市	型号	日期	销量	姓名
王红	广西南宁	FSA-FA3-531	2014-10-25	16	王红
王晓娟	浙江杭州	FA-F31-423	2014-10-27	24	王晓娟
文兰玉	福建福州	AG-42A-FQ2	2014-11-10	26	文兰玉
卢涛	湖北武汉	G3Q-GA-T3A	2014-11-14	15	卢涛
邝冬明	江苏无锡	G2Q-GQ1-35	2014-12-6	20	邝冬明
冯少梅	福建厦门	FQ2-TQ-2G	2014-12-16	15	冯少梅
冯剑	广西桂林	GQ-34Q-Y13	2014-12-21	29	冯剑
朱美玲	广西北海	413G-DQ-EQ3	2015-1-2	13	朱美玲
朱艳玲	河南郑州	35C-AQ3-AF1	2015-1-27	21	朱艳玲

图 5-39 字段自动匹配

2. 根据字符位置进行拆分

快速填充的第二种用法是“根据字符位置进行拆分”，如果在单元格当中输入的不是数据列表中某个单元格的完整内容，而只是其中字符串的一部分字符，Excel 程序会依据这部分字符在整个字符串当中所处的位置，在向下填充的过程中按照这个位置规律自动拆分其他同列单元格的字符串，生成相应的填充内容。

如图 5-40 所示，在 F2 单元格输入“广西”，即 B2 单元格“广西南宁”中的前面 2 个字符，执行向下填充过程中，Excel 会取所有同列字符串的前 2 位字符进行填充；若输入的内容是“南宁”，即“广西南宁”的后 2 个字符，执行向下填充后，Excel 程序会自动提取其他同列的单元格当中的后 2 位字符，如图 5-41 所示。同理，也可以获取其中某个位置的单个字符，如图 5-42 所示。

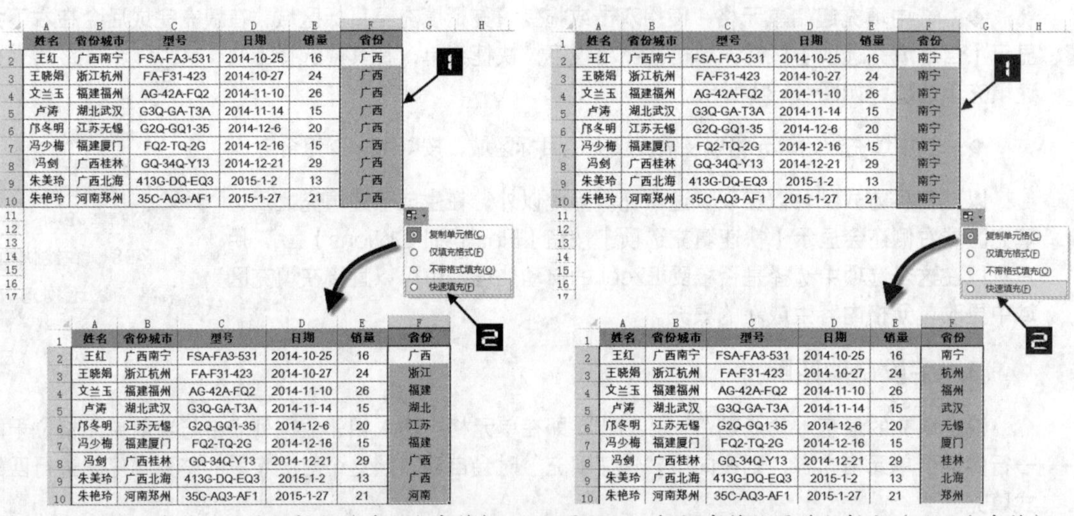

图 5-40　根据字符位置进行拆分（前两个字符）　　图 5-41　根据字符位置进行拆分（后两个字符）

姓名	省份城市	型号	日期	销量	省份
王红	广西南宁	FSA-FA3-531	2014-10-25	16	南
王晓娟	浙江杭州	FA-F31-423	2014-10-27	24	杭
文兰玉	福建福州	AG-42A-FQ2	2014-11-10	26	福
卢涛	湖北武汉	G3Q-GA-T3A	2014-11-14	15	武
邝冬明	江苏无锡	G2Q-GQ1-35	2014-12-6	20	无
冯少梅	福建厦门	FQ2-TQ-2G	2014-12-16	15	厦
冯剑	广西桂林	GQ-34Q-Y13	2014-12-21	29	桂
朱美玲	广西北海	413G-DQ-EQ3	2015-1-2	13	北
朱艳玲	河南郑州	35C-AQ3-AF1	2015-1-27	21	郑

图 5-42　根据字符位置进行拆分（单个字符）

3. 根据分隔符进行拆分

快速填充的第三种用法是“根据分隔符进行拆分”。这个功能的实现效果与【分列】功能十分类似，若原始数据当中包含分隔符号，执行快速填充后，Excel 会智能地根据分隔符号的位置，提取其中的相应部分进行拆分。

如图 5-43 所示，如“FSA”是 C2 单元格“FSA-FA3-531”当中以分隔符间隔出来的第 1 部分内容，执行向下快速填充后，其他单元格也都提取相应的分隔符前第 1 部分内容生成填充。在这种情况下，就不再参照之前的字符所在位置来进行拆分的判断，而是会依据其中的分隔符位置来进行判断。

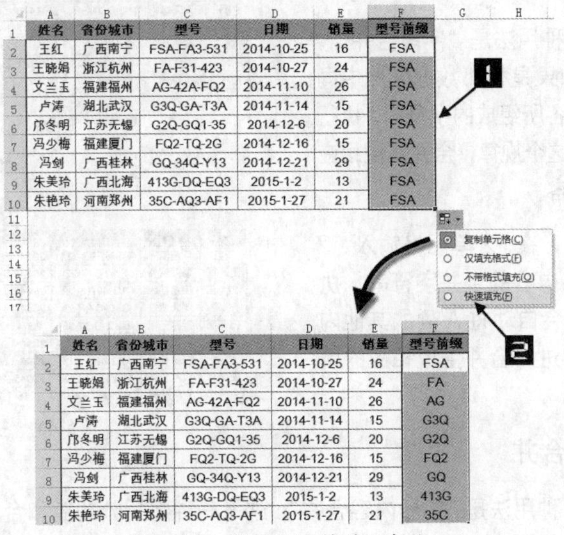

姓名	省份城市	型号	日期	销量	型号前缀
王红	广西南宁	FSA-FA3-531	2014-10-25	16	FSA
王晓娟	浙江杭州	FA-F31-423	2014-10-27	24	FA
文兰玉	福建福州	AG-42A-FQ2	2014-11-10	26	AG
卢涛	湖北武汉	G3Q-GA-T3A	2014-11-14	15	G3Q
邝冬明	江苏无锡	G2Q-GQ1-35	2014-12-6	20	G2Q
冯少梅	福建厦门	FQ2-TQ-2G	2014-12-16	15	FQ2
冯剑	广西桂林	GQ-34Q-Y13	2014-12-21	29	GQ
朱美玲	广西北海	413G-DQ-EQ3	2015-1-2	13	413G
朱艳玲	河南郑州	35C-AQ3-AF1	2015-1-27	21	35C

图 5-43　根据分隔符进行拆分

快速填充所能识别的常见分隔符包括短横线“-”、斜杠“/”以及空格等。

4. 根据日期进行拆分

快速填充的第四种用法是“根据日期进行拆分”。日期值当中包含了年、月、日 3 个数据组成部分，在使用快速填充时，如果输入的内容只是日期当中的某一部分，例如月份，Excel 会智能地将其他单元格相应组成部分提取出来生成填充内容。

如图 5-44 所示，如 10 是单元格 D2 中日期值“2014-10-25”的“月份”数据，执行向下快速填充后，其他日期也自动提取了相应的“月份”数据生成填充内容。

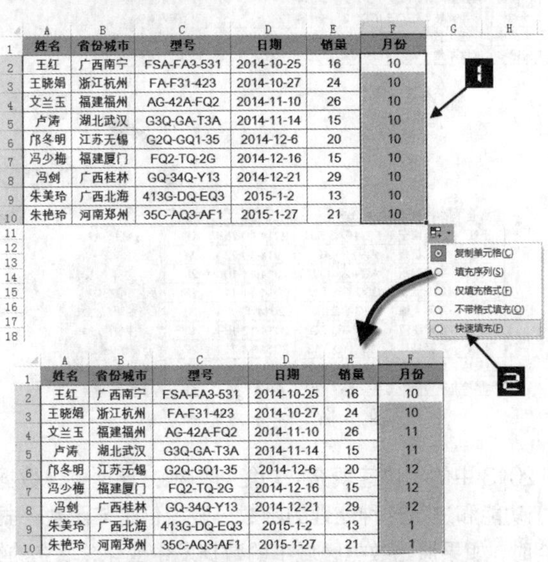

姓名	省份城市	型号	日期	销量	月份
王红	广西南宁	FSA-FA3-531	2014-10-25	16	10
王晓娟	浙江杭州	FA-F31-423	2014-10-27	24	10
文兰玉	福建福州	AG-42A-FQ2	2014-11-10	26	11
卢涛	湖北武汉	G3Q-GA-T3A	2014-11-14	15	11
邝冬明	江苏无锡	G2Q-GQ1-35	2014-12-6	20	12
冯少梅	福建厦门	FQ2-TQ-2G	2014-12-16	15	12
冯剑	广西桂林	GQ-34Q-Y13	2014-12-21	29	12
朱美玲	广西北海	413G-DQ-EQ3	2015-1-2	13	1
朱艳玲	河南郑州	35C-AQ3-AF1	2015-1-27	21	1

图 5-44　根据日期进行拆分

快速填充支持的日期格式包括数值型日期数据和文本型日期数据，如中文字符串“2012 年 6 月 7 日”，Excel 也能智能地进行拆分判断。

也可以获取年、日、月+日组合，这里不再赘述。

5. 字段合并

快速填充的第五种用法是“字段合并”。单元格输入的内容如果是相邻数据区域中同一行的多个单元格内容所组成的字符串，执行快速填充后，会依照这个规律，合并其他相应单元格来生成填充内容。

如图 5-45 所示，在 F2 单元格输入 A2 单元格与 D2 单元格内容的合并字符串，执行向下快速填充后，会自动将 A 列的其他内容与 D 列的其他内容进行合并生成相应的填充内容。

	A	B	C	D	E	F
1	姓名	省份城市	型号	日期	销量	
2	王红	广西南宁	FSA-FA3-531	2014-10-25	16	王红2014-10-25
3	王晓娟	浙江杭州	FA-F31-423	2014-10-27	24	王红2014-10-26
4	文兰玉	福建福州	AG-42A-FQ2	2014-11-10	26	王红2014-10-27
5	卢涛	湖北武汉	G3Q-GA-T3A	2014-11-14	15	王红2014-10-28
6	邝冬明	江苏无锡	G2Q-GQ1-35	2014-12-6	20	王红2014-10-29
7	冯少梅	福建厦门	FQ2-TQ-2G	2014-12-16	15	王红2014-10-30
8	冯剑	广西桂林	GQ-34Q-Y13	2014-12-21	29	王红2014-10-31
9	朱美玲	广西北海	413G-DQ-EQ3	2015-1-2	13	王红2014-10-32
10	朱艳玲	河南郑州	35C-AQ3-AF1	2015-1-27	21	王红2014-10-33

	A	B	C	D	E	F
1	姓名	省份城市	型号	日期	销量	
2	王红	广西南宁	FSA-FA3-531	2014-10-25	16	王红2014-10-25
3	王晓娟	浙江杭州	FA-F31-423	2014-10-27	24	王晓娟2014-10-27
4	文兰玉	福建福州	AG-42A-FQ2	2014-11-10	26	文兰玉2014-11-10
5	卢涛	湖北武汉	G3Q-GA-T3A	2014-11-14	15	卢涛2014-11-14
6	邝冬明	江苏无锡	G2Q-GQ1-35	2014-12-6	20	邝冬明2014-12-6
7	冯少梅	福建厦门	FQ2-TQ-2G	2014-12-16	15	冯少梅2014-12-16
8	冯剑	广西桂林	GQ-34Q-Y13	2014-12-21	29	冯剑2014-12-21
9	朱美玲	广西北海	413G-DQ-EQ3	2015-1-2	13	朱美玲2015-1-2
10	朱艳玲	河南郑州	35C-AQ3-AF1	2015-1-27	21	朱艳玲2015-1-27

图 5-45　字段合并

6. 部分内容合并

快速填充的第六种用法是“部分内容合并”。这是一种将拆分功能和合并功能同时组合在一起的使用方式，将拆分的部分内容再进行合并，Excel 依然能够智能的识别这一规律，在执行快速填充时，会依照这个规律处理其他的相应内容。

如图 5-46 所示，F2 单元格输入的内容是 A2 单元格加 C2 单元格前面第 1 部分的内容加 E2 单元格的内容，执行快速填充后，Excel 会依照上面这种组合规律，相应地处理 A、C、E 列的其他单元格内容。

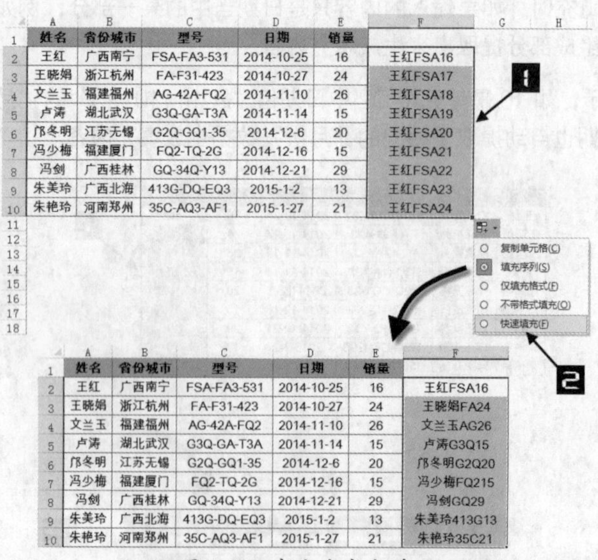

	A	B	C	D	E	F
1	姓名	省份城市	型号	日期	销量	
2	王红	广西南宁	FSA-FA3-531	2014-10-25	16	王红FSA16
3	王晓娟	浙江杭州	FA-F31-423	2014-10-27	24	王红FSA17
4	文兰玉	福建福州	AG-42A-FQ2	2014-11-10	26	王红FSA18
5	卢涛	湖北武汉	G3Q-GA-T3A	2014-11-14	15	王红FSA19
6	邝冬明	江苏无锡	G2Q-GQ1-35	2014-12-6	20	王红FSA20
7	冯少梅	福建厦门	FQ2-TQ-2G	2014-12-16	15	王红FSA21
8	冯剑	广西桂林	GQ-34Q-Y13	2014-12-21	29	王红FSA22
9	朱美玲	广西北海	413G-DQ-EQ3	2015-1-2	13	王红FSA23
10	朱艳玲	河南郑州	35C-AQ3-AF1	2015-1-27	21	王红FSA24

	A	B	C	D	E	F
1	姓名	省份城市	型号	日期	销量	
2	王红	广西南宁	FSA-FA3-531	2014-10-25	16	王红FSA16
3	王晓娟	浙江杭州	FA-F31-423	2014-10-27	24	王晓娟FA24
4	文兰玉	福建福州	AG-42A-FQ2	2014-11-10	26	文兰玉AG26
5	卢涛	湖北武汉	G3Q-GA-T3A	2014-11-14	15	卢涛G3Q15
6	邝冬明	江苏无锡	G2Q-GQ1-35	2014-12-6	20	邝冬明G2Q20
7	冯少梅	福建厦门	FQ2-TQ-2G	2014-12-16	15	冯少梅FQ215
8	冯剑	广西桂林	GQ-34Q-Y13	2014-12-21	29	冯剑GQ29
9	朱美玲	广西北海	413G-DQ-EQ3	2015-1-2	13	朱美玲413G13
10	朱艳玲	河南郑州	35C-AQ3-AF1	2015-1-27	21	朱艳玲35C21

图 5-46　部分内容合并

综上所述，Excel 2013 中的“快速填充”功能可以很方便地实现数据的拆分和合并，在一定程度上可以替代【分列】功能和进行这种处理的函数公式。但是与函数公式实现效果有所不同的是，使用“快速填充”功能时，如果原始数据区域中的数据发生变化，填充的结果并不能随之自动更新。

第 6 章　整理电子表格中的数据

本章将详细介绍如何进一步处理已经录入到电子表格中的数据，其中包括为不同数据设置合适的数字格式，复制、粘贴和移动数据以及数据的隐藏、保护和查找等内容。通过对本章的学习，用户可以按需完成工作表中的数据整理，为数据统计和分析等高级功能的使用做好准备。

本章学习要点

（1）为数据应用合适的外观样式。

（2）复制、粘贴和移动数据。

（3）查找和替换特定内容。

（4）数据的隐藏和保护。

6.1　为数据应用合适的数字格式

第 5 章介绍了 Excel 会为某些输入的数值自动应用数字格式。而在大多数情况下，用户输入到单元格中的数据都是没有格式的。这样的数据缺乏身份标记，无法直观地告诉用户自己究竟是一串电话号码、一个日期、一笔金额，还是一个比率。

为了帮助用户提高数据的可读性，Excel 提供了多种对数据格式化功能。除了对齐、字体、字号、边框、单元格颜色等常见的格式化功能以外，更重要的是 Excel 特有的“数字格式”功能，它可以根据数据的意义和表达需求来调整显示外观，以完成匹配的展示效果。

例如，在图 6-1 所示的表格中，A 列是原始数据，B 列是格式化后的数据，通过比较可以明显看出：设置数字格式，可以提高数据的可读性。

	A	B	C
1	原始数据	格式化后显示	格式类型
2	39668	2008年8月8日	日期
3	-16580.2586	-16,580.26	数值
4	0.505648148	12:08:08 PM	时间
5	0.0459	4.59%	百分比
6	0.6125	49/80	分数
7	5431231.35	¥5,431,231.35	货币
8	12345	壹万贰仟叁佰肆拾伍	特殊-中文大写数字
9	4.849502315	116°23'17.0"	自定义(经纬度)
10	4008286868	400-828-6868	自定义(电话号码)
11	2112345678	(021)12345678	自定义(电话号码)
12	226	2米26	自定义(身高)
13	0.000149074	12.88"	自定义(以秒为单位)
14	271180	27.1万	自定义(以万为单位)
15	三	第三生产线	自定义(部门)
16	甲方签名	甲方签名________	自定义(签名栏)
17	右对齐	右对齐	自定义(靠右对齐)

图 6-1　通过设置数字格式提高数据的可读性

注意

设置数字格式虽然改变了数据的显示外观，但并没有改变其数据类型，更不会影响数据实际值。

Excel 内置的数字格式大部分适用于数值型数据，因此称之为“数字”格式。但数字格式并非数值数据专用，文本型的数据同样也可以被格式化。用户可以通过创建自定义格式，为文本型数据提供各种格式化效果，如图 6-1 中第 15～17 行所示。

要对单元格中的数据应用格式，有以下 4 种方法。

- 使用【开始】选项卡中的【数字】命令组。
- 使用快捷键。
- 借助【设置单元格格式】对话框。
- 应用包含了数字格式设置的样式。

6.1.1 使用功能区命令

在 Excel【开始】选项卡上的【数字】命令组中，【数字格式】组合框会显示活动单元格的数字格式类型。单击其下拉按钮，可以选择 11 种数字格式，不同格式的效果如图 6-2 所示。组合框下方预置了 5 个较为常用的数字格式按钮，包括【会计专用格式】、【百分比样式】、【千位分隔样式】、【增加小数位数】和【减少小数位数】，如图 6-3 所示。

在工作表中选中包含数值的单元格或区域，然后单击以上按钮或选项，即可应用相应的数字格式。

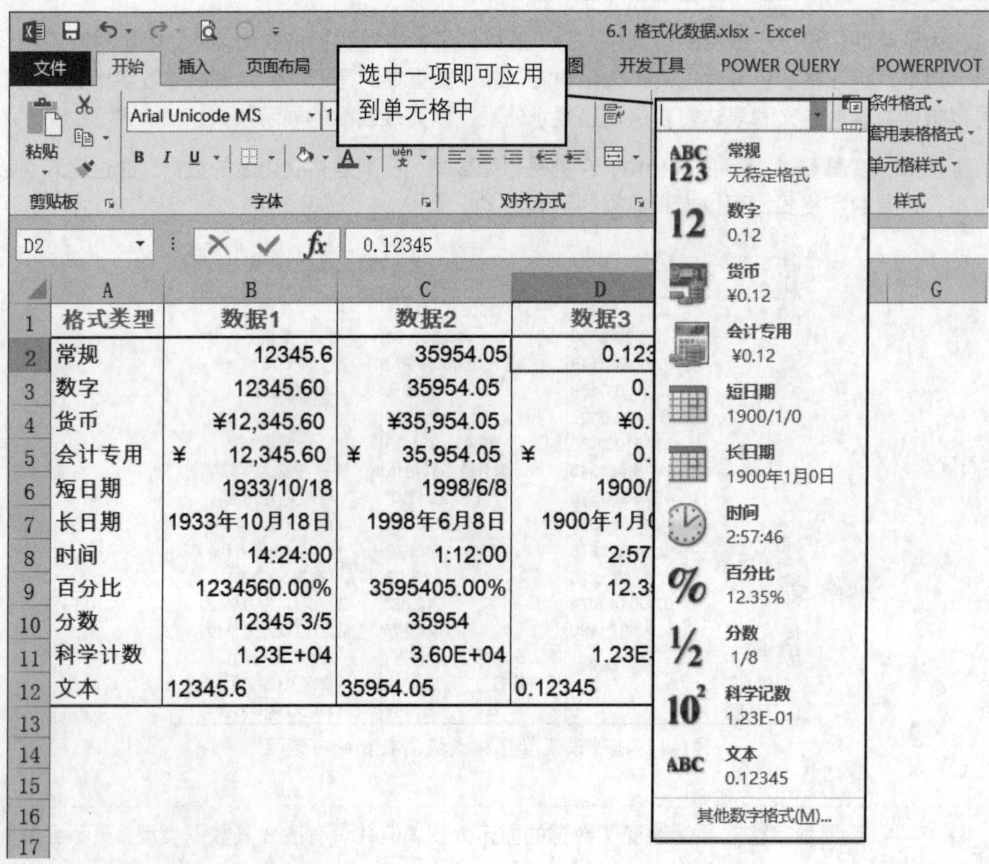

图 6-2 【数字】命令组下拉列表的 11 种数字格式效果

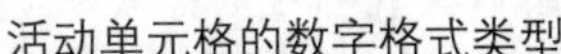

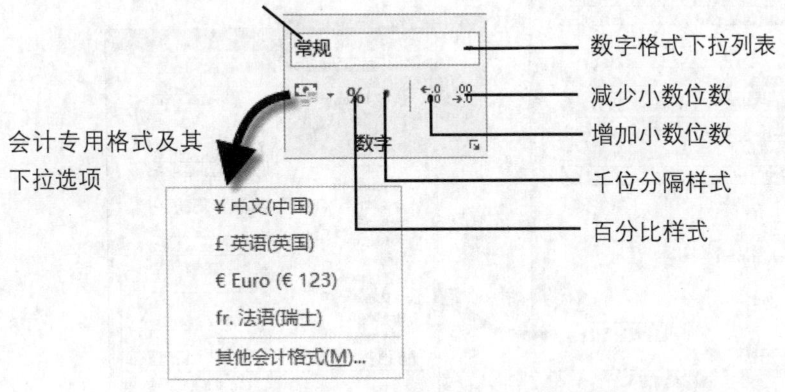

图 6-3 【数字】命令组各按钮的功能

关于各个格式按钮的具体作用，如表 6-1 所示。

表 6-1 常用格式按钮和选项的具体作用

按　钮	按 钮 作 用
会计专用格式	在数值开头添加货币符号，并为数值添加千位分隔符，数值显示两位小数
百分比样式	以百分数形式显示数值
千位分隔样式	使用千位分隔符分隔数值，显示两位小数
增加小数位数	在原数值小数位数的基础上增加一位小数位
减少小数位数	在原数值小数位数的基础上减少一位小数位
常规	未经特别指定的格式，为 Excel 的默认数字格式
货币	与会计专用格式类似，但货币符号的位置稍有不同
长日期与短日期	以不同的样式显示日期

深 入 了 解

Excel 的数字格式在很大程度上受到当前 Windows 系统的影响，后者决定了不同类型数字格式的默认样式。打开 Windows 的【控制面板】，进入【区域与语言】项目，在【格式】选项卡中可以设置语言风格及其相关的日期时间格式。单击【其他设置】按钮，可以在弹出的【自定义格式】对话框中详细设置数字、货币、日期、时间的格式，如图 6-4 所示。

图 6-4 在控制面板中设置默认的区域和语言格式

6.1.2 使用快捷键应用数字格式

通过键盘快捷键也可以快速地对目标单元格和区域设定数字格式。常用的一些快捷键如表6-2所示。

表 6-2 设置数字格式的快捷键

快 捷 键	作 用
Ctrl+Shift+~	设置为常规格式，即不带格式
Ctrl+Shift+%	设置为百分数格式，无小数部分
Ctrl+Shift+^	设置为科学记数法格式，含两位小数
Ctrl+Shift+#	设置为短日期格式
Ctrl+Shift+@	设置为时间格式，包含小时和分钟显示
Ctrl+Shift+!	设置为千位分隔符显示格式，不带小数

6.1.3 使用【设置单元格格式】对话框应用数字格式

如果用户希望在更多的内置数字格式中进行选择，可以通过【设置单元格格式】对话框中的【数字】选项卡来进行数字格式设置。选中包含数据的单元格或区域后，有以下几种等效方式可打开【设置单元格格式】对话框。

◆ 在【开始】选项卡的【数字】命令组中单击【对话框启动器】按钮。

◆ 在【数字】命令组的格式下拉列表中单击【其他数字格式】选项。

◆ 在键盘上按<Ctrl+1>组合键。

◆ 单击鼠标右键，在弹出的快捷菜单中单击【设置单元格格式】命令。

打开【设置单元格格式】对话框后，选择【数字】选项卡，如图6-5所示。

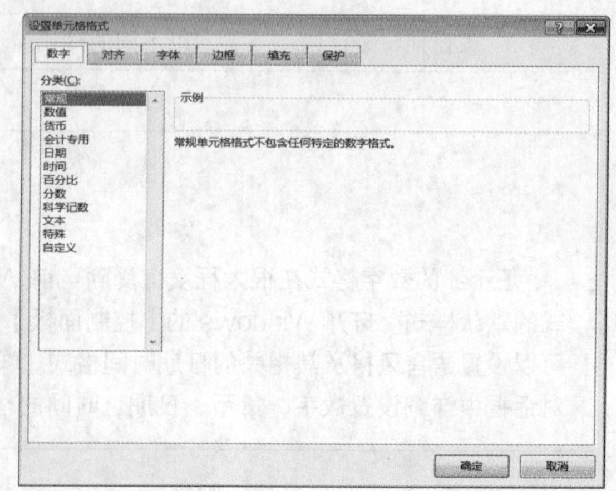

图 6-5 【设置单元格格式】对话框的【数字】选项卡

【分类】列表中显示了 Excel 内置的 12 类数字格式，除了“常规”和“文本”外，其他每一种格式类型中都包含了更多的可选样式或选项。在【分类】列表中选中一种格式类型后，对话框的右侧就会显示相应的设置选项，并根据用户所做的选择将预览效果显示在“示例”区域中。

示例 6-1 通过【设置单元格格式】对话框为数值设置数字格式

如果要将图 6-6 所示的表格中的数值设置为人民币格式，显示两位小数，负数显示为带括号的红色字体，可按以下步骤操作。

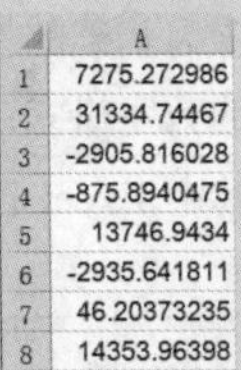

	A
1	7275.272986
2	31334.74467
3	-2905.816028
4	-875.8940475
5	13746.9434
6	-2935.641811
7	46.20373235
8	14353.96398

图 6-6 待格式化的数值

步骤1 选中 A1:A8，按<Ctrl+1>组合键，打开【设置单元格格式】对话框，单击【数字】选项卡。

步骤2 在【分类】列表框中选择“货币”，然后在对话框右侧的【小数位数】微调框中设置数值“2”，在【货币符号】下拉列表中选择“¥”，最后在【负数】下拉列表中选择带括号的红色字体样式。

步骤3 单击【确定】按钮完成设置。格式化后的单元格显示如图 6-7 所示。

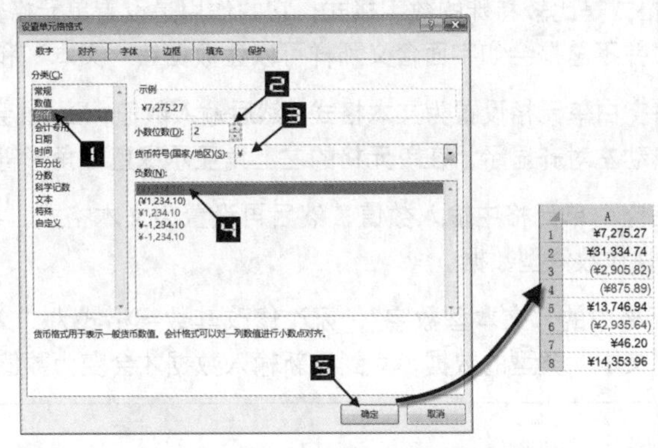

图 6-7 设置数值显示为人民币格式

【设置单元格格式】对话框中 12 类数字格式的详细解释如表 6-3 所示。

表 6-3 各种数字类型的特点与用途

数字格式类型	特点与用途
常规	数据的默认格式，即未进行任何特殊设置的格式
数值	可以设置小数位数、选择是否添加千位分隔符，负数可以设置特殊样式（包括显示负号、显示括号、红色字体等几种样式）
货币	可以设置小数位数、货币符号，负数可以设置特殊样式（包括显示负号、显示括号、红色字体等几种样式）。数字显示自动包含千位分隔符
会计专用	可以设置小数位数、货币符号，数字显示自动包含千位分隔符。与货币格式不同的是，本格式将货币符号置于单元格最左侧进行显示
日期	可以选择多种日期显示模式，其中包括同时显示日期和时间的模式

续表

数字格式类型	特点与用途
时间	可以选择多种时间显示模式
百分比	可以选择小数位数。数字以百分数形式显示
分数	可以设置多种分数显示模式，包括显示一位数分母、两位数分母等
科学记数	以包含指数符号（E）的科学记数形式显示数字，可以设置显示的小数位数
文本	将数值作为文本处理
特殊	包含了几种以系统区域设置为基础的特殊格式。在区域设置为“中文（中国）”的情况下，包括3种中国特有的数字格式：邮政编码、中文小写数字和中文大写数字
自定义	允许用户自己定义格式，其中 Excel 已经内置了部分自定义格式，内置的自定义格式不可删除

6.2 处理文本型数字

“文本型数字”是 Excel 中的一种比较特殊的数据类型，它的数据内容是数值，但作为文本类型进行存储，具有和文本类型数据相同的特征。第 5 章已经介绍过如何输入文本型数字，其方法之一是先将单元格的数字格式设置为“文本”，再输入数值。

6.2.1 “文本”数字格式

“文本”格式是比较特殊的数字格式，它的作用是设置单元格数据为“文本”。在实际应用中，这一数字格式并不总是会如字面含义那样可以让数据在“文本”和“数值”之间进行转换。

如果先将空白单元格设置为文本格式，然后输入数值，Excel 会将其存储为“文本型数字”。“文本型数字”自动左对齐显示，在单元格的左上角显示绿色三角形符号。

如果先在空白单元格中输入数值，然后再设置为文本格式，数值虽然也自动左对齐显示，但 Excel 仍将其视作数值型数据。

对于单元格中的“文本型数字”，无论修改其数字格式为“文本”之外的哪一种格式，Excel 仍然视其为“文本”类型的数据，直到重新输入数据才会变为数值型数据。

深入了解 借助状态栏统计功能判断数据类型

要判别单元格中的数据是否为数值类型，除了查看单元格左上角是否出现绿色的“错误检查”标识符以外，还可以通过检验这些数据是否能参与数值运算来判断。

在工作表中选中两个或更多个数据，如果状态栏中能够显示求和结果，且求和结果与当前选中单元格区域的数字和相等，则说明目标单元格区域中的数据全部为数值类型，否则必定包含了文本型数字，如图 6-8 所示。

图 6-8 使用快捷统计功能判别数据类型

6.2.2 将文本型数字转换为数值型数据

“文本型数字”所在单元格的左上角显示绿色三角形符号，此符号为 Excel“错误检查”功能的标识符，它用于标识单元格可能存在某些错误或需要注意的特点。选中此类单元格，会在单元格一侧出现【错误检查选项】按钮，单击按钮右侧的下拉箭头会显示选项菜单，如图 6-9 所示。

在下拉菜单中，第一行“以文本形式存储的数字”显示了当前单元格的数据状态。此时如果单击【转换为数字】项，单元格中的数据将会转换为数值型。

如果用户有意保留这些数据为“文本型数字”类型，而又不喜欢绿色三角符号的显示，则可以在下拉菜单中单击【忽略错误】项，关闭此单元格的“错误检查”功能。

图 6-9 “文本型数字”所在单元格的错误检查选项菜单

取消“错误检查”标识符的显示

深入了解

因为在 Excel 的默认设置中，“以文本形式存储的数字”被认为是一种可能的错误，所以错误检查功能会在发生这种情况的单元格中进行提示。在【错误检查选项】按钮的下拉菜单中选择“忽略错误”虽然可以取消当前单元格的绿色三角标记显示，但如果要将工作簿中的所有类似单元格中的“错误检查”标识符取消显示，需要通过 Excel 选项进行相关设置。

单击【文件】选项卡→【Excel 选项】，在弹出的【Excel 选项】对话框中选择【公式】选项，可以详细地设置有关错误检查的选项，如图 6-10 所示。

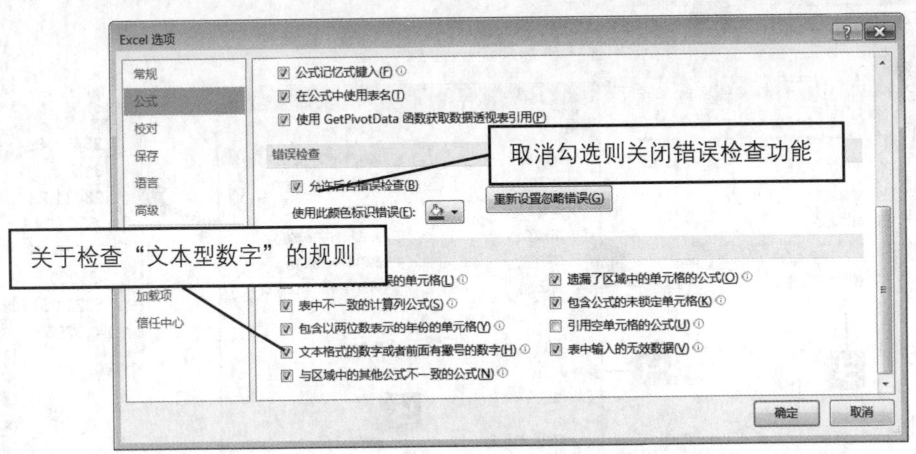

图 6-10 “错误检查”相关的选项设置

【允许后台错误检查】复选框是控制 Excel 错误检查功能的全局开关，如果取消勾选则会关闭错误检查功能，所有的“错误检查”标识符将不再显示。

在“错误检查规则”区域中可以单独设置某项用于错误检查的规则是否生效。如果取消勾选“文本格式的数字或者前面有撇号的数字”的复选框，则 Excel 不再对此类情况再进行检查。

如果要将“文本型数字”转换为数值，对于单个单元格，可以借助错误检查功能提供的菜单项。而对于多个单元格，可以按下面的方法来进行转换。

示例 6-2 将文本型数字转换为数值

如果要将图 6-11 所示工作表中 A1:A8 单元格区域中的文本型数字转换为数值型数据，可按以下步骤操作。

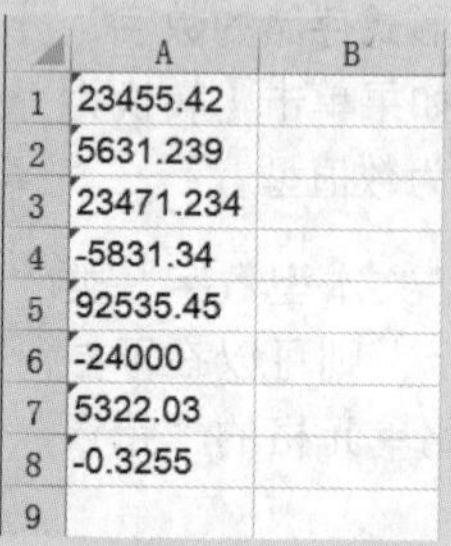

图 6-11 将文本型数字转换为数值

步骤1 选中工作表中的一个空白单元格，例如 B1 单元格，按<Ctrl+C>组合键。

步骤2 选中 A1:A8 单元格区域，单击鼠标右键，在弹出的快捷菜单中单击【选择性粘贴】，在弹出的【选择性粘贴】对话框中的【运算】区域选择【加】，最后单击【确定】按钮。

至此可完成目标区域的数据类型转换，如图 6-12 所示。

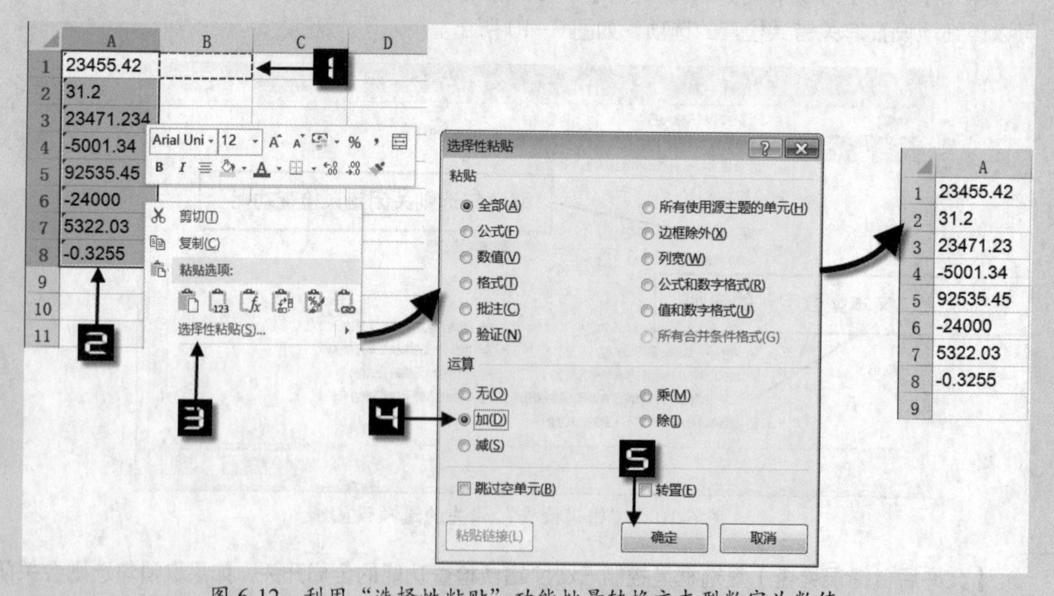

图 6-12 利用“选择性粘贴”功能批量转换文本型数字为数值

提示 关于“选择性粘贴”功能的更详细介绍请参阅 6.4.4 小节。

6.2.3 将数值型数据转换为文本型数字

如果要将工作表中的数值型数据转换为文本型数字，可先将单元格设置为“文本”格式，然后双击单元格或按<F2>键激活单元格的编辑模式，最后按<Enter>键即可。但是此方法只对单个单元格起作用。如果要同时将多个单元格的数值转换为文本类型，且这些单元格在同一列，可以按如下方法操作。

步骤1 → 选中位于同一列的包含数值型数据的单元格或单元格区域，本例中是A1:A8。

步骤2 → 单击【数据】选项卡中的【分列】按钮，在弹出的【文本分列向导】对话框中，两次单击【下一步】按钮。

步骤3 → 在【第3步】对话框的【列数据格式】区域中选择【文本】项，最后单击【完成】按钮，如图6-13所示。

至此，该区域中的数值型数据均被转换为文本型数据。

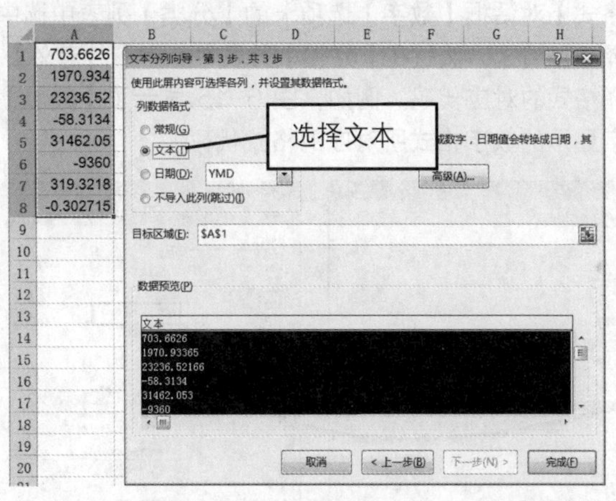

图6-13 【文本分列向导——第3步，共3步】对话框

提示 关于数据“分列”功能的更详细介绍请参阅第28章。

6.3 自定义数字格式

在12类数字格式之中，“自定义”类型包括了用于各种情况的数字格式，并且允许用户创建新的数字格式。此类型的数字格式都使用代码方式编写和保存。

6.3.1 内置的自定义格式

在【设置单元格格式】对话框的【分类】列表里选中【自定义】类型，在对话框的右侧会显示活动单元格的数字格式代码，如图6-14所示。

提示 如果选中某项自定义数字格式代码，此时对话框中【删除】按钮呈现灰色不可用状态，则说明其为Excel内置的数字格式代码，不允许删除。

实际上，Excel 所有的数字格式，都有对应的数字格式代码。如果要查看其他 11 种类型中的数字格式所对应的格式代码，可以采用如下操作。

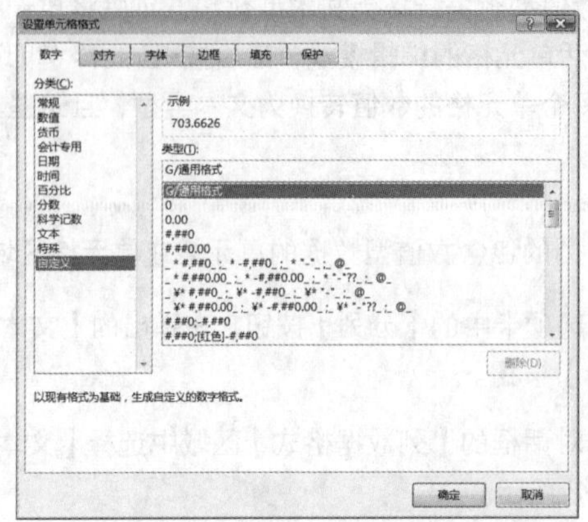

图 6-14 内置的自定义格式代码

在【设置单元格格式】对话框【数字】选项卡的【分类】列表中选中某个格式分类，并在右侧出现的选项设置中选择一种格式，然后在【分类】列表中单击【自定义】，即可在右侧的【类型】文本框中查看刚才所选择格式的对应代码。例如，图 6−15 显示了【数值】类型中带千位分隔符及两位小数、且负数用红字显示的数字格式所对应的格式代码。

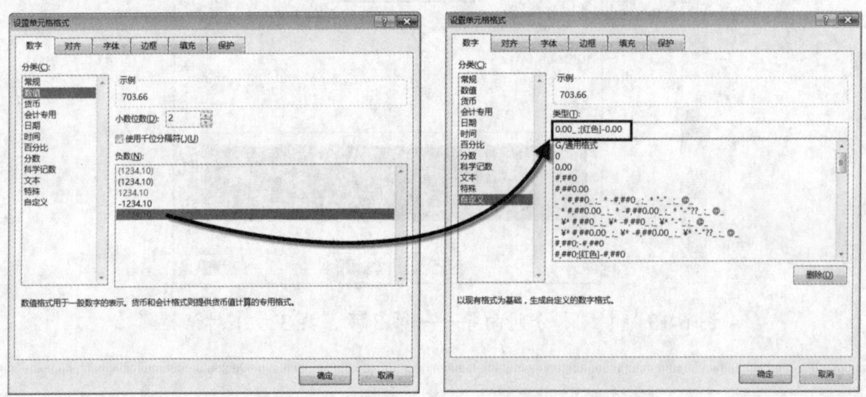

图 6-15 显示内置格式所对应的格式代码

通过这样的操作方式，可以了解现有数字格式的代码编写方式，并可据此改编出更符合自己需求的数字格式代码。

6.3.2 格式代码的组成规则

自定义的格式代码的完整结构如下：

正数;负数;零值;文本

以分号“;”间隔的 4 个区段构成了一个完整结构的自定义格式代码，每个区段中的代码对不同类型的内容起作用。例如，在第 1 区段“正数”中的代码只会在单元格中的数据为正数数值时起作用，而第 4 区段“文本”中的代码只会在单元格中的数据为文本时才起作用。

除了以数值正负作为格式区段分隔依据以外，用户也可以为区段设置自己所需的特定条件。例如这样的格式代码结构也是符合规则要求的：

大于条件值;小于条件值;等于条件值;文本

可以使用“比较运算符+数值”的方式来表示条件值，在自定义格式代码中可以使用的比较运算符包括大于号“>”、小于号“<”、等于号“=”、大于等于“>=”、小于等于“<=”和不等于“<>”6 种。

在实际应用中，最多只能在前两个区段中使用“比较运算符+数值”表示条件值，第 3 区段自动以“除此以外”的情况作为其条件值，不能再使用“比较运算符+数值”的形式，而第 4 区段“文本”仍然只对文本型数据起作用。

图 6-16 展示了一个有关正确编写第 3 区段代码的例子。

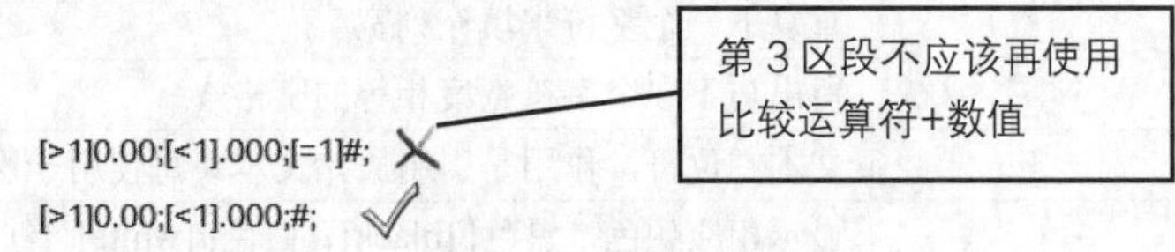

图 6-16　一个有关正确编写第 3 区段代码的例子

因此，使用包含条件值的格式代码结构也可以这样来表示：

条件值 1;条件值 2;同时不满足条件值 1、2 的数值;文本

此外，在实际应用中，不必每次都严格按照 4 个区段的结构来编写格式代码，区段数少于 4 个甚至只有 1 个都是被允许的。表 6-4 列出了少于 4 个区段的代码结构含义。

表 6-4　少于 4 个区段的自定义代码结构含义

区段数	代码结构含义
1	格式代码作用于所有类型的数值
2	第 1 区段作用于正数和零值，第 2 区段作用于负数
3	第 1 区段作用于正数，第 2 区段作用于负数，第 3 区段作用于零值

对于包含条件值的格式代码来说，区段可以少于 4 个，但最少不能少于 2 个。相关的代码结构含义如表 6-5 所示。

表 6-5　少于 4 个区段的包含条件值格式代码结构含义

区段数	代码结构含义
2	第 1 区段作用于满足条件值 1，第 2 区段作用于其他情况
3	第 1 区段作用于满足条件值 1，第 2 区段作用于满足条件值 2，第 3 区段作用于其他情况

除了特定的代码结构以外，完成一个格式代码还需要了解自定义格式所使用的代码字符及其含义。表 6-6 显示了可以用于格式代码编写的代码符号及其对应的含义和作用。

表 6-6　代码符号及其含义作用

代码符号	符号含义及作用
G/通用格式	不设置任何格式，按原始输入显示。同“常规”格式
#	数字占位符，只显示有效数字，不显示无意义的零值
0	数字占位符，当数字比代码的数量少时，显示无意义的零值
?	数字占位符，与“0”作用类似，但以显示空格代替无意义的零值。可用于显示分数
.	小数点
%	百分数显示

续表

代码符号	符号含义及作用
,	千位分隔符
E	科学记数的符号
"文本"	可显示双引号之间的文本
!	与双引号作用类似，可显示下一个文本字符。可用于分号(")、点号(.)、问号(?)等特殊符号的显示
\	作用与“!”相同。此符号可用作代码输入，但在输入后会以符号“!”代替其代码显示
*	重复下一个字符来填充列宽
_	留出与下一个字符宽度相等的空格
@	文本占位符，作用是引用原始文本。每使用一次，即引用一次。可多次使用
[颜色]	显示相应颜色，[黑色]/[black]、[白色]/[white]、[红色]/[red]、[青色]/[cyan]、[蓝色]/[blue]、[黄色]/[yellow]、[洋红]/[magenta]、[绿色]/[green]。对于中文版的 Excel 只能使用中文颜色名称，而英文版的 Excel 只能使用英文颜色名称
[颜色 n]	显示以数值 n 表示的兼容 Excel 2003 调色板上的颜色。n 在 1～56 之间
[条件值]	设置条件。条件通常由“>”、“<”、“=”、“>=”、“<=”、“<>”以及数值所构成
[DBNum1]	显示中文小写数字，例如“123”显示为“一百二十三”
[DBNum2]	显示中文大写数字，例如“123”显示为“壹佰贰拾叁”
[DBNum3]	显示全角的阿拉伯数字与小写中文单位的结合，例如“123”显示为“1 百 2 十 3”

注意

当使用“%”作为单元格数字格式时，在单元格内新输入的数字会被自动缩小 100 倍后以百分数表示。类似于第 5 章中设置“自动设置小数点位数”的情况。

深入了解

在 Excel 2003 和较早版本中，每个工作簿会包含一个系统调色板，允许用户设置最多 56 种颜色用于单元格背景、字体和图表图形中。图 6-17 展示了默认调色板中每种颜色代码所对应的颜色。用户可以按自己的需要，为每种颜色代码定义颜色。本图片的全彩版本收录于本章示例文件中，感兴趣的读者可以查看。

从 Excel 2007 开始，Excel 使用了新的颜色机制，取消了 56 种颜色的限制。但为了向下兼容，仍然保留了旧的调色板，只是用户不可以再修改它，一般情况下也用不到它。

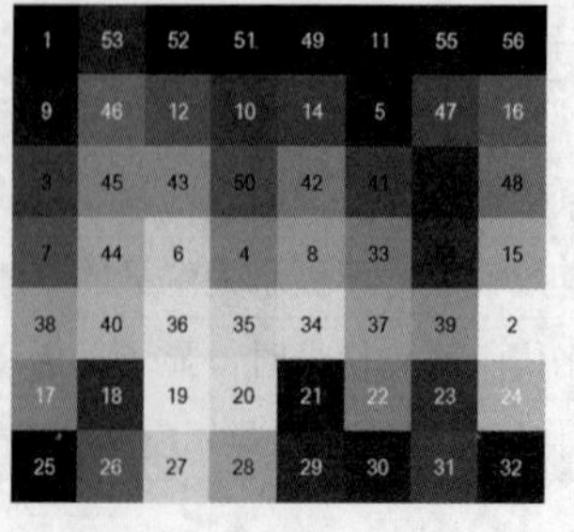

图 6-17 Excel 2003 的默认调色板，一共有 56 种颜色

除了表 6-6 中所包含的代码符号以外，在编写与日期时间相关的自定义数字格式时，还有一些包含特殊意义的代码符号，如表 6-7 所示。

表 6-7　　与日期时间格式相关的代码符号

日期时间代码符	日期时间代码符号含义及作用
aaa	使用中文简称显示星期几（“一”～“日”）
aaaa	使用中文全称显示星期几（“星期一”～“星期日”）
d	使用没有前导零的数字来显示日期（1～31）
dd	使用有前导零的数字来显示日期（01～31）
ddd	使用英文缩写显示星期几（Sun～Sat）
dddd	使用英文全拼显示星期几（Sunday～Saturday）
m	使用没有前导零的数字来显示月份或分钟（1～12）或（0～59）
mm	使用有前导零的数字来显示月份或分钟（01～12）或（00～59）
mmm	使用英文缩写显示月份（Jan～Dec）
mmmm	使用英文全拼显示月份（January～December）
mmmmm	使用英文首字母显示月份（J～D）
y	使用两位数字显示公历年份（00～99）
yy	同上
yyyy	使用四位数字显示公历年份（1900～9999）
b	使用两位数字显示泰历（佛历）年份（43～99）
bb	同上
bbbb	使用四位数字显示泰历（佛历）年份（2443～9999）
b2	前缀。在原日期格式代码前加上“b2”前缀可显示回历日期
h	使用没有前导零的数字来显示小时（0～23）
hh	使用有前导零的数字来显示小时（00～23）
s	使用没有前导零的数字来显示秒钟（0～59）
ss	使用有前导零的数字来显示秒钟（00～59）
[h]、[m]、[s]	显示超出进制的小时数、分数、秒数
AM/PM	使用英文上下午显示 12 进制时间
A/P	同上
上午/下午	使用中文上下午显示 12 进制时间

6.3.3 创建自定义格式

要创建新的自定义数字格式，可在如图 6-15 所示对话框右侧的【类型】框中填入新的数字格式的代码，也可选择现有的格式代码，然后在【类型】框中进行编辑修改。输入或编辑完成后，可以从【示例】处观察此格式代码对应的数据显示效果，如果满意，可以按<Enter>键或单击【确定】按钮进行确认。

如果用户所编写的格式代码符合 Excel 的规则要求，即可成功创建新的自定义格式，并应用于当前所选定的单元格或区域中。否则，Excel 会弹出警告窗口提示错误，如图 6-18 所示。

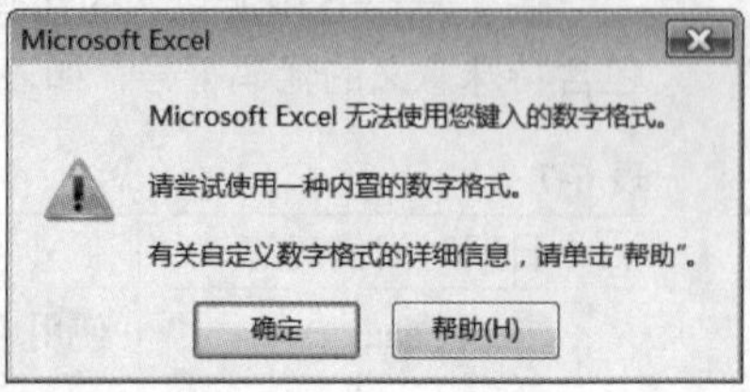

Microsoft Excel

Microsoft Excel 无法使用您键入的数字格式。

请尝试使用一种内置的数字格式。

有关自定义数字格式的详细信息，请单击"帮助"。

确定　帮助(H)

图 6-18　自定义格式代码错误的警告提示信息

用户所创建的自定义格式仅保存在当前工作簿中。如果要将自定义的数字格式应用于其他工作簿，最方便的方法是将包含此格式的单元格直接复制到目标工作簿。

如果要在所有新工作簿中使用某些自定义数字格式，可以通过创建和使用模板来实现，关于模板的使用方法，请参阅第 8 章。

6.3.4 自定义数字格式的实用案例

通过编写自定义格式代码，用户可以创建出丰富多样的数字格式，使得单元格中的数据更有表现力、更具可读性，有些特殊的自定义格式还可以起到简化数据输入、限制部分数据输入或是隐藏输入数据的作用。下面将介绍一些实用的自定义数字格式案例。

1. 不同方式显示分段数字

如果希望表格阅读者能够从数据的显示方式上直观地判断数值的正负、大小等信息，可通过对不同的格式区段设置相应的显示方式来设置数字格式。

示例 6-3 设置数字格式为正数正常显示、负数红色显示带负号、零值不显示、文本显示为"ERR!"

格式代码可设置为：

```
G/通用格式;[红色]-G/通用格式;;"ERR!"
```

代码说明：格式代码分为 4 个区段，分别对应于"正数;负数;零值;文本"。其中"G/通用格式"表示按常规格式显示，用"[红色]"作为格式前缀表示显示为红色。第 3 区段为空，表示不显示。第 4 区段"ERR!"表示只要是文本，即显示为"ERR!"。效果如图 6-19 所示。

原始数值	显示为	格式代码	说明
797.8446	797.8446	G/通用格式;[红色]-G/通用格式;;"ERR!"	正数正常显示、负数红色显示带负号、零值不显示、文本显示为"ERR!"
798	798		
-35.21	-35.21		
0			
Excel	ERR!		
-1180	-1180		

图 6-19　正数、负数、零值、文本不同显示方式

示例 6-4 设置数字格式为大于 5 的数字显示红色、小于 5 的数字显示绿色、等于 5 的数字显示成黑色等号

格式代码可设置为：

```
[红色][>5]G/通用格式;[绿色][<5]G/通用格式;=
```

代码说明：格式代码分为 3 个区段，分别对应于"大于 5；小于 5；等于 5"的数值类型的格式显示。第 3 区段不使用条件值代码，而直接使用显示代码。黑色作为默认颜色，也不必使用代码来表示。本格式代码没有第 4 区段，所以文本将按其实际内容显示。但因为文本"大于"数值，所以文本会按第 1 区段指定的颜色显示。效果如图 6-20 所示。

原始数值	显示为	格式代码	说明
6.5	6.5	[红色][>5]G/通用格式;[绿色][<5]G/通用格式;=	大于5的数字显示红色、小于5的数字显示绿色、等于5的数字显示黑色等号
2.1	2.1		
0	0		
5	=		
Kevin	Kevin		
8.1	8.1		

图 6-20 不同大小的数字显示不同方式

示例 6-5 设置数字格式为：小于 1 的数字以两位小数的百分数显示，其他情况以普通的两位小数数字显示，并且以小数点位置对齐数字

格式代码可设置为：

```
[<1]0.00%;#.00_%
```

代码说明：格式代码分为两个区段，第 1 区段适合数值“小于 1”的情况，以两位小数的百分数显示。第 2 区段适合除数值“小于 1”以外的情况，在以两位小数显示的同时，“_%”使得数字末尾多显示一个与“%”同宽度的空格，这样就可使小于 1 的数字显示与其他情况下的数字显示保持对齐。

此格式代码适合于自动显示百分比数的应用，当数字小于 1 时自动以百分比数字显示。效果如图 6-21 所示。

原始数值	显示为	格式代码	说明
6.5	6.50	[<1]0.00%;#.00_%	小于1的数字以两位小数的百分数显示，其他以普通的两位小数数字显示。并且以小数点位置对齐数字。
0.123	12.30%		
Apple	Apple		
0.024	2.40%		
0	0.00%		
1.52	1.52		

图 6-21 自动显示百分比数

第6章

2. 以不同的数值单位显示

这里所称的“数值单位”指的是“十、百、千、万、十万、百万”等十进制数字单位。在大多数英语国家中，习惯以“千（Thousand）”和“百万（Million）”作为数值单位，千位分隔符就是其中的一种表现形式。而在中文环境中，常以“万”和“亿”作为数值单位。通过设置自定义数字格式，可以方便地令数值以不同的单位来显示。

示例 6-6 以万为单位显示数值

格式代码可设置为：

```
0!.0,
0"万"0,
0!.0,"万"
0!.0000"万元"
```

代码说明如下。

◆ 在第一个格式代码中，利用自定义的“小数点”将原数值缩小 1 万倍显示。在数学上，数值缩

小1万倍后，原数值小数点需向左移4位，利用添加自己定义的“小数点”则可以将数字显示得像被缩小后的效果。实际上这里的小数点并非真实意义上的小数点，而是用户自己创建的一个符号。为了与真正的小数点以示区别，需要在“.”之前加上“!”或“\”表示后面“小数点”的字符性质。代码末尾的“0,”表示被缩去的4位数字，其中“,”代表千位分隔符。缩去的4位数字只显示千位所在数字，其余部分四舍五入进位到千位显示。

- ◆ 第二个格式代码中，以字符“万”替代了第一个代码中自定义的小数点字符。
- ◆ 第三个格式代码增加了字符“万”作为后缀。
- ◆ 第四个格式代码将原来缩进的后三位数字也显示完全，并以文本“万元”作为后缀显示。

效果如图6-22所示。

原始数值	显示为	格式代码	说明
184555	18.5	0!.0,	以万为单位显示数值，保留一位小数显示。
4260	0.4	同上	同上
779506	78.0	同上	同上
158963	15万9	0"万"0,	以万为单位、保留一位小数。显示X万X。
83800	8.4万	0!.0,"万"	以万为单位、保留一位小数。显示后缀"万"。
83200	8.3万	0!.0,"万"	同上
141565	14.1565万元	0!.0000"万元"	以万为单位、保留四位小数。显示后缀"万元"。

图6-22 以万为单位显示数值

示例 6-7 以亿为单位显示数值

格式代码可设置为：

```
0!.00,,
0"亿"0000!.0,"万"
0!.00,,"亿"
0!.00000,"亿元"
```

格式代码原理与示例6-6类似，此处不再赘述。显示效果如图6-23所示。

原始数值	显示为	格式代码	说明
1845552324	18.46	0!.00,,	以亿为单位显示数值，保留两位小数显示。
658748232	6.59	同上	同上
46332435	0.46	同上	同上
7872237324	78亿7223.7万	0"亿"0000!.0,"万"	在亿位显示后缀"亿"，在万位显示后缀"万"。
7930078853	79.30亿	0!.00,,"亿"	以亿为单位、保留两位小数。显示后缀"亿"。
141565231	1.41565亿元	0!.00000,"亿元"	以亿为单位、保留五位小数。显示后缀"亿元"。

图6-23 以亿为单位显示数值

3. 不同方式显示分数

自定义数字格式可以用多种方式来显示分数形式的数值。

示例 6-8 设置多种数字格式显示分数值

通常可以使用以下一些格式代码。

```
# ?/?
```

一种通常的分数形式，与内置的分数格式相同，包含整数部分和真分数部分。

```
#"又"?/?
```

以中文字符“又”替代整数部分与分数部分之间的连接符，符合中文的分数读法。

```
#"+"?/?
```

以运算符号“+”替代整数部分与分数部分之间的连接符，符合分数的实际数学含义。

```
?/?
```

以假分数的形式显示分数。

```
# ?/20
```

分数部分以“20”为分母显示。

```
# ?/50
```

分数部分以“50”为分母显示。

以上自定义格式显示效果如图 6-24 所示。

原始数值	显示为	格式代码	说明
7.25	7 1/4	# ?/?	以整数加真分数的形式显示分数值
7.25	7又1/4	#"又"?/?	以中文字符"又"替代整数与分数之间的连接符
7.25	7+1/4	#"+"?/?	以符号"+"替代整数与分数之间的连接符
7.25	29/4	?/?	以假分数形式显示分数值
7.25	7 5/20	# ?/20	以"20"为分母显示分数部分
7.25	7 13/50	# ?/50	以"50"为分母显示分数部分

图 6-24 多种样式显示分数

4. 多种方式显示日期和时间

在 Excel 中，日期和时间可供选择的显示方式种类繁多，甚至有许多专门的代码符号适用于日期和时间的格式代码。用户可以通过这些格式代码设计出丰富多彩的显示方式，以下介绍一些常用的例子。

示例 6-9 多种方式显示日期

有以下一些格式代码适合于日期数据的显示。

```
yyyy"年"m"月"d"日"aaaa
```

以中文“年月日”以及“星期”来显示日期，符合中文使用习惯。

```
[DBNum1]yyyy"年"m"月"d"日"aaaa
```

较上一种格式更为“中国化”的显示方式，以中文小写数字形式来显示日期中的数值。

```
d-mmm-yy,dddd
```

符合英语国家习惯的日期及星期显示方式。

```
yyyy.m.d
```

以“.”号分隔符间隔的日期显示，符合某些人的使用习惯。

```
![yyyy!]![mm!]![dd!]  或  "["yyyy"]["mm"]["dd"]"
```

在年月日数字外显示方括号，类似某些网络日志、数字时钟等方面的日期显示习惯。

```
"今天"aaaa
```

仅显示星期几，前面加上文本前缀，适合于某些动态日历的文字化显示。

以上自定义格式显示效果如图 6-25 所示。

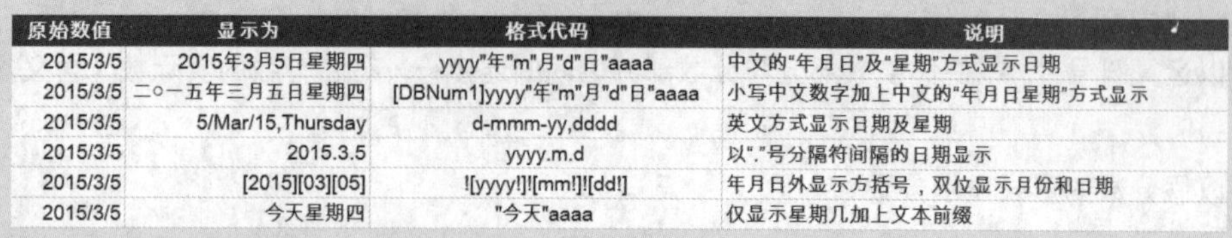

原始数值	显示为	格式代码	说明
2015/3/5	2015年3月5日星期四	yyyy"年"m"月"d"日"aaaa	中文的"年月日"及"星期"方式显示日期
2015/3/5	二○一五年三月五日星期四	[DBNum1]yyyy"年"m"月"d"日"aaaa	小写中文数字加上中文的"年月日星期"方式显示
2015/3/5	5/Mar/15,Thursday	d-mmm-yy,dddd	英文方式显示日期及星期
2015/3/5	2015.3.5	yyyy.m.d	以"."号分隔符间隔的日期显示
2015/3/5	[2015][03][05]	![yyyy!]![mm!]![dd!]	年月日外显示方括号，双位显示月份和日期
2015/3/5	今天星期四	"今天"aaaa	仅显示星期几加上文本前缀

图 6-25　多种方式显示日期

示例 6-10　多种方式显示时间

有以下一些格式代码适合于时间数据的显示。

上午/下午 h"点"mm"分"ss"秒"

以中文“点分秒”以及“上下午”的形式来显示时间，符合中文使用习惯。

[DBNum1]上午/下午 h"点"mm"分"ss"秒"

较上一种格式更为“中国化”的显示方式，以中文小写数字形式来显示时间中的数值。

h:mm a/p".m."

符合英语国家习惯的 12 小时制时间显示方式。

h:mm o'clock

符合英语国家习惯的 24 小时制时间显示方式。

mm'ss.00!"

以分秒符号“'”“"”代替分秒名称的显示，秒数显示到百分之一秒。符合竞赛类计时的习惯用法，例如刘翔的 110 米栏成绩可表示为 12.88"。

[m]"分钟"s"秒"

可显示超过进制的分钟数，小时数全部转化为分钟形式表示，可适用于一些以分钟为统计单位的计时需求。类似的，也可通过“[h]”、“[s]”等代码方式显示超过进制的相应小时数或秒数，以适合不同的统计口径需要。

以上自定义格式显示效果如图 6-26 所示。

原始数值	显示为	格式代码	说明
15:05:25	下午 3点05分25秒	上午/下午 h"点"mm"分"ss"秒"	中文的"点分秒"及"上下午"方式显示时间
15:05:25	下午 三点○五分二十五秒	[DBNum1]上午/下午 h"点"mm"分"ss"秒"	小写中文数字加上中文的"点分秒上下午"方式显示
15:49:12	3:49 p.m.	h:mm a/p".m."	英文方式显示12小时制时间
15:49:12	15:49 o'clock	h:mm o'clock	英文方式显示24小时制时间，加上文本后缀
15:49:12.88	49'12.88"	mm'ss.00!"	以分秒符号代替分秒名称的显示，秒数显示到百分之一秒
15:49:12	949分钟12秒	[m]"分钟"s"秒"	显示超过进制的分钟数

图 6-26　多种方式显示时间

5. 显示电话号码

电话号码是工作和生活中常见的一类数字信息，通过自定义数字格式，可以在 Excel 中灵活显示并且简化用户输入操作。

示例 6-11　使用自定义格式显示电话号码

通常有以下一些处理方式。

"Tel: "000-000-0000

对于一些专用业务号码，例如 400 电话（企业直线）、800 电话（被叫付费）等，使用此类格式可以使业务号段前置显示，使得业务类型一目了然。另外，文本型的前缀可以增添更多用户自定义的信息。

```
(0###) #### ####
```

此种格式适用于长途区号的自动显示，其中本地号码段长度固定为 8 位。由于我国的城市长途区号分为 3 位（如上海 021）和 4 位（如杭州 0571）两类，代码中的“(0###)”适应了小于等于 4 位区号的不同情况，并且强制显示了前置“0”。后面的八位数字占位符“#”是实现长途区号与本地号码分离的关键，也决定了此格式只适用于 8 位本地号码的情况。

```
(0###) #### ####"转"####
```

在上面格式的基础上，增加了转拨分机号的显示。

```
[<100000]#;0### - #### ####
```

此种格式在上述格式基础上增加了对特殊服务号码的考虑。

以上自定义格式显示效果如图 6-27 所示。

原始数值	显示为	格式代码	说明
4008123123	Tel: 400-812-3123	"Tel: "000-000-0000	对400、800等电话号码进行分段显示，外加显示文本前缀
2112345678	(021) 1234 5678	(0###) #### ####	自动显示3位、4位城市区号，电话号码分段显示
51288663355	(0512) 8866 3355	同上	同上
5.12887E+14	(0512) 8866 3355 转8108	(0###) #### ####" 转"####	显示转拨分机号码
95555	95555	[<100000]#;0### - #### ####	特殊服务号码不显示区号，普通电话分段显示
2112345678	021 - 1234 5678	同上	同上

图 6-27　电话号码的多种格式显示

6. 简化输入操作

在某些情况下，使用带有条件判断的自定义格式可以简化用户的输入操作，起到类似于“自动更正”功能的效果，例如以下一些例子。

示例 6-12　用数字 0 和 1 代替“×”、“√”的输入

可使用如下格式代码：

```
[=1]"√";[=0]"×";;
```

由于符号“√”的输入并不方便，而通过设置包含条件判断的格式代码，可以使得当用户输入“1”时自动替换为“√”显示，输入“0”时自动替换为“×”显示，以输入 0 和 1 的简便操作代替了原有特殊符号的输入。如果输入的数值既不是 1，也不是 0，将不显示。

同理，用户还可以设计一些与此类似的数字格式，在输入数据时以简单的数字输入来替代复杂的文本输入，并且方便数据统计，而在显示效果时以含义丰富的文本来替代信息单一的数字，例如以下几种。

```
"YES";;"NO"
```

大于零时显示“YES”，等于零时显示“NO”，小于零时显示空。

```
"苏A-2010"-00000
```

特定前缀的编码，末尾是 5 位流水号。在需要大量输入有规律的编码时，此类格式可以极大程度地提高效率。

以上自定义格式显示效果如图 6-28 所示。

原始数值	显示为	格式代码	说明
0	×	[=1]"√";[=0]"×";;	输入"0"时显示"×"，输入"1"时显示"√"，其余显示空
1	√	同上	同上
8	YES	"YES";;"NO"	大于零时显示"YES"，小于零时显示空，等于零时显示"NO"
0	NO	同上	同上
12	苏A-2010-00012	"苏A-2010"-00000	特定前缀的编码，末尾是5位流水号
1029	苏A-2010-01029	同上	同上
2	沪2010-0002-KD	"沪2010"-0000-"KD"	特定前缀的编码，中间是4位流水号，带后缀

图 6-28 通过自定义格式简化输入

7. 隐藏某些类型的数据

通过设置数字格式，还可以在单元格内隐藏某些特定类型的数据，甚至隐藏整个单元格的内容显示。但需要注意的是，这里所谓的“隐藏”只是在单元格显示上的隐藏，当用户选中单元格，其真实内容还是会显现在编辑栏中。

示例 6-13 设置数字格式，隐藏特定内容

通常有以下几类隐藏内容的自定义格式。

```
[>1]G/通用格式;;;
```

格式代码分为 4 个区段，第 1 区段当数值大于 1 时常规显示，其余区段均不显示内容。应用此格式后，仅有当单元格数值大于 1 时才有数据显示，隐藏其他类型的数据。

```
0.000;-0.000;0;**
```

格式代码同样为 4 个区段，第 1 区段当数值大于零时，显示包含 3 位小数的数字；第 2 区段当数值小于零时，显示负数形式的包含 3 位小数的数字；第 3 区段当数值等于零时显示零值；第 4 区段文本类型数据以“*”代替显示。其中第 4 区段代码中的第一个“*”表示重复下一个字符来填充列宽，而紧随其后的第二个“*”则是用来填充的具体字符。

```
;;
```

格式代码为 3 个区段，分别对应于数值大于、小于及等于零的 3 种情况，均不显示内容，因此这个格式的效果为只显示文本类型的数据。

```
;;;
```

格式代码为 4 个区段，均不显示内容，因此这个格式的效果为隐藏所有的单元格内容。此数字格式通常被用来实现简单的隐藏单元格数据，但这种“隐藏”并不彻底。

以上自定义格式显示效果如图 6-29 所示。

原始数值	显示为	格式代码	说明
0.232		[>1]G/通用格式;;;	仅大于1的时候才显示数据，不显示文本数据
1.234	1.234	同上	同上
1.234	1.234	0.000;-0.000;0;**	数值数据显示包含3位小数的数字，文本数据只显示"*"号
ExcelHome	**********************	同上	同上
1.234		;;	只显示文本型数据
ExcelHome	ExcelHome	同上	同上
1.234		;;;	所有内容均不显示
ExcelHome		同上	同上

图 6-29 设置格式隐藏某些特定内容

8. 文本数据的显示设置

数字格式在多数场合中主要应用于数值型数据的显示需求，但用户也可创建出主要应用于文本型数据的自定义格式，为文本内容的显示增添更多样式和附加信息。例如，有以下一些针对文本数

据的自定义格式。

示例 6-14　文本类型数据的多种附加显示

常用的格式如下所示。

```
;;;"集团公司"@"部"
```

格式代码分为 4 个区段，前 3 个区段禁止非文本型数据的显示，第 4 区段为文本数据增加了一些附加信息。此类格式可用于简化输入操作，或是某些固定样式的动态内容显示（如公文信笺标题、署名等），用户可以按照此种结构根据自己的需要创建出更多式样的附加信息类自定义格式。

```
;;;* @
```

文本型数据通常在单元格中靠左对齐显示，设置这样的格式可以在文本左边填充足够多的空格，使得文本内容显示为靠右侧对齐。

```
;;;@*_
```

此格式在文本内容的右侧填充下划线“_”，形成类似签名栏的效果，可用于一些需要打印后手动填写的文稿类型。

此类自定义格式显示效果如图 6-30 所示。

原始数值	显示为	格式代码	说明
市场	集团公司市场部	;;;"集团公司"@"部"	显示部门
财务	集团公司财务部	同上	同上
长宁	长宁区分店	;;;@"区分店"	显示区域
徐汇	徐汇区分店	同上	同上
三	三年级	;;;@"年级"	年级显示
三	第三大街	;;;"第"@"大街"	街道显示
右对齐	右对齐	;;;* @	文本内容靠右对齐显示
签名栏	签名栏________	;;;@*_	预留手写文字位置

图 6-30　文本类型数据的多种显示方式

6.3.5　按单元格显示内容保存数据

通过 Excel 内置的数字格式和用户的自定义格式，可以使工作表中的数据显示充满表现力，所包含的信息量远远大于数据本身。但这样的显示效果并没有影响到数据本身，更不会改变数值，这对于数据运算和统计来说相当有利。

但有些用户会希望将设置格式后的单元格显示作为真实数据保存下来，虽然 Excel 没有直接提供这样的功能，但可以通过很多方法来实现。下面介绍其中的一种比较简便的操作方法。

步骤 1 → 选中需要保存显示内容的单元格或区域，按<Ctrl+C>组合键进行复制。

步骤 2 → 打开 Windows 记事本软件，按<Ctrl+V>组合键进行粘贴，得到和显示效果完全相同的内容。

步骤 3 → 此后，可以从记事本中将这些内容复制回 Excel 或者其他程序中去。

6.4　单元格和区域的复制与粘贴

用户常常需要将工作表的数据从一处复制或移动到其他处，这在 Excel 中可以轻松实现。在实际操作过程中，复制和移动通常都包括两个步骤。

- ◆ 复制：选择源区域，执行“复制”操作，然后选择目标区域，执行“粘贴”操作。
- ◆ 移动：选择源区域，执行“剪切”操作，然后选择目标区域，执行“粘贴”操作。

复制和移动的主要区别在于，复制是产生源区域的数据副本，最终效果不影响源区域，而移动则是将数据从源区域移走。

6.4.1 单元格和区域的复制和剪切

选中需要复制的单元格或区域，有以下几种等效方式可以复制目标内容。

- ◆ 单击【开始】选项卡中的【复制】按钮 复制 。
- ◆ 在键盘上按<Ctrl+C>组合键。
- ◆ 在选中的目标单元格或区域上单击鼠标右键，在弹出的快捷菜单中选择【复制】命令。

选中需要移动的单元格或区域，有以下几种等效方式可以剪切目标内容。

- ◆ 单击【开始】选项卡中的【剪切】按钮 剪切 。
- ◆ 在键盘上按<Ctrl+X>组合键。
- ◆ 在选中的目标单元格或区域上单击鼠标右键，在弹出的快捷菜单中选择【剪切】命令。

完成以上操作后即可将目标单元格或区域的内容添加到剪贴板上，用于后续的操作处理。这里所指的“内容”不仅包括单元格中的数据（包括公式），还包括单元格中的任何格式（包括条件格式）、数据验证设置以及单元格的批注。

在进行粘贴操作之前，被剪切的源单元格或区域中的内容并不会被清除，直到用户在新的目标单元格或区域中执行粘贴的操作。

注意 所有复制、剪切操作的目标可以是单个单元格、同行或同列的连续或不连续的多个单元格，包含多行或多列的连续单元格区域。但是，Excel 不允许对跨行或跨列的非连续区域进行复制和剪切操作，如图 6-31 所示。

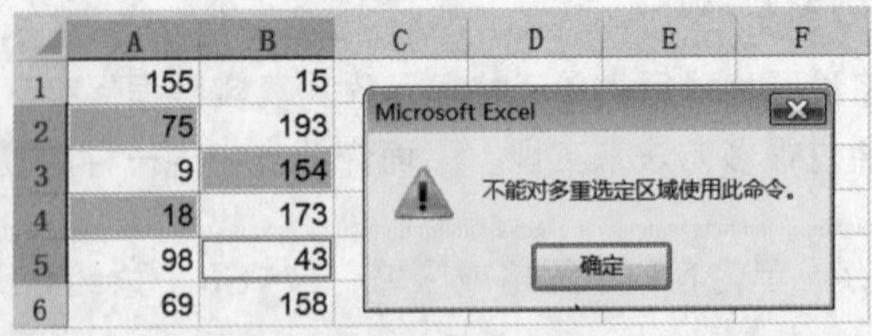

图 6-31　不能对多重选定区域进行复制或剪切

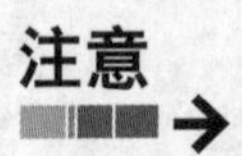

注意 如果用户在进行了“复制”或“剪切”操作后，按<Esc>键，则从“剪贴板”清除了信息，并影响到后续的“粘贴”操作。

6.4.2 单元格和区域的普通粘贴

粘贴操作实际上是从剪贴板中取出内容存放到新的目标区域中。Excel 允许粘贴操作的目标区域等于或大于源区域。选中目标单元格或区域，以下几种操作方式都可以进行粘贴操作。

◆ 单击【开始】选项卡中的【粘贴】按钮。

◆ 在键盘上按<Ctrl+V>组合键。

完成以上操作后，即可将最近一次复制或剪切的内容粘贴到目标区域中。如果之前执行的是剪切操作的话，源单元格或区域中的内容将被清除。

注意

如果复制的对象是同行或同列中的非连续单元格，在粘贴到目标区域时会形成连续的单元格区域，并且不会保留原单元格中所包含的公式。

如果复制或剪切的内容只需要粘贴一次，可以选中目标区域后直接按<Enter>键。

6.4.3 借助【粘贴选项】按钮选择粘贴方式

当用户执行复制后再粘贴时，默认情况下在被粘贴区域的右下角会出现【粘贴选项】按钮（剪切后的粘贴不会出现此按钮）。单击此按钮，展开的下拉菜单如图 6-32 所示。

将光标悬停在某个粘贴选项按钮上时，工作表中将出现粘贴结果的预览效果。

此外，在执行了复制操作后，如果单击【开始】选项卡中的【粘贴】按钮下拉箭头，也会出现相同的下拉菜单。

在普通的粘贴操作下，默认粘贴到目标区域的内容包括了源单元格中的全部内容，包括数据、公式、单元格格式、条件格式、数据验证以及单元格的批注。而通过在【粘贴选项】下拉菜单中进行选择，用户可根据自己的需要来进行粘贴。

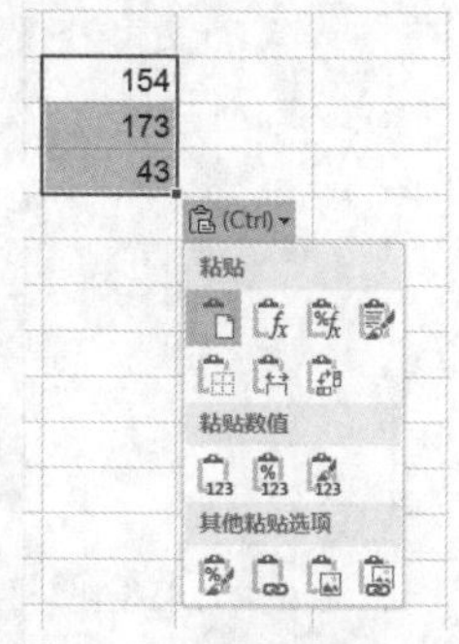

图 6-32 粘贴选项按钮的下拉菜单

【粘贴选项】下拉菜单中的大部分选项与【选择性粘贴】对话框中的选项相同，它们的含义与效果请参阅 6.4.4 小节。本小节主要介绍粘贴图片功能。

◆ 粘贴图片：以图片格式粘贴被复制的内容，此图片为静态图片，与源区域不再有关联，可以被移动到工作簿的任何位置，就像一张照片。

◆ 粘贴图片链接：以动态图片的方式粘贴被复制的内容，如果源区域的内容发生改变，图片也会发生相应的变化，就像一面镜子。

提示

如果用户不希望“粘贴选项按钮”的显示干扰当前的粘贴操作，可在【Excel 选项】对话框【高级】选项卡中的【剪切、复制和粘贴】区域取消勾选【粘贴内容时显示粘贴选项按钮】的复选框。

6.4.4 借助【选择性粘贴】对话框粘贴

“选择性粘贴”是一项非常有用的粘贴辅助功能，其中包含了许多详细的粘贴选项设置，以方便用户根据实际需求选择多种不同的复制粘贴方式。要打开选择性粘贴对话框，首先需要执行复制操作（使用剪切方式将无法使用选择性粘贴功能），然后有以下几种操作方式可打开【选择性粘贴】对话框。

◆ 单击【开始】选项卡中的【粘贴】按钮下拉箭头，选择下拉菜单中最后一项【选择性粘贴】。

◆ 在粘贴目标单元格或区域上单击鼠标右键，在弹出的快捷菜单中单击【选择性粘贴】命令。

【选择性粘贴】对话框通常如图 6-33 所示。

如果复制的数据来源于其他程序（如记事本、网页），则会打开另一种样式的【选择性粘贴】对话框，如图 6-34 所示。在这种样式的【选择性粘贴】对话框中，根据复制数据的类型不同，会在【方式】列表框中显示不同的粘贴方式以供选择。

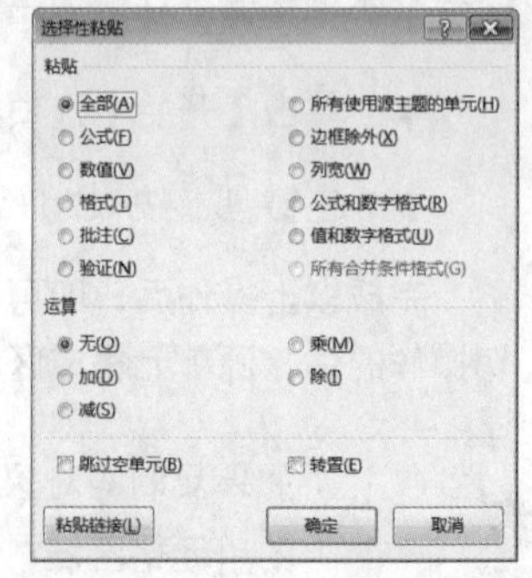

图 6-33 最常见的【选择性粘贴】对话框

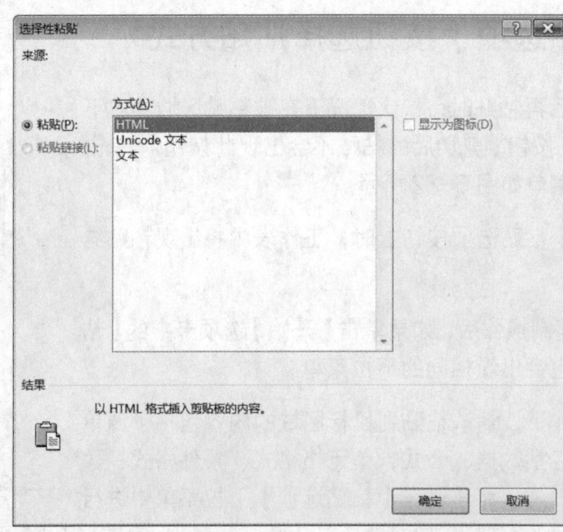

图 6-34 从其他程序复制数据到 Excel 时的【选择性粘贴】对话框

1. 粘贴选项

图 6-33 中所示的【选择性粘贴】对话框中各个粘贴选项的具体含义如表 6-8 所示。

表 6-8 【选择性粘贴】对话框中粘贴选项的含义

粘 贴 选 项	含 义
全部	粘贴源单元格和区域中的全部复制内容，包括数据（包括公式）、单元格中的所有格式（包括条件格式）、数据验证以及单元格的批注。此选项即默认的常规粘贴方式
公式	粘贴所有数据（包括公式），不保留格式、批注等内容
数值	粘贴数值、文本及公式运算结果，不保留公式、格式、批注、数据验证等内容
格式	只粘贴所有格式（包括条件格式），而不在粘贴目标区域中粘贴任何数值、文本和公式，也不保留批注、数据验证等内容
批注	只粘贴批注，不保留其他任何数据内容和格式
验证	只粘贴数据验证的设置内容，不保留其他任何数据内容和格式
所有使用源主题的单元	粘贴所有内容，并且使用源区域的主题。一般在跨工作簿复制数据时，如果两个工作簿使用的主题不同，可以使用此项
边框除外	保留粘贴内容的所有数据（包括公式）、格式（包括条件格式）、数据验证以及单元格的批注，但其中不包含单元格边框的格式设置

续表

粘 贴 选 项	含 义
列宽	仅将粘贴目标单元格区域的列宽设置成与源单元格列宽相同，但不保留任何其他内容（注意此选项与粘贴选项按钮下拉菜单中的“保留源列宽”功能有所不同）
公式和数字格式	粘贴时保留数据内容（包括公式）以及原有的数字格式，而去除原来所包含的文本格式（如字体、边框、底色填充等格式设置）
值和数字格式	粘贴时保留数值、文本、公式运算结果以及原有的数字格式，而去除原来所包含的文本格式（如字体、边框、底色填充等格式设置），也不保留公式本身
所有合并条件格式	合并源区域与目标区域中的所有条件格式

2. 运算功能

在图 6-33 所示的【选择性粘贴】对话框中，【运算】区域中还包含着其他一些粘贴功能选项。通过【加】、【减】、【乘】、【除】4 个选项按钮，可以在粘贴的同时完成一次数学运算。

例如，当用户复制 D2 的“10”，在 A2:B7 单元格区域中粘贴时，如果单击【选择性粘贴】对话框【运算】区域中的【乘】，则会将目标区域中的所有数值与“10”进行乘法运算，并将结果数值直接保存在目标区域中，如图 6-35 所示。

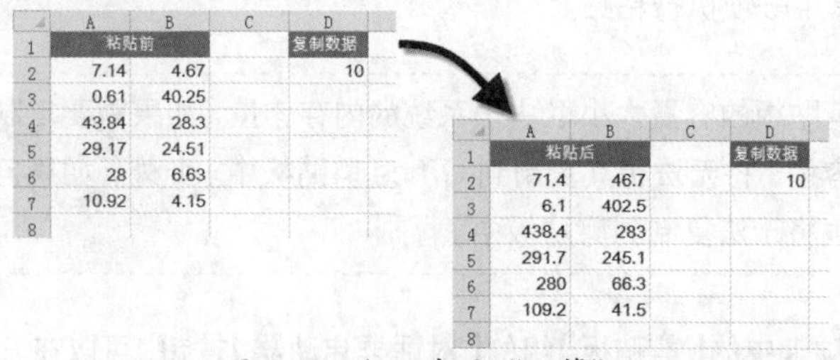

	A	B	C	D
1	粘贴前			复制数据
2	7.14	4.67		10
3	0.61	40.25		
4	43.84	28.3		
5	29.17	24.51		
6	28	6.63		
7	10.92	4.15		
8				

	A	B	C	D
1	粘贴后			复制数据
2	71.4	46.7		10
3	6.1	402.5		
4	438.4	283		
5	291.7	245.1		
6	280	66.3		
7	109.2	41.5		
8				

图 6-35 粘贴中的“运算”

示例 6.2 曾介绍过借助这种粘贴运算方法将文本型数字批量转换为数值型数据。

如果复制的不是单个单元格数据，而是一个与粘贴目标区域形状相同的数据源区域，则在运用运算方式的粘贴时，目标区域中的每一个单元格数据都会与相应位置的源单元格数据分别进行数学运算。

3. 跳过空单元格

【选择性粘贴】对话框中的【跳过空单元格】选项，可以防止用户使用包含空单元格的源数据区域粘贴覆盖目标区域中的单元格内容。例如，用户选定并复制的当前区域第一行为空行，则当粘贴到目标区域时，会自动跳过第一行，不会覆盖目标区域第一行中的数据。

4. 转置

粘贴时使用【选择性粘贴】对话框中的“转置”功能，可以将源数据区域的行列相对位置互换后粘贴到目标区域，类似于二维坐标系统中 x 坐标与 y 坐标的互换转置。

例如，图 6-36 所示为数据源区域是 6 行 2 列的单元格区域，在进行行列转置粘贴后，目标区域转变为 2 行 6 列的单元格区域，其对应数据的单元格位置也发生了变化。原数据区域中位于第 1 行第 2 列的数据“4.67”，在转置后变为了目标数据区域中的第 2 行第 1 列，其行列的相

	A	B	C	D	E	F	G	H	I
1	源数据			转置后					
2	7.14	4.67		7.14	0.61	43.84	29.17	28	10.92
3	0.61	40.25		4.67	40.25	28.3	24.51	6.63	4.15
4	43.84	28.3							
5	29.17	24.51							
6	28	6.63							
7	10.92	4.15							

图 6-36 转置粘贴示意

对位置进行了互换。

注意 不可以使用转置方式将数据粘贴到源数据区域或与源数据区域有任何重叠的区域。

5. 粘贴链接

此选项在目标区域生成含引用的公式，链接指向源单元格区域，保留原有的数字格式，去除其他格式。

6.4.5 使用 Office 剪贴板进行粘贴

本节前文所述的“剪贴板”，事实上指的是 Windows 剪贴板，它为所有 Windows 程序的复制、剪切和粘贴操作提供支持。而在 Excel 以及其他 Office 应用程序中，拥有一套属于自己专用的“Office 剪贴板”。用户在 Excel 中执行复制操作时，不仅会将数据保存到 Windows 的剪贴板中，同时也会将数据内容保存到 Office 剪贴板上，并且可以通过【剪贴板】任务窗格将其中所存储的内容显现出来。

有关 Windows 剪贴板与 Office 剪贴板之间的区别，请参阅第 39 章。

Office 剪贴板可以保存 24 项内容，这意味着用户最近 24 次复制的内容都会保存于剪贴板上，并且允许用户选择其中一项执行粘贴。

注意 Office 剪贴板的容量大小取决于系统的内存容量，如果需要复制的目标内容大于剪贴板的容量，将无法将其复制到 Office 剪贴板中。此外，如果目标内容的类型不被支持，也将无法复制到剪贴板中。

单击【开始】选项卡中的【剪贴板】组的【对话框启动器】按钮，可以在 Excel 窗口中显示【Office 剪贴板】窗格。图 6-37 所示为打开后的【Office 剪贴板】窗格。

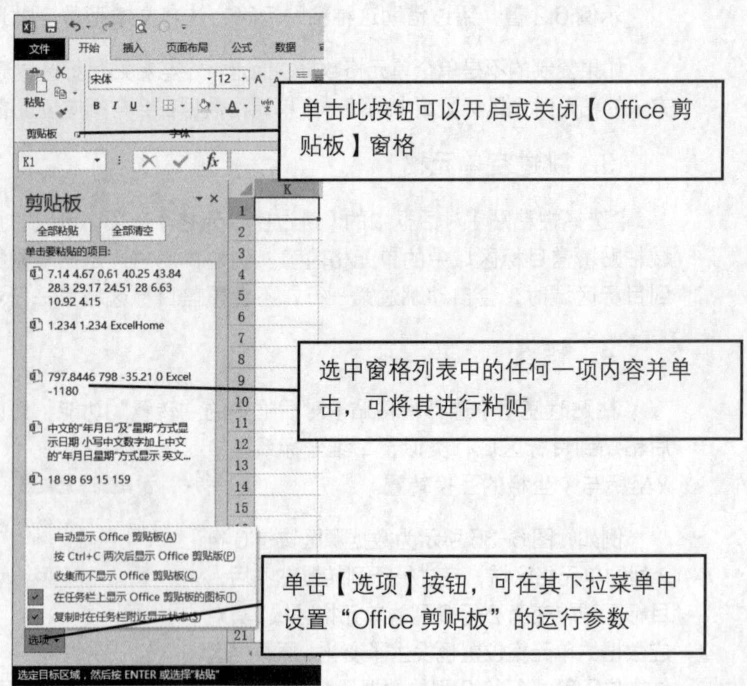

图 6-37 【Office 剪贴板】窗格及其选项菜单

使用 Office 剪贴板进行粘贴的操作方法如下。

步骤1 → 在工作表中选定需要复制的单元格或数据区域，进行复制或剪切的操作。用户可连续进行多次不同的复制操作。

步骤2 → 选定需要粘贴的目标单元格或区域，在【Office 剪贴板】窗格中单击需要粘贴的内容即可将对象内容粘贴到目标区域中。或者也可单击内容显示右侧的下拉箭头，在下拉菜单中选择【粘贴】命令，效果相同。如图 6-38 所示。

如果复制的内容只有数据，可以在【Office 剪贴板】窗格中单击【全部粘贴】按钮，将剪贴板中的所有内容一起粘贴到当前选定位置。

使用 Office 剪贴板粘贴的数据内容不保留原有单元格中的批注、数据验证、条件格式以及公式内容，而只保留原有的数值、文本以及格式。此外，使用这种粘贴操作之后，再使用“选择性粘贴”功能时，将不会出现图 6-33 所示对话框的选项可供选择，而是显示图 6-34 所示的【选择性粘贴】对话框。

如果用户需要清除 Office 剪贴板中的某项现有内容，可以单击该项内容旁的下拉箭头，在下拉菜单中选择【删除】。如果单击【Office 剪贴板】窗格上方的【全部清空】按钮，将清除剪贴板中的所有内容。

Office 剪贴板不仅可以在 Excel 中使用，还可以在同属于 Office 组件的 Word、PowerPoint 等软件中使用，相关的内容请参阅第 39 章。

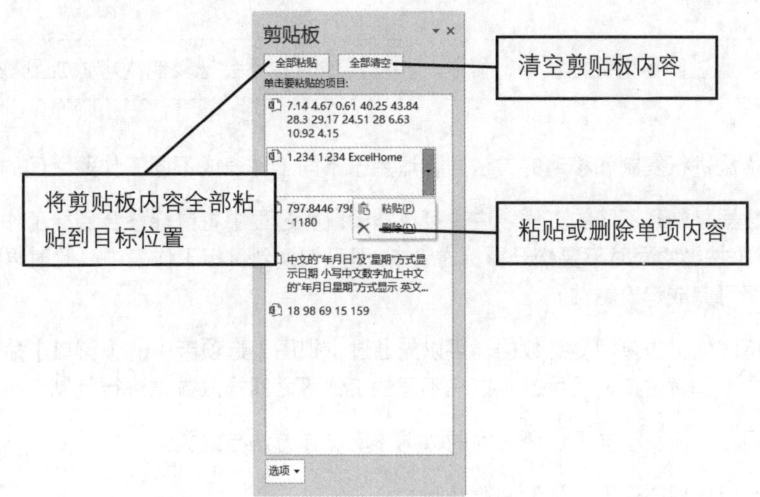

图 6-38　使用 Office 剪贴板进行粘贴操作

6.4.6 通过拖放进行复制和移动

除了上述的复制和移动方法以外，Excel 还支持以鼠标拖放的方式直接对单元格和区域进行复制或移动的操作。复制的操作方法如下。

步骤1 → 选中需要复制的目标单元格或区域。

步骤2 → 将鼠标指针移至区域边缘，当鼠标指针显示为黑色十字箭头时，按住鼠标左键。

步骤3 → 拖动鼠标，移至需要粘贴数据的目标位置后按住<Ctrl>键，此时鼠标指针显示为带加号“+”的指针样式，最后依次松开鼠标左键和<Ctrl>键，即可完成复制操作。如图 6-39 所示。

移动数据的操作与复制类似，只是在操作过程中不需要按<Ctrl>键。

在使用拖放方法进行移动数据操作时，如果目标区域已经存在数据，则在松开鼠标左键时会出现警告窗口提示用户，询问是否替换单元格内容，如图 6-40 所示。单击【确定】按钮将继续完成移动，单击【取消】按钮则取消移动操作。

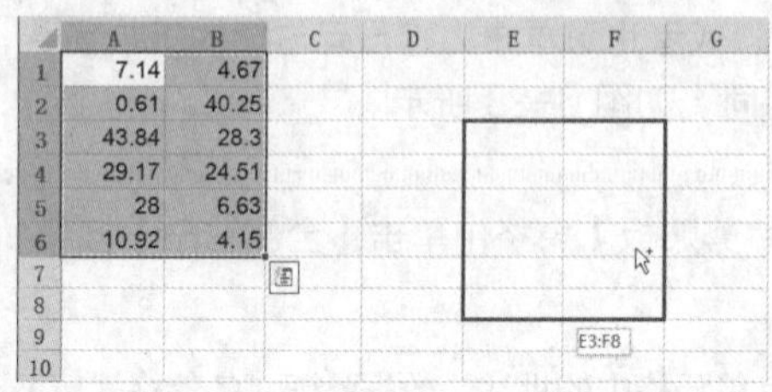

	A	B
1	7.14	4.67
2	0.61	40.25
3	43.84	28.3
4	29.17	24.51
5	28	6.63
6	10.92	4.15

图 6-39　通过鼠标拖放实现复制操作

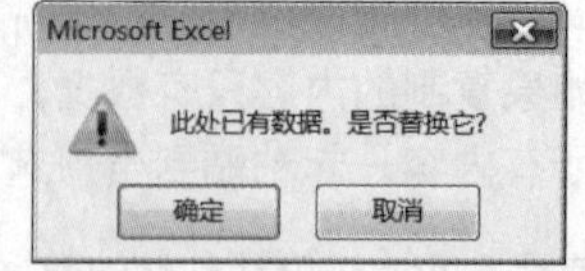

图 6-40　提示替换内容的警告窗口

使用鼠标拖放的操作所复制或移动的内容包括原有的所有数据（包括公式）、格式（包括条件格式）、数据验证以及单元格批注。

注意

鼠标拖放方式的复制和移动只适用于连续的单元格区域，对于非连续的区域，此方法不可用。

注意

通过鼠标指针拖放进行复制、移动操作时并不会把复制内容添加到剪贴板中。

鼠标拖放进行复制和移动的方法同样适用于不同工作表或不同工作簿之间的操作。

要将数据复制到不同的工作表中，可在拖动鼠标过程中将鼠标移至目标工作表标签上方，然后按<Alt>键（按键的同时不要松开鼠标左键），即可切换到目标工作表中，此时再继续上面步骤 3 的复制操作即可完成跨表粘贴。

要在不同的工作簿间复制数据，可以先通过【视图】选项卡中的【窗口】命令组的相关命令同时显示多个工作簿窗口，然后就可以在不同的工作簿之间拖放数据进行复制。

在不同工作表及不同工作簿之间的数据移动操作方法与此类似。

有关窗口的相关知识，请参阅第 3 章。

6.4.7　使用填充将数据复制到邻近单元格

如果只需要将数据复制到邻近的单元格，除了上述方法外，Excel 所提供的填充功能也能够很方便的实现。

示例 6-15　使用填充功能进行复制

如果要将 J1:L1 单元格区域的数据分别复制到 J2:L10 这 3 列区域中，可按下列步骤操作。

步骤1 同时选中需要复制的单元格以及目标单元格或区域。在本例中选中 J1:L10 区域。

步骤2 依次单击【开始】选项卡→【填充】→【向下】命令（或按<Ctrl+D>组合键）。

完成填充复制后显示效果如图 6-41 所示，3 个单元格的数据分别复制到了所在列的其他单元格区域中。

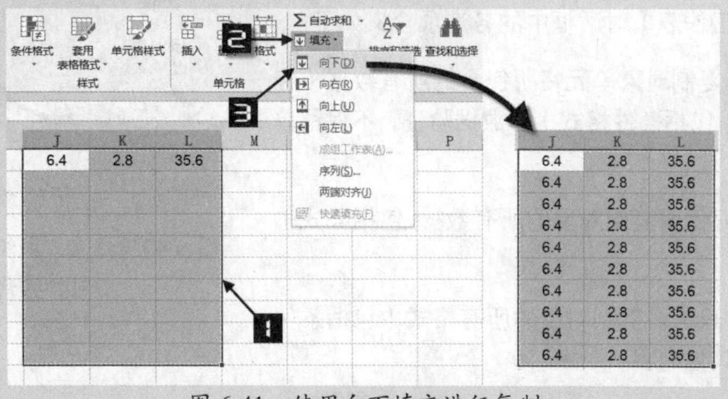

图 6-41 使用向下填充进行复制

除了【向下】填充以外，在功能区中【填充】按钮的扩展菜单中还包括了【向右】、【向上】和【向左】填充 3 个命令，可针对不同的复制需要分别选择。其中【向右】填充命令也可通过按<Ctrl+R>组合键来替代。

如果在填充前，用户选中的区域中包含了多行多列数据，只会使用填充方向上的第一行或第一列数据进行复制填充，即使第一行的单元格是空单元格亦如此，如图 6-42 所示。

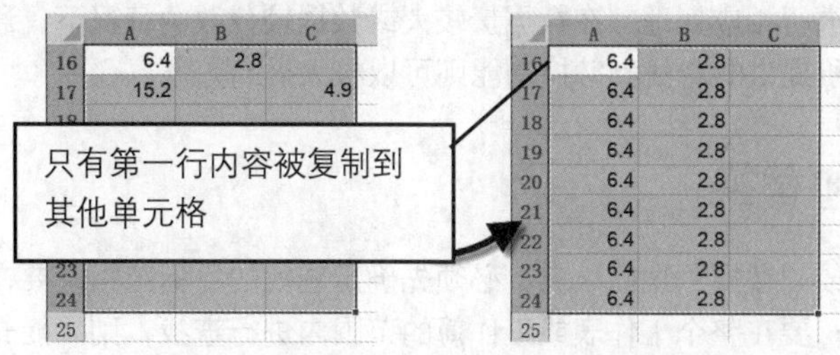

图 6-42 选中多行多列数据向下填充

使用填充功能复制数据会自动替换目标区域中的原有数据，所复制的内容包括原有的所有数据（包括公式）、格式（包括条件格式）和数据验证，但不包括单元格批注。

注意 填充操作只适用于连续的单元格和区域，对于非连续的区域，此方法不可用。

除了在同个工作表的邻近单元格中进行复制以外，使用填充功能还能对数据进行跨表复制。操作方法如下。

步骤1 按住【Ctrl】键的同时选中当前工作表和复制的目标工作表，形成“工作组”。

步骤2 在当前工作表中选中需要复制的单元格或区域。

步骤3 依次单击【开始】选项卡→【填充】按钮→【成组工作表】，显示【填充成组工作表】对话框，如图 6-43 所示。在对话框中选择填充方式后，单击【确定】按钮即可完成跨表的填充操作。

填充完成后，所复制的数据会出现在目标工作表中的相同单元格或区域位置中。

【填充成组工作表】对话框中的各选项含义如下。

◆ 全部：复制对象单元格所包含的所有数据（包括公式）、格式（包括条件格式）和数据验证，不保留单元格批注。

◆ 内容：只保留复制对象的所有数据（包括公式），不保留其他内容。

◆ 格式：只保留复制对象的所有格式（包括条件格式），不保留其他内容。

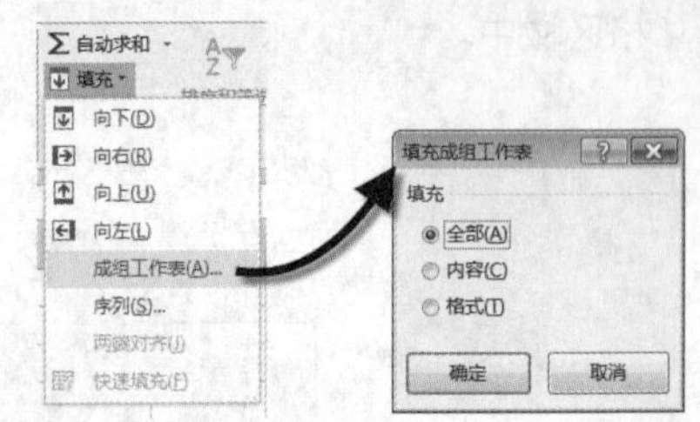

图 6-43 填充“成组工作表”可以批量复制数据到多工作表

提示 除了以上使用菜单命令的填充方式以外，用户还可以通过拖动填充柄进行自动填充来实现数据在邻近单元格的复制。关于自动填充的使用方法，请参阅第 5 章。

6.5 查找和替换

在数据整理过程中，查找与替换是一项常用的功能，例如在员工信息表中查找所有“李”姓员工并进行标记，或是在销售明细表中将某个品类批量更名。这样的任务需要用户根据某些内容特征查找到对应的数据再进行相应处理。在数据量较大或数据较分散的情况下，通过肉眼搜索显然费时费力，而通过 Excel 所提供的查找和替换功能则可以极大提高效率。

6.5.1 常规查找和替换

在使用“查找”或“替换”功能之前，必须先确定查找的目标范围。要在某一个区域中进行查找，则先选取该区域；要在整个工作表或工作簿的范围内进行查找，则只能先选中工作表中的任意一个单元格。

在 Excel 中，“查找”与“替换”是位于同一个对话框的不同选项卡。

依次单击【开始】选项卡→【查找和选择】按钮→【查找】，或者按<Ctrl+F>组合键，可以打开【查找和替换】对话框并定位到【查找】选项卡。

依次单击【开始】选项卡→【查找和选择】按钮→【替换】，或者按<Ctrl+H>组合键，可以打开【查找和替换】对话框并定位到【替换】选项卡，如图 6-44 所示。

使用以上任何一种方法打开【查找与替换】对话框后，用户也可以在【查找】与【替换】选项卡中切换。

如果只需要进行简单的搜索，可以使用此对话框的任意一个选项卡。只要在【查找内容】框中输入要查找的内容，然后单击【查找下一个】按钮，就可以定位到当前工作表中第一个包含查找内容的单元格。如果单击【查找全部】按钮，对话框将扩展显示出所有符合条件结果的列表，如图 6-45 所示。

此时单击其中一项即可定位到对应的单元格，按<Ctrl+A>组合键可以在工作表中选中列表中的所有单元格。

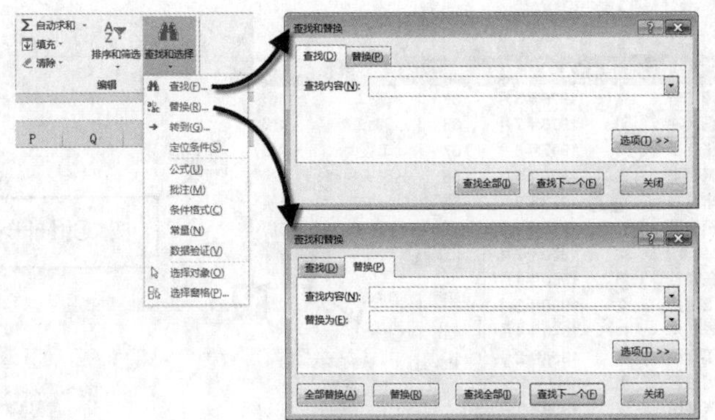

图 6-44　打开【查找和替换】对话框

注意

如果查找结果列表中包含有多个工作表的匹配单元格，只能同时选中单个工作表中的匹配单元格，而无法一次性同时选中不同工作表的单元格。

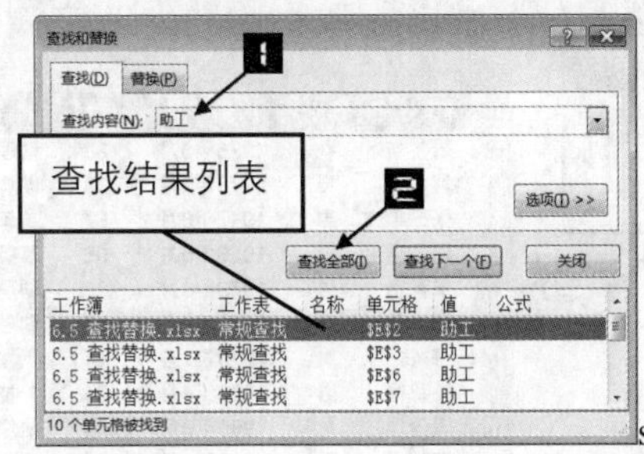

图 6-45　【查找全部】命令可以显示所有符合条件的单元格

如果要进行批量替换操作，可以切换到【替换】选项卡，在【查找内容】框中输入需要查找的对象，在【替换为】框中输入所替换的内容，然后单击【全部替换】按钮，即可将目标区域中所有满足【查找内容】条件的数据全部替换为【替换为】中的内容。

如果希望对查找到的数据逐个判断是否进行替换，则可以先单击【查找下一个】按钮定位到第一个查找目标，然后依次对查找结果中的数据进行确认，需要替换时可单击【替换】按钮，不需要替换时可单击【查找下一个】按钮定位到下一个数据。

注意

对于设置了数字格式的数据，查找时以实际数值为准。

示例 6-16　对指定内容进行批量替换操作

如果需要将工作表中的所有“助工”替换为“助理工程师”，操作方法如下。

步骤1 单击选中工作表中的任意一个单元格，如 A2 单元格。

步骤2 按<Ctrl+H>组合键打开【查找和替换】对话框。

步骤3 在【查找内容】框中填入“助工”，在【替换为】框中填入“助理工程师”，单击【全部替换】按钮，如图 6-46 所示。

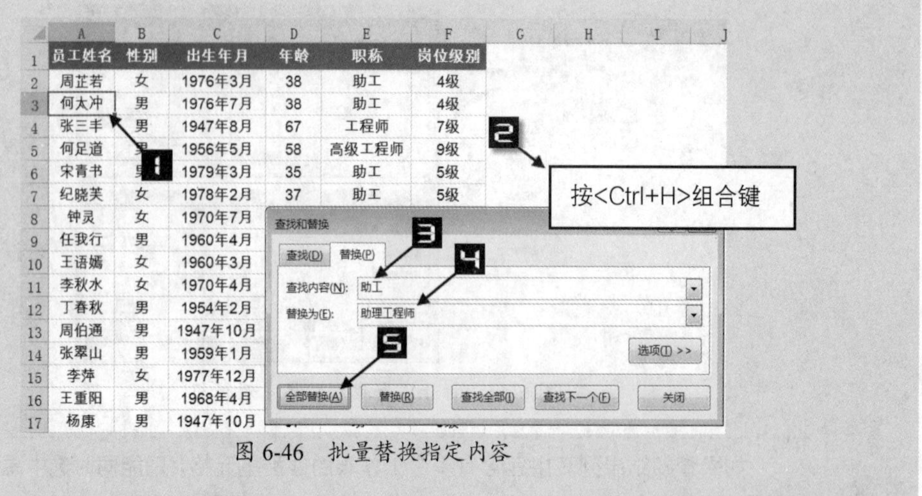

图 6-46 批量替换指定内容

此时 Excel 会提示进行了 N 次替换，单击【确定】按钮即可。批量替换完成后的表格如图 6-47 所示。

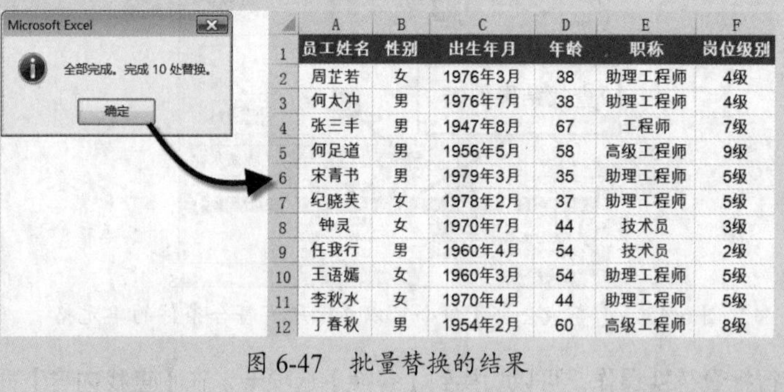

员工姓名	性别	出生年月	年龄	职称	岗位级别
周芷若	女	1976年3月	38	助理工程师	4级
何太冲	男	1976年7月	38	助理工程师	4级
张三丰	男	1947年8月	67	工程师	7级
何足道	男	1956年5月	58	高级工程师	9级
宋青书	男	1979年3月	35	助理工程师	5级
纪晓芙	女	1978年2月	37	助理工程师	5级
钟灵	女	1970年7月	44	技术员	3级
任我行	男	1960年4月	54	技术员	2级
王语嫣	女	1960年3月	54	助理工程师	5级
李秋水	女	1970年4月	44	助理工程师	5级
丁春秋	男	1954年2月	60	高级工程师	8级

图 6-47 批量替换的结果

提 示

（1）Excel 允许在显示【查找与替换】对话框的同时，返回工作表进行其他操作。
（2）如果进行了错误的替换操作，可以马上关闭【查找与替换】对话框并按<Ctrl+Z>组合键来撤消。

6.5.2 更多查找选项

在【查找和替换】对话框中，单击【选项】按钮可以显示更多查找和替换选项，如图 6-48 所示。

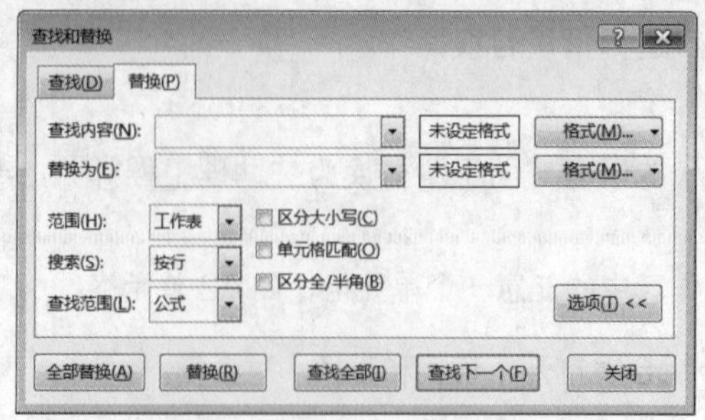

图 6-48 更多的查找替换选项

各选项含义如表 6-9 所示。

表 6-9　　查找替换选项的含义

查找替换选项	含　义
范围	查找的目标范围，是当前工作表还是整个工作簿
搜索	查找时的搜索顺序，有“按行”和“按列”两种选择。例如，当前查找区域中包含A3 和 B2 单元格，如果选择“按行”方式，则 Excel 会先查对 B2 单元格再查对 A3单元格（行号小的优先）；如果选择“按列”方式则搜索顺序相反
查找范围	查找对象的类型。“公式”指查找所有单元格数据及公式中所包含的内容。“值”指的是仅查找单元格中的数值、文本及公式运算结果，而不包括公式内容。“批注”指的是仅在批注内容中进行查找。其中在“替换”模式下，只有“公式”一种方式有效
区分大小写	是否区分英文字母的大小写。如果选择区分，则查找“Excel”就不会查找到内容为“excel”的单元格
单元格匹配	查找的目标单元格是否仅包含需要查找的内容。例如，选中“单元格匹配”的情况下，查找“excel”就不会在结果中出现包含“excelhome”的单元格
注意全半角	是否区分全角和半角字符。如果选择区分，则查找“excel”就不会在结果中出现内容为“ｅｘｃｅｌ”的单元格

除了以上这些选项以外，用户还可以设置查找对象的格式参数，以求在查找时只包含格式匹配的单元格。此外，在替换时也可设置替换对象的格式，使其在替换数据内容的同时更改单元格格式。

示例 6-17　通过格式进行查找替换

如果要将工作表的“职称”栏中红底白字的“助工”都改为“工程师”，并且重新设定格式为绿底黑字，可按下列步骤操作。

步骤1 选定“职称”数据所在的单元格区域，本例为 E 列。

步骤2 按<Ctrl+H>组合键打开【查找和替换】对话框，单击【选项】按钮显示更多选项。

步骤3 在【查找内容】框输入“助工”，然后单击右侧的【格式】按钮右侧的下拉箭头，在下拉菜单中选择【从单元格选择格式】，当光标变成吸管样式后，单击 E3 单元格，即选择现有单元格中的格式。

步骤4 在【替换为】框输入“工程师”，然后单击右侧的【格式】按钮，在弹出的【设置单元格格式】对话框设置黄底黑字格式，单击【确定】按钮。

步骤5 单击【全部替换】按钮即可完成替换操作，如图 6-49 所示。

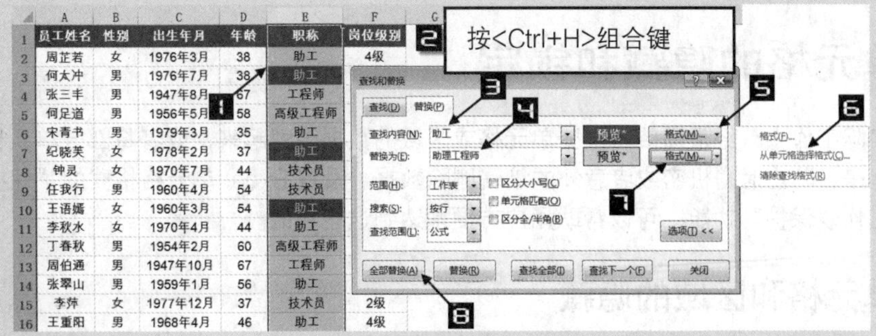

图 6-49　根据格式和内容进行替换

完成后的表格如图 6-50 所示。

	A	B	C	D	E	F
1	员工姓名	性别	出生年月	年龄	职称	岗位级别
2	周芷若	女	1976年3月	38	助工	4级
3	何太冲	男	1976年7月	38	助理工程师	4级
4	张三丰	男	1947年8月	67	工程师	7级
5	何足道	男	1956年5月	58	高级工程师	9级
6	宋青书	男	1979年3月	35	助工	5级
7	纪晓芙	女	1978年2月	37	助理工程师	5级
8	钟灵	女	1970年7月	44	技术员	3级
9	任我行	男	1960年4月	54	技术员	2级
10	王语嫣	女	1960年3月	54	助理工程师	5级
11	李秋水	女	1970年4月	44	助工	5级

图 6-50 格式查找替换后的结果显示

提示 如果设置了“查找内容”和“替换为”的格式，但是将【查找内容】框或【替换为】框留空，则可以实现快速替换格式的效果。

6.5.3 包含通配符的运用

为了完成更为复杂的查找要求，在 Excel 中还可以使用包含通配符的模糊查找方式。Excel 所支持的通配符包括两个：星号（*）和问号（?）。

- *：可代替任意数目的字符，可以是单个字符、多个字符或者没有字符。
- ?：可代替任意单个字符。

例如，要在表格中查找以“e”开头、“l”结尾的所有组合，可在“查找内容”栏内输入“e*l”，此时表格中包含了“excel”、“electrical”、“equal”、“email”等单词的单元格都会被查找到。而如果用户仅是希望查找以“ex”开头、“l”结尾的五字母单词，则可以在“查找内容”栏内输入“ex??l”，以两个“?”代表两个任意字符的位置，此时的查找结果在以上 4 个单词中就只会包含“excel”。

如果用户需要查找字符“*”或“?”本身而不是它所代表的通配符，则需要在字符前加上波浪线符号“~”（如“~*”）。如果需要查找字符“~”，则需要以两个连续的波浪线“~~”来表示。

令人遗憾的是，Excel 的查找功能仅支持两个通配符，这与 Word 支持数十种通配符甚至是正则表达式的特性相比，逊色不少。

6.6 单元格的隐藏和锁定

在实际工作中，经常需要将某些单元格或区域的数据隐藏起来，或者将部分单元格或整张工作表锁定起来，防止泄露机密或者意外的编辑删除数据。设置 Excel 单元格格式的“保护”属性，再配合“工作表保护”功能，可以帮助用户方便地达到这些目的。

6.6.1 单元格和区域的隐藏

在 6.3.4 小节中曾经介绍过，将数字格式设置为“;;;”（3 个半角的分号）可以隐藏单元格的显示内容。除了这种方法以外，将单元格的背景和字体颜色设置为相同颜色以实现“浑然一体”的效果，也可以起到隐藏单元格内容的作用。但当单元格被选中时，编辑栏中仍然会显示单元格的真实数据。要真正的隐藏单元格内容，可以在以上两种方法的基础上继续操作。

步骤1 选中需要隐藏内容的单元格或区域。

步骤2 按<Ctrl+1>组合键打开【设置单元格格式】对话框，切换到【保护】选项卡，勾选【隐藏】复选框，单击【确定】按钮，如图 6-51 所示。

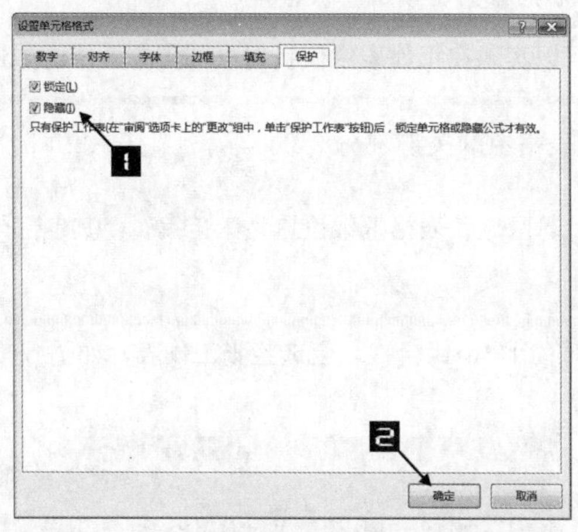

图 6-51　在单元格格式对话框中设置“隐藏”

步骤3 单击【审阅】选项卡中的【保护工作表】按钮，在弹出的【保护工作表】对话框中单击【确定】按钮即可完成单元格内容的隐藏，如图 6-52 所示。

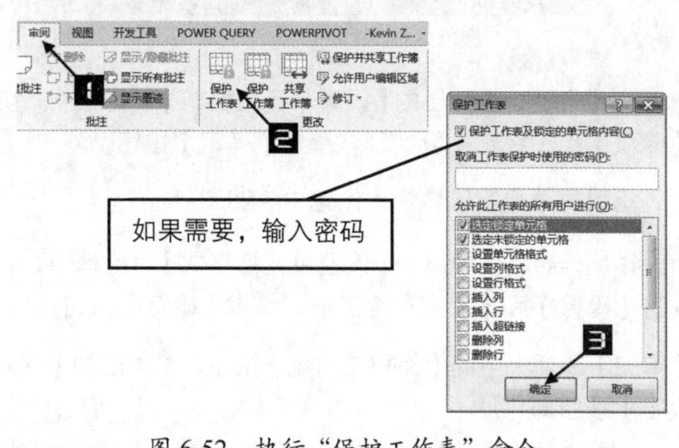

图 6-52　执行“保护工作表”命令

要取消单元格内容的隐藏状态，单击【审阅】选项卡中的【撤消保护工作表】按钮即可，如果之前曾经设定保护密码，此时需要提供正确的密码。

另外，也可以先将整行或整列的单元格进行“隐藏行”或“隐藏列”的操作，再执行“工作表保护”，以达到隐藏数据的目的。

6.6.2　单元格和区域的锁定

单元格是否允许被编辑，取决于两项设置。

◆ 单元格是否被设置为“锁定”状态。

◆ 当前工作表是否执行了【工作表保护】命令。

这就意味着，当执行了【工作表保护】命令后，所有被设置为“锁定”状态的单元格，将不允许再被编辑，而未被设置“锁定”状态的单元格仍然可以被编辑。

要将单元格设置为“锁定”状态，可以在图 6-51 所示的【设置单元格格式】对话框的【保护】选项卡中，勾选【锁定】复选框。

Excel 单元格的默认状态都为“锁定”状态。

根据此原理，用户可以实现在工作表中仅针对一部分单元格区域进行锁定的效果。

示例 6-18 禁止编辑表格中的关键部分

如果要将表格中的计算区域和表格框架设置为禁止编辑，其他部分设置为允许编辑，可以按下列步骤操作。

步骤1 连续两次按<Ctrl+A>组合键，全选整张工作表，如图 6-53 所示。

	A	B	C	D	E	F	G	H
1	产品	数量	单位价格	单位利润	销售额	利润	销售佣金	
2	苹果汁	3,416	14	4	47,824.00	13,664.00	239.12	
3	蕃茄酱	5,612	9	2	50,508.00	11,224.00	252.54	
4	盐	6,466	16	14	103,456.00	90,524.00	517.28	
5	麻油	9,150	16	12	146,400.00	109,800.00	732.00	
6	酱油	5,124	19	5	97,356.00	25,620.00	486.78	
7	海鲜粉	2,684	22	19	59,048.00	50,996.00	295.24	
8	胡椒粉	11,102	30	3	333,060.00	33,306.00	1,665.30	
9	沙茶	5,856	17	16	99,552.00	93,696.00	497.76	
10	猪肉	5,612	29	6	162,748.00	33,672.00	813.74	
11	糖果	9,150	7	5	64,050.00	45,750.00	320.25	
12	桂花糕	3,050	61	55	186,050.00	167,750.00	930.25	
13	花生	10,858	9	3	97,722.00	32,574.00	488.61	
14	啤酒	12,078	10	4	120,780.00	48,312.00	603.90	
15	虾米	8,052	37	25	297,924.00	201,300.00	1,489.62	

图 6-53 全选整张工作表

步骤2 按<Ctrl+1>组合键，在弹出的【设置单元格格式】对话框中，切换到【保护】选项卡，勾选【隐藏】和【锁定】复选框，单击【确定】按钮。

步骤3 选中允许编辑的单元格区域，本例选中 A2:D31。

步骤4 按<Ctrl+1>组合键，在弹出的【设置单元格格式】对话框中，切换到【保护】选项卡，取消勾选【隐藏】和【锁定】复选框，单击【确定】按钮。

步骤5 单击【审阅】选项卡中的【保护工作表】按钮，在弹出的【保护工作表】对话框中单击【确定】按钮即可。

至此，如果试图编辑 A2:D31 区域以外的任何单元格，都会被拒绝，并且弹出提示框，如图 6-54 所示。而其他单元格仍然允许编辑。

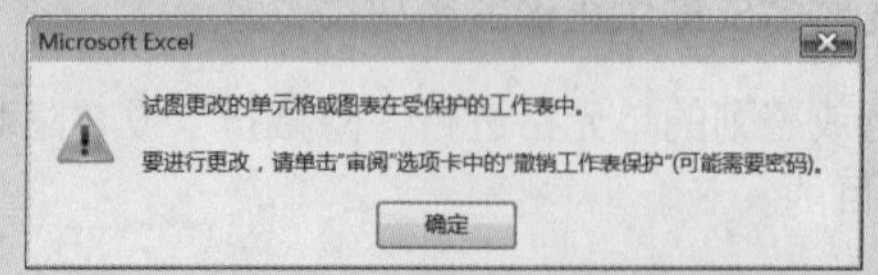

图 6-54 Excel 拒绝编辑已经锁定的单元格

有关“保护工作表”功能的更多介绍，请参阅第 38 章。

第 7 章　格式化工作表

Excel 2013 提供了丰富的格式化命令和方法，用户可以利用这些命令和方法对工作表布局和数据进行格式化，使得表格更加美观、数据更易于阅读。

本章学习要点

（1）单元格格式的设置、自动套用格式的方法。

（2）单元格样式的创建和使用。

（3）主题的使用。

（4）批注以及工作表背景。

7.1　单元格格式

单元格格式的样式外观在 Excel 的可选设置中主要包括数据显示格式、字体样式、文字对齐方式、边框样式以及单元格颜色。

7.1.1　格式工具

对于单元格格式的设置和修改，可以通过“功能区命令组”、“悬浮工具栏”以及“设置单元格格式”对话框等多种方法来操作。

1. 功能区命令组

Excel 2013【开始】选项卡的功能区提供了多个命令组用于设置单元格格式。它将常用的单元格格式设置命令直接显示在功能区的命令组中，便于用户直接选用，包括【字体】、【对齐方式】、【数字】、【样式】等，如图 7-1 所示。

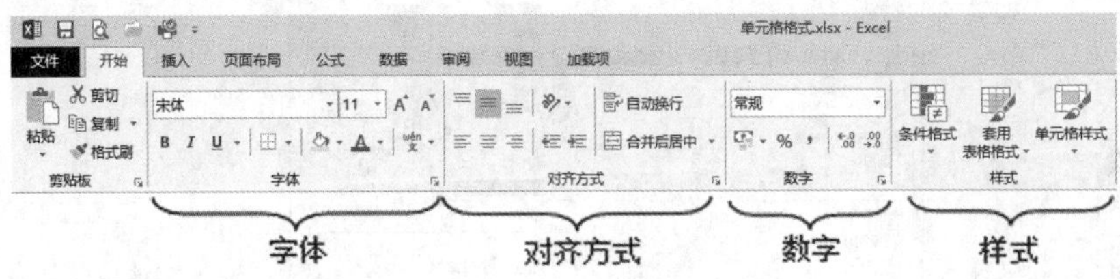

图 7-1　格式工具“功能区命令组”

◆ 【字体】命令组：包括字体、字号、加粗、倾斜、下划线、填充色、字体颜色等。

◆ 【对齐方式】命令组：包括顶端对齐、垂直居中、底端对齐、左对齐、居中、右对齐以及方向、调整缩进量、自动换行、合并居中等。

◆ 【数字】命令组：包括对数字进行格式化的各种命令。该部分内容请参阅第 6 章。

◆ 【样式】命令组：包括条件格式、套用表格格式、单元格样式等。其中条件格式的相关内容请参阅第 8 章。

2. “悬浮工具栏”

用户选中单元格，单击鼠标右键，立即会弹出快捷菜单，在快捷菜单上方会同时出现【悬浮工具栏】。在【悬浮工具栏】中包括了常用的单元格格式设置命令，如图 7-2 所示。

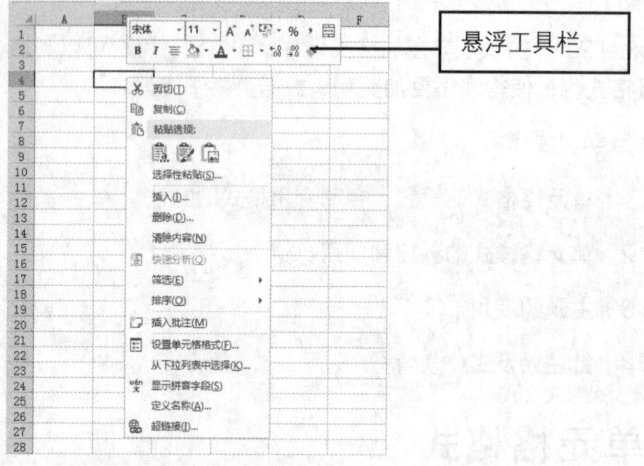

图 7-2 【悬浮工具栏】

3. “设置单元格格式”对话框

用户还可以通过【设置单元格格式】对话框来设置单元格格式。打开【设置单元格格式】对话框有多种方法。

◆ 在【开始】选项卡中单击【字体】、【对齐方式】、【数字】等命令组右下角的【对话框启动器】按钮，可直接打开【设置单元格格式】对话框，如图 7-3 所示。

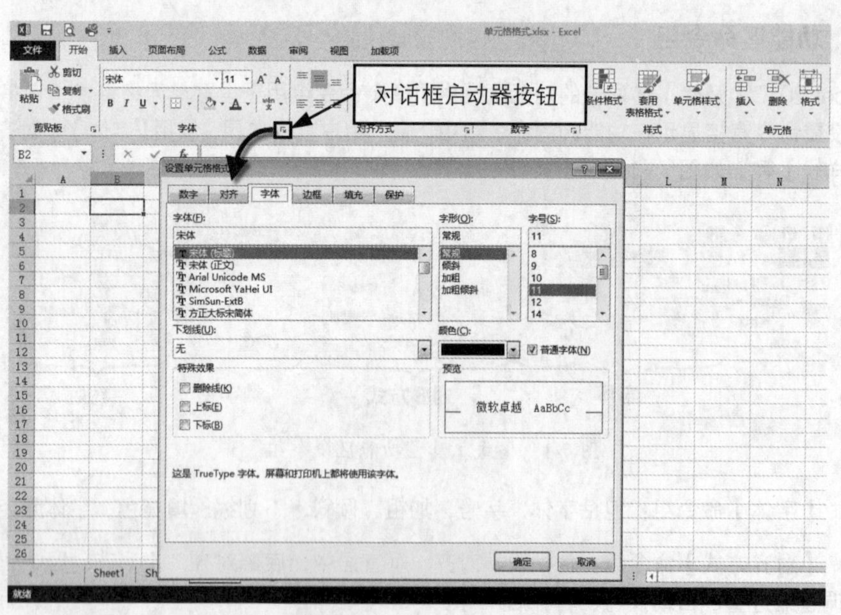

图 7-3 通过【对话框启动器】按钮打开【设置单元格格式】对话框

◆ 按<Ctrl+1>组合键，打开【设置单元格格式】对话框。

◆ 单击鼠标右键，在弹出的快捷菜单中单击【设置单元格格式】命令，打开【设置单元格格式】对话框，如图 7-4 所示。

第7章

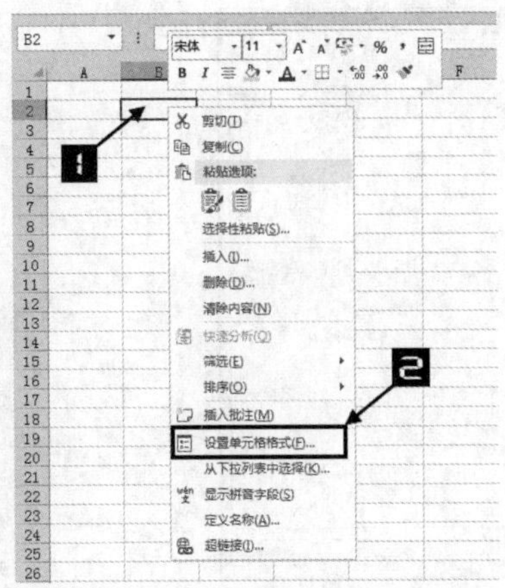

图 7-4 单击鼠标右键打开【设置单元格格式】对话框

◆ 单击【开始】→【格式】→【设置单元格格式】命令，打开【设置单元格格式】对话框，如图 7–5 所示。

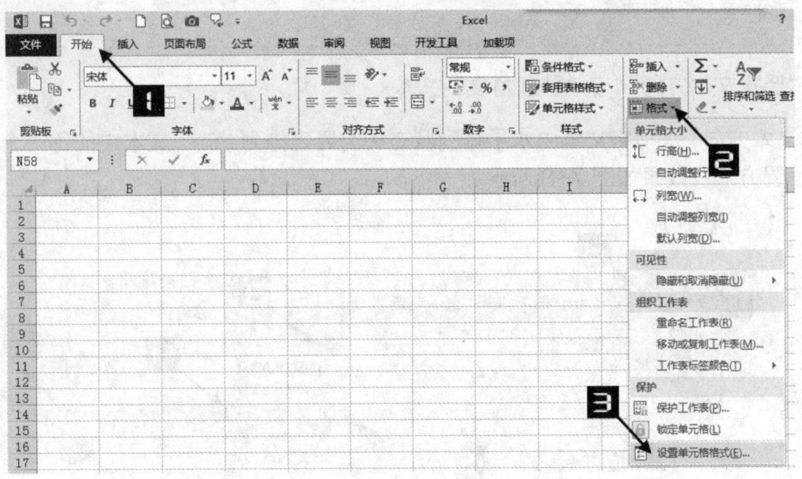

图 7-5 单击【格式】命令打开【设置单元格格式】对话框

7.1.2 对齐

打开【单元格格式】对话框，选择【对齐】选项卡，如图 7–6 所示。

【对齐】选项卡主要用于设置单元格文本的对齐方式，此外还可以对文本方向、文字方向以及文本控制等内容进行相关设置。各选项设置的具体含义如下。

1. 文本方向和文字方向

◆ 倾斜文本角度

在【对齐】选项卡右侧的【方向】半圆型表盘显示框中，用户可以通过鼠标直接选择倾斜角度，或通过下方的微调框来设置文本的倾斜角度，改变文本的显示方向。文本倾斜角度设置范围为–90° 至+90° 。

如图 7–7 所示的方向标，文本“东”、“南”、“西”分别倾斜了 90° 、180° 、–90° 。

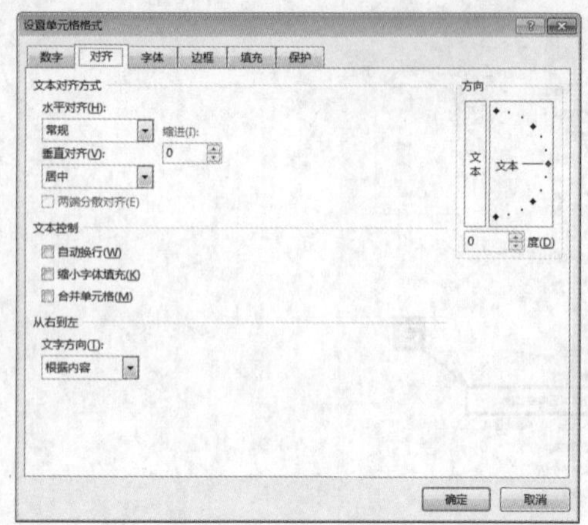

图 7-6 【单元格格式】对话框【对齐】选项卡

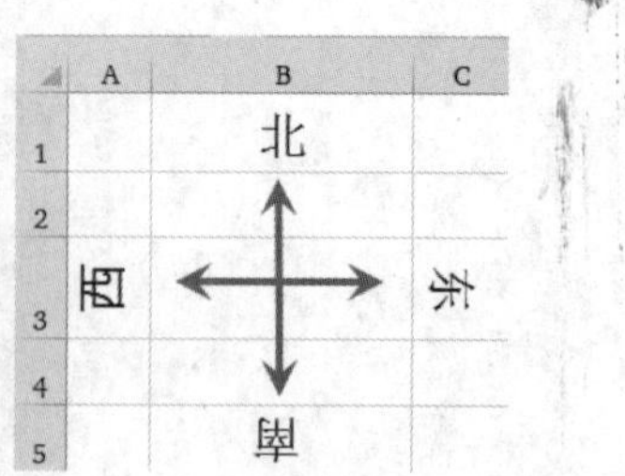

图 7-7 文本方向—方向标

提 示

> 用户可以在文本字体前加“@”符号的方式，使文件逆时针方向旋转，增加文本倾斜角度，以实现大于 90° 的倾斜角度，如图 7-7 中的“南”字，倾斜角度达到了 180°。

◆ “竖排文本方向”与“垂直角度”文本

“竖排文本方向”是指将文本由水平排列状态转为竖直排列状态，文本中的每一个字符仍保持水平显示。设置方法及效果如图 7-8 所示。

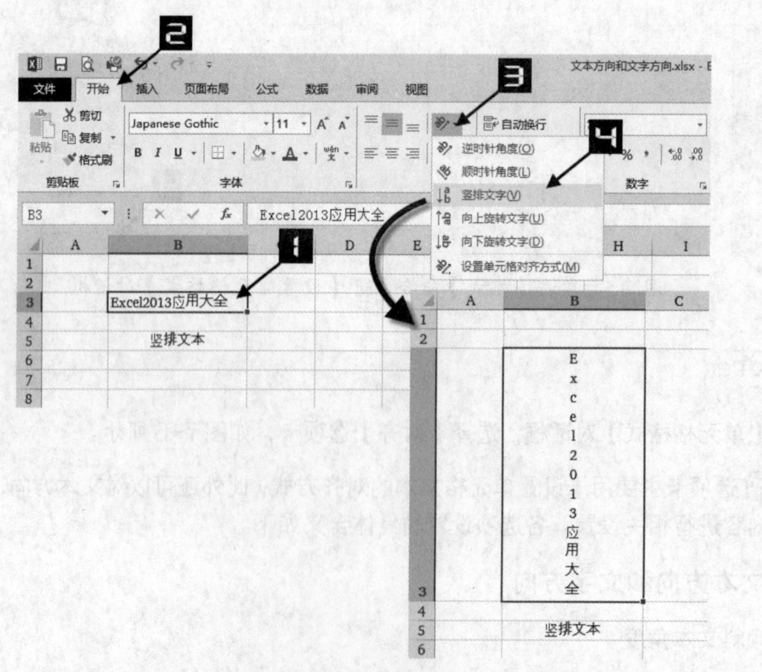

图 7-8 竖排文本方向

或者可以通过【单元格格式】对话框设置，如图 7-9 所示。

“垂直角度”文本是指将文本依照字符的直线方向垂直旋转 90° 或–90° 后所形成的垂直显示文本，文本中的每一个字符均相应地旋转 90° 。设置方法及效果如图 7-10 所示。

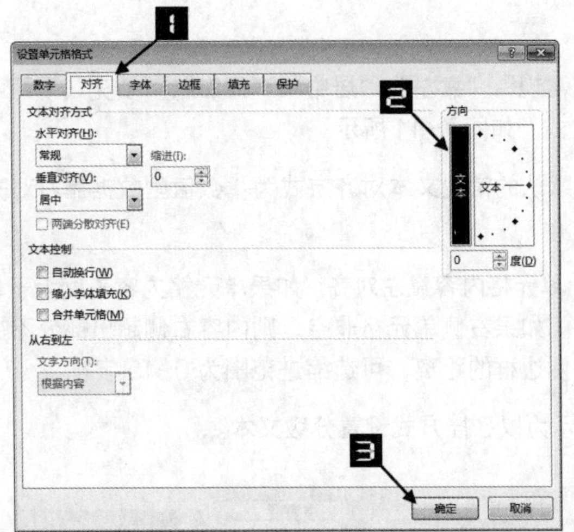

图 7-9　通过【单元格格式】对话框设置“竖排文本方向”

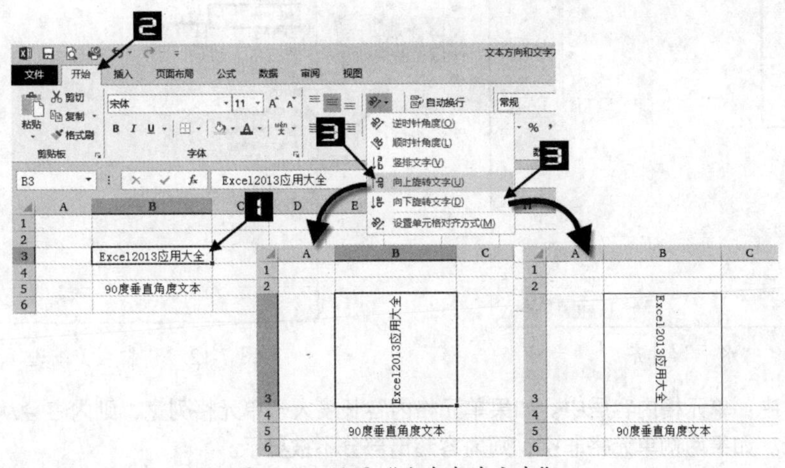

图 7-10　设置“垂直角度文本”

也可以通过在【单元格格式】对话框中【对齐】选项卡右侧的【方向】半圆型表盘显示框中，将文本方向设置为 90° 或-90° 的方法来设置“垂直角度文本”。

注意

“竖排文本”与倾斜角度文本不能同时设置。

◆　“文字方向”和“文本方向”

“文字方向”与“文本方向”是两个不同的概念。“文字方向”指的是文字从左至右或从右到左的书写和阅读方向。现在大多语言都是从左向右书写和阅读的，但也有少数语言是从右向左书写和阅读，如阿拉伯语、希伯来语等。在使用相应的语言支持的 Office 版本后，可在单元格格式中将文字方向设置为“总是从右到左”，以便输入和阅读这些语言。

（1）将文字方向设置为“总是从右到左”，对于通常的中英文文本并不起作用。

（2）对于大多数符号（如@、#、%等），可以通过设置“总是从右到左”改变字符排列方向。

2. 水平对齐

水平对齐共包括“常规”、“靠左”、“居中”、“靠右”、“填充”、“两端对齐”、“跨列居中”、“分散对齐”等8种对齐方式。如图7-11所示。

◆ 常规：Excel默认的常规文本对齐方式为：数值型数据靠右对齐、文本型数据靠左对齐、逻辑值和错误值居中。

◆ 靠左（缩进）：单元格内容靠左对齐。如果单元格内容长度大于单元格列宽，则内容会从右侧超出单元格边框显示。如果右侧单元格非空，则内容右侧超出部分不被显示。可在“缩进”微调框内调整距离单元格右侧边框的距离，可选缩进范围为0~15字符。

例如，图7-12所示为以悬挂方式设置分级文本。

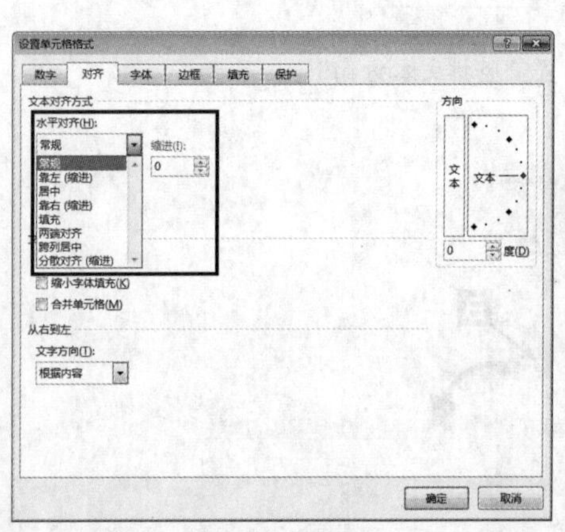

图7-11 “水平”对齐

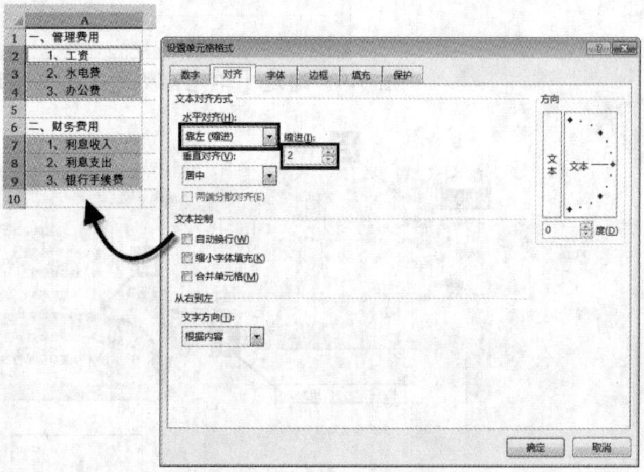

图7-12 “靠左（缩进）”对齐

◆ 居中：单元格内容居中。如果单元格内容长度大于单元格列宽，则内容会从两侧超出单元格边框显示。如果两侧单元格非空，则内容超出部分不被显示。

◆ 靠右（缩进）：单元格内容靠右对齐。如果单元格内容长度大于单元格列宽，则内容会从左侧超出单元格边框显示。如果左侧单元格非空，则内容左侧超出部分不被显示。可在“缩进”微调框内调整距离单元格左侧边框的距离，可选缩进范围为0~15字符。

◆ 填充：重复单元格内容直到单元格的宽度被填满。如果单元格列宽不足以重复显示文本的整数倍数时，则文本只显示整数倍次数，其余部分不再显示出来。如图7-13所示。

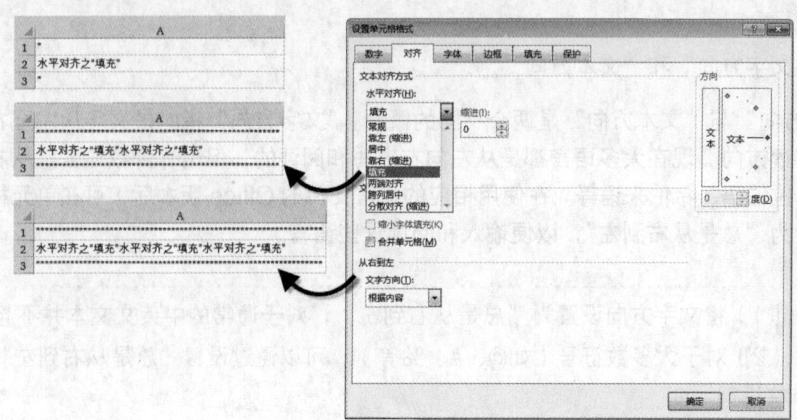

图7-13 “填充”对齐

◆ 两端对齐：使文本两端对齐。单行文本以类似“靠左”方式对齐，如果文本过长，超过列宽时，文本内容会自动换行显示，如图 7-14 所示。

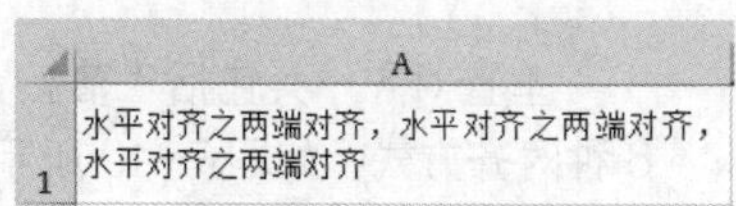

图 7-14 两端对齐

◆ 跨列居中：单元格内容在选定的同一行内连续多个单元格中居中显示。此对齐方式可以在不需要合并单元格的情况下，居中显示表格标题，如图 7-15 所示。

A1 | fx 资产负债表

	A	B	C	D	E	F	G	H
1				资产负债表				
2								
3	资产项目	行次	年初金额	期末金额	负债项目	行次	年初金额	期末金额
4								
5								
6								
7								

图 7-15 跨列居中

◆ 分散对齐：对于中文字符，包括空格间隔的英文单词等，在单元格内平均分布并充满整个单元格宽度，并且两端靠近单元格边框。对于连续的数字或字母符号等文本则不产生作用。可以在“缩进”微调框调整距离单元格两侧边框的距离，可选缩进范围为 0~15 个字符。应用此格式的单元格当文本内容过长时会自动换行显示。分散对齐设置的效果，如图 7-16 所示。

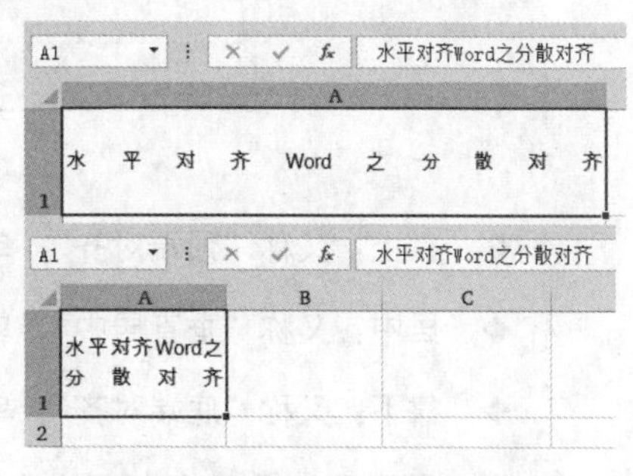

图 7-16 分散对齐

◆ 两端分散对齐：是“分散对齐”的特例，当文本水平对齐方向选择为“分散对齐”，并且勾选位于垂直下拉列表下方的筛选框，即可实现“两端分散对齐”，如图 7-17 所示。

勾选【两端分散对齐】的复选框，水平对齐文本的末行文字会在水平方向上两端留空并且平均分布排满整个单元格宽度，这与“水平分散对齐”有所不同。“水平分散对齐”与“两端水平分散对齐”的区别如图 7-18 所示。

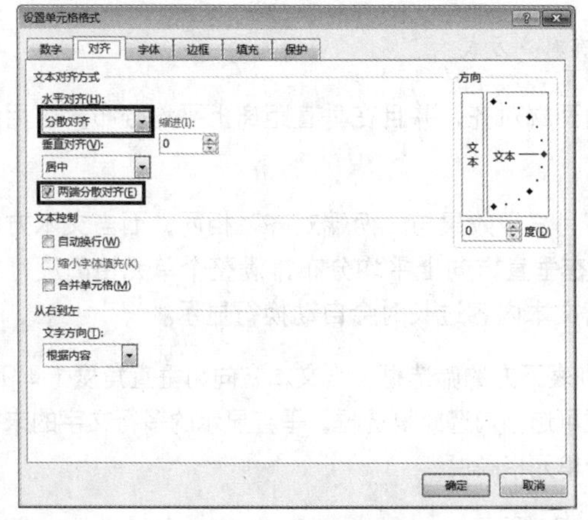

图 7-17 水平两端分散对齐

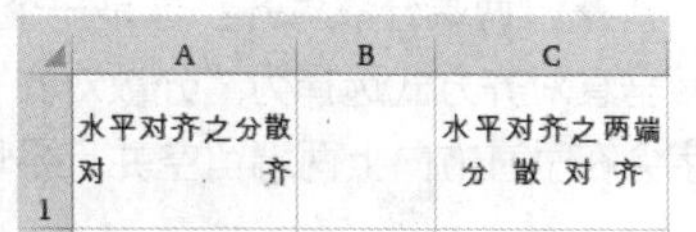

图 7-18 “水平分散对齐”与“两端水平分散对齐”的区别

3. 垂直对齐

垂直对齐一共包括“靠上”、“居中”、“靠下”、“两端对齐”、“分散对齐”以及“两端分散对齐”6 种对齐方式，如图 7-19 所示。

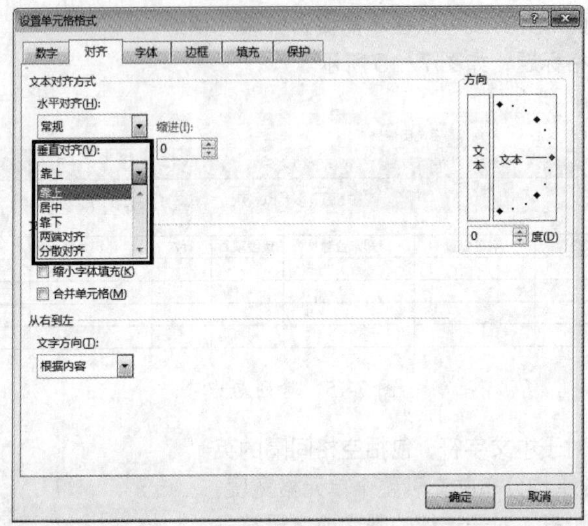

图 7-19 垂直对齐

◆ 靠上：又称“顶端对齐”，单元格内的文字沿单元格顶端对齐。

◆ 居中：又称“垂直居中”，单元格内的文字垂直居中，这是默认的对齐方式。

◆ 靠下：又称“底端对齐”，单元格内的文字靠下端对齐。

用户需要更改单元格内容的垂直对齐方式，除了通过【设置单元格格式】对话框设置外，还可以直接单击菜单中【对齐方式】命令组中的“顶端对齐”、“垂直居中”或“底端对齐”，如图 7-20 所示。

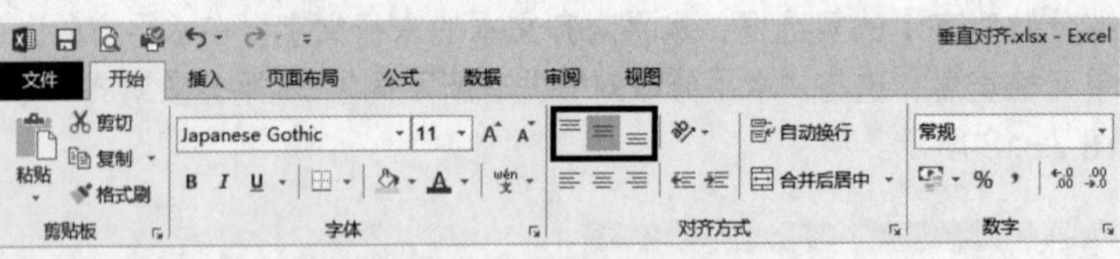

图 7-20 垂直对齐方式

◆ 两端对齐：单元格内容在垂直方向上向两端对齐，并且在垂直距离上平均分布。应用此格式的单元格当文本内容过长时会自动换行显示。

◆ 分散对齐：在文本为水平方向的情况下，显示效果与“两端对齐”相同，而当文本方向为垂直角度（±90°）时，多行文字的末行文字会在垂直方向上平均分布排满整个单元格高度，并且两端靠近单元格边框。设置此格式的单元格，当文本内容过长时会自动换行显示。

◆ 两端分散对齐：这是一个位于垂直下拉列表下方的筛选框。当文本方向为垂直角度（±90°）且垂直对齐方式选择为“分散对齐”时，此复选框可选。勾选此复选框，垂直显示的多行文字的末行文字会在垂直方向上两端留空并且平均分布排满整个单元格高度。

上述 3 种垂直对齐方式，设置的效果如图 7-21 所示。

当文本方向设置为“竖排”方式时，“垂直对齐”的效果如图 7-22 所示。

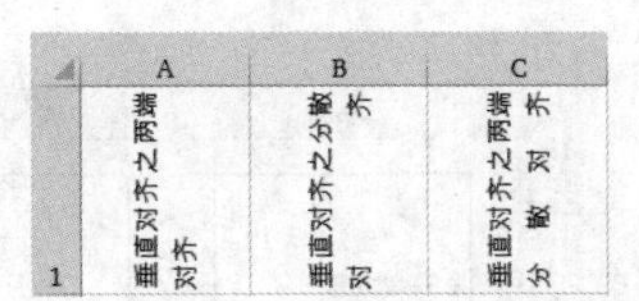

图 7-21　3 种垂直对齐方式设置效果

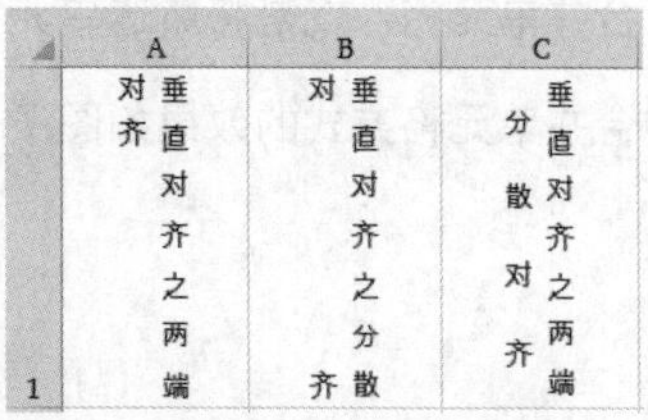

图 7-22　“竖排”方式下的“垂直对齐”

4. 文本控制

在文本对齐同时，还可以对文本进行输出控制，包括“自动换行”、“缩小字体填充”、“合并单元格”，如图 7-23 所示。

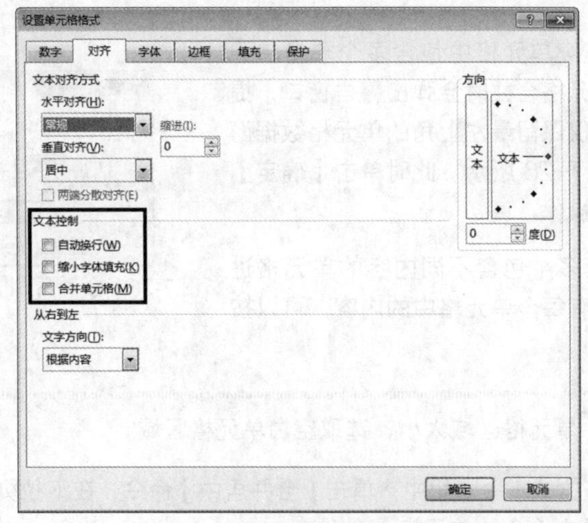

图 7-23　文本控制

◆ 自动换行：当文本内容长度超出单元格宽度时，可勾选“自动换行”复选框使文本内容分为多行显示出来。此时如果调整单元格宽度，文本内容的换行位置也随之调整。

◆ 缩小字体填充：可以使文本内容自动缩小显示，以适应单元格的宽度大小。此时单元格文本内容的字体并未改变。

注意　自动换行”与“缩小字体填充”不能同时使用。

5. 合并单元格

合并单元格就是将两个或两个以上的单元格合并成占有两个或多个单元格空间的更大的单元格。Excel 2013 提供了 3 种合并单元格的方式，包括合并后居中、跨越合并、合并单元格。

用户可以选择需要合并的单元格区域后，直接单击【对齐方式】命令组中【合并后居中】按钮，在下拉列表中选择相应的合并单元格的方式，如图 7-24 所示。

◆ 合并后居中：就是将选取的多个单元格进行合并，并将单元格内容在水平和垂直两个方向上居中。

◆ 跨越合并：就是在选取多行多列的单元格区域后，将所选区域的每行进行合并，形成单列多行的单元格区域。

◆ 合并单元格：就是将所选单元格区域进行合并，并沿用该区域起始单元格的格式。

各种合并单元格方式的效果如图 7-25 所示。

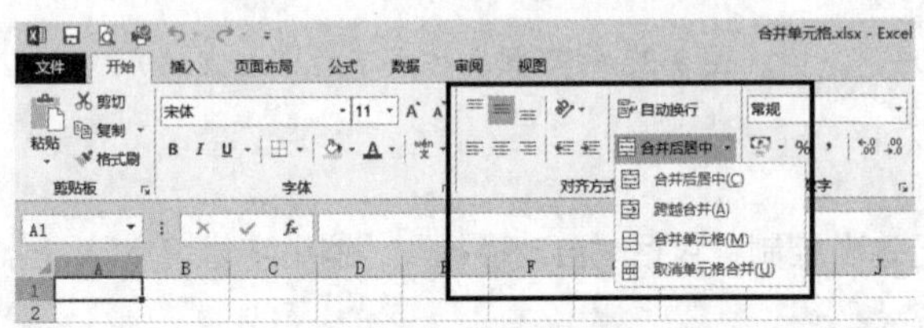

图 7-24 合并单元格

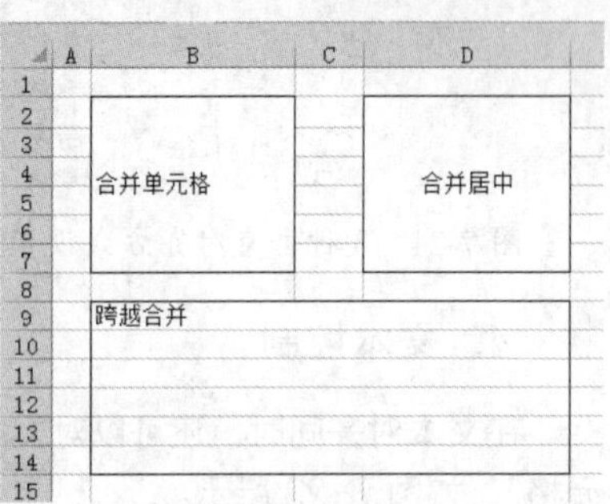

图 7-25 合并单元格的 3 种方式

如果在选定的连续单元格中包含多个非空单元格，则在用户进行单元格合并时会弹出警告窗口，提示用户如继续合并将仅保留最左上角的单元格数据而删除其他数据，如图 7-26 所示。此时单击【确定】按钮，将会完成合并操作。

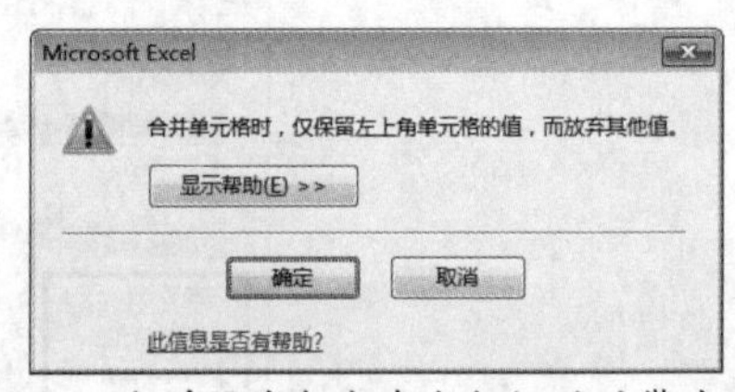

图 7-26 合并区域包含多个数据时的警告窗口

如果希望将连续多个包含不同内容的单元格进行合并，并且保留原有每个单元格中的内容，可以按如下步骤操作。

步骤1 根据合并单元格区域大小，选取空白单元格区域。

步骤2 在【对齐方式】命令组中，单击【合并居中】命令，在下拉列表中选择相应的合并方式，如单击【合并单元格】命令。

步骤3 单击【剪贴板】命令组中的【格式刷】命令。

步骤4 单击合并单元格区域左上角 B3 单元格，完成单元格合并。

这种方式合并后，原单元格中的内容仍然保留。具体操作步骤如图 7-27 所示。

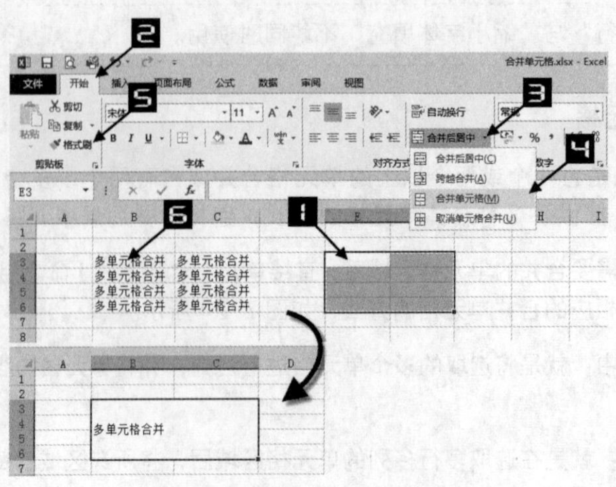

图 7-27 合并单元格并保留原有单元格内容

用户可以选择需要合单元格区域，单击鼠标右键，在弹出的悬浮菜单中单击【合并后居中】按钮，实现单元格的合并居中，如图 7–28 所示。

用户还可以通过在【设置单元格格式】对话框的【对齐】选项卡中勾选【合并单元格】复选项的方式，实现单元格的合并，如图 7–29 所示。

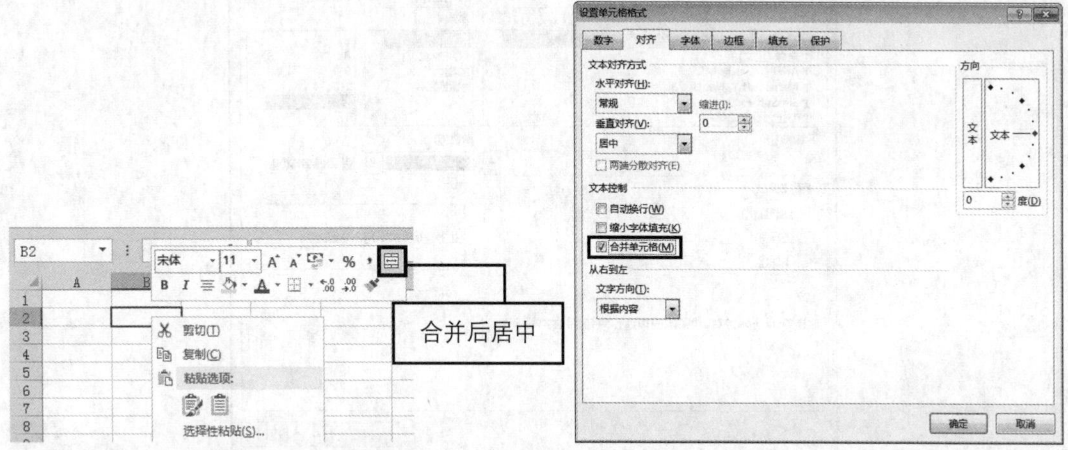

图 7-28　悬浮菜单中的【合并后居中】按钮　　　图 7-29　在【对齐】选项卡中勾选【合并单元格】的复选项

注意　合并单元格会对表格数据的排序、筛选、复制、粘贴等造成影响，因此建议不要过多使用合并单元格。

7.1.3　字体

单元格字体格式包括字体、字号、颜色、背景图案等。在【开始】选项卡的【字体】命令组中提供了常用的字体格式命令，如图 7–30 所示。

Excel 2013 中文版的默认设置为：字体为“宋体”、字号为 11 号。用户可以依次单击【文件】选项卡中的【选项】命令，打开【Excel 选项】对话框，在【常规】选项中修改默认字体、字号等，如图 7–31 所示。

图 7-30　【字体】命令组

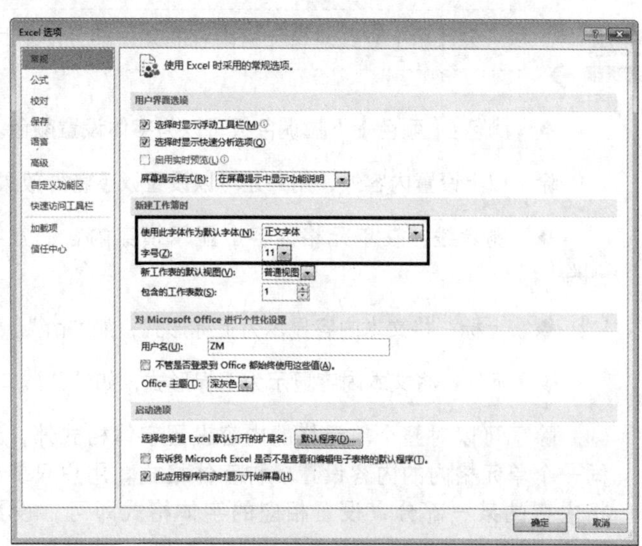

图 7-31　【Excel 选项】对话框

用户还可以按<Ctrl+1>组合键，打开【单元格格式】对话框，选择【字体】选项卡，通过更改相应设置来调整单元格内容的格式，如图 7-32 所示。

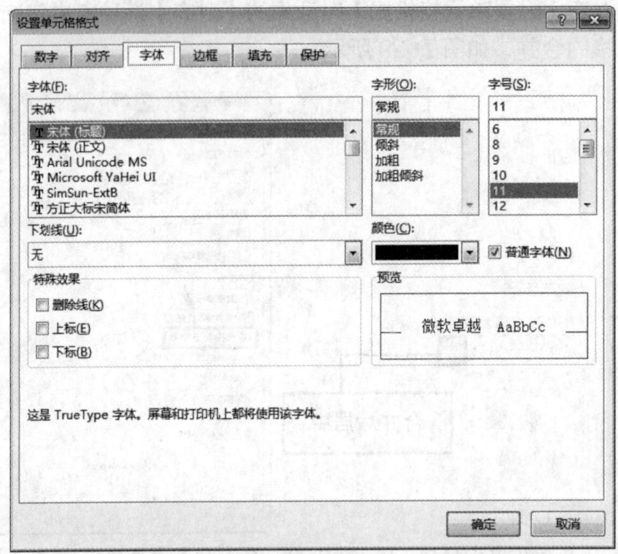

图 7-32 【设置单元格格式】对话框之【字体】选项卡

【字体】选项卡选项的具体设置含义如下。

◆ 字体：在【字体】下拉列表中列示了 Windows 系统提供的各种字体。

◆ 字形：【字形】下拉列表提供了【常规】、【倾斜】、【加粗】、【加粗倾斜】4 种字形。

◆ 字号：字号是指文字显示的大小，用户可以在【字号】下拉列表中选择字号，也可以直接在文本框中输入字号的磅数，允许的范围为 1~409。

◆ 下划线：在【下划线】下拉列表中可以为单元格内容设置下划线，默认设置为“无”。下划线类型包括【单下划线】、【双下划线】、【会计用单下划线】、【会计用双下划线】4 种。会计用下划线比普通下划线离单元格内容更靠下一些，而且会填充整个单元格宽度。

注意

> 会计用下划线对单元格内容的某一部分使用时无效。

◆ 颜色：【颜色】下拉调色板可以为字体设置颜色。

除了以上设置内容外，用户还可以设置以下特殊效果。

◆ 删除线：在单元格内容上显示横穿内容的直线，表示内容被删除。效果如“~~内容被删除~~”。

◆ 上标：将文本内容显示为上标形式，如“m^3”。

◆ 下标：将文本内容显示为下标形式，如“O_2”。

除了可以对整个单元格的内容设置字体格式外，还可以对同一个单元格内的内容设置多种字体格式。用户只要选中单元格内容的某一部分，设置相应的字体格式即可，设置效果如图 7-33 所示。

图 7-33 在同一单元格内设置多种字体格式

7.1.4 边框

边框常用于划分表格区域，增加单元格的视觉效果。

1. 使用功能区设置边框

在【开始】选项卡的【字体】命令组中，单击设置边框按钮，在下拉列表中提供了 13 种边框设置方案，绘制及擦除边框的方法，边框的颜色以及 13 种边框线型等丰富的边框设置选项，具体设置如图 7-34 所示。

2. 使用对话框设置边框

用户还可以通过【设置单元格格式】对话框中的【边框】选项卡来设置边框，如图 7-35 所示。

通过对边框线条的颜色和单元格底色的设置组合应用，可以设置出立体按钮效果，如图 7-36 所示。

图 7-34 边框设置

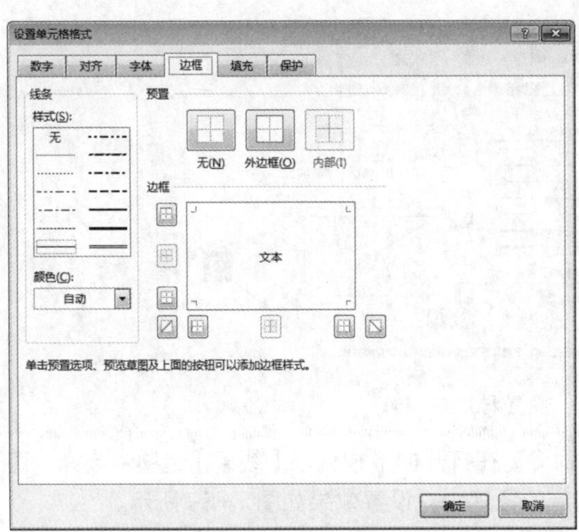

图 7-35 【边框】设置选项卡

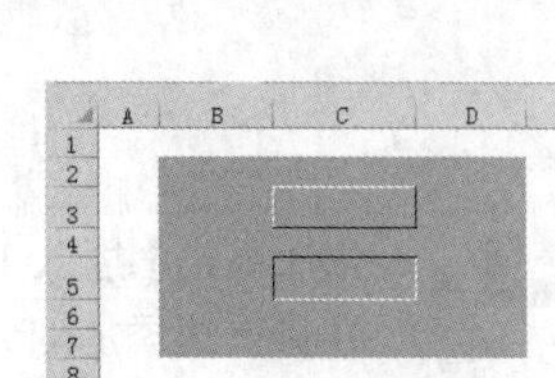

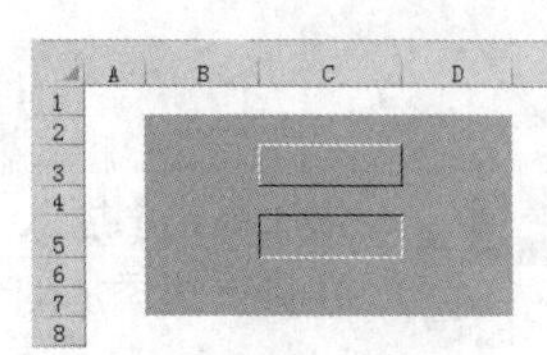

图 7-36 立体按钮效果

3. 双斜线表头的制作

示例 7-1 制作双斜线表头报表

中国用户常常需要制作包含斜线表头的报表，常见的有单斜线表头报表和双斜线表头报表，如图 7-37 所示。其中单斜线表头，可以通过在单元格中设置斜线来实现，而双斜线表头，则需要通过插入线条的辅助手段实现。

以下介绍制作双斜线表头报表的操作步骤。

图 7-37 单斜线表头报表

步骤1 → 在 A1 单元格中输入表头标题："金额"、"部门"、"月份"，通过插入空格调整"金额"、"部门"文字之间的间距，在"月份"之前按<Alt+Enter>组合键，可以进行强制换行。

步骤2 → 在 A1 单元格中添加从左上至右下的对角线边框线条。

设置初步效果如图 7-38 所示。

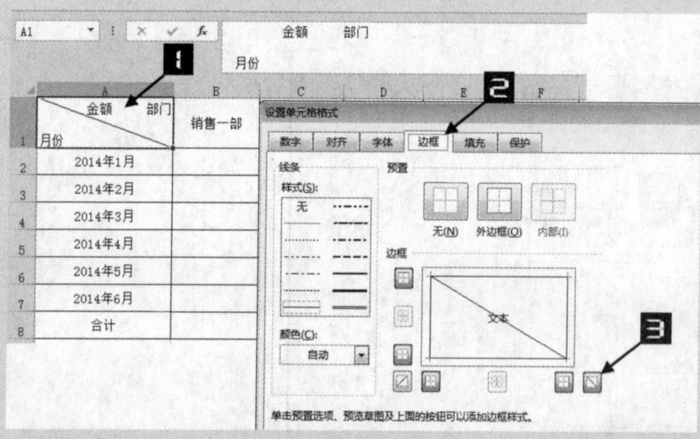

图 7-38 设置标题及斜线

步骤3 → 依次单击【插入】→【形状】命令，在打开的下拉列表【线条】选项中选择"直线"，并将直线添加到 A1 单元格相应的位置中，设置效果如图 7-39 所示。

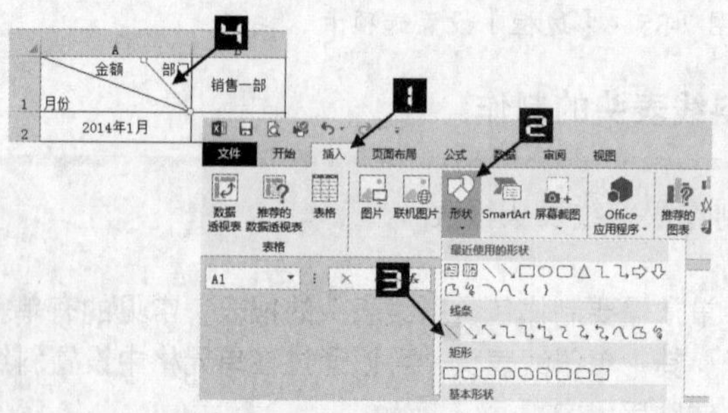

图 7-39 加辅助斜线

单击插入的直线，依次单击绘图工具【格式】→【形状样式】命令，设置线条颜色与表格的边框线颜色相同。

7.1.5 填充

用户可以通过【设置单元格格式】对话框的【填充】选项卡，对单元格的底色进行填充修饰。

可以在【背景色】区域中选择多种填充颜色，或单击【填充效果】按钮，在【填充效果】对话框中设置渐变色。此外，还可以在【图案样式】下拉列表中选择单元格图案填充，并可以单击【图案颜色】按钮设置填充图案的颜色。如图 7-40 所示。

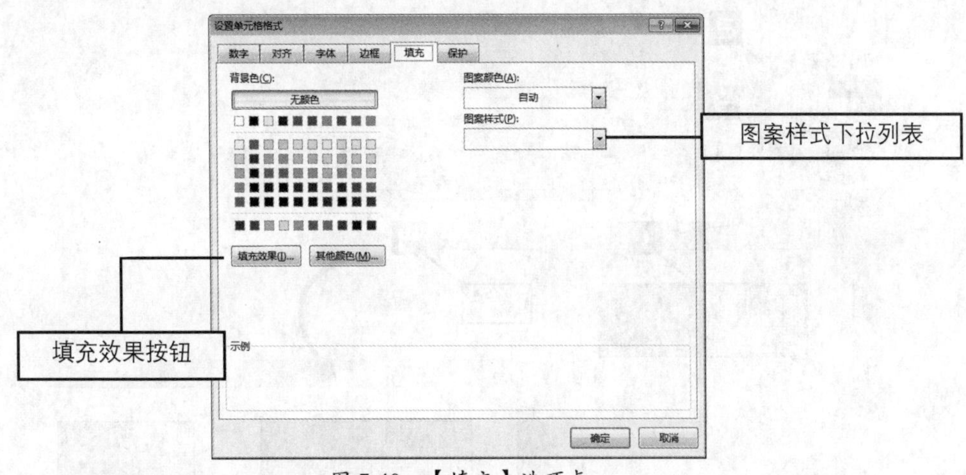

图 7-40 【填充】选项卡

7.1.6 复制格式

如果需要将现有的单元格格式复制到其他单元格区域，常用的方法有以下几种。

1. 复制粘贴单元格

直接将现有的单元格复制、粘贴到目标单元格，这样在复制单元格格式的同时，单元格内原有的数据也将被复制过来。

2. 仅复制粘贴格式

复制现有的单元格，依次单击【开始】→【粘贴】命令，在下拉选项的【其他粘贴选项】中选择【格式】粘贴选项，如图 7-41 所示。

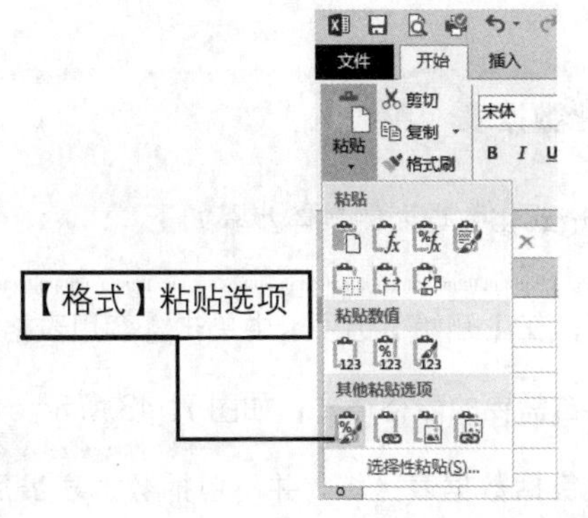

图 7-41 【格式】粘贴选项

第 7 章 Excel 2013

3. 通过【格式刷】复制单元格格式

更快捷地复制单元格格式的方法是使用【格式刷】，具体步骤如下。

步骤1 → 选中需要复制的单元格区域，在【开始】选项卡中单击【格式刷】命令。

步骤2 → 移动光标到目标单元格区域，此时光标变为✥🖌图形，单击鼠标左键，将格式复制到标目单元格区域。操作方法及复制效果如图 7-42 所示。

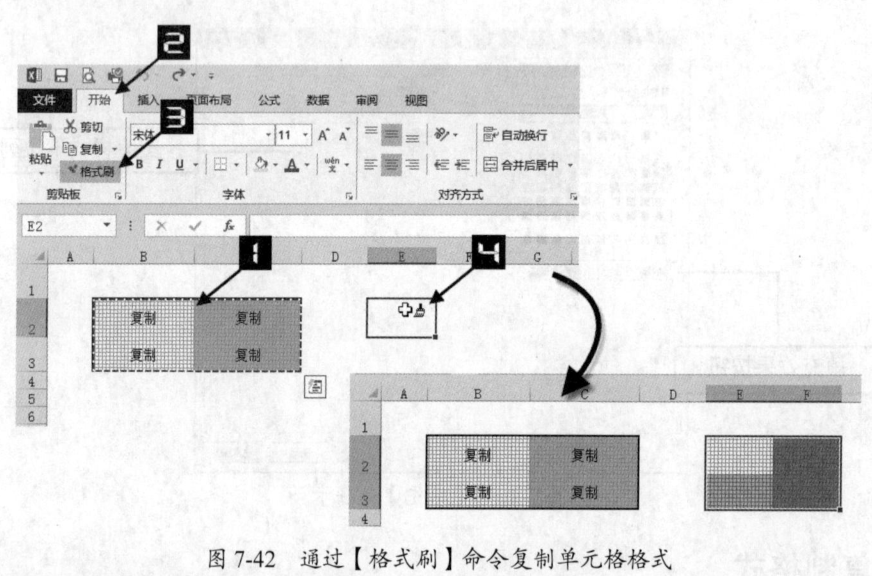

图 7-42 通过【格式刷】命令复制单元格格式

如果需要将现有单元格区域的格式复制到更大的单元格区域，可以使用步骤 1、步骤 2，在步骤 2 中，在目标单元格左上角单元格位置按下鼠标左键，并向右下拖动至需要的位置，松开鼠标左键，复制即可完成。

7.1.7 套用表格格式快速格式化数据表

为了使数据表更便于阅读，用户可以采用【套用表格格式】的方法快速格式化数据表。Excel 2013 的【套用表格格式】功能提供了多达 60 种表格格式，为用户格式化数据表提供了更为丰富的选择。用户可以通过【表格】功能来快速格式化数据表。有关【表格】功能详细介绍，请参阅第 27 章。

示例 7-2 套用表格格式快速格式化数据表

使用【套用表格格式】功能快速格式化数据表的具体步骤如下。

步骤1 → 选中数据表中任一单元格，在【开始】选项卡中单击【套用表格格式】命令。

步骤2 → 在展开的下拉列表中，单击需要的表格格式，如图 7-43 所示。

步骤3 → 由于【表格】自动设置只包括数据表区域，并不包括数据表最后一行的合计行，如果希望对合计行也进行格式化，则需要在打开【套用表格式】对话框中的【表数据的来源】编辑框中将数据表的引用范围增加一行，将引用区域“$B$1:$F$24”改为“$B$1:$F$25”。

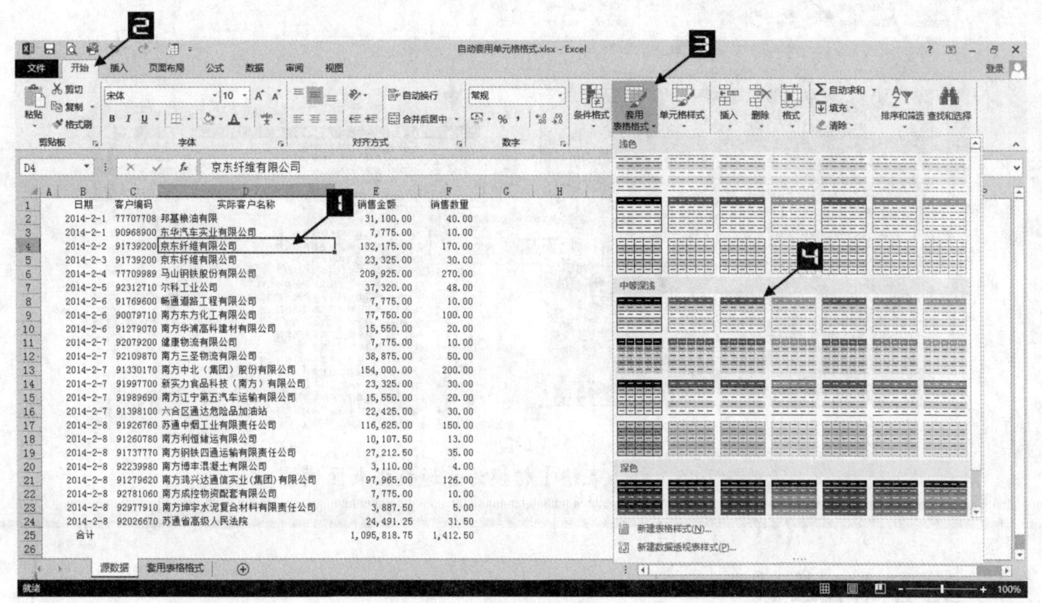

图 7-43 【套用表格格式】

操作步骤如图 7-44 所示。

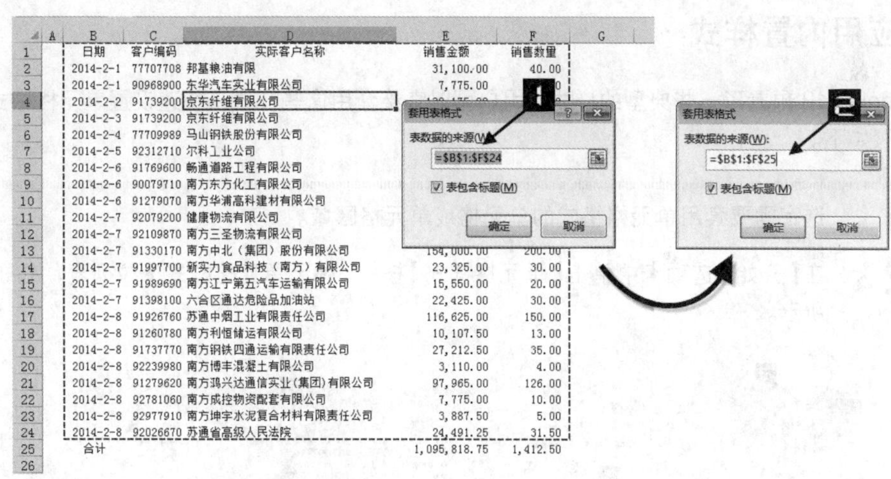

图 7-44 修改表格数据来源区域

步骤4 → 在【套用表格式】对话框中，单击【确定】按钮，数据表被创建为【表格】并设置了格式。

步骤5 → 在【表格工具】的【设计】选项卡中单击【转换为区域】命令。

步骤6 → 在打开的提示对话框中，单击【是】按钮，将“表”转换为普通数据表，如图 7-45 所示。

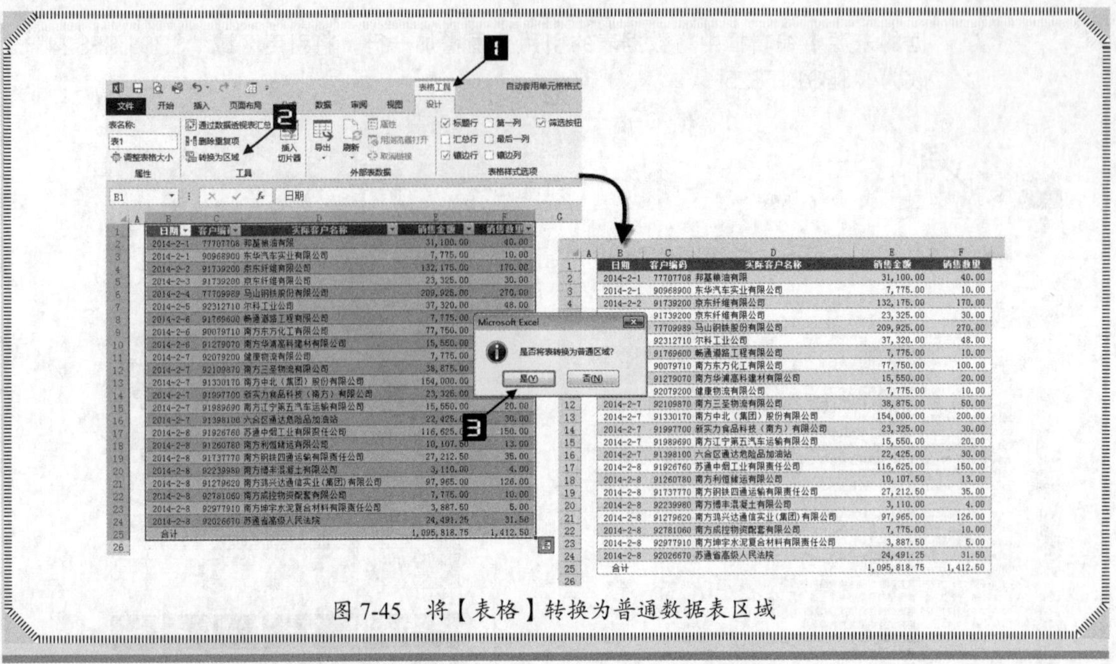

图 7-45 将【表格】转换为普通数据表区域

7.2 单元格样式

单元格样式是指一组特定单元格格式的组合。使用单元格样式可以快速对应用相同样式的单元格或单元格区域进行格式化，从而提高工作效率并使工作表格式规范统一。

7.2.1 应用内置样式

Excel 2013 预置了一些典型的样式，用户可以直接套用这些样式来快速设置单元格格式。具体操作步骤如下。

步骤1 选定需要套用单元格格式的单元格或单元格区域。

步骤2 在【开始】选项卡中单击【单元格样式】按钮，弹出单元格样式下拉列表，如图 7-46 所示。

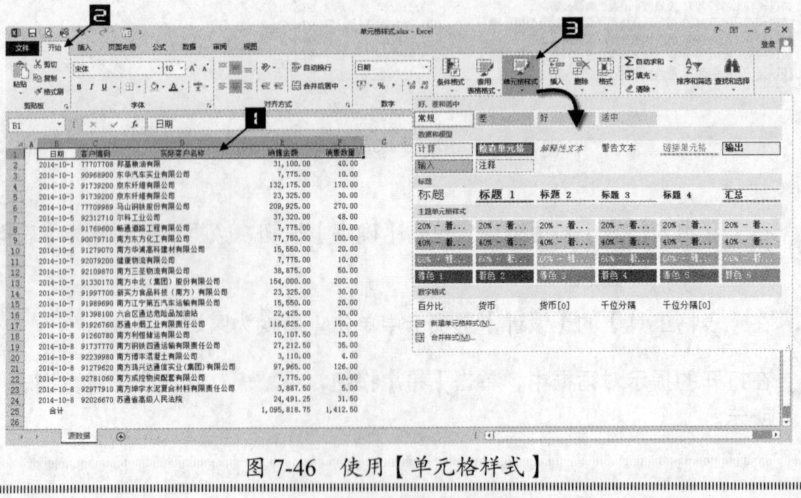

图 7-46 使用【单元格样式】

步骤3 → 将鼠标移至列表库中的某项样式，选中的单元格会立即显示应用此样式的效果，选定合适的样式后单击鼠标左键即可应用此样式。

步骤4 → 如果用户希望修改某个内置的样式，可以选定该项样式，单击鼠标右键，在弹出的快捷菜单中单击【修改】命令。

步骤5 → 在打开的【样式】对话框中对，根据需要对相应样式的“数字”、“对齐”、“字体”、“边框”、“填充”、“保护”等单元格格式进行修改，如图 7-47 所示。

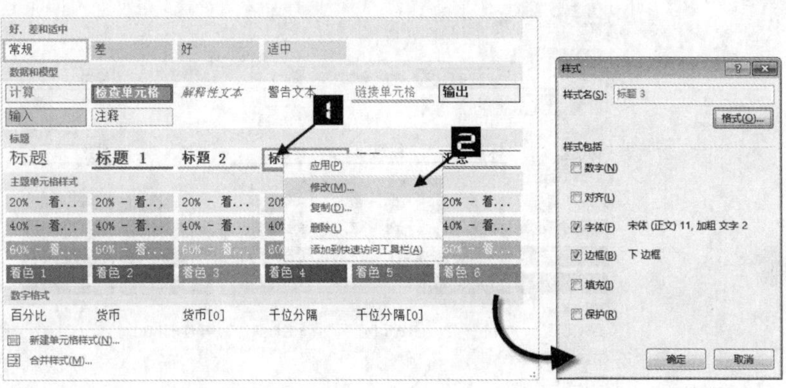

图 7-47　修改内置样式

7.2.2 创建自定义样式

当内置样式不能满足需要时，用户可以通过新建单元格样式来创建自定义样式。

示例 7-3 创建自定义样式格式工作表

图 7-48 所示为某公司的一份未进行格式设置的数据清单，需要按公司行文规范进行格式化，具体要求如下。

表格列标题采用 Excel 2013 内置的“标题 2”样式，并要求文本水平居中。

“日期”应该采用“yyyy 年 m 月 d 日”格式，水平、垂直方向为垂直均居中。

“客户编码”应该采用“数字常规”，字体为“微软雅黑”10 号字，垂直方向为水平、垂直两个方向上均居中。

“客户名称”应该采用字体为“微软雅黑”10 号字，水平方向靠左对齐、垂直方向上居中。

	A	B	C	D	E
1	日期	客户编码	实际客户名称	销售金额	销售数量
2	2014-10-1	77707708	邦基粮油有限	31100	40
3	2014-10-1	90968900	东华汽车实业有限公司	7775	10
4	2014-10-2	91739200	京东纤维有限公司	132175	170
5	2014-10-3	91739200	京东纤维有限公司	23325	30
6	2014-10-4	77709989	马山钢铁股份有限公司	209925	270
7	2014-10-5	92312710	尔科工业公司	37320	48
8	2014-10-6	91769600	畅通道路工程有限公司	7775	10
9	2014-10-6	90079710	南方东方化工有限公司	77750	100
10	2014-10-6	91279070	南方华浦高科建材有限公司	15550	20
11	2014-10-7	92079200	健康物流有限公司	7775	10
12	2014-10-7	92109870	南方三圣物流有限公司	38875	50
13	2014-10-7	91330170	南方中北（集团）股份有限公司	154000	200
14	2014-10-7	91997700	新实力食品科技（南方）有限公司	23325	30
15	2014-10-7	91989690	南方江宁第五汽车运输有限公司	15550	20
16	2014-10-7	91398100	六合区通达危险品加油站	22425	30
17	2014-10-8	91926760	苏通中烟工业有限责任公司	116625	150
18	2014-10-8	91260780	南方利恒储运有限公司	10107.5	13
19	2014-10-8	91737770	南方钢铁四通运输有限责任公司	27212.5	35
20	2014-10-8	92239980	南方博丰混凝土有限公司	3110	4
21	2014-10-8	91279620	南方鸿兴达通信实业(集团)有限公司	97965	126
22	2014-10-8	92781060	南方成控物资配套有限公司	7775	10
23	2014-10-8	92977910	南方坤宇水泥复合材料有限责任公司	3887.5	5
24	2014-10-8	92026670	苏通省高级人民法院	24491.25	31.5
25	合计			1095818.75	1412.5
26					

图 7-48　数据清单

“销售金额”应该采用字体为“微软雅黑”10 号字，使用千位分隔符、保留两位小数。

“销售数量”应该采用字体为“微软雅黑”10 号字，使用千位分隔符、保留 3 位小数。

合计栏采用内置的“汇总”样式。

具体的表格格式化操作如下。

步骤1 在【开始】选项卡中单击【单元格样式】命令，打开样式下拉列表库。

步骤2 在样式下拉列表库中，单击【新建单元格样式】命令，打开【样式】对话框，如图7-49 所示。

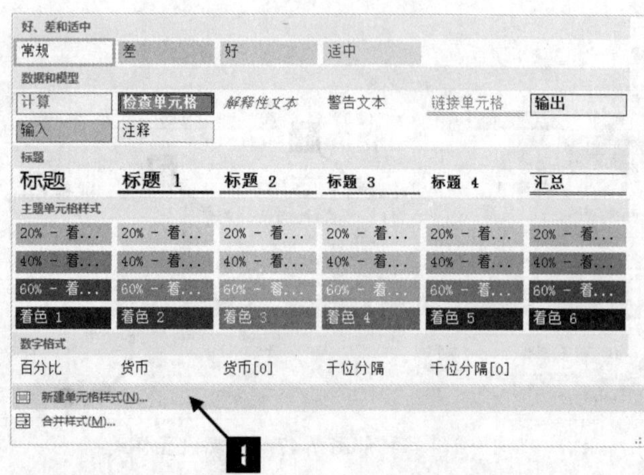

图 7-49 样式下拉列表库

步骤3 在【样式】对话框中的【样式名】文本框中输入样式的名称，如“中文日期”，单击【格式】按钮，打开【设置单元格格式】对话框，按规范要求对样式进行单元格设置。

步骤4 再按步骤 3 的方法，分别新建“编号”、“客户名称”、“金额”、“数量”的样式。设置方法如图 7-50 所示。

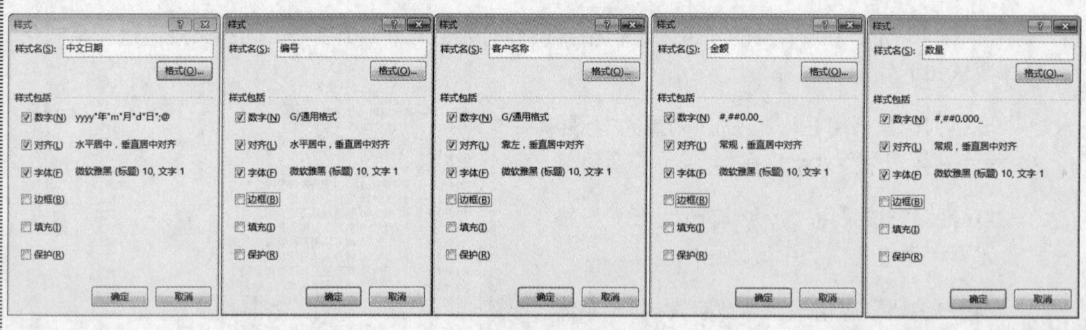

图 7-50 新建自定义样式

新建自定义单元格样式后，在样式下拉列表库上方会出现【自定义】样式区，其中包括新建的自定义样式的名称，如图 7-51 所示。

步骤5 分别选中数据清单的列标题、各列数据以及合计栏，应用样式分别进行格式化。格式化后的效果如图 7-52 所示。

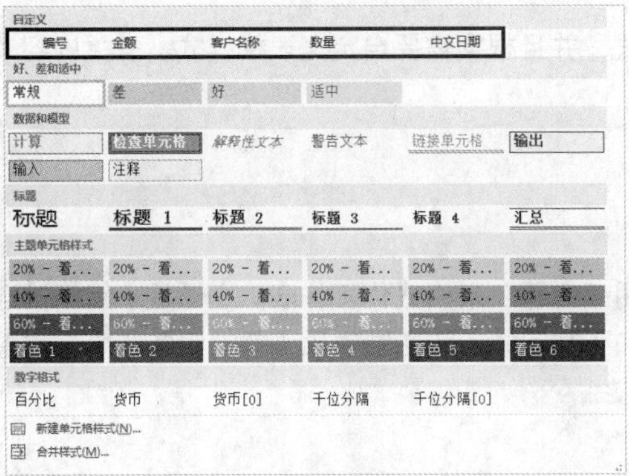

图 7-51 样式库中的自定义样式

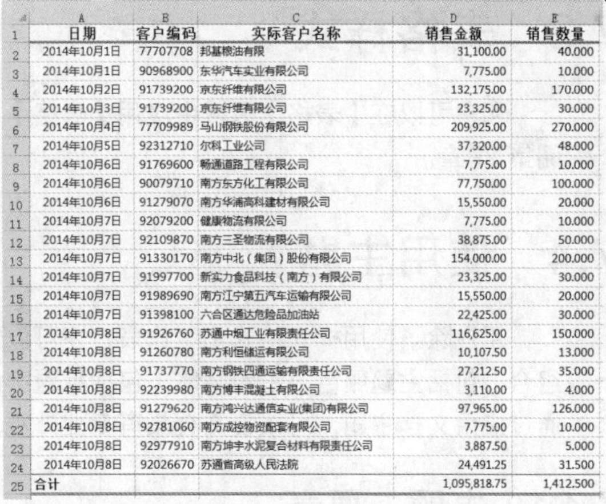

日期	客户编码	实际客户名称	销售金额	销售数量
2014年10月1日	77707708	邦基粮油有限	31,100.00	40.000
2014年10月1日	90968900	东华汽车实业有限公司	7,775.00	10.000
2014年10月2日	91739200	京东纤维有限公司	132,175.00	170.000
2014年10月3日	91739200	京东纤维有限公司	23,325.00	30.000
2014年10月4日	77709989	马山钢铁股份有限公司	209,925.00	270.000
2014年10月5日	92312710	尔科工业公司	37,320.00	48.000
2014年10月6日	91769600	畅通道路工程有限公司	7,775.00	10.000
2014年10月6日	90079710	南方东方化工有限公司	77,750.00	100.000
2014年10月6日	91279070	南方华浦高科建材有限公司	15,550.00	20.000
2014年10月7日	92079200	健康物流有限公司	7,775.00	10.000
2014年10月7日	92109870	南方三圣物流有限公司	38,875.00	50.000
2014年10月7日	91330170	南方中北（集团）股份有限公司	154,000.00	200.000
2014年10月7日	91997700	新实力食品科技（南方）有限公司	23,325.00	30.000
2014年10月7日	91989690	南方江宁第五汽车运输有限公司	15,550.00	20.000
2014年10月7日	91398100	六合区通达危险品加油站	22,425.00	30.000
2014年10月8日	91926760	苏通中烟工业有限责任公司	116,625.00	150.000
2014年10月8日	91260780	南方利恒储运有限公司	10,107.50	13.000
2014年10月8日	91737770	南方钢铁四通运输有限责任公司	27,212.50	35.000
2014年10月8日	92239980	南方博丰混凝土有限公司	3,110.00	4.000
2014年10月8日	91279620	南方鸿兴达通信实业(集团)有限公司	97,965.00	126.000
2014年10月8日	92781060	南方成控物资配套有限公司	7,775.00	10.000
2014年10月8日	92977910	南方坤宇水泥复合材料有限责任公司	3,887.50	5.000
2014年10月8日	92026670	苏通省高级人民法院	24,491.25	31.500
合计			1,095,818.75	1,412.500

图 7-52 应用自定义样式格式化后的表格

7.2.3 合并样式

创建的自定义样式，只会保存在当前工作簿中，不会影响到其他工作簿的样式，如果需要在其他工作簿中使用当前新创建的自定义样式，可以使用合并样式来实现。具体步骤如下。

步骤1 → 在当前工作簿“合并样式.xlsx”中，打开样式模板工作簿“样式模板.xlsx”。

步骤2 → 在当前工作簿的【开始】选项卡中单击【单元格样式】命令，打开样式下拉列表库。

步骤3 → 在样式下拉列表库中，单击【合并样式】按钮。

在当前工作簿“合并样式.xlsx”中的样式下拉列表库上方，即出现模板工作簿中已自定义的样式，如图 7-53 所示。

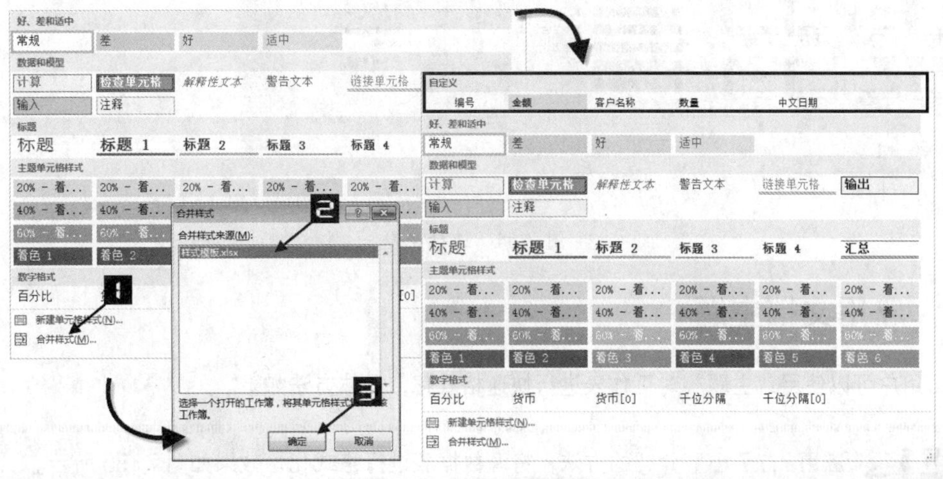

图 7-53 合并样式

用户可以将根据统一规范要求创建的自定义样式保存为模板文件分发到公司各个部门，用于规范公司正式工作表的格式。

第 7 章 Excel 2013

7.3 表格样式

用户可以在【表格】区域中应用【表格】样式，并且根据需要自定义表格样式。有关内容请参阅第 27 章。

7.4 使用主题

用户除了使用样式格式化工作表，还可以使用“主题”来格式化工作表。主题是一组格式选项组合，包括主题颜色、主题字体（包括标题字体和正文字体）和主题效果（包括线条和填充效果）。通过应用文档主题，可以使文档具有专业外观。

7.4.1 主题三要素

主题三要素包括“颜色”、“字体”、“效果”。用户在【页面布局】选项卡中单击【主题】命令，在展开的下拉列表库中，用户可以选择所需要的主题。

如图 7-54 所示，用户可以针对不同的数据内容选择不同的主题，也可以按自己对颜色、字体、效果等的喜好来选择不同的主题。一旦选定某一主题，有关颜色的设置，如颜色面板、套用表格式、单元格样式等中的颜色均使用这一主题的颜色系列。

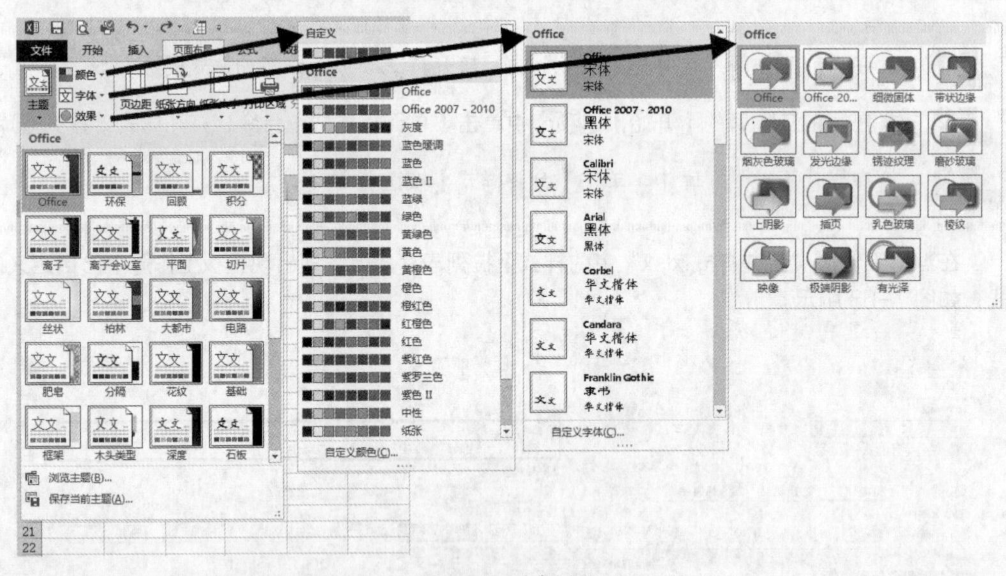

图 7-54 选择主题

7.4.2 应用文档主题

用户可以使用“主题”对工作表进行快速格式化，具体方法如下。

步骤1 应用 7.1.7 小节介绍的方法，将源数据表进行格式化，效果如图 7-55 所示。

步骤2 选中数据表中的任一单元格，在【页面布局】选项卡中单击【主题】命令，在展开的主题库中选择【环保】主题，数据表立即发生变化，变化后的效果如图 7-56 所示。

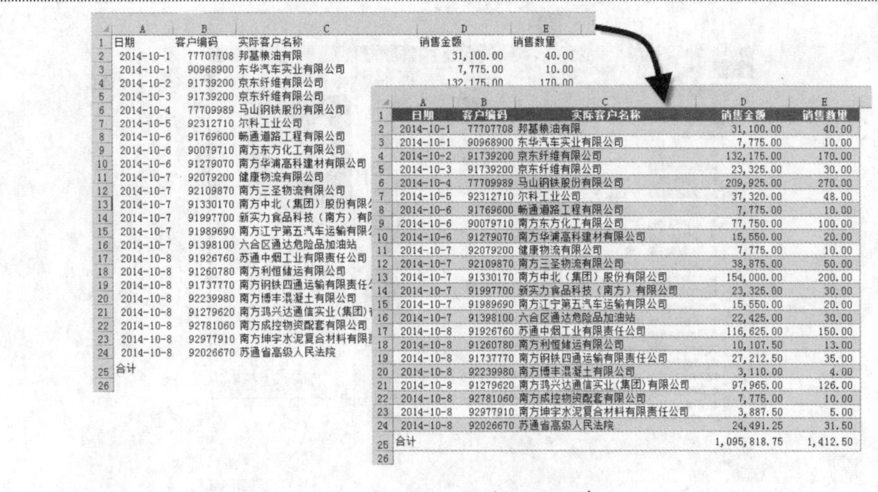

	A	B	C	D	E
1	日期	客户编码	实际客户名称	销售金额	销售数量
2	2014-10-1	77707708	邦基粮油有限	31,100.00	40.00
3	2014-10-1	90968900	东华汽车实业有限公司	7,775.00	10.00
4	2014-10-2	91739200	京东纤维有限公司	132,175.00	170.00
5	2014-10-3	91739200	京东纤维有限公司	23,325.00	30.00
6	2014-10-4	77709989	马山钢铁股份有限公司	209,925.00	270.00
7	2014-10-5	92312710	尔科工业公司	37,320.00	48.00
8	2014-10-6	91769600	畅通道路工程有限公司	7,775.00	10.00
9	2014-10-6	90079710	南方东方化工有限公司	77,750.00	100.00
10	2014-10-6	91279070	南方华浦高科建材有限公司	15,550.00	20.00
11	2014-10-7	92079200	健康物流有限公司	7,775.00	10.00
12	2014-10-7	92109870	南方三圣物流有限公司	38,875.00	50.00
13	2014-10-7	91330170	南方中北（集团）股份有限公司	154,000.00	200.00
14	2014-10-7	91997700	新实力食品科技（南方）有限公司	23,325.00	30.00
15	2014-10-7	91989690	南方江宁第五汽车运输有限公司	15,550.00	20.00
16	2014-10-7	91398100	六合区通达危险品加油站	22,425.00	30.00
17	2014-10-8	91926760	苏通中烟工业有限责任公司	116,625.00	150.00
18	2014-10-8	91260780	南方利恒储运有限公司	10,107.50	13.00
19	2014-10-8	91737770	南方钢铁四通运输有限责任公司	27,212.50	35.00
20	2014-10-8	92239980	南方博丰混凝土有限公司	3,110.00	4.00
21	2014-10-8	91279620	南方鸿兴达通信实业(集团)有限公司	97,965.00	126.00
22	2014-10-8	92781060	南方成控物资配套有限公司	7,775.00	10.00
23	2014-10-8	92977910	南方坤宇水泥复合材料有限责任公司	3,887.50	5.00
24	2014-10-8	92026670	苏通省高级人民法院	24,491.25	31.50
25	合计			1,095,818.75	1,412.50
26					

图 7-55　格式化数据表

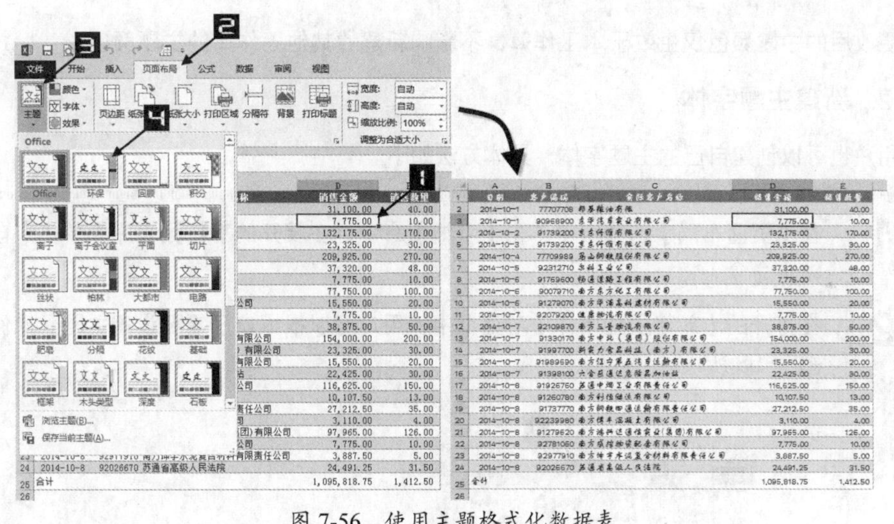

图 7-56　使用主题格式化数据表

“套用表格格式”格式化数据表，只能设置数据表的颜色，不能改变字体。使用“主题”可以对整个数据表的颜色、字体等进行快速格式化。

7.4.3　主题的自定义和共享

用户也能够创建自己的颜色组合和字体组合，混合和搭配不同的内置和自定义的颜色、字体和效果组合，甚至保存合并的结果作为新的主题以便在其他的文档中使用。

1. 新建主题颜色

用户可以创建自己的主题颜色，具体方法如下。

步骤 1 → 在【页面布局】选项卡中单击【颜色】命令，在展开的下拉列表库中单击【自定义颜色】命令。

步骤 2 → 在打开的【新建主题颜色】对话框中，用户可以根据自己的需要设置自己的主题颜色。操作步骤如图 7-57 所示。

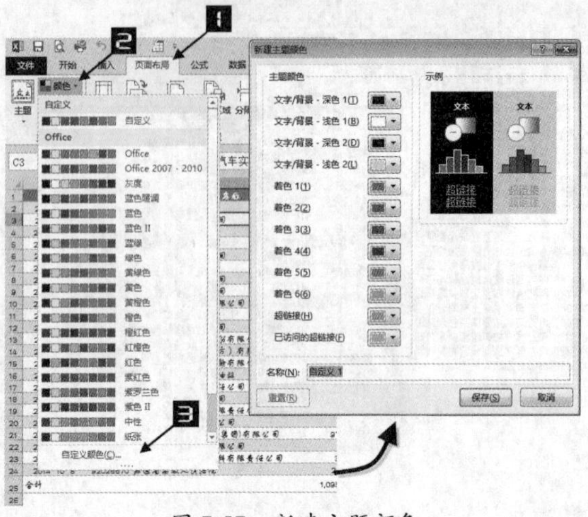

图 7-57 新建主题颜色

更改后的主题颜色仅生效于本工作簿，不影响新建的其他工作簿的主题颜色。

2. 新建主题字体

用户也可以创建自己的主题字体，具体方法如下。

步骤1 在【页面布局】选项卡中单击【字体】命令，在展开的下拉列表库中单击【自定义字体】命令。

步骤2 在打开的【新建主题字体】对话框中，用户可以根据自己需要设置主题。操作步骤如图 7-58 所示。

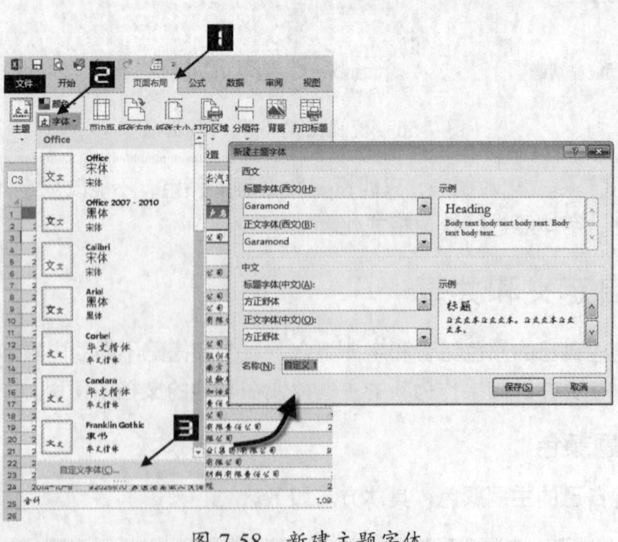

图 7-58 新建主题字体

3. 保存当前主题

如果用户希望将自定义的主题用于更多的工作簿，则可以将当前的主题保存为主题文件，保存的主题文件格式扩展名为“.thmx”，操作步骤如图 7-59 所示。

自定义文档主题将保存在“文档主题”文件夹中，在 Windows 7 操作系统中，存放在以下路径的文件夹中，其中“ZM”为用户进入系统的实际用户名：

```
C:\Users\ZM\AppData\Roaming\Microsoft\Templates\Document Themes\
```

同时新主题将自动添加到自定义主题列表中，如图 7-60 所示。

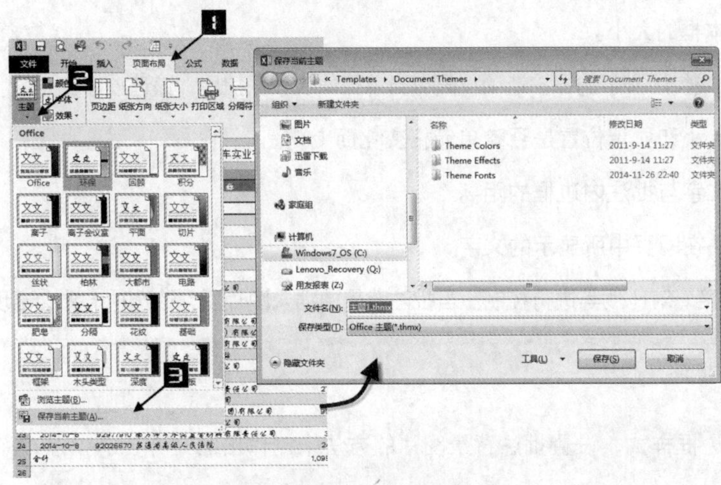

图 7-59　保存当前主题

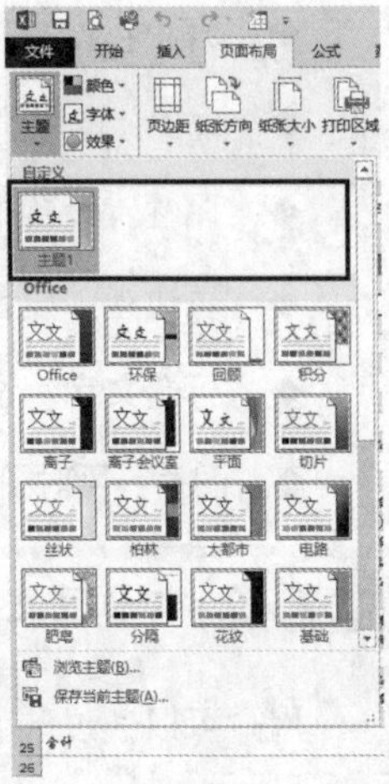

图 7-60　自定义主题

7.5　批注的格式及样式

在单元格中插入批注后，用户可以对批注的格式进行修改设置，具体步骤如下（有关在单元格中插入批注的方法请参阅 5.2.5 小节）。

步骤 1 → 选中批注的外框，单击鼠标右键或在【开始】选项卡中单击【格式】命令。

步骤 2 → 在展开的下拉列表中，单击【设置批注格式】命令，打开【设置批注格式】对话框，如图 7-61 所示。

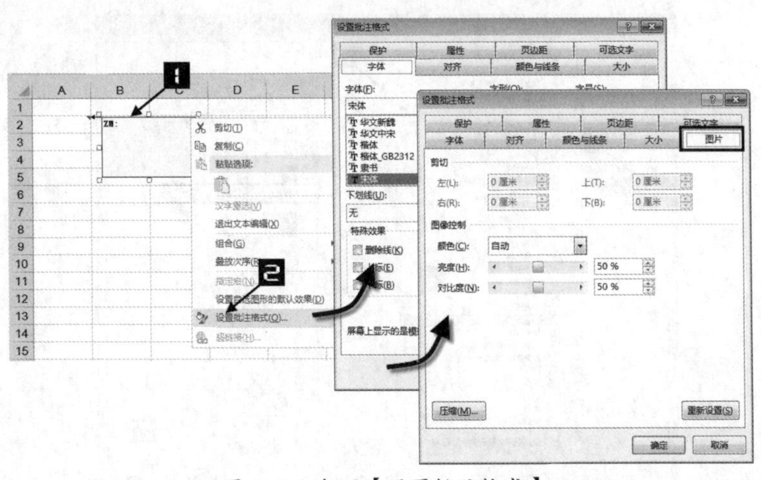

图 7-61　打开【设置批注格式】

【设置批注格式】对话框包含了“字体”、“对齐”、“颜色与线条”、“大小”、“保护”、“属性”、“页边距”、“可选文字”8 个选项卡。通过这些选项卡的设置，用户可以对当前单元格批注的外观样式等属性进行设置。各选项卡的设置内容如下。

- 字体：设置批注字体类型、字形、字号、字体颜色以及下划线、删除线等显示效果。
- 对齐：可以设置批注文字的水平、垂直对齐方式、文本方向以及文字方向等。
- 颜色与线条：可以设置批注外框线条样式和颜色以及批注背景的颜色、图案等。
- 大小：设置批注文本框的大小。
- 保护：设置锁定批注或批注文字的保护选项，只有当前工作表被保护后，该选项才会生效。
- 属性：设置批注的大小和显示位置是否随单元格变化而变化。
- 页边距：设置批注文字与批注内边框的距离。
- 可选文字：设置批注在网页中所显示的文字。
- 图片：可对图像的亮度、对比度等进行控制。当批注背景中插入图片后，该选项卡才会出现。

示例 7-4 制作图文并茂的批注

用户可以通过改变批注边框样式，设置批注背景图片的方法来制作出图文并茂的批注，如图 7-62 所示。

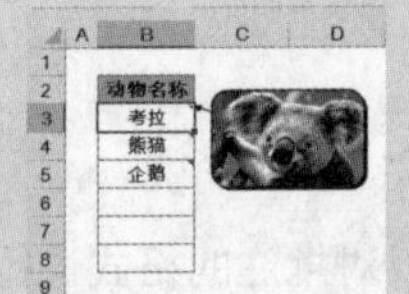

图 7-62 图文并茂的批注

具体步骤如下。

步骤1 将【绘图工具】格式选项卡中的【更改形状】命令添加到快速访问工具栏中，方法如图 7-63 所示。

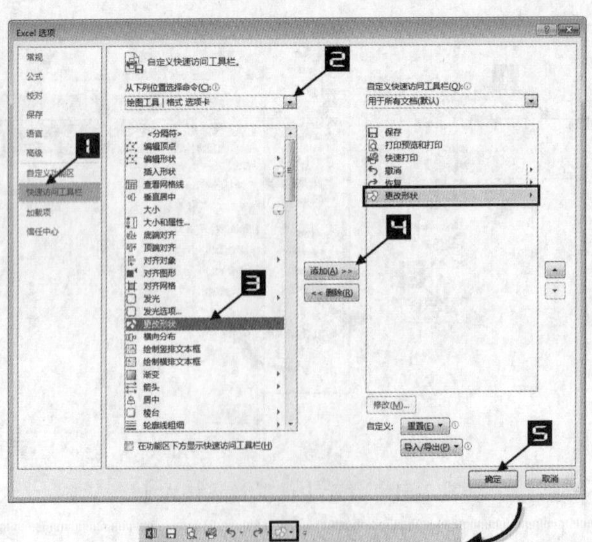

图 7-63 在快速访问工具栏中添加【更改形状】命令按钮

步骤2 → 选中包含批注的单元格，如 B3 单元格，单击鼠标右键，在打开的快捷菜单中单击【编辑批注】命令，此时批注边框处于被选中状态，如图 7-64 所示。

步骤3 → 用鼠标选取批注边框，单击快速访问工具栏中的【更改形状】命令。

步骤4 → 在打开的形状图库中，单击所需的形状，如【圆角矩形】。操作过程如图 7-65 所示。

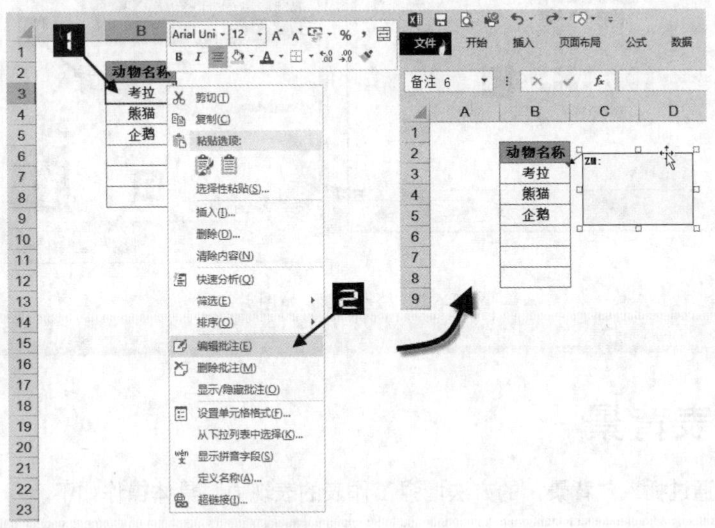

图 7-64 编辑批注

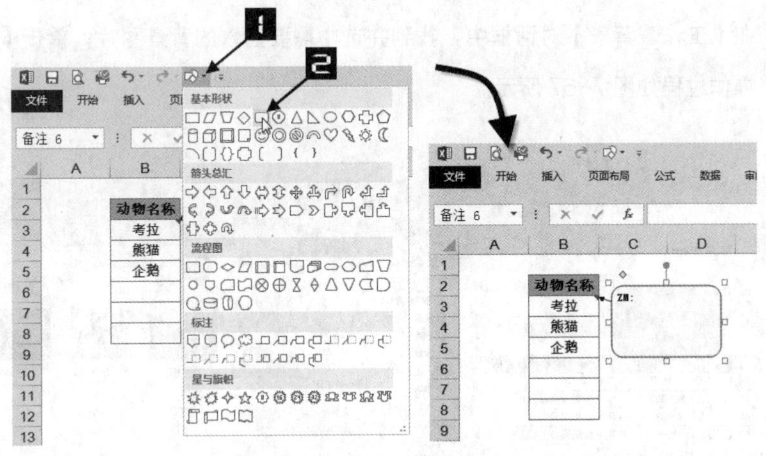

图 7-65 修改批注边框的形状

步骤5 → 单击批注，使批注边框处于可编辑状态，选中批注边框，单击鼠标右键，在弹出的快捷菜单中单击【设置批注格式】命令。

步骤6 → 在打开的【设置批注格式】对话框中，选取【颜色与线条】选项卡，单击【填充】→【颜色】下拉列表，然后单击【填充效果】命令。

步骤7 → 在打开的【填充效果】对话框中，单击【图片】选项卡，然后单击【选择图片】命令，添加所需的图片。

步骤8 → 依次单击【确定】按钮，关闭对话框。操作步骤如图 7-66 所示。

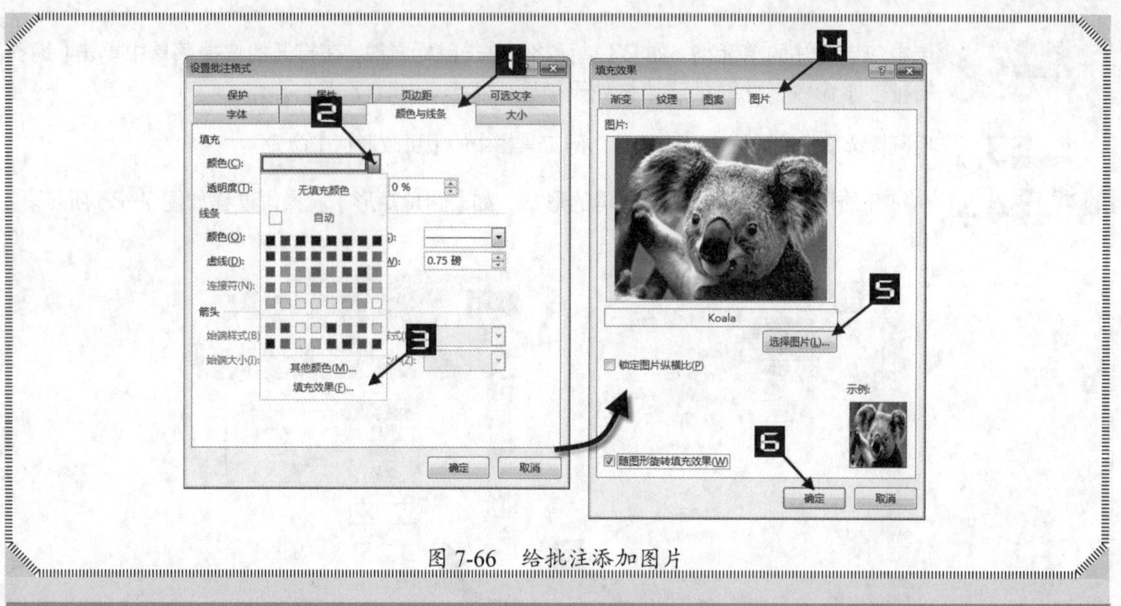

图 7-66　给批注添加图片

7.6　工作表背景

用户可以通过插入“背景”的方法增强工作表的表现力，具体操作如下。

步骤1 → 在【页面布局】选项卡中单击【背景】命令，打开【工作表背景】对话框。

步骤2 → 在【工作表背景】对话框中，找到并选中需要插入的背景图片，单击【插入】按钮。操作过程如图 7-67 所示。

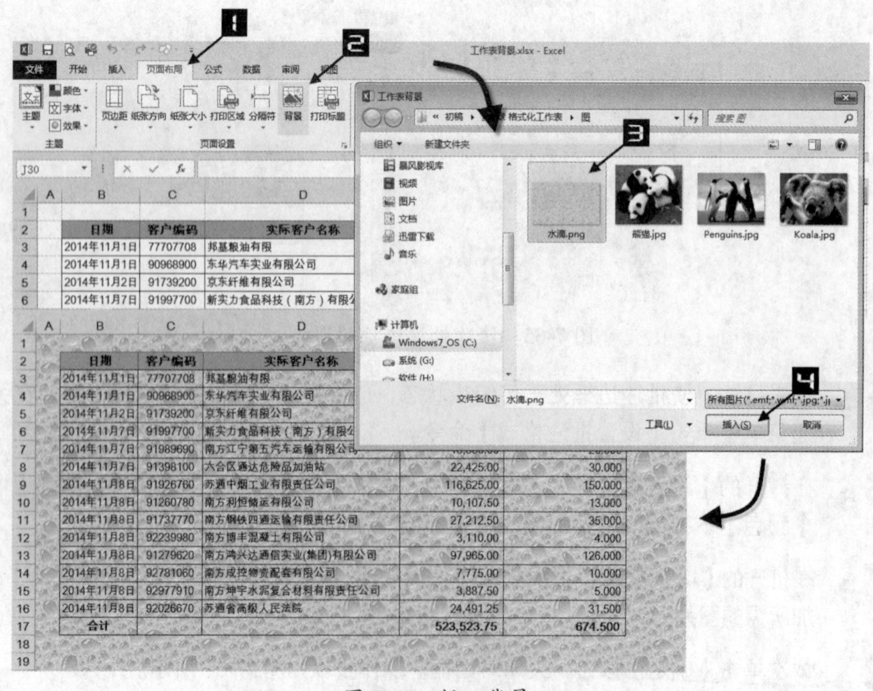

图 7-67　插入背景

为增强背景图片的显示效果，用户可以在【视图】选项卡中取消对【网格线】复选框的勾选，关闭网格线的显示，如图 7-68 所示。

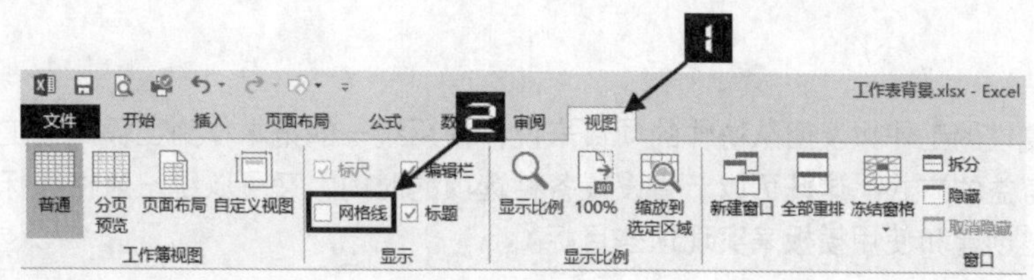

图 7-68　关闭网络线

用户还可以通过将选定区域以外的单元格背景色设置为“白色”，而将表格部分背景色设置为“无”的方法，实现只在特定单元格区域中显示背景的效果，显示效果如图 7-69 所示。

日期	客户编码	实际客户名称	销售金额	销售数量
2014年11月1日	77707708	邦基粮油有限	31,100.00	40.000
2014年11月1日	90968900	东华汽车实业有限公司	7,775.00	10.000
2014年11月2日	91739200	京东纤维有限公司	132,175.00	170.000
2014年11月7日	91997700	新实力食品科技（南方）有限公司	23,325.00	30.000
2014年11月7日	91989690	南方江宁第五汽车运输有限公司	15,550.00	20.000
2014年11月7日	91398100	六合区通达危险品加油站	22,425.00	30.000
2014年11月8日	91926760	苏通中烟工业有限责任公司	116,625.00	150.000
2014年11月8日	91260780	南方利恒储运有限公司	10,107.50	13.000
2014年11月8日	91737770	南方钢铁四通运输有限责任公司	27,212.50	35.000
2014年11月8日	92239980	南方博丰混凝土有限公司	3,110.00	4.000
2014年11月8日	91279620	南方鸿兴达通信实业(集团)有限公司	97,965.00	126.000
2014年11月8日	92781060	南方成控物资配套有限公司	7,775.00	10.000
2014年11月8日	92977910	南方坤宇水泥复合材料有限责任公司	3,887.50	5.000
2014年11月8日	92026670	苏通省高级人民法院	24,491.25	31.500
合计			523,523.75	674.500

图 7-69　显示特定单元格区域的背景

第 8 章　创建和使用模板

对于重复性的工作以及团队协作的项目来说，使用统一的范本作为工作簿或工作表的使用标准是一种十分有益的方式。这既可以节省设置各种选项的时间，又可以统一风格和标准。本章的主要内容即是通过创建和使用模板来实现这些目标。

本章学习要点

(1) 打开默认启动文件夹内的所有文件。

(2) 打开自定义启动文件夹内的所有文件。

(3) 创建自定义模板。

(4) 使用联机模板。

8.1　理解模板的含义

所谓的模板类似于工业上所使用的模具，同一个模具里生产出来的产品都拥有相同的外观特征。与此类似，在 Excel 中使用同一模板所生成的工作簿或工作表也具有一些相同的属性。使用模具可以提高产品生产效率，避免单体差异。而使用模板新建的工作簿或工作表有统一的标准特征，可以简化烦琐的操作。

例如，如果工作表默认的行高列宽不符合用户的要求，而每次新建工作表都需要更改行高列宽的话，显然会增加许多工作量。此时若将设置过行高和列宽的工作簿保存为模板，即可在今后根据模板创建的每张工作表中得到所需的行高和列宽。

Excel 2013 的模板文件的扩展名为".xltx"或".xltm"，前者不包含宏代码，后者可以包含宏代码。以下提到的模板，主要指".xltx"文件。

8.2　启动文件夹和模板文件夹

要创建和使用模板功能，首先需要了解一下 Excel 的启动文件夹和模板文件夹。

8.2.1　默认的启动文件夹与模板文件夹

Excel 默认设置了一些启动文件夹，位于这些文件夹中的文件都会在启动 Excel 程序时打开。如果用户需要每次启动 Excel 时都打开一些同样的文件，可以把相应的文件加入到此文件夹中。Excel 默认的启动夹通常命名为"XLSTART"。

当用户选择用本机的模板创建新工作簿时，Excel 会自动定位到默认的模板文件夹"Templates"，供用户从中选择所需要的模板文件。此文件夹不仅是 Excel 程序的默认模板文件夹，也是许多其他 Office 应用程序的公用模板文件夹。除了 Excel 模板文件，Word、PowerPoint 的模板文件也位于此处。

依次按<Alt>、<F>、<T>键，在弹出的【Excel 选项】对话框中选择【信任中心】选项，单击【信任中心设置】按钮，在弹出的【信任中心】对话框中单击【受信任位置】选项，即可查看或修改所有默认的启动文件夹和模板文件夹所在的路径，如图 8-1 所示。

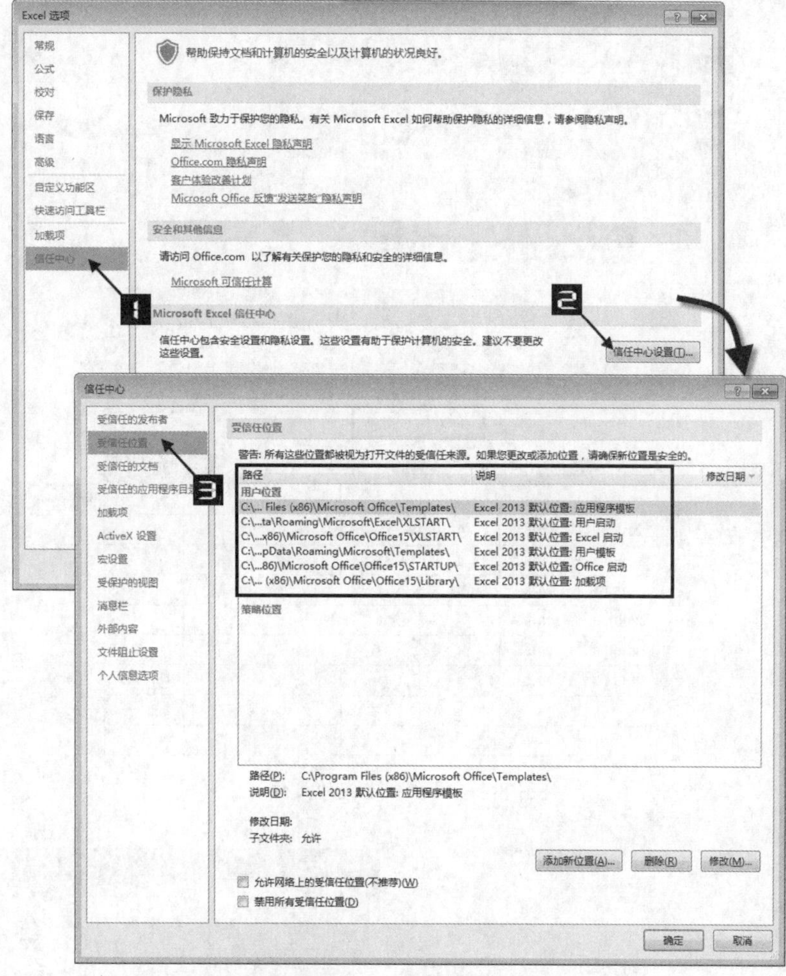

图 8-1　Excel 默认启动文件夹和模板文件夹所在路径

8.2.2　自定义启动文件夹

1. 打开默认启动文件夹内的所有文件

示例 8-1　打开 Excel 默认启动文件夹内的所有文件

以 64 位操作系统为例，Excel 2013 默认的启动文件夹路径为“C:\Program Files (x86)\Microsoft Office\Office15\XLSTART”。在实际工作中，用户有时会需要在启动 Excel 时同时打开多个已经设定好的文件，请参照以下步骤。

步骤 1 用户根据自己的实际需求创建“模板文件”并命名为“文件 1”和“文件 2”或其他自定义的名称，“文件 2”中还带有函数公式，如图 8-2 所示。

步骤 2 将自定义文件“文件 1”和“文件 2”粘贴到 Excel 2013 默认的启动文件夹“XLSTART”中，如果弹出【目标文件夹访问被拒绝】对话框，单击【继续】按钮，如图 8-3 所示。

当用户打开 Excel 工作簿时就会发现，已经同时打开了自己设定的所有文件，如图 8-4 所示。

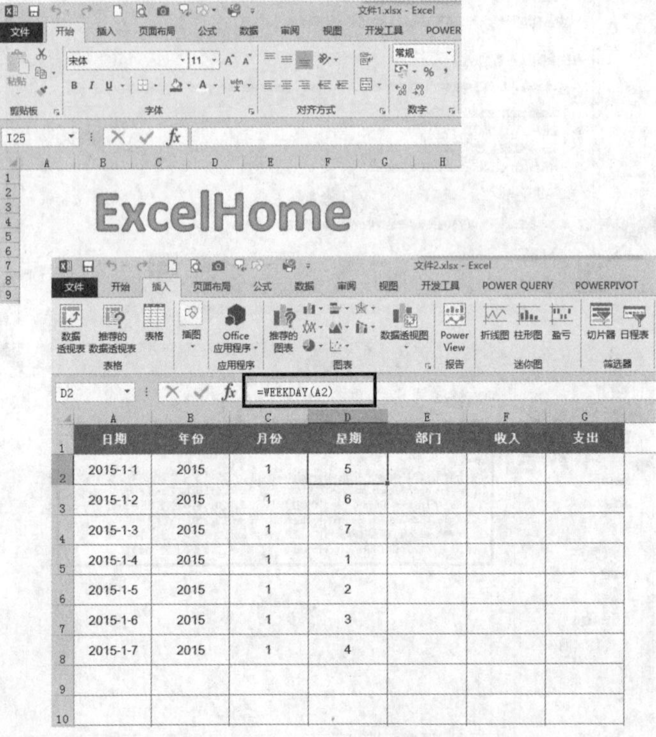

图 8-2 用户自定义的文件

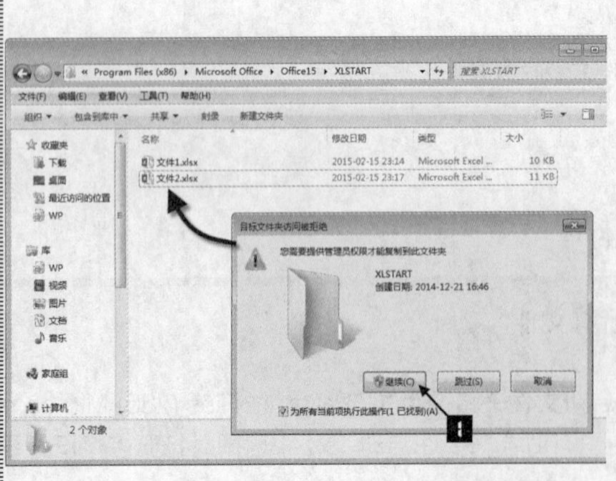

图 8-3 将自定义文件粘贴到 Excel 2013 默认的启动文件夹

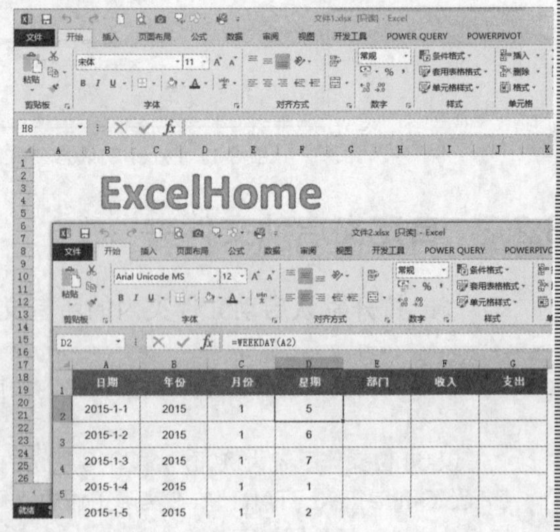

图 8-4 同时打开 Excel 默认启动文件夹内的所有文件

注意

同时打开的模板文件是以“只读”形式出现的，用户可以在编辑后另存为其他路径并更改文件名称。

2. 打开自定义启动文件夹内的所有文件

除了系统默认的启动文件夹外，用户也可以设置自己的启动文件夹，调出【Excel 选项】对话框，单击【高级】选项卡，在右侧的【常规】选项【启动时打开此目录中的所有文件】的文本框内可以输入用户自定义的启动文件夹路径，例如“D:\我的启动文件夹”，如图 8-5 所示，最后单击【确定】按钮完成设置。

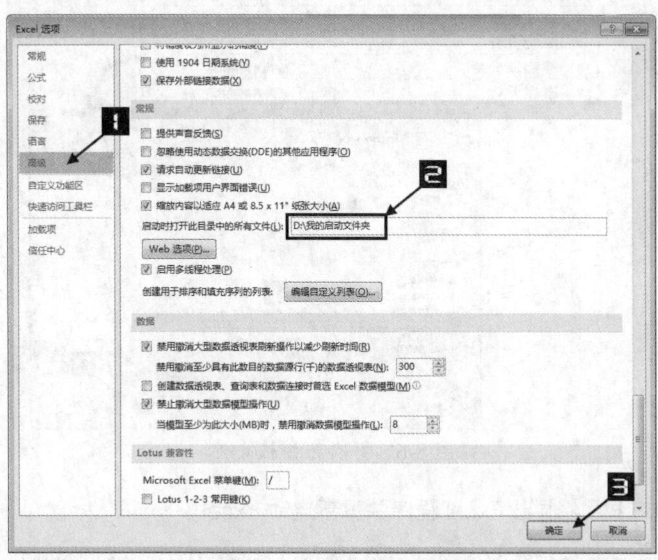

图 8-5 自定义启动文件夹

设置完成后用户可以把“模板文件”粘贴到“D:\我的启动文件夹”内，同时还要删除默认启动文件夹“XLSTART”内的所有文件，否则，当用户打开 Excel 时，将会同时打开两个文件夹内的所有“.xlsx”文件。

8.3 新建个人模板

Excel 对于工作簿和工作表有其默认的设置，例如 Excel 2013 中文版的工作表在默认情况下使用 11 号字体、8.38 的列宽以及 13.50 的行高等。用户可以通过创建个人模板来改变这些设置，创建统一、个性鲜明的报表。

示例 8-2 通过【新建】选项卡应用自定义模板

步骤1 新建一个空白工作簿。

步骤2 对工作簿进行设置，使其具有用户所需要的标准规范和样式。

步骤3 设置完成后，按<F12>键打开【另存为】对话框。

步骤4 在对话框的【保存类型】下拉列表中选择“Excel 模板”，“保存位置”将自动定位到“自定义 Office 模板”文件夹，然后在【文件名】文本框中输入“我的分析模板”或其他名称，单击【保存】按钮完成模板保存，如图 8-6 所示。

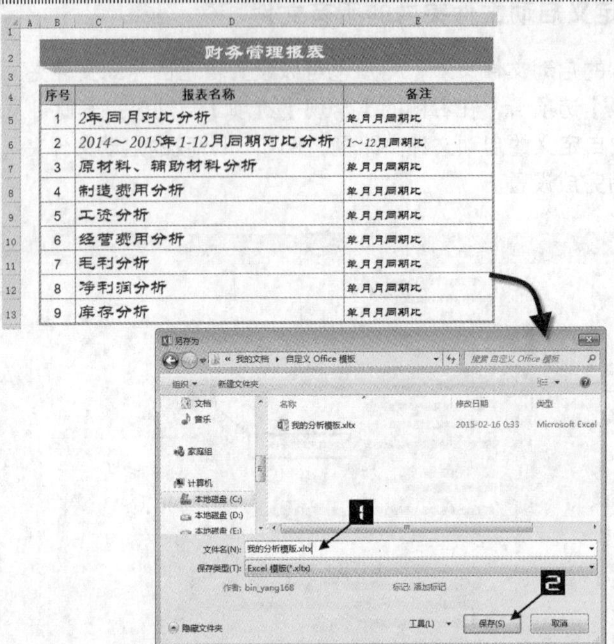

图 8-6 另存为模板文件

步骤5 → 关闭工作簿，退出 Excel 程序并重新启动 Excel。

当用户需要以此自定义的模板作为蓝本创建新的工作簿时，可以依次单击【文件】→【新建】选项卡，在右侧的【新建】任务窗格中单击【个人】，可以显示出存放在“自定义 Office 模板”文件夹内的模板文件，单击“我的分析模板”即可应用用户自定义的模板文件，如图 8-7 所示。

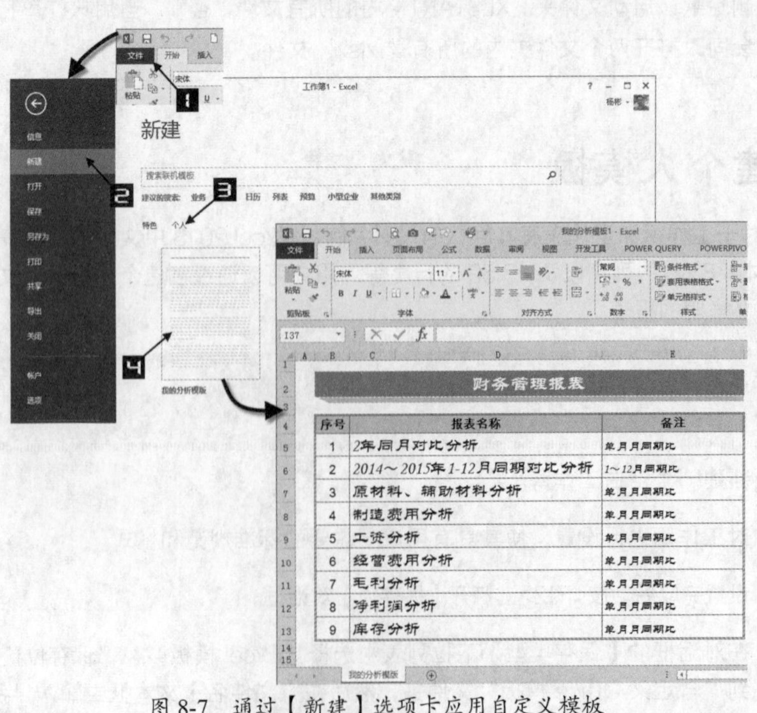

图 8-7 通过【新建】选项卡应用自定义模板

用户对工作簿所进行的所有设置中，可以保存到模板中的项目有以下几种。

◆ 工作簿中的工作表数目。

◆ 【Excel 选项】对话框中【高级】选项卡的一些设置，例如显示网格线、显示工作表标签、显示行和列标题、显示分页符等此工作簿或工作表的显示选项。

◆ 自定义的数字格式。

◆ 单元格样式。其中包括字体、对齐方式、字号大小等相关内容。

◆ 行宽和列高。有关行宽列高的设置请参阅 4.2.2 小节。

◆ 工作表标签的名称、颜色、排列顺序等。有关工作表标签的设置请参阅第 3 章。

◆ 打印设置，包括打印区域、页眉页脚、页边距等内容。有关打印设置的具体内容请参阅第 9 章。

除了以上这些主要的设置内容外，如果有必要，用户还可以在模板中加入数据、公式链接、图形控件等内容。

如果用户不再需要使用自定义的模板，只需删除“自定义 Office 模板”文件夹内的模板文件即可。

注意

需要制作为工作表模板的工作簿尽量只保留唯一一张工作表，以避免在应用此模板创建新工作表时同时生成多张工作表。

提示

用户可以在模板文件夹中同时存放多个模板文件，根据不同的样式设置和用途分别为其命名。用户可以根据不同的工作任务，选用对应的自定义模板来创建新工作簿。对于一些日常性的或规律性的数据表格工作，用户可以将除变动数据以外的内容保存在自定义模板中，以方便同类工作的表格操作。这样的工作方式也正是创建和使用自定义模板最实用的意义之一。

例如，需要每月制作的财务报表，除了当月财务数据需要根据相应变化重新输入以外，其他一些固定的栏目名称、表格格式、公式链接、数据透视表分析以及图表分析等内容都可以保存到自定义模板之中。当用户需要制作新的月报表时，只要基于此模板来创建工作簿即可。

8.4 创建特色模板

Excel 2013 为用户提供了很多免费的电子表格模板，它们中的一部分随安装程序被保存到用户的模板文件夹中，其他模板由 Office.com 进行维护并展示在 Excel 窗口中，只要用户连接到互联网即可下载并使用这些模板。

示例 8-3 下载特色模板创建工作簿

步骤 1 单击【文件】选项卡中的【新建】命令，在【新建】列表中单击【特色】按钮，提供了多个不同类型的模板。选中其中一个，如“项目预算”模板，Excel 将会展示模板的预览效果。

步骤 2 单击【创建】按钮，即可将该模板下载到本地，如图 8-8 所示。

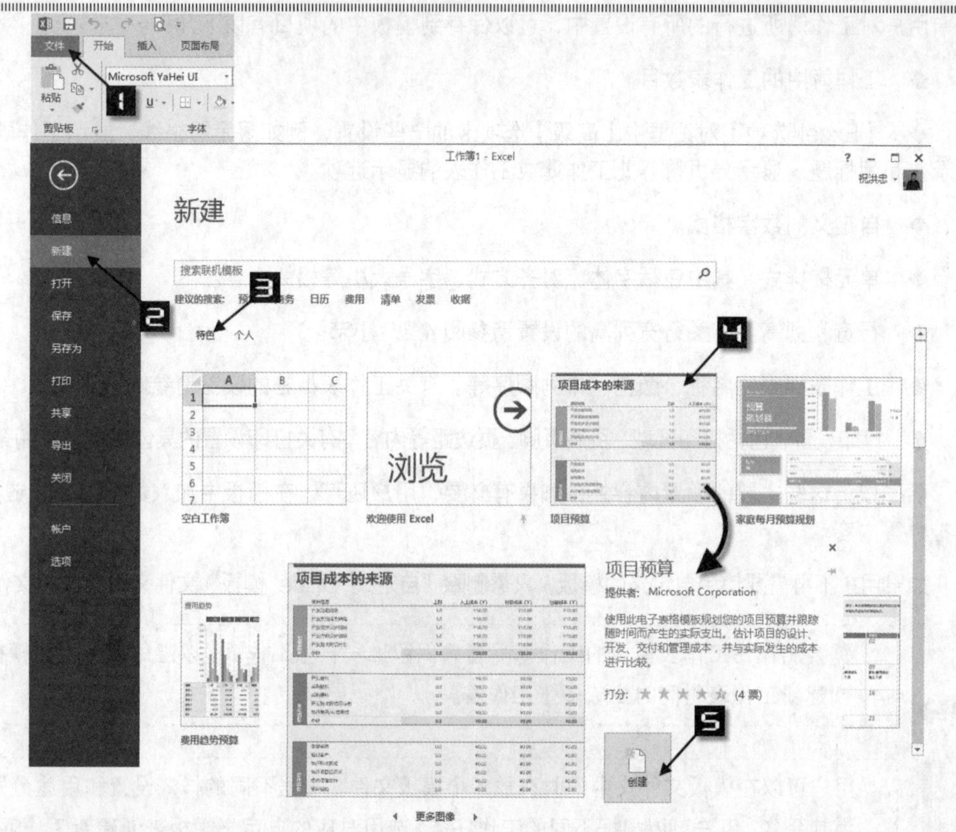

图 8-8 下载模板

步骤3 → 下载完成后，该模板文件会自动保存在 Excel 的默认模板文件夹 "C:\Users\用户名\AppData\Roaming\Microsoft\Templates" 中，同时以此模板新建一个工作簿文件，如图 8-9 所示。

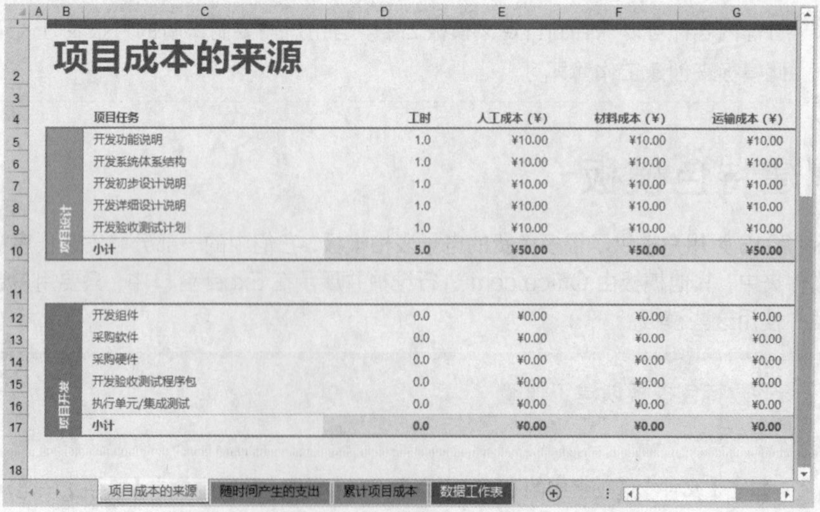

项目成本的来源

	项目任务	工时	人工成本（¥）	材料成本（¥）	运输成本（¥）
项目设计	开发功能说明	1.0	¥10.00	¥10.00	¥10.00
	开发系统体系结构	1.0	¥10.00	¥10.00	¥10.00
	开发初步设计说明	1.0	¥10.00	¥10.00	¥10.00
	开发详细设计说明	1.0	¥10.00	¥10.00	¥10.00
	开发验收测试计划	1.0	¥10.00	¥10.00	¥10.00
	小计	5.0	¥50.00	¥50.00	¥50.00
项目开发	开发组件	0.0	¥0.00	¥0.00	¥0.00
	采购软件	0.0	¥0.00	¥0.00	¥0.00
	采购硬件	0.0	¥0.00	¥0.00	¥0.00
	开发验收测试程序包	0.0	¥0.00	¥0.00	¥0.00
	执行单元/集成测试	0.0	¥0.00	¥0.00	¥0.00
	小计	0.0	¥0.00	¥0.00	¥0.00

工作表标签：项目成本的来源 | 随时间产生的支出 | 累计项目成本 | 数据工作表

图 8-9 "项目预算"模板文件

除了在【新建】列表中选择，也可以使用搜索框搜索更多联机模板。如图 8-10 所示。

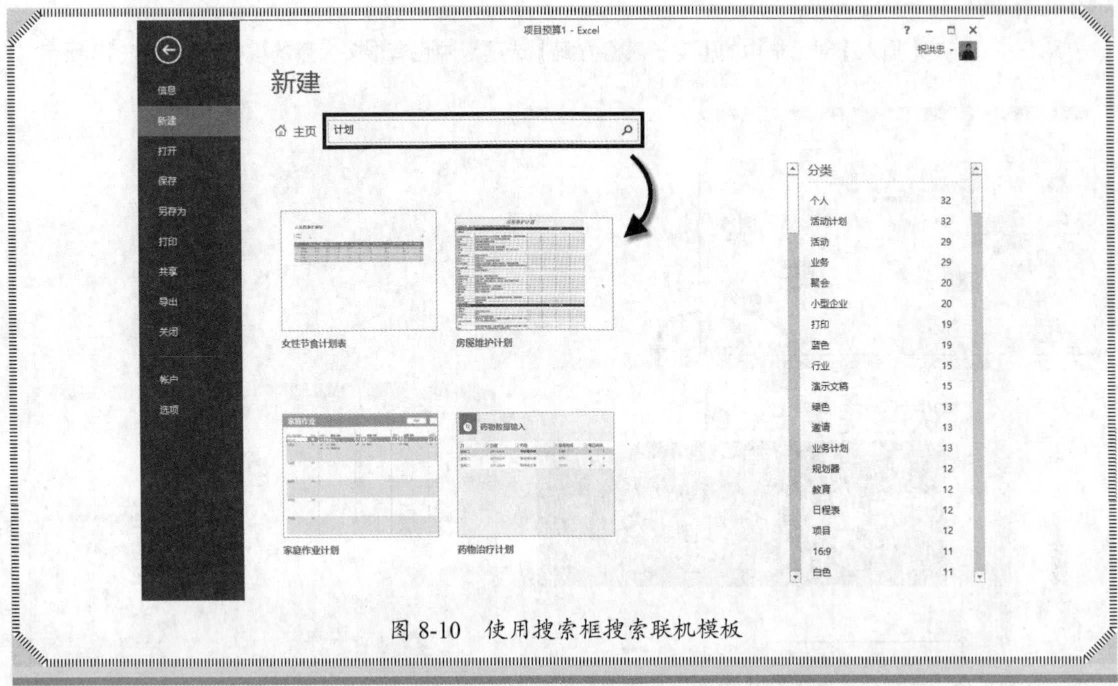

图 8-10　使用搜索框搜索联机模板

8.5　通过在工作表页签上的插入方式应用模板

示例 8-4　通过在工作表页签上的插入方式应用模板

用户可以通过在工作表标签上的插入方式应用“C:\Users\用户名\AppData\Roaming\Microsoft\Templates”文件夹中的模板，具体方法如下。

步骤1 打开 Excel 工作簿，在任意一个页签上单击鼠标右键，选择【插入】命令，弹出【插入】对话框，如图 8-11 所示。

步骤2 单击【插入】对话框中的模板（本例中为“欢迎使用 Excel.xltx”）即可在右侧显示出该模板的预览，单击【确定】按钮即可应用此模板，如图 8-12 所示。

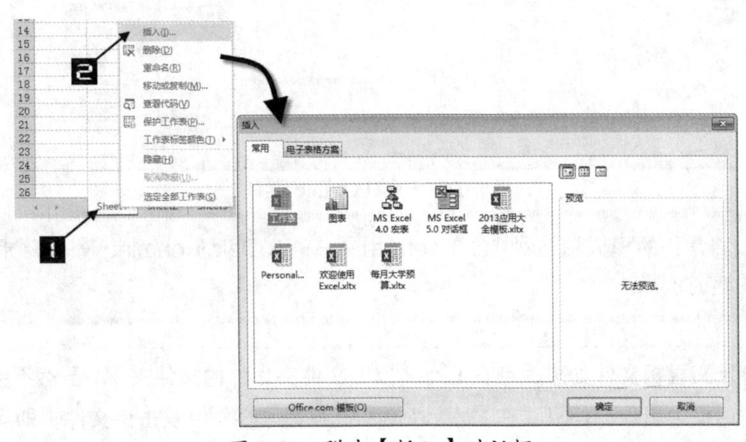

图 8-11　弹出【插入】对话框

【插入】对话框中的【电子表格方案】选项卡中也有很多实用的模板，如图 8-13 所示。

图 8-12　应用“欢迎使用 Excel.xltx”模板

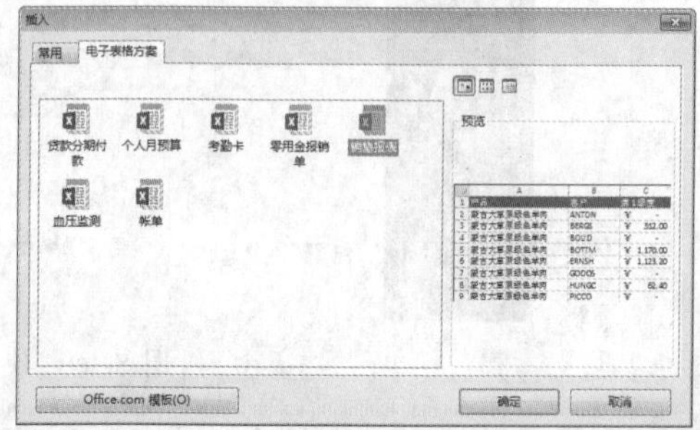

图 8-13　【插入】对话框中的【电子表格方案】

如果用户处于互联网的连接状态，可以单击【插入】对话框中的【Office.com 模板】按钮获取免费的 Excel Online 模板，如图 8-14 所示。

图 8-14　Excel Online 模板

用户可以将常用的模板粘贴到“C:\Users\用户名\AppData\Roaming\Microsoft\Templates”文件夹中，以便随时调用。

提示

自定义模板文件如果保存在 Excel 模板文件夹之外的文件夹中，虽然不会在【新建】对话框中出现，但只要在“Windows 资源管理器”中双击该文件，即可根据该模板文件新建一个工作簿。

第 9 章　打印文件

尽管无纸化办公越来越成为一种趋势，但在许多时候，打印输出依旧是很多 Excel 表格的最终目标。本章将着重介绍如何进行页面设置以及如何调整打印设置等相关内容。通过本章的学习，用户可以掌握打印输出的设置技巧，使得打印输出的纸质文档能够符合自己的显示要求。

本章学习要点

（1）设置打印区域。

（2）调整页面设置。

（3）打印预览的使用。

9.1　快速打印

如果要快速打印电子表格，最简捷的方法是利用【快速打印】命令。这一命令位于【快速访问工具栏】中，但默认状态下没有显示出来。单击【快速访问工具栏】右侧的下拉箭头，在弹出的命令列表中单击【快速打印】命令项，即可将其添加为【快速访问工具栏】上的按钮。

提示　使用类似的方法，也可以将【打印预览和打印】按钮添加到【快速访问工具栏】上。

将鼠标指针悬停在【快速打印】按钮上，可以显示当前的打印机名称（通常是系统默认打印机）。单击它，即可依照当前工作簿的打印设置进行打印。

所谓的“快速打印”，指的是不需要用户进行进一步确认即直接输出到打印机任务中。如果当前工作表没有进行过任何有关打印选项的设置，则 Excel 会自动以默认的打印方式对其进行设置，这些默认设置内容包括以下几种。

◆　打印内容：当前选定工作表中所有包含数据或格式的区域，以及图表、图形、控件等对象，但不包括单元格批注。

◆　打印份数：1 份。

◆　打印范围：整个工作表中包含数据和格式的区域。

◆　打印方向：纵向。

◆　打印顺序：从上至下，再从左到右。

◆　打印缩放：无缩放，即 100%正常尺寸。

◆　页边距：上下页边距为 1.91 厘米，左右页边距为 1.78 厘米，页眉页脚边距为 0.76 厘米。

◆　页眉页脚：无页眉页脚。

◆　打印标题：无标题。

如果用户对打印设置进行了更改，则按用户的设置打印输出，并且在保存工作簿时会将相应的设置保存在当前工作表中。

9.2 设置打印内容和区域

在打印输出之前，用户首先要确定需要打印的内容以及表格区域。通过以下的介绍，用户将了解到如何选择打印输出的工作表区域以及需要在打印中显示的各种表格内容。

9.2.1 设置打印区域

1. 工作表的打印选取

在默认打印设置下，Excel 仅打印活动工作表上的内容。如果用户同时选中多个工作表后执行打印命令，则可以同时打印选中的多个工作表内容。如果用户要打印当前工作簿中的所有工作表，可以在打印之前同时选中工作簿中的所有工作表，也可使用【打印】中的【设置】进行设置。

单击【文件】选项卡中的【打印】项，或按<Ctrl+P>组合键，打开打印选项菜单，如图 9-1 所示。单击【打印活动工作表】的下拉按钮，在弹出的下拉菜单中选择【打印整个工作簿】命令，最后单击【打印】按钮，即可打印当前工作簿中的所有工作表内容。

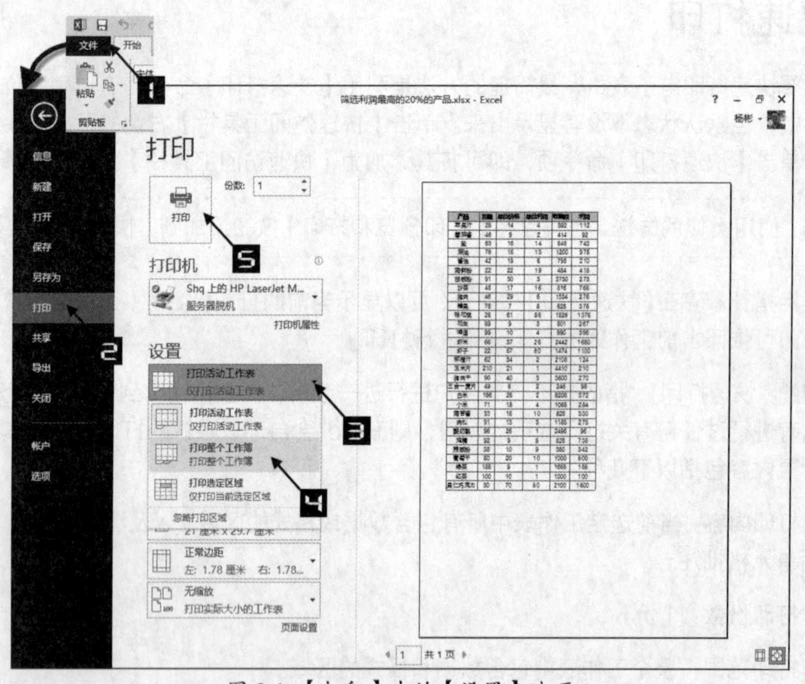

图 9-1 【打印】中的【设置】选项

2. 打印区域

在默认方式下，Excel 只打印那些包含数据或格式的单元格区域，如果选定的工作表中不包含任何数据或格式以及图表图形等对象，则在执行打印命令时会弹出警告窗口，提示用户未发现打印内容，如图 9-2 所示。

但如果用户选定了需要打印的固定区域，即使其中不包含任何内容，Excel 也允许将其打印输出。设置打印区域有下面几种方式。

图 9-2 未发现可以打印的内容

◆ 选定需要打印的区域后，按<Ctrl+P>组合键打开图 9-1 所示的打印选项菜单，单击【打印活动工作表】的下拉按钮，在弹出的下拉菜单中选择【打印选定区域】命令，单击【打印】按钮打印输出。

◆　选定需要打印的区域后，单击【页面布局】选项卡中的【打印区域】按钮，在出现的下拉列表中选择【设置打印区域】命令，即可将当前选定区域设置为打印区域，如图 9-3 所示。

◆　单击【页面布局】选项卡中的【打印标题】按钮，在弹出的【页面设置】对话框中单击【工作表】选项卡，如图 9-4 所示。将鼠标定位到【打印区域】的编辑栏中，然后在当前工作表中选取需要打印的区域，选取完成后在对话框上单击【确定】按钮。

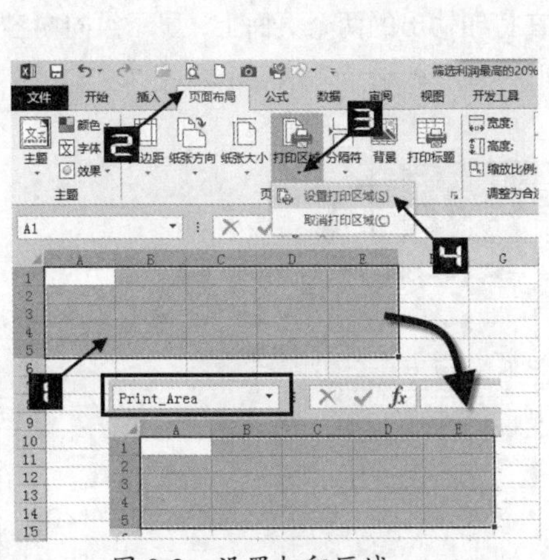

图 9-3　设置打印区域

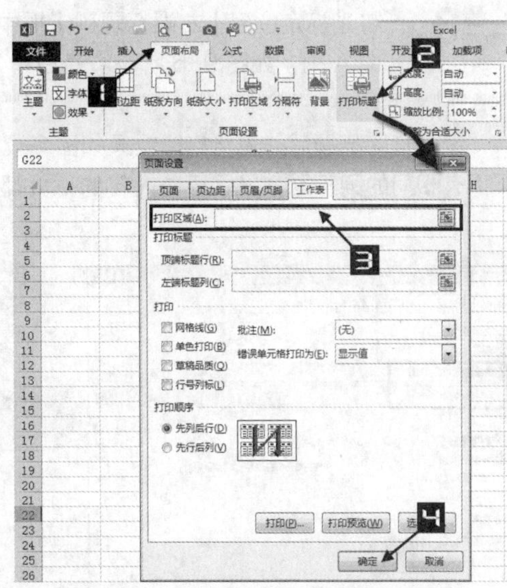

图 9-4　【页面设置】对话框

打印区域可以是连续的单元格区域，也可以是非连续的单元格区域。如果选取非连续区域进行打印，Excel 会将不同的区域各自打印在单独的纸张页面之上。

3. 打印标题

许多数据表格都包含有标题行或标题列，在表格内容较多，需要打印成多页时，Excel 允许将标题行或标题列重复打印在每个页面上。

示例 9-1　设置可以重复打印显示的标题区域

如果用户希望对如图 9-5 所示的表格进行设置，使其列标题及行标题（部门和相应的核算项目）能够在打印时多页重复显示，请参照以下步骤。

	A	B	C	D	E	F	G	H	I	J	K	L	M
1	部门	营业收入		营业成本		其他业务收入		毛利		毛利率%		工资	
2		2014年	2015年	2014年	2015年	2014年	2015年	2014年	2015年	2014年	2015年	2014年	2015年
9	a7	86.66	63.30	29.24	21.36			57.42	41.94	66.26%	66.26%	7.18	9.42
10	a8	25.56	20.63	11.09	7.76			14.47	12.87	56.61%	62.38%	2.54	2.72
11	a9	28.55	21.89	11.40	7.77			17.15	14.12	60.07%	64.50%	2.52	3.22
12	a10	9.19	20.97	2.91	12.33			6.28	8.64	68.34%	41.20%	1.49	3.26
13	a11	19.90	17.77	9.22	7.40	0.02		10.70	10.37	53.77%	58.36%	2.54	2.32
14	a12	14.57	14.50	6.67	5.90			7.90	8.60	54.22%	59.31%	2.01	2.29
15	a13	19.95	17.13	11.85	8.42			8.10	8.71	40.60%	50.85%	2.25	2.50
16	a14	17.97	16.83	7.92	6.82			10.05	10.01	55.93%	59.48%	2.23	2.63
17	a15	14.74	11.13	5.83	4.31			8.91	6.82	60.45%	61.28%	1.81	1.95
18	a16	5.10	5.40	1.82	1.98			3.28	3.42	64.31%	63.33%	0.68	0.87
19	a17	16.18	18.13	6.18	6.36			10.00	11.77	61.80%	64.92%	3.35	4.21
20	a18	11.06	6.74	4.70	2.88			6.36	3.86	57.50%	57.27%	1.64	1.58
21	a19	13.93	9.11	6.98	4.45			6.95	4.66	49.89%	51.15%	1.76	1.79
22	a20	16.86	11.62	9.98	5.58			6.88	6.04	40.81%	51.98%	2.13	1.84
23	a32	5.32		3.61				1.71		32.14%		1.20	
24	合计	695.29	573.77	275.26	210.82	0.02		420.05	362.95			67.24	79.79

图 9-5　需要设置打印标题的表格

步骤1 在【页面布局】选项卡中单击【打印标题】按钮，在弹出的【页面设置】对话框中单击【工作表】选项卡。

步骤2 将鼠标定位到【顶端标题行】框中，然后在工作表中选中列标题区域，即此表格的第一行。

步骤3 将光标定位到【左端标题列】框中，然后在工作表中选中“部门”所在列，即此表格的 A 列，如图 9-6 所示。最后单击【确定】按钮完成设置。

设置打印标题后的表格打印效果如图 9-7 所示，在打印输出的两个页面上，显示纵向内容的每页都有相同的列标题，显示横向内容的每页都有相同的行标题。

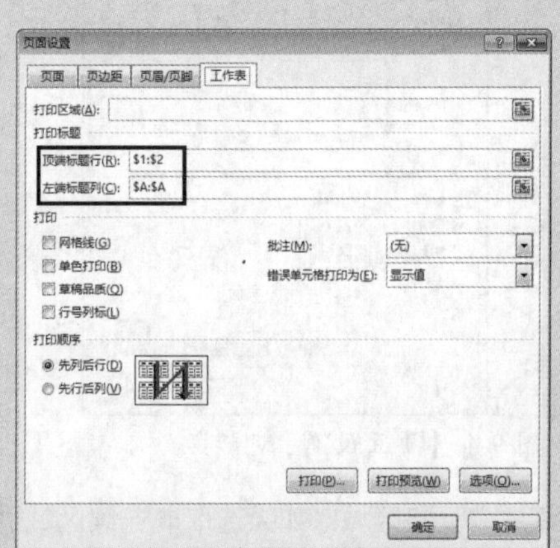

图 9-6 设置打印标题

图 9-7 设置标题栏的打印效果

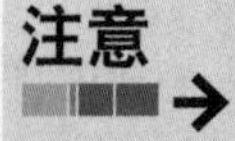

注意 打印标题可以选择多行或多列，但不可选择非连续的多行或多列。

提示 选中多个工作表时，【页面设置】对话框中的【打印标题】不可用。

4. 非连续区域的打印

如果选定的打印区域为非连续的单元格区域，在打印输出时会将每个分开的区域显示在单独的纸张页面上。如果用户希望所有的区域能够在打印输出时显示在相同页面上，也可通过变通的方式来实现。

示例 9-2 在同一个打印页面上显示多个非连续单元格区域

这个变通的方法需要借助“摄影”功能，首先需要在【自定义快速访问工具栏】上添加【照相机】命令按钮，关于在【自定义快速访问工具栏】上添加按钮的方法请参阅 2.11.2 小节。

如果希望将图 9-8 所示的位于不同工作表中的两个数据区域，打印显示在同一页面中，请参照以下步骤。

	A	B	C	D	E	F
1	序号	姓名	编号	性别	职称	层次及专业
2	1	王红	5820700	女	护士	护理学(专科)
3	2	王晓娟	5820701	女	护士	护理学(专科)
4	3	文兰玉	05820702	女	护士	护理学(专科)
5	4	冯剑	05820703	女	护士	护理学(专科)
6	5	冯少梅	05820704	女	护士	护理学(专科)
7	6	卢涛	05820705	女	护士	护理学(专科)
8	7	邝冬明	05820706	女	护士	护理学(专科)
9	8	刘丽梅	05820707	女	护士	护理学(专科)
10						

数据区域1　数据区域2

	A	B	C	D	E	F
1	序号	姓名	编号	性别	职称	层次及专业
2	9	许小红	05820708	女	护士	护理学(专科)
3	10	朱美玲	05820709	女	护士	护理学(专科)
4	11	朱艳玲	05820710	女	护士	护理学(专科)
5	12	陈春秀	05820711	女	护士	护理学(专科)
6						

数据区域1　数据区域2

图 9-8　分布于不同工作表上的两个数据区域

步骤1 选定“数据区域 2”工作表作为当前工作表，选定需要打印的数据区域 A2:F5（由于两个数据区域的项目内容相同，打印显示时只需要一个标题行，因此在选定区域时没有包含标题行）。

步骤2 在【自定义快速访问工具栏】单击照相机命令按钮，单击“数据区域 1”的工作表标签，切换当前工作表为“数据区域 1”工作表，在表格空白处单击鼠标左键。

此时会出现一个显示“数据区域 2”工作表中数据内容的图片，此图片即是由【照相机】按钮的“摄影”功能所生成的“实景照片”，它不仅可以显示“拍摄”时所选区域的内容，还可以对拍摄对象发生变化时的内容进行自动更新显示，使其与拍摄对象保持显示内容的一致性。

步骤3 选中图片，单击鼠标右键，在弹出的快捷菜单中选择【设置图片格式】命令，在弹出的【设置图片格式】对话框中选择【填充线条】项下【线条】选项，选择【无线条】单选按钮。此步骤可去除图片的边框显示，优化打印输出效果，用户也可根据需要忽略此步骤。

步骤4 将图片与表格中的原有数据区域拼接对齐，然后就可以对当前工作表打印输出，打印效果如图 9-9 所示。

序号	姓名	编号	性别	职称	层次及专业
1	王红	5820700	女	护士	护理学(专科)
2	王晓娟	5820701	女	护士	护理学(专科)
3	文兰玉	05820702	女	护士	护理学(专科)
4	冯剑	05820703	女	护士	护理学(专科)
5	冯少梅	05820704	女	护士	护理学(专科)
6	卢涛	05820705	女	护士	护理学(专科)
7	邝冬明	05820706	女	护士	护理学(专科)
8	刘丽梅	05820707	女	护士	护理学(专科)
9	许小红	05820708	女	护士	护理学(专科)
10	朱美玲	05820709	女	护士	护理学(专科)
11	朱艳玲	05820710	女	护士	护理学(专科)
12	陈春秀	05820711	女	护士	护理学(专科)

图 9-9　使用【照相机】功能的打印效果

提示 【照相机】命令实际上等同于复制后执行选择性粘贴的【链接的图片】选项命令。

9.2.2 分页预览

使用【分页预览】的视图模式可以很方便地显示当前工作表的打印区域以及分页设置，并且可以直接在视图中调整分页。单击【视图】选项卡中的【分页预览】按钮，即可进入分页预览模式，如图 9-10 所示。

	A	B	C	D	E	F	G	H
1	ID	款号	包装	裁剪	多针	辅助	平缝	工时合计
2	1	0009760A00	0.0333	0.0069		0.0089	0.0611	0.1102
3	2	0009761A00	0.0333	0.0069		0.0089	0.0611	0.1102
4	3	0009900A00	0.0583	0.0667		0.0972	0.7222	0.9444
5	4	005682RREI	0.0583	0.3117	0	0.2222	1.9444	2.5366
6	5	005684RREI	0.0583	0.3117	0	0.2222	2	2.5922
7	6	005685RREI	0.0583	0.3117	0	0.2222	2.0556	2.6478
8	7	005690RREI	0.0583	0.3117	0	0.2361	2.4222	3.0283
9	8	005691RREI	0.0583	0.3117	0	0.2361	2.4778	3.0839
10	9	005692RREI	0.0583	0.3117	0	0.2361	2.4778	3.0839
11	10	005693RREI	0.0583	0.3117	0	0.2361	2.5333	3.1394
12	11	00571600LH	0.0583	0.3111	0	0.2444	2.6667	3.2805
13	12	00571600RH	0.0583	0.3111	0	0.2444	2.6667	3.2805
14	13	00571700LH	0.0583	0.3111	0	0.2444	2.6667	3.2805
15	14	00571700RH	0.0583	0.3111	0	0.2444	2.6667	3.2805
16	15	00571800LH	0.0583	0.3111	0	0.2444	2.6667	3.2805
17	16	00571800RH	0.0583	0.3111	0	0.2444	2.6667	3.2805
18	17	00571900LH	0.0583	0.3111	0	0.2444	2.6667	3.2805
19	18	00571900RH	0.0583	0.3111	0	0.2444	2.6667	3.2805
20	19	00572000LH	0.0583	0.3111	0	0.2444	2.6111	3.2249

图 9-10 分页预览模式下的视图显示

1. 调整打印区域

在图 9-10 所示的分页预览视图中，被粗实线框所围起来的白色表格区域是打印区域，而线框外的灰色区域是非打印区域。

将鼠标指针移至粗实线的边框上，当鼠标指针显示为黑色双向箭头时可按住鼠标左键，然后拖拉鼠标即可调整打印区域的范围大小。

或者也可以选中需要打印的区域后，单击鼠标右键，在弹出的快捷菜单中选择【设置打印区域】命令即可重新设置打印区域，此菜单命令只会在分页预览视图下出现。

2. 分页符设置

在图 9-10 所示的分页预览视图中，打印区域中粗虚线的名称为“自动分页符”，它是 Excel 根据打印区域和页面范围自动设置的分页标志。在虚线左侧的表格区域中，背景上的灰色水印显示了此区域的页次为“第 1 页”，而在虚线右侧的表格区域中则有“第 2 页”的灰色水印显示。这些页号显示以及它们与分页符所指示的区域即为实际打印输出时的纸张页面的分布情况。

用户可对自动产生的分页符位置进行调整，将鼠标移至粗虚线的上方，当鼠标指针显示为黑色双向箭头时可按住鼠标左键，拖动鼠标以移动分页符的位置。移动后的分页符由粗虚线改变为粗实线显示，此粗实线即为“人工分页符”。

除了调整分页符位置以外，还可以在打印区域中插入新的分页符，操作方法如下。

◆ 如果需要插入水平分页符（将多行内容划分在不同页面上），则需要选定分页位置的下一行的最左侧单元格，单击鼠标右键，在弹出的快捷菜单中选择【插入分页符】命令，Excel 将沿着选定单元格的边框上沿插入一条水平方向的分页符实线。例如，在图 9-10 所示的表格中，如果希望将第 15 行开始的内容分页显示，则可以选中 A15 单元格插入水平分页符，显示效果如图 9-11 所示。

◆ 如果需要插入垂直分页符（将多列内容划分在不同页面上），则需要选定分页位置的右侧列的最顶端单元格，单击鼠标右键，在弹出的快捷菜单中选择【插入分页符】命令，Excel 将沿着选定单元格的左侧边框插入一条垂直方向的分页符实线。例如，在图 9-10 所示的表格中，如果希望将 C 列开始的内容分页显示，则可以选中 C1 单元格插入垂直分页符，显示效果如图 9-11 所示。

如果选定的单元格并非处于打印区域的边缘，则在选择【插入分页符】命令后，会沿着单元格的左侧边框和上侧边框同时插入垂直分页符和水平分页符各一条。

删除人工分页符的操作相对来说比较简单，选定需要删除的水平分页符下方的单元格，或垂直分页符右侧的单元格，单击鼠标右键，在弹出的快捷菜单中选择【删除分页符】即可。

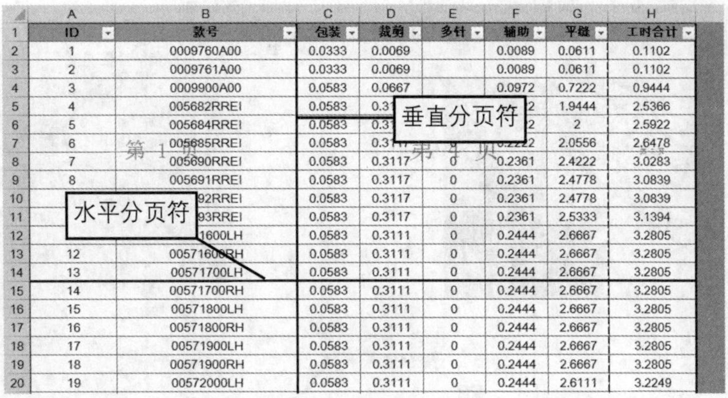

	A	B	C	D	E	F	G	H
1	ID	款号	包装	裁剪	多针	辅助	平缝	工时合计
2	1	0009760A00	0.0333	0.0069		0.0089	0.0611	0.1102
3	2	0009761A00	0.0333	0.0069		0.0089	0.0611	0.1102
4	3	0009900A00	0.0583	0.0667		0.0972	0.7222	0.9444
5	4	005682RREI	0.0583	0.31		2	1.9444	2.5366
6	5	005684RREI	0.0583	0.31		2	2	2.5922
7	6	005685RREI	0.0583	0.31		0.2222	2.0556	2.6478
8	7	005690RREI	0.0583	0.3117	0	0.2361	2.4222	3.0283
9	8	005691RREI	0.0583	0.3117	0	0.2361	2.4778	3.0839
10		92RREI	0.0583	0.3117	0	0.2361	2.4778	3.0839
11		93RREI	0.0583	0.3117	0	0.2361	2.5333	3.1394
12		1600LH	0.0583	0.3111	0	0.2444	2.6667	3.2805
13	12	00571600RH	0.0583	0.3111	0	0.2444	2.6667	3.2805
14	13	00571700LH	0.0583	0.3111	0	0.2444	2.6667	3.2805
15	14	00571700RH	0.0583	0.3111	0	0.2444	2.6667	3.2805
16	15	00571800LH	0.0583	0.3111	0	0.2444	2.6667	3.2805
17	16	00571800RH	0.0583	0.3111	0	0.2444	2.6667	3.2805
18	17	00571900LH	0.0583	0.3111	0	0.2444	2.6667	3.2805
19	18	00571900RH	0.0583	0.3111	0	0.2444	2.6667	3.2805
20	19	00572000LH	0.0583	0.3111	0	0.2444	2.6111	3.2249

垂直分页符

水平分页符

图 9-11　插入分页符

注意

自动分页符不能被删除。

如果用户希望去除所有的人工分页设置，恢复自动分页的初始状态，可以在打印区域中的任意单元格上单击鼠标右键，在弹出的快捷菜单中选择【重设所有分页符】。

以上分页符的插入删除以及重置操作除了通过右键菜单命令外，也可以通过【页面布局】选项卡中的【分隔符】下拉菜单中的相关命令来实现，操作方法与以上内容类似。

提 示

分页预览的视图模式并不影响工作表的各种操作，用户在分页预览模式下同样可以对工作表及单元格区域进行各种编辑操作。

单击【视图】选项卡中的【普通】按钮，即可将视图切换到普通视图模式，但分页符仍将保留显示。

如果不希望在普通视图模式下显示分页符，可在【文件】选项卡中单击【选项】，在弹出的【Excel 选项】对话框中单击【高级】选项，在【此工作表的显示选项】中取消勾选【显示分页符】的复选框。取消分页符的显示并不会改变当前工作表的分页设置。

9.2.3　选定打印内容

除了设置工作表的打印区域外，用户也可以决定对哪些内容进行打印输出，例如图表、图形、控件等对象，工作表背景以及单元格的批注等内容。

1. 对象的打印设置

在 Excel 的默认设置中，几乎所有对象都是可以在打印输出时显示的，这些对象包括图表、图片、图形、艺术字、控件等。

如果用户希望某个对象不被打印出来，可以修改这个对象的打印属性。例如，要取消某张图片的打印显示，操作方法如下。

步骤 1 选中不希望被打印的图片，单击鼠标右键，在弹出的快捷菜单中选择【设置图片格式】命令。

步骤 2 在弹出的【设置图片格式】窗格中单击【大小和属性】选项卡，取消勾选其中【打印对象】的复选框，如图 9-12 所示。

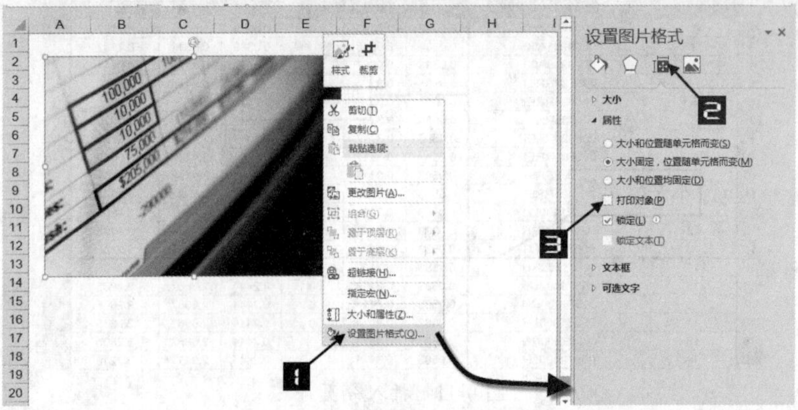

图 9-12 取消对象的打印属性

以上步骤中的快捷菜单命令以及对话框的具体名称都取决于选定对象的类型。如果选定的不是图片而是艺术字，则右键菜单命令会相应的显示为【设置形状格式】，但操作方法基本相同，对于其他对象的设置可参考以上对图片的设置方法。

如果用户希望同时更改所有对象的打印属性，可在键盘上按<Ctrl+G>组合键或<F5>键，打开【定位】对话框，在对话框中单击【定位条件】按钮，在进一步显示的【定位条件】对话框中选择【对象】，然后单击【确定】按钮。此时即可选定全部对象，然后再进行详细的设置操作。

2. 打印工作表背景

在 Excel 中，工作表背景是不可选择的打印内容，在打印输出时不会实际显示背景图案。但用户可通过【摄影】功能，将需要打印的包含背景的工作表区域粘贴为链接图片，然后打印此图片区域即可。

3. 其他内容

除了以上这些内容以外，用户还可以对其他一些内容的打印属性进行相关设置，其中包括单元格批注、网格线、行号列标以及包含错误值的单元格。

如果用户希望打印输出时能够显示单元格中的批注内容，首先需要将批注状态设置为"显示"，方法请参阅 5.25 小节。然后在【页面布局】选项卡中单击【打印标题】按钮，在弹出的【页面设置】对话框中单击【工作表】选项卡，如图 9-13 所示。

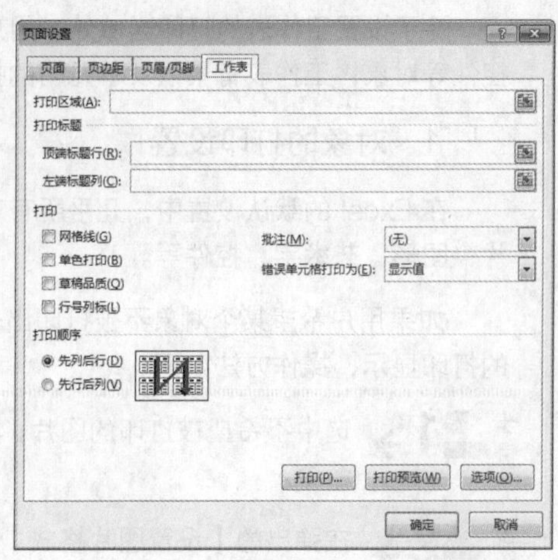

图 9-13 批注等内容的打印设置

在【打印】区域中【批注】组合框包含有 3 个选项，含义如下。

◆ 无：打印输出时不显示单元格批注。

◆ 工作表末尾：批注在打印时被单独打印在另外一个页面，并标注批注所在单元格的位置。

◆ 如同工作表中的显示：以工作表中的批注实际显示状态进行打印输出。

用户可根据实际需要选择相应的打印选项，单击【确定】按钮完成设置。

对于包含错误值的单元格（通常情况下是由公式

所产生），用户也可以选择在打印时如何显示。在【错误单元格打印为】的下拉列表中包含了“显示值”、“空白”、“——”、“#N/A” 4 种显示方式。

除此之外，在【打印】区域中勾选【网格线】、【行号列标】的复选框，即可在打印时包含这些元素。

如果用户希望采用比较简单的打印方式，不显示对象、不显示背景、批注、网格线等内容，则可以勾选【草稿品质】的复选框。这样，除了以上内容外，单元格的边框、背景色、字体颜色等许多内容都将被一起忽略。

9.3 调整页面设置

在选定了打印区域以及打印目标之后，可以直接进行打印，但如果用户需要对打印的页面进行更多的设置，例如打印方向、纸张大小、页眉页脚等设置，则可以通过【页面设置】对话框进行进一步的调整。

在【页面布局】选项卡中单击【打印标题】按钮，可以显示【页面设置】对话框。其中包括了【页面】、【页边距】、【页眉/页脚】和【工作表】4 个选项卡。

9.3.1 设置页面

在【页面设置】对话框中选择【页面】选项卡，如图 9-14 所示。

在此对话框中可以进行以下设置。

◆ 【方向】：Excel 默认的打印方向为纵向打印，但对于某些行数较少而列数跨度较大的表格，使用横向打印的效果也许更为理想。此外，在【页面布局】选项卡中单击【纸张方向】按钮也可对打印方向进行调整，如图 9-15 所示。

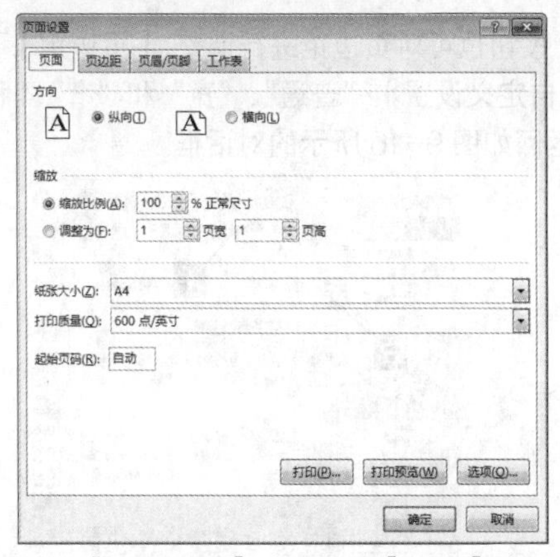

图 9-14 【页面设置】对话框的【页面】选项卡

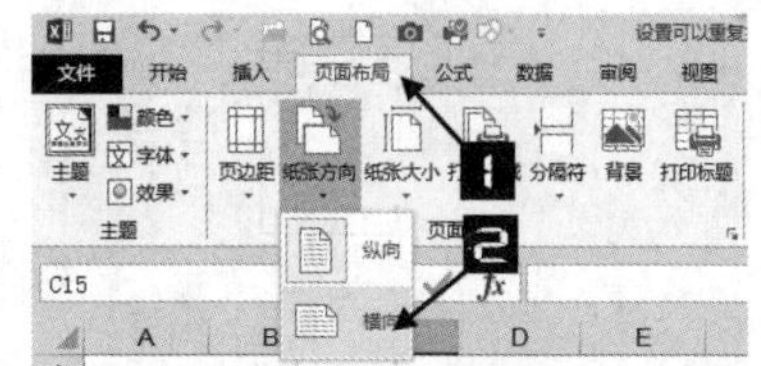

图 9-15 调整打印方向

◆ 【缩放】：可以调整打印时的缩放比例。用户可在【缩放比例】的微调框内选择缩放百分比，可调范围在 10%~400%，或者也可以让 Excel 根据指定的页数来自动调整缩放比例。

【调整为】中的设置只适用于缩小打印，而不会放大打印比例，例如正常打印只需两页的表格并不会因为设置为 2 页宽、3 页高而实际显示为 6 页。

◆ 【纸张大小】：在此下拉列表中可选择纸张尺寸。可供选择的纸张尺寸与当前选定的打印机有关。此外，在【页面布局】选项卡中单击【纸张大小】按钮也可对纸张尺寸进行选择。

◆ 【打印质量】：可以选择打印的精度。对于需要显示图片细节内容的情况可以选择高质量的打印方式，而对于只需要显示普通文字内容的情况则可以相应的选择较低的打印质量。打印质量的高低影响到打印机耗材的消耗程度。

提示 在大多数打印机的选项设置中，可以更加精确地调整打印质量。

◆ 【起始页码】：默认设置为【自动】，即以数字 1 开始为页码标号，但如果用户需要页码起始于其他数字，则可在此文本框内填入相应的数字。例如，输入数字 8，则第一张的页码即为 8，第二张页码为 9，依次类推。

9.3.2 设置页边距

在【页面设置】对话框中选择【页边距】选项卡，如图 9-16 所示。

在此对话框中可以进行以下设置。

◆ 页边距：可在【上】、【下】、【左】、【右】4 个方向上设置打印区域与纸张边界之间的留空距离。

◆ 【页眉】：页眉微调框内可以设置页眉至纸张顶端之间的间距，通常此距离需要小于上页边距。

◆ 【页脚】：页脚微调框内可以设置页脚至纸张底端之间的间距，通常此距离需要小于下页边距。

◆ 【居中方式】：如果在页边距范围之内的打印区域还没有被打印内容填满，则可以在【居中方式】区域中选择将打印内容显示为【水平】或【垂直】居中，也可同时选中两种居中方式。在对话框中间的矩形框内会显示当前设置下的表格内容位置。

此外，在【页面布局】选项卡中单击【页边距】按钮也可对页边距进行调整，【页边距】下拉列表中提供了“上次的自定义设置”（如果用户进行过自定义设置）、“普通”、“宽”和“窄”4 种设置方式，如图 9-17 所示，单击【自定义边距】后将返回如图 9-16 所示的对话框。

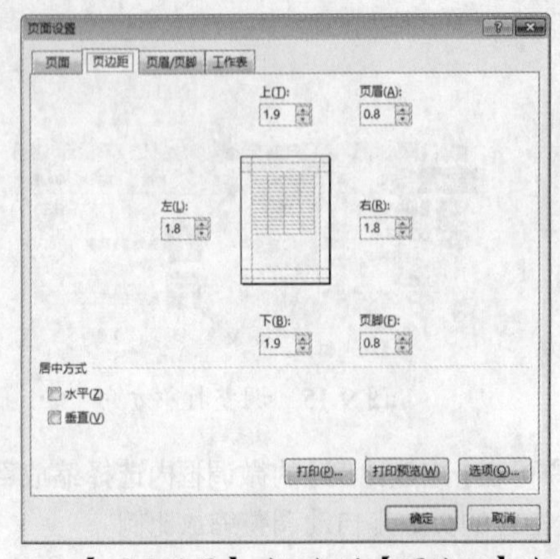

图 9-16 【页面设置】对话框的【页边距】选项卡

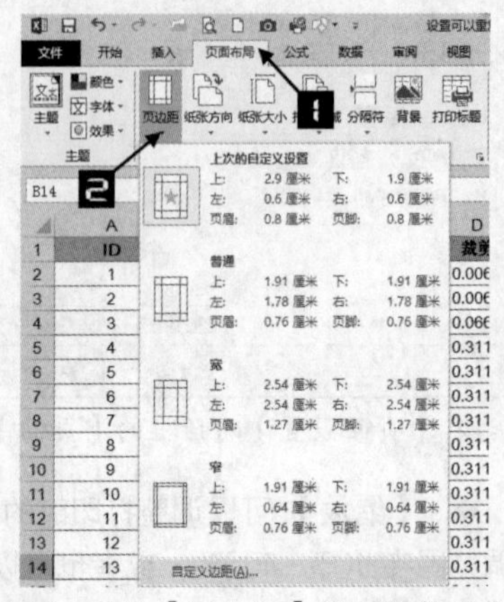

图 9-17 通过【页边距】按钮调整页边距

9.3.3 设置页眉、页脚

在【页面设置】对话框中选择【页眉/页脚】选项卡，如图 9-18 所示。

在此对话框中，可以对打印输出时的页眉、页脚进行设置。页眉和页脚指的是打印在每张纸张页面顶部和底部的固定文字或图片，通常情况下用户会在这些区域设置一些表格标题、页码、时间、公司 Logo 等内容。

要为当前工作表添加页眉，可在此对话框中单击【页眉】列表框的下拉箭头，在下拉列表中从 Excel 内置的一些页眉样式中选择，然后单击【确定】按钮完成页眉设置。

如果下拉列表中没有用户中意的页眉样式，也可以单击【自定义页眉】按钮自己来设计页眉的样式，显示【页眉】对话框，如图 9-19 所示。

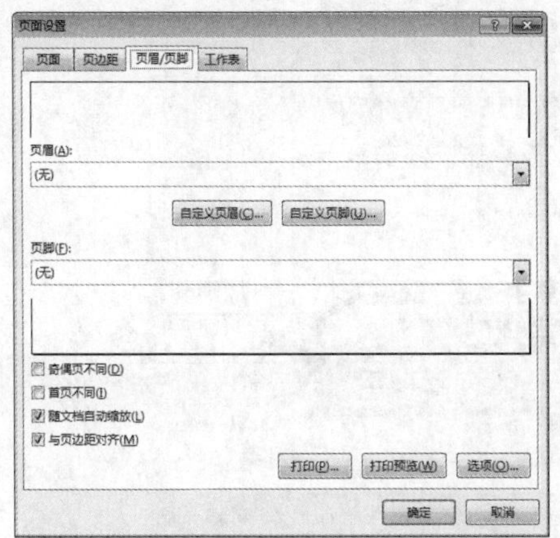

图 9-18 【页面设置】对话框的【页眉/页脚】选项卡

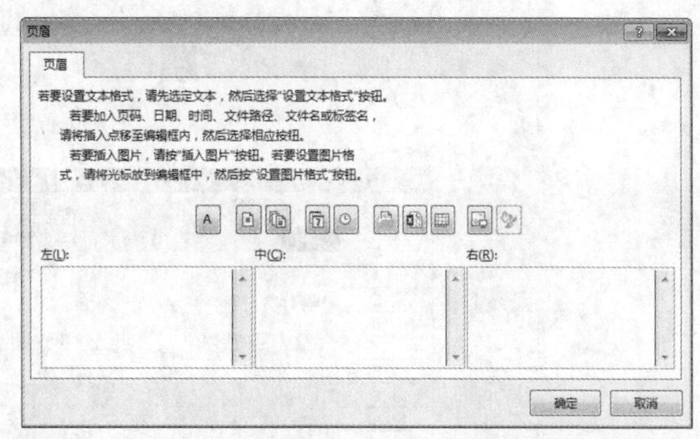

图 9-19 【页眉】对话框内自定义页眉样式

在【页眉】对话框中，用户可在【左】、【中】、【右】3 个位置设定页眉的样式，相应的内容会显示在纸张页面顶部的左端、中间和右端。

对话框中从左至右的各按钮含义如表 9-1 所示。

表 9-1 页眉对话框中的按钮含义

按　钮	作用及含义
字体	可以设置页眉中所包含文字的字体格式
页码	单击此按钮会在页眉中插入页码的代码“&[页码]”，实际打印时显示当前页的页码数
总页数	单击此按钮会在页眉中插入总页数的代码“&[总页数]”，实际打印时显示当前分页状态下文档总共所包含的页码数
日期	在页眉中插入当前日期的代码“&[日期]”，显示打印时的实际日期
时间	在页眉中插入当前时间的代码“&[时间]”，显示打印时的实际时间
文件路径及文件名	在页眉中插入包含文件路径及名称的代码“&[路径]&[文件]”，会在打印时显示当前工作簿的路径以及工作簿文件名
文件名	在页眉中插入文件名的代码“&[文件]”，会在打印时显示当前工作簿的文件名
标签名	在页眉中插入工作表标签的代码“&[标签名]”，会在打印时显示当前工作表的名称
图片	可在页眉中插入图片，如公司的 Logo 图标
设置图片格式	可以对插入的图片进行进一步的设置

除了以上按钮，用户也可以在页眉中输入自己定义的文本内容，如果与按钮所生成的代码相结合，则可以显示一些更符合日常习惯且更容易理解的页眉内容。例如，使用“第&[页码]页，共有&[总页数]页”的代码组合，可以在实际打印时显示为“第几页，共有几页”的样式。设置页脚的方式与此类似，不再赘述。

要删除已经添加的页眉或页脚，可在图 9-18 所示的对话框中，在【页眉】或【页脚】列表框中选择【无】。

此外，设置页眉、页脚的操作也可以通过【页眉和页脚工具】来完成，在【视图】选项卡中单击【页面布局】按钮进入“页面布局”模式，单击【单击可添加页眉】激活【页眉和页脚工具】，如图 9-20 所示。

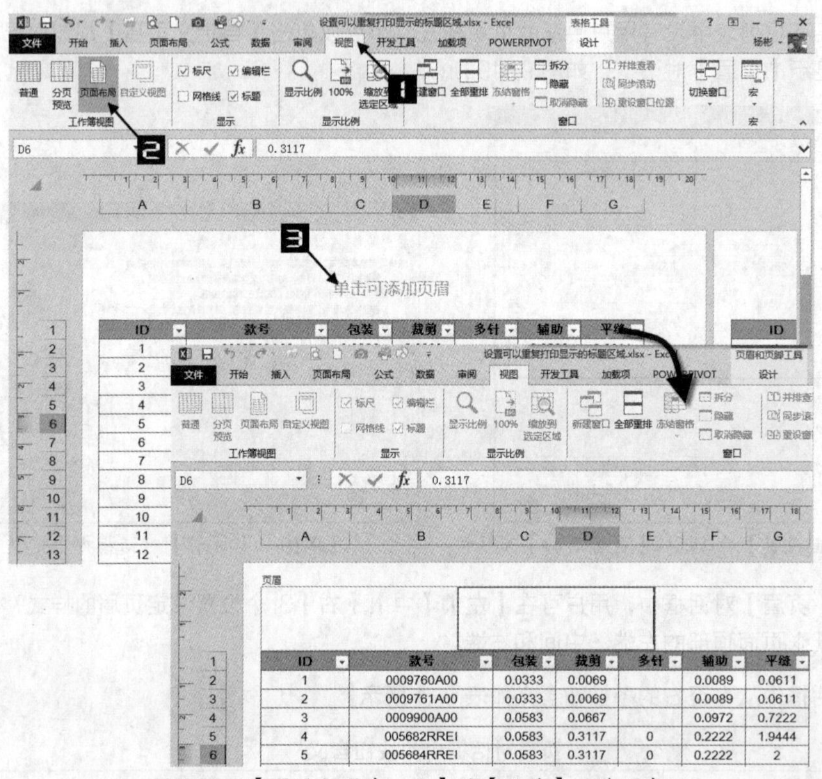

图 9-20 【页眉和页脚工具】的【设计】子选项卡

利用【页眉和页脚工具】选项卡的【设计】子选项卡中的各项按钮即可完成设置页眉、页脚的各项操作。如果希望对文档中的奇数页和偶数页分别设置不同的页眉，可以勾选【奇偶页不同】的复选框，然后分别编辑奇数页和偶数页的页眉、页脚即可，如图 9-21 所示。

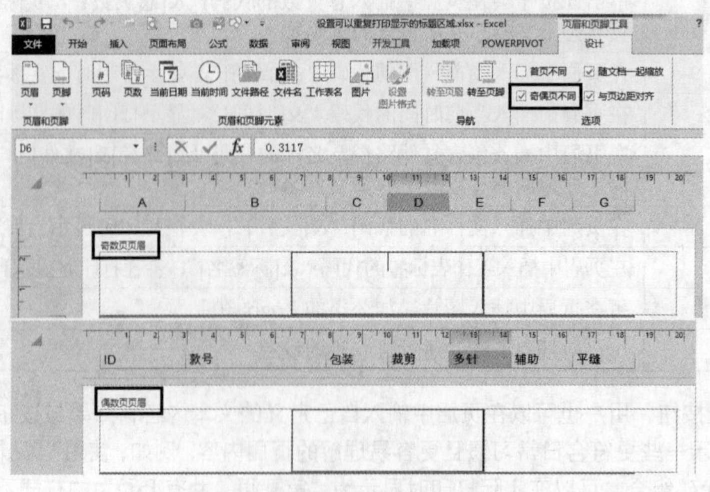

图 9-21 奇偶页不同的页眉设置

9.4 打印设置

在【文件】选项卡中单击【打印】命令，或按<Ctrl+P>组合键，打开打印选项菜单，在此菜单中可对打印方式进行更多的设置，如图 9-22 所示。

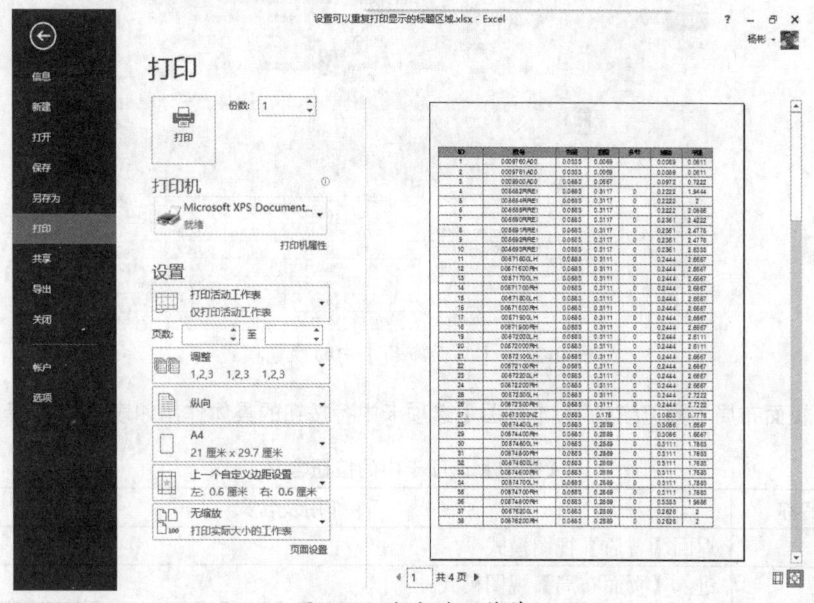

图 9-22　打印选项菜单

◆ 【打印机】：在【打印机】区域的下拉列表框中可以选择当前计算机上所安装的打印机。例如图 9-22 所示，当前选定的打印机是一台名为“Microsoft XPS Document Writer”的打印机，这是在 Office 2010 默认安装中所包含的虚拟打印机，使用此打印机可将当前的文档输出为“.XPS”格式的可携式文件之后再打印。

◆ 【页数】：可以选择打印的页面范围，全部打印或指定某个页面范围。

◆ 【打印活动工作表】：可以选择打印的对象。默认为选定工作表，也可以选择整个工作簿或当前选定区域等。

◆ 【份数】：可以选择打印文档的份数。

◆ 【调整】：如果选择打印多份，【调整】下拉列表中可进一步选择打印多份文档的顺序。默认为“123”类型逐份打印，即打印完一份完整文档后继续打印下一份副本。如果选择【取消排序】选项，则会以“111”类型按页方式打印，即打印完第一页的多个副本后再打印第二页的多个副本，依次类推。

单击【打印】按钮则可以按照当前的打印设置方式进行打印。

此外，在【打印】菜单中还可以进行【纸张方向】、【纸张大小】、【页面边距】和【文件缩放】的一些设置。

9.5 打印预览

在进行最终打印前，用户可以通过【打印预览】来观察当前的打印设置是否符合要求。

9.5.1 查看打印预览

除了在图 9-22 所示打印选项菜单右侧显示的文档预览模式外，在【视图】选项卡中单击【页面布局】按钮也可对文档进行预览，如图 9-23 所示。

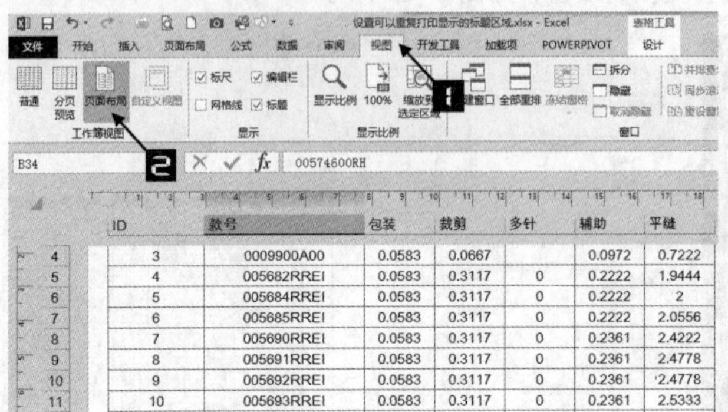

图 9-23 【页面布局】中的预览模式

在【页面布局】预览模式下，【视图】选项卡中各按钮的具体作用如表 9-2 所示。

表 9-2 【视图】选项卡中的按钮含义

按钮名称	作用及含义
普通	返回【普通】视图模式
页面布局	进入【页面布局】视图模式
分页预览	退出【页面布局】视图模式，以【分页预览】的视图模式显示工作表
自定义视图	打开【视图管理器】对话框，用户可以添加自定义的视图
全屏显示	全屏显示【页面布局】视图模式
标尺	【标尺】显示在编辑栏的下方，拖动【标尺】的灰色区域可以调整页边距，取消【标尺】复选框的勾选将不显示【标尺】
网格线	显示工作表中默认的网格线，取消【网格线】复选框的勾选将不再显示网格线
编辑栏	输入公式或编辑文本，取消【编辑栏】复选框的勾选将隐藏【编辑栏】
标题	显示行号和列标，取消【标题】复选框的勾选将不再显示行号和列标
显示比例	放大或缩小预览显示
100%	将文档缩放为正常大小的 100%
缩放到选定区域	用于重点关注的表格区域，使当前选定的单元格区域充满整个窗口

提示

页面视图与冻结窗格功能不兼容，因此【页面布局】视图模式中的【冻结窗格】等灰色显示的按钮不可用。

9.5.2 预览模式下调整页面设置

在图 9-23 所示的【页面布局】预览模式中，拖动【标尺】的灰色区域可以调整页边距，如图 9-24 所示。

【页面布局】预览模式下的工作表具有 Excel 完整的编辑功能，除了调整页边距以外还可以使用编辑栏，也可以像往常那样切换不同的选项卡对工作表进行编辑操作，在这里所做的改动，同样会影响工作表中的实际内容。

在预览模式下，用户对打印输出的显示效果确认可行之后，即可单击【快速打印】按钮进行实际打印输出。

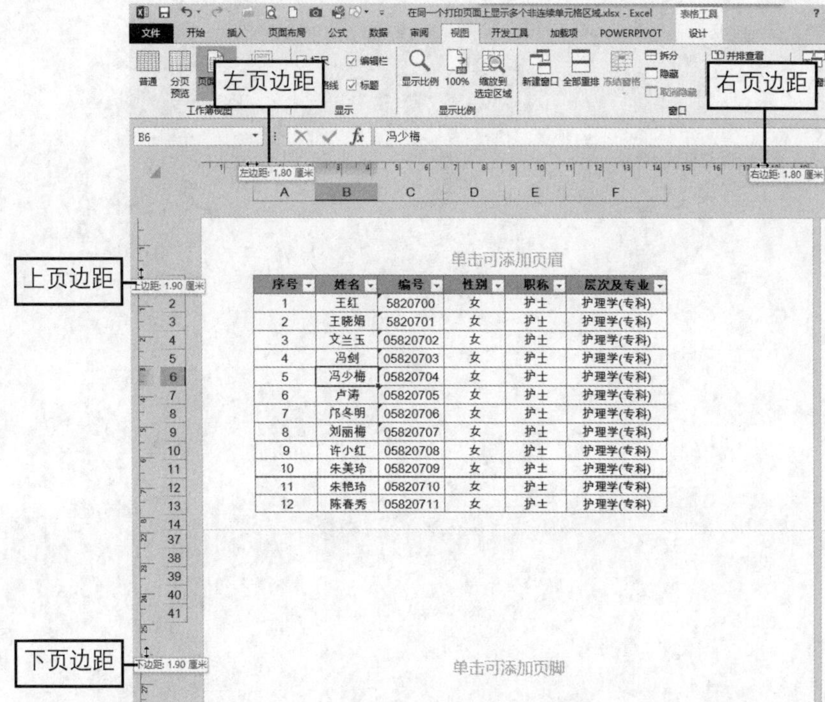

序号	姓名	编号	性别	职称	层次及专业
1	王红	5820700	女	护士	护理学(专科)
2	王晓娟	5820701	女	护士	护理学(专科)
3	文兰玉	05820702	女	护士	护理学(专科)
4	冯剑	05820703	女	护士	护理学(专科)
5	冯少梅	05820704	女	护士	护理学(专科)
6	卢涛	05820705	女	护士	护理学(专科)
7	邝冬明	05820706	女	护士	护理学(专科)
8	刘丽梅	05820707	女	护士	护理学(专科)
9	许小红	05820708	女	护士	护理学(专科)
10	朱美玲	05820709	女	护士	护理学(专科)
11	朱艳玲	05820710	女	护士	护理学(专科)
12	陈春秀	05820711	女	护士	护理学(专科)

图 9-24　显示页边距标记的预览窗口

第二篇

使用公式和函数

本篇将详细介绍 Excel 的公式和常用工作表函数，主要包括信息提取、文本处理、日期与时间计算、数学计算、统计求和、查找引用、工程函数和财务函数等。本篇的最后 3 章介绍了数组公式、多维引用以及 Web 函数的原理与应用，主要面向有兴趣进阶学习的用户。

通过本篇的学习，读者能够深入了解 Excel 常用工作表函数的应用技术，并将其运用到实际工作和学习中，真正发挥 Excel 在数据计算上的威力。

第 10 章　公式和函数基础

本章对公式和函数的定义、单元格引用、公式中的运算符、计算限制、错误检查与纠正等方面知识进行讲解，理解并掌握这些基础知识，对于进一步学习和运用函数与公式解决问题将起到重要的作用。

本章学习要点

（1）了解 Excel 函数与公式的基础概念。

（2）掌握单元格引用的表示方式。

（3）了解和掌握输入函数与编辑公式技能。

（4）掌握公式的检验方法。

10.1　认识公式

10.1.1　公式和函数的概念

公式（Formula）是以“=”号为引导，通过运算符按照一定的顺序组合进行数据运算处理的等式，函数则是按特定算法执行计算的产生一个或一组结果的预定义的特殊公式。

使用公式是为了有目的地计算结果，或根据计算结果改变其所作用单元格的条件格式、设置规划求解模型等。因此，Excel 的公式必须（且只能）返回值。

10.1.2　公式的组成要素

输入到单元格的公式包含以下 5 种元素。

- 运算符：是指一些符号，如加、减、乘、除等。
- 单元格引用：包括命名的单元格和范围，可以是当前工作表也可以是其他工作簿中的单元格。
- 值或字符串：例如，可以是数字 8 或字符“A”。
- 工作表函数和参数：例如 SUM 函数以及它的参数。
- 括号：控制着公式中各表达式的计算顺序。

表 10-1 针对公式的组成要素进行举例说明。

表 10-1　　公式的组成要素

序　号	公　式	说　明
1	=15*3+20*2	包含常量运算的公式
2	=A1*3+Sheet3!A2*2	包含单元格引用的公式
3	=单价*数量	包含名称的公式
4	=SUM(A1*3,A2*2)	包含函数的公式
5	=(5+9)*4	包含括号的公式

10.1.3 公式的输入、编辑与删除

除了单元格格式被事先设置为“文本”外，当在单元格中以“=”号作为开始输入时，Excel将自动变为输入公式状态，当以“+”、“-”号作为开始输入时，系统会自动在其前面加上等号变为输入公式状态。

作为对以前 Lotus 1-2-3 用户的兼容，如果公式以函数开头，Excel 允许使用“@”符号作为公式的开始。例如，Excel 接受如下格式。

```
=SUM(A2:A4)
@SUM(A2:A4)
```

在输入完第二个公式后，Excel 会用等号替代“@”符号。

在单元格中输入公式可以使用手工输入和使用单元格引用两种方式。

（1）手工方式输入公式

激活一个单元格，然后输入一个等号（=），再键入公式。当键入字符时，单元格和编辑框中便会出现这些字符，输入公式后，按<Enter>键，单元格会显示公式的结果。

（2）使用单元格引用的方式输入公式

输入公式的另一种方法需要一些手工输入，但是指定一个单元格引用，就不需要手工输入。例如，在 A3 单元格输入公式=A1+A2，可以执行下列步骤。

① 鼠标左键单击目标单元格 A3。

② 键入一个等号(=)，开始公式输入。

③ 鼠标左键单击单元格 A1。

④ 输入加号（+）。

⑤ 鼠标左键单击单元格 A2，按<Enter>键结束公式输入。

在步骤 5 中，如果是数组公式，则需同时按<Ctrl+Shift+Enter>组合键。

如果需要对既有公式进行修改，可以通过以下 3 种方式进入单元格编辑状态。

◆ 选中公式所在单元格，并按<F2>键。

◆ 双击公式所在单元格（可能光标位置不会处于公式起始位置）。该方法只有在单击【文件】选项卡→单击【选项】按钮→弹出【Excel 选项卡】→单击【高级】选项卡→勾选上【允许直接在单元格内编辑】复选框才有效。

◆ 选中公式所在单元格，单击列标上方的编辑栏。

选中公式所在单元格，按<Delete>键即可清除单元格中全部内容，或者进入单元格编辑状态后，将光标放置在某个位置并使用<Delete>键或<Backspace>键删除光标后面或前面的公式部分内容，当需要删除多单元格数组公式时，必须选中其所在的全部单元格再按<Delete>键。

提示

> 如果公式有语法错误，输入完成后按<Enter>键，会弹出错误提示，无法完成其他操作。这种情况下只需删除等号就可以编辑。修改完毕后，再在前面加上等号，把单元格的内容转换成公式。

10.1.4 公式的复制与填充

当需要使用相同的计算方法时，可以像一般单元格内容一样，通过【复制】和【粘贴】的操作方法实现，而不必逐个单元格编辑公式。此外，可以根据表格的具体情况使用不同的操作方法复制与填充公式，提高效率。

示例 10-1 使用公式计算学生总分

图 10-1 所示为学生成绩表的部分内容。需要根据 D 列至 I 列的各科成绩求出每个学生的总分。

J2 =SUM(D2:I2)

	A	B	C	D	E	F	G	H	I	J
1	学号	班级	姓名	语文	数学	外语	物理	化学	生物	总分
2	10102	7	曹京	83	66	81	49	71	56	406
3	10103	7	裴入召	100	76	65	57	28	67	
4	10104	7	龚栋栋	93	77	74	59	68	49	
5	10105	7	郑佳丽	103	84	91	54	73	68	
6	10106	7	陈滨	107	56	100	79	40	64	
7	10107	7	田财	89	98	56	83	75	51	
8	10108	7	叶菁	112	97	121	70	77	59	
9	10109	7	刘芳	93	112	98	71	73	60	
10	10110	7	柯梅雪	126	120	128	71	84	67	

图 10-1 用公式计算总分

在 J2 单元格输入以下公式。

```
=SUM(D2:I2)
```

采用以下 5 种方法，可以将 J2 单元格的公式应用到计算方法相同的 J3:J35 单元格。

方法 1 拖曳填充柄。单击 J2 单元格，指向该单元格右下角，当鼠标指针变为黑色"十字"填充柄时，按住鼠标左键向下拖曳至 J35 单元格。

方法 2 双击填充柄。单击 J2 单元格，双击 J2 单元格右下角填充柄，公式将向下填充到其相邻列第一个空单元格的上一行，即 J35 单元格。

方法 3 快捷键填充。选中 J2:J35 单元格区域，按<Ctrl+D>组合键或单击【开始】选项卡的【填充】下拉按钮，在扩展菜单中单击【向下】按钮。当需要向右复制时，可以按<Ctrl+R>组合键。

方法 4 选择性粘贴。单击 J2 单元格，单击【开始】选项卡的【复制】按钮或按<Ctrl+C>组合键，选中 J2:J35 单元格区域，单击【开始】选项卡的【粘贴】下拉按钮，在扩展菜单中单击【公式】按钮，如图 10-2 所示。

=SUM(D2:I2)

	A	B	C	D	E	F	G	H	I	J
		班级	姓名	语文	数学	外语	物理	化学	生物	总分
		7	曹京	83	66	81	49	71	56	406
		7	裴入召	100	76	65	57	28	67	393
		7	龚栋栋	93	77	74	59	68	49	420
		7	郑佳丽	103	84	91	54	73	68	473
6	10106	7	陈滨	107	56	100	79	40	64	446
7	10107	7	田财	89	98	56	83	75	51	452
8	10108	7	叶菁	112	97	121	70	77	59	536
9	10109	7	刘芳	93	112	98	71	73	60	507
10	10110	7	柯梅雪	126	120	128	71	84	67	596

图 10-2 选择性粘贴公式

方法 5 多单元格同时输入。单击 J2 单元格，按住<Shift>键，单击所复制单元格区域另一对角如 J35 单元格，单击编辑栏中的公式，按<Ctrl+Enter>组合键，则 J3:J35 单元格中将输入相同的公式。

使用这 5 种方法复制公式的区别在于以下两点。

◆ 方法 1、方法 2、方法 3 是复制单元格操作，起始单元格的格式、条件格式、数据有效性等属性将被覆盖到被填充区域。方法 4、方法 5 不会改变被填充区域的单元格属性。

◆ 方法 5 可用于不连续单元格区域的公式输入。

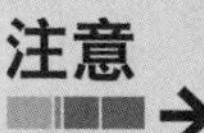

方法 2 要慎用，操作时需注意表格数据是否有空。

10.2 公式中的运算符

10.2.1 认识运算符

运算符是构成公式的基本元素之一，每个运算符分别代表一种运算，如表 10-2 所示。

表 10-2　　公式中的运算符

符　号	说　明	实　例
−	算术运算符：负号	=8*−5=−40
%	算术运算符：百分号	=60*5%=3
^	算术运算符：乘幂	=3^2=9 =16^(1/2)=4
*和/	算术运算符：乘和除	=3*2/4=1.5
+和−	算术运算符：加和减	=3+2-5=0
=,<> >,< >=,<=	比较运算符：等于、不等于、大于、小于、大于等于和小于等于	=(A1=A2)判断 A1 和 A2 相等 =(B1<>"ABC")判断 B1 不等于"ABC" =（C1>=5）判断 C1 大于等于 5
&	文本运算符：连接文本	="Excel" & "Home"返回"ExcelHome" 连接文本 =123&456 返回 123456 连接数值
:	区域运算符：冒号	=SUM(A1:B10)引用冒号两边所引用的单元格为左上角和右下角的矩形单元格区域
（空格）	交叉运算符：单个空格	=SUM(A1:B5 A4:D9)引用 A1:B5 与 A4:D9 的交叉区域，公式相当于=SUM(A4:B5)
,	联合运算符：逗号	=RANK(A1,(A1:A10,C1:C10))第 2 参数引用 A1:A10 和 C1:C10 两个不连续的单元格区域

Excel 包含 4 种类型的运算符：算术运算符、比较运算符、文本运算符和引用运算符。

◆ 算术运算符：主要包括了加、减、乘、除、百分比以及乘幂等各种常规的算术运算。

◆ 比较运算符：用于比较数据的大小，包括对文本或数值的比较。

◆ 文本运算符：主要用于将文本字符或字符串进行连接与合并。

◆ 引用运算符：这是 Excel 特有的运算符，主要用于产生单元格引用。

Excel 没有提供逻辑 AND 或 OR 运算符，只能使用函数来完成这些类型的逻辑运算。

10.2.2 数据比较的原则

在 Excel 中，数据可以分为文本、数值、逻辑值、错误值等几种类型。其中文本用一对半角双引号（""）所包含的内容表示，例如，"ExcelHome"是由 9 个字符组成的文本。日期与时间是数值的特殊表示形式，数值 1 表示 1 天。逻辑值只有 TRUE 和 FALSE 两个。错误值主要有#VALUE!、#DIV/0!、#NAME?、#N/A、#REF!、#NUM!、#NULL!等。

除了错误值外，文本、数值与逻辑值比较时按照以下顺序排列：

```
…、-2、-1、0、1、2、…、A-Z、FALSE、TRUE
```

即数值小于文本，文本小于逻辑值，错误值不参与排序。

注意

数字与数值是两个不同的概念，数字允许以数值和文本两种形式存储。事先设置了单元格格式为“文本”再输入数字，或先输入撇号（'）再输入数字，都将作为文本形式存储。

示例 10-2 判断语文成绩是否及格

如图 10-3 所示，是学生语文成绩表的部分内容，需要判断 D 列的成绩是否及格。在 E2:E10 单元格区域中使用以下公式，无法得出正确结果：

```
=IF(D2>=90,"及格","不及格")
```

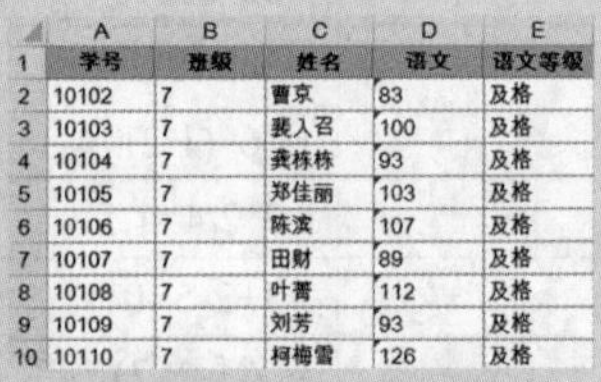

	A	B	C	D	E
1	学号	班级	姓名	语文	语文等级
2	10102	7	曹京	83	及格
3	10103	7	裴入召	100	及格
4	10104	7	龚栋栋	93	及格
5	10105	7	郑佳丽	103	及格
6	10106	7	陈滨	107	及格
7	10107	7	田财	89	及格
8	10108	7	叶菁	112	及格
9	10109	7	刘芳	93	及格
10	10110	7	柯梅雪	126	及格

图 10-3 判断语文成绩是否及格

这是由于 D2:D10 单元格区域是以文本形式存储的数据，其实质是文本。根据数据排序顺序中“数值小于文本”的规则，判断结果全部及格。要获得正确结果，修改一下公式即可：

```
=IF(D2+0>=90,"及格","不及格")。
```

为了方便后期数据处理，更好的方法是将 D2:D10 单元格区域内容变为数值。

10.2.3 运算符的优先顺序

通常情况下，Excel 按照从左到右的顺序进行公式运算。当公式中使用多个运算符时，Excel 将根据各个运算符的优先级进行运算，对于同一级次的运算符，则按从左到右的顺序运算。具体的优先顺序如表 10-3 所示。

表 10-3 Excel 公式中的运算优先级

顺序	符　号	说　明
1	:（空格）,	引用运算符：冒号、单个空格和逗号
2	-	算术运算符：负号（取得与原值正负号相反的值）
3	%	算术运算符：百分比
4	^	算术运算符：乘幂
5	*和/	算术运算符：乘和除（注意区别数学中的×、÷）
6	+和–	算术运算符：加和减
7	&	文本运算符：连接文本
8	=、<、>、<=、>=、<>	比较运算符：比较两个值（注意区别数学中的≠、≤、≥）

10.2.4 嵌套括号

数学计算式中使用小括号()、中括号[]和大括号{}，以改变运算的优先级别。在 Excel 中均使用小括号代替，而且括号的优先级将高于上表中所有运算符。如果在公式中使用多组括号进行嵌套，其计算顺序是由最内层的括号逐级向外进行计算。

例 1　梯形上底长 5、下底长 8、高为 4，其面积的数学计算公式为：

```
=(5+8)×4÷2
```

在 Excel 中使用以下公式方可得到正确结果：

```
=(5+8)*4/2
```

由于括号优先于其他运算符，先计算（5+8）得到 13，再从左向右计算 13*4 得到 52 和 52/2 得到 26。

例 2　判断成绩 X 大于等于 60 分且小于 80 分时，其数学计算公式为：

```
60≤X<80 或者 80>X≥60
```

假设成绩 X 存放在 A2 单元格，当成绩为 72 分时，使用以下公式计算将无法得到正确结果：

```
=60<=A2<80
```

因为根据运算符的优先级，<=与<属于相同级次，按照从左到右运算，先判断 60<=72 返回 TRUE，再判断 TRUE<80，从而始终返回 FALSE。在 Excel 中正确的写法为：

```
=AND(A2>=60,A2<80)
```

在公式中使用的括号必须成对出现，虽然 Excel 在结束公式编辑时会作出判断并自动补充、修正，但是修正结果并不一定是用户所期望的。例如：

```
=((5+8*4/2
```

这个公式输入结束后，会弹出如图 10-4 所示的对话框。

而公式=5+8*4/2)，Excel 则会建议修正为=5+8*4/2。

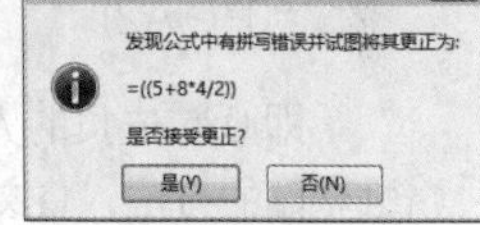

图 10-4　公式更正

提示　当公式中使用很多嵌套括号时，就很难找对应括号，但是在输入过程中，输入一个括号，Excel 会用黑体显示该括号和与之匹配的括号，这个过程持续不到 1 秒，所以应仔细观察。

10.3 公式中的常量

公式中可以使用常量进行运算。所谓常量，是指在运算过程中自身不会改变的值，但是公式以及公式产生的结果都不是常量。

（1）数值与逻辑值转换

在 Excel 公式运算中，逻辑值与数值的关系如下。

- 在四则运算及乘幂、开方运算中，TRUE=1，FALSE=0。
- 在逻辑判断中，0=FALSE，所有非 0 数值=TRUE。
- 在比较运算中，数值<文本<FALSE<TRUE。

（2）文本型数字与数值转换

文本型数字可以作为数值直接参与四则运算，但当此类数据以数组或者单元格引用的形式作为某些统计函数（如 SUM、AVERAGE 和 COUNT 函数等）的参数时，将被视为文本来运算。

例如，在 A1 单元格输入数值 1（单元格数字格式为默认的“常规”），在 A2 单元格输入前置单引号的数字'2，则对数值 1 和文本型数字 2 的运算如表 10-4 所示。

表 10-4 文本型数字参与运算的特性

序号	公 式	返回结果	说 明
1	=A1+A2	3	文本"2"参与四则运算被转换为数值
2	=SUM(A1:A2)	1	文本"2"在单元格中，视为文本，未被 SUM 函数统计

示例 10-2 就是利用文本型数字参与四则运算自动转换为数值的原理，实现判断成绩是否及格。此外，使用如下 6 个公式可以将 A2 单元格的文本型数字转换为数值。

乘法：=A2*1

除法：=A2/1

加法：=A2+0

减法：=A2-0

减负运算：=--A2

函数转换：=VALUE（A2）

其中，减负运算实质是以下公式的简化：

=0-(-A2)

即 0 减去负的 A2 单元格的值，因其输入最为方便而被广泛应用。如果数据量较多，可以利用选择性粘贴的方法，将文本转换为数值，既可以提高公式的运算速度，也可以方便后续的其他分析汇总。

10.4 认识单元格引用

Excel 存储的文档一般称为工作簿，一个工作簿可以由多张工作表组成。在 Excel 2013 版中，一张工作表由 1048576×16384 个单元格组成，即 2^{20} 行×2^{14} 列。单元格是工作表的最小组成元素，以左上角第一个单元格为原点，向下向右分别为行、列坐标的正方向，由此构成单元格在工作表上所处位置的坐标集合。在公式中使用坐标方式表示单元格在工作表中的“地址”，实现对存储于单元格中的数据的调用，这种方法称为单元格引用。

10.4.1 A1 引用样式和 R1C1 引用样式

（1）A1 引用样式

在默认情况下，Excel 使用 A1 引用样式，即使用字母 A~XFD 表示列标，用数字 1～1048576 表示行号，单元格地址由列标和行号组合而成。

例如，位于第 C 列和第 5 行交叉处的单元格，其单元格地址为“C5”。在引用单元格区域时，使用引用运算符“:”（冒号）将表示左上角单元格和右下角单元格的坐标相连，如引用第 D 列第 3 行至第 E 列第 7 行之间的所有单元格组成的矩形区域，单元格地址为“D3:E7”。如果引用整列或整行，可省去列标或行号，如“1:1”表示工作表中的第一行，即 A1:XFD1；“A:A”表示 A 列，即 A1:A1048576。

（2）R1C1 引用样式

如图 10-5 所示，单击【文件】选项卡中的【选项】按钮→选择【公式】选项卡→在【使用公式】区域中勾选【R1C1 引用样式】复选框，可以启用 R1C1 引用样式。

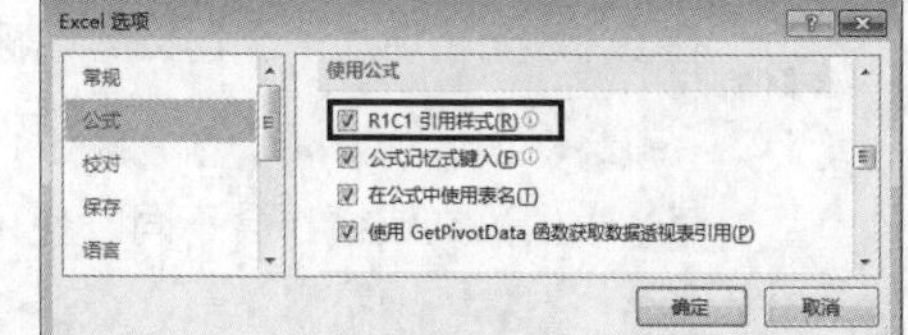

图 10-5　启用 R1C1 引用样式

在 R1C1 引用样式中，Excel 的行号和列号都使用数字表示。例如，选择第 2 行和第 3 列交叉处位置，Excel 名称框中显示为 R2C3，其中，字母“R”、“C”分别是英文“Row”、“Column”即行、列的首字母，其后的数字则表示相应的行号列号。R2C3 也就是 A1 引用样式中的 C2 单元格。

10.4.2 相对引用、绝对引用和混合引用

在公式中引用具有以下关系：如果单元格 A1 包含公式“=B1”，那么 B1 就是 A1 的引用单元格，A1 就是 B1 的从属单元格。从属单元格与引用单元格之间的位置关系称为单元格引用的相对性，可分为 3 种不同的引用方式，即相对引用、绝对引用和混合引用。

（1）相对引用

当复制公式到其他单元格时，Excel 保持从属单元格与引用单元格的相对位置不变，称为相对引用。

例如，使用 A1 引用样式时，在 B2 单元格输入公式：=A1，当向右复制公式时，将依次变为：=B1、=C1、=D1 等，当向下复制公式时，将依次变为：=A2、=A3、=A4，始终保持引用公式所在单元格的左侧 1 列、上方 1 行位置的单元格。在 R1C1 引用样式中，表示为=R[-1]C[-1]，且不随公式复制而改变。

（2）绝对引用

当复制公式到其他单元格时，Excel 保持公式所引用的单元格绝对位置不变，称为绝对引用。例如，在 A1 引用样式中，在 B2 单元格输入公式：=$A$3，则无论公式向右还是向下复制，都始终保持为=$A$3 不变。在 R1C1 引用样式中，表示为：=R3C1，且不随公式复制而改变。

示例 10-3　使用相对引用和绝对引用判定成绩档次

如图 10-6 所示，是学生语文成绩表的部分内容，需要判断是否及格（总分 150 分）。E2 单元格使用以下公式：

```
=IF(D2>=90,"及格","不及格")
```

E2　=IF(D2>$C$2,"及格","不及格")

	A	B	C	D	E	F	G
1	学号	班级	姓名	语文	语文等级		语文等级标准
2	10102	7	曹京	83	不及格		90
3	10103	7	裴入召	100	及格		
4	10104	7	龚栋栋	93	及格		
5	10105	7	郑佳丽	103	及格		
6	10106	7	陈滨	107	及格		
7	10107	7	田财	89	不及格		
8	10108	7	叶菁	112	及格		
9	10109	7	刘芳	93	及格		
10	10110	7	柯梅雪	126	及格		

图 10-6　使用相对引用和绝对引用

如果要改变此次考试的等地标准，因为公式中使用硬编码 90，就需要修改公式，既增加工作量，

也可能出错。

在 G2 单元格增加一个语文等地标准，E2 单元格使用以下公式，向下复制填充至 E10 单元格：

```
=IF(D2>=$G$2,"及格","不及格")
```

每个学生语文成绩都会不同，使用相对引用 D2，而语文的等地标准是固定的，故使用绝对引用$G$2。

（3）混合引用

当复制公式到其他单元格时，Excel 仅保持所引用单元格的行或列方向之一的绝对位置不变，而另一个方向位置发生变化，这种引用方式称为混合引用。可分为行绝对列相对引用和行相对列绝对引用。例如，在 A1 引用样式中，在 C3 单元格中输入公式：=$A5，则公式向右复制时始终保持为=$A5 不变，向下复制时行号将发生变化，即行相对列绝对引用。在 R1C1 引用样式中，表示为：=R[2]C1。

如图 10-7 所示，B1:J1 单元格区域输入数字 1 至 9，A2:A10 单元格区域输入数字 1 至 9，这两个区域的交叉区域为两个单元格的值的乘积，如使用一个公式完成输入，就要用到混合引用。在 B2 单元格输入以下公式，复制填充至 J10 单元格：

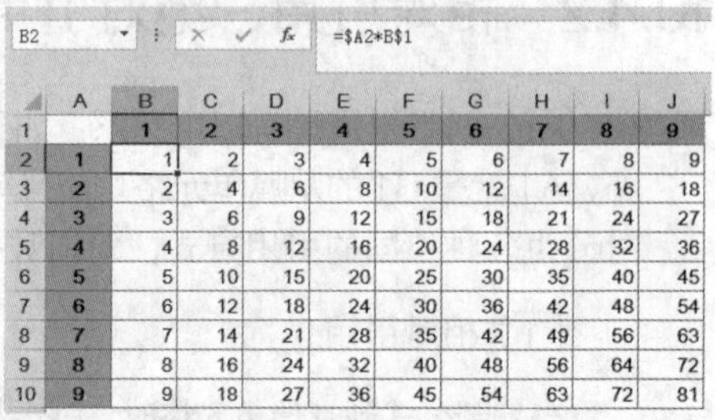

B2 | =$A2*B$1

	A	B	C	D	E	F	G	H	I	J
1		1	2	3	4	5	6	7	8	9
2	1	1	2	3	4	5	6	7	8	9
3	2	2	4	6	8	10	12	14	16	18
4	3	3	6	9	12	15	18	21	24	27
5	4	4	8	12	16	20	24	28	32	36
6	5	5	10	15	20	25	30	35	40	45
7	6	6	12	18	24	30	36	42	48	54
8	7	7	14	21	28	35	42	49	56	63
9	8	8	16	24	32	40	48	56	64	72
10	9	9	18	27	36	45	54	63	72	81

图 10-7 混合引用

```
=$A2*B$1
```

读者可以把符号$看作一把锁，$A2 就是把 A 列锁住，向右复制时，列号不会改变。向下复制填充时，因为行没有锁住，行号会变化递增为 3、4……

在 A1 引用样式中，如果希望复制公式时能够固定引用某个单元格地址，则需要在行号或列标前使用绝对引用符号$。在 R1C1 引用样式中，则使用相对引用的标识符[]，将需要相对引用的行号或列标的数字包括起来。假设公式放在 B1 单元格中，其特性如表 10-5 所示。

表 10-5 单元格引用类型及特性

引 用 类 型	A1 样式	R1C1 样式	特 性
绝对引用	=$A$1	=R1C1	公式向右向下复制不改变引用关系
行绝对引用、列相对引用	=A$1	=R1C[-1]	公式向下复制不改变引用关系
行相对引用、列绝对引用	=$A1	=RC1	公式向右复制不改变引用关系，因为行相同，故 R 后面的 1 省去
相对引用	=A1	=RC[-1]	公式向右向下复制均会改变引用关系，因为行相同，故 R 后面的 1 省去

R1C1 引用样式中，正数表示右侧、下方的单元格，负数表示左侧、上方的单元格。由于每个复制的公式在 R1C1 样式中都完全相同，在查找公式错误时非常方便。

（4）快速切换 4 种不同引用类型

虽然使用不同的引用方式能够根据需要进行方便的设置，但手工输入“$”或“[]”都较为烦琐。Excel 提供<F4>功能键，可以在 4 种引用类型中循环切换，其顺序如下。

绝对引用→行绝对引用/列相对引用→行相对引用/列绝对引用→相对引用。

在 A1 引用样式中，输入公式：=B2，按<F4>键后依次变为：

```
$B$2→B$2→$B2→B2
```

在 R1C1 引用样式中，输入公式：=R[1]C[1] ，按<F4>键后依次变为：

```
R2C2→R2C[1]→R[1]C2→R[1]C[1]
```

10.4.3 多单元格和单元格区域的引用

1. 合并区域引用

Excel 除了允许对单个单元格或多个连续单元格进行引用外，还支持对同一工作表中不连续区域进行引用，通常称为“合并区域”引用，即使用联合运算符“,”将各个区域的引用间隔开来，并在两端添加半角括号“()”将其包含在内。

示例 10-4 合并区域引用计算排名

图 10-8 所示为某班级成绩表的部分内容。D12 单元格为 8 班成绩，其他均为 7 班成绩。需要计算 7 班学生的班级排名。

E2 =RANK.EQ(D2,($D$2:$D$11,$D$13:$D$35))

	A	B	C	D	E	F
1	组别	班级	姓名	语文	名次	
2	10102	7	曹京	83	32	
3	10103	7	裴入召	100	14	
4	10104	7	龚栋栋	93	26	
5	10105	7	郑佳丽	103	10	
6	10106	7	陈滨	107	5	
7	10107	7	田财	89	31	
8	10108	7	叶菁	112	3	
9	10109	7	刘芳	93	26	
10	10110	7	柯梅雪	126	1	
11	10111	7	吴支雄	94	25	
12	10112	8	付哲	84	#N/A	
13	10113	7	周玉	97	21	

图 10-8 合并区域引用排名

可以通过合并区域引用的方式计算，E2 单元格输入以下公式，向下复制填充至 E35 单元格：

```
=RANK.EQ(D2,($D$2:$D$11,$D$13:$D$35))
```

参数($D$2:$D$11,$D$13:$D$35)为合并区域引用。D12 的成绩在 7 班中不存在，返回错误值#N/A。

合并区域引用的单元格必须位于同一工作表中，否则将返回错误值#VALUE!。

2. 交叉引用

在公式中，可以使用交叉运算符（单个空格）取得两个区域的交叉区域。如图 10-9 所示，需要判断 B2 单元格和 C1 单元格是否从属于 A1:E5 单元格区域。

E6、E7 单元格分别输入以下公式：

```
=ISREF(B2 A1:E5)
=ISREF(C1 A2:E5)
```

	A	B	C	D	E
1	A1	B1	C1	D1	E1
2	A2	B2	C2	D2	E2
3	A3	B3	C3	D3	E3
4	A4	B4	C4	D4	E4
5	A5	B5	C5	D5	E5
6	判断B2是否从属于A1:E5单元格区域				TRUE
7	判断C1是否从属于A2:E5单元格区域				FALSE

图 10-9 判断某个单元格是否从属于某区域

其中，C1 与 A2:E5 之间使用了交叉引用符“ ”（单个空格），以此求两区域是否有交叉。由于 C1 单元格与 A2:E5 无交叉区域，ISREF 函数判断返回逻辑值 FALSE。

3. 绝对交集

在公式中，对单元格区域而不是某个单元格的引用按照单个单元格进行计算时，依靠公式所在的从属单元格与引用单元格之间的物理位置，返回交叉点值，称为“绝对交集”引用或“隐含交叉”引用。

如图 10-10 所示，G3 单元格中包含公式：=C1:C5，且未使用数组公式方式编辑公式，则 G3 单元格返回的值为“C3”，这是因为 G3 单元格和 C3 单元格位于同一行。

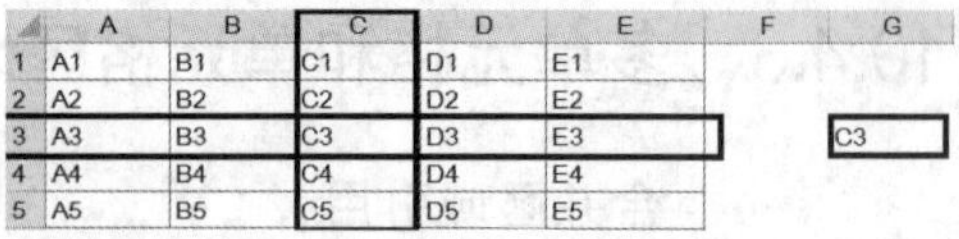

	A	B	C	D	E	F	G
1	A1	B1	C1	D1	E1		
2	A2	B2	C2	D2	E2		
3	A3	B3	C3	D3	E3		C3
4	A4	B4	C4	D4	E4		
5	A5	B5	C5	D5	E5		

图 10-10　绝对交集引用

10.5　对其他工作表和工作簿的引用

10.5.1　引用其他工作表区域

若希望在公式中引用其他工作表的单元格区域，可在公式编辑状态下，通过单击相应的工作表标签，然后选取相应的单元格区域。

示例 10-5　跨表引用其他工作表区域

图 10-11 所示的工作表为学生成绩表。

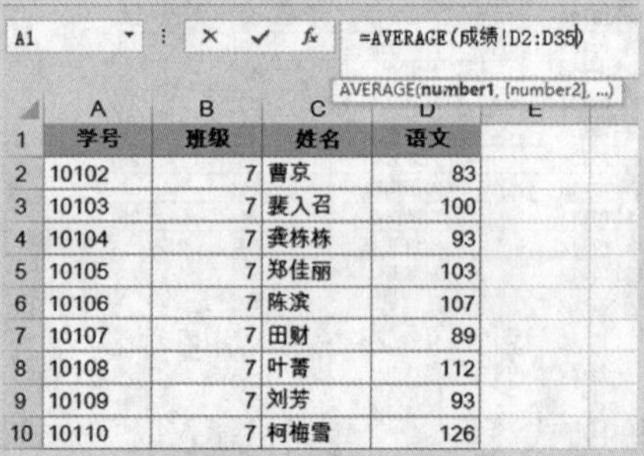

A1　=AVERAGE(成绩!D2:D35)

AVERAGE(number1, [number2], ...)

	A	B	C	D
1	学号	班级	姓名	语文
2	10102	7	曹京	83
3	10103	7	裴入召	100
4	10104	7	龚栋栋	93
5	10105	7	郑佳丽	103
6	10106	7	陈滨	107
7	10107	7	田财	89
8	10108	7	叶蔷	112
9	10109	7	刘芳	93
10	10110	7	柯梅雪	126

图 10-11　跨表引用

在分析表中 B2 单元格输入“= AVERAGE(”，然后单击成绩表标签，选择 D2:D35 单元格区域，并按<Enter>键结束编辑，则自动添加工作表名，公式变为：

```
=AVERAGE('成绩'!D2:D35)
```

跨表引用的表示方式为“工作表名+半角感叹号+引用区域”。当所引用的工作表名是以数字开头或包含空格以及以下特殊字符时：

```
$ % ` ~ ! @ # ^ & ( ) + - = , | '" ; { }
```

公式中的工作表名称将被一对半角单引号包含，例如，将上述示例中的“成绩”工作表的表名修改为“成绩 7 班”时，则跨表引用公式将变为：

```
=AVERAGE('成绩 7 班'!D2:D35)
```

同理，使用 INDIRECT 函数跨表引用时，如果被引用的工作表名包含空格或上述字符，需要在工作表名前加上半角单引号才能返回正确结果。

10.5.2　引用其他工作簿中的工作表区域

当引用的单元格与公式所在单元格不在同一工作簿中时，其表示方式为“[工作簿名称]工作表名!

单元格引用”，如新建一个工作簿，并求成绩表的 D2:D35 单元格区域的平均值，公式如图 10-12 所示。

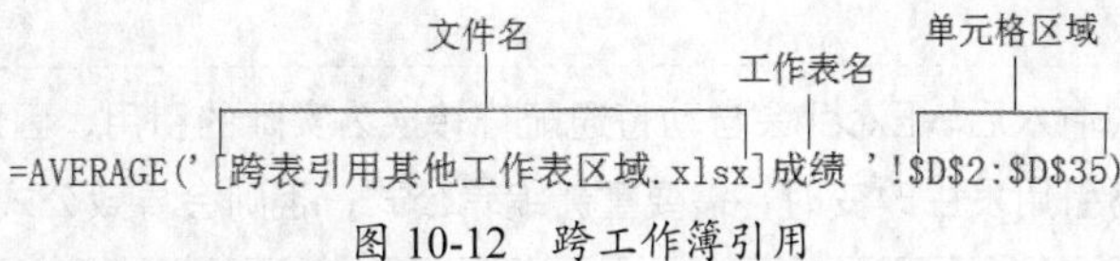

图 10-12 跨工作簿引用

当被引用单元格所在工作簿关闭时，公式中的工作簿名称前自动加上文件的路径。当路径或工作簿名称、工作表名称之一包含空格或相关特殊字符时，感叹号之前部分需要使用一对半角单引号包含。

10.5.3 引用连续多工作表相同区域

1. 三维引用输入方式

当跨表引用多个相邻工作表的同一单元格区域时，可以使用三维引用进行计算，而无须逐个工作表对单元格区域进行引用。其表示方式为：按工作表排列顺序，使用冒号将起始工作表和终止工作表名进行连接，作为跨表引用的工作表名。

示例 10-6 三维引用汇总连续多工作表相同区域

如图 10-13 所示，“1”、“2”、“3”、“4”、“5”工作表为连续排列的 5 个工作表，每个表的 A2:E10 单元格区域分别存放着 1~5 月的饮料销售情况数据。

在“汇总”工作表的 B2 单元格中，输入“=SUM(”，然后鼠标单击“1”工作表标签，按住<Shift>键单击“5”工作表标签，然后选取 E3:D10 单元格区域后按<Enter>键结束公式编辑，将得到以下公式：

```
=SUM('1:5'!E2:E10)
```

2. 妙用通配符输入三维引用

如图 10-14 所示，当“汇总”工作表的位置在“2”、“3”工作表之间时，5 张工作表被分为两部分，因此需要使用以下公式进行汇总：

```
=SUM('1:2'!E3:E10,'3:5'!E3:E10)
```

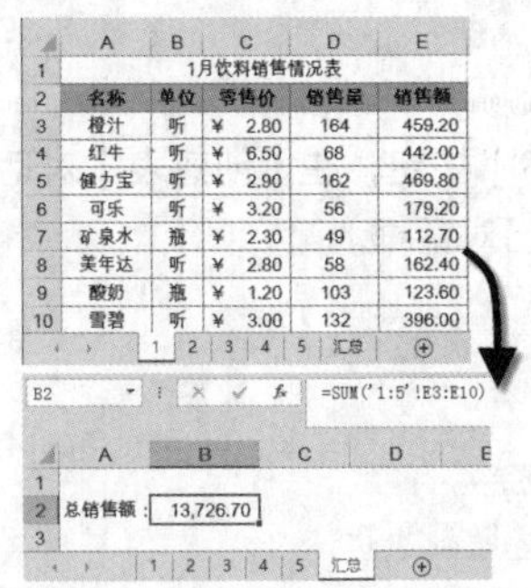

1月饮料销售情况表				
名称	单位	零售价	销售量	销售额
橙汁	听	¥ 2.80	164	459.20
红牛	听	¥ 6.50	68	442.00
健力宝	听	¥ 2.90	162	469.80
可乐	听	¥ 3.20	56	179.20
矿泉水	瓶	¥ 2.30	49	112.70
美年达	听	¥ 2.80	58	162.40
酸奶	瓶	¥ 1.20	103	123.60
雪碧	听	¥ 3.00	132	396.00

图 10-13 汇总连续多工作表区域

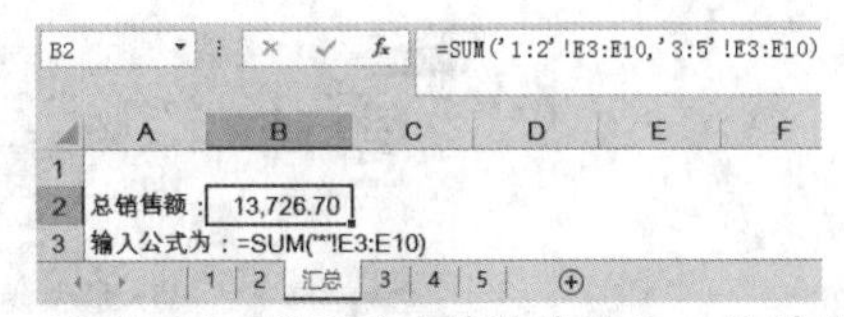

图 10-14 利用通配符快速输入三维引用

除采用示例输入的方法，对“1”、“2”工作表和“3”、“4”、“5”工作表分别进行三维引用外，还可以使用通配符“*”代表公式所在工作表之外的所有其他工作表名称，例如在汇总表 B2 单元格输入以下公式，将自动根据工作表位置关系，对除汇总表之外的其他工作表 E3:E10 单元格区域求和：

```
=SUM('*'!E3:E10)
```

此外，通配符“?”也可以代替其他工作表名称快速输入三维引用，但不能替代单纯以数字命名的工作表。

注意

由于公式输入后，Excel 会自动将通配符转换为实际的引用，因此，当工作表位置或单元格引用发生改变时，需要重新编辑公式，否则会导致公式运算错误。

3. 三维引用的局限性

三维引用是对多张工作表上相同单元格或单元格区域的引用，其要点是“跨越两个或多个连续工作表”、“相同单元格区域”。

在实际使用中，支持这种连续多表同区域引用的函数有：SUM、AVERAGE、AVERAGEA、COUNT、COUNTA、MAX、MAXA、MIN、MINA、PRODUCT、RANK、STDEV、STDEVP、STDEVPA、VAR、VARA、VARP、VARPA 函数等，主要适用于多个工作表具有相同的数据库结构的统计计算。

注意

三维引用不能用于引用类型 Range 为参数的函数中，如 SUMIF、COUNTIF 函数等。也不能用于大多数函数参数类型为 reference 或 ref 的函数（但 RANK 函数除外）。必须与函数产生的多维引用区分开来。

10.6 表格和结构化引用

10.6.1 创建表格

在 Excel 2013 版中创建表格有以下 3 种方法。

- 单击【开始】选项卡【套用表格格式】下拉按钮，并在扩展菜单中单击某种格式。
- 单击【插入】选项卡【表格】按钮。
- 按<Ctrl+T>组合键。

示例 10-7 创建成绩表格并汇总平均分

如图 10-15 所示，是某班级成绩的部分数据。

步骤1 选择 A1 单元格，单击【插入】选项卡中的【表格】按钮，在【创建表】对话框中勾选【表包含标题】复选框，单击【确定】按钮退出对话框。

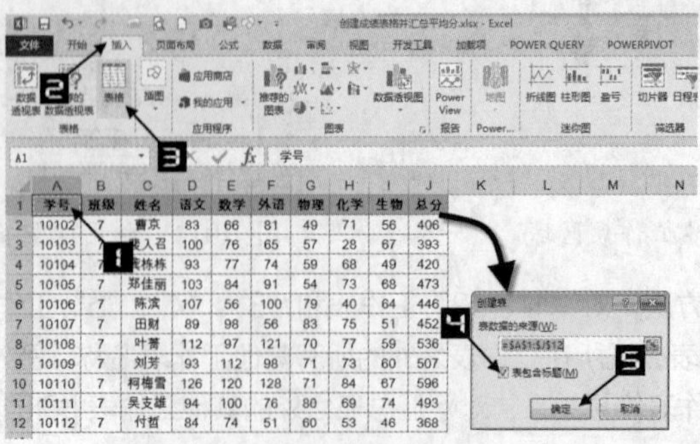

图 10-15 将数据区域转换为“表”

步骤2 → 选择表格中任意单元格，功能区将出现【表格工具】的【设计】子选项卡，在【表名称】编辑框中将默认的“表 1”修改为“成绩”。

步骤3 → 如图 10-16 所示，勾选【表格样式选项】组中的【汇总行】复选框，在 A13:I13 单元格区域将自动出现“汇总”行，单击 D13 单元格的下拉按钮，在下拉菜单中单击【平均值】，将自动生成以下公式的结果：

```
=SUBTOTAL(101,[语文])
```

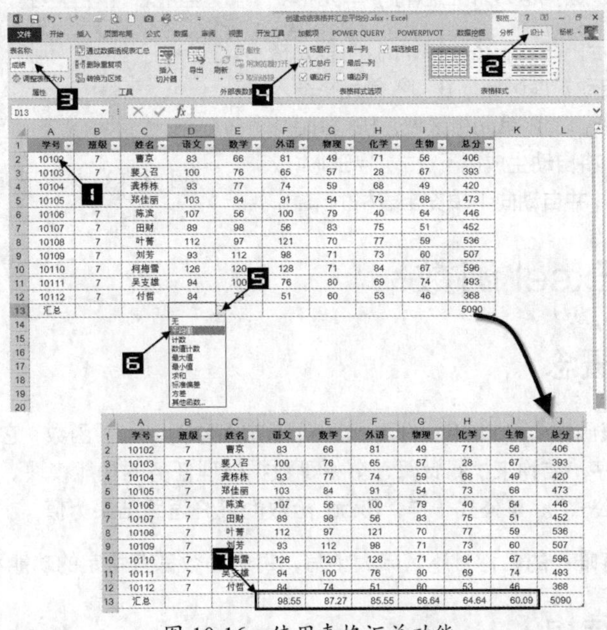

图 10-16　使用表格汇总功能

10.6.2　结构化引用

在以上示例中，D13 单元格的公式使用“[语文]”表示 D2:D12 区域，并且可以随“表格”区域的增减而自动改变引用范围。这种以类似字段名方式表示单元格区域的方法称为“结构化引用”。

如图 10-17 所示，在【Excel 选项】对话框【公式】选项卡的【使用公式】区域，勾选【在公式中使用表名】复选框，单击【确定】按钮退出对话框，即可以使用结构化引用来表示“表格”区域中的单元格。

如图 10-18 所示，在编辑公式表格名称后输入左方括号“[”，将弹出表格区域标题行表字段，并支持【公式记忆式键入】功能。

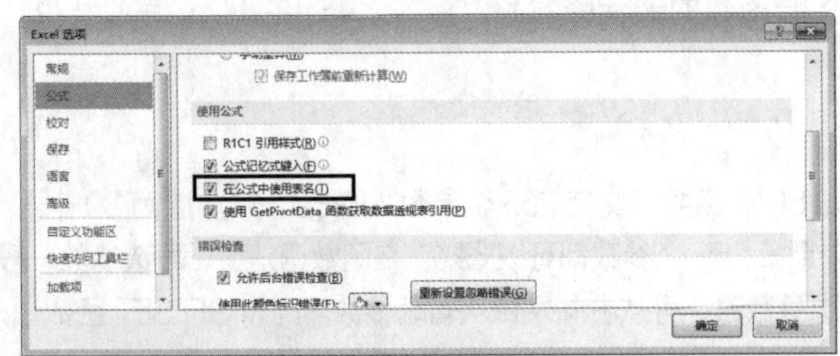

图 10-17　在公式中使用表名

图 10-18　可记忆式键入的结构化引用

结构化引用包含以下几个元素。

（1）表名称：例如上面公式中的“成绩”，可以单独使用表名称来引用除标题行和汇总行以外的“表”区域。

（2）列标题：例如上面公式中的“[语文]”，使用方括号包含，引用的是该列标题和汇总以外的数据区域。

（3）表字段：共有 4 项，即[#全部]、[#数据]、[#标题]、[#汇总]，其中[#全部]引用“表”区域中的全部（含标题行、数据区域和汇总行）单元格。

如图 10-19 所示，在“表格”相邻的 J1 单元格输入总分，表格会自动扩展区域，在 J2 单元格输入“=SUM(”，然后选择 D2:I2 单元格区域，按<Enter>键结束公式编辑后，将自动生成以下公式“=SUM(成绩[@[语文]:[生物]])”，并自动向下填充至表格的末行。

J2 =SUM(成绩[@[语文]:[生物]])

	A	B	C	D	E	F	G	H	I	J
1	学号	班级	姓名	语文	数学	外语	物理	化学	生物	总分
2	10102	7	曹京	83	66	81	49	71	56	406
3	10103	7	裴入召	100	76	65	57	28	67	393
4	10104	7	龚栋栋	93	77	74	59	68	49	420
5	10105	7	郑佳丽	103	84	91	54	73	68	473
6	10106	7	陈滨	107	56	100	79	40	64	446
7	10107	7	田财	89	98	56	83	75	51	452
8	10108	7	叶菁	112	97	121	70	77	59	536
9	10109	7	刘芳	93	112	98	71	73	60	507
10	10110	7	柯梅雪	126	120	128	71	84	67	596
11	10111	7	吴支雄	94	100	76	80	69	74	493
12	10112	7	付哲	84	74	51	60	53	46	368
13	汇总			98.55	87.27	85.55	66.64	64.64	60.09	

图 10-19 表格区域扩展的结构化引用

10.7 理解 Excel 函数

10.7.1 函数的概念

Excel 的工作表函数（Worksheet Function）通常简称为 Excel 函数，它是由 Excel 内部预先定义并按照特定的顺序、结构来执行计算、分析等数据处理任务的功能模块。因此，Excel 函数也常被人们称为“特殊公式”。与公式一样，Excel 函数的最终返回结果为值。

Excel 函数只有唯一的名称且不区分大小写，每个函数都有特定的功能和用途。

10.7.2 函数的结构

在公式中使用函数时，通常有表示公式开始的“=”号、函数名称、左括号、以半角逗号相间隔的参数和右括号构成，此外，公式中允许使用多个函数或计算式，使用运算符进行连接。

部分函数允许多个参数，如 SUM(A1:A10,C1:C10)使用了 2 个参数。另外，也有一些函数没有参数或可不需要参数，例如，NOW 函数、RAND 函数、PI 函数等没有参数，ROW 函数、COLUMN 函数如果参数省略则返回公式所在单元格行号、列标数。

函数的参数，可以有数值、日期和文本等元素组成，可以使用常量、数组、单元格引用或其他函数。当使用函数作为另一个函数的参数时，称为函数的嵌套。

如图 10-20 所示的是常见的使用 IF 函数判断正负数和零的公式，其中，第 2 个 IF 函数是第 1 个 IF 函数的嵌套函数。

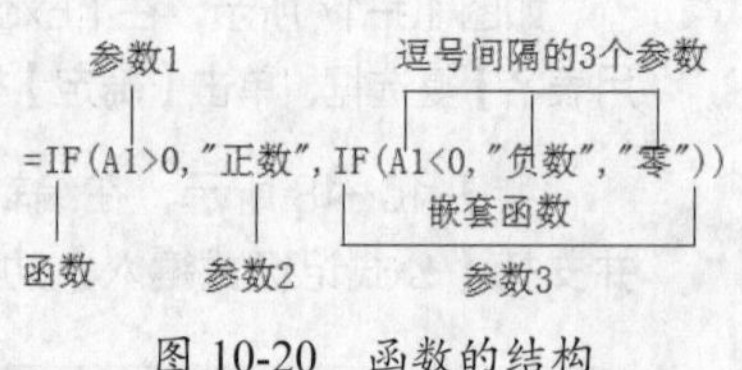

图 10-20 函数的结构

10.7.3 可选参数与必需参数

一些函数可以仅使用其部分参数，例如 SUM 函数可支持 255 个参数（Excel 2003 版为 30 个），其中第 1 个参数为必需参数不能省略，而第 2 个至第 255 个参数都可以省略。在函数语法中，可选参数一般用一对方括号“[]”包含起来，当函数有多个可选参数时，可从右向左依次省略参数。例如 OFFSET 函数语法为：

```
OFFSET(reference, rows, cols, [height], [width])
```

其中 height、width 参数都为可选参数，函数的参数具有固定的位置，如果 OFFSET 函数仅使用 4 个参数，则第 4 个参数会被识别为 height 而不是 width。除了 SUM、COUNT 函数等具有多个相似参数外，如表 10-6 所示，列出了常用函数省略具体参数和相当于设置该参数默认值情况。

表 10-6　　常用函数省略可选参数情况

函数名称	参数位置及名称	省略参数后的默认情况
IF 函数	第 3 个参数[value_if_false]	默认为 FALSE
LOOKUP 函数	第 3 个参数[result_vector]	默认为数组语法
MATCH 函数	第 3 个参数[match_type]	默认为 1
VLOOKUP 函数	第 4 个参数[range_lookup]	默认为 TRUE
HLOOKUP 函数	第 4 个参数[range_lookup]	默认为 TRUE
INDIRECT 函数	第 2 个参数[a1]	默认为 A1 引用样式
FIND(B)函数	第 3 个参数[start_num]	默认为 1
SEARCH(B)函数	第 3 个参数[start_num]	默认为 1
LEFT(B)函数	第 2 个参数[num_chars]	默认为 1
RIGHT(B)函数	第 2 个参数[num_chars]	默认为 1
SUBSTITUTE 函数	第 4 个参数[instance_num]	默认为替换所有符合第 2 个参数的字符
SUMIF 函数	第 3 个参数[sum_range]	默认对第 1 个参数 range 进行求和

此外，在公式中有些参数可以省略其值而在前一参数后仅跟一个逗号，用以保留参数的位置，这种方式称为“省略参数的值”或“简写”，常用于代替逻辑值 FALSE、数值 0 或空文本等参数值。

如表 10-7 所示，列出了常见的参数简写情况。

表 10-7　　参数简写情况

原公式	简写后的公式
=VLOOKUP(E1,A1:B10,2,FALSE) =VLOOKUP(E1,A1:B10,2,0)	=VLOOKUP(E1,A1:B10,2,)
=MAX(D2,0)	=MAX(D2,)
=OFFSET(A1,0,0,10,1)	=OFFSET(A1,,,10,1)
=OFFSET(A1,2,2,1,1)	=OFFSET(A1,2,2)
=SUBSTITUTE(A2,"A","")	=SUBSTITUTE(A2,"A",)

注意

省略参数指的是将参数连同前面的逗号（如果有）一同去除，仅适用于可选参数；省略参数的值（即简写）指的是保留参数前面的逗号，但不输入参数的值，不限定可选或必需参数。

10.7.4 为什么需要使用函数

某些简单的计算可以通过自行设计的公式完成，例如对 A1:A3 单元格求和，可以使用以下公式：

```
=A1+A2+A3
```

但如果要对 A1:A100 或者更多单元格区域求和，一个个单元格相加的做法将变得无比繁杂、低效而又易错，使用 SUM 函数可以大大简化这些公式，使之更易于输入、查错和修改。此外，有些函数的功能是自编公式无法完成的，例如使用 RAND 函数产生大于等于 0 小于 1 的随机值。

10.7.5 常用函数的分类

在 Excel 函数中，根据来源的不同可将函数分为以下 4 类。

◆ 内置函数

只要启动了 Excel 就可以使用的函数。

◆ 扩展函数

必须通过加载宏才能正常使用，例如 EUROCONVERT 函数必须单击【开发工具】→【加载项】→在【加载项】对话框中勾选“欧元工具”复选框之后，才能正常使用，否则将返回#NAME?错误。

在 Excel 2013 版中，加载后的扩展函数在【插入函数】对话框中类别为“用户定义”函数。

提示 自 Excel 2007 版开始，EDATE 函数、EOMONTH 函数等“分析工具库”函数已转为内置函数，可以直接使用，而 Excel 2003 版必须事先加载“分析工具库”。

◆ 自定义函数

使用 VBA 代码编制的实现特定功能，并存放于“模块”中的函数。

◆ 宏表函数

该类函数是 Excel 4.0 版函数，需要通过定义名称或在宏表中使用，其中多数函数已逐步被内置函数和 VBA 功能所替代。

自 Excel 2007 版开始，需要将包含有自定义函数或宏表函数的文件保存为“启用宏的工作簿(.xlsm)”或“二进制工作簿(.xlsb)”，并在首次打开文件后单击【宏已被禁用】安全警告对话框中的【启用内容】按钮。

根据函数的功能和应用领域，内置函数可分为以下 12 种类别：文本函数、信息函数、逻辑函数、查找和引用函数、日期和时间函数、统计函数、数学和三角函数、财务函数、工程函数、多维数据集函数、兼容性函数、Web 函数。

其中，兼容性函数是 Excel 2013 版中提供的比早期版本改进精确度，更改名称以更好地反映其用法，而保留的旧版函数。虽然这些函数仍可向后兼容，但用户应该考虑从现在开始使用新函数，因为 Excel 的将来版本中可能不再可用。

10.7.6 认识函数的易失性

有时用户打开一个工作簿但不做任何更改就关闭，Excel 也会提示“是否保存对文档的更改？”。这很可能是因为该工作簿中用到了具有 Volatile 特性的函数，即“易失性函数”。

这种特性表现在使用易失性函数后，每激活一个单元格或在一个单元格输入数据，甚至只是打开工作簿，具有易失性的函数都会自动重新计算。

提示 易失性函数在以下情形下不会引发自动重新计算。

（1）工作簿的重新计算模式设置为“手动”时。

（2）当手工设置列宽、行高而不是双击调整为合适列宽时，但隐藏行或设置行高值为 0 除外。

（3）当设置单元格格式或其他更改显示属性的设置时。

（4）激活单元格或编辑单元格内容但按<Esc>键取消时。

常见的易失性函数有以下几种。

◆ 获取随机数的 RAND 和 RANDBETWEEN 函数，每次编辑会自动产生新的随机数。

◆ 获取当前日期、时间的 TODAY、NOW 函数，每次返回当前系统的日期、时间。

◆ 返回单元格引用的 OFFSET、INDIRECT 函数，每次编辑都会重新定位实际的引用区域。

◆ 获取单元格信息 CELL 函数和 INFO 函数，每次编辑都会刷新相关信息。

此外，SUMIF 函数和 INDEX 函数，当公式的引用区域具有不确定性时，若其他单元格被重新编辑，也会引发工作簿重新计算。

10.8 函数输入和编辑

10.8.1 使用“自动求和”按钮插入函数

许多用户都是从“自动求和”功能开始接触函数和公式的。在【公式】选项卡中有一个显示Σ字样的【自动求和】按钮（【开始】选项卡【编辑】组中也有此按钮），其中包括求和、平均值、计数、最大值、最小值和其他函数 6 个备选项，默认情况下单击该按钮或者按<Alt+=>组合键将插入“求和”函数。

单击【其他函数】按钮时，将打开【插入函数】对话框。

单击其他 5 个按钮时，Excel 将智能地根据所选取单元格区域和数据情况，自动选择公式统计的单元格范围，以实现快捷输入。

当要计算的表格区域处于筛选状态时，单击该按钮将应用 SUBTOTAL 函数的相关功能，以便在筛选状态下进行求和、求均值、计数、取最大值、取最小值等统计计算。

示例 10-8 自动求和按钮计算成绩总分和均分

如图 10-21 所示，选择空白单元格区域 D13:I13 或者数据所在的 D2:I13 单元格区域，然后单击【公式】选项卡中的【自动求和】下拉按钮，然后在扩展菜单中单击【平均值】，就可以在 D13:I13 单元格中应用以下公式：

```
=AVERAGE(D2:D12)
```

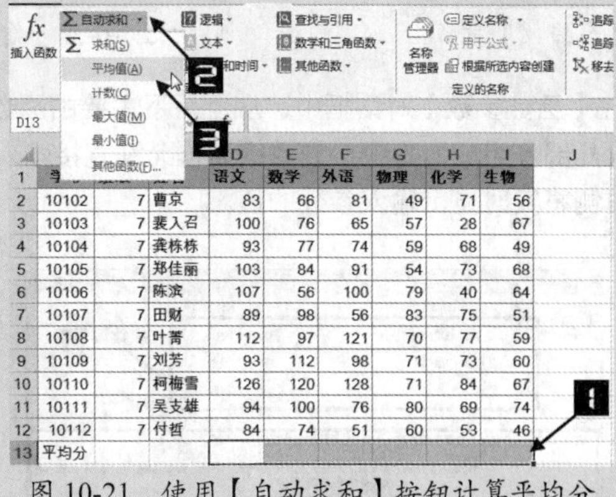

图 10-21 使用【自动求和】按钮计算平均分

10.8.2 使用函数库插入已知类别的函数

如图 10-22 所示，在【公式】选项卡【函数库】组中，Excel 按照内置函数分类提供了【财务】、

【逻辑】、【文本】、【日期和时间】、【查找与引用】、【数学和三角函数】、【其他函数】等多个下拉按钮，在【其他函数】下拉按钮中提供了【统计】、【工程】、【多维数据集】、【信息】、【兼容性】、【Web】等扩展菜单。由此，用户可以根据需要和分类插入内置函数（数据库函数除外），还可以从【最近使用的函数列表】下拉按钮中选取 10 个最近使用过的函数。

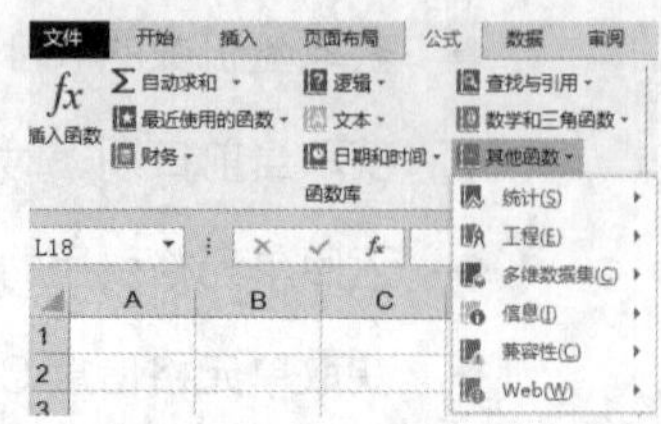

图 10-22 使用函数库插入已知类别的函数

10.8.3 使用“插入函数”向导搜索函数

如果对函数所归属的类别不太熟悉，还可以使用“插入函数”向导选择或搜索所需函数。以下 4 种方法均可打开【插入函数】对话框，效果如图 10-23 所示。

① 单击【公式】选项卡上的【插入函数】按钮。

② 在【公式】选项卡的【函数库】组中各个下拉按钮的扩展菜单中，单击【插入函数】；或单击【自动求和】下拉按钮，在扩展菜单中单击【其他函数】。

③ 单击“编辑栏”左侧的【插入函数】按钮。

④ 按<Shift+F3>组合键。

如图 10-24 所示，在【搜索函数】编辑框中输入关键字“如果”，单击【转到】按钮，对话框中将显示“推荐”的函数列表，选择具体函数如 IF 函数后，单击【确定】按钮，即可插入该函数并切换到【函数参数】对话框。

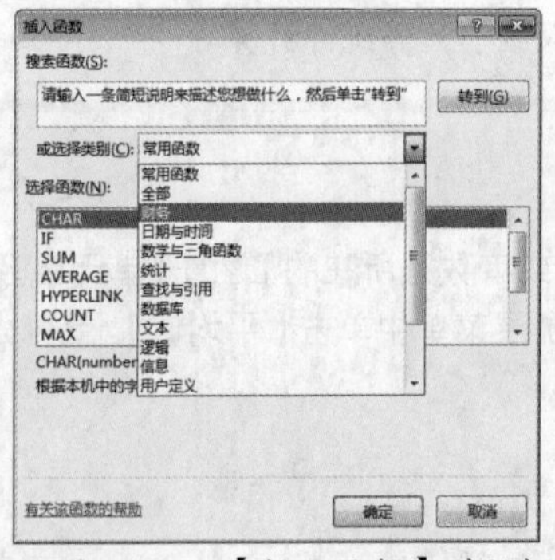

图 10-23 【插入函数】对话框

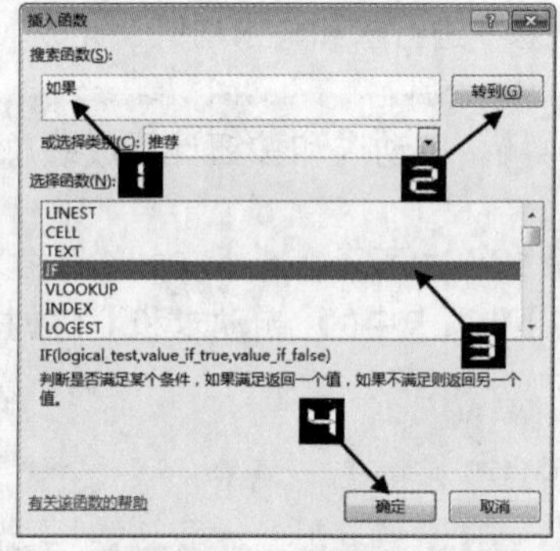

图 10-24 搜索关于“如果”的函数

如图 10-25 所示，在【函数参数】对话框中，从上而下主要由函数名、参数编辑框、函数简介及参数说明、计算结果等几部分组成，其中，参数编辑框允许直接输入参数或单击其右侧折叠按钮以选取单元格区域，其右侧将实时显示输入参数的值。

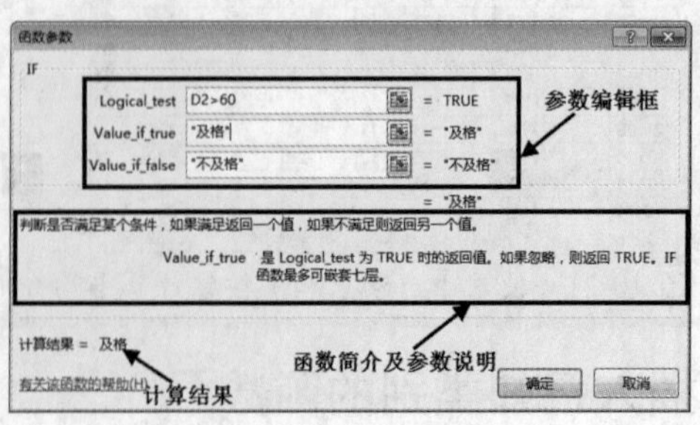

图 10-25 函数参数对话框

10.8.4 使用公式记忆式键入手工输入

自 Excel 2007 开始新增了一项“公式记忆式键入”功能，可以在用户输入公式时出现备选的函数和已定义的名称列表，帮助用户自动完成公式。如果知道所需函数名的全部或开头部分字母，则可直接在单元格或编辑栏中手工输入函数。

在公式编辑模式下，按<Alt+↓>组合键可以切换是否启用“公式记忆式键入”功能，也可以单击【文件】→【选项】，在【Excel 选项】对话框的【公式】选项卡中，勾选【使用公式】区域的【公式记忆式键入】复选框，然后单击【确定】按钮关闭对话框。当用户编辑或输入公式时，就会自动显示以输入的字符开头的函数或已定义的名称、“表”名称以及“表”的相关字段名下拉列表。

例如，在单元格中输入“=SU”后，Excel 将自动显示所有以“=SU”开头的函数、名称或“表”的扩展下拉菜单。通过在扩展下拉菜单中移动上、下方向键或鼠标选择不同的函数，其右侧将显示此函数功能简介，双击鼠标或者按<Tab>键可将此函数添加到当前的编辑位置，既提高了输入效率，又确保了输入函数名称的准确性。

随着进一步输入，扩展下拉菜单将逐步缩小范围，如图 10-26 所示。

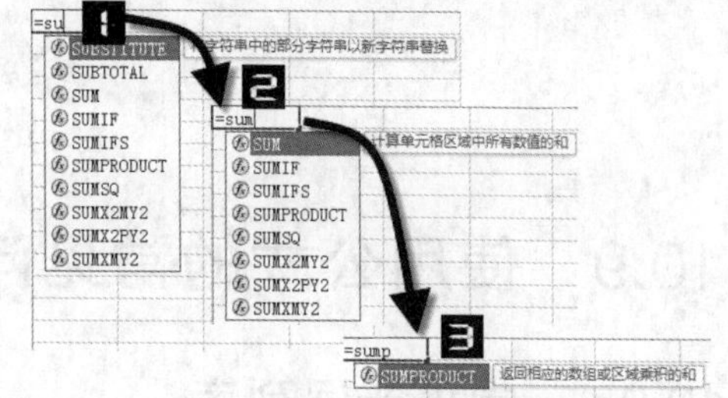

图 10-26 公式记忆式键入

10.8.5 活用函数屏幕提示工具

如图 10-27 所示，单击【文件】选项卡→【选项】，在【Excel 选项】对话框【高级】选项卡的【显示】区域中，勾选【显示函数屏幕提示】复选框。

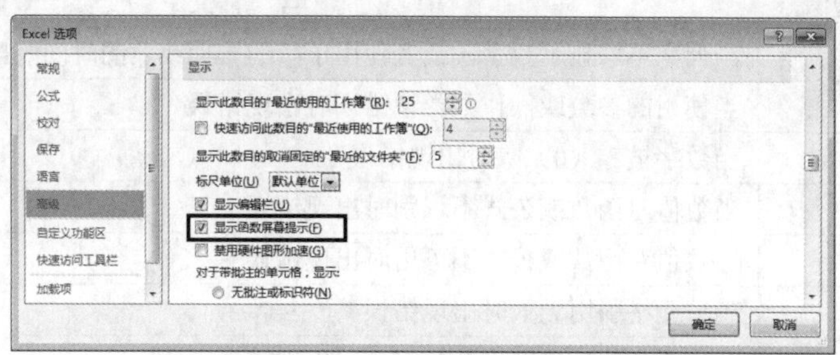

图 10-27 启用函数屏幕提示功能

在单元格中或编辑栏中编辑公式的时候，当输入函数名称及紧跟其后的左括号时，如图 10-27 所示，在编辑位置附近会自动出现悬浮的【函数屏幕提示】工具条，帮助用户了解函数语法中参数名称、可选参数或必需参数等。

提示信息中包含了当前输入的函数名称及完成此函数所需要的参数，如图 10-28 所示，输入的 TIME 函数包括了 3 个参数，分别为 hour、minute 和 second，当前光标所在位置的参数如图中所显示的 hour 参数以加粗字体显示。

如果公式中已经填入了函数参数，则单击【函数屏幕提示】工具条某个参数名称时，将选择该参数所在部分（包括使用嵌套函数作为参数的情况），并灰色背景突显，如图 10-29 所示。

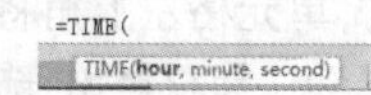

图 10-28 手工输入函数时的提示信息

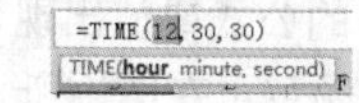

图 10-29 快速选择某参数

单击【函数屏幕提示】工具条上的函数名称，将打开【Excel 帮助】窗口，快速获取该函数的帮助信息，如图 10-30 所示。

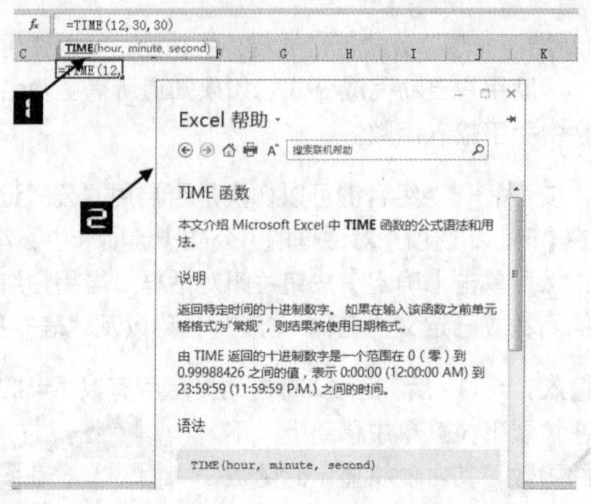

图 10-30 获取函数帮助信息

10.9 使用公式的常见问题

10.9.1 常见错误列表

使用公式进行计算时，可能会因为某种原因而无法得到正确结果，在单元格中返回错误值信息。常见的错误值及其含义如表 10-8 所示。

表 10-8 常见错误及含义

错误值类型	含 义
#####	当列宽不够显示数字，或者使用了负的日期或负的时间时出现错误
#VALUE!	当使用的参数或操作数类型错误时出现错误
#DIV/0!	当数字被零（0）除时出现错误
#NAME?	当数值对函数或公式不识别时出现错误
#N/A	当数值对函数或公式不可用时出现错误
#REF!	当单元格引用无效时出现错误
#NUM!	公式或函数中使用无效数字值时出现错误
#NULL!	当用空格表示两个引用单元格之间的交叉运算符，但计算并不相交的两个区域的交点时，出现错误。如公式=A:A B:B，A 列与 B 列不相交

10.9.2 检查公式中的错误

当公式的结果返回错误值时，应该及时地查找错误原因，并修改公式以解决问题。Excel 提供了后台检查错误的功能。

如图 10-31 所示，单击【文件】选项卡→【选项】，在 Excel 选项对话框【公式】选项卡的【错误检查】区域中，勾选【允许后台检查错误】复选框，并在【错误检查规则】区域勾选 8 个规则对应复选框。

当单元格中的公式或值出现与上述错误情况相符的状况时，单元格左上角将显示一个绿色小三角形智能标记（颜色可在图中所示的【错误检查】区域中设置，默认为绿色），选定包含该智能标记的单元格，单元格左侧将出现感叹号形状的【错误提示器】下拉按钮。

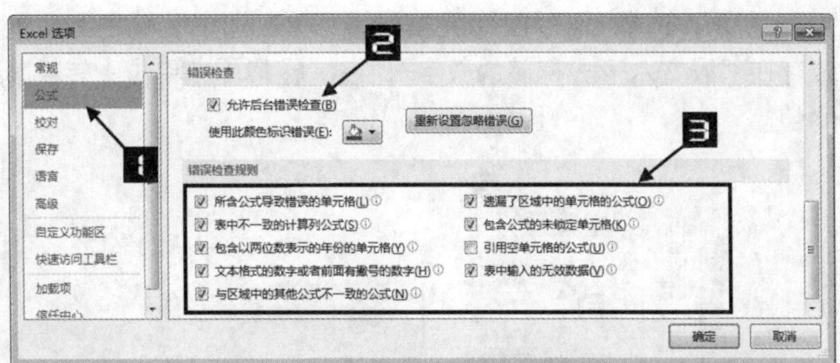

图 10-31 设置错误检查规则

示例 10-9 使用错误检查工具

如图 10-32 所示，在 D13 单元格使用 AVERAGE 函数计算 D2:D12 单元格的平均值，但结果显示为错误值#DIV/0!。

（1）如图 10-33 所示，选中 D13 单元格，单击【公式】选项卡【公式审核】组中的【错误检查】按钮，将弹出【错误检查】对话框，提示 D13 单元格出现“被零除”错误，可能存在“公式或函数被零或空单元格除”的原因，并提供了【关于此错误的帮助】、【显示计算步骤】、【忽略错误】、【在编辑栏中编辑】等选项，方便用户选择所需执行的操作。也可以通过单击【上一个】或【下一个】按钮查看此工作表中的其他错误情况。

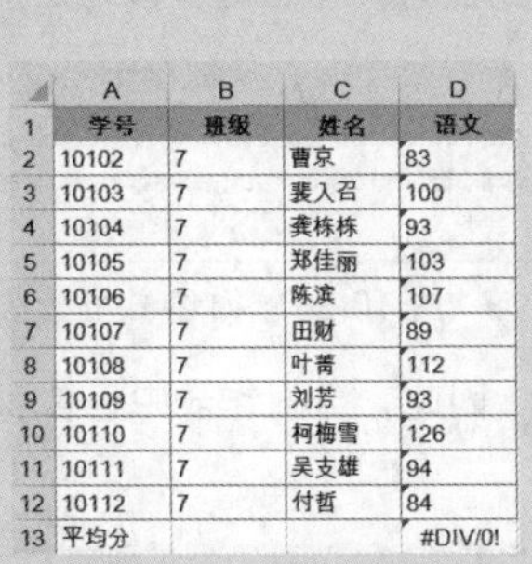

	A	B	C	D
1	学号	班级	姓名	语文
2	10102	7	曹京	83
3	10103	7	裴入召	100
4	10104	7	龚栋栋	93
5	10105	7	郑佳丽	103
6	10106	7	陈滨	107
7	10107	7	田财	89
8	10108	7	叶菁	112
9	10109	7	刘芳	93
10	10110	7	柯梅雪	126
11	10111	7	吴支雄	94
12	10112	7	付皙	84
13	平均分			#DIV/0!

图 10-32 计算错误的表格

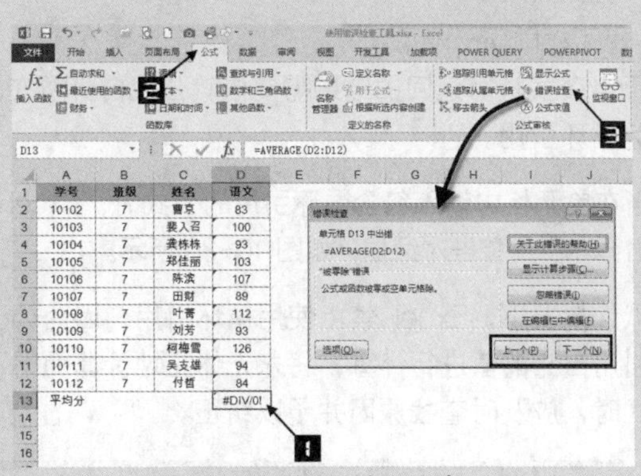

图 10-33 执行错误检查

（2）如图 10-34 所示，选定 D13 单元格，单击【公式】选项卡【错误检查】下拉按钮，在扩展菜单中单击【追踪错误】，将在 D2 单元格中出现蓝色的追踪箭头，表示错误可能来源于 D2 单元格，由此可以判断 D2 单元格格式可能产生错误。

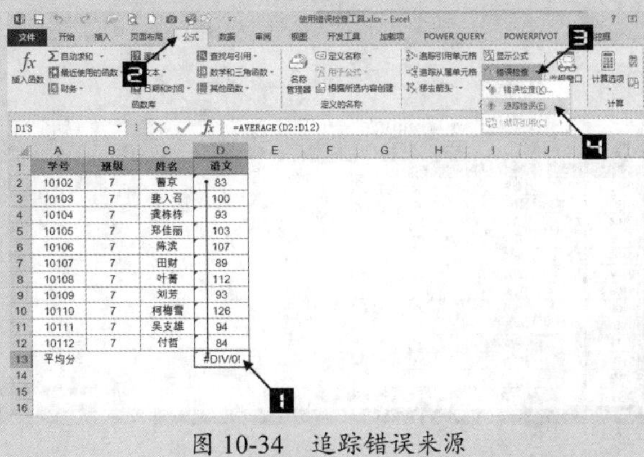

图 10-34 追踪错误来源

第 10 章

（3）如图 10-35 所示，选择 D2:D12 单元格区域，单击选中区域左上角的【错误指示器】下拉按钮，显示该区域存在“以文本形式存储的数字”，在扩展菜单中单击【转换为数字】，则 D13 单元格可正确计算平均值。

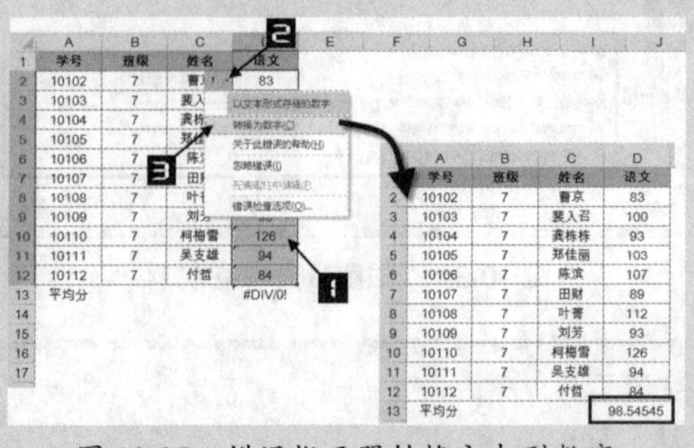

图 10-35　错误指示器转换文本型数字

10.9.3　处理意外循环引用

如果公式计算过程中与自身单元格的值无关，仅与自身单元格的行号、列标或者文件路径等属性相关，则不会产生循环引用，例如在 A1 单元格输入以下 3 个公式之一，都不算循环引用：

```
=ROW(A1)
=COLUMN(A1)
=CELL("filename",A1)
```

而当公式计算返回的结果需要依赖公式自身所在的单元格的值时，无论是直接还是间接引用，都称为循环引用。

当在单元格中输入包含循环引用的公式时，Excel 将弹出循环引用警告对话框，如图 10-36 所示。

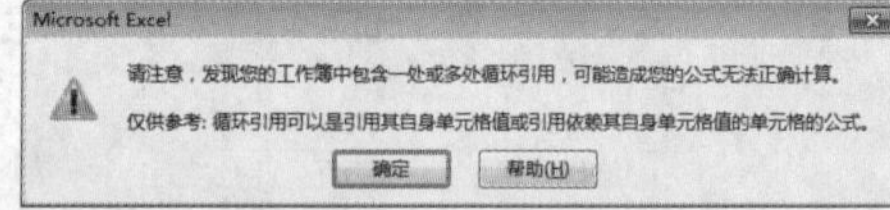

图 10-36　循环引用警告

默认情况下，Excel 禁止使用循环引用，因为公式中引用自身的值进行计算，将永无休止地计算而得不到答案。因此，当工作表中包含有循环引用的公式时，应及时查找原因并予以纠正。

示例 10-10　查找包含循环引用的单元格

如图 10-37 所示，单击【公式】选项卡【错误检查】下拉按钮，在扩展菜单中单击【循环引用】，将显示包含循环引用的单元格，单击该单元格将跳转到对应单元格。此外也可在状态栏查看包含循环引用的单元格位置。

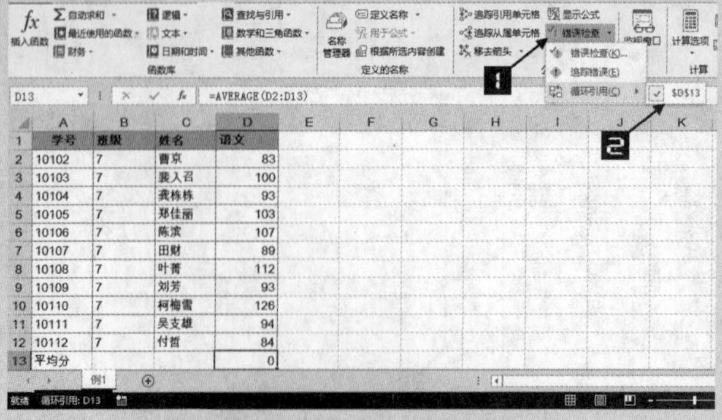

图 10-37　快速定位循环引用

10.9.4 有目的地启用循环引用

事实上，循环引用并不是一种错误，通过合理设置可以用于迭代计算，例如记录单元格操作时间、单元格内输入的历史最高值、对单元格内字符进行反复处理等，还可以模拟规划求解或单变量求解功能，解决多元一次方程组、不定组合金额总额等问题。

示例 10-11 循环引用解二元一次方程组

求二元一次方程组 $\begin{cases}3x+4y=8\\2x+8y=20\end{cases}$ 的解，这是一个典型的迭代计算问题。

如图 10-38 所示，在【Excel 选项】对话框【公式】选项卡【计算选项】区域中，勾选【启用迭代计算】复选框，并设置【最多迭代次数】为 100 次、【最大误差】为 0.001。

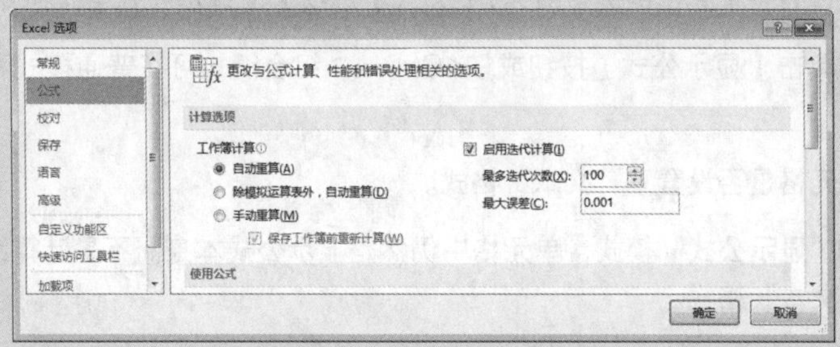

图 10-38 设置迭代计算选项

在 B2、B3 单元格依次输入以下公式：

```
=(8-4*B3)/3
=(20-2*B2)/8
```

将得到计算结果，即 x=-1，y=2.75。

其中，最多迭代次数和最大误差是用于控制迭代计算的两个指标，Excel 2013 支持的最大迭代次数为 32767 次，每 1 次 Excel 都将重新计算工作表中的公式，以产生一个新的计算结果。设置的最大误差值越小，则计算精度越高。当两次重新计算结果之间的差值绝对值小于等于最大误差时，或达到所设置的最多迭代次数时，Excel 将停止迭代计算。

注意

设置迭代次数会改变当前打开的所有工作簿的设置，但仅在本工作簿保存该选项设置。当打开多个工作簿时，如果第一个打开的工作簿设置了迭代次数，则其他工作簿将应用此设置，并在关闭后再单独打开时恢复原设置状态。反之，如果先打开的工作簿未设置迭代次数，则打开包含循环引用的工作簿会提示“循环引用”错误。因此，建议单独打开和使用包含循环引用公式的工作簿。

10.9.5 显示公式本身

有些时候，当输入完公式并结束编辑后，并未得到计算结果而是显示公式本身。以下是两种可能的原因和解决方法。

◆ 检查是否启用了“显示公式”模式。

如图 10-39 所示，D13 单元格只显示求平均值公式而不是结果。

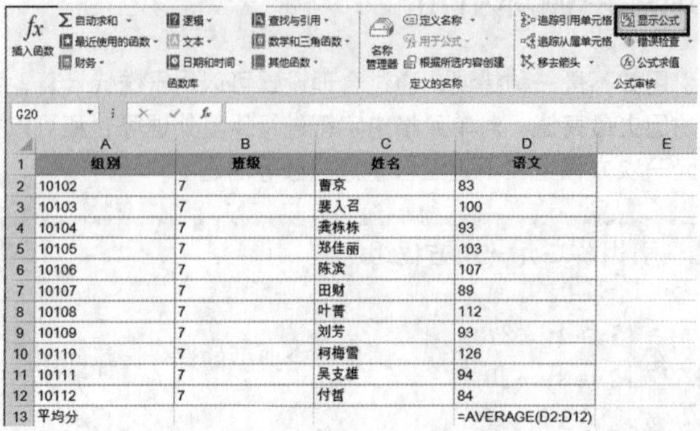

	A	B	C	D	E
1	组别	班级	姓名	语文	
2	10102	7	曹京	83	
3	10103	7	裴入召	100	
4	10104	7	龚栋栋	93	
5	10105	7	郑佳丽	103	
6	10106	7	陈滨	107	
7	10107	7	田财	89	
8	10108	7	叶菁	112	
9	10109	7	刘芳	93	
10	10110	7	柯梅雪	126	
11	10111	7	吴支雄	94	
12	10112	7	付晳	84	
13	平均分			=AVERAGE(D2:D12)	

图 10-39　显示公式本身

判断：该工作表各单元格的列宽较大，【公式】选项卡【显示公式】按钮处于高亮状态。

解决方法：单击【显示公式】按钮或按<Ctrl+～>组合键，可在普通模式和显示公式模式之间进行切换。

◆　检查单元格是否设置了“文本”格式。

如果未开启“显示公式”模式，单元格中仍然是显示公式本身而不是计算结果，则可能是由于单元格设置了“文本”格式。

解决方法 1：选择公式所在单元格，按<Ctrl+1>组合键打开【设置单元格格式】对话框，在【数字】选项卡中将格式设置为“常规”，单击【确定】按钮退出对话框，重新激活单元格中的公式并结束编辑。

解决方法 2：如果多个连续单元格使用相同公式，则按照解决方法 1 可设置左上角单元格为常规格式，重新激活公式后，复制到其他单元格。

10.9.6　自动重算和手动重算

在第一次打开工作簿以及编辑工作簿时，工作簿中的公式会默认执行重新计算。因此当工作簿中使用了大量的公式时，在录入数据期间因不断的重新计算会导致系统运行缓慢。通过设置 Excel 重新计算公式的时间和方式，可以避免不必要的公式重算，减少对系统资源的占用。

如图 10-40 所示，在【Excel】选项对话框【公式】选项卡【计算选项】区域中，单击【手动重算】选项按钮，并根据需要勾选或取消【保存工作簿前重新计算】复选框，单击【确定】按钮退出对话框。

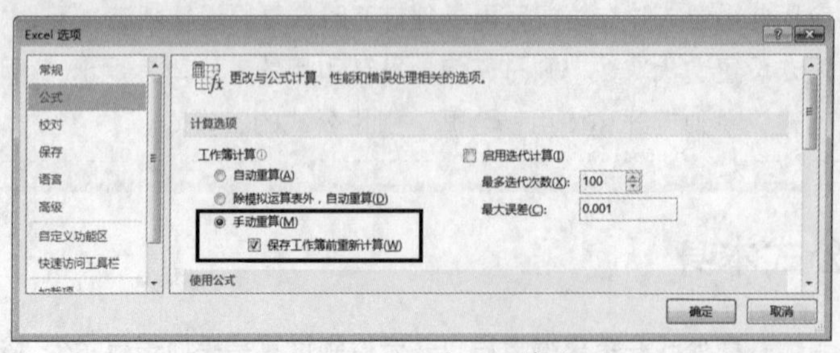

图 10-40　设置手动计算选项

此外，也可以单击【公式】选项卡【计算选项】下拉按钮，在下拉菜单中勾选【手动】。当工作簿设

置为“手动”计算模式时，使用以下功能键或组合键，可以执行不同的重新计算效果，如表 10-9 所示。

表 10-9　　重新计算按键的执行效果

按　键	执 行 效 果
F9	重新计算所有打开工作簿中，自上次计算后进行了更改的公式，以及依赖于这些公式的公式
Shift+F9	重新计算活动工作表中，自上次计算后进行了更改的公式，以及依赖于这些公式的公式
Ctrl+Alt+F9	重新计算所有打开工作簿中所有公式，不论这些公式自上次重新计算后是否进行了更改
Ctrl+Shift+Alt+F9	重新检查相关的公式，然后重新计算所有打开工作簿中的所有公式，不论这些公式自上次重新计算后是否进行了更改

10.10　公式结果的检验和验证

当结束公式编辑后，可能会出现错误值，或者可以得出计算结果但结果不是预期的值。为确保公式的准确性，需要对公式进行检验和验证。

10.10.1　简单统计公式结果的验证

当用公式对单元格区域进行求和、平均值、极值、计数的简单统计时，可以借助【状态栏】进行验证。

如图 10-41 所示，选择 D3:D12 单元格区域，【状态栏】上自动显示该区域的平均值、计数等结果，可以用来与 D13 单元格使用的公式计算结果进行简单验证。

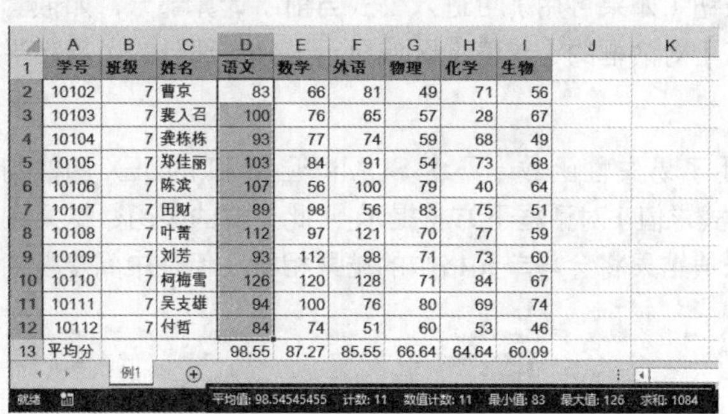

	A	B	C	D	E	F	G	H	I	J	K
1	学号	班级	姓名	语文	数学	外语	物理	化学	生物		
2	10102	7	曹京	83	66	81	49	71	56		
3	10103	7	裴入召	100	76	65	57	28	67		
4	10104	7	龚栋栋	93	77	74	59	68	49		
5	10105	7	郑佳丽	103	84	91	54	73	68		
6	10106	7	陈滨	107	56	100	79	40	64		
7	10107	7	田财	89	98	56	83	75	51		
8	10108	7	叶菁	112	97	121	70	77	59		
9	10109	7	刘芳	93	112	98	71	73	60		
10	10110	7	柯梅雪	126	120	128	71	84	67		
11	10111	7	吴支雄	94	100	76	80	69	74		
12	10112	7	付哲	84	74	51	60	53	46		
13	平均分			98.55	87.27	85.55	66.64	64.64	60.09		

图 10-41　简单统计公式的验证

提 示

右键单击【状态栏】，在弹出的扩展菜单中可以设置是否显示求和、平均值、最大值、最小值、计数和数值计数等 6 个选项。

10.10.2　使用<F9>键查看运算结果

在公式编辑状态下，选择全部或公式中的某一部分，按<F9>键可以单独计算并显示该部分公式的运算结果。选择公式段时，必须包含一个完整的运算对象，如选择一个函数时，则必须选定整个函数名称、左括号、参数和右括号；选择一段计算式时，不能截至到某个运算符而不包含其后面的必要组成元素。

如图 10-42 所示，在编辑栏中选择 D2:D12 部分，按<F9>键之后，该部分将显示以下 11 个数值元素组成的数组：

```
{83;100;93;103;107;89;112;93;126;94;84}
```

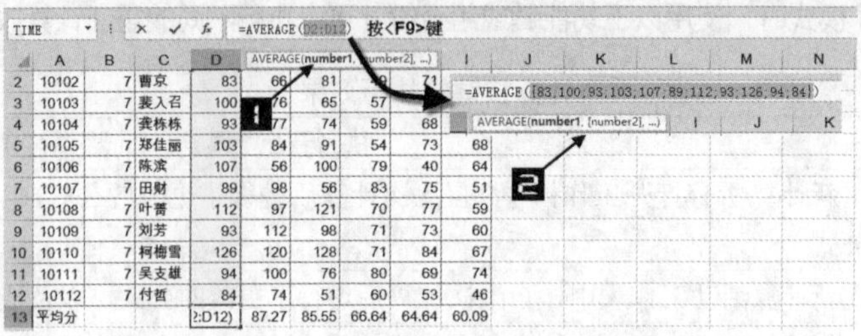

图 10-42 按<F9>键查看部分运算结果

注意

（1）按<F9>键计算时，对空单元格的引用将识别为数值 0。

（2）当选取的公式段运算结果字符接近或超过 8192 个字符时，将弹出“公式太长。公式的长度不得超过 8192 个字符。”对话框。

（3）在使用<F9>键查看公式运算结果后，可以按<Esc>键放弃公式编辑恢复原状，或者在结束编辑后按<Ctrl+Z>组合键，或单击【快速访问工具栏】上的【撤消键入】按钮。

10.10.3 使用公式求值查看分步计算结果

如图 10-43 所示，选择包含公式的 D13 单元格，单击【公式】选项卡【公式求值】按钮，将弹出【公式求值】对话框，单击【求值】按钮可按照公式运算顺序依次查看公式的分步计算结果。

单击【步入】按钮（如果可用）可进入公式当前所计算部分，如嵌套函数、名称、单元格引用等，并在【公式求值】对话框的【求值】区域显示该分支部分的运算结果，单击【步出】按钮可退出分支计算模式。

如果公式中使用了易失性函数（不含 SUMIF 函数和 INDEX 函数特殊情况下的易失性），如图 10-44 所示，【公式求值】对话框下方将提示：“此公式的某函数结果在每次电子表格计算时都会发生更改。最终的求值结果将会与单元格中的结果相符。但是中间步骤中可能会有所不同。”

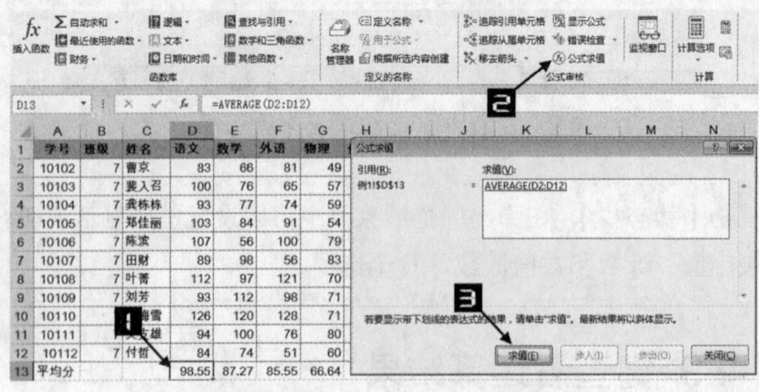

图 10-43 公式求值对话框

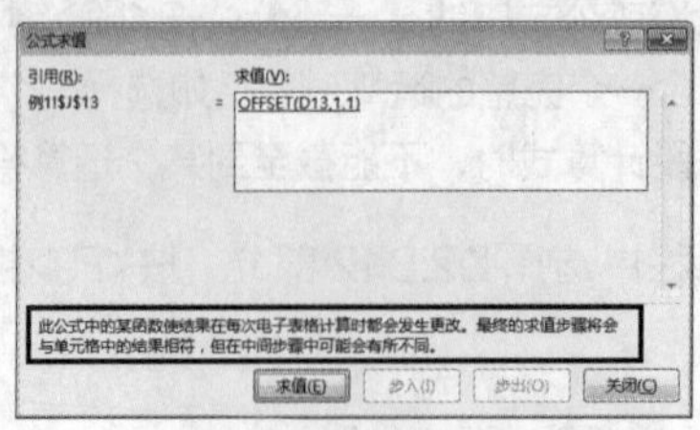

图 10-44 易失性函数求值

提示

(1)使用<F9>键查看公式运算结果时，如果公式存在数组运算，则将直接按照数组公式模式进行计算，而【公式求值】功能则依赖于公式是否按<Ctrl+Shift+Enter>组合键的方式结束数组公式编辑来执行分步计算。

(2)以上两种方式显示的结果，都可能无法与函数产生多维引用的结果相符。

10.11 函数与公式的限制

10.11.1 计算精度限制

虽然，Excel 允许在单元格中键入的最大数值为 9.99999999999999E+307，但其计算精度为 15 位数字(含小数，即从左侧第 1 个不为 0 的数字开始算起)，例如，在单元格中输入数字 123456789012345678 和 0.00123456789012345678，超过 15 位数字部分将自动变为 0，变为：123456789012345000 和 0.00123456789012345。

注意

在输入超过 15 位数字(如 18 位身份证号码)时，需事先设置单元格为“文本”格式后在输入，或输入时先输入半角单引号“'”，强制以文本形式存储数字。否则后 3 位数转为 0 之后将无法逆转。

10.11.2 公式字符限制

在 Excel 2013 中，公式内容的最大长度为 8192 个字符，内部公式的最大长度为 16384 字节。在 Excel 97~Excel 2003 中，公式内容的最大长度为 1024 个字符，内部公式的最大长度为 1800 字节。

10.11.3 函数参数的限制

在 Excel 2013 中，内置函数最多可以包含 255 个参数，使用 VBA 创建的自定义函数最多可包含 60 个参数。但是在 Excel 97~Excel 2003 中，内置函数和自定义函数的最大参数数目限制仅为 30 个和 29 个。

当使用单元格引用作为函数参数且超过参数个数限制时，可使用逗号将多个引用区域间隔后用一对括号包含，形成合并区域，整体作为一个参数使用，从而解决参数个数限制问题。例如：

```
公式 1：=SUM(J3:K3,L3:M3,K7:L7,N9)
公式 2：=SUM((J3:K3,L3:M3,K7:L7,N9))
```

其中，公式 1 中使用了 4 个参数，而公式 2 利用“合并区域”引用，仅使用 1 个参数。

10.11.4 函数嵌套层数的限制

当使用函数作为另一个函数的参数时，称为函数的嵌套。在 Excel 2013 中，一个公式最多可以包含 64 层嵌套，而在 Excel 97~Excel 2003 中，最大允许嵌套层数仅为 7 层。

第 11 章　使用命名公式——名称

本章主要介绍对单元格引用、常量数据、公式进行命名的方法与技巧，让读者认识并了解名称的分类和用途，以便合理运用名称解决公式计算中的一些具体问题。

本章学习要点

（1）了解名称的概念和命名限制。

（2）理解名称的级别和应用范围。

（3）掌握常用定义、筛选、编辑名称的操作技巧。

11.1　认识名称

11.1.1　名称的概念

名称（Names）是一种较为特殊的公式，多数由用户自行定义，也有部分名称可以随创建表格、设置打印区域等操作自动产生。

作为一种特殊的公式，名称也是以"="号开始，可以由常量数据、常量数组、单元格引用、函数与公式等元素组成，并且每个名称都具有一个唯一的标识，可以在其他名称或公式中调用。

与一般公式不同的是，普通公式存在于单元格中，名称则保存在工作簿中，并在程序运行时存在 Excel 的内存中，并通过其唯一标识（即名称的命名）进行调用。

11.1.2　为什么要使用名称

合理使用名称主要有以下优点。

◆　增强公式的可读性

例如，将存放在 B3:B12 单元格区域的语文成绩数据定义为"语文"，使用以下两个公式都可以求语文课的平均成绩，显然，公式 1 比公式 2 更易于理解其意图。

公式 1：=AVERAGE(语文)

公式 2：=AVERAGE(B3:B12)

◆　方便输入

输入公式时，描述性的范围名"语文"比单元格地址 B3:B12 更易于记忆。键入名称比输入单元格区域地址更不容易出错。

◆　快速进行区域定位

单击位于编辑栏左侧名称框的下拉箭头，在弹出的扩展菜单中选择已定义的名称，或者在【开始】选项卡中依次单击【查找和选择】下拉按钮→【转到】命令（或者按<F5>键），打开【定位】

对话框，指定已定义的名称，可以快速移动到工作表的某个区域。

◆ 便于公式的统一修改

例如，在工资表中有多个公式都使用 1200 作为基本工资，乘以不同奖金系数进行计算。当基本工资额发生改变时，要逐个修改相关公式将较为烦琐。如果定义“基本工资”的名称并带入到公式中，则只需修改一个名称即可。

◆ 有利于简化公式

在一些较为复杂的公式中，可能需要重复使用相同的公式段进行计算，导致整个公式冗长，不利于阅读和修改，例如：

```
=IF(SUM($B2:$F2)=0,0,G2/SUM($B2:$F2))
```

将其中 SUM($B2:$F2)部分定义为“总库存”，则公式可简化为：

```
=IF(总库存=0,0,G2/总库存)
```

◆ 可代替单元格区域存储常量数据

在一些查询计算中，常使用关系对应表作为查询依据。可使用常量数组定义名称，省去了单元格存储空间，避免因删除或修改等操作导致的关系对应表缺失或变动。

◆ 可解决数据验证和条件格式中无法使用常量数组、交叉引用的问题

Excel 不允许在数据验证和条件格式中直接使用含有常量数组或交叉引用的公式（即使用交叉运算符空格获取单元格区域交集），但可以将常量数组或交叉引用部分定义为名称，然后在数据验证和条件格式中进行调用。

◆ 可解决在工作表中无法使用宏表函数问题

宏表函数不能直接在工作表的单元格中使用，必须通过定义名称来调用。

◆ 可与图形对象配合调用单元格中的图片

11.2 名称的级别

有些名称在一个工作簿的所有工作表中都可以直接调用，但有的名称只能在某一工作表中直接调用。这是由于名称的级别及作用范围不同。类似于在 VBA 代码中定义全局变量和局部变量，Excel 的名称可分为工作簿级名称和工作表级名称。

11.2.1 工作簿级名称

一般情况下，用户定义的名称都能够在同一工作簿的各个工作表中直接调用，称为“工作簿级名称”或“全局名称”。

示例 11-1 创建工作簿级名称“语文优秀分”

图 11-1 所示为某学校语文成绩的部分内容。优秀分是根据试卷满分乘 0.8，每次学生考试成绩都会不同，因此将优秀分定义为名称来维护。

	A	B	C	D	E
1	学号	班级	姓名	语文	语文等地
2	10102	7	曹京	83	
3	10103	7	裴入召	100	
4	10104	7	龚栋栋	93	
5	10105	7	郑佳丽	103	
6	10106	7	陈滨	107	
7	10107	7	田财	89	
8	10108	7	叶蕾	112	
9	10109	7	刘芳	93	
10	10110	7	柯梅雪	126	
11	10111	7	吴支雄	94	
12	10112	7	付哲	84	

7班 8班

图 11-1 各班语文成绩

步骤1 在【公式】选项卡中单击【定义名称】按钮，在弹出的【新建名称】对话框中的【名称】编辑框中输入“语文优秀分”，在【范围】下拉菜单中选择【工作簿】，在【引用位置】编辑框中输入“=120”，单击【确定】完成设置，如图 11-2 所示。

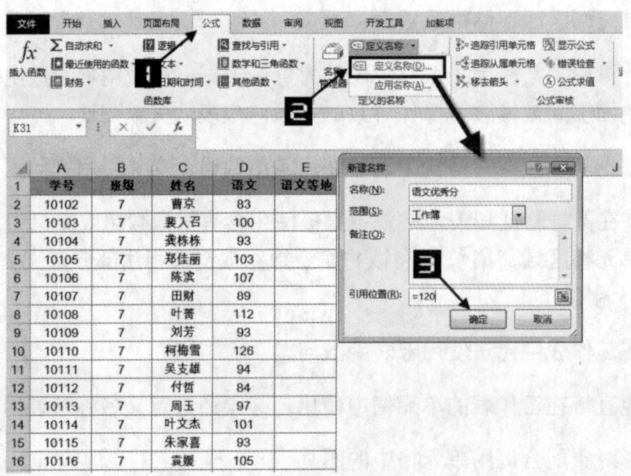

图 11-2 定义工作簿范围名称

步骤2 选择 E2 单元格，在编辑栏中输入公式，向下填充至 E35 单元格：

```
=IF(D2>=语文优秀分,"优秀","")
```

在【新建名称】对话框中，【名称】编辑框内的字符表示名称的命名，【范围】下拉按钮中可以选择“工作簿”和具体工作表两种级别，【引用位置】编辑框用于输入名称的值或定义公式。

在公式中调用其他工作簿中的全局名称，书写方式为：带扩展名的工作簿名称+半角感叹号+全局名称。

例如，调用“工作簿名称.xlsx”中的全局名称“语文优秀分”，应使用：

```
=工作簿名称.xlsx!语文优秀分
```

提示 本书中如未加特殊说明，所定义和使用的名称均为工作簿级名称。

11.2.2 工作表级名称

当名称仅能在某一工作表直接调用时，所定义的名称称为工作表级名称，又称为局部名称。

如图 11-3 所示，在【新建名称】对话框的【名称】编辑框中输入“_7 班语文”，在【范围】下拉菜单中选择“7 班”工作表，单击【引用位置】编辑框的折叠按钮并选择“7 班”工作表的 D2:D35 单元格区域，单击【确定】按钮完成设置，该名称为工作表级名称。

图 11-3 定义工作表级名称

在“7 班”工作表中，可以在公式中直接使用“_7 班语文”调用该名称，但在其他工作表中需要使用此名称时，则需要使用：

```
='7'班! _7 班语文
```

即：工作表名+半角感叹号+名称。

注意 当工作表名称中的首个字符是数字或名称中包含空格等特殊字符时，需使用一对半角单引号包含。

Excel 允许工作表级、工作簿级名称使用相同的命名。当存在同名的工作表级和工作簿级名称时，在工作表级名称所在的工作表中，调用的名称为工作表级名称，在其他工作表中调用的为工作簿级名称。

提示 尽量不要对工作表级和工作簿级使用相同的命名，避免造成混乱。

11.2.3 多工作表名称

名称可以横跨工作簿中的多个工作表，但无法用名称框中输入名称的方法来创建多表名称，必须使用“新建名称”对话框来创建多表名称。

示例 11-2 统计班级各次考试平均分

图 11-4 所示为展示的是某班级语文月考和期中考试成绩表，需要统计各次考试的总平均分。

	A	B	C	D
1	学号	班级	姓名	语文
2	10102	7	曹京	83
3	10103	7	裴入召	100
4	10104	7	龚栋栋	93
5	10105	7	郑佳丽	103
6	10106	7	陈滨	107
7	10107	7	田财	89
8	10108	7	叶蔷	112
9	10109	7	刘芳	93
10	10110	7	柯梅雪	126
11	10111	7	吴支雄	94
12	10112	7	付哲	84

第一次月考 | 第二次月考 | 期中考

图 11-4 各次考试成绩

步骤1 激活“第一次月考”工作表。选中 D2 单元格，单击【公式】选项卡【定义名称】按钮，弹出的【新建名称】对话框，在【名称】文本框中输入“每次考试成绩”，如图 11-5 所示。

步骤2 单击【引用位置】选择框，按住<Shift>键单击“期中考”工作表的 D12 单元格，此时选择框中的文本为：

```
='第一次月考:期中考'!$D$2:$D$12
```

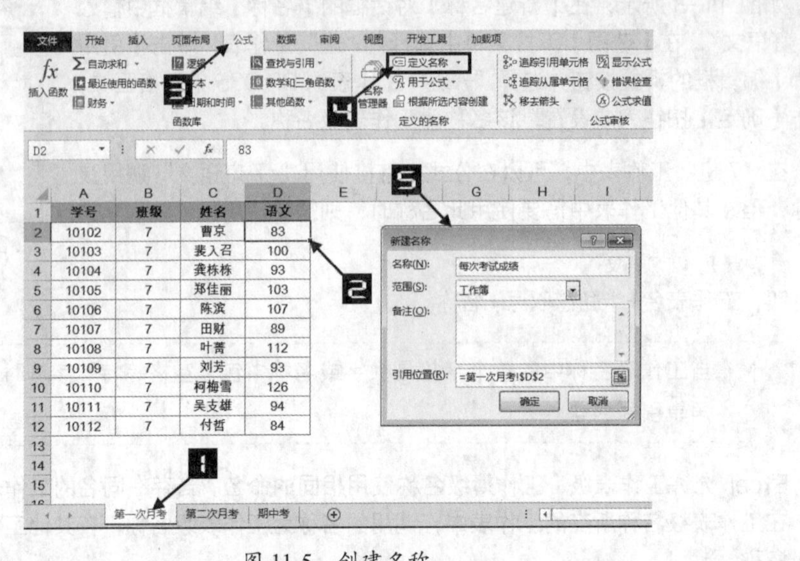

	A	B	C	D
1	学号	班级	姓名	语文
2	10102	7	曹京	83
3	10103	7	裴入召	100
4	10104	7	龚栋栋	93
5	10105	7	郑佳丽	103
6	10106	7	陈滨	107
7	10107	7	田财	89
8	10108	7	叶菁	112
9	10109	7	刘芳	93
10	10110	7	柯梅雪	126
11	10111	7	吴支雄	94
12	10112	7	付哲	84

图 11-5　创建名称

单击【确定】按钮完成定义名称，如图 11-6 所示。

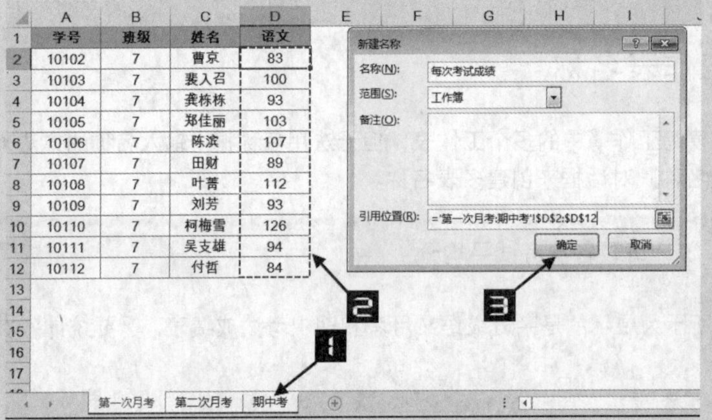

	A	B	C	D
1	学号	班级	姓名	语文
2	10102	7	曹京	83
3	10103	7	裴入召	100
4	10104	7	龚栋栋	93
5	10105	7	郑佳丽	103
6	10106	7	陈滨	107
7	10107	7	田财	89
8	10108	7	叶菁	112
9	10109	7	刘芳	93
10	10110	7	柯梅雪	126
11	10111	7	吴支雄	94
12	10112	7	付哲	84

图 11-6　创建多工作表名称

可以在公式中使用已定义的名称，计算各次考试成绩的平均分：

```
=AVERAGE(每次考试成绩)
```

多表名称不会出现在名称框中，Excel 可以定义名称，但是不允许自动选择名称引用单元格。

对于已定义多表名称的工作簿，如果在定义名称的第一个工作表和最后一个工作表之间插入一个新工作表，多表名称将包括这个新工作表。如果插入的工作表在第一个工作表之前或最后一个工作表之后，则不包含在名称中。

如果删除了多表名称的第一个或最后一个表，Excel 将自动调整名称范围。

多表名称的作用域既可以是工作簿级，也可以是工作表级。

11.3　名称命名的限制

有的时候，用户在定义名称时，会弹出“名称无效”的错误提示，这是因为名称的命名不满足

Excel 限定的命名规则。

（1）名称的命名可以用任意字母与数字组合在一起，但不能以纯数字命名或以数字开头，如“1Pic”将不被允许，在前面加上下划线，“_1Pic”是正确的命名。

（2）不能以字母 R、C、r、c 作为名称命名，因为 R、C 在 R1C1 引用样式中表示工作表的行、列；也不能与单元格地址相同，如“B3”、“USA1”等（在 Excel 97 ~ Excel 2003 中由于只有 256 列，因此可以使用“USA1”作为名称命名）。

（3）不能使用除下划线、点号和反斜线（\）以外的其他符号，不能使用空格。允许用问号（?），但不能作为名称的开头，如可以用“Name?”，但不可以用“?Name”。

（4）不能超过 255 个字符。一般情况下，名称的命名应该便于记忆且尽量简短，否则就违背了定义名称的初衷。

（5）名称不区分大小写，如“DATA”与“Data”视为同一个名称。

Excel 也保留了几个名称供程序本身使用。常用的内部名称有 Print_Area、Print_Titles、Consolidate_Area、Database、Criteria、Extract 和 FilterDatabase，创建名称时应避免覆盖 Excel 的内部名称。

此外，名称作为公式的一种存在形式，同样受函数与公式关于嵌套层数、参数个数、计算精度等方面的限制。

从使用名称的目的看，名称应尽量直观地体现所引用数据或公式的含义，不宜使用可能产生歧义的名称，尤其是使用较多名称时，如果命名过于随意，则不便于名称的统一管理和对公式的解读与修改。

11.4 定义名称的方法

11.4.1 在“新建名称”对话框中定义名称

Excel 提供了以下 3 种方式可以打开【新建名称】对话框。

（1）单击【公式】选项卡中的【定义名称】按钮。

（2）单击【公式】选项卡中的【名称管理器】按钮，在【名称管理器】对话框中单击【新建】按钮。

（3）按<Ctrl+F3>组合键打开【名称管理器】对话框，单击【新建】按钮。

在【新建名称】对话框中定义工作簿级和工作表级名称的方法请参阅 11.2 节。

11.4.2 使用名称框快速创建名称

如图 11-7 所示，选择 A2:A35 单元格区域，鼠标定位到【名称框】内，并修改为“学号”后按<Enter>键结束编辑，即可将 A2:A35 单元格区域定义名称为“学号”，如图 11-8 所示。

使用【名称框】可以方便将单元格区域定义为名称，默认为工作簿级名称。如需定义为工作表级名称，需要在名称前加工作表名和感叹号。例如，在【名称框】中输入的是“7 班!学号”而不是“学号”，则该名称的作用范围为“7 班”工作表（前提条件是当前工作表名称与此相符）。

	A	B	C	D	E
1	学号	班级	姓名	语文	语文等地
2	10102	7	曹京	83	
3	10103	7	裴入召	100	
4	10104	7	龚栋栋	93	
5	10105	7	郑佳丽	103	
6	10106	7	陈滨	107	
7	10107	7	田财	89	
8	10108	7	叶菁	112	
9	10109	7	刘芳	93	
10	10110	7	柯梅雪	126	优秀
11	10111	7	吴支雄	94	
12	10112	7	付哲	84	
13	10113	7	周玉	97	
14	10114	7	叶文杰	101	
15	10115	7	朱家喜	93	

图 11-7　定义名称前

	A	B	C	D	E
1	学号		姓名	语文	语文等地
2	10102	7	曹京	83	
3	10103	7	裴入召	100	
4	10104	7	龚栋栋	93	
5	10105	7	郑佳丽	103	
6	10106	7	陈滨	107	
7	10107	7	田财	89	
8	10108	7	叶菁	112	
9	10109	7	刘芳	93	
10	10110	7	柯梅雪	126	优秀
11	10111	7	吴支雄	94	
12	10112	7	付哲	84	
13	10113	7	周玉	97	
14	10114	7	叶文杰	101	
15	10115	7	朱家喜	93	

图 11-8　名称框创建名称

11.4.3　根据所选内容批量创建名称

如果需要对表格中多行多列单元格区域按标题行、列定义名称，可以使用以下操作方法。

示例 11-3　批量创建名称

步骤1 选择需要定义名称的范围，如（A1:D12 单元格区域），在【公式】选项卡依次单击【定义的名称】→【根据所选内容创建】命令，或按<Ctrl+Shift+F3>组合键，在弹出的【以选定区域创建名称】对话框中，勾选【首行】复选框并取消其他复选框的勾选。

步骤2 单击【确定】按钮完成设置，如图 11-9 所示。

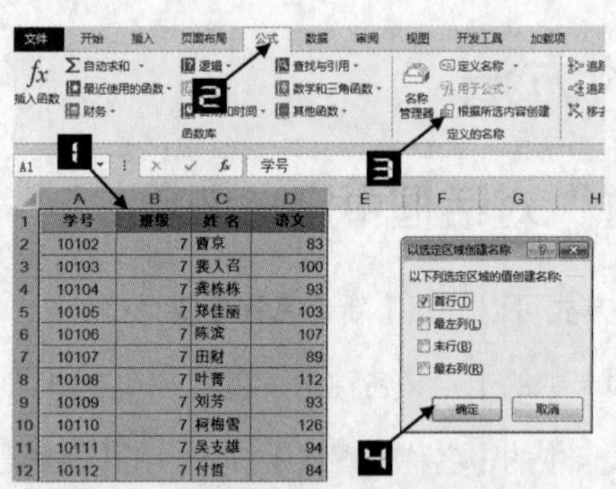

图 11-9　根据所选内容批量创建名称

打开【名称管理器】对话框可以看到以“首行”单元格中的内容命名的 4 个名称，由于 C1 单元格中的字段标题“姓名”包含空格，命名的名称会自动修改为“姓_名”，如图 11-10 所示。

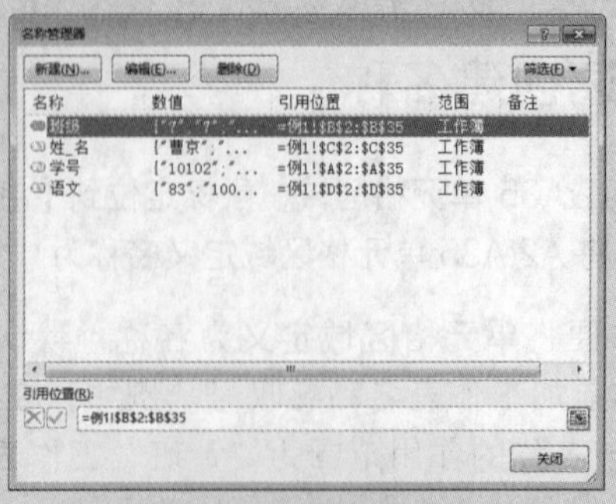

图 11-10　名称管理器

11.5 定义名称的对象

11.5.1 Excel 创建的名称

除了用户创建的名称外，Excel 还可以自动创建某些名称。例如，设置了工作表打印区域，Excel 会为这个区域自动创建 Print_Area 的名称。如果设置了打印标题，Excel 会定义工作表级名称 Print_Titles。用户可以修改 Excel 生成名称的引用范围和值，让表格更有效地工作。

注意

部分 Excel 宏和插件可以隐藏名称，这些名称在工作簿中虽然存在，但是不出现在【名称管理器】对话框或名称框中。例如，规划求解插件会创建许多隐藏名称。

11.5.2 使用常量

如果需要在整个工作簿中多次重复使用相同的常量，如产品利润率、增值税率、基本工资额等，可以将其定义为一个名称并在公式中使用，使所有公式的修改和维护变得更加容易。

例如，学校成绩分析时，需要分析各个班级的优秀生，以全体考生成绩的前 20%为优秀学生。在调整优秀学生比例时，需要修改多处公式，而且容易出错。可以定义一个名称“优秀率”，以便公式调用和修改，操作方法如下。

步骤1 依次单击【公式】选项卡中的【定义名称】按钮，打开【新建名称】对话框。在【名称】框中输入“优秀率”。

步骤2 在【引用位置】编辑框中输入“=20%”，单击【确定】按钮退出对话框，如图 11-11 所示。

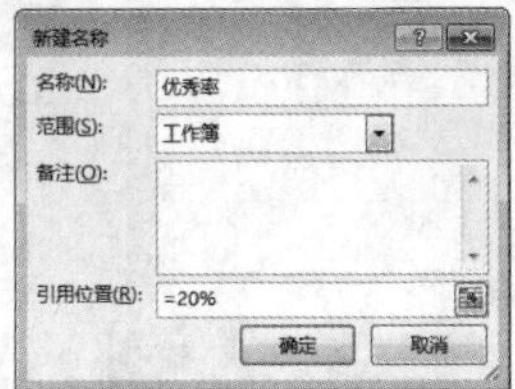

图 11-11 定义引用常量的名称

除了数值常量，还可以使用文本常量，例如可以创建名为“中国”的公式：

```
="中华人民共和国"
```

这些使用常量的名称无法在名称框中显示，因为这些常量不在任何单元格内，仅出现在内存中。

11.5.3 使用函数与公式

除了常量，像月份等经常随着表格打开时间而变化的内容需要使用工作表函数定义名称。如图 11-12 所示，定义名称“当前月份”，公式为：

```
=MONTH(TODAY())&"月"
```

公式中使用了两个函数。TODAY 函数返回系统当前日期，MONTH 函数返回这个日期变量的月份，再使用文本连

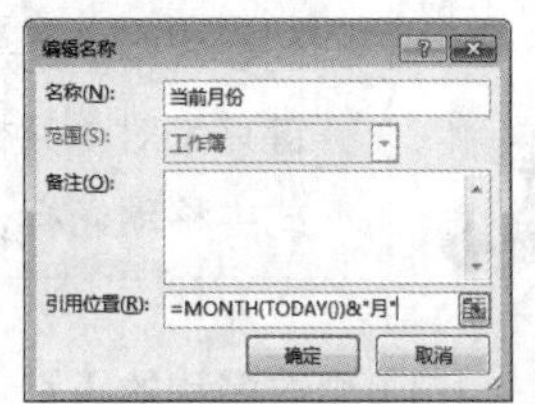

图 11-12 使用工作表函数定义名称

接符&，将月份数字和文字“月”连接。

在单元格输入以下公式：

```
=当前月份
```

则返回系统当前月份，假设系统日期是 10 月 24 日，则返回结果为 10 月。

11.6 名称的管理

自 Excel 2007 开始提供了名称管理器功能，使用户更加方便地对名称进行查阅、修改、筛选和删除。

11.6.1 名称的修改与备注信息

（1）修改名称的命名

在 Excel 97 ~ Excel 2003 中，不支持直接对名称的命名进行修改，需要先添加为新名称后再删除旧名称，并且当删除旧名称之后，所有引用旧名称的公式将出现#NAME?错误。

在 Excel 2013 中，单击【公式】选项卡中的【名称管理器】按钮，或者按<Ctrl+F3>组合键，打开【名称管理器】对话框。

如图 11-13 所示，选择名称“班级”后，单击【编辑】按钮，打开【编辑名称】对话框，在【名称】编辑框中修改命名为“_7 班”，单击【确定】按钮退出对话框，再单击【关闭】按钮退出【名称管理器】，则公式中已使用的“班级”将自动变为“_7 班”。

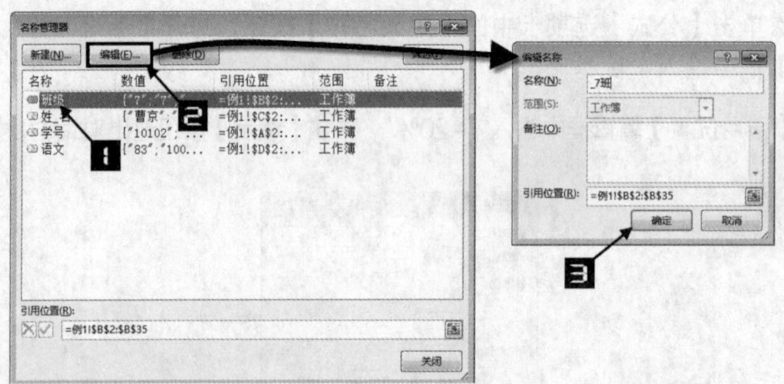

图 11-13 从名称管理器中选择已定义的名称

（2）修改名称的引用位置

与修改名称的命名方法相同，打开【编辑名称】对话框后，可以修改已定义名称的【引用位置】中的公式或单元格引用。

注意

在编辑【引用位置】编辑框中的公式时，按方向键或<Home>、<End>键以及鼠标单击单元格区域，都会将光标激活的单元格区域以绝对引用方式添加到【引用位置】的公式中。这是由于【引用位置】编辑框在默认状态下是“点选”模式，按下方向键只是对单元格进行操作。按<F2>键切换到“编辑”模式，就可以在编辑框的公式中移动光标，以修改公式。

（3）修改名称的级别

当需要将工作表级名称更改为工作簿级名称时，无法使用【编辑名称】的方法修改。可以事先复制既有名称【引用位置】编辑框中的公式，然后单击【名称管理器】对话框【新建】按钮，新建一个同名的不同级别的名称，然后单击【删除】按钮将旧名称删除。反之，工作簿级名称修改为工作表级名称也可使用相同方法操作。

11.6.2 筛选和删除错误名称

当不需要使用名称或名称出现错误无法正常使用时，可以在【名称管理器】对话框中进行筛选和删除操作。

步骤1 → 单击【筛选】按钮，在下拉菜单中选择【有错误的名称】，如图 11-14 所示。

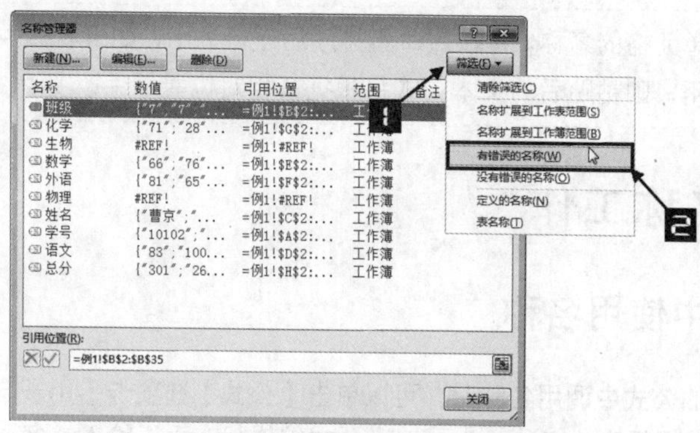

图 11-14 筛选有错误的名称

步骤2 → 如图 11-15 所示，在筛选后的名称管理器中，按住<Shift>键选择首个、末个名称，单击【删除】按钮，单击【关闭】按钮退出对话框。

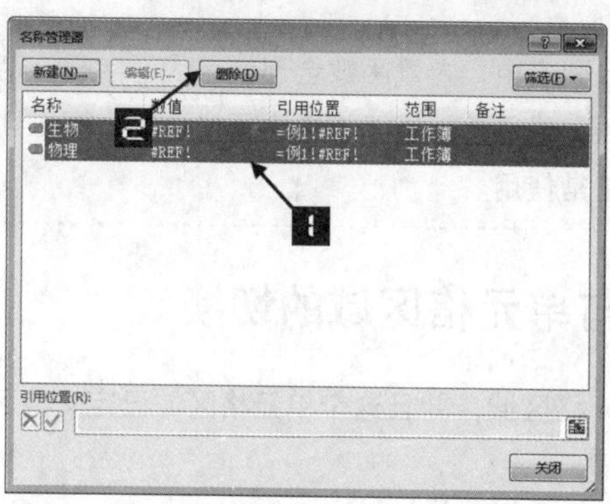

图 11-15 删除有错误的名称

11.6.3 在单元格中查看名称中的公式

在【名称管理器】中虽然也可以查看各名称使用的公式，但受限于对话框，有时并不方便显示整个公式。可以将定义的名称全部在单元格中罗列出来。

如图 11-16 所示，选择需要显示公式的单元格，按<F3>键或者依次单击【公式】→【用于公式】→【粘贴名称】命令，弹出【粘贴名称】对话框。单击【粘贴列表】，将以一列名称、一列文本公式形式贴到单元格区域中。

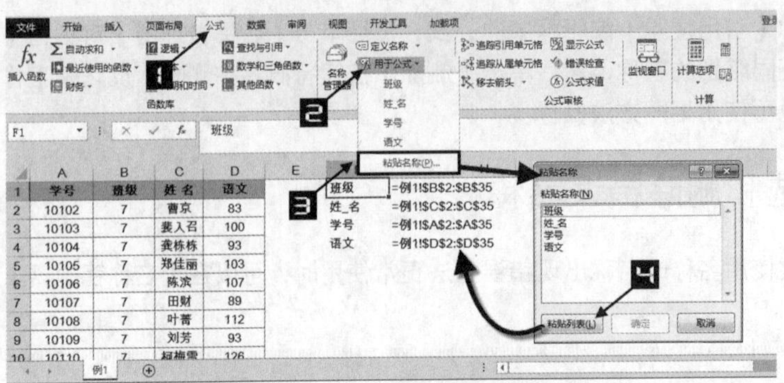

图 11-16　在单元格中粘贴名称列表

注意

粘贴到单元格的名称，将按照命名排序后逐行列出，如果名称中使用了相对引用或混合引用，则粘贴后的文本公式将根据其相对位置发生改变。

11.7　使用名称工作

11.7.1　在公式中使用名称

需要在单元格的公式中调用名称时，可以单击【公式】选项卡【用于公式】下拉按钮并选择相应的名称，也可以在公式编辑状态手工输入，名称也将出现在"公式记忆式键入"列表中。

图 11-17　公式记忆式键入列表中的名称

如图 11-17 所示，工作簿中定义了成绩区域为"语文"，在单元格输入其开头汉字"语"，该名称即出现在【公式记忆式键入】列表中。

提示

公式记忆式键入列表中，内置函数全部使用大写字母，定义的名称或列表名称则将依据用户定义的方式显示。不管使用大写或小写，输入到公式中后都将自动更改为定义的方式并正常使用。

11.7.2　公式中名称与单元格区域的切换

如果公式中使用了单元格区域，并且这个单元格区域已定义为名称，可以将这个名称应用到公式中，让公式更加容易解读。

如图 11-18 所示，I6 单元格公式为：

```
=AVERAGEIF(B2:B35,B6,D2:D35)
```

选中准备转换的单元格区域，依次单击【公式】选项卡→【定义名称】→【应用名称】命令，打开【应用名称】对话框。选中希望应用到公式中的名称，单击【确定】按钮，选中的名称即应用到公式中。如果只选中一个单元格，工作表中的所有公式都会应用所选名称。

【忽略相对/绝对引用】复选框决定名称替换实际单元格区域地址的操作。如果不勾选，则只有与公式中的引用完全匹配时才能应用名称。

如果勾选【应用行/列名】复选框，Excel 在应用名称时会使用交叉运算符。Excel 如果找不到单元格的确切名称，则使用包含这个单元格的行和列范围的名称，如图 11-19 所示。

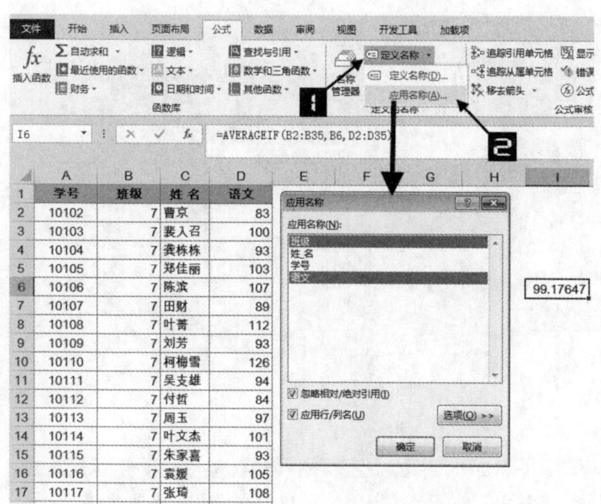

图 11-18 公式中应用名称

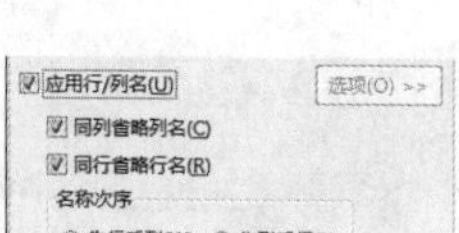

图 11-19 应用行/列名

公式应用名称结果为：

```
=AVERAGEIF(班级,班级,语文)
```

公式中第二个参数就是使用交叉运算符连接名称。

如需将公式中名称还原回单元格区域，可以按照以下步骤来实现。

如图 11-20 所示，选中单元格，按<F2>键，单元格进入编辑状态，单击【文件】→【选项】，在【Excel 选项】对话框中单击【高级】选项卡，在【Lotus 兼容性设置】区域，去掉【转换 Lotus1-2-3 公式】的勾选复选框，单击【确定】按钮。选中单元格公式变成相对范围引用，而不再使用名称，结果为：

```
=AVERAGEIF(B2:B35,B2:B35,D2:D35)
```

图 11-20 Lotus 兼容性设置

11.8 定义名称的技巧

11.8.1 相对引用和混合引用定义名称

在名称中使用鼠标点选方式输入单元格引用时，默认使用带工作表名称的绝对引用方式。例如，单击【引用位置】对话框右侧折叠按钮，然后单击选择 Sheet1 工作表中的 A1 单元格，相当于输入“=Sheet1!$A$1”。当需要使用相对引用或混合引用时，可以通过按<F4>键切换。

在单元格中的公式里使用相对引用，是与公式所在单元格形成相对位置关系；在名称中使用相对引用，则是与定义名称时的活动单元格形成相对位置关系。如图 11-21 所示，当 E2 单元格为活动单元格时创建工作簿级名称“左边单元格”，在【引用位置】编辑框中使用公式并相对引用 D2 单元格。如果 E3 单元格输入公式“=左边单元格”，将调用 D3 而不是 D2 单元格。

如图 11-22 所示，刚刚定义的名称“左边单元格”虽然是工作簿级名称，但在“第二次月考”工作表中使用时，仍然会调用“第一次月考”工作表的 D2 单元格。要变成任意工作表都能用的名

称，需将“!”前面的工作表名称去掉，即“=!D2”。

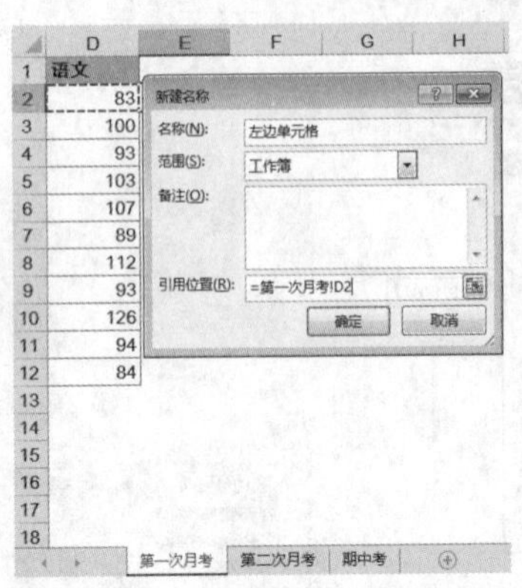

图 11-21 相对引用左边单元格

图 11-22 引用结果错误

混合引用定义名称的方法与相对引用类似，不再赘述。

示例 11-4 重复标题

如图 11-23 所示，激活 A13 单元格，按<Ctrl+F3>组合键，弹出【新建名称】对话框，定义名称为“标题头”，【引用位置】编辑框中输入公式“=!A$1”，单击【确定】按钮，关闭对话框。在需要引用标题的单元格输入公式“=标题头”，则显示单元格所在列的标题。

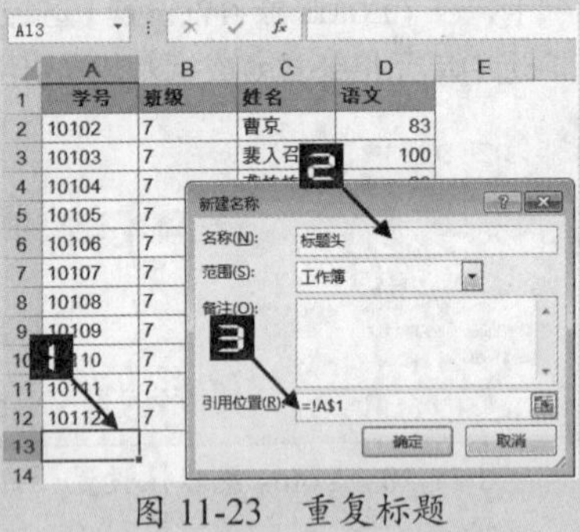

图 11-23 重复标题

11.8.2 使用 INDIRECT 函数创建不变的名称

在名称中对单元格区域的引用，即便是绝对引用，也可能因为数据所在单元格区域的插入行（列）、删除行（列）、剪切操作等而发生改变，导致名称与实际期望引用的区域不相符。

如图 11-24 所示，将 D2:D12 单元格区域定义为名称“语文”，默认为绝对引用。将 A8:D8 单元格区域或第 8 行整行剪切后，在第 13 行执行【插入剪切的单元格】，再打开【名称管理器】，就会发现“语文”引用的单元格区域变为 D2:D11。

如果希望永恒不变地引用“期中考”工作表的 D2:D12 单元格区域，可以将名称“语文”的【引用位置】改为：

```
=INDIRECT("期中考!$D$2:$D$12")
```

如果希望这个名称能够在各张工作表分别引用各自的 D2:D12 单元格区域，可将【引用位置】公式改为：

```
=INDIRECT("D2:D12")
```

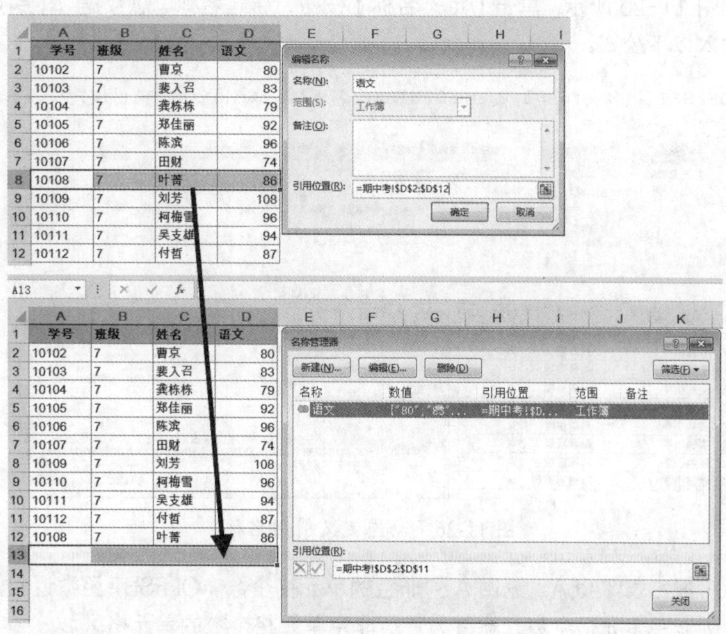

图 11-24　剪切数据后引用区域发生变化

由于此处“$D$2:$D$12”是作为文本常量使用，无需担心实际单元格删除。INDIRECT 函数的常量参数如果使用“D2:D12”，效果与使用“$D$2:$D$12”相同。

11.8.3 定义动态引用的名称

在实际工作中，经常需要不断在表格中补充更多的数据。虽然我们可以在公式中使用预设一个固定的范围，例如数据不超过 100 行，在公式中使用“$A$1:$A$100”之类的引用，但是当最大可能的数据行数和初始时相差较大，如可能只有几行、几十行数据，也可能会有几万行数据，那么在公式中调整这个引用将是一件麻烦的事情。

借助引用函数来定义名称，可以根据实际使用的区域变化对数据区域进行实时的动态引用，配合数据透视表或图表，实现实时分析的效果。

示例 11-5 定义动态引用名称

图 11-25 所示为某初级中学新生报名表的部分内容。每天报名结束后，需要统计各个小学报名人数和总人数。由于人数会不断增加，因此需要动态引用区域。

	A	B	C	D
1	毕业小学	班级	姓名	性别
2	瓯越小学	7	高佩佩	女
3	春蕾小学	7	方浩列	男
4	实验小学	7	贾淑涵	女
5	瓯越小学	6	周品儒	女
6	春蕾小学	5	叶嘉昇	男
7	实验小学	7	胡伊婷	女
8	实验小学	6	滕颖萱	女
9	瓯越小学	7	陈媛媛	女
10	瓯越小学	7	诸葛灵娜	女
11				

图 11-25　报名登记表

可以使用 OFFSET 函数根据 A 列的毕业小学和首行标题个数来动态引用数据区域。具体操作如下。

步骤1 → 如图 11-26 所示，单击【定义名称】按钮，新建名称“总数据”，【引用位置】编辑框输入以下公式：

```
=OFFSET(报名表!$A$1,0,0,COUNTA(报名表!$A:$A),COUNTA(报名表!$1:$1))
```

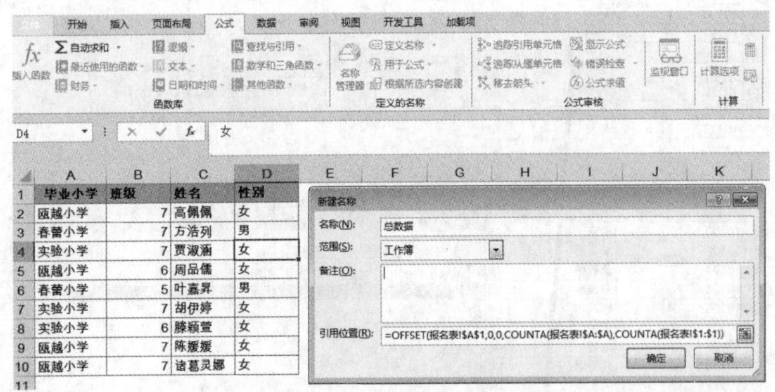

图 11-26 动态定义引用名称

COUNTA（报名表!$A:$A）返回 A 列非空的单元格个数。OFFSET 函数返回以 A1 单元格为起点，高度为 A 列非空单元格个数，宽度为首行非空单元格个数的单元格区域。

步骤2 → 依次单击【插入】→【数据透视表】命令，在弹出的【创建数据透视表】对话框中的【表/区域】编辑框中输入“总数据”，单击【确定】按钮，插入动态数据源的数据透视表。如果数据源发生变化，右键单击数据透视表，在下拉列表中选择【刷新】即可，如图 11-27 所示。

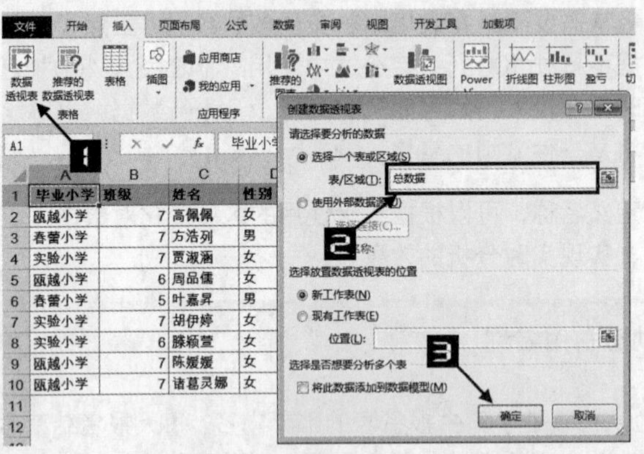

图 11-27 创建动态数据源的数据透视表

注意 → 当单元格区域存在空行时，用此方法引用区域将不能引用到实际最后一行数据，可以按照定位最后一个数值或最后一个文本等方法定义名称。

11.8.4 利用“表”区域动态引用

Excel 2013 的“表格”功能除支持自动扩展、汇总行等功能以外，还支持结构化引用。当单元格区域创建为“表格”后，Excel 会自动定义“表 1”之类的名称，并允许修改。

示例 11-6 利用“表”区域动态引用

如图 11-28 所示，选择 A1 单元格，单击【插入】选项卡中的【表格】按钮或按<Ctrl+T>组合键，弹出【创建表】对话框。在【表数据的来源】编辑框中，Excel 会自动判断数据区域的范围，单击【确定】按钮，该区域创建名称为“表 1”。

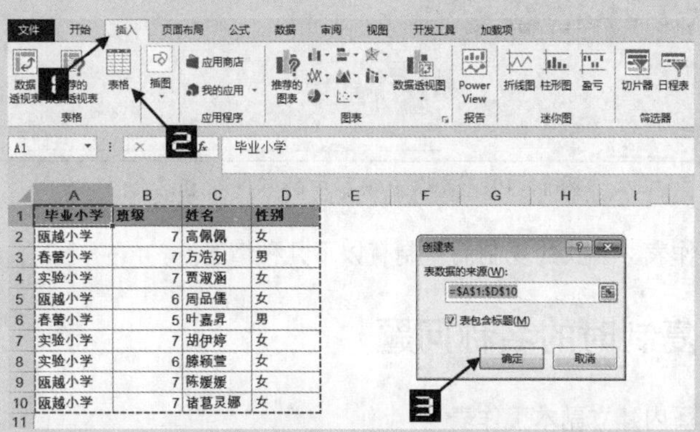

图 11-28 创建表区域动态引用

如图 11-29 所示，按<Ctrl+F3>组合键弹出【名称管理器】对话框，名称“表 1”的引用位置呈灰色无法修改状态，随着数据的增加，名称“表 1”的引用范围会自动变化。

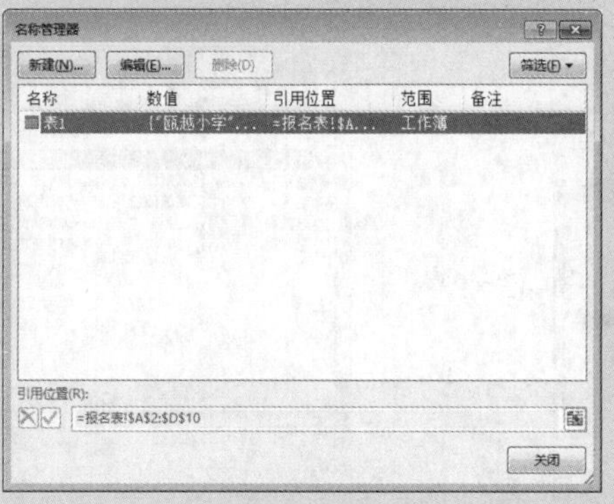

图 11-29 名称中的引用位置无法修改

11.9 使用名称的注意事项

Excel 允许用户在任意工作簿之间进行工作表的复制，名称会随着工作表一同被复制。如果不了解名称随工作表复制的原则，很可能会对公式中名称的使用产生误解，从而造成不必要的麻烦。

如图 11-30 所示，假设在工作簿 1 中有报名表工作表，同时有以下几个名称。

工作簿级名称：

```
人数上限 =400
```

工作簿级名称：

```
总数据 =OFFSET(报名表!$A$1,0,0,COUNTA(报名表!$A:$A),COUNTA(报名表!$1:$1))
```

报名表的工作表级别名称：

```
姓名 =报名表!$C$2:$C$10
```

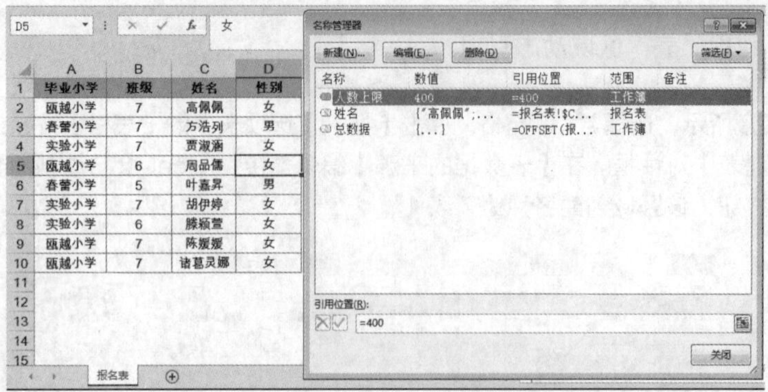

	A	B	C	D
1	毕业小学	班级	姓名	性别
2	瓯越小学	7	高佩佩	女
3	春蕾小学	7	方浩列	男
4	实验小学	7	贾淑涵	女
5	瓯越小学	6	周品儒	女
6	春蕾小学	5	叶嘉昇	男
7	实验小学	7	胡伊婷	女
8	实验小学	6	滕焕萱	女
9	瓯越小学	7	陈媛媛	女
10	瓯越小学	7	诸葛灵娜	女

图 11-30 名称管理器中的不同级别名称

对于名称随工作表、公式的复制而复制有以下几种情况。

11.9.1 工作表复制时的名称问题

（1）同一工作簿内建立副本工作表

如图 11-31 所示，右键单击报名表工作表标签，在弹出的菜单中选择【移动或复制工作表】命令，弹出【移动或复制工作表】对话框，勾选【建立副本】复选框，并单击【确定】按钮退出对话框。

建立了“报名表(1)”工作表，此时【名称管理器】中的名称如图 11-32 所示。

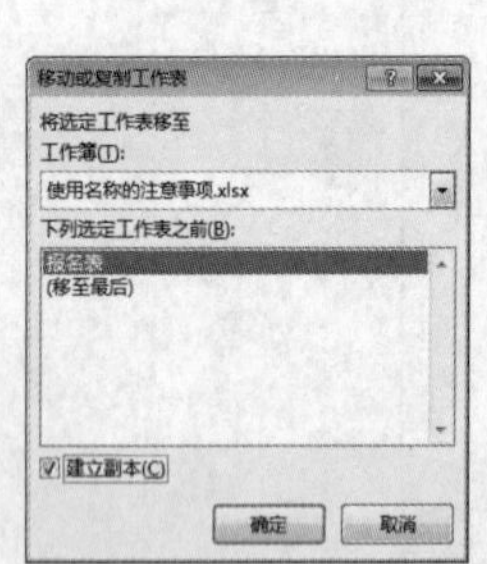

图 11-31 建立工作表副本

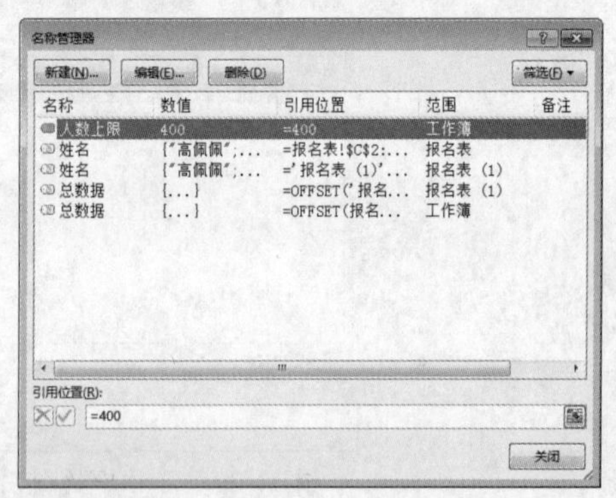

图 11-32 建立副本工作表后的名称

即建立副本工作表时，原引用该工作表区域的工作簿级名称将被复制，产生同名的工作表级名称；原引用该工作表的工作表级名称也将被复制，产生同名工作表级名称；使用常量定义的名称不会发生改变。

（2）不同工作簿建立副本工作表

涉及源工作表的所有名称（含工作簿、工作表级和使用常量定义的名称）将被原样复制过去，即如图 11-30 所示【名称管理器】中的 3 个名称。

（3）复制使用了名称的单元格区域

单独复制报名表 G2 单元格（其中使用了工作簿级别名称“总数据”、“人数上限”和工作表级别名称“姓名”），在报名表的单元格中粘贴时，将在报名表中产生工作表级名称“姓名”，而其他工作簿级名称保持不变。

总之，由于工作表在同一工作簿中的复制会导致工作簿中存在名字相同的全局名称和局部名称，应有目的地进行调整或删除，以便于公式中名称的合理利用。如果因复制产生多余的名称，可通过【名称管理器】→【筛选】功能，筛选不同级别名称，或者单击【名称管理器】对话框中的【范围】，按级别和应用的工作表进行排序，以实现快速删除。

提示

如果希望有目的地避免名称被错误地复制，建议使用以下方法进行复制工作表：首先新建空白工作表，按住<Ctrl>键依次单击工作表标签建立“工作组”，激活待复制工作表后，按<Ctrl+A>组合键全选数据区域，最后单击【开始】→【编辑】→【填充】→【成组工作表】来进行复制。

11.9.2 同名名称的编辑问题

一般来说，不建议在同一工作簿中使用同名的工作表级名称和工作簿级名称，避免造成混乱。如确需要使用同名名称，在对名称进行编辑时，需要注意以下 3 点。

（1）按照局部名称优先的原则，对【引用位置】下的公式进行的修改，优先更新的是“局部名称”。

（2）如果希望修改全局名称中的公式，则必须在未包含同名的“局部名称”的其他工作表中进行修改。

（3）对于名称的删除操作，同样遵从局部名称优先的原则，优先删除“局部名称”，才能删除“全局名称”，或者在其他工作表中进行单独删除“全局名称”。

11.9.3 有关删除操作引起的名称问题

当删除某个工作表时，属于该工作表的工作表级名称会被全部删除，而引用该工作表的工作簿级名称将被保留，但【引用位置】编辑框中的公式将产生#REF!错误。

例如：定义工作簿级名称 Data 为：

```
=Sheet2!$A$1:$A$10
```

删除 Sheet2 工作表时，Data 的【引用位置】变为：

```
=#REF!$A$1:$A$10
```

删除 Sheet2 表中的 A1:A10 单元格区域时，Data 的【引用位置】变为：

```
=Sheet2!#REF!
```

删除 Sheet2 表中的 A2:A5 单元格区域时，Data 的【引用位置】变为：

```
=Sheet2!$A$1:$A$6
```

即引用区域缩小。反之，如果是在 A1:A10 单元格区域中间插入行，则 Data 的引用区域将随之增加。

在【名称管理器】中删除名称“Data”之后，工作表所有调用该名称的公式都将返回错误值#NAME?；但如果在【名称管理器】中，单击【编辑】按钮修改“Data”为“数据”，则所有引用“Data”的公式将自动改为引用“数据”。

提示

即使工作表中没有公式调用存在错误的名称，也建议及时地修改或者删除，以便在日常使用中更好地管理名称。

第 12 章　文本处理技术

文本型数据是 Excel 的主要数据类型之一，在日常工作中被大量使用。本章主要介绍如何利用 Excel 提供的文本函数对此类数据进行合并、提取、查找、替换和转换以及格式化等处理。

本章学习要点

（1）认识单元格文本格式。

（2）了解 Excel 文本函数。

（3）理解并掌握文本函数的综合运用。

12.1　接触文本数据

12.1.1　认识文本数据

Excel 的数据主要分为文本、数值、逻辑值和错误值等几种类型。其中，文本型数据主要是指常规的字符串，如员工姓名、部门名称、公司名称和英文单词等。在单元格中，输入姓名等常规字符串时，即可被 Excel 识别为文本，在单元格默认格式下，文本类型数据在单元格中靠左对齐。在公式中，文本需要以一对半角双引号包含，例如：="我爱"&"中国"。

如果公式中的“中国”不以半角双引号包含，将被识别为未定义的名称而返回#NAME?错误。此外，在公式中要表示带半角双引号的字符，则需要再多使用两对半角双引号将其包含，例如要在公式中使用带半角双引号的“"中国"”，则应该输入：

```
="""中国"""
```

或者输入：

```
=CHAR(34)&"中国"& CHAR(34)
```

除了输入的文本，使用 Excel 中的文本函数、文本合并符号得到的结果也是文本型。此外，文本数据中还有一个比较特殊的值，即空文本，用一对半角双引号表示（""），常用来将公式结果显示为“空”。

在 Excel 中，“空格”一般指按<Space>键得到的值，是有字符长度的文本；空单元格指的是单元格中没有任何数据或公式。

12.1.2　区分空单元格与空文本

当单元格未经赋值，或赋值后按<Delete>键清除值，则该单元格被认为是空单元格。表示空文本的半角双引号""，其性质是文本，表示文本里无任何内容，字符长度为 0。

空单元格和空文本有着共同的特性，但又不完全相同。使用定位功能时，定位条件选择“空值”时，结果不包括“空文本”。而在筛选操作中，筛选条件为“空白”时，则包括“空值”与“空文本”。

	A	B	C
1		TRUE	=A1=""
2		TRUE	=A1=0
3		FALSE	=0=""

图 12-1　区分空单元格与空文本

如图 12-1 所示，A1 单元格是空单元格，使用以下两个公式都将返回逻辑值 TRUE。

```
=A1=""
=A1=0
```

虽然空文本""在以上公式中等价于数值 0，但是并不等于数值 0。例如，公式“=0=""”将返回逻辑值 FALSE。""是字符长度为 0 的文本，0 是字符长度为 1 的数值。

12.1.3 区分文本型数字和数值

默认情况下，在单元格中输入数值和日期时，自动使用右对齐方式显示，错误值和逻辑值自动居中显示，而文本型数据则以左对齐方式显示。

在设置了居中对齐或是取消了错误检查选项的工作表中，由于用户不能很明确地区分文本型数字和真正的数值，如果使用 VLOKUP 函数或 MATCH 函数进行数据查找，往往因为格式不匹配而返回错误值。

使用 ISTEXT 函数或是 ISNUMBER 函数，可以对文本型数字和数值进行区分。

如果 A1 单元格为文本型数字 1，B1 输入公式“=ISTEXT(A1)”，公式结果将返回 TRUE，否则返回 FALSE。如果使用“ISNUMBER(A1)”判断，结果与 ISTEXT 函数相反。

示例 12-1 计算文本型数字

如图 12-2 所示，是某企业从用友 ERP 系统中导出的固定资产表的部分内容，所有字段均为文本型数字。现在需要计算 D 列的固定资产总值。

	A	B	C	D
1	资产名称	部门编码	类别编码	原值
2	1号钢板仓	020301	06	1274000
3	2号钢板仓	020301	06	1274000
4	3号钢板仓	020301	06	1274000
5	4号钢板仓	020301	06	1274000
6	5号钢板仓	020301	06	1274000
7	热交换器	020301	02	21040
8	自动调节阀	020301	02	84800
9	刮板输送机	020301	02	49680
10	圆盘剥壳机	020301	02	122560
11	螺旋清仓机	020301	02	57680

图 12-2 固定资产表

如果直接使用 SUM 函数求和，计算结果将返回 0。使用以下数组公式，按<Ctrl+Shift+Enter>组合键，可以计算出正确结果。

```
{=SUM(1*D2:D11)}
```

除了通过*1 运算的方法将文本型数字转换为数值，还可以使用－－（两个减号）、/1、−0、+0 以及使用 VALUE 函数进行转换。

提示

如需将文本型数字转换为真正的数值，请参阅 10.9 小节。

示例 12-2 文本型数字的查询

文本型数字不仅影响求和、计数等统计汇总，还会影响 VLOOKUP、MATCH 等函数的查询结果。图 12-3 所示为某企业设备明细表的部分内容，B 列的设备编码为文本型数字。要求根据 E2 单元格的设备编码查询对应的设备名称。

在 F2 单元格中输入以下公式：

```
=INDEX(A:A,MATCH(E2,B:B,))
```

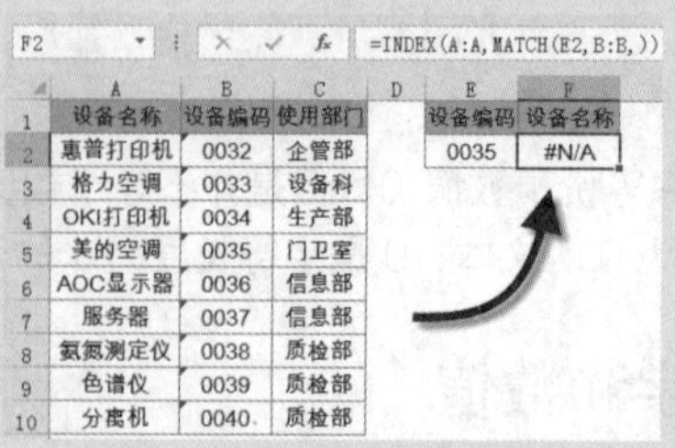

F2 =INDEX(A:A,MATCH(E2,B:B,))

	A	B	C	D	E	F
1	设备名称	设备编码	使用部门		设备编码	设备名称
2	惠普打印机	0032	企管部		0035	#N/A
3	格力空调	0033	设备科			
4	OKI打印机	0034	生产部			
5	美的空调	0035	门卫室			
6	AOC显示器	0036	信息部			
7	服务器	0037	信息部			
8	氨氮测定仪	0038	质检部			
9	色谱仪	0039	质检部			
10	分离机	0040	质检部			

图 12-3　查询设备名称

由于 E2 单元格的设备编码是自定义格式为“0000”的数值 35，MATCH 函数无法查询到设备编码而返回错误值#N/A。

在 F3 单元格中输入以下数组公式，然后按<Ctrl+Shift+Enter>组合键：

```
{=INDEX(A:A,MATCH(E2,--B:B,))}
```

在 MATCH 函数第二参数之前加上两个负号，也称为减负运算，将 B 列的文本型数字转换为与 E2 单元格格式相同的数值，方可正常查询。公式最终结果为“美的空调”。

12.2　文本的合并

12.2.1　连接字符串

如果用户希望使用函数公式将多个文本连接生成新的文本字符串，可以用 CONCATENATE 函数、“&”符号以及 PHONETIC 函数进行处理。

示例 12-3　合并文本数据

例如，A2 单元格为“中国”，B2 单元格为“北京”，使用以下公式可以将两个字符串合并为新字符串“中国北京”：

```
=CONCATENATE(A2,B2)
```

CONCATENATE 函数可将最多 255 个文本字符串合并为一个文本字符串。但是由于该函数不支持单元格区域引用，在需要合并多个单元格时编写公式比较烦琐，因此实际应用中使用较少。

在 Excel 中，还可以使用“&”符号实现文本合并，相对于 CONCATENATE 函数，使用“&”符号更加简便易用。如上述示例中，可以使用以下公式实现同样的效果：

```
=A2&B2
```

除了 CONCATENATE 函数和“&”符号，PHONETIC 函数也可以实现文本合并。PHONETIC 函数用于提取拼音字符，作为合并文本使用时有一定的局限性。仅支持对包含文本字符串的连续单元格区域的引用，不支持函数公式返回的结果以及其他数据类型。

如图 12-4 所示，A2 单元格为数值，B2 单元格为文本型数字，C2 单元格为文本，D2 单元格为公式“="广州"”，E2 单元格则为错误值。使用以下公式，结果仅连接 B2 和 C2 单元格文本格式的内容“45 中国”：

```
=PHONETIC(A2:E2)
```

如果单元格中使用【拼音指南】功能设置了拼音，PHONETIC 函数将会仅返回拼音信息而忽略单元格中的文本，如图 12-5 所示。

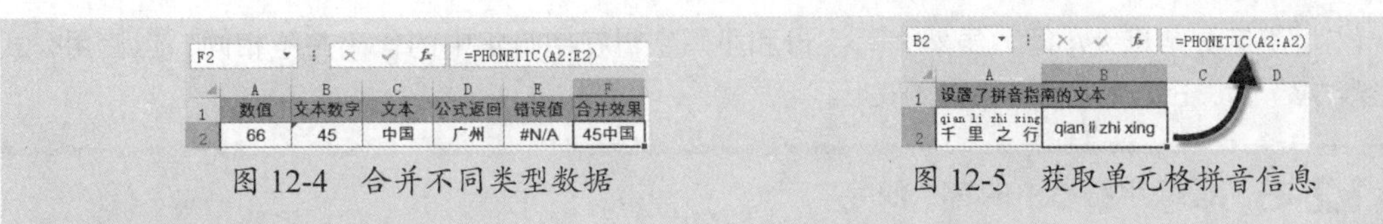

	A	B	C	D	E	F
1	数值	文本数字	文本	公式返回	错误值	合并效果
2	66	45	中国	广州	#N/A	45中国

F2 =PHONETIC(A2:E2)

图 12-4 合并不同类型数据

	A	B
1	设置了拼音指南的文本	
2	qian li zhi xing 千 里 之 行	qian li zhi xing

B2 =PHONETIC(A2:A2)

图 12-5 获取单元格拼音信息

12.2.2 合并空单元格与空文本的妙用

在使用 VLOOKUP、OFFSET 等查找引用类函数时，如果目标单元格为空，公式将返回 0。使用&符号将公式与空文本""连接，可将无意义 0 值显示为空文本，省去了使用 IF 函数判断的步骤。

示例 12-4 屏蔽 VLOOKUP 函数返回的 0 值

图 12-6 所示为某企业固定资产表的部分内容。需要根据 E2 单元格的资产编号，查询对应的规格型号。F2 单元格使用以下公式：

```
=VLOOKUP(E2,A:C,3,)
```

由于 C 列与 E2 单元格资产编号“GDZC014”对应的规格型号为空单元格，公式返回无意义的 0 值。该公式中 VLOOKUP 函数的第四参数使用了简写，完整写法是：

```
=VLOOKUP(E2,A:C,3,FALSE)
```

如图 12-7 所示，使用以下公式可以将 0 值屏蔽，使查询结果更准确：

```
=VLOOKUP(E2,A:C,3,)&""
```

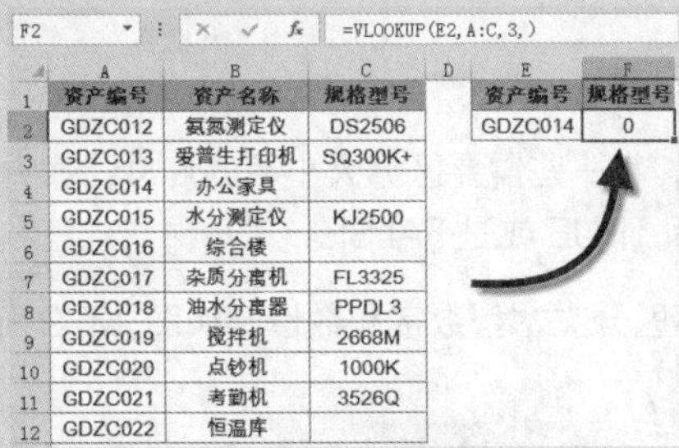

F2 =VLOOKUP(E2,A:C,3,)

	A	B	C	D	E	F
1	资产编号	资产名称	规格型号		资产编号	规格型号
2	GDZC012	氨氮测定仪	DS2506		GDZC014	0
3	GDZC013	爱普生打印机	SQ300K+			
4	GDZC014	办公家具				
5	GDZC015	水分测定仪	KJ2500			
6	GDZC016	综合楼				
7	GDZC017	杂质分离机	FL3325			
8	GDZC018	油水分离器	PPDL3			
9	GDZC019	搅拌机	2668M			
10	GDZC020	点钞机	1000K			
11	GDZC021	考勤机	3526Q			
12	GDZC022	恒温库				

图 12-6 VLOOKUP 函数返回 0 值

F2 =VLOOKUP(E2,A:C,3,)&""

	A	B	C	D	E	F
1	资产编号	资产名称	规格型号		资产编号	规格型号
2	GDZC012	氨氮测定仪	DS2506		GDZC014	
3	GDZC013	爱普生打印机	SQ300K+			
4	GDZC014	办公家具				
5	GDZC015	水分测定仪	KJ2500			
6	GDZC016	综合楼				
7	GDZC017	杂质分离机	FL3325			
8	GDZC018	油水分离器	PPDL3			
9	GDZC019	搅拌机	2668M			
10	GDZC020	点钞机	1000K			
11	GDZC021	考勤机	3526Q			
12	GDZC022	恒温库				

图 12-7 使用&""屏蔽无意义 0 值

12.3 文本值的比较

在 Excel 中，文本数据根据系统字符集中的排序，具有类似数值的大小顺序。在公式运算中，常使用“吖”作为最小汉字，使用字符"々"作为最大汉字，用以判断字符是否为汉字。"々"的输入方法为<Alt+41385>组合键。

12.3.1 比较文本值的大小

使用比较运算符>、<、=、>=、<=可以比较文本值的大小关系，并遵循以下规则。

（1）区分半角与全角字符。全角字母“Ａ”在字符集中的代码是 41921（与计算机使用的字符集有关），半角字母“A” 在字符集中的代码是 65。使用公式“="Ａ"="A"”将返回 FALSE。

（2）区分文本型数字与数值。在 Excel 中，文本始终大于数值，使用公式“="3">5”将返回 TRUE。

（3）不区分字母大小写。虽然大写字母和小写字母在字符集中的代码并不相同，但使用公式"="a"="A""时，Excel 返回结果为 TRUE。

示例 12-5 提取字符串中的首个汉字

如图 12-8 所示，需要在 A 列的产品规格型号字符串中提取首次出现的汉字。

	A	B
1	规格型号	提取字符
2	0087白底蓝/红110	白
3	126棕色/黑30	棕
4	48绿/红35	绿
5	0087白底蓝/红240	白
6	126棕色/黑520	棕
7	48蓝+墨绿/红45	蓝

图 12-8　提取首个汉字

B2 单元格输入以下数组公式，按<Ctrl+Shift+Enter>组合键：

```
{=MID(A2,MATCH(1=1,MID(A2,COLUMN(1:1),1)>="吖",),1)}
```

MID(A2,COLUMN(1:1),1)部分，从 A2 单元格首位开始依次取值，计算结果为：

```
{"0","0","8","7","白","底","蓝","/","红","1","1","0","",""…}
```

相当于将 A2 单元格内容拆分为单个的字符。再与字符"吖"做比较，得到逻辑值 TRUE 或是 FALSE。

MATCH 函数用 1=1 作为查找值，精确查找逻辑值 TRUE 首次出现的位置。

最后使用 MID 函数，根据 MATCH 函数的计算结果从 A2 单元格指定位置提取字符。

12.3.2 比较文本值是否完全相同

由于使用等号比较文本值时不区分字母大小写，在一些需要区分大小写的汇总计算中，可以使用 EXACT 函数比较两个文本值是否完全相同，返回 TRUE 或是 FALSE。

EXACT 函数不区分字符格式上的差异，同时不区分文本型数字和数值。如图 12-9 所示。

	A	B	C	D
1	字符串1	字符串2	是否相同	说明
2	word	word	TRUE	两个字符串完全相同
3	Word	word	FALSE	A3 中的 "W" 为大写形式
4	w ord	word	FALSE	A4的"w"后面包含一个空格
5	word	**word**	TRUE	两个字符串格式不同
6	4643	4643	TRUE	B6为文本格式数字

图 12-9　EXACT 函数对字符的判断结果

示例 12-6 区分大小写的数据汇总

图 12-10 所示为某企业不同型号电缆出库表的部分内容。要求根据 E 列的规格型号，在 F 列汇总出对应的累计出库量。

F2 单元格输入以下公式：

```
=SUMPRODUCT(EXACT(B$2:B$13,E2)*C$2:C$13)
```

由于需要区分规格型号的大小写，如果使用 SUMIF 函数将无法得到正确结果。

首先用 EXACT 函数，分别判断 E2 单元格内容与 B 列中的型号是否完全相同，得到逻辑值 TRUE 或是 FALSE。再使用逻辑值乘以 C 列中的出库量，最后使用 SUMPRODUCT 函数返回乘积之和。

	A	B	C	D	E	F
1	日期	规格型号	出库量		规格型号	出库量
2	2014/11/19	n42h19.8*2.55	14		n42h19.8*2.55	43
3	2014/11/20	N42H19.8*2.5	12		N42H19.8*2.55	53
4	2014/11/21	N42H19.8*2.5	22		N42H19.8*2.5	54
5	2014/11/22	n42h19.8*2.5	13		n42h19.8*2.5	50
6	2014/11/23	N42H19.8*2.55	17			
7	2014/11/24	n42h19.8*2.55	13			
8	2014/11/25	N42H19.8*2.55	19			
9	2014/11/26	N42H19.8*2.5	20			
10	2014/11/27	n42h19.8*2.5	22			
11	2014/11/28	n42h19.8*2.5	15			
12	2014/11/29	n42h19.8*2.55	16			
13	2014/11/30	N42H19.8*2.55	17			

图 12-10　区分大小写的数据汇总

12.4 大小写、全角半角转换

在对英文数据的处理中，使用函数公式可以实现字母大小写之间的转换，也可以实现全角半角字符的转换。

12.4.1 大小写字母转换

以下 3 个函数可用于字母大小写之间的转换。

◆ LOWER 函数：将所有字母转换为小写字母。

◆ UPPER 函数：将所有字母转换为大写字母。

◆ PROPER 函数：将单词首字母转换成大写，其余字母转换为小写。如果单元格包含字母和非中文字符，则将首字母和非字母字符之后的首个字母转换为大写，其余字母转换为小写。

示例 12-7 转换大写英文菜名

图 12-11 所示为中英文菜名对照表的部分内容，B 列英文对照全部为大写字母，需要转换为首字母大写的形式。

C2 =PROPER(B2)

	A	B	C
1	中文菜名	英文大写	首字母大写
2	脆皮炸子鸡(半)	FRIED CHICKEN (HALF)	Fried Chicken (Half)
3	红烧石岐项鸽	ROAST PIGEON	Roast Pigeon
4	北京片皮鸭	PEKING DUCK	Peking Duck
5	柠檬鸡球	LEMON CHICKEN	Lemon Chicken
6	西芹腰果鸡球	VEGETABLE CASHEW CHICKEN	Vegetable Cashew Chicken
7	咖喱鸡	CURRY CHICKEN	Curry Chicken
8	四川炒鸡球	SZECHUAN CHICKEN	Szechuan Chicken
9	宫保鸡丁	KUNG PAO CHICKEN	Kung Pao Chicken
10	八珍发菜扒鸭(半)	COMBINATION DUCK (HALF)	Combination Duck (Half)
11	子罗炒鸡片	GINGER & PINEAPPLE CHICKEN	Ginger & Pineapple Chicken

图 12-11　转换英文菜名

C2 单元格输入以下公式，复制至 C2:C11 单元格区域：

```
=PROPER(B2)
```

LOWER 函数、UPPER 函数以及 PROPER 函数只能对字母进行转换，对于汉字内容，函数的结果与原字符串相同。

12.4.2 全角半角字母转换

全角字符是指一个字符占用两个标准字符位置的字符，又称为双字节字符。所有汉字均为双字节字符。半角字符是指一个字符占用一个标准字符位置的字符，又称为单字节字符。

字符长度可以使用 LEN 函数和 LENB 函数统计。其中 LEN 函数对任意单个字符都按一个长度计算。LENB 函数则将任意单个的单字节字符按一个长度计算，将任意单个的双字节字符按两个长度计算。

例如，使用以下公式将返回 5，表示该字符串共有 5 个字符：

```
=LEN("微软 MVP")
```

使用以下公式将返回 7，因为该字符串中的两个汉字占 4 个字符长度：

```
=LENB("微软 MVP")
```

使用以下两个函数，可以用来实现半角字符和全角字符之间的转换。

- ◆ ASC 函数：将全角字符转换为半角字符。
- ◆ WIDECHAR 函数：将半角字符转换为全角字符。

假如 A1 单元格内为全角文本字符串“ｅｘｃｅｌｈｏｍｅ”，使用公式=ASC(A1)，将返回半角字符串“excelhome”。

反之，如果需要将半角字符转换为全角字符，则可使用 WIDECHAR 函数。

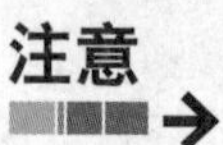

在单元格中单独输入全角数值，可能会自动转换为半角数值。此外，文本型的半角数字在参与四则运算时，也会被转换为数值处理。

12.5 字符与编码转换

在计算机领域中，字符（Character）是一个信息单位，指计算机中使用的字母、数字、字和符号的总称，不同的国家和地区有不同的字符编码标准。

字符集（Character set）是多个字符的集合，每个字符集包含的字符个数不同。常见字符集包括 ASCII 字符集、GB2312 字符集、BIG5 字符集、GB18030 字符集、Unicode 字符集等。简体中文一般采用 GB2312 编码，繁体中文一般采用 BIG5 编码，这些使用 1 至 4 个字节来代表一个字符的各种汉字延伸编码方式，称为 ANSI 编码。

Excel 中有两个函数专门用于处理字符与编码转换，分别是 CHAR 函数和 CODE 函数。

例如，以下公式返回字母“a”的编码 97：

```
=CODE("a")
```

CODE 函数返回文本字符串中第一个字符的数字编码，返回的编码对应于本机所使用的字符集。

以下公式返回编码为 65 的对应字符，结果为大写字母“A”：

```
=CHAR(65)
```

在 Excel 帮助文件中，CHAR 函数的参数范围要求为介于 1 到 255 之间的数字，实际上参数范围可以更大，例如公式“=CHAR(55289)”返回字符“座”。

使用 CODE 函数取得的字符编码，并不能完全再用 CHAR 函数转换为原来的字符。例如，表示平方的符号“？”，使用 CODE 函数返回其编码为 63，而使用公式“=CHAR(63)”的返回结果为“?”。

12.5.1 生成字母序列

示例 12-8 生成字母序列

大写字母 A～Z 的 ANSI 编码为 65～90，小写字母 a～z 的 ANSI 编码为 97～122，使用 CHAR 函数与 COLUMN 函数结合，可以在水平方向生成 26 个大写字母或小写字母，如图 12-12 所示。

	A	B	C	D	E	F	G	H	I	J	K	L	M	N	O	P	Q	R	S	T	U	V	W	X	Y	Z
1	生成字母序列																									
2	A	B	C	D	E	F	G	H	I	J	K	L	M	N	O	P	Q	R	S	T	U	V	W	X	Y	Z
3	a	b	c	d	e	f	g	h	i	j	k	l	m	n	o	p	q	r	s	t	u	v	w	x	y	z

图 12-12 生成字母序列

A2 单元格输入以下公式，将公式复制到 A2:Z2 单元格区域：

```
=CHAR(COLUMN(A1)+64)
```

CHAR 函数将数字编码转换为计算机所用字符集中的字符。用变量 COLUMN(A1)加上 64 作为 CHAR 函数的参数，=CHAR(COLUMN(A1)+64)就是显示字符集中的第 65 个字符，结果为“A”。

随着公式的向右复制，COLUMN(A1)依次变成 COLUMN(B1)、COLUMN(C1)…COLUMN(Z1)，CHAR 函数依次得到字符集中的第 65-90 个字符 A～Z。

同理，A3 单元格输入以下公式，将公式复制到 A3:Z3 单元格区域。会依次得到字符集中的第 97-122 个字符 a～z：

```
=CHAR(COLUMN(A2)+96)
```

12.5.2 生成可换行的文本

示例 12-9 合并后换行显示的中英文菜名

如图 12-13 所示，A 列为中文菜名，B 列为英文对照。需要在 C 列合并中英文内容，并在同一单元格中换行显示。

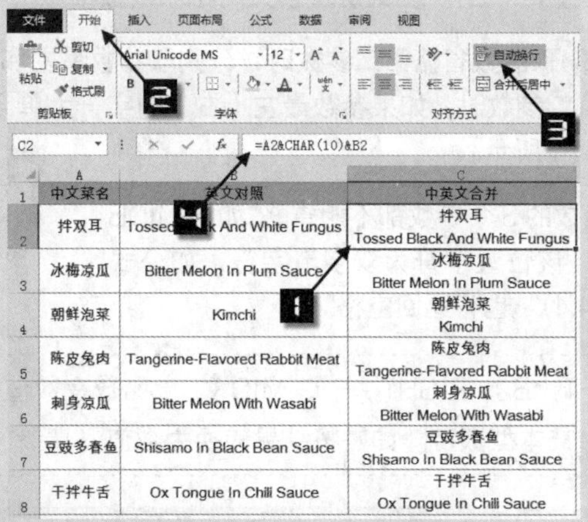

图 12-13 合并后换行显示的中英文菜单

单击 C2 单元格，在【开始】选项卡中单击【自动换行】按钮。

C2 单元格输入以下公式，然后将公式复制至 C2:C8 单元格区域：

```
=A2&CHAR(10)&B2
```

10 是换行符的 ANSI 编码。先使用 CHAR(10)返回换行符，再用&符号连接 A2 与换行符以及 B2 单元格。在设置单元格对齐方式为自动换行的前提下，即可实现合并字符与换行显示的效果。

12.6 字符串提取

日常工作中，字符串提取的应用非常广泛。如从身份证号码中提取出生日期、从产品编号中提取字符来判断产品的类别、将金额分列后打印等。

12.6.1 常用提取字符函数

常用于字符提取的函数主要包括以下几种。

- LEFT 函数用于从字符串的起始位置返回指定数量的字符。

函数语法为：

```
LEFT (text,[num_chars])
```

第一参数 text，包含要提取字符的文本字符串。第二参数[num_chars]可选，指定要提取的字符的数量。

- RIGHT 函数用于从字符串的结尾位置返回指定数量的字符。函数语法与 LEFT 函数类似。
- MID 函数用于在字符串任意位置上返回指定数量的字符。

函数语法为：

```
MID (text,start_num,num_chars)
```

第一参数 text，是包含要提取字符的文本字符串。第二参数 start_num 用于指定文本中要提取的第一个字符的位置。第三参数 num_chars 指定从文本中返回字符的个数。无论是单字节还是双字节字符，MID 函数始终将每个字符按 1 计数。

对于需要区分处理双字节字符的情况，分别对应 LEFTB 函数、RIGHTB 函数和 MIDB 函数，即在原 3 个函数名称后加上字母“B”。其语法及含义均与原函数相似。

当 LEFT 函数、RIGHT 函数省略第二参数时，分别取参数最左和最右的一个字符。当 LEFTB（RIGHTB）函数也省略第二参数时，如果参数最左（右）的字符为单字节字符，则返回该字符，否则返回空格" "。如图 12-14 所示。

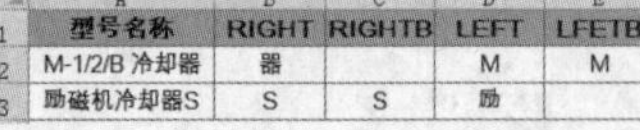

	A	B	C	D	E
1	型号名称	RIGHT	RIGHTB	LEFT	LFETB
2	M-1/2/B 冷却器	器		M	M
3	励磁机冷却器S	S	S	励	

图 12-14 LEFT（B）、RIGHT（B）函数省略第二参数

MID 函数与 MIDB 函数的 3 个参数都不能省略。如果 MIDB 函数的第三参数为 1，且该位置字符为双字节字符，如公式“=MIDB("我喜欢 Excel",4,1)”也将返回空格" "。

注意

> 如果使用 LEFT（B）、RIGHT（B）、MID（B）函数在数值字符串中提取内容，提取结果全部为文本型数字。如需将结果转换为数值，请参阅 12.1.3 小节。

示例 12-10 提取规格名称中的汉字

图 12-15 所示为某企业产品明细表的一部分，A 列为规格型号和产品名称混合内容。需要在 B 列提取出产品名称。

	A	B
1	型号名称	提取汉字
2	0-1/2/B 冷却器	冷却器
3	M-18T2 励磁机冷却器	励磁机冷却器
4	1715 冷却器装配	冷却器装配
5	101 拾振仪布置	拾振仪布置
6	1597 轴承测温元件	轴承测温元件
7	807 轴承座振测量	轴承座振测量
8	3216MS 接地检测装置	接地检测装置
9	0-1/2/B 冷却器	冷却器
10	S-1T2 励磁机冷却器	励磁机冷却器
11	1715 冷却器装配	冷却器装配

图 12-15 提取规格名称中的汉字

B2 单元格输入以下公式，然后复制到 B2:B11 单元格区域：

```
=RIGHT(A2,LENB(A2)-LEN(A2))
```

LENB 函数将每个汉字（双字节字符）的字符数按 2 计数，LEN 函数则对所有的字符都按 1 计数。因此“LENB(A2)-LEN(A2)”返回的结果就是文本字符串中的汉字个数。

RIGHT 函数根据指定的字符数返回文本字符串中最后的多个字符。

示例 12-11 分列显示开奖号码

图 12-16 所示为某福利彩票开奖记录的部分内容，需要将 B 列的开奖号码依次提取至 D 列至 H 列单元格区域中。

	A	B	C	D	E	F	G	H
1	开奖时间	开奖号码		开奖号提取				
2	20140812	81579		8	1	5	7	9
3	20140813	63874		6	3	8	7	4
4	20140814	76081		7	6	0	8	1
5	20140815	37049		3	7	0	4	9
6	20140816	63142		6	3	1	4	2
7	20140817	56098		5	6	0	9	8
8	20140818	59614		5	9	6	1	4
9	20140819	23170		2	3	1	7	0
10	20140820	29057		2	9	0	5	7
11	20140821	35846		3	5	8	4	6
12	20140822	47210		4	7	2	1	0

图 12-16 分列显示开奖号码

D2 单元格输入以下公式，复制到 D2:H12 单元格区域：

```
=MID($B2,COLUMN(A1),1)
```

公式向右复制至 H 列时，COLUMN(A1)部分依次生成 1～5 的递增自然数序列。使用 MID 函数分别从 B2 单元格的第 1～5 位开始，截取长度为 1 的字符。

12.6.2 提取身份证信息

我国现行居民身份证号码是由 18 位数字组成的。其中第 7～14 位数字表示出生年月日，第 7～10 位是年，第 11～12 位是月，第 13～14 位是日；第 17 位是性别标识码，奇数为男，偶数为女；第 18 位数字是校检码，包括 0～9 的数字和字母 X。使用文本函数可以从身份证号码中提取出身份证持有人的出生日期、性别等信息。

示例 12-12 从身份证号码中提取出生日期

图 12-17 所示为某公司员工信息表的部分内容。要求根据 B 列的身份证号码，提取持有人的出生日期。

C2 单元格输入以下公式，复制至 C2:C12 单元格区域，可提取身份证持有人的出生日期：

```
=MID(B2,7,8)
```

公式使用 MID 函数从 B2 单元格的第 7 个字符开始，截取长度为 8 的字符串，结果为“19820718”。

由于公式结果为文本型字符串，并非真正的日期，如果需要进行日期计算，可借助 TEXT 函数进行格式转换：

```
=--TEXT(MID(B2,7,8),"0!/00!/00")
```

使用 TEXT 函数将 MID 函数得到的字符串“19820718”转换为“0/00/00”格式，变成文本字符串“1982/07/18”，再使用减负运算，转换为真正的日期。

如果单元格的格式设置为“常规”，将显示数值 30150，即日期 1982 年 7 月 18 日的日期序列值。计算结果如图 12-18 中 D 列所示。

	A	B	C
1	姓名	身份证号码	出生日期
2	刘学友	422827198207180011	19820718
3	张德华	330824199007267026	19900726
4	孟嘉欣	330381198510127633	19851012
5	孙凯	341221197812083172	19781208
6	周建华	340828198807144816	19880714
7	曹萌	500222198609136646	19860913
8	孙琳琳	350322199102084363	19910208
9	张和平	530381197311133530	19731113
10	金维凤	411528196612213722	19661221
11	刘春华	330302198802136091	19880213
12	方芳	330324197109126142	19710912

图 12-17 从身份证号码中提取信息

D2 =--TEXT(MID(B2,7,8),"0!/00!/00")

	A	B	C	D
1	姓名	身份证号码	出生日期	出生日期
2	刘学友	422827198207180011	19820718	1982/07/18
3	张德华	330824199007267026	19900726	1990/07/26
4	孟嘉欣	330381198510127633	19851012	1985/10/12
5	孙凯	341221197812083172	19781208	1978/12/08
6	周建华	340828198807144816	19880714	1988/07/14
7	曹萌	500222198609136646	19860913	1986/09/13
8	孙琳琳	350322199102084363	19910208	1991/02/08
9	张和平	530381197311133530	19731113	1973/11/13
10	金维凤	411528196612213722	19661221	1966/12/21
11	刘春华	330302198802136091	19880213	1988/02/13
12	方芳	330324197109126142	19710912	1971/09/12

图 12-18 转换 MID 函数计算结果

示例 12-13 从身份证号码中提取性别信息

仍以图 12-17 中的数据为例，使用以下公式，可以提取持有人的性别信息：

```
=IF(MOD(MID(B2,15,3),2),"男","女")
```

首先使用 MID 函数从 B2 单元格字符的第 15 位开始，截取长度为 3 的字符串，结果为“001”。再利用 MOD 函数判断其奇偶性，得到结果为 1 或 0。IF 函数以此计算判断出持有人的性别，如果 MOD 函数计算结果为 1，返回“男”，否则返回“女”。

结果如图 12-19 所示。

	A	B	C
1	姓名	身份证号码	性别
2	刘学友	422827198207180011	男
3	张德华	330824199007267026	女
4	孟嘉欣	330381198510127633	男
5	孙凯	341221197812083172	男
6	周建华	340828198807144816	男
7	曹萌	500222198609136646	女
8	孙琳琳	350322199102084363	女
9	张和平	530381197311133530	男
10	金维凤	411528196612213722	女
11	刘春华	330302198802136091	男
12	方芳	330324197109126142	女

图 12-19 提取身份证中的性别信息

12.6.3 提取字符串中的数字

日常工作中，经常会遇到一些不规范的数据源需要处理。如果数据量较多，在不便于重新录入的情况下，可使用文本函数进行数据的提取。

示例 12-14 提取字符串中的数字

如图 12-20 所示，A 列是一些不规范的数据记录。文本和数值混杂，并且数字所在的位置、长度不一，现在需要在 B 列提取其中的数字。

	A	B
1	混合内容	提取数值
2	吃饭15元	15
3	朋友过生日送VIP卡300元	300
4	买米95.25	95.25
5	火车票20.3块回家	20.3
6	房租900元	900
7	水费200块钱	200
8	电费250元	250
9	电话费25.1	25.1

图 12-20　提取字符串中的数字

B2 单元格输入以下数组公式，按<Ctrl+Shift+Enter>组合键，将公式复制到 B2:B9 单元格区域：

```
{=MAX(--TEXT(MID(A2,ROW($1:$26),COLUMN(A:J)),"0%;;0;!0"))}
```

MID 函数的第二参数和第三参数分别使用 ROW($1:$26)构建出 1 至 26 的垂直数组{1;2;3;4;5;6;7;8;……;23;24;25;26}，用 COLUMN(A:J)构建出 1～10 的水平数组{1,2,3,4,5,6,7,8,9,10}。表示从 A2 单元格第 1 至 26 位开始，分别提取长度为 1 至 10 的字符串。

公式中的 ROW($1:$26)，表示假定单元格中的最大字符数不超过 26 个。COLUMN(A:J)表示假定字符串中的最大数值位数不超过 10 位，可根据实际数据调整。

TEXT 函数用于转换 MID 函数的提取结果。大于 0 的值转换为百分数，文本强制转换为 0。结果为：

```
{"0",…,"0";"100%","1500%","0",…,"0";"500%",…"0"}
```

再使用减负运算转换为真正的数值后，用 MAX 函数提取其中的最大值。

示例 12-15 提取字符串左右侧的连续数字

图 12-21 中 A 列所示字符串中包含汉字、字母和数字，长度不一的数字分别位于字符串的右侧和左侧。需要从字符串中提取出连续的数字。

	A	B	C
1	源数据	数字	备注
2	王芳芳ID：103	103	数值在右侧
3	刘雯ID：4225	4225	数值在右侧
4			
5	6543VIP贵宾室	6543	数值在左侧
6	2-14情人节	41684	数值在左侧

图 12-21　提取字符串左右侧的连续数字

◆ 提取字符串右侧数字

B2 单元格输入以下公式，复制至 B3 单元格：

```
=LOOKUP(9E+307,--RIGHT(A2,ROW($1:$12)))
```

先使用 RIGHT 函数从 A2 单元格右侧，分别截取长度为 1～12 的文本字符串，再使用减负运算将数字转换为可运算的数值，文本内容转换为错误值#VALUE!。最后使用 LOOKUP 函数，在由数值和错误值组成的内存数组中，提取最后一个数值。

◆ 提取字符串左侧数字

B5 单元格输入以下公式，复制至 B6 单元格：

```
=LOOKUP(9E+307,--LEFT(A5,ROW($1:$12)))
```

公式思路与从右侧取值完全相同。由于 A6 单元格中的数字为简写形式的日期，公式结果返回 41684，即系统当前年份 2014 年 2 月 14 日的日期序列值。

提示 有关 LOOKUP 函数的用法，请参阅 16.3 小节。

注意 虽然使用 Excel 函数可以从部分混合字符串中提取出数字，但并不意味着在工作表中可以随心所欲地录入数据。格式不规范、结构不合理的基础数据，对后续的汇总、计算、分析等工作都将带来很多麻烦。

12.6.4 金额数字分列

在一些小微型企业的财务工作中，经常需要在 Excel 中制作出模拟的收款凭证样式效果，以便于单据的打印。收款凭证中的金额需要分列填写在与货币单位对应的单元格中，同时还需要在金额前加上￥符号。如果手工输入，将会非常烦琐。

示例 12-16 使用文本函数进行数字分列

图 12-22 所示为模拟了一张商业收款凭证的样张，其中 F 列为各商品的合计金额，在 G～N 列则是利用公式实现的金额数值分列效果。

	B	C	D	E	F	G	H	I	J	K	L	M	N
1				收款凭证									
2	客户全称：						2014年11月22日填发						
3	商品名称		单价	数量	合计	金额							
4						十	万	千	百	十	元	角	分
5	Excel实战技巧精粹		58.6	8	468.80			￥	4	6	8	8	0
6	Excel应用大全		74	2	148.00			￥	1	4	8	0	0
7	函数与公式实战技巧精粹		50	55	2,750.00		￥	2	7	5	0	0	0
8													
9													
10	合计金额（大 写）	零拾零万叁仟叁佰陆拾陆元捌角零分			3,366.80		￥	3	3	6	6	8	0
11	填制人：		经办人：			单位名称（盖章）							
12													

图 12-22 模拟发票中金额分列填写

G5 单元格输入以下公式，复制至 G5:N10 单元格区域：

```
=IF($F5,LEFT(RIGHT(" ￥"&$F5/1%,COLUMNS(G:$N))),"")
```

$F5/1%部分，表示将 F5 单元格的数值放大 100 倍，转换为整数。再将字符串“ ￥”与其连接，变成新的字符串“ ￥46880”。

使用 RIGHT 函数在这个字符串的右侧开始取值，长度为 COLUMNS(G:$N)部分的计算结果。COLUMNS(G:$N)用于计算从公式当前列至 N 列的列数，计算结果为 8。

在公式向右复制时，COLUMNS 函数形成一个递减的自然数序列。即每向右一列，RIGHT 函数的取值长度减少 1。

如果 RIGHT 函数指定要截取的字符数超过字符串总长度，结果仍为原字符串。RIGHT(" ￥46880",8)的结果为“ ￥46880”，最后使用 LEFT 函数取得首字符，结果为空格。

再以 I5 单元格中的公式为例：

```
=IF($F5,LEFT(RIGHT(" ￥"&$F5/1%,COLUMNS(I:$N))),"")
```

其中，" ￥"&$F5/1%结果仍为“ ￥46880”，但 COLUMNS(I:$N)部分的计算结果变为 6，因此

RIGHT(" ￥46880",6)只取出右边的6个字符“￥46880”，最后通过LEFT函数取得首字符“￥”。

其他单元格中的公式计算过程以此类推，不再赘述。

RIGHT函数中的字符串“￥”前面多加入一个半角空格，目的在于将未涉及金额的部分置为空格。

IF函数的作用是判断F5单元格是否大于0，如果为0，返回空文本""。

12.7 查找字符

在从单元格中提取部分字符串时，提取的位置和提取的字符数量往往是不确定的，需要根据条件进行定位。使用FIND函数和SEARCH函数，以及用于双字节字符的FINDB函数和SEARCHB函数可以解决在字符串中的文本查找问题。

12.7.1 认识常用字符查找函数

FIND函数和SEARCH函数都是用于定位某一个字符（串）在指定字符串中的起始位置，结果以数字表示。如果在同一字符串中存在多个被查找的子字符串，函数只能返回从左向右方向第一次出现的位置。如果查找字符（串）在源字符串中不存在，则返回错误值#VALUE!。

FIND函数的语法为：

```
FIND(find_text, within_text, [start_num])
```

第一参数find_text是查找的文本。第二参数within_text是包含要查找文本的源文本。第三参数[start_num]可选，表示从指定字符位置开始进行查找，如果该参数省略，默认为1。

SEARCH函数的语法与FIND函数类似。

例如，以下两个公式都返回“公司”在字符串“精工Epson公司北京分公司”中第一次出现的位置8，即从左向右第8个字符：

```
=FIND("公司","精工Epson公司北京分公司")
=SEARCH("公司","精工Epson公司北京分公司")
```

此外，还可以使用第三参数从指定的位置开始查找。例如，以下公式从字符串“精工Epson公司北京分公司”中第9个字符（含）开始查找“公司”，因此结果为13：

```
=FIND("公司","精工Epson公司北京分公司",9)
=SEARCH("公司","精工Epson公司北京分公司",9)
```

两个函数的区别主要在于：FIND函数区分大小写，并且不允许使用通配符；而SEARCH函数不区分大小写，但是允许在参数中使用通配符。

当需要处理区分双字节字符时，可以使用FINDB和SEARCHB函数。这两个函数按1个双字节字符占2个位置计算，例如以下两个公式都返回5，两个汉字“精工”按4个字符位置计算：

```
=FINDB("Epson","精工Epson公司北京分公司")
=SEARCHB("Epson","精工Epson公司北京分公司")
```

示例12-17 查找开奖号码

图12-23所示为某福利彩票开奖记录的部分内容。需要判断B列的开奖号码中是否包含D1:M1单元格中的数值，如果包含则显示D1:M1单元格对应的数值，否则返回空白。

开奖时间	中奖号码		0	1	2	3	4	5	6	7	8	9
20140812	81579			1				5		7	8	9
20140813	63874					3	4		6	7	8	
20140814	76081		0	1					6	7	8	
20140815	37049		0			3	4			7		9
20140816	63142			1	2	3	4		6			
20140817	56098		0					5	6		8	9
20140818	59614			1			4	5	6			9
20140819	23170		0	1	2	3				7		
20140820	29057		0		2			5		7		9
20140821	35846					3	4	5	6		8	
20140822	47210		0	1	2		4			7		

图 12-23　查找开奖号码

D2 单元格输入以下公式，复制到 D2:M12 单元格区域：

```
=IF(COUNT(FIND(D$1,$B2)),D$1,"")
```

使用 FIND 函数，查找 D1 单元格的数值在 B2 单元格字符串中的起始位置。如果在 B2 单元格中查找不到 D1 单元格的数值，FIND 函数返回错误值 #VALUE!。

COUNT 函数计算 FIND 函数结果中数字的个数，如果 FIND 函数的计算结果为数值，返回 1，否则返回 0。

最后使用 IF 函数进行判断，返回 D1 单元格的数值或是空文本。

12.7.2 模糊查找字符

利用 SEARCH 函数支持使用通配符的特性，可以进行模糊查找字符。与其他函数结合，能够实现模糊匹配的汇总计算。

示例 12-18 模糊查找实现数字号码的条件求和

图 12-24 所示为某单位二季度业务汇总表的部分内容。A 列是由数字组成的客户代码，B 列是不同客户的业务发生金额。需要对客户代码第一位是 2，第四位是 1 的业务金额进行汇总。

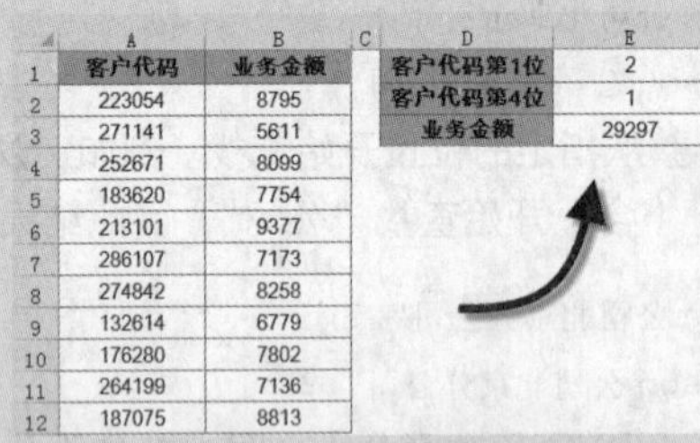

客户代码	业务金额
223054	8795
271141	5611
252671	8099
183620	7754
213101	9377
286107	7173
274842	8258
132614	6779
176280	7802
264199	7136
187075	8813

D	E
客户代码第1位	2
客户代码第4位	1
业务金额	29297

图 12-24　数字号码的条件求和

如果使用以下 SUMIF 函数结合通配符的公式进行求和，结果将返回 0：

```
=SUMIF(A:A,"2??1??",B:B)
```

这是因为客户代码是由数字组成，而 SUMIF 函数仅支持在文本内容中使用通配符。

E3 单元格输入以下公式，计算结果为 29297：

```
=SUMPRODUCT(ISNUMBER(SEARCH("2??1??",A2:A12))*B2:B12)
```

SEARCH("2??1??",A2:A12)部分，“?” 代表任意单个字符，由 SEARCH 函数进行带有通配符的查找，如果 A2:A12 单元格内容符合首字符为 2、第四个字符为 1 的条件则返回 1，否则返回错误值#VALUE!：

```
{#VALUE!;1;#VALUE!;#VALUE!;1;1;#VALUE!;#VALUE!;#VALUE!;1;#VALUE!}
```

再由 ISNUMBER 函数判断 SEARCH 函数的计算结果是否为数值，返回逻辑值 TRUE 或 FALSE。

最后用逻辑值乘以 B 列的业务金额，再使用 SUMPRODUCT 函数计算出乘积之和。

除此之外，也可以使用以下公式实现同样的计算：

```
=SUMPRODUCT((LEFT(A2:A12)&MID(A2:A12,4,1)=E1&E2)*B2:B12)
```

首先用 LEFT 函数和 MID 函数分别提取 A2:A12 单元格首位和第四位的字符。用&符号进行连接后，再与 E1 和 E2 单元格的指定条件进行对比，返回逻辑值 TRUE 或 FALSE。

最后用逻辑值乘以 B 列的业务金额，再使用 SUMPRODUCT 函数计算出乘积之和。

12.7.3 使用通配符的字符查找

利用 SEARCHB 函数支持通配符并且可以区分双字节字符的特性，可以在单字节和双字节混合的内容中查找并提取出指定的字符串。

示例 12-19 去掉单元格最后的中文字符

如图 12-25 所示，A 列为中文、英文和数字组成的不同种类的客车品牌型号。需要将每个单元格最后的客车、豪华旅游客车等中文字符去掉。

	A	B
1	品牌型号	提取字符
2	牡丹江MDJ6860BD1J客车	牡丹江MDJ6860BD1J
3	牡丹江MDJ6801D1HZ客车	牡丹江MDJ6801D1HZ
4	华夏HX6800D1客车	华夏HX6800D1
5	北方集团BF6800D4A城市客车	北方集团BF6800D4A
6	平安PAC6120K豪华旅游客车	平安PAC6120K
7	千里马QLM6120-2DB旅游客车	千里马QLM6120-2DB
8	北方BFC6120-2D2豪华旅游客车	北方BFC6120-2D2
9	北方BFC6120WD2S豪华旅游卧铺客车	北方BFC6120WD2S
10	北方BFC23A豪华旅游客车	北方BFC23A

图 12-25 去掉单元格最后的中文字段

B2 单元格输入以下公式，复制到 B2:B10 单元格区域：

```
=LEFTB(A2,SEARCHB("?",A2)+LEN(A2)*2-LENB(A2))
```

SEARCHB 函数使用通配符"?"作为查找值，用于匹配任意 1 个单字节字符。因此，SEARCHB 函数查找结果就是第一个单字节字符"M"的位置。SEARCHB 函数将一个汉字的字节长度计算为 2，字符"牡丹江"字节长度计算为 6，所以返回"M"的位置为 7。

LEN(A2)*2-LENB(A2)的计算结果为 A2 单元格中单字节字符的个数，结果为 11。

再利用 LEFTB 函数从 A2 单元格左侧开始提取字符串。指定的字节长度为首个单字节字符起始位置加上单字节字符的个数，也就是提取了单元格中所有单字节字符以及单字节字符左侧的内容。

如果字符串的前半部分是双字节字符，后半部分是单字节字符，使用 SEARCHB 函数查找通配符的方式，可以对字符进行分离。

示例 12-20 分离双字节字符和单字节字符

图 12-26 所示 A 列是客户姓名和电话号码混合内容。使用以下公式可以提取出电话号码：

```
=MIDB(A2,SEARCHB("?",A2),LEN(A2))
```

首先用 SEARCHB 函数查找到第一个单字节字符的位置 7，再利用 MIDB 提取从第 7 个字符长度的位置开始（前面两个汉字的字节长度是4），提取LEN(A2)个字符，也就是截取了姓名后面的数字部分。

	A	B
1	客户及联系电话	提取电话号码
2	刘胜男18165441234	18165441234
3	牛芬芳01081234567	01081234567
4	刘华053125123456	053125123456
5	俞海坤8329801	8329801
6	肖灿063588123456	063588123456
7	肖明明02164341234	02164341234

图 12-26 提取电话号码

如果A2的字符数共有14个，那么需要截取的数字个数肯定不会超过14个。因此，LEN(A2)可以看做是一个“大于等于需要截取字符长度”的变量。实际应用时，也可以写成一个较大的值。

以下公式也可以完成同样的提取效果：

```
=RIGHTB(A2,2*LEN(A2)-LENB(A2))
```

使用RIGHTB函数从A2单元格右侧开始截取字符，指定长度为2*LEN(A2)-LENB(A2)的计算结果，也就是A2单元格字符串中单字节字符的个数。

12.8 替换字符或字符串

在Excel中，除了替换功能可以对字符进行批量的替换，使用文本替换函数也可以将字符串中的部分或全部内容替换为新的字符串。文本替换类函数包括SUBSTITUTE函数、REPLACE函数以及用于区分双字节字符的REPLACEB函数。

12.8.1 认识SUBSTITUTE函数

SUBSTITUTE函数主要用于将目标文本字符串中指定的字符串替换为新的字符串，函数语法为：

```
SUBSTITUTE(text, old_text, new_text, [instance_num])
```

第一参数text是需要替换其中字符的文本或是单元格引用，第二参数old_text是需要替换的文本，第三参数new_text是用于替换old_text的文本，第四参数[instance_num]可选，指定要替换第几次出现的旧字符串。

SUBSTITUTE函数具有以下特点。

（1）区分大小写和全角半角字符，当第一参数源字符串中没有包含第二参数指定的字符串时，函数结果与源字符串相同。例如，以下公式仍然返回第一参数的完整字符“ExcelHome”：

```
=SUBSTITUTE("ExcelHome","Forum","Website")
```

（2）当第三参数为空文本或是省略该参数的值而仅保留参数之前的逗号时，相当于将需要替换的文本删除。例如，以下公式返回字符串“Excel”：

```
=SUBSTITUTE("ExcelHome","Home",)
```

（3）当第四参数省略时，源字符串中的所有与参数old_text相同的文本都将被替换。如果第四参数指定为2，则只第二次出现的才会被替换。例如，以下公式返回字符串“ExcelHome是office学习者的乐园”。

```
=SUBSTITUTE("ExcelHome是Excel学习者的乐园","Excel","office",2)
```

SUBSTITUTE函数不同参数设置返回的结果如图12-27所示。

	A	B
1	SUBSTITUTE函数返回结果	公式
2	ExcelHome	=SUBSTITUTE("ExcelHome","Forum","Website")
3	Excel	=SUBSTITUTE("ExcelHome","Home",)
4	ExcelHome是office学习者的乐园	=SUBSTITUTE("ExcelHome是Excel学习者的乐园","Excel","office",2)

图 12-27 SUBSTITUTE 函数返回结果

12.8.2 借助 SUBSTITUTE 函数提取会计科目

示例 12-21 借助 SUBSTITUTE 函数提取会计科目

如图 12-28 所示，A 列是部分会计科目名称，不同级别的科目之间以符号 "/" 分隔。现在需要在 B、C、D 列，分别提取一级科目、二级科目和三级科目。

	A	B	C	D
1	会计科目	一级科目	二级科目	三级科目
2	管理费用/税费/水利建设资金	管理费用	税费	水利建设资金
3	管理费用/研发费用/材料支出	管理费用	研发费用	材料支出
4	管理费用/研发费用/人工支出	管理费用	研发费用	人工支出
5	管理费用/研发费用	管理费用	研发费用	
6	管理费用	管理费用		
7	应收分保账款/保险专用	应收分保账款	保险专用	
8	应交税金/应交增值税/进项税额	应交税金	应交增值税	进项税额
9	应交税金/应交增值税/已交税金	应交税金	应交增值税	已交税金
10	应交税金/应交增值税/减免税款	应交税金	应交增值税	减免税款
11	应交税金/应交营业税	应交税金	应交营业税	
12	应交税金	应交税金		
13	生产成本/基本生产成本/直接人工费	生产成本	基本生产成本	直接人工费
14	生产成本/基本生产成本/直接材料费	生产成本	基本生产成本	直接材料费

图 12-28 提取会计科目

虽然对于这种很有规律的数据源，可以使用分列的方法快速的将数据拆分开。但如果数据源是不断变化的，每次都要用基础操作的方法就显得比较烦琐。

B2 单元格输入以下公式，复制到 B2:D14 单元格区域：

```
=TRIM(MID(SUBSTITUTE($A2,"/",REPT(" ",99)),COLUMN(A1)*99-98,99))
```

REPT 函数的作用是按照给定的次数重复显示文本。REPT 函数的第一参数 text 是需要重复的文本；第二参数 number_times 是指定要重复的次数，如果为 0，REPT 函数返回空文本""，如果不为整数，则被截尾取整。

REPT(" ",99)就是将" "（空格）重复 99 次。

SUBSTITUTE($A2,"/", REPT(" ",99))部分，分别将$A2 单元格中的"/"替换成 99 个空格，作用是用空格间隔将各字段的距离拉大。

在公式向右复制时，COLUMN(A1)*99-98 部分得到 1，100，199……递增的自然数序列，计算结果作为 MID 函数的参数。

MID 函数分别从 SUBSTITUTE 函数返回结果的第 1 位、第 100 位、第 199 位……开始，截取长度为 99 的字符串。

最后用 TRIM 函数清除文本两侧多余的空格，得到相应的科目内容。

12.8.3 计算指定字符出现次数

如果需要计算指定字符在某个字符串中出现的次数，可以使用 SUBSTITUTE 函数将其全部删除，通过计算删除前后字符长度的变化来完成。

示例 12-22　统计问卷提交选项数

图 12-29 所示为某单位员工问卷调查表填写情况记录，需要统计每个员工提交的选项个数。

	A	B	C
1	姓名	问卷提交	提交选项数
2	韩力民	选项1、选项6、选项12	3
3	郑婷婷	选项4、选项7	2
4	何梦蝶	选项2、选项9、选项10、选项13	4
5	叶淑霞	选项7、选项9、选项9	3
6	吴晓丹	选项3、选项11、选项12、选项13	4
7	郑晓婷	选项2、选项5、选项7	3
8	刘莉芳	选项4	1
9	金崔丹	选项8、选项10	2
10	杨宇波	选项1、选项5、选项7	3

图 12-29　统计问卷提交选项数

C2 单元格输入以下公式，复制到 C2:C10 单元格区域：

```
=(LEN(B2)-LEN(SUBSTITUTE(B2,"、",))+1)*(B2<>"")
```

先用 LEN(B2)计算出 B2 单元格字符串的总长度等于 12。

再用 SUBSTITUTE(B2,"、",)将字符串中的“、”删除后，用 LEN 函数计算其字符长度等于 10。

用含有“、”的字符串长度减去不含有“、”的字符串长度，结果就是“、”的个数，加 1 后得到 B2 单元格的选项数。

乘以(B2<>"")的作用是在 B 列单元格为空的情况下，避免公式返回错误结果 1。

12.8.4　认识 REPLACE 函数

REPLACE 函数用于将部分文本字符串替换为不同的文本字符串。函数语法为：

```
REPLACE(old_text, start_num, num_chars, new_text)
```

第一参数 old_text，表示要替换其部分字符的源文本；第二参数 start_num，指定源文本中要替换为新字符的位置；第三参数 num_chars 表示希望使用新字符串替换源字符串中的字符数，如果该参数为 0 或省略参数值，可以实现类似插入字符（串）的功能；第四参数 new_text 表示将替换源文本中字符的文本。

示例 12-23　使用 REPLACE 函数隐藏部分电话号码

图 12-30 所示为某商场有奖销售活动的获奖者名单及电话号码。在打印中奖结果时，需要将电话号码中的第 4～7 位内容隐藏。

	A	B	C
1	姓名	中奖者电话	中奖者电话
2	韩**	13212342678	132****2678
3	郑**	13212344679	132****4679
4	何**	13866534378	138****4378
5	叶**	13243959677	132****9677
6	吴**	13280100672	132****0672
7	郑**	13299225673	132****5673
8	刘**	13233144671	132****4671
9	吴**	13269275321	132****5321
10	杨**	13253493679	132****3679

图 12-30　隐藏部分电话号码

C2 单元格输入以下公式，复制到 C2:C10 单元格区域：

```
=REPLACE(B2,4,4,"****")
```

公式的意思是从 B2 单元格第 4 个字符开始，用字符串“****”替换掉其中的 4 个字符。

最后将 B 列隐藏，即可实现打印需要的效果。

12.8.5 了解 REPLACEB 函数

REPLACEB 函数的语法与 REPLACE 函数类似，用法基本相同。可以处理区分双字节字符的文本替换或内容插入。

示例 12-24 在姓名与电话号码之间添加文字

如图 12-31 所示，A 列为某单位业务员姓名和联系电话的混合内容。为了便于识别，需要在姓名和电话号码之间添加字符串“ 联系电话:”。

	A	B
1	姓名电话	姓名后添加文字
2	韩力民13812345678	韩力民 联系电话：13812345678
3	郑婷婷83654268	郑婷婷 联系电话：83654268
4	何梦13723901182	何梦 联系电话：13723901182
5	叶淑霞13622345678	叶淑霞 联系电话：13622345678
6	吴丹65326868	吴丹 联系电话：65326868
7	郑晓婷8329800	郑晓婷 联系电话：8329800
8	刘莉芳13900401010	刘莉芳 联系电话：13900401010
9	刘晓丹66326810	刘晓丹 联系电话：66326810
10	金波9987536	金波 联系电话：9987536

图 12-31　在姓名与电话号码之间添加文字

```
=REPLACEB(A2,SEARCHB("?",A2),," 联系电话: ")
```

首先使用 SEARCHB 函数以通配符的查找方式，返回 A2 单元格字符串中首个单字节字符出现的位置 7。

REPLACEB 函数省略第三参数的参数值，表示从第 7 个字节位置开始，插入新字符串“ 联系电话:”。

12.8.6 清理非打印字符和字符串中的多余空格

部分从网页或是从其他软件中导出的文本，会存在一些非打印字符，影响正常的数据查找以及汇总计算。此外，由于数据录入时的疏忽，可能会在英文单词或中文姓名之间输入多个空格。

使用 CLEAN 函数可以将文本中 ASCII 码值为 0～31 的非打印字符清除。使用 TRIM 函数可以将 ASCII 码值为 32 的多余空格字符清除。

空格是指在半角输入状态下按<Space>键产生的空格，全角空格字符无法使用 TRIM 函数清除，但可使用 SUBSTITUTE 函数清除。

12.9 格式化文本

Excel 的自定义数字格式功能可以将单元格中的数值显示为自定义的格式，而 TEXT 函数也具有类似的功能，可以将数值转换为按指定数字格式所表示的文本。

12.9.1 认识 TEXT 函数

TEXT 函数是使用频率非常高的文本函数之一，虽然函数的基本语法十分简单，但是由于它的参数规则变化多端，能够演变出十分精妙的应用，是字符处理函数中少有的几个具有丰富想象力的函数之一。

1. TEXT 函数的基本语法

TEXT 函数的基本语法为：

```
TEXT(value, format_text)
```

参数 value 可以是数值型也可以是文本型数字；参数 format_text 用于指定格式代码，与单元格数字格式中的大部分代码都基本相同。有少部分代码仅适用于自定义格式，不能在 TEXT 函数中使用。

例如，TEXT 函数无法使用星号（*）来实现重复某个字符以填满单元格的效果，同时也无法实现以某种颜色显示数值的效果，如格式“#,##0;[红色]-#,##0”。

除此之外，设置单元格格式与 TEXT 函数还有以下区别。

（1）设置单元格的格式，仅仅是数字显示外观的改变，其实质仍然是数值本身，不影响进一步的汇总计算，即得到的是显示的效果。

（2）使用 TEXT 函数可以将数值转换为带格式的文本，其实质已经是文本，不再具有数值的特性，即得到的是实际的效果。

2. 了解 TEXT 函数的格式代码

与自定义格式代码类似，TEXT 函数的格式代码也分为 4 个条件区段，各区段之间用半角分号间隔，默认情况下，这四个区段的定义为：

```
[>0];[<0];[=0];[文本]
```

示例 12-25 根据条件进行判断

如图 12-32 所示，需要在 B 列单元格中对 A 列的数据对象进行条件判断：大于 0 时按四舍五入保留两位小数，小于 0 时进位到整数，等于 0 时显示为短横线“-”，如果为文本则显示字符“文本”。

	A	B
1	数值	TEXT函数
2	2.9542	2.95
3	1.3	1.30
4	-3.66	-4
5	-1.35	-1
6	0	-
7	Excel	文本

图 12-32　按条件转换格式

如果对以上条件使用 IF 函数判断，公式需要多次嵌套。而使用 TEXT 函数，公式则比较简短：

```
=TEXT(A2,"0.00;-#;-;文本")
```

TEXT 函数第二参数所使用的格式代码包含了 4 个区段，用分号进行间隔，每个区段分别对应了大于 0、小于 0、等于 0 以及文本数据所需匹配的格式。

示例 12-26 按条件返回结果

TEXT 函数不仅可以根据条件设置数据的显示格式，也可以根据条件直接返回指定的结果。

如图 12-33 所示，需要在 B 列单元格中对 A 列的数据对象进行条件判断：大于 0 时返回 100，小于 0 时返回 50，等于 0 时返回 0，如果为文本则显示字符“文本”。

	A	B
1	数值	TEXT函数
2	2.9542	100
3	1.3	100
4	-3.66	50
5	-1.35	50
6	0	0
7	Excel	文本

图 12-33　按条件返回结果

B2 单元格使用以下公式，复制到 B2:B7 单元格区域：

```
=TEXT(A2,"1!0!0;5!0;0;文本")
```

公式中使用的感叹号是转义字符，表示强制使其后跟随的第一个字符不具备代码的含义，而仅仅以字符显示。在数字格式代码中，0 具有特殊的含义，公式中只希望返回字符形式的 0，因此在这个代码前加上感叹号进行强制定义。

3. 省略部分条件区段

在实际使用中，可以根据需要省略 TEXT 函数第二参数的部分条件区段，条件含义也会发生相应变化。

（1）如果使用 3 个条件区段，其含义为：

```
[>0];[<0];[=0]
```

（2）如果使用两个条件区段，其含义为：

```
[>=0];[<0]
```

除了以上默认以大于或等于 0 为判断条件的区段之外，TEXT 函数还可以使用自定义的条件，自定义条件的四区段可以表示为：

```
[条件 1];[条件 2];[不满足条件的其他部分];[文本]
```

自定义条件的三区段可以表示为：

```
[条件 1];[条件 2];[不满足条件的其他部分]
```

自定义条件的两区段可以表示为：

```
[条件];[不满足条件]
```

示例 12-27 使用 TEXT 函数判断考评成绩

图 12-34 所示为某单位员工考核表的部分内容。需要根据考核分数进行评定，85 分以上为良好，76 分至 85 分为合格，小于等于 75 分则为不合格。

	A	B	C
1	姓名	考核分数	成绩考评
2	何云峰	92	良好
3	刘剑平	65	不合格
4	窦琳琳	84	合格
5	任鹏	73	不合格
6	吴瑞芝	59	不合格
7	韩佳人	78	合格

图 12-34 判断考评成绩

C2 单元格输入以下公式，复制至 C2:C7 单元格区域：

```
=TEXT(B2,"[>85]良好;[>75]合格;不合格")
```

公式中使用的是包含自定义条件的三区段格式代码。由于 TEXT 格式代码有区段限制，当判断区间较多时，可选择 IF 函数或 LOOKUP 函数等完成。

12.9.2 TEXT 函数使用变量参数

TEXT 函数的第二参数 format_text，除了可以引用单元格格式代码或是使用自定义格式代码字符串之外，还可以通过&符号添加变量或是公式运算结果，构造出符合代码格式的文本字符串，使 TEXT 函数具有动态的第二参数。

示例 12-28 生成指定区间的日期

如图 12-35 所示，A2 单元格和 A5 单元格是以 6 位数值表示的起始年月和结束年月。需要生成在两个时间段之间，以 6 位数值表示的年月，效果如 C 列所示。

图 12-35 生成指定区间的日期

C2 单元格输入以下公式，向下复制至出现空白单元格为止：

```
=TEXT(TEXT(EDATE(TEXT(A$2,"0!-00"),ROW(A1)-1),"emm"),"[>"&A$5&"]G")
```

TEXT(A$2,"0!-00")部分，强制将 A2 单元格的数值转换为字符串“2011-09”，再用 EDATE 函数计算出“2011-09”之后指定月份的日期。EDATE 函数第二参数 ROW(A1)-1 是一个变量，公式每向下复制一行，计算日期时增加一个月。

TEXT(EDATE(TEXT(A$2,"0!-00"),ROW(A1)-1),"emm")部分，使用 TEXT 函数将 EDATE 函数计算出的日期转换为“emm”格式，即四位数年份和两位数月份表示的日期。

最后使用字符串与 A5 连接成的格式代码“"[>"&A$5&"]G"”，作为最外层 TEXT 函数的变量参数。

格式代码“G”表示日本年号，在简体中文版 Excel 中没有相关内容可用来显示。因此当“emm”格式的日期大于 A5 单元格的值时，显示为空单元格。

为了便于理解，也可使用以下格式代码：

```
"[>"&A$5&"] ;0"
```

12.9.3 数值与中文数字的转换

使用 TEXT 函数，不仅可以将数值转换为中文数字，也可以将中文数字转换为数值格式。

示例 12-29 利用 TEXT 函数转换中文格式的月份

如图 12-36 所示，需要将 A 列的日期格式转换为中文格式的月份。

	A	B
1	签约日期	中文月份
2	2014/02/03	二月
3	2014/12/22	十二月
4	2014/01/02	一月
5	2014/03/12	三月
6	2014/07/06	七月
7	2014/08/10	八月
8	2014/09/12	九月
9	2014/05/01	五月
10	2014/10/22	十月
11	2014/11/23	十一月

图 12-36 转换中文格式的月份

B2 单元格输入以下公式，复制到 B2:B11 单元格区域：

```
=TEXT(A2,"[DBnum1]m月")
```

格式代码“m”用于提取 A2 单元格中的月份，再使用格式代码[DBnum1]将其转换为中文小写数字格式。

示例 12-30 将中文小写数字转换为数值

如图 12-37 所示，需要将 A 列的中文小写数字转换为数值。

	A	B
1	中文小写	数值
2	八十八	88
3	一百七十六	176
4	四十八	48
5	五十七	57
6	三千四百二十	3420
7	九百二十三	923
8	一百九十九	199
9	一十	10
10	一百	100
11	一千	1000

图 12-37 中文小写数字转换为数值

B2 单元格输入以下数组公式，按<Ctrl+Shift+Enter>组合键，复制到 B2:B11 单元格区域：

```
{=MATCH(A2,TEXT(ROW($1:$9999),"[DBnum1]"),)}
```

ROW($1:$9999)用于生成 1～9999 的自然数序列。TEXT 函数使用格式代码[DBnum1]将其全部转换为中文小写格式。再由 MATCH 函数从中精确查找 A2 单元格字符所处的位置，完成从中文大写到数值的转换。

公式适用于一至九千九百九十九的整数中文小写数字转换，可根据需要调整 ROW 函数的参数范围。

12.9.4 转换中文大写金额

在部分单位的财务中，经常会使用 Excel 制作一些票据和凭证。这些票据和凭证中的小写金额往往需要转换为中文大写样式。

根据《票据法》的有关规定，对中文大写金额有以下要求。

（1）中文大写金额数字到“元”为止的，在“元”之后，应写“整"（或“正”）字，在“角”之后，可以不写“整”（或“正”）字。大写金额数字有“分”的，“分"后面不写“整”（或“正”）字。

（2）数字小写金额中有“0”时，中文大写应按照汉语语言规律、金额数字构成和防止涂改的要求进行书写。

（3）数字中间有“0”时，中文大写要写“零”字。数字中间连续有几个“0”时，中文大写金额中间可以只写一个“零”字。金额数字万位和元位是“0”，或者数字中间连续有几个“0”，万位、元位也是“0”，但千位、角位不是“0”时，中文大写金额中可以只写一个零字，也可以不写“零”字。

（4）阿拉伯金额数字角位是“0”，而分位不是“0”时，中文大写金额“元”后面应写“零”字。

示例 12-31 利用公式生成中文大写金额

如图 12-38 所示，A 列是小写的金额，使用公式可以转换为中文大写金额。

B2 单元格输入以下公式，复制到 B2:B7 单元格区域：

```
=SUBSTITUTE(SUBSTITUTE(IF(-RMB(A2,2),TEXT(A2,";负")&TEXT(INT(ABS(A2)+0.5%),"[dbnum2]G/通用格式元;;")&TEXT(RIGHT(RMB(A2,2),2),"[dbnum2]0角0分;;整"),),"零角",IF(A2^2<1,,"零")),"零分","整")
```

公式的 RMB(A2,2)部分，作用是依照货币格式将数值四舍五入到两位小数并转换成文本。

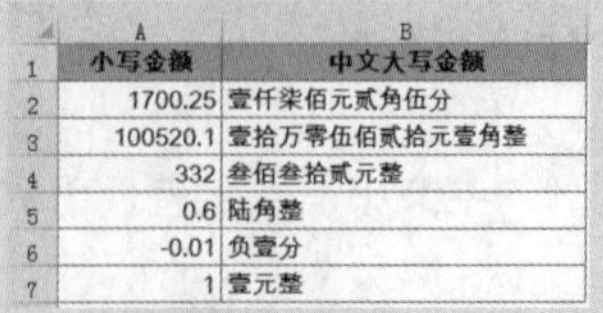

	A	B
1	小写金额	中文大写金额
2	1700.25	壹仟柒佰元贰角伍分
3	100520.1	壹拾万零伍佰贰拾元壹角整
4	332	叁佰叁拾贰元整
5	0.6	陆角整
6	-0.01	负壹分
7	1	壹元整

图 12-38 生成中文大写金额

使用 TEXT 函数分别将金额数值的整数部分和小数部分以及正负符号进行格式转换。

TEXT(A2,";负")部分，如果 A2 单元格的金额小于 0 则返回字符“负”。

TEXT(INT(ABS(A2)+0.5%),"[dbnum2]G/通用格式元;;")部分的作用是将金额取绝对值后的整数部分转换为大写。+0.5%即在原金额上加 0.5 分，作用是为了避免 0.999 元、1.999 元等情况下出现的计算错误。

TEXT(RIGHT(RMB(A2,2),2),"[dbnum2]0 角 0 分;;整")部分的作用是将金额的小数部分转换为大写。

再使用连接符号&连接 3 个 TEXT 函数的结果。

IF 函数对–RMB(A2,2)进行判断，如果金额大于等于 1 分，则返回连接 TEXT 函数的转换结果，否则返回空值。

最后使用两个 SUBSTITUTE 函数将“零角”替换为“零”或空值，将“零分”替换为“整”。

12.9.5 生成 RICI 引用样式

TEXT 函数使用格式代码，可以将数值转换为 R1C1 引用样式的字符串，在需要使用 R1C1 单元格引用方式的数组公式中，这种转换方式应用非常广泛。

示例 12-32 多行多列提取不重复姓名

图 12–39 所示为某单位各部门评选先进员工的汇总内容，需要在 H 列提取出不重复的人员姓名。

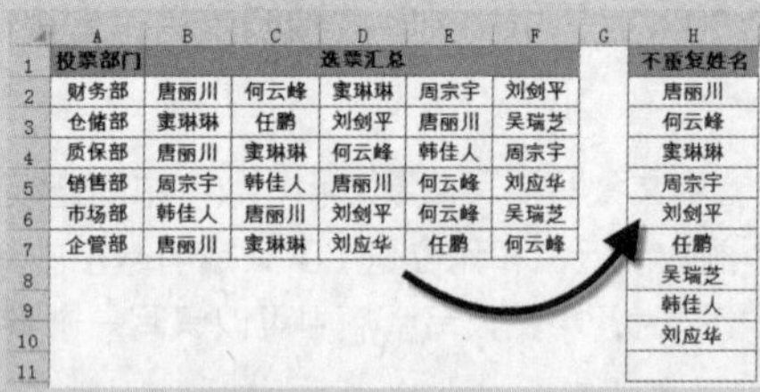

	A	B	C	D	E	F	G	H
1	投票部门	选票汇总						不重复姓名
2	财务部	唐丽川	何云峰	窦琳琳	周宗宇	刘剑平		唐丽川
3	仓储部	窦琳琳	任鹏	刘剑平	唐丽川	吴瑞芝		何云峰
4	质保部	唐丽川	窦琳琳	何云峰	韩佳人	周宗宇		窦琳琳
5	销售部	周宗宇	韩佳人	唐丽川	何云峰	刘应华		周宗宇
6	市场部	韩佳人	唐丽川	刘剑平	何云峰	吴瑞芝		刘剑平
7	企管部	唐丽川	窦琳琳	刘应华	任鹏	何云峰		任鹏
8								吴瑞芝
9								韩佳人
10								刘应华
11								

图 12-39 多行多列提取不重复姓名

H2 单元格输入以下数组公式，按<Ctrl+Shift+Enter>组合键，向下复制到出现空白单元格为止：

```
=INDIRECT(TEXT(MIN(IF(COUNTIF(H$1:H1,B$2:F$7)=0,ROW($2:$7)*100+COLUMN(B:F),99999)
),"R0C00"),)&""
```

COUNTIF(H$1:H1,B$2:F$7)部分，计算从 H1 到公式上一个单元格的区域内，是否包含 B$2:F$7 单元格区域中的姓名。如果不包含，则用行号*100+列号，否则返回一个较大值 99999。

TEXT 函数使用公式代码“R0C00”将 MIN 函数的计算结果 202 转换为“R2C02”样式的单元格地址字符串。

再使用 INDIRECT 函数对 R1C1 引用样式的单元格地址进行引用，得到单元格中的具体内容。

第 13 章　信息提取与逻辑判断

信息类函数能够返回系统当前的某些状态信息，如工作簿名称、单元格格式等；与 IF 函数等配合使用，可以完成对单元格信息的确定。

逻辑类函数可以对数据进行相应的判断，例如判断真假值，或者进行复合检验。在实际应用中，这些函数与其他函数嵌套使用，能够在更广泛的领域完成复杂的逻辑判断。

本章学习要点

（1）了解信息函数 CELL 函数。

（2）学习常用的逻辑判断函数。

13.1　单元格信息函数

CELL 函数用于获取单元格信息。根据第 1 参数设定的值，返回引用区域左上角单元格的格式、位置、内容以及文件所在路径等，其语法如下：

```
CELL(info_type, [reference])
```

第一参数 info_type：必需，用于指定要返回的单元格信息的类型。

第二参数 reference：可选，用于表示需要得到其相关信息的单元格。如果省略该参数，则将 info_type 参数中指定的信息返回给最后更改的单元格。如果参数 reference 是某一单元格区域，CELL 函数只将该信息返回给该区域左上角的单元格。

使用不同 info_type 参数，CELL 函数返回的结果如表 13-1 所示。

表 13-1　　CELL 函数不同参数返回的结果

info_type 参数取值	函数返回结果
"address"	返回单元格的地址
"col"	返回单元格的列标
"color"	返回如果单元格使用了自定义格式负值以不同颜色显示，返回 1，否则返回 0（零）
"contents"	返回左上角单元格的值
"filename"	返回包含引用的文件名（包括全部路径）。如果包含目标引用的工作表尚未保存，则返回空文本 ("")
"format"	返回表示单元格中数字格式的字符代码
"parentheses"	如果单元格使用了自定义格式(#)，返回 1，否则返回 0
"prefix"	返回表示单元格文本对齐方式的字符代码
"protect"	如果单元格没有锁定，返回 0；如果单元格锁定，则返回 1
"row"	返回单元格的行号
"type"	返回表示单元格中数据类型的字符代码
"width"	返回取整后的单元格的列宽

13.1.1　获取单元格列宽

CELL 函数第 1 参数为"width"时，能够得到取整后的单元格列宽。利用这一特点，可以实现忽略隐藏列的汇总计算。

示例 13-1 忽略隐藏列的汇总

图 13-1 所示为某公司不同区域销售业绩表，B:G 列是不同区域的销售额，H 列是销售额合计。现在需要以忽略隐藏列的方式查看不同区域的合计数。

Excel 没有提供忽略隐藏列汇总的函数，通过使用 CELL 函数添加辅助行，能够实现这样的汇总要求。

在 B15 单元格输入以下公式，复制至 G15 单元格：

```
=CELL("width",B1)
```

H2 单元格输入以下公式，复制至 H13 单元格：

```
=SUMIF(B$15:G$15,">0",B2:G2)
```

隐藏 B:G 列的任意列内容，并按<F9>键重新计算， H 列可得到忽略隐藏列的汇总结果。效果如图 13-2 所示。

	A	B	C	D	E	F	G	H
1		北京	上海	广州	重庆	海口	玉林	合计
2	1月份	91	90	87	62	79	60	469
3	2月份	61	80	77	67	95	59	439
4	3月份	71	51	50	66	45	80	363
5	4月份	47	81	83	74	56	67	408
6	5月份	59	92	82	82	67	57	439
7	6月份	72	54	95	68	89	69	447
8	7月份	69	91	97	67	93	62	479
9	8月份	90	92	80	91	90	87	530
10	9月份	54	74	60	78	63	57	386
11	10月份	55	95	55	53	93	55	406
12	11月份	95	48	51	54	69	60	377
13	12月份	64	66	79	81	53	97	440

图 13-1 销售业绩表

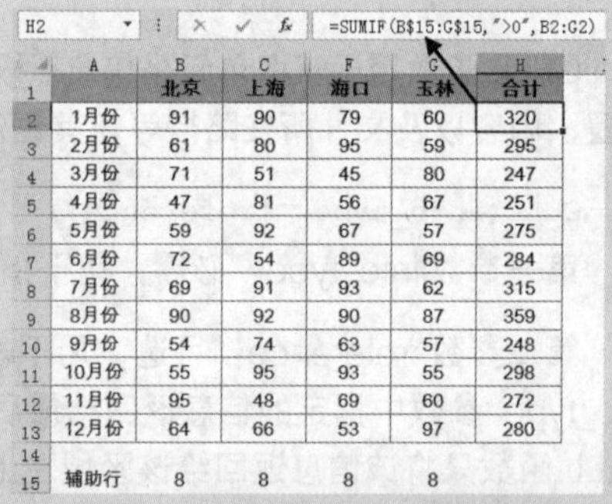
H2 =SUMIF(B$15:G$15,">0",B2:G2)

	A	B	C	F	G	H
1		北京	上海	海口	玉林	合计
2	1月份	91	90	79	60	320
3	2月份	61	80	95	59	295
4	3月份	71	51	45	80	247
5	4月份	47	81	56	67	251
6	5月份	59	92	67	57	275
7	6月份	72	54	89	69	284
8	7月份	69	91	93	62	315
9	8月份	90	92	90	87	359
10	9月份	54	74	63	57	248
11	10月份	55	95	93	55	298
12	11月份	95	48	69	60	272
13	12月份	64	66	53	97	280
14						
15	辅助行	8	8	8	8	

图 13-2 忽略隐藏列的汇总结果

CELL("width",B1)得到 B1 单元格的列宽，第二参数“B1”可以写成公式所在列的任意单元格地址。当公式所在列隐藏时，CELL 函数结果返回 0。

SUMIF 函数的第一参数 B$15:G$15 使用行相对引用，公式向下复制时，引用区域不会发生变化。第二参数求和条件为">0"，也就是计算 B$15:G$15 大于 0 的对应的 B2:G2 单元格区域的和，最终实现忽略隐藏列汇总的目的。

CELL 函数虽然为易失性函数，但是当目标单元格内容发生变化后，需要按<F9>键或双击单元格激发重新计算，才能更新计算结果。

13.1.2 获取单元格数字格式

当 CELL 函数的第一参数选择“format”，以及第二参数为用内置数字格式设置的单元格时，CELL 函数能够返回与单元格数字格式相对应的文本值，如表 13-2 所示。

表 13-2 与数字格式相对应的文本值

如果 **Excel** 的格式为	**CELL** 函数返回值
G/通用格式	"G"
0	"F0"

续表

如果 Excel 的格式为	CELL 函数返回值
#,##0	",0"
0	"F2"
#,##0.00	",2"
$#,##0_);($#,##0)	",0"
$#,##0_);[红色]($#,##0)	",0-"
$#,##0.00_);($#,##0.00)	",2"
$#,##0.00_);[红色]($#,##0.00)	",2-"
0%	"P0"
0.00%	"P2"
0.00E+00	"S2"
# ?/? 或 # ??/??	"G"
m/d/yy 或 d-mmm-yy 或 yyyy"年"m"月"d"日" yyyy/m/d 或 yyyy/m/d h:mm 或 yyyy"年"m"月"d"日"	"D1"
yyyy"年"m"月"或 mmm-yy	"D2"
m"月"d"日"或 d-mmm	"D3"
h:mm:ss AM/PM 或上午/下午 h"时"mm"分"ss"秒"	"D6"
h:mm AM/PM 或上午/下午 h"时"mm"分"	"D7"
h:mm 或 h"时"mm"分"	"D9"
h:mm:ss 或 h"时"mm"分"ss"秒"	"D8"

示例 13-2 限制输入指定格式的时间值

利用数据验证结合 CELL 函数，可以限制单元格只能输入特定格式的内容。在图 13-3 所示的测试结果记录表中，为了规范数据的录入，要求在 A2:A10 单元格区域内只能输入“h:mm:ss”格式的时间值。

选择 A2:A10 单元格区域，在【数据】选项卡中依次单击【数据验证】→【数据验证】命令，在弹出的【数据验证】对话框中单击【设置】选项卡，【允许】选择“自定义”，在【公式】编辑框中输入以下公式：

```
=CELL("format",A2)="D8"
```

单击【确定】按钮，完成设置。

设置完成后，如果在 A2:A10 单元格区域输入其他格式的时间值，Excel 将弹出警告对话框并拒绝数据录入，如图 13-4 所示。

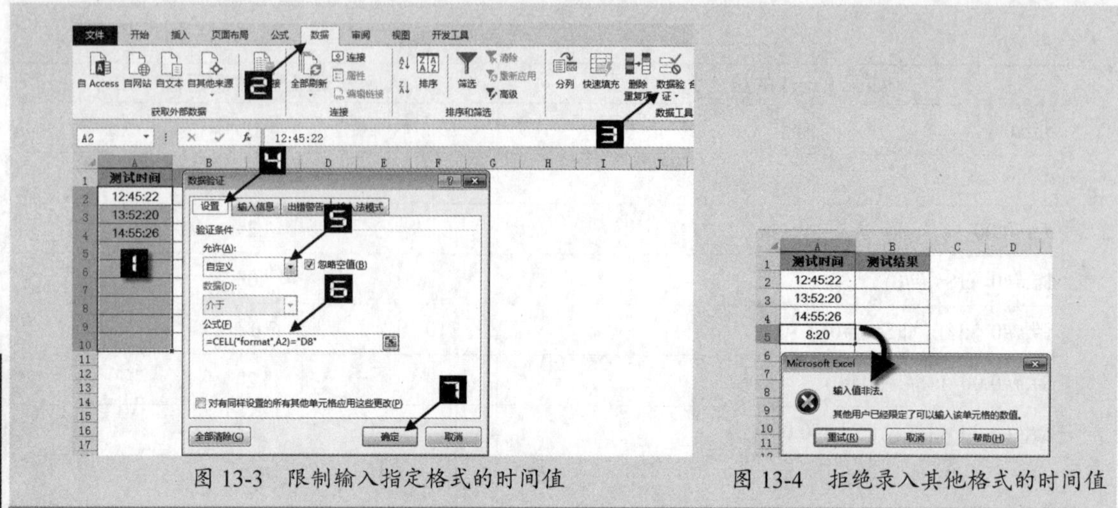

图 13-3 限制输入指定格式的时间值　　图 13-4 拒绝录入其他格式的时间值

13.2 常用 IS 类判断函数

Excel 2013 提供了 12 个以 IS 开头的信息类函数，主要用于判断数据类型、奇偶性、空单元格、错误值等。各函数功能如图 13-5 所示。

函数名称	在以下情况返回TRUE
ISBLANK函数	值为空白单元格。
ISERR函数	值为除#N/A以外的任意错误值。
ISERROR函数	值为任意错误值。
ISLOGICAL函数	值为逻辑值。
ISNA函数	值为#N/A错误值。
ISNONTEXT函数	值为不是文本的任意项。
ISNUMBER函数	值为数值。
ISREF函数	值为引用。
ISTEXT函数	值为文本。
ISEVEN函数	数字为偶数。
ISODD函数	数字为奇数。
ISFORMULA函数	存在包含公式的单元格引用。

图 13-5 常用 IS 类判断函数

13.2.1 常见错误值的判断

Excel 中的错误值主要包括#VALUE!、#DIV/0!、#NAME?、#N/A、#REF!、#NUM!、#NULL!等 7 种。出现这些错误值的原因主要包括参数类型不正确、数字被 0 除、数值不可用、单元格引用无效、使用了无效的数值和交叉引用区域不相交等。除此之外还有因为列宽不够或是负日期产生的#####，但严格意义来讲，#####不属于错误值的范围。

示例 13-3 判断函数公式出现错误值的原因

如图 13-6 所示，B 列函数公式的运算结果出现了不同类型的错误值，使用 ERROR.TYPE 函数结合 A12:C19 单元格区域的对照表，能够判断出 B 列函数公式产生错误值的原因。

C2 单元格输入以下公式，向下复制：

```
=OFFSET(C$12,ERROR.TYPE(B2),)
```

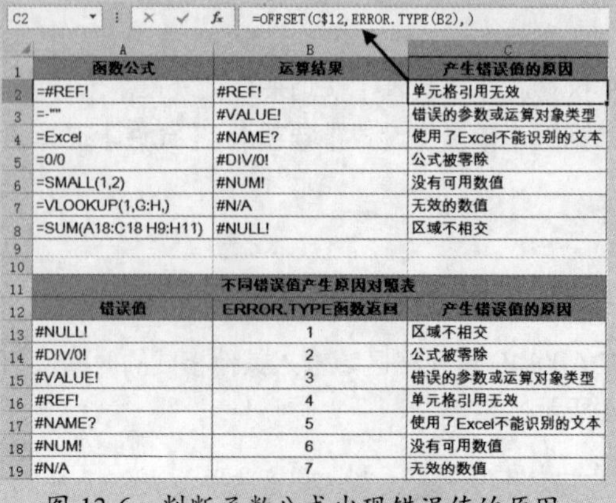

函数公式	运算结果	产生错误值的原因
=#REF!	#REF!	单元格引用无效
=-""	#VALUE!	错误的参数或运算对象类型
=Excel	#NAME?	使用了Excel不能识别的文本
=0/0	#DIV/0!	公式被零除
=SMALL(1,2)	#NUM!	没有可用数值
=VLOOKUP(1,G:H,)	#N/A	无效的数值
=SUM(A18:C18 H9:H11)	#NULL!	区域不相交

不同错误值产生原因对照表

错误值	ERROR.TYPE函数返回	产生错误值的原因
#NULL!	1	区域不相交
#DIV/0!	2	公式被零除
#VALUE!	3	错误的参数或运算对象类型
#REF!	4	单元格引用无效
#NAME?	5	使用了Excel不能识别的文本
#NUM!	6	没有可用数值
#N/A	7	无效的数值

图 13-6 判断函数公式出现错误值的原因

ERROR.TYPE 函数返回对应于 Excel 中的错误值的数字。

OFFSET 函数以 C12 单元格为基点，使用 ERROR.TYPE 函数的运算结果作为行偏移量，得到 B 列函数公式产生不同错误值的原因。

13.2.2 判断数值的奇偶性

ISODD 函数和 ISEVEN 函数能够判断数字的奇偶性，如果参数不是整数，将被截尾取整后再进行判断。根据这一特点，可以根据身份证号码信息判断持有人的性别。

示例 13-4 根据身份证号码判断性别

我国现行居民身份证由 17 位数字本体码和 1 位数字校验码组成，其中第 17 位数字表示性别，奇数代表男性，偶数代表女性。如图 13-7 所示，需要根据身份证号码判断性别。

	A	B	C
1	姓名	身份证号码	性别
2	文玉华	610628198111042753	男
3	段润育	411202198405020024	女
4	张惠新	370829198311010326	女
5	刘明忠	370881198105056310	男
6	郑敏	130604197906071825	女
7	金维敏	370811198511234144	女
8	张云秀	370811198001263041	女
9	李亚明	370830198112134823	女
10	朱洪彬	420303197606212514	男
11	李金春	37080219810326513x	男
12	左玉玲	370802198207031522	女
13	江云红	370882198212224224	女
14	官红琼	370881198602262529	女
15	王修源	370883198603187623	女
16	杨恩君	370921198210055757	男
17	毕正清	130926198104121420	女
18	徐利	371324198101173217	男

图 13-7 根据身份证号码判断性别

在 C2 单元格输入以下公式：

```
=IF(ISODD(MID(B2,17,1)),"男","女")
```

首先用 MID 函数提取 B2 单元格中的第 17 个字符“5”，再使用 ISODD 函数判断该结果是否为奇数。最后使用 IF 函数对 ISODD 函数返回的逻辑值判断：如果逻辑值为 TRUE，返回“男”；如果逻辑值为 FALSE，返回“女”。

根据同样思路，也可使用以下公式：

```
=IF(ISEVEN(MID(B2,17,1)),"女","男")
```

13.2.3 判断是否为数值

ISNUMBER 函数用于判断参数是否为数字。该函数支持数组运算，在实际应用中，与其他函数嵌套使用，可以完成指定条件的汇总计算。

示例 13-5 统计指定部门的考核人数

图 13-8 所示为一份部门考核情况表，C 列的考核情况包括考核成绩和一些备注说明。要求统计采购部参加考核的实际人数，也就是符合 B 列为采购部，C 列为数值的个数。

可以使用以下公式完成：

```
=SUMPRODUCT((B2:B16="采购部")*ISNUMBER(C2:C16))
```

	A	B	C
1	姓名	部门	考核情况
2	张进江	财务部	88
3	范承云	采购部	87
4	刘永岗	采购部	事假
5	李菊莲	财务部	85
6	张义	销售部	95
7	余咏梅	销售部	婚假
8	毛淑芳	财务部	83
9	郭立好	采购部	89
10	李继武	销售部	91
11	李桂芬	采购部	弃考
12	罗云贵	销售部	94
13	罗正常	销售部	84
14	杜永兴	采购部	82
15	康凯	销售部	事假
16	赵亚萍	采购部	88

图 13-8 考核情况表

公式中包含两个条件，一是使用等式判断 B2:B16 单元格区域是否等于指定的部门“采购部”，二是用 ISNUMBER 函数判断 C2:C16 单元格区域是否为数值，最后用 SUMPRODUCT 函数计算出符合两个条件的个数。

13.3 逻辑判断函数

使用逻辑函数可以对单个或多个表达式的逻辑关系进行判断，返回一个逻辑值。

13.3.1 逻辑函数与乘法、加法运算

AND 函数、OR 函数和 NOT 函数分别对应 3 种常用的逻辑关系，即“与”、“或”、“非”。

对于 AND 函数，所有参数的逻辑值为真时返回 TRUE，只要一个参数的逻辑值为假即返回 FALSE。

对于 OR 函数，只要一个参数的逻辑值为真即返回 TRUE，当所有参数的逻辑值都为假时，才返回 FALSE。

对于 NOT 函数，如果其条件参数的逻辑值为真时，返回结果假。如果其条件参数的逻辑值为假时，返回结果真。即对原有表达式的逻辑值进行反转。

示例 13-6 判断订单是否符合包邮标准

图 13-9 所示为某网店订单信息表的部分数据，根据规定，省内订单金额大于 50 元、省外订单金额大于 100 元可以包邮。现要求根据订单的收件地和金额，判断其是否符合包邮标准。

	A	B	C	D
1	订单号	收件地	订单金额	是否符合包邮标准
2	787219	省内	56	包邮
3	881038	省外	99	
4	772975	省外	135	包邮
5	759921	省内	144	包邮
6	763257	省内	82	包邮
7	665869	省外	75	
8	604041	省外	83	
9	619821	省内	32	
10	824246	省内	102	包邮
11	673532	省外	88	
12	742950	省外	131	包邮
13	872066	省内	58	包邮
14	787355	省内	42	

图 13-9 判断订单是否符合包邮标准

D2 单元格输入以下公式，向下复制：

```
=IF(OR(AND(B2="省内",C2>50),AND(B2="省外",C2>100)),"包邮","")
```

公式中的“AND(B2="省内",C2>50)”和“AND(B2="省外",C2>100)”部分，分别对 B2 单元格的收件地和 C2 单元格的订单金额判断，是否符合“省内订单金额大于 50 元、省外订单金额大于 100 元”的条件，返回逻辑值 TRUE 或 FALSE。

OR 函数将两个 AND 函数的运算结果作为参数。其中任意一个 AND 函数的运算结果为 TRUE，即返回逻辑值 TRUE。

最后用 IF 函数判断，如果逻辑值为 TRUE，返回“包邮”，否则返回空值。

使用以下公式，同样可以完成是否符合包邮标准的判断：

```
=IF((B2="省内")*(C2>50)+(B2="省外")*(C2>100),"包邮","")
```

该公式中，使用乘法替代AND 函数，使用加法替代OR 函数。由于AND 函数和OR 函数的运算结果只能是单值，而不能返回数组结果，因此当逻辑运算需要返回多个结果时，必须使用数组间的乘法、加法运算。

输入以下数组公式，可以得到收件地为“省外”和订单金额>100 的订单总数，计算结果为 2：

```
{=SUM((B2:B14="省外")*(C2:C14>100))}
```

13.3.2 IF 函数判断条件“真”、“假”

IF 函数的第一参数为计算结果可能为 TRUE 或 FALSE 的任意值或表达式。该函数能够根据第一参数指定的条件来判断其“真”(TRUE)、“假”(FALSE)，从而返回预先定义的内容。

当第一参数的计算结果为 TRUE 或者为非 0 数值时，返回第二参数的值。反之，则返回第三参数的值，如果第三参数省略，将返回逻辑值 FALSE。

IF 函数可以嵌套 64 层关系式，构造复杂的判断条件进行综合评测。但在实际应用中，使用 IF 函数判断多个条件，公式会非常冗长，可以使用其他方法替代 IF 函数计算，使公式更加简洁。

示例 13-7　IF 函数评定考核成绩

图 13-10 所示为一份员工考核成绩表，需要根据成绩做出考核结论。成绩大于 60 分的为合格，成绩大于 90 分的为优秀，其他为不合格。D2 单元格输入以下公式，可以得到与成绩对应的考核结论：

```
=IF(C2>90,"优秀",IF(C2>60,"合格","不合格"))
```

	A	B	C	D
1	姓名	部门	考核成绩	结论
2	唐志国	安监部	88	合格
3	陈云娣	财务部	94	优秀
4	郑雪波	采购部	84	合格
5	刘晓琼	采购部	51	不合格
6	能福绍	销售部	92	优秀
7	焦梦捷	销售部	73	合格
8	陈斌	财务部	62	合格
9	张启	销售部	62	合格
10	戴斌	安监部	59	不合格
11	李灵霞	质保部	62	合格
12	金克艳	质保部	78	合格
13	文霞	财务部	70	合格
14	官春秀	销售部	93	优秀

图 13-10　IF 函数评定考核成绩

如果 C2 单元格的值大于 90，返回指定内容“优秀”。如果不满足该条件，继续判断 C2 单元格的值是否大于 60，满足条件返回“合格”。如果以上两个条件均不满足，则返回“不合格”。

注意

使用 IF 函数的嵌套时，需要注意区段划分的完整性和唯一性。

13.4　屏蔽函数公式返回的错误值

在函数公式的应用中，经常会由于多种原因而返回错误值，为了表格更加美观，往往需要屏蔽这些错误值的显示。

示例 13-8　屏蔽函数公式返回的错误值

如图 13-11 所示，E2 单元格使用 VLOOKUP 函数查询 D2 单元格城市的区号：

```
=IFNA(VLOOKUP(D2,A2:B8,2,),"无对应信息")
```

因为在查找区域中找不到沈阳，VLOOKUP 函数将返回错误值#N/A。使用 IFNA 函数返回字符串“无对应信息”，而不是错误值#N/A。

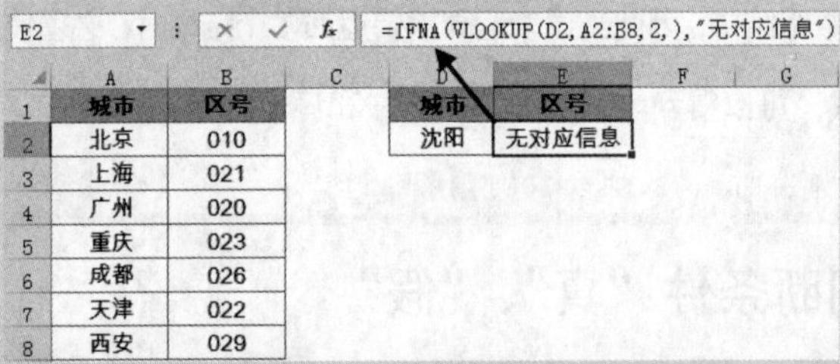

城市	区号
北京	010
上海	021
广州	020
重庆	023
成都	026
天津	022
西安	029

图 13-11　屏蔽函数公式返回的错误值

IFNA 函数用于检验 VLOOKUP 函数的结果，如果公式返回错误值#N/A，则返回指定的内容，否则返回公式的运算结果。

IFNA 函数仅对#N/A 错误值有效，而 IFERROR 函数则可以屏蔽所有类型的错误值，因此在实际应用中，IFERROR 函数的使用率更高。

IFERROR 函数的语法与 IFNA 函数类似，第一参数为用于检查错误值的公式，第二参数为公式计算结果为错误值时要返回的值。

第 14 章 数学计算

利用和掌握 Excel 数学计算类函数的基础应用技巧，可以在工作表中快速完成求和、取余、随机和修约等数学计算过程。

同时，掌握常用数学函数的应用技巧，对构造数组序列、单元格引用位置变换、日期函数综合应用以及文本函数的提取中都起着重要的作用。

本章学习要点

（1）取余函数及应用。

（2）常用舍入函数介绍。

（3）随机函数的应用。

14.1 取余函数

在数学概念中，余数是被除数与除数进行整除运算后剩余的数值，余数的绝对值必定小于除数的绝对值。例如，13 除以 5，余数为 3。

MOD 函数用来返回两数相除后的余数，其结果的正负号与除数相同。MOD 函数的语法结构为：

```
MOD(number,divisor)
```

其中，number 是被除数，divisor 是除数。

注意

在 Excel 2003 和 Excel 2007 中，被除数与除数的商必须小于 2 的 27 次方（134217728）；而在 Excel 2010 和 Excel 2013 中，被除数与除数的商必须小于 1125900000000，否则函数返回错误结果#NUM!。

示例 14-1 利用 MOD 函数计算余数

计算数值 23 除以 7 的余数，可以使用以下公式：

```
=MOD(23,7)    结果为：2
```

MOD 函数的被除数与除数都允许使用小数，以下公式用于计算数值 7.23 除以 1.7 的余数：

```
=MOD(7.23,1.7)    结果为：0.43
```

如果被除数是除数的整数倍，MOD 函数将返回结果 0。以下公式用于计算数值 15 除以 3 的余数：

```
=MOD(15,3)    结果为：0
```

MOD 函数的被除数和除数允许使用负数，以下公式用于计算数值 22 除以–6 的余数：

```
=MOD(22,-6)    结果为：-2
```

MOD 函数结果的正负号与除数相同。

14.1.1 判断奇偶性

整数包括奇数和偶数，能被 2 整除的数是偶数，否则为奇数。在实际工作中，可以使用 MOD 函数计算数值除以 2 的余数，利用余数的大小判断数值的奇偶性。

示例 14-2 利用 MOD 函数计算数值的奇偶性

以下公式可以判断数值 13 的奇偶性：

```
=IF(MOD(13,2),"奇数","偶数")
```

利用 MOD 函数判断身份证号码中性别标识位的奇偶性，可以识别男女性别：

```
=IF(MOD(MID(A1,15,3),2),"男","女")
```

其中的 A1 是指身份证号所在的单元格。

14.1.2 生成循环序列

在学校考试座位排位或引用固定间隔单元格区域等应用中，经常用到循环序列。循环序列是基于自然数序列，按固定的周期重复出现的数字序列。其典型形式是 1、2、3、4、1、2、3、4……3、4。MOD 函数可辅助生成这样的数字序列。

示例 14-3 利用 MOD 函数生成循环序列

如图 14-1 所示，A 列是用户指定的循环周期，B 列是初始值，利用 MOD 函数结合自然数序列可以生成指定周期和初始值的循环序列。

	A	B	C	D	E	F	G	H	I	J
1	自然数序列		1	2	3	4	5	6	7	8
2	周期	初始值	生成循环序列							
3	4	1	1	2	3	4	1	2	3	4
4	3	3	3	4	5	3	4	5	3	4

图 14-1 利用 MOD 函数生成循环序列

假如 A3 的周期为 4，B3 的初始值为 1，需要生成横向的循环序列。C3 单元格输入以下公式，并向右填充至 J3 单元格：

```
=MOD(C$1-1,$A3)+$B3
```

利用自然数序列生成循环序列的通用公式为：

```
=MOD(自然数序列(或行号、列号引用)-1,周期)+初始值
```

14.2 数值取舍函数

在对数值的处理中，经常会遇到进位或舍去的情况。例如，去掉某数值的小数部分、按 1 位小数四舍五入或保留 4 位有效数字等。

为了便于处理此类问题，Excel 2013 提供了以下常用的取舍函数，如表 14-1 所示。

表 14-1 常用取舍函数汇总

函数名称	功能描述
INT	取整函数，将数字向下舍入为最接近的整数
TRUNC	将数字直接截尾取整，与数值符号无关

续表

函数名称	功能描述
ROUND	将数字四舍五入到指定位数
MROUND	返回参数按指定基数进行四舍五入后的数值
ROUNDUP	将数字朝远离零的方向舍入，即向上舍入
ROUNDDOWN	将数字朝向零的方向舍入，即向下舍入
CEILING 或 CEILING.MATH	将数字向上舍入为最接近的整数，或最接近的指定基数的整数倍；CEILING.MATH 为 Excel 2013 新增函数，可指定数字的舍入方向
FLOOR 或 FLOOR.MATH	将数字向下舍入为最接近的整数，或最接近的指定基数的整数倍；FLOOR.MATH 为 Excel 2013 新增函数，可指定数字的舍入方向
EVEN	将数字向上舍入为最接近的偶数
ODD	将数字向上舍入为最接近的奇数

注意 以上函数处理的结果都是对数值进行物理的截位，数值本身的数据精度已经发生改变。

14.2.1 INT 和 TRUNC 函数

INT 函数和 TRUNC 函数通常用于舍去数值的小数部分，仅保留整数部分，因此常被称为“取整函数”。虽然这两个函数功能相似，但在实际使用上又存在一定的区别。

INT 函数用于取得不大于目标数值的最大整数，其语法结构为：

```
INT(number)
```

其中，number 是需要取整的实数。

TRUNC 函数是对目标数值进行直接截位，其语法结构为：

```
TRUNC(number, [num_digits])
```

其中，number 是需要截尾取整的实数；num_digits 是可选参数，用于指定取整精度的数字，默认值为零。

两个函数对正数的处理结果相同，对负数的处理结果会有一定的差异。

示例 14-4 对数值进行取整计算

对于正数 7.64，两个函数的取整结果相同：

```
=INT(7.64)=7
=TRUNC(7.64)=7
```

对于负数–5.8，两个函数的取整结果则不同：

```
=INT(-5.8)=-6       结果为不大于-5.8 的最大整数
=TRUNC(-5.8)=-5     结果为直接截去小数部分的数值
```

INT 函数只能保留数值的整数部分，而 TRUNC 函数可以指定小数位数，相对而言，TRUNC 函数更加灵活。例如，需要将数值 37.639 仅保留 1 位小数，直接截去 0.039，TRUNC 函数就非常方便，INT 函数则相对复杂：

```
=TRUNC(37.639,1)=37.6
=INT(37.639*10)/10=37.6
```

在 14.1.2 小节中曾经介绍利用 MOD 函数生成指定周期和初始值的循环序列，但在实际应用中，往往需要符合特殊要求的循环序列。例如，需要生成类似：1、2、3、4、2、3、4、1、3、4、1、2……的序列，那么仅使用 MOD 函数则难以实现，可以利用 INT 函数结合 MOD 函数来生成。

示例 14-5 利用函数生成滚动的循环序列

如图 14-2 所示，在 A 列指定循环序列的循环周期，需要在 B:Q 列生成：1、2、3、4、2、3、4、1、3、4、1、2……这样的滚动循环序列。

	A	B	C	D	E	F	G	H	I	J	K	L	M	N	O	P	Q
1	自然数	1	2	3	4	5	6	7	8	9	10	11	12	13	14	15	16
2	周期	生成滚动的循环序列															
3	4	1	2	3	4	2	3	4	1	3	4	1	2	4	1	2	3

图 14-2 生成滚动的循环序列

B3 单元格公式如下：

```
=MOD(B1-1+INT((B1-1)/$A3),$A3)+1
```

该公式利用 INT 函数生成重复序列：0、0、0、0、1、1、1、1、2、2、2、2、3、3、3、3，将此重复序列与自然数序列相加，利用 MOD 生成循环序列的方法，从而生成滚动的循环序列。最终将 B3 单元格公式复制到 B3:Q3 单元格区域，即可得出上述结果。

14.2.2 ROUNDUP 和 ROUNDDOWN 函数

从函数名称来看，ROUNDUP 函数与 ROUNDDOWN 函数对数值的取舍方向相反。ROUNDUP 函数向绝对值增大的方向舍入，ROUNDDOWN 函数向绝对值减小的方向舍去。两个函数的语法结构如下：

```
ROUNDUP(number, num_digits)
ROUNDDOWN(number, num_digits)
```

其中，number 是需要舍入的任意实数，num_digits 是要将数字舍入到的位数。

示例 14-6 对数值保留两位小数的计算

对于数值 27.718，保留两位小数，两个函数都不会进行四舍五入，而是直接进行数值的舍入和舍去：

```
=ROUNDUP(27.718,2)=27.72
=ROUNDDOWN(27.718,2)=27.71
```

由于 ROUNDDOWN 函数向绝对值减小的方向舍去，其原理与 TRUNC 函数完全相同，因此 TRUNC 函数可代替 ROUNDDOWN 函数。如：

```
=TRUNC(27.718,2)=27.71
```

对于负数-18.487，保留两位小数的结果如下：

```
=ROUNDUP(-18.487,2)=-18.49
=ROUNDDOWN(-18.487,2)=-18.48
=TRUNC(-18.487,2)=-18.48
```

ROUNDUP 函数结果向绝对值增大的方向舍入，ROUNDDOWN 函数和 TRUNC 函数结果则向绝对值减小的方向舍去。

14.2.3 CEILING 和 FLOOR 函数

CEILING 函数与 FLOOR 函数也是取舍函数，但是它们与 14.2.2 小节的两个函数取舍的原理不同。ROUNDUP 函数和 ROUNDDOWN 函数是按小数位数进行取舍，而 CEILING 函数和 FLOOR 函数则是按指定基数的整数倍进行取舍。

CEILING 函数是向上舍入，FLOOR 函数是向下舍去，两者的取舍方向相反。

两个函数的语法结构相同：

```
CEILING(number,[significance])
FLOOR(number,[significance])
```

其中，number 是需要进行舍入计算的值，significance 是可选参数，表示舍入的基数。

示例 14-7 将数值按照整数倍进行取舍计算

如图 14-3 所示，A 列为需要进行舍入计算的值，B 列为舍入的基数。在 C 列和 D 列分别使用 CEILING 函数和 FLOOR 函数进行取舍。

	A	B	C	D
1	number	significance	CEILING	FLOOR
2	5.38	2.4	7.2	4.8
3	-10.8	-3	-12	-9
4	-4.99	3.4	-3.4	-6.8
5	7.35	-1.6	#NUM!	#NUM!

图 14-3 将数值按整数倍进行取舍

C2 单元格公式为：

```
=CEILING(A2,B2)
```

D2 单元格公式为：

```
=FLOOR(A2,B2)
```

以上公式表明，当舍入数值为正数，基数为负数时，结果返回错误值#NUM!。

为了避免函数运算结果出现错误值，在 Excel 2013 中还提供了另外几个函数：ISO.CEILING、CEILING.PRECISE、CEILING.MATH 和 FLOOR.PRECISE、FLOOR.MATH，这几个函数与前者原理一样，只是会忽略第二参数中数值符号的影响。

CEILING.MATH 函数和 FLOOR.MATH 函数是 Excel 2013 中新增的函数，语法结构如下：

```
CEILING.MATH(number,[significance],[mode])
FLOOR.MATH(number,[significance],[mode])
```

增加了可选参数 mode，用于控制负数的舍入方向（接近或远离零）。

示例 14-8 将负数按指定方向进行取舍计算

对于负数-7.58，按 1.2 的整数倍进行取舍，几个函数结果如下：

```
=CEILING.MATH(-7.58,1.2,0)=-7.2      朝接近零的方向舍入
=CEILING.MATH(-7.58,1.2,1)=-8.4      朝远离零的方向舍入
=FLOOR.MATH(-7.58,1.2,0)=-8.4        与 CEILING.MATH 相反
=FLOOR.MATH(-7.58,1.2,1)=-7.2        与 CEILING.MATH 相反
```

14.3 四舍五入函数

14.3.1 常用的四舍五入

ROUND 函数是最常用的四舍五入函数，用于将数字四舍五入到指定的位数。该函数对需要保留位数的右边 1 位数值进行判断，若小于 5 则舍弃，若大于等于 5 则进位。

其语法结构为：

```
ROUND(number,num_digits)
```

第二个参数 num_digits 是小数位数。若为正数，则对小数部分进行四舍五入；若为负数，则对整数部分进行四舍五入。

例如对于数值 728.49，四舍五入保留 1 位小数为 728.5，公式如下：

```
=ROUND(728.49,1)
```

对于数值-257.1，四舍五入到十位为-260，公式如下：

```
=ROUND(-257.1,-1)
```

由此可见，ROUND 函数对于负数与正数的处理原理相同。

14.3.2 特定条件下的舍入

在实际工作中，不仅需要按照常规的四舍五入法来进行取舍计算，而且需要更灵活的特定舍入方式，下面介绍两则算法技巧。

◆ 按 0.5 单位取舍技巧：将目标数值乘以 2，按其前 1 位置数值进行四舍五入后，所得数值再除以 2。

◆ 按 0.2 单位取舍技巧：将目标数值乘以 5，按其前 1 位置数值进行四舍五入后，所得数值再除以 5。

另外，MROUND 函数可返回参数按指定基数四舍五入后的数值，语法结构为：

```
MROUND(number,multiple)
```

如果数值 number 除以基数 multiple 的余数大于或等于基数的一半，则 MROUND 函数向远离零的方向舍入。

注意 当 MROUND 函数的两个参数符号相反时，函数返回错误值#NUM!。

示例 14-9 特定条件下的舍入计算

如图 14-4 所示，分别使用不同的公式对数值进行按条件取舍运算。

	A	B	C	D	E
1	数值	按0.2单位取舍		按0.5单位取舍	
2		ROUND应用	MROUND应用	ROUND应用	MROUND应用
3	-7.35	-7.4	-7.4	-7.5	-7.5
4	3.3	3.4	3.4	3.5	3.5
5	6.523	6.6	6.6	6.5	6.5
6	-3.7	-3.8	-3.8	-3.5	-3.5

图 14-4 按指定条件取舍实例

B3 单元格使用 ROUND 函数的公式：

```
=ROUND(A3*5,0)/5
```

C3 单元格使用 MROUND 函数的公式：

```
=MROUND(A3,SIGN(A3)*0.2)
```

其中 SIGN 函数取得数值的符号，确保 MROUND 函数的两个参数符号相同，避免 MROUND 函数返回错误值。

利用上述原理，可以将数值舍入至 0.5 单位。

D3 单元格的公式：

```
=ROUND(A3*2,0)/2
```

E3 单元格的公式：

```
=MROUND(A3,SIGN(A3)*0.5)
```


14.3.3 四舍六入五成双法则

常规的四舍五入直接进位，因此从统计学的角度来看会偏向大数，误差积累而产生系统误差。而四舍六入五成双的误差均值趋向于零，因此是一种比较科学的计数保留法，是较为常用的数字修约规则。

四舍六入五成双，具体讲就是保留数字后一位小于等于 4 时舍去，大于等于 6 时进位，等于 5 且后面有非零数字时进位，等于 5 且后面没有非零数字时分两种情况：保留数字为偶数时舍去，保留数字为奇数时进位。

示例 14-10 利用取舍函数解决四舍六入五成双问题

如图 14-5 所示，对 A 列的数值按四舍六入五成双法则进行修约计算。

	A	B	C	D
1	修约数值	修约结果		指定位数
2	2.424	2.42		2
3	2.425	2.42		
4	2.4252	2.43		
5	2.426	2.43		
6	2.435	2.44		

图 14-5 利用 ROUND 函数实现四舍六入

B2 单元格使用以下公式：

```
=ROUND(A2,2)-(MOD(A2*10^3,20)=5)*10^(-2)
```

若 D2 为指定的保留小数位数，其 B2 单元格修约的通用公式如下：

```
=ROUND(A2,D$2)-(MOD(A2*10^(D$2+1),20)=5)*10^(-D$2)
```

14.4 随机函数

随机数是一个事先不确定的数，在随机抽取试题、随机安排考生座位、随机抽奖等应用中，都需要使用随机数进行处理。RAND 函数和 RANDBETWEEN 函数均能产生随机数。

RAND 函数不需要参数，可以随机生成一个大于等于 0 且小于 1 的小数，而且产生的随机小数几乎不会重复。

RANDBETWEEN 函数的语法结构为：

```
RANDBETWEEN(bottom,top)
```

两个参数分别为下限和上限，用于指定产生随机数的范围。生成一个大于等于下限值且小于等于上限值的整数。

注意 这两个函数都是“易失性”函数，有关“易失性”函数的更多内容，请参阅10.7.6小节。

示例 14-11 产生60~100的随机整数

以下的函数公式将产生60~100的随机整数，生成结果如图14-6所示。

	A	B	C
1	产品	2014年8月	2014年9月
2	A	79	100
3	B	67	86
4	C	99	91
5	D	61	84
6	E	72	70
7	F	67	97
8	G	63	80

图 14-6 产生60~100的随机整数

B2单元格公式：

```
=INT(RAND()*41+60)
```

C2单元格公式：

```
=RANDBETWEEN(60,100)
```

在ANSI字符集中大写字母A~Z的代码为65~90，因此利用随机函数生成随机数的原理，先在此数值范围中生成一个随机数，再用CHAR函数进行转换，即可得到随机生成的大写字母，公式如下：

```
=CHAR(RANDBETWEEN(65,90))
```

示例 14-12 随机产生数字与大小写字母

在ANSI字符集中，数字0~9的代码为48~57，字母A~Z的代码为65~90，字母a~z的代码为97~122。

因此，利用ROW函数产生1~26的数字再加上{31,64,96}就可以生成32~57、65~90、97~122的字符代码数字集合。

利用随机函数产生1~62的随机数，再利用LARGE函数从大到小提取代码值，过滤掉32~47之间的代码值，就必定包含所有的数字和字母的代码值，最后用CHAR函数转换得结果。

如图14-7所示，A2单元格输入以下公式，按<Ctrl+Shift+Enter>组合键，并将A2单元格的公式复制到A2:J11单元格区域：

```
{=CHAR(LARGE(ROW($1:$26)+{31,64,96},RANDBETWEEN(1,62)))}
```

也可以用RAND函数代替RANDBETWEEN函数，缩短公式字符长度。

```
{=CHAR(-SMALL(-ROW($1:$26)-{31,64,96},RAND()*62+1))}
```

	A	B	C	D	E	F	G	H	I	J
1	随机产生数字与大小写字母的测试数据									
2	V	4	W	U	L	a	y	R	w	u
3	U	E	3	U	P	m	u	G	2	W
4	O	9	2	y	e	J	x	h	B	L
5	c	A	n	4	o	x	2	7	9	z
6	E	9	I	G	Q	4	V	8	L	i
7	W	g	K	4	e	4	A	f	C	K
8	f	P	d	G	A	S	e	U	I	D
9	1	Y	0	3	J	u	H	E	V	9
10	C	A	U	i	2	J	U	T	E	V
11	3	f	1	1	8	D	y	K	5	U

图 14-7　随机产生数字和大小写字母

注意

公式中分别使用了 LARGE 函数或 SMALL 函数来提取数值，关于这两个函数的详细用法，请参阅 17.6.2 小节。

14.5　数学函数的综合应用

14.5.1　统计奇数个数

示例 14-13　统计单元格内奇数个数

如图 14-8 所示，需要统计 B 列各单元格内各位数字的奇数个数。

	A	B	C
1	序号	数值	奇数个数
2	1	17679526	5
3	2	322	1
4	3	5553083206	5
5	4	92453	3
6	5	48	0

图 14-8　统计单元格内奇数个数

根据 MOD 函数判断奇偶性的原理（详见 14.1.1 小节），C2 单元格使用以下公式：

```
=SUMPRODUCT(N(MOD(0&MID(B2,ROW($1:$15),1),2)=1))
```

首先利用 MID 函数提取单元格内各数字。由于需要统计的是奇数，所以在各数字前连接 0，并不影响奇数的总个数，同时应对 B 列数值长度不足 15 位的情况。

然后利用 MOD 函数判断 MID 函数返回结果的奇偶性，奇数返回逻辑值 TRUE，偶数返回逻辑值 FALSE。并用 N 函数将逻辑值转换为数值，以便求和统计。

最后，利用 SUMPRODUCT 函数求和，即得奇数个数。

同理，若需统计单元格内偶数个数，C2 单元格可使用以下公式：

```
=SUMPRODUCT(N(MOD(1&MID(B2,ROW($1:$15),1),2)=0))
```

14.5.2　计扣个人所得税

示例 14-14　速算个人所得税

2011 年 9 月 1 日启用的个人所得税率，提缴区间等级为 7 级，起征点为 3500 元，如图 14-9 所示。

2011年9月1日开始启用的个税税率表				
			起征点	3,500
级数	应纳税所得额	级别	税率	速算扣除数
1	1,500以下	0	0.03	0
2	1,500~4,500	1,500	0.10	105
3	4,500~9,000	4,500	0.20	555
4	9,000~35,000	9,000	0.25	1,005
5	35,000~55,000	35,000	0.30	2,755
6	55,000~80,000	55,000	0.35	5,505
7	80,000以上	80,000	0.45	13,505

图 14-9 现行个人所得税税率表

应纳个人所得税=应纳税所得额×税率−速算扣除数

应纳税所得额=应发薪金−个税起征点金额

假设某员工应发薪金为 9000 元，那么应纳税所得额=9000−起征点金额=9000−3500=5500（元），对应 4500~9000 的级数，税率为 0.20，速算扣除数为 555，应纳个人所得税公式如下：

```
=(9000-3500)*0.20-555=545
```

由上所示，计算个人所得税的关键是根据“应纳税所得额”找到对应的“税率”和“速算扣除数”，LOOKUP 函数可实现此模糊查询。

如图 14−10 所示，D14 单元格的公式如下：

D14 =IF(C14<F$2,0,LOOKUP(C14-F$2,D$4:D$10,(C14-F$2)*E$4:E$10-F$4:F$10))

2011年9月1日开始启用的个税税率表				
			起征点	3500
级数	应纳税所得额	级别	税率	速算扣除数
1	1500以下	0	0.03	0
2	1500~4500	1500	0.10	105
3	4500~9000	4500	0.20	555
4	9000~35000	9000	0.25	1005
5	35000~55000	35000	0.30	2755
6	55000~80000	55000	0.35	5505
7	80000以上	80000	0.45	13505

姓名	应发薪金	个人所得税	实发工资	MAX解法
张迁	9000	545	8455	545
李国发	2700	0	2700	0
沈碧	5400	85	5315	85
魏征	86300	23755	62545	23755

图 14-10 个人所得税计算结果

```
=IF(C14<F$2,0,LOOKUP(C14-F$2,D$4:D$10,(C14-F$2)*E$4:E$10-F$4:F$10))
```

其中 LOOKUP 函数根据“应纳税所得额”查找对应的个人所得税，考虑“应发薪金”可能小于起征点，使用 IF 函数确保该种情况下返回 0。

使用速算法，还可以直接使用以下数组公式，按<Ctrl+Shift+Enter>组合键：

```
{=MAX((C14-F$2)*E$4:E$10-F$4:F$10,0)}
```

其中，MAX 函数的第一个参数部分将“应纳税所得额”与各个“税率”、“速算扣除数”进行运算，得到一系列备选“应纳个人所得税”，其中数值最大的一个即为所求。MAX 函数的第二个参数 0 是为了应对应发薪金小于起征点的情况。

14.5.3 数字校验应用

示例 14-15 利用 MOD 函数生成数字检测码

如图 14−11 所示，模拟了一份产品检测的动态码生成实例。该产品检测过程中将通过 3 台仪器对每个产品生成一个两位数检测值，并按照下列要求生成检测动态码。

E2	=MOD(-MOD(SUM(B2:D2)-1,9)*3-3,10)				
	A	B	C	D	E
1	产品名称	仪器X	仪器Y	仪器Z	检测动态码
2	A产品	45	68	49	3
3	B产品	85	65	61	8
4	C产品	78	74	65	7
5	D产品	53	99	80	9

图 14-11　生成数字检测动态码

（1）3 个检测值进行求和，将汇总结果的个、十、百位数字逐位相加，直到得出个位数值 X。

（2）用 10 减去 X 与 3 的乘积，得数值 R。

（3）数值 R 若为正数，则对 10 取余得出结果；数值 R 若为负数，则将其累加 10 直到得出正个位数，即得最终结果。

由于需要将检测数值之和按各位数逐位累加为个位数，利用 MOD 函数的特性，则可以使用 MOD(数值−1,9)+1 的技巧来实现，从而得出个位数值 X。同时针对数值 R 的负数转换，同样也可以利用 MOD 函数来解决。E2 单元格生成动态检测码的公式如下：

```
=MOD(10-(MOD(SUM(B2:D2)-1,9)+1)*3,10)
```

E2 单元格检测码的计算步骤如下。

◆ X 结果

直接计算：=45+68+49=162 → 1+6+2=9

利用 MOD 函数计算：MOD(SUM(B2:D2)−1,9)+1=MOD(162−1,9)+1=9

◆ R 结果：=10−9*3=−17 → MOD(−17,10)=3

利用 MOD 函数对负数取余的特性，将第 2 步与第 3 步合并，公式可简化为：

```
=MOD(-MOD(SUM(B2:D2)-1,9)*3-3,10)
```

在原公式中，第 2 步中的 10 正好是第 3 步 MOD 函数的周期，可以做如上简化。

14.5.4 指定有效数字

在数值修约应用中，经常需要根据有效数字进行数字舍入。保留有效数字实质也是对数值进行四舍五入，关键是确定需要保留的数字位。因此可以使用 ROUND 函数作为主函数，关键是控制其第二参数 num_digits。除规定的有效数字外，num_digits 与数值的整数位数有关，比如 12345，保留 3 位有效数字变成 12300，num_digits=−2=3−5，于是可以得到以下等式：

```
num_digits=有效数字-数值的整数位数
```

数值的整数位数可由 LOG 函数求得，比如 LOG(1000)=3，LOG(100)=2。

示例 14-16 按要求返回指定有效数字

在如图 14-12 所示的数据表中，B 列为待舍入的数值，E1 单元格指定需要保留的有效数字位数为 3，要求返回 3 位有效数字的结果。

E3 单元格的公式如下：

```
=ROUND(B3,INT(E$1-LOG(ABS(B3))))
```

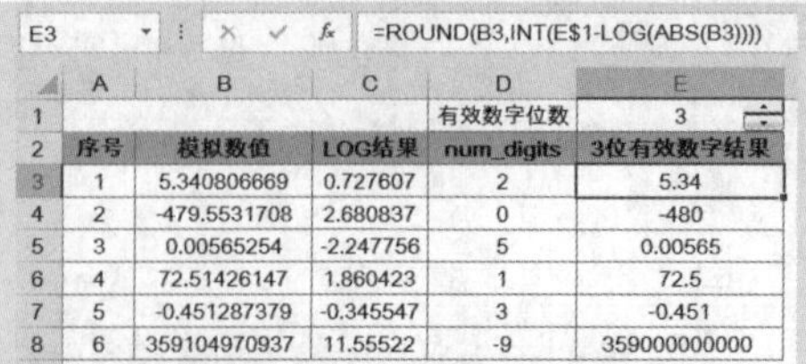

E3 =ROUND(B3,INT(E$1-LOG(ABS(B3))))

	A	B	C	D	E
1				有效数字位数	3
2	序号	模拟数值	LOG结果	num_digits	3位有效数字结果
3	1	5.340806669	0.727607	2	5.34
4	2	-479.5531708	2.680837	0	-480
5	3	0.00565254	-2.247756	5	0.00565
6	4	72.51426147	1.860423	1	72.5
7	5	-0.451287379	-0.345547	3	-0.451
8	6	359104970937	11.55522	-9	359000000000

图 14-12 按要求返回指定有效数字

在公式中，ABS 函数返回数字的绝对值，用于应对负数，使得 LOG 函数能够返回模拟数值的整数位数。再利用 INT 函数截尾取整的原理，使用 INT 函数返回小于等于 E$1-LOG(ABS(B3))的最大整数，即为 ROUND 函数的第二参数。

14.5.5 生成不重复随机序列

为了模拟场景或出于公平公正的考虑，经常需要用到随机序列。例如，在面试过程中面试的顺序对评分有一定影响，因此需要随机安排出场顺序。

示例 14-17 随机安排面试顺序

图 14-13 所示有 9 人参加面试，出于公平公正的考虑，使用 1~9 的随机序列来安排出场顺序。

	A	B	C	D	E
1	序号	姓名	性别	学历	面试顺序
2	1	柳品琼	女	研究生	5
3	2	赵琳	女	本科	4
4	3	黄传义	男	双学位	9
5	4	汪雪芹	女	本科	8
6	5	陈美芝	女	本科	2
7	6	董明	男	研究生	1
8	7	林天蓉	女	本科	3
9	8	谷春	男	双学位	7
10	9	杨国富	男	本科	6

图 14-13 随机安排面试顺序

选中 E2:E10 单元格区域，然后输入以下数组公式，按<Ctrl+Shift+Enter>组合键：

```
{=MOD(SMALL(RANDBETWEEN(ROW(1:9)^0,999)*10+ROW(1:9),ROW(1:9)),10)}
```

首先利用 RANDBETWEEN 函数生成一个数组，共包含 9 个元素，各元素为 1~999 之间的一个随机整数。由于各元素都是随机产生的，因此数组元素的大小是随机排列的。

然后对上述生成的数组乘以 10，再加上由 1~9 构成的序数数组。如此，在确保数组元素大小随机的前提下最后 1 位数字为序数 1~9。

再用 SMALL 函数对经过乘法和加法处理后的数组进行重新排序，由于原始数组的大小是随机的，因此排序使得各元素最后 1 位数字对应的序数成为随机排列。

最后，用 MOD 函数取出各元素最后 1 位数字，即可得到由序数 1~9 组成的随机序列。

第 15 章　日期和时间计算

日期和时间是 Excel 中一种特殊类型的数据，有关日期和时间的计算在各个领域中都具有非常广泛的应用。本章重点讲解日期和时间类数据的特点及计算方法，以及日期与时间函数的相关应用。

本章学习要点

（1）认识日期和时间。

（2）日期和时间函数的应用。

（3）星期和工作日相关函数的运用。

（4）DATEDIF 函数的运用。

15.1　认识日期和时间数据

在 Excel 中，系统把日期和时间数据作为一类特殊的数值表现形式。通过将包含日期或时间的单元格格式设置为“常规”格式，可以查看以序列值显示的日期和以小数值显示的时间。

15.1.1　了解日期数据

Excel 将日期存储为整数序列值。默认情况下使用 1900 年日期系统，日期取值区间为 1900 年 1 月 1 日至 9999 年 12 月 31 日。

一个日期对应一个数字，常规数值的 1 个单位在日期中代表 1 天。数值 1 表示 1900 年 1 月 1 日，同理，2016 年 8 月 5 日里约热内卢奥运会开幕日，与其对应的日期序列值为 42587。

15.1.2　了解时间数据

Excel 可以精确到千分之一秒，时间被存储为 0.0 到 0.99999999 之间的小数，其中 0.0 表示 00:00:00.000，而 0.99999999 则表示 23:59:59.999。

日期整数和时间小数可以组合在一起，生成既有小数部分又有整数部分的数字。例如，数字 42004.49 代表的日期和时间为 2014/12/31 11:45 AM。

15.2　日期函数

Excel 2013 提供了丰富的日期函数用来处理日期数据。由于日期和时间都是数值，因此也可以进行加、减等各种运算。同时，某些用于数值运算的函数也同样适用于日期数据的处理，如 MOD 函数、INT 函数、ROUND 函数等。

常用日期函数及功能如图 15-1 所示。

	A	B
1	函数名称	功能
2	DATE函数	根据指定的年份、月份和日期返回日期序列值。
3	DAY函数	返回某日期的天数。
4	MONTH函数	返回日期中的月份。
5	YEAR函数	返回对应某个日期的年份。
6	TODAY函数和NOW函数	用于生成系统当前的日期和时间。
7	EDATE函数	返回指定日期之前或之后指定月份数的日期。
8	EOMONTH函数	返回指定日期之前或之后指定月份数的月末日期。

图 15-1 常用日期函数

15.2.1 基本日期函数的用法

示例 15-1 生成当前时间和日期

使用以下公式，可以生成系统当前的日期：

```
=TODAY()
```

使用以下公式，可以生成系统当前的日期和时间：

```
=NOW()
```

TODAY 函数和 NOW 函数均不需要使用参数，且都属于易失性函数。在编辑单元格、打开其他包含易失性函数的工作簿或是重新打开包含该函数的工作簿等操作时，公式都会重新计算，并返回当时的系统时间和日期。

DATE 函数可以根据指定的年份数、月份数和日期数返回日期序列。

示例 15-2 利用 DATE 函数生成指定日期

在图 15-2 所示的现金日记账中，A1 单元格为年份值，A3:A7、B3:B7 单元格区域分别为月份和日期。

	A	B	C	D	E
1	2014		日期	凭证	摘　　要
2	月	日			
3	9	15	2014/9/15	账单1	原始金额
4	9	30	2014/9/30	账单2	09/15至09/30费用
5	10	5	2014/10/5	账单3	预收租金
6	10	9	2014/10/9	账单4	9月份水电费
7	10	12	2014/10/12	账单5	应收账款
8					
9			=DATE(A$1,A10,B10)		=DATE(2014,9,)
10	11	31	2014/12/1		2014/8/31

图 15-2 DATE 函数生成日期

在 C3 单元格使用以下公式，将返回具体的日期：

```
=DATE(A$1,A3,B3)
```

DATE 函数的第一参数使用行绝对引用，公式向下复制时年份均引用 A1 单元格的值。第二参数和第三参数分别为月份和日期。

如果根据年月日指定的日期不存在，DATE 函数会自动顺延得到新的日期，而不会返回错误值。如果 A10 单元格的月份数为 11，B10 单元格的日期数为 31，11 月没有 31 日，使用公式 =DATE(A$1,A10,B10)将返回 2014/12/1。

使用 DATE 函数时，如果年份参数缺省，系统默认为 1900 年。如果月份参数缺省为 0 时，表示上一年的 12 月。如果日期参数缺省为 0 时，则表示上月的最后一天。如 DATE(2014,9,)表示 2014 年 9 月的第 0 天，返回 2014/8/31。

与 DATE 函数对应的是 YEAR 函数、MONTH 函数和 DAY 函数，分别从指定日期中提取年、月、日的值。

以图 15-2 为例，使用以下公式将分别提取出 C3 单元格的年份、月份和日期数。

```
年份  =YEAR(C3)
月份  =MONTH(C3)
日期  =DAY(C3)
```

注意 使用 YEAR 函数、MONTH 函数和 DAY 函数时，如果目标单元格为空单元格，Excel 会默认按照 1900 年 1 月 0 日这样一个不存在的日期进行处理，实际应用时可加上一个空单元格的判断条件。

示例 15-3 英文转换为月份数值

如图 15-3 所示，A 列为英文的月份名称，需要在 B 列转换为对应的月份数值。

	A	B
1	英文	月份
2	Apr	4
3	Oct	10
4	Dec	12
5	Jan	1
6	Mar	3
7	Jul	7
8	Feb	2
9	Nov	11
10	Aug	8
11	May	5
12	Sep	9
13	Jun	6

图 15-3 英文月份转换

在 B2 单元格输入以下公式，向下复制到 B13 单元格：

```
=MONTH(A2&"-1")
```

使用连接符将 A2 单元格与字符串“-1”连接，变成新字符串“Apr-1”，成为系统可识别的日期样式，再使用 MONTH 函数提取日期字符串中的月份。

YEAR 函数、MONTH 函数和 DAY 函数均支持数组计算，在按时间段的统计汇总中被广泛应用。

示例 15-4 汇总指定时间段的销售额

在图 15-4 所示的销售明细表中，A 列是业务发生日期，C 列是销售额，要求计算 1 至 6 月份的销售总额。

	A	B	C
1	业务日期	单据号	金额
2	2014/1/15	DF815743	72391
3	2014/3/25	DF805869	7489
4	2014/6/24	DF572893	74926
5	2014/2/26	DF956292	46485
6	2014/7/2	DF197491	38755
7	2014/3/10	DF456282	8810
8	2014/4/20	DF434264	80127
9	2014/6/17	DF175103	92559
10	2014/7/22	DF738273	37779
11	2014/8/17	DF532199	36098
12	2014/6/24	DF263520	62586
13	2014/11/6	DF903084	40043
14	2014/10/20	DF575791	98611
15	2014/7/25	DF629064	90924
16	2014/12/6	DF715616	35545

图 15-4 销售明细表

第 15 章 Excel 2013

可以使用以下公式完成汇总：

```
=SUMPRODUCT((MONTH(A2:A16)<7)*C2:C16)
```

MONTH 函数返回 A2:A16 日期数据的月份值{1;3;6;2;7;3;4;6;7;8;6;11;10;7;12}，因为要计算 1 至 6 月份的销售总额，所以要判断月份值是否小于 7。用 MONTH(A2:A16)<7 计算出的一组逻辑值与 C2:C16 单元格的数值相乘。最后用 SUMPRODUCT 函数返回乘积之和。

15.2.2 计算两个日期相差天数

日期数据具有常规数值所具备的运算功能，其运算结果也往往具有特殊的意义。例如两个日期相减，即表示两个日期之间相差的天数。

日期数据的常用加减计算可以归纳为以下 3 种。

- ◆ 结束日期–起始日期=日期相差天数
- ◆ 日期–指定天数=指定天数之前的日期
- ◆ 日期+指定天数=指定天数之后的日期

示例 15-5 计算今天是本年度的第几天

如图 15-5 所示，设置 A2 单元格格式为自定义格式“第 0 天”，使用以下公式将返回今天是本年度的第几天：

```
=TODAY()-"1-1"+1
```

图 15-5 日期相减

在 Excel 中输入“月/日”形式的日期，系统会默认按当前年份处理，TODAY()-"1-1"就是用当前的日期减去本年度的 1 月 1 日，再加上一天得到今天是本年度的第几天。

同理，使用以下公式可以计算本年度有多少天：

```
="12-31"-"1-1"+1
```

在公式中直接输入日期数据时，必须使用半角双引号进行包含，否则系统会因为无法正确识别而造成计算结果错误。如=2018-6-8-TODAY()，会被处理为 2004-TODAY()，等于–39907。

如果单元格格式为常规格式，当进行两个日期的数学运算时，Excel 有可能会将单元格格式自动更改为日期格式，得出的结果往往会令初学者感到困惑。

如图 15-6 中 C2 单元格所示，C2 单元格使用公式 = B2–A2 计算两个日期的间隔天数，得到的结果是日期格式数据 1900/7/6，此时需重新调整单元格格式为常规格式才能正常显示。

C2 =B2-A2

	A	B	C
1	起始日期	结束日期	间隔天数
2	2014/1/15	2014/7/22	1900/7/6
3	2014/3/25	2014/8/17	145
4	2014/6/24	2014/6/29	5
5	2014/2/26	2014/11/6	253
6	2014/7/2	2014/10/20	110
7	2014/3/10	2014/7/25	137
8	2014/4/20	2014/12/6	230

图 15-6 常规格式下的日期运算

15.2.3 与季度有关的计算

一年分为四个季度，1 至 3 月为第一季度，4 至 6 月为第二季度，7 至 9 月为第三季度，10 至 12 月为第四季度。在 Excel 中，可以通过日期函数和部分财务类函数完成与季度有关的计算。

示例 15-6 判断指定日期所在的季度

如图 15-7 所示，A 列为日期数据，使用以下公式可以计算出日期所在的季度：

```
=LEN(2^MONTH(A2))
```

	A	B
1	日期	所在的季度
2	2007/1/1	1
3	2004/6/18	2
4	2009/12/14	4
5	2010/2/8	1
6	2008/8/11	3
7	2014/7/10	3

图 15-7 判断日期所在季度

公式首先用 MONTH 函数计算出 A 列单元格的月份，计算结果用作 2 的乘幂。2 的 1 至 3 次幂结果是 1 位数，2 的 4 至 6 次幂结果是 2 位数，2 的 7 至 9 次幂结果是 3 位数，2 的 10 至 12 次幂结果是 4 位数。根据这个特点，用 LEN 函数计算乘幂结果的字符长度，即为日期所在的季度。

也可以使用以下公式完成计算：

```
=INT((MONTH(A2)+2)/3)
```


示例 15-7 判断指定日期是所在季度的第几天

如图 15-8 所示，B2 单元格使用以下公式，能够计算 A2 单元格日期是所在季度的第几天：

```
=COUPDAYBS(A2,"9999-1",4,1)+1
```

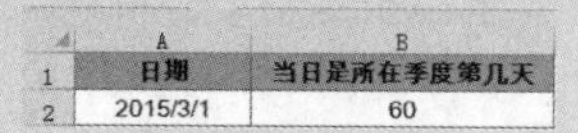

	A	B
1	日期	当日是所在季度第几天
2	2015/3/1	60

图 15-8 日期是所在季度的第几天

该函数为财务函数范畴，用于返回从付息期开始到结算日的天数。

函数的基本语法为：

```
COUPDAYBS(settlement, maturity, frequency, [basis])
```

第一参数 settlement 是有价证券的结算日；第二参数 maturity 是有价证券的到期日，本例中可以写成一个较大的日期序列值；第三参数 frequency 使用 4，表示年付息次数按季支付；第四参数 basis 使用 1，表示按实际天数计算日期。

本例中，年付息次数选择按季支付。所以 A2 单元格日期所在季度的付息期，即为该季度第一天的日期 2015/1/1。通过计算日期所在季度第一天到当日的间隔天数，结果加 1，变通得到指定日期是所在季度的第几天。

示例 15-8 计算日期所在季度的总天数

如图 15-9 所示，B2 单元格使用以下公式，能够计算 A2 单元格日期所在季度的总天数：

```
=COUPDAYS(A2,"9999-1",4,1)
```

	A	B
1	日期	日期所在季度有多少天
2	2015/3/1	90

图 15-9 日期所在季度总天数

COUPDAYS 函数也属于财务函数的范畴，用于返回结算日所在付息期的天数。

该函数的参数与 COUPDAYBS 函数相同。本例中，第三参数 frequency 使用 4，表示年付息次数按季支付，所以 A2 单元格日期所在付息期即为该日期所在的季度。通过计算付息期的天数，变通得到日期所在季度的总天数。

示例 15-9 计算日期所在季度末日期

如图 15-10 所示，B2 单元格使用以下公式，能够计算 A2 单元格日期所在季度末的日期值：

```
=COUPNCD(A2,"9999-1",4,1)-1
```

	A	B
1	日期	日期所在季度末日期
2	2015/1/22	2015/3/31

图 15-10 日期所在季度末日期

COUPNCD 函数也属于财务函数的范畴，用于返回结算日之后的下一个付息日。

该函数的参数与 COUPDAYBS 函数相同。本例中，第三参数 frequency 使用 4，表示年付息次数按季支付，所以 A2 单元格日期之后的下一个付息日即为下一个季度的第一天 2015/4/1。结果减 1，变通得到日期所在季度末的日期值。

15.2.4 判断今年是否为闰年

闰年是为了弥补因历法年度天数与地球实际公转周期的时间差而设立的。补上时间差的年份为闰年。公元年数可被 4 整除为闰年，但是整百（个位和十位均为 0）的年数必须是可以被 400 整除的才是闰年。闰年的 2 月有 29 天。

使用以下公式，可以判断当前年度是否为闰年：

```
=IF(COUNT(-"2-29"),"闰年","平年")
```

根据系统默认将“月/日”形式的日期按当前年份处理的特点，如果当前年份中没有 2 月 29 日这个日期，公式中的"2-29"会按文本进行处理。文本前加上负号，将返回错误值#VALUE!，通过用 COUNT 函数判断-"2-29"是否为数值的方法，确定当前年度是否为闰年。

注意

（1）1900 年实际为平年，但在 Excel 默认的 1900 年日期系统中，为了兼容其他程序，保留了 1900-2-29 这个不存在的日期，将 1900 年处理为闰年。

（2）"2-29"的写法在不同语言的 Excel 版本中结果可能会有差异。

15.2.5 计算员工退休日期

示例 15-10 使用日期函数计算员工退休日期

在图 15-11 所示的员工信息表中，需要根据 B 列的性别信息和 C 列的身份证号码判断员工退休日期。根据规定，男性退休年龄为 60 岁，女性退休年龄为 55 岁。

	A	B	C	D
1	姓名	性别	身份证号码	退休日期
2	陆海娟	女	230710198105050224	2036/5/5
3	赵祖明	男	370829198402110357	2044/2/11
4	张继明	男	37088219840828005x	2044/8/28
5	马国平	男	370829198504195910	2045/4/19
6	冯敏华	女	370882198503153243	2040/3/15
7	赵玉珍	女	622201198205121828	2037/5/12
8	李军平	女	370481198002293201	2035/2/28
9	魏竞生	男	370802198308270998	2043/8/27
10	周兴全	男	370882198506300032	2045/6/30
11	段磊	女	370811198305051267	2038/5/5
12	吴映仙	女	370811197704060064	2032/4/6

图 15-11　计算员工退休日期

D2 单元格输入以下公式，并向下复制：

```
=EDATE(TEXT(MID(C2,7,8),"0!/00!/00"),IF(B2="女",660,720))
```

首先用 MID(C2,7,8)提取 C2 单元格身份证号码中的出生日期码“19810505”。

TEXT 函数第二参数使用“0!/00!/00”，目的是在日期码的右起第三位、右起第五位之后强制加上符号“/”，转换为能够被 Excel 识别为日期的字符串“1981/05/05”。

EDATE 函数返回指定月份之后的日期值。指定月份值由 IF 函数判断后得出，如果 B2 单元格性别为“女”，指定月份为 660 个月，否则为 720 个月。也就是计算从出生日期开始，女性 55 年、男性 60 年之后的日期。

根据逻辑运算的原理，公式可简化为：

```
=EDATE(TEXT(MID(C2,7,8),"0!/00!/00"),720-(B2="女")*60)
```

15.2.6　返回指定月份的总天数

由于每个月的月末日期即是当月的总天数，因此，当希望得到某个月份的总天数时，可以使用该原理来处理。

示例 15-11　计算本月总天数

EOMONTH 函数返回指定月数之前或之后月份的最后一天的日期，如图 15-12 所示，使用以下公式可以计算本月天数。

```
=DAY(EOMONTH(TODAY(),0))
```

TODAY()函数生成系统当前的日期。EOMONTH 函数返回当前日期的 0 个月之后，也就是本月最后一天的日期序列值，最后使用 DAY 函数计算出该日期是当月的第几天。

同理，使用以下公式，可以计算本月剩余天数，如图 15-13 所示。

```
=EOMONTH(TODAY(),0)-TODAY()
```

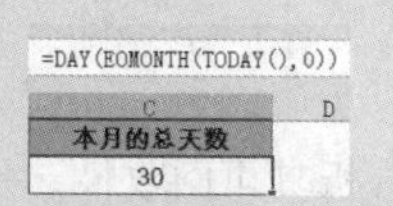

图 15-12　计算本月天数

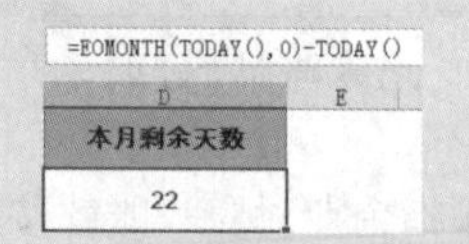

图 15-13　本月剩余天数

使用本公式时，Excel 会自动将单元格格式更改为日期格式，需手动设置为常规格式，才能返回正确计算结果。

第 15 章 Excel 2013

15.3 认识 DATEDIF 函数

DATEDIF 函数是一个隐藏的、但是功能十分强大的日期函数，用于计算两个日期之间的天数、月数或年数。在 Excel 的函数列表中没有显示此函数，帮助文件中也没有相关说明。

其基本语法为：

```
DATEDIF(start_date,end_date,unit)
```

◆ Start_date 代表时间段内的起始日期，可以是带引号的日期文本串（如"2014/1/30"）、日期序列值或其他公式或函数的运算结果（如 DATE(2014,1,30)）等。

◆ End_date 代表时间段内的结束日期。结束日期要大于起始日期，否则将返回错误值#NUM!。

◆ Unit 为所需信息的返回类型，该参数不区分大小写。不同 Unit 参数返回的结果如图 15-14 所示。

	A	B
1	Unit参数	函数返回结果
2	"Y"	时间段中的整年数。
3	"M"	时间段中的整月数。
4	"D"	时间段中的天数。
5	"MD"	日期天数的差。忽略日期中月和年。
6	"YM"	日期中月数的差。忽略日期中的日和年。
7	"YD"	日期中天数的差。忽略日期中的年。

图 15-14 DATEDIF 函数不同参数作用

15.3.1 函数的基本用法

DATEDIF 函数第三参数使用“Y”，表示计算时间段中的整年数。

示例 15-12 计算员工工龄费

如图 15-15 所示，是某公司 2014 年 10 月的工资表，需要根据 B 列的入司时间计算工龄费。入司时间每满一年，工龄费 50 元。工龄计算的结束时间为 2014 年 10 月 1 日。

	A	B	C	D	E
1	姓名	入司时间	工龄费	基本工资	岗位补助
2	李润祥	2012/7/15	100	3600	137
3	赵嘉玲	2011/6/22	150	3600	121
4	贾伟卿	2013/8/25	50	4000	199
5	王美芬	2013/10/2	0	3200	169
6	王琼华	2010/5/20	200	4300	186
7	蔡明成	2008/5/1	300	3800	190
8	钟煜	2009/10/25	200	3800	106
9	王美华	2007/5/6	350	3200	122
10	丁志忠	2010/9/14	200	4000	171
11	宋天祥	2011/9/6	150	3600	193

图 15-15 工资表

C2 单元格输入以下公式，并向下复制：

```
=DATEDIF(B2,"2014/10/1","Y")*50
```

第三参数使用“Y”，不足一年的部分将被舍去，如 B5 单元格的入司时间为 2013/10/2，距截止时间 2014/10/1 相差一天，DATEDIF 函数计算整年数时判断为 0。

DATEDIF 函数第二参数使用“M”，表示计算时间段中的整月数。

示例 15-13 计算账龄区间

账龄分析是指企业对应收账款按账龄长短进行分类，并分析其可回收性。是财务工作中一个重要的组成。图 15-16 所示为某企业账龄分析表的部分内容，B 列是业务发生日期，需要在 D 列计算出对应的账龄区间。

D2 单元格使用以下公式，并向下复制：

```
=LOOKUP(DATEDIF(B2,TODAY(),"M"),{0,6,12,24},{"6个月以内","6-12个月","1-2年","2年以上"})
```

	A	B	C	D
1	业务单位	业务发生日期	业务金额（万元）	账龄
2	华阳能源	2014/4/12	120	6个月以内
3	郑州天元	2013/6/30	46	1-2年
4	新澳华康	2013/8/15	113	1-2年
5	天马股份	2014/9/25	65	6个月以内
6	黎明纺织	2012/7/2	123	2年以上
7	赛客机械	2014/1/15	94	6-12个月
8	新阳化工	2014/6/24	109	6个月以内
9	光辉电控	2014/6/11	20	6个月以内

图 15-16　账龄分析表

DATEDIF 函数第二参数使用“M”，计算 B2 单元格日期与当前日期 TODAY()间隔的整月数，不足一个月的部分被舍去。计算结果为 5，用作 LOOKUP 函数的第一参数查询值。

LOOKUP 函数在{0,6,12,24}中查找小于或等于 5 的最大值进行匹配，然后返回第三参数{"6 个月以内","6-12 个月","1-2 年","2 年以上"}中相同位置的值，最终计算结果为“6 个月以内”。

15.3.2 设置员工生日提醒

DATEDIF 函数第二参数使用“YD”，表示计算时间段中忽略年份的天数差。

示例 15-14 员工生日提醒

在图 15-17 所示的员工信息表中，B 列是员工的出生日期。HR 部门在员工生日时需要送出生日礼物，因此希望在生日之前提前 10 天进行提醒。

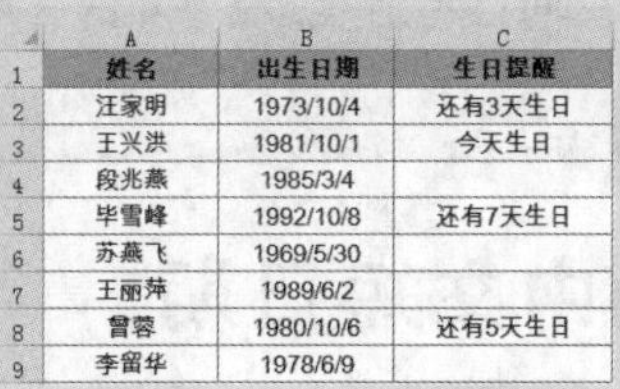

	A	B	C
1	姓名	出生日期	生日提醒
2	汪家明	1973/10/4	还有3天生日
3	王兴洪	1981/10/1	今天生日
4	段兆燕	1985/3/4	
5	毕雪峰	1992/10/8	还有7天生日
6	苏燕飞	1969/5/30	
7	王丽萍	1989/6/2	
8	曾蓉	1980/10/6	还有5天生日
9	李留华	1978/6/9	

图 15-17　员工生日提醒

C2 单元格使用以下公式：

```
=TEXT(10-DATEDIF(B2-10,TODAY(),"YD"),"还有0天生日;;今天生日")
```

DATEDIF 函数第二参数使用“YD”忽略年份计算天数差。假定当前日期为 2014 年 10 月 1 日，C2 单元格使用以下公式时，会返回结果为 362 天：

```
=DATEDIF(B2,TODAY(),"YD")
```

DATEDIF 函数第二参数使用“YD”时的运算规则如表 15-1 所示。

表 15-1　Unit 参数使用“YD”时的处理规则

<table>
<tr><th rowspan="2">结束日期为以下情况</th><th colspan="2">两者相减规则</th></tr>
<tr><th>够减</th><th>不够减</th></tr>
<tr><td>当结束日期为 3 月份且结束日期的 day 大于等于起始日期的 day 时</td><td rowspan="2">【起始日期年份&结束日期的日期值】-起始日期</td><td rowspan="2">【起始日期年份+1&结束日期的日期值】-起始日期</td></tr>
<tr><td>当结束日期不是 3 月份时</td></tr>
<tr><td>当结束日期为 3 月份且结束日期的 day 小于起始日期的 day 时</td><td>结束日期-【结束日期年份&起始日期的日期值】</td><td>结束日期-【结束日期年份-1&起始日期的日期值】</td></tr>
</table>

DATEDIF(B2-10,TODAY(),"YD")部分，因为希望提前 10 天提醒，所以先使用出生日期-10。计算结果为 7，也就是两个日期实际相差 10-7=3 天。

最后使用 TEXT 函数处理 DATEDIF 函数的计算结果。大于 0 显示为“还有 N 天生日”，小于 0 显示为空值，等于 0 显示为“今天生日”。

由于 DATEDIF 函数第二参数在使用“YD”时有特殊的计算规则，因此当结束日期是 3 月份时，计算结果可能会出现一天的误差。如需得到精确结果，可以使用以下数组公式完成：

```
{=TEXT(IFERROR(MATCH(TEXT(B2,"mmdd"),TEXT(NOW()+ROW($1:$11)-1,"mmdd"),)-1,-1),"还有0天生日;;今天生日")}
```

公式主要思路是先用 NOW()+ROW($1:$11)-1 构造从今天开始连续的 11 个日期所组成的数组，即当前日期 0 至 10 天后的日期。然后用 MATCH 函数查找生日日期在这个数组中的位置。如果 MATCH 函数返回一个数字，即表明生日日期在这个 11 个元素的数组中存在，也就是在未来 10 日内生日。

具体实现时用 TEXT 函数将 B2 单元格的日期转换成两位月份两位日期的形式，即“mmdd”格式，例如 10 月 4 日将返回“1004”，并用 TEXT 函数将 11 个日期构成的数组作同样的转换，以保持日期数据的一致性，避免 1 月 29 日与 12 月 9 日、1 月 11 日与 11 月 1 日等情况下的误判。

如果 MATCH 函数返回 1，即表明今天就是生日，为了套用 TEXT 函数参数代码 0 值时返回“今天生日”，这里进行了-1 处理。

如果生日不在数组中，MATCH 函数会返回错误值，而此时希望公式显示空白。IFERROR 函数的作用是当 MATCH 函数出现错误值时，指定返回值为-1，再将 TEXT 函数的参数代码中的负数部分指定返回为空白，从而实现生日不在未来 10 天中，公式显示空白的目的。

如果生日是闰年的 2 月 29 日，可以特别指定是平年的 2 月 28 日还是 3 月 1 日生日，否则只能每 4 年过一次生日。

15.4 返回日期值的中文短日期

DATESTRING 函数用于返回指定日期值的中文短日期。同 DATEDIF 函数一样，该函数属于隐藏函数，在 Excel 的函数列表中没有显示此函数，帮助文件中也没有相关说明。

如图 15-18 所示，A 列为日期值，B2 单元格使用以下公式，将返回“yy 年 mm 月 dd 日”格式的中文短日期：

```
=DATESTRING(A2)
```

	A	B
1	日期值	中文短日期
2	2015/2/14	15年02月14日
3	2014/3/31	14年03月31日
4	2014/12/31	14年12月31日
5	2015/1/1	15年01月01日
6	2015/2/18	15年02月18日
7	2014/6/30	14年06月30日
8	1998/2/15	98年02月15日
9	2000/2/16	00年02月16日

图 15-18 返回中文短日期

15.5 星期相关函数

Excel 2013 提供的用于处理星期的函数主要包括 WEEKDAY 函数、WEEKNUM 函数以及 ISOWEEKNUM 函数。除此之外，也经常用 MOD 函数和 TEXT 函数完成星期值的处理。

15.5.1 返回指定日期的星期值

WEEKDAY 函数，返回对应于某个日期的一周中的第几天。默认情况下，天数是 1（星期日）到 7（星期六）范围内的整数。该函数的基本语法如下：

```
WEEKDAY(serial_number,[return_type])
```

return_type 参数用于确定返回值类型的数字，不同的参数对应返回值的类型如图 15-19 所示。

Return_type	返回的内容
1 或省略	数字 1（星期日）到 7（星期六）。
2	数字 1（星期一）到 7（星期日）。
3	数字 0（星期一）到 6（星期日）。
11	数字 1（星期一）到 7（星期日）。
12	数字 1（星期二）到数字 7（星期一）。
13	数字 1（星期三）到数字 7（星期二）。
14	数字 1（星期四）到数字 7（星期三）。
15	数字 1（星期五）到数字 7（星期四）。
16	数字 1（星期六）到数字 7（星期五）。
17	数字 1（星期日）到 7（星期六）。

图 15-19　WEEKDAY 函数返回值类型

在中国，习惯上把星期一到星期日做为一周。WEEKDAY 函数第二参数使用 2 时，返回的数字 1~7 即分别表示星期一至星期日。以下公式可以返回系统当前年份国庆节的星期值：

```
=WEEKDAY("10-1",2)
```

如果系统当前年份为 2015 年，公式结果将返回 4。

示例 15-15 计算指定日期是星期几

如图 15-20 所示，分别使用不同函数公式返回 B1:H1 单元格日期对应的星期值。

公式	2014/10/20	2014/10/21	2014/10/22	2014/10/23	2014/10/24	2014/10/25	2014/10/26
WEEKDAY(B1,2)	1	2	3	4	5	6	7
MOD(B1-2,7)+1	1	2	3	4	5	6	7
TEXT(B1,"aaaa")	星期一	星期二	星期三	星期四	星期五	星期六	星期日
TEXT(B1,"aaa")	一	二	三	四	五	六	日
TEXT(B1,"dddd")	Monday	Tuesday	Wednesday	Thursday	Friday	Saturday	Sunday
TEXT(B1,"ddd")	Mon	Tue	Wed	Thu	Fri	Sat	Sun

图 15-20　计算指定日期是星期几

B2 单元格公式为：

```
=WEEKDAY(B1,2)
```

WEEKDAY 函数第二参数为 2，返回 1 至 7 的数字，表示从星期一到星期日为一周。

B3 单元格公式为：

```
=MOD(B1-2,7)+1
```

MOD 函数根据每周均由星期一到星期日 7 天循环的原理，计算日期与 7 相除的余数。MOD 函数被除数减 2 结果+1，返回结果与 WEEKDAY 函数相同的数值。

B4:B7 单元格公式分别为：

```
=TEXT(B1,"aaaa")
=TEXT(B1,"aaa")
=TEXT(B1,"dddd")
=TEXT(B1,"ddd")
```

TEXT 函数第二参数利用了 Excel 的内置数字格式代码。

第二参数使用"aaaa"时，返回中文“星期一”。

第二参数使用"aaa"时，返回中文星期简写“一”。

第二参数使用"dddd"时，返回英文“Monday”。

第二参数使用"ddd"时，返回英文星期简写“Mon”。

注意

与设置自定义格式有所不同，自定义格式只影响单元格显示效果，不会改变单元格实际内容，而 TEXT 函数返回的星期值为文本内容，失去了日期的意义，不能参与后续的计算。实际应用中，可根据需要选择函数类型。

15.5.2 计算某月有几个星期六

示例 15-16 计算指定日期所在月份有几个星期六

如图 15-21 所示，A 列为目标日期，需要在 B 列计算日期所在月份有几个星期六。

	A	B
1	日期	当月有几个周六
2	2014/2/5	4
3	2014/3/16	5
4	2014/1/12	4
5	2014/6/1	4
6	2014/8/25	5
7	2014/11/6	5

图 15-21 日期所在月份有几个星期六

B2 单元格输入以下数组公式，然后按<Ctrl+Shift+Enter>组合键，向下复制到 B7 单元格。

```
{=COUNT(0/(MOD(TEXT(A2,"e-m")&-ROW($1:$31),7)=0))}
```

首先用 TEXT 函数返回 A2 单元格日期的“年-月”，再用文本连接符与 ROW($1:$31)连接，得到一组日期样式的字符串{"2014-2-1";"2014-2-2";……;"2014-2-29";"2014-2-30";"2014-2-31"}。

MOD 函数计算日期字符串与 7 相除的余数，如果日期为星期六，MOD 函数结果为 0。对于"2014-2-30"、"2014-2-31"等不存在的日期，返回错误值#VALUE!。

“MOD(TEXT(A2,"e-m")&-ROW($1:$31),7)=0”部分，用等式判断 MOD 函数的结果是否等于 0，返回一组由逻辑值 TRUE 和 FALSE 以及错误值#VALUE!构成的内存数组。

0 除以逻辑值 TRUE，返回数值 0，其他将返回错误值#DIV/0!或#VALUE!。

最后使用 COUNT 函数计算数组中的字符个数，结果为 4。

15.5.3 判断指定日期是本年的第几周

WEEKNUM 函数返回指定日期属于全年的第几周，该函数的语法结构与 WEEKDAY 函数的语法结构完全相同。因为习惯上把星期一到星期日算作一周，所以通常将 WEEKNUM 函数的 return_type 参数设置为 2。

ISOWEEKNUM 函数是 Excel 2013 新增的一个星期类函数。用于返回给定日期在全年中的 ISO 周数。ISO 8601 是国际标准化组织的国际标准日期和时间表示方法，主要在欧洲流行。

示例 15-17 判断指定日期是本年的第几周

如图 15-22 所示，A 列为目标日期，B 列和 C 列分别使用 WEEKNUM 函数和 ISOWEEKNUM 函数，判断目标日期是该年的第几周。

	A	B	C
1	日期	WEEKNUM函数	ISOWEEKNUM函数
2	2012/1/1	1	52
3	2012/1/2	2	1
4	2014/5/31	22	22
5	2014/6/1	22	22
6	2014/8/25	35	35
7	2014/11/6	45	45

图 15-22 判断指定日期是本年的第几周

B2 单元格公式为：

```
=WEEKNUM(A2,2)
```

WEEKNUM 函数将包含 1 月 1 日的周识别为该年的第 1 周。A2 单元格中的 2012 年 1 月 1 日被判断为该年度的第 1 周。

C2 单元格公式为：

```
=ISOWEEKNUM(A2)
```

ISOWEEKNUM 函数将包含该年的第一个星期四的周识别为该年的第 1 周。2012 年 1 月 1 日为星期日，因此判断为上年度的第 52 周。

15.5.4 返回最近星期日的日期

示例 15-18 返回过去最近星期日的日期

以下公式将返回当前日期上一个星期日的日期，如果当前日期是星期日，则返回前一个星期日的日期：

```
=TODAY()-WEEKDAY(TODAY(),2)
```

WEEKDAY(TODAY(),2)部分返回系统当前日期的星期值，用当前日期减去当前日期的星期值，得到上一个星期日的日期。

同理，以下公式将返回当前日期下一个星期日的日期：

```
=TODAY()-WEEKDAY(TODAY(),2)+7
```


15.5.5 计算指定年份母亲节的日期

每年 5 月份的第二个星期日是母亲节，利用星期类函数可以计算出指定年份母亲节的日期。

示例 15-19 计算母亲节的日期

如图 15-23 所示，需要根据 A2 单元格的年份值计算出该年母亲节的日期。

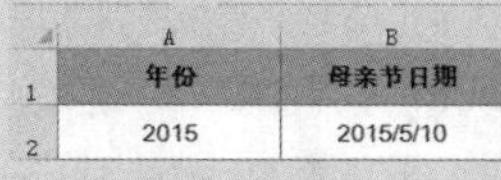

	A	B
1	年份	母亲节日期
2	2015	2015/5/10

图 15-23 母亲节日期

B2 单元格使用以下公式：

```
=(A2&"-5-1")-WEEKDAY(A2&"-5-1",2)+14
```

首先将 A2 与字符串“-5-1”连接，得到能够被 Excel 识别为日期的新字符串“2015-5-1”。使用 WEEKDAY 函数计算出“2015-5-1”的星期值，再用“2015-5-1”减去当天的星期值，得到 5 月 1 日之前的上一个星期日的日期。再加上 14 天，计算出该年 5 月份的第二个星期日，即母亲节的日期。

15.6 工作日相关函数

Excel 2013 提供了 4 个用于计算工作日的函数，分别是 WORKDAY 函数、WORKDAY.INTL 函数、NETWORKDAYS 函数和 NETWORKDAYS.INTL 函数。

15.6.1 WORKDAY 函数

WORKDAY 函数用于返回在起始日期之前或之后、与该日期相隔指定工作日的日期。

函数的基本语法如下：

```
WORKDAY(start_date, days, [holidays])
```

第一参数 start_date 为起始日期；第二参数 days 为开始日期之前或之后不含周末及节假日的天数；第三参数 holidays 可选，为包含需要从工作日历中排除的一个或多个节假日日期。

示例 15-20 计算证件办理完毕的日期

某食品药品监督管理局办理《食品流通许可证》需要 15 个工作日，遇休息日和法定节假日顺延。在图 15-24 所示的申办受理表中，B 列为受理日期，E 列为法定节假日。需要在 C 列计算发证日期。

	A	B	C	D	E
1	办理时限	15个工作日			法定假日
2					2015/1/1
3	申办单位（人）	受理日期	发证日期		2015/1/2
4	利群超市	2014/10/27	2014/11/17		2015/1/3
5	嘉华美食城	2014/10/30	2014/11/20		
6	康海食府	2014/11/3	2014/11/24		
7	得意快餐	2014/11/12	2014/12/3		
8	光明小吃	2014/11/3	2014/11/24		
9	金辉宾馆	2014/12/19	2015/1/13		
10	食尚园	2014/12/25	2015/1/19		

图 15-24 计算发证日期

C4 单元格使用以下公式，并向下复制：

```
=WORKDAY(B4,15,E$2:E$4)
```

公式中，B4 为起始日期，指定的工作日天数为 15，E$2:E$4 单元格区域为需要排除的节假日日期，Excel 计算时自动忽略这些日期来计算工作日，返回发证日期 2014/11/17。

15.6.2 NETWORKDAYS 函数

NETWORKDAYS 函数用于返回两个日期之间完整的工作日天数。

该函数的基本语法如下：

```
NETWORKDAYS(start_date, end_date, [holidays])
```

第一参数 start_date 为起始日期；第二参数 end_date 为结束日期；第三参数 holidays 可选，为包含需要从工作日历中排除的一个或多个节假日日期。

示例 15-21 计算本月应出勤天数

图 15-25 所示为某公司人事部门的员工考勤表的部分数据，其中 6 月份考勤的计算期间为 5 月 26 日至 6 月 25 日。要求在 C 列，根据 B1 单元格指定的年份和 D1 单元格指定的月份计算员工本月应出勤天数。

C4 单元格计算考勤天数的公式如下：

```
=NETWORKDAYS(DATE(B$1,D$1-1,26),DATE(B$1,D$1,25))
```

首先使用 DATE 函数组成两个日期，DATE(B$1,D$1-1,26)的计算结果为“2015-5-26”，也就是 6 月份的考勤起始期间。

	A	B	C	D
1	年份	2015	月份	6
2				
3	姓名	部门	本月应出勤	实出勤
4	窦林燕	生产部	23	
5	李春燕	纪检部	23	
6	于丙福	销售部	23	
7	马万明	采购部	23	
8	王建中	企管部	23	
9	李小帅	安监部	23	
10	李文焕	财务部	23	

图 15-25　计算本月应出勤天数

DATE(B$1,D$1,25) 计算结果为“2015-6-25”，也就是 6 月份的考勤结束期间。

使用 NETWORKDAYS 函数计算出两个日期间的工作日天数，结果为 23。

15.6.3　NETWORKDAYS.INTL 函数

NETWORKDAYS.INTL 函数的作用是使用自定义周末参数，返回两个日期之间的工作日天数。

该函数的基本语法为：

```
NETWORKDAYS.INTL(start_date, end_date, [weekend], [holidays])
```

第一参数 start_date 为起始日期；第二参数 end_date 为结束日期；第三参数 weekend 可选，为指定的自定义周末类型；第四参数 holidays 可选，为包含需要从工作日历中排除的一个或多个节假日日期。

NETWORKDAYS.INTL 函数使用不同 weekend 参数时，对应的自定义周末日如图 15-26 所示。

	A	B
1	weekend 数值	周末日
2	1 或省略	星期六、星期日
3	2	星期日、星期一
4	3	星期一、星期二
5	4	星期二、星期三
6	5	星期三、星期四
7	6	星期四、星期五
8	7	星期五、星期六
9	11	仅星期日
10	12	仅星期一
11	13	仅星期二
12	14	仅星期三
13	15	仅星期四
14	16	仅星期五
15	17	仅星期六

图 15-26　weekend 参数对应的周末日

示例 15-22　处理企业 6 天工作制的应出勤日期

继续以示例 15-21 中的员工考勤表为例，6 月份考勤的计算期间仍为 5 月 26 日至 6 月 25 日。不同的是每周 6 天工作日，星期日为休息日。要求在 C 列计算员工本月应出勤天数，如图 15-27 所示。

	A	B	C	D
1	年份	2015	月份	6
2				
3	姓名	部门	本月应出勤	实出勤
4	窦林燕	生产部	27	
5	李春燕	纪检部	27	
6	于丙福	销售部	27	
7	马万明	采购部	27	
8	王建中	企管部	27	
9	李小帅	安监部	27	
10	李文焕	财务部	27	

图 15-27　计算 6 天工作制的应出勤日期

C4 单元格使用以下公式：

```
=NETWORKDAYS.INTL(DATE(B$1,D$1-1,26),DATE(B$1,D$1,25),11)
```

NETWORKDAYS.INTL 函数第三参数使用 11，表示仅星期日为休息日。

weekend 参数也可以使用由 1 和 0 组成的 7 位数字符串，0 为工作日，1 为休息日。这种表现形式更为直观，也更便于记忆。

以下公式也可完成相同的计算：

```
=NETWORKDAYS.INTL(DATE(B$1,D$1-1,26),DATE(B$1,D$1,25),"0000001")
```

weekend 参数使用 7 位数字符串，处理自定义休息日时非常方便灵活，如果周二、周四和周六为休息日，则可使用“0101010”表示。

根据 NETWORKDAYS.INTL 函数能够自定义周末参数的特点，在示例 15-16 中，也可以使用以下公式计算指定日期所在月份中有多少个星期六：

```
=NETWORKDAYS.INTL(A2-DAY(A2)+1,EOMONTH(A2,0),"1111101")
```

NETWORKDAYS.INTL 函数的第三参数使用“1111101”，表示仅以星期六作为工作日，计算 A2 单元格日期值的当月第一天至最后一天之间的工作日数。计算结果如图 15-28 所示。

日期	数组公式	NETWORKDAYS.INTL函数
2014/2/5	4	4
2014/3/16	5	5
2014/1/12	4	4
2014/6/1	4	4
2014/8/25	5	5
2014/11/6	5	5

图 15-28 日期所在月份有多少个星期六

15.6.4 WORKDAY.INTL 函数

WORKDAY.INTL 函数的作用是使用自定义周末参数，返回在起始日期之前或之后、与该日期相隔指定工作日的日期。与 NETWORKDAYS.INTL 函数一样，WORKDAY.INTL 函数借助 weekend 参数，同样可以非常灵活地实现非 5 天工作日的日期计算，这里不再赘述。

15.7 时间的计算

Excel 2013 提供了部分用于处理时间的函数，常用时间类函数及作用如图 15-29 所示。

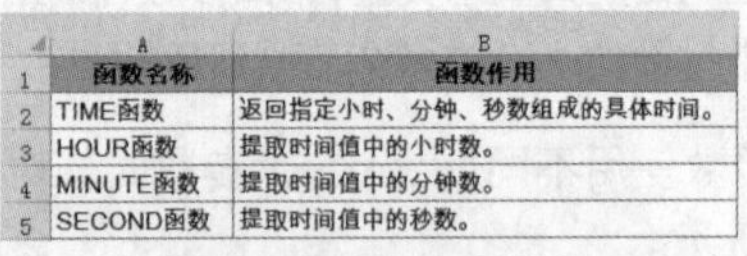

函数名称	函数作用
TIME函数	返回指定小时、分钟、秒数组成的具体时间。
HOUR函数	提取时间值中的小时数。
MINUTE函数	提取时间值中的分钟数。
SECOND函数	提取时间值中的秒数。

图 15-29 时间类函数

15.7.1 时间的加减计算

在处理时间数据时，一般仅对数据进行加法和减法的计算。如计算累计通话时长、两个时间的间隔时长等。

示例 15-23 计算船舶停留时间

图 15-30 所示为某港口船舶进出港记录表的一部分，需要根据 B 列的进港时间和 C 列的出港时间，计算船舶的停留时间。

船舶编号	进港时间	离港时间	停留分钟
2012020499	2014-6-17 12:30:00	2014-6-19 20:25:45	3355
2012020500	2014-6-17 10:40:00	2014-6-18 00:21:03	821
2012020501	2014-6-16 20:56:00	2014-6-18 00:27:30	1651
2012020502	2014-6-17 21:44:00	2014-6-18 01:43:23	239
2012020503	2014-6-17 20:32:00	2014-6-18 01:43:44	311
2012020504	2014-6-17 15:00:00	2014-6-18 01:44:33	644
2012020505	2014-6-17 08:50:00	2014-6-17 10:18:55	88
2012020506	2014-6-17 08:10:00	2014-6-17 10:28:29	138
2012020507	2014-6-19 19:40:00	2014-6-20 00:18:55	278

图 15-30 计算船舶停留时间

D2 单元格输入以下公式，并向下复制：

```
=INT((C2-B2)*1440)
```

1 天等于 24 小时，1 小时等于 60 分钟，即一天有 1440 分钟。要计算两个时间间隔的分钟数，只要用离港时间减进港时间，再乘以 1440 即可。最后用 INT 函数舍去计算结果中不足一分钟的部分，计算出停留分钟数。

如果需要计算两个时间间隔的秒数，可使用以下公式：

```
=(C2-B2)*86400
```

一天有 86400 秒，所以计算秒数时使用结束时间减去开始时间，再乘以 86400。

除此之外，使用 TEXT 函数能够以文本格式的数字返回两个时间的间隔。

```
取整的间隔小时数 =TEXT(C2-B2,"[h]")
取整的间隔分钟数 =TEXT(C2-B2,"[m]")
取整的间隔秒数   =TEXT(C2-B2,"[s]")
```

15.7.2 计算车辆运行时长

示例 15-24 计算车辆运行时长

图 15-31 所示为某运输公司省内货运班车运行记录表的部分数据。需要根据 D 列的发车时间和 E 列的到达时间计算运行时长。

	A	B	C	D	E	F
1	车号	出发地	目的地	发车时间	到达时间	运行时长
2	鲁N83455	德州	聊城	22:36	1:20	##########
3	鲁A16520	济南	烟台	18:20	1:10	##########
4	鲁Q33260	济宁	潍坊	20:20	3:35	##########
5	鲁N53628	青岛	烟台	16:00	19:30	3:30
6	鲁M22695	淄博	滨州	21:20	22:55	1:35

图 15-31 货运班车运行记录表

F2 单元格使用以下公式计算：

```
=E2-D2
```

由于部分车辆的到达时间为次日凌晨，仅从时间来判断，到达时间小于发车时间。两者相减得出负数，计算结果会出现错误，如 F2:F4 单元格所示。

通常情况下，省内运输的时长不会超过 24 小时。可以借助 MOD 函数，将运算结果转换为正值：

```
=MOD(E2-D2,1)
```

MOD 函数计算 E2-D2 的结果除 1 的余数，运算结果的正负符号与除数 1 相同。因此能够得出正确计算结果，修正后的计算结果如图 15-32 中 G 列所示。

	A	B	C	D	E	F	G
1	车号	出发地	目的地	发车时间	到达时间	运行时长	MOD函数
2	鲁N83455	德州	聊城	22:36	1:20	########	2:44
3	鲁A16520	济南	烟台	18:20	1:10	########	6:50
4	鲁Q33260	济宁	潍坊	20:20	3:35	########	7:15
5	鲁N53628	青岛	烟台	16:00	19:30	3:30	3:30
6	鲁M22695	淄博	滨州	21:20	22:55	1:35	1:35

图 15-32 运行时长公式修正结果

15.7.3 文本格式时间的计算

示例 15-25 计算员工技能考核平均用时

图 15-33 所示为某企业员工技能考核表的部分数据，B 列是以文本形式记录的员工操作用时。

需要计算员工的平均操作时长。

	A	B	C	D
1	姓名	测试结果		平均时长
2	戚自良	1分18秒		0:01:12
3	史应芳	59秒		
4	李秀梅	57秒		
5	蔡云梅	1分20秒		
6	李秀忠	1分32秒		
7	彭本昌	57秒		
8	范润金	1分12秒		
9	苏家华	1分6秒		
10	梁认喜	1分27秒		

图 15-33 技能考核平均用时

D2 单元格使用以下公式，然后按<Ctrl+Shift+Enter>组合键：

```
{=SUM(--TEXT({"0时","0时0分"}&B2:B10,"h:m:s;;;!0"))/9}
```

由于 B 列的时间记录是文本内容，Excel 无法直接识别和计算。

使用字符串{"0 时","0 时 0 分"}与 B2:B10 单元格的内容连接，变成一行两列的内存数组{"0 时 1 分 18 秒","0 时 0 分 1 分 18 秒";"0 时 59 秒","0 时 0 分 59 秒";……;"0 时 1 分 27 秒","0 时 0 分 1 分 27 秒"}。

Excel 将“0 时 0 分 0 秒”样式的文本字符串识别为时间，将“0 时 0 秒”、“0 时 0 时 0 分 0 秒”等样式的字符串仍然识别为文本。

TEXT 函数第二参数使用“h:m:s;;;!0”，将时间样式的字符串转换为“h:m:s”样式，文本字符串强制显示为 0。计算结果为{"0:1:18","0";"0","0:0:59";……;"0:1:27","0"}。

TEXT 函数计算出的结果仍然为文本，加上两个负号，即负数的负数为正数，通过减负运算将文本结果转换为可运算的数值。

最后使用 SUM 函数求和，求和结果除以总人数 9，得到考核平均用时。

如果计算结果显示为小数，可设置 D2 单元格的单元格格式为“h:mm:ss”格式。

15.7.4 在日期时间数据中提取时间或日期

从数据库中导出的日期数据往往同时包含日期和时间，如图 15-34 所示，需要在 B 列和 C 列分别提取 A 列数据中的日期和时间。

	A	B	C
1	日期与时间	日期	时间
2	2012/5/29 01:13:26	2012/5/29	1:13:26
3	2012/5/24 09:21:36	2012/5/24	9:21:36
4	2012/6/3 13:29:17	2012/6/3	13:29:17
5	2012/6/2 16:16:19	2012/6/2	16:16:19
6	2012/5/30 21:37:26	2012/5/30	21:37:26
7	2012/5/19 20:24:00	2012/5/19	20:24:00
8	2012/5/24 11:11:02	2012/5/24	11:11:02
9	2012/5/28 07:29:17	2012/5/28	7:29:17
10	2012/5/18 02:44:10	2012/5/18	2:44:10
11	2012/5/28 08:09:36	2012/5/28	8:09:36

图 15-34 提取日期和时间

由于时间和日期数据的实质都是序列值，因此既包含日期又包含时间的数据可以看作是带小数的数值。其中整数部分代表日期的序列值，小数部分代表时间的序列值。

B2 单元格可使用以下公式提取日期数据：

```
=INT(A2)
=TRUNC(A2)
```

使用 INT 函数或 TRUNC 函数提取 A 列数值的整数部分，结果即为代表日期的序列值。

C2 单元格可使用以下公式提取时间数据：

```
=A2-INT(A2)
=MOD(A2,1)
```

使用 MOD 函数计算 A2 单元格与 1 相除的余数，得到 A2 数值的小数部分，结果即为代表时间的序列值。如果结果显示为小数，可将单元格格式设置为“h:mm:ss”。

15.8 时间和日期函数的综合运用

15.8.1 计算两个日期相差的年、月、日数

在计算工龄、发票报销期限等日期计算应用中，经常要求两个日期的时间差以“0 年 0 个月 0 天”的样式表现。

示例 15-26 计算两个日期间隔的年、月、日数

如图 15-35 所示，B 列数据为开始日期，C 列数据为终止日期，需要在 D 列计算日期间隔的年、月、日数。

	A	B	C	D
1	序号	开始日期	终止日期	间隔期限
2	1	2011/12/30	2015/1/10	3年0个月11天
3	2	2011/8/27	2015/1/11	3年4个月15天
4	3	2011/3/25	2015/1/12	3年9个月18天
5	4	2012/7/3	2015/1/13	2年6个月10天
6	5	2012/1/12	2015/1/14	3年0个月2天
7	6	2014/9/12	2015/1/15	0年4个月3天

图 15-35 计算日期间隔

D2 单元格使用以下公式：

```
=DATEDIF(B2,C2,"Y")&"年"&DATEDIF(B2,C2,"YM")&"个月"&DATEDIF(B2,C2,"MD")&"天"
```

公式中使用了 3 个 DATEDIF 函数。第二参数分别使用“Y”，计算时间段中的整年数。使用“YM”，忽略日和年计算日期相差的月数。使用“MD”，忽略月和年计算日期相差的天数。

最后将 3 个函数的计算结果与字符串“年”、“个月”、“天”进行连接，最终得到“0 年 0 个月 0 天”样式的结果。

由于月份和天数均不会超过两位数，也可使用以下公式完成计算：

```
=TEXT(SUM(DATEDIF(B2,C2,{"Y","YM","MD"})*{10000,100,1}),"0年00个月00天")
```

DATEDIF 函数第二参数使用常量数组{"Y","YM","MD"}，分别计算时间段中的整年数、忽略日和年的相差月数、忽略月和年的相差天数，返回内存数组{3,0,11}。

用该内存数组与{10000,100,1}相乘，即年数乘 10000，月数乘 100，天数乘 1。使用 SUM 函数求和后得到由年数和两位月数、两位天数组成的数值 30011。

TEXT 函数第二参数使用“0 年 00 个月 00 天”，分别在数值右起第 1 位后面加上字符“天”，右起第 3 位后面加上字符“个月”，右起第五位后面加上字符“年”，最终得到“0 年 00 个月 00 天”样式的结果。效果如图 15-36 中 E 列所示。

	A	B	C	D	E
1	序号	开始日期	终止日期	间隔期限	间隔期限
2	1	2011/12/30	2015/1/10	3年0个月11天	3年00个月11天
3	2	2011/8/27	2015/1/11	3年4个月15天	3年04个月15天
4	3	2011/3/25	2015/1/12	3年9个月18天	3年09个月18天
5	4	2012/7/3	2015/1/13	2年6个月10天	2年06个月10天
6	5	2012/1/12	2015/1/14	3年0个月2天	3年00个月02天
7	6	2014/9/12	2015/1/15	0年4个月3天	0年04个月03天

图 15-36 计算日期间隔

15.8.2 制作员工考勤表

设计合理的考勤表不仅能够直观显示员工的考勤状况，还能减少统计人员的工作量。

示例 15-27 制作员工考勤表

如图 15-37 所示，展示了一份使用窗体工具结合函数公式和条件格式制作的考勤表，当用户调整单元格上的微调按钮时，考勤表中的日期标题会随之调整，并高亮显示周末日期。

图 15-37 员工考勤表

操作步骤如下。

◆ 步骤 1 使用公式完成日期标题填充

C3 单元格输入以下公式，向右复制至 AG3 单元格：

```
=IF(COLUMN(A1)<=DAY(EOMONTH($C1&-$I1,0)),COLUMN(A1),"")
```

效果如图 15-38 所示。

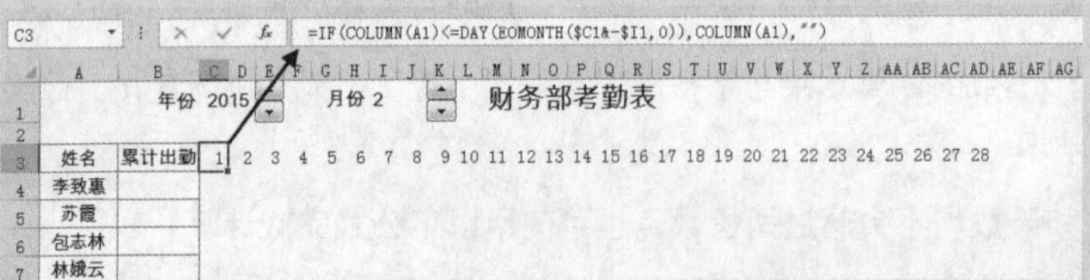

图 15-38 使用公式完成日期填充

公式的目的是在 C3:AG3 单元格区域生成能随着年份、月份动态调整的序列值，作为考勤表的参照日期。

首先用 C1 单元格指定的年份值和 I1 单元格指定的月份值，连接成日期字符串"2016-2"，EOMONTH($C1&-$I1,0)部分，返回日期字符串当月最后一天的日期。再用 DAY 函数计算出该月份最后一天的天数值。

COLUMN(A1)返回 A1 单元格的列号 1，参数 A1 为相对引用，公式向右复制时依次变成 B1、C1、D1……COLUMN 函数的结果变成 2、3、4……得到步长值为 1 的递增序列。

使用 IF 函数进行判断，如果 COLUMN 函数生成的序列值小于等于该月份最后一天的日期，返回 COLUMN 函数结果，否则返回空白。

◆ 步骤 2 设置条件格式，动态显示边框

选中 C3:AG20 单元格区域，在【开始】选项卡中依次单击【条件格式】→【新建规则】命令，弹出【新建格式规则】对话框。

在【新建格式规则】对话框的【选中规则类型】列表框中，选择【使用公式确定要设置格式的单元格】。在【为符合此公式的值设置格式】的编辑框中输入条件公式：

```
=C$3<>""
```

单击【格式】按钮，打开【设置单元格格式】对话框。在【边框】选项卡中，选取合适的边框颜色，单击【外边框】按钮。

最后依次单击【确定】按钮关闭对话框，完成设置，如图 15-39 所示。

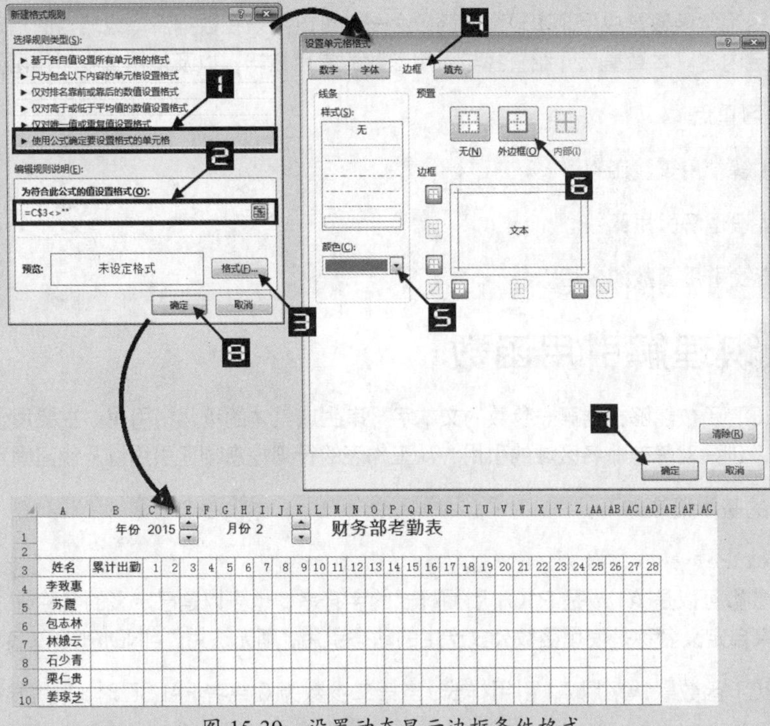

图 15-39　设置动态显示边框条件格式

◆　步骤 3　设置条件格式，高亮显示周末日期

选中 A3:AG3 单元格区域，重复上述条件格式设置步骤 1 至步骤 2，在【编辑规则说明】组合框的【为符合此公式的值设置格式】编辑框中输入条件公式：

```
=(WEEKDAY(DATE($C1,$I1,COLUMN(A1)),2)>5)*(C3<>"")
```

单击【格式】按钮，打开【设置单元格格式】对话框。在【填充】选项卡中，选择合适的背景颜色，如“绿色”。

依次单击【确定】按钮关闭对话框，完成设置，最终效果如图 15-37 所示。

条件格式公式中的 DATE($C1,$I1,COLUMN(A1))部分，使用 DATE 函数生成递增的日期值。其中年份值由 C1 单元格指定，月份值由 I1 单元格指定，天数值为 COLUMN(A1)的运算结果。公式向右复制时，日期值依次递增。

WEEKDAY 函数返回 DATE 函数生成日期的星期值。

如果星期值大于 5 并且单元格不为空时，单元格将以指定的格式高亮显示。

第 16 章　查找与引用

查找与引用类函数是应用频率较高的函数之一，可以用来在数据清单或表格的指定单元格区域范围内查找特定内容。本章重点介绍查找与引用函数的常用技巧，以及使用查找引用函数的典型应用。

本章学习重点

（1）了解常用查找函数。

（2）认识理解引用函数。

（3）查找引用函数的应用。

16.1　认识理解引用函数

INDIRECT 函数能够根据第一参数的文本字符串生成具体的单元格引用。主要用于创建开始部分固定的引用、创建对静态命名区域的引用、从工作表的行列信息创建引用以及创建固定的数值组等。

该函数的基本语法如下：

```
INDIRECT(ref_text,[a1])
```

第一个参数可以是 A1 或是 R1C1 引用样式的字符串，也可以是已定义的名称或“表”的结构化引用。但如果自定义名称是使用函数公式产生的动态引用，则无法用“=INDIRECT (名称)”再次引用。

INDIRECT 函数默认采用 A1 引用样式，当第二参数为 0 或者 FALSE 时，采用 R1C1 引用样式。

选择 10 行 1 列的单元格区域，编辑栏输入以下公式，按<Ctrl+Shift+Enter>组合键，将返回对当前工作表 A1:A10 单元格区域的引用：

```
{=INDIRECT("A1:A10")}
```

如果在 A1 单元格输入文本字符串“B1:C5”，以下公式返回对 B1:C5 单元格区域的引用：

```
=INDIRECT(A1)
```

示例 16-1　汇总分公司销售额

图 16-1 所示为某企业销售表的部分内容，要求在汇总工作表 B 列汇总各分公司的合计销售额。

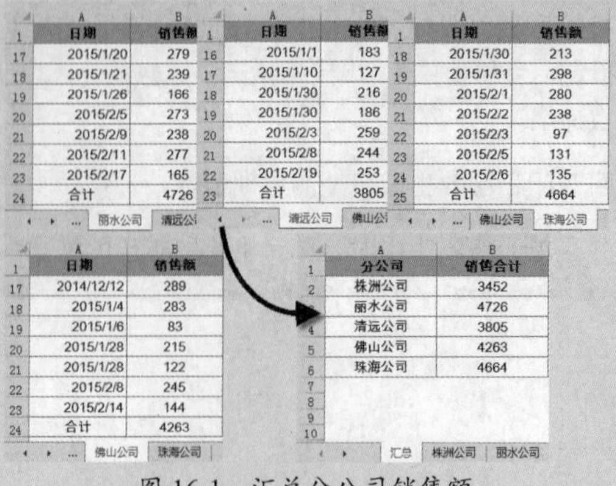

图 16-1　汇总分公司销售额

在汇总工作表的 B2 单元格输入以下公式：

```
=MAX(INDIRECT(A2&"!B:B"))
```

首先将 A2 单元格内容与字符串“!B:B”连接，组成新字符串“株洲公司!B:B”。

INDIRECT 函数将返回“株洲公司”工作表 B 列单元格区域的整列引用。

由于各分公司销售合计数所在的行数不确定，但一列中合计数必定大于单笔销售额，所以使用 MAX 函数计算出 B 列的最大值，得到 A 列单元格所对应的分公司销售合计。

注意

如果引用工作表标签名的首字符为数字或包含有空格等特殊符号时，工作表的标签名中必须使用一对半角单引号进行包含，否则返回错误值#REF!，如=INDIRECT("'Excel home'!B2")。

INDIRECT 函数采用 R1C1 引用样式时，参数中的“r”与“c”分别表示行(ROW)与列(COLUMN)，与各自后面的数值组合起来表示具体的区域。如 r8c1 表示第 8 行第一列，即 A8 单元格。如果在数值前后加上“[ ]”，则是指与公式所在单元格相对位置的行列。

如在工作表首行单元格使用以下公式：

```
=INDIRECT("R[-1]c1",)
```

将返回 A 列最后一个单元格的引用，即 A1048576 单元格。

如在 A1 单元格使用以下公式：

```
=INDIRECT("R[-1]c[-1]",)
```

将返回工作表右下最后一个单元格的引用，即 XFD1048576 单元格。

示例 16-2 汇总分表中的合计数

图 16-2 所示为某机关税收汇总表的部分内容，各工作表结构相同，第 8 行是不同税种的合计数。要求在汇总表 B 列汇总各组不同税种的税收额。

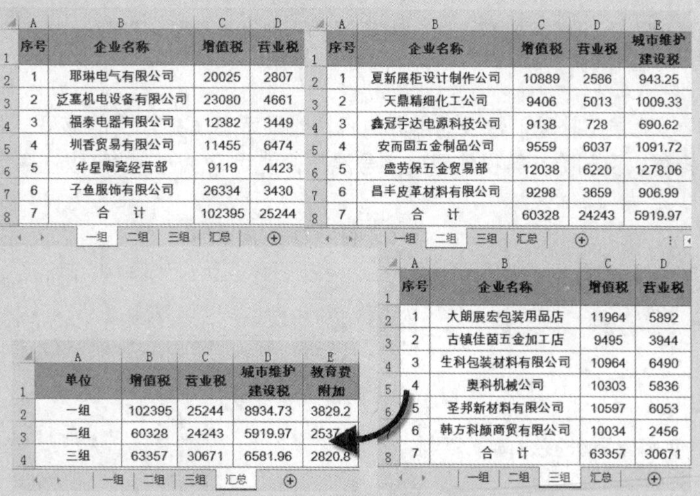

一组

序号	企业名称	增值税	营业税
1	耶琳电气有限公司	20025	2807
2	泛塞机电设备有限公司	23080	4661
3	福泰电器有限公司	12382	3449
4	圳香贸易有限公司	11455	6474
5	华星陶瓷经营部	9119	4423
6	子鱼服饰有限公司	26334	3430
7	合　计	102395	25244

二组

序号	企业名称	增值税	营业税	城市维护建设税
1	夏新展柜设计制作公司	10889	2586	943.25
2	天鼎精细化工公司	9406	5013	1009.33
3	鑫冠宇达电源科技公司	9138	728	690.62
4	安而固五金制品公司	9559	6037	1091.72
5	盛劳保五金贸易部	12038	6220	1278.06
6	昌丰皮革材料有限公司	9298	3659	906.99
7	合　计	60328	24243	5919.97

三组

序号	企业名称	增值税	营业税
1	大朗展宏包装用品店	11964	5892
2	古镇佳茵五金加工店	9495	3944
3	生科包装材料有限公司	10964	6490
4	奥科机械公司	10303	5836
5	圣邦新材料有限公司	10597	6053
6	韩方科颜商贸有限公司	10034	2456
7	合　计	63357	30671

汇总

单位	增值税	营业税	城市维护建设税	教育费附加
一组	102395	25244	8934.73	3829.2
二组	60328	24243	5919.97	2537
三组	63357	30671	6581.96	2820.8

图 16-2　税收汇总表

在汇总工作表 B2 单元格使用以下公式，向右向下复制：

```
=INDIRECT($A2&"!r8c[1]",)
```

INDIRECT 函数的参数使用了混合引用的 R1C1 引用样式。公式在 B2 单元格中使用，“r8c[1]”即表示引用行号为 8，列号为 B2 单元格列号加 1 的单元格，也就是 C8 单元格。“!”号前的内容表示引用工作表的名称，“!”号后的内容表示引用工作表中的单元格区域，最终返回“一组!C8”单元格的引用。

公式向右复制时，引用单元格地址将依次变成“一组!D8”、“一组!E8”……最终实现绝对引用行号、相对引用列号的效果。

注意 INDIRECT 属于易失函数。使用该函数创建对另一个工作簿的引用时，被引用工作簿必须打开，否则公式将返回错误值#REF!。

16.2 行号和列号函数

ROW 函数和 COLUMN 函数分别根据参数指定的单元格或区域，返回对应的行号和列号。在处理与自然数相关的应用时，使用该函数可以减少手工编辑公式的工作量。

ROW 函数和 COLUMN 函数省略参数时，返回公式所在单元格的行列号。如果参数引用多行或多列的单元格区域，将返回连续的自然数序列。

以下公式用于生成垂直序列{1;2;3;4;5;6;7;8;9;10}：

```
{=ROW(A1:A10)}
```

以下公式用于生成水平序列{1,2,3,4,5,6,7,8,9,10}：

```
{=COLUMN(A1:J1)}
```

在数组公式中经常使用类似的方法构建序列。

ROWS 函数和 COLUMNS 函数用于返回指定引用区域或数组中的总行数和总列数。与其他函数嵌套使用，可以避免生成自然数时人工判断行号和列号差值出现的错误。

16.2.1 生成自然数序列

示例 16-3 生成连续序号

图 16-3 所示为员工补助汇总表的部分内容，如果手工填充 A 列的序号，可能会由于姓名或补助金额的重新排序以及删除行等操作导致序号混乱，使用 ROW 函数可以让序号始终保持连续。

	A	B	C	D	E
1	序号	姓名	岗位补助	学历补助	合计
2	1	黄黎云	850	150	1000
3	2	陈家壬	700	50	750
4	3	景海林	600	200	800
5	4	杨建明	850	150	1000
6	5	常锦明	950	350	1300
7	6	杨炳清	550	350	900
8	7	朱德英	800	250	1050

图 16-3 生成连续序号

A2 单元格使用以下公式，向下复制：

```
=ROW()-1
```

ROW()函数省略参数，返回当前行的行号。因为当前行位于第 2 行，因此需要减去 1 才能返回正确的结果。如果数据表起始行位于其他位置，则需要减去相差的行号差值。

16.2.2 行列函数构建序列

使用 COLUMN 函数，可以在水平方向生成连续递增的自然数序列，其原理和语法与 ROW 函数相似。使用 ROW 函数和 COLUMN 函数生成指定规则的序列，结合 INDIRECT 函数，可以将一列数据的内容转换为多行多列。

示例 16-4 将单列数据转换为多行多列

图 16-4 所示为一张某单位员工姓名表，要求将 A 列姓名清单转换为适合打印的多行 5 列。

	A	B	C	D	E	F	G
1	源数据						
2	张树芳						
3	张钟淑		转换后的数据				
4	田丽		张树芳	张钟淑	田丽	何维礼	张丽娟
5	何维礼		王云祥	马敏慧	徐菲霞	周世华	普雪
6	张丽娟		毕学智	孙兰清	汤志宁	张云生	李开义
7	王云祥		罗萌萌	付文秀	李素兰	杜云梅	周赵荣
8	马敏慧		朵雷	汪云福	王颖	杨增华	赵德所
9	徐菲霞		左维扬	钱素珍	张立	王琼英	沈景科
10	周世华		周军	陈薇	杨荣	李红岗	赵畅
11	普雪		张玲萍	李雪松	柳文炜	李玉琼	龙健梅
12	毕学智		刘纤杉	左惠英	陈利祥	任永明	张俊伟
13	孙兰清						
14	汤志宁						

图 16-4 转换员工姓名表

C4 单元格输入以下公式，复制到 C4:G12 单元格区域：

```
=INDIRECT("A"&5*ROW(A1)-4+COLUMN(A1))
```

“5*ROW(A1) -4+COLUMN(A1)” 部分的计算结果为 2，公式向下复制时，ROW(A1)依次变为 ROW(A2)、ROW(A3)……计算结果分别为 7、12……即生成步长值为 5 的自然数序列。

公式向右复制时 COLUMN(A1)依次变为 COLUMN(B1)、COLUMN(C1)……计算结果分别为 2、3……即生成步长值为 1 的自然数序列。

与字符"A"连接成一个单元格地址“An”，最后用 INDIRECT 函数返回相应单元格的内容。

如需调整转换后的列数为 6 列，可修改公式为：

```
=INDIRECT("A"&6*ROW(A1)-5+COLUMN(A1))
```

16.3 基本的查找函数

VLOOKUP 函数和 HLOOKUP 函数是使用频率非常高的查询函数之一。

VLOOKUP 函数的语法为：

```
VLOOKUP(lookup_value,table_array,col_index_num,[range_lookup])
```

◆ 第一参数是要在表格或区域的第一列中查询的值。

◆ 第二参数是需要查询的单元格区域。

◆ 第三参数用于指定返回查询区域中第几列的值。

◆ 第四参数决定函数的查找方式，如果为 0 或 FASLE，则用精确匹配方式，并支持无序查找；如果为 TRUE 或被省略，则使用近似匹配方式，同时要求查询区域的首列按升序排序。

示例 16-5 使用 VLOOKUP 函数查询员工信息

在图 16-5 中，A:D 列是某企业职工信息表的部分内容。F5 单元格是要查询的员工姓名，要求在 G5:H5 单元格分别查询员工的部门及职务信息。

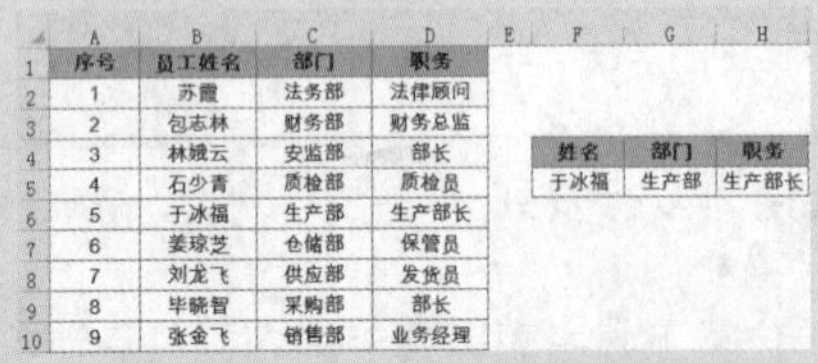

序号	员工姓名	部门	职务
1	苏薇	法务部	法律顾问
2	包志林	财务部	财务总监
3	林娥云	安监部	部长
4	石少青	质检部	质检员
5	于冰福	生产部	生产部长
6	姜琼芝	仓储部	保管员
7	刘龙飞	供应部	发货员
8	毕晓智	采购部	部长
9	张金飞	销售部	业务经理

姓名	部门	职务
于冰福	生产部	生产部长

图 16-5 使用 VLOOKUP 函数查询员工信息

G5 单元格输入以下公式，向右复制到 H5 单元格：

```
=VLOOKUP($F$5,$B$1:$D$10,COLUMN(B1),0)
```

COLUMN(B1)向右复制时，得到起始值为 2、步长值为 1 的自然数序列，用作 VLOOKUP 函数的第三参数。

VLOOKUP 函数根据 F5 单元格中的员工姓名，在$B$1:$D$10 单元格区域的首列$B$1:$B$10 中查找，并分别返回第 2 列、第 3 列的信息值。

注意

VLOOKUP 函数第三参数中的列号，不能理解为工作表中实际的列号，而是指定要返回查询区域中第几列的值。

一般情况下，VLOOKUP 函数无法处理从右向左的查询。如果被查找值不在数据表的首列时，可以先将目标数据进行特殊的转换，再使用 VLOOKUP 函数来实现此类查询。

示例 16-6 逆向查询员工信息

如图 16-6 所示，要求根据 F5 单元格的职务，在 G5 单元格查询员工的姓名。

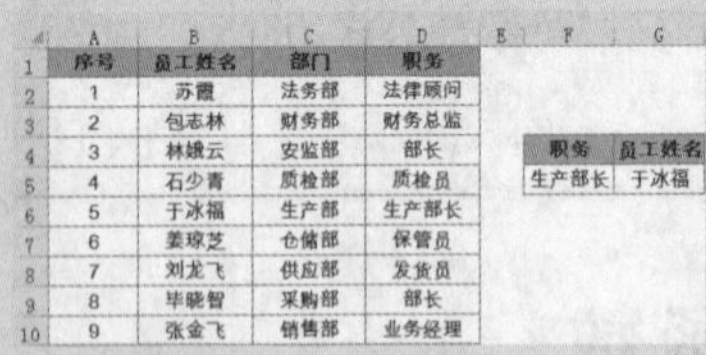

序号	员工姓名	部门	职务
1	苏薇	法务部	法律顾问
2	包志林	财务部	财务总监
3	林娥云	安监部	部长
4	石少青	质检部	质检员
5	于冰福	生产部	生产部长
6	姜琼芝	仓储部	保管员
7	刘龙飞	供应部	发货员
8	毕晓智	采购部	部长
9	张金飞	销售部	业务经理

职务	员工姓名
生产部长	于冰福

图 16-6 逆向查询员工信息

G5 单元格使用以下公式：

```
=VLOOKUP(F5,IF({1,0},D2:D10,B2:B10),2,0)
```

IF({1,0},D2:D10,B2:B10)部分，运用了 IF 函数改变列顺序的技巧。当 IF 函数第一参数为 1 时，返回第 2 个参数 D2:D10；第一参数为 0 时，返回第 3 个参数 B2:B10。通过常量数组重新构造一个新的内存数组，再提供给 VLOOKUP 函数作为查找范围进行查询，从而实现了逆向查询的目的。

注意

如果有多条满足条件的记录时，VLOOKUP 函数只能返回第一个满足条件的记录。本例中 D4 和 D9 单元格内容均为“部长”，如果查询关键字为“部长”，将返回第一个满足条件的记录“林娥云”。

VLOOKUP 函数第四参数为 TRUE 或被省略，使用近似匹配方式。通常情况下用于累进数值的查找。

示例 16-7 VLOOKUP 函数查询考核等级

图 16-7 所示为员工考核成绩表的部分内容，F2:G6 单元格区域是考核等级对照表，首列已按成绩升序排序，需要在 D 列查询 C 列考核成绩对应的等级。

	A	B	C	D	E	F	G
1	序号	员工姓名	考核成绩	等级		等级对照表	
2	1	苏霞	79	合格		成绩	等级
3	2	包志林	95	优秀		0	不合格
4	3	林娥云	59	不合格		60	合格
5	4	石少青	80	良好		80	良好
6	5	于冰福	90	优秀		90	优秀
7	6	姜琼芝	65	合格			
8	7	刘龙飞	88	良好			
9	8	毕晓智	75	合格			
10	9	张金飞	55	不合格			

图 16-7 VLOOKUP 函数判断考核等级

D2 单元格使用以下公式，向下复制：

```
=VLOOKUP(C2,F:G,2)
```

VLOOKUP 函数第四参数被省略，返回查询值的精确匹配值或近似匹配值。如果找不到精确匹配值，则返回小于查询值的最大值。

C2 单元格的成绩 79 在对照表中未列出，因此 Excel 查找小于 79 的最大值即 60 进行匹配，并返回对应的等级“合格”。

注意 如果 VLOOKUP 函数的查找值与数据区域关键字的数据类型不一致，会返回错误值 #N/A。

HLOOKUP 函数与 VLOOKUP 函数的语法非常相似，用法基本相同。区别在于 VLOOKUP 函数在纵向区域或数组中查询，而 HLOOKUP 函数则在横向区域或数组中查询。这里不再赘述。

16.4 特殊的查找函数

LOOKUP 函数主要用于在查找范围中查询指定的查找值，并返回另一个范围中对应位置的值。该函数支持忽略空值、逻辑值和错误值的数据查询，几乎可以完成 VLOOKUP 函数和 HLOOKUP 函数的所有查找任务。

LOOKUP 函数具有向量和数组两种语法形式，基本语法如下：

```
LOOKUP(lookup_value,lookup_vector,[result_vector])
LOOKUP(lookup_value,array)
```

向量语法是在由单行或单列构成的第 2 个参数中，查找第 1 个参数，并返回第 3 个参数中对应位置的值。

第一参数可以使用单元格引用和数组。第二参数为查找范围，第三参数为结果范围，同样支持单元格引用和数组。

如需在查找范围中查找一个明确的值，查找范围必须升序排列；当需要查找一个不确定的值时，如查找一列或一行数据的最后一个值，查找范围并不需要严格地升序排列。

以下是 LOOKUP 函数的模式化用法。

例 1　返回 A 列最后一个文本：

```
=LOOKUP("々",A:A)
```

"々"通常被看作是一个编码较大的字符，输入方法为<Alt+41385>组合键。一般情况下，第一参数写成“座”，也可以返回一列或一行中的最后一个文本内容。

例 2　返回 A 列最后一个数值：

```
=LOOKUP(9E+307,A:A)
```

9E+307 是 Excel 里的科学计数法，即 9*10^307，被认为是接近 Excel 允许键入的最大数值。用它做查询值，可以返回一列或一行中的最后一个数值。

例 3　返回 A 列最后一个非空单元格内容：

```
=LOOKUP(1,0/(A:A<>""),A:A)
```

以 0/(条件)，构建一个由 0 和错误值#DIV/0!组成的数组，再用 1 作为查找值，即可查找结果区域中最后一个满足条件的记录。

示例 16-8　根据客户简称查询联系人

LOOKUP 函数的典型用法可以归纳为：

```
=LOOKUP(1,0/(条件),目标区域或数组)
```

如图 16-8 所示，D:E 列是客户联系人对照表。要求根据 B 列的简称查询企业联系人。

	A	B	C	D	E
1	联系人	客户简称		联系人	客户全称
2	武天俊	福川电缆		周宗宇	东莞市标远线缆有限公司
3	杨国娟	银象电气		刘应华	深圳市德润电工材料有限公司
4	李秀英	联庆自动化		唐丽川	广州科慕阳电子有限公司
5	石德盛	八达通		唐琼莲	深圳浩天自动化培训
6	张进	慧昌机电		武天俊	东莞福川电缆科技有限公司
7	张爱华	欣悦电器		石德盛	深圳八达通电线电缆有限公司
8	武亚玲	立志电气		周云峰	圣启自动化设备有限公司
9	刘应华	德润电工		汪海潮	深圳市锦绣丽编织制品有限公司
10	周宗宇	标远线缆		武亚玲	深圳市立志电气技术有限公司
11				王勤书	广州风华机电设备有限公司
12				杨国娟	广西银象电气科技有限公司
13				张进	深圳市慧昌机电设备有限公司
14				栾家福	东莞市佳腾电子科技有限公司
15				李秀英	深圳市联庆自动化设备有限公司
16				曾祥华	广东奥美格传导科技股份有限公司

图 16-8　根据客户简称查询联系人

A2 单元格使用以下公式：

```
=LOOKUP(1,0/FIND(B2,E$2:E$21),D$2:D$21)
```

FIND 函数返回文本字符在另一个字符串中的起始位置，如果找不到要查找的字符，返回错误值 #VALUE!。

“0/FIND(B2,E$2:E$21)”部分，首先用 FIND 函数返回 B2 单元格“福川电缆”分别在 E$2:E$21 单元格中的起始位置，得到由起始位置数值和错误值#VALUE!组成的数组。再用 0 除以该数组，返回由 0 和错误值#VALUE!组成的新数组。

LOOKUP 函数用 1 作为查找值。由于数组中找不到 1，因此以该数组中小于 1 的最大值 0 进行匹配，并返回第三参数 D$2:D$21 单元格区域对应位置的值。

LOOKUP 函数数组语法的第二参数可以是单行或单列的一维数组，也可以是多行多列的二维数组。LOOKUP 函数会根据第二参数的范围，执行类似 VLOOKUP 函数或 HLOOKUP 函数升序查找的功能，返回二维数组中最后一列或最后一行的结果。

示例 16-9 使用 LOOKUP 函数查询考核等级

仍以示例 16-7 为例，使用 LOOKUP 函数能够完成同样的查询，效果如图 16-9 所示。

D2 单元格使用以下公式，向下复制：

```
=LOOKUP(C2,F$3:G$6)
```

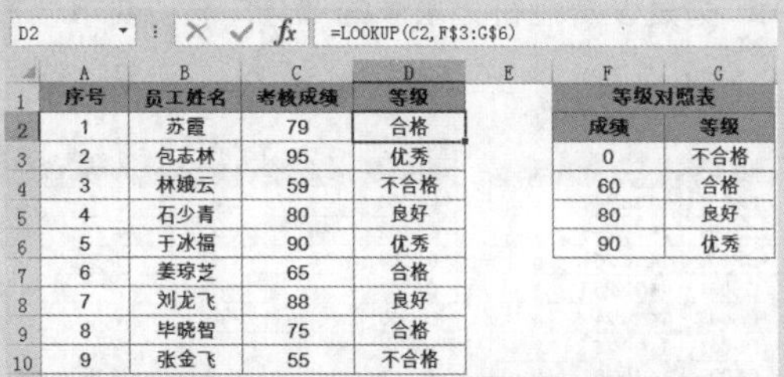

D2 =LOOKUP(C2,F$3:G$6)

	A	B	C	D	E	F	G
1	序号	员工姓名	考核成绩	等级		等级对照表	
2	1	苏霞	79	合格		成绩	等级
3	2	包志林	95	优秀		0	不合格
4	3	林娥云	59	不合格		60	合格
5	4	石少青	80	良好		80	良好
6	5	于冰福	90	优秀		90	优秀
7	6	姜琼芝	65	合格			
8	7	刘龙飞	88	良好			
9	8	毕晓智	75	合格			
10	9	张金飞	55	不合格			

图 16-9 使用 LOOKUP 函数查询考核等级

使用该公式的优势在于仅需引用单元格区域，而无需指定返回查询值的列号。

如果不使用对照表，可以使用以下公式完成同样的要求：

```
=LOOKUP(C2,{0,60,80,90},{"不合格","合格","良好","优秀"})
```

LOOKUP 函数第二参数使用升序排列的常量数组，在第二参数中查询小于或等于 C2 的最大值的位置，并返回对应的第三参数常量数组中的值。这种方法可以取代 IF 函数完成多个区间的判断查询。

除了常规的内容查找，利用 LOOKUP 函数的查找特点，还可以使用该函数从混合内容中提取有规律的数字。

示例 16-10 使用 LOOKUP 函数提取单元格内的数字

如图 16-10 所示，A 列为数量和单位混合的文本内容，需要提取其中的数量。

	A	B
1	数量/单位	数量
2	22.9kg	22.9
3	88.45公斤	88.45
4	45m^3	45
5	3.14km	3.14
6	26.99平方	26.99
7	9.75g	9.75
8	125W	125
9	123首MP3	123
10	63A	63

图 16-10 提取单元格内的数字

B2 单元格使用以下公式：

```
=-LOOKUP(1,-LEFT(A2,ROW($1:$99)))
```

首先用 LEFT 函数从 A2 单元格左起第一个字符开始，返回指定个数为 1 至 99 的字符。结果为{"2";"22";"22.";"22.9";"22.9k";"22.9kg";……;"22.9kg"}。

添加负号后，数值转换为负数，含有文本字符的字符串则变成错误值#VALUE!：{-2;-22;-22;-22.9;#VALUE!;……;#VALUE!}。

LOOKUP 函数第一参数使用 1，在由负数、0 和错误值#VALUE!构成的数组中，忽略错误值从后往前提取第一个小于或等于 1 的数值。最后再使用负号，将提取出的负数转为正数。

LOOKUP 函数的第二参数可以是多个逻辑判断相乘组成的多条件数组。常用写法为：

```
=LOOKUP(1,0/((条件1)*(条件2)*(条件N)),目标区域或数组)
```

使用这种方法能够完成多条件的数据查询任务。

示例 16-11 使用 LOOKUP 函数多条件查询

如图 16-11 所示，A:C 列是设备运行记录表的部分内容。要求根据设备编号和日期条件查询汇总设备运行情况。

	A	B	C
1	设备编号	日期	是否正常
2	DS001	14/10/24	y
3	DS004	14/10/24	y
4	DS003	14/10/26	n
5	DS001	14/10/25	y
6	DS003	14/10/24	n
7	DS003	14/10/25	y
8	DS005	14/10/26	n
9	DS002	14/10/26	y

	E	F	G	H	I
1	设备编号	14/10/24	14/10/25	14/10/26	14/10/27
2	DS001	y	y	y	y
3	DS002	n	n	y	n
4	DS003	n	y	n	y
5	DS004	y	n	y	n
6	DS005	n	n	n	y

图 16-11 多条件查询

F2 单元格输入以下公式，复制至 F2:I6 单元格区域：

```
=LOOKUP(1,0/(($E2=$A$2:$A$21)*($B$2:$B$21=F$1)),$C$2:$C$21)
```

LOOKUP 函数第二参数使用两个等式相乘，分别比较 E2 单元格的设备编号与 A 列中的设备编号是否相同，以及 F1 单元格的日期与 B 列中的日期是否相同。两个条件同时满足时，条件相乘返回数值 1，否则返回 0。

再用 0 除以该数组，返回由 0 和错误值#VALUE!组成的新数组。

LOOKUP 函数用 1 作为查找值。由于数组中找不到 1，因此以该数组中小于 1 的最大值 0 进行匹配，并返回第三参数 C2:C21 单元格区域对应位置的值。

16.5 常用的定位函数

MATCH 函数可以在单元格区域中搜索指定项，然后返回该项在单元格区域中的相对位置。函数的语法为：

```
MATCH(lookup_value,lookup_array,[match_type])
```

其中，第一参数为指定的查找对象，第二参数为可能包含查找对象的单行或单列的单元格区域或一维数组，第三参数为查找的匹配方式。

当第三参数为 0、1、-1 时，分别表示精确匹配、升序查找、降序查找模式。

例 1 以下公式返回数值 2。表示在第 2 个参数的数组中精确查找，字母"A"第一次出现的位置为 2，不考虑第 2 次出现位置，且第 2 个参数无需排序：

```
=MATCH("A",{"C","A","B","A","D"},0)
```

例 2 以下公式返回数值 3。其中第 2 个参数的数组要求按升序排列，并查找出小于或等于 6 的最大值，即数组中的 5，在第 3 个元素位置。

```
=MATCH(6,{1,3,5,7},1)
```

例 3 以下公式返回数值 2。其中第 2 个参数的数组要求按降序排列，并查找出大于或等于 8 的最小值，即数组中的 9，在第 2 个元素位置。

```
=MATCH(8,{11,9,6,5,3,1},-1)
```

示例 16-12 动态查询不固定项目的结果

如图 16-12 所示，是某单位员工工资表的部分内容，在 C15 单元格可以实现员工不固定项目的动态查询。

C15 =VLOOKUP(A15,A1:I11,MATCH(B15,A1:I1,),)

	A	B	C	D	E	F	G
1	姓名	入司时间	工龄费	基本工资	岗位补助	代扣款项	应发工资
2	李润祥	2012/7/15	100	3600	137		3837
3	赵嘉玲	2011/6/22	150	3600	121	145	3726
4	贾伟卿	2013/8/25	50	4000	199		4249
5	王美芬	2013/10/2	0	3200	169		3369
6	王琼华	2010/5/20	200	4300	186	26	4660
7	蔡明成	2008/5/1	300	3800	190		4290
8	钟煜	2009/10/25	200	3800	106		4106
9	王美华	2007/5/6	350	3200	122		3672
10	丁志忠	2010/9/14	200	4000	171	99	4272
11	宋天祥	2011/9/6	150	3600	193		3943
12							
13							
14	姓名	项目	返回结果				
15	蔡明成	岗位补助	190				

图 16-12 动态查询不固定项目的结果

C15 单元格使用以下公式：

```
=VLOOKUP(A15,A1:I11,MATCH(B15,A1:I1,),)
```

MATCH(B15,A1:I1,)部分，MATCH 函数的第三参数简写，表示使用精确匹配方式返回 B15 单元格的项目在 A1:I1 单元格区域内的位置。计算结果用作 VLOOKUP 函数的第三参数。

VLOOKUP 函数根据 MATCH 函数计算出的结果，确定返回查询区域第几列的值，实现动态查询的效果。

也可以使用 HLOOKUP 函数完成同样的查询：

```
=HLOOKUP(B15,A1:I11,MATCH(A15,A1:A11,),)
```

与 VLOOKUP 函数的方法类似，先使用 MATCH 函数，返回 A15 单元格的姓名在 A1:A11 单元格区域内的位置。HLOOKUP 函数再根据 MATCH 函数计算出的结果，确定返回查询区域第几行的值。

使用以上技巧，公式不会受行列中姓名、项目变化的影响，使查找更加方便灵活。

注意

MATCH 函数要求查找值与查找范围的数据类型匹配，否则会返回错误值#N/A。

在日常工作中，经常需要处理一些带有合并单元格的数据。而合并单元格中，实际上只有左上角的单元格有内容，其他均为空白。使用 MATCH 函数结合 LOOKUP 函数和 INDIRECT 函数，可以完成相关数据的查询。

示例 16-13 有合并单元格的数据查询

如图 16-13 所示，是某企业员工信息表的部分内容，A 列中的部门数据使用了合并单元格，要求根据 D3 单元格的姓名，查询出该员工所在的部门。

E3 单元格使用以下公式：

```
=LOOKUP("々",INDIRECT("A1:A"&MATCH(D3,B1:B15,)))
```

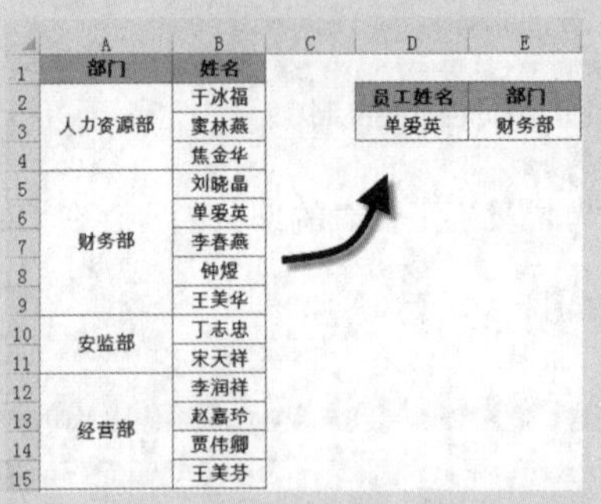

	A	B	C	D	E
1	部门	姓名			
2	人力资源部	于冰福		员工姓名	部门
3		窦林燕		单爱英	财务部
4		焦金华			
5	财务部	刘晓晶			
6		单爱英			
7		李春燕			
8		钟煜			
9		王美华			
10	安监部	丁志忠			
11		宋天祥			
12	经营部	李润祥			
13		赵嘉玲			
14		贾伟卿			
15		王美芬			

图 16-13　有合并单元格的数据查询

首先使用“MATCH(D3,B1:B15,)”，定位 D3 单元格姓名“单爱英”在 B1:B15 单元格区域中的位置，计算结果为 6。

再使用连接符&，将文本字符串“A1:A”和 MATCH 函数的计算结果 6 合并，成为新的字符串“A1:A6”。

INDIRECT 函数利用 A1 引用样式，返回由文本字符串“A1:A6”指定的引用，计算结果为{"部门";"人力资源部";0;0;"财务部";0}。

最后使用 LOOKUP 函数，在 A1:A6 单元格区域内查找最后一个文本，结果为“财务部”。

16.6　认识 OFFSET 函数

OFFSET 函数功能十分强大，在数据动态引用以及后续的多维引用等很多应用实例中都会用到。

该函数以指定的引用为参照，通过给定偏移量得到新的引用。返回的引用可以为一个单元格或单元格区域，并可以指定返回的行数或列数。

函数基本语法如下：

```
OFFSET(reference, rows, cols, [height], [width])
```

第一参数 reference 必需。作为偏移量参照的起始引用区域。该参数必须为对单元格或相连单元格区域的引用，否则 OFFSET 返回错误值 #VALUE!。

第二参数 rows 必需。相对于偏移量参照系的左上角单元格，向上或向下偏移的行数。行数为正数时，代表在起始引用的下方。行数为负数时，代表在起始引用的上方。如省略必须用半角逗号占位，缺省值为 0（即不偏移）。

第三参数 cols 必需。相对于偏移量参照系的左上角单元格，向左或向右偏移的列数。列数为正数时，代表在起始引用的右边。列数为负数时，代表在起始引用的左边。如省略必须用半角逗号占位，缺省值为 0（即不偏移）。

第四参数 height 可选。要返回的引用区域的行数。

第五参数 width 可选。要返回的引用区域的列数。

1. 图解 OFFSET 函数

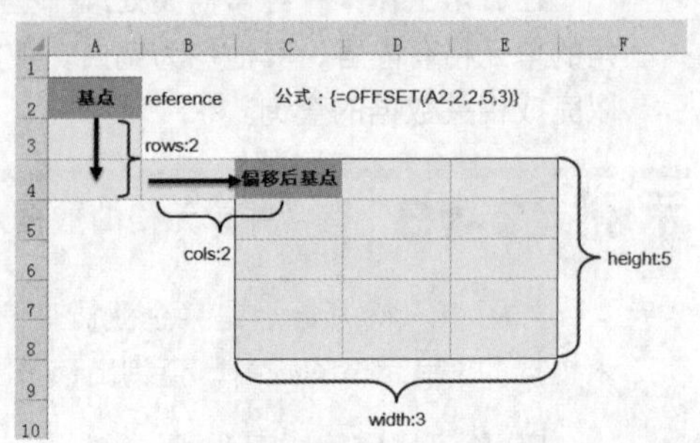

图 16-14　图解 OFFSET 函数

如图 16-14 所示，下面公式将返回对 C4:E8 单元格的引用：

```
{=OFFSET(A2,2,2,5,3)}
```

其中，A2 单元格为 OFFSET 函数的引用基点。

rows 参数为 2，表示以 A2 为基点向下偏移两行，至 A4 单元格。

cols 参数为 2，自 A4 单元格向右偏移两列，至 C4 单元格。

height 参数为 5， width 参数为 3，表示 OFFSET 函数返回的是 5 行 3 列的单元格区域。因此，该公式返回的是以 C4 单元格为左上角、5 行 3 列的单元格区域，即 C4:E8 单元格区域的引用。

2. OFFSET 函数参数规则

在使用 OFFSET 函数时，如果参数 height 或参数 width 省略，则视为其高度或宽度与引用基点相同。

如果引用基点是一个多行多列的单元格区域，当指定了参数 height 或参数 width，则以引用区域的左上角单元格为基点进行偏移，返回的结果区域的宽度和高度仍以 width 参数和 height 参数的值为准。

如图 16-15 所示，以下公式返回对 C3:D4 单元格区域的引用：

```
{=OFFSET(A1:C9,2,2,2,2)}
```

OFFSET 函数的 height 参数和 width 参数不仅支持正数，实际上还支持负数，负行数表示向上取数，负列数表示向左取数。

在图 16-15 中，以下公式也会返回 C3:D4 单元格区域的引用：

```
{=OFFSET(E6,-2,-1,-2,-2)}
```

公式中的 rows 参数、cols 参数、height 参数和 width 参数均为负数，表示从基点 E6 单元格向上偏移 2 行，向左偏移 1 列。此时偏移后的基点为 D4 单元，返回高度向上 2 行，宽度向左 2 列的单元格区域的引用。

3. OFFSET 函数参数自动取整

如图 16-16 所示，如果 OFFSET 函数的 rows 参数、cols 参数、height 参数和 width 参数不是整数，OFFSET 函数会自动舍去小数部分取整计算。

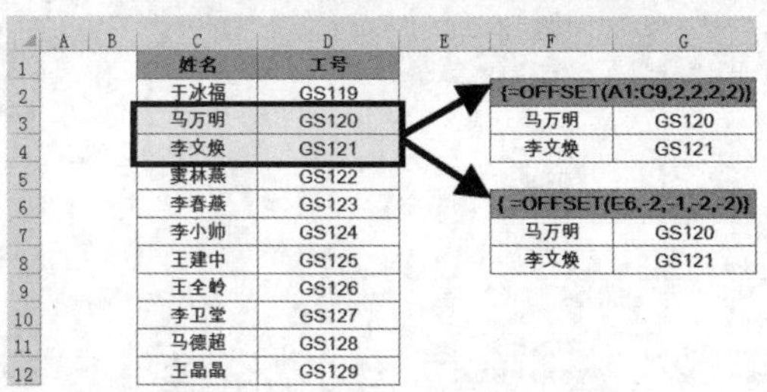

	A	B	C	D	E	F	G
1			姓名	工号			
2			王冰福	GS119		{=OFFSET(A1:C9,2,2,2,2)}	
3			马万明	GS120		马万明	GS120
4			李文焕	GS121		李文焕	GS121
5			窦林燕	GS122			
6			李春燕	GS123		{ =OFFSET(E6,-2,-1,-2,-2)}	
7			李小帅	GS124		马万明	GS120
8			王建中	GS125		李文焕	GS121
9			王全岭	GS126			
10			李卫堂	GS127			
11			马德超	GS128			
12			王晶晶	GS129			

图 16-15　OFFSET 函数的偏移方式

	A	B	C	D	E	F	G	H
1	工号	姓名	工资	奖金		{=OFFSET(A1,3.2,1.8,2.5,3.2)}		
2	GS119	陆海娟	5500	500		张继明	7600	800
3	GS120	赵祖明	4800	450		马国平	5500	460
4	GS121	张继明	7600	800				
5	GS122	马国平	5500	460		{=OFFSET(A1,3,1,2,3)}		
6	GS123	冯敏华	6550	270		张继明	7600	800
7	GS124	赵玉珍	7200	660		马国平	5500	460
8	GS125	李军平	15000	430				
9	GS126	魏竞生	3999	270				
10	GS127	周兴全	15000	660				

图 16-16　OFFSET 函数参数取整

以下两个公式的参数分别使用小数和整数，结果都将返回 B4:D5 单元格区域的引用。

选中 F2:H3 单元格区域，输入以下公式，按<Ctrl+Shift+Enter>组合键：

```
{=OFFSET(A1,3.2,1.8,2.5,3.2)}
```

选中 F6:H8 单元格区域，输入以下公式，按<Ctrl+Shift+Enter>组合键：

```
{=OFFSET(A1,3,1,2,3)}
```

如果 OFFSET 函数行数和列数的偏移量超出工作表边缘，将返回错误值#REF!。

示例 16-14 动态汇总应收款项

如图 16-17 所示，是某单位财务部门应收款项的部分内容。要求根据 A11 单元格指定的项目和 B11、D11 单元格指定的月份，汇总该项目在指定期间的应收款总额。

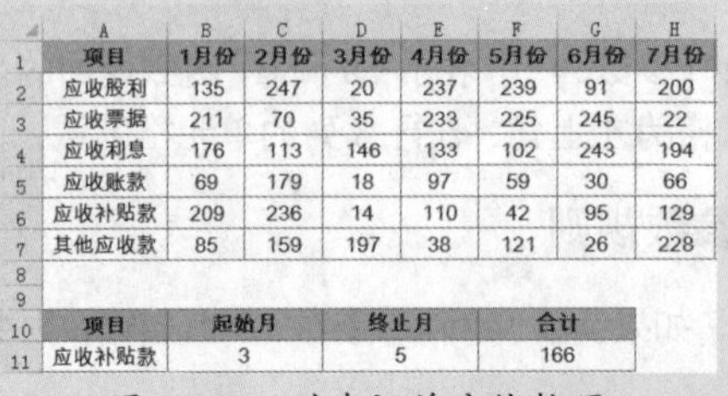

	A	B	C	D	E	F	G	H
1	项目	1月份	2月份	3月份	4月份	5月份	6月份	7月份
2	应收股利	135	247	20	237	239	91	200
3	应收票据	211	70	35	233	225	245	22
4	应收利息	176	113	146	133	102	243	194
5	应收账款	69	179	18	97	59	30	66
6	应收补贴款	209	236	14	110	42	95	129
7	其他应收款	85	159	197	38	121	26	228
8								
9								
10	项目	起始月		终止月		合计		
11	应收补贴款	3		5		166		

图 16-17 动态汇总应收款项

F11 单元格输入以下公式：

```
=SUM(OFFSET(A1,MATCH(A11,A2:A7,),B11,,D11-B11+1))
```

MATCH(A11,A2:A7,)部分，用于计算 A11 单元格的项目在 A2:A7 单元格区域的位置。

OFFSET 函数以 A1 单元格为基点，向下偏移的行数由 MATCH 函数的计算结果指定。向右偏移的列数为 B11 单元格的月份值。第四参数简写，表示要返回引用区域的高度与基点相同，仍为 1 行。引用区域的列数为终止月减去起始月+1。最终完成对 D6:F6 单元格区域的引用。

再使用 SUM 函数对引用的区域求和，得出汇总结果。

通过设置 OFFSET 函数的偏移量，能够快速实现有规律数据的转置。

示例 16-15 利用 OFFSET 函数实现数据转置

如图 16-18 所示，A 列是 Office 术语中英文对照表的部分内容，中文内容和英文对照分别在不同行显示。为了便于查看，要求将中英文内容并排显示。

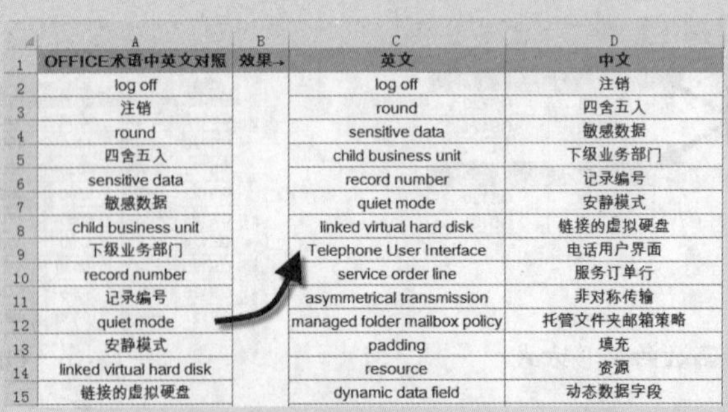

	A	B	C	D
1	OFFICE术语中英文对照	效果→	英文	中文
2	log off		log off	注销
3	注销		round	四舍五入
4	round		sensitive data	敏感数据
5	四舍五入		child business unit	下级业务部门
6	sensitive data		record number	记录编号
7	敏感数据		quiet mode	安静模式
8	child business unit		linked virtual hard disk	链接的虚拟硬盘
9	下级业务部门		Telephone User Interface	电话用户界面
10	record number		service order line	服务订单行
11	记录编号		asymmetrical transmission	非对称传输
12	quiet mode		managed folder mailbox policy	托管文件夹邮箱策略
13	安静模式		padding	填充
14	linked virtual hard disk		resource	资源
15	链接的虚拟硬盘		dynamic data field	动态数据字段

图 16-18 中文内容和英文对照并排显示

C2 单元格使用以下公式，向右向下复制：

```
=OFFSET($A$2,ROW(A1)*2+COLUMN(A1)-3,)
```

公式中的“ROW(A1)*2+COLUMN(A1)-3”部分的计算结果为 0。ROW 函数和 COLUMN 函数的参数都使用了相对引用，在 C 列向下复制时计算结果依次为 2、4、6……即从 0 开始构成一个步长值为 2 的递增序列。

公式向右复制到 D2 单元格，变成“ROW(B1)*2+COLUMN(B1)-3”，计算结果为 1。在 D 列向下复制时计算结果依次为 3、5、7……即从 1 开始构成一个步长值为 2 的递增序列。

OFFSET 函数以 A2 单元格为基点，使用 ROW 函数和 COLUMN 函数构建的递增序列为行偏移量，实现隔行取值的目的，完成数据转置。

16.7 理解 INDEX 函数

INDEX 函数是常用的引用类函数之一，可以在一个区域引用或数组中，根据指定的行号和列号来返回一个值。如果数据源是区域，则返回单元格引用。如果数据源是数组，则返回数组中的某个值。

基本语法如下。

引用形式：`INDEX(reference, row_num, [column_num], [area_num])`

数组形式：`INDEX(array, row_num, [column_num])`

以下公式可以返回 A1:C10 区域中第 5 行第 2 列的单元格引用，即 B5 单元格：

```
=INDEX(A1:C10,5,2)
```

以下公式将从数组参数中返回第 3 行第 2 列的数值 8：

```
=INDEX({1,2,3;4,5,6;7,8,9},3,2)
```

示例 16-16 使用 INDEX 函数和 MATCH 函数实现逆向查找

INDEX 函数和 MATCH 函数结合运用，能够完成类似 VLOOKUP 函数和 HLOOKUP 函数的查找功能，并且可以实现逆向查询，即从右向左或是从下向上查询。

如图 16-19 所示，A 列和 B 列是客户编码对照表的部分内容，需要根据 D 列的客户编码查询对应的客户姓名。

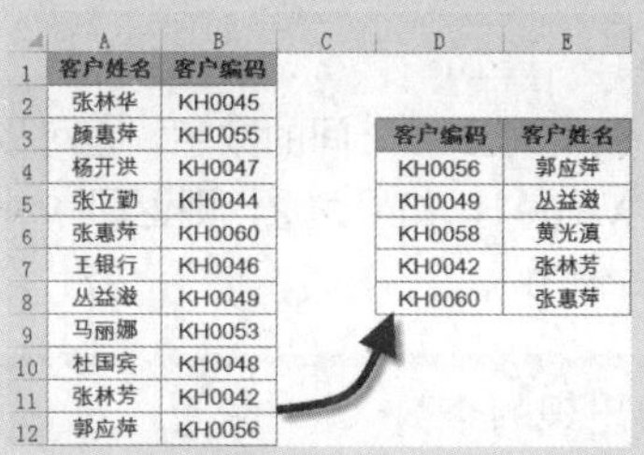

	A	B	C	D	E
1	客户姓名	客户编码			
2	张林华	KH0045			
3	颜惠萍	KH0055		客户编码	客户姓名
4	杨开洪	KH0047		KH0056	郭应萍
5	张立勤	KH0044		KH0049	丛益滋
6	张惠萍	KH0060		KH0058	黄光滇
7	王银行	KH0046		KH0042	张林芳
8	丛益滋	KH0049		KH0060	张惠萍
9	马丽娜	KH0053			
10	杜国宾	KH0048			
11	张林芳	KH0042			
12	郭应萍	KH0056			

图 16-19 根据编码查询客户姓名

E4 单元格使用以下公式：

```
=INDEX(A:A,MATCH(D4,B:B,))
```

首先用 MATCH 函数定位 D4 单元格客户编码在 B 列中的位置，结果为 12。再用 INDEX 函数返回 A 列中相应行数的客户姓名。

使用 INDEX 函数和 MATCH 函数的组合应用来查询数据，公式看似相对复杂一些，但在实际应用中，更加灵活多变。

仍以示例 16-12 为例，使用 INDEX 函数结合 MATCH 函数，也可以实现动态查询的目的。效果如图 16-20 所示。

C15 单元格使用以下公式：

```
=INDEX(B2:I11,MATCH(A15,A2:A11,),MATCH(B15,B1:I1,))
```

C15 =INDEX(B2:I11,MATCH(A15,A2:A11,),MATCH(B15,B1:I1,))

姓名	入司时间	工龄费	基本工资	岗位补助	代扣款项	应发工资	代缴个税	实发工资
李润祥	2012/7/15	100	3600	137		3837	10.11	3826.89
赵嘉玲	2011/6/22	150	3600	121	145	3726	6.78	3719.22
贾伟卿	2013/8/25	50	4000	199		4249	22.47	4226.53
王美芬	2013/10/2	0	3200	169		3369	0.00	3369.00
王琼华	2010/5/20	200	4300	186	26	4660	34.80	4625.20
綦明成	2008/5/1	300	3800	190		4290	23.70	4266.30
钟煜	2009/10/25	200	3800	106		4106	18.18	4087.82
王美华	2007/5/6	350	3200	122		3672	5.16	3666.84
丁志忠	2010/9/14	200	4000	171	99	4272	23.16	4248.84
宋天祥	2011/9/6	150	3600	193		3943	13.29	3929.71

姓名	项目	返回结果
綦明成	基本工资	3800

图 16-20 INDEX 函数结合 MATCH 函数实现动态查询

公式中分别使用两个 MATCH 函数，计算结果作为 INDEX 函数的行号和列号参数。

第一个 MATCH 函数用于查询 A15 单元格的姓名在 A2:A11 单元格区域的位置，计算结果为 6。INDEX 函数从该行返回数值。

第二个 MATCH 函数用于查询 B15 单元格的项目在 B1:I1 单元格区域的位置，计算结果为 3。INDEX 函数从该列返回数值。

也就是返回 B2:I11 单元格区域中，第 6 行第 3 列交叉位置的单元格引用，即 D7 单元格的值。

16.8 了解 CHOOSE 函数

CHOOSE 函数可以根据指定的数字序号返回与其对应的数据值、区域引用或嵌套函数结果。根据此函数的特性，可以在某些条件下用它替代 IF 函数实现多条件的判断。

CHOOSE 函数基本语法如下：

```
CHOOSE(index_num, value1, [value2], ...)
```

第一参数 index_num 为介于 1 到 254 之间的数字，也可以是包含 1 到 254 之间数字的公式或单元格引用。 如果为 1，返回 value1；如果为 2，则返回 value2，以此类推。如果第一参数为小数，则函数自动将其截尾取整后使用。

示例 16-17 判断奇、偶数出现的个数

如图 16-21 所示，要求根据 A、B、C 列的数字，判断奇、偶数出现的个数。

三列数字奇、偶数出现的情况有“偶偶偶”、“2 偶 1 奇”、“2 奇 1 偶”和“奇奇奇”4 种，如果使用 IF 函数判断，公式会比较冗长。

三位数字			奇偶判断
9	2	7	2奇1偶
3	6	8	2偶1奇
6	4	2	偶偶偶
2	4	8	偶偶偶
9	4	4	2偶1奇
6	9	3	2奇1偶
4	8	7	2偶1奇
2	4	6	偶偶偶
1	7	0	2奇1偶
1	8	8	2偶1奇

图 16-21 判断奇、偶数

D2 单元格输入以下数组公式，按<Ctrl+Shift+Enter>组合键：

```
{=CHOOSE(SUM(MOD(A2:C2,2))+1,"偶偶偶","2 偶 1 奇","2 奇 1 偶","奇奇奇")}
```

首先使用 MOD 函数分别判断 A2:C2 单元格数值除 2 的余数，偶数的余数为 0，奇数的余数为 1。

再使用 SUM 函数对 A2:C2 单元格的余数求和，结果即为奇数的个数。

由于 CHOOSE 函数的第一参数要求是介于 1 到 254 之间的数字，因此将求和结果加 1 作为第一参数，并返回对应的判断结果。

在 Excel 2013 中，有多种方法可以根据工资表生成指定格式的工资条。以下介绍一种使用 CHOOSE 函数结合 OFFSET 函数实现的方法。

示例 16-18 生成员工工资条

如图 16-22 所示，是某公司员工工资表的部分内容。要求根据此表生成对应的工资条，格式为每名员工一行数据，员工之间间隔一个空行。

图 16-22 生成员工工资条

新建一个工作表，并命名为"工资条"。在 A1 单元格输入以下公式，向右向下复制：

```
=CHOOSE(MOD(ROW(A1),3)+1,"",工资表!A$1,OFFSET(工资表!A$2,ROW(A1)/3,))&""
```

首先使用 MOD 函数判断行号与 3 相除的余数。"MOD(ROW(A1),3)+1" 部分，公式向下复制时得到一个 2、3、1、2、3、1……的循环序列，作为 CHOOSE 函数的第一参数。

CHOOSE 函数根据 MOD 函数得出的循环序列，依次返回指定的结果。1 返回空值，2 返回"工资表!A$1"的内容，3 返回"OFFSET(工资表!A$2,ROW(A1)/3,)"的计算结果。

OFFSET(工资表!A$2,ROW(A1)/3,)部分，表示以"工资表!A$2"单元格为基点，公式每向下复制 3 行，行偏移量增加 1。

最后使用格式刷或是设置条件格式，为非空白行数据添加边框，完成工资条的制作。

16.9 使用公式创建超链接

HYPERLINK 函数是 Excel 中唯一一个可以返回数据值以外，还能够生成链接的特殊函数，下面将介绍如何利用 HYPERLINK 函数建立超链接。

HYPERLINK 函数语法如下：

```
HYPERLINK (link_location, friendly_name)
```

参数 link_location 除了使用直接的文本链接以外，还支持使用在 Excel 中定义的名称，但相应的名称前必须加上前缀“#”号，如#DATA、#Name。对于当前工作簿中的链接地址，也可以使用前缀“#”号来代替工作簿名称。

示例 16-19 创建有超链接的工作表目录

如图 16-23 所示，是某单位财务处理系统的部分内容。为了方便查看数据，要求在目录工作表中创建指向各工作表的超链接。

工作表名称	点击跳转
银行存款余额调节表	银行存款余额调节表
会计科目表	会计科目表
凭证录入	凭证录入
科目余额表	科目余额表
汇总凭证	汇总凭证
总账	总账
明细分类账	明细分类账
资产负债表	资产负债表
利润表	利润表
通用记账凭证	通用记账凭证
分数记账凭证	分数记账凭证

图 16-23 财务处理系统

C2 单元格使用以下公式，向下复制至 C12 单元格：

```
=HYPERLINK("#"&B2&"!A1",B2)
```

公式中“"#"&B2&"!A1"”部分指定了链接跳转的具体单元格位置。第二参数 B2，表示建立超链接后显示的内容为 B2 单元格的文字。设置完成后，单击公式所在单元格的超链接，即跳转到相应工作表的 A1 单元格。

16.10 提取公式字符串

在低版本 Excel 中，如需提取单元格中的公式字符串，需要借助宏表函数中的 GET.CELL 函数才能实现。在 Excel 2013 中，可以直接使用 FORMULATEXT 函数完成，而不再需要定义名称和启用宏。

示例 16-20 提取公式字符串

如图 16-24 所示，C 列使用不同的公式完成奖励金额的查询，需要在 D 列提取公式字符串。

解法	姓名	奖励	公式表达式
1	张黎明	403	=DSUM(对照表!A1:B8,"奖励",B1:B2)
2	黄德万	877	=SUMIF(对照表!A:A,B3,对照表!B:B)
3	杨绍才	994	=OFFSET(对照表!B1,MATCH(B4,对照表!A:A,)-1,)
4	薛扬涛	420	=INDEX(对照表!B:B,MATCH(B5,对照表!A:A,))
5	冯小青	626	=LOOKUP(1,0/(B6=对照表!A:A),对照表!B:B)
6	周子文	921	=SUMPRODUCT((B7=对照表!A2:A8)*对照表!B2:B8)
7	李润云	535	=VLOOKUP(B8,对照表!A:B,2,)

图 16-24 提取公式字符串

D2 单元格使用以下公式：

```
=FORMULATEXT(C2)
```

FORMULATEXT 函数是 Excel 2013 新增函数之一，其作用是以字符串的形式返回公式。在一些对公式进行讲解和演示的场景中，用于展示单元格中用到的具体公式，使用非常方便。

16.11 查找引用函数的综合应用

16.11.1 合并多个同类项目

示例 16-21 使用 VLOOKUP 函数合并多个同类项目

图 16-25 所示为某电商产品货位记录表的部分数据。A 列是产品编码，B 列是货位号，同一个产品编码有一个或多个货位号。为了便于打印，需要将同一产品编码的货位号归类存放到一个单元格内，货位号之间用逗号隔开。

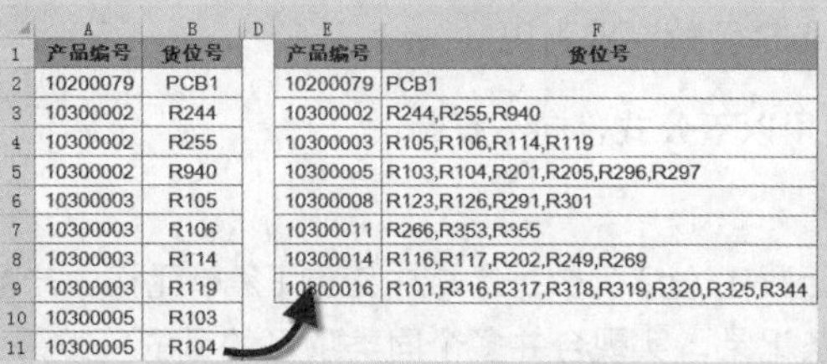

	A	B	D	E	F
1	产品编号	货位号		产品编号	货位号
2	10200079	PCB1		10200079	PCB1
3	10300002	R244		10300002	R244,R255,R940
4	10300002	R255		10300003	R105,R106,R114,R119
5	10300002	R940		10300005	R103,R104,R201,R205,R296,R297
6	10300003	R105		10300008	R123,R126,R291,R301
7	10300003	R106		10300011	R266,R353,R355
8	10300003	R114		10300014	R116,R117,R202,R249,R269
9	10300003	R119		10300016	R101,R316,R317,R318,R319,R320,R325,R344
10	10300005	R103			
11	10300005	R104			

图 16-25　合并多个同类项目

在 Excel 中并没有提供一个可以合并同类项的函数，可以使用 VLOOKUP 函数，借助辅助列变通实现。

步骤 1 建立辅助列

以 C 列作为辅助列，C2 单元格输入以下公式，向下复制：

```
=B2&IFNA(","&VLOOKUP(A2,A3:C99,3,),"")
```

VLOOKUP 函数自公式所在行的下一行开始，查找 A 列产品编码在 C 列对应的内容，并在 VLOOKUP 函数结果之前加上用于间隔的逗号。如果 A2 单元格产品编号是唯一值或是最后一条记录，VLOOKUP 函数向下查询不到对应的数据，将返回错误值#N/A。

用 IFNA 函数判断 VLOOKUP 函数的结果，错误值返回空白，否则返回公式本身的结果。再用 B2 单元格的值与 IFNA 函数返回的结果连接。

本例利用 VLOOKUP 函数有多个匹配结果时返回首个结果的特点，如果 A 列产品编号有多个值，公式向下复制时，计算结果将被上一条公式再次引用。

公式效果如图 16-26 所示。

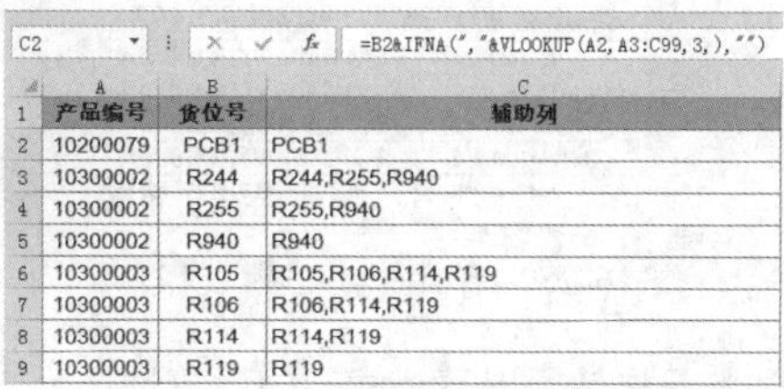

C2　=B2&IFNA(","&VLOOKUP(A2,A3:C99,3,),"")

	A	B	C
1	产品编号	货位号	辅助列
2	10200079	PCB1	PCB1
3	10300002	R244	R244,R255,R940
4	10300002	R255	R255,R940
5	10300002	R940	R940
6	10300003	R105	R105,R106,R114,R119
7	10300003	R106	R106,R114,R119
8	10300003	R114	R114,R119
9	10300003	R119	R119

图 16-26　使用辅助列的效果

VLOOKUP 函数第二参数的引用范围，是自公式所在单元格往下一行开始，引用的行数要大于数据表的最大行数。

步骤2 → 提取不重复的产品编号

隐藏 C 列辅助列，复制 A 列编号至任意空白列（本例是 E 列）。利用删除重复项功能完成不重复产品编号的提取，具体方法参阅 27.10.2 小节。完成后的效果如图 16-27 所示。

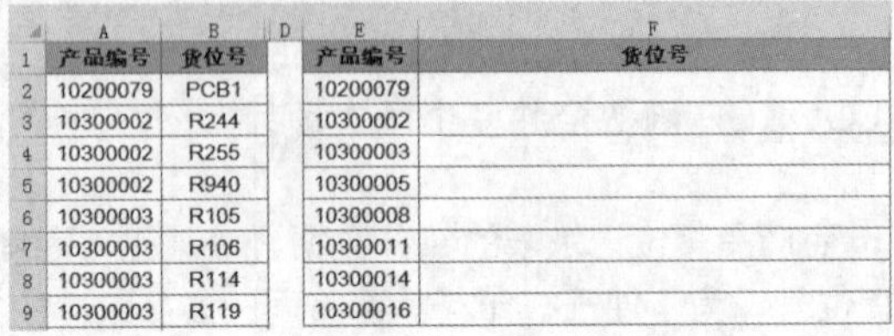

	A	B	D	E	F
1	产品编号	货位号		产品编号	货位号
2	10200079	PCB1		10200079	
3	10300002	R244		10300002	
4	10300002	R255		10300003	
5	10300002	R940		10300005	
6	10300003	R105		10300008	
7	10300003	R106		10300011	
8	10300003	R114		10300014	
9	10300003	R119		10300016	

图 16-27 提取不重复产品编号

步骤3 → 使用 VLOOKUP 函数完成引用

F2 单元格使用以下公式，向下复制：

```
=VLOOKUP(E2,A:C,3,)
```

VLOOKUP 函数在 A:C 列数据区域中查询 E2 单元格的产品编码，并返回符合条件的 C 列中第一条记录，实现合并多个同类项目的目的。效果如图 16-25 所示。

16.11.2 有特殊字符的数据查询

Excel 将问号（?）和星号（*）视为通配符。问号匹配任意单个字符，星号匹配任意一串字符，将波形符（~）用作表示下一个字符是文本的标记。如果数据中包含这些特殊字符，使用常规查询方法将无法得到正确结果。

示例 16-22 在有特殊字符的数据源中查询数据

图 16-28 所示为某公司供货商的部分数据。A 列的产品编号中包含多个问号、星号和波形符。要求在“查询”工作表中，根据产品编号查询对应的供货商。

	A	B
1	产品编号	供货商
2	N42H19.8*32	吉林市龙潭区恒昌建材商店
3	N42H19.8*32.5	西安瑞航电子科技有限公司
4	N42H19.8*5	上海玮燿环境科技有限公司
5	N42H19.8*55	杭州汉特化工有限公司
6	N42H19.8*2	青岛海艺饰软装
7	N42MT13.5~5	河南平易网络科技有限公司
8	N42MT24*39.5	深圳格南迪软件公司
9	N42MT24.5*39.5	上海武穆信息科技有限公司
10	N42MT13.5~32.5	广州天勤广告有限公司
11	N4520~27	宁波市鄞州诠美广告有限公司
12	N40MT19.8*42.6	中山市君禾机电设备有限公司
13	N40MT19.8*43	淄博欧麦机电制造有限公司
14	N40MT19.8*3	鞍山正亚激光科技有限公司
15	N42H19*5	北京昊瑞昌科技有限公司

查询 | 数据源

图 16-28 有特殊字符的数据源

在“查询”工作表的 B2 单元格使用以下公式，向下复制：

```
=VLOOKUP(A2,数据源!A:B,2,)
```

虽然 VLOOKUP 函数使用了精确匹配方式，但返回的是不正确的结果或是错误值#N/A，如图 16-29 所示。

B2 =VLOOKUP(A2,数据源!A:B,2,)

	A	B	C
1	产品编号	VLOOKUP函数	
2	N42H19*5	西安瑞航电子科技有限公司	
3	N42H19.8*5	西安瑞航电子科技有限公司	
4	N42H19.8*32	吉林市龙潭区恒昌建材商店	
5	N42H19.8*2	吉林市龙潭区恒昌建材商店	
6	N42H19.8*55	杭州汉特化工有限公司	
7	N4520~27	#N/A	
8	N42MT24.5*5	上海武穆信息科技有限公司	
9	N42MT24.5*39.5	上海武穆信息科技有限公司	
10	N40MT19.8*43	淄博欧麦机电制造有限公司	
11	N40MT19.8*3	淄博欧麦机电制造有限公司	

查询 数据源

图 16-29 VLOOKUP 函数返回结果不正确

VLOOKUP 函数将字符中的星号识别为通配符进行查询，如 A2 单元格中的产品编号 “N42H19*5”，即被识别为以 “N42H19” 开头、以 5 结尾的字符串。并且 VLOOKUP 函数有多个匹配结果时，只返回第一条内容，因此无法精确查询到需要的结果。对于含有波形符的查询值，VLOOKUP 函数返回错误值#N/A，同样无法实现查询要求。

利用等式中不支持通配符的特点，可以使用 LOOKUP 函数完成此类查询。

查询工作表 C2 单元格输入以下公式，向下复制：

```
=LOOKUP(1,0/(A2=数据源!A:A),数据源!B:B)
```

LOOKUP 函数的第二参数使用等式，比较 A2 单元格中的产品编号与数据源中 A 列的数据是否相同，巧妙避免了通配符造成的查询错误。

结果如图 16-30 中 C 列所示。

C2 =LOOKUP(1,0/(A2=数据源!A:A),数据源!B:B)

	A	B	C
1	产品编号	VLOOKUP函数	LOOKUP函数
2	N42H19*5	西安瑞航电子科技有限公司	北京昊瑞昌科技有限公司
3	N42H19.8*5	西安瑞航电子科技有限公司	上海玮熠环境科技有限公司
4	N42H19.8*32	吉林市龙潭区恒昌建材商店	吉林市龙潭区恒昌建材商店
5	N42H19.8*2	吉林市龙潭区恒昌建材商店	青岛淘艺饰软装
6	N42H19.8*55	杭州汉特化工有限公司	杭州汉特化工有限公司
7	N4520~27	#N/A	宁波市鄞州诠美广告有限公司
8	N42MT24.5*5	上海武穆信息科技有限公司	河南三星机械有限责任公司
9	N42MT24.5*39.5	上海武穆信息科技有限公司	上海武穆信息科技有限公司
10	N40MT19.8*43	淄博欧麦机电制造有限公司	淄博欧麦机电制造有限公司
11	N40MT19.8*3	淄博欧麦机电制造有限公司	鞍山正亚激光科技有限公司

图 16-30 LOOKUP 函数完成有特殊字符的查询

16.11.3 查询商品单价

示例 16-23 查询距出库日最近的商品单价

图 16-31 所示为某酒水批发点商品调价表的部分内容。现需要在出库表中根据商品名称和出库日期，查询出库日期当日或之前最近日期的价格。

D2 单元格使用多种公式，均可以完成题目要求。

◆ 公式 1：

```
=1/LOOKUP(1,1/(INDIRECT("调价表!R"&MATCH(B2,调价表!A:A,),)*(调价表!$1:$1<=A2)))
```

此公式的主要思路是，首先在调价表中确定商品名称所在的位置，然后确定查询单价的两个条件：一是出库日期要小于或等于调价表中的日期，二是商品所在行的单价不能为空。

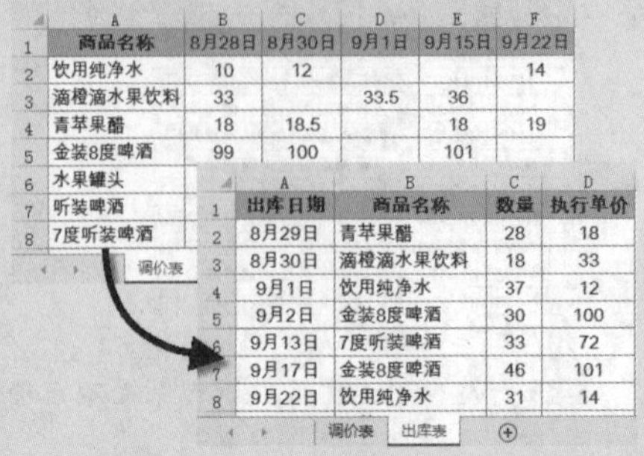

	A	B	C	D	E	F
1	商品名称	8月28日	8月30日	9月1日	9月15日	9月22日
2	饮用纯净水	10	12			14
3	滴橙滴水果饮料	33		33.5	36	
4	青苹果醋	18	18.5		18	19
5	金装8度啤酒	99	100		101	
6	水果罐头					
7	听装啤酒					
8	7度听装啤酒					

调价表

	A	B	C	D
1	出库日期	商品名称	数量	执行单价
2	8月29日	青苹果醋	28	18
3	8月30日	滴橙滴水果饮料	18	33
4	9月1日	饮用纯净水	37	12
5	9月2日	金装8度啤酒	30	100
6	9月13日	7度听装啤酒	33	72
7	9月17日	金装8度啤酒	46	101
8	9月22日	饮用纯净水	31	14

调价表 出库表

图 16-31 查询最新单价

“MATCH(B2,调价表!A:A,)”部分，定位 B2 单元格商品在调价表 A 列中的位置，计算结果为 4。

将字符串“调价表!R”和 MATCH 函数的运算结果合并成新字符串“调价表!R4”。INDIRECT 函数利用 R1C1 引用样式的简写方式 INDIRECT("调价表!R4",)，返回调价表工作表第 4 行的整行引用。

“调价表!$1:$1<=A2”与 INDIRECT("调价表!R4",)相乘。如果调价表!$1:$1 中的日期小于等于 A2 单元格出库日期，并且调价表工作表第 4 行不为空，将返回第 4 行中的值，否则返回 0。

用 1 除以上述公式的结果，返回由错误值#DIV/0!和实际单价的倒数组成的内存数组。

最后用 LOOKUP 函数返回调价表第 4 行最后一个符合条件数值的倒数 1/18。

再用 1 除以这个倒数，得到实际价格，结果为 18。

◆ 公式 2：

```
=LOOKUP(9^9,OFFSET(调价表!B$1,MATCH(B2,调价表!A$2:A$8,),,,MATCH(A2,调价表!B$1:F$1)))
```

该公式与第一个公式的思路不同。核心是使用 OFFSET 函数得到一行多列的引用区域，再使用 LOOKUP 函数返回该区域的最后一个数值。

MATCH(B2,调价表!A$2:A$8,)部分，定位 B2 单元格商品在调价表!A2:A8 单元格中的位置，计算结果用作 OFFSET 函数的行偏移参数。

MATCH(A2,调价表!B$1:F$1)部分，MATCH 函数第三参数省略，在调价表!B1:F1 单元格中查找小于或等于 A2 日期的最大值所处的位置，计算结果用作 OFFSET 函数引用区域的列数。

OFFSET 函数以调价表!B1 单元格为基点，向下偏移行数为 MATCH(B2,调价表!A$2:A$8,)的计算结果 4，新引用的列数为 MATCH(A2,调价表!B$1:F$1)的计算结果 1。

LOOKUP 函数以一个较大的数值 9^9 作为查询值，在 OFFSET 函数得到的引用区域中返回最后一个数值。

第 17 章　统计与求和

统计类函数是使用频率较高的函数之一，能从复杂、烦琐的数据中快速提取需要的数据。从简单的计数求和到复杂的数据分析，统计函数都有非常广泛的应用。本章主要介绍常用的和具有代表性的统计函数。

本章学习要点

（1）学习常用计数函数。

（2）理解多条件计数与多条件求和函数。

（3）学习频率统计与排名应用。

（4）学习筛选隐藏状态下的汇总统计。

17.1　基本的计数函数

Excel 中常用的计数函数主要包括 COUNT 函数、COUNTA 函数和 COUNTBLANK 函数，各函数的基本作用如图 17-1 所示。

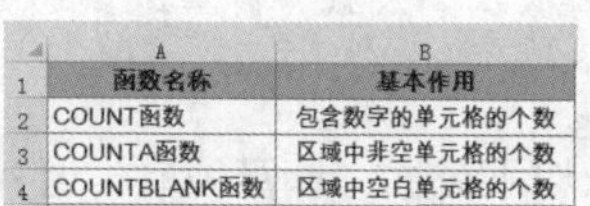

函数名称	基本作用
COUNT函数	包含数字的单元格的个数
COUNTA函数	区域中非空单元格的个数
COUNTBLANK函数	区域中空白单元格的个数

图 17-1　常用计数函数

17.1.1　认识 COUNT 函数

COUNT 函数用于计算包含数字的单元格以及参数列表中数字的个数。

示例 17-1　使用 COUNT 函数计数

COUNT 函数在计数时，将把数字、日期、或以文本代表的数字计算在内，但是错误值或其他无法转换成数字的文本将被忽略。如果参数是一个数组或引用，将只统计数组或引用中的数字，数组或引用中的空白单元格、逻辑值、文本或错误值都将被忽略。

如图 17-2 所示，A2 单元格输入文本格式的数字 10，以下公式将返回结果为 1：

```
=COUNT("10",{"10"},A2)
```

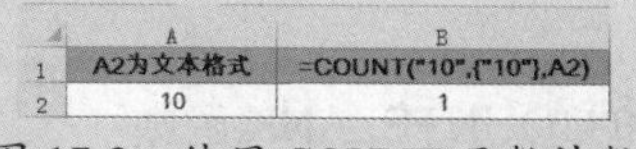

A2为文本格式	=COUNT("10",{"10"},A2)
10	1

图 17-2　使用 COUNT 函数计数

参数{"10"}是数组中的文本，A2 是引用中的文本，COUNT 函数忽略这些内容进行统计。"10"是以文本代表的数字，COUNT 函数统计时只将"10"计算在内。

17.1.2　快速实现多表计数

COUNT 函数支持多表区域引用的数据统计。在结构完全一致的多张工作表中，使用 COUNT

函数能够快速实现对多表的计数汇总。

示例 17-2 快速实现多表统计

图 17-3 所示为某企业不同部门员工薪资明细表的部分内容，各部门的表格结构相同。要求在汇总表内统计各部门人员总数、领取学历补助的总人数以及各部门的平均工资。

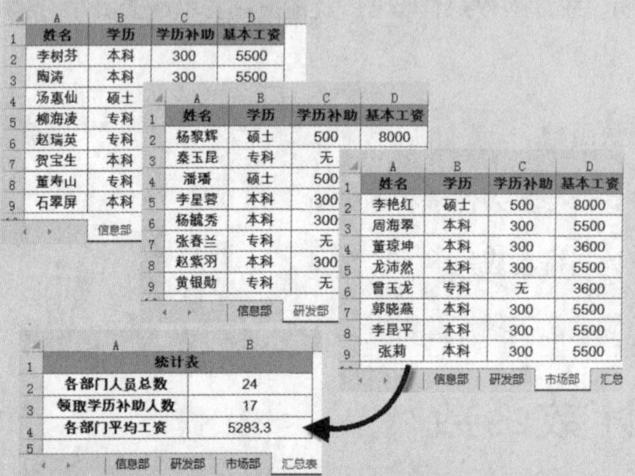

图 17-3 COUNT 函数多表统计

在“汇总表”的 B2 单元格输入以下公式，计算人员总数：

```
=COUNT(信息部:市场部!D2:D9)
```

在“汇总表”B3 单元格输入以下公式，计算领取学历补助的人数：

```
=COUNT(信息部:市场部!C2:C9)
```

在“汇总表”B4 单元格输入以下公式，计算各部门平均工资：

```
=AVERAGE(信息部:市场部!D2:D9)
```

多表汇总公式中引用工作表名称的通用写法为：

```
最左侧工作表:最右侧工作表!单元格区域
```

本例中，COUNT 函数和 AVERAGE 函数统计两个工作表之间所有工作表同一区域的数据。除此之外，用于求和的 SUM 函数和用于排名的 RANK 系列函数也支持多表区域引用的数据统计。

17.1.3 认识 COUNTA 和 COUNTBLANK 函数

COUNTA 函数用于计算区域中不为空的单元格的个数，而 COUNTBLANK 函数则计算指定单元格区域中空白单元格的个数。

示例 17-3 认识 COUNTA 和 COUNTBLANK 函数

使用 COUNTA 函数和 COUNTBLANK 函数时需要注意，两个函数对空值和非空值的判断规则不同。如图 17-4 所示，要求判断 A 列单元格是否为空，两个函数返回的结果如 C 列和 D 列所示。

内容	A列内容说明	COUNTA函数	COUNTBLANK函数
	公式返回的空文本("")	非空	空
	真空	空	空
	空格	非空	非空
	半角逗号(')	非空	空

图 17-4 空值和非空值的统计

A 列中的真空，是指单元格中不包含任何数据，与使用“清除内容”命令处理过的单元格效果相同。空格，是指使用键盘空格键输入的值。

C2 单元格公式为：

```
=IF(COUNTA(A2),"非空","空")
```

D2 单元格公式为：

```
=IF(COUNTBLANK(A2),"空","非空")
```

COUNTA 函数只将真空单元格判断为空，而 COUNTBLANK 函数则除空格以外，其他都判断为空。

17.2 条件统计类函数

Excel 中常用的条件统计类函数包括 COUNTIF 函数和 COUNTIFS 函数。前者的作用是计算给定区域内满足特定条件的单元格的数目，后者用于统计符合多个特定条件的数据个数。

17.2.1 单条件计数

COUNTIF 函数只有两个参数，第 1 个参数是要对其进行计数的数据区域，只能是单个单元格或单元格区域的引用，不能使用常量数组或是其他函数返回的内存数组。第 2 个参数是进行计数的条件，可以是数字、表达式、单元格引用或文本字符串。

示例 17-4 灵活多变的 COUNTIF 函数

COUNTIF 函数的帮助文件比较简单，但在实际应用中，通过第二参数的变化，可以满足多种计数需求。如图 17-5 所示，A 列数据包括数值、文本、逻辑值、错误值、假空、日期等多种类型。分别使用不同的第二参数其作用如 C 列和 E 列所示。

	A	B	C	D	E
1	数据	数据类型	第二参数	公式结果	返回A2:A14单元格区域中
2	12	数值	12	1	等于12的单元格个数
3	-22	数值	"<0"	1	负值的单元格个数
4	66	数值	"<>0"	12	不等于0的单元格个数
5	EH论坛	文本	A2	1	与A2内容相同的单元格个数
6	iexcelhome	文本	">"&A2	2	大于A2的单元格个数，包括A7单元格中的日期
7	2014/10/17	日期	"????"	1	4个字符长度的文本个数
8	美元	文本	"*e*"	2	包含字符"e"的单元格个数，不区分大小写
9	$美元	文本	"e*"	1	以"e"开头内容的单元格个数，不区分大小写
10	TRUE	逻辑值	TODAY()	1	当前日期的单元格个数
11	#N/A	错误值	"<>"	12	非空单元格个数，结果包含A12单元格的假空
12		半角逗号	">=!"	4	文本个数，即A5、A6、A8、A9单元格
13	0	数值	TRUE	1	逻辑值“TRUE”的个数，即A10单元格
14		真空	"="	1	真空单元格个数，即A14单元格

图 17-5 不同类型的数据

注意

COUNTF 函数第二参数使用比较运算符时，比较运算符和单元格引用之间必须用文本连接符“&”进行连接，而不能使用=COUNTIF(A2:A14,> A2)的类似写法。通配符只能对文本型数据进行统计，其他类型的数据使用通配符无效，结果返回 0。

示例 17-5 按部门添加序号

图 17-6 所示为某企业员工信息表的部分内容。要求根据 B 列的职工所在部门编写序号，遇不

同部门，序号从 1 重新开始。

	A	B	C	D
1	序号	部门	姓名	工号
2	1	财务部	杨玉兰	MS090
3	2	财务部	龚成琴	MS132
4	1	销售部	王莹芬	MS091
5	2	销售部	石化昆	MS074
6	3	销售部	班虎忠	MS094
7	4	销售部	補态福	MS085
8	1	采购部	王天艳	MS079
9	2	采购部	安德运	MS100
10	3	采购部	岑仕美	MS095
11	1	质保部	杨再发	MS099

图 17-6　按部门添加序号

A2 单元格输入以下公式，向下复制：

```
=COUNTIF(B$2:B2,B2)
```

第一参数中，第 1 个 B2 使用行绝对引用，第 2 个 B2 使用相对引用。公式向下复制时，依次变成 B$2:B3、B$2:B4……这样逐行扩大的引用区域，通过统计在此区域中与 B 列部门相同的单元格个数，实现按部门填写序号的要求。

17.2.2　标注重复身份证号码

COUNTIF 函数在处理文本型数值时，会将文本型数值识别为数值进行统计。由于 Excel 处理数值的最大精度为 15 位，因此 COUNTIF 函数会将前 15 位相同的身份证号码都识别为相同。因此，需要经过特殊的处理，才能返回正确的统计结果。

示例 17-6　标注重复身份证号码

图 17-7 所示为某单位员工档案表的部分内容。需要检查 B 列输入的身份证号码是否重复。

	A	B	C
1	姓名	身份证	重复检查
2	崔洪昆	521401190001225173	重复
3	孙新春	260202192101096495	
4	冯春梅	491002190101264988	
5	赵平	104011190010120633	
6	李万涛	521401190001225266	重复
7	赵亚伟	371421191011035260	
8	王丽颜	262456190208220673	
9	张涛	106011190010120599	
10	李勇	491002190104064296	
11	周彩仙	521401190001225173	重复

图 17-7　标注重复身份证号码

如果在 C2 单元格输入以下公式，向下复制后，公式将返回错误的判断结果：

```
=IF(COUNTIF($B$2:$B$11,B2)>1,"重复","")
```

首先使用 COUNTIF 函数统计 B2:B11 数据区域中等于 B2 单元格的数量。再使用 IF 函数判断，如果结果大于 1，返回“重复”，否则返回空文本。

B2 单元格与 B11 单元格内容完全相同，因此函数结果判断为重复。B6 单元格只有前 15 位号码和 B2、B11 单元格内容相同，函数结果仍然判断为重复。

C2 单元格公式可修改为：

```
=IF(COUNTIF($B$2:$B$11,B2&"*")>1,"重复","")
```

COUNTIF 函数的第 2 参数连接通配符"*"，目的是使其强行识别为文本进行统计，即统计以 B2 单元格内容开头的文本。

除了在第二参数后面加通配符的方法以外，也可输入以下数组公式，按<Ctrl+Shift+Enter>组合键：

```
{=IF(COUNT(0/(B2=$B$2:$B$11))>1,"重复","")}
```

公式中使用了等式 B2=$B$2:$B$11，只有内容完全一致时，等式才会成立。使用 0 除返回的由逻辑值 TRUE 和 FALSE 组成的内存数组，得到 0 和错误值#DIV/0!，然后再用 COUNT 函数计算数值的个数，通过迂回的方法完成是否重复的判断。

17.2.3 统计不重复个数

COUNTIF 函数的第二参数支持多单元格区域引用，运用 COUNTIF 函数，可以统计数据区域中的不重复个数。

示例 17-7 统计不重复的人数

如图 17-8 所示，需要在 C2 单元格统计 A 列不重复的人员总数。

	A	B	C
1	姓名	工号	不重复人数
2	杨峥艳	3366	8
3	马海存	1872	
4	张丽仙	6358	
5	邹淑静	2799	
6	杨峥艳	3366	
7	王涛	6498	
8	张晓莽	1026	
9	杨峥艳	3366	
10	张伟钢	9972	
11	张丽仙	6358	
12	张晓莽	1026	
13	曹泓滨	4395	
14	张丽仙	6358	

图 17-8 统计不重复人数

C2 单元格输入以下数组公式，按<Ctrl+Shift+Enter>组合键：

```
{=SUM(1/COUNTIF(A2:A14,A2:A14))}
```

{=SUM(1/COUNTIF(区域,区域))}是计算区域中不重复值个数的经典公式。

公式中“COUNTIF(A2:A14,A2:A14)”部分是数组计算，运算过程相当于：

```
=COUNTIF(A2:A14,A2)
=COUNTIF(A2:A14,A3)
……
=COUNTIF(A2:A14,A14)
```

COUNTIF 函数分别统计 A2:A14 单元格区域中每个元素出现的次数。返回内存数组结果为{3;1;3;1;3;1;2;3;1;3;2;1;3}。再使用 1 除以返回的内存数组，得到以下结果：

```
{0.333;1;0.333;1;0.333;1;0.5;0.333;1;0.3333;0.5;1;0.333}
```

用 1 除，即相当于计算 COUNTIF 函数所返回内存数组的倒数。为便于理解，把这一步的结果中的小数部分使用分数代替，结果为：{1/3;1;1/3;1;1/3;1;1/2;1/3;1;1/3;1/2;1;1/3}。

如果单元格的值在区域中是唯一值，这一步的结果是 1。重复出现两次，这一步的结果就有两个 1/2。如果单元格的值在区域中重复出现 3 次，结果就有 3 个 1/3……即每个元素对应的倒数合计起来结果仍是 1。

最后用 SUM 函数求和，得出不重复的人员总数。

17.2.4 多条件计数应用

通常情况下，COUNTIF 函数只能针对单个条件进行统计，通过解法的变通，可以统计同一区域中由两个边界值所指定的数据个数。

示例 17-8 使用 COUNTIF 函数多条件计数

图 17-9 所示为某企业员工考核表的部分内容，需要统计出考核分数大于 60 且小于等于 80 的人数。

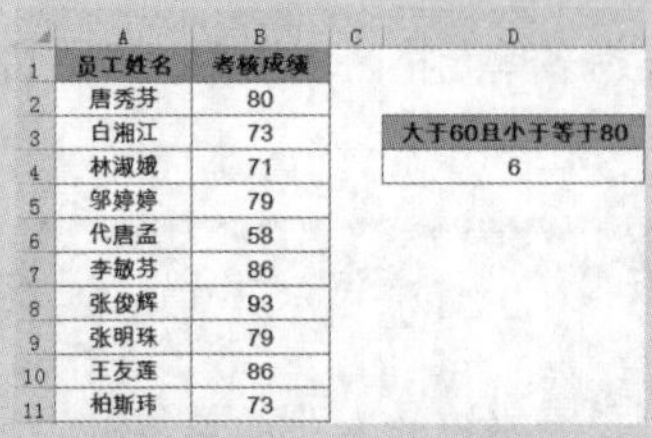

	A	B	C	D
1	员工姓名	考核成绩		
2	唐秀芬	80		
3	白湘江	73		大于60且小于等于80
4	林淑娥	71		6
5	邬婷婷	79		
6	代唐孟	58		
7	李敏芬	86		
8	张俊辉	93		
9	张明珠	79		
10	王友莲	86		
11	柏斯玮	73		

图 17-9 多条件计数应用

D4 单元格输入以下公式：

```
=SUM(COUNTIF(B2:B11,{">60";">80"})*{1;-1})
```

在考核成绩中，“>60”的记录数一定包含“>80”的记录，因此该公式使用常量数组{">60";">80"}作为统计条件，即分别对“>60”和“>80”的数据进行统计，返回一个内存数组结果{9;3}。再利用乘以{1;-1}实现两者相减，最后用 SUM 函数求和得出结果。

如果有多个用于计数的条件，再使用 COUNTIF 函数计数会比较复杂，可以使用 COUNTIFS 函数来完成多条件的计数汇总。

COUNTIFS 函数的语法为：

```
COUNTIFS(criteria_range1, criteria1, [criteria_range2, criteria2]…)
```

第一参数是计算关联条件的单元格区域，第二参数是指定计数的条件，可以是数字、表达式、单元格引用或文本。

该函数最多允许使用 127 个区域/条件对。COUNTIFS 函数通俗的写法是：

COUNTIFS(区域 1,条件 1,区域 2,条件 2,区域 3,条件 3, ……)

示例 17-9 使用 COUNTIFS 函数多条件计数

如图 17-10 所示，A:D 列是某企业员工信息表的部分内容。

例 1：统计各部门 40 岁以上的人数。

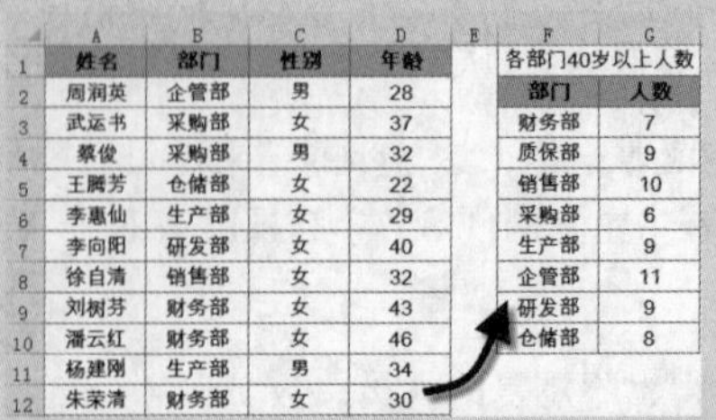

	A	B	C	D	E	F	G
1	姓名	部门	性别	年龄		各部门40岁以上人数	
2	周润英	企管部	男	28		部门	人数
3	武运书	采购部	女	37		财务部	7
4	蔡俊	采购部	男	32		质保部	9
5	王腾芳	仓储部	女	22		销售部	10
6	李惠仙	生产部	女	29		采购部	6
7	李向阳	研发部	女	40		生产部	9
8	徐自清	销售部	女	32		企管部	11
9	刘树芬	财务部	女	43		研发部	9
10	潘云红	财务部	女	46		仓储部	8
11	杨建刚	生产部	男	34			
12	朱荣清	财务部	女	30			

图 17-10 COUNTIFS 函数多条件计数

G3 单元格输入以下公式，向下复制：

```
=COUNTIFS(B:B,F3,D:D,">40")
```

COUNTIFS 函数分别指定部门列和年龄列，并对两列数据指定不同的条件。B 列的部门条件是等于 F3 单元格的部门，D 列的年龄条件是大于 40。再将两个条件按“并且”关系进行统计得出结果。

例 2：统计财务部和生产部 40 岁以上的女性总人数。可输入以下公式完成统计：

```
=SUM(COUNTIFS(B:B,{"生产部","财务部"},D:D,">40",C:C,"女"))
```

COUNTIFS 函数分别指定部门列、年龄列和性别列，并指定不同的条件。B 列的部门条件是一个常量数组{"生产部","财务部"}，因此，COUNTIFS 函数得出的是一个数组结果{6,5}，即两个部门符合年龄和性别条件的人数。再使用 SUM 函数求和，计算出符合条件的总人数。

17.3 条件求和类函数

在 Excel 中，通常使用 SUMIF 函数和 SUMIFS 函数完成条件求和与多条件求和的汇总计算。

17.3.1 单条件求和

SUMIF 函数通常用于对区域中符合指定单个条件的值求和。它与 COUNTIF 函数具有相似的函数结构和用法。其语法为：

```
SUMIF(range,criteria,[sum_range])
```

第一参数 range 为判断条件的区域，第二参数 criteria 为指定的求和条件，第三参数 sum_range 是需要求和的区域。如果第三参数省略，SUMIF 函数会对第一参数，也就是应用条件的单元格求和。

第一参数和第三参数可以为单元格引用或函数产生的多维引用，但不能为数组。第二参数支持通配符“*”和“?”。

示例 17-10 使用 SUMIF 函数分类求和

图 17-11 所示为某单位业务流水表的部分内容，需要计算不同供货商的业务金额。

	A	B	C	D	E	F	G
1	业务日期	流水号	供货商	金额		供货商	总金额
2	2014/12/2	201412026099	赛欧实业	33928		星辰机械	530892
3	2014/12/3	201412037174	赛欧实业	18093		亚讯山东	582236
4	2014/12/3	201412039378	安尔富股份	4590		安尔富股份	783573
5	2014/12/3	201412039511	安尔富股份	4527		乐化电子	517711
6	2014/12/3	201412036154	赛欧实业	24012		赛欧实业	820653
7	2014/12/3	201412035918	赛欧实业	29061		路亚电工	474025
8	2014/12/4	201412049892	芳华日化	25873		芳华日化	706360
9	2014/12/4	201412046499	芳华日化	21711			
10	2014/12/4	201412044396	亚讯山东	31311			
11	2014/12/4	201412045897	安尔富股份	23327			
12	2014/12/4	201412049722	乐化电子	26297			

图 17-11 业务流水表

G2 单元格输入以下公式，向下复制至 G2:G8 单元格区域：

```
=SUMIF(C:C,F2,D:D)
```

公式使用了整列引用，C 列是判断条件的区域，指定的求和条件是 F2 单元格中的供货商名称。D 列是求和区域，如果 C 列内容等于 F2 单元格的供货商，SUMIF 函数对 D 列对应的金额求和。

如果需要计算单笔业务金额在 30000 以上的总金额，可以输入以下公式：

```
=SUMIF(D:D,">30000")
```

由于求和区域与条件区域相同，公式省略第三参数，SUMIF 函数对应用条件的 D 列单元格区域求和。与以下公式中，第三参数使用“D:D”的计算结果相同：

```
=SUMIF(D:D,">30000",D:D)
```

SUMIF 函数的求和区域参数写法非常灵活，如果仅指定求和区域左上角的单元格，SUMIF 函数也能正常求和。

仍以示例 17-10 的数据为例，如果需要计算日期为 2014/12/4 的业务金额，可以输入以下公式完成：

```
=SUMIF(A2:A200,"2014/12/4",D2)
```

注意 由于 SUMIF 函数求和区域不确定，工作表每次更新时，公式都会重新计算，在数据量较大时，应慎用这种写法。

17.3.2 使用通配符的条件求和

和 COUNTIF 函数相同，SUMIF 函数也支持使用通配符。

示例 17-11 按地区汇总供货量

图 17-12 所示为某单位煤炭采购记录表的部分内容，需要计算不同省份原产地的总数量。

	A	B	C
1	原产地	运输车号	数量
2	河北曲阳	冀H3326	54811
3	黑龙江鹤岗	黑M1625	49504
4	贵州毕节	黔R3358	55686
5	山西平朔	晋K3655	58517
6	山东枣庄	鲁E4398	47329
7	山西大同	晋H2649	60082
8	山东淄博	鲁N5944	51183
9	山西晋城	晋D2354	59907
10	山西临汾	晋H6955	46742
11	河南平顶山	豫S3428	57955
12	江苏徐州	苏T6398	61415
13	山东新汶	鲁C6659	58344

	E	F
1	原产地	总数量
2	山西	225248
3	河北	54811
4	山东	156856
5	河南	57955
6	江苏	61415
7	贵州	55686
8	黑龙江	49504

图 17-12 按地区汇总供货量

F2 单元格输入以下公式，向下复制至 F2:F8 单元格区域：

```
=SUMIF(A$2:A$13,E2&"*",C$2:C$13)
```

SUMIF 函数第二参数使用 E2 连接通配符“*”，如果 A2:A13 单元格区域的原产地是以 E2 单元格内容开头，SUMIF 函数对 C 列对应的数量求和。

17.3.3 二维区域的条件求和

SUMIF 函数除了用于一维区域的统计求和，也可以对二维区域进行条件求和。其原理与一维区域条件求和相同。

示例 17-12 计算部门考评平均分

图 17-13 所示为某单位部门检查评分表的部分内容。每个部门的考评次数不一样，但至少会出现一次。要求用公式计算出各部门最后一次考评成绩的平均分。

	A	B	C	D	E	F	G
1	考评日期	企划	财务	销售	采购	生产	品保
2	2014/12/4	87	57	81	55	75	76
3	2014/12/5	78	91	86	74	69	
4	2014/12/6	61	65	78	88	95	
5	2014/12/7	89		64	76	63	
6	2014/12/8	68			80	83	
7	2014/12/9				88	57	
8	2014/12/10					68	
9							
10		各部门最后一次考评成绩的平均分					
11		71.5					

图 17-13 计算各部门最后一次考评平均分

B11 单元格输入以下公式：

```
=SUMIF(B2:G9,"",B1:G8)/6
```

第一参数 B2:G9 是条件区域。第二参数指定的求和条件是""，也就是空值。选择空值作为指定的条件是本题的关键。要对每个部门的最后一次考试成绩计算平均值，首先就要计算出 B2:G9 区域中每一列的最后一个值。而最后一个值的共同特点是，这个值的向下一个单元格必然是空白。

第 3 参数求和区域是 B1:G8，和第一参数的条件区域 B2:G9 形成了一个错行的效果。

整个公式的意思是：如果 B2:G9 单元格区域中满足等于空值的条件，就去计算与空值对应的上一行的和，变通得到单元格区域中每一列最后一个值的总和。

最后用 SUMIF 函数的计算结果除以部门数量，完成题目要求。

注意

在使用 SUMIF 函数进行二维数据区域条件求和时，要求条件区域与求和区域必须尺寸相同且位置保持一一对应，否则将不能得到正确结果。

17.3.4 同一字段多个条件求和

SUMIF 函数的第二参数支持常量数组和多单元格引用。

示例 17-13 使用 SUMIF 函数多条件求和

仍以示例 17-11 为例，需要计算原产地为山西和山东的总数量。可输入以下公式完成计算：

```
=SUM(SUMIF(A2:A13,{"山西*","山东*"},C2:C13))
```

SUMIF 函数分别计算出以关键字“山西”和“山东”开头的原产地数量，返回一个数组结果{225248,156856}。最后使用 SUM 函数进行求和。

示例 17-14 根据等级计算分值

图 17-14 所示为某单位 5S 考核表的部分内容。在 A1:F10 单元格区域中，各部门的每个考核项目使用不同的等级来表示。需要根据 I3:J7 单元格区域的分值对照表，计算出每个部门的总分值。

	A	B	C	D	E	F	G	H	I	J
1	部门	整理	整顿	清扫	清洁	素养	总分值		对照表	
2	财务部	C	A	B	A	B	9.8		等级	分值
3	销售部	C	B	C	A	B	10.2		A	1.8
4	采购部	D	A	D	A	C	11.0		B	2
5	市场部	A	A	C	D	C	10.6		C	2.2
6	仓储部	A	E	E	A	B	8.4		D	2.6
7	品保部	D	B	D	B	C	11.4		E	1.4
8	企管部	D	D	A	A	E	10.2			
9	妇联	D	C	B	E	D	10.8			
10	工会	B	B	C	C	D	11.0			

图 17-14 5S 考核表

G2 单元格输入以下数组公式，按<Ctrl+Shift+Enter>组合键，复制至 G2:G10 单元格区域：

```
{=SUM(SUMIF(I$3:I$7,B2:F2,J$3:J$7))}
```

SUMIF 函数第二参数使用了多单元格的区域引用“B2:F2”。如果判断条件的区域 I3:I7 单元格与 B2:F2 单元格内容相同，SUMIF 函数则分别对与之对应的 J3:J7 单元格区域求和。返回数组结果为：{2.2,1.8,2,1.8,2}，最后使用 SUM 函数求和得出计算结果。

17.3.5 SUMIF 函数多表汇总

使用 SUMIF 函数，可以对多个相同结构的工作表进行统计求和。

示例 17-15 使用 SUMIF 函数多表汇总

图 17-15 所示为某单位财务报表的部分内容，需要将设备、费用、材料、辅料工作表内与 A 列编号对应的金额，汇总到“合计”工作表中。

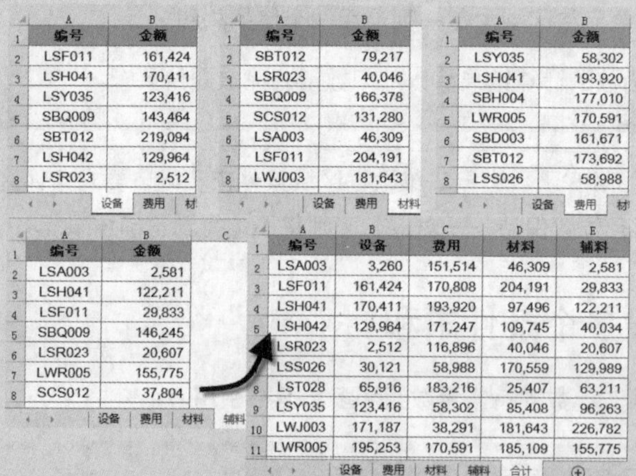

编号	金额
LSF011	161,424
LSH041	170,411
LSY035	123,416
SBQ009	143,464
SBT012	219,094
LSH042	129,964
LSR023	2,512

编号	金额
SBT012	79,217
LSR023	40,046
SBQ009	166,378
SCS012	131,280
LSA003	46,309
LSF011	204,191
LWJ003	181,643

编号	金额
LSY035	58,302
LSH041	193,920
SBH004	177,010
LWR005	170,591
SBD003	161,671
SBT012	173,692
LSS026	58,988

编号	金额
LSA003	2,581
LSH041	122,211
LSF011	29,833
SBQ009	146,245
LSR023	20,607
LWR005	155,775
SCS012	37,804

编号	设备	费用	材料	辅料
LSA003	3,260	151,514	46,309	2,581
LSF011	161,424	170,808	204,191	29,833
LSH041	170,411	193,920	97,496	122,211
LSH042	129,964	171,247	109,745	40,034
LSR023	2,512	116,896	40,046	20,607
LSS026	30,121	58,988	170,559	129,989
LST028	65,916	183,216	25,407	63,211
LSY035	123,416	58,302	85,408	96,263
LWJ003	171,187	38,291	181,643	226,782
LWR005	195,253	170,591	185,109	155,775

图 17-15 使用 SUMIF 函数多表汇总

“合计”工作表 B2 单元格输入以下公式，复制到 B2:E17 单元格区域：

```
=SUMIF(INDIRECT(B$1&"!A:A"),$A2,INDIRECT(B$1&"!B:B"))
```

将 B1 分别与字符串“!A:A”、“!B:B”连接，组成新的字符串“设备!A:A”、“设备!B:B”，INDIRECT 函数返回对应的工作表区域引用。

SUMIF 函数的第一参数和第三参数使用 INDIRECT 函数返回的引用结果，分别生成与 B1 单元格同名工作表中的条件范围和求和范围。公式向右复制时，依次变成 C1、D1、E1 单元格同名的工作表中的区域引用，SUMIF 函数返回在该工作表内的条件求和结果。

17.3.6 多条件求和应用

使用 SUMIFS 函数，能够实现多个条件组合的数据求和。

SUMIFS 函数的基本语法是：

```
SUMIFS(sum_range,criteria_range1,criteria1,[criteria_range2,criteria2],...)
```

与 SUMIF 函数不同，SUMIFS 函数的求和区域被放到第一参数的位置，其他参数分别是区域 1、条件 1、区域 2、条件 2……最多允许 127 个区域/条件对。

示例 17-16 按部门统计不同区域的销售额

图 17-16 所示为某机械制造公司销售表的部分内容，需要分别统计各部门不同区域的销量。

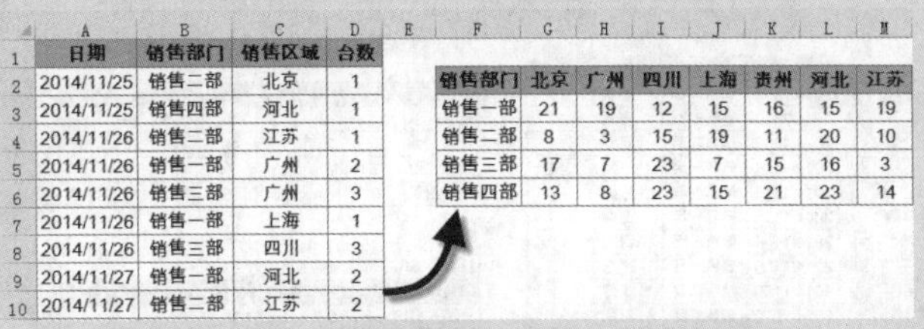

日期	销售部门	销售区域	台数
2014/11/25	销售二部	北京	1
2014/11/25	销售四部	河北	1
2014/11/26	销售二部	江苏	1
2014/11/26	销售一部	广州	2
2014/11/26	销售三部	广州	3
2014/11/26	销售一部	上海	1
2014/11/26	销售三部	四川	3
2014/11/27	销售一部	河北	2
2014/11/27	销售二部	江苏	2

销售部门	北京	广州	四川	上海	贵州	河北	江苏
销售一部	21	19	12	15	16	15	19
销售二部	8	3	15	19	11	20	10
销售三部	17	7	23	7	15	16	3
销售四部	13	8	23	15	21	23	14

图 17-16 按部门统计不同区域的销售额

G3 单元格输入以下公式，复制到 G3:M6 单元格区域：

```
=SUMIFS($D:$D,$B:$B,$F3,$C:$C,G$2)
```

公式中第一个参数"$D:$D"是求和区域，"$B:$B,$F3"是第一个区域/条件对，"$C:C,G2"是第二个区域/条件对。如果 B 列的销售部门等于 F3 单元格的内容，并且 C 列的销售区域等于 G2 单元格的内容，则将与之对应的 D 列台数汇总求和。

SUMIFS 函数条件参数形式与 SUMIF 函数一样，可以为数字、表达式、单元格引用或文本，也可以使用通配符。这里不再赘述。

17.3.7 使用 SUMPRODUCT 函数多条件汇总

除了用于多条件计数的 COUNTIFS 函数和用于多条件求和的 SUMIFS 函数之外，SUMPRODUCT 函数也被广泛用于多条件计数以及多条件求和的统计。该函数属于数学类函数，主要用于对多个相同尺寸的引用区域或数组进行相乘运算，最后对乘积求和。在实际应用中，使用该函数不仅可以用于多条件求和，而且能够执行多条件的计数运算。

示例 17-17 使用 SUMPRODUCT 函数多条件汇总

仍然以示例 17-16 中的数据为例，使用 SUMPRODUCT 函数也可以按部门分别统计不同区域的销量，结果如图 17-17 所示。

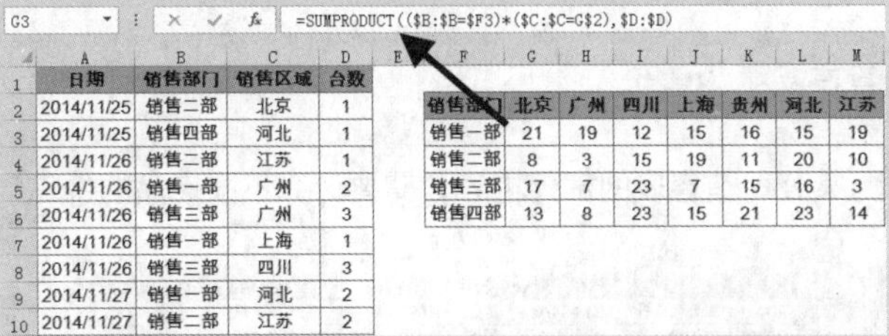

G3 =SUMPRODUCT(($B:$B=$F3)*($C:$C=G$2),$D:$D)

日期	销售部门	销售区域	台数
2014/11/25	销售二部	北京	1
2014/11/25	销售四部	河北	1
2014/11/26	销售二部	江苏	1
2014/11/26	销售一部	广州	2
2014/11/26	销售三部	广州	3
2014/11/26	销售一部	上海	1
2014/11/26	销售三部	四川	3
2014/11/27	销售一部	河北	2
2014/11/27	销售二部	江苏	2

销售部门	北京	广州	四川	上海	贵州	河北	江苏
销售一部	21	19	12	15	16	15	19
销售二部	8	3	15	19	11	20	10
销售三部	17	7	23	7	15	16	3
销售四部	13	8	23	15	21	23	14

图 17-17 使用 SUMPRODUCT 函数多条件求和

G3 单元格输入以下公式，复制到 G3:M6 单元格区域：

```
=SUMPRODUCT(($B:$B=$F3)*($C:$C=G$2),$D:$D)
```

公式中将“$B:$B=$F3”和“$C:$C=G$2”两个数组的所有元素对应相乘，表示按“并且”关系运算，返回1和0组成的乘积。再用乘积与D列台数相乘，最后乘积相加得到计算结果。

如果将公式中的求和区域参数去掉，即表示汇总符合多个条件的个数。因此可使用该函数统计不同区域的业务笔数。输入以下公式，能返回各部门不同区域的业务笔数。效果如图17-18所示：

```
=SUMPRODUCT(($B:$B=$F11)*($C:$C=G$2))
```

G11 =SUMPRODUCT(($B:$B=$F11)*($C:$C=G$2))

日期	销售部门	销售区域	台数
2014/11/25	销售二部	北京	1
2014/11/25	销售四部	河北	1
2014/11/26	销售二部	江苏	1
2014/11/26	销售一部	广州	2
2014/11/26	销售三部	广州	3
2014/11/26	销售一部	上海	1
2014/11/26	销售三部	四川	3
2014/11/27	销售一部	河北	2
2014/11/27	销售二部	江苏	2
2014/11/27	销售三部	北京	1
2014/11/27	销售四部	河北	3
2014/11/27	销售一部	广州	3
2014/11/27	销售二部	贵州	2

销售部门	北京	广州	四川	上海	贵州	河北	江苏
销售一部	21	19	12	15	16	15	19
销售二部	8	3	15	19	11	20	10
销售三部	17	7	23	7	15	16	3
销售四部	13	8	23	15	21	23	14

计算各部门不同区域的业务笔数

销售部门	北京	广州	四川	上海	贵州	河北	江苏
销售一部	9	9	5	7	8	6	8
销售二部	6	3	7	8	6	9	7
销售三部	9	3	9	3	9	8	2
销售四部	6	5	10	8	12	11	6

图17-18 使用SUMPRODUCT函数多条件计数

SUMPRODUCT函数多条件求和的通用写法是：

```
=SUMPRODUCT(条件1*条件2*…条件n,求和区域)
```

SUMPRODUCT函数多条件计数的通用写法是：

```
=SUMPRODUCT(条件1*条件2*…条件n)
```

注意

使用SUMPRODUCT函数求和时，如果目标求和区域的数据类型全部为数值，最后一个参数前的运算符使用“，”和“*”无区别。如果目标求和的区域中存在文本类型数据，使用“*”会返回错误值#VALUE!。使用“，”则会将非数值型的元素作为0处理，不会报错。

17.4 条件均值类函数

计算数值平均数的应用非常广泛，如计算某区域在某个时段内的产品销量、某部门的人均工资等，都离不开平均值函数。

17.4.1 统计指定条件的平均值

AVERAREIF函数用于统计包含特定条件的平均值，使用方法与SUMIF函数类似。

示例17-18 计算产品平均售价

图17-19所示为某公司销售表的部分内容，需要计算不同产品的平均售价。

订单号	产品名称	规格型号	颜色	售价
A0001	光电色选机	MMS-94A4	黑色	16900
C0005	CCD色选机	CCS-192	绿色	69000
C0004	CCD色选机	CCS-160	黑色	38200
A0009	光电色选机	MMS-120A4	白色	29000
C0002	光电色选机	MMS-168A4	绿色	67200
B0004	CCD色选机	CCS-192	绿色	68000
B0005	CCD色选机	CCS-256	黑色	63000
A0007	CCD色选机	CCS-256	黑色	62100
A0005	CCD色选机	CCS-160	黑色	39000

产品名称	平均售价
光电色选机	42382.35
CCD色选机	55020.83

图17-19 计算产品平均售价

H2 单元格输入以下公式，向下复制：

```
=ROUND(AVERAGEIF(B:B,G2,E:E),2)
```

AVERAGEIF 函数的结构与 SUMIF 函数完全一致，第一参数为判断条件的区域，第二参数为指定的平均值条件，第三参数是需要计算平均值的区域。使用 ROUND 函数将平均值计算结果保留两位小数。

示例 17-19 统计大于考核平均值的总平均值

图 17-20 所示为某单位职工技能考核成绩表的部分内容，需要统计大于考核平均值的总平均值。

姓名	理论	操作	综合	总分
何治嘉	58	71	57	186
赵培英	56	47	76	179
李鸿娟	70	64	58	192
黄秀芬	90	36	52	178
黄汉昆	61	37	59	157
毕俊仙	89	80	43	212
刘正发	94	77	91	262
张丽芬	93	92	59	244
罗瑛	88	71	83	242
李存芝	81	71	78	230
杨松生	80	59	90	229
范加龙	78	92	48	218

统计大于平均分的总平均分

理论	操作	综合	总分
88	79	84	234

图 17-20 统计大于平均值的总平均值

B17 单元格输入以下公式，复制到 B17:E17 单元格区域：

```
=AVERAGEIF(B2:B13,">"&AVERAGE(B2:B13))
```

首先使用 AVERAGE 函数计算 B2:B13 单元格区域的平均值。再用比较运算符“>”连接 AVERAGE 函数的计算结果，作为 AVERAGEIF 函数平均值的条件。AVERAGEIF 函数第三参数省略，默认对第一参数，也就是应用条件的单元格求平均值。

17.4.2 多条件平均值应用

AVERAGEIFS 函数能够返回满足多个条件的平均值，使用方法与 SUMIFS 函数类似。

示例 17-20 计算不同规格产品的平均售价

图 17-21 所示为某公司销售表的部分内容。需要根据 G 列的产品名称和 H 列的规格型号，分别计算各产品不同型号的平均售价。

订单号	产品名称	规格型号	颜色	售价
A0001	光电色选机	MMS-94A4	黑色	16900
C0005	CCD色选机	CCS-192	绿色	69000
C0004	CCD色选机	CCS-160	黑色	38200
A0009	光电色选机	MMS-120A4	白色	29000
C0002	光电色选机	MMS-168A4	绿色	67200
B0004	CCD色选机	CCS-192	绿色	68000
B0005	CCD色选机	CCS-256	黑色	63000
A0007	CCD色选机	CCS-256	黑色	62100
A0005	CCD色选机	CCS-160	黑色	39000
A0008	光电色选机	MMS-94A4	黑色	19000
B0003	CCD色选机	CCS-160	黑色	37500
A0002	光电色选机	MMS-120A4	白色	31000
B0001	光电色选机	MMS-168A4	绿色	66000
B0002	CCD色选机	CCS-128	白色	35900

产品名称	规格型号	平均售价
光电色选机	MMS-94A4	21160.00
CCD色选机	CCS-192	72066.67
CCD色选机	CCS-160	41300.00
光电色选机	MMS-120A4	32366.67
光电色选机	MMS-168A4	70083.33
CCD色选机	CCS-192	72066.67
CCD色选机	CCS-256	67033.33
光电色选机	MMS-94A4	21160.00
CCD色选机	CCS-128	39683.33

图 17-21 计算不同规格产品的平均售价

I2 单元格输入以下公式，向下复制至 I2:I10 单元格区域：

```
=ROUND(AVERAGEIFS(E:E,B:B,G2,C:C,H2),2)
```

AVERAGEIFS 函数的结构与 SUMIFS 函数完全一致，第一参数“E:E”为计算平均值区域，“B:B,G2”是第一个区域/条件对，“C:C,H2”是第二个区域/条件对。如果 B 列的产品名称等于 G2 单元格，并且 C 列的规格型号等于 H2 单元格，则将对应的 E 列售价汇总求平均值。

17.4.3 去除最高最低值的平均值

TRIMMEAN 函数用于返回数据集的内部平均值。从数据集的头部和尾部除去一定百分比的数据点，然后再求平均值。当希望在分析中剔除一部分数据的计算时，可以使用此函数。

TRIMMEAN 函数的参数为：

```
TRIMMEAN(array, percent)
```

第一参数为求平均值的数组或数值区域。第二参数为从计算中排除数据点的比例。如果排除的数据点数目为奇数，将向下舍入为最接近的 2 的倍数。

示例 17-21 计算去除极值的平均气温

图 17-22 所示为某气象观测站的气温观测记录。需要统计去掉极值后的，各观测点同一时间的气温记录平均值。

	A	B	C	D	E	F	G	H
1	时间	1#	3#	2#	4#	5#	6#	平均气温
2	6:30	11.32	11.47	11.38	11.53	11.61	10.81	11.43
3	8:30	13.45	13.62	13.55	13.70	13.78	13.30	13.58
4	10:30	15.72	15.82	15.72	15.86	15.87	15.12	15.78
5	12:30	18.11	18.13	18.12	18.18	18.18	17.21	18.14
6	14:30	20.44	20.55	20.47	20.65	20.71	20.01	20.53
7	16:30	19.87	19.92	19.91	19.97	19.98	19.94	19.94
8	18:30	16.72	16.81	16.73	16.90	16.94	16.53	16.79
9	20:30	15.68	15.77	15.77	15.87	15.94	15.17	15.77
10	22:30	14.77	14.88	14.86	14.96	15.00	14.65	14.87

图 17-22 计算去除极值的平均气温

H2 单元格输入以下公式，向下复制至 H2:H10 单元格区域：

```
=TRIMMEAN(B2:G2,2/6)
```

TRIMMEAN 函数的第二参数使用“2/6”，表示在 B2:G2 单元格区域的 6 组数据中，去除一个最高值(11.61)和一个最低值(10.81),然后计算平均值。如果计算区域中包含相同极值，TRIMMEAN 函数的计算结果不受影响。

注意

如果计算区域中包含文本内容，计算时所有文本数据占用 1 组数据点（即 1 个最高值和 1 个最低值）。

17.5 频率统计函数

FREQUENCY 函数用于统计数据的分布频率，虽然这是一个专业统计函数，但随着对这个函数研究的不断深入，它在日常工作中使用范围越来越广泛，其功能已远远超出了统计函数的范畴。

17.5.1 理解 FREQUENCY 函数

FREQUENCY 函数的语法如下：

```
FREQUENCY(data_array,bins_array)
```

参数 data_array 为一个数组或引用，用来计算频率。参数 bins_array 为间隔的数组或对间隔的引用，该间隔用于对 data_array 中的数值进行分组。两个参数均可使用数组或单元格引用。

FREQUENCY 函数按 *n* 个分段点划分为 *n*+1 个区间。对于每一分段点，按照向上舍入原则进行统计，即小于等于此分段点，大于上一分段点的频数。结果生成 *n*+1 个统计值，多出的元素表示最高间隔以上的计数结果。计算时忽略文本、逻辑值和空单元格，只对数值进行统计。

示例 17-22 按区间统计考核成绩

如图 17-23 所示，A 列是员工考核成绩表的部分内容。需要按 C 列指定的分段点，统计各分段的人员分布。

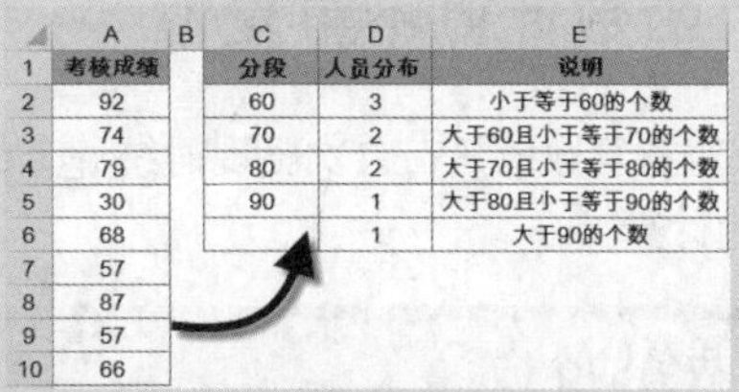

	A	B	C	D	E
1	考核成绩		分段	人员分布	说明
2	92		60	3	小于等于60的个数
3	74		70	2	大于60且小于等于70的个数
4	79		80	2	大于70且小于等于80的个数
5	30		90	1	大于80且小于等于90的个数
6	68			1	大于90的个数
7	57				
8	87				
9	57				
10	66				

图 17-23 按区间统计考核成绩

同时选中 D2:D6 单元格区域，输入以下数组公式，按<Ctrl+Shift+Enter>组合键：

```
{=FREQUENCY(A2:A10,C2:C5)}
```

因为要对 4 个单元格中的数值区间计数，必须在 5 个单元格中输入 FREQUENCY 函数获得计算结果，多出来的单元格返回计算频率中第 4 个区间以上的数值个数。

本例中，分段点分别是 60、70、80、90。最终结果根据指定的 4 个分段点，将所有数值划分为 5 个区间段，即 4+1 个统计结果。生成垂直数组为{3;2;2;1;1}，分别是小于等于 60、大于 60 且小于等于 70、大于 70 且小于等于 80、大于 80 且小于等于 90、大于 90 的个数。

17.5.2 Bins_array 参数乱序时的计算

FREQUENCY 函数的 Bins_array 参数支持乱序，统计时按分段点的有效数值从小到大排序，进行分段统计得到频数统计结果。并按原 Bins_array 顺序返回对应统计结果，多出的元素为大于最高分段点的频数。对于参数 Bins_array 中重复出现的分段点值数据，只在该分段点首次出现时返回其统计频数，其后重复出现的分段点返回统计频数为 0。

示例 17-23 统计指定区间的考核成绩频数

图 17-24 所示为某单位员工技能考核成绩表的部分内容。需要计算考核成绩大于 85 且小于等于 95 的频数。

D3 单元格输入以下公式：

```
=FREQUENCY(B2:B15,{95,85})
```

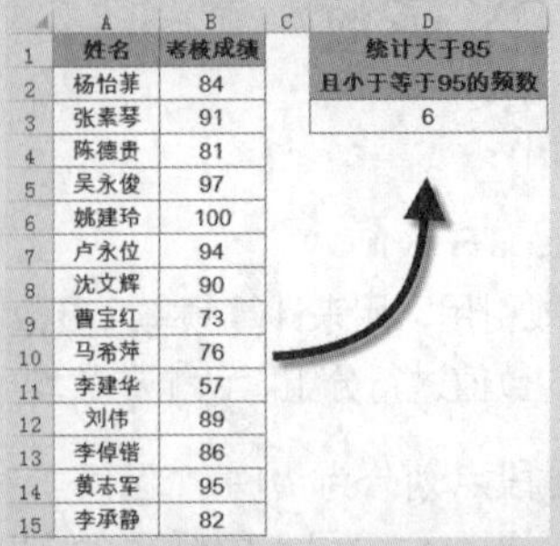

	A	B	C	D
1	姓名	考核成绩		统计大于85
2	杨怡菲	84		且小于等于95的频数
3	张素琴	91		6
4	陈德贵	81		
5	吴永俊	97		
6	姚建玲	100		
7	卢永位	94		
8	沈文辉	90		
9	曹宝红	73		
10	马希萍	76		
11	李建华	57		
12	刘伟	89		
13	李停锴	86		
14	黄志军	95		
15	李承静	82		

图 17-24 统计指定区间的成绩频数

本例中 FREQUENCY 函数实际返回的是 1 列 3 行的数组结果{6;6;2}，分别是大于 85 且小于等于 95 的频数 6、小于等于 85 的频数 6、大于 95 的频数 2。由于数组结果在单个单元格内只显示首个元素，因此得到计算结果为 6。

17.5.3 FREQUENCY 函数计算不重复值

根据 FREQUENCY 函数对重复数值只在首次出现时统计个数，其余分段点返回 0 的特点，可以完成很多与不重复值有关的计算。

示例 17-24 统计不重复数值的个数

如图 17-25 所示，A2:A15 单元格中的数据包括数值、文本和空白单元格，需要统计 A 列不重复数值的个数。

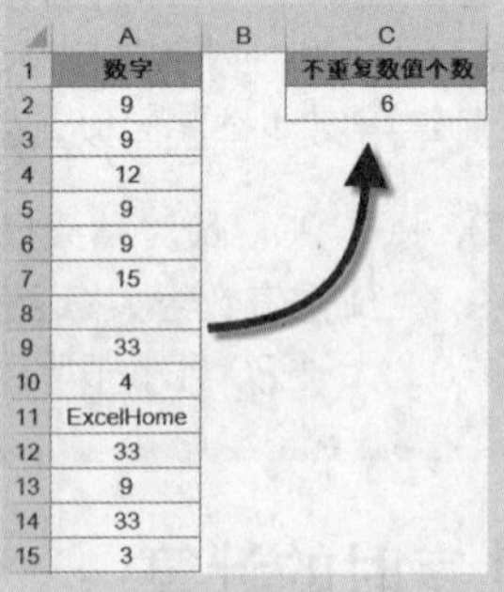

	A	B	C
1	数字		不重复数值个数
2	9		6
3	9		
4	12		
5	9		
6	9		
7	15		
8			
9	33		
10	4		
11	ExcelHome		
12	33		
13	9		
14	33		
15	3		

图 17-25 统计不重复数值的个数

C2 单元格输入以下公式：

```
=COUNT(1/FREQUENCY(A2:A15,A2:A15))
```

FREQUENCY 函数返回数组结果{5;0;1;0;0;1;3;1;0;0;0;1;0}，再用 1 除，返回由错误值#DIV/0!和数值组成的新数组。用 COUNT 函数统计数组中数值的个数，即得到 A 列忽略文本和空单元格的不重复数值个数。

为了加深理解，对本例中 FREQUENCY 函数返回数组结果的运算过程进行简单说明。

因为 A 列共有 12 个数值，所以选中 B2:B14 单元格的 13 个单元格区域，输入以下数组公式，按<Ctrl+Shift+Enter>组合键：

```
{=FREQUENCY(A2:A15,A2:A15)}
```

返回的结果及说明如图 17-26 所示。

	A	B	C
1	数字	返回的数组	公式说明
2	9	5	A2是第一次出现的9，统计A列有5个9
3	9	0	A3是第二次出现的9，返回0
4	12	1	A4是第一次出现的12，统计A列有1个12
5	9	0	A5是第三次出现的9，返回0
6	9	0	A6是第四次出现的9，返回0
7	15	1	A7是第一次出现的15，统计A列有1个15
8		3	A8为空，跳过。统计A9，第一次出现的33，统计A列有3个33
9	33	1	A10是第一次出现的4，统计A列有1个4
10	4	0	A11是文本，再跳过，统计A12。是第二次出现的33，返回0
11	ExcelHome	0	A13是第五次出现的9，返回0
12	33	0	A14是第三次出现的33，返回0
13	9	1	A15是第一次出现的3，统计A列有1个3
14	33	0	A列共12个数值，返回的元素个数为13个，多出的元素返回0
15	3		

图 17-26　FREQUENCY 函数运算过程解析

17.5.4　提取不重复的第 N 个最大值

示例 17-25　提取不重复的第 3 名销量

图 17-27 所示为某企业销量表的部分内容，需要提取不重复的第 3 名的销量。两个 19 都为第 1 名，4 个 18 都为第 2 名，因此不重复的第 3 名销量是 17。

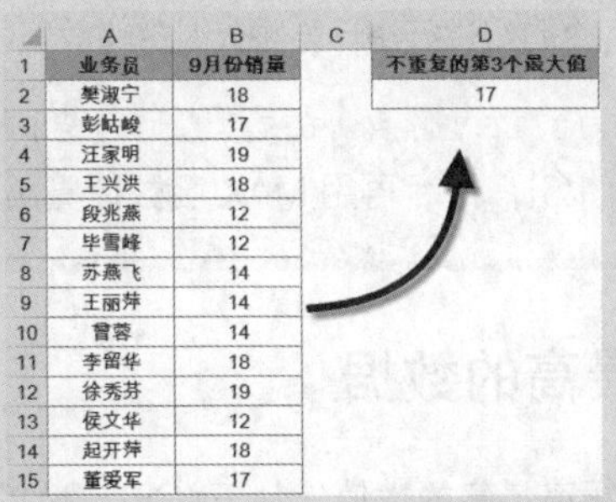

	A	B	C	D
1	业务员	9月份销量		不重复的第3个最大值
2	樊淑宁	18		17
3	彭岵峻	17		
4	汪家明	19		
5	王兴洪	18		
6	段兆燕	12		
7	毕雪峰	12		
8	苏燕飞	14		
9	王丽萍	14		
10	曾蓉	14		
11	李留华	18		
12	徐秀芬	19		
13	侯文华	12		
14	起开萍	18		
15	董爱军	17		

图 17-27　提取不重复的第 3 个最大值

D2 单元格输入以下公式：

```
=LARGE(IF(FREQUENCY(B2:B15,B2:B15),B2:B15),3)
```

利用 FREQUENCY 函数统计 B2:B15 单元格每个元素分别出现的频率，返回内存数组结果{4;2;2;0;3;0;3;0;0;0;0;0;0;0;0}。

由于 FREQUENCY 函数仅在数值首次出现时返回该数值在数据区域中的个数，其他返回 0，因此用 IF 函数判断内存数组结果是否大于 0，并返回由首次出现的数值和逻辑值 FLASE 组成的新数组{18;17;19;FALSE;12;FALSE;14;FALSE;...;FALSE}。虽然 FREQUENCY 函数返回的内存数组中多了一个元素，但 IF 函数计算时并不受影响。

最后使用 LARGE 函数忽略逻辑值得出第 3 个最大值，即不重复的第 3 名的销量。

17.5.5　计算连续胜出最多的次数

示例 17-26　计算连续胜出最多的次数

图 17-28 所示为某学校篮球队比赛记录表的部分内容，需要计算连续胜出最多的次数。

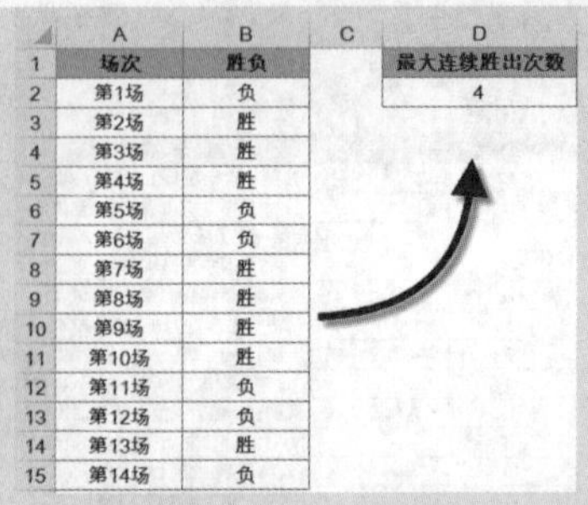

	A	B	C	D
1	场次	胜负		最大连续胜出次数
2	第1场	负		4
3	第2场	胜		
4	第3场	胜		
5	第4场	胜		
6	第5场	负		
7	第6场	负		
8	第7场	胜		
9	第8场	胜		
10	第9场	胜		
11	第10场	胜		
12	第11场	负		
13	第12场	负		
14	第13场	胜		
15	第14场	负		

图 17-28　计算连续胜出最多的次数

D2 单元格输入以下数组公式，按<Ctrl+Shift+Enter>组合键：

```
{=MAX(FREQUENCY(IF(B2:B15="胜",ROW(2:15)),IF(B2:B15<>"胜",ROW(2:15))))}
```

利用 IF 函数，判断 B2:B15 单元格等于“胜”的记录，返回由所在行的行号以及逻辑值组成的内存数组：

```
{FALSE;3;4;5;FALSE;FALSE;8;9;10;11;FALSE;FALSE;14;FALSE}。
```

再次利用 IF 函数，判断 B2:B15 单元格不等于“胜”的记录，返回由所在行的行号以及逻辑值组成的内存数组：

```
{2;FALSE;FALSE;FALSE;6;7;FALSE;FALSE;FALSE;FALSE;12;13;FALSE;15}。
```

再用 FREQUENCY 函数对两个数组进行统计，统计时忽略数组中的逻辑值 FALSE，相当于以下计算：

```
{=FREQUENCY({3;4;5;8;9;10;11;14},{2;6;7;12;13;15})}
```

返回数组结果为{0;3;0;4;0;1;0}，最后再用 MAX 函数计算出其中的最大值。

17.5.6　统计出现频率最高的数据

众数是指一组数值中出现频率最高的数值。从 EXCEL 2010 开始，用于计算众数的 MODE 函数被 MODE.SNGL 函数和 MODE.MULT 函数取代。MODE 函数则被归入兼容性函数类别，保留该函数是为了保持与 Excel 早期版本的兼容性。

MODE.SNGL 函数和 MODE.MULT 函数用于返回一组数据或数据区域中出现频率最高的数值。如果有多个众数，使用 MODE.MULT 函数将返回多个结果。

示例 17-27　统计出现次数最多的开奖号码

图 17-29 所示为双色球开奖记录的部分内容。需要统计出现次数最多的开奖号码。

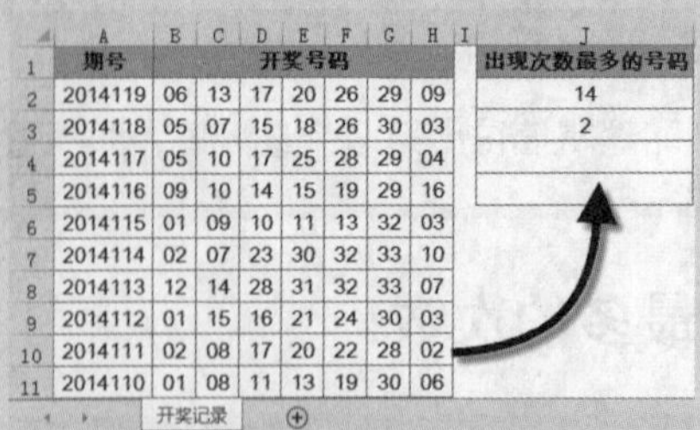

	A	B	C	D	E	F	G	H	I	J
1	期号	开奖号码								出现次数最多的号码
2	2014119	06	13	17	20	26	29	09		14
3	2014118	05	07	15	18	26	30	03		2
4	2014117	05	10	17	25	28	29	04		
5	2014116	09	10	14	15	19	29	16		
6	2014115	01	09	10	11	13	32	03		
7	2014114	02	07	23	30	32	33	10		
8	2014113	12	14	28	31	32	33	07		
9	2014112	01	15	16	21	24	30	03		
10	2014111	02	08	17	20	22	28	02		
11	2014110	01	08	11	13	19	30	06		

开奖记录

图 17-29　双色球开奖记录

J2 单元格输入以下公式，向下复制至出现空白：

```
=IFERROR(INDEX(MODE.MULT(--$B$2:$H$74),ROW(A1)),"")
```

由于数值 14 和 2 在 B2:H74 单元格区域均出现 24 次，“MODE.MULT(--$B$2:$H$74)” 部分返回多个众数组成的数组结果{14;2}。引用区域前加两个负号的目的是为了将文本型数值转换为可计算的数值。

返回结果作为 INDEX 函数的第一参数，根据 ROW(A1)产生的递增序列，依次索引定位，得到计算结果为 14 和 2。再使用 IFERROR 函数屏蔽公式返回的错误值。

如果数据集不包含重复的数据点，则 MODE.MULT 函数返回错误值 #N/A。利用这个特点，可以使用以下公式判断 A1:A100 单元格区域中是否有重复数据：

```
=IF(ISNA(MODE.MULT(A1:A100)),"无重复","有重复")
```

示例 17-28 统计得票最高人员

图 17-30 所示为某部门评选优秀员工的投票记录。需要统计得票最高人员的姓名。

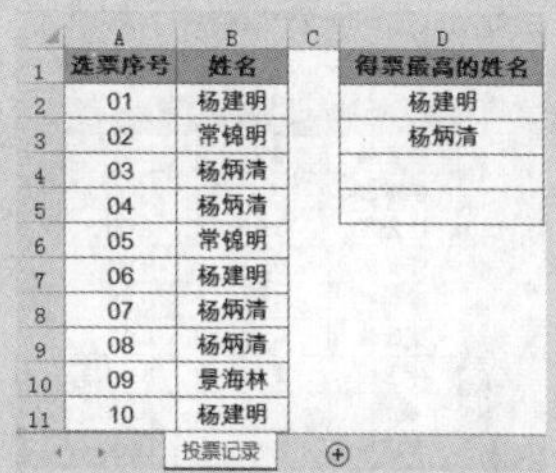

	A	B	C	D
1	选票序号	姓名		得票最高的姓名
2	01	杨建明		杨建明
3	02	常镜明		杨炳清
4	03	杨炳清		
5	04	杨炳清		
6	05	常镜明		
7	06	杨建明		
8	07	杨炳清		
9	08	杨炳清		
10	09	景海林		
11	10	杨建明		

投票记录

图 17-30 统计得票最高人员

D2 单元格输入以下公式，向下复制至出现空白：

```
=IFERROR(INDEX(B$2:B$20,SMALL(MODE.MULT(MATCH(B$2:B$20,B$2:B$20,)),ROW(A1))),"")
```

MODE.MULT 函数只能对数值进行计算，要对文本数据表计算出现频率最高的值，需要借助 MATCH 函数将数据表中的文本值转为数值。

“MATCH(B$2:B$20,B$2:B$20,)” 部分，计算 B2:B20 单元格区域每个姓名第 1 次出现的位置，返回内存数组{1;2;3;3;2;1;3;3;9;1;1;1;2;2;3;16;1;16;3}。

用 MODE.MULT 函数从中计算出频率最高的数值为{1;3}，再用 SMALL 函数根据 ROW 函数产生的自然数序列，依次取值。最后用 INDEX 函数在 B2:B20 单元格区域中分别查找定位行数为 1 和 3 的值，结果为“杨建明”和“杨炳清”。

关于 SMALL 函数，请参阅 17.6.2 小节。

17.6 极值应用函数

日常工作中对于极值类的应用非常广泛，例如从数据集中提取最大值、最小值以及第 *k* 个最大值或是第 *k* 个最小值等。常用的统计极值类函数及功能如图 17-31 所示。

	A	B
1	函数名称	功　能
2	MAX函数	返回一组值中的最大值。
3	MIN函数	返回一组值中的最小值。
4	MAXA函数	返回参数列表中的最大值。文本和FALSE参数为0，TRUE为1
5	MINA函数	返回参数列表中的最小值。文本和FALSE参数为0，TRUE为1
6	LARGE函数	返回数据集中第 k 个最大值。
7	SMALL函数	返回数据集中第 k 个最小值。

图 17-31 常用极值类函数

17.6.1 指定数值的上下限

为了规范数据的取值，有时需要对数据设置一定的上限或下限，即当数据超过上下限范围时，只返回极限值。

示例 17-29 计算员工考核分数

图 17-32 所示为某单位员工综合考评表的部分内容。根据综合得分计算考核分数时，为了避免差异过大，需要设置综合得分的上下限值。具体要求如下。

（1）综合得分低于 8 分时，最低按 8 分。

（2）8~10 分时，按实际得分。

（3）高于 10 分时，最高按 10 分。

	A	B	C
1	姓名	综合得分	考核分数
2	张吉林	6.91	8.00
3	李宗敏	11.17	10.00
4	肖秀莲	6.99	8.00
5	许光佑	9.91	9.91
6	高秀芝	9.35	9.35
7	罗琼仙	8.89	8.89
8	孙玉仙	7.01	8.00
9	杨丽	9.46	9.46
10	李建平	10.02	10.00

图 17-32 员工考评表

有多种方法可以解决此类问题。C2 单元格使用 IF 函数的公式如下：

```
=IF(B2<8,8,IF(B2>10,10,B2))
```

使用 MAX 函数结合 MIN 函数的公式如下：

```
=MAX(8,MIN(B2,10))
```

IF 函数分别按照区间的限值，分段进行比较，并返回指定的结果。使用 MAX 函数结合 MIN 函数则相对简单，解决此类问题的公式模型通常为：

```
=MIN(上限,MAX(下限,数值本身或计算表达式))
```

除此之外，使用 MEDIAN 函数也可以完成相同计算：

```
=MEDIAN(B2,8,10)
```

MEDIAN 函数用来返回一组数的中值，如果参数集合中包含偶数个数字，MEDIAN 函数将返回位于中间的两个数的平均值。

17.6.2 理解 SMALL 函数和 LAGRE 函数

LARGE 函数用于返回数据集中第 *k* 个最大值。使用此函数可以根据指定的大小顺序来选择数值。例如，可以使用 LARGE 函数得到业绩第 2 名或第 3 名的销售额。

SMALL 函数用于返回数据集中第 *k* 个最小值，其语法和使用方法与 LARGE 函数类似。两者的区别是 LARGE 函数是从大到小取值，而 SMALL 函数则是从小到大取值。

LARGE 函数的语法是：

```
LARGE(array,k)
```

SMALL 函数的语法是：

```
SMALL(array,k)
```

两个函数的语法完全一致，其中 array 参数可以使用数值或是单元格引用，*k* 为指定的第几个位置。

在 LARGE 函数和 SMALL 函数中，当指定的 *k* 值为小数时，SMALL 函数将 *k* 值向下舍去取整。而 LARGE 函数则是将 *k* 值向上舍入取整。例如：

```
=SMALL({10;15;20},1.5)等同于=SMALL({10;15;20},1)，结果为 10
=LARGE({10;15;20},1.5)等同于=LARGE({10;15;20},2)，结果为 15
```

示例 17-30 统计销量前 N 名的平均销售额

图 17-33 所示为某单位 9 月份销售情况表。需要统计出 3 个最高销售额的平均值和 3 个最低销售额的平均值。

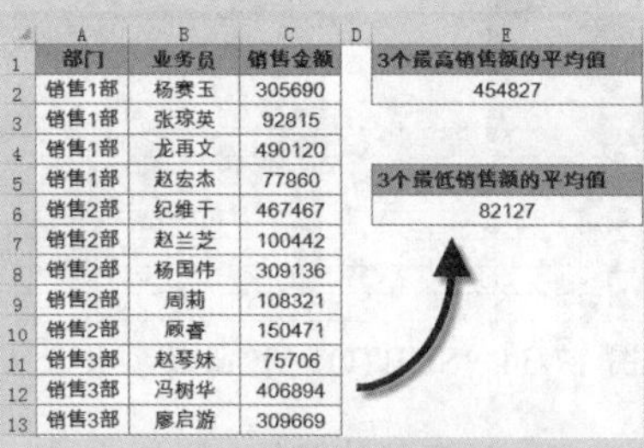

	A	B	C	D	E
1	部门	业务员	销售金额		3个最高销售额的平均值
2	销售1部	杨赛玉	305690		454827
3	销售1部	张琼英	92815		
4	销售1部	龙再文	490120		
5	销售1部	赵宏杰	77860		3个最低销售额的平均值
6	销售2部	纪维干	467467		82127
7	销售2部	赵兰芝	100442		
8	销售2部	杨国伟	309136		
9	销售2部	周莉	108321		
10	销售2部	顾香	150471		
11	销售3部	赵琴妹	75706		
12	销售3部	冯树华	406894		
13	销售3部	廖启游	309669		

图 17-33 9 月份销售情况表

E2 单元格输入以下数组公式，按<Ctrl+Shift+Enter>组合键，计算出高销售额的平均值：

```
{=AVERAGE(LARGE(C2:C13,ROW(1:3)))}
```

该公式中，LARGE 函数使用 ROW(1:3)作为 *k* 值参数，分别计算出 C2:C13 单元格区域中的第 1 个、第 2 个和第 3 个最大值{490120;467467;406894}，最后用 AVERAGE 函数求出平均值。

E6 元格输入以下数组公式，按<Ctrl+Shift+Enter>组合键，计算出低销售额的平均值：

```
{=AVERAGE(SMALL(C2:C13,ROW(1:3)))}
```

SMALL 函数使用 ROW(1:3)作为 *k* 值参数，其原理与 LARGE 函数相同。先计算数据区域中的第 1 个、第 2 个、第 3 个最小值，再用 AVERAGE 函数计算平均值。

示例 17-31 统计已经完成任务的最低销售额

仍以图 17-33 中的数据为例，假设最低销售任务为 100000，要求统计出已经完成任务的最低销售额。可使用以下公式完成：

```
=LARGE(C2:C13,COUNTIF(C2:C13,">100000"))
```

COUNTIF 函数统计数据表中大于 100000 的数字个数为 9，再用 LARGE 函数在整个数据表中返回第 9 大的数为 100442。

也可使用以下数组公式完成相同的计算：

```
{=MIN(IF(C2:C13>100000,C2:C13))}
```

使用 IF 函数判断，如果 C2:C13>100 000，则返回 C2:C13 的值，否则返回逻辑值 FALSE。MIN 函数忽略逻辑值和文本，返回一组数值中的最小值。

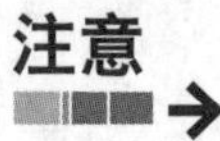

如果 LARGE 函数和 SMALL 函数的 *k* 值参数小于等于 0 或大于数据点的个数，将返回错误值#NUM!。

17.7 筛选隐藏状态下的汇总计算

SUBTOTAL 函数可以只统计可见单元格数据，主要用于筛选和手工隐藏后的统计，包括求和、平均值、最大值、最小值等多种统计方式。其语法如下：

```
SUBTOTAL(function_num,ref1,[ref2],...))
```

SUBTOTAL 函数第 1 参数为功能代码，分为包含隐藏值和忽略隐藏值两种类型，不同代码及功能如图 17-34 所示。

Function_num参数为以下值时		执行以下函数功能
（包含隐藏值）	（忽略隐藏值）	
1	101	AVERAGE
2	102	COUNT
3	103	COUNTA
4	104	MAX
5	105	MIN
6	106	PRODUCT
7	107	STDEV.S
8	108	STDEV.P
9	109	SUM
10	110	VAR.S
11	111	VAR.P

图 17-34 SUBTOTAL 函数参数含义

第二参数 ref1 表示要对其进行分类汇总计算的第一个命名区域或引用。最多支持 254 个命名区域或引用。如果数据区域中包含其他的分类汇总（嵌套分类汇总），将忽略这些嵌套分类汇总，以避免重复计算。

17.7.1 筛选状态下的汇总计算

在数据筛选状态下，SUBTOTAL 函数只统计显示数据。第一参数选择使用包括隐藏和忽略隐藏两类功能代码时的计算结果均相同。

示例 17-32 按部门筛选后的数据统计

图 17-35 所示为某企业销售情况，需要对部门按“销售二部”筛选后的销售额进行汇总计算。

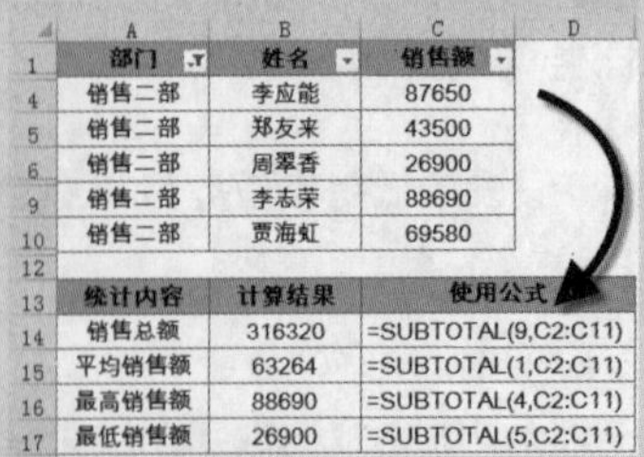

部门	姓名	销售额
销售二部	李应能	87650
销售二部	郑友来	43500
销售二部	周翠香	26900
销售二部	李志荣	88690
销售二部	贾海虹	69580

统计内容	计算结果	使用公式
销售总额	316320	=SUBTOTAL(9,C2:C11)
平均销售额	63264	=SUBTOTAL(1,C2:C11)
最高销售额	88690	=SUBTOTAL(4,C2:C11)
最低销售额	26900	=SUBTOTAL(5,C2:C11)

图 17-35 按部门筛选后的数据统计

计算销售总额的公式为：

```
=SUBTOTAL(9,C2:C11)
```

计算平均销售额的公式为：

```
=SUBTOTAL(1,C2:C11)
```

计算最高销售额的公式为：

```
=SUBTOTAL(4,C2:C11)
```

计算最低销售额的公式为：

```
=SUBTOTAL(5,C2:C11)
```

SUBTOTAL 函数使用不同的第一参数对筛选后的数据进行统计，参数选择 1～11 即可实现不同的计算目的。如果数据已进行筛选操作，再对数据进行手工隐藏时，参数选择 1～11 或是对应的 100 以上的代码，返回的结果相同。

17.7.2 手动隐藏行方式的统计

对于手动隐藏行方式的统计，SUBTOTAL 函数可以通过设定功能代码在统计全部数据和仅统计显示数据两种方式间切换。

示例 17-33 手动隐藏行方式的统计

图 17-36 所示为某单位各部门销售情况，手动隐藏了除“销售一部”以外的行。需要对销售额进行汇总计算。

以下公式将忽略隐藏数据进行汇总计算。

计算销售总额：

```
=SUBTOTAL(109,C2:C11)
```

计算平均销售额：

```
=SUBTOTAL(101,C2:C11)
```

计算最高销售额：

```
=SUBTOTAL(104,C2:C11)
```

计算最低销售额：

```
=SUBTOTAL(105,C2:C11)
```

在处理有手动隐藏行的数据时，SUBTOTAL 函数第一参数使用 101～111，统计时忽略隐藏数据。如果第一参数使用 1～11，则返回包含隐藏数据的计算结果。两种参数的计算结果如图 17-37 所示。

	A	B	C
1	部门	姓名	销售额
2	销售一部	张新强	88450
3	销售一部	汉福德	96480
7	销售一部	张伟凡	132500
8	销售一部	李雪萍	76980
11	销售一部	王海波	96320

图 17-36 手动隐藏行方式的统计

统计内容	包含隐藏	公式	忽略隐藏	公式
销售总额	807050	=SUBTOTAL(9,C2:C11)	490730	=SUBTOTAL(109,C2:C11)
平均销售额	80705	=SUBTOTAL(1,C2:C11)	98146	=SUBTOTAL(101,C2:C11)
最高销售额	132500	=SUBTOTAL(4,C2:C11)	132500	=SUBTOTAL(104,C2:C11)
最低销售额	26900	=SUBTOTAL(5,C2:C11)	76980	=SUBTOTAL(105,C2:C11)

图 17-37 手动隐藏行方式的汇总

注意 SUBTOTAL 函数仅支持行方向上的隐藏统计，不支持隐藏列的统计。

17.7.3 生成连续的序号

利用 SUBTOTAL 函数只对可见单元格进行统计的特点，可以在数据筛选条件下，生成 1~*N* 的连续序号。

示例 17-34 筛选状态下生成连续序号

图 17-38 所示为某单位工资表的部分内容。希望用公式生成 1~N 的连续序号，同时保证在数据筛选时也能保持连续。

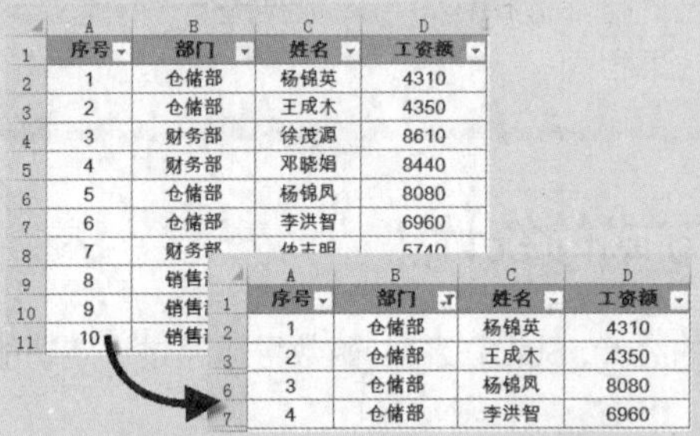

	A	B	C	D
1	序号	部门	姓名	工资额
2	1	仓储部	杨锦英	4310
3	2	仓储部	王成木	4350
4	3	财务部	徐茂源	8610
5	4	财务部	邓晓娟	8440
6	5	仓储部	杨锦凤	8080
7	6	仓储部	李洪智	6960
8	7	财务部	[illegible]	5740
9	8	[illegible]	[illegible]	[illegible]
10	9	[illegible]	[illegible]	[illegible]
11	10	[illegible]	[illegible]	[illegible]

	A	B	C	D
1	序号	部门	姓名	工资额
2	1	仓储部	杨锦英	4310
3	2	仓储部	王成木	4350
6	3	仓储部	杨锦凤	8080
7	4	仓储部	李洪智	6960

图 17-38 筛选状态下生成连续序号

A2 单元格输入以下公式，向下复制至 A2:A11 单元格区域：

```
=SUBTOTAL(3,B$1:B2)-1
```

SUBTOTAL 函数第一参数选择 3，表示执行 COUNTA 函数的计数功能。

第二参数使用"B$1:B2"，引用区域随公式向下复制时逐行扩大，依次变成 B$1:B3、B$1:B4……SUBTOTAL 函数返回对该区域内非空单元格的计数结果。因为是自 B1 单元格开始计数，所以结果再减 1，即成为 1~N 的序号。

注意

如果在 A2 单元格输入=SUBTOTAL(3,B$2:B2)生成序号，会影响筛选结果的最后一条记录。

17.7.4 计算筛选后的两列数值乘积

SUBTOTAL 函数结合 OFFSET 函数，能够实现更加灵活的筛选隐藏下的计算。

示例 17-35 计算筛选后的总金额

图 17-39 所示为某超市的部分销售记录。需要计算按"日期"筛选后的销售总额，即 C 列的数量乘以 D 列的单价总和。

	A	B	C	D
1	日期	商品编码	数量	单价
3	2014/12/2	SP7965	8	10
4	2014/12/7	SP3303	1	3
6	2014/12/1	SP9184	2	5
7	2014/12/4	SP4148	6	9
8	2014/12/3	SP9856	9	12
11	2014/12/4	SP1377	5	5
12	2014/12/4	SP1603	4	8
13	2014/12/5	SP4821	5	11
14	2014/12/6	SP5978	2	2.5

图 17-39 计算筛选后的总金额

可以使用以下公式完成计算：

```
=SUMPRODUCT(SUBTOTAL(3,OFFSET(C1,ROW(1:13),))*C2:C14*D2:D14)
```

OFFSET(C1,ROW(1:13),)部分，以 C1 单元格为基点，向下偏移行数为 ROW(1:13)，依次返回 C2:C14 单元格区域中高度为 1 个单元格的区域引用，即 C2、C3、C4……C14 单元格的多维引用。

SUBTOTAL 函数对返回的引用分别进行计数统计。如果单元格内容显示，则结果为 1，否则为 0。

用 1 和 0 组成的内存数组与 C2:C14 单元格的数量和 D2:D14 单元格的单价相乘，再使用 SUMPRODUCT 函数对乘积求和，得到筛选状态下的总金额。

关于多维引用，请参阅：第 22 章。

17.7.5 有错误值的筛选汇总

AGGREGATE 函数可以返回列表或数据库中的合计。用法与 SUBTOTAL 函数类似，但在功能上比 SUBTOTAL 函数更加强大，不仅可以实现诸如 SUM、AVERAGE、COUNT、LARGE、MAX 等 19 个函数的功能，而且还可以忽略隐藏行、错误值、空值等，并且支持常量数组。

当数据区域中存在错误值时，使用 SUM、MIN、MAX、LARGE、SMALL 等函数将返回错误值。在条件格式中使用上述函数，也会影响某些条件格式规则的相应功能。如果使用 AGGREGATE 函数计算，数据区域中的所有错误值将被忽略，可以实现这些函数的全部功能。

AGGREGATE 函数基本语法如下。

引用形式：`AGGREGATE(function_num,options,ref1,[ref2],…)`

数组形式：`AGGREGATE(function_num,options,array,[k])`

第一参数 function_num 为一个介于 1 到 19 之间的数字，为 AGGREGATE 函数指定要使用的汇总方式。不同 function_num 参数对应的功能如图 17-40 所示。

第二参数 options 为一个介于 0 到 7 之间的数字，决定在计算区域内要忽略哪些值。不同 options 参数对应的功能如图 17-41 所示。

数字	对应函数	功能
1	AVERAGE	计算平均值
2	COUNT	计算参数中数字的个数
3	COUNTA	计算区域中非空单元格的个数
4	MAX	返回参数中的最大值
5	MIN	返回参数中的最小值
6	PRODUCT	返回所有参数的乘积
7	STDEV.S	基于样本估算标准偏差
8	STDEV.P	基于整个样本总体计算标准偏差
9	SUM	求和
10	VAR.S	基于样本估算方差
11	VAR.P	计算基于样本总体的方差
12	MEDIAN	返回给定数值的中值
13	MODE.SNGL	返回数组或区域中出现频率最多的数值
14	LARGE	返回数据集中第k个最大值
15	SMALL	返回数据集中的第k个最小值
16	PERCENTILE.INC	返回区域中数值的第K(0≤k≤1)个百分点的值
17	QUARTILE.INC	返回数据集的四分位数（包含0和1）
18	PERCENTILE.EXC	返回区域中数值的第K（0<k<1)个百分点的值
19	QUARTILE.EXC	返回数据集的四分位数(不包括0和1）

图 17-40　function_num 参数含义

数字	作用
0 或省略	忽略嵌套 SUBTOTAL 和 AGGREGATE 函数
1	忽略隐藏行、嵌套 SUBTOTAL 和 AGGREGATE 函数
2	忽略错误值、嵌套 SUBTOTAL 和 AGGREGATE 函数
3	忽略隐藏行、错误值、嵌套 SUBTOTAL 和 AGGREGATE 函数
4	忽略空值
5	忽略隐藏行
6	忽略错误值
7	忽略隐藏行和错误值

图 17-41　不同 options 参数代表忽略的值

第三参数 ref1 为区域引用或一个数组。第四参数 ref2 可选，为 LARGE、SMALL 等函数必需的第二参数。

图 17-42 所示为某单位的部分销售记录。需要对按“部门”筛选后的销售额进行汇总。

B14 单元格输入以下公式时，由于数据表中存在错误值，SUBTOTAL 函数无法完成计算，结果返回错误值#N/A：

```
=SUBTOTAL(9,C2:C11)
```

B15 单元格输入以下公式：

```
=AGGREGATE(9,3,C2:C11)
```

AGGREGATE 函数第一参数为 9，表示执行求和运算。第二参数为 3，表示忽略隐藏行、错误值和嵌套分类汇总。

B16 单元格使用以下公式计算筛选后的第二个最低值：

```
=AGGREGATE(15,3,C2:C11,2)
```

AGGREGATE 函数第一参数为 15，表示使用 SMALL 函数。第二参数为 3，表示忽略隐藏行、错误值和嵌套分类汇总。第四个参数为 2，表示 SMALL 函数的 *k* 值，即计算第 2 个最小值。

AGGREGATE 函数参数支持常量数组。如图 17-43 所示，选择 B21:C22 单元格区域，输入以下多单元格数组公式，按<Ctrl+Shift+Enter>组合键，将分别返回显示值平均、显示值求和、全部值平均、全部值求和的计算结果：

```
{=AGGREGATE({1,9},{3;6},C2:C11)}
```

	A	B	C	D
1	部门	姓名	销售额	
2	销售一部	朱丽萍	88450	
3	销售一部	常加旭	96480	
7	销售一部	李娜	132500	
8	销售一部	李惠芳	#N/A	
11	销售一部	马仲春	96320	
12				
13				
14	销售总额	#N/A	=SUBTOTAL(9,C2:C11)	
15	销售总额	413750	=AGGREGATE(9,3,C2:C11)	
16	第二个最低值	96320	=AGGREGATE(15,3,C2:C11,2)	

图 17-42　AGGREGATE 函数忽略错误值

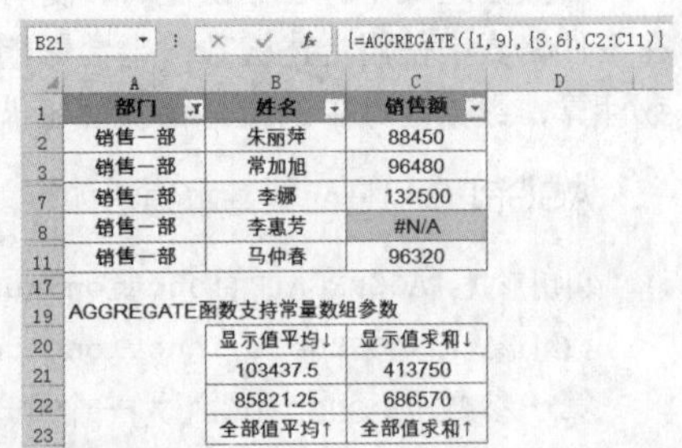

图 17-43　AGGREGATE 函数参数支持常量数组

> **注意**
> 同 SUBTOTAL 函数一样，AGGREGATE 函数仅支持行方向上的隐藏统计，不支持隐藏列的统计。

17.8 排名应用

日常工作中，有很多与名次相关的计算。例如对数据进行排位或是标注成绩名次，就是统计工作中的典型应用之一。

17.8.1 美式排名

Excel 2013 中的排名函数包括 RANK.AVG 函数和 RANK.EQ 函数，RANK 函数则被归入兼容性函数类别，保留该函数是为了保持与 Excel 早期版本的兼容性。

RANK.AVG 函数和 RANK.EQ 函数的基本语法如下：

```
RANK.AVG(number,ref,[order])
RANK.EQ(number,ref,[order])
```

第一参数 number 是需要排位的数字。第二参数 ref 是排序区域。第三参数 order 可选，指明排位的方式，如果为 0（零）或省略，对数字的排位是基于数据区域按降序排列，如果不为 0，则是基于数据区域按升序排列。

两个函数处理数据排序时的基本原理类似，共同特点如下。

① 排名范围只能是单元格引用，不支持数组引用。

② 支持跨多表的区域引用，如使用公式“=RANK.AVG(B2,Sheet1:Sheet3!B:B)”，可进行多表联合排名。

区别在于处理相同数值的排位名次存在差异：RANK.EQ 函数按最高名次进行排名，RANK.AVG 函数则是按平均值进行排名。

示例 17-36 销售业绩排名

图 17-44 所示为某公司销售业绩表,需要对销售员的销售业绩进行排名。

部门	销售员	销售额	RANK.EQ函数	RANK.AVG函数
销售一部	刘立伟	22850	4	4.5
销售一部	肖勇	19050	6	6
销售二部	叶文斌	86500	2	2
销售一部	丁志勇	22850	4	4.5
销售二部	文慧	95680	1	1
销售二部	马玉斌	53640	3	3

图 17-44 销售业绩排名

D2 单元格和 E2 单元格分别使用 RANK.EQ 函数和 RANK.AVG 函数的排名公式如下：

```
=RANK.EQ(C2,C$2:C$7)
=RANK.AVG(C2,C$2:C$7)
```

由于 C2 单元格与 C5 单元格数值相同，RANK.EQ 函数按最高名次进行排名，排名结果均为 4。排名中没有第 5 名，下一个名次为第 6 名。

RANK.AVG 函数则按平均并列排名，排名结果为 4.5。排名中没有第 4 名和 5 名，下一个名次为第 6 名。

17.8.2 中国式排名

使用 RANK 类函数排名时，如果出现并列的情况，并列者将占用名次，因此会导致部分名次出现空缺。而中国式排名，是指并列者不占用名次。例如有两个并列第 2 名，则下一个名次为第 3 名，这更符合中国人的习惯。

示例 17-37 根据考核成绩实现中国式排名

图 17-45 所示为某企业员工考核成绩，需要以中国式排名方式对考核分数进行排名。

姓名	考核分数	中国式排名
王晓伦	87	4
陈云娇	92	2
龙石珍	87	4
刘家才	93	1
王东华	85	5
张会蓉	82	8
高金源	84	6
赵乐琼	89	3
韩翠仙	78	9
李之敏	83	7

图 17-45 中国式排名

C2 单元格输入以下数组公式，按<Ctrl+Shift+Enter>组合键。向下复制到 C2:C11 单元格区域：

```
{=SUM((B2<=B$2:B$11)/COUNTIF(B$2:B$11,B$2:B$11))}
```

首先用“B2<=B$2:B$11”分别比较 B2 单元格与 B2:B11 区域各单元格的大小，结果为{TRUE;TRUE;TRUE;TRUE;FALSE;FALSE;FALSE;TRUE;FALSE;FALSE}。在 EXCEL 运算中，逻辑值 TRUE 和 FALSE 分别相当于 1 和 0，因此可以看作是{1;1;1;1;0;0;0;1;0;0}。

“COUNTIF(B$2:B$11,B$2:B$11)”部分，分别统计 B2:B11 单元格区域中每个元素出现的次数，计算结果为{2;1;2;1;1;1;1;1;1;1}。

用{1;1;1;1;0;0;0;1;0;0}除以 COUNTIF 函数返回的内存数组，相当于对该数组取倒数，得到新的数组结果{0.5;1;0.5;1;0;0;0;1;0;0}。如果使用分数表示数组中的小数，即{1/2;1; 1/2;1;0;0;0;1;0;0}。

对照 B2:B11 单元格的考核分数可以看出，小于 B2 单元格 87 的数值，在计算结果中对应的是 0。而大于等于 87 的数值，如果仅有 1 个唯一值，则计算为 1，如果有重复值，则计算为重复数的倒数（例如 87 重复了 2 次，则每个 87 对应的结果是 1/2，这样合计起来还是 1）。

最后使用 SUM 函数求和，得到大于等于 A2 单元格的不重复个数，也就是中国式排名结果。

17.8.3 百分比排名

PERCENTRANK .INC 函数用于返回特定数值在一个数据集中的百分比排位，百分比值的范围为 0 到 1。可以利用该函数对目标数据按比率进行分级。

PERCENTRANK .INC 函数的基本语法为：

```
PERCENTRANK.INC(array,x,[significance])
```

参数 array 用于定义相对位置的数组或含有数值的数据区域。

参数 x 表示数组中需要得到其排位的值。当 x 与数组内的某个值相匹配时，计算规则是“小于要排位值的个数/(数值总个数−1)”。如果没有与 x 相匹配的值，将进行插值以返回正确的百分比排位。

参数 significance 可选，用来标识返回的百分比值的有效位数。如果省略，默认截尾保留 3 位小数。

示例 17-38 根据成绩的百分比占比情况划分等级

图 17-46 所示为某学校的中考成绩表。需要根据成绩的百分比占比情况划分等级，排名最后的 5%标记为“D”，再 10%的标记为“C”，再 25%的标记为“B”，再 35%的标记为“A”，其余 25%的标记为“A+”。

	A	B	C	D	E
1	学校	班别	姓名	成绩	等级
2	石岐中学	13	李毅	98	A
3	石岐中学	3	梁婉贞	62	C
4	石岐中学	2	黄予心	110	A+
5	石岐中学	1	肖振翀	50	D
6	石岐中学	7	关孟山	112	A+
7	石岐中学	3	郑芷敏	62	C
8	石岐中学	2	彭雅琳	75	B
9	石岐中学	14	冯海钦	110	A+
10	石岐中学	3	罗家俊	95	A
11	石岐中学	14	江雨霏	114	A+

成绩表

图 17-46 划分成绩等级

E2 单元格输入以下公式，向下复制至 E2:E1469 单元格区域：

```
=LOOKUP(PERCENTRANK.INC(D:D,D2),{0,5,15,40,75}%,{"D","C","B","A","A+"})
```

PERCENTRANK.INC 函数计算 D2 单元格的值在 D 列数据集中的百分比排位。D 列数值总个数为 1468 个，其中小于 D2 单元格的有 1023 个。百分比排位计算过程为：

```
=1023/(1468-1)
```

TRUNC 函数截尾保留 3 位小数，计算结果为 0.697。

LOOKUP 函数第二参数使用升序排列的常量数组{0,5,15,40,75}%，在第二参数中查询小于或等于 0.697 的最大值的位置，并返回对应的第三参数常量数组{"D","C","B","A","A+"}中的值，计算结果为“A”。

使用 PERCENTRANK.EXC 函数也可以返回特定数值在一个数据集中的百分比排位，但排位范围不包含 0 和 1。用户可以根据实际需要选择适当的函数类型。

第 18 章　财务金融函数

Excel 提供了丰富的财务函数，大体上分为投资评价计算、折旧计算、债券相关计算等几类。这些函数可以将原本复杂的计算过程变得简单，为财务分析提供极大的便利。本章将重点介绍常用的财务函数及其具体的应用方法。

本章学习要点

（1）投资评价计算相关函数的应用。

（2）金融债券计算相关函数的应用。

（3）折旧计算相关函数的应用。

18.1　投资评价计算相关函数

在进行投资评价时，经常需要计算一笔投资在复利条件下的现值、终值，或是等额支付情况下的年金现值和终值。最常用的投资评价方法通常包括净现值法、回收期法、内含报酬率法等。这些复杂的计算，可以使用财务函数中的投资评价函数轻松完成。

18.1.1　普通复利终值计算

示例 18-1　按普通复利计算投资项目未来终值

如图 18-1 所示，A 公司将 15000 元投资于一个项目，预计可实现的年报酬率为 6%，5 年后的该公司可获得的资金总额为多少？具体计算如下。

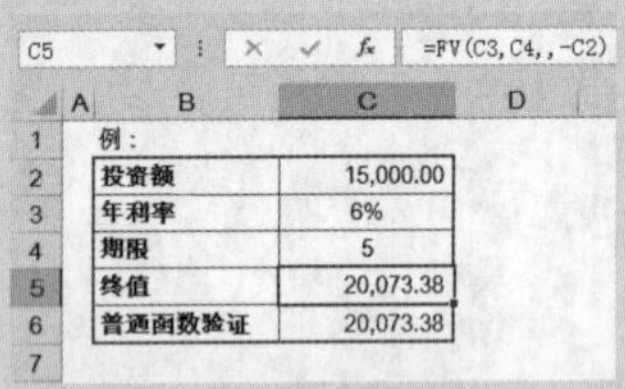
C5　=FV(C3,C4,,-C2)

	A	B	C	D
1		例：		
2		投资额	15,000.00	
3		年利率	6%	
4		期限	5	
5		终值	20,073.38	
6		普通函数验证	20,073.38	
7				

图 18-1　普通复利组终值计算

在 C5 单元格中输入公式：

```
=FV(C3,C4,,-C2)
```

计算得到的结果为 20073.38 元。该公式使用了 FV 函数计算普通复利条件的投资金额终值。该函数有 4 个参数，内容如下。

第 1 个参数，代表各期利率，本例中为 6%。

第 2 个参数，代表期数，本例中为 5。

第 3 个参数，代表每期等额支付金额，用于年金计算，本例省略。

第 4 个参数，代表原始投资额，如果希望计算结果为正数，则应该用负数表示。

第 5 个参数，可选，值为数字 0 或 1，用以指定各期的付款时间是在期末还是期初。在普通复利计算中，选择 0 或 1、或省略参数值、或缺省该参数，均不影响计算结果。

18.1.2 年金终值计算

FV 函数不仅可以计算普通复利终值，还可以用于年金终值的计算。

示例 18-2 以年金方式计算投资项目的未来终值

图 18-2 所示，每年年初投资 10000 元，年回报率 10%，计算 3 年后得到的资金总额。具体计算如下。

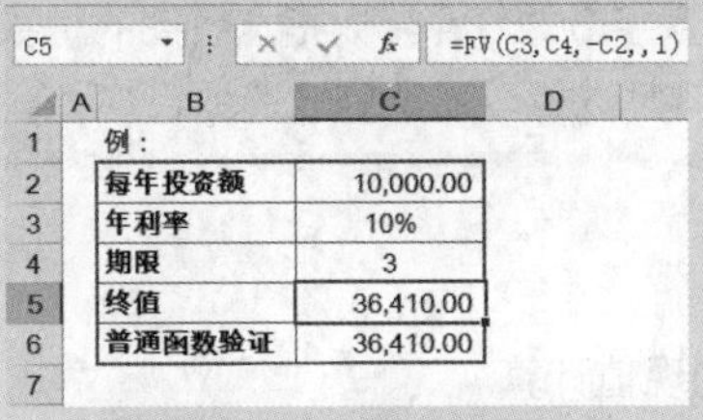

图 18-2 年金终值计算

在 C5 单元格输入公式：

```
=FV(C3,C4,-C2,,1)
```

计算得到的结果为 36410 元。

计算年金终值是 FV 函数的又一种用法。本例中 FV 函数的参数含义如下。

第 1 个参数，表示利率，本例引用 C3 单元格的值 10%。

第 2 个参数，表示期限，本例引用 C4 单元格的值 3。

第 3 个参数，表示每年投资的金额支出，本例引用 C2 单元格的值，并用负数表示投资支出，值为-10000。

第 4 个参数，省略。

第 5 个参数，选用 1，表示每期投资从期初投入。

18.1.3 普通复利现值计算

在投资评价中，如果要计算一项投资的现金，可以使用 PV 函数来计算。

示例 18-3 按普通复利计算投资项目现值

图 18-3 所示为小陈拟在 5 年后获得一笔 10000 元资金，假设投资报酬率为 6%，那他现在应该投入多少元？具体计算如下。

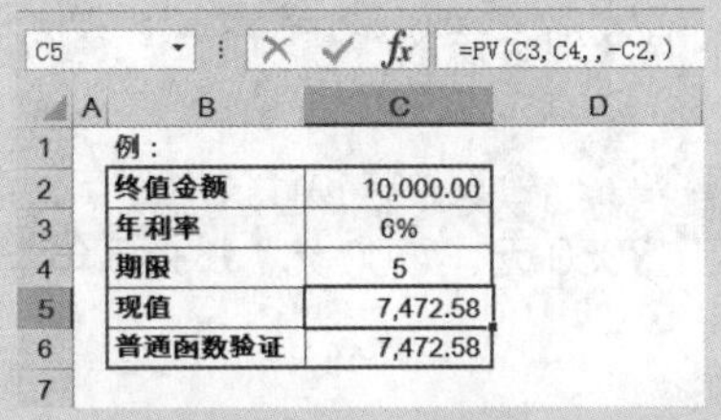

图 18-3 普通复利现值计算

在 C5 单元格输入公式：=PV(C3,C4,,-C2,)，计算得到的结果为 7472.58 元。

该公式使用了 PV 函数来计算普通得利现值，该函数的参数说明如下。

第 1 个参数：表示利率，本例中引用 C3 单元格的值 6%。

第 2 个参数：表示期限，本例中引用 C4 单元格的值 5 年。

第 3 个参数：代表每期等额支付金额，用于年金计算，本例省略。

第 4 个参数：代表未来值，如果希望计算结果为正数，则应该用负数表示。

第 5 个参数：可选，值为数字 0 或 1，用以指定各期的付款时间是在期末还是期初。在普通复利计算中，选择 0 或 1、或省略参数值、或缺省该参数，均不影响计算结果。

18.1.4 年金现值计算

PV 函数也可以用于年金的现值计算。

示例 18-4 以年金方式计算投资项目现值

如图 18-4 所示，李明出国 3 年，请人代付房租，每年租金 20000 元，假设银行存款利率为 3%，他应该现在存入银行多少钱？具体计算如下。

C5 =PV(C3,C4,-C2,,)

	A	B	C	D
1		例：		
2		每年租金	20,000.00	
3		年利率	3%	
4		期限	3	
5		现值	56,572.23	
6		普通函数验证	56,572.23	
7				

图 18-4 年金现值计算

在 C5 单元格输入公式：=PV(C3,C4,-C2,,)，得到计算结果为 56572.23 元。

该公式使用了 PV 函数的第 3 个参数的特性来计算年金的现值。该函数第 1 个、第 2 个参数的使用与普通年金计算中相同，第 3 个参数代表每期等额支付金额，用于年金计算，本例中为 C2 单元格的值 20000 元。第 4 个、第 5 个参数省略了参数值，表示用于年金计算，年金发生于每期的期末。

18.1.5 固定利率下混合现金流的终值计算

在实际的投资评估计算中，经常会遇到不等额的混合现金流终值计算问题，以下介绍利用财务函数中的 FV 函数，计算混合现金流的终值的方法。

示例 18-5 计算固定利率下混合现金流的终值

如图 18-5 所示，某公司购买了一台设备，预计使用 5 年，第 1 年～第 5 年的使用费用，分别为 1000 元、1600 元、2300 元、3050 元、4600 元，那么 5 年年末该设备按年 6%复利计算的总使用费用合计为多少？

C9 {=SUM(FV(C2,5-ROW(1:5),,-C4:C8,0))}

固定利率下的混合现金流计算

年利率	6.0%		
年份	**使用费用**	**逐年计算**	**逐年计算**
1	1,000.00	￥1,262.48	￥1,262.48
2	1,600.00	￥1,905.63	￥1,905.63
3	2,300.00	￥2,584.28	￥2,584.28
4	3,050.00	￥3,233.00	￥3,233.00
5	4,600.00	￥4,600.00	￥4,600.00
按复利计算的费用总额	￥13,585.38	￥13,585.38	￥13,585.38

图 18-5 固定利率下的混合现金流终值计算

C9 单元格输入以下数组公式，按<Ctrll+Shift+Enter>组合键：

```
{=SUM(FV(C2,5-ROW(1:5),,-C4:C8,0))}
```

该公式使用 FV 函数逐年计算各年费用支出后至第 5 年年末的复利终值，计算结果为{1262.47696;1905.6256;2584.28;3233;4600}，最后使用 SUM 求和得到按复利计算的总费用为 13585.38。

FV 函数用于基于固定利率及等额分期付款方式，返回某项投资的未来值。该函数有如下 5 个参数。

第 1 个参数为各期利率，本例假设利率固定为年利率 6%。

第 2 个参数为总投资期，即项目的付款期总数，该参数允许使用数组，本例中为由 5-ROW (1:5) 计算得到的数组{4;3;2;1;0}。

第 3 个参数为各期所应支付的金额，其数值在整个年金期间保持不变，如果省略则必须包括第 4 个参数，利用该参数可以进行等值年金终值计算，本例中省略。

第 4 个参数为支出的现值，如果省略则假设其值为零，并且必须包括第 3 个参数，本例中为 C4:C8 单元格引用，表示 5 年中不同的费用支出额。

第 5 个参数为数字 0 或 1，用以指定各期的付款时间是在期末还是期初，如果省略则假设其值为零，本例假设费用均为每年的期末出付，因此取 0 值。

18.1.6 变动利率下混合现金流的终值计算

FV 函数不仅可以用于固定利率下的年金的终值计算，也可以用于固定利率或变动利率下的多期混合现金流的终值计算。

示例 18-6 计算变动利率下混合现金流的终值

仍以 18.1.5 小节中的数据为例，所不同的是 5 年的利率不是固定利率而是随市场行情不断变化的变动利率，如图 18-6 所示。

B8 {=SUM(FV(C3:C7,5-ROW(1:5),,-B3:B7,0))}

变动利率下的混合现金流终值计算

年份	使用费用	年利率	逐年计算	逐年计算
1	1,000.00	7.2%	￥1,320.62	￥1,320.62
2	1,600.00	7.5%	￥1,987.68	￥1,987.68
3	2,300.00	7.8%	￥2,672.79	￥2,672.79
4	3,050.00	7.0%	￥3,261.98	￥3,261.98
5	4,600.00	8.0%	￥4,600.00	￥4,600.00
按复利计算的费用总额	￥13,843.07		￥13,843.07	￥13,843.07

图 18-6 变动利率下的混合现金流终值计算

第18章 Excel 2013

B8 单元格输入以下数组公式，按<Ctrll+Shift+Enter>组合键：

```
{=SUM(FV(C3:C7,5-ROW(1:5),,-B3:B7,0))}
```

该公式中 FV 函数的第 1 个参数利率引用了 C3:C7 单元格区域中的变动利率，最后用 SUM 函数求和，得到按复利计算的总费用为 13843.07。

18.1.7 固定资产投资的动态回收期计算

投资回收期是进行固定资产投资决策的重要依据之一，如果各期的现金流不相等时，则需要计算出投资项目的动态回收期。

示例 18-7 计算固定资产投资项目的动态回收期

如图 18-7 所示，某公司贷款 180 万元购买一台设备，年利率为 7.2%，设备预计使用 8 年，设备投入使用后的 8 年内预计可实现净现金流量分别为 20、35、50、60、80、70、60、90 万元，要求计算需要多少年可以收回该设备投资款?

C12 =TREND(MATCH(,TPV)+{0,1},SMALL(TPV,MATCH(,TPV)+{0,1}),0)

	A	B	C	D	E	F	G
1	计算动态回收期				计算验证		
2	年利率		7.2%		现金流现值（普通公式）	现金流现值（现值函数）	现金流现值累计
3	设备投资（万元）		-180				
4	1-8年各年产生的净现金流量（万元）	1	20		18.66	18.66	-161.34
5		2	35		30.46	30.46	-130.89
6		3	50		40.59	40.59	-90.30
7		4	60		45.43	45.43	-44.87
8		5	80		56.51	56.51	11.64
9		6	70		46.12	46.12	57.77
10		7	60		36.88	36.88	94.65
11		8	90		51.60	51.60	146.25
12	动态投资回收期		4.79				
13							

图 18-7 计算动态回收期

由于该设备在预计使用的 8 年中，所产生的净现金流量各不相同，因此需要使用 PV 函数计算出各年净现金流量的现值，再计算出各年现金流量现值的累计值，当现金流量净现值由负变为正数的年数，即为投资的回收期。

（1）定义名称 TPV，公式如下：

```
=MMULT(N(ROW($1:$8)>=COLUMN($A:$H)),PV($C$2,$B$4:$B$11,,-$C$4:$C$11,))+$C$3
```

该公式使用 PV 函数计算出 1~8 年各年净现金流量的现值，再使用 MMULT 函数计算出 1~8 年各年净现金流量的累计值，最后加上用负数反映的初始投资额，计算结果如下：

```
{-181.34328358209;-150.886890175986;-110.300011969557;-64.8669393504213;-8.35814256045094;37.7661085507655;74.6458402494994;131.983731572158}
```

PV 函数用于计算投资的现值。现值为一系列未来付款的当前值的累积和。该函数有如下 5 个参数。

第 1 个参数为各期利率，本例中取 C2 单元格中的 7.2%。

第 2 个参数为总投资期，本例中取 B4:B11 单元格区域的值，表示各年净现值流量对应的不同的投资期。

第 3 个参数为各期所应支付的金额，其数值在整个年金期间保持不变，选用该参数将用于年金计算，如果忽略则必须包含第 4 个参数。本例中忽略了该参数的值。

第 4 个参数为未来值，或在最后一次支付后希望得到的现金余额，如果省略则假设其值为零，如果忽略该参数则必须包含第 3 个参数。

第 5 个参数为数字 0 或 1，数字 1 表示各期的付款时间是在期初，数字 0 或省略表示在期末。

（2）在 C12 单元格输入以下公式：

```
=TREND(MATCH(,TPV)+{0,1},SMALL(TPV,MATCH(,TPV)+{0,1}),0)
```

该设备净现金流量现值累计数由负数转为正数的年数为 5 至 6 之间，具体公式说明如下：

```
MATCH(,TPV)
```

先需要用 MATCH 函数计算出净现金流量现值累计数中最后一个负数所在期数，计算结果为 5：

```
MATCH(,TPV)+{0,1}
```

再在计算结果基础上加上{0,1}，用来获得净现金流量现值累计数由负数转为正数的两期的期数 5、6：

```
SMALL(TPV,MATCH(,TPV)+{0,1})
```

该公式用于计算净现金流量现值累计数由负数转为正数的两期的累计现金流量值，计算结果为{-44.8669393504213,11.6418574395491}。

最后用 TREND 函数运用插值法直接计算出结果为 4.79，表示该设备的动态投资回收期为 4.79 年。

18.1.8　现金流不定期条件下的净现值计算

在进行投资决策理论分析时，往往是假设现金流量是定期发生在期初或期末，而实际工作中现金流的发生往往是不定期，运用 XNPV 函数可以很方便地解决现金流不定期条件下的净现金的计算，从而满足投资决策分析的需要。

示例 18-8　计算现金流不定期条件下投资项目的净现值

如图 18-8 所示，某公司贷款 350 万元购买一台设备，年利率为 7.2%，投资后不同时期产生不等的净现金流量，要求根据条件计算出该项投资的净现值和内部收益率各是多少?

C13　=XNPV(C2,C4:C12,B4:B12)

年利率		7.2%	
说明	日期	金额	普通公式
设备投资（万元）	2010-1-10	-350	-350
产生的净现金流量（万元）	2010-1-28	30	29.90
	2010-12-18	50	46.85
	2011-2-19	75	69.43
	2011-10-20	90	79.55
	2012-3-19	80	68.71
	2012-12-31	65	52.85
	2013-3-10	50	40.13
	2014-12-9	50	35.53
净现值		72.94	72.94

图 18-8　现金流不定期条件下的净现值计算

计算现金流不定期条件下的净现金的数学计算公式如下：

$$XNPV=\sum_{j=1}^{N}\frac{Pj}{(1+rate)^{\frac{(dj-d1)}{365}}}$$

上面的公式说明如下。

dj=第 j 个或最后一个支付日期。

d1 =第 0 个支付日期。

Pj=第 j 个或最后一个支付金额。

利用 Excel 计算现金流不定期条件下的净现金，需要使用 XNPV 函数，净现值计算公式如下：

```
=XNPV(C2,C4:C12,B4:B12)
```

该函数返回一组不定期发生的现金流的净现值，函数有如下 3 个参数。

第 1 个参数为现金流的贴现率，本例中取 C2 单元格中的 7.2%。

第 2 个参数为与第 3 个参数所表示的支付时间相对应的一系列现金流。首期支付是可选的，并与投资开始时的成本或支付有关。如果第一个值是成本或支付，则它必须是负值。所有后续支付都基于 365 天/年贴现。数值系列必须至少要包含一个正数和一个负数。本例中为 C4:C12 单元格区域引用。

第 3 个参数表示与现金流支付相对应的支付日期表。第一个支付日期代表支付表的开始。其他日期应迟于该日期，但可按任何顺序排列，本例中为 B4:B12 单元格区域引用。

最后 XNPV 函数计算结果为 72.94 万元。

18.1.9 现金流不定期条件下的内部收益率计算

投资评价中经常采用的另一种方法是内部收益率法。利用 XIRR 函数可以很方便地解决现金流不定期条件下的内部收益率的计算，从而满足投资决策分析的需要。

内部收益率，是指净现金流为 0 时的利率，计算现金流不定期条件下的内部收益率的数学计算公式如下：

$$0=\sum_{j=1}^{N}\frac{Pj}{(1+rate)^{\frac{(dj-d1)}{365}}}$$

上面的公式说明如下。

dj=第 j 个或最后一个支付日期。

d1 =第 0 个支付日期。

Pj=第 j 个或最后一个支付金额。

示例 18-9 计算现金流不定期条件下投资项目的内部收益率

现仍以示例 18-8 数据为例，数据如图 18-9 所示。

C13 =XIRR(C4:C12,B4:B12)

	A	B	C
1			
2	年利率		7.2%
3	说明	日期	金额
4	设备投资（万元）	2010-1-10	-350
5	产生的净现金流量（万元）	2010-1-28	30
6		2010-12-18	50
7		2011-2-19	75
8		2011-10-20	90
9		2012-3-19	80
10		2012-12-31	65
11		2013-3-10	50
12		2014-12-9	50
13	内部收益率		17.87%
14			

图 18-9 现金流不定期条件下的内部收益率计算

利用 Excel 计算现金流不定期条件下的净现金，需要使用 XIRR 函数，内部收益率计算公式如下：

```
=XIRR(C4:C12,B4:B12)
```

该函数返回一组不定期发生现金流的内部收益率，函数有如下 3 个参数。

第 1 个参数表示与第 2 个参数所表示的支付时间相对应的一系列现金流。首期支付是可选的，并与投资开始时的成本或支付有关。如果第一个值是成本或支付，则它必须是负值。所有后续支付都基于 365 天/年贴现。系列中必须包含至少一个正值和一个负值。本例中为 C4:C12 单元格区域引用。

第 2 个参数表示与现金流支出相对应的支付日期表。第一个支付日期代表支付表的开始。其他日期应迟于该日期，但可按任何顺序排列。应使用 DATE 函数输入日期，或者将函数作为其他公式或函数的结果输入。本例中为 B4:B12 单元格区域引用。

第 3 个参数为对函数 XIRR 计算结果的估计值，多数情况下，不必为函数 XIRR 的计算提供 guess 值，如果省略则假定为 0.1 (10%)，本例中省略。

Excel 使用迭代法计算函数 XIRR。通过改变收益率（从第 3 个参数指定值开始），不断修正计算结果，直至其精度小于 0.000001%。如果函数 XIRR 运算 100 次，仍未找到结果，则返回错误值#NUM!。

最后 XIRR 函数计算结果为 17.87%。

18.2 债券计算相关函数

18.2.1 将名义利率转为实际利率

在经济分析中，复利计算通常以年为计息周期。但在实际经济活动中，计息周期有半年、季、月、周、日等多种。当利率的时间单位与计息期不一致时，就出现了名义利率和实际利率的问题。

Excel 提供了名义利率与实际利率相互转化的财务函数，其中 EFFECT 函数可以将名义利率转为实际利率。

示例 18-10 将名义利率转为实际利率

如图 18-10 所示，已知名义利率为 7.2%，一年内计息 4 次，要求计算实际利率。

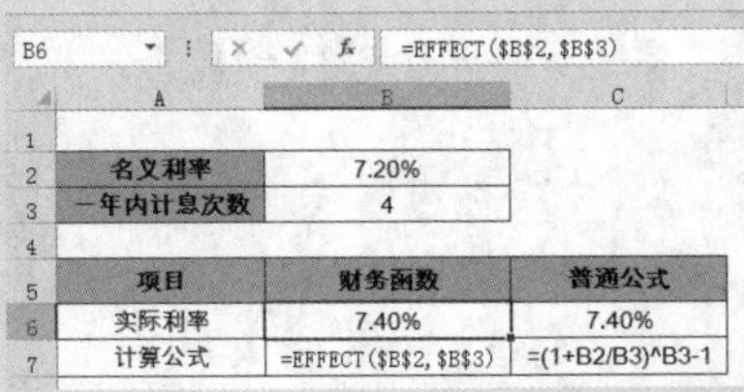

B6 =EFFECT($B$2, $B$3)

名义利率	7.20%	
一年内计息次数	4	

项目	财务函数	普通公式
实际利率	7.40%	7.40%
计算公式	=EFFECT($B$2, $B$3)	=(1+B2/B3)^B3-1

图 18-10 将名义利率转为实际利率

实际利率与名义利率之间关系如下：

$$R=\left(1+\frac{i}{m}\right)^{m}-1$$

上面的公式说明如下。

R：实际利率。

i：名义利率。

m：一年内计息的次数。

利用 EFFECT 函数将名义利率转为实际利率，公式如下：

```
=EFFECT($B$2,$B$3)
```

该函数表示利用给定的名义年利率和每年的复利期数，计算有效的年利率。函数有如下两个参数。

第 1 个参数为名义利率，本例中为 B2 单元格的 7.20%。

第 2 个参数为每年的复利期数，本例中为 B3 单元的 4。

计算保留 2 位小数，结果为 7.40%，表示 7.2%的名义利率在一年内 4 次付息的情况下，实际利率为 7.40%。

18.2.2 将实际利率转为名义利率

Excel 还提供了 NOMINAL 函数，可以将实际利率还原成名义利率。

示例 18-11 将实际利率转为名义利率

如图 18-11 所示，已知实际利率为 7.40%，一年内计息次数为 4 次，要求计算该条件下的名义利率是多少?

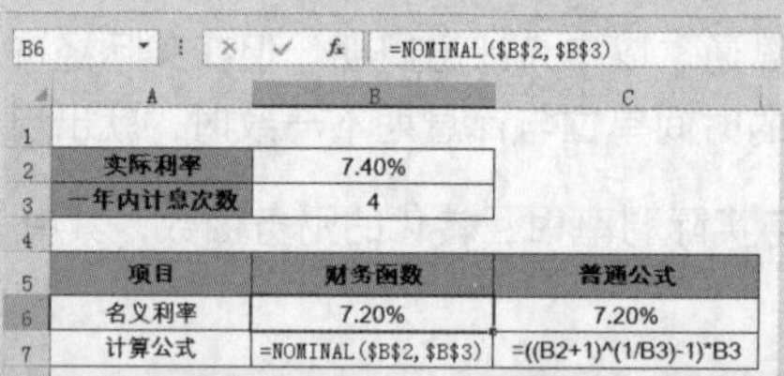

B6 =NOMINAL($B$2,$B$3)

	A	B	C
1			
2	实际利率	7.40%	
3	一年内计息次数	4	
4			
5	项目	财务函数	普通公式
6	名义利率	7.20%	7.20%
7	计算公式	=NOMINAL($B$2, $B$3)	=((B2+1)^(1/B3)-1)*B3

图 18-11 将实际利率转为名义利率

实际利率转为名义利率，公式可以转变为：

$$I = m((r+1)^{\frac{1}{m}} - 1)$$

上面的公式说明如下。

I：名义利率。

r：实际利率。

m：一年内计息的次数。

利用 NOMINAL 函数将实际利率转为名义利率，公式如下：

```
=NOMINAL($B$2,$B$3)
```

该函数表示基于给定的实际利率和年复利期数，返回名义年利率。函数有如下两个参数。

第 1 个参数为实际利率，本例中为 B2 单元格的 7.40%。

第 2 个参数为每年的复利期数，本例为 B3 单元格的 4。

计算保留 2 位小数，结果为 7.20%，表示 7.40%的实际利率在一年内 4 次付息的情况下，实际利率为 7.20%。

18.2.3 债券发行价格的计算

当债券发行的票面利率与资金市场的实际利率存在差异时，发行债券的价格就可能高于或低于面值，当票面利率大于市场利率时应采取溢价发行，即采取高于面值的价格发行，反之则应采取折价发行，即采取低于面值的价格发行。运用 Excel 的 PRICE 函数，可以很方便地计算出债券的发行价格。

示例 18-12 计算债券的发行价格

如图 18-12 所示，某企业发行期限为 5 年，票面利率 10%，面值 100 元的债券，单利计息，资金市场的利率为 8%，要求计算该债券的发行价格。具体计算如下。

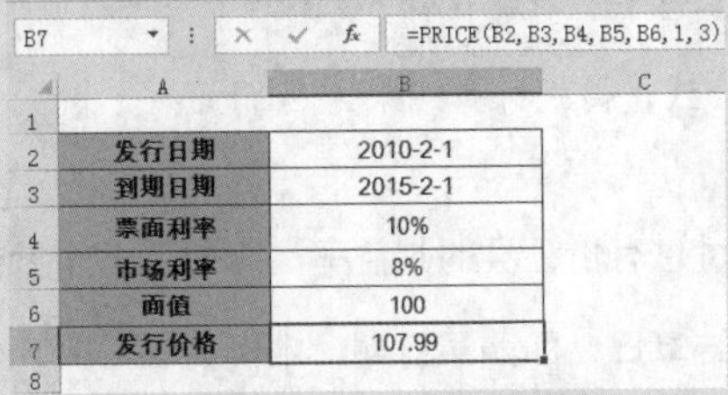

B7 =PRICE(B2,B3,B4,B5,B6,1,3)

	A	B
1		
2	发行日期	2010-2-1
3	到期日期	2015-2-1
4	票面利率	10%
5	市场利率	8%
6	面值	100
7	发行价格	107.99
8		

图 18-12 计算债券发行的价格

在 B7 单元格输入如下公式：

```
=PRICE(B2,B3,B4,B5,B6,1,3),
```

计算结果显示该债券的发行格为 107.99 元。

PRICE 函数是用来返回定期付息，面值为 100 的有价证券价格。该函数有如下 7 个参数。

第 1 个参数为证券的结算日，即在发行日期之后，证券卖给购买者的日期。本例是计算债券的发行价格，因此结算日即为债券的发行日，为 2010 年 2 月 1 日。

第 2 个参数为证券的到期日，即证券有效期截止时的日期，本例为 2015 年 2 月 1 日。

第 3 个参数为证券的票面年利率，本例为 10%。

第 4 个参数为证券的实际年收益率，本例以资金市场的年收益率 8%作为实际收益率，为 8%。

第 5 个参数为面值，本例为 100。

注意

PRICE 函数是以面值 100 元的债券为计算依据的，如果债券面值不是 100 元，例如有些企业债券是以 500 元或 1000 元为面值的，在计算时应先按 100 面值的债券计算其价格，再乘以面值相应的倍数，不能直接将第 5 个参数用 500 或 1000 作为参数的值。

第 6 个参数表示年付息次数。如果按年支付，值为 1；按半年期支付，值为 2；如果按季支付，值为 4。

第 7 个参数表示选用的日计数基准类型。一般选用 3，表示按“实际天数/365”计算。

18.2.4 每年付息债券的持有收益率计算

如果在发行期之后购买债券，用户可以用 YIELD 函数很方便地计算出购买的债券收益率是多少。

示例 18-13 计算按年付息债券的持有收益率

如图 18–13 所示，投资者于 2009 年 12 月 31 日以 102 元的价格购买了一张面值为 100 元的 5 年期债券，票面利率为 5%、到期日为 2011 年 6 月 1 日，每年支付一次利息，要求计算该投资者购买该债券持有至到期日的收益率是多少？具体计算方法如下。

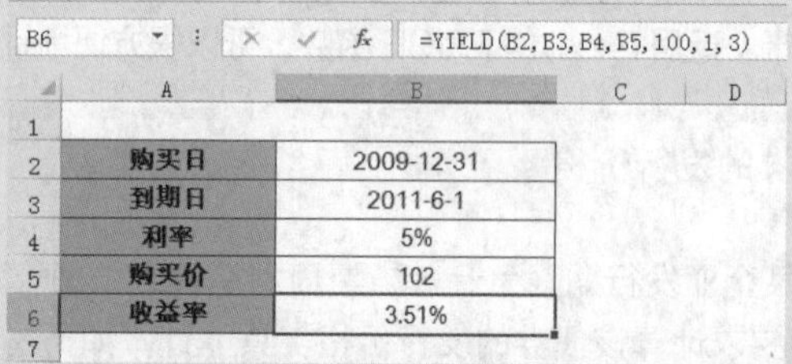

B6 =YIELD(B2,B3,B4,B5,100,1,3)

	A	B	C	D
1				
2	购买日	2009-12-31		
3	到期日	2011-6-1		
4	利率	5%		
5	购买价	102		
6	收益率	3.51%		
7				

图 18-13 每年付息债券的持有收益率计算

在 B6 单元格输入以下公式，得到计算结果为 3.51%：

```
=YIELD(B2,B3,B4,B5,100,1,3)
```

YIELD 函数，返回定期付息有价证券的收益率，有如下 7 个参数。

第 1 个参数表示债券的结算日，即购买日期，本例为 2009 年 12 月 31 日。

第 2 个参数表示债券的到期日，本例为 2011 年 6 月 1 日。

第 3 个参数表示票面利率，本例为 5%。

第 4 个参数表示债券的购买价格（按面值为￥100 计算），本例为 102。

第 5 个参数表示债券的面值（按面值为￥100 计算），本例为常量 100。

第 6 个参数表示年付息次数，按年付息用 1 表示，按半年付息用 2 表示，按季付息用 4 表示，本例为 1。

第 7 个参数表示选用的日计数基准类型。一般选用 3，表示按“实际天数/365”计算。

18.2.5 银行承兑汇票贴现利息的计算

银行承兑汇票贴现是申请人由于资金需要，将未到期的银行承兑汇票转让给贴现银行，银行按票面金额扣除贴现利息后，将余额付给持票人的一种融资行为。准确地计算出汇票贴现利息则是这种融资行为的关键。

示例 18-14 计算银行承兑汇票贴现利息

图 18–14 所示表格给出了一张需要贴现的银行承兑汇票的基本信息，这张汇票于 2014 年 4 月 30 日出票，到期日为 2014 年 10 月 29 日，票面金额 600 万元，如果于 2014 年 5 月 6 日交由银行进行贴现，贴现银行给出的贴现年利率为 5.58%，现需要计算贴现利息是多少？贴现后实际获得的资金是多少？

B8 =ACCRINTM(B6,B5,B7,B3,2)

项目	计算结果
票面金额	6,000,000.00
出票日期	2014年4月30日
到期日	2014年10月29日
贴现日期	2014年5月6日
贴现年率	5.58%
利息	163,680.00
实付贴现金额	5,836,320.00

图 18-14　计算银行承兑汇票贴现利息

计算贴现利息，可以使用 ACCRINTM 函数，具体计算如下。

在 B8 单元格输入以下公式：

```
=ACCRINTM(B6,B5,B7,B3,2)
```

ACCRINTM 函数主要是用于计算有价证券的应计利息。该函数有如下 5 个参数。

第 1 个参数为有价证券的发行日。在本例中应该理解为汇票的实际贴现日，即 B6 单元格中的“2014 年 5 月 6 日”。

第 2 个参数为有价证券的到期日。本例中为 B5 单元格的“2014 年 10 月 29 日”。

第 3 个参数为有价证券的年息票利率。本例中为银行按资金市场价格给出的贴现年利率，即 B7 单元格中的值 5.58%。

第 4 个参数为证券的面值。本例中为 B3 单元格的值 6 000 000。

第 5 个参数为需要使用的日计数基准类型。按我国银行承兑汇票贴现日计算规定，贴现利率的转化是按“实际天数/360 天”来计算的，所以本例中使用了类型值“2”，最后计算的贴现利息为 163 680 元。

用面票金额 6 000 000 元，扣除贴现利息 163 680 元，该银行承兑汇票贴现后，实际可以得到资金为 5 836 320 元。

18.3　折旧计算相关函数

18.3.1　用直线法计算固定资产折旧

直线法又称平均年限法，是以固定资产的原价减去预计净残值除以预计使用年限来计算每年折旧费用的折旧计算方法。

示例 18-15　用直线法计算固定资产折旧

如图 18-15 所示，一项固定资产原值 800 000 元，残值率为 3%，使用年限为 10 年，要求按直线法计算该固定资产每年的折旧额。

在 B7 单元格输入以下公式，并将公式向下复制填充至 B17 单元格：

```
=IF(ROW(1:1)<=$B$4,SLN($B$2,$B$2*$B$3,$B$4),0)
```

该公式使用 SLN 函数计算直线法下的年折旧额，并用 IF 函数进行年数条件判断，使模型适用于不同年限。

SLN 函数返回某项资产在一个期间中的线性折旧值，有如下 3 个参数。

第 1 个参数为固定资产原值，本例为 B2 单元格的 800 000。

第 2 个参数为资产在折旧期末的价值，即资产残值，本例中为$B$2*$B$3。

第 3 个参数为折旧期限，也称作资产预计使用寿命，本例中为 B4 单元格的 10。

最后计算结果为每年的折旧额为 77 600。

B7 =IF(ROW(1:1)<=$B$4,SLN($B$2,$B$2*$B$3,$B$4),0)

固定资产原值	800,000
残值率	3%
使用年限	10

年数	直线法
第1年	77,600.00
第2年	77,600.00
第3年	77,600.00
第4年	77,600.00
第5年	77,600.00
第6年	77,600.00
第7年	77,600.00
第8年	77,600.00
第9年	77,600.00
第10年	77,600.00
第11年	0.00
期末残值	24,000.00
合计	800,000.00

图 18-15 用直线法计算固定资产折旧

18.3.2 用年数总和法计算固定资产折旧

年数总和法又称年限合计法，也是快速折旧的一种方法，它将固定资产的原值减去预计净残值后的净额乘以一个逐年递减的分数计算每年的折旧额，这个分数的分子代表固定资产尚可使用的年数，分母代表使用年限的逐年数字总和。

示例 18-16 用年数总和法计算固定资产折旧

仍以示例 18-15 中的数据为例，改用年数总和法计算固定资产折旧，如图 18-16 所示，计算方法如下。

B7 =IFERROR(SYD($B$2,$B$2*$B$3,$B$4,ROW(1:1)),)

固定资产原值	800,000
残值率	3%
使用年限	10

年数	年数总和法
第1年	141,090.91
第2年	126,981.82
第3年	112,872.73
第4年	98,763.64
第5年	84,654.55
第6年	70,545.45
第7年	56,436.36
第8年	42,327.27
第9年	28,218.18
第10年	14,109.09
第11年	0.00
期末残值	24,000.00
合计	800,000.00

图 18-16 用年数总和法计算固定资产折旧

在 B7 单元格中输入以下公式，并将公式向下复制填充至 B17 单元格：

```
=IFERROR(SYD($B$2,$B$2*$B$3,$B$4,ROW(1:1)),)
```

该公式使用 SYD 函数计算各年的折旧额，并用 IFERROR 函数进行容错处理，使模型适用不同年限。

SYD 函数返回某项资产按年限总和折旧法计算的指定期间的折旧值，它有如下 4 个参数。

第 1 个参数为资产原值，本例中为 B2 单元格的 800 000。

第 2 个参数为资产在折旧期末的价值，即资产残值，本例中为$B$2*$B$3。

第 3 个参数为折旧期限，也称作资产预计使用寿命，本例中为 B4 单元格的 10。

第 4 个参数为期间，其单位要求与第 3 个参数相同，本例中为由 ROW 函数产生的动态序列数，表示第几年。

C7 单元格计算得到第 1 年折旧额为 141 090.91 元。使用年数总和法计算年折旧额，随着使用年数逐年递减。

18.3.3 用双倍余额递减法计算固定资产折旧

双倍余额递减法是在不考虑固定资产残值的情况下，根据每期期初固定资产账面净值和双倍的直线法折旧率计算固定资产折旧的一种加速折旧方法。在使用双倍余额递减法时要注意，按我国会计实务操作要求，在最后两年计提折旧时，要将固定资产账面净值扣除预计净残值后的净值在两年内平均摊销。

示例 18-17 用双倍余额递减法计算固定资产折旧

仍以示例 18-15 的数据为例，改用双倍余额递减法计算固定资产折旧，如图 18-17 所示，计算方法如下。

	A	B
1		
2	固定资产原值	800,000
3	残值率	3%
4	使用年限	10
6	年数	双倍余额递减法
7	第1年	160,000.00
8	第2年	128,000.00
9	第3年	102,400.00
10	第4年	81,920.00
11	第5年	65,536.00
12	第6年	52,428.80
13	第7年	41,943.04
14	第8年	33,554.43
15	第9年	55,108.86
16	第10年	55,108.86
17	第11年	0.00
18	期末残值	24,000.00
19	合计	800,000.00

图 18-17　用双倍余额递减法计算固定资产折旧

在 B7 单元格输入以下公式，并将公式向下复制填充至 B17 单元格：

```
=CHOOSE(SUM(N(ROW(1:1)>ABS($B$4-{2,0})))+1,DDB($B$2,$B$2*$B$3,$B$4,ROW(1:1),2),($B$2*(1-$B$3)-VDB($B$2,$B$2*$B$3,$B$4,,$B$4-2,2,1))/2,)
```

运用双倍余额递减法计算折旧，需要将折旧期限内分为正常折旧期和折旧期限结束前最后两年两个部分进行，在正常折旧期内折旧额按折余价值逐年递减，在最后两年则需要按折余价值扣减残值后进行平均折旧。可用于双倍余额递减法计算固定资产折旧的函数有 DDB 函数和 VDB 函数。

1. 计算正常折旧期内的逐年递减的折旧额

```
DDB($B$2,$B$2*$B$3,$B$4,ROW(1:1),2)
```

这部分公式使用 DDB 函数在正常折旧期内，按双倍余额递减法计算逐年的折旧额。DDB 函数有如下 5 个参数。

第 1 个参数为资产原值，本例中为 B2 单元格的 800000。

第 2 个参数为资产在折旧期末的价值，即资产残值，此值可以是 0，本例中为$B$2*$B$3，计算结果为 24000。

第 3 个参数为折旧期限，有时也称作资产的使用寿命，本例中为 B4 单元格的 10。

第 4 个参数为需要计算折旧的期间，单位要求必须与第 3 个参数相同，本例中为 ROW 函数计算的表示使用年数的序列值。

第 5 个参数为余额递减速率，本例中使用了常量 2，如果假设折旧法为双倍余额递减法时该参数可以省略。

第 1 年的折旧额为 160000，以后逐年递减。

2. 计算最后两年的平均折旧额

```
($B$2*(1-$B$3)-VDB($B$2,$B$2*$B$3,$B$4,,$B$4-2,2,1))/2
```

这部分公式用于计算折旧年限最后两年的平均折旧额，公式中使用 VDB 函数用于计算折旧期第 1 年至倒数第 3 年之间的累计折旧额，然后再用原值扣除残值后的价值减去该累计值，再除以 2 计算出最后两年的平均折旧额。

VDB 函数使用双倍余额递减法或其他指定的方法，返回指定的任何期间内（包括部分期间）的资产折旧值。

注意 该函数可以在折旧大于余额递减计算值时，选择是否转用直线折旧法。但此功能并不适用于我国通行的在最后两期才转为直线折旧的计算方法。

VDB 函数共有 7 个参数，下面以 B15 单元格第 9 年折旧额计算为例进行介绍。

第 1 个参数为资产原值，B2 单元格引用，值为 800000。

第 2 个参数为资产在折旧期末的价值，即资产残值，此值可以是 0，本例为$B$2*$B$3，计算值为 24000。

第 3 个参数为折旧期限，也称作资产的使用寿命，本例中为 B4 单元格的 10。

第 4 个参数为进行折旧计算的起始期间，要求单位与第 3 个参数相同，如果省略为 0，表示第 1 个折旧年度起开始。

第 5 个参数为进行折旧计算的截止期间，要求单位与第 3 个参数相同，本例要求计算倒数第 3 个年度的累计折旧，因此使用了公式$B$4-2，值为 8。

第 6 个参数为余额递减速率（折旧因子），本例中使用常量 2，该参数在假设为双倍余额递减法时可以省略。

第 7 个参数为逻辑值，指定当折旧大于余额递减计算值时，是否转用直线折旧法，如果为 TRUE，即使折旧值大于余额递减计算值也不转用直线折旧法，如果为 FALSE 或被忽略，则将转用直线折旧法。

3. 使用年限分期判断

```
SUM(N(ROW(1:1)>ABS($B$4-{2,0})))+1
```

这部分公式根据 ROW 函数产生行序列号与使用年限进行比较，产生出 1、2 或 3 的常量，用于 CHOOSE 进行判断选择，如果为 1 则使用 DDB 函数的公式返回正常折旧期内逐年递减的折旧额，如果是 2 则使用 VDB 函数的公式返回最后两年的年平均折旧额，如果是 3 时则返回 0 值用于容错。

直线法、年数总和法、双倍余额递减法 3 种折旧方法计算出的固定资产每年折旧额各不相同，后两种为加速折旧方法，年折旧额前期多后期少。3 种折旧方法下的年折旧额的变化情况，如图 18-18 所示。

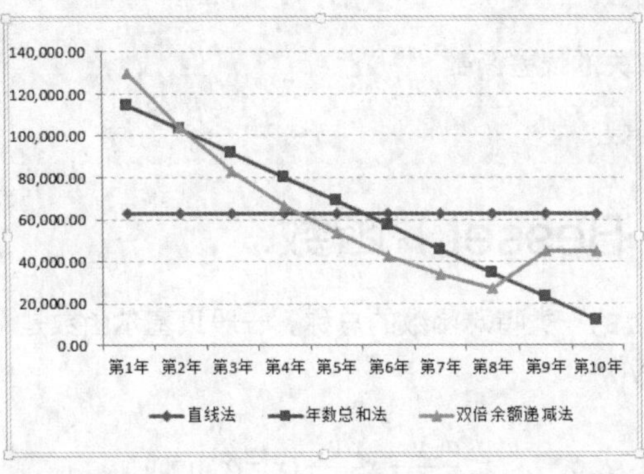

图 18-18 3 种折旧方法下的年折旧额的变化情况

提示

在使用加速折旧法计算固定资产月度折旧时，通常是先按加速折旧的方法计算出相应年度的折旧额，再按 12 个月平均分摊。

第 19 章　工程函数

工程函数属于专业领域计算分析用的函数，是专门为工程师们准备的。

本章学习要点

（1）贝塞尔函数。

（2）数字进制转换函数。

（3）度量衡转换函数。

（4）与积分运算有关的误差函数。

（5）处理复数的函数。

19.1　贝塞尔（Bessel）函数

贝塞尔函数是数学上的一类特殊函数的总称。一般贝塞尔函数是下列常微分方程（常称为贝塞尔方程）的标准解函数 y(x)。

$$x^2\frac{d^2y}{dx^2}+x\frac{dy}{dx}+(x^2-\alpha^2)y=0$$

贝塞尔函数在波动问题以及各种涉及有势场的问题中占有非常重要的地位，最典型的问题有：在圆柱形波导中的电磁波传播问题、圆柱体中的热传导问题以及圆形薄膜的振动模态分析问题等。

Excel 共提供了 4 种贝塞尔函数，分别如下所示。

第一类贝塞尔函数——J 函数：$BESSELJ(x,n)=J_n(x)=\sum_{k=0}^{\infty}\frac{(-1)^k}{k!\Gamma(n+k+1)}\left(\frac{x}{2}\right)^{n+2k}$

第二类贝塞尔函数——诺依曼函数：

$$BESSELY(x,n)=Y_n(x)=\lim_{\upsilon\to n}\frac{J_v(x)\cos(v\pi)-J_{-v}(x)}{\sin(v\pi)}$$

第三类贝塞尔函数——汉克尔函数：

$$BESSELK(x,n)=I_n(x)=\frac{\pi}{2}i^{n+1}[J_n(ix)+iY_n(ix)]$$

◆　虚宗量的贝塞尔函数：$BESSELK(x,n)=I_n(x)=i^{-n}J_n(ix)$

注意

当 *x* 或 *n* 为非数值型时，贝塞尔函数返回错误值#VALUE!。当 *n*<0 时，贝塞尔函数返回错误值#NUM!。

19.2　数字进制转换函数

工程函数中提供了二进制、八进制、十进制和十六进制之间的数值转换函数。这类函数名称非常容易记忆，其中二进制为 BIN，八进制为 OCT，十进制为 DEC，十六进制为 HEX，数字 2（英文

two、to 同音）表示转换的意思。例如，需要将十进制的数转换为十六进制，前面为 DEC，中间加 2，后面为 HEX，因此完成此转换的函数名为 DEC2HEX。所有进制转换函数如表 19-1 所示。

表 19-1　　不同数字系统间的进制转换函数

	二进制	八进制	十进制	十六进制
二进制	—	BIN2OCT	BIN2DEC	BIN2HEX
八进制	OCT2BIN	—	OCT2DEC	OCT2HEX
十进制	DEC2BIN	DEC2OCT	—	DEC2HEX
十六进制	HEX2BIN	HEX2OCT	HEX2DEC	—

进制转换函数的语法如下：

```
函数(number, places)
```

其中，参数 number 为待转换的数字进制下的数值。参数 places 为需要使用的字符数，如果省略此参数，函数将使用必要的最少字符数；如果结果的位数少于指定的位数，将在返回值的左侧自动添加 0。

除此之外，Excel 2013 中新增了两个进制转换函数：BASE 函数和 DECIMAL 函数。它们可以进行任意数字进制之间的转换，而不仅仅局限于二进制、八进制和十六进制。

BASE 函数可以将十进制数转换为给定基数下的文本表示，它的语法如下：

```
BASE(number, radix, [min_length])
```

其中，参数 number 为待转换的十进制数字，必须为大于等于 0 且小于 2^53 的整数；参数 radix 是要将数字转换成的基本基数，必须为大于等于 2 且小于等于 36 的整数；[min_length]是可选参数，指定返回字符串的最小长度，必须为大于等于 0 的整数。

DECIMAL 函数可以按给定基数将数字的文本表示形式转换成十进制数，它的语法如下：

```
DECIMAL(text, radix)
```

其中，参数 text 是给定基数数字的文本表示形式，它的字符串长度必须小于等于 255，text 参数可以是对于基数有效的字母数字字符的任意组合，并且不区分大小写；参数 radix 是 text 参数的基本基数，必须大于等于 2 且小于等于 36。

示例 19-1　不同进制数字的相互转换

将十进制数 8642138 转换为十六进制数值，可以使用以下公式：

```
=DEC2HEX(8642138)  结果为"83DE5A"
=BASE(8642138,16)  结果为"83DE5A"
```

将八进制数 303343577 转换为十六进制数值，可以使用以下公式：

```
=OCT2HEX(303343577)     结果为"30DC77F"
=BASE(DECIMAL(303343577,8),16)  结果为"30DC77F"
```

将二十四进制数“16KH7A9”转换为三十六进制数值，可以使用以下公式：

```
=BASE(DECIMAL("16KH7A9",24),36) 结果为"42BCMX"
```


19.3 度量衡转换函数

CONVERT 函数可以将数字从一种度量系统转换为另一种度量系统，它的语法如下：

```
CONVERT(number, from_unit, to_unit)
```

其中，参数 number 为以 from_unit 为单位的需要进行转换的数值，参数 from_unit 为数值 number 的单位，参数 to_unit 为结果的单位。

CONVERT 函数中 from_unit 参数和 to_unit 参数接受的部分文本值（区分大小写）如图 19-1 所示。

	A	B	C	D	E	F	G	H	I	J	K
1											
2		重量和质量	unit	距离	unit	时间	unit	压强	unit	力	unit
3		克	g	米	m	年	yr	帕斯卡	Pa	牛顿	N
4		斯勒格	sg	英里	mi	日	day	大气压	atm	达因	dyn
5		磅（常衡制）	lbm	海里	Nmi	小时	hr	毫米汞柱	mmHg	磅力	lbf
6		U（原子质量单位）	u	英寸	in	分钟	min	磅平方英寸	psi	朋特	pond
7		盎司	ozm	英尺	ft	秒	s	托	Torr		
8		吨	ton	码	yd						
9				光年	ly						
10											
11		能量	unit	功率	unit	磁	unit	温度	unit	容积	unit
12		焦耳	J	英制马力	HP	特斯拉	T	摄氏度	C	茶匙	tsp
13		尔格	e	公制马力	PS	高斯	ga	华氏度	F	汤匙	tbs
14		热力学卡	c	瓦特	W			开氏温标	K	U.S. 品脱	pt
15		IT卡	cal					兰氏度	Rank	夸脱	qt
16		电子伏	eV					列氏度	Reau	加仑	gal
17		马力-小时	HPh							升	L
18		瓦特-小时	Wh							立方米	m3
19		英尺磅	flb							立方英寸	ly3

图 19-1 CONVERT 函数的单位参数

例如，将 1 标准大气压转换为毫米汞柱，可以使用以下公式：

```
=CONVERT(1,"atm","mmHg")
```

公式结果为 760.002100178515，即 1atm=760.002100178515mmHg。

19.4 误差函数

在数学中，误差函数（也称为高斯误差函数）是一个非基本函数，其在概率论、统计学以及偏微分方程中都有广泛的应用。自变量为 x 的误差函数定义为：$\operatorname{erf}(x)=\frac{2}{\sqrt{\pi}}\int_0^x e^{-\eta^2}d\eta$ ，且有 erf(∞)=1 和 erf(−x)=−erf(x)。余补误差函数定义为：$\operatorname{erfc}(x)=1-\operatorname{erf}(x)=\frac{2}{\sqrt{\pi}}\int_x^{\infty} e^{-\eta^2}d\eta$ 。

在 Excel 中，ERF 函数返回误差函数在上下限之间的积分，它的语法如下：

ERF(lower_limit, [upper_limit]) $=\frac{2}{\sqrt{\pi}}\int_{lower\_limit}^{upper\_limit} e^{-\eta 2}d\eta$

其中，lower_limit 参数为 ERF 函数的积分下限；upper_limit 参数为 ERF 函数的积分上限，如果省略，ERF 函数将在 0 到 lower_limit 之间积分。

ERFC 函数即余补误差函数，它的语法如下：

```
ERFC(x)
```

其中，x 为 ERFC 函数的积分下限。

例如，计算误差函数在 1 到 1.5 之间的积分，可以使用以下公式：

```
=ERF(1,1.5)
```

计算结果为 0.123404353525596。

19.5　处理复数的函数

工程函数中有许多处理复数的函数。例如 IMSUM 函数，可以返回以 x+yi 文本格式表示的两个或多个复数的和，它的语法如下：

```
IMSUM(inumber1, [inumber2], ...)
```

其中，inumber1、inumber2 等为文本格式表示的复数。

示例 19-2　旅行费用统计

图 19-2 所示为前往美国旅行的费用明细，其中包括人民币和美元两部分，需要计算一次美国旅行的平均费用。

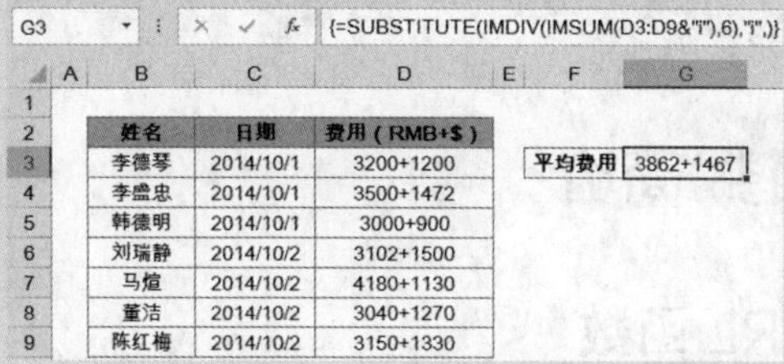

G3　{=SUBSTITUTE(IMDIV(IMSUM(D3:D9&"i"),6),"i",)}

	A	B	C	D	E	F	G
1							
2		姓名	日期	费用（RMB+$）			
3		李德琴	2014/10/1	3200+1200		平均费用	3862+1467
4		李盛忠	2014/10/1	3500+1472			
5		韩德明	2014/10/1	3000+900			
6		刘瑞静	2014/10/2	3102+1500			
7		马煊	2014/10/2	4180+1130			
8		董洁	2014/10/2	3040+1270			
9		陈红梅	2014/10/2	3150+1330			

图 19-2　旅行费用明细

在 G3 单元格输入以下数组公式，然后按<Ctrl+Shift+Enter>组合键：

```
{=SUBSTITUTE(IMDIV(IMSUM(D3:D9&"i"),6),"i",)}
```

公式首先将费用与字母“i”连接，将其转换为文本格式表示的复数。然后利用 IMSUM 函数返回复数的和，再利用 IMDIV 函数返回平均值。最后利用 SUBSTITUTE 函数将作为复数标志的字母“i”替换为空，即得平均费用。

第 20 章 Web 类函数

Web 类函数是 Excel 2013 中新增的一个函数类别，目前只包含 3 个函数：ENCODEURL、WEBSERVICE 和 FILTERXML。它们可以通过网页链接直接用公式从 Web 服务器获取数据，将类似有道翻译、天气查询、股票、汇率等网络应用方便地引入 Excel，进而衍生出无数精妙的函数应用。

本章学习要点

（1）Web 类函数语法简介。

（2）Web 类函数应用实例。

20.1 Web 类函数简介

20.1.1 ENCODEURL 函数

ENCODEURL 函数的作用是对 URL 地址（主要是中文字符）进行 UTF-8 编码，其基本语法是：

```
ENCODEURL(text)
```

其中，text 参数为需要进行 UTF-8 编码的字符串。

使用以下公式可以生成谷歌翻译的网址，将“漂亮”翻译成英文：

```
="http://translate.google.cn/?#zh-CN/en/"&ENCODEURL("漂亮")
```

公式将“漂亮”进行 UTF-8 编码，将生成的网址复制到浏览器地址栏中，可以直接打开谷歌翻译页面，如图 20-1 所示。

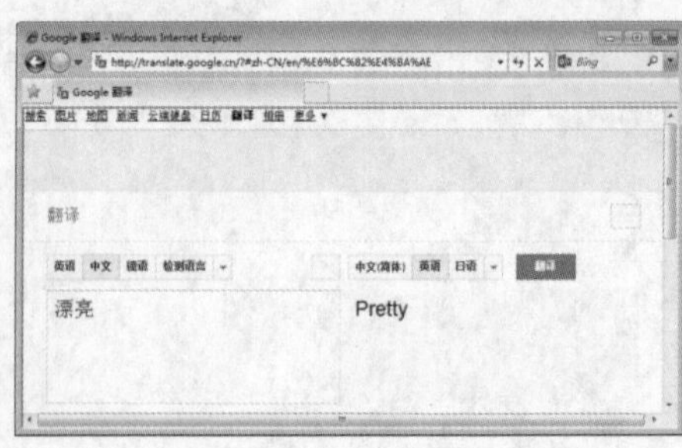

图 20-1 google 翻译界面

ENCODEURL 函数不仅适用于生成网址，而且适用于所有以 UTF-8 编码方式对中文字符进行编码的场合。以前在 VBA 网页编程中可能需要自己编写函数来实现这个编码过程，现在这个工作表函数可以直接实现。

20.1.2 WEBSERVICE 函数

WEBSERVICE 函数可以通过网页链接地址直接从 Web 服务器获取数据，其基本语法是：

```
WEBSERVICE(url)
```

其中，url 是 Web 服务器的网页地址。如果 url 字符串长度超过 2048 个字符，则 WEBSERVICE 函数返回错误值#VALUE!。

注意 

只有在计算机联网的前提下，才能使用 WEBSERVICE 函数从 Web 服务器获取数据。

示例 20-1 获取本机 IP 地址

在工作表中任一单元格中输入以下公式，就可以通过网页链接获取用户的 IP 地址：

```
=TRIM(LEFT(SUBSTITUTE(WEBSERVICE("http://api.liqwei.com/location/"),",",REPT(" ",15)),15))
```

公式利用 WEBSERVICE 函数通过网页链接获取数据，并利用一系列文本函数处理获取到的数据，最终得到用户的 IP 地址。

20.1.3 FILTERXML 函数

FILTERXML 函数可以获取 XML 结构化内容中指定格式路径下的信息，其基本语法是：

```
FILTERXML(xml, xpath)
```

其中，xml 参数是有效 XML 格式文本，xpath 参数是需要查询的目标数据在 XML 中的标准路径。

FILTERXML 函数可以结合 WEBSERVICE 函数一起使用，如果 WEBSERVICE 函数获取到的是 XML 格式的数据，则可以通过 FILTERXML 函数直接从 XML 的结构化信息中过滤出目标数据。

20.2 Web 类函数综合应用

20.2.1 将有道翻译装进 Excel

示例 20-2 英汉互译

如图 20-2 所示，在 B2 单元格输入以下公式，并将公式复制到 B2:B7 单元格区域，就可以在工作表中利用有道翻译实现英汉互译：

```
=FILTERXML(WEBSERVICE("http://fanyi.youdao.com/translate?&i="&ENCODEURL(A2)&"&doctype=xml&version"),"//translation")
```

B2 =FILTERXML(WEBSERVICE("http://fanyi.youdao.com/translate?&i="&ENCODEURL(A2)&"&doctype=xml&version"),"//translation")

	A	B	C
1	原文	有道翻译	api翻译
2	你真漂亮。	You are so beautiful.	You are so beautiful.
3	I love you.	我爱你。	我爱你。
4	建筑抗震设计规范	Building seismic design code	Code for seismic design of buildings
5	appointments	任命	约会
6	你好吗？	How are you?	Are you ok?
7	I would like a cup of tea.	我想喝杯茶。	我想要一杯茶。

图 20-2 使用函数实现英汉互译

公式利用 ENCODEURL 函数将原文转换为 UTF-8 编码，并应用于 url 中。然后利用 WEBSERVICE 函数从有道翻译获取包含对应译文的 XML 格式文本，最后利用 FILTERXML 函数从中提取出目标译文。

网络上还有其他实现英汉互译的 API 可供调用，例如，C2 单元格输入以下公式，也可以返回对应的译文：

```
=WEBSERVICE("http://api.fengzhigang.com.cn/fanyi/?word="&A2)
```

20.2.2 将百度天气预报装进 Excel

示例 20-3 Excel 版天气预报

如图 20-3 所示，A2 单元格为城市中文名称，在 B2 单元格输入以下公式，可从百度天气预报获取相应城市天气信息的 XML 格式文本。

```
=WEBSERVICE("http://api.map.baidu.com/telematics/v3/weather?location="&A2&"&output=xml&ak=A72e372de05e63c8740b2622d0ed8ab1")
```

	A	B	C	D
1	城市	从服务器获取的XML格式文本		
2	杭州	<?xml version="1.0" encoding="utf-8" ?> <CityWeatherR		
3				
4	date	weather	wind	temperature
5	周三 01月21日 (实时：16℃)	多云	北风微风	16 ~ 2℃
6	周四	晴	北风3-4级	10 ~ 0℃
7	周五	晴转多云	东风微风	12 ~ 2℃
8	周六	多云	东南风微风	17 ~ 7℃

图 20-3 将百度天气预报装进 Excel

在 A5 单元格输入以下公式，并将公式复制到 A5:D8 单元格区域。

```
=INDEX(FILTERXML($B$2,"//"&A$4),ROW(1:1)+(A$4=$A$4))
```

以 B5 单元格公式为例，公式利用 FILTERXML 函数提取 B2 单元格中 XML 数据 weather 路径下的内容。由于 weather 路径下存在多个内容，所以 FILTERXML 函数返回一个数组，如杭州未来 4 天的天气：{"多云";"晴";"晴转多云";"多云"}。最后使用 INDEX 函数将各数据依次显示在 B5:B8 单元格中。

第 21 章　数组公式

如果希望精通 Excel 函数与公式，那么数组公式是必须跨越的门槛。通过本章的介绍，读者能够深刻地理解数组公式和数组运算，并能够利用数组公式来解决实际工作中的一些疑难问题。

本章学习要点

（1）理解数组、数组公式与数组运算。

（2）掌握数组的构建及数组填充。

（3）理解并掌握数组公式的一些高级应用。

（4）数组公式的综合应用。

21.1　理解数组

21.1.1　Excel 中数组的相关定义

在 Excel 函数与公式中，数组是指按一行、一列或多行多列排列的一组数据元素的集合。数据元素可以是数值、文本、日期、逻辑值和错误值等。

数组的维度是指数组的行列方向，一行多列的数组为横向数组，一列多行的数组为纵向数组。多行多列的数组则同时拥有纵向和横向两个维度。

数组的维数是指数组中不同维度的个数。只有一行或一列的数组，称为一维数组；多行多列拥有两个维度的数组称为二维数组。

数组的尺寸是以数组各行各列上的元素个数来表示的：一行 N 列的一维横向数组的尺寸为 1×N，一列 N 行的一维纵向数组的尺寸为 N×1，M 行 N 列的二维数组的尺寸为 M×N。

21.1.2　Excel 中数组的存在形式

1. 常量数组

常量数组是指直接在公式中写入数组元素，并用大括号“{}”在首尾进行标识的字符串表达式。常量数组不依赖单元格区域，可直接参与公式的计算。

常量数组的组成元素只可为常量元素，不能是函数、公式或单元格引用。数值型常量元素中不可以包含美元符号、逗号和百分号。

一维纵向数组的各元素用半角分号“;”间隔，以下公式表示尺寸为 6×1 的数值型常量数组：

```
={1;2;3;4;5;6}
```

一维横向数组的各元素用半角逗号“,”间隔，以下公式表示尺寸为 1×4 的文本型常量数组：

```
={"二","三","四","五"}
```

文本型常量元素必须用半角双引号“"”将首尾标识出来。

二维数组的每一行上的元素用半角分号“;”间隔，每一列上的元素用半角分号“,”间隔。以下公式表示尺寸为 4×3 的二维混合数据类型的数组，包含数值、文本、日期、逻辑值和错误值。

```
={1,2,3;"姓名","刘丽","2014/10/13";TRUE,FALSE,#N/A;#DIV/0!,
#NUM!,#REF!}
```

1	2	3
姓名	刘丽	2014/10/13
TRUE	FALSE	#N/A
#DIV/0!	#NUM!	#REF!

图 21-1　4 行 3 列的数组

将这个数组填入表格区域中，排列方式如图 21-1 所示。

提示

手工输入常量数组的过程比较繁琐，可以借助单元格引用来简化常量数组的录入。例如，在单元格 A1:A7 中分别输入“A-G”的字符后，在 B1 单元格中输入公式：=A1:A7，然后在编辑栏中选中公式，按<F9>键即可将单元格引用转换为常量数组。

2. 区域数组

区域数组实际上就是公式中对单元格区域的直接引用，维度和尺寸与常量数组完全一致。例如，以下公式中的 A1:A9 和 B1:B9 都是区域数组：

```
=SUMPRODUCT(A1:A9*B1:B9)
```

3. 内存数组

内存数组是指通过公式计算，返回的多个结果值在内存中临时构成的数组。内存数组不必存储到单元格区域中，可作为一个整体直接嵌套到其他公式中继续参与计算。例如：

```
{=SMALL(A1:A9,{1,2,3})}
```

公式中，{1,2,3}是常量数组，而整个公式的计算结果为 A1:A9 单元格区域中最小的 3 个数组成的 1 行 3 列的内存数组。

内存数组与区域数组的主要区别如下。

- 区域数组通过单元格区域引用获得，内存数组通过公式计算获得。
- 区域数组依赖于引用的单元格区域，内存数组独立存在于内存中。

4. 命名数组

命名数组是使用命名公式（即名称）定义的一个常量数组、区域数组或内存数组，该名称可在公式中作为数组来调用。在数据验证（验证条件的序列除外）和条件格式的自定义公式中，不接受常量数组，但可使用命名数组。

21.2 数组公式与数组运算

21.2.1 认识数组公式

数组公式不同于普通公式，是以按<Ctrl+Shift+Enter>组合键完成编辑的特殊公式。作为数组公式的标识，Excel 会自动在数组公式的首尾添加大括号“{}”。数组公式的实质是单元格公式的一种书写形式，用来显式地通知 Excel 计算引擎对其执行多项计算。

多项计算是对公式中有对应关系的数组元素同时分别执行相关计算的过程。

但是，并非所有执行多项计算的公式都必须以数组公式的输入方式来完成编辑。在 array 数组型或 vector 向量类型的函数参数中使用数组，并返回单一结果时，不需要使用数组公式就能自动进行多项计算，例如 SUMPRODUCT 函数、LOOKUP 函数、MMULT 函数以及 MODE.MULT 函数等。

21.2.2 多单元格数组公式

在单个单元格中使用数组公式进行多项计算后，有时可以返回一组运算结果，但单元格中只能显示单个值（通常是结果数组中的首个元素），而无法显示整组运算结果。使用多单元格数组公式，则可以将结果数组中的每一个元素分别显示在不同的单元格中。

示例 21-1 多单元格数组公式计算销售额

图 21-2 所示为某超市销售记录表的部分内容。需要以 E3:E10 的单价乘以 F3:F10 的数量，计算不同业务员的销售额。

G3 fx {=E3:E10*F3:F10}

	B	C	D	E	F	G
1					利润率：	20%
2	序号	销售员	饮品	单价	数量	销售额
3	1	任继先	可乐	2.5	85	212.50
4	2	陈尚武	雪碧	2.5	35	87.50
5	3	李光明	冰红茶	2	60	120.00
6	4	李厚辉	鲜橙多	3.5	45	157.50
7	5	毕淑华	美年达	3	40	120.00
8	6	赵会芳	农夫山泉	2	80	160.00
9	7	赖群毅	营养快线	5	25	125.00
10	8	李从林	原味绿茶	3	35	105.00

图 21-2　多单元格数组公式计算销售额

同时选中 G3:G10 单元格区域，在编辑栏输入以下公式（不包括两侧大括号），按<Ctrl+Shift+Enter>组合键：

```
{=E3:E10*F3:F10}
```

这种在多个单元格使用同一公式，并按<Ctrl+ Shift+Enter>组合键结束编辑的公式，称为“多单元格数组公式”。

此公式将各种商品的单价分别乘以各自的销售数量，获得一个内存数组{212.5;87.5;120;157.5;120;160;125;105}，并将其在 G3:G10 单元格区域中显示出来（在本示例中生成的内存数组与单元格区域尺寸完全一致）。

注意 数组公式首尾的大括号“{}”由<Ctrl+Shift+Enter>组合键自动生成。手工输入Excel 会将其识别为文本字符，而无法当作公式正确地运算。

21.2.3 单个单元格数组公式

单个单元格数组公式是指在单个单元格中进行多项计算并返回单一值的数组公式。

示例 21-2 单个单元格数组公式

沿用示例 21-1 的销售数据，可以使用单个单元格数组公式统计所有饮品的总销售利润。

如图 21-3 所示，G12 单元格使用以下数组公式，按<Ctrl+Shift+Enter>组合键：

```
{=SUM(E3:E10*F3:F10)*G1}
```

G12 {=SUM(E3:E10*F3:F10)*G1}

	A	B	C	D	E	F	G
1						利润率：	20%
2		序号	销售员	饮品	单价	数量	销售额
3		1	任继先	可乐	2.5	85	212.5
4		2	陈尚武	雪碧	2.5	35	87.5
5		3	李光明	冰红茶	2	60	120
6		4	李厚辉	鲜橙多	3.5	45	157.5
7		5	毕淑华	美年达	3	40	120
8		6	赵会芳	农夫山泉	2	80	160
9		7	赖群毅	营养快线	5	25	125
10		8	李从林	原味绿茶	3	35	105
11							
12						销售利润合计	217.5

图 21-3 单个单元格数组公式

该公式先将各饮品的单价和销量分别相乘，然后用 SUM 函数汇总数组中的所有元素，得到总销售额。最后乘以 G1 单元格的利润率，即得出所有饮品的总销售利润。

由于 SUM 函数的参数为 number 类型，不能直接支持多项运算，所以该公式必须以数组公式的形式按<Ctrl+Shift+Enter>组合键输入，显式通知 Excel 执行多项运算。

本例中的公式可用 SUMPRODUCT 函数代替：

```
=SUMPRODUCT(E3:E10*F3:F10)*G1
```

SUMPRODUCT 函数的参数是 array 数组类型，直接支持多项运算，因此该公式以普通公式的形式输入就能够得出正确结果。

21.2.4 数组公式的编辑

针对多单元格数组公式的编辑有如下限制。

- 不能单独改变公式区域中某一部分单元格的内容。
- 不能单独移动公式区域中某一部分单元格。
- 不能单独删除公式区域中某一部分单元格。
- 不能在公式区域插入新的单元格。

如需修改多单元格数组公式，操作步骤如下。

步骤1 → 选择公式所在单元格或单元格区域，按<F2>键进入编辑模式。

步骤2 → 修改公式内容后，按<Ctrl+Shift+Enter>组合键结束编辑。

如需删除多单元格数组公式，操作步骤如下。

步骤1 → 选择数组公式所在的任意一个单元格，按<F2>键进入编辑状态

步骤2 → 删除该单元格公式内容后，按<Ctrl+Shift+Enter>组合键结束编辑。

另外，还可以先选择数组公式所在的任意一个单元格，按<Ctrl+/>组合键选择多单元格数组公式区域后，按<Delete>键进行删除。

21.2.5 数组的直接运算

所谓直接运算，指的是不使用函数，直接使用运算符对数组进行运算。由于数组的构成元素包

含数值、文本、逻辑值、错误值，因此数组继承着各类数据的运算特性（错误值除外）。数值型和逻辑型数组可以进行加减乘除等常规的算术运算，文本型数组可以进行连接运算。

1. 数组与单值直接运算

数组与单值（或单元素数组）可以直接运算，返回一个数组结果，并且与原数组尺寸相同。

例如公式：

```
{=5+{1,2,3,4}}
```

返回与{1,2,3,4}相同尺寸的结果：

```
{6,7,8,9}
```

2. 同方向一维数组之间的直接运算

两个同方向的一维数组直接进行运算，会根据元素的位置进行一一对应运算，生成一个新的数组。

例如公式：

```
{={1;2;3;4}*{2;3;4;5}}
```

返回结果为：

```
{2;6;12;20}
```

公式的运算过程如图 21-4 所示。

1	*	2	=	2
2	*	3	=	6
3	*	4	=	12
4	*	5	=	20

图 21-4 同方向一维数组的运算

参与运算的两个一维数组需要具有相同的尺寸，否则运算结果的部分数据为错误值#N/A。例如以下公式：

```
{={1;2;3;4}+{1;2;3}}
```

返回结果为：

```
{2;4;6;#N/A}
```

超出较小数组尺寸的部分会出现错误值。

示例 21-3 多条件成绩查询

图 21-5 所示为学生成绩表的部分内容，需要根据姓名和科目查询学生的成绩。

H5 | {=INDEX(E:E,MATCH(H3&H4,C1:C11&D1:D11,))}

	A	B	C	D	E	F	G	H
1								
2		序号	姓名	科目	成绩		查询	
3		1	任继先	语文	65		姓名	陈尚武
4		2	陈尚武	数学	56		科目	语文
5		3	李光明	英语	78		成绩	91
6		4	陈尚武	语文	91			
7		5	陈尚武	英语	99			
8		6	任继先	数学	76			
9		7	李光明	数学	73			
10		8	任继先	英语	60			
11		9	李光明	语文	86			

图 21-5 根据姓名和科目查询成绩

H5 单元格输入以下数组公式：

```
{=INDEX(E:E,MATCH(H3&H4,C1:C11&D1:D11,))}
```

公式中将两个一维区域引用进行连接运算，即 C1:C11&D1:D11，生成同尺寸的一维数组。然后利用 MATCH 函数进行查找定位，最终查询出指定学生的成绩。

3. 不同方向一维数组之间的直接运算

M×1 的垂直数组与 1×N 的水平数组直接运算的运算方式是：数组中每个元素分别与另一数组的每个元素进行运算，返回 M×N 二维数组。

例如以下公式：

```
{={1,2,3}+{1;2;3;4}}
```

返回结果为：

```
{2,3,4;3,4,5;4,5,6;5,6,7}
```

公式运算过程如图 21-6 所示。

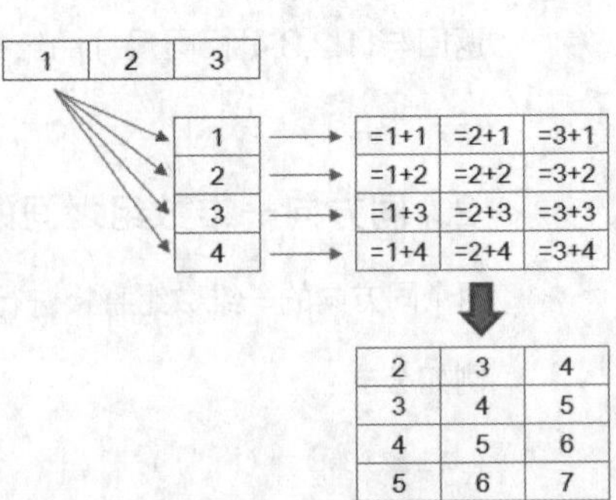

图 21-6 不同方向一维数组的运算过程

4. 一维数组与二维数组之间的直接运算

如果一维数组的尺寸与二维数组的同维度上的尺寸一致，则可以在这个方向上进行一一对应的运算。即M×N的二维数组可以与M×1或1×N的一维数组直接运算，返回一个M×N的二维数组。

例如以下公式：

```
{={1;2;3}*{1,2;3,4;5,6}}
```

返回结果为：

```
{1,2;6,8;15,18}
```

公式运算过程如图 21-7 所示。

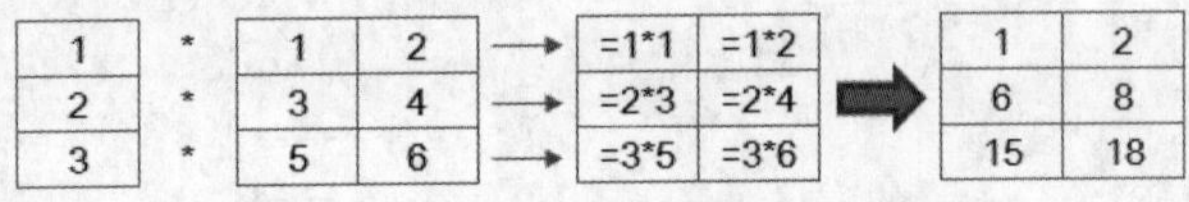

图 21-7 一维数组与二维数组的运算过程

如果一维数组与二维数组的同维度上的尺寸不一致，则结果将包含错误值#N/A。

例如以下公式：

```
{={1;2;3}*{1,2;3,4}}
```

返回结果为：

```
{1,2;6,8;#N/A,#N/A}
```

5. 二维数组之间的直接运算

两个具有相同尺寸的二维数组可以直接运算，运算过程是将相同位置的元素两两对应进行运算，返回一个与他们尺寸一致的二维数组。

例如以下公式：

```
{={1,2;2,4;3,6;4,8}+{7,9;5,3;3,1;1,5}}
```

返回结果为：

```
{8,11;7,7;6,7;5,13}
```

公式运算过程如图 21-8 所示。

如果参与运算的两个二维数组尺寸不一致，生成的结果以两个数组中的最大行列尺寸为新的数

组尺寸，但超出小尺寸数组的部分会产生错误值#N/A。

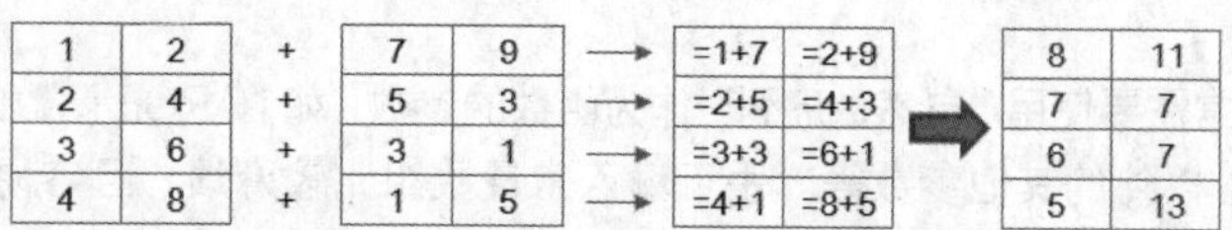

图 21-8 二维数组之间的运算过程

例如以下公式：

```
{={1,2;2,4;3,6;4,8}+{7,9;5,3;3,1}}
```

返回结果为：

```
{8,11;7,7;6,7; #N/A,#N/A }
```

21.2.6 数组的矩阵运算

MMULT 函数用于计算两个数组的矩阵乘积，其语法结构为：

```
MMULT(array1,array2)
```

其中，array1、array2 是要进行矩阵乘法运算的两个数组。array1 的列数必须与 array2 的行数相同，而且两个数组都只能包含数值元素。

示例 21-4 使用 MMULT 函数计算英语成绩

图 21-9 所示为学生英语成绩表的部分内容，需要根据出勤得分、期末笔试得分以及期末口试得分计算最终成绩。其中，出勤、期末笔试、期末口试所占比率分别是 0.3、0.5、0.2。

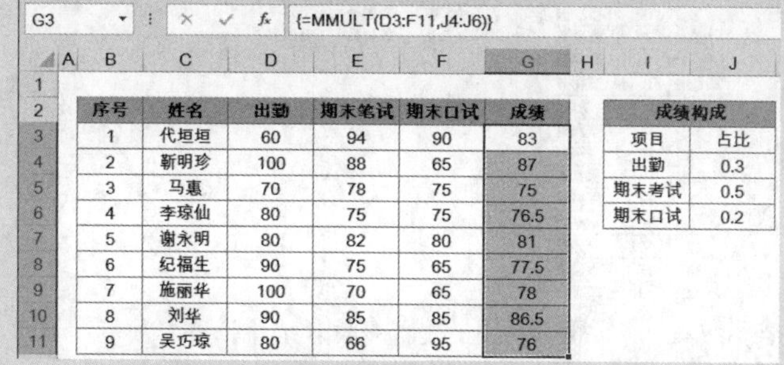

G3 {=MMULT(D3:F11,J4:J6)}

序号	姓名	出勤	期末笔试	期末口试	成绩
1	代垣垣	60	94	90	83
2	靳明珍	100	88	65	87
3	马惠	70	78	75	75
4	李琼仙	80	75	75	76.5
5	谢永明	80	82	80	81
6	纪福生	90	75	65	77.5
7	施丽华	100	70	65	78
8	刘华	90	85	85	86.5
9	吴巧琼	80	66	95	76

成绩构成	
项目	占比
出勤	0.3
期末考试	0.5
期末口试	0.2

图 21-9 学生英语成绩汇总

选中 G3:G11 单元格区域，编辑栏输入以下数组公式，按<Ctrl+Shift+Enter>组合键：

```
{=MMULT(D3:F11,J4:J6)}
```

由于左表的得分与右表的占比一一对应，因此使用 MMULT 函数计算得分数组与占比数组的矩阵乘积，从而得到最终的成绩。MMULT 函数返回的是数组结果，为了将结果填入 G3:G11 单元格区域中，该公式必须以多单元格数组公式进行输入。

21.3 数组构建及填充

在数组公式中，经常使用函数来重新构造数组。掌握相关的数组构建方法，对于数组公式的运用有很大的帮助。

21.3.1 行列函数生成数组

数组公式中经常需要使用“自然数序列”作为函数的参数，如LARGE函数的第2个参数、OFFSET函数除第1个参数以外的其他参数等。手工输入常量数组比较麻烦，且容易出错，而利用ROW、COLUMN函数生成序列则非常方便快捷。

以下公式产生1～10的自然数垂直数组：

```
{=ROW(1:10)}
```

以下公式产生1～10的自然数水平数组：

```
{=COLUMN(A:J)}
```

21.3.2 一维数组生成二维数组

1. 一维区域重排生成二维数组

示例21-5 随机安排考试座位

图21-10所示为某学校的部分学员名单，要求将B列的18位学员随机排列到6行3列的考试座位中。

D3 {=INDEX(B2:B19,RIGHT(SMALL(RANDBETWEEN(A2:A19^0,999)/1%+A2:A19,ROW(1:6)*3-{2,1,0}),2))}

序号	姓名
1	毛仁初
2	刘金凤
3	杨光才
4	姚冬梅
5	郑雪婷
6	张跃东
7	刘秀芬
8	蔡昆碧
9	甄树芬
10	胡虹
11	李潇潇
12	罗莉
13	徐富陆
14	罗树仙
15	李伟
16	吴开荣
17	涂文杰
18	闫慕伟

考试座位表		
李伟	郑雪婷	刘金凤
罗莉	杨光才	蔡昆碧
徐富陆	胡虹	张跃东
姚冬梅	吴开荣	李潇潇
涂文杰	甄树芬	闫慕伟
刘秀芬	罗树仙	毛仁初

图21-10 随机安排考试座位

D3:F8单元格区域输入以下多单元格数组公式，按<Ctrl+Shift+Enter>组合键：

```
{=INDEX(B2:B19,RIGHT(SMALL(RANDBETWEEN(A2:A19^0,999)/1%+A2:A19,ROW(1:6)*3-{2,1,0}),2))}
```

首先利用RANDBETWEEN函数生成一个数组，数组中各元素为1～1000之间的一个随机整数，共包含18个。由于各元素都是随机产生，因此数组元素的大小是随机排列的。

然后对上述生成的数组乘以100，再加上由1～18构成的序数数组，确保数组元素大小随机的前提下最后两位数字为序数1～18。

再利用ROW函数生成垂直数组{1;2;3;4;5;6}，结合常量数组{2,1,0}，根据数组直接运算的原理生成6行3列的二维数组。该结果作为SMALL函数的第2个参数，对经过乘法和加法处理后的数组进行重新排序。由于原始数组的大小是随机的，因此排序使得各元素最后两位数字对应的序数成为随机排列。

最后，用RIGHT函数取出各元素最后的两位数字，并通过INDEX函数返回B列相应位置的学员姓名，即得到随机安排的学员考试座位表。

2. 两列数据合并生成二维数组

在利用 VLOOKUP 函数进行从右向左查询时，可以利用数组运算原理，借助 IF 函数来将两列数据进行左右位置对调，生成新的二维数组。

示例 21-6 构造数组使 VLOOKUP 函数实现逆向查询

图 21-11 所示为学员信息表的部分内容，需要通过查询学员姓名返回对应的准考证号。

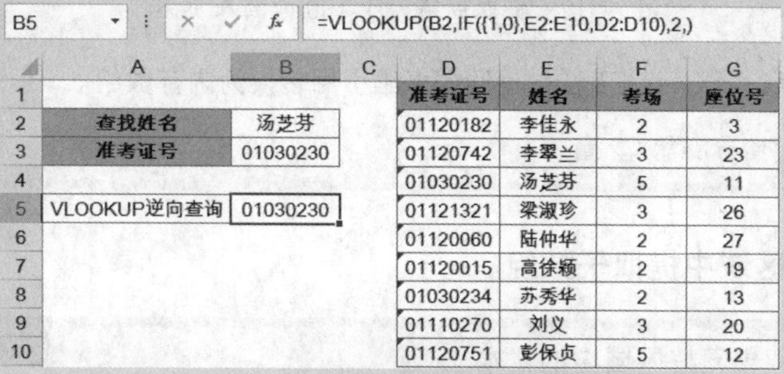

B5 =VLOOKUP(B2,IF({1,0},E2:E10,D2:D10),2,)

	A	B	C	D	E	F	G
1				准考证号	姓名	考场	座位号
2	查找姓名	汤芝芬		01120182	李佳永	2	3
3	准考证号	01030230		01120742	李翠兰	3	23
4				01030230	汤芝芬	5	11
5	VLOOKUP逆向查询	01030230		01121321	梁淑珍	3	26
6				01120060	陆仲华	2	27
7				01120015	高徐颍	2	19
8				01030234	苏秀华	2	13
9				01110270	刘义	3	20
10				01120751	彭保贞	5	12

图 21-11 利用 IF 函数生成二维数组

B5 单元格输入以下公式：

```
=VLOOKUP(B2,IF({1,0},E2:E10,D2:D10),2,)
```

该公式的核心部分是 IF({1,0},E2:E10,D2:D10)，它利用{1,0}的横向数组，与两个纵向数组进行运算，实现姓名与准考证号所在列的位置互换，其结果为：

```
{"李佳永","01120182";"李翠兰","01120742";"汤芝芬","01030230";…;"彭保贞","01120751"}
```

然后通过 VLOOKUP 函数查询姓名返回对应的准考证号。

21.3.3 提取子数组

1. 从一维数据中提取子数组

在日常应用中，经常需要从一列数据中取出部分数据，并进行再处理。例如，在员工信息表中提取指定要求的员工列表、在成绩表中提取总成绩大于平均成绩的人员列表等。下面介绍从一列数据中提取部分数据形成子数组的方法。

示例 21-7 按条件提取人员名单

图 21-12 所示为某学校语文成绩表的部分内容，使用以下公式可以提取成绩大于 100 分的人员姓名生成内存数组：

```
{=T(OFFSET(B1,SMALL(IF(C2:C9>100,A2:A9),ROW(INDIRECT("1:"&COUNTIF(C2:C9,">100")))),))}
```

首先利用 IF 函数判断成绩是否满足条件，若成绩大于 100 分，则返回序号，否则返回逻辑值 FALSE。

然后利用 COUNTIF 函数统计成绩大于 100 分的人数 n，并结合 ROW 函数和 INDIRECT 函数生成 1～n 的自然数序列。

再利用 SMALL 函数提取成绩大于 100 分的人员序号， OFFSET 函数根据 SMALL 函数返回的结果逐个提取人员姓名。

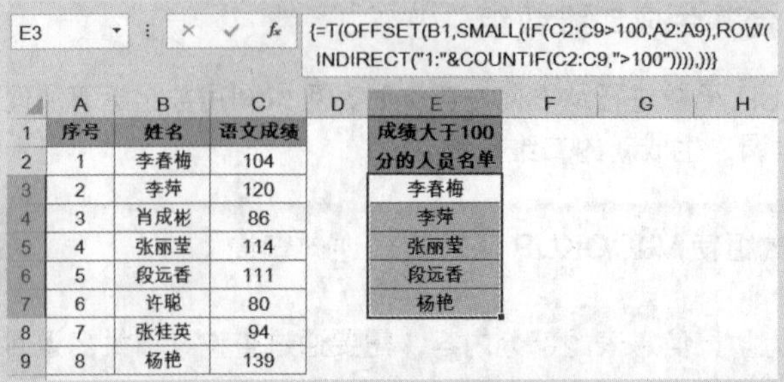

E3 {=T(OFFSET(B1,SMALL(IF(C2:C9>100,A2:A9),ROW(INDIRECT("1:"&COUNTIF(C2:C9,">100")))),))}

	A	B	C	D	E	F	G	H
1	序号	姓名	语文成绩		成绩大于100分的人员名单			
2	1	李春梅	104		李春梅			
3	2	李萍	120		李萍			
4	3	肖成彬	86		张丽莹			
5	4	张丽莹	114		段远香			
6	5	段远香	111		杨艳			
7	6	许聪	80					
8	7	张桂英	94					
9	8	杨艳	139					

图 21-12 提取成绩大于 100 分的人员名单

最终利用 T 函数将 OFFSET 函数返回的多维引用转换为内存数组。

关于多维引用请参阅第 22 章。

2. 从二维区域中提取子数组

示例 21-8 提取单元格区域内的文本

如图 21-13 所示，A2:D5 单元格区域包含文本和数值两种类型的数据。

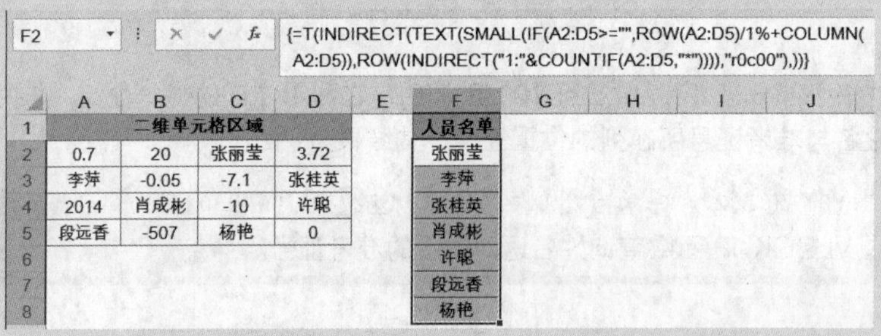

F2 {=T(INDIRECT(TEXT(SMALL(IF(A2:D5>="",ROW(A2:D5)/1%+COLUMN(A2:D5)),ROW(INDIRECT("1:"&COUNTIF(A2:D5,"*")))),"r0c00"),))}

	A	B	C	D	E	F	G	H	I	J
1	二维单元格区域					人员名单				
2	0.7	20	张丽莹	3.72		张丽莹				
3	李萍	-0.05	-7.1	张桂英		李萍				
4	2014	肖成彬	-10	许聪		张桂英				
5	段远香	-507	杨艳	0		肖成彬				
6						许聪				
7						段远香				
8						杨艳				

图 21-13 提取单元格区域内的文本

使用以下公式可以提取单元格区域内的文本，并形成内存数组：

```
{=T(INDIRECT(TEXT(SMALL(IF(A2:D5>="",ROW(A2:D5)/1%+COLUMN(A2:D5)),ROW(INDIRECT("1:"&COUNTIF(A2:D5,"*")))),"r0c00"),))}
```

首先利用 IF 函数判断单元格区域内的数据类型。若为文本则返回单元格行号扩大 100 倍后与其列号的和，否则返回逻辑值 FALSE。

然后利用 COUNTIF 函数统计单元格区域内的文本个数 n，结合 ROW 函数和 INDIRECT 函数生成 1～n 的自然数序列。

再利用 SMALL 函数提取文本所在单元格的行列位置信息，结果如下：

```
{203;301;304;402;404;501;503}
```

利用 TEXT 函数将位置信息转换为 R1C1 引用样式，再使用 INDIRECT 函数返回单元格引用。最终利用 T 函数将 INDIRECT 函数返回的多维引用转换为内存数组。

21.3.4 填充带空值的数组

在合并单元格中，往往只有第一个单元格有值，而其余单元格是空单元格。数据后续处理过程中，经常需要为合并单元格中的空单元格填充相应的值以满足计算需要。

示例 21-9 填充合并单元格

图 21-14 所示为某单位销售明细表的部分内容，因为数据处理的需要，需将 A 列的合并单元格中的空单元格填充对应的地区名称。

E2 {=LOOKUP(ROW(A2:A12),ROW(A2:A12)/(A2:A12>""),A2:A12)}

	A	B	C	D	E
1	地区	客户名称	9月销量		LOOKUP
2	北京	国美	454		北京
3		苏宁	204		北京
4		永乐	432		北京
5		五星	376		北京
6	上海	国美	404		上海
7		苏宁	380		上海
8		永乐	473		上海
9	重庆	国美	403		重庆
10		苏宁	93		重庆
11		永乐	179		重庆
12		五星	492		重庆
13	合计		3890		

图 21-14 填充空单元格生成数组

使用以下公式可实现这种要求：

```
{=LOOKUP(ROW(A2:A12),ROW(A2:A12)/(A2:A12>""),A2:A12)}
```

公式中 ROW(A2:A12)/(A2:A12>"")是解决问题的关键，它将 A 列的非空单元格赋值行号，空单元格则转化为错误值#DIV/0!，结果为：

```
{2;#DIV/0!;#DIV/0!;#DIV/0!;6;#DIV/0!;#DIV/0!;9;#DIV/0!;#DIV/0!;#DIV/0!}
```

然后利用 LOOKUP 函数模糊查询序号，返回对应的地区名称。

21.3.5 二维数组转换一维数组

一些函数的参数只支持一维数组，而不支持二维数组。例如 MATCH 函数的第 2 参数，LOOKUP 函数向量用法的第 2 参数等。如果希望在二维数组中完成查询，就需要先将二维数组转换成一维数组。

示例 21-10 查询小于等于 100 的最大数值

如图 21-15 所示，A3:C6 单元格区域为一个二维数组，使用以下公式可以返回单元格区域中小于等于 100 的最大数值：

```
=LOOKUP(100,SMALL(A3:C6,ROW(1:12)))
```

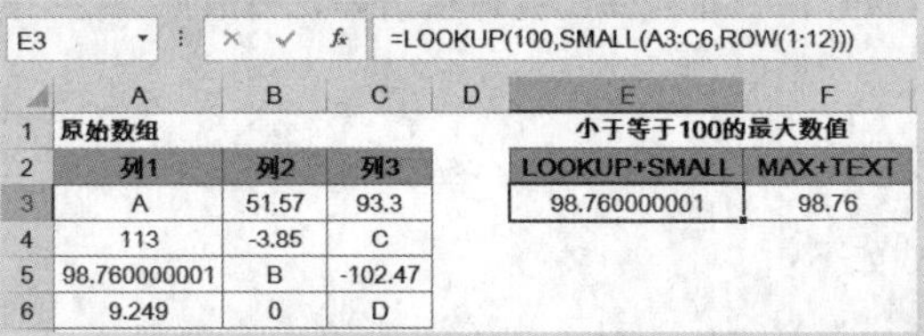

E3 =LOOKUP(100,SMALL(A3:C6,ROW(1:12)))

	A	B	C	D	E	F
1	原始数组				小于等于100的最大数值	
2	列1	列2	列3		LOOKUP+SMALL	MAX+TEXT
3	A	51.57	93.3		98.760000001	98.76
4	113	-3.85	C			
5	98.760000001	B	-102.47			
6	9.249	0	D			

图 21-15 查询小于等于 100 的最大数值

因为单元格区域是 4 行 3 列共包含 12 个元素的二维数组，所以使用 ROW 函数产生 1～12 的自然数序列。然后利用 SMALL 函数对二维数组排序，转换成一维数组，结果为：

```
{-102.47;-3.85;0;9.249;51.57;93.3;98.760000001;113; …;#NUM!}
```

由于二维数组中包含文本，因此结果包含错误值#NUM!。利用 LOOKUP 函数忽略错误值，进行模糊查找，返回小于等于 100 的最大数值 98.760000001。

除此之外，还可以利用 MAX 函数结合 TEXT 函数来实现相同的目的，公式如下：

```
{=MAX(--TEXT(A3:C6,"[<=100];;!0;!0"))}
```

首先利用 TEXT 函数将二维数组中的文本和大于 100 的数值都强制转化为 0，通过减负运算将 TEXT 函数返回的文本型数值转化为真正的数值。结果为：

```
{0,51.57,93.3;0,-3.85,0;98.76,0,-102.47;9.249,0,0}
```

最终利用 MAX 函数返回小于等于 100 的最大数值 98.76。

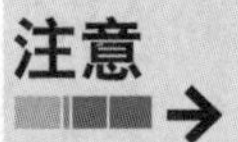

TEXT 函数可能会导致浮点误差。如图 21-15 所示，TEXT 函数在转化数值的过程中，丢失了数值 98.760000001 末尾的 1。

21.4 条件统计应用

21.4.1 单条件不重复统计

在实际应用中，经常需要进行单条件下的不重复统计。如统计人员信息表中不重复人员数或部门数，某品牌不重复的型号数量等。以下主要学习利用数组公式针对单列或单行的一维数据进行不重复统计的方法。

示例 21-11 多种方法统计不重复职务数量

图 21-16 所示为某单位人员信息表的部分内容，需要统计不重复的职务个数。

G2 {=COUNT(1/(MATCH(D2:D9,D:D,)=ROW(D2:D9)))}

	A	B	C	D	E	F	G
1	员工号	姓名	部门	职务		职务统计	
2	1001	黄民武	技术支持部	技术支持经理		MATCH函数法	5
3	2001	董云春	产品开发部	技术经理		COUNTIF函数法	5
4	3001	昂云鸿	测试部	测试经理			
5	2002	李枝芳	产品开发部	技术经理			
6	7001	张永红	项目管理部	项目经理			
7	1045	徐芳	技术支持部				
8	3002	张娜娜	测试部	测试经理			
9	8001	徐波	人力资源部	人力资源经理			

图 21-16 统计不重复职务数

因为部分员工没有职务，因此需要过滤掉空白单元格数据进行不重复统计。以下介绍两种处理方法。

◆ MATCH 函数法

G2 单元格数组公式如下：

```
{=COUNT(1/(MATCH(D2:D9,D:D,)=ROW(D2:D9)))}
```

利用 MATCH 函数的定位结果与序号进行比较，来判断哪些职务是首次出现的记录。首次出现的职务返回逻辑值 TRUE，重复出现的职务返回逻辑值 FALSE，空白单元格返回错误值#N/A。结果如下：

```
{TRUE;TRUE;TRUE;FALSE;TRUE;#N/A;FALSE;TRUE}
```

利用 1 除以 MATCH 函数的比较结果，将逻辑值 FALSE 转换为错误值#DIV/0!。再用 COUNT 函数忽略错误值，统计数值个数，返回不重复的职务个数。

◆ COUNTIF 函数法

G3 单元格数组公式如下：

```
{=SUM((D2:D9>"")/COUNTIF(D2:D9,D2:D9&""))}
```

利用 COUNTIF 函数返回区域内每个职务名称出现次数的数组，被 1 除后再对得到的商求和，即得不重复的职务数量。

公式原理：假设职务“测试经理”出现了 n 次，则每次都转化为 1/n，n 个 1/n 求和得到 1，因此 n 个“测试经理”将被计数为 1。另外，(D2:D9>"")的作用是过滤掉空白单元格，让空白单元格计数为 0。

21.4.2 多条件统计应用

在 Excel 2013 中，有类似 COUNTIFS、SUMIFS 和 AVERAGEIFS 等函数可处理简单的多条件统计问题，但在特殊条件情况下仍需借助数组公式来处理。

示例 21-12 统计销售人员的业绩

图 21-17 所示为某单位销售业绩表的部分内容，为了便于发放销售提成，需分地区统计各销售人员的销售总金额。

H2 {=SUM((F2=A$2:A$11)*(G2=B$2:B$11)*D$2:D$11)}

	A	B	C	D	E	F	G	H
1	地区	销售人员	产品名称	销售金额		地区	销售人员	销售总金额
2	北京	陈玉荓	冰箱	¥14,000		北京	陈玉荓	¥22,900
3	北京	刘品国	微波炉	¥8,700		北京	刘品国	¥8,700
4	上海	李志国	洗衣机	¥9,400		上海	李志国	¥22,800
5	深圳	肖青松	热水器	¥10,300		上海	刘品国	¥12,900
6	北京	陈玉荓	洗衣机	¥8,900		上海	肖青松	¥7,000
7	深圳	王运莲	冰箱	¥11,500		深圳	肖青松	¥10,300
8	上海	刘品国	微波炉	¥12,900		深圳	王运莲	¥23,800
9	上海	李志国	冰箱	¥13,400				
10	上海	肖青松	热水器	¥7,000				
11	深圳	王运莲	洗衣机	¥12,300				
12	合计			¥108,400				

图 21-17 统计销售人员的销售业绩

由于一个销售人员可能同时负责多个地区多种产品的销售，因此需要按地区和销售人员姓名进行多条件统计，在 H2 单元格中输入以下数组公式，按<Ctrl+Shift+Enter>组合键，并将公式复制到 H2:H8 单元格区域。

```
{=SUM((F2=A$2:A$11)*(G2=B$2:B$11)*D$2:D$11)}
```

该公式主要利用了多条件比较判断的方式分别按“地区”和“销售人员”进行过滤后，再对销售金额进行统计。

也可以使用 SUMIFS 函数来完成这个多条件统计，H2 单元格可使用以下公式，并将 H2 单元格公式复制到 H2:H8 单元格区域：

```
=SUMIFS(D$2:D$11,A$2:A$11,F2,B$2:B$11,G2)
```

示例 21-13 统计特定身份信息的员工数量

图 21-18 所示为某企业人员信息表的部分内容，出于人力资源管理的要求，需要统计出生在 20 世纪六七十年代并且目前已有职务的员工数量。

E16 {=SUM((MID(C2:C14,7,3)>="196")*(MID(C2:C14,7,3)<"198")*(E2:E14<>""))}

	A	B	C	D	E
1	工号	姓名	身份证号	性别	职务
2	D005	常会生	370826197811065178	男	项目总监
3	A001	袁瑞云	370828197602100048	女	
4	A005	王天富	370832198208051945	女	
5	B001	沙宾	370883196201267352	男	项目经理
6	C002	曾蜀明	370881198409044466	女	
7	B002	李姝亚	370830195405085711	男	人力资源经理
8	A002	王薇	370826198110124053	男	产品经理
9	D001	张锡媛	370802197402189528	女	
10	C001	吕琴芬	370811198402040017	男	
11	A003	陈虹希	370881197406154846	女	技术总监
12	D002	杨刚	370826198310016815	男	
13	B003	白娅	370831198006021514	男	
14	A004	钱智跃	37088119840928534x	女	销售经理
15					
16	统计出生在六七十年代并且已有职务的员工数量				3

图 21-18 统计特定身份的员工数量

由于身份证号码中包含了员工的出生日期，因此只需要取得相关的出生年份就可以判断出生年代进行相应统计，E16 单元格输入以下数组公式，按<Ctrl+Shift+Enter>组合键：

```
{=SUM((MID(C2:C14,7,3)>="196")*(MID(C2:C14,7,3)<"198")*(E2:E14<>""))}
```

公式利用 MID 函数分别取得员工的出生年份进行比较判断，再判断 E 列区域是否为空（非空则写明了职务名称），最后统计出满足条件的员工数量。

除此之外，还可以借助 COUNTIFS 函数来实现，E16 单元格输入以下数组公式，按<Ctrl+Shift+Enter>组合键：

```
{=SUM(COUNTIFS(C2:C14,"??????"&{196,197}&"*",E2:E14,"<>"))}
```

先将出生在 20 世纪六七十年代的身份证号码用通配符构造出来，然后利用 COUNTIFS 函数进行多条件统计，得出出生在六十年代和七十年代并且已有职务的员工数量，结果为{1,2}。最后利用 SUM 函数汇总上述结果，即得最终结果 3。

21.4.3 条件查询及定位

产品在一个时间段的销售情况是企业销售部门需要掌握的重要数据之一，以便于对市场行为进行综合分析和制定销售策略。利用查询函数借助数组公式可以实现此类查询操作。

示例 21-14 确定商品销量最大的最近月份

图 21-19 所示为某超市近 6 个月的饮品销量明细表，每种饮品的最旺销售月份各不相同，以下数组公式可以查询各饮品的最近销售旺月：

```
{=INDEX(1:1,RIGHT(MAX(OFFSET(C1,MATCH(L3,B2:B11,),,,6)/1%+COLUMN(C:H)),2))}
```

该公式利用 MATCH 函数查找饮品所在行，结合 OFFSET 函数形成动态引用，定位被查询饮品的销售量（数据行）。将销售量乘以 100，并加上列号序列，这样就在销量末尾附加了对应的列号信息。

L4 {=INDEX(1:1,RIGHT(MAX(OFFSET(C1,MATCH(L3,B2:B11,),,,6)/1%+COLUMN(C:H)),2))}

产品	五月	六月	七月	八月	九月	十月	汇总
果粒橙	174	135	181	139	193	158	980
营养快线	169	167	154	198	150	179	1017
美年达	167	192	162	147	180	135	983
伊力牛奶	146	154	162	133	162	150	907
冰红茶	186	159	176	137	154	175	987
可口可乐	142	166	190	150	163	176	987
雪碧	145	194	190	158	170	143	1000
蒙牛特仑苏	142	137	166	144	200	155	944
芬达	159	170	159	130	137	199	954
统一鲜橙多	161	199	139	167	144	168	978

数据查询

商品名称	蒙牛特仑苏
查询月份	九月

图 21-19 查询产品最佳销售量的最近月份

通过 MAX 函数定位最大销售量的数据列，得出结果 20007，最后两位数字即为最大销量所在的列号。

最终利用 INDEX 函数返回查询的具体月份。

除此之外，还可以直接利用数组运算来完成查询，公式如下：

```
{=INDEX(1:1,RIGHT(MAX((C2:H11/1%+COLUMN(C:H))*(B2:B11=L3)),2))}
```

该公式直接将所有销量放大 100 倍后附加对应的列号，并利用商品名称完成过滤，结合 MAX 函数和 RIGHT 函数得到相应饮品最大销量对应的列号，最终利用 INDEX 函数返回查询的具体月份。

21.5 数据筛选技术

提取不重复数据是指在一个数据表中提取出唯一的记录，即重复的记录只算 1 条。使用“高级筛选”功能能够生成不重复记录结果，以下主要介绍使用函数的实现方法。

21.5.1 一维区域取得不重复记录

示例 21-15 从销售业绩表提取唯一销售人员姓名

图 21-20 所示为某单位的销售业绩表，为了便于发放销售人员的提成工资，需要取得唯一的销售人员姓名列表，并统计各销售人员的销售总金额。

地区	销售人员	产品名称	销售金额
北京	陈玉莽	冰箱	¥14,000
北京	刘品国	微波炉	¥8,700
上海	李志国	洗衣机	¥9,400
深圳	肖青松	热水器	¥10,300
北京	陈玉莽	洗衣机	¥8,900
深圳	王运莲	冰箱	¥11,500
上海	刘品国	微波炉	¥12,900
上海	李志国	冰箱	¥13,400
上海	肖青松	热水器	¥7,000
深圳	王运莲	洗衣机	¥12,300
合计			¥108,400

各销售人员销售总金额

销售人员	销售总金额

图 21-20 销售业绩表提取唯一销售人员姓名

根据 MATCH 函数查找数据原理，当查找的位置序号与数据自身的位置序号不一致时，表示该数据重复。F3 单元格可使用以下数组公式，按<Ctrl+Shift+Enter>组合键，并将公式复制到 F3:F9 单元格区域：

```
{=INDEX(B:B,SMALL(IF(MATCH(B$2:B$11,B:B,)=ROW($2:$11),ROW($2:$11),65536),ROW(A1)))&""}
```

公式利用 MATCH 函数定位销售人员姓名，当 MATCH 函数结果与数据自身的位置序号相等时，返回当前数据行号，否则指定一个行号65536（这是容错处理，工作表的65536行通常是无数据的空白单元格）。再通过SMALL函数将行号逐个取出，最终由INDEX函数返回不重复的销售人员姓名列表。

提取的销售人员姓名列表如图21-21所示。

	E	F	G
1		各销售人员销售总金额	
2		销售人员	销售总金额
3		陈玉萍	¥22,900
4		刘品国	¥21,600
5		李志国	¥22,800
6		肖青松	¥17,300
7		王运莲	¥23,800
8			
9			

图21-21 销售汇总表

G3单元格使用以下公式统计所有销售人员的销售总金额：

```
=IF(F3="","",SUMIF(B:B,F3,D:D))
```

SUMIF函数统计各销售人员的销售总金额，IF函数用于容错，处理F8、F9的空白单元格。

21.5.2 多条件提取唯一记录

示例21-16 提取唯一品牌名称

图21-22所示为某商场商品进货明细表的部分内容，当指定商品大类后，需要筛选其下品牌的不重复记录列表。

F7 {=INDEX(B:B,1+MATCH(,COUNTIF(F$6:F6,B$2:B$18)+(A$2:A$18<>F$4)*(A$2:A$18<>""),))&""}

	A	B	C	D	E	F	G
1	商品大类	品牌	型号	进货量			
2	空调	美的	KFR-33GW	2		根据商品提取唯一品牌	
3	空调	美的	KFR-25GW	3		提取条件	
4	空调	海尔	KFR-65LW	6		洗衣机	
5	空调	海尔	KFR-34GW	10			
6	空调	格力	KFR-50LW	6		简化解法	常规解法
7	空调	格力	KFR-58LW	3		海尔	海尔
8	冰箱	海尔	KFR-39GW	6		小天鹅	小天鹅
9	冰箱	海尔	KFR-20LW	8		美的	美的
10	冰箱	美的	KFR-45LW	3			
11	冰箱	西门子	KFR-33GW	9			
12	冰箱	西门子	KFR-37LW	4			
13	洗衣机	海尔	KFR-27GW	3			
14	洗衣机	海尔	KFR-25LW	9			
15	洗衣机	小天鹅	KFR-76LW	5			
16	洗衣机	美的	KFR-79GW	6			
17	洗衣机	美的	KFR-37LW	4			
18							

图21-22 根据商品大类提取唯一品牌名称

F7单元格输入以下数组公式，按<Ctrl+Shift+Enter>组合键：

```
{=INDEX(B:B,1+MATCH(,COUNTIF(F$6:F6,B$2:B$18)+(A$2:A$18<>F$4)*(A$2:A$18<>""),))&""}
```

公式利用COUNTIF函数统计当前公式所在的F列中已经提取过的品牌名称，并借助"+(A$2:A$18<>F$4)*(A$2:A$18<>"")"的特殊处理，为不满足提取条件的数据计数增加1，从而使未提取出来的品牌记录计数为0。最终通过MATCH函数定位0值的技巧来取得唯一记录。

除此之处，利用INDEX函数、SMALL函数和IF函数的常规解法也可以实现，G7单元格输入以下数组公式，按<Ctrl+Shift+Enter>组合键：

```
{=INDEX(B:B,SMALL(IF((F$4=A$2:A$17)*(MATCH(A$2:A$17&B$2:B$17,A$2:A$17&B$2:B$17,)
=ROW($1:$16)),ROW($2:$17),4^8),ROW(A1)))&""}
```

该解法利用连接符将多关键字连接生成单列数据，利用 MATCH 函数的定位结果与序号比较，并结合提取条件的筛选，让满足提取条件且首次出现的品牌记录返回对应行号，而不满足提取条件或重复的品牌记录返回 65536。

然后利用 SMALL 函数逐个提取行号，借助 INDEX 函数返回对应的品牌名称。

21.5.3 二维数据表提取不重复记录

示例 21-17 二维单元格区域提取不重复姓名

如图 21-23 所示，A2:C5 单元格区域内包含重复的姓名、空白单元格和数字，需要提取不重复的姓名列表。

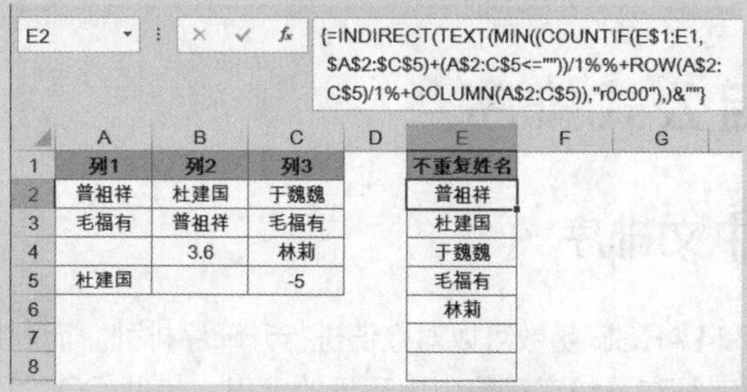

图 21-23 二维单元格区域提取不重复姓名

E2 单元格输入以下数组公式，按<Ctrl+Shift+Enter>组合键：

```
{=INDIRECT(TEXT(MIN((COUNTIF(E$1:E1,$A$2:$C$5)+(A$2:C$5<=""))/1%%+ROW(A$2:C$5)/1%+
COLUMN(A$2:C$5)),"r0c00"),)&""}
```

该公式利用“+(A$2:C$5<="")”来过滤掉空白单元格和数字单元格。利用 COUNTIF 函数统计当前公式所在的 E 列中已经提取过的姓名，达到去重复的目的。

通过数组运算“ROW(A$2:C$5)/1%+COLUMN(A$2:C$5)”构造 A2:C5 单元格区域行号列号位置信息数组。

利用 MIN 函数逐个提取不重复单元格的最小位置信息。

最终利用 INDIRECT 函数结合 TEXT 函数将位置信息转化为位置所指的单元格内容。

有时，数据并不是存放在一个连续的单元格区域，这种情况下提取不重复记录的方法略有不同。

示例 21-18 不连续单元格区域提取不重复商家名称

图 21-24 所示为国内大型商场销售情况明细表的部分内容，销售数据按各地理区域划分，需要从商家名称中筛选不重复的商家列表。

K2 单元格输入以下数组公式，按<Ctrl+Shift+Enter>组合键，并将公式复制到 K2:K9 单元格区域：

```
{=INDIRECT(TEXT(MIN((COUNTIF(K$1:K1,B$2:H$6&"*")+(B$1:H$1<>K$1))/1%%+{2;3;4;5;6}/
1%+COLUMN(B:H)),"r0c00"),)&""}
```

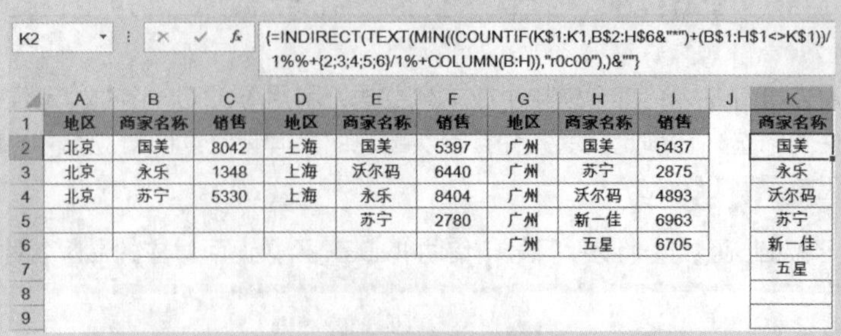

K2 {=INDIRECT(TEXT(MIN((COUNTIF(K$1:K1,B$2:H$6&"*")+(B$1:H$1<>K$1))/1%%+{2;3;4;5;6}/1%+COLUMN(B:H)),"r0c00"),)&""}

	A	B	C	D	E	F	G	H	I	J	K
1	地区	商家名称	销售	地区	商家名称	销售	地区	商家名称	销售		商家名称
2	北京	国美	8042	上海	国美	5397	广州	国美	5437		国美
3	北京	永乐	1348	上海	沃尔码	6440	广州	苏宁	2875		永乐
4	北京	苏宁	5330	上海	永乐	8404	广州	沃尔码	4893		沃尔码
5					苏宁	2780	广州	新一佳	6963		苏宁
6							广州	五星	6705		新一佳
7											五星
8											
9											

图 21-24 商场销售情况明细表

该公式的整体思路与示例 21-17 中的公式一致，只是在细节处理上略有不同。

在 COUNTIF 函数统计当前公式所在的 K 列中已经提取过的商家名称过程中，使用了“B$2:H$6&"*"”的方法来过滤 B2:H6 单元格区域内的空白单元格。同时使用“(B$1:H$1<>K$1)”来过滤非商家名称列。

其余函数处理思路和过程参见示例 21-17。

21.6 利用数组公式排序

21.6.1 快速实现中文排序

利用 SMALL 函数和 LARGE 函数可以对数值进行升降序排列。而利用函数对文本进行排序则相对复杂，需要根据各个字符在系统字符集中内码值的大小，借助 COUNTIF 函数才能实现。

示例 21-19 将成绩表按姓名排序

图 21-25 所示为某班级学生成绩表的部分内容，已经按学号升序排序。现需要通过公式将成绩表按姓名升序排列。

E2 {=INDEX(B:B,RIGHT(SMALL(COUNTIF(B$2:B$11,"<"&B$2:B$11)/1%%%+ROW($2:$11),ROW()-1),6))}

	A	B	C	D	E	F
1	学号	姓名	总分		姓名排序	总分
2	508001	何周利	516		毕祥	601
3	508002	鲁黎	712		何周利	516
4	508003	李美湖	546		姜禹贵	520
5	508004	王润恒	585		李波	582
6	508005	姜禹贵	520		李美湖	546
7	508006	熊有田	651		鲁黎	712
8	508007	许涛	612		汤汝琼	637
9	508008	汤汝琼	637		王润恒	585
10	508009	毕祥	601		熊有田	651
11	508010	李波	582		许涛	612

图 21-25 对姓名进行升序排序

E2 单元格输入以下数组公式，按<Ctrl+Shift+Enter>组合键，并将公式复制到 E2:E11 单元格区域：

```
{=INDEX(B:B,RIGHT(SMALL(COUNTIF(B$2:B$11,"<"&B$2:B$11)/1%%%+ROW($2:$11),ROW()-1),6))}
```

该公式关键的处理技巧是利用 COUNTIF 函数对姓名按 ASCII 码值进行大小比较，统计出小于各姓名的姓名个数，即是姓名的升序排列结果。本例姓名的升序排列结果为：{1;5;4;7;2;8;9;6;0;3}。

将 COUNTIF 函数生成的姓名升序排列结果与行号组合生成新的数组，再由 SMALL 函数从小到大逐个提取，最后根据 RIGHT 函数提取的行号，利用 INDEX 函数返回对应的姓名。

在数据表中，可以使用“排序”菜单功能进行名称排序。但在某些应用中，需要将姓名排序结果生成内存数组，供其他函数调用进行数据再处理，这时就必须使用函数公式来实现。以下公式可以生成姓名排序后的内存数组：

```
{=LOOKUP(--RIGHT(SMALL(COUNTIF(B$2:B$11,"<"&B$2:B$11)/1%%+ROW($2:$11),ROW($1:$10)),6),ROW($2:$11),B$2:B$11)}
```

提示 COUNTIF 函数排序结果为按音序的排列，升序排列即公式中的 "<"&B$2:B$11；降序排列只需将其修改为">"&B$2:B$11，或使用 LARGE 函数代替 SMALL 函数。

21.6.2 根据产品产量进行排序

示例 21-20 按产品产量降序排列

图 21-26 所示为某企业各生产车间钢铁生产的产量明细表，需要按产量降序排列产量明细表。

	A	B	C	D
1	生产部门	车间	产品类别	产量（吨）
2	钢铁一部	1车间	合金钢	833.083
3	钢铁二部	1车间	结构钢	1041.675
4	钢铁一部	4车间	碳素钢	1140
5	钢铁三部	1车间	角钢	639.06
6	钢铁三部	2车间	铸造生铁	1431.725
7	钢铁一部	3车间	工模具钢	1140
8	钢铁二部	2车间	特殊性能钢	618.7

图 21-26 产量明细表

◆ 方法 1：产量附加行号排序法

选择 G2:G8 单元格区域，在编辑栏输入以下数组公式，按<Ctrl+Shift+Enter>组合键：

```
{=INDEX(C:C,MOD(SMALL(ROW(2:8)-D2:D8/1%%,ROW(1:7)),100))}
```

该公式利用 ROW 函数产生的行号序列与产量的 1 000 000 倍组合生成新的内存数组，再利用 SMALL 函数从小到大逐个提取，MOD 函数返回排序后的行号，最终利用 INDEX 函数返回产品类别。

H2 单元格输入以下公式计算产量：

```
=VLOOKUP(G2,C:D,2,)
```

◆ 方法 2：RANK 函数化零为整排序法

选择 K2:K8 单元格区域，在编辑栏输入以下数组公式，按<Ctrl+Shift+Enter>组合键：

```
{=INDEX(C:C,RIGHT(SMALL(RANK(D2:D8,D2:D8)/1%+ROW(2:8),ROW()-1),2))}
```

利用 RANK 函数将产量按降序排名，与 ROW 函数产生的行号数组组合生成新的数组，再利用 SMALL 函数从小到大逐个提取，RIGHT 函数返回排序后的行号，最终利用 INDEX 函数返回产品类别。

L2 单元格输入以下公式计算产量：

```
=SUMIF(C:C,K2,D:D)
```

◆ 方法 3：SMALL 函数结合 COUNTIF 函数排名法

P2 单元格使用以下公式先将产量降序排列：

```
=LARGE(D$2:D$8,ROW(A1))
```

O2 单元格输入以下数组公式，按<Ctrl+Shift+Enter>组合键：

```
{=INDEX(C:C,SMALL(IF(P2=D$2:D$8,ROW($2:$8)),COUNTIF(P$1:P2,P2)))}
```

根据产量返回对应的产品类别。当存在相同产量时，使用 COUNTIF 函数统计当前产量出现的次数，来分别返回不同的产品类别。

各方法的排序结果如图 21-27 所示。

	E	F	G	H	I	J	K	L	M	N	O	P
1		方法1	产品类别	产量		方法2	产品类别	产量		方法3	产品类别	产量
2		1	铸造生铁	1431.725		1	铸造生铁	1431.725		1	铸造生铁	1431.725
3		2	碳素钢	1140		2	碳素钢	1140		2	碳素钢	1140
4		3	工模具钢	1140		3	工模具钢	1140		3	工模具钢	1140
5		4	结构钢	1041.675		4	结构钢	1041.675		4	结构钢	1041.675
6		5	合金钢	833.083		5	合金钢	833.083		5	合金钢	833.083
7		6	角钢	639.06		6	角钢	639.06		6	角钢	639.06
8		7	特殊性能钢	618.7		7	特殊性能钢	618.7		7	特殊性能钢	618.7

图 21-27　按产量降序排序后的明细表

注意

当产量数值较大或小数位数较多时，方法 1 受到 Excel 的 15 位有效数字的限制，而不能返回正确排序结果。方法 2 利用 RANK 函数将数值化零为整，转化为数值排名，可有效应对大数值和小数位数多的数值，避免 15 位有效数字的限制，返回正确的排序结果。

21.6.3　多关键字排序技巧

示例 21-21　按各奖牌数量降序排列奖牌榜

图 21-28 所示为 2014 年仁川亚运会奖牌榜的部分内容，需要依次按金、银、铜牌数量对各个国家或地区进行降序排列。

	A	B	C	D	E
1	国家/地区	金牌	银牌	铜牌	总数
2	韩国	79	71	84	234
3	印度	11	10	36	57
4	伊朗	21	18	18	57
5	朝鲜	11	11	14	36
6	卡塔尔	10	0	4	14
7	哈萨克斯坦	28	23	33	84
8	中国	151	108	83	342
9	日本	47	76	77	200
10	泰国	12	7	28	47

图 21-28　仁川亚运会奖牌榜

由于各个奖牌数量都为数值，且都不超过 3 位数，因此可以通过“*10^N”的方式，将金、银、铜牌 3 个排序条件整合在一起。

选择 G2:G10 单元格区域，在编辑栏输入以下数组公式，按<Ctrl+Shift+Enter>组合键。

```
{=INDEX(A:A,RIGHT(LARGE(MMULT(B2:D10,10^{8;5;2})+ROW(2:10),ROW()-2),2))}
```

公式利用 MMULT 函数将金、银、铜牌数量分别乘以 10^8、10^5、10^2 后求和，把 3 个排序条件整合在一起形成一个新数组。该数组再与行号构成的序数数组组合，确保数组元素大小按奖牌数量排序的前提下最后两位数为对应的行号。

然后利用 LARGE 函数从大到小逐个提取，完成降序排列。再利用 RIGHT 函数返回对应的行号，最终利用 INDEX 函数返回对应的国家或地区。

排序结果如图 21-29 所示。

G2 {=INDEX(A:A,RIGHT(LARGE(MMULT(B2:D10,10^{8;5;2})+ROW(2:10),ROW()-1),2))}

	A	B	C	D	E	F	G	H
1	国家/地区	金牌	银牌	铜牌	总数		国家/地区	奖牌总数
2	韩国	79	71	84	234		中国	342
3	印度	11	10	36	57		韩国	234
4	伊朗	21	18	18	57		日本	200
5	朝鲜	11	11	14	36		哈萨克斯坦	84
6	卡塔尔	10	0	4	14		伊朗	57
7	哈萨克斯坦	28	23	33	84		泰国	47
8	中国	151	108	83	342		朝鲜	36
9	日本	47	76	77	200		印度	57
10	泰国	12	7	28	47		卡塔尔	14

图 21-29 根据各奖牌数量降序排列结果

在 H2 单元格输入以下公式，查询各国家或地区的奖牌总数。

```
=VLOOKUP(G2,A:E,5,)
```

21.7 数据表处理技术

21.7.1 总表拆分应用

示例 21-22 按出入库类型将总表拆分到分表

图 21-30 所示为某仓库出入库明细表的部分内容，包含了入库和出库两种类型的数据记录。需要通过函数公式分别将其拆分到“入库”和“出库”两张工作表中。

	A	B	C	D	E	F	G
1	出入库类型	单号	日期	商品名称	数量	单价	金额
2	入库	AR001	9月20日	A173	500	3.42	¥1,710.00
3	出库	AC001	9月28日	A173	85	3.6	¥306.00
4	入库	RR001	10月3日	RA929	300	5.37	¥1,611.00
5	出库	AC002	10月3日	A173	110	3.55	¥390.50
6	出库	AC003	10月3日	A173	171	3.7	¥632.70
7	入库	RR002	10月5日	RA929	100	5.4	¥540.00
8	出库	RC001	10月7日	RA929	140	5.72	¥800.80
9	出库	AC004	10月13日	A173	92	3.64	¥334.88
10	入库	AR002	10月19日	A173	200	3.45	¥690.00
11	出库	AC005	10月20日	A173	78	3.75	¥292.50

出入库明细表 入库 出库

图 21-30 出入库明细表

为了保证数据动态更新，使用以下公式将“出入库明细表”中的数据定义为工作簿级名称“总表”，来动态引用数据：

```
=OFFSET(出入库明细表!$A$1,,,COUNTA(出入库明细表!$A:$A),COUNTA(出入库明细表!$1:$1))
```

为了使入库和出库工作表中的公式一致，使用以下公式定义工作簿级名称 ShtName 来取得当前工作表标签名：

```
=MID(GET.DOCUMENT(1),FIND("]",GET.DOCUMENT(1))+1,255)
```

下面以“入库”工作表为例进行介绍，提取结果如图 21-31 所示。

在“入库”工作表的 A1:F1 单元格区域建立表头，在 A2 单元格输入以下数组公式，按<Ctrl+Shift+Enter>组合键，将公式复制到 A2:F8 单元格区域：

```
{=IFERROR(INDEX(出入库明细表!B:B,SMALL(IF(总表=ShtName,ROW(总表)),ROW()-1)),"")}
```

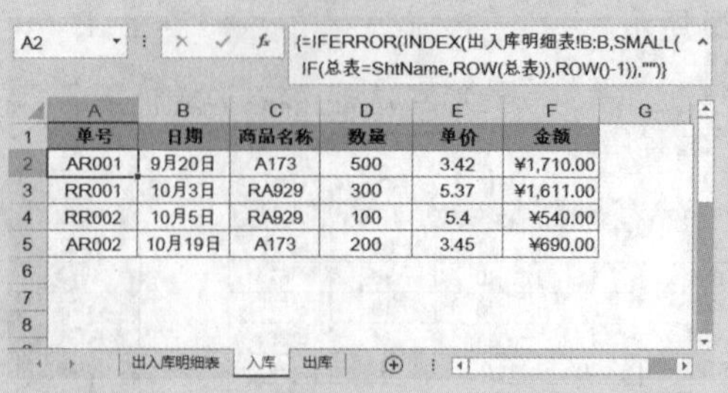

单号	日期	商品名称	数量	单价	金额
AR001	9月20日	A173	500	3.42	¥1,710.00
RR001	10月3日	RA929	300	5.37	¥1,611.00
RR002	10月5日	RA929	100	5.4	¥540.00
AR002	10月19日	A173	200	3.45	¥690.00

图 21-31 将入库记录提取到"入库"工作表

公式主要利用 SMALL 函数结合 IF 函数提取"出入库类型"为"入库"的记录行号，再利用 INDEX 函数来返回具体的记录信息，最后使用 IFERROR 函数做容错处理。

"出库"工作表的数据提取方法和"入库"工作表完全一致，此处不再赘述。

注意 使用宏表函数要将设置好的工作簿另存为启用宏的工作簿。

21.7.2 分表合并总表应用

在人事部门的工作中，如需将各个部门的员工列表汇总到总表，可以直接使用复制粘贴的方法，但如果人事数据经常变动，那么使用函数公式来生成动态的结果将是更好的方式。

示例 21-23 将人员信息表汇总到总表

图 21-32 所示为某企业各部门人员信息表的部分内容，需要将人力资源部、资产管理部、信息技术中心 3 个部门的人员信息汇总到总表。

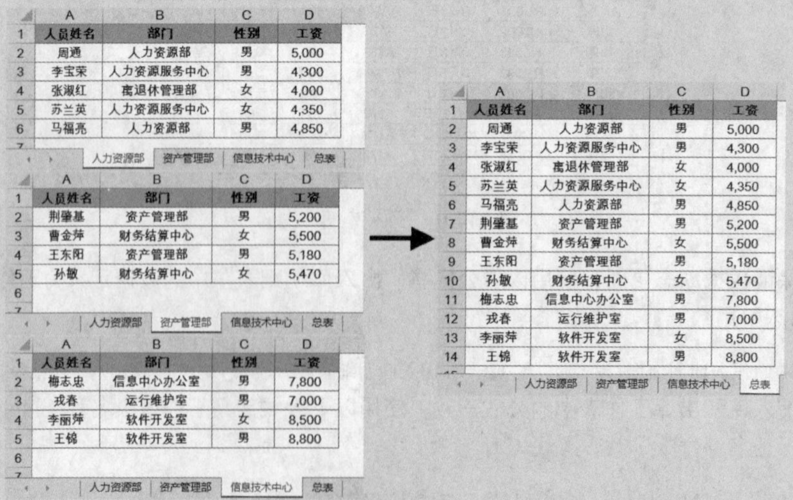

人员姓名	部门	性别	工资
周通	人力资源部	男	5,000
李宝荣	人力资源服务中心	男	4,300
张淑红	离退休管理部	女	4,000
苏兰英	人力资源服务中心	女	4,350
马福亮	人力资源部	男	4,850

人员姓名	部门	性别	工资
荆肇基	资产管理部	男	5,200
曹金萍	财务结算中心	女	5,500
王东阳	资产管理部	男	5,180
孙敏	财务结算中心	女	5,470

人员姓名	部门	性别	工资
梅志忠	信息中心办公室	男	7,800
戎春	运行维护室	男	7,000
李丽萍	软件开发室	女	8,500
王锦	软件开发室	男	8,800

人员姓名	部门	性别	工资
周通	人力资源部	男	5,000
李宝荣	人力资源服务中心	男	4,300
张淑红	离退休管理部	女	4,000
苏兰英	人力资源服务中心	女	4,350
马福亮	人力资源部	男	4,850
荆肇基	资产管理部	男	5,200
曹金萍	财务结算中心	女	5,500
王东阳	资产管理部	男	5,180
孙敏	财务结算中心	女	5,470
梅志忠	信息中心办公室	男	7,800
戎春	运行维护室	男	7,000
李丽萍	软件开发室	女	8,500
王锦	软件开发室	男	8,800

图 21-32 将各部门人员信息汇总到总表

为便于理解，先将公式中涉及的要点定义为名称。

（1）当前工作表名称：ThisSh

```
=SUBSTITUTE(GET.DOCUMENT(1),"["&GET.DOCUMENT(88)&"]",)
```

（2）工作簿中所有工作表的名称：ShtNames

```
=SUBSTITUTE(GET.WORKBOOK(1),"["&GET.DOCUMENT(88)&"]",)
```

（3）1 到工作表总数的序数数组：RowAll

```
=ROW(INDIRECT("1:"&COLUMNS(ShtNames)))
```

（4）1 到“工作表总数−1”的序数数组：Row_1

```
=ROW(INDIRECT("1:"&COLUMNS(ShtNames)-1))
```

（5）除当前“总表”工作表外，其余工作表名称数组：SH

```
=LOOKUP(SMALL(IF(ShtNames<>ThisSh,TRANSPOSE(RowAll)),Row_1),RowAll,ShtNames)
```

至此，创建了除当前“总表”工作表外，动态引用其余工作表名称的数组，结果为：{"人力资源部";"资产管理部";"信息技术中心"}。即使修改工作表名称，改变工作表顺序，公式也能得出正确的结果。

（6）各表记录数：SData

```
=COUNTIF(INDIRECT(SH&"!A:A"),"<>")-1
```

利用三维引用统计各表的记录数，结果为：{5;4;4}。

（7）累加各表记录数：RecNum

```
=MMULT(N(Row_1>TRANSPOSE(Row_1)),SData)
```

该名称主要利用 MMULT 函数的累加技术对内存数组 SData 进行逐个累加，结果为：{0;5;9}。

通过以上名称定义，再结合多个名称进行相应运算，就能够得到各表的数据记录序号，再利用引用函数，即可返回具体的人员信息。

“总表”工作表的 A2 单元格输入以下数组公式，按<Ctrl+Shift+Enter>组合键，将公式复制到 A2:D16 单元格区域：

```
{=IF(ROW()-1>SUM(SData),"",OFFSET(INDIRECT(LOOKUP(ROW()-2,RecNum,SH)&"!A1"),ROW()-
1-LOOKUP(ROW()-2,RecNum),COLUMN()-1))}
```

公式利用 LOOKUP 函数查找行序号返回对应的数据表名，通过 INDIRECT 函数返回各数据表中 A1 单元格的引用。

利用 ROW 函数与 LOOKUP 函数组合，通过查找 0～12 的序号返回对应的累计数，再与行号相减，即可得到各数据表的记录行序号。为便于理解，以下将“ROW()−1−LOOKUP(ROW()−2,RecNum)”部分公式运算过程列出，如图 21-33 所示。

I2 {=ROW()-1-LOOKUP(ROW()-2,RecNum)}

	E	F	G	H	I	J	K
1		自然序号	累计数		最终序列		
2		1	0		1		
3		2	0		2		
4		3	0		3		
5		4	0		4		
6		5	0		5		
7		6	5	两者相减	1		
8		7	5		2		
9		8	5		3		
10		9	5		4		
11		10	9		1		
12		11	9		2		
13		12	9		3		
14		13	9		4		

图 21-33　部分公式运算过程演示

最后利用 OFFSET 函数返回具体的人员信息。

第 22 章　多维引用

多维引用是一项非常实用的技术，可取代辅助单元格公式，在内存中构造出对多个单元格区域的引用。各区域独立参与运算，同步返回结果，从而提高公式编辑和运算效率。

本章介绍多维引用的工作原理，并通过实例说明多维引用的使用方法。

本章学习要点

（1）多维引用的概念。

（2）多维引用的工作原理。

（3）多维引用的应用实例。

22.1　多维引用的工作原理

22.1.1　认识引用的维度和维数

引用的维度是指引用中单元格区域的排列方向。维数是引用中不同维度的个数。

单个单元格引用可视作一个无方向的点，没有维度和维数；一行或一列的连续单元格区域引用可视作一条直线，拥有一个维度，称为一维横向引用或一维纵向引用；多行多列的连续单元格区域引用可视作一个平面，拥有纵横两个维度，称为二维引用，如图 22-1 所示。

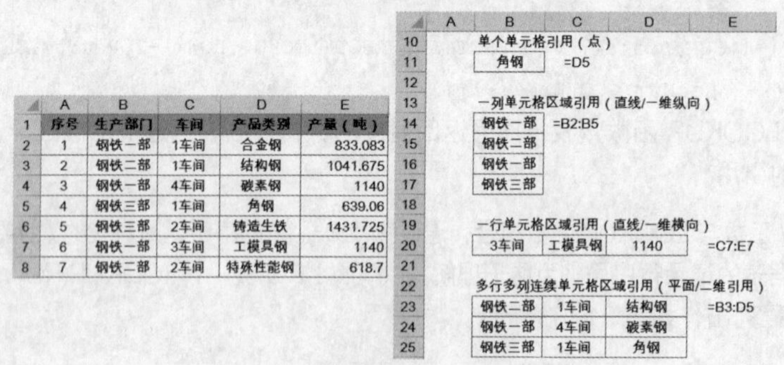

	A	B	C	D	E
1	序号	生产部门	车间	产品类别	产量（吨）
2	1	钢铁一部	1车间	合金钢	833.083
3	2	钢铁二部	1车间	结构钢	1041.675
4	3	钢铁一部	4车间	碳素钢	1140
5	4	钢铁三部	1车间	角钢	639.06
6	5	钢铁三部	2车间	铸造生铁	1431.725
7	6	钢铁一部	3车间	工模具钢	1140
8	7	钢铁二部	2车间	特殊性能钢	618.7

	A	B	C	D	E
10		单个单元格引用（点）			
11		角钢	=D5		
12					
13		一列单元格区域引用（直线/一维纵向）			
14		钢铁一部	=B2:B5		
15		钢铁二部			
16		钢铁一部			
17		钢铁三部			
18					
19		一行单元格区域引用（直线/一维横向）			
20		3车间	工模具钢	1140	=C7:E7
21					
22		多行多列连续单元格区域引用（平面/二维引用）			
23		钢铁二部	1车间	结构钢	=B3:D5
24		钢铁一部	4车间	碳素钢	
25		钢铁三部	1车间	角钢	

图 22-1　二维平面中引用的维度和维数

将多个单元格或多个单元格区域分别放在不同的二维平面上，就构成多维引用。若各平面在单一方向上扩展（横向或纵向），呈线状排列，就是三维引用。若各平面同时在纵横两个方向上扩展，呈面状排列，则是四维引用，如图 22-2 和图 22-3 所示。

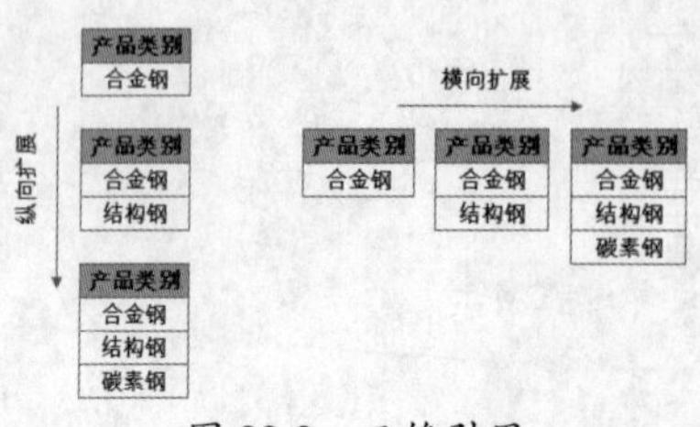

图 22-2　三维引用

图 22-3　四维引用

三维、四维引用可看作是以单元格“引用”或单元格区域“引用”为元素的一维、二维“数组”。各“引用”作为数组的元素，是以一个整体参与运算的。

目前已有函数仅支持最多四维的单元格或单元格区域引用。

22.1.2 引用函数生成的多维引用

OFFSET 和 INDIRECT 这两个函数通常用来生成多维引用的引用类函数。当它们对单元格或单元格区域进行引用时，若直接在其部分或全部参数中使用数组（常量数组、内存数组或命名数组），所返回的引用称为函数生成的多维引用。

1. 使用一维数组生成三维引用

以图 22-1 中左侧的数据表为引用数据源，以下数组公式可以返回纵向三维引用：

```
{=OFFSET(D1,,,{2;3;4})}
```

结果如图 22-2 左图所示。公式表示在数据源表格中以 D1 单元格为基点，单元格区域的高度分别为 2、3、4 行的 3 个单元格区域引用。由于其中的{2;3;4}为一维纵向数组，因此最终取得对 D1:D2、D1:D3、D1:D4 呈纵向排列的单元格区域引用。

该纵向三维引用是由 OFFSET 函数在 height 参数中使用一维纵向数组产生的。

同理，在 OFFSET 函数的 rows、cols、width 参数中使用一维纵向数组，也将返回纵向三维引用。

仍以图 22-1 中左侧的数据表为引用数据源，以下数组公式可以返回横向三维引用：

```
{=OFFSET(A1,,{0,1,2},{2,3,4})}
```

结果如图 22-4 所示。公式表示在数据源表格中以 A1 单元格为基点，分别偏移 0、1、2 列，同时单元格区域高度分别为 2、3、4 行的单元格区域引用。由于其中{0,1,2}和{2,3,4}是对应的一维横向数组，因此最终取得对 A1:A2、B1:B3、C1:C4 呈横向排列的单元格区域引用。

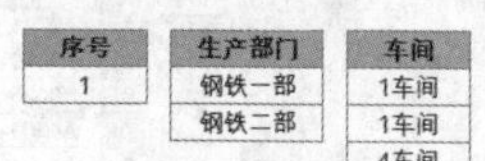

图 22-4 横向三维引用

在 OFFSET 函数的 rows、cols、height、width 参数中，一个或多个参数同时使用等尺寸的一维横向数组，将返回横向三维引用。

2. 使用不同维度的一维数组生成四维引用

在 OFFSET 函数的 rows、cols、height、width 参数中，两个或多个参数分别使用一维横向数组和一维纵向数组，将返回四维引用。

以下数组公式将返回四维引用：

```
{=OFFSET(A2,{0;1;2},{2,3})}
```

公式表示在数据源表格中以 A2 单元格为基点，分别偏移 0 行 2 列、0 行 3 列、1 行 2 列、1 行 3 列、2 行 2 列、2 行 3 列的单元格引用。由于{0;1;2}是一维纵向数组，{2,3}是一维横向数组，因此最终取得对“{C2,D2;C3,D3;C4,D4}”共 6 个单元格的引用，并呈 3 行 2 列二维排列。

3. 使用二维数组生成四维引用

在 OFFSET 函数的 rows、cols、height、width 参数和 INDIRECT 函数的 ref_text 参数中，如果任意一个参数使用二维数组，都将返回四维引用。

以下数组公式也将返回四维引用：

```
{=OFFSET(B1:C1,{1,2,3;4,5,6},)}
```

公式表示在数据源表格中以 B1 单元格为基点，按照 B1:C1 单元格区域的尺寸大小，分别偏移“{1 行,2 行,3 行;4 行,5 行,6 行}”的单元格区域引用。由于其中{1,2,3;4,5,6}是二维数组，因此最终取得“{B2:C2,B3:C3,B4:C4;B5:C5,B6:C6,B7:C7}”共 6 个单元格区域的引用，并呈 2 行 3 列二维排列。

4. 跨多表区域的多维引用

示例 22-1 跨多表汇总工资

图 22-5 所示为某公司 8~10 月份的部分员工工资明细表，需要在“工资汇总”工作表中汇总各位员工的工资。

在“工资汇总”工作表的 D2 单元格输入以下数组公式，按<Ctrl+Shift+Enter>组合键，并将公式复制到 D2:D9 单元格区域：

```
{=SUM(SUMIF(INDIRECT({8,9,10}&"月!A:A"),A2,INDIRECT({8,9,10}&"月!D:D")))}
```

该公式首先利用 INDIRECT 函数返回对 8 月、9 月、10 月工作表的 A 列和 D 列的三维引用，然后利用支持多维引用的 SUMIF 函数分别统计各工作表中对应员工号的工资，最终利用 SUM 函数汇总三个工作表中对应员工的工资，结果如图 22-6 所示。

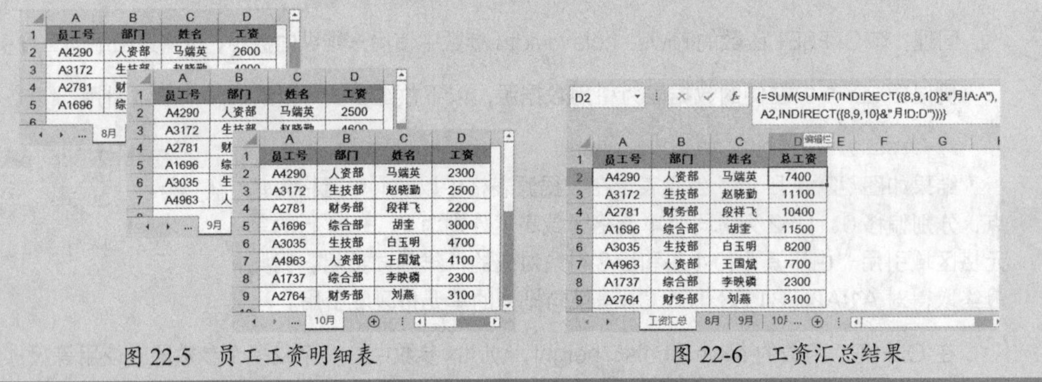

图 22-5 员工工资明细表　　图 22-6 工资汇总结果

22.1.3 函数生成的多维引用和“跨多表区域引用”的区别

除了 OFFSET 函数和 INDIRECT 函数产生的多维引用以外，还有一种“跨多表区域引用”。例如公式“=SUM(1 学期:4 学期!A1:A6)”可以对 1 学期、2 学期、3 学期和 4 学期这 4 张工作表的 A1:A6 单元格区域进行求和，返回一个结果。

实际上，“跨多表区域引用”并非真正的引用，而是一个连续多表区域的引用组合。

示例 22-2 汇总平均总分

图 22-7 所示为某班级一次模拟考试各科成绩单的部分内容，需要计算学生语文、数学和英语 3 科的平均总分。

在“成绩统计”工作表的 B2 单元格可输入以下公式：

```
=SUM(语文:英语!C2:C6)/5
```

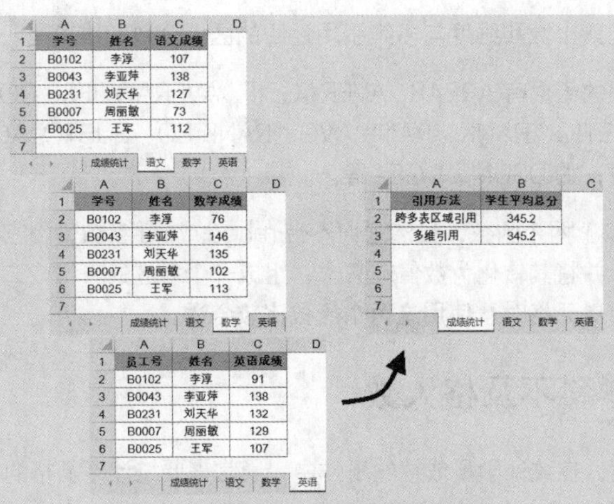

图 22-7 根据各科成绩统计平均总分

公式通过“跨多表区域引用”，利用 SUM 函数进行求和，得出语文、数学、英语成绩之总和。最后除以学生人数，返回平均总分。

除此之外，也可以使用函数生成的三维引用来计算平均总分。“成绩统计”工作表 B3 单元格输入以下数组公式，按<Ctrl+Shift+Enter>组合键：

```
{=SUM(SUBTOTAL(9,INDIRECT({"语文","数学","英语"}&"!C2:C6")))/5}
```

公式通过 INDIRECT 函数返回对各科成绩单元格区域的三维引用，利用 SUBTOTAL 函数汇总各单元格区域的成绩，再利用 SUM 函数返回语文、数学、英语成绩之总和。最后除以学生人数，返回平均总分。

函数生成的多维引用与“跨多表区域引用”的主要区别如下。

◆ 函数生成的多维引用将不同工作表上的各单元格区域引用作为多个结果返回给 Excel，而“跨多表区域引用”作为一个结果返回给 Excel。

◆ 两者支持的参数类型不相同。函数生成的多维引用可以在 reference、range 和 ref 类型的参数中使用，而“跨多表区域引用”由于不是真正的引用，故一般不能在这 3 类参数中使用。

◆ 函数生成的多维引用将对每个单元格区域引用分别计算，同时返回多个结果值。“跨多表区域引用”将作为一个整体返回一个结果值。

◆ 函数生成的多维引用中每个被引用区域的大小和行列位置可以不同，工作表顺序可以是任意的。“跨多表区域引用”的各工作表必须相邻，且被引用区域的大小和行列位置也必须相同。

提示

多维引用实际上是一种非平面的简单区域引用，它已经扩展到立体空间上，各个引用区域相对独立，外层函数只能分别对多维引用的各个区域进行单独计算。

22.2 多维引用的应用

22.2.1 支持多维引用的函数

在 Excel 2013 中，带有 reference、range 或 ref 参数的部分函数以及数据库函数，可对多维引用返回的各区域引用进行独立计算，并对应每个区域，返回一个由计算结果值构成的一维或二维数组。结果值数组的元素个数和维度与多维引用返回的区域个数和维度是一致的。

可处理多维引用的函数有 AREAS、AVERAGEIF、AVERAGEIFS、COUNTBLANK、COUNTIF、COUNTIFS、PHONETIC、RANK、RANK.AVG、RANK.EQ、SUBTOTAL、SUMIF、SUMIFS 等，以及所有数据库函数，如 DSUM、DGET 等。

此外，还有 N 和 T 两个函数，虽然它们不带 range 或 ref 参数，但它们可以返回多维引用中每个区域的第一个值，并将其转化为数值或文本，组成一个对应的一维或二维数组，所以当多维引用的每个区域都是一个单元格时，使用这两个函数比较合适。

22.2.2 统计多学科不及格人数

每次考试结束后，在统计学员成绩的工作中，通常需要统计不及格的学员人数，以下介绍 3 种方法来完成这种统计。

示例 22-3 统计多学科不及格人数

图 22-8 所示为某班级期末考试成绩表的部分内容，需要统计出有任意两科不及格（小于 60 分）的学员人数。

	A	B	C	D	E	F	G	H	I	J
1	姓名	语文	数学	英语	物理	化学	生物	总分		辅助列
2	陈莉	99	53	60	79	95	84	470		1
3	吴封志	97	95	49	99	95	79	514		1
4	师琼华	40	66	53	72	46	58	335		4
5	蒋升昌	81	87	68	83	65	72	456		0
6	李永华	89	83	48	44	66	70	400		2
7	龚从德	52	57	54	96	66	69	394		3
8	李朝荣	93	94	73	81	85	86	512		0

图 22-8 学员成绩表

◆ 方法 1：辅助列统计法

将 J 列作为辅助列，统计各学员不及格科目的数量。在 J2 单元格输入以下公式，并将公式复制到 J2:J8 单元格区域：

```
=COUNTIF(B2:G2,"<60")
```

再利用 COUNTIF 函数统计 J 列辅助列大于等于 2 的记录数，即得任意两科不及格的学员人数。B12 单元格输入以下公式：

```
=COUNTIF(J2:J8,">=2")
```

◆ 方法 2：三维引用法

很多时候，用户往往不希望添加辅助列，而趋向于直接通过公式进行统计，这就需要使用三维引用来协助处理。B13 单元格输入以下数组公式，按<Ctrl+Shift+Enter>组合键：

```
{=SUM(N(COUNTIF(OFFSET(B1:G1,ROW(B2:G8)-ROW(B1),),"<60")>=2))}
```

公式首先利用 OFFSET 函数来生成三维引用，将各个学员的成绩分别作为独立区域单独引用，结果为以下 7 个单元格区域：B2:G2、B3:G3、B4:G4、B5:G5、B6:G6、B7:G7、B8:G8。

然后利用 COUNTIF 函数分别对 OFFSET 函数返回的各引用区域进行统计计数，实现类似 J 列辅助列的效果。结果为{1;1;4;0;2;3;0}，与 J 列辅助列一致，只是该统计结果存放在内存中。

将 COUNTIF 函数的统计结果与 2 相比较，得出不及格学科数大于等于 2 的记录，最后利用 SUM 函数对其汇总得出结果。

◆ 方法 3：数组直接运算法

由于学生成绩是一个连续的单元格区域，所以也可以使用数组直接运算法来统计。

B14 单元格输入以下公式：

```
=SUMPRODUCT(N(MMULT(N(B2:G8<60),1^ROW(1:6))>=2))
```

公式首先将成绩与 60 相比较，得出不及格的记录。然后利用 MMULT 函数汇总每一行，返回各学员不及格科目的数量，并判断是否大于等于 2。

然后利用 SUMPRODUCT 函数和 N 函数汇总得出最终结果。

三种方法得到的任意两科不及格学员人数如图 22-9 所示。

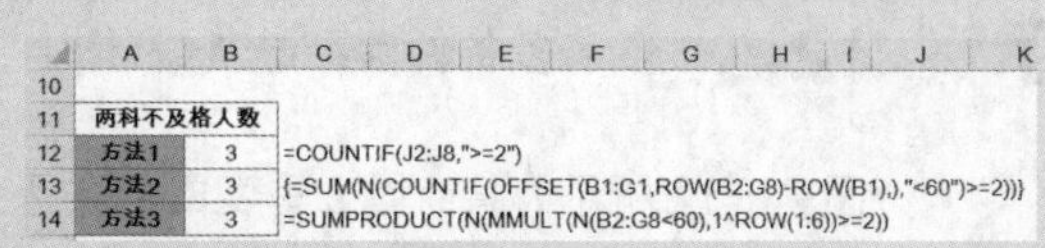

	A	B	C
10			
11	两科不及格人数		
12	方法1	3	=COUNTIF(J2:J8,">=2")
13	方法2	3	{=SUM(N(COUNTIF(OFFSET(B1:G1,ROW(B2:G8)-ROW(B1),),"<60")>=2))}
14	方法3	3	=SUMPRODUCT(N(MMULT(N(B2:G8<60),1^ROW(1:6))>=2))

图 22-9　任意两科不及格学员人数

22.2.3　多表单条件统计

通常在集团公司中，各个分公司不同月份的销售数据是以多个工作表分别存储的。如果希望统计各分公司在某个期间内的销售情况，则需要使用多表统计技术。

示例 22-4　跨多表销量统计

图 22-10 所示为某集团公司上半年的销售明细表，每个月的销售数据分别存放在不同的工作表中。为了了解各业务员的销售情况，需要分季度统计各业务员的销售总量。

为了便于多表的三维引用，定义一个工作表名的名称 ShtName：

```
={"1 月","4 月";"2 月","5 月";"3 月","6 月"}
```

这是一个二维数组，第一列表示一季度的工作表，第二列表示二季度的工作表，便于分季度统计。如需动态生成工作表名数组，请参阅示例 21-33。

选中“汇总”工作表的 B3:C3 单元格区域，输入以下数组公式，按<Ctrl+Shift+Enter>组合键，并将公式复制到 B3:C6 单元格区域：

```
{=MMULT({1,1,1},SUMIF(INDIRECT(ShtName&"!B:B"),A3,INDIRECT(ShtName&"!C:C")))}
```

公式利用 INDIRECT 函数生成各月份 B 列和 C 列的三维引用，借助 SUMIF 函数，根据指定的业务员姓名对销量进行求和，返回各月份指定业务员的销售总量。

根据名称 ShtName 的定义，第一列返回一季度各月份的销量，第二列返回二季度各月份的销量。最后利用 MMULT 函数分别汇总两列，即得业务员分季度的销售总量。结果如图 22-11 所示。

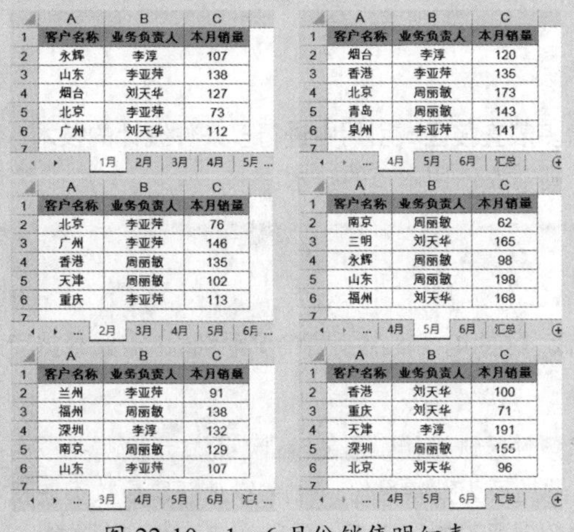

1月

客户名称	业务负责人	本月销量
永辉	李淳	107
山东	李亚萍	138
烟台	刘天华	127
北京	李亚萍	73
广州	刘天华	112

4月

客户名称	业务负责人	本月销量
烟台	李淳	120
香港	李亚萍	135
北京	周丽敏	173
青岛	周丽敏	143
泉州	李亚萍	141

2月

客户名称	业务负责人	本月销量
北京	李亚萍	76
广州	李亚萍	146
香港	周丽敏	135
天津	周丽敏	102
重庆	李亚萍	113

5月

客户名称	业务负责人	本月销量
南京	周丽敏	62
三明	刘天华	165
永辉	周丽敏	98
山东	周丽敏	198
福州	刘天华	168

3月

客户名称	业务负责人	本月销量
兰州	李亚萍	91
福州	周丽敏	138
深圳	李淳	132
南京	周丽敏	129
山东	李亚萍	107

6月

客户名称	业务负责人	本月销量
香港	刘天华	100
重庆	刘天华	71
天津	李淳	191
深圳	周丽敏	155
北京	刘天华	96

图 22-10　1～6 月份销售明细表

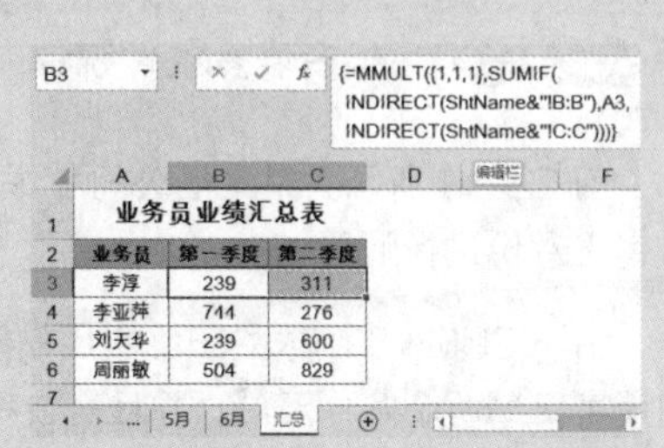

B3　{=MMULT({1,1,1},SUMIF(INDIRECT(ShtName&"!B:B"),A3,INDIRECT(ShtName&"!C:C")))}

业务员业绩汇总表

业务员	第一季度	第二季度
李淳	239	311
李亚萍	744	276
刘天华	239	600
周丽敏	504	829

图 22-11　业务员分季度业绩汇总表

22.2.4 多表多条件统计

示例 22-5 多表多条件商品进货统计

图 22-12 所示为某商城 3 季度白电商品进货明细表的部分内容，商城管理部希望了解所有商品的进货情况，需要用公式完成进货汇总统计。

为了便于多表的三维引用，定义一个工作表名的名称 ShtName：

```
={"7月","8月","9月"}
```

由于各类商品中存在多种品牌重复的情况，因此在统计表中需要针对不同品牌进行条件统计。

在“进货汇总”工作表 B4 单元格输入以下数组公式，按<Ctrl+Shift+Enter>组合键，并将公式复制到 B4:E6 单元格区域：

```
{=SUM(SUMIFS(INDIRECT(ShtName&"!D:D"),INDIRECT(ShtName&"!A:A"),$A4,INDIRECT(ShtName&"!B:B"),B$3))}
```

该公式主要利用 INDIRECT 函数，分别针对 7 月、8 月、9 月 3 张工作表，生成 D 列、A 列和 B 列的三维引用。再利用 SUMIFS 函数支持三维引用的特性，分别对各工作表的商品类别和品牌名称，进行两个条件的数据汇总，从而实现商品进货量的条件统计，统计结果如图 22-13 所示。

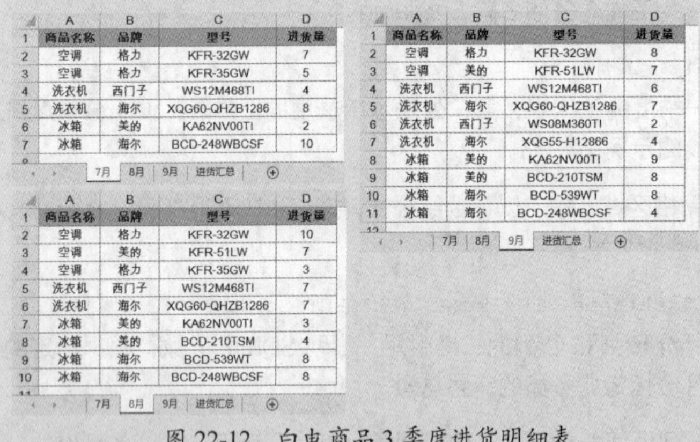

7月

商品名称	品牌	型号	进货量
空调	格力	KFR-32GW	7
空调	格力	KFR-35GW	5
洗衣机	西门子	WS12M468TI	4
洗衣机	海尔	XQG60-QHZB1286	8
冰箱	美的	KA62NV00TI	2
冰箱	海尔	BCD-248WBCSF	10

8月

商品名称	品牌	型号	进货量
空调	格力	KFR-32GW	10
空调	美的	KFR-51LW	7
空调	格力	KFR-35GW	3
洗衣机	西门子	WS12M468TI	7
洗衣机	海尔	XQG60-QHZB1286	7
冰箱	美的	KA62NV00TI	3
冰箱	美的	BCD-210TSM	4
冰箱	海尔	BCD-539WT	8
冰箱	海尔	BCD-248WBCSF	8

9月

商品名称	品牌	型号	进货量
空调	格力	KFR-32GW	8
空调	美的	KFR-51LW	7
洗衣机	西门子	WS12M468TI	6
洗衣机	海尔	XQG60-QHZB1286	7
洗衣机	西门子	WS08M360TI	2
洗衣机	海尔	XQG55-H12866	4
冰箱	美的	KA62NV00TI	9
冰箱	美的	BCD-210TSM	8
冰箱	海尔	BCD-539WT	8
冰箱	海尔	BCD-248WBCSF	4

图 22-12 白电商品 3 季度进货明细表

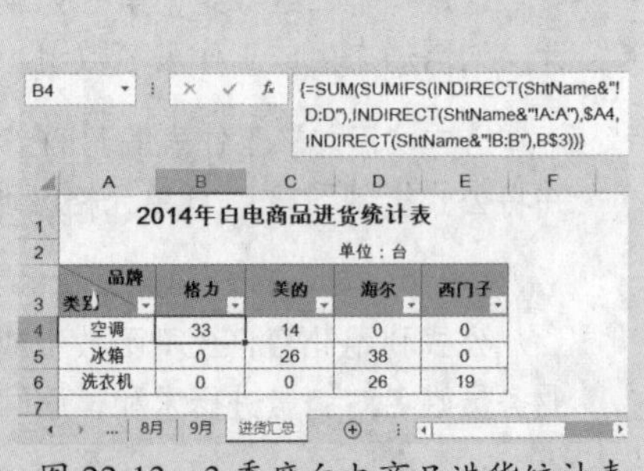

B4 {=SUM(SUMIFS(INDIRECT(ShtName&"!D:D"),INDIRECT(ShtName&"!A:A"),$A4,INDIRECT(ShtName&"!B:B"),B$3))}

2014年白电商品进货统计表

单位：台

品牌 / 类别	格力	美的	海尔	西门子
空调	33	14	0	0
冰箱	0	26	38	0
洗衣机	0	0	26	19

图 22-13 3 季度白电商品进货统计表

22.2.5 另类多条件汇总技术

22.2.4 小节演示了利用 SUMIFS 函数在跨多表直接区域引用中进行多条件统计的技术，但是如果需要对多表数据进行转换后的多条件汇总，则需要使用本节的技术。

示例 22-6 另类多表多条件统计

图 22-14 所示为某集团公司 4 季度东西部片区的电子商品销售情况明细表，需要根据商品品牌按销售月份进行汇总。

由于 SUMIFS 函数的三维引用只能进行多条件区域直接引用的统计，而本示例需要按商品品牌和销售日期两个条件汇总，并且需要将销售日期转换为销售月份，因此 SUMIFS 函数不便在本示例中使用。本示例利用 INDIRECT 函数将各表的数据逐项提取出来，重新生成二维内存数组，再利用数组比较判断进行多条件求和，最终完成多条件统计。

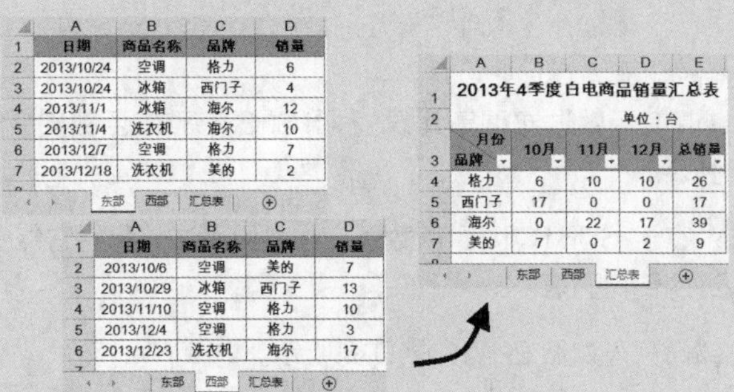

日期	商品名称	品牌	销量
2013/10/24	空调	格力	6
2013/10/24	冰箱	西门子	4
2013/11/1	冰箱	海尔	12
2013/11/4	洗衣机	海尔	10
2013/12/7	空调	格力	7
2013/12/18	洗衣机	美的	2

东部 西部 汇总表

日期	商品名称	品牌	销量
2013/10/6	空调	美的	7
2013/10/29	冰箱	西门子	13
2013/11/10	空调	格力	10
2013/12/4	空调	格力	3
2013/12/23	洗衣机	海尔	17

东部 西部 汇总表

2013年4季度白电商品销量汇总表

单位：台

月份 品牌	10月	11月	12月	总销量
格力	6	10	10	26
西门子	17	0	0	17
海尔	0	22	17	39
美的	7	0	2	9

东部 西部 汇总表

图 22-14　另类多表多条件统计

为了简化公式，同时便于公式的理解，定义以下两个名称。

（1）工作表名 ShtName：

```
={"东部","西部"}
```

如需动态生成工作表名数组，请参阅 21.7.2 小节。

（2）数据行序列 DataRow:

```
=ROW(INDIRECT("2:"&MAX(COUNTIF(INDIRECT(ShtName&"!A:A"),"<>"))))
```

该名称利用 COUNTIF 函数结合三维引用分别统计各表数据个数，得出各表中最大的数据行数 7，并利用 ROW 函数和 INDIRECT 函数生成 2~7 的自然数序列，便于后续公式调用，提高统计公式的运行效率。

在“汇总表”工作表的 B4 单元格，输入以下公式，并将公式复制到 B4:D7 单元格区域：

```
=SUMPRODUCT((T(INDIRECT(ShtName&"!C"&DataRow))=$A4)*(MONTH(N(INDIRECT(ShtName&"!A"&DataRow)))-LEFTB(B$3,2)=0)*N(INDIRECT(ShtName&"!D"&DataRow)))
```

该公式的一个关键点是 T(INDIRECT(ShtName&"!C"&DataRow))公式段，它通过 INDIRECT 函数将东部、西部两张工作表中的 C 列数据逐行提取出来，形成四维引用。再利用 T 函数返回各个区域第一个单元格的文本值，形成 6 行 2 列的二维数组，结果为：{"格力","美的";"西门子","西门子";"海尔","格力";"海尔","格力";"格力","海尔";"美的",""}。

公式中另外两个 N 函数分别返回东部、西部工作表中的 A 列和 D 列数据形成的二维数组。最后通过多条件比较判断求和进行汇总。

22.2.6　筛选条件下提取不重复记录

示例 22-7　筛选条件下提取不重复记录

图 22-15 所示为某企业 2014 年度培训计划表，已经对授课时间大于等于 5 课时的数据进行了筛选。需要提取出筛选后的不重复部门列表。

由于数据已经按课时进行了筛选，因此解决问题的关键就是确定哪些数据处于筛选状态。SUBTOTAL 函数可以判断数据是否处于筛选状态，将筛选状态下的数据计数为 1，隐藏的数据计数为 0。

利用该特性，D18 单元格输入以下数组公式，按<Ctrl+Shift+Enter>组合键，并将公式复制到

D18:D23 单元格区域：

```
{=INDEX(D:D,MIN(IF((COUNTIF(D$17:D17,D$3:D$13)=0)*SUBTOTAL(3,OFFSET(D$2,ROW(D$3:D$13)-ROW(D$2),)),ROW(D$3:D$13),4^8)))&""}
```

该解法利用 COUNTIF 函数过滤重复数据，利用 SUBTOTAL 函数判断筛选状态，最终提取出筛选条件下的唯一部门列表。

该公式的关键技术在于 SUBTOTAL 函数的三维引用用法，利用它能够排除非筛选状态下的数据记录，从而生成最终的部门列表。

提取出的不重复部门列表如图 22-16 中 D 列所示。

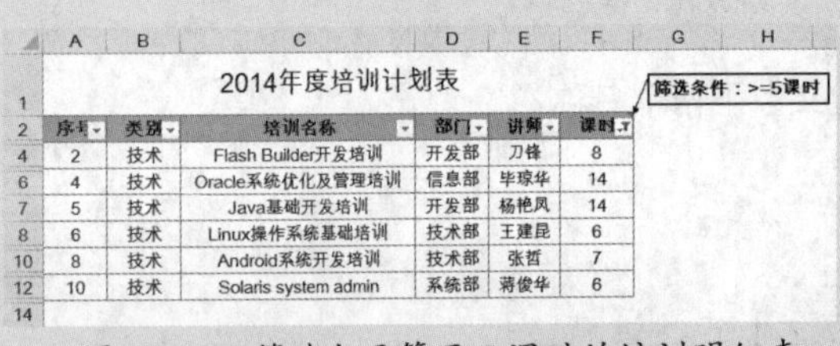

2014年度培训计划表

筛选条件：>=5课时

序号	类别	培训名称	部门	讲师	课时
2	技术	Flash Builder开发培训	开发部	刀锋	8
4	技术	Oracle系统优化及管理培训	信息部	毕琼华	14
5	技术	Java基础开发培训	开发部	杨艳凤	14
6	技术	Linux操作系统基础培训	技术部	王建昆	6
8	技术	Android系统开发培训	技术部	张哲	7
10	技术	Solaris system admin	系统部	蒋俊华	6

图 22-15 筛选大于等于 5 课时的培训明细表

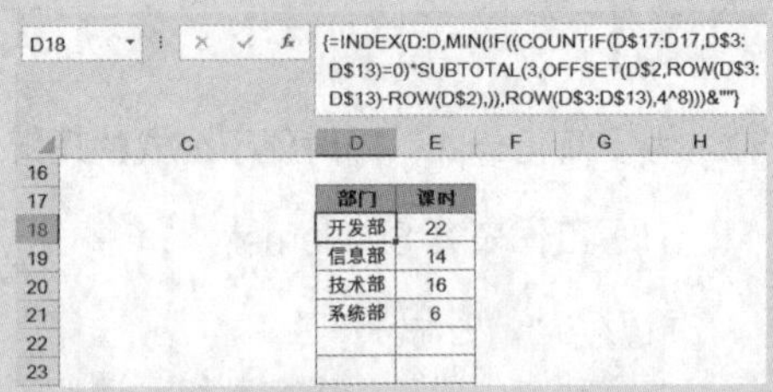

部门	课时
开发部	22
信息部	14
技术部	16
系统部	6

图 22-16 筛选状态下的唯一部门列表

22.2.7 根据比赛评分进行动态排名

在国际体育竞技比赛中，为了彰显公平公正，经常将所有得分的极值去掉一部分后再求平均值，作为运动员的最终成绩。常用的评分规则是：去掉一个最高分和一个最低分，取平均值为最后得分。

示例 22-8 根据跳水比赛成绩动态排名

图 22-17 所示为某次跳水比赛的评分明细表，8 位裁判分别对 7 位选手进行评分，比赛成绩为去掉一个最高分和一个最低分的平均值。需要根据最终得分降序排列各选手的顺序。

为了简化公式和便于公式的理解，使用以下公式定义名称 Score，计算去掉最高分和最低分后的选手总得分：

```
{=MMULT(SUBTOTAL({9,5,4},OFFSET($B$1:$I$1,ROW($1:$7),)),{1;-1;-1})}
```

名称中主要使用 SUBTOTAL 函数结合三维引用，分别计算每个选手总分、最高分和最低分，再利用 MMULT 函数进行横向汇总，即与{1;-1;-1}逐项相乘，相当于总分减去最高分和最低分的最终总得分，其结果为：{51;57;52;56;53.5;55;53}。

L2 单元格输入以下数组公式，按<Ctrl+Shift+Enter>组合键，并将公式复制到 L2:L8 单元格区域：

```
{=INDEX(A:A,RIGHT(LARGE(Score*1000+ROW($2:$8),ROW()-1),2))}
```

将 Score 除以 6，既得各选手的最终得分。M2 单元格输入以下公式，并将公式复制到 M2:M8 单元格区域：

```
=LARGE(Score,ROW()-1)/6
```

排名结果如图 22-18 所示。

可以使用一个公式来同时提取选手姓名和得分，以减少公式输入操作步骤，提高工作效率。

同时选中 P2:Q8 单元格区域，在编辑栏输入以下数组公式，按<Ctrl+Shift+Enter>组合键：

```
{=INDEX(IF({1,0},A1:A8,ROW(1:600)/60),MID(LARGE(Score*1000+ROW(2:8),ROW()-1),{4,1},3))}
```

该公式首先利用 IF 函数将参赛选手和可能出现的所有得分合并成一个二维数组，作为 INDEX 函数的第一参数。

然后将选手总得分 Score 与其对应的行序号组合，并利用 LARGE 函数对它降序排列，返回按选手得分降序排列的总得分和行序号，结果为{57003;56005;55007;53506;53008;52004;51002}。

再利用 MID 函数取出总得分和行序号，最后利用 INDEX 函数返回对应的参赛选手姓名和最终得分。

	A	B	C	D	E	F	G	H	I
1	参赛选手	评委A	评委B	评委C	评委D	评委E	评委F	评委G	评委H
2	俄罗斯	8.5	8.5	8	8.5	9	7.5	9	8.5
3	中国	9	9.5	9.5	9.5	10	9.5	9	10
4	英国	8.5	9	8	9	8.5	7	9	9
5	加拿大	9.5	9	9.5	9.5	8.5	10	9	9.5
6	澳大利亚	9	8.5	9.5	9	9.5	9	8.5	8.5
7	美国	8	9.5	10	8.5	9.5	9	9.5	9
8	日本	7.5	9	8.5	9	9	9	8.5	9

图 22-17　跳水比赛评分明细表

L2　{=INDEX(A:A,RIGHT(LARGE(Score*1000+ROW($2:$8),ROW()-1),2))}

	J	K	L	M	N	O	P	Q	R
1			参赛选手	得分			参赛选手	得分	
2			中国	9.500		一	中国	9.500	
3		分	加拿大	9.333		个	加拿大	9.333	
4		步	美国	9.167		公	美国	9.167	
5		完	澳大利亚	8.917		式	澳大利亚	8.917	
6		成	日本	8.833		完	日本	8.833	
7			英国	8.667		成	英国	8.667	
8			俄罗斯	8.500			俄罗斯	8.500	

图 22-18　比赛成绩排名结果

22.2.8　先进先出法应用

示例 22-9　先进先出法库存统计

图 22-19 所示为某产品原料出入库明细表，按先进先出法计算每次出库原料的实际价格。

	A	B	C	D	E	F	G	H	I	J	K	L	M
1	日期	入库			出库			结余				出库金额演算	
2		数量	单价	金额	数量	单价	金额	数量	单价	金额		公式	结果
3	2013-10-1	50	1.20	60.00				50	1.200	60.00			
4	2013-10-2	12	1.30	15.60				62	1.219	75.60			
5	2013-10-4				51	1.202	61.30	11	1.300	14.30		50*1.2+1*1.3	61.30
6	2013-10-5				10	1.300	13.00	1	1.300	1.30		10*1.3	13.00
7	2013-10-6	34	1.40	47.60				35	1.397	48.90			
8	2013-10-8				12	1.392	16.70	23	1.400	32.20		1*1.3+11*1.4	16.70
9	2013-10-9				20	1.400	28.00	3	1.400	4.20		20*1.4	28.00
10	2013-10-12	32	1.50	48.00				35	1.491	52.20			
11	2013-10-13	88	1.20	105.60				123	1.283	157.80		3*1.4+32*1.5	
12	2013-10-14				48	1.413	67.80	75	1.200	90.00		+13*1.2	57.60

图 22-19　先进先出法计算出库金额

根据先进先出核算法，出库价值先计出库时库存中最先入库批次的价值，不足部分再计下批次入库的货物价值，以此类推。L 列展示了出库金额的演算过程。

首先将光标定位到 G3 单元格，使用行相对引用定义两个名称，分别将入库数量和入库金额逐行累加，如图 22-20 所示。

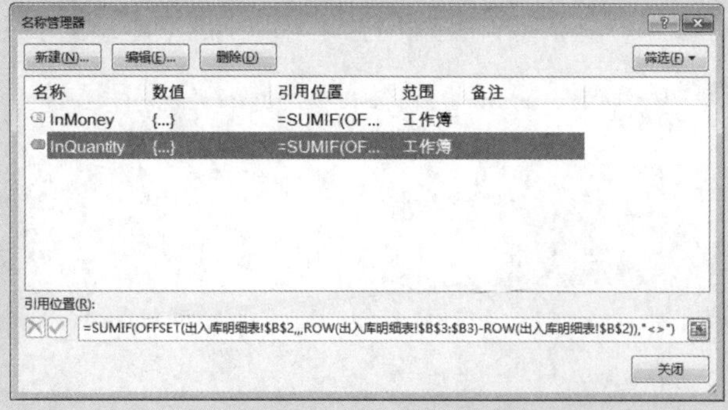

图 22-20　先进先出法名称定义

累加入库数量的名称 InQuantity：

```
=SUMIF(OFFSET(出入库明细表!$B$2,,,ROW(出入库明细表!$B$3:$B3)-ROW(出入库明细表!$B$2)),"<>")
```

累加入库金额的名称 InMoney：

```
=SUMIF(OFFSET(出入库明细表!$D$2,,,ROW(出入库明细表!$D$3:$D3)-ROW(出入库明细表!$D$2)),"<>")
```

G3 单元格输入以下数组公式，按<Ctrl+Shift+Enter>组合键，并将公式复制到 G3:G12 单元格区域：

```
{=LOOKUP(SUM(E$2:E3),InQuantity,InMoney+(SUM(E$2:E3)-InQuantity)*C$3:C3)-SUM(G$2:G2)}
```

公式利用总出库量在累加入库数量 InQuantity 数组中查找，并根据累加入库金额返回具体出库金额。

以 G12 单元格的出库金额为例，G12 单元格公式为：

```
{=LOOKUP(SUM(E$2:E12),InQuantity,InMoney+(SUM(E$2:E12)-InQuantity)*C$3:C12)-SUM(G
$2:G11)}
```

截至 2013 年 10 月 14 日，总出库量为 141。

截至 2013 年 10 月 13 日，累加入库数量 InQuantity 为：{0;50;62;62;62;96;96;96;128;216}，累加入库金额 InMoney 为：{0;60;75.6;75.6;75.6;123.2;123.2;123.2;171.2;276.8}。

公式段(SUM(E$2:E12)-InQuantity)*C$3:C12，将当前的总出库量与累加入库数量数组相减，得出出库数量中未在上一次入库中扣除的部分：{141;91;79;79;79;45;45;45;13;-75}，再与入库单价相乘得到本次部分出库的出库金额：{169.2;118.3;0;0;110.6;0;0;67.5;15.6;0}。

再利用 LOOKUP 函数模糊查询，返回截止目前的上次完全出库和本次部分出库之和：171.2+15.6=186.6。

最后减去之前已经出库的累计总金额 119 元，返回本次出库金额 67.80 元。

第三篇

图表与图形

图表具有直观形象的优点，可以形象地反映数据的差异、构成比例和变化趋势。图形能增强工作表或图表的视觉效果，创建出引人注目的报表。结合 Excel 的函数公式、定义名称、窗体控件、VBA 等功能，还可以创建实时变化的动态图表。

Excel 2013 提供了丰富的图表、迷你图、图片、形状、艺术字、剪贴画和 SmartArt 等常用图表与图形，使初学者很容易上手。此外，自定义图表和绘制自选图形的功能，更为追求特殊效果的进阶用户提供了自由发挥的平台。

第 23 章　创建迷你图

迷你图是工作表单元格中的一个微型图表，是自 Excel 2010 版本开始增加的功能。在数据表格的旁边显示迷你图，可以一目了然地反映一系列数据的变化趋势，或者突出显示数据中的最大值和最小值。

本章学习要点

（1）创建迷你图。

（2）设置迷你图格式。

（3）显示极值。

（4）设置坐标轴。

23.1　迷你图的特点

迷你图是创建在工作表单元格中的一个微型图表，可提供数据的直观表示，这是 Microsoft 自 Excel 2010 版本引入的一个功能，如图 23-1 所示。

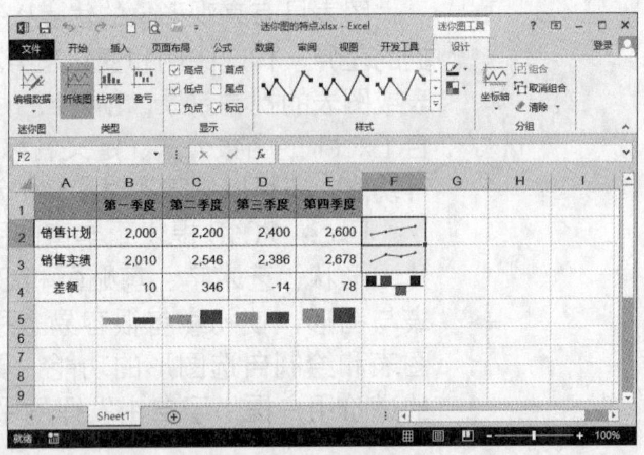

图 23-1　迷你图

Excel 迷你图与 Excel 传统图表相比，具有其鲜明的特点。

◆ 迷你图是单元格背景中的一个微型图表，传统图表是嵌入在工作表中的一个图形对象。

◆ 使用迷你图的单元格可以输入文字和设置填充色。

◆ 迷你图可以象填充公式一样方便地创建一组图表。

◆ 迷你图图形比较简洁，没有纵坐标轴、图表标题、图例、数据标志、网格线等图表元素，主要体现数据的变化趋势或者数据对比。

◆ 迷你图仅提供 3 种常用图表类型：折线迷你图、柱形迷你图和盈亏迷你图，并且不能制作二种以上图表类型的组合图。

◆ 迷你图可以根据需要突出显示最大值和最小值。

◆ 迷你图提供了 36 种常用样式，并可以根据需要自定义颜色和线条。

◆ 迷你图占用的空间较小，可以方便地进行页面设置和打印。

23.2 创建迷你图

示例 23-1 为计划实际对比数据创建迷你图

创建迷你图的过程非常简单，如图 23-2 所示，为工作表中的一行（或一列）数据创建一个迷你图。

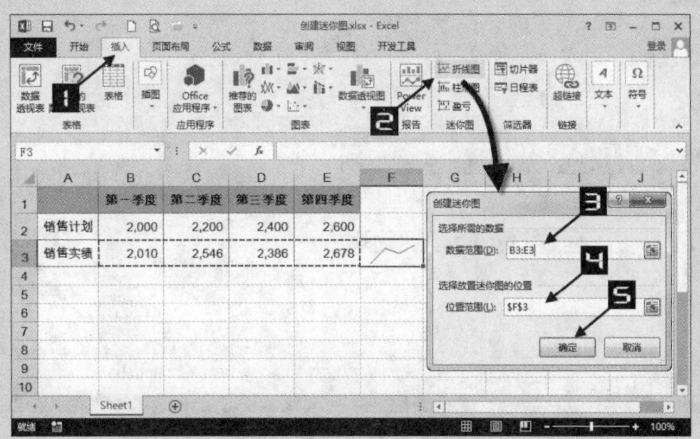

图 23-2 创建迷你图

步骤1 单击【插入】选项卡中【迷你图】命令组中的【折线图】命令，打开【创建迷你图】对话框。

步骤2 选择 B3:E3 单元格作为【数据范围】。

步骤3 选择 F3 单元格作为【位置范围】。

步骤4 单击【确定】按钮，关闭【创建迷你图】对话框，在 F3 单元格中创建一个折线迷你图。

注意 单个迷你图只能使用一行或一列数据作为源数据，如果使用多行或多列数据，Excel 则会提示“位置引用或数据区域无效”错误。

23.3 创建一组迷你图

Excel 2013 可以为多行（或多列）数据创建一组迷你图，一组迷你图具有相同的图表特征。创建一组迷你图的方法有如下 3 种。

23.3.1 插入法

示例 23-2 快速创建一组迷你图

与创建一个迷你图的方法类似，可以为工作表中的多行（或多列）数据创建一组迷你图。

步骤1 → 单击【插入】选项卡中【迷你图】命令组中的【柱形图】命令，打开【创建迷你图】对话框。

步骤2 → 选择所需的数据，【数据范围】选择 B2:E3 单元格。

步骤3 → 选择放置迷你图的位置，【位置范围】选择 B4:E4 单元格。

步骤4 → 单击【确定】按钮，关闭【创建迷你图】对话框，在 B4:E4 单元格中创建一组柱形迷你图，如图 23-3 所示。

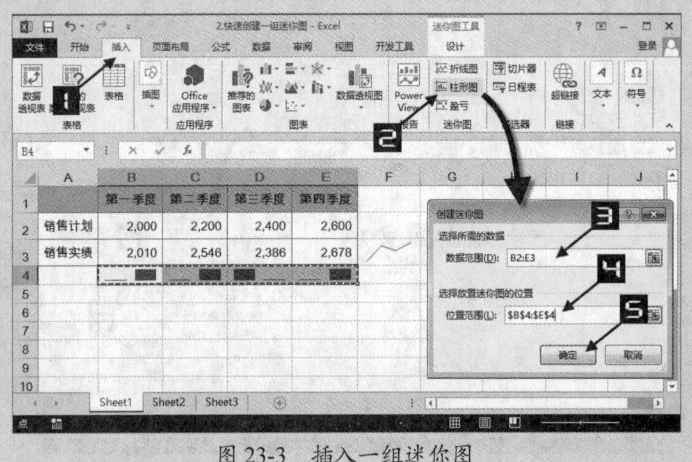

图 23-3 插入一组迷你图

提示 区分一组迷你图和多个独立迷你图的方法是：选中一个迷你图时，整组迷你图会显示蓝色的外框线，而独立迷你图则没有相应的外框线。

23.3.2 填充法

与 Excel 公式填充一样，迷你图也可以使用填充法创建。

◆ 填充命令填充：选中 F2:F3 单元格区域，在【开始】选项卡中依次单击【填充】→【向上】命令，将在 F2 单元格填充迷你图，如图 23-4 所示。

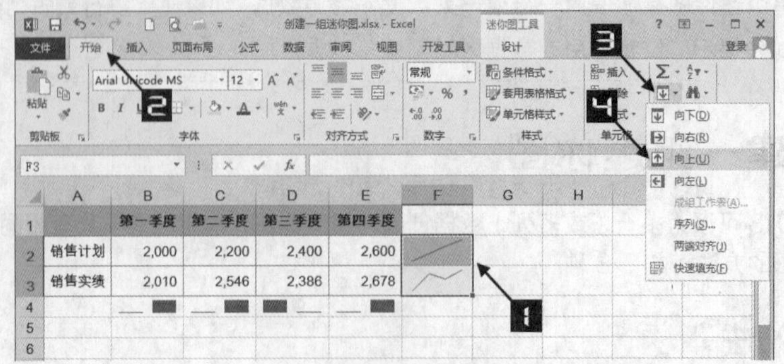

图 23-4 填充命令填充

◆ 填充柄填充：选中 F3 单元格，将光标移动到 F3 单元格的右下角，当鼠标指针变为十字形时（即填充柄），保持鼠标左键按下，向上拖动到 F2 单元格，释放鼠标左键，完成迷你图填充，如图 23-5 所示。

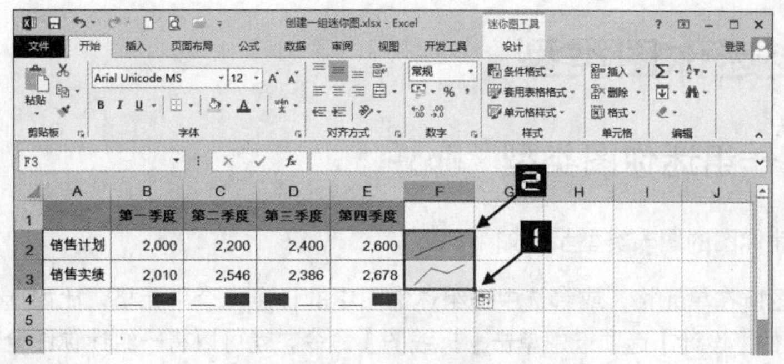

图 23-5 填充柄填充

23.3.3 组合法

利用迷你图的组合功能，可以将不同的迷你图组合成一组迷你图。

选中 F2:F3 单元格，保持<Ctrl>键按下，用鼠标选择 B4:E4 单元格，选中两组迷你图的单元格区域。释放<Ctrl>键，在【迷你图工具】的【设计】选项卡中单击【组合】命令，完成两组迷你图的组合迷你图，如图 23-6 所示。

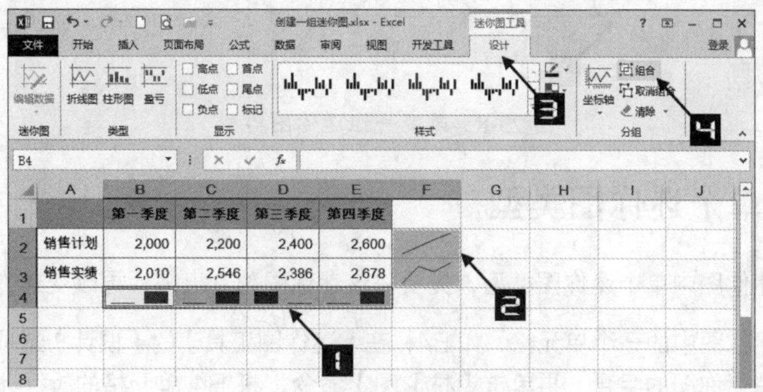

图 23-6 迷你图组合

选择组合迷你图中任意一个迷你图时，Excel 将显示整组迷你图所在单元格区域的蓝色外框线，如图 23-7 所示。

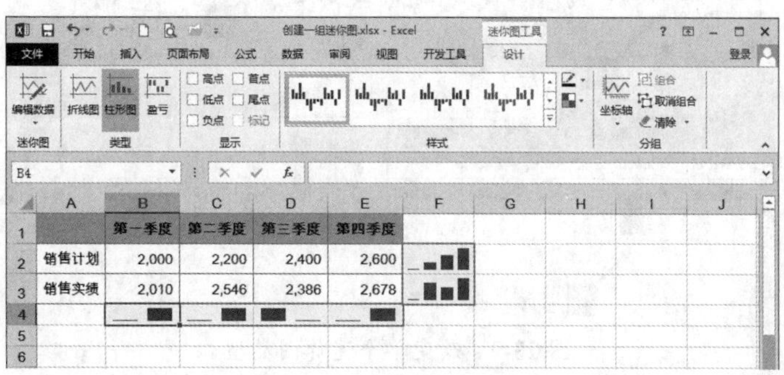

图 23-7 一组组合迷你图

提示

组合迷你图的图表类型由所选单元格区域中最后一个连续单元格区域的第一个单元格（即所选单元格区域中唯一的一个无阴影的单元格）的迷你图决定。

23.4 改变迷你图类型

23.4.1 改变一组迷你图类型

改变一组迷你图的图表类型步骤如下。

选中迷你图所在单元格，或者选中一组迷你图中的任意一个单元格，比如选中 B4 单元格。在【迷你图工具】的【设计】选项卡中单击【折线图】命令，就可以将一组迷你图全部改变为折线迷你图，如图 23-8 所示。

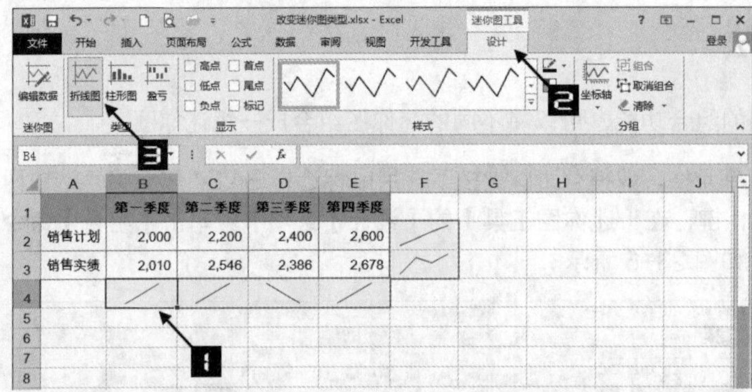

图 23-8 改变一组迷你图类型

23.4.2 改变单个迷你图类型

改变一组迷你图中单个迷你图类型，先要将该迷你图独立出来，再改变迷你图类型。

选中一组迷你图中的一个单元格，如 B4，在【迷你图工具】的【设计】选项卡中单击【取消组合】命令，取消迷你图的组合。再单击【柱形图】命令，将 B4 单元格的折线迷你图改变为柱形迷你图，如图 23-9 所示。

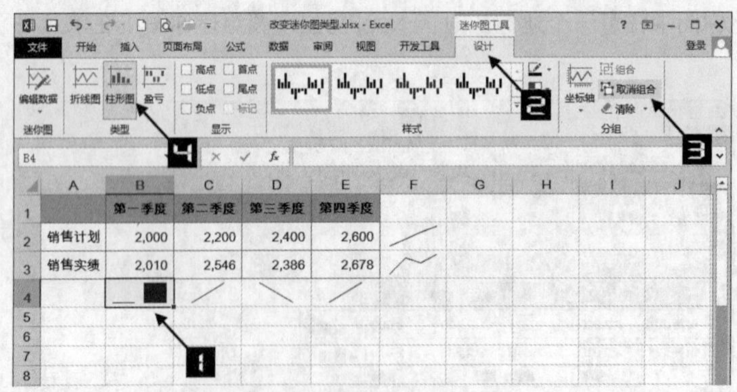

图 23-9 改变单个迷你图类型

23.5 突出显示数据点

23.5.1 标记数据点

选中 F2 单元格，在【迷你图工具】的【设计】选项卡中勾选【标记】的复选框，将为一组折线迷你图添加数据点标记，如图 23-10 所示。

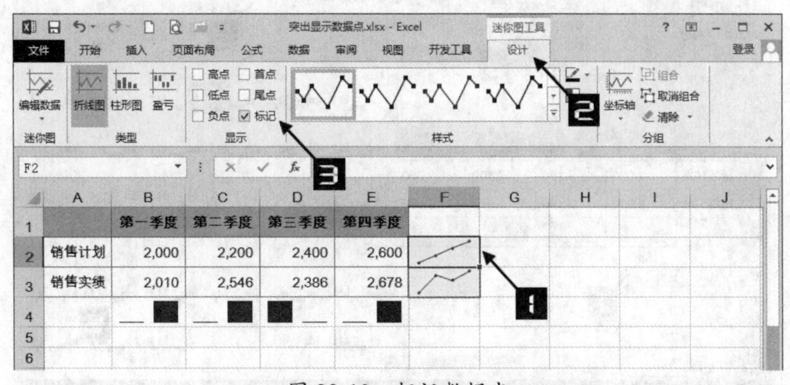

图 23-10　标记数据点

23.5.2　突出显示高点和低点

选中 F2 单元格，在【迷你图工具】的【设计】选项卡中分别勾选【高点】和【低点】的复选框，即可完成一组迷你图的高点和低点突出显示，如图 23-11 所示。

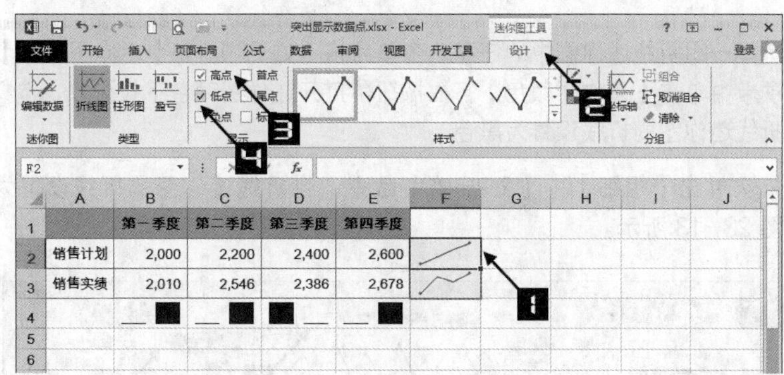

图 23-11　突出显示高点和低点

只有折线迷你图具有数据点标记功能，柱形迷你图和盈亏迷你图无标记功能。而对于特殊数据点（高点、低点、首点、尾点和负点）则没有迷你图类型的限制，在 3 种迷你图类型中都可以使用。

23.6　迷你图样式和颜色设置

23.6.1　迷你图样式设置

迷你图样式的颜色与 Excel 主题颜色相对应，Excel 提供了 36 种迷你图颜色组合样式。迷你图样式可以对数据点、高点、低点、首点、尾点和负点分别设置为不同颜色的组合。

选择一组柱形迷你图的任意一个单元格（如 B4），在【迷你图工具】的【设计】选项卡中勾选【首点】的复选框，使柱形迷你图突出显示首点的柱形。单击【样式】的下拉按钮，打开迷你图样式库，选择【迷你图样式着色 4，浅色 40%】样式，将样式应用到所选的一组柱形迷你图中，如图 23-12 所示。

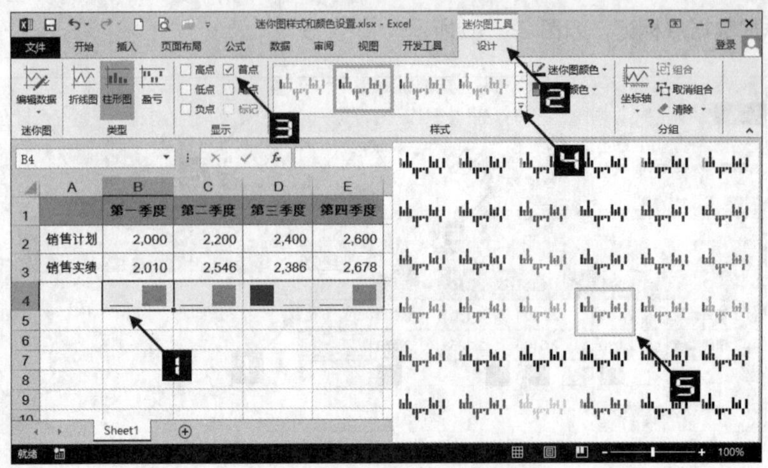

图 23-12 迷你图样式设置

23.6.2 迷你图颜色设置

迷你图颜色在折线迷你图中是指折线的颜色，在柱形迷你图和盈亏迷你图中是指数据点柱形的颜色。

步骤 1 → 选择一组折线迷你图中的任意一个单元格（如 F2），在【迷你图工具】的【设计】选项卡中单击【迷你图颜色】下拉按钮，打开迷你图颜色下拉列表，选择【黑色】，将折线迷你图的折线设置为黑色。

步骤 2 → 依次单击【粗细】→【2.25 磅】命令，将折线迷你图的折线设置为 2.25 磅，如图 23-13 所示。

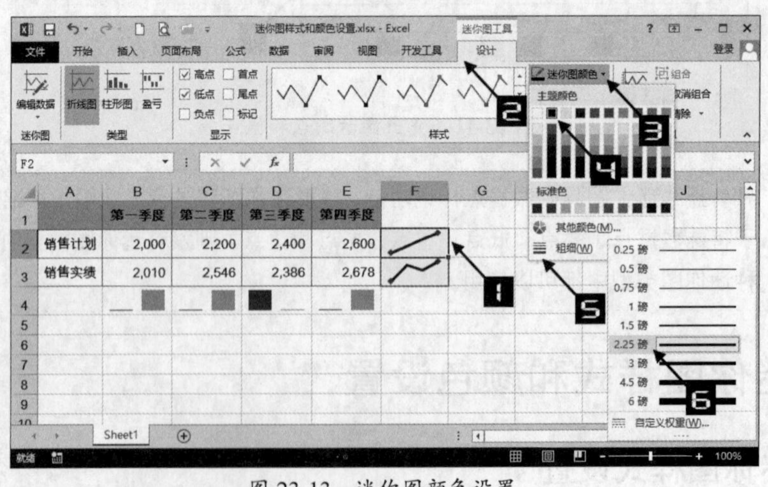

图 23-13 迷你图颜色设置

23.6.3 标记颜色设置

迷你图标记颜色可以对数据点、高点、低点、首点、尾点和负点分别设置不同的颜色。

选中一组折线迷你图的任意一个单元格（如 F2），在【迷你图工具】的【设计】选项卡中单击【标记颜色】的下拉按钮，打开标记颜色下拉列表，依次单击【低点】→【绿色】，将折线迷你图的低点设置为绿色，如图 23-14 所示。

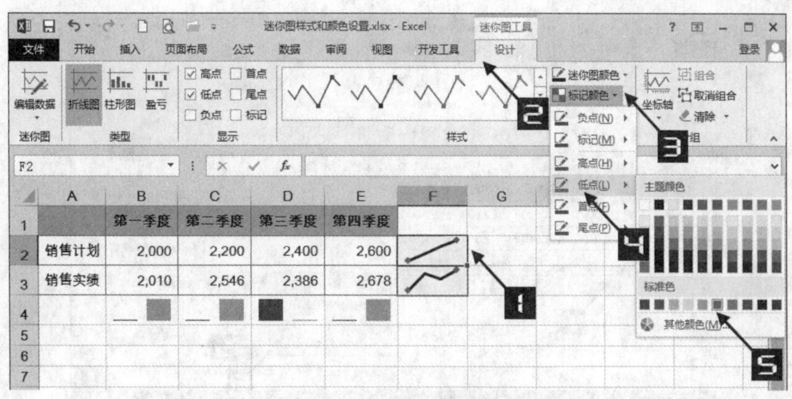
图 23-14 标记颜色设置

23.7 设置迷你图纵坐标

因为迷你图数据点之间的差异各不相同，自动设置的迷你图不能真实体现数据点之间的差异量，如图 23-15 所示的 B5 单元格为自动设置的迷你图，需要手动设置迷你图纵坐标最小值和最大值，使迷你图真实地反应数据的差异量和趋势。

示例 23-3 设置迷你图纵坐标

步骤1 选中一组柱形迷你图的任意一个单元格（如 B4），在【迷你图工具】的【设计】选项卡中单击【坐标轴】的下拉按钮，打开坐标轴下拉列表，单击【纵坐标轴的最小值选项】中的【自定义值】命令，打开【迷你图垂直轴设置】对话框，【输入垂直轴的最小值】为 1500，单击【确定】按钮关闭【迷你图垂直轴设置】对话框，完成垂直轴的最小值设置，如图 23-15 所示。

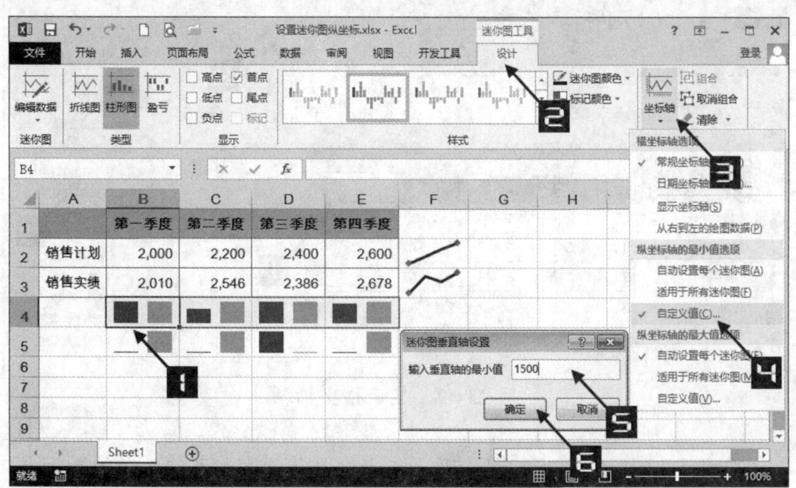
图 23-15 设置迷你图纵坐标最小值

步骤2 单击【纵坐标轴的最大值选项】中的【自定义值】命令，打开【迷你图垂直轴设置】对话框，【输入垂直轴的最大值】为 3000，单击【确定】按钮关闭【迷你图垂直轴设置】对话框，完成垂直轴的最大值设置，如图 23-16 所示。

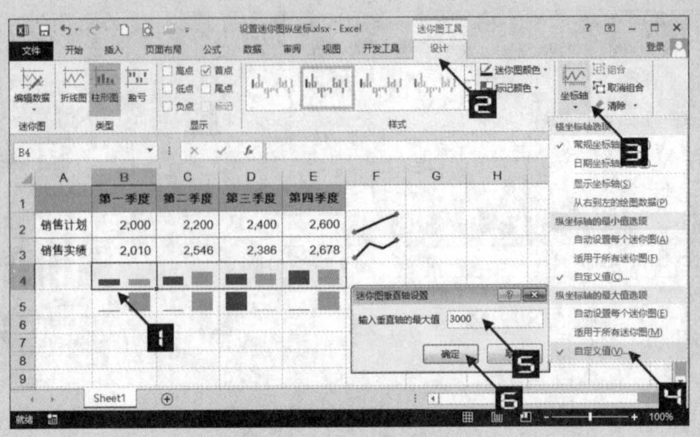

图 23-16 设置迷你图纵坐标最大值

对比迷你图纵坐标自定义设置前后的图形，自定义设置后的 B4:E4 单元格的迷你图比较客观地反映了数据的差异量状况，而设置前的 B5:E5 单元格的迷你图则只有高低的差别，没有差异量的体现。

23.8 设置迷你图横坐标

23.8.1 显示横坐标轴

按照默认设置创建的迷你图是不显示横坐标轴的。显示迷你图横坐标轴的方法如下。

步骤1 选中迷你图单元格区域 F2:F4，在【迷你图工具】的【设计】选项卡中的单击【坐标轴】下拉按钮，打开坐标轴下拉列表，单击【横坐标轴选项】中的【显示坐标轴】命令，使包含负数数据点的迷你图显示横坐标轴，如图 23-17 所示。

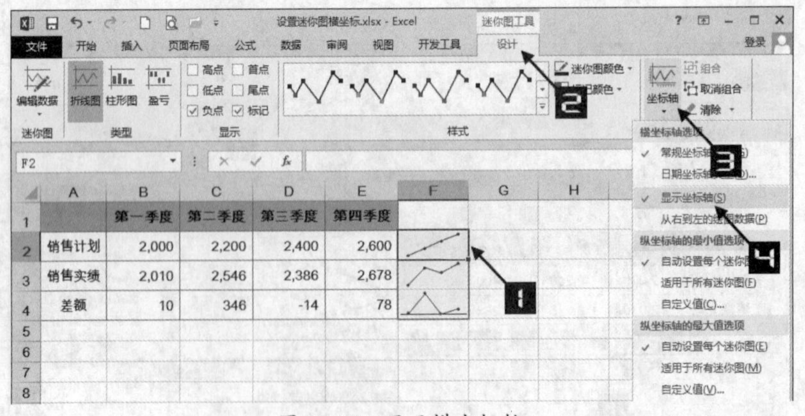

图 23-17 显示横坐标轴

注意 F2 和 F3 单元格的折线迷你图（或者柱形迷你图）不包含负值数据点，即使选择了【显示坐标轴】命令，也不会显示横坐标轴。而盈亏迷你图则不管是否包含负值数据点，都能显示横坐标轴。

步骤2 选中迷你图单元格区域 F2:F4，将折线迷你图转换为盈亏迷你图，则 3 个迷你图都能够显示横坐标轴，如图 23-18 所示。

	A	B	C	D	E	F
1		第一季度	第二季度	第三季度	第四季度	
2	销售计划	2,000	2,200	2,400	2,600	
3	销售实绩	2,010	2,546	2,386	2,678	
4	差额	10	346	-14	78	

图 23-18　盈亏迷你图的横坐标轴

23.8.2　使用日期坐标轴

日期坐标轴的优点是可以根据日期系列显示数据，如果缺少一些日期的对应数据，则会在迷你图中显示对应的空位。

选中 F3 单元格的单个迷你图，在【迷你图工具】的【设计】选项卡中单击【坐标轴】下拉按钮，打开坐标轴下拉列表，再单击【横坐标轴选项】中的【日期坐标轴类型】命令，打开【迷你图日期范围】对话框，选择 B1:E1 单元格区域，最后单击【确定】按钮，关闭【迷你图日期范围】对话框，完成设置日期坐标轴，如图 23-19 所示。

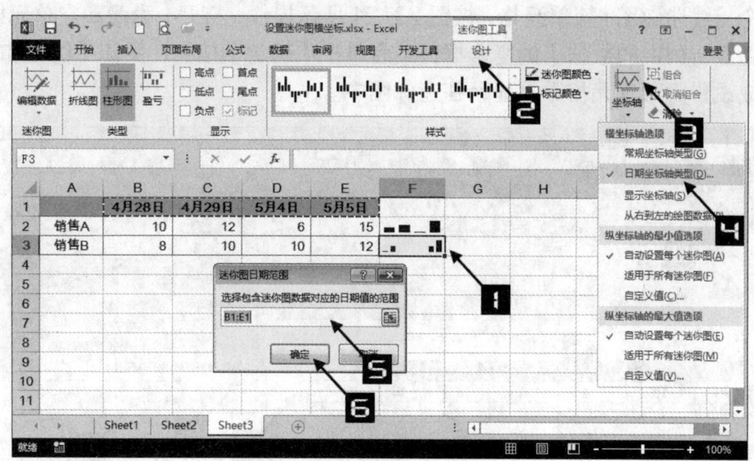

图 23-19　使用日期坐标轴

23.9　处理空单元格和隐藏单元格

23.9.1　处理空单元格

空单元格是指未输入任何数据的单元格，或者虽已输入数据，又使用【清除内容】命令清除了内容的单元格。在折线迷你图中空单元格可以有 3 种画法：空距、零值和直线（也叫内插值）。空单元格在迷你图中的默认处理是空距。

选中单个折线迷你图 H5 单元格，在【迷你图工具】的【设计】选项卡中依次单击【编辑数据】的下拉按钮→【隐藏和清空单元格】命令，打开【隐藏和空单元格设置】对话框，单击【零值】单选按钮，最后单击【确定】按钮，关闭【隐藏和空单元格设置】对话框，设置空单元格显示为零值，如图 23-20 所示。

提 示

在空单元格中输入“=NA()”公式或者“#N/A”，则折线迷你图不需进行设置，而直接用直线连接数据点。

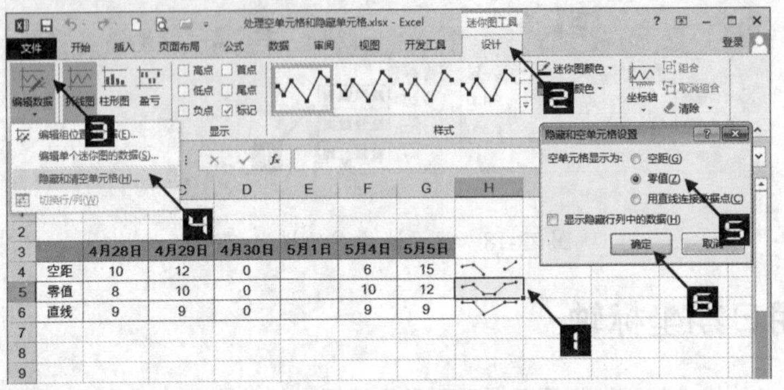

图 23-20 处理空单元格

23.9.2 处理隐藏单元格

如图 23-21 所示的工作表中隐藏了 E 列数据（空单元格）。在迷你图中需要显示隐藏单元格的数据时，只要简单设置隐藏单元格即可。

选中单个折线迷你图 H4 单元格，按图 23-21 所示操作，打开【隐藏和空单元格设置】对话框，勾选【显示隐藏行列中的数据】的复选框，最后单击【确定】按钮，关闭【隐藏和空单元格设置】对话框，完成设置隐藏单元格数据显示在迷你图中。

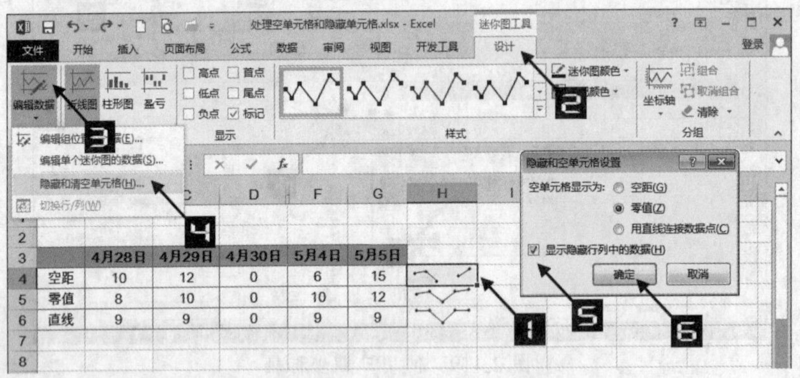

图 23-21 处理隐藏单元格

23.10 清除迷你图

清除迷你图的方法有以下几种。

◆ 菜单命令清除：选中迷你图所在的单元格，【迷你图工具】的【设计】选项卡中依次单击【清除】下拉按钮→【清除所选的迷你图】或【清除所选的迷你图组】命令，如图 23-22 所示。

◆ 右键命令清除：选中迷你图所在的单元格，单击鼠标右键，在弹出的快捷菜单上依次单击【迷你图】→【清除所选的迷你图】命令，清除所选的迷你图。如果在弹出的快捷菜单上依次单击【迷你图】→【清除所选的迷你图组】命令，则清除所选的迷你图所在的一组迷你图。

◆ 删除单元格：选中迷你图所在的单元格，单击鼠标右键，在弹出的快捷菜单上单击【删除】命令，删除单元格和迷你图。

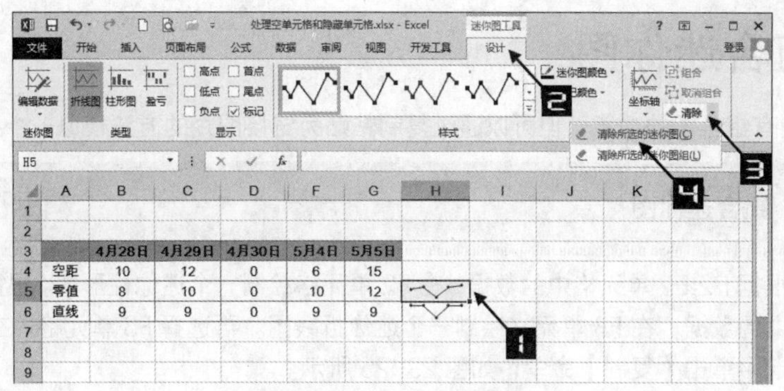

图 23-22 清除迷你图

◆ 覆盖单元格：复制一个空白单元格，粘贴到迷你图所在的单元格。

23.11 迷你图添加直线

迷你图没有添加自定义直线的功能，但可以通过输入短横线的方法模拟一条中心线。

示例 23-4 迷你图添加直线

步骤1 → 选中 B4 单元格，在公式编辑栏输入字符“'----------------”，再单击【开始】选项卡中的【垂直居中】命令，完成添加一条直线，如图 23-23 所示。其中短横线字符的个数根据单元格的宽度适当增减即可。

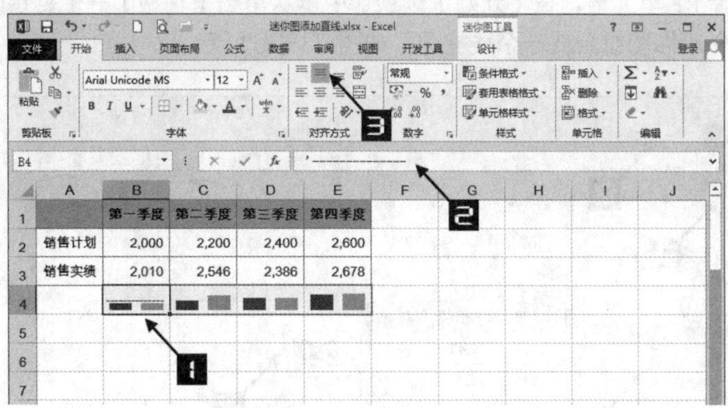

图 23-23 输入字符

步骤2 → 选中 B4 单元格，将光标移动到 B4 单元格的右下角，当鼠标指针变为十字形时（即填充柄），保持鼠标左键按下，向右拖动到 E4 单元格，释放鼠标左键，完成迷你图中直线的填充，如图 23-24 所示。

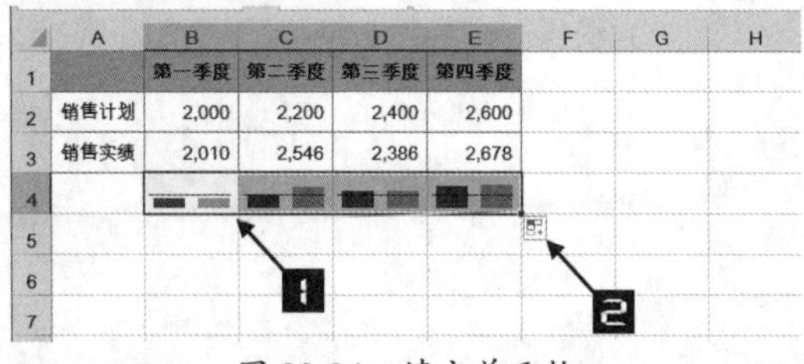

图 23-24 填充单元格

23.12 组合迷你图

迷你图没有组合图的功能，但可以通过复制粘贴为链接图片的方法模拟一个线柱组合图。

示例 23-5 组合迷你图

步骤1 根据 B2:E2 单元格中的数据，在 F2 单元格绘制一个迷你柱形图。根据 B3:E3 单元格中的数据，在 F3 单元格绘制一个迷你折线图。再选择 F3 单元格，在【开始】选项卡中单击【复制】命令，如图 23-25 所示。

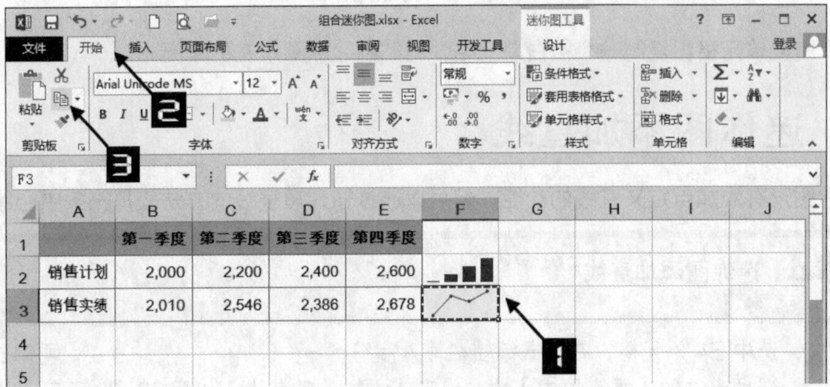

图 23-25 复制单元格

步骤2 选择 F2 单元格，在【开始】选项卡中依次单击【粘贴】→【链接的图片】命令，使两个迷你图组合成一个线柱图，如图 23-26 所示。

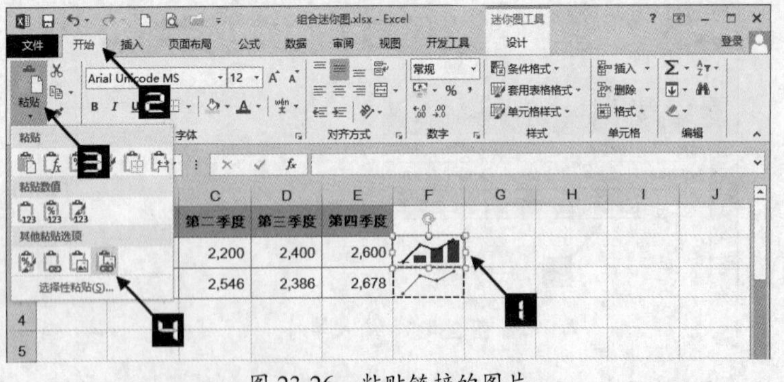

图 23-26 粘贴链接的图片

第 24 章　创建图表入门

Excel 在提供强大的数据处理功能的同时，也提供了丰富实用的图表功能。Excel 2013 图表与图形引入了全新的扁平化视觉效果、快速分析选项窗格、组合图等，使数据图形化输出更加美观、快捷、实用。Excel 2013 图表以其丰富的图表类型、色彩样式和三维格式，成为最常用的图表工具之一。本章主要介绍 Excel 图表的基础知识，以及如何创建、编辑、修饰和打印图表，并详细讲解各种图表类型的应用场合。

本章学习要点

（1）创建图表。

（2）图表的组成。

（3）标准图表类型。

（4）设置图表格式。

（5）打印图表。

24.1　图表及其特点

图表是图形化的数据，图形由点、线、面与数据匹配组合而成的。一般情况下，用户使用 Excel 工作簿内的数据制作图表，生成的图表也存放在工作簿中。图表是 Excel 的重要组成部分，具有直观形象、种类丰富、实时更新和二维坐标等特点。

24.1.1　直观形象

图表最大的特点就是直观形象，能使用户一目了然地看清数据的大小、差异和变化趋势。如图 24-1 所示，如果只是阅读左侧的数据表中的数字，无法得到整组数据所包含的更有价值的信息。而图表至少反映了如下 3 个信息。

- 8 月份用电量最高。
- 每个月的用电量大多数在 200 到 300 之间。
- 1 月到 5 月的用电量逐月减少，而 5 月到 8 月的用电量逐月增加。

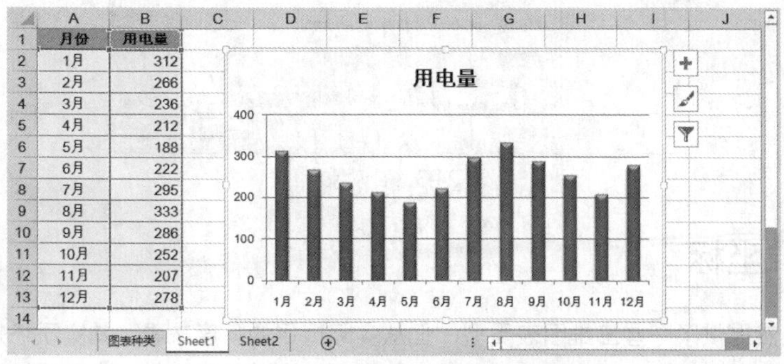

月份	用电量
1月	312
2月	266
3月	236
4月	212
5月	188
6月	222
7月	295
8月	333
9月	286
10月	252
11月	207
12月	278

图 24-1　直观形象

24.1.2 种类丰富

Excel 2013 设计有 9 种标准图表类型：柱形图、折线图、饼图（圆环图）、条形图、面积图、XY 散点图（气泡图）、股价图、曲面图和雷达图，如图 24-2 所示。9 种标准图表类型合计包括 49 种子图表类型，图表类型相当丰富。

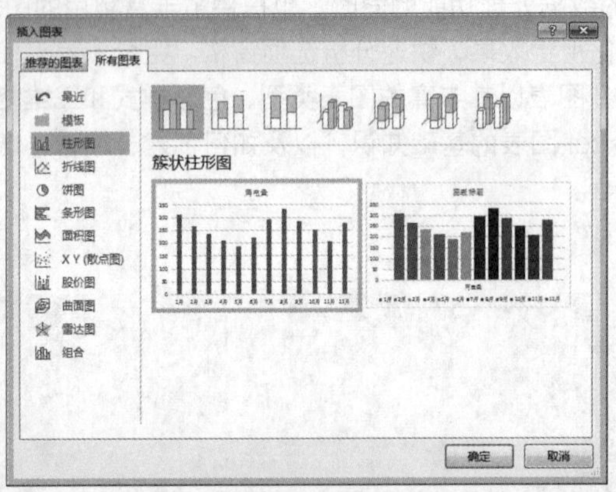

图 24-2 种类丰富的图表类型

另外，Excel 2013 新增了自定义组合图功能，即可以自定义组合两种或两种以上的标准图表类型绘制在同一个图表中。Excel 图表还允许用户创建自定义图表类型为图表模板，以方便调用常用的图表格式。

24.1.3 实时更新

实时更新是指图表随数据的变化而自动更新。图表实时更新的前提是：已经选中 Excel【计算选项】设置中的【自动重算】选项。

自动重算选项可以通过单击【文件】选项卡中的【选项】命令，打开【Excel 选项】对话框，然后在【公式】选项卡中选中【自动重算】选项按钮，如图 24-3 所示。

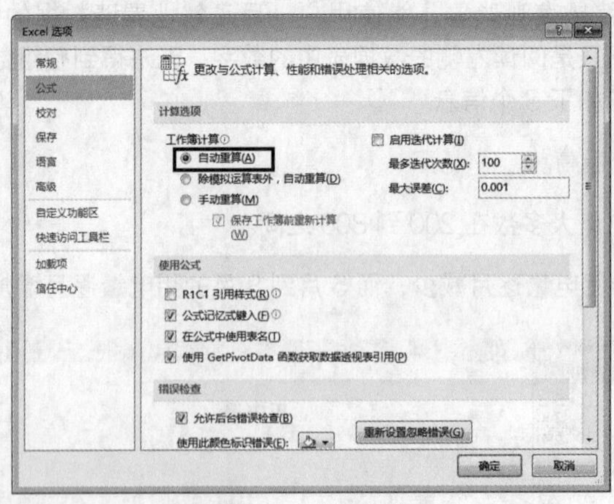

图 24-3 自动重算

24.1.4 二维坐标

Excel 虽然提供了一些三维图表类型，但从实际运用的角度来看，其实质还是二维的平面坐标系下建立的图表。如图 24-4 所示，三维气泡图只有两个数值坐标轴。在三维柱形图、三维曲面图和三维面积图中，虽然显示了 3 个坐标轴，但是 *x* 轴为分类轴，*y* 轴为系列轴，只有 *z* 轴为数值轴，使用平面坐标的图表也能完全地表现出来。

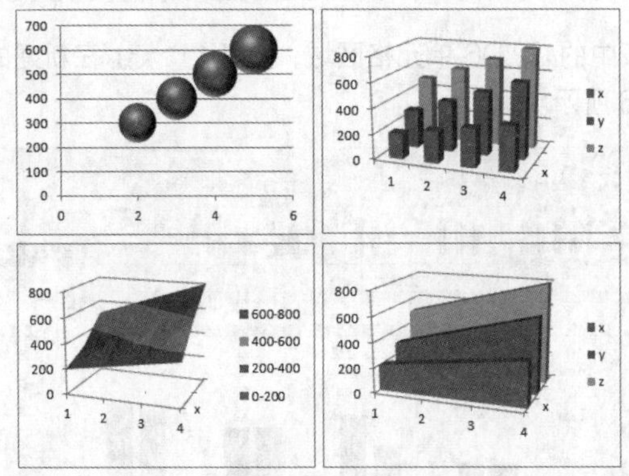

图 24-4 二维坐标

随着扁平化设计风格的流行，三维立体图表的应用略有减少。

24.2 创建图表

数据是图表的基础，若要创建图表，首先需要在工作表中为图表准备数据。Excel 2013 提供了两种创建图表的方法：嵌入式图表和图表工作表。

24.2.1 插入图表

1. 嵌入式图表

日常工作中所指的 Excel 图表即嵌入式图表，是嵌入在工作表单元格上层的图表对象，适合图文混排的编辑模式。

选择 C2:D6 单元格区域，单击【插入】选项卡中的【柱形图】→【簇状柱形图】命令，在工作表插入柱形图，如图 24-5 所示。

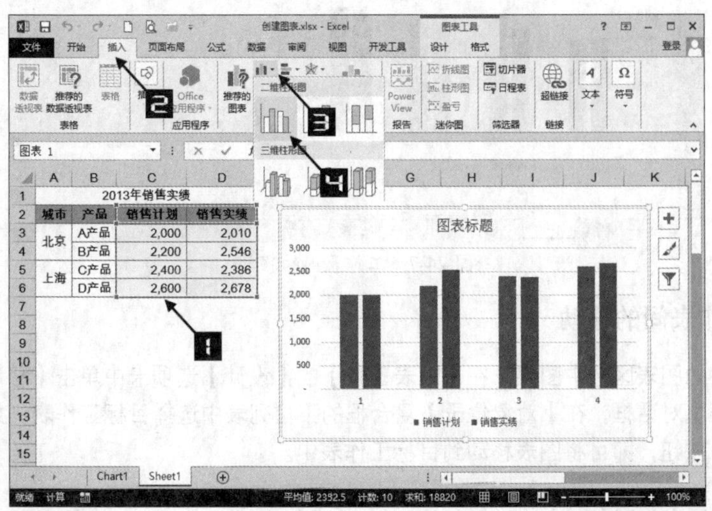

图 24-5 插入图表

2. 图表工作表

图表工作表是一种没有单元格的工作表，适合放置复杂的图表对象，以方便阅读。

选择 Sheet1 工作表中的 C2:D6 单元格区域，按<F11>键，在新建的图表工作表 Chart1 中创建一个柱形图，如图 24-6 所示。

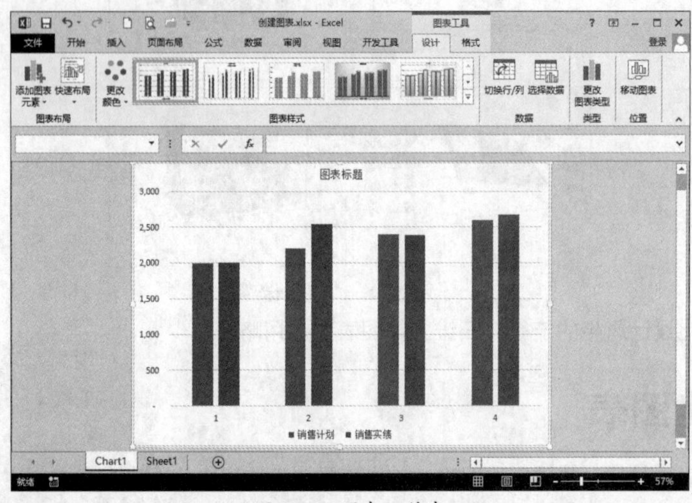

图 24-6　图表工作表

24.2.2　移动图表

1. 工作表内的移动

用鼠标单击图表的图表区选中图表，出现图表容器框，鼠标指针变为十字箭形，保持鼠标左键按下，拖动鼠标指针至合适的位置，释放鼠标即可将图表拖放到新的位置，如图 24-7 所示。

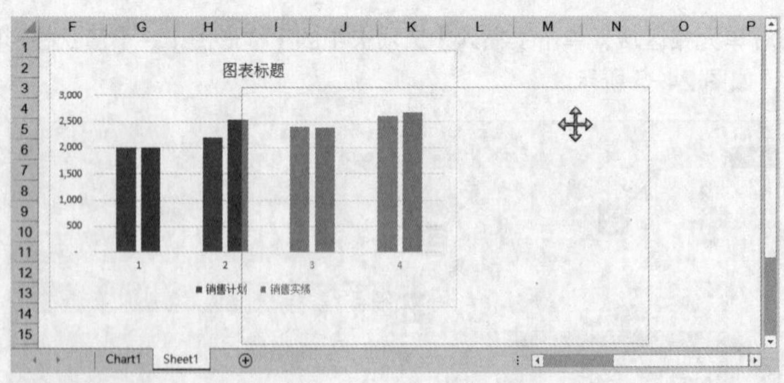

图 24-7　工作表内的移动

2. 工作表间的移动

单击图表的图表区选中图表，在【图表工具】的【设计】选项卡中单击【移动图表】命令，打开【移动图表】对话框，在【对象位于】复合框的下拉列表中选择目标工作表，如图 24-8 所示。单击【确定】按钮，即可将图表移动到目标工作表中。

提示

利用【剪切】和【粘贴】命令，也可以实现移动图表的目的，并且图表粘贴的位置为所选单元格的左上角。

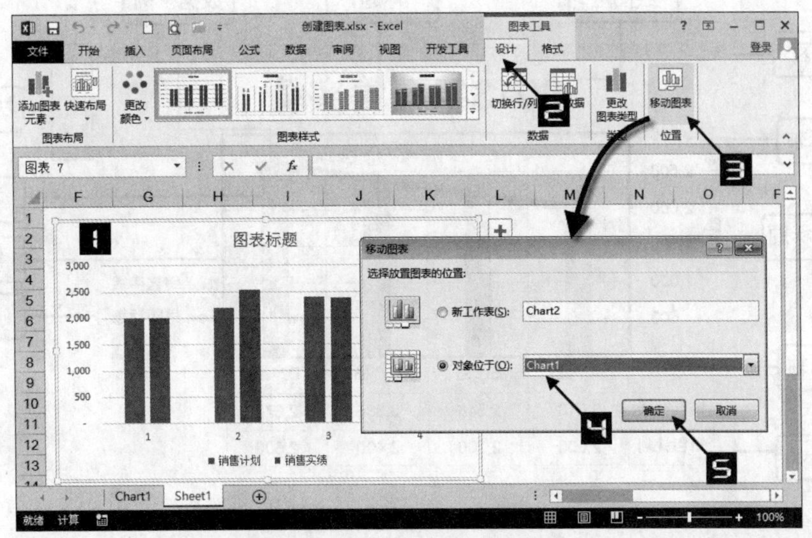

图 24-8　工作表间的移动

24.2.3　复制图表

◆　复制命令

选中图表后，单击【开始】选项卡上的【复制】命令（或者按<Ctrl+C>组合键），再选择目标位置的左上角单元格，单击【粘贴】命令（或者按<Ctrl+V>组合键），可以将图表复制到目标位置。

◆　快捷复制

单击图表的图表区选中图表，出现图表容器框，将光标移动到图表容器框上，保持<Ctrl>键按下，此时鼠标指针变为带“+”的箭形，拖放图表即完成复制。

24.2.4　删除图表

◆　在图表的图表区空白处单击鼠标右键，在弹出的快捷菜单中单击【剪切】命令，或者选中图表后按<Delete>键，都可删除工作表中的嵌入图表。

◆　删除图表工作表的操作方法与删除普通工作表完全相同。切换到图表工作表后，单击【开始】选项卡上的【删除】下拉按钮，在扩展菜单中单击【删除工作表】命令删除图表工作表。也可以右键单击图表工作表标签，在弹出的快捷菜单中单击【删除】命令删除。

24.3　图表的组成

认识图表的各个组成部分，对于正确选择图表元素和设置图表对象格式来说是非常重要的。

如图 24-9 所示，Excel 图表由图表区、绘图区、标题、数据系列、图例和网格线等基本组成部分构成。此外，图表还可能包括数据表和三维背景等在特定图表中显示的元素。

在 Excel 2013 中，选中图表时会在图表的右上角显示快捷选项按钮，选中单元格区域时则隐藏该快捷按钮。

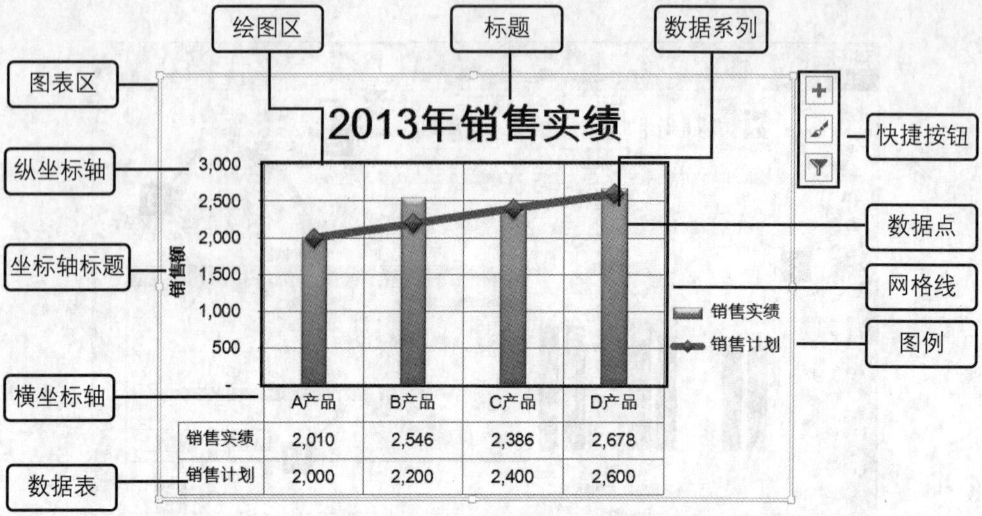

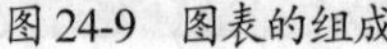

	A产品	B产品	C产品	D产品
销售实绩	2,010	2,546	2,386	2,678
销售计划	2,000	2,200	2,400	2,600

图 24-9 图表的组成

24.3.1 图表区

图表区是指图表的全部范围，Excel 默认的图表区是由白色填充区域和 50%灰色细实线边框组成的。选中图表区时，将显示图表对象边框，以及用于调整图表大小的的 8 个控制点。

图表区具有以下功能。

◆ 通过设置图表区的填充、边框颜色、边框样式、阴影、发光和柔化边缘、三维格式等项目改变图表的外观。

◆ 改变图表区的大小即调整图表的大小及长宽比例。

◆ 设置图表的位置是否随单元格变化，以及选择是否打印图表。

◆ 选中图表区后，可以设置图表中文字的字体、大小和颜色。

24.3.2 绘图区

绘图区是指图表区内的图形表示的区域，即以两个坐标轴为边的长方形区域。选中绘图区时，将显示绘图区边框，以及用于调整绘图区大小的 8 个控制点。

绘图区具有以下功能。

◆ 通过设置绘图区的填充、边框颜色、边框样式、阴影、发光和柔化边缘、三维格式等项目改变绘图区的外观。

◆ 通过拖放控制点，可以改变绘图区的大小，以适合图表的整体效果。

24.3.3 标题

标题包括图表标题和坐标轴标题。图表标题是显示在绘图区上方的类文本框，坐标轴标题是显示在坐标轴外侧的类文本框。图表标题只有一个，而坐标轴标题最多允许 4 个。Excel 默认的标题是无边框的黑色文字。

图表标题的作用是对图表主要内容的说明。坐标轴标题的作用是对对应坐标轴的内容进行标示。

24.3.4 数据系列和数据点

数据系列是由数据点构成的，每个数据点对应于工作表中的某个单元格内的数据，数据系列对应于工作表中一行或者一列数据。数据系列在绘图区中表现为彩色的点、线、面等图形。

数据系列具有以下功能。

◆ 通过设置数据系列的填充、边框颜色、边框样式、阴影、发光和柔化边缘、三维格式等项目改变一个数据系列的外观。

◆ 单独修改某个数据点的格式。

◆ 当一个图表含有两个或两个以上的数据系列时，可以指定数据系列绘制在主坐标轴或者次坐标轴。若有一个数据系列绘制在次坐标轴上，则图表中将显示次要纵坐标轴。

◆ 设置不同数据系列之间的重叠比例。

◆ 设置同一数据系列不同数据点之间的间隔大小。

◆ 为各个数据点添加数据标签。

◆ 添加趋势线、误差线、涨/跌柱线、垂直线和高低点连线等。

◆ 调整不同数据系列的排列次序。

24.3.5 坐标轴

坐标轴按位置不同可分为主坐标轴和次坐标轴两类。Excel 默认显示的是绘图区左侧的主要纵坐标轴和底部的主要横坐标轴。坐标轴按引用数据不同可分为数值轴、分类轴、时间轴和序列轴四种。

坐标轴具有以下功能。

◆ 通过设置坐标轴的填充、线条颜色、线型、阴影、发光和柔化边缘、三维格式等项目改变一个坐标轴和坐标轴标签的外观。

◆ 设置刻度值、刻度线和交叉点等。

◆ 设置逆序刻度或者对数刻度。

◆ 调整坐标轴标签的对齐方式。

◆ 设置坐标轴标签的数字格式和单位。

24.3.6 图例

图例由图例项和图例项标示组成，在默认设置中，包含图例的无边框矩形区域显示在绘图区右侧。

图例具有以下功能。

◆ 对数据系列的主要内容进行说明。

◆ 设置图例显示在图表区中的位置和引线。

◆ 通过设置图例的填充、边框颜色、边框样式、阴影、发光和柔化边缘等项目改变图例的外观。

◆ 单独对某个图例项进行格式设置。

24.3.7 数据表

数据表显示图表中所有数据系列的源数据，对于设置了显示数据表的图表，数据表将固定显示在绘图区的下方。如果图表中已经显示了数据表，则一般不再同时显示图例。

数据表具有以下功能。

◆ 数据表显示数据系列数据源的列表。

◆ 数据表可以在一定程度上取代图例和主要横坐标。

◆ 通过设置数据表的填充、边框颜色、边框样式、阴影、发光和柔化边缘、三维格式等项目改变数据表的外观。

◆ 设置显示数据表的边框和图例项标示。

24.3.8 三维背景

三维背景由基底、背面墙和侧面墙组成，如图 24-10 所示。通过设置三维视图格式，可以调整三维图表的透视效果。

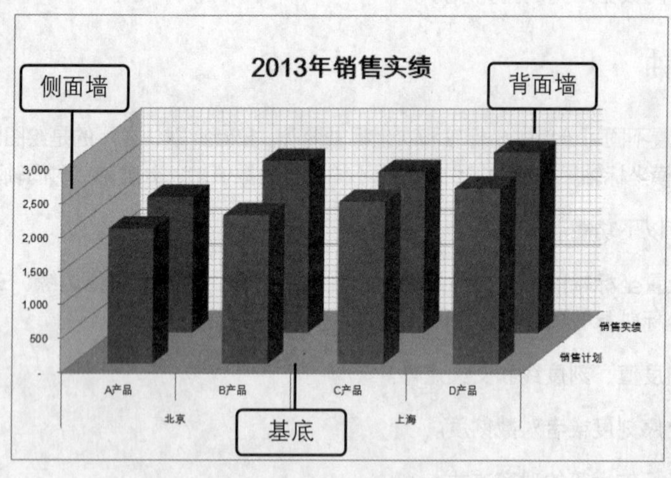

图 24-10　三维背景

24.3.9 快捷选项按钮

快捷选项按钮是 Excel 2013 图表的新增功能，3 个快捷选项按钮分别是图表元素、图表样式、图表筛选器，如图 24-11 所示。

◆ 图表元素快捷选项按钮：可以快速添加、删除或更改图表元素，例如图表标题、图例、网格线和数据标签等。

◆ 图表样式快捷选项按钮：可以快速设置图表的样式和配色方案。

◆ 图表筛选器快捷选项按钮：可以快速选择在图表上显示哪些数据系列（数据点）和名称。

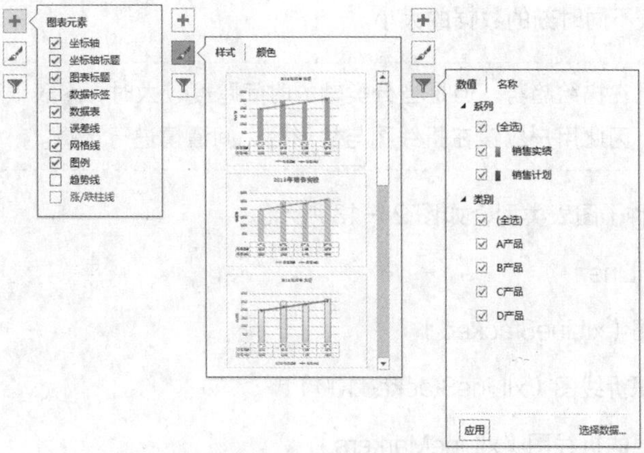

图 24-11　图表快捷选项按钮

24.4　标准图表类型

Excel 2013 图表设计有 9 种标准图表类型：柱形图、折线图、饼图（圆环图）、条形图、面积图、XY 散点图（气泡图）、股价图、曲面图和雷达图。

24.4.1　柱形图

柱形图也称作直方图，是 Excel 2013 的默认图表类型，也是用户经常使用的一种图表类型。通常用来描述不同时期数据的变化情况，或是描述不同类别数据（称作分类项）之间的差异，也可以同时描述不同时期、不同类别数据的变化和差异。例如描述不同时期的生产指标，产品的质量分布，或是不同时期多种销售指标的比较等。

柱形图包括 7 种子图表类型，如图 24-12 所示。

- ◆ 簇状柱形图（xlColumnClustered）
- ◆ 堆积柱形图（xlColumnStacked）
- ◆ 百分比堆积柱形图（xlColumnStacked100）
- ◆ 三维簇状柱形图（xl3DColumnClustered）
- ◆ 三维堆积柱形图（xl3DColumnStacked）
- ◆ 三维百分比堆积柱形图（xl3DColumnStacked100）
- ◆ 三维柱形图（xl3DColumn）

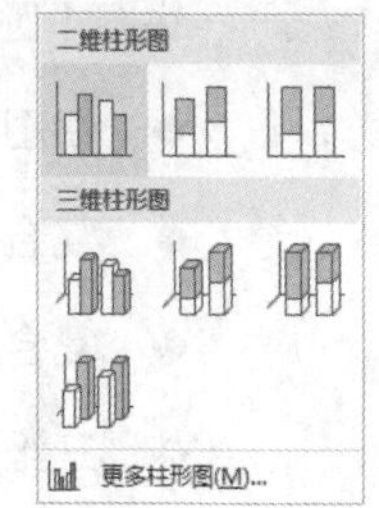

图 24-12　柱形图

24.4.2　折线图

折线图是用直线段将各数据点连接起来而组成的图形，以折线方式显示数据的变化趋势。折线图可以清晰地反映出数据是递增还是递减、增减的速率、增减的规律（周期性、螺旋性等），以及峰值等特征。因此，折线图常用来分析数据随时间的变化趋势，也可用来分析多组数据随时间变化的相互作用和相互影响。

例如，可用折线图来分析某类商品或是某几类相关的商品随时间变化的销售情况，从而进一步预测未来的销售情况。在折线图中，一般水平轴（x 轴）用来表示时间的推移，并且间隔相同；而垂直轴（y轴）代表不同时刻的数据的大小。

提示

> 折线图意在描绘趋势，但是当分类轴的时间跨度较大时，图表很可能会带有一定的欺骗性，因此用户应该在折线图与柱形图之间谨慎进行选择。

折线图包括 7 种子图表类型，如图 24-13 所示。

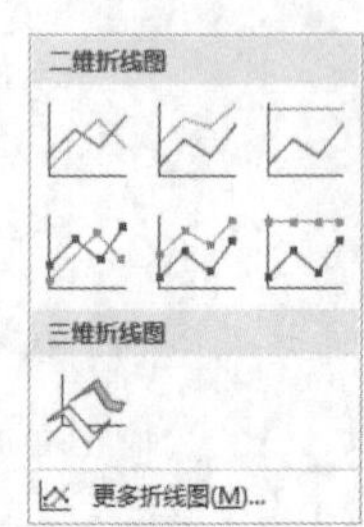

图 24-13 折线图

- 折线图（xlLine）
- 堆积折线图（xlLineStacked）
- 百分比堆积折线图（xlLineStacked100）
- 带数据标记的折线图（xlLineMarkers）
- 带数据标记的堆积折线图（xlLineMarkersStacked）
- 带数据标记的百分比堆积折线图（xlLineMarkersStacked100）
- 三维折线图（xl3DLine）

24.4.3 饼图（圆环图）

饼图通常只用一组数据系列作为源数据。它将一个圆划分为若干个扇形，每个扇形代表数据系列中的一项数据值，其大小用来表示相应数据项占该数据系列总和的比例值。饼图通常用来描述比例、构成等信息。例如某基金投资的各金融产品的比例、某企业的产品销售收入构成、某学校的各类人员的构成等。

圆环图由一个或多个同心的圆环组成，每个圆环划分为若干个圆环段，每个圆环段代表一个数据值在相应数据系列中所占的比例。圆环图常用来比较多组数据的比例和构成关系。

饼图（圆环图）包括 5 种子图表类型，如图 24-14 所示。

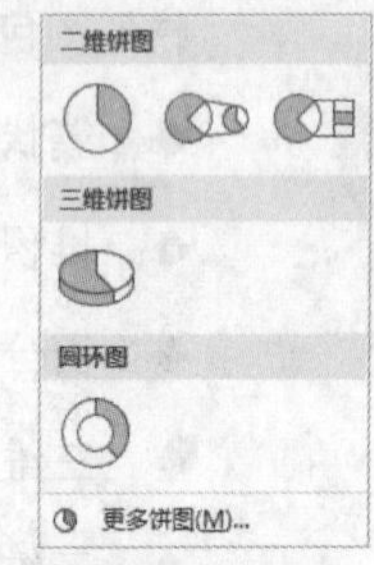

图 24-14 饼图

- 饼图（xlPie）
- 复合饼图（xlPieOfPie）
- 复合条饼图（xlBarOfPie）
- 三维饼图（xl3DPie）
- 圆环图

24.4.4 条形图

条形图类似于水平的柱形图，它使用水平的横条来表示数据值的大小，主要用来比较不同类别数据之间的差异情况。一般把分类项在垂直轴上标出，而把数据的大小在水平轴上标出。这样可以突出数据之间差异的比较，而淡化时间的变化。例如要分析某公司在不同地区的销售情况，可使用条形图在垂直轴上标出地区名称，在水平轴上标出销售额数值。

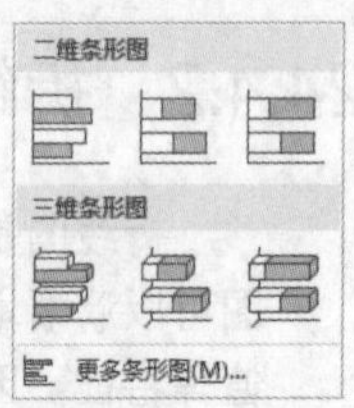

图 24-15 条形图

条形图包括 6 种子图表类型，如图 24-15 所示。

- 簇状条形图（xlBarClustered）
- 堆积条形图（xlBarStacked）

- ◆ 百分比堆积条形图（xlBarStacked100）
- ◆ 三维簇状条形图（xl3DBarClustered）
- ◆ 三维堆积条形图（xl3DBarStacked）
- ◆ 三维百分比堆积条形图（xl3DBarStacked100）

24.4.5 面积图

面积图实际上是折线图的另一种表现形式，它使用折线和分类轴（x 轴）组成的面积以及两条折线之间的面积来显示数据系列的值。面积图除了具备折线图的特点，强调数据随时间的变化以外，还可以通过显示数据的面积来分析部分与整体的关系。例如，可用来描述企业在不同时期的计划与实际销售数据等。

面积图包括 6 种子图表类型，如图 24-16 所示。

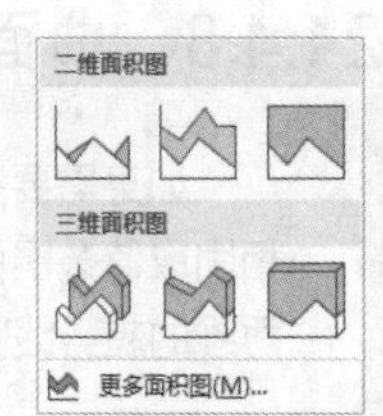

图 24-16　面积图

- ◆ 面积图（xlArea）
- ◆ 堆积面积图（xlAreaStacked）
- ◆ 百分比堆积面积图（xlAreaStacked100）
- ◆ 三维面积图（xl3DArea）
- ◆ 三维堆积面积图（xl3DAreaStacked）
- ◆ 三维百分比堆积面积图（xl3DAreaStacked100）

24.4.6 XY 散点图（气泡图）

XY 散点图显示了多个数据系列的数值间的关系，同时它还可以将两组数字绘制成 XY 坐标系中的一个数据系列。XY 散点图显示了数据的不规则间隔（或簇），它不仅可以用线段，而且可以用一系列的点来描述数据。XY 散点图除了可以显示数据的变化趋势以外，更多地用来描述数据之间的关系。例如几组数据之间是否相关，是正相关还是负相关，以及数据之间的集中程度和离散程度等。

气泡图是 XY 散点图的扩展，它相当于在 XY 散点图的基础上增加了第三个变量，即气泡的尺寸。气泡所处的坐标分别对于于水平轴（x 轴）和垂直轴（y 轴）的数据值，同时气泡的大小可以表示数据系列中第三个数据的值，数值越大，则气泡越大。所以气泡图可以应用于分析更加复杂的数据关系。除了描述两组数据之间的关系之外，还可以描述数据本身的另一种指标。

XY 散点图（气泡图）包括 7 种子图表类型，如图 24-17 所示。

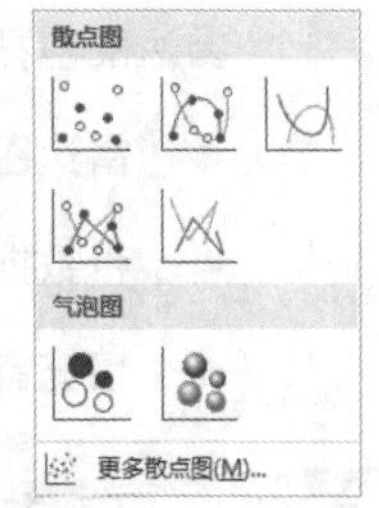

图 24-17　XY 散点图

- ◆ 仅带数据标记的散点图（xlXYScatter）
- ◆ 带平滑线和数据标记的散点图（xlXYScatterSmooth）
- ◆ 带平滑线的散点图（xlXYScatterSmoothNoMarkers）
- ◆ 带直线和数据标记的散点图（xlXYScatterLines）
- ◆ 带直线的散点图（xlXYScatterLinesNoMarkers）
- ◆ 气泡图（xlBubble）
- ◆ 三维气泡图（xlBubble3DEffect）

24.4.7 股价图

股价图常用来显示股票价格变化。这种图表也常被用于科学数据，例如，用来指示温度的变化。必须以正确的顺序组织数据才能创建股价图。

图包括 4 种子图表类型，如图 24-18 所示。

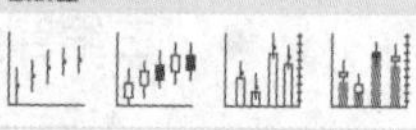

图 24-18 股价图

- 盘高-盘低-收盘图（xlStockHLC）
- 开盘-盘高-盘低-收盘图（xlStockOHLC）
- 成交量-盘高-盘低-收盘图（xlStockVHLC）
- 成交量-开盘-盘高-盘低-收盘图（xlStockVOHLC）

24.4.8 曲面图

如果需要得到两组数据间的最佳组合，曲面图将很有帮助。例如在地形图上，颜色和图案表示具有相同取值范围的地区。曲面图实际上是折线图和面积图的另一种形式，它在原始数据的基础上，通过跨两维的趋势线描述数据的变化趋势，而且可以通过拖放图形的坐标轴，方便地变换观察数据的角度。

曲面图包括 4 种子图表类型，如图 24-19 所示。

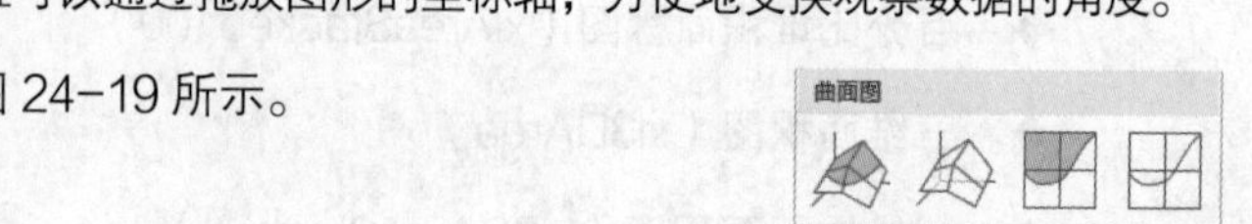

图 24-19 曲面图

- 三维曲面图（xlSurface）
- 三维曲面图（框架图）（xlSurfaceWireframe）
- 曲面图（xlSurfaceTopView）
- 曲面图（俯视框架图）（xlSurfaceTopViewWireframe）

24.4.9 雷达图

在雷达图中，每个分类都使用独立的由中心点向外辐射的数值轴，同一系列中的值则是通过折线连接的。雷达图通常由一组坐标轴和 3 个同心圆构成。每个坐标轴代表一个指标。同心圆中最小的圆表示最差水平或是平均水平的 1/2，中间的圆表示标准水平或是平均水平，最大的圆表示最佳水平或是平均水平的 1.5 倍。其中中间的圆与外圆之间的区域称为标准区。

雷达图对于采用多项指标全面分析目标情况有着重要的作用，是诸如企业经营分析等分析活动中十分有效的图表，具有完整、清晰和直观的特点。

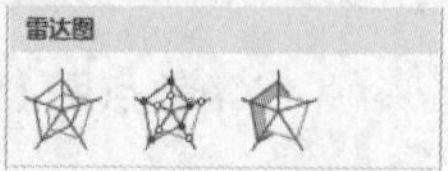

雷达图包括 3 种子图表类型，如图 24-20 所示。

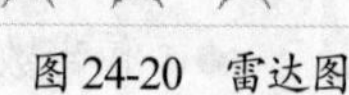

图 24-20 雷达图

- 雷达图（xlRadar）
- 带数据标记的雷达图（xlRadarMarkers）
- 填充雷达图（xlRadarFilled）

24.5 图表设计

图表设计是指选择图表数据、图表类型、图表布局、图表样式、设置坐标轴、调整图表大小与位置等。图表设计的项目不分先后，可以按照绘制图表的构思分步实施。

24.5.1 选择数据

选择数据包括添加、删除数据系列，编辑分类轴标签引用的数据区域等。

选中图表，在【图表工具】的【设计】选项卡中单击【选择数据】命令，打开【选择数据源】对话框，再单击对话框右侧“水平（分类）轴标签”下的【编辑】按钮，打开【轴标签】对话框，选择轴标签区域为 A3:B6 单元格，最后单击【确定】按钮关闭对话框，为横坐标设置文字标签，如图 24-21 所示。

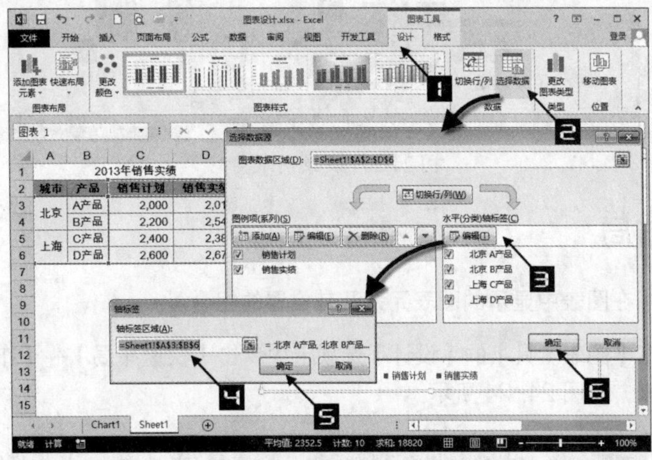

图 24-21 选择数据

选中图表，在【图表工具】的【设计】选项卡中单击【切换行/列】命令，将所选图表的 2 个数据系列更改为 4 个数据系列，如图 24-22 所示。再次在【图表工具】的【设计】选项卡中单击【切换行/列】命令，可以将图表恢复为 2 个数据系列。

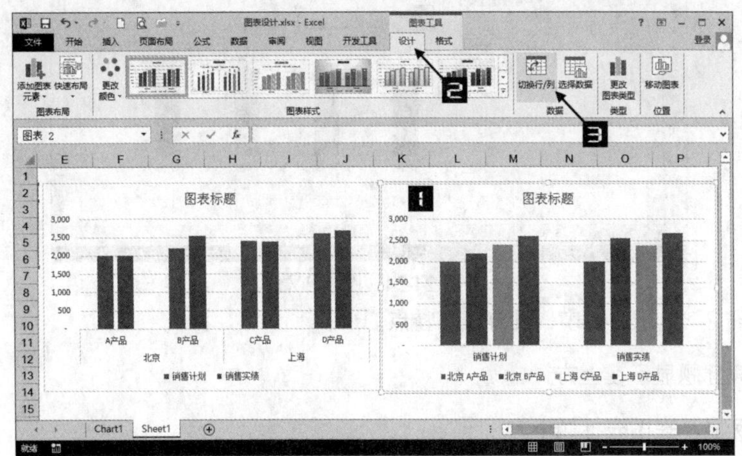

图 24-22 切换行/列

24.5.2 更改图表类型

选择合适的图表类型有利于更好地表现数据的特性，Excel 2013 可以更改整个图表的图表类型，也可以更改图表中某个数据系列支持的图表类型。

选择图表中的“销售计划”数据系列，在【图表工具】的【设计】选项卡中单击【更改图表类型】命令，打开【更改图表类型】对话框，自动切换到【所有图表】→【组合】选项卡，设置“销售计划”数据系列的图表类型为【带数据标记的折线图】，单击【确定】按钮完成更改图表类型，如图 24-23 所示。

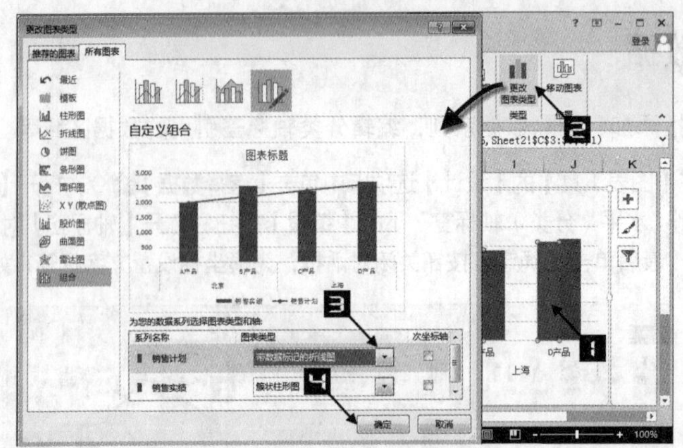
图 24-23 更改图表类型

24.5.3 图表布局

图表布局是指在图表中显示的图表元素及其位置的组合。

选中图表，在【图表工具】的【设计】选项卡中单击【快速布局】→【布局 2】图标，将布局应用到所选的图表，如图 24-24 所示。

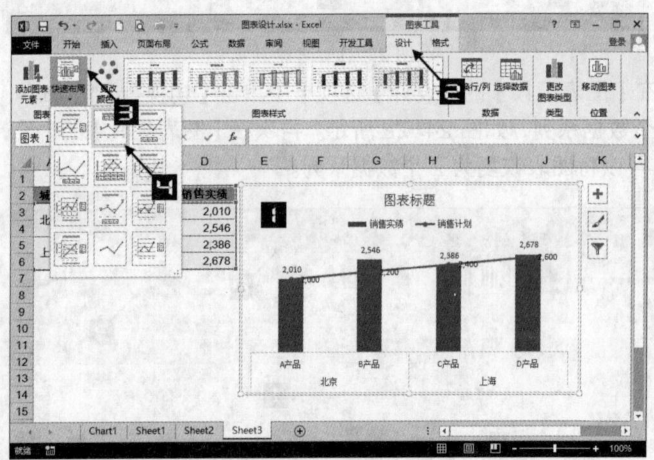
图 24-24 图表布局

按“布局 2”显示的图表，具有以下特点。

- ◆ 图表标题显示在上方
- ◆ 图例显示在图表标题下方
- ◆ 不显示纵坐标轴
- ◆ 不显示网格线
- ◆ 显示数据标签

除了使用默认的图表布局，还可以自定义添加或删除图表元素。

选中图表，在【图表工具】的【设计】选项卡中单击【添加图表元素】下拉按钮，在下拉列表中依次单击【坐标轴】→【主要纵坐标轴】命令，为所选的图表添加纵坐标轴，如图 24-25 所示。

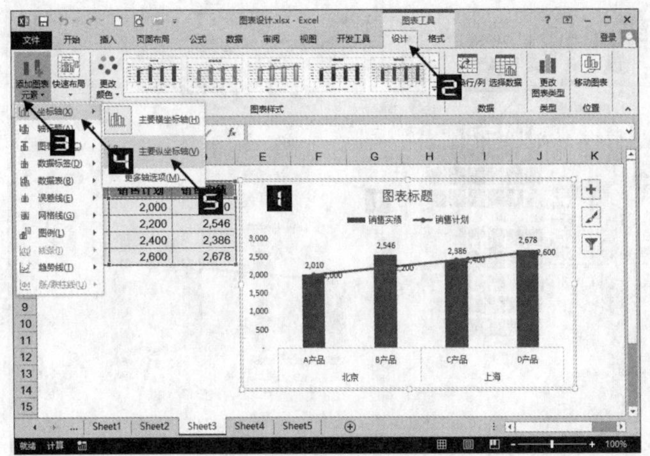

图 24-25 添加图表元素

24.5.4 图表样式

图表样式是指在图表中显示的数据点形状和颜色的组合。

选中图表，在【图表工具】的【设计】选项卡中单击【图表样式】下拉按钮，打开图表样式库，单击【样式 7】图标，将图表样式应用到所选的图表，如图 24-26 所示。

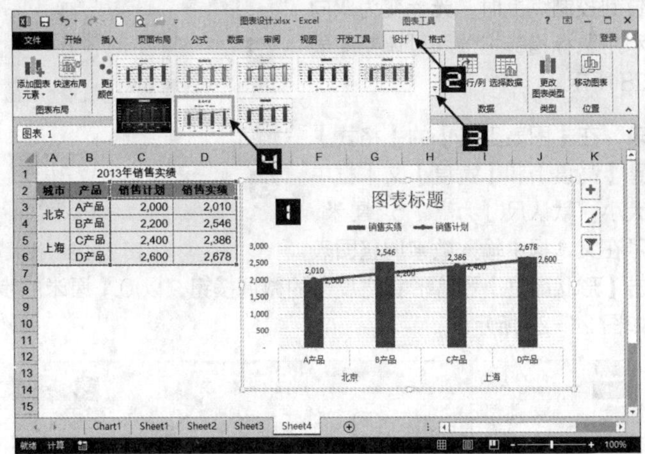

图 24-26 图表样式

按“样式 7”显示的图表，具有以下特点。

◆ 图例显示在图表绘图区下方

◆ 显示纵坐标轴

◆ 显示网格线

◆ 图表区为白色

◆ 数据点形状为扁平风格纯色填充的柱体

除了使用默认的图表样式，还可以统一更改数据系列的颜色。

选中图表，在【图表工具】的【设计】选项卡中单击【更改颜色】下拉按钮，在下拉列表中单击【颜色 5】图标，将数据系列颜色更改为渐变的蓝色，如图 24-27 所示。

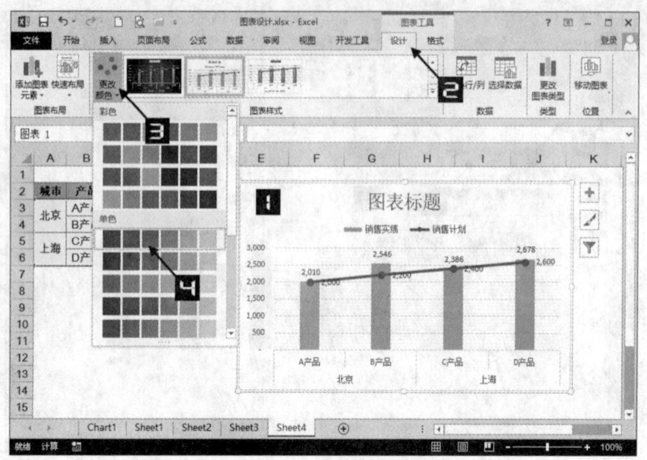

图 24-27 更改颜色

24.5.5 调整图表大小

在实际应用中，为了满足显示或打印的需要，经常要调整图表区和绘图区的大小。调整图表大小有如下 3 种方法。

◆ 选中图表，在图表的边框上显示 8 个控制点，将光标定位到控制点上时，光标变为双向箭头形状，此时利用鼠标指针拖放即可调整图表大小，如图 24-28 所示。

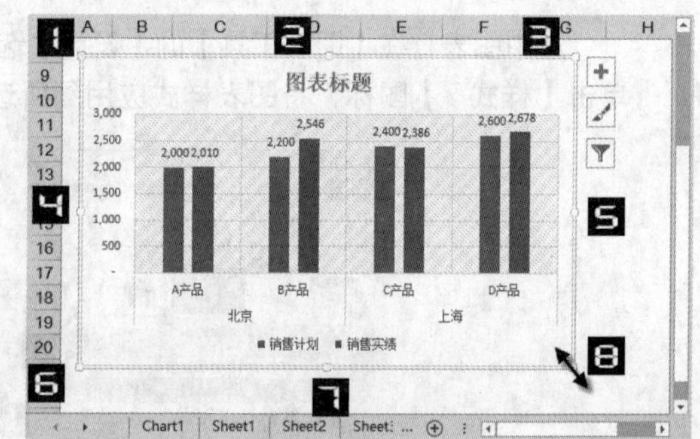

图 24-28 拖放图表大小

◆ 选中图表，在【图表工具】的【格式】选项卡中可以调整【高度】和【宽度】文本框中显示所选图表的大小，默认尺寸为高 7.62 厘米、长 12.7 厘米。除了在文本框中输入数字调整图表大小，也可以单击【形状高度】和【形状宽度】的微调按钮，以 0.1 厘米的步进方式精确调整图表的高度和宽度，如图 24-29 所示。

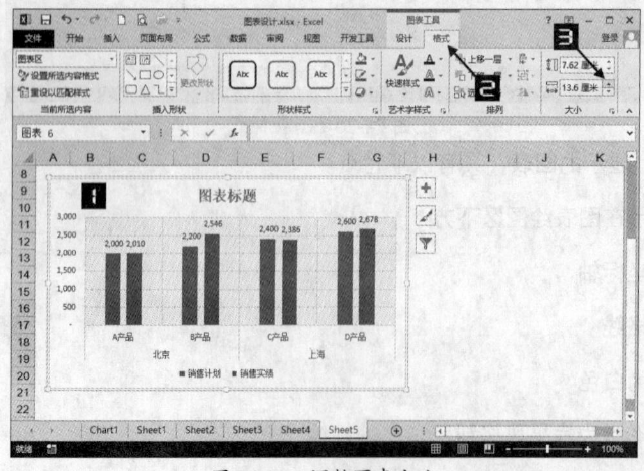

图 24-29 调整图表大小

◆ 选中图表，在【图表工具】的【格式】选项卡中单击【大小】对话框启动器按钮，打开【设置图表区格式】选项窗格，在【大小】选项卡中，可以设置【缩放高度】和【缩放宽度】选项调整图表大小，如图 24-30 所示。

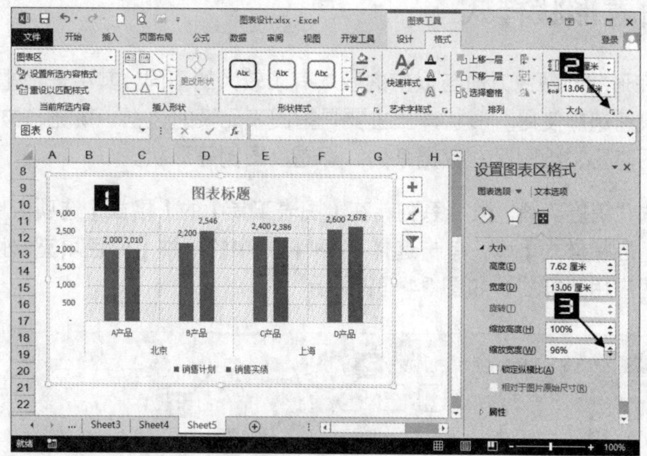

图 24-30 设置缩放宽度

24.6 设置图表格式

在 Excel 中插入的图表，一般使用内置的默认样式，只能满足制作简单图表的要求。如果需要用图表清晰地表达数据的含义，或制作与众不同的图表，就需要进一步对图表进行修饰和处理。

24.6.1 选中图表元素

修饰图表实际上就是修饰图表中的各个元素，使它们在形状、颜色、文字等各方面都更加个性化。在进行修饰之前，需要先选中相应的图表元素。

在图表中选中不同图表元素的方法有如下 3 种。

- ◆ 单击选取。
- ◆ 利用键盘的上、下、左、右方向键选取。
- ◆ 通过【图表工具】的【格式】选项卡中的【图表元素】组合框下拉列表选取，如图 24-31 所示。

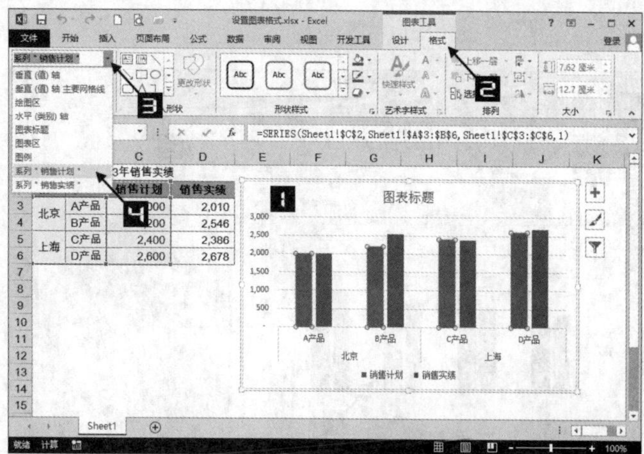

图 24-31 【图表元素】组合框

24.6.2 设置图表形状样式

Excel 2013 在形状与颜色方面与以前的版本有了较大的不同，其中一项重大的改进是：提供了形状样式库可供快速选择使用。形状样式主要是指图表元素的边框、填充、文本的组合样式。形状样式可以应用于图表区、绘图区、数据系列、标题、图例等形状。

选中图表中的“销售实绩”数据系列，在【图表工具】的【格式】选项卡中单击的【形状样式】下拉按钮，打开【形状样式】库，单击选择 42 种样式中的一种【彩色填充-水绿色，强调颜色 5】，为所选择的柱形图应用此样式，如图 24-32 所示。

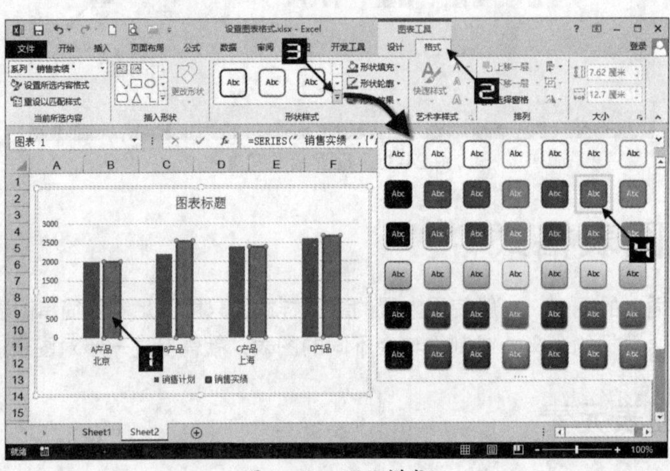

图 24-32 形状样式

24.6.3 设置图表区和绘图区格式

图表区是图表的整个区域，图表区格式的设置相当于设置图表的背景。绘图区是图表区中由坐标轴围成的部分。从层次结构上说，绘图区位于图表区的上层。

选择图表的绘图区，然后在【图表工具】的【格式】选项卡中单击【设置所选内容格式】命令（或者双击图表区中的空白处），打开【设置绘图区格式】选项窗格，开始设置所选图表元素的格式，如图 24-33 所示。

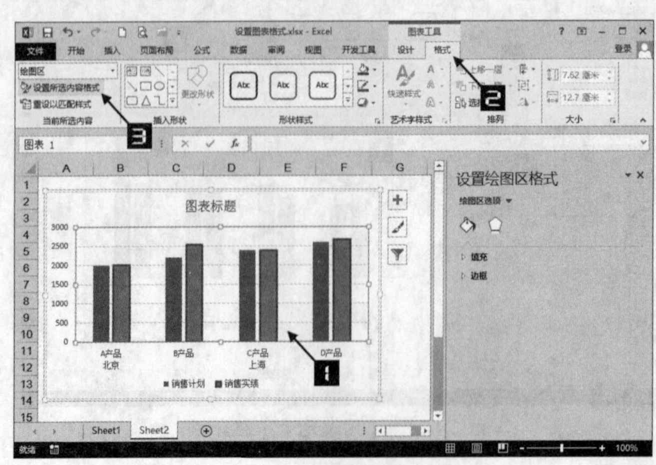

图 24-33 设置绘图区格式

1. 填充

在【设置绘图区格式】选项窗格中，单击【填充】选项，打开【填充】选项卡，选择【图案填充】选项和【浅色下对角线】图案，再设置【前景】颜色为【白色，背景 1，深色 25%】，并保持【背景】颜色为白色，完成设置绘图区填充选项，如图 24-34 所示。

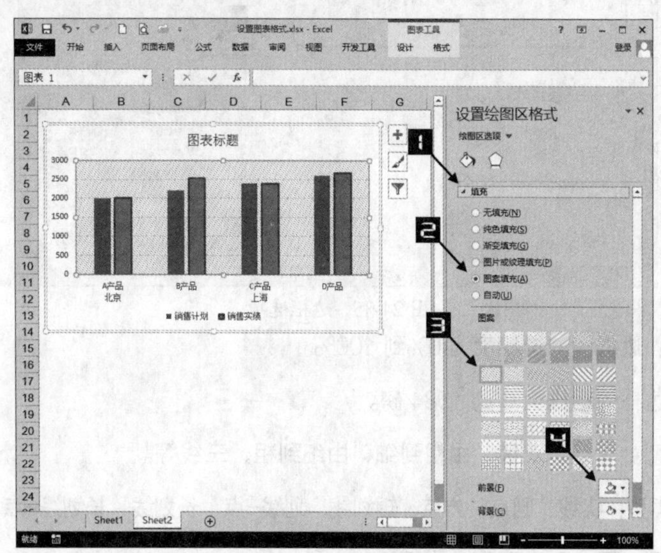

图 24-34　填充选项

绘图区的【填充】选项说明如下。

- ◆ 无填充：即透明。
- ◆ 纯色：即一种颜色。
- ◆ 渐变填充：即一种或几种颜色，从深到浅过渡变化的颜色。
- ◆ 图片或纹理填充：即填充自定义图片或内置图片。
- ◆ 图案填充：即不同前景色和背景色的条纹图案。
- ◆ 自动填充：一般为白色。

2. 边框

单击图表区，切换到【设置图表区格式】选项窗格，在【边框】选项卡中，选择【实线】选项，设置【宽度】为 3 磅，【短划线类型】为圆点，并勾选【圆角】复选按钮，完成设置边框样式选项，如图 24-35 所示。

图表区的【边框】选项说明如下。

- ◆ 无线条：即无边框线。
- ◆ 实线：同一种颜色的边框线。
- ◆ 渐变线：颜色由深到浅变化的边框线。
- ◆ 自动：默认的灰色细线。
- ◆ 颜色：边框线的基本颜色。

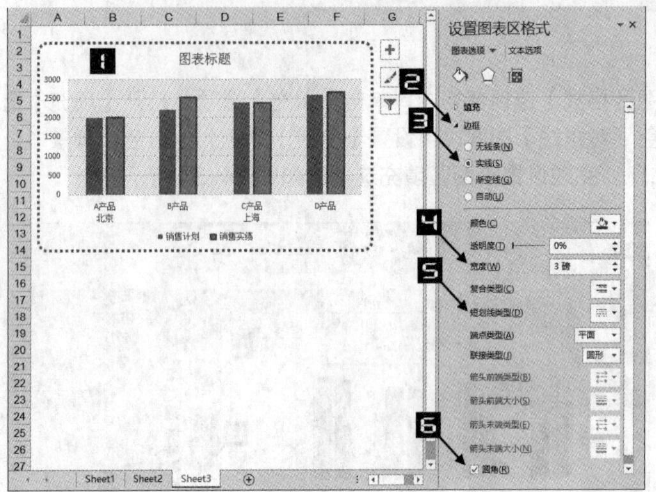

图 24-35 边框选项

◆ 透明度：边框线的透明度为 0%到 100%。

◆ 宽度：边框的粗细为 0 到 1584 磅。

◆ 复合类型：单线、双线、由粗到细、由细到粗、三线等。

◆ 短划线类型：实线、圆点、方点、短划线、划线-点、长划线、长划线-点、长划线-点-点等。

◆ 端点类型：正方形、圆形、平面。

◆ 联接类型：圆形、棱台、斜接。

◆ 箭头选项：即直线两端箭头的样式和大小，边框样式中不可使用此设置。

◆ 圆角：边框线为直角或圆角选项。

3. 阴影

在【设置图表区格式】选项窗格中，依次单击【效果】→【阴影】选项，切换到【阴影】选项卡，选择【预设】下拉列表中的【内部右上角】阴影样式，完成设置图表区的阴影选项，如图 24-36 所示。

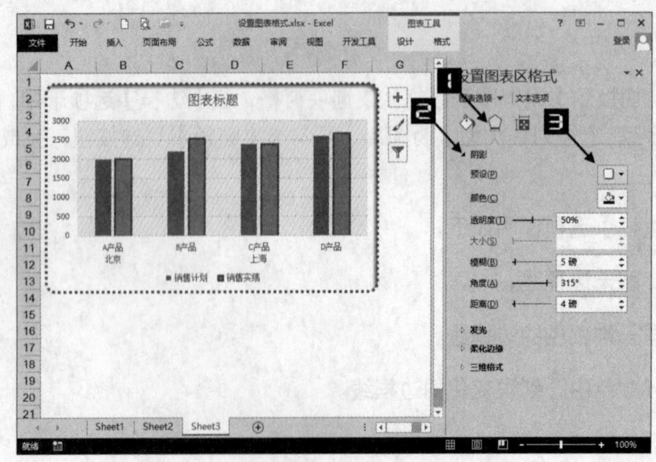

图 24-36 阴影选项

图表区的【阴影】选项说明如下：

◆ 预设：无阴影、外部、内部、透视等。

◆ 颜色：可选择阴影的颜色。

◆ 透明度：0%到 100%可调。

◆ 大小：1%到 200%可调，内部阴影大小不可调。

◆ 模糊：0 到 100 磅可调。

◆ 角度：0° 到 359° 可调。

◆ 距离：0 到 200 磅可调。

4. 发光和柔化边缘

在【设置图表区格式】选项窗格中，依次单击【效果】→【发光】选项，切换到【发光】选项卡，选择【预设】下拉列表中的【红色，8pt 发光，着色 2】发光样式。再单击【柔化边缘】选项，切换到【柔化边缘】选项卡，选择【预设】下拉列表中的【2.5 磅】柔化边缘样式，完成设置图表区的发光和柔化边缘选项，如图 24-37 所示。

图表区的【发光】选项说明如下。

◆ 发光预设：预设的无发光和 24 种发光样式。

◆ 发光颜色：可选择发光的颜色。

◆ 发光大小：0 到 150 磅可调。

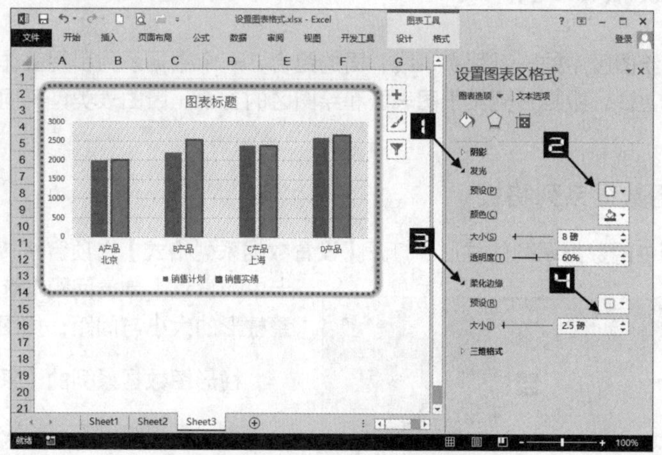

图 24-37 发光和柔化边缘选项

◆ 发光透明度：1%到 100%可调。

图表区的【柔化边缘】选项说明如下。

◆ 柔化边缘预设：预设的无柔化边缘和 6 种大小的柔化边缘样式。

◆ 柔化边缘大小：0 到 100 磅可调。

5. 三维格式

在【设置图表区格式】选项窗格中，单击【三维格式】选项，切换到【三维格式】选项卡，选择【顶部棱台】下拉列表中的【松散嵌入】棱台样式，顶部棱台的【宽度】和【高度】为默认的 6 磅，完成设置图表区的三维格式选项，如图 24-38 所示。

图表区的【三维格式】选项说明如下。

◆ 顶部棱台：预设的无棱台和 12 种棱台样式，棱台宽度和高度均可在 0 磅到 1584 磅之间调整。

◆ 底部棱台：预设的无棱台和 12 种棱台样式，棱台宽度和高度均可在 0 磅到 1584 磅之间调整。

◆ 深度：不可用。

◆ 曲面图：不可用。

◆ 材料：标准、特殊效果、半透明等。

◆ 照明：中性、暖调、冷调和特殊格式等。

◆ 角度：0° 到 359.9° 可调。

◆ 重置：恢复默认三维格式。

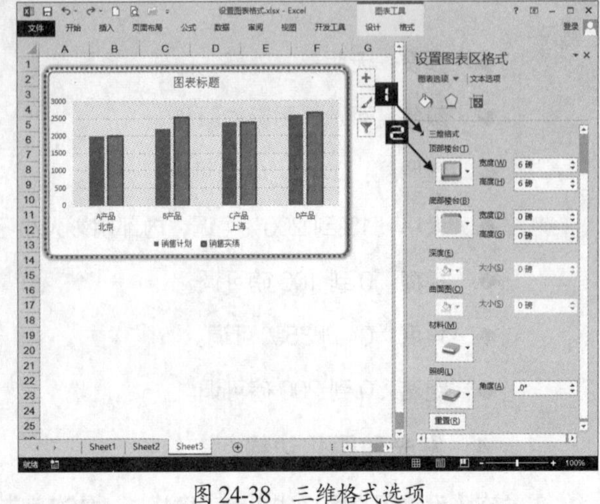

图 24-38 三维格式选项

提示 如果对图表格式设置不满意，需要恢复到图表的初始状态，只需选中图表后，再在【图表工具】的【格式】选项卡中单击【重设以匹配样式】按钮即可。

24.6.4 设置数据系列格式

数据系列是绘图区中的一系列点、线、面的组合，一个数据系列引用工作表中的一行或一列数据。从层次结构上说，数据系列位于图表区和绘图区的上面。因图表类型不同，数据系列格式选项有所不同。

1. 柱形图数据系列格式

双击柱形图中的数据系列的柱形，打开【设置数据系列格式】选项窗格，在【系列选项】选项卡中，设置【分类间距】选项为 100%，完成调整柱形的大小与间距，如图 24-39 所示。

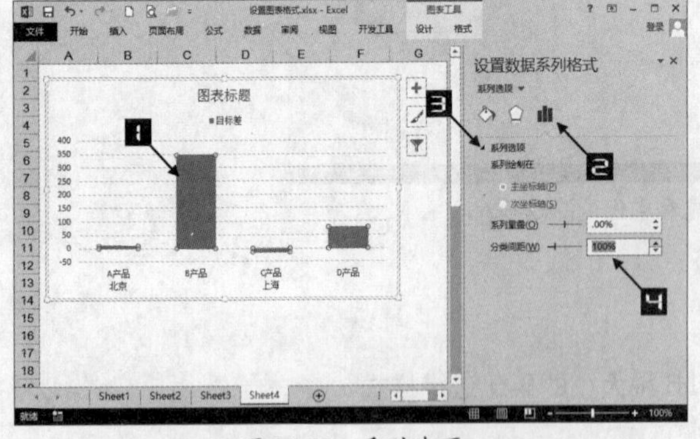

图 24-39 系列选项

柱形图数据系列的【系列选项】说明如下。

◆ 系列绘制在：当某个图表中包含两个或两个以上的数据系列时，可以设置数据系列的【系列选项】，指定数据系列绘制在【次坐标轴】，在图表中将显示右侧的次要纵坐标轴。

◆ 系列重叠：不同数据系列之间的重叠比例，比例范围为-100%到 100%。

◆ 分类间距：不同数据点之间的距离，间距范围为 0%到 500%，同时调整柱形的宽度。

在【设置数据系列格式】选项窗格中，单击【填充线条】选项，切换到【填充】选项卡，选择【纯色填充】和【以互补色代表负值】选项，设置【逆转填充颜色】为红色，完成设置数据系列的填充选项，如图 24-40 所示。

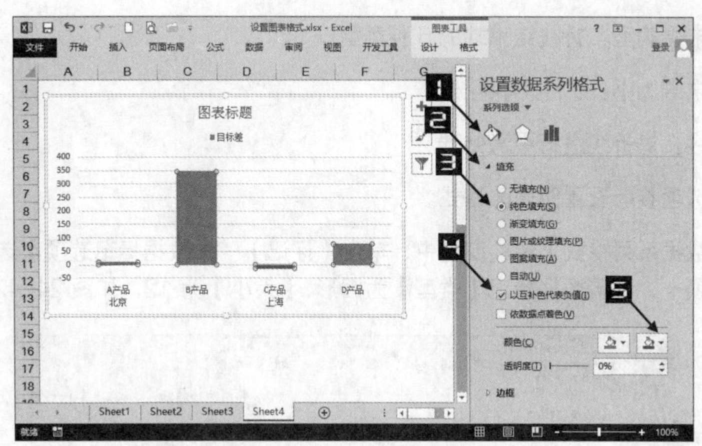

图 24-40　系列填充选项

柱形图数据系列的【填充】选项说明如下。

◆　以互补色代表负值：默认以白色填充，也可以分别设置正值的填充颜色和负值的逆转填充颜色。

◆　依数据点着色：为各个数据点柱形设置不同的颜色。

◆　其他选项参考设置图表区格式。

2. 折线图数据系列格式

折线图的数据系列由线条和数据标记组成，数据标记是指折线图中的数据点的图形。因为折线图中的线条和数据标记是主要显示对象，所以其格式应适当突出。

双击折线图中的数据系列的线条，打开【设置数据系列格式】选项窗格，依次单击【填充线条】→【线条】选项，打开【线条】选项卡，选择【实线】选项，设置线条【宽度】5 磅，完成设置数据系列的线条选项，如图 24-41 所示。

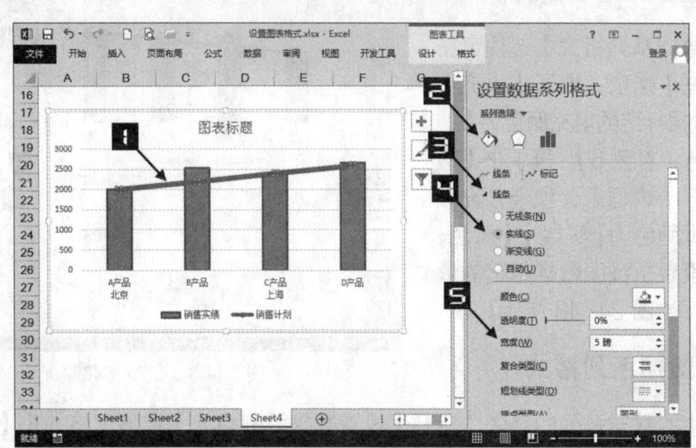

图 24-41　线条选项

折线图数据系列的【线条】选项说明如下。

◆　箭头前端类型：折线开始端的 6 种类型，包括无箭头、箭头、开放型箭头、燕尾箭头、钻石形箭头、圆型箭头。

◆　箭头前端大小：9 种大小可选。

◆ 箭头末端类型：折线结束端的 6 种类型。

◆ 箭头末端大小：9 种大小可选。

◆ 平滑线：对折线进行平滑处理。

◆ 其他选项参考设置图表区格式。

在【设置数据系列格式】选项窗格中，单击【标记】→【数据标记选项】选项，切换到【数据标记选项】选项卡，设置数据标记【类型】为圆形，【大小】为 12，如图 24-42 所示。

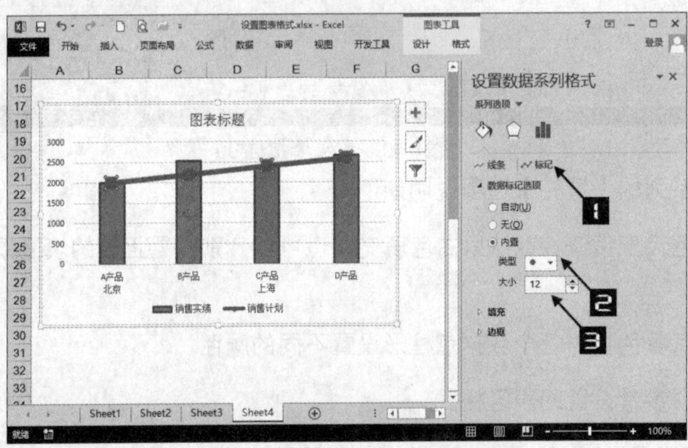

图 24-42 数据标记选项

折线图数据系列的【数据标记选项】说明如下。

◆ 自动：数据标记的图形大小为 5。

◆ 无：没有数据标记的折线。

◆ 内置：9 种数据标记的图形类型，大小可以在 2 到 72 之间调节。

在【设置数据系列格式】选项窗格中，单击【填充】选项，展开【填充】选项卡，设置数据标记的填充颜色为【纯色填充】、【橙色，着色 6】。再单击【边框】选项，展开【边框】选项卡，设置数据标记的边框颜色为【实线】、【蓝色，着色 1】，完成设置折线图数据标记的填充和边框选项，如图 24-43 所示。

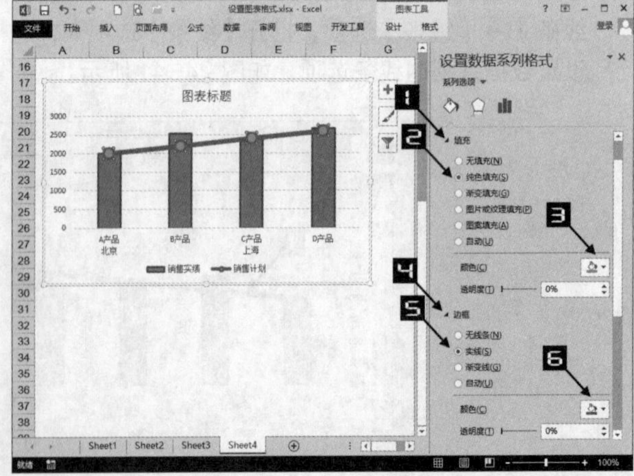

图 24-43 数据标记填充和边框选项

3. 饼图数据系列格式

双击饼图中的数据系列的扇区，打开【设置数据系列格式】选项窗格，在【系列选项】选项卡中，设置【第一扇区起始角度】选项为 90°，【饼图分离程度】为 5%，完成设置饼图数据系列选项，如图 24-44 所示。

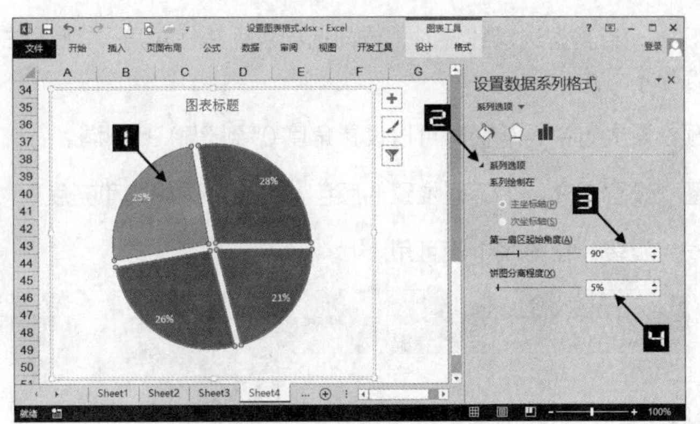

图 24-44 饼图系列选项

4. 三维柱形图数据系列格式

双击三维柱形图中的【销售实绩】数据系列的柱形，打开【设置数据系列格式】选项窗格，在【系列选项】选项卡中，选择【柱体形状】为【完整圆锥】选项，完成设置三维柱形图的数据系列选项，如图 24–45 所示。

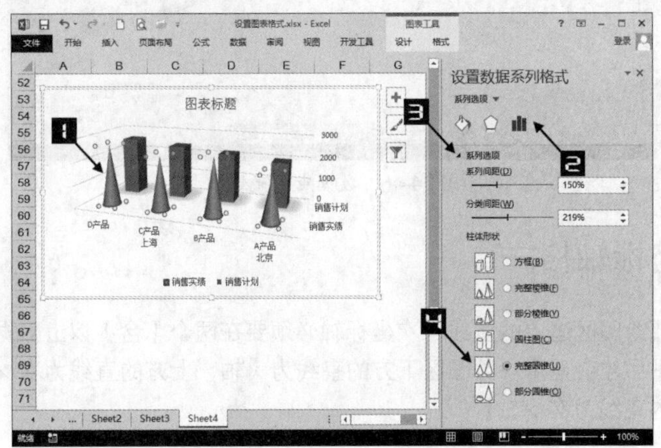

图 24-45 三维柱形图系列选项

24.6.5 设置数据点格式

数据点是数据系列图形中的一个形状，对应工作表中的一个单元格数据。数据点格式与数据系列格式的设置类似，相同的选项不再赘述。

以柱形图为例，单击任意一个柱形选中数据系列，再次单击“C 产品”柱形，选择一个数据点。然后双击数据点的柱形，打开【设置数据点格式】选项窗格，依次单击【填充线条】→【填充】选项，打开【填充】选项卡，选择【渐变填充】选项，设置【预设渐变】为【顶部聚光灯，着色 1】，完成设置所选数据点格式，如图 24–46 所示。

【渐变填充】选项说明如下。

◆ 预设渐变：包括浅色渐变、顶部聚光灯、中等渐变、底部聚光灯、径向渐变等 6 大类 36 种渐变样式。

◆ 类型：线性、射线、矩形、路径等 4 种。

◆ 方向：当类型选择射线或矩形时，方向选项包括从右下角、从左下角、中心辐射、从右上角、从左上角等 5 种；当类型选择线性时，方向选项包括线性对角-左上到右下等 9 种；当类型选择路径时，方向选项不可用。

◆ 角度：预设渐变为中等渐变时可以设置角度 0° 到 359.9° 可调。

◆ 渐变光圈：设置渐变色中不同位置的颜色、位置、透明度和亮度。

◆ 与形状一起旋转：在图表中不可用。

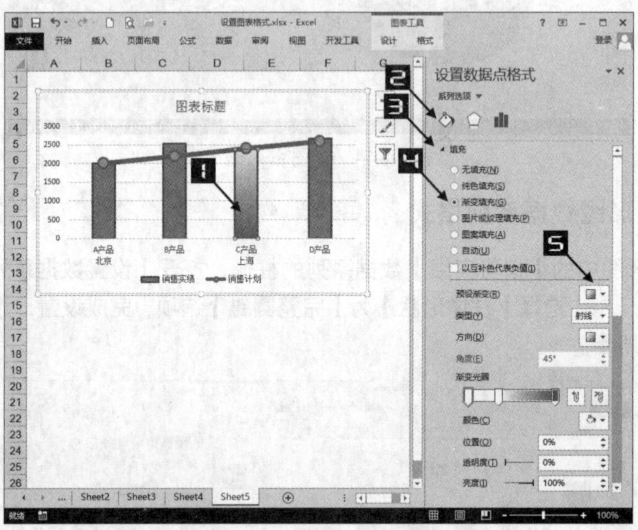

图 24-46 数据点填充选项

24.6.6 设置坐标轴格式

坐标轴是组成绘图区边界的直线，次坐标轴必须要在两个（含）以上数据系列的图表中，并设置了使用次坐标轴后才会显示。绘图区下方的直线为 x 轴，上方的直线为次 x 轴。绘图区左侧的直线为 y 轴，右侧的直线为次 y 轴。

1. 数值轴刻度

双击纵坐标轴，打开【设置坐标轴格式】选项窗格，单击【坐标轴选项】选项，展开【坐标轴选项】选项卡，设置【主要】刻度单位为 1000，完成数值轴刻度选项设置，如图 24-47 所示。

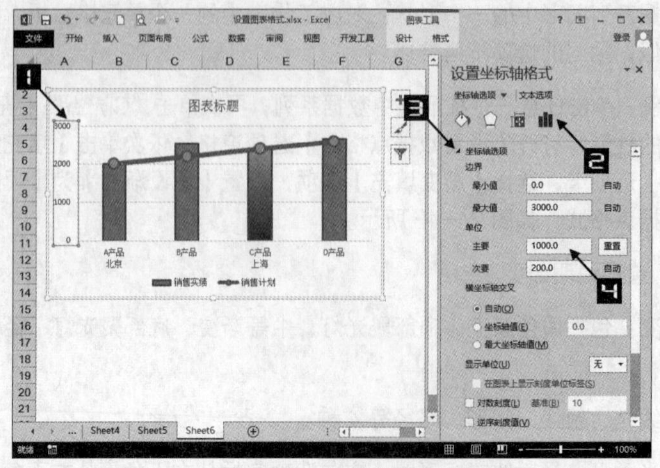

图 24-47 数值轴刻度

数值轴的【坐标轴选项】说明如下。

- ◆ 边界-最小值：数值坐标轴的最小值。
- ◆ 边界-最大值：数值坐标轴的最大值。
- ◆ 单位-主要：主要刻度单位，显示坐标轴标签。
- ◆ 单位-次要：不显示。
- ◆ 重置：设置刻度为自动。
- ◆ 横坐标交叉：自动、坐标轴值、最大坐标轴值。
- ◆ 显示单位：无、百、千、万、十万、百万、千万、亿、十亿、兆。
- ◆ 对数刻度：刻度之间为等比数列。
- ◆ 逆序刻度值：坐标轴刻度方向相反。

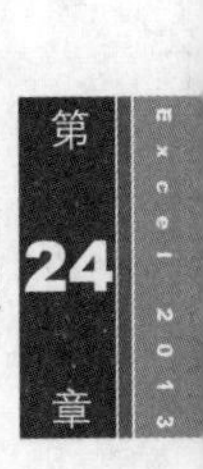

2. 分类轴刻度

单击横坐标轴，切换到分类轴的【设置坐标轴格式】选项窗格，单击【坐标轴选项】选项，展开【坐标轴选项】选项卡，勾选【逆序类别】选项，完成分类轴刻度选项设置，如图24-48所示。

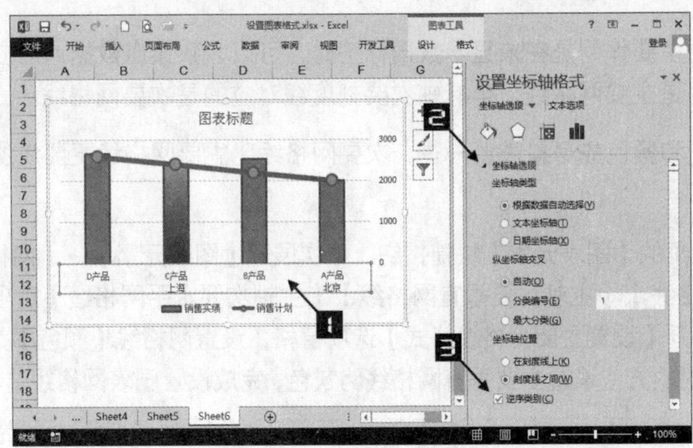

图24-48 分类轴刻度

分类轴的【坐标轴选项】说明如下。

- ◆ 坐标轴类型：根据数据自动选择、文本坐标轴、日期坐标轴。
- ◆ 纵坐标交叉：自动、分类编号、最大分类。
- ◆ 位置坐标轴：在刻度线上、刻度线之间。
- ◆ 逆序类别：分类坐标轴内容的顺序相反。

3. 日期轴刻度

双击含有日期的横坐标轴，打开【设置坐标轴格式】选项窗格，单击【坐标轴选项】选项，展开【坐标轴选项】选项卡，选择【日期坐标轴】选项，设置【边界-最大值】为2013/9/8，设置【单位-主要】为2天，完成日期坐标轴轴刻度选项设置，如图24-49所示。

日期坐标轴的【坐标轴选项】说明如下。

- ◆ 坐标轴类型：根据数据自动选择、文本坐标轴、日期坐标轴。

◆ 边界-最小值：最小日期。

◆ 边界-最大值：最大日期。

◆ 单位-主要：主要刻度的日期，显示坐标轴标签。

◆ 单位-次要：不显示。

◆ 重置：设置刻度为自动。

◆ 主要刻度单位：天、月、年。

◆ 次要刻度单位：天、月、年。

◆ 基准：天、月、年。

◆ 位置坐标轴：在刻度线上、刻度线之间。

◆ 逆序日期：日期显示的顺序相反。

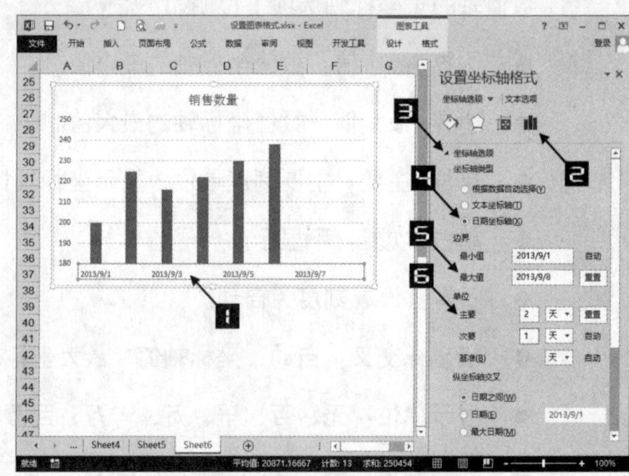

图 24-49 日期坐标轴刻度

24.6.7 设置网格线格式

图表网格线的主要作用是在未显示数据标签时，可以大致读出数据点对应坐标的刻度。坐标轴主要刻度线对应的是主要网格线，坐标轴次要刻度线对应的是次要网格线。

网格线的线型和颜色应尽量浅淡一些，次要网格线比主要网格线更要浅淡一些，从而使数据点能够突出显示。

单击图表右上角的【图表元素】快捷按钮，依次展开【图表元素】→【网格线】选项列表，勾选【主轴主要水平网格线】、【主轴主要垂直网格线】、【主轴次要水平网格线】选项。再双击图表中的主要水平网格线，打开【设置主要网格线格式】选项窗格，设置网格线【颜色】为【白色，背景1，深色50%】。使用相同的方法设置主要垂直网格线为灰色，完成设置图表网格线选项，如图24-50所示。

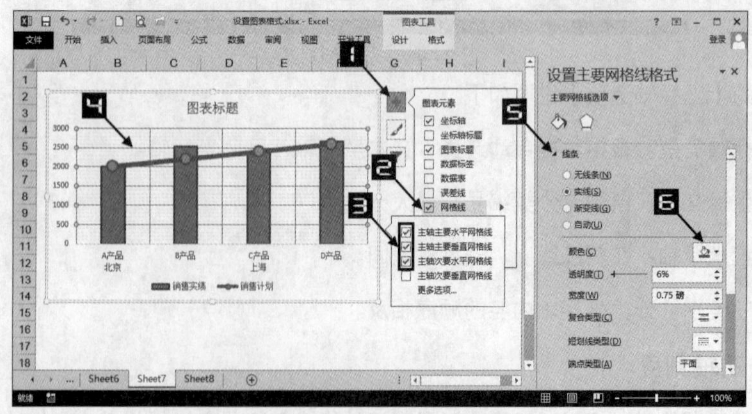

图 24-50 网格线的线条颜色

24.6.8 设置图例格式

图例实际上是一个类文本框，用于显示数据系列指定的图案和文本说明。图例是由图例项组成的，每一个数据系列对应一个图例项。

双击图表中的图例，打开【设置图例格式】选项窗格，在【图例选项】选项卡中选择图例位置【右上】选项，并勾选【显示图例，但不与图表重叠】复选按钮，完成设置图例选项，如图 24-51 所示。

也可以用鼠标拖放图例，将图例放置于图表区内的任意位置。

【图例选项】说明如下。

◆ 图例位置：靠上、底部、靠左、靠右和右上 5 种常用位置。

◆ 显示图例，但不与图表重叠：选择图例是否与绘图区重叠。

◆ 其他的【填充线条】和【效果】选项与设置图表区格式的使用方法相同。

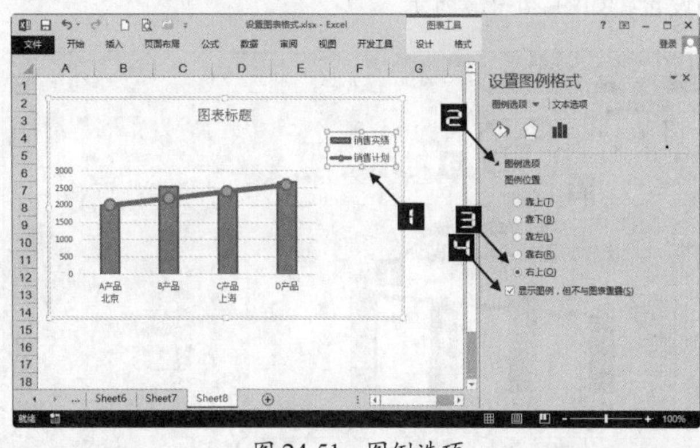

图 24-51 图例选项

24.6.9 设置数据表格式

图表数据表是附加到图表的表格，用于显示图表的源数据。数据表通常附加到图表的下侧，并取代分类横坐标轴上的刻度线标签。

双击图表中的数据表，打开【设置模拟运算表格式】选项窗格，在【模拟运算表选项】选项卡中，去掉勾选【水平】表格线，完成设置数据表格式，如图 24-52 所示。

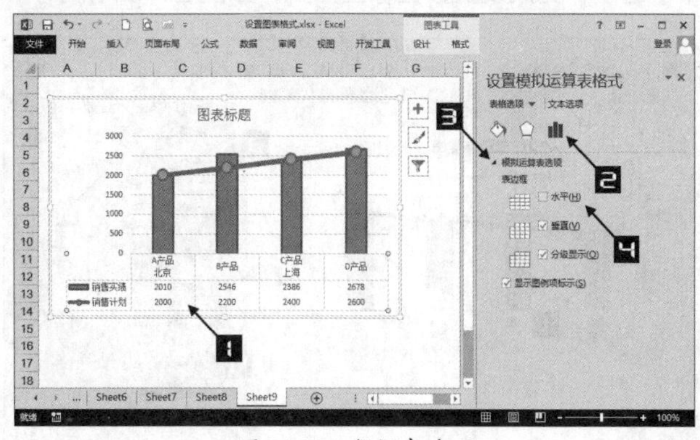

图 24-52 数据表选项

【数据表选项】说明如下。

◆ 表边框：水平、垂直、分级显示 3 种。

◆ 图例项标示：选择是否显示图例项标示。

◆ 其他的【填充线条】和【效果】选项与设置图表区格式的使用方法相同。

24.6.10 设置标题和标签格式

图表标题、坐标轴标题、数据标签、坐标轴标签、图例等均为包含文字的图表元素，其格式设置方法大致相同。

1. 设置标题格式

图表标题是显示说明性文字的文本框，包括图表标题和坐标轴标题，标题设置应清晰醒目。

选中图表标题，在【开始】选项卡中设置字体为【微软雅黑】，字号为【16】，并设置字体【加粗】，完成图表标题设置，如图 24-53 所示。

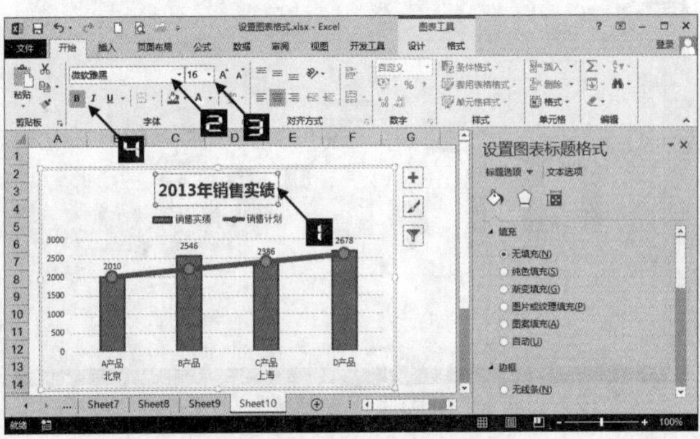

图 24-53 设置图表标题格式

若选择图表区，则图表中所有的文字都将应用所设置的字体格式。

2. 设置标签选项

数据标签是数据系列的数值显示，对应工作表中的一个单元格内的数据。

双击图表中的数据标签，打开【设置数据标签格式】选项窗格，在【标签选项】选项卡中，选择标签位置为【居中】选项，完成设置数据标签格式，如图 24-54 所示。

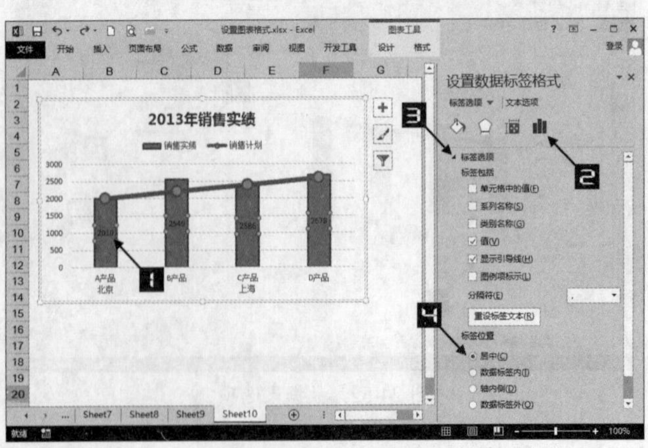

图 24-54 标签选项

【标签选项】说明如下。

- ◆ 标签包括：单元格中的值、系列名称、类别名称、值、显示引导线、图例项标示等。
- ◆ 分隔符：逗号、分号、句号、分行符、空格等。

◆ 重设标签文本：恢复默认设置。

◆ 标签位置：居中、数据标签内、轴内侧、数据标签外等。

3. 文本填充轮廓

标签文本的格式设置要求字体小而清晰，尽量不使用轮廓。

在【设置数据标签格式】选项窗格中，依次单击【文本选项】→【文本填充轮廓】选项，打开【文本填充】选项卡，选择【纯色填充】选项，设置颜色为【白色】，完成数据标签文本填充设置，如图 24-55 所示。

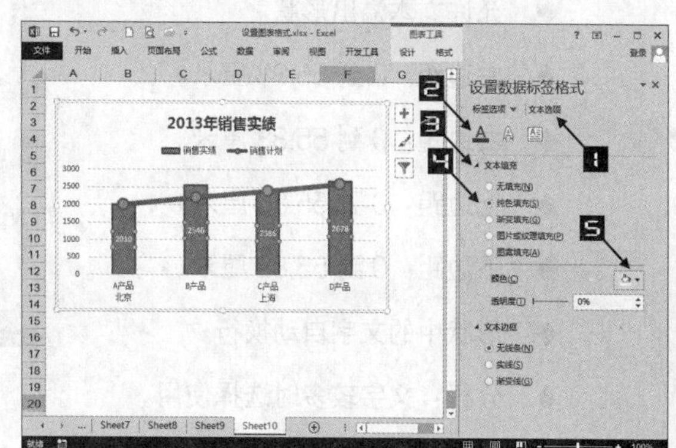

图 24-55 文本填充选项

【文本填充轮廓】选项说明如下。

◆ 文本填充：无填充、纯色填充、渐变填充、图片或纹理填充、图案填充等。

◆ 颜色：填充的字体颜色。

◆ 透明度：可选 0%到 100%。

◆ 文本边框：无线条、实线、渐变线等。

4. 艺术字与文本效果

艺术字和文本效果需要在较大的字体中使用，所以建议除了图表标题之外，不要使用艺术字和文本效果。

选中图表标题，在【图表工具】的【格式】选项卡中单击【快速样式】下拉按钮，打开【艺术字样式】库，在 20 种艺术字样式中任选一种，将艺术字样式运用到图表中。

在【设置图表标题格式】选项窗格中，依次单击【文本选项】→【文本效果】选项，打开【文本效果】选项卡，可以设置文本的阴影、映像、发光、柔化边缘、三维格式、三维旋转等格式，如图 24-56 所示。

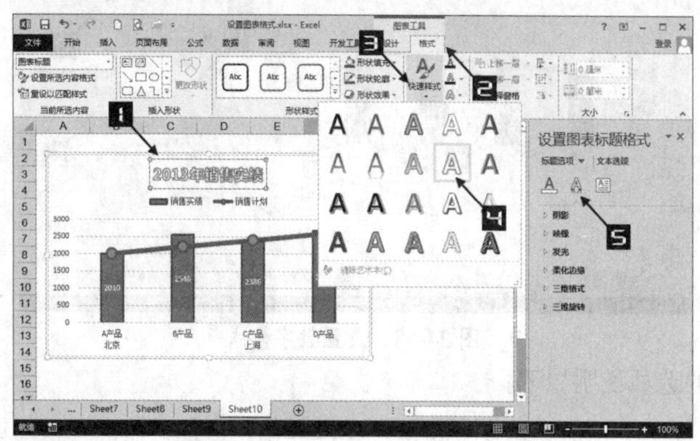

图 24-56 艺术字样式

5. 文本框选项

双击图表中的数据标签，打开【设置数据标签格式】选项窗格，依次单击【文本选项】→【文本框】选项，打开【文本框】选项卡，设置【文字方向】为【所有文字旋转 270°】，完成数据标签的文本框选项设置，如图 24-57 所示。

【文本框】选项说明如下。

◆ 垂直对齐方式：当文字方向为横排时，有顶端对齐、中部对齐、底端对齐、顶端居中、中部居中、底端居中等 6 种；当文字方向为竖排时，有右对齐、居中、左对齐、中部靠右、中部居中、中部靠左等 6 种。

◆ 文字方向：横排、竖排、所有文字旋转 90° 、所有文字旋转 270° 、堆积等 5 种。

◆ 自定义角度：当文字方向为横排时，–90° 到 90° 之间可调。

◆ 根据文字调整形状大小。

◆ 允许文本溢出形状。

◆ 左边距：0 到 55.88 厘米。

◆ 右边距：0 到 55.88 厘米。

◆ 上边距：0 到 55.88 厘米。

◆ 下边距：0 到 55.88 厘米。

◆ 形状中的文字自动换行。

◆ 分栏：文字较多时选择使用。

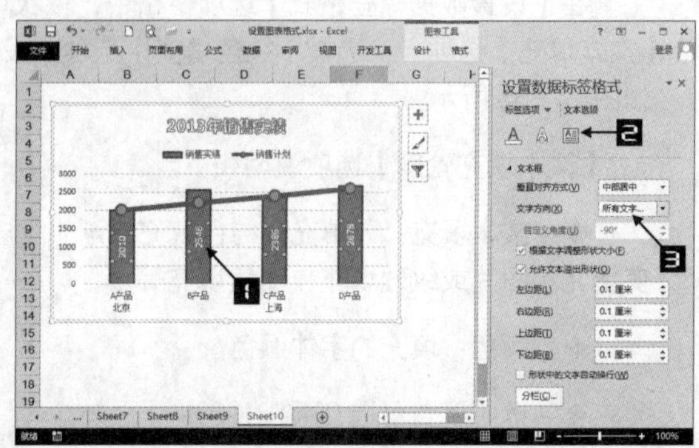

图 24-57 文本框选项

6. 设置数字格式

在图表中含有数值的对象都可以像单元格一样设置数字格式。

双击图表中的数据标签，打开【设置数据标签格式】选项窗格，依次单击【标签选项】→【数字】选项，打开【数字】选项卡，设置【类别】为【数字】格式并勾选【使用千位分隔符】，设置【小数位数】为 0，按<Enter>键或单击工作表任意单元格完成设置数字格式，如图 24–58 所示。

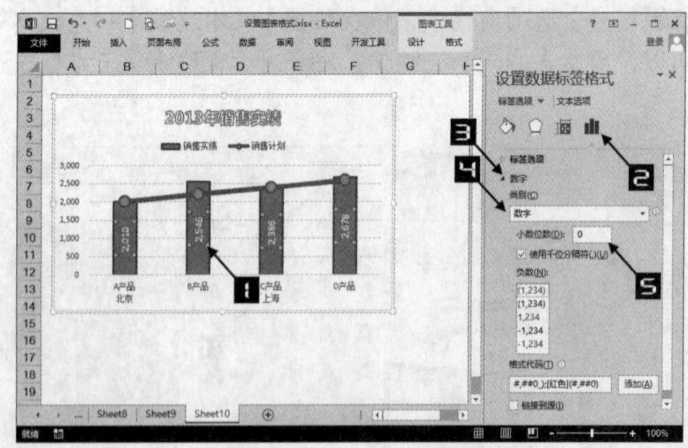

图 24-58 设置数字格式

【数字】格式的选项说明如下。

◆ 内置数字格式：常规、数字、货币、会计专用、日期、时间、百分比、分数、科学记数、文本、特殊格式和自定义等 12 类。

◆ 小数位数，从 0 到 30 的整数。

◆ 货币符号。

◆ 自定义数字格式。

◆ 链接到源：使用与链接单元格相同的数字格式。

24.6.11 复制图表格式

在制作多个相同格式的图表时，Excel 2013 提供了一种简单的方法：复制图表格式。

选择工作表左侧的柱线组合图，单击【开始】选项卡中的【复制】命令，或者按<Ctrl+C>组合键，如图 24-59 所示。

选择工作表右侧的饼图，在【开始】选项卡中单击【粘贴】下拉按钮，在其扩展列表中单击【选择性粘贴】命令，打开【选择性粘贴】对话框，选择【格式】选项，单击【确定】按钮，完成粘贴图表格式，如图 24-60 所示。

利用选择性粘贴的方法复制图表格式，一次只能设置一个图表。对于多个图表的格式复制，需要通过多次操作来完成。

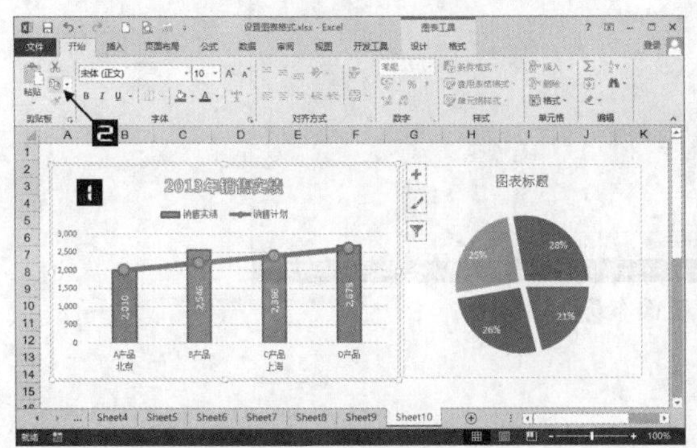

图 24-59 复制图表格式

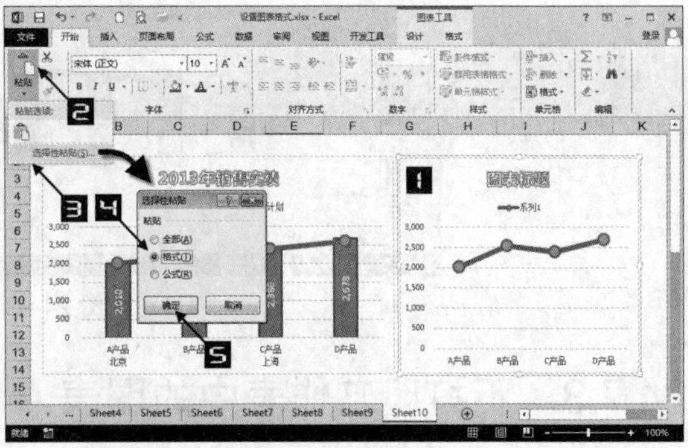

图 24-60 粘贴图表格式

24.7 打印图表

图表设置完成后，可以按需要打印图表。打印之前应先预览打印效果，以减少一张图表打印在两张纸上的错误，避免纸张浪费。

24.7.1 整页打印图表页

选中图表工作表或者工作表中嵌入的图表对象，单击【文件】选项卡中的【打印】命令，切换到打印预览画面，设置打印机、打印份数、纵向/横向、纸张大小、边距等选项，单击【打印】按钮完成打印输出，如图 24-61 所示。

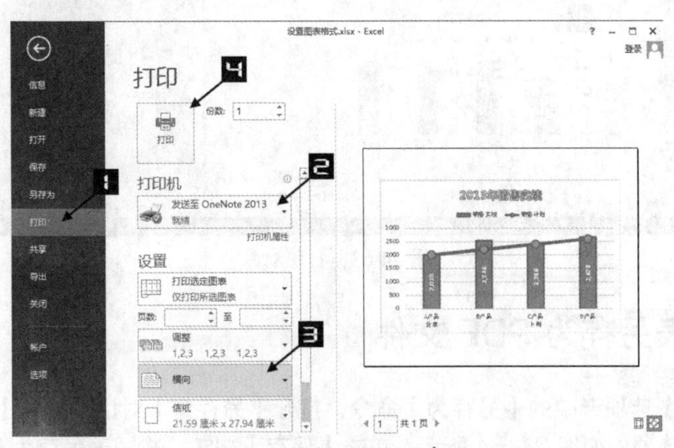

图 24-61 整页打印图表页

24.7.2 作为表格的一部分打印图表

选中工作表中的任意单元格，单击 Excel 窗口状态栏上的【页面布局】按钮，显示页面布局视图，调整右侧和上侧边距，使打印内容在同一页内，如图 24-62 所示。单击【文件】选项卡中的【打印】命令，切换到打印预览画面，单击【打印】按钮完成打印输出。

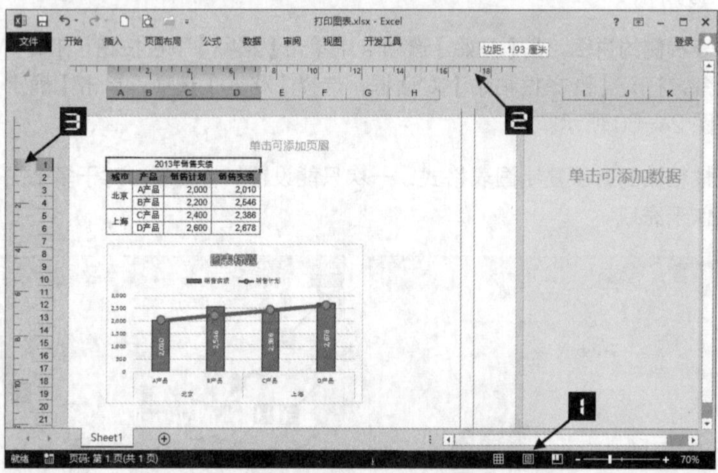

图 24-62 页面布局

24.7.3 不打印工作表中的图表

在图表的图表区空白处双击鼠标，打开【设置图表区格式】选项窗格，依次单击【大小属性】→【属性】选项，切换到【属性】选项卡，取消选择【打印对象】选项，如图 24-63 所示。然后单击【文件】选项卡中的【打印】命令，切换到打印预览画面，确认不显示工作表中的图表，单击【打印】按钮打印输出。

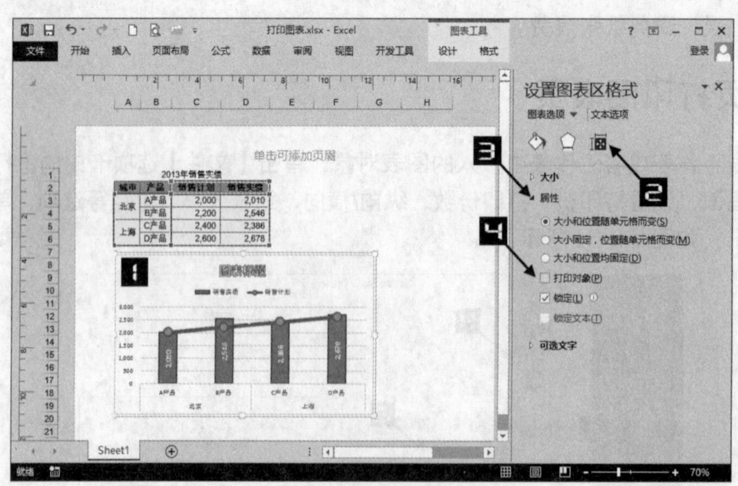

图 24-63 打印对象

24.7.4 将图表另存为 PDF 文件

单击【文件】选项卡中的【另存为】命令，打开【另存为】对话框，在【保存类型】下拉列表中选择【PDF】选项，如图 24-64 所示，单击【保存】按钮，将图表另存为 PDF 文件。

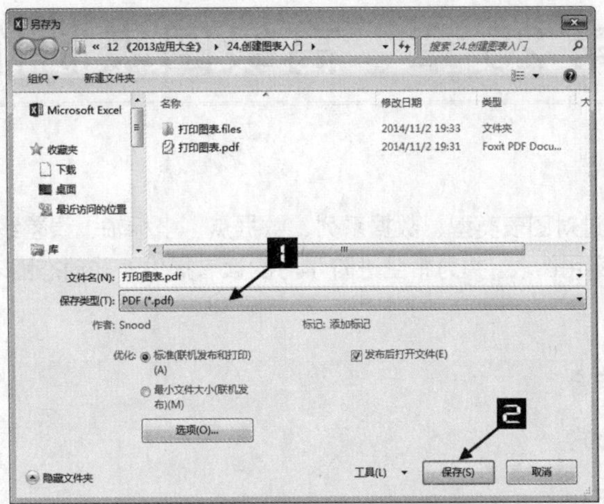

图 24-64　另存为 PDF 文件

24.7.5　将图表另存为图片文件

单击【文件】选项卡中的【另存为】命令，打开【另存为】对话框，在【保存类型】下拉列表中选择【网页】选项，如图 24-65 所示，单击【保存】按钮，将图表另存为网页文件。在保存的网页文件夹（后缀为.files）中便可以找到图表的对应图片，图片格式为 PNG。

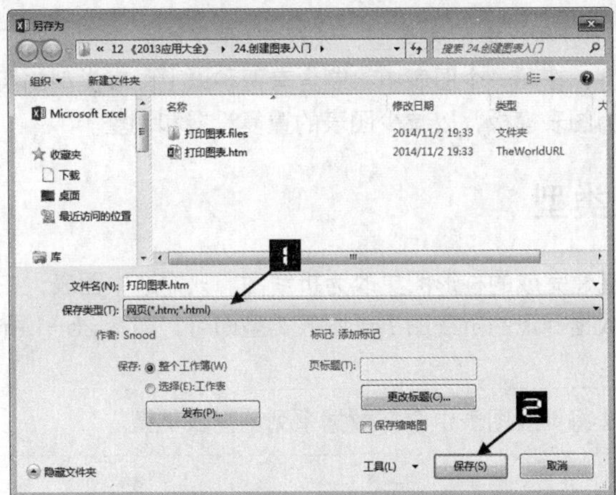

图 24-65　另存为图片文件

第 25 章　高级图表制作

本章主要介绍通过对图表类型、数据系列、数据点、坐标轴、误差线、趋势线等关键图表对象的设置，制作专业的实用图表。并为希望进阶学习的读者提供一些动态图表和常用图表的制作方法。

本章学习要点

（1）图表类型组合。

（2）数据系列技巧。

（3）数据点技巧。

（4）坐标轴技巧。

（5）趋势线和误差线。

（6）动态图表。

25.1　图表类型

Excel 2013 提供了 9 种标准图表类型，以及 49 种子图表类型。对于已经创建完成的图表，可以方便地更改图表类型，在同一个图表中绘制含有两种以上图表类型的组合图。除此之外，将经常使用的图表样式保存为图表模板，以减少图表的重复设置和调整。

25.1.1　更改图表类型

假设需要将已经创建完成的柱形图更改为折线图。只需选中图表，在【插入】选项卡中依次单击【折线图】→【带数据标记的折线图】子图表类型即可，如图 25-1 所示。

注意　按照此方法将更改图表中全部数据系列的图表类型。

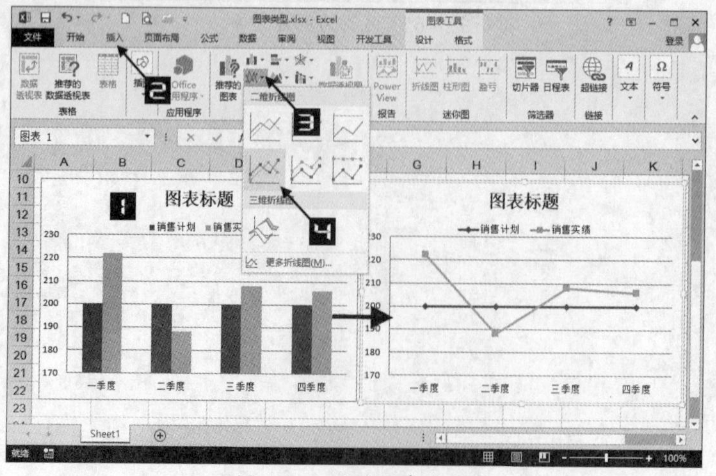

图 25-1　更改图表类型

25.1.2 组合图

组合图是将两种及两种以上的图表类型绘制在同一绘图区中的图表。绘制组合图的操作并不复杂，只要先将数据系列全部绘制成同一种图表类型，再选取要修改的数据系列，更改为另一种图表类型即可。

若现有的图表为两个数据系列的柱形图，希望将图表更改为线柱组合图。则选中柱形图中的【销售计划】数据系列，在【插入】选项卡中依次单击【折线图】→【带数据标记的折线图】子图表类型，完成线柱组合图，如图 25-2 所示。

Excel 2013 新增加了组合图更改图表类型的功能。选中图表，在【图表工具】的【设计】选项卡中单击【更改图表类型】命令，打开【更改图表类型】对话框，切换到【组合】选项卡，选择【销售计划】数据系列对应的图表类型为【面积图】，单击【确定】按钮，完成设置柱形图和面积图的组合图，如图 25-3 所示。按照此方法将更改图表中所选择的一个数据系列的图表类型。

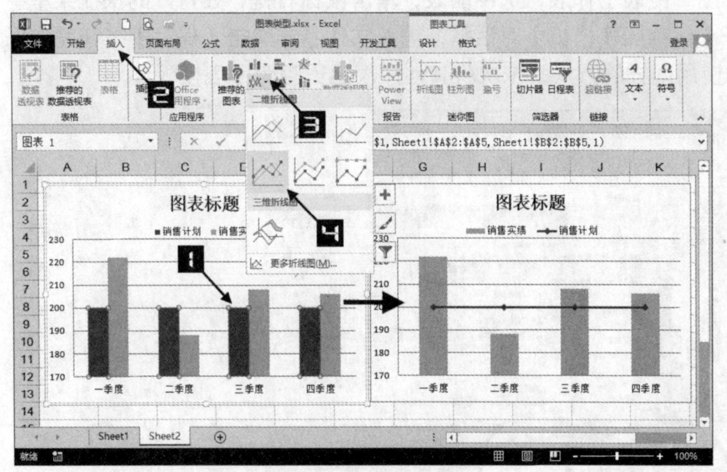

图 25-2 线柱组合图

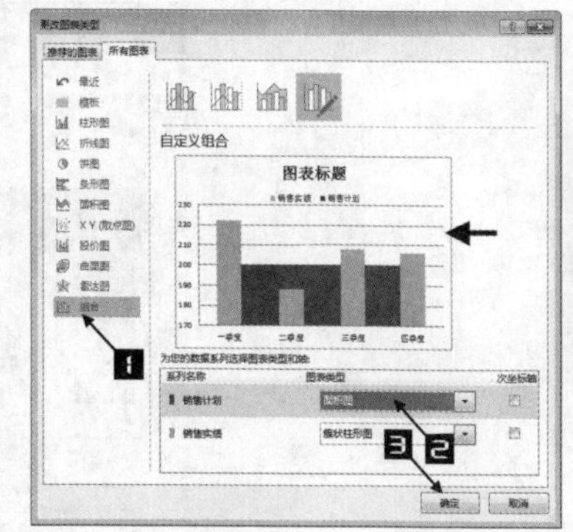

图 25-3 组合图

25.1.3 图表模板

Excel 2013 不再提供内置的自定义图表，而使用图表模板文件夹保存常用的自定义图表。每个图表模板以独立文件存在，图表模板文件名的后缀为“.crtx”。

1. 保存图表模板

选择已经设置好的自定义图表，单击鼠标右键，在打开的快捷菜单中单击【另存为模板】命令，打开【保存图表模板】对话框，输入文件名“线柱组合图”，单击【保存】按钮完成保存图表模板，如图 25-4 所示。

图表模板的保存路径为“C:\Users\Administrator\AppData\Roaming\Microsoft\Templates\Charts”，其中“C:\”为安装操作系统的硬盘盘符，“Administrator”为操作系统的当前用户名，读者的电脑中用于保存模板的默认目录可能与本示例不同。

2. 转换 Excel 2003 自定义图表

Excel 2003 提供了 20 种内置自定义图表，保存在文件名为“XL8GALRY.XLS”的工作簿中。若要在 Excel 2013 中应用这些自定义图表样式，需将自定义图表转换为 Excel 2013 图表模板。

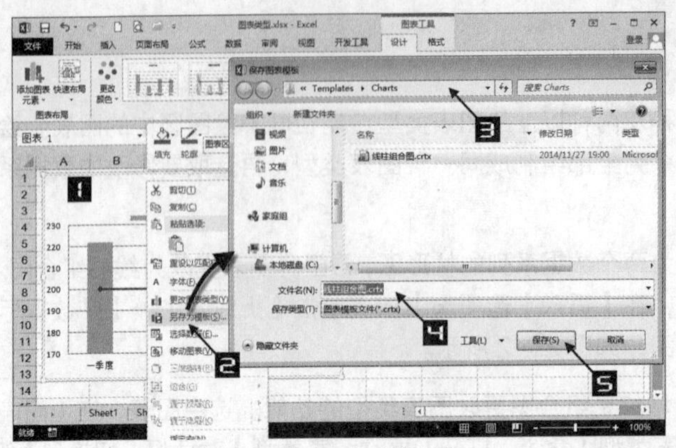

图 25-4 保存图表模板

将 Excel 2003 中的“XL8GALRY.XLS”文件复制到安装了 Excel 2013 的电脑中，并用 Excel 2013 打开此工作簿。选择“黑白柱形图”图表工作表，选中图表，单击鼠标右键，在打开的快捷菜单中单击【另存为模板】命令，打开【保存图表模板】对话框，输入文件名，单击【保存】按钮完成保存图表模板，如图 25-5 所示。使用同样的方法，依次将其他图表也另存为图表模板。

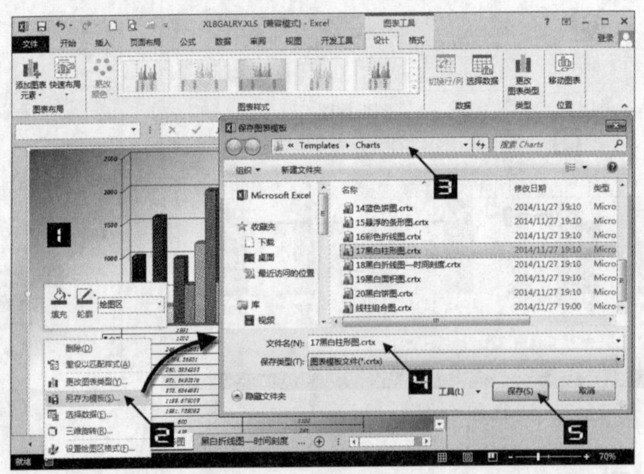

图 25-5 转换 Excel 2003 自定义图表

为了操作方便，可以将现有的图表模板文件直接复制到图表模板文件夹中，也可以通过 VBA 程序将 Excel 2003 自定义图表批量转换为 Excel 2013 图表模板，代码如下：

```
Sub 转换图表模板()
Dim i
Dim p, n
'取得 Excel2013 的图表模板路径
p = Application.TemplatesPath & "Charts\"
'在每一个图表工作表中执行程序
For i = 1 To Charts.Count
    '设置图表模板的文件名
    n = p & Format(i, "00") & Sheets(i).Name & ".crtx"
    '将图表保存为图表模板
    Charts(i).SaveChartTemplate n
'i 循环
Next i
End Sub
```

3. 运用图表模板

运用图表模板和一般的绘制图表过程一样，先选择数据区域，在【插入】选项卡中单击的【推荐的图表】命令，打开【插入图表】对话框，选择【所有图表】→【模板】→【17 黑白柱形图】模板，双击图表模板，完成绘制自定义的黑白柱形图，如图 25-6 所示。

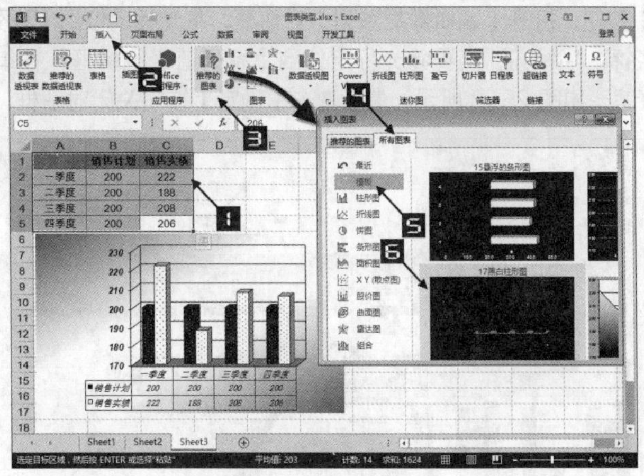

图 25-6　运用图表模板

25.2　编辑数据系列

图表数据源是由数据系列组成的。数据系列是 Excel 图表的基础，包括系列名称和系列值。不同的图表类型有不同的系列值，XY 散点图的系列值包括 *x* 轴系列值和 *y* 轴系列值。数据系列的每一个系列值由一行或一列数据组成。

25.2.1　添加数据系列

选中图表，在【图表工具】的【设计】选项卡中单击【选择数据】命令，打开【选择数据源】对话框，再单击【添加】按钮，打开【编辑数据系列】对话框，将光标定位到【系列名称】编辑框，用鼠标选择 D1 单元格，在编辑框中显示引用单元格“=Sheet1!$D$1”。再将光标定位到【系列值】编辑框，删除默认的文本“={1}”，用鼠标指针选择一列数据 D2:D5，在编辑框中显示引用单元格“=Sheet1!$D$2:$D$5”，如图 25-7 所示。最后单击【确定】按钮关闭对话框，完成添加数据系列。

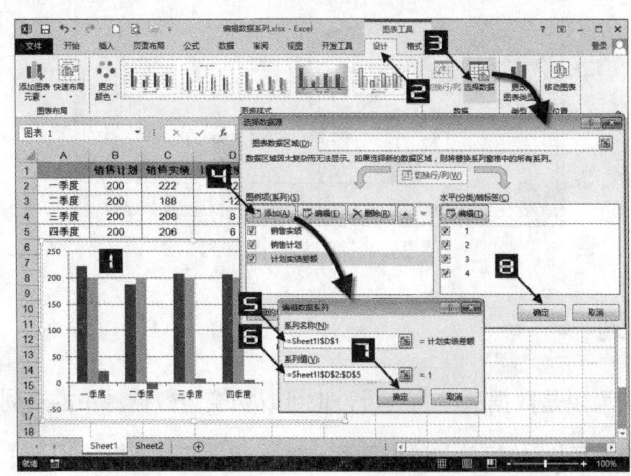

图 25-7　添加数据系列

25.2.2 编辑数据系列

数据系列可以引用工作表中单元格区域，也可以直接输入数字构成系列值。

选中图表，在【图表工具】的【设计】选项卡中单击【选择数据】命令，打开【选择数据源】对话框，再单击【编辑】按钮，打开【编辑数据系列】对话框，将光标定位到【系列名称】编辑框，在编辑框中直接输入系列名称“平均值”。再将光标定位到【系列值】编辑框，在编辑框中直接输入系列值“={206,206,206,206}”，如图 25-8 所示。最后单击【确定】按钮关闭对话框，完成编辑数据系列。

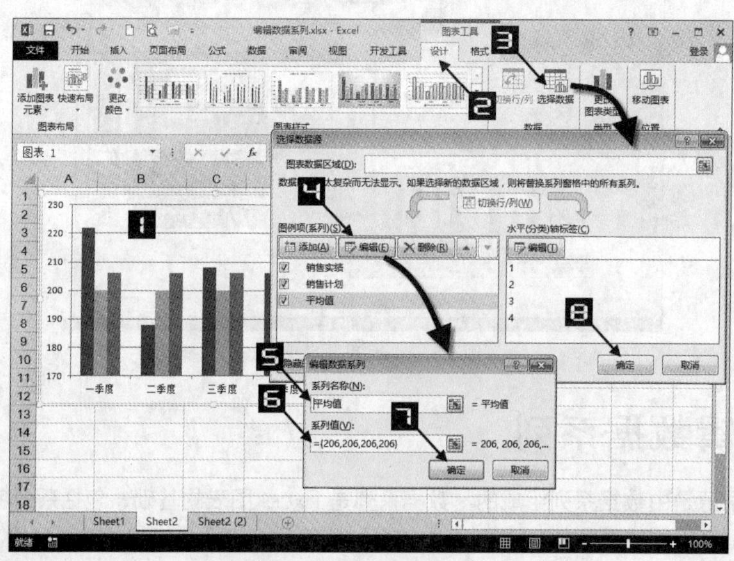

图 25-8 编辑数据系列

25.2.3 删除数据系列

在图表中选择一个数据系列，按<Delete>键，可以直接删除数据系列。

在【选择数据源】对话框中，先选择【图例项(系列)】列表中的“平均值”数据系列，单击【删除】按钮，再单击【确定】按钮删除数据系列，如图 25-9 所示。

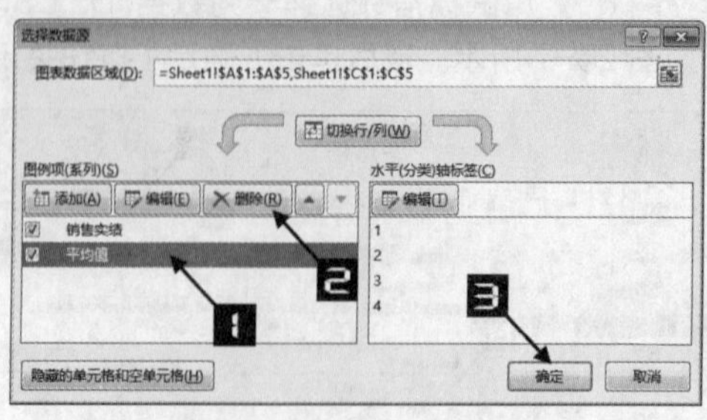

图 25-9 删除数据系列

25.2.4 切换行/列

图表的数据系列可以是数据源中的一行，也可以切换为数据源中的一列。

数据系列的切换行/列比较简单，选中图表，在【图表工具】的【设计】选项卡中单击【切换行/列】命令即可，如图 25-10 所示。

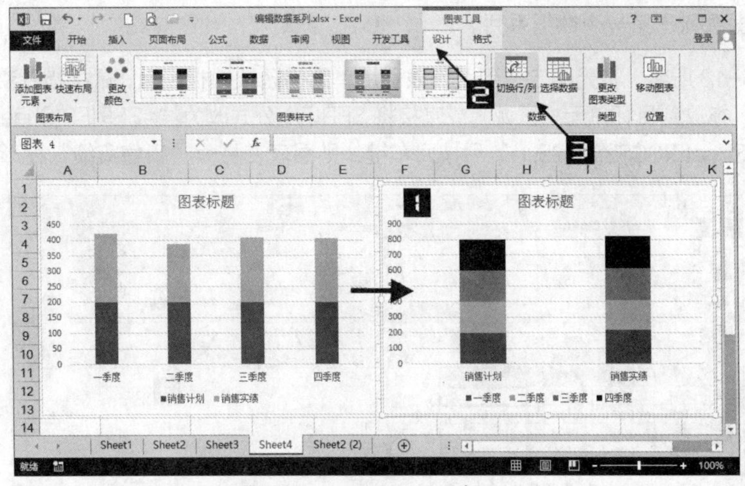

图 25-10 切换行/列命令

也可在【选择数据源】对话框，单击【切换行/列】按钮，实现数据系列的行/列切换，如图 25-11 所示。

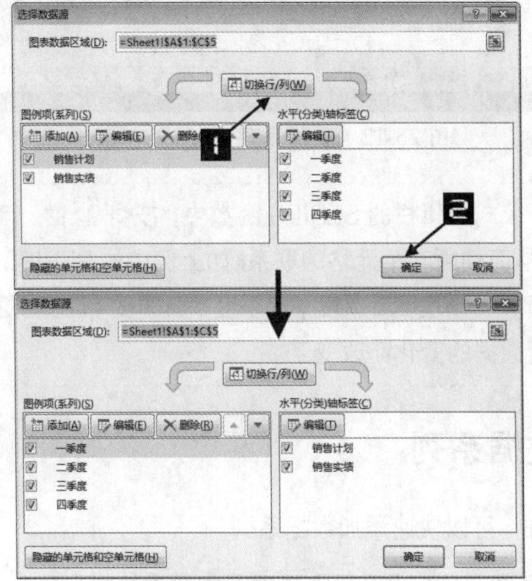

图 25-11 切换行/列按钮

25.2.5 数据系列 SERIES 函数

除了使用 25.2.2 小节的方法修改现有图表所引用的数据源区域，另一种更快捷的方法是通过修改公式编辑栏中的 SERIES 公式内容来实现。SERIES 公式的格式为“=SERIES(系列名称,X 值,Y 值,数据系列的序数)”。

单击图表的数据系列，在工作表中显示图表引用数据的单元格区域，并在公式编辑栏中显示用 SERIES 函数表示的数据系列，如图 25-12 所示。其中的“=SERIES(Sheet5!$D$1,Sheet5!$A$2:$A$5,Sheet5!$D$2:$D$5,1)”含义如下。

- ◆ 当前系列名称引用“Sheet5”工作表中的 D1 单元格。
- ◆ X 值引用 A2:A5 单元格。
- ◆ Y 值引用 D2:D5 单元格。

◆ 数据系列是第一个数据系列。

如图 25-12 所示，将光标定位到工作表引用单元格区域的框线上，鼠标指针变更为十字形，按住鼠标左键，拖放到目标单元格区域，或直接将 SERIES 公式改为“=SERIES(Sheet5!$C$1,Sheet5!$A$2:$A$5,Sheet5!$C$2:$C$5,1)”后按回车键，则图表变更为“销售实绩”柱形图。

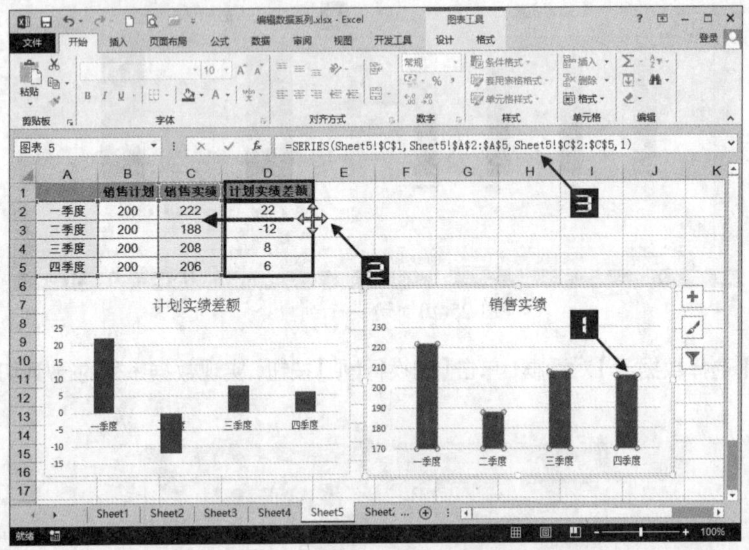

图 25-12　数据系列 SERIES 函数

提 示

将光标定位于公式编辑栏的 SERIES 函数中，按<F9>键，可以将引用单元格的位置改变为数值，从而切断与单元格的联系。如上例中的 SERIES 函数将变为“=SERIES("计划实绩差额",{"一季度","二季度","三季度","四季度"},{22,-12,8,6},1)”。此后，图表将不再随着源数据的变化而改变了。

25.2.6　快速添加数据系列

使用复制粘贴的方法，可以快速添加数据系列。

选择 C1:C5 单元格区域，单击【开始】选项卡中的【复制】命令（或者<Ctrl+C>组合键），再选中图表，单击【粘贴】命令（或者<Ctrl+V>组合键），为图表添加“销售实绩”数据系列，如图 25-13 所示。

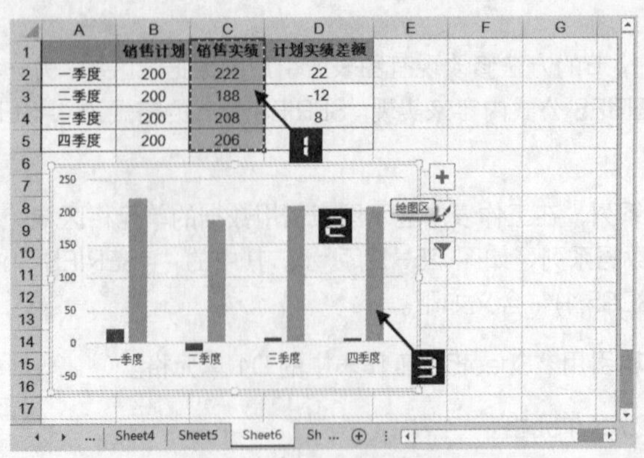

图 25-13　快速添加数据系列

25.2.7 多工作表数据作图

选中图表，在【图表工具】的【设计】选项卡中单击【选择数据】命令，打开【选择数据源】对话框，再单击【添加】按钮，打开【编辑数据系列】对话框，将光标定位到【系列名称】编辑框，用鼠标选择“Sheet1”工作表，再选择 C1 单元格，在编辑框中显示引用单元格“=Sheet1!$C$1”。再将光标定位到【系列值】编辑框，删除默认的文本“={1}”，用鼠标选择数据 B2:B5，在编辑框中显示引用单元格“=Sheet1!$C$2:$C$5”，如图 25-14 所示。最后单击【确定】按钮关闭对话框，完成多工作表数据作图。

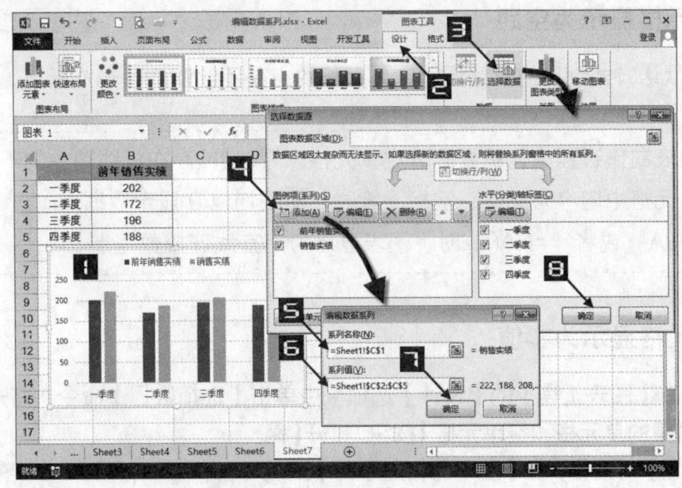

图 25-14 多工作表数据作图

25.2.8 显示隐藏行列中的图表

当隐藏了数据行或者数据列时，图表中不会显示隐藏行列的数据系列。若需显示隐藏行列的图表，则进行如下设置。

选中图表，在【图表工具】的【设计】选项卡中单击【选择数据】命令，打开【选择数据源】对话框，再单击【隐藏的单元格和空单元格】按钮，打开【隐藏和空单元格设置】对话框，勾选【显示隐藏行列中的数据】复选框，如图 25-15 所示。单击【确定】按钮，在图表中显示隐藏的 C 列的“销售实绩”数据系列。

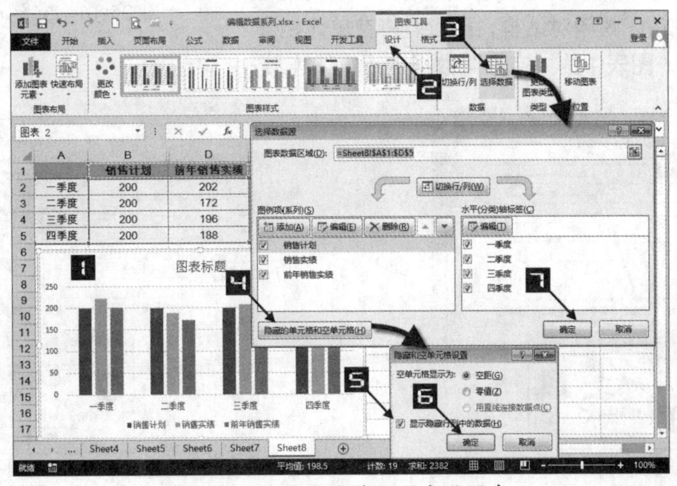

图 25-15 显示隐藏行列中的图表

25.3 设置数据点

数据系列是由数据点组成的，每个数据点对应一个被引用的单元格。

25.3.1 空单元格的绘制方式

当作为数据源的数据区域中有空单元格时，折线图有 3 种不同的样式：空单元格显示为空距、零值和直线。

1. 空单元格显示为空距

Excel 中以默认方式创建的折线图，空单元格的点是不绘制的，形成断点，如图 25-16 所示。

注意

在图表制作过程中，需要区分空单元格、零、#N/A 在折线图中的不同显示形式。当单元格中内容为文本、空格、零时，图表均以 0 显示数据点。当单元格内容为“#N/A”或者“=NA()”时，图表显示为用直线连接数据点。

2. 空单元格显示为零值

选中图表，在【图表工具】的【设计】选项卡中单击【选择数据】命令，打开【选择数据源】对话框，再单击【隐藏的单元格和空单元格】按钮，打开【隐藏和空单元格设置】对话框，在【空单元格显示为】区域单击【零值】单选按钮，如图 25-17 所示。单击【确定】按钮，关闭对话框，Excel 将空单元格作为零值处理，图表中的“空格”数据点跌落至零。

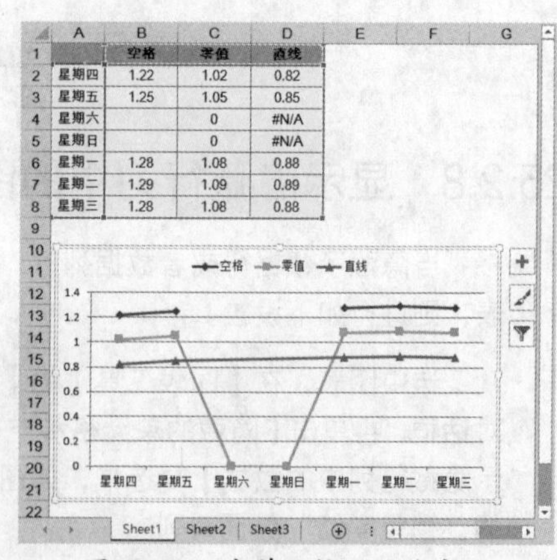

	空格	零值	直线
星期四	1.22	1.02	0.82
星期五	1.25	1.05	0.85
星期六		0	#N/A
星期日		0	#N/A
星期一	1.28	1.08	0.88
星期二	1.29	1.09	0.89
星期三	1.28	1.08	0.88

图 25-16 空单元格显示为空距

3. 空单元格显示为直线

选中图表，在【图表工具】的【设计】选项卡中单击【选择数据】命令，打开【选择数据源】对话框，再单击【隐藏的单元格和空单元格】按钮，打开【隐藏和空单元格设置】对话框，在【空单元格显示为】区域单击【用直线连接数据点】单选按钮，如图 25-18 所示。单击【确定】按钮，关闭对话框，Excel 将空单元格作为“N/A”处理，图表中的“空格”数据点用直线连接。

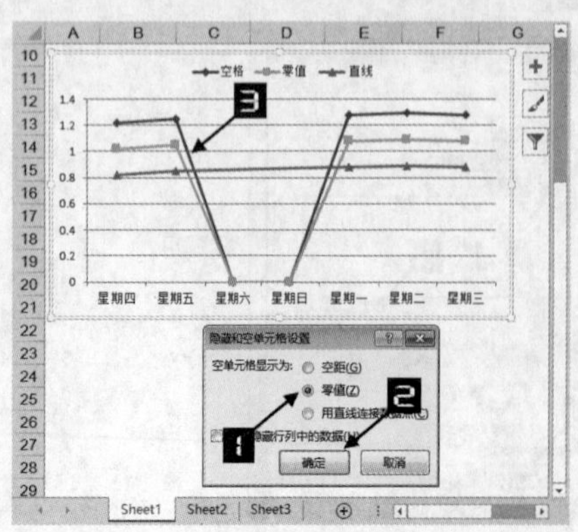

图 25-17 空单元格显示为零值

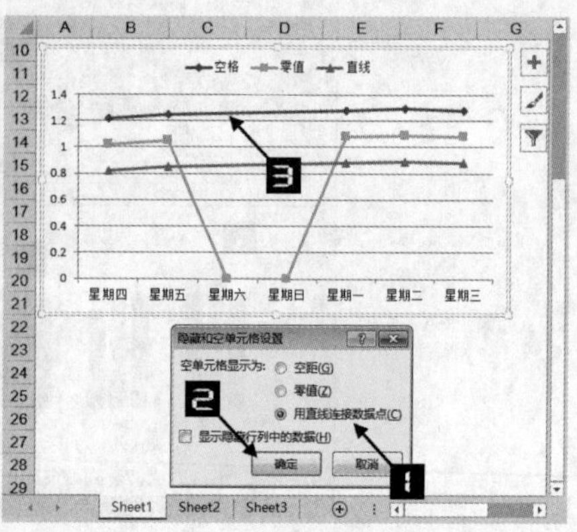

图 25-18 空单元格显示为直线

25.3.2 设置数据点格式

图表中的每一个数据系列是由若干个数据点组成的。设置单个数据点格式可以突出显示数据点。

1. 依数据点着色

选中图表中的数据系列，双击数据系列（或者在【图表工具】的【格式】选项卡中单击【设置所选内容格式】命令），打开【设置数据系列格式】选项窗格，切换到【填充】选项卡，勾选【依数据点着色】复选框，可以设置每一个数据点自动使用不同的填充色。再单击【图表工具】的【设计】选项卡中【更改颜色】命令，在打开的下拉列表中可以选择【颜色 5】的渐变色，如图 25-19 所示。

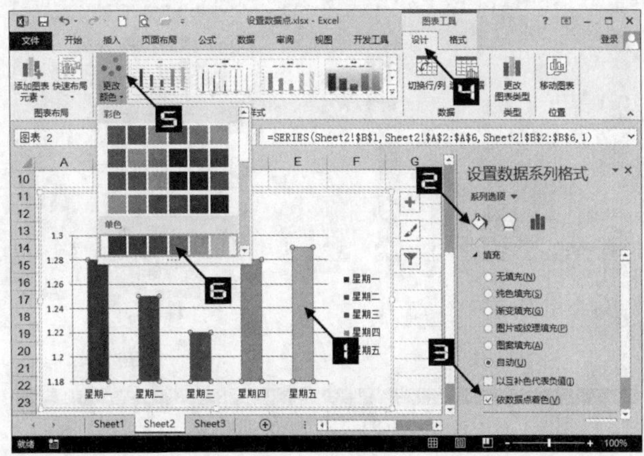

图 25-19 依数据点着色

注意

如果图表中包含两个或两个以上的数据系列时不能设置【依数据点着色】选项。

2. 逐个设置数据点格式

选中图表中的数据系列，再单击选中单个数据点。双击数据点（或者在【图表工具】的【格式】选项卡中单击【设置所选内容格式】命令），打开【设置数据点格式】选项窗格，切换到【填充】选项卡，单击选择【图案填充】单选按钮，在图案样式库中选择【深色下对角线】样式，如图 25-20 所示。

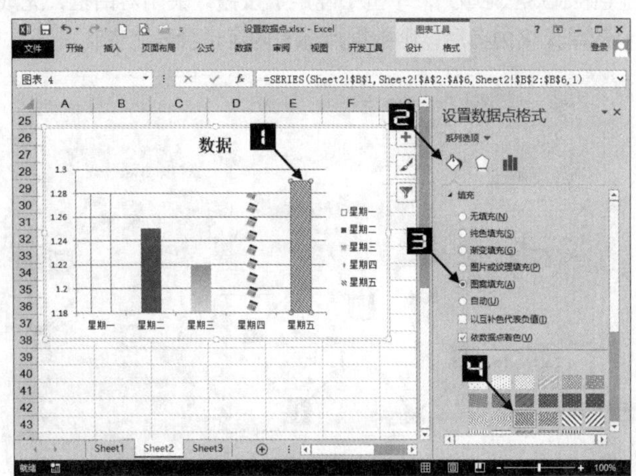

图 25-20 设置数据点格式

再单击另一个数据点，逐个设置数据点的格式，填充效果可以选择无填充、纯色填充、渐变填充、图片或纹理填充、图案填充和三维格式等。

25.3.3 设置透明色

选中图表中的数据系列，双击数据系列（或者在【图表工具】的【格式】选项卡中单击【设置所选内容格式】命令），打开【设置数据系列格式】选项窗格，切换到【填充】选项卡，单击选择【纯色填充】单选按钮，拖放【透明度】滑块或者单击【透明度】微调按钮设置透明度为50%，如图25-21所示。

在【填充】选项卡中，纯色填充、渐变填充、图片或纹理填充等选项可以设置透明度。

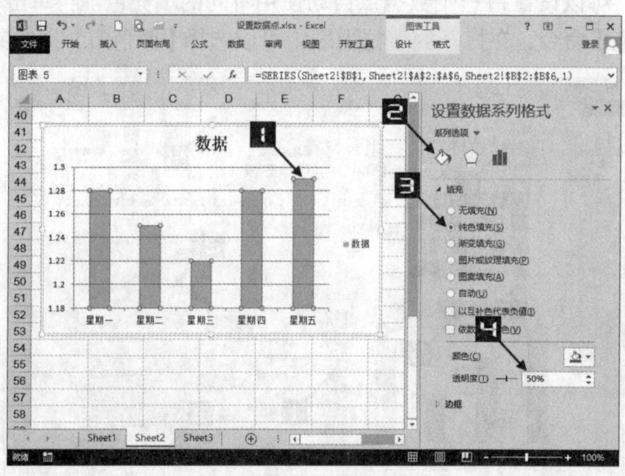

图 25-21 设置透明色

25.3.4 标签链接单元格

先选中图表中的数据系列的数据标签，再单击选中单个数据点的数据标签，可以直接在标签内输入文本和数字。

若要数据标签内的文本和数字与单元格内容一致，可以设置标签连接单元格。先选中图表中的数据系列的数据标签，再双击数据标签（或者在【图表工具】的【格式】选项卡中单击【设置所选内容格式】命令），打开【设置数据标签格式】选项窗格，切换到【标签选项】选项卡，选择标签包括【单元格中的】复选按钮，打开【数据标签区域】对话框，用鼠标选择D2:D6单元格区域，在【选择数据标签区域】文本框中显示“=Sheet3!$D$2:$D$6”，单击【确定】按钮，关闭对话框，完成数据标签连接单元格，如图25-22所示。修改单元格内容后，则数据点标签内容也会随之变化。

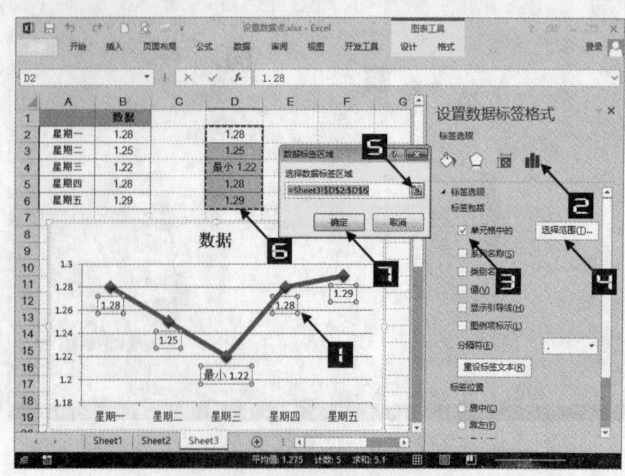

图 25-22 标签连接单元格

25.3.5 数字条件格式

虽然可以手工设置单个数据点标签的格式，但当数据发生变化时，可能又要重复设置数据点标签的格式。通过设置数字的自定义条件格式，可以实现数字格式随条件自动变化。

选中图表中的数据系列的数据标签，双击数据系列标签（或者在【图表工具】的【格式】选项卡中单击【设置所选内容格式】命令），打开【设置数据标签格式】选项窗格，切换到【数字】选项卡，在【类别】下拉列表中选择【自定义】，在【格式代码】文本框中输入“[>1.26]#0.00;[红色](#0.00)”，再单击【添加】按钮，将自定义条件格式代码添加到【类型】列表中，完成自定义数字格式，如图 25-23 所示。在图表中，数据标签数字大于 1.26 的为 2 位小数数字格式，小于等于 1.26 的数字显示为带括号的红色 2 位小数数字格式。

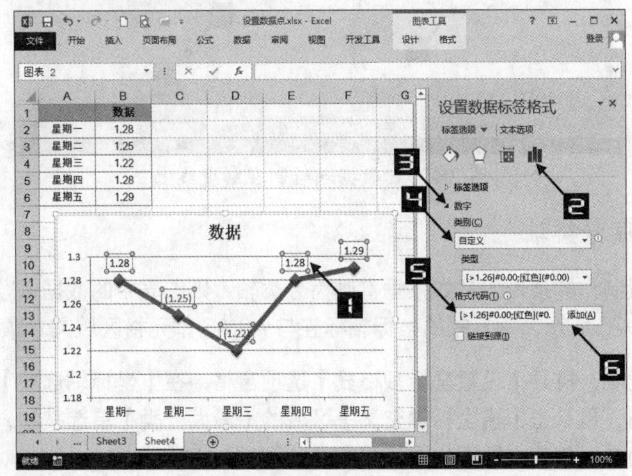

图 25-23 数字条件格式

25.4 设置坐标轴

25.4.1 设置分类轴格式

1. 数据点绘制在刻度线上

使用默认设置制作的折线图，如果水平轴为分类轴，则图表中的数据点绘制在分类的中间，如图 25-24 所示，在折线的左右两边留下空白。

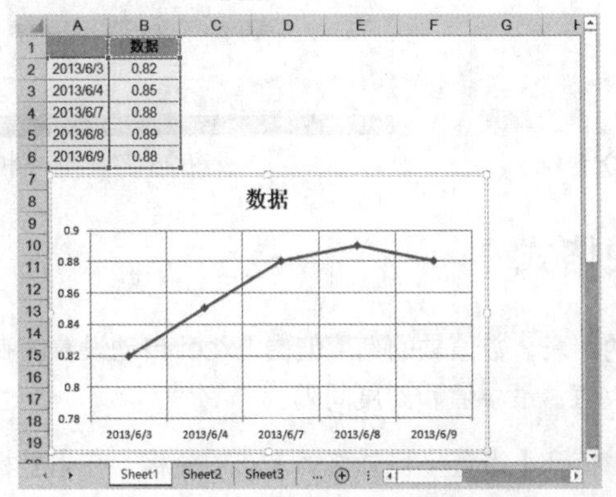

图 25-24 数据点绘制在分类的中间

双击图表分类（x）轴，打开【设置坐标轴格式】选项窗格，在【坐标轴选项】选项卡中，单击【位置坐标轴】区域的【在刻度线上】单选按钮，将图表中的数据点绘制在主要刻度线上，左右两边的数据点正好落在垂直轴上，如图 25-25 所示，完成坐标轴格式设置。

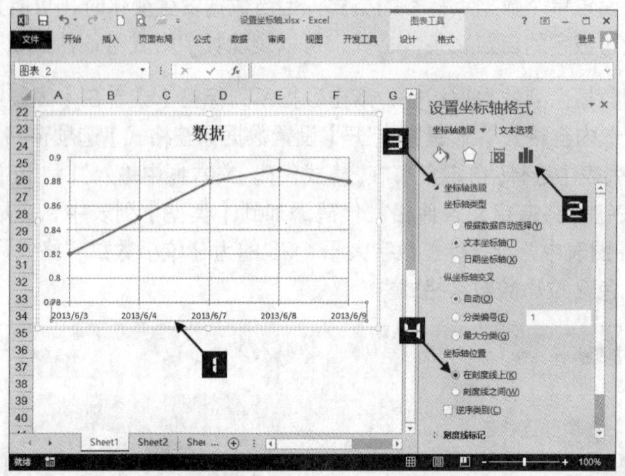

图 25-25 数据点绘制在刻度线上

2. 设置逆序分类轴

使用默认设置制作的条形图，如果垂直轴为分类轴，则图表中的数据点顺序和数据表中顺序正好相反，如图 25-26 所示，垂直轴的坐标轴标签与 A2:A6 单元格区域文本顺序相反。

双击图表分类轴，打开【设置坐标轴格式】选项窗格，在【坐标轴选项】选项卡中，勾选【逆序类别】复选按钮，再单击【横坐标轴交叉】区域的【最大分类】单选按钮，将图表中的数据点和坐标轴标签设置为与工作表中数据的顺序相同，如图 25-27 所示。

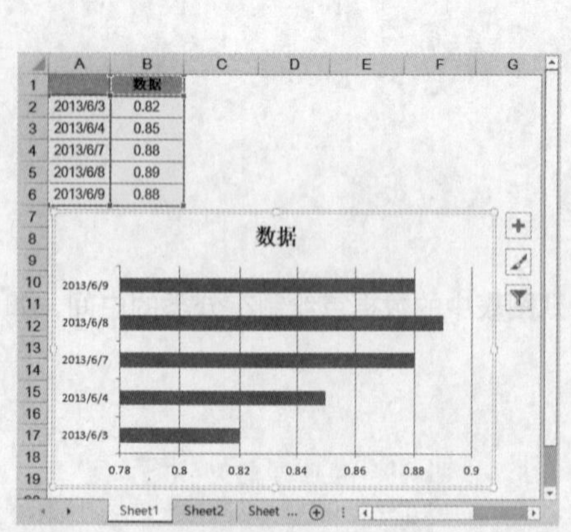

图 25-26 顺序相反的分类轴

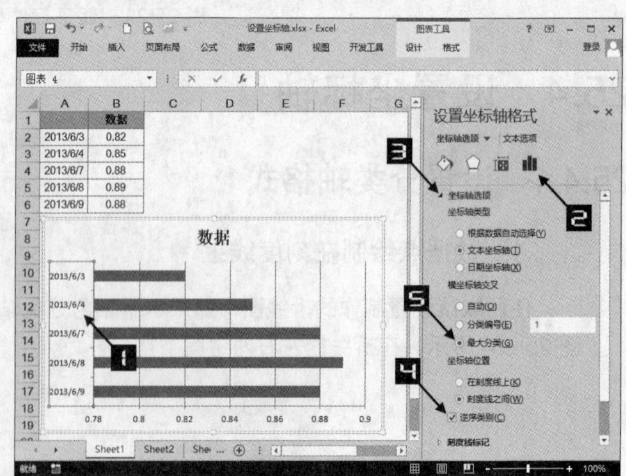

图 25-27 顺序相同的逆序分类轴

25.4.2 设置数值轴格式

使用默认设置制作的图表，数值轴的刻度值由 Excel 自动设置。在实际应用中，经常需要进行自定义设置数值轴的最大值、最小值和刻度间隔。

双击垂直（值）轴，打开【设置坐标轴格式】选项窗格，在【坐标轴选项】选项卡中，在【最小值】对应的文本框中输入数值 0.8，使用同样的方法设置【最大值】为 0.9，【主要刻度单位】为

0.01，如图 25-28 所示，完成设置数值轴格式。

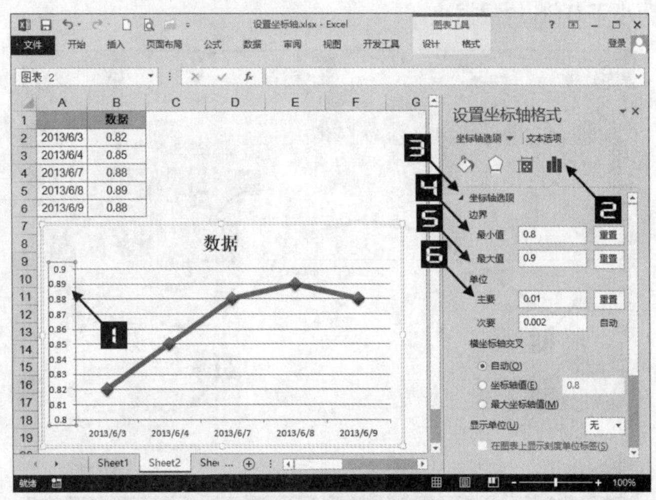

图 25-28　设置数值轴格式

25.4.3　设置日期坐标轴格式

时间是连续的，所以反应在图表的时间轴上也是连续的。即使在工作表数据中没有的日期，在图表时间轴上也会表现出连续日期的刻度。

双击图表水平轴，打开【设置坐标轴格式】选项窗格，在【坐标轴选项】选项卡中，单击【坐标轴类型】区域的【日期坐标轴】单选按钮，Excel 自动设置【边界】的最小值和最大值日期，自动设置刻度单位的【主要】为 1 天，如图 25-29 所示，完成设置日期坐标轴格式。

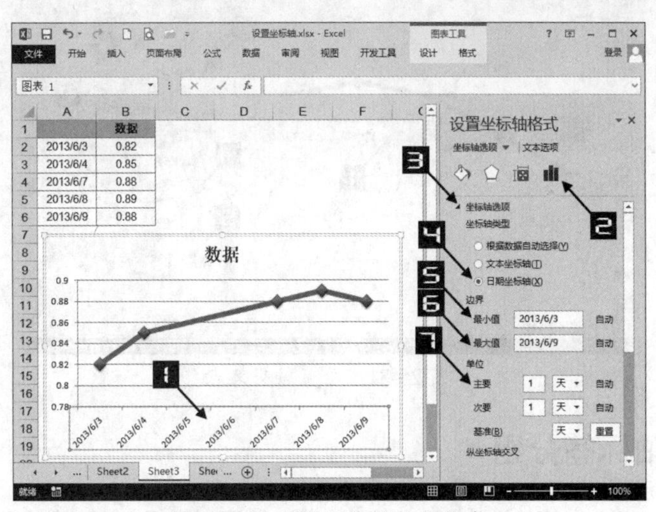

图 25-29　设置日期坐标轴格式

25.4.4　设置坐标轴的交点

默认情况下，图表的水平轴在绘图区的下方，垂直轴在绘图区的左侧。通过对坐标轴刻度格式的设置，可以改变坐标轴及其交点的位置。

双击垂直（值）轴，打开【设置坐标轴格式】选项窗格，在【坐标轴选项】选项卡中，在【横坐标轴交叉】区域的【坐标轴值】文本框中输入数值 0.86，如图 25-30 所示，完成坐标轴格式设置，将图表中的水平轴移动到数值 0.86 的位置上，将绘图区分为上下两个部分，上面为大于 0.86 的数据点，下面为小于 0.86 的数据点。

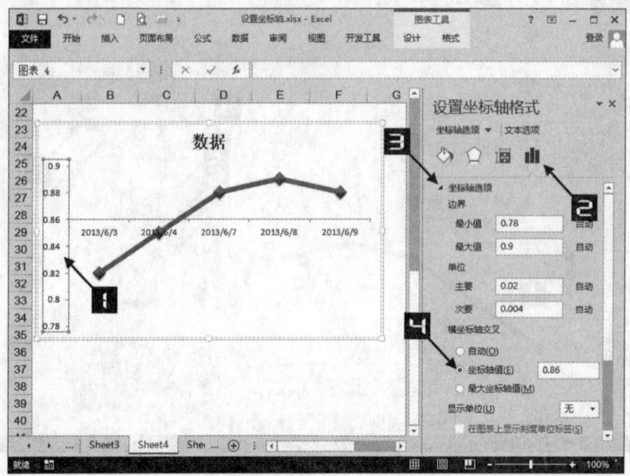

图 25-30 水平轴交叉点

双击水平轴分类轴，打开【设置坐标轴格式】选项窗格，在【坐标轴选项】选项卡中，单击选择【纵坐标轴交叉】区域的【分类编号】单选按钮，并在右侧文本框中输入数值 3。再单击【坐标轴位置】区域的【在刻度线上】单选按钮，如图 25-31 所示，完成坐标轴格式设置，将图表中的垂直轴移动到第 3 个刻度“2013/6/7”的位置上，将绘图区分为 4 个象限。

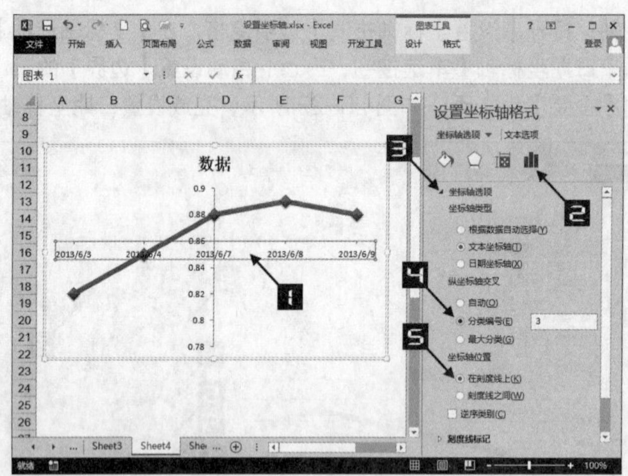

图 25-31 垂直轴交叉点

25.4.5 坐标轴标签分组

一般图表的坐标轴刻度线标签为一行或者一列，也可以根据工作表中的数据设置多行或者多列的坐标轴标签。

选择工作表的 A2:A3 单元格区域，单击【开始】选项卡中的【合并后居中】命令，并输入文字“第一周”。使用同样的方法设置 A4:A6 单元格区域为“第二周”。

选择图表中的折线数据系列，在公式编辑栏显示“=SERIES(Sheet5!$C$1,Sheet5!$B$2:$B$6,Sheet5!$C$2:$C$6,1)”，修改为“=SERIES(Sheet5!$C$1,Sheet5!$A$2:$B$6,Sheet5!$C$2:$C$6,1)”，按<Enter>键完成分类的坐标轴标签设置，如图 25-32 所示。

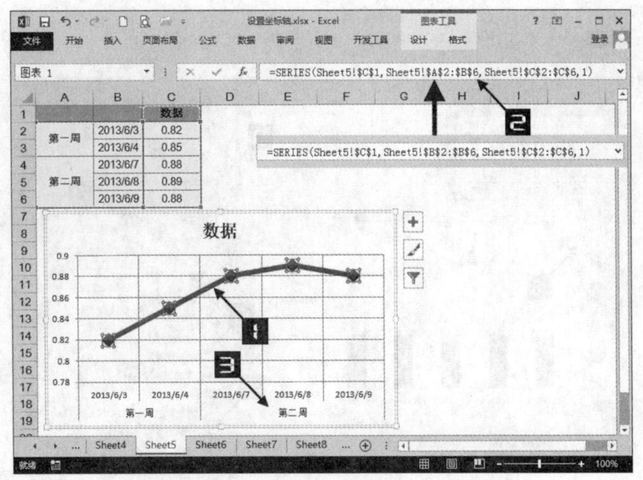

图 25-32　坐标轴标签分组

25.4.6 使用次坐标轴

当两个数据系列的数据相差很大时，在图表上会看不清数值较小的数据系列。如图 25-33 所示，数据系列“数据 1”与水平轴在一条线上，根本看不清数据的变化趋势，使用次坐标轴可以很好地解决这个问题。

双击数据系列“数据 2”的折线图，打开【设置数据系列格式】选项窗格，在【系列选项】选项卡中，单击【系列绘制在】区域的【次坐标轴】单选按钮，如图 25-34 所示。在绘图区的右边显示次坐标轴，同时“数据 1”系列的柱形图也显示在绘图区中间，引入次坐标轴后，读者可以清楚地看到柱形的高低变化。

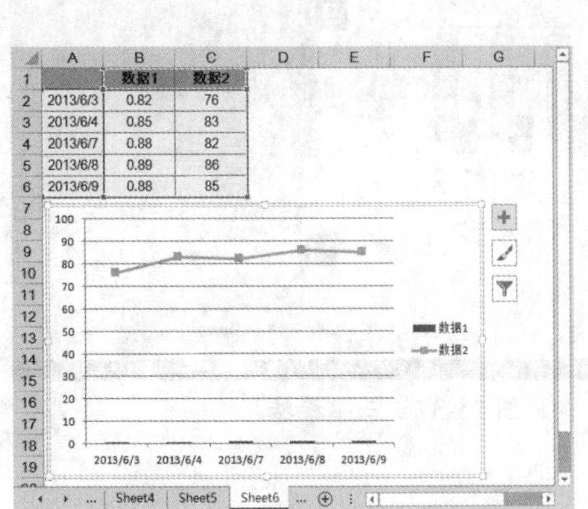

图 25-33　柱形图与水平轴在一条线上

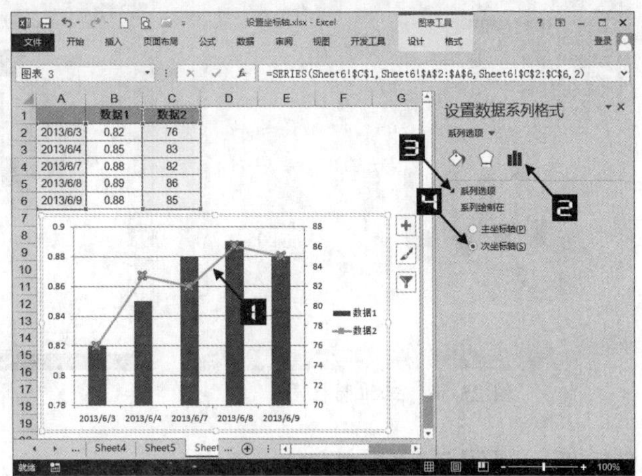

图 25-34　系列绘制在次坐标轴

25.4.7 使用对数刻度

当两个数据系列的数据相差很大，并且都是正数时，还可以使用对数刻度的坐标轴来显示图表。

双击垂直轴，打开【设置坐标轴格式】选项窗格，在【坐标轴选项】选项卡中，勾选【对数刻度】复选按钮，再单击【横坐标轴交叉】区域的【坐标轴值】单选按钮，并在对应的文本框输入“0.1”，如图 25-35 所示。在图表中显示刻度值以 10 倍递升的垂直轴，同时“数据 1”系列的柱形图也显示得比较清楚了。

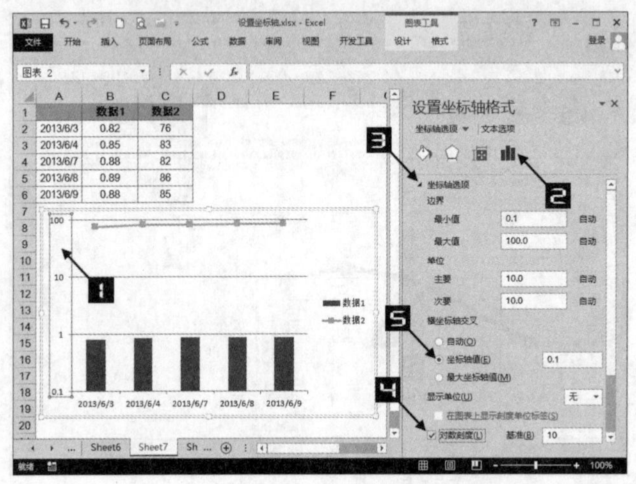

图 25-35 对数刻度

25.4.8 设置三维图表竖坐标轴

三维图表除了水平（类别）轴和垂直（值）轴，还有第 3 个坐标轴：竖（系列）坐标轴，显示不同的数据系列的系列名称，如图 25-36 所示。默认的三维图表 3 个坐标轴均不平直，变形较大。设置三维图表的三维旋转选项可以调整图表的三维透视效果。

选中图表，打开【设置图表区格式】选项窗格，切换到【三维旋转】选项卡，再勾选【直角坐标轴】复选按钮，将三维圆柱图设置为变形较小的直角坐标三维图表，如图 25-37 所示。

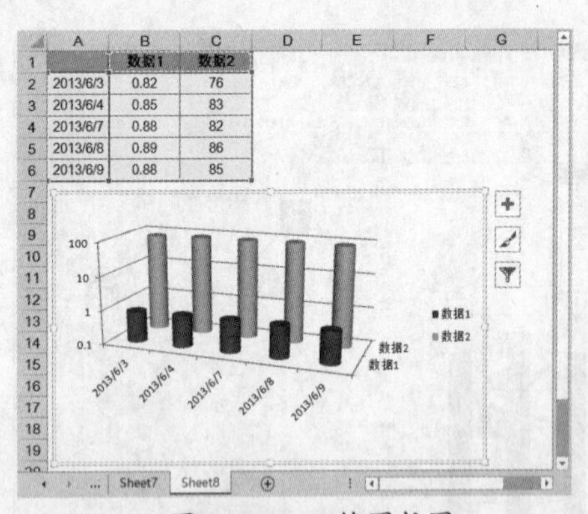

图 25-36 三维圆柱图

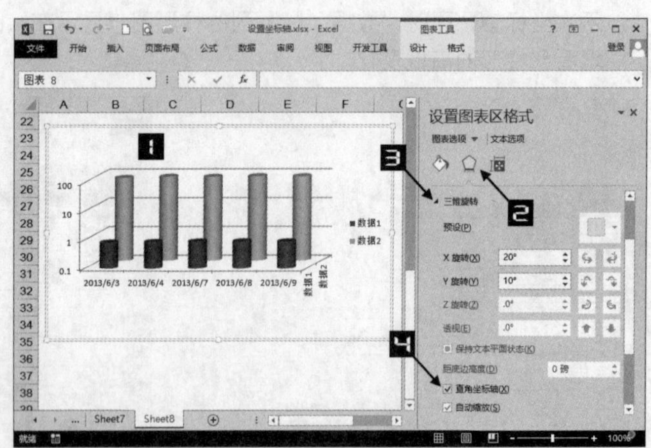

图 25-37 三维旋转

25.5 图表分析

25.5.1 添加趋势线

趋势线是用图形的方式显示数据的预测趋势并可用于预测分析，也称回归分析。可以向非堆积型二维面积图、条形图、柱形图、折线图、股价图、气泡图和 XY 散点图的数据系列中添加趋势线，但不能向三维图表、堆积型图表、雷达图、饼图或圆环图的数据系列中添加趋势线。

1. 趋势线类型

选中图表，在【图表工具】的【设计】选项卡中单击【添加图表元素】→【趋势线】→【其他趋势线选项】命令，打开【设置趋势线格式】选项窗格，切换到【趋势线选项】选项卡，单击【线性】趋势线类型，再勾选【显示公式】和【显示 R 平方值】复选按钮，如图 25-38 所示。在图表中显示线性趋势线，并显示公式和 R 平方值。

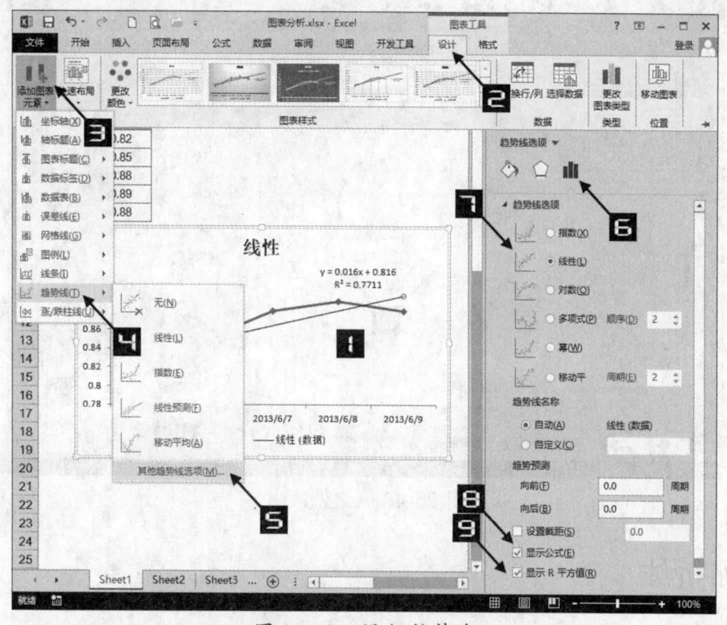

图 25-38　添加趋势线

Excel 提供了 6 种不同的趋势预测/回归分析类型：指数、线性、对数、多项式、乘幂和移动平均。其中多项式类型的趋势线可以设置 X 的阶数为 2 到 6，移动平均线没有【显示公式】和【显示 R 平方值】选项，如图 25-39 所示。

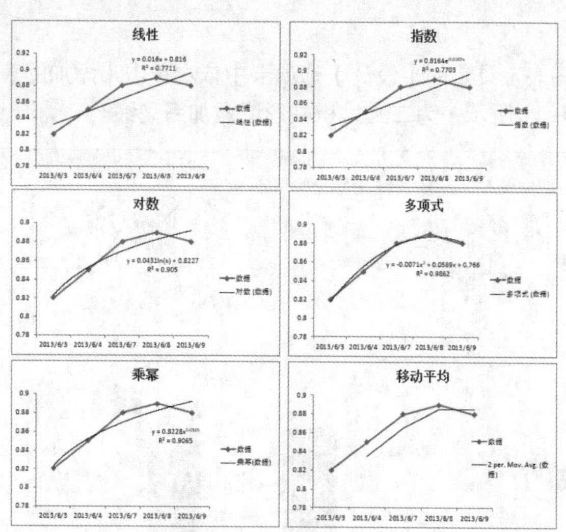

图 25-39　6 种趋势线

可以根据 R 平方值来选择趋势线类型，当趋势线的 R 平方值越接近于 1 时，趋势线拟合越可靠。

2. 趋势预测

选中图表后双击趋势线，打开【设置趋势线格式】选项窗格，切换到【趋势线选项】选项卡，在【趋势预测】区域的【向前】文本框中输入2个周期，如图25-40所示。在图表中显示线性趋势线的延长，延长的长度为两个水平轴的刻度区间，具体的预测数值可以通过趋势线公式计算获得。

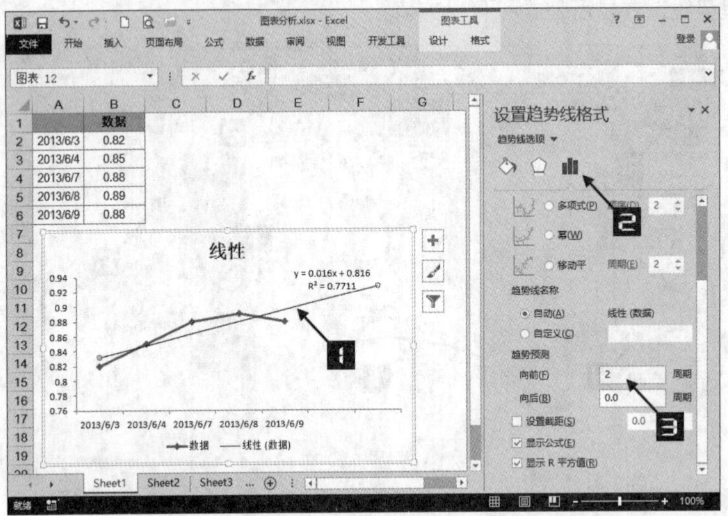

图 25-40 趋势预测

25.5.2 添加折线

不同的图表类型可以添加不同的折线，折线包括系列线、垂直线和高低点连线等。

1. 系列线

系列线是连接不同数据系列之间的折线，可以在二维堆积条形图、二维堆积柱形图、复合饼图或复合条饼图中显示。

选中图表，在【图表工具】的【设计】选项卡中依次单击【添加图表元素】→【折线】→【系列线】命令，如图25-41所示，为二维堆积柱形图添加系列线。

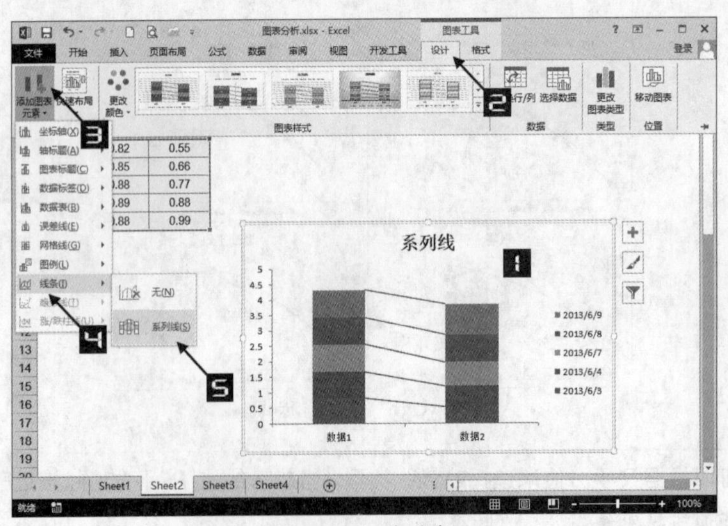

图 25-41 系列线

2. 垂直线

垂直线是连接水平轴与数据系列之间的折线，可以在面积图或折线图中显示。

选中图表，在【图表工具】的【设计】选项卡中依次单击【添加图表元素】→【折线】→【垂直线】命令，如图 25-42 所示，为折线图添加垂直线。

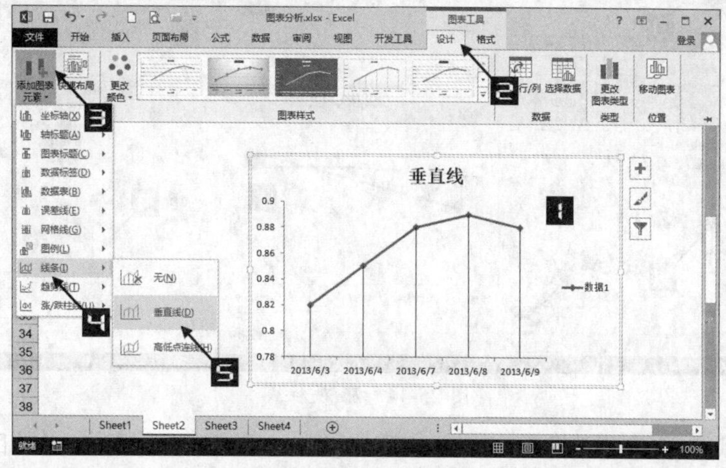

图 25-42 垂直线

3. 高低点连线

高低点连线是连接不同数据系列的对应数据点之间的折线，可以在包含两个（含）以上数据系列的二维折线图中显示。

选中图表，在【图表工具】的【设计】选项卡中依次单击【添加图表元素】→【折线】→【高低点连线】命令，如图 25-43 所示，为二维折线图添加高低点连线。

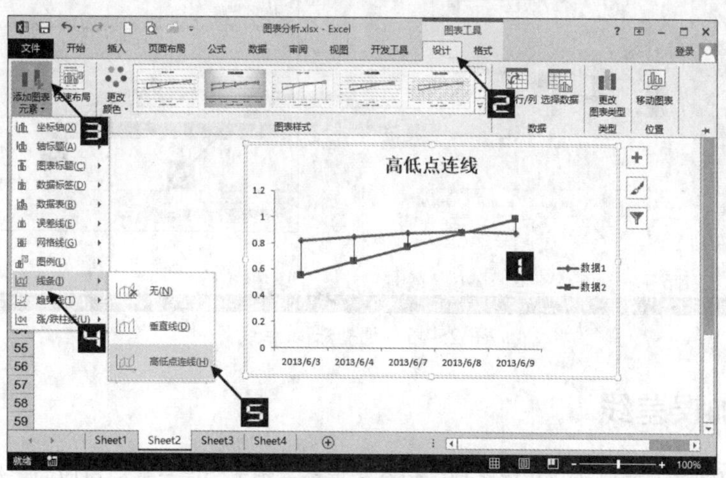

图 25-43 高低点连线

25.5.3 添加涨/跌柱线

涨/跌柱线是连接不同数据系列的对应数据点之间的柱形，可以在包含二个（含）以上数据系列的二维折线图中显示。

选中图表，在【图表工具】的【设计】选项卡中依次单击【添加图表元素】→【涨/跌柱线】命令，为二维折线图添加涨/跌柱线，如图 25-44 所示。

另一种方法是选中图表后，单击图表右上角的【图表元素】快捷按钮，在打开的【图表元素】列表中勾选【涨/跌柱线】选项。

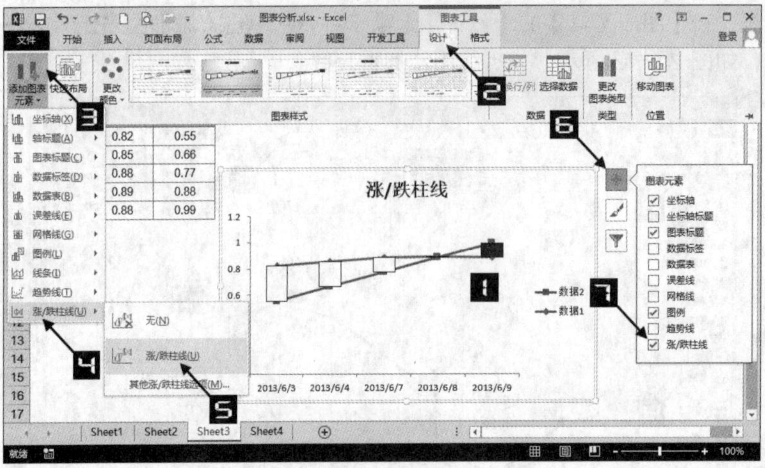

图 25-44 涨/跌柱线

调整涨/跌柱线的参照数据系列，将改变涨柱和跌柱的位置。选中图表，在【图表工具】的【设计】选项卡中单击【选择数据】命令，打开【选择数据源】对话框，选择一个数据系列，单击【上移】或者【下移】按钮，如图 25-45 所示，改变系列列表中的数据系列的排列顺序，在图表中涨柱变更为跌柱，跌柱变更为涨柱。

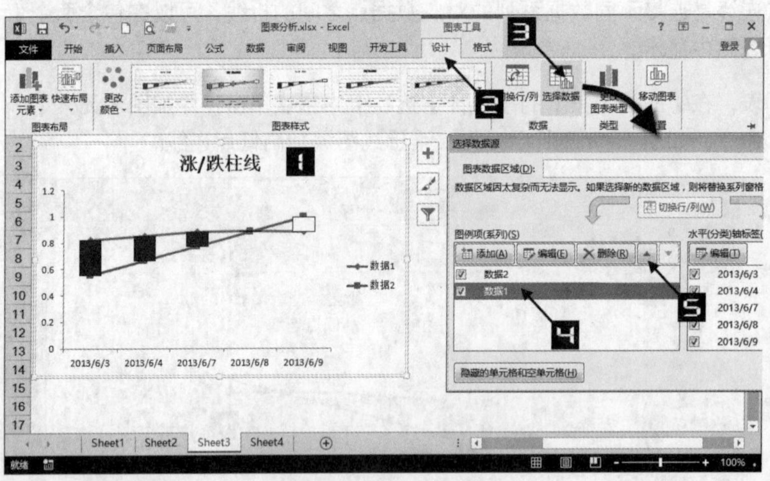

图 25-45 调整涨/跌柱线

25.5.4 添加误差线

误差线以图形形式显示与数据系列中每个数据标志相关的误差量。可以向二维的面积图、条形图、柱形图、折线图、XY 散点图和气泡图的数据系列中添加误差线。对于 XY 散点图和气泡图，可单独显示 x 值或 y 值的误差线，也可同时显示两者的误差线。

选择 XY 散点折线图，在【图表工具】的【设计】选项卡中依次单击【添加图表元素】→【误差线】→【标准误差误差线】命令，如图 25-46 所示，为图表添加标准误差线。因为是 XY 散点折线图，所以图表包含 x 值或 y 值二个方向的误差线。

双击垂直误差线，打开【设置误差线格式】选项窗格，切换到【垂直误差线】选项卡，单击【方向】区域的【负偏差】单选按钮，单击【末端样式】区域的【无线端】单选按钮，再单击【自定义】单选按钮及对应的【指定值】按钮，打开【自定义错误栏】对话框，在【负错误值】编辑框中引用单元格“=Sheet4!$C$2:$C$6”，如图 25-47 所示，为图表添加自定义的垂直误差线。

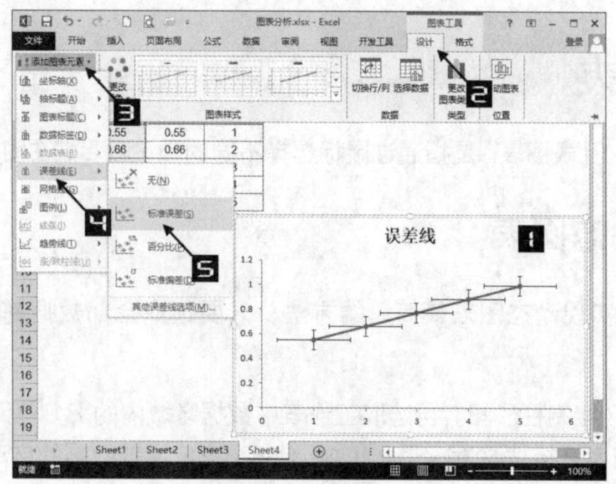

图 25-46　标准误差线

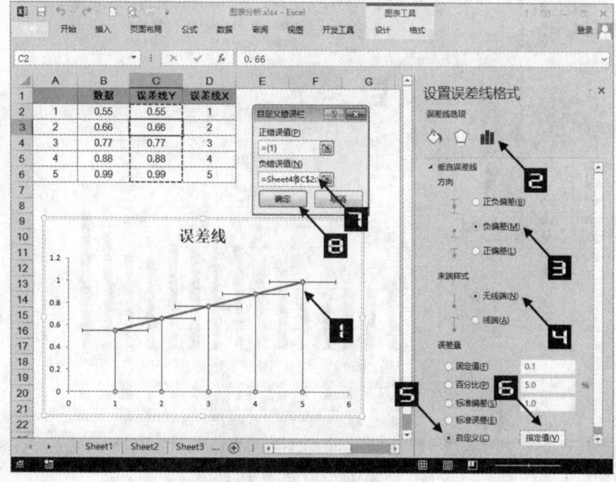

图 25-47　垂直误差线

双击水平误差线，打开【误置误差线格式】选项窗格，切换到【水平误差线】选项卡，单击【方向】区域的【负偏差】单选按钮，单击【末端样式】区域的【无线端】单选按钮，再单击【自定义】单选按钮及对应的【指定值】按钮，打开【自定义错误栏】对话框，在【负错误值】编辑框中引用单元格“=Sheet4!$D$2:$D$6”，如图 25-48 所示，为图表添加自定义的水平误差线。

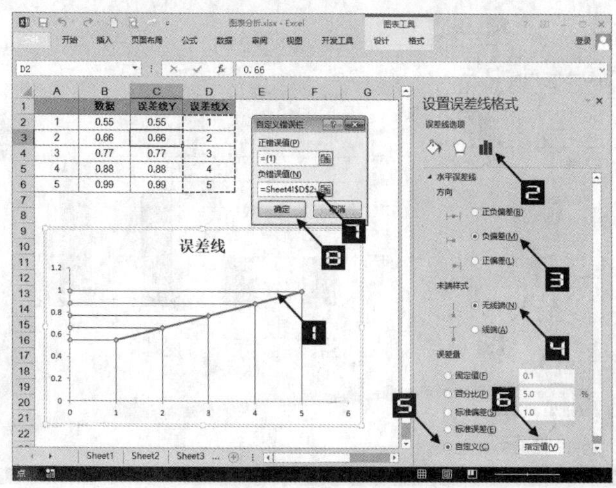

图 25-48　水平误差线

25.6 动态图表

动态图表，亦称交互式图表，是指通过鼠标选择不同的预设项目，在图表中动态显示对应的数据。

25.6.1 筛选法动态图表

设置自动筛选是实现动态图表最简单的方法，只要选择全部数据制作图表，再设置自动筛选即可。

以月度数据为例，绘制柱形图。再选取工作表中数据区域内的 B1 单元格，单击【数据】选项卡中的【筛选】命令，或者直接按<Ctrl+Shift+L>组合键，完成设置数据的自动筛选，如图 25-49 所示。

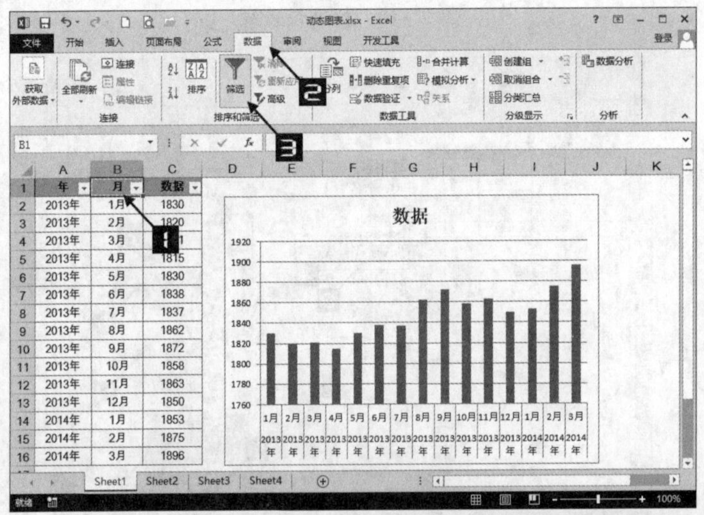

年	月	数据
2013年	1月	1830
2013年	2月	1820
2013年	3月	[illegible]
2013年	4月	1815
2013年	5月	1830
2013年	6月	1838
2013年	7月	1837
2013年	8月	1862
2013年	9月	1872
2013年	10月	1858
2013年	11月	1863
2013年	12月	1850
2014年	1月	1853
2014年	2月	1875
2014年	3月	1896

图 25-49 设置自动筛选

单击 B1 单元格右侧的筛选按钮，打开筛选菜单，取消勾选【(全选)】的复选框，勾选【2 月】和【3 月】复选框，数据区域筛选显示每年 2 月和 3 月的数据，图表也自动变为每年 2 月和 3 月的柱形图，如图 25-50 所示。用同样的方法，也可以筛选指定年度的数据，制作年度的动态柱形图。

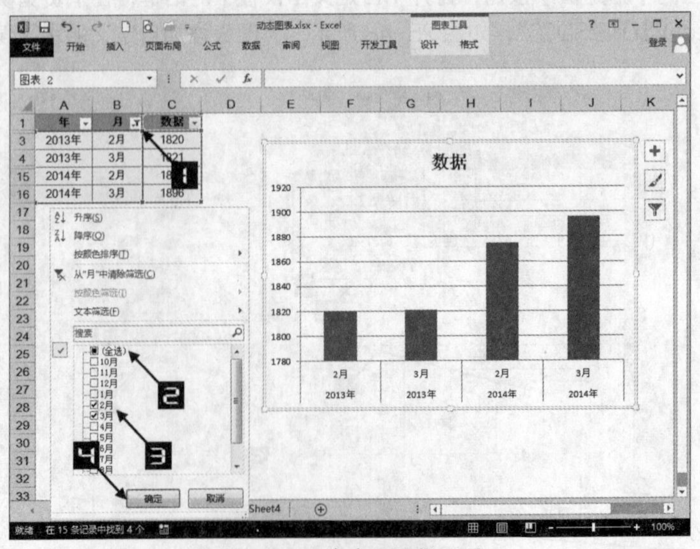

年	月	数据
2013年	2月	1820
2013年	3月	1821
2014年	2月	[illegible]
2014年	3月	1896

图 25-50 筛选后的柱形图

自动筛选会隐藏工作表中的行，如果图表在隐藏行的位置，会使图表高度变小。可以通过在【设置图表区格式】选项窗格的【属性】选项卡中设置图表为【大小和位置均固定】来解决此问题。

25.6.2 公式法动态图表

在工作表的数据区域以外，添加辅助行或辅助列，利用 Excel 的数据有效性功能设置下拉列表选择项目，再通过设置 VLOOKUP 或者 HLOOKUP 函数，取得对应项目的数据，从而实现动态选择数据和动态图表。

利用公式法添加辅助行或者辅助列的动态图表的制作方法如下。

1. 辅助行

步骤1 选取 A9 单元格，单击【数据】选项卡中的【数据验证】命令，打开【数据验证】对话框，在【设置】选项卡中选择【允许】下拉列表中的【序列】有效性条件，再将光标定位到【来源】编辑框中，用鼠标选取 A2 到 A7 单元格区域，在【来源】编辑框中显示“=$A$2:$A$7”，如图 25-51 所示。单击【确定】按钮，完成数据有效性设置。

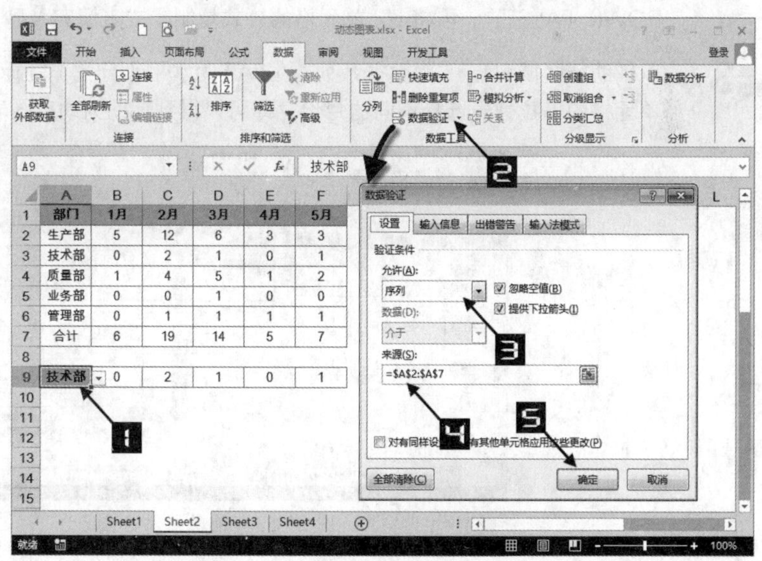

图 25-51　设置数据有效

步骤2 设置查找公式 VLOOKUP。选取 A9 单元格，单击单元格右侧的按钮，在下拉列表中选择“技术部”。选取 B9 单元格，在公式编辑栏输入公式为“=VLOOKUP($A$9,$A$1:$F$7,COLUMN(),FALSE)”。再将 B9 单元格的公式复制（或者填充）到 C9:F9 单元格区域。

步骤3 以辅助行区域 A9:F9 单元格为数据系列，A1:F1 单元格为水平（分类）轴标签制作柱形图，在 A9 单元格的下拉列表选择不同的部门，即可以得到辅助行动态图表，如图 25-52 所示。

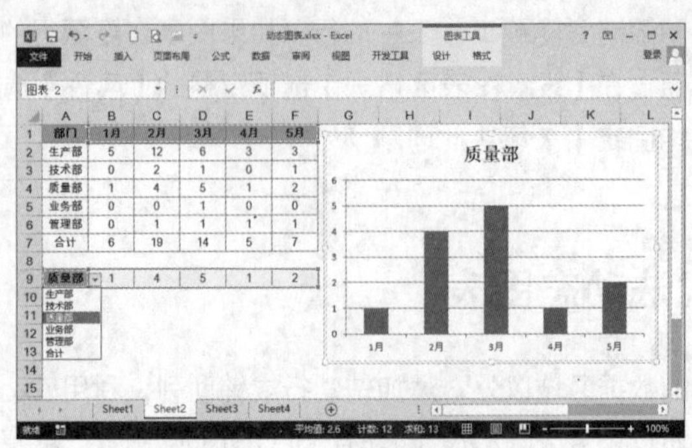

图 25-52　辅助行动态图表

2. 辅助列

步骤1 选取 H1 单元格，单击【数据】选项卡中的【数据验证】命令，打开【数据验证】对话框，在【设置】选项卡中选择【允许】下拉列表中的【序列】有效性条件，再将光标定位到【来源】编辑框中，用鼠标选取 B1 到 F1 单元格区域，在【来源】编辑框中显示“=$B$1:$F$1”，单击【确定】按钮完成数据有效性设置。

步骤2 设置查找公式 HLOOKUP。选取 H1 单元格，单击单元格右侧的按钮，在下拉列表中选择“2 月”。选取 H2 单元格，在公式编辑栏输入公式为“=HLOOKUP($H$1,$A$1:$F$7, ROW(), FALSE)”。再将 H2 单元格的公式复制（或者填充）到 H3:H7 单元格区域。

步骤3 以辅助行区域 H1:H7 为数据系列，A2:A7 为水平（分类）轴标签制作柱形图，在 H1 单元格的下拉列表选择不同的月份，即可以得到辅助列动态图表，如图 25-53 所示。

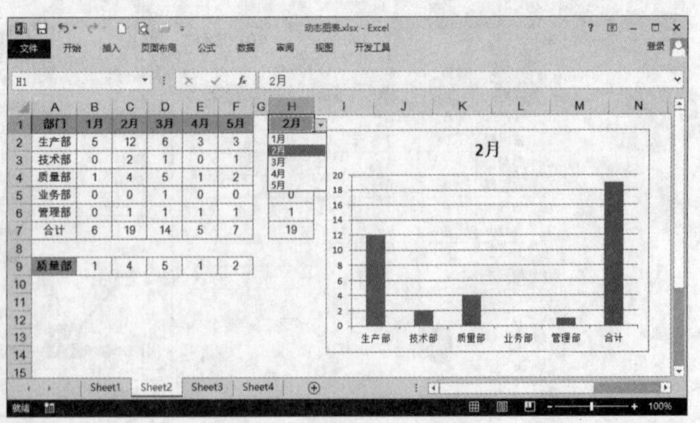

图 25-53　辅助列动态图表

25.6.3 定义名称法动态图表

示例 25-1 借助定义名称创建动态图表

在定义名称中使用 OFFSET 函数与窗体控件（组合框、选项按钮、滚动条、微调项等）建立联系，从而实现由窗体控件控制的动态图表。

定义名称的动态图表的制作方法如下。

步骤1 → 添加组合框窗体控件。在【开发工具】选项卡中依次单击【插入】→【表单控件】→【组合框(窗体控件)】命令，在工作表中画一个组合框窗体控件，如图 25-54 所示。

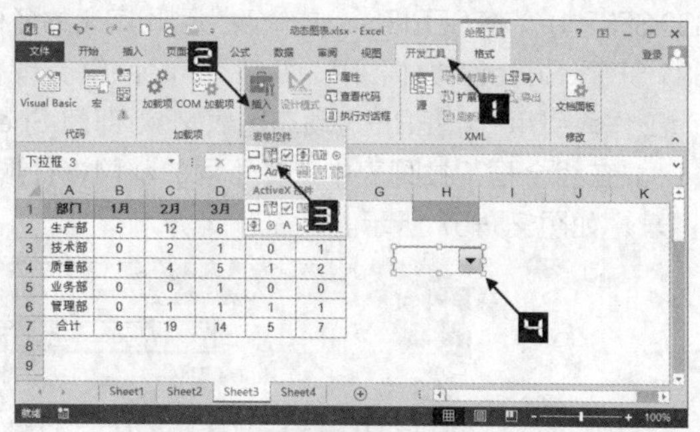

图 25-54　添加组合框窗体控件

步骤2 → 设置控件格式。选择组合框窗体控件，在组合框上单击鼠标右键，在弹出的快捷菜单中，单击【设置控件格式】命令，打开【设置控件格式】对话框，切换到【控制】选项卡，选择【数据源区域】为 A2:A7 单元格区域，【单元格链接】为 H1 单元格，如图 25-55 所示。单击【确定】按钮，完成组合框窗体控件与数据的链接。

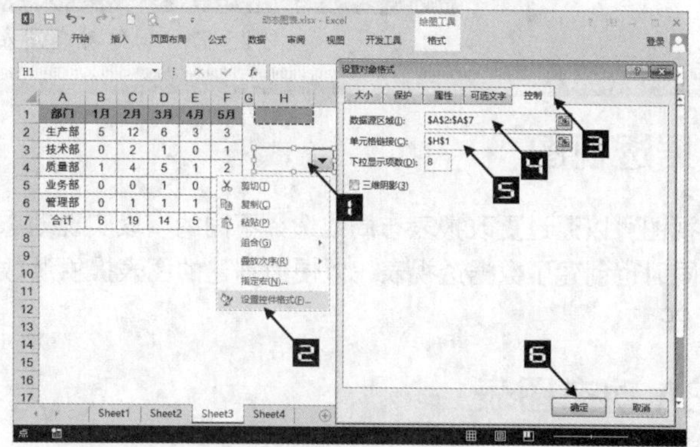

图 25-55　设置控件格式

步骤3 → 定义名称。单击【公式】选项卡中的【名称管理器】命令，打开【名称管理器】对话框，单击【新建】按钮，打开【新建名称】对话框，在【名称】文本框中输入名称“部门”，在【引用位置】编辑框中输入公式“=OFFSET(Sheet3!$A$1,Sheet3!$H$1,0)”，如图 25-56 所示，单击【确定】按钮完成定义名称“部门”。使用相同的方法，定义另一个名称“数据”，引用公式为“=OFFSET(Sheet3!$A$1,Sheet3!$H$1,1,1,5)”。

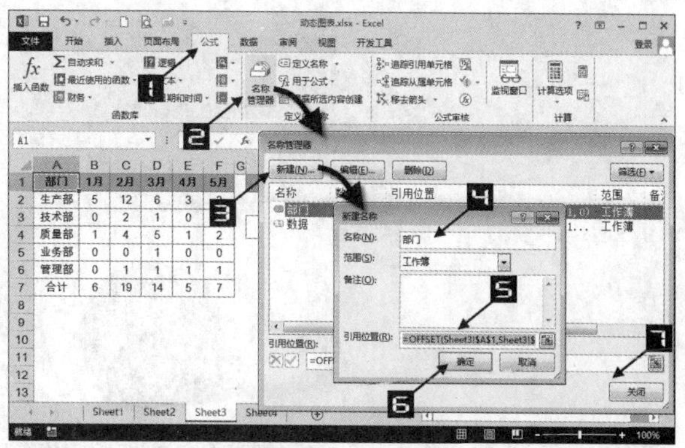

图 25-56　定义名称

步骤4 制作动态图表。选取 A1:F2 单元格区域，插入一个柱形图。选择柱形图，单击柱形图数据系列，在公式编辑栏中显示“=SERIES(Sheet3!$A$2,Sheet3!$B$1:$F$1,Sheet3!$B$2:$F$2,1)”，将 SERIES 公式修改为引用定义的名称“=SERIES(Sheet3!部门,Sheet3!$B$1:$F$1,Sheet3!数据,1)”，并按<Enter>键完成柱形图设置，SERIES 公式自动更改为工作簿引用“=SERIES(动态图表.xlsx!部门,Sheet3!$B$1:$F$1,动态图表.xlsx!数据,1)”。在组合框下拉列表中选择不同的部门，柱形图随之变化，完成定义名称的动态图表，如图 25-57 所示。

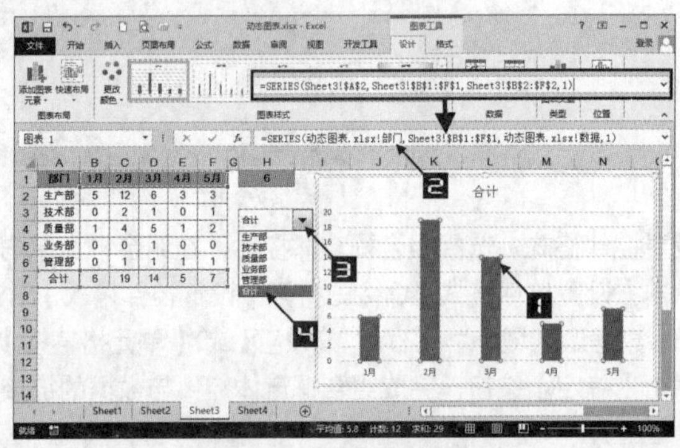

图 25-57 制作动态图表

25.6.4 数据透视图

数据透视图可以通过更改报表布局或选择不同的字段实现动态图表。在创建数据透视图的过程中，Excel 同时也创建了数据透视表，以便为创建的图表提供源数据，有关数据透视图的更详细内容请参阅第 29 章。

25.6.5 VBA 动态图表

示例 25-2 借助 VBA 代码创建动态图表

使用 VBA 制作的动态图表，有更多的变动方法。本例介绍通过选择数据表中的单元格，动态地显示该单元格所在行或者列的图表。

步骤1 在工作表中制作一个饼图，并添加图表标题，如图 25-58 所示。

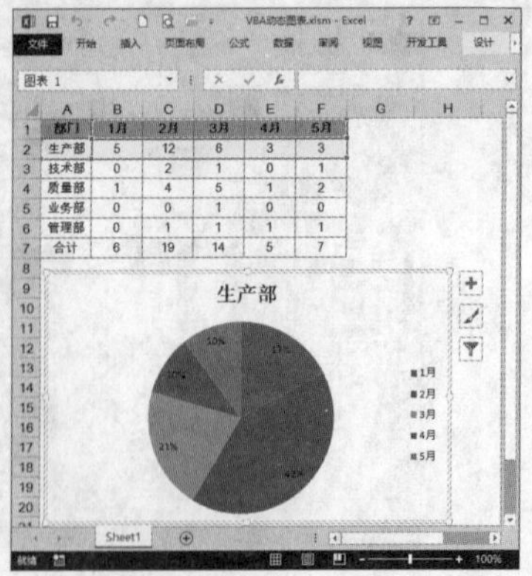

图 25-58 饼图

步骤2 单击【开发工具】选项卡中的【Visual Basic】命令，或者按<Alt+F11>组合键，打开VBA编辑器，在工作表“Sheet1”的代码窗口中输入以下代码：

```
Private Sub Worksheet_SelectionChange(ByVal Target As Range)
 '如果在工作表中选择不同的单元格时运行本子程序

Dim i, t
  '定义二个变量
   If ActiveCell.Row = 1 And ActiveCell.Column >= 2 And ActiveCell.Column <= 6 Then
  '如果选中单元格的行在第一行，且列在2到6列之间
  i = ActiveCell.Column '设所选单元格的列数为i
  t = ActiveCell.Text '设所选单元格的文字为t
   ActiveSheet.ChartObjects(1).Select
   '选中图表
   ActiveChart.SeriesCollection(1).XValues = "=Sheet1!R2C1:R6C1"
   '设置图表的分类(X)轴引用A2:A6单元格区域
   ActiveChart.SeriesCollection(1).Values = "=Sheet1!R2C" & i & ":R6C" & i
   '设置图表的数据系列1引用第i列的2:6行区域
   ActiveChart.ChartTitle.Characters.Text = t
   '设置图表的标题引用活动单元格文字
End If
  '结束if语句

If ActiveCell.Column = 1 And ActiveCell.Row >= 2 And ActiveCell.Row <= 7 Then
 '如果选中单元格在第一列，且行在2到7行之间
  i = ActiveCell.Row '设所选单元格的行数为i
  t = ActiveCell.Text '设所选单元格的文字为t
    ActiveSheet.ChartObjects(1).Select
   '选中图表
   ActiveChart.SeriesCollection(1).XValues = "=Sheet1!R1C2:R1C6"
   '设置图表的分类(X)轴引用B1:F1单元格区域
   ActiveChart.SeriesCollection(1).Values = "=Sheet1!R" & i & "C2:R" & i & "C6"
   '设置图表的数据系列1引用第i行的2:6列区域
   ActiveChart.ChartTitle.Characters.Text = t
   '设置图表的标题引用活动单元格文字
End If
  '结束if语句


End Sub
 '结程序束
```

步骤3 按<Alt+F11>组合键返回工作表，选取D1单元格，图表中数据系列自动变为D列的“3月”数据，如图25-59所示。

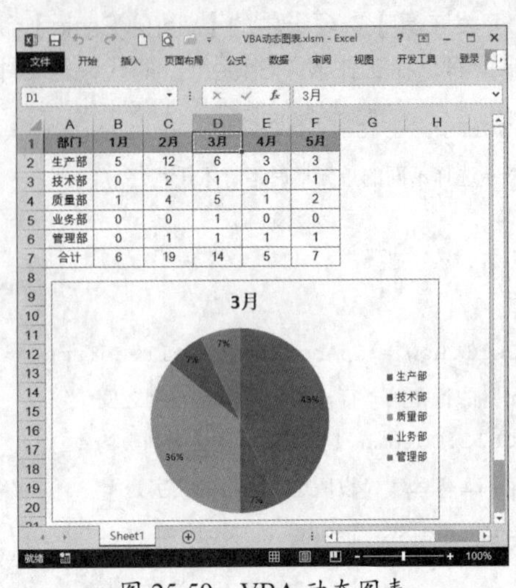

图 25-59 VBA 动态图表

25.7 高级图表制作实例

图表的应用非常广泛，使用 Excel 内置的标准图表类型也能够完成很多任务。利用图表和 Excel 其他功能，如自动筛选、定义名称和窗体控件等，制作令人耳目一新的图表效果，从而满足专业制作图表的需求。

25.7.1 添加水平线

示例 25-3 为销售实绩图添加均值水平线

本小节介绍在销售实绩的柱形图中添加一条平均值的水平线，水平线的图表类型为折线图。

步骤1 选取 A1 单元格，在【插入】选项卡中依次单击的【柱形图】→【簇状柱形图】命令绘制销售实绩的柱形图，如图 25-60 所示。

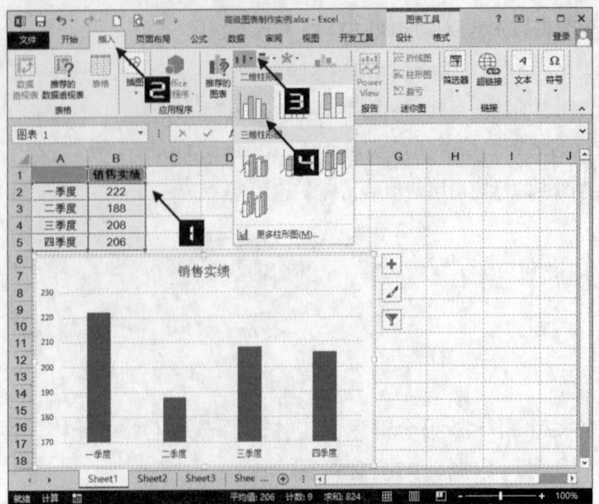

图 25-60 销售实绩的柱形图

步骤2 → 选取A1单元格，单击【公式】选项卡中的【名称管理器】命令，打开【名称管理器】对话框，单击【新建】按钮，打开【新建名称】对话框，输入名称“平均值”，选择范围为当前工作表“Sheet1”，在【引用位置】编辑框中输入求平均值的公式“=AVERAGE(Sheet1!$B$2:$B$5)”，使用相同的方法定义第二个名称“平均线”为“=IF(ROW(Sheet1!$1:$4),Sheet1!平均值,)”，如图25-61所示。单击【确定】按钮完成定义名称。

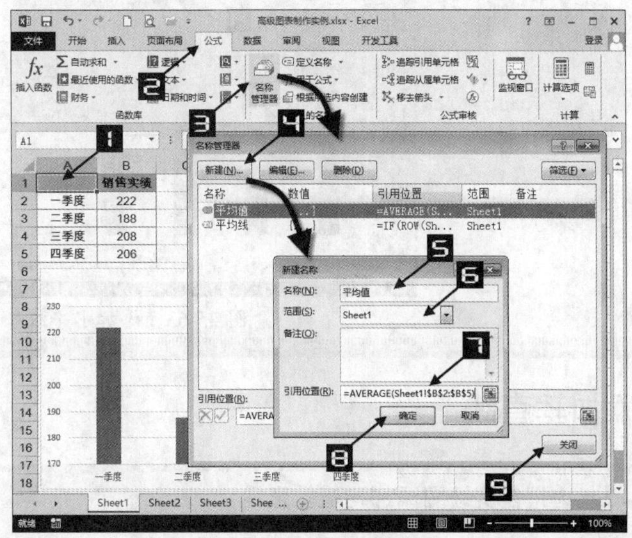

图25-61 定义名称

步骤3 → 选中图表，在【图表工具】的【设计】选项卡中单击【选择数据】命令，打开【选择数据源】对话框，单击【添加】按钮，打开【编辑数据系列】对话框，在【系列名称】文本框中输入“平均线”，设置【系列值】为“=Sheet1!平均线”，如图25-62所示。单击【确定】按钮完成添加数据系列。

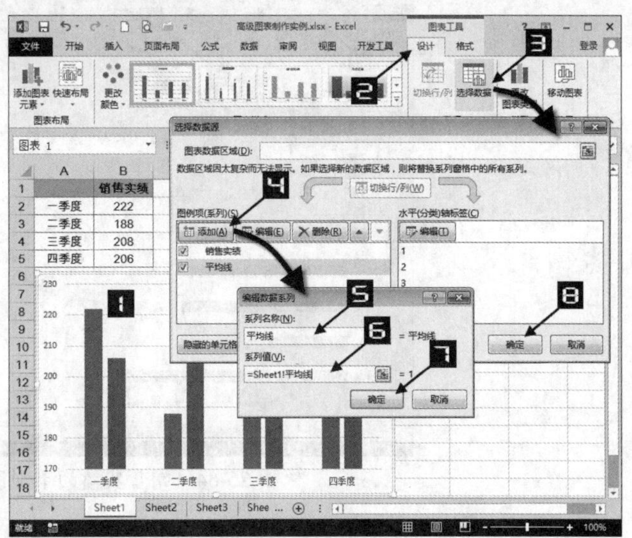

图25-62 添加数据系列

步骤4 → 选中图表中的“平均线”柱形，在【插入】选项卡中依次单击的【折线图】→【带数据标记的折线图】图表样式，将柱形图修改为折线图，成为图表中代表平均值的水平线，如图25-63所示。

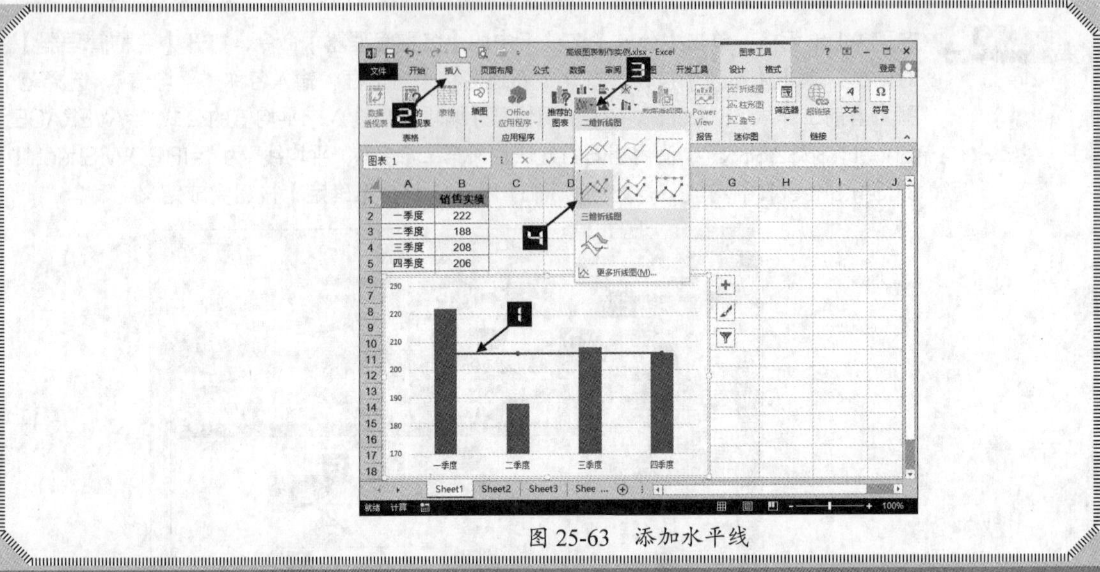

图 25-63 添加水平线

25.7.2 添加垂直线

示例 25-4 为销售实绩图添加均值垂直线

本小节介绍在销售实绩的条形图中添加一条平均值的垂直线，垂直线的图表类型为 XY 散点折线图。

步骤1 选取 A1 单元格，在【插入】选项卡中依次单击的【条形图】→【簇状条形图】命令绘制销售实绩的条形图，如图 25-64 所示。

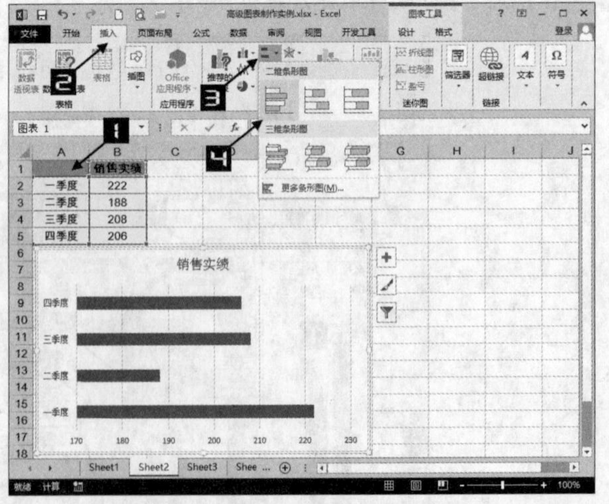

图 25-64 销售实绩的条形图

步骤2 选取 A1 单元格，单击【公式】选项卡中的【名称管理器】命令，打开【名称管理器】对话框，单击【新建】按钮，打开【新建名称】对话框，在【名称】文本框中输入“垂直线 Y”，选择【范围】为当前工作表“Sheet2”，在【引用位置】文本框中输入求垂直线的 Y 坐标值“={0,5}”，使用相同的方法定义第二个名称“垂直线 X”为“=IF(ROW(Sheet2!$1:$2), Sheet1!平均值,)”，如图 25-65 所示。单击【确定】按钮完成定义名称。

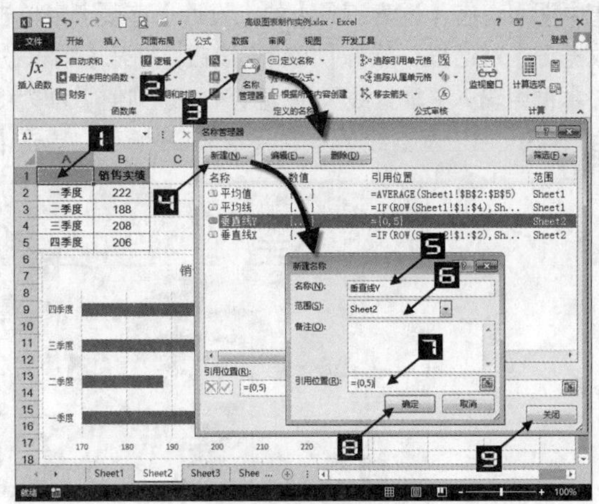

图 25-65　定义名称

步骤3 → 选择任意一列数据，如 B2:B5 单元格区域，单击【开始】选项卡中的【复制】命令，再选中图表，单击【粘贴】命令，在条形图中添加一个新数据系列，如图 25-66 所示。

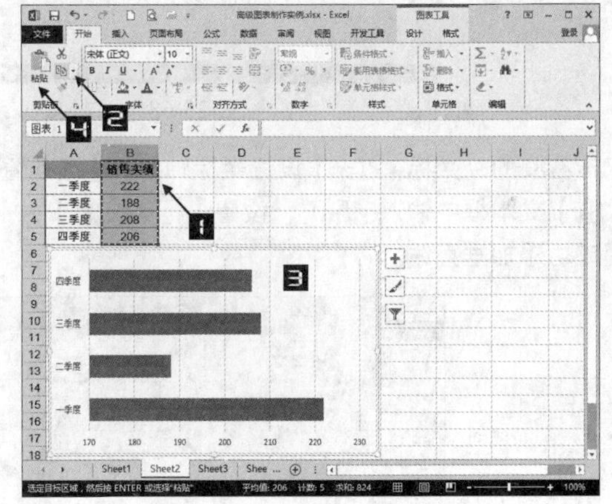

图 25-66　添加新数据系列

步骤4 → 选中图表中的新添加的数据系列条形，在【插入】选项卡中依次单击的【散点图】→【带直线和数据标记的散点图】图表样式，将条形图修改为散点图，如图 25-67 所示。

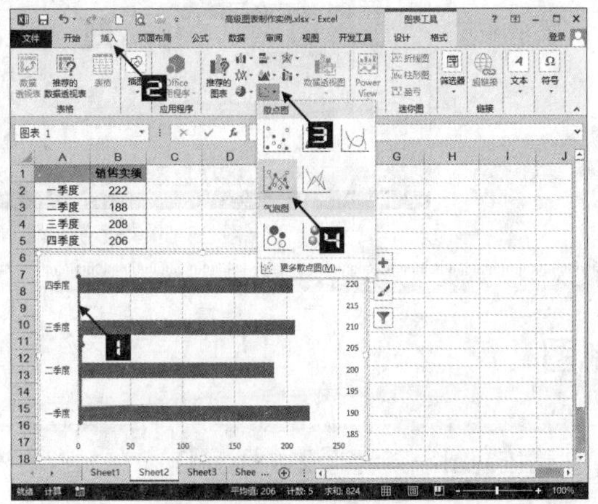

图 25-67　改变图表类型

步骤5 → 选中图表，在【图表工具】的【设计】选项卡中单击【选择数据】命令，打开【选择数据源】对话框，单击【编辑】按钮，打开【编辑数据系列】对话框，在【系列名称】文本框中输入“垂直线”，设置【X 轴系列值】为“=Sheet2!垂直线 X”，【Y 轴系列值】为“=Sheet2!垂直线 Y”，如图 25-68 所示。单击【确定】按钮完成编辑数据系列。

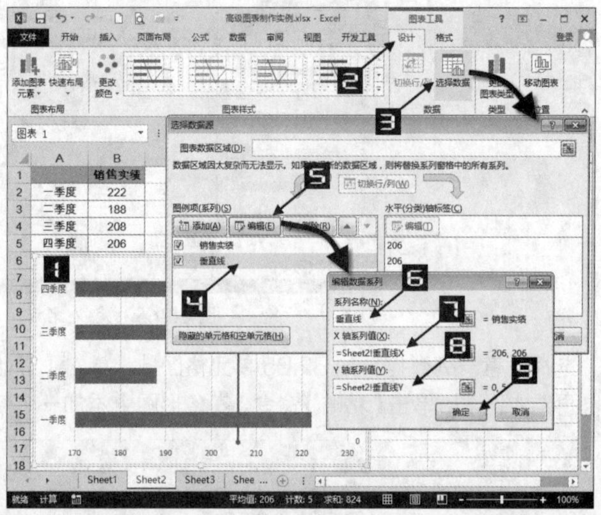

图 25-68 编辑数据系列

步骤6 → 双击右侧的纵坐标，打开【设置坐标轴格式】选项窗格，在【坐标轴选项】栏下的【最大值】文本框中输入“5.0”，设置【标签位置】为“无”，如图 25-69 所示，为条形图成功添加垂直线。

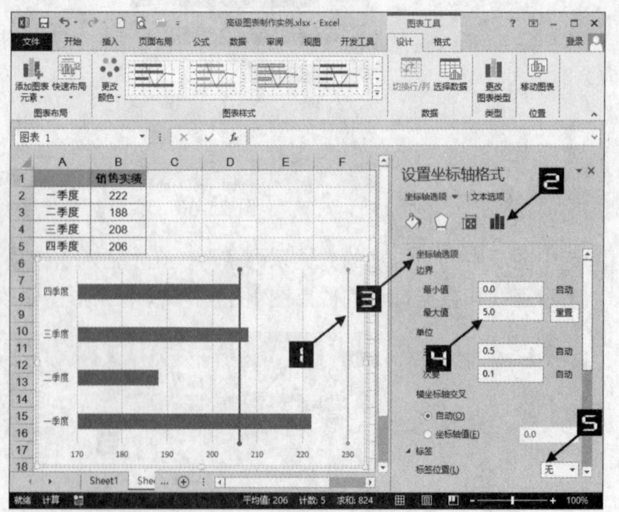

图 25-69 设置坐标轴格式

25.7.3 控制图

示例 25-5 创建控制图，突出超限数据

控制图利用设置不同数据系列的数据点颜色，达到突出显示超出控制线的数据点的目的。

步骤 1 → 设置数据表格，输入上限、下限和数据，在 E2 单元格输入公式“=IF(OR(D2>B2,D2<C2),D2,NA())”，并填充到 E3:E11 单元格，如图 25-70 所示。

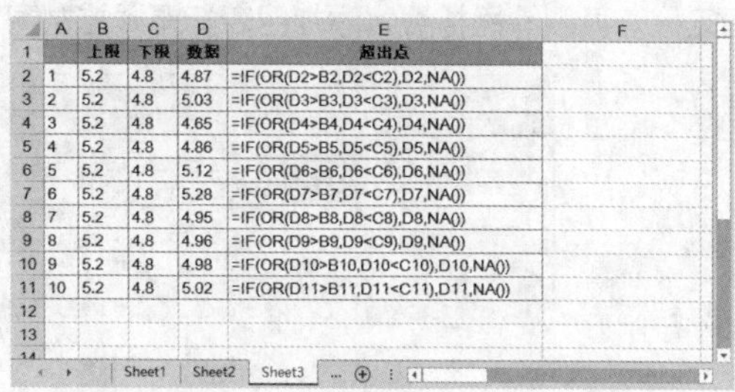

	A	B	C	D	E
1		上限	下限	数据	超出点
2	1	5.2	4.8	4.87	=IF(OR(D2>B2,D2<C2),D2,NA())
3	2	5.2	4.8	5.03	=IF(OR(D3>B3,D3<C3),D3,NA())
4	3	5.2	4.8	4.65	=IF(OR(D4>B4,D4<C4),D4,NA())
5	4	5.2	4.8	4.86	=IF(OR(D5>B5,D5<C5),D5,NA())
6	5	5.2	4.8	5.12	=IF(OR(D6>B6,D6<C6),D6,NA())
7	6	5.2	4.8	5.28	=IF(OR(D7>B7,D7<C7),D7,NA())
8	7	5.2	4.8	4.95	=IF(OR(D8>B8,D8<C8),D8,NA())
9	8	5.2	4.8	4.96	=IF(OR(D9>B9,D9<C9),D9,NA())
10	9	5.2	4.8	4.98	=IF(OR(D10>B10,D10<C10),D10,NA())
11	10	5.2	4.8	5.02	=IF(OR(D11>B11,D11<C11),D11,NA())

图 25-70 设置数据表格

步骤 2 → 选择 A1 单元格，在【插入】选项卡中依次单击的【折线图】→【带数据标记的折线图】命令，插入一个包含 4 个数据系列的折线图，如图 25-71 所示。

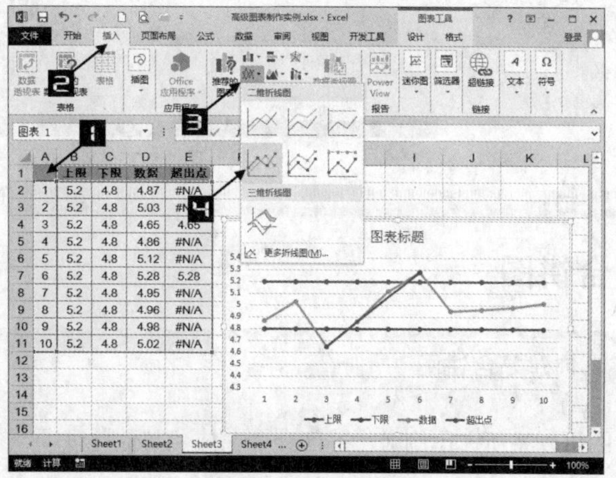

图 25-71 折线图

步骤 3 → 双击“超出点”数据系列的折线，打开【设置数据系列格式】选项窗格，在【线条】选项卡中，单击【无线条】单选按钮。再切换到【标记】→【数据标记选项】选项卡中设置数据标记类型为【内置】的圆形，【大小】为 10，如图 25-72 所示，将“超出点”突出显示为圆点。

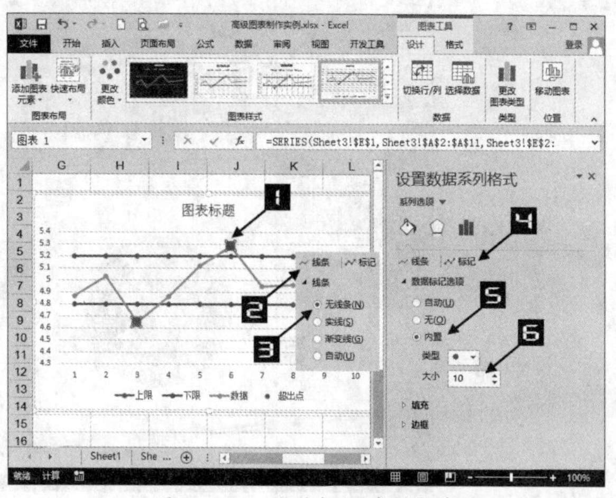

图 25-72 设置数据系列格式

步骤4 → 双击“上限”数据系列的折线，打开【设置数据系列格式】选项窗格，在【标记】选项卡中设置【数据标记选项】为“无”，同样设置“下限”数据系列的【数据标记选项】为“无”。再删除网格线，添加图表标题“控制图”，完成控制图如图 25-73 所示。

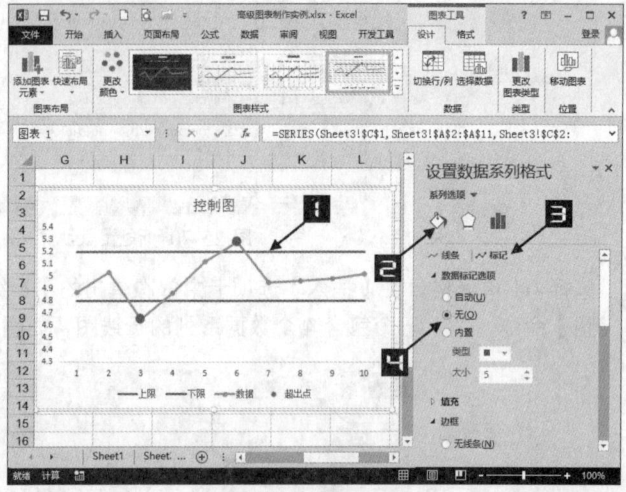

图 25-73 控制图

25.7.4 复合饼图

示例 25-6 创建复合饼图

复合饼图可以将所占比例较小的部分合并成“其他”一项，使图表反映的数据更能突出重点。

步骤1 → 选取 A1:B4 单元格区域，按住<Ctrl>键的同时，再选取 A6:B8 单元格区域，在【插入】选项卡中依次单击的【饼图】→【复合饼图】命令，在工作表创建一个复合饼图，如图 25-74 所示。如果数据源中包含第 5 行的数据，会造成复合饼图的“其他”扇区和第 5 行数据重复。

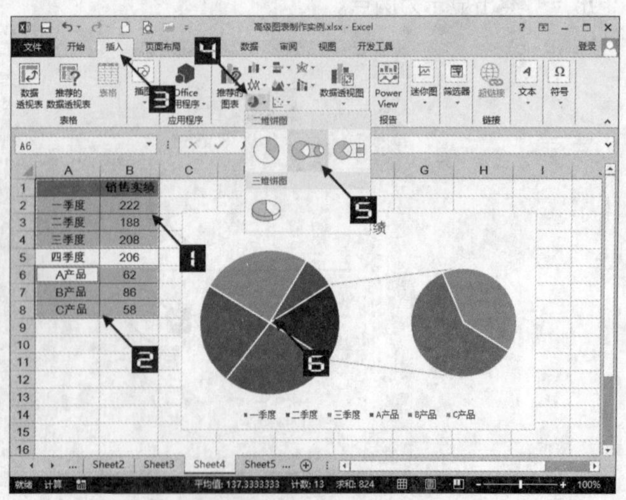

图 25-74 复合饼图

步骤2 → 双击图表中的饼图，打开【设置数据系列格式】选项窗格，在【系列选项】选项卡中设置【系列分割依据】为“位置”，设置【第二绘图区中的值】为“3”，如图25-75所示。

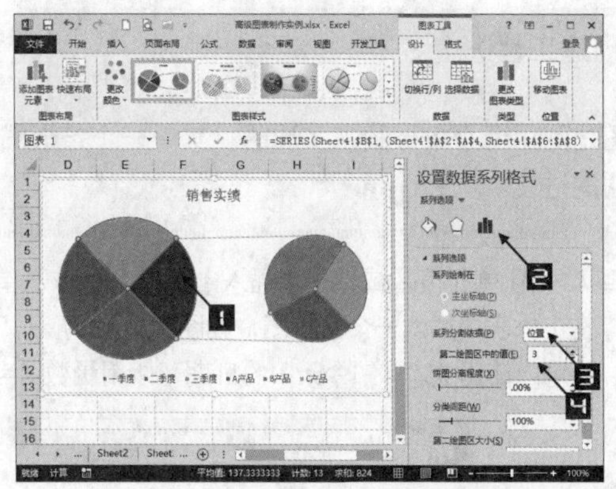

图25-75 设置第二绘图区

步骤3 → 选中复合饼图，在【图表工具】的【设计】选项卡中单击【添加图表元素】→【数据标签】→【其他数据标签选项】命令，打开【设置数据标签格式】对话框，在【标签选项】选项卡中勾选【类别名称】和【百分比】选项按钮，取消勾选【值】选项按钮，完成设置数据标签格式，如图25-76所示。

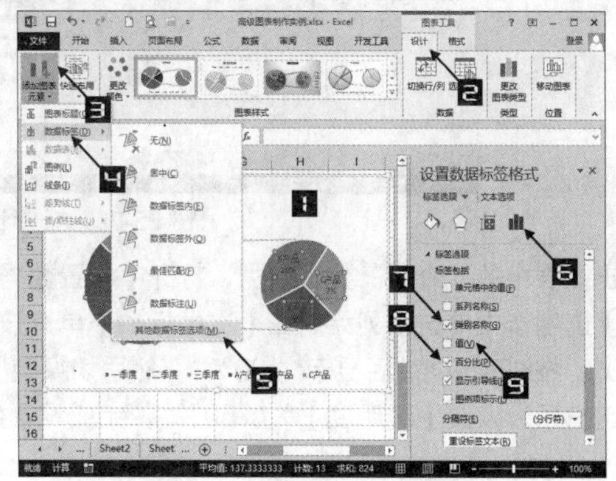

图25-76 设置数据标签格式

步骤4 → 单击复合饼图中的“其他”数据标签两次，选中“其他”数据标签，手工输入文字“四季度”。最后删除图例，选择一种合适的图表样式，完成复合饼图的制作，如图25-77所示。

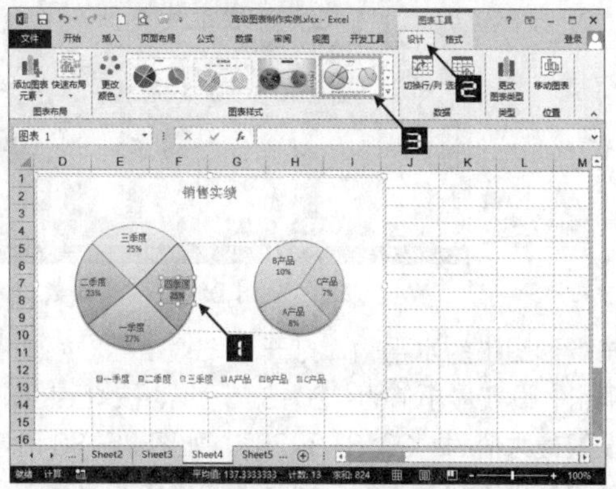

图25-77 修改数据标签

25.7.5 工程进度图

示例 25-7 创建工程进度图

工程进度图是利用两个条形图来实现的，其中一个条形图显示工程的进度计划，另一个条形图显示到指定日期的进度。

步骤1 选择A1:D9单元格区域，在【插入】选项卡中依次单击的【条形图】→【堆积条形图】命令，在工作表中插入一个条形图，如图25-78所示。注意表格中日期必须是日期格式的数值，不可以使用文本。“今天”的日期可以用函数“=TODAY()”来取得，也可以手工输入。

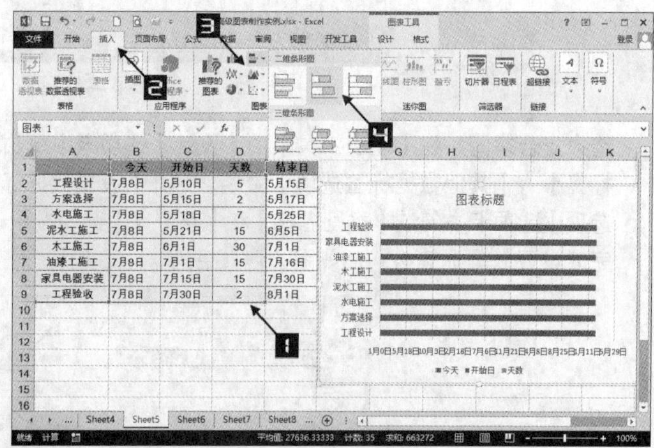

A	今天	开始日	天数	结束日
工程设计	7月8日	5月10日	5	5月15日
方案选择	7月8日	5月15日	2	5月17日
水电施工	7月8日	5月18日	7	5月25日
泥水工施工	7月8日	5月21日	15	6月5日
木工施工	7月8日	6月1日	30	7月1日
油漆工施工	7月8日	7月1日	15	7月16日
家具电器安装	7月8日	7月15日	15	7月30日
工程验收	7月8日	7月30日	2	8月1日

图25-78 条形图

步骤2 双击图表中的“今天”数据系列，打开【设置数据系列格式】选项窗格，在【系列选项】选项卡中单击系列绘制在【次坐标轴】单选按钮，在【分类间距】文本框中输入“0”，按<Enter>键后显示“.00%”。然后切换到【填充】选项卡，单击【纯色填充】单选按钮，设置【透明度】为“60%”，完成设置数据系列格式，如图25-79所示。

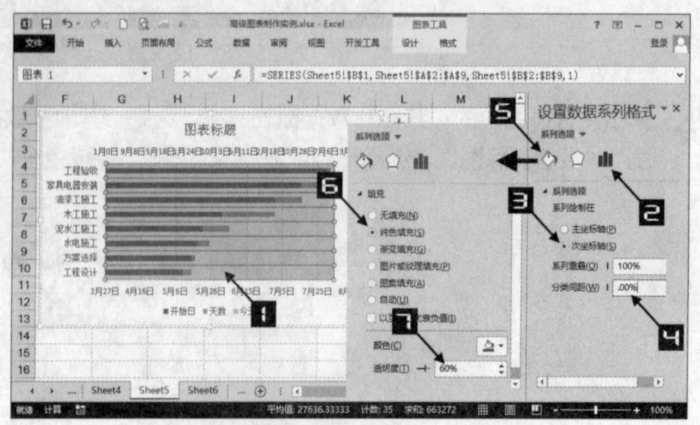

图25-79 设置数据系列格式

步骤3 双击条形图中的水平轴，打开【设置坐标轴格式】选项窗格，切换到【坐标轴选项】选项卡，设置最小值为“2013-5-1”，按<Enter>键后显示日期的数值为“41395.0”，再设置最大值为“2013-8-29”，如图25-80所示。使用相同的方法，设置另一个水平轴的最小值和最大值，以保证图表中水平轴的日期一致。

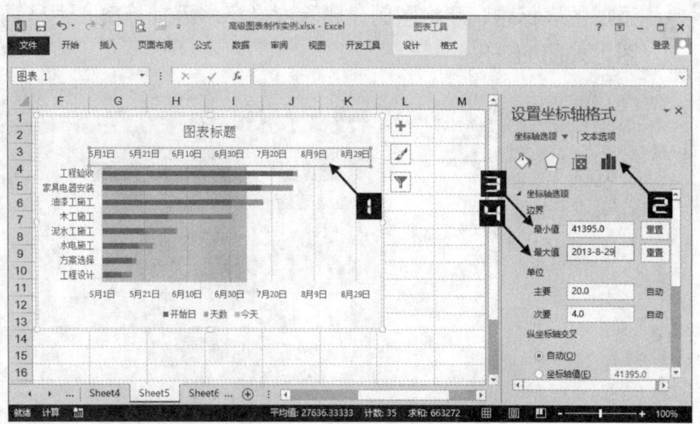

图 25-80 设置坐标轴格式

步骤 4 → 双击图表中的“开始日”数据系列，打开【设置数据系列格式】选项窗格，在【填充】选项卡中单击【无填充】单选按钮，在【边框颜色】选项卡中单击【无线条】单选按钮，完成设置无色的数据系列格式，如图 25-81 所示。

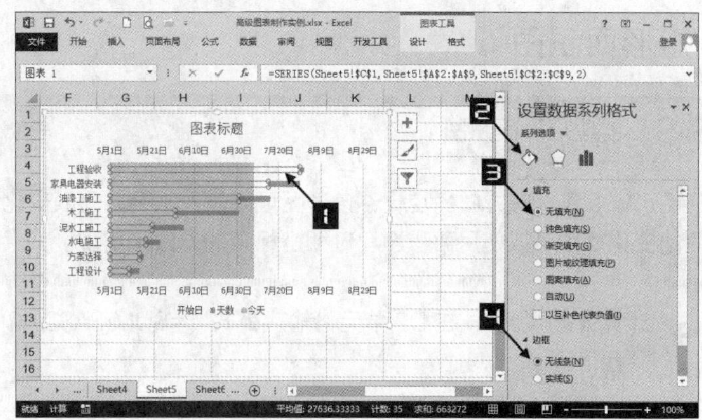

图 25-81 设置无色的数据系列

步骤 5 → 双击条形图中的垂直轴，打开【设置坐标轴格式】选项窗格，在【坐标轴选项】选项卡中勾选【逆序类别】选项按钮，使坐标轴标签与工作表中文本的顺序相同，如图 25-82 所示。

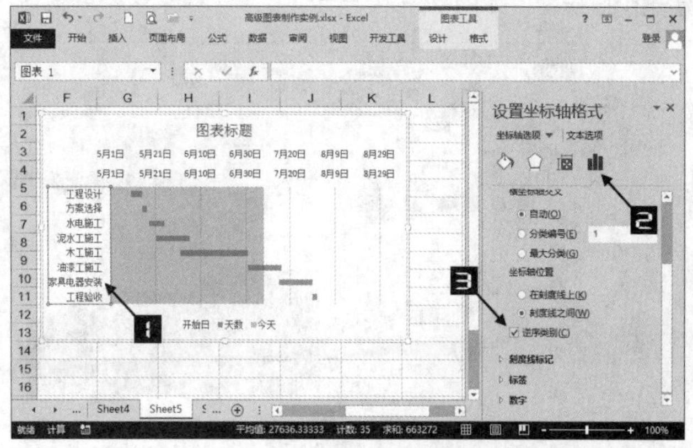

图 25-82 设置逆序类别

步骤6 → 添加图表标题，删除图例，删除次坐标水平轴标签，适当调整图表格式完成工程进度图，如图 25-83 所示。

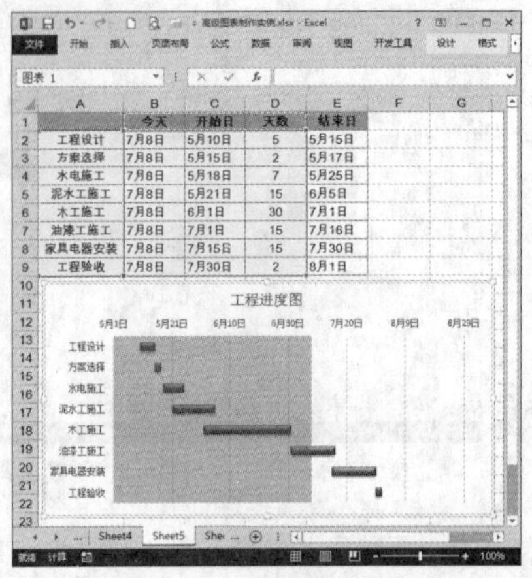

图 25-83 工程进度图

25.7.6 矩形面积图

示例 25-8 创建矩形面积图

柱形图可以表现垂直方向的变化，条形图可以表现水平方向的变化。需要同时表现垂直方向和水平方向的变化，则可以使用面积图和日期坐标轴的方法来实现。

步骤1 → 计算 X1 累加值，在 D2 单元格输入公式"=SUM($A$2:A2)"，并填充公式到 D3:D6 单元格区域。

准备面积图的数据 X 和 Y，在 F2 单元格输入公式"=N(OFFSET($D$1,INT((ROW(1:1))/2),))"，在 G2 单元格输入公式"=N(OFFSET($B$1,INT((ROW(1:1)+1)/2),))"，然后复制 F2:G2 公式向下填充至 F11:G11。

选择 G1:G11 单元格区域，在【插入】选项卡中依次单击的【面积图】→【面积图】命令，在工作表创建一个面积图，如图 25-84 所示。

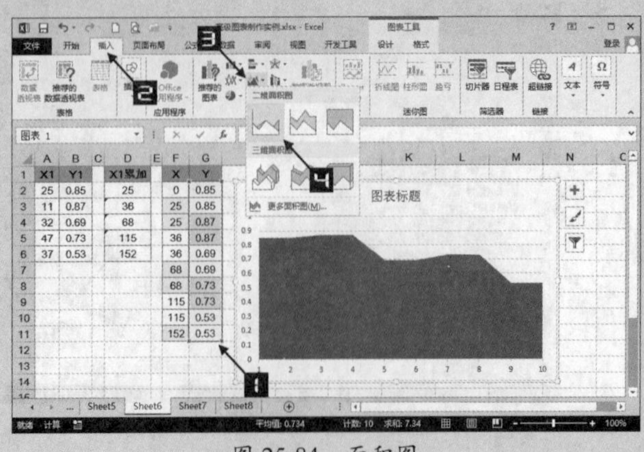

图 25-84 面积图

步骤2 → 选择面积图，在【图表工具】的【设计】选项卡中单击【选择数据】命令，打开【选择数据源】对话框，单击【水平(分类)轴标签】中的【编辑】按钮，打开【轴标签】对话框，在【轴标签区域】编辑框中引用 F2:F11 单元格区域，如图 25-85 所示。单击【确定】按钮关闭对话框。

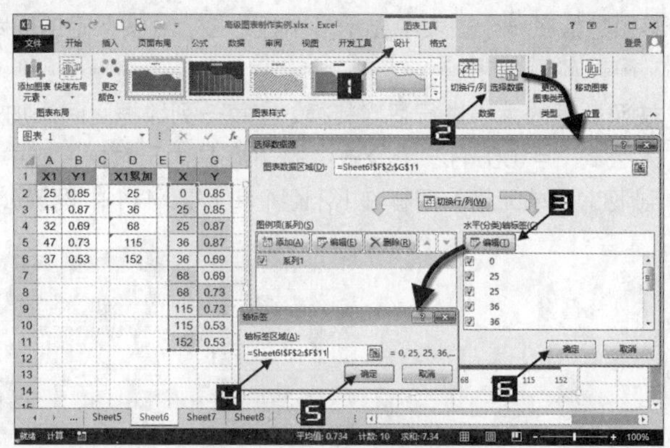

图 25-85 选择数据

步骤3 → 双击面积图的水平轴，打开【设置坐标轴格式】选项窗格，在【坐标轴选项】选项卡中单击【日期坐标轴】单选按钮，如图 25-86 所示。

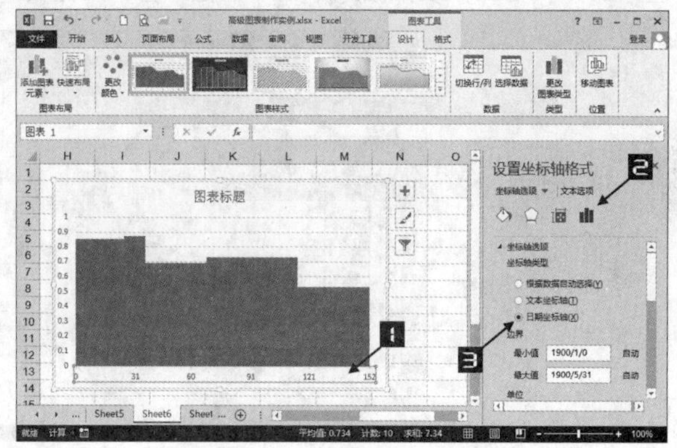

图 25-86 日期坐标轴

步骤4 → 选择面积图，在【图表工具】的【设计】选项卡中依次单击【添加图表元素】→【线条】→【垂直线】命令，添加垂直线，完成矩形面积图设置，如图 25-87 所示。

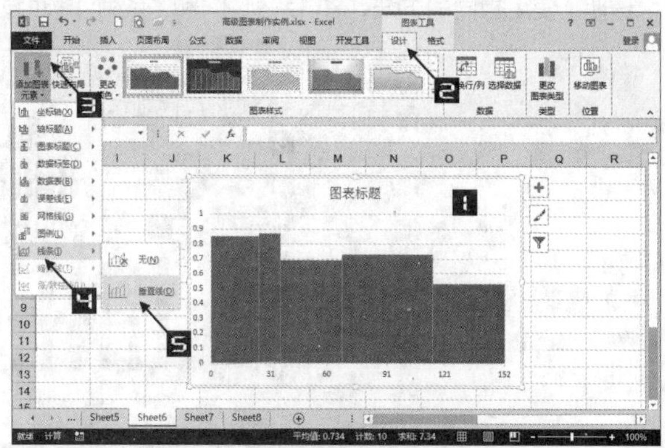

图 25-87 矩形面积图

25.7.7 排列柱形图

示例 25-9 创建排列柱形图

排列柱形图是指在一个图表中显示多个柱形图，且按一定的间距排列，具有直观、对比等特点。

步骤1 按照数据的大小进行适当转换，在每一列数据之间添加一列辅助数据。在 I2 单元格输入公式“=100-H2”（公式中的 100 是大于数据区域中最大值的整数），并填充公式到 I3:I11 单元格，同样在 K2:K11 和 M2:M11 中设置公式，如图 25-88 所示。

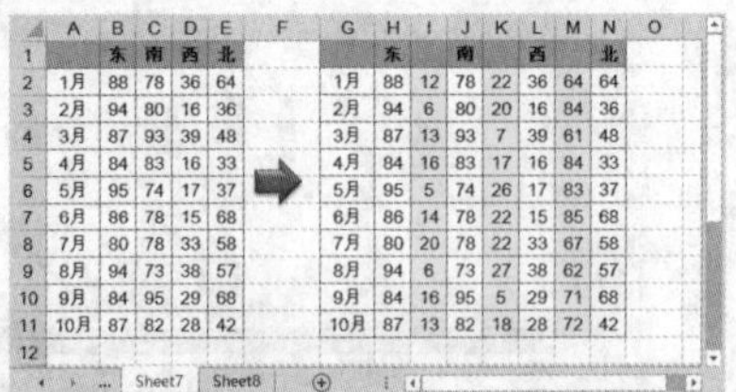

	东	南	西	北
1月	88	78	36	64
2月	94	80	16	36
3月	87	93	39	48
4月	84	83	16	33
5月	95	74	17	37
6月	86	78	15	68
7月	80	78	33	58
8月	94	73	38	57
9月	84	95	29	68
10月	87	82	28	42

	东		南		西		北
1月	88	12	78	22	36	64	64
2月	94	6	80	20	16	84	36
3月	87	13	93	7	39	61	48
4月	84	16	83	17	16	84	33
5月	95	5	74	26	17	83	37
6月	86	14	78	22	15	85	68
7月	80	20	78	22	33	67	58
8月	94	6	73	27	38	62	57
9月	84	16	95	5	29	71	68
10月	87	13	82	18	28	72	42

图 25-88 数据转换

步骤2 选择 G1:N11 单元格区域，在【插入】选项卡中依次单击的【柱形图】→【堆积柱形图】命令，在工作表中插入一个堆积柱形图，如图 25-89 所示。

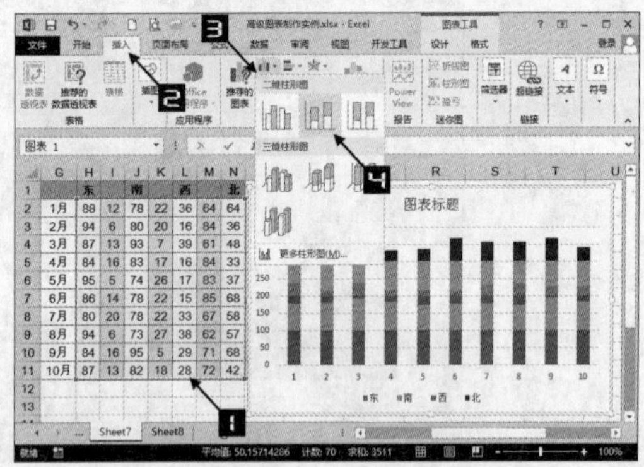

图 25-89 堆积柱形图

步骤3 选中图表，在【图表工具】的【格式】选项卡中单击的【图表元素】下拉按钮，在图表元素列表中选择“系列 6”，再依次单击【形状填充】→【无填充颜色】命令，将柱形设置为透明。使用相同的方法，将“系列 2”和“系列 4”也设置为无填充，如图 25-90 所示。

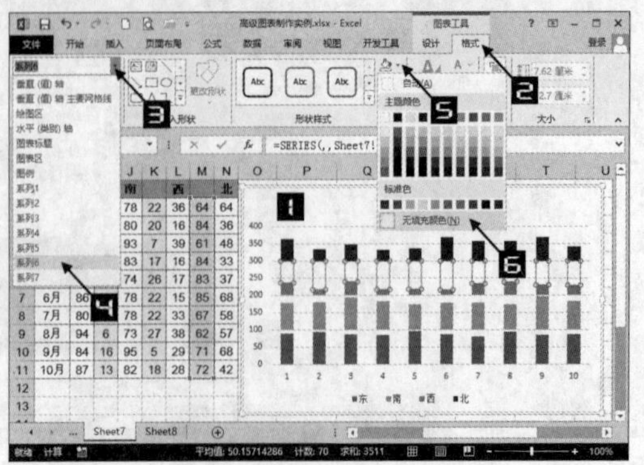

图 25-90 设置无填充

步骤4 → 双击垂直轴，打开【设置坐标轴格式】选项窗格，在【坐标轴选项】选项卡中设置垂直轴的【主要】刻度单位为“100.0”，设置【标签位置】为“无”。并设置显示数据标签，完成排列柱形图，如图 25-91 所示。

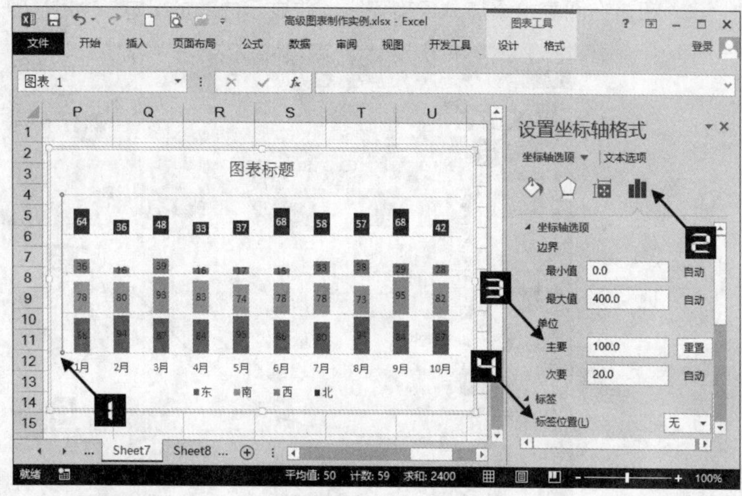

图 25-91 排列柱形图

25.7.8 曲线坐标

示例 25-10 创建曲线坐标

在 XY 散点折线图中可以方便地添加趋势线，根据趋势线公式可以为曲线上的任意点计算出其坐标值，并显示在图表中。

步骤1 → 选择 A1:B12 单元格区域，在【插入】选项卡中依次单击的【散点图】→【带平滑线的散点图】，在工作表中插入曲线的图表，如图 25-92 所示。

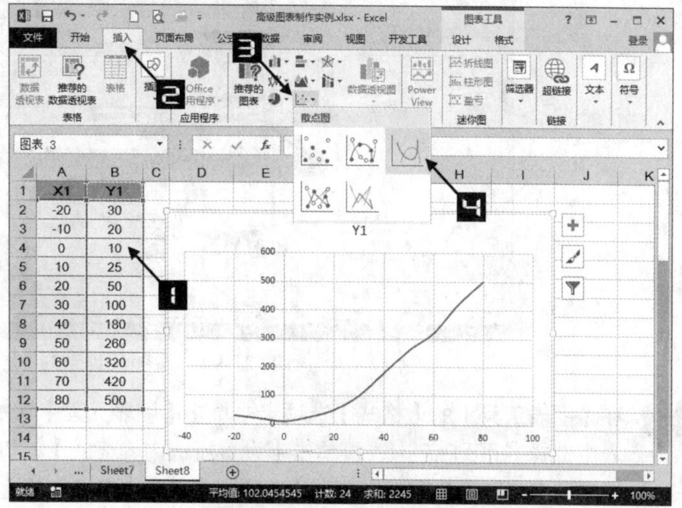

图 25-92 带平滑线的散点图

步骤2 选中图表，依次在【图表工具】的【设计】选项卡中依次单击【添加图表元素】→【趋势线】→【其他趋势线选项】命令，打开【设置趋势线格式】选项窗格，单击【多项】单选按钮，显示【顺序】选项为2阶，勾选【显示公式】和【显示R平方值】复选按钮，在图表中添加一条趋势线，并显示曲线的公式，如图25-93所示。

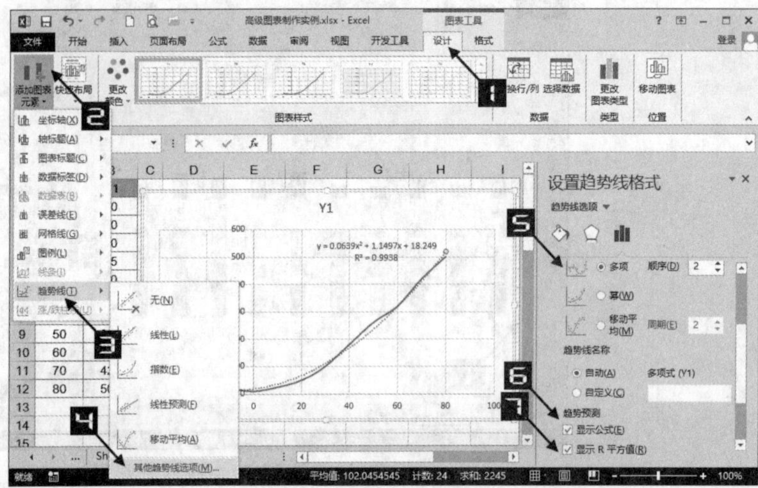

图25-93 添加趋势线

步骤3 在D1:E2单元格设置曲线上任意点的坐标，在D2单元格输入任意数字66，在E2单元格输入图表中的趋势线公式“=0.0639*D2^2+1.1497*D2+18.249”。在【图表工具】的【设计】选项卡中单击【选择数据】命令，打开【选择数据源】对话框，单击【添加】按钮，打开【编辑数据系列】对话框，在【系列名称】编辑框中输入“点”，【X轴系列值】编辑框中引用D2单元格，【Y轴系列值】编辑框中引用E2单元格，如图25-94所示。单击【确定】按钮关闭对话框，在图表中添加了“点”数据系列。

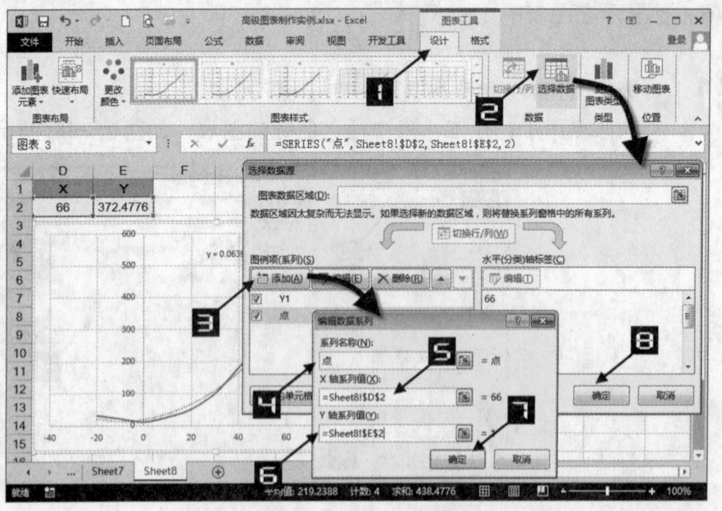

图25-94 添加数据系列

步骤4 在【图表工具】的【格式】选项卡中单击【图表元素】下拉按钮，在图表元素下拉列表中选择“系列"点"”，再单击【设置所选内容格式】，打开【设置数据系列格式】选项窗格，在【数据标记选项】选项卡中单击【自动】单选按钮，在曲线上显示该点，如图25-95所示。

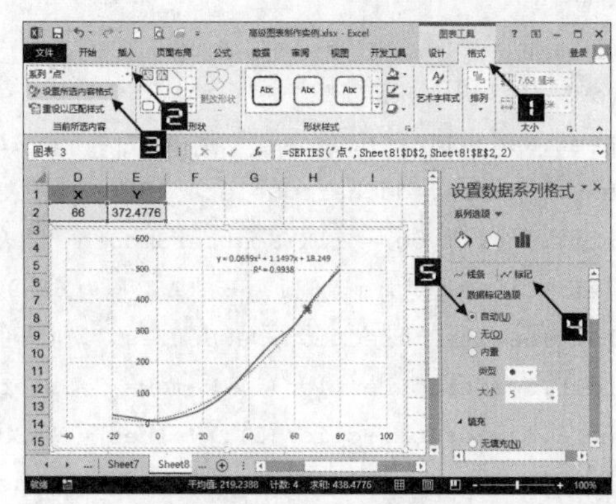

图 25-95　曲线上点的坐标

25.7.9　批量绘图

示例 25-11　批量创建类似图表

如果需要重复制作一批类似的图表，通过手工绘制图表既费时又费力，而利用 VBA 程序只需点击宏命令即可一次完成批量绘图。

步骤 1 → 准备图表数据如图 25-96 所示，计划绘制 5 个 XY 散点图，X 值引用 A 列数据，Y 值引用 B 到 F 列数据。单击【开发工具】选项卡中的【Visual Basic】命令，打开 VBA 编辑器。

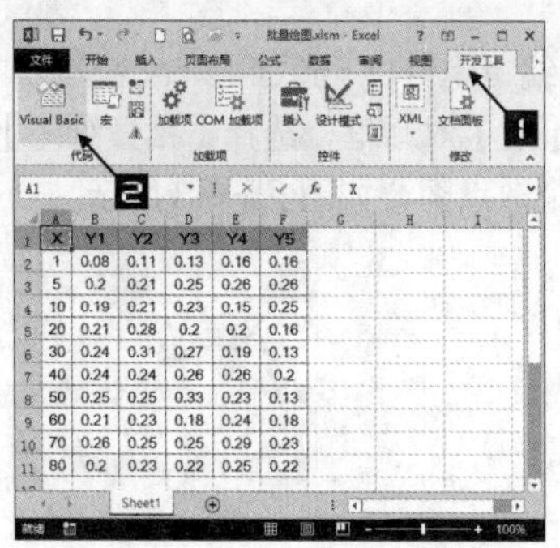

X	Y1	Y2	Y3	Y4	Y5
1	0.08	0.11	0.13	0.16	0.16
5	0.2	0.21	0.25	0.26	0.26
10	0.19	0.21	0.23	0.15	0.25
20	0.21	0.28	0.2	0.2	0.16
30	0.24	0.31	0.27	0.19	0.13
40	0.24	0.24	0.26	0.26	0.2
50	0.25	0.25	0.33	0.23	0.13
60	0.21	0.23	0.18	0.24	0.18
70	0.26	0.25	0.25	0.29	0.23
80	0.2	0.23	0.22	0.25	0.22

图 25-96　图表数据

步骤 2 → 在 VBA 编辑器中，在【插入】选项卡中单击的【模块】命令，插入一个“模块 1”模块，在右侧的代码窗口中输入 VBA 程序代码，如图 25-97 所示。

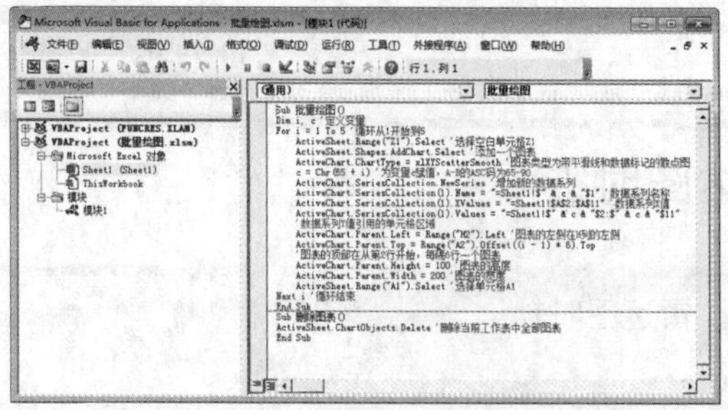

图 25-97　编写 VBA 代码

```
Sub 批量绘图()
Dim i, c '定义变量
For i = 1 To 5 '循环从 1 开始到 5
    ActiveSheet.Range("Z1").Select '选择空白单元格 Z1
    ActiveSheet.Shapes.AddChart.Select '添加一个图表
    ActiveChart.ChartType = xlXYScatterSmooth '图表类型为带平滑线和数据标记的散点图
    c = Chr(65 + i) '为变量 c 赋值，A-B 的 ASC 码为 65-90
    ActiveChart.SeriesCollection.NewSeries '增加新的数据系列
    ActiveChart.SeriesCollection(1).Name = "=Sheet1!$" & c & "$1" '数据系列名称
    ActiveChart.SeriesCollection(1).XValues = "=Sheet1!$A$2:$A$11" '数据系列 X 值
    ActiveChart.SeriesCollection(1).Values = "=Sheet1!$" & c & "$2:$" & c & "$11"
    '数据系列 Y 值引用的单元格区域
    ActiveChart.Parent.Left = Range("H2").Left '图表的左侧在 H 列的左侧
    ActiveChart.Parent.Top = Range("A2").Offset((i - 1) * 6).Top
    '图表的顶部在从第 2 行开始，每隔 6 行一个图表
    ActiveChart.Parent.Height = 100 '图表的高度
    ActiveChart.Parent.Width = 200 '图表的宽度
    ActiveSheet.Range("A1").Select '选择单元格 A1
Next i '循环结束
End Sub
Sub 删除图表()
ActiveSheet.ChartObjects.Delete '删除当前工作表中全部图表
End Sub
```

步骤3 → 关闭 VBA 编辑器窗口，返回 Excel 程序窗口，单击【开发工具】选项卡中的【宏】命令，打开【宏】对话框，选择【批量绘图】宏名，单击【执行】按钮，在工作表中自动绘制 5 个散点图，如图 25-98 所示。

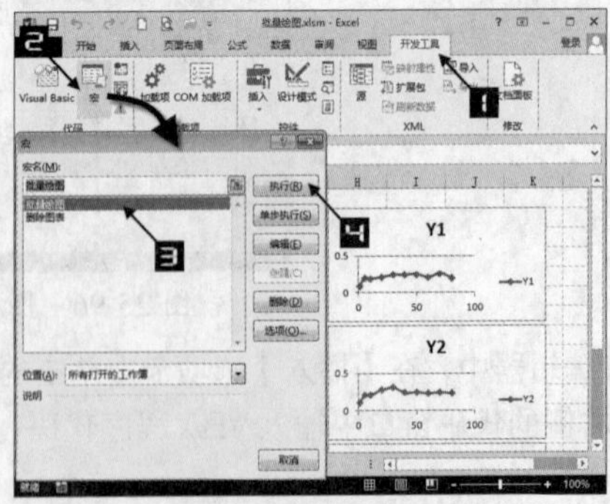

图 25-98 批量绘图

25.7.10 雷达图时钟

示例 25-12 雷达图时钟

根据雷达图圆形的特点，可以方便地绘制指针式时钟的图表，结合 VBA 对数据的控制，可以实现正确走时的钟表图。

步骤1 准备5列数据：A列为钟面60分钟的刻度，数值固定为从0到59。B列为钟面12小时的刻度，数值固定为10，每5行（分钟）一个数值。C例为时针数值，相邻2个单元格分别为6和0。D例为分针数值，相邻2个单元格分别为8和0。E例为秒针数值，相邻2个单元格分别为9和0。然后选择B1:E61单元格区域，在【插入】选项卡中依次单击的【其他图表】→【带数据标记的雷达图】命令，在工作表中插入一个雷达图，如图25-99所示。

步骤2 删除雷达图中多余的图表元素：分类标签、雷达轴（值）轴、主要网格线、时/分/秒直线上的数据标记、图例等，再添加小时刻度的数据标签，手动改写为1到12，如图25-100所示。

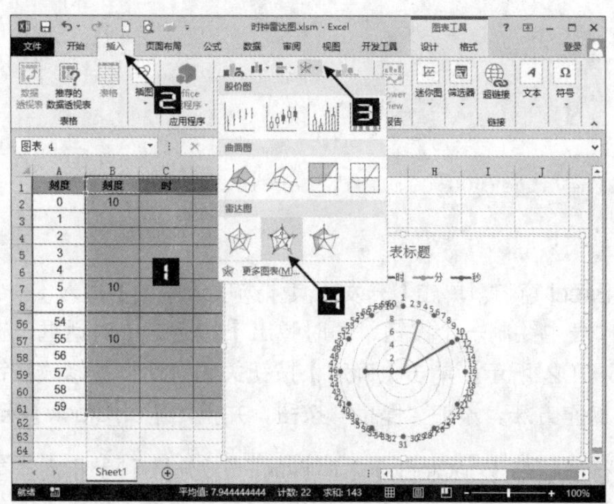

图 25-99　雷达图

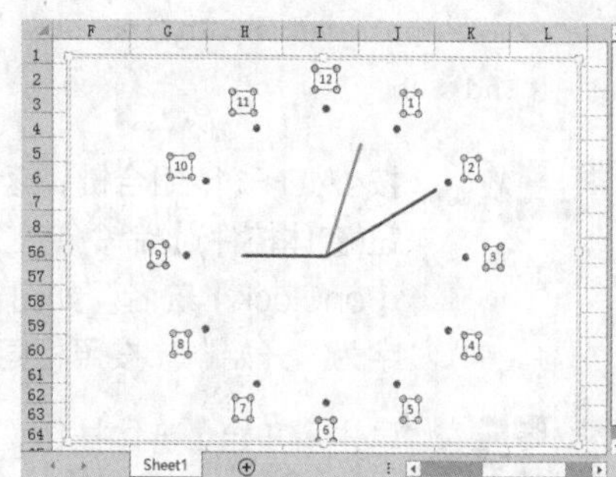

图 25-100　雷达图时钟

步骤3 按<Alt+F11>组合键，打开VBA编辑器，在【插入】选项卡中单击的【模块】命令，插入一个"模块1"模块，在右侧的代码窗口中输入VBA程序代码，如图25-101所示。

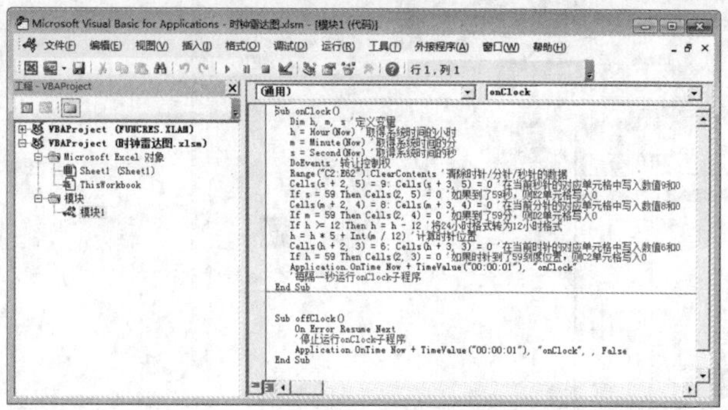

图 25-101　编辑宏

```
Sub onClock()
    Dim h, m, s '定义变量
    h = Hour(Now) '取得系统时间的小时
    m = Minute(Now) '取得系统时间的分
    s = Second(Now) '取得系统时间的秒
    DoEvents '转让控制权
    Range("C2:E62").ClearContents '清除时针/分针/秒针的数据
    Cells(s + 2, 5) = 9: Cells(s + 3, 5) = 0 '在当前秒针的对应单元格中写入数值9和0
```

第25章 Excel 2013

```
    If s = 59 Then Cells(2, 5) = 0 '如果到了59秒，则E2单元格写入0
    Cells(m + 2, 4) = 8: Cells(m + 3, 4) = 0 '在当前分针的对应单元格中写入数值8和0
    If m = 59 Then Cells(2, 4) = 0 '如果到了59分，则D2单元格写入0
    If h >= 12 Then h = h - 12 '将24小时格式转为12小时格式
    h = h * 5 + Int(m / 12) '计算时针位置
    Cells(h + 2, 3) = 6: Cells(h + 3, 3) = 0 '在当前时针的对应单元格中写入数值6和0
    If h = 59 Then Cells(2, 3) = 0 '如果时针到了59刻度位置，则C2单元格写入0
    Application.OnTime Now + TimeValue("00:00:01"), "onClock"
    '每隔一秒运行onClock子程序
End Sub
Sub offClock()
    On Error Resume Next
    '停止运行onClock子程序
     Application.OnTime Now + TimeValue("00:00:01"), "onClock", , False
End Sub
```

步骤4 → 按<Alt+F11>组合键，返回Execl窗口。单击【开发工具】选项卡中的【插入】→【按钮(窗体控件)】命令，在工作表中绘制一个按钮，同时弹出【指定宏】对话框，选择【onClock】宏名，如图25-102所示。单击【确定】按钮关闭对话框，修改按钮文字为“开始”。按照相同的操作方法，添加“停止”按钮，并指定【offClock】宏名。

步骤5 → 单击【开始】窗体按钮，运行子程序【onClock】，时钟的时针/分针/秒针指向当前时间，秒针以每秒一个刻度的速度开始走时，如图25-103所示。单击【停止】窗体按钮，运行子程序【offClock】，时钟停止运行。

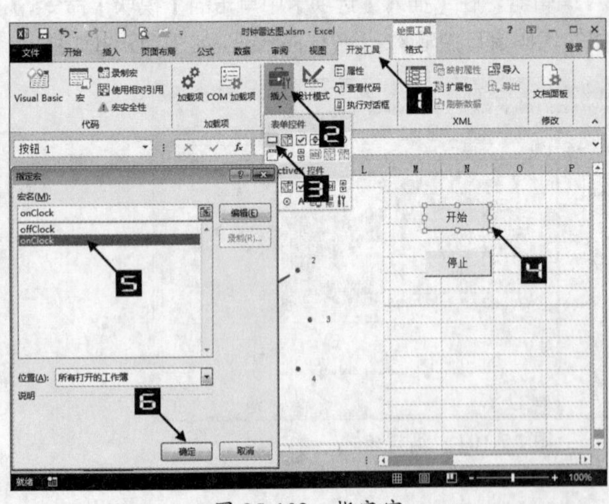

图25-102 指定宏

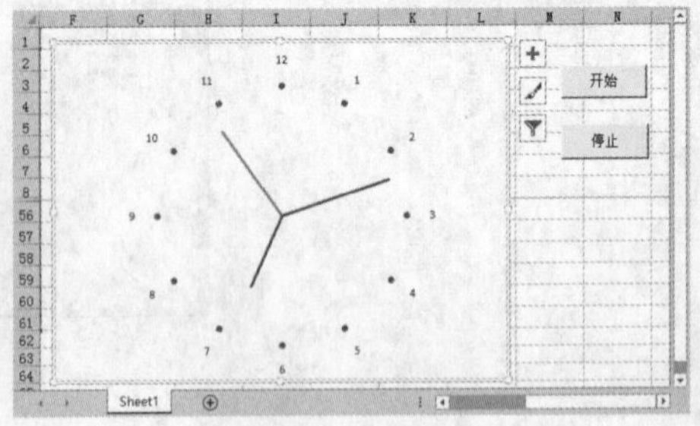

图25-103 时钟运行

第 26 章　使用图形和图片增强工作表效果

在工作表或图表中使用图形和图片，能够增强报表的视觉效果。本章主要介绍在 Excel 报表中应用图形、图片、艺术字、剪贴画、SmartArt 等对象实现美化报表。

本章学习要点

（1）图形及其组合。

（2）屏幕截图和图片处理。

（3）插入艺术字和剪贴画。

（4）插入 SmartArt。

（5）插入公式。

（6）插入文件对象。

26.1　形状

形状是指一组浮于单元格上方的简单几何图形，也叫自选图形。不同的形状可以组合成新的形状，从而在 Excel 中实现绘图。

文本框是一种可以输入文本的特殊形状。文本框可以放置在工作表中的任何位置，用来对表格、图表或图片进行说明。

26.1.1　形状种类

形状包括线条、矩形、基本形状（包括文本框）、箭头、公式形状、流程图、星与旗帜和标注 8 大类，每一大类包括若干种形状，还能显示 18 个最近使用的形状，如图 26-1 所示。

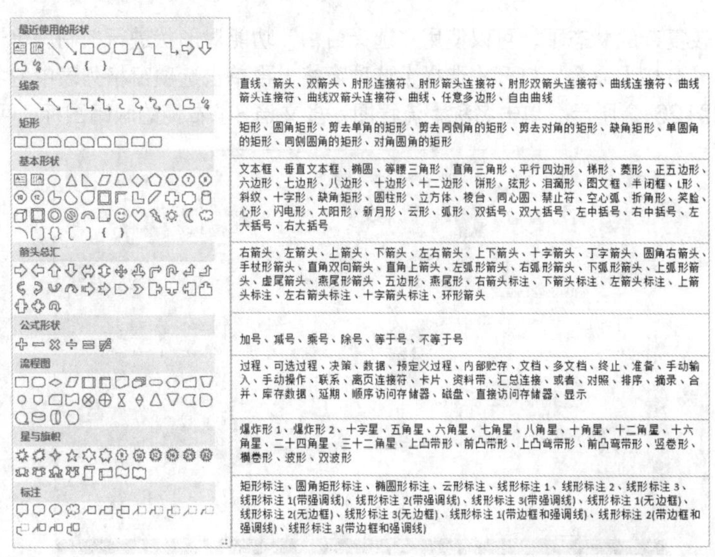

图 26-1　形状种类

26.1.2 插入形状

单击【插入】选项卡的【形状】下拉按钮，在扩展菜单中单击所需的形状，例如【双箭头直线】，在工作表中要插入的开始位置保持鼠标左键按下，拖动鼠标指针到结束位置释放鼠标左键，添加一个双箭头直线，如图 26-2 所示。

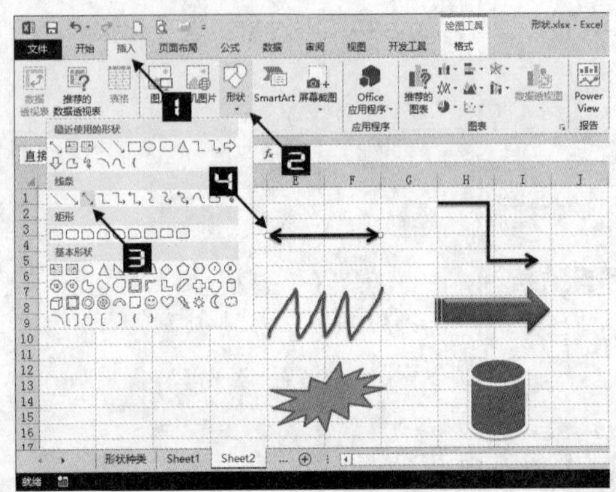

图 26-2 插入形状

提 示

插入形状时，如果同时按住<Shift>键，可以绘制水平、垂直和 45° 角方向旋转的直线。如果同时按住<Alt>键，可以绘制终点在单元格角上的直线。

26.1.3 选择和可见性

选择形状可以根据所见即所得的原则，主要有以下 4 种方法。

◆ 直接用鼠标单击目标形状可以选择一个图形。

◆ 按住<Shift>键的同时，逐个单击形状，将选择多个形状。

◆ 单击【开始】选项卡中的【查找和选择】→【选择对象】命令，然后用鼠标框选多个形状。

◆ 在比较复杂的状态下，可以使用“选择窗格”功能对形状进行控制。单击【页面布局】选项卡中的【选择窗格】命令，打开【选择】选项窗格，再单击选项窗格列表中的名称，即可选择对应的形状，如图 26-3 所示。单击名称【流程图：多文档 8】右侧的眼睛图标，可以切换显示和隐

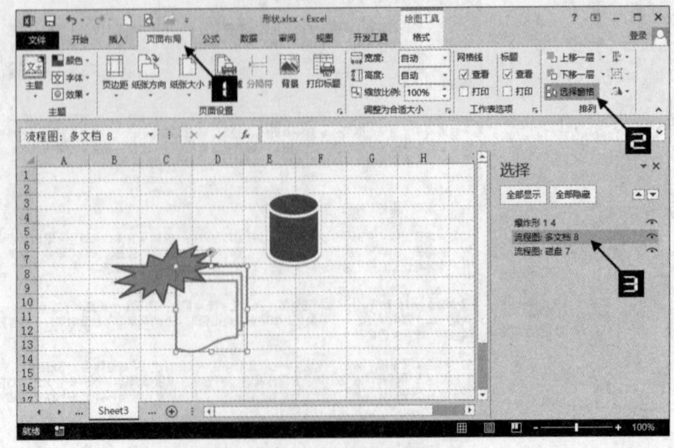

图 26-3 选择形状

藏形状。单击【全部显示】按钮可以显示工作表中所有形状对象，单击【全部隐藏】按钮可以隐藏工作表中所有形状对象。

26.1.4 形状排序

当多个形状叠放在一起时，新创建的形状会遮挡已经存在的形状，形成叠放的次序。

要调整形状的叠放次序，只需选中形状，在【绘图工具】的【格式】选项卡中单击【上移一层】(【置于顶层】) 命令，或者【下移一层】(【置于底层】) 命令即可。也可以单击【选择】选项窗格中的【上移一层】按钮，使选项窗格列表中的名称【流程图：多文档 8】往上移动一行，同时形状也往上移动一层，如图 26-4 所示。

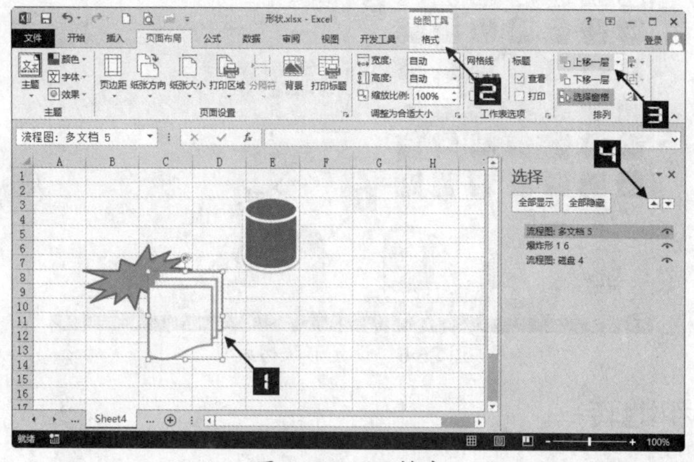

图 26-4　形状排序

26.1.5 编辑形状

Excel 形状是由点、线、面组成的，通过拖放操作形状的顶点位置，可以实现对形状进行编辑。

选择形状，在【绘图工具】的【格式】选项卡中单击【编辑形状】→【编辑顶点】命令，使形状进入编辑状态，在【泪滴形 1】上显示顶点，托动顶点即可改变图形形状。还可以在形状上单击鼠标右键，在弹出的快捷菜单中单击【添加顶点】命令，在形状上添加新的顶点，再拖放顶点改变图形形状，如图 26-5 所示。

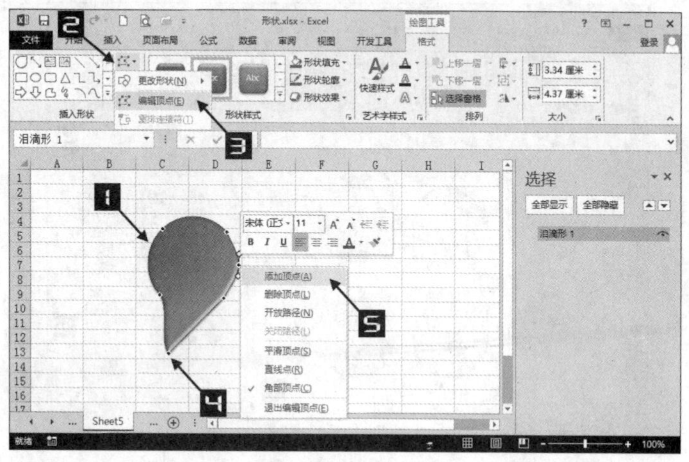

图 26-5　编辑形状

第 26 章 Excel 2013

26.1.6 设置形状格式

Excel2013 提供了丰富多彩的形状样式，还可以自定义设置形状填充、形状轮廓和形状效果。

选择形状，在【绘图工具】的【格式】选项卡中单击【形状样式】列表中的“彩色填充-橄榄色，强调颜色 3”样式，即可将形状样式应用到图形中。在【绘图工具】的【格式】选项卡中依次单击【形状效果】→【三维旋转】→【离轴 2 右】命令，将三维旋转效果应用到图形中，如图 26-6 所示。

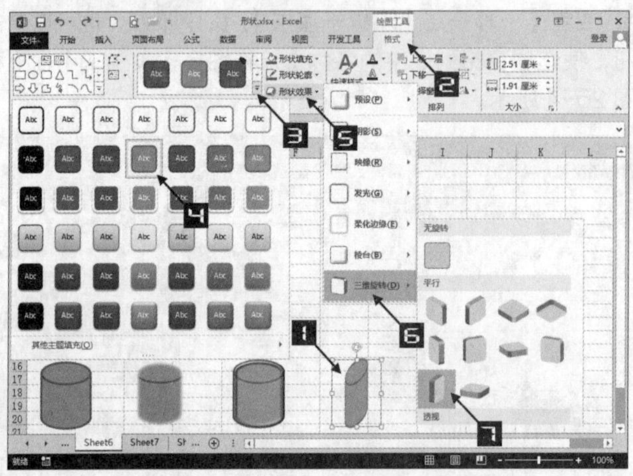

图 26-6 设置形状格式

26.1.7 旋转和翻转

旋转是指形状按顺时针或逆时针方向的 90° 转动。翻转是指形状绕水平轴或垂直轴进行 180° 转动。

选择形状，在【绘图工具】的【格式】选项卡中单击【旋转】→【向右旋转 90°】命令，可以使形状按顺时针方向转动 90°；若单击【垂直翻转】命令，可以使形状按形状垂直中心线翻转 180°。选择形状后，会在图形四周显示 8 个圆形控制点和 1 个旋转控制点，将光标移动到旋转控制点上，移动光标可使图形旋转任意角度。

选择形状，在【绘图工具】的【格式】选项卡中单击【旋转】→【其他旋转选项】命令，打开【设置形状格式】选项窗格，在【大小】选项卡中设置【旋转】角度为 45°，按<Enter>键，可以使形状按顺时针方向转动 45°，如图 26-7 所示。

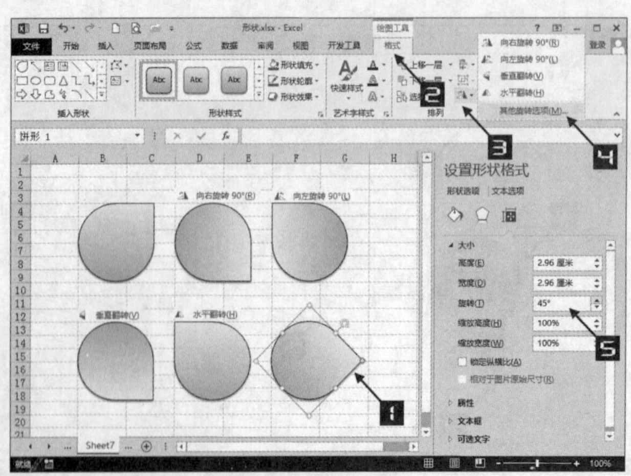

图 26-7 旋转和翻转

26.1.8 对齐和分布

当工作表中有多个形状时，可以使用对齐和分布功能对形状进行排列。

按住<Shift>键的同时，逐个单击形状，同时选择多个形状。在【绘图工具】的【格式】选项卡中单击【对齐】→【顶端对齐】命令，将多个形状排列在同一水平线上。再单击【对齐】→【横向分布】命令，将多个形状均匀地排列在同一水平线上，如图 26-8 所示。还可以尝试【顶端对齐】、【垂直居中】、【底端对齐】和【横向分布】的横向排列对齐效果，以及【左对齐】、【右对齐】、【水平居中】和【纵向分布】的纵向排列对齐效果。

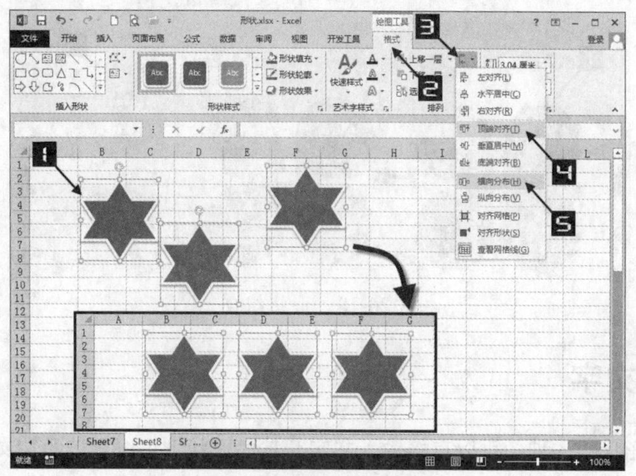

图 26-8 对齐和分布

在工作表中插入一条斜线，然后在【绘图工具】的【格式】选项卡中单击【对齐】→【对齐形状】命令后，再移动形状，将形状的顶点对齐到斜线，同时将形状的顶点对齐到单元格网格线，如图 26-9 所示。若要取消对齐形状，需再次在【绘图工具】的【格式】选项卡中单击【对齐】→【对齐网格】和【对齐形状】2 个命令。

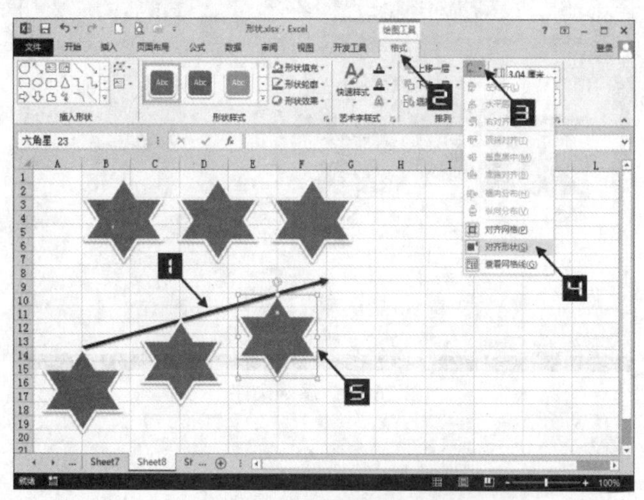

图 26-9 对齐形状

提示

在运用【对齐形状】命令的情况下，按<Alt>键的同时移动形状，则不会对齐网格或者对齐形状。

26.1.9 形状组合

多个不同的形状可以组合成一个新的形状。

选择多个形状，在【绘图工具】的【格式】选项卡中单击【组合】→【组合】命令，将 4 个泪滴形状组合成一个新的图形，并在【选择】选项窗格中显示“组合 1”的图形，如图 26-10 所示。若要将组合图形恢复为单个形状，在【绘图工具】的【格式】选项卡中单击【组合】→【取消组合】命令即可。

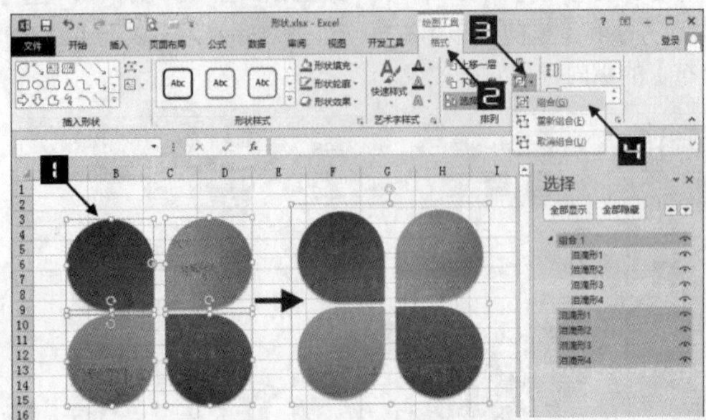

图 26-10 形状组合

26.1.10 添加文字

文本框属于形状的一种，可以直接输入文字。其他形状则可以直接添加文字，也可以和文本框一起组合运用。

选择【上凸带形 1】形状，单击鼠标右键，在弹出的右键菜单中单击【编辑文字】命令，光标自动定位到形状中间，直接输入文字，并设置字体大小等格式，如图 26-11 所示。

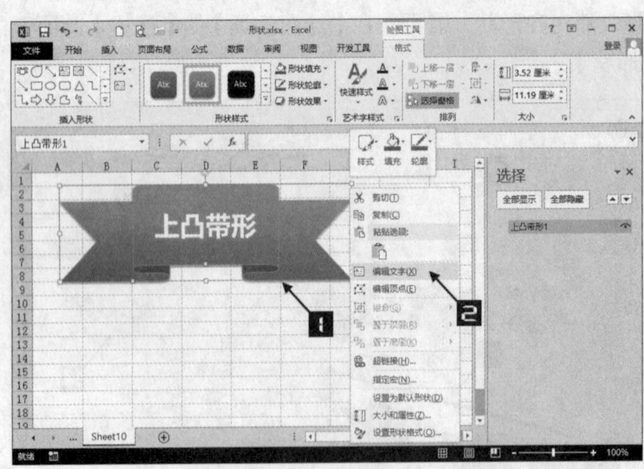

图 26-11 添加文字

26.2 图片

26.2.1 插入图片

在工作表中插入图片主要有以下两种方法。

◆ 直接从图片浏览软件中复制图片，粘贴到工作表中。

◆ 单击【插入】选项卡中的【图片】命令，打开【插入图片】对话框，选择一个图片文件，单击【插入】按钮，将图片插入工作表中所选单元格的右下方，如图 26-12 所示。

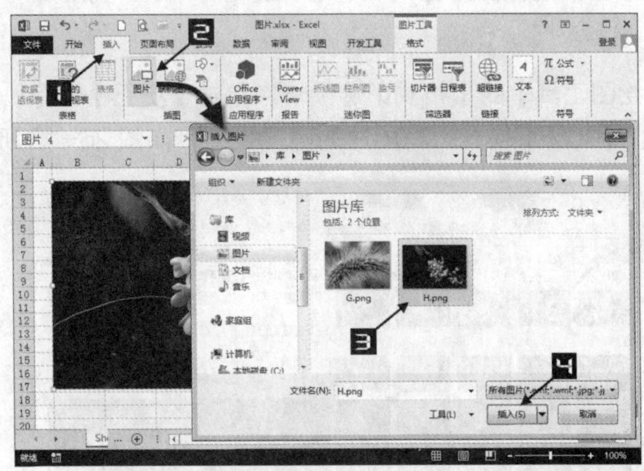

图 26-12 插入图片

26.2.2 删除背景

删除背景可以删除图片中相近的颜色，删除的部分图片变为透明的背景。

选择图片，在【绘图工具】的【格式】选项卡中单击【删除背景】命令，单击图片背景区，在功能区显示【背景消除】选项卡，图片背景变更为紫红色，如图 26-13 所示。

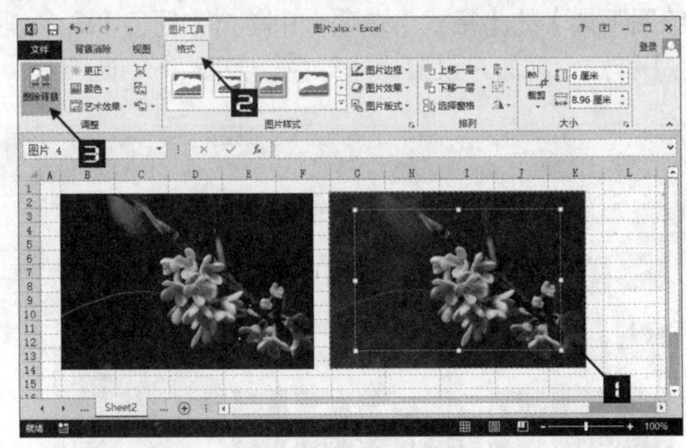

图 26-13 删除背景

调整图片内的 8 个控制点，将需要保留的图片设置在控制框内，再单击【背景消除】选项卡中的【保留更改】命令，或单击工作表中的任意单元格，将图片背景设置为透明色，如图 26-14 所示。

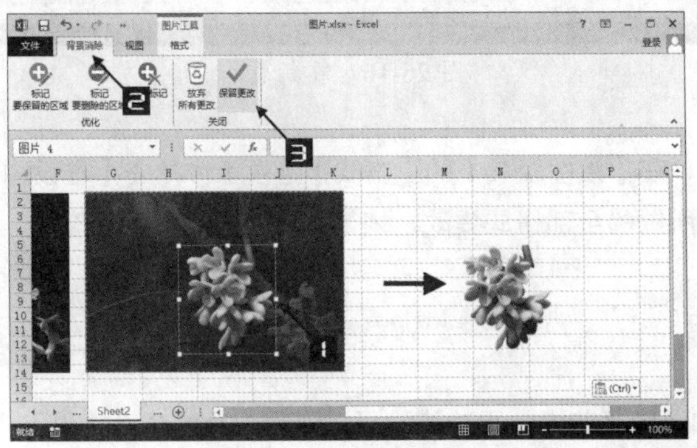

图 26-14 保留更改

26.2.3 颜色调整

Excel 2013 提供了强大的图片颜色处理功能：锐化和柔化、亮度和对比度、颜色饱和度、色调、重新着色等。

选择图片，在【绘图工具】的【格式】选项卡中单击【更正】命令，打开更正样式列表，单击【亮度：+20%对比度：-40%】样式，将图片的亮度调高，如图 26-15 所示。

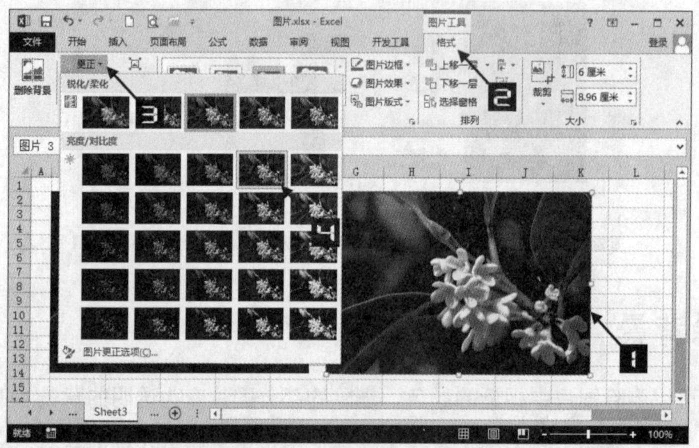

图 26-15 亮度和对比度

选择图片，在【绘图工具】的【格式】选项卡中单击【颜色】命令，打开颜色样式列表，单击【水绿色，着色 5 浅色】样式，将图片设置为水绿色，如图 26-16 所示。

图 26-16 重新着色

提示

> 选择图片，在【绘图工具】的【格式】选项卡中单击【重设图片】命令，可以放弃对此图片所做的全部格式更改，恢复到图片插入时的状态。

26.2.4 图片效果

Excel 2013 增加了图片艺术效果功能，可以设置图片的艺术效果。

选择图片，在【绘图工具】的【格式】选项卡中单击【艺术效果】命令，打开艺术效果样式列表，单击【发光边缘】样式，将图片设置为发光边缘图案效果，如图 26-17 所示。

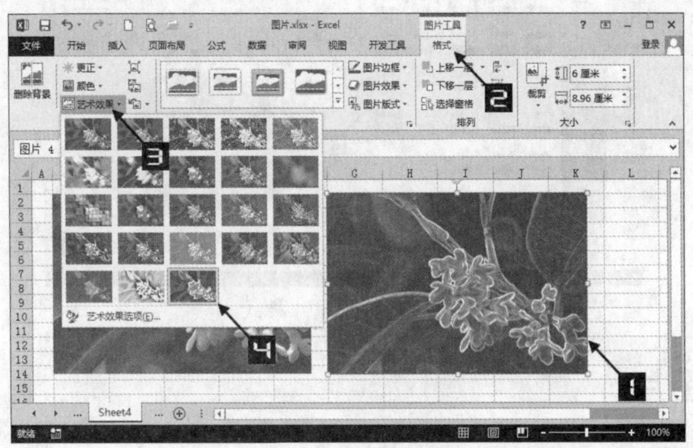

图 26-17　图片效果

26.2.5　压缩图片

若插入图片文件的较大，可能会导致 Excel 文件变得很大，不利于文件传送和保存。使用图片压缩功能可以缩小文件的尺寸。

选择图片，在【绘图工具】的【格式】选项卡中单击【压缩图片】命令，打开【压缩图片】对话框，单击【电子邮件（96 ppi）】单选按钮，再单击【确定】按钮，可以对所选图片进行压缩处理，如图 26-18 所示。另外，取消勾选【仅应用于此图片】的复选，可以压缩工作簿中所有的图片。

图 26-18　压缩图片

26.2.6　图片样式

Excel 2013 内置了 28 种图片样式，并可以通过【图片边框】和【图片效果】命令设置更多的样式。

选择图片，在【绘图工具】的【格式】选项卡中单击【图片样式】命令，打开【图片样式】列表，单击【柔化边缘椭圆】样式，将所选图片设置为椭圆样式，如图 26-19 所示。

图 26-19 图片样式

26.2.7 裁剪图片

裁剪图片可以删除图片中不需要的矩形部分。裁剪为形状可以将图片外形设置为任意形状。

选择图片，在【绘图工具】的【格式】选项卡中单击【裁剪】→【裁剪】命令，在图片的 4 个角显示角部裁剪点，4 个边的中点显示边线裁剪点，将光标定位到裁剪点上，按下鼠标左键不放，移动光标到目的位置，可以裁剪掉鼠标移动的部分图片，如图 26-20 所示。

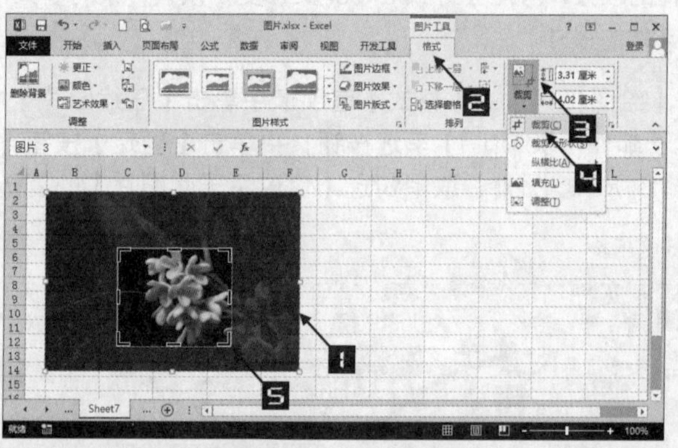
图 26-20 裁剪图片

选择图片，在【绘图工具】的【格式】选项卡中单击【裁剪】→【裁剪为形状】命令，打开【形状】列表，单击【圆柱形】样式，将所选图片裁剪为圆柱形。另外，单击【裁剪】→【纵横比】命令可以调整图片的纵横比，单击【裁剪】→【填充】命令可以改变填充图片的大小，如图 26-21 所示。

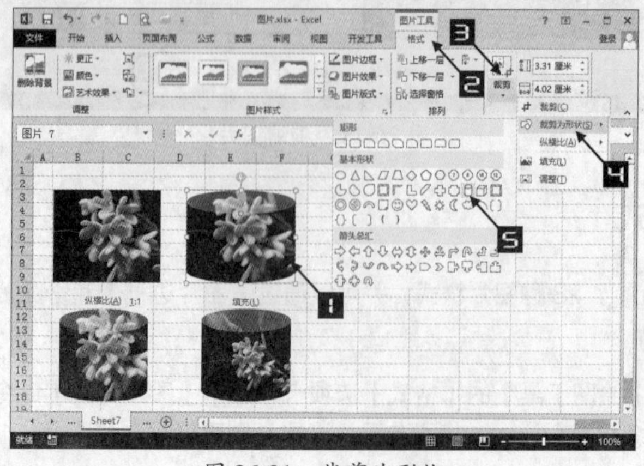
图 26-21 裁剪为形状

26.2.8 旋转图片

旋转图片可以使图片按一定角度旋转，旋转的角度精确到 1°。

选择图片，在图片边缘显示旋转控制点，将光标移动到旋转控制点上按下鼠标左键，移动光标即可旋转图片。

选择图片，在【绘图工具】的【格式】选项卡中单击【旋转】→【向右旋转 90°】命令，将所选图片顺时针旋转 90°。

选择图片，在【绘图工具】的【格式】选项卡中单击【旋转】→【其他旋转选项】命令，打开【设置图片格式】选项窗格，切换到【大小】选项卡，单击【旋转】微调按钮到“30°”，将所选图片顺时针旋转 30°，如图 26-22 所示。

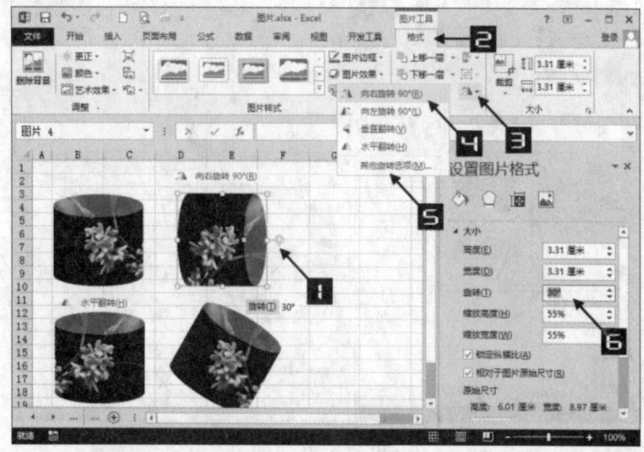

图 26-22　旋转图片

26.2.9 图片版式

图片版式可以将图片设置为图文混排版式中的一部分。

选择图片，在【绘图工具】的【格式】选项卡中单击【图片版式】命令，打开【图片版式】列表，单击【升序图片重点流程】样式，将所选图片设置为可以输入文本的图片版式，如图 26-23 所示。

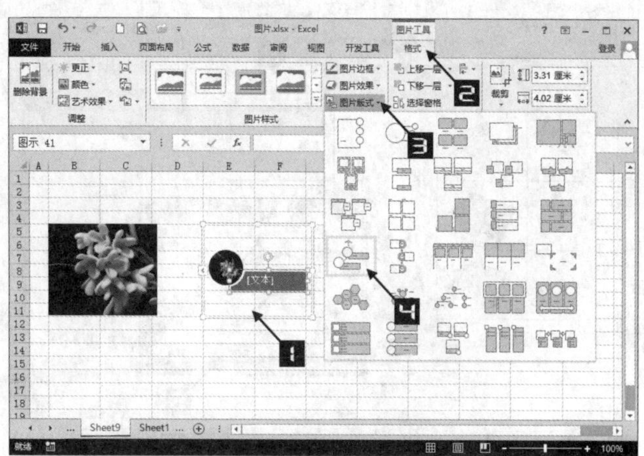

图 26-23　图片版式

26.2.10 动态图片

动态图片通过对数据验证下拉列表的选择，在同一位置显示不同的图片。

步骤1 将准备好的图片移动到对应的单元格中，图片的四周必须在单元格网格线之内。选择E1单元格，单击【数据】选项卡中的【数据验证】命令，打开【数据验证】对话框，在【设置】选项卡中，选择【允许】下拉列表中的【序列】选项，在【来源】编辑框中引用A1:A3单元格区域，如图26-24所示。单击【确定】按钮关闭对话框，完成E1单元格中数据验证下拉列表的设置。

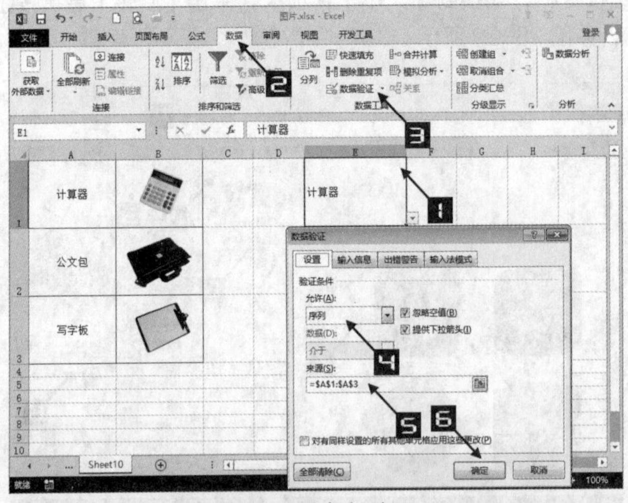

图 26-24 数据验证

步骤2 单击【公式】选项卡中的【定义名称】命令，打开【新建名称】对话框，在【名称】文本框中输入名称“图”，在【引用位置】编辑框中输入以下公式：

```
=INDIRECT("B"&MATCH(Sheet10!$E$1,Sheet10!$A$1:$A$3,0))
```

单击【确定】按钮关闭对话框，完成定义名称“图”。如图26-25所示。

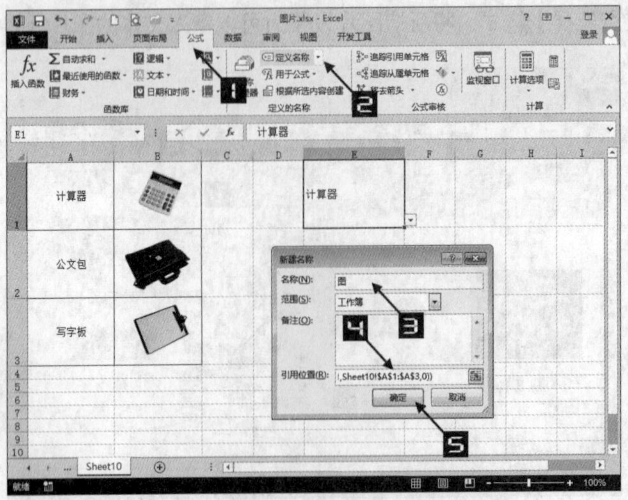

图 26-25 定义名称

步骤3 复制任意一个图片到 E3 单元格，再将光标定位到公式编辑栏中，输入“=图”并按回车键，完成图片引用定义的名称。单击 E1 单元格的按钮打开数据验证下拉列表，选择不同的文本显示对应的图片，实现动态图片如图 26-26 所示。

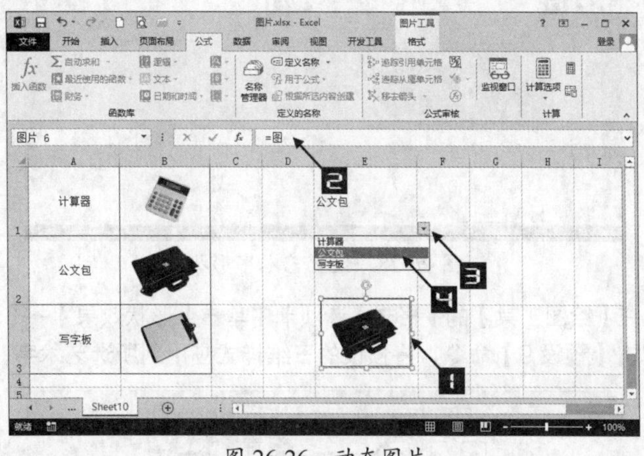

图 26-26 动态图片

26.3 艺术字

艺术字和文本框一样，是浮于工作表之上的一种形状对象。艺术字通过形状、空心、阴影、镜像等效果，为报表增加装饰作用。

26.3.1 插入艺术字

单击【插入】选项卡中的【艺术字】命令，打开【艺术字】样式列表，单击一种艺术字样式，在工作表中显示一个矩形框，矩形框中显示文本“请在此放置您的文字”，直接输入文本“艺术字”，如图 26-27 所示。单击任意单元格，完成插入艺术字。

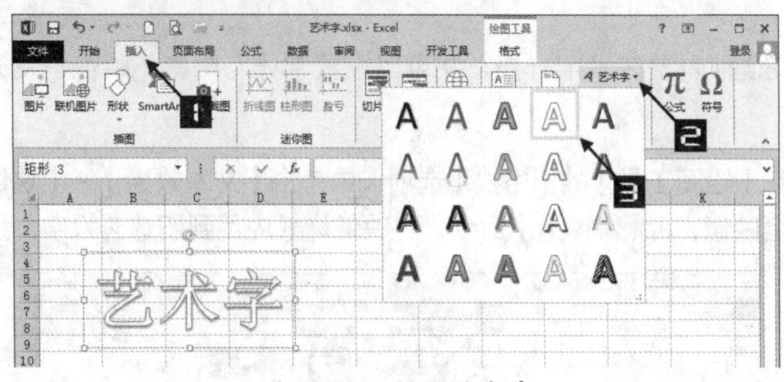

图 26-27 插入艺术字

26.3.2 设置艺术字形状

艺术字可以使用各种形状作为其背景，还可以设置形状样式获得不同的显示效果。Excel 提供了 42 种内置形状样式，并可以设置阴影、映像、发光、柔化边缘、棱台和三维旋转等样式选项。

选择艺术字，在【绘图工具】的【格式】子选项卡中单击【编辑形状】→【更改形状】命令，打开【形状】样式列表，单击【对角圆角矩形】图标命令，并拖放黄色的控制点调整圆角大小，然后单击【形状样式】列表中的一种【强烈效果-橙色，强调颜色 6】，为艺术字添加形状背景，如图 26-28 所示。

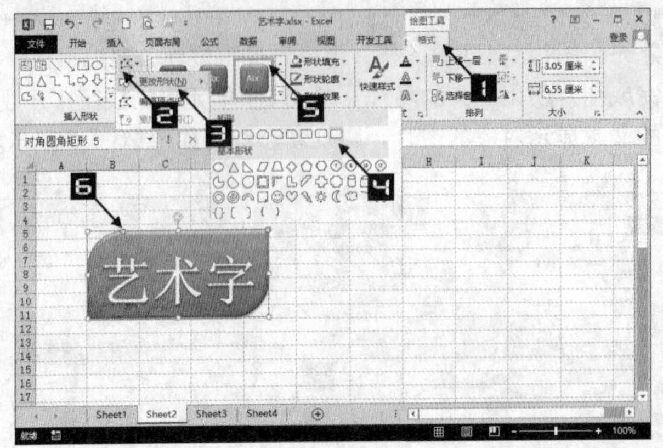

图 26-28 设置艺术字形状

选择艺术字，在【绘图工具】的【格式】选项卡中单击【形状效果】→【预设】命令，打开【预设】样式列表，单击【预设 9】命令，将预设的三维样式应用到所选艺术字，如图 26-29 所示。

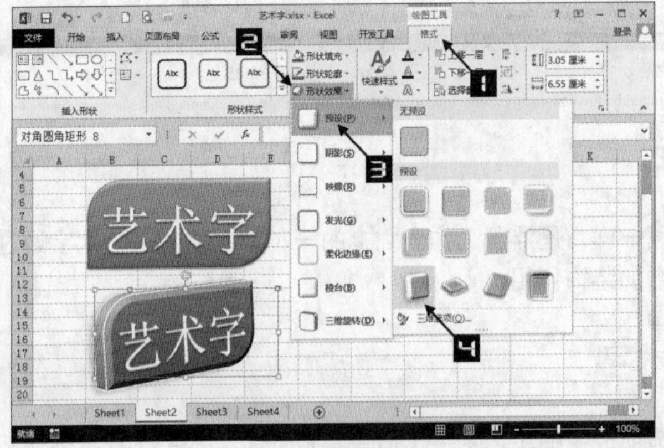

图 26-29 艺术字形状样式

26.3.3 设置艺术字样式

Excel 提供了 30 种内置艺术字样式，并可以设置字体、阴影、映像、发光、棱台、三维旋转和转换等样式选项。

选择艺术字，在【绘图工具】的【格式】选项卡中单击【文本效果】→【映像】命令，打开【映像】样式列表，单击【全映像，4pt 偏移量】命令，将映像样式应用到所选艺术字，如图 26-30 所示。

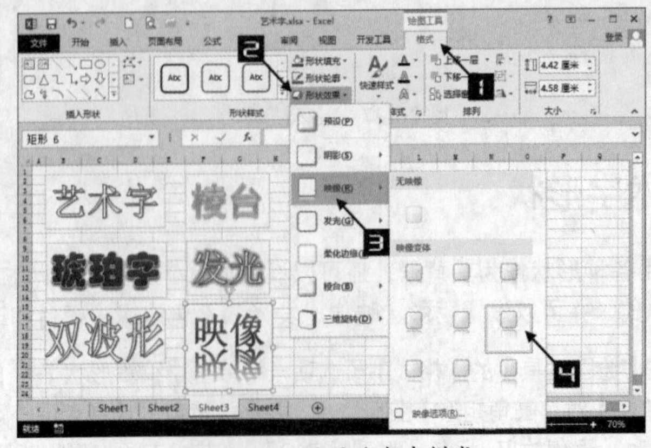

图 26-30 设置艺术字样式

26.3.4 设置艺术字版式

设置艺术字版式是指设置艺术字的排列和艺术字与背景的相对位置等选项。

选择艺术字，在【绘图工具】的【格式】选项卡中单击【大小】组中的对话框启动按钮，打开【设置形状格式】选项窗格，切换到【大小属性】→【文本框】选项卡，选择【文字方向】选项为【竖排】，将所选艺术字设置为纵向版式，如图 26-31 所示。

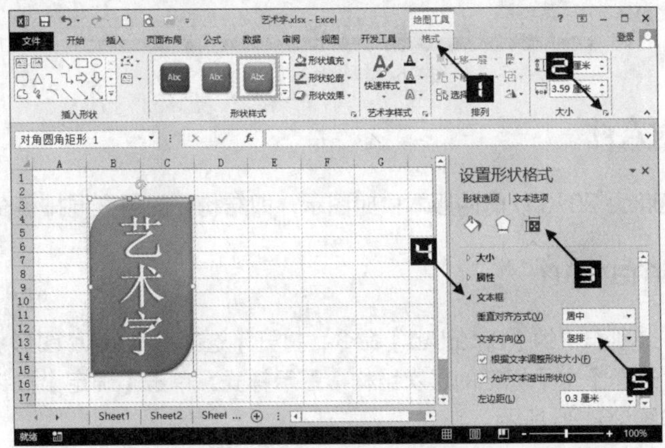

图 26-31 设置艺术字版式

26.4 剪贴画

Microsoft 2013 剪贴画是联机图片的一部分，需要连接网络才能使用。

单击【插入】选项卡中的【联机图片】命令，打开【插入图片】对话框，在【Office.com 剪贴画】的搜索文本框中，输入剪贴画的关键字“人”，按回车键或单击【搜索】按钮，如图 26-32 所示。

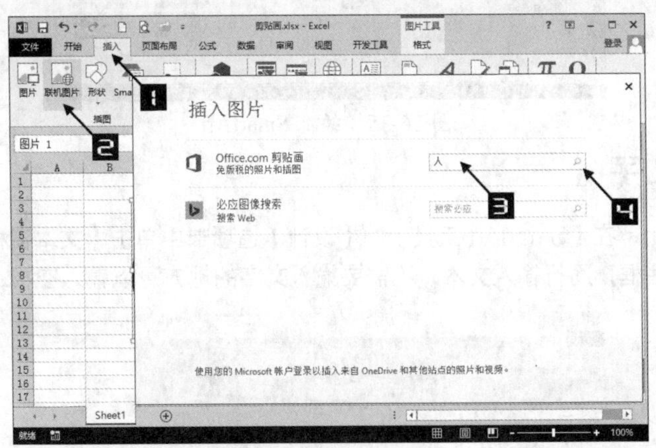

图 26-32 插入联机图片

弹出【安全警告】对话框，确认是否只查看安全传送的网页内容，单击【否】按钮，如图 26-33 所示。

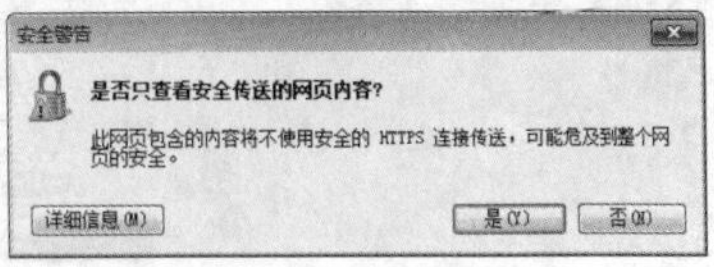

开始联网搜索剪贴画，移动滚动条或滚动鼠标滚轮，选择合适的剪贴画，单击【插入】按钮完成插入剪贴画，如图 26-34 所示。

图 26-33 安全警告

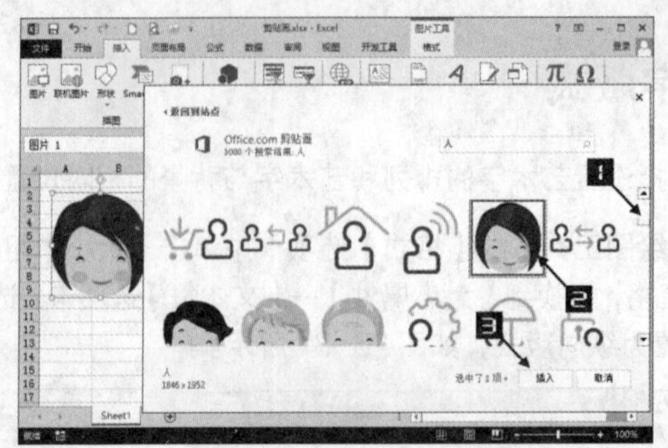

图 26-34 插入剪贴画

26.5 SmartArt

SmartArt 在 Office 2010 以前的版本中叫图示，即结构化的图文混排模式。

26.5.1 插入 SmartArt

单击【插入】选项卡中的【SmartArt】命令，打开【选择 SmartArt 图形】对话框，切换到【层次结构】选项卡，选择【水平标记的层次结构】图示样式，单击【确定】按钮在工作表中插入一个层次结构图示，如图 26-35 所示。

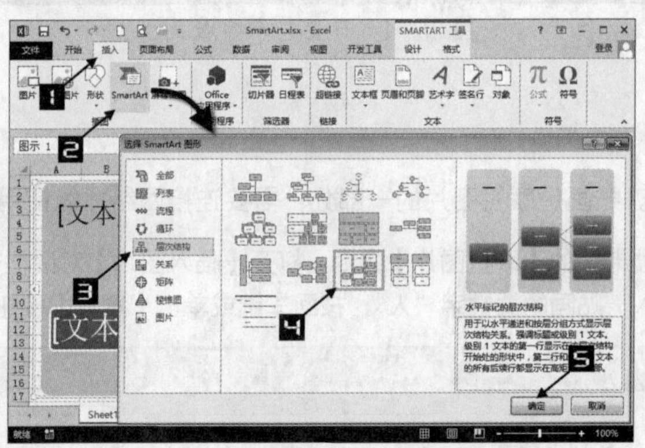

图 26-35 插入 SmartArt

26.5.2 输入文字

选择 SmartArt，在【SmartArt 工具】的【设计】选项卡中单击【文本窗格】命令，打开【在此处输入文字】对话框，逐行输入文本，不需要输入文字的地方可以输入空格，如图 26-36 所示。

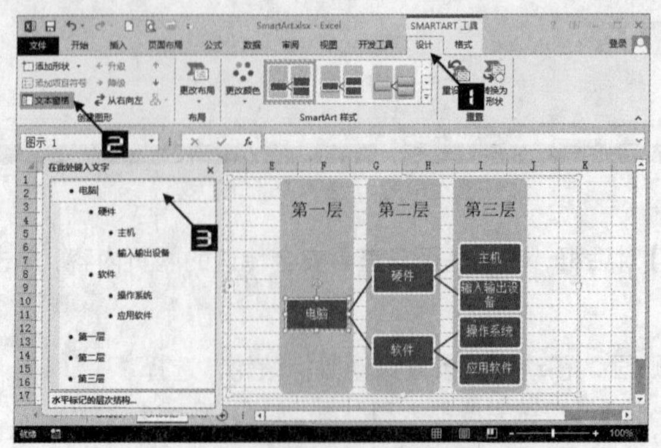

图 26-36 文本窗格

26.5.3 添加形状

选择 SmartArt 中的“操作系统”矩形框，在【SmartArt 工具】的【设计】选项卡中单击【添加形状】→【在下方添加形状】命令，在水平层次结构图的右侧添加一个矩形框，重复以上动作添加 3 个矩形框，并输入相应的文字，如图 26-37 所示。

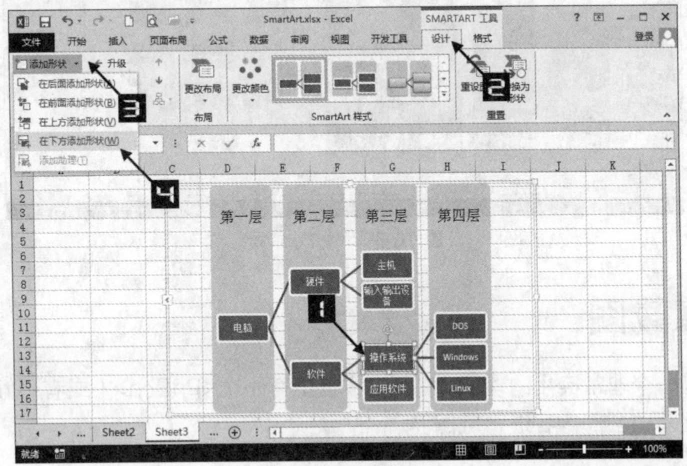

图 26-37 添加形状

26.5.4 更改颜色

选择 SmartArt，在【SmartArt 工具】的【设计】选项卡中单击【更改颜色】命令，打开颜色样式列表，单击【彩色范围-着色 4 至 5】样式图标，将水平层次结构图设置为彩色图示，如图 26-38 所示。

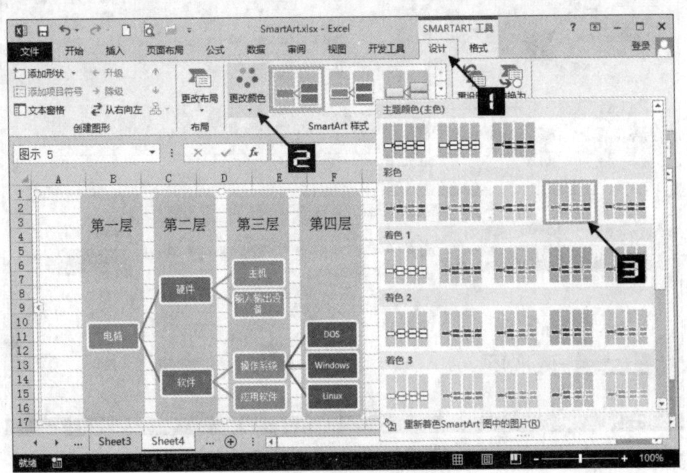

图 26-38 更改颜色

26.5.5 更改样式

选择 SmartArt，在【SmartArt 工具】的【设计】选项卡中单击【SmartArt 样式】列表中的【嵌入】样式，将水平层次结构图设置为立体效果的 SmartArt 样式，如图 26-39 所示。

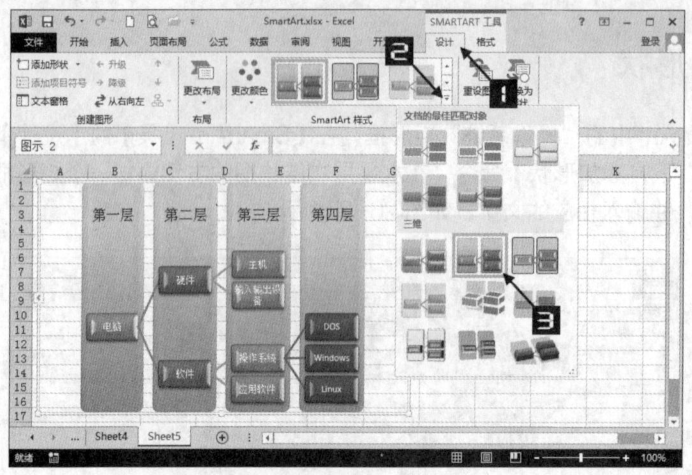

图 26-39 更改样式

26.6 屏幕截图

屏幕截图是一个非常实用的功能。在标准键盘上有一个<PrtScn>（或者<Print Screen>）按键，可以对屏幕上显示的全部内容进行截图。

26.6.1 窗口截图

单击【插入】选项卡中的【屏幕截图】→【可用视窗】列表中的任意一个窗口，弹出【是否想自动将截图超链接至已捕获的浏览器窗口的 URL?】对话窗口，单击【是】按钮，便可在工作表中得到该窗口的截图并添加超链接，如图 26-40 所示。

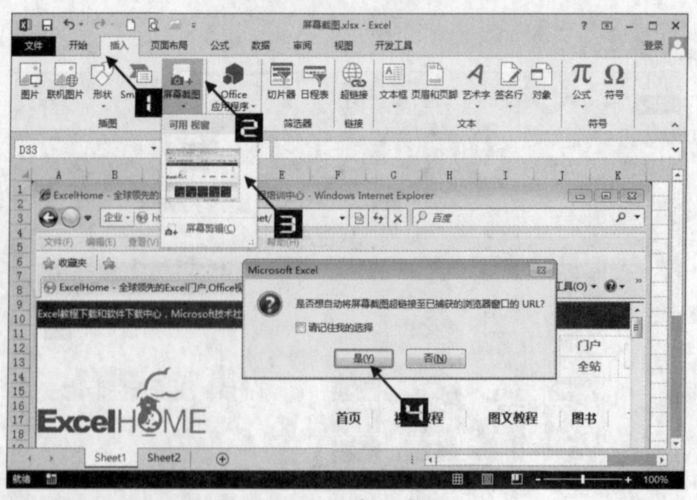

图 26-40 窗口截图

26.6.2 屏幕截图

单击【插入】选项卡中的【屏幕截图】→【屏幕剪辑】命令，Execl 窗口自动最小化，在屏幕上保持鼠标左键按下，拖动鼠标指针绘制一个矩形选择区，释放鼠标左键便可在工作表中得到该矩形选择区的截图，如图 26-41 所示。

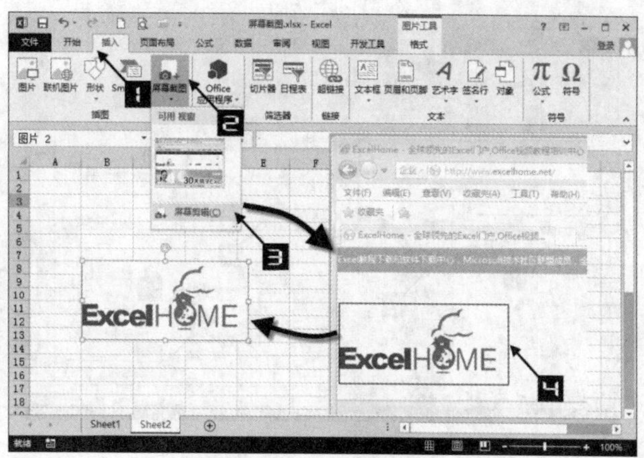

图 26-41　屏幕截图

26.7　签名行

签名行是在工作簿中模拟纸质文件上的签名，在工作簿中插入签名行并签署之后，工作簿将变成只读，以防止修改其内容。

单击【插入】选项卡中的【签名行】→【Microsoft Office 签名行】命令，打开【签名设置】对话框，在【建议的签名人】中输入姓名“王大同”，【建议的签名人职务】中输入“经理”，【建议的签名人电子邮件地址】中输入“abc@excelhome.net”，并勾选【在签名行中显示签署日期】选项按钮，如图 26-42 所示。单击【确定】按钮，在工作表中插入一个未签署的签名行。

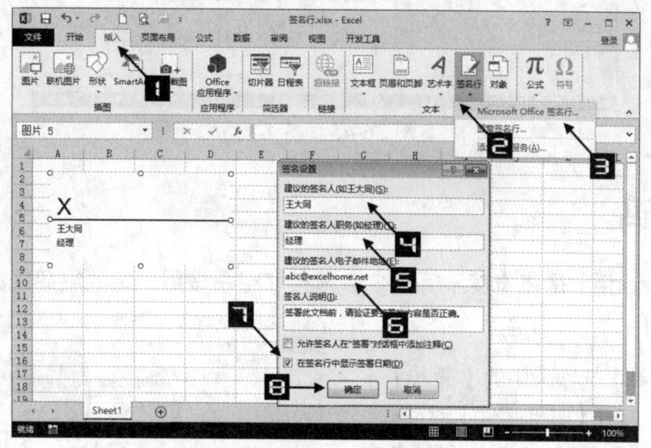

图 26-42　签名设置

依次单击 Windows 7 操作系统【开始】菜单上的【所有程序】→【Microsoft Office 2013】→【Microsoft Office 2013 工具】→【VBA 工程的数字证书】快捷方式，打开【创建数字证书】对话框，输入【您的证书名称】为“Excelhome”，如图 26-43 所示。单击【确定】按钮，弹出创建数字证书成功的对话框。

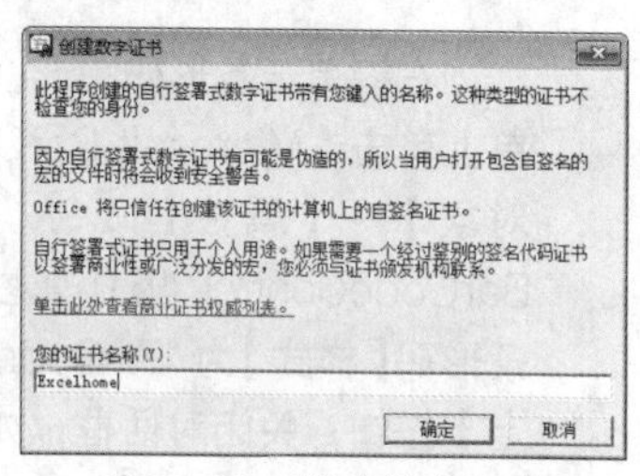

图 26-43　创建数字证书

选择工作表中签名行，单击鼠标右键，在弹出的快捷菜单中选择【签署】命令，弹出一个提示消息框，单击【确定】按钮，关闭提示消息框，打开【签名】对话框，输入姓名“王大同”，单击【更改】按钮，选择刚才创建的数字证书“Excelhome”，单击【签名】按钮，如图 26-44 所示。

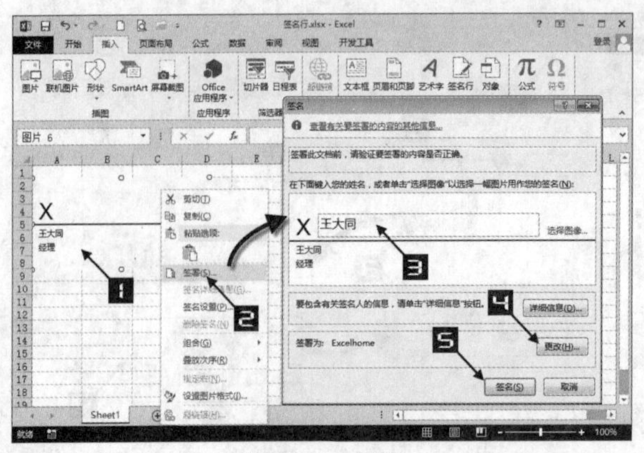

图 26-44 签名

如图 26-45 所示，弹出【签名确认】消息框，单击【确定】按钮，完成签名，在签名行中显示红色的"可恢复的签名"字样，同时工作簿设置为只读，并显示提示信息"标记为最终版本"。

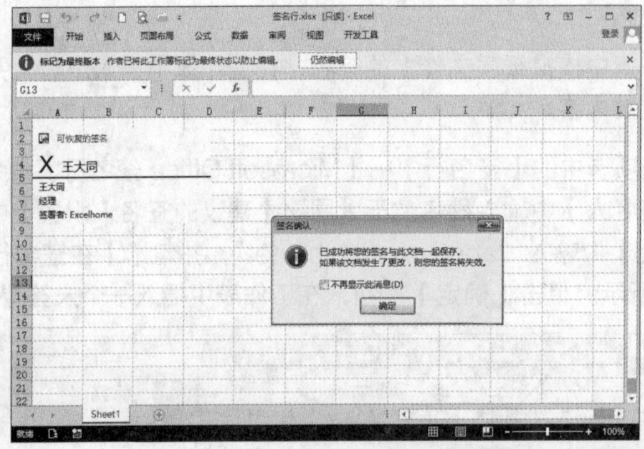

图 26-45 签名行

26.8 条形码

条形码（barcode）是将宽度不等的多个黑条和空白按照一定的编码规则排列，用以表达一组信息的图形标识符。

单击【开发工具】选项卡中的【插入】→【其他控件】命令，打开【其他控件】对话框，选择"Microsoft BarCodeControl 15.0"，单击【确定】按钮，在工作表中画一个矩形，得到一个条形码图形，如图 26-46 所示。

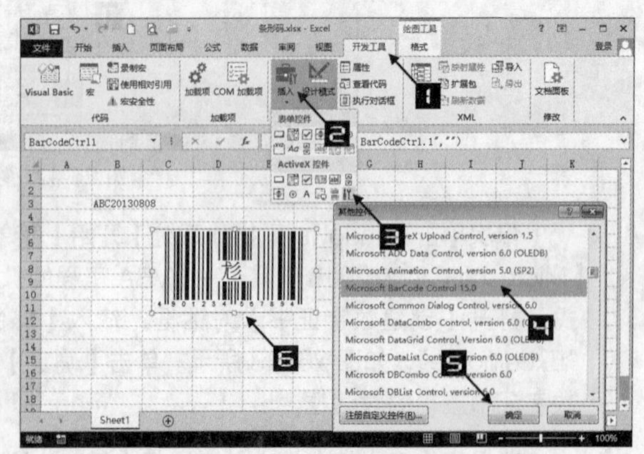

图 26-46 插入条形码

右键单击条形码图形，在弹出的右键菜单上单击【Microsoft BarCodeControl 15.0 对象】→【属性】命令，打开【Microsoft BarCodeControl 15.0 属性】对话框，设置条形码【样式】为"7-Code-128"，单击【确定】按钮，关闭对话框，如图 26-47 所示。

单击【开发工具】选项卡中的【属性】命令，打开【属性】对话框，设置【LinkedCell】属性为 B3 单元格。再单击【开发工具】选项卡中的【设计模式】命令，退出设计模式，条形码自动与

B3 单元格建立链接，显示 B3 单元格中的文本和数字，如图 26-48 所示。修改 B3 单元格中的文字，条形码可以自动实现更新。

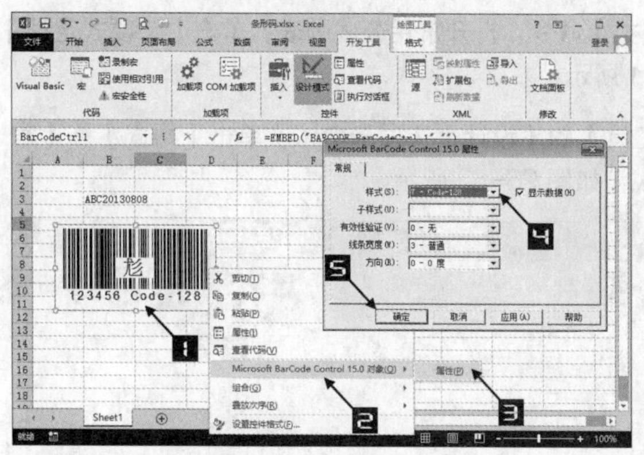

图 26-47　条形码属性

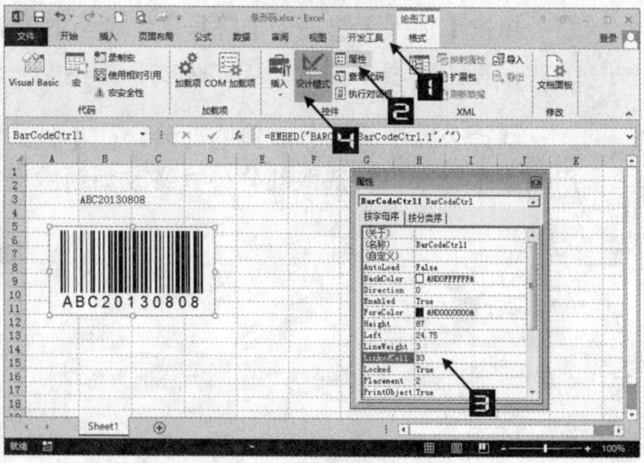

图 26-48　条形码

26.9　公式

Excel 2013 不仅提供“Microsoft 公式 3.0”公式编辑器，还提供新的文本框符号公式，使公式编辑更加简单方便。

26.9.1　公式编辑器

单击【插入】选项卡中的【对象】命令，打开【对象】对话框，在【新建】选项卡的【对象类型】列表中选择“Microsoft 公式 3.0”，如图 26-49 所示。单击【确定】按钮，关闭对话框。

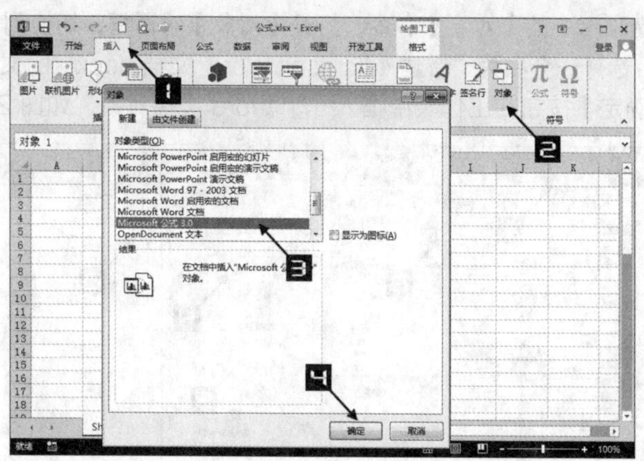

图 26-49　插入对象

在打开的公式编辑器【Equation】窗口中，利用【公式】工具栏中的符号样式，可以直接输入公式，如图 26-50 所示。关闭公式编辑器，返回 Excel 窗口，在工作表中显示公式对象。

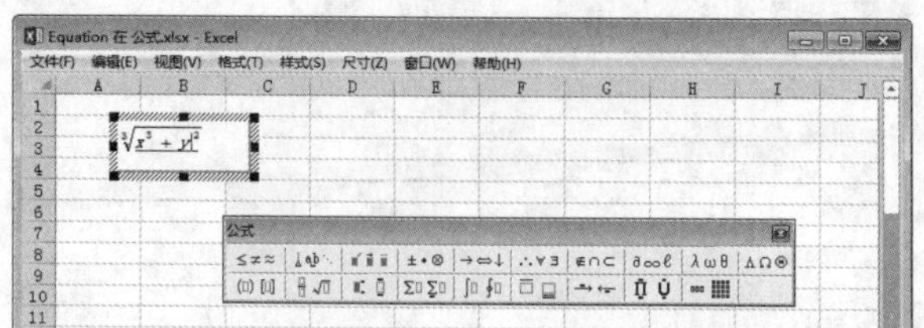

图 26-50　公式编辑器

26.9.2 符号公式

单击【插入】选项卡【符号】命令组的【公式】命令，打开常用公式列表，单击【二项式定理】公式，在工作表中插入二项式公式，如图 26-51 所示。

选择公式中等于号右侧的部分，在【公式工具】的【设计】选项卡中依次单击【根式】→【常用根式】命令，将选取部分公式修改为新的根式，如图 26-52 所示。

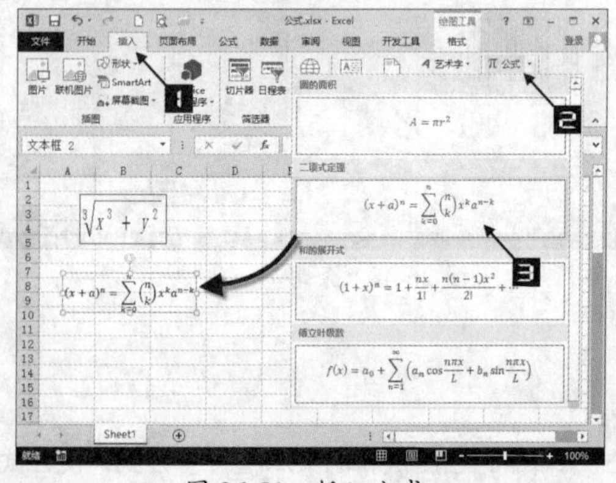

图 26-51 插入公式

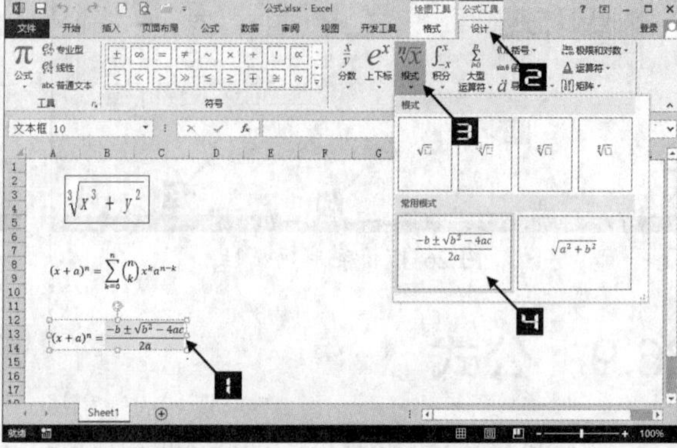

图 26-52 修改公式

26.10 文件对象

Excel 工作表中可以嵌入常用的办公文件，例如 Excel 文件、Word 文件、PPT 文件和 PDF 文件等。嵌入 Excel 工作表的文件，将包含在工作簿中，并且可以双击打开。

单击【插入】选项卡中的【对象】命令，打开【对象】对话框，切换到【由文件创建】选项卡，单击【浏览】按钮，选择一个名为“新建 Microsoft Word 文档.docx”的文件，勾选【显示为图标】选项按钮，单击【确定】按钮在工作表中插入一个 Word 文件对象，如图 26-53 所示。

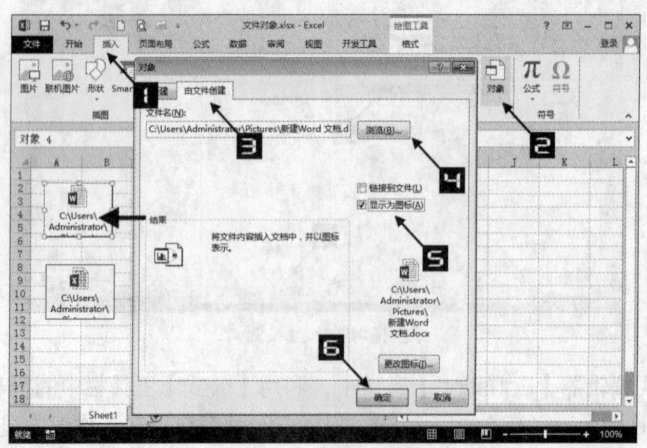

图 26-53 插入文件

第四篇

使用Excel进行数据分析

当用户面对海量的数据时，如何从中获取有价值的信息，不仅要选择数据分析的方法，还必须掌握数据分析的工具。Excel 2013 提供了大量帮助用户进行数据分析的功能。本篇主要讲述如何在 Excel 中运用各种分析工具进行数据分析，重点介绍排序、筛选、表格、合并计算、数据透视表、Microsoft Query、分析工具库、单变量求解、模拟运算表和规划求解等，同时配以各种典型的实例，使用户能够迅速掌握运用 Excel 进行数据分析的各种功能和方法。

第 27 章　在数据列表中简单分析数据

本章将向读者介绍如何在数据列表中使用排序及筛选、高级筛选、分类汇总、合并计算等基本功能，还讲述了 Excel 2013 中功能增强的表格功能，通过学习让读者掌握在数据列表中基本的操作方法和运用技巧。

本章学习要点

（1）Excel 记录单功能。

（2）在数据列表中排序及筛选。

（3）高级筛选的运用。

（4）在数据列表中创建分类汇总。

（5）Excel 中的“表格”功能。

（6）合并计算功能。

27.1　了解 Excel 数据列表

如图 27-1 所示，Excel 数据列表是由多行多列数据构成的有组织的信息集合，它通常有位于顶部的一行字段标题，以及多行数值或文本作为数据行。

	A	B	C	D	E	F	G	H	I
1	工号	姓名	性别	籍贯	出生日期	入职日期	月工资	绩效系数	年终奖金
2	535353	林达	男	哈尔滨	1978-5-28	2014-6-20	4,750	0.50	4,275
3	626262	贾丽丽	女	成都	1983-6-5	2014-6-13	2,750	0.95	4,703
4	727272	赵睿	男	杭州	1974-5-25	2014-6-14	2,750	1.00	4,950
5	424242	师丽莉	男	广州	1977-5-8	2014-6-11	4,750	0.60	5,130
6	323232	岳恩	男	南京	1983-12-9	2014-6-10	4,250	0.75	5,738
7	131313	李勤	男	成都	1975-9-5	2014-6-17	3,250	1.00	5,850
8	414141	郝尔冬	男	北京	1980-1-1	2014-6-4	3,750	0.90	6,075
9	313131	朱丽叶	女	天津	1971-12-17	2014-6-3	3,250	1.10	6,435
10	212121	白可燕	女	山东	1970-9-28	2014-6-2	2,750	1.30	6,435
11	929292	师胜昆	男	天津	1986-9-28	2014-6-16	3,750	1.00	6,750
12	525252	郝河	男	广州	1969-5-12	2014-6-12	3,250	1.20	7,020
13	121212	艾思迪	女	北京	1966-5-4	2014-6-1	3,250	1.20	7,020
14	232323	张祥志	男	桂林	1989-12-3	2014-6-18	3,250	1.30	7,605
15	919191	岳凯	男	南京	1977-6-23	2014-6-9	3,250	1.30	7,605
16	828282	孙丽星	男	成都	1966-12-5	2014-6-15	3,750	1.20	8,100
17	616161	艾利	女	厦门	1980-10-22	2014-6-6	4,750	1.00	8,550
18	818181	李克特	男	广州	1988-11-3	2014-6-8	3,750	1.30	8,775

图 27-1　数据列表实例

图 27-1 展示了一个 Excel 数据列表的实例。此数据列表的第一行是字段标题，下面包含若干行数据。它一共包含 9 列，A-H 列由文本、数值、日期 3 种类型的数据构成，I 列年终奖金则是根据月工资和绩效系数借助公式计算而得出。数据列表中的列又称为字段，行称为记录。为了保证数据列表能够有效地工作，它必须具备以下特点。

（1）每列必须包含同类的信息，即每列的数据类型相同。

（2）列表的第一行应该是标题，用于描述所对应的列的内容。

（3）列表中不能存在重复的标题。

（4）在 Excel 2013 的普通工作表中，单个数据列表的列不能超过 16384 列，行不能超过 1048576 行。

如果一个工作表中包含多个数据列表，列表之间应该以空行或空列进行分隔。

27.2 数据列表的使用

Excel 最常见的任务之一就是管理各种数据列表，如电话号码清单、消费者名单、供应商名称等。这些数据列表都是根据用户需要而命名的。用户可以对数据列表进行如下操作。

（1）在数据列表中输入数据。

（2）根据特定的条件对数据列表进行排序和筛选。

（3）对数据列表进行分类汇总。

（4）在数据列表中使用函数和公式达到特定的计算目的。

（5）根据数据列表创建数据透视表。

27.3 创建数据列表

用户可以根据自己的需要创建一张数据列表来满足存储数据的要求，具体参照以下步骤。

步骤1 → 在表格中的第一行，俗称“表头”，为其对应的每一列数据输入描述性的文字，如果文字过长，可以使用“自动换行”来避免列宽的增加。

步骤2 → 单击数据列表的每一列设置相应的单元格格式，使需要输入的数据能够以正常形态表示。

步骤3 → 按行，在每一列中输入相同类型的信息。

创建完成的数据列表如图 27-1 所示。

提示

以图 27-1 显示的数据列表为例，在【视图】选项卡中单击【冻结窗格】的下拉按钮，在扩展菜单中单击【冻结首行】，这样在滚动数据列表时，始终可以看到标题行。

27.4 使用【记录单】添加数据

用户可以在数据列表内直接输入数据，也可以使用 Excel 记录单功能让输入会更加方便一些，尤其是对喜欢使用对话框来输入数据的用户。

Excel 2013 的功能区默认不显示【记录单】的相关命令，如果要使用此功能，单击数据列表中的任意单元格，依次按<Alt>键、<D>键和<O>键即可调出【记录单】。

示例 27-1 使用记录单高效录入数据

以图 27-1 所示的数据列表为例，要使用【记录单】功能添加新的数据，可参照以下步骤。

步骤1 → 单击数据列表区域中任意一个单元格（如 A13）。

步骤2 → 依次按<Alt>键、<D>键和<O>键，出现【数据列表】对话框，单击【新建】按钮进入新记录输入状态，如图 27-2 所示。

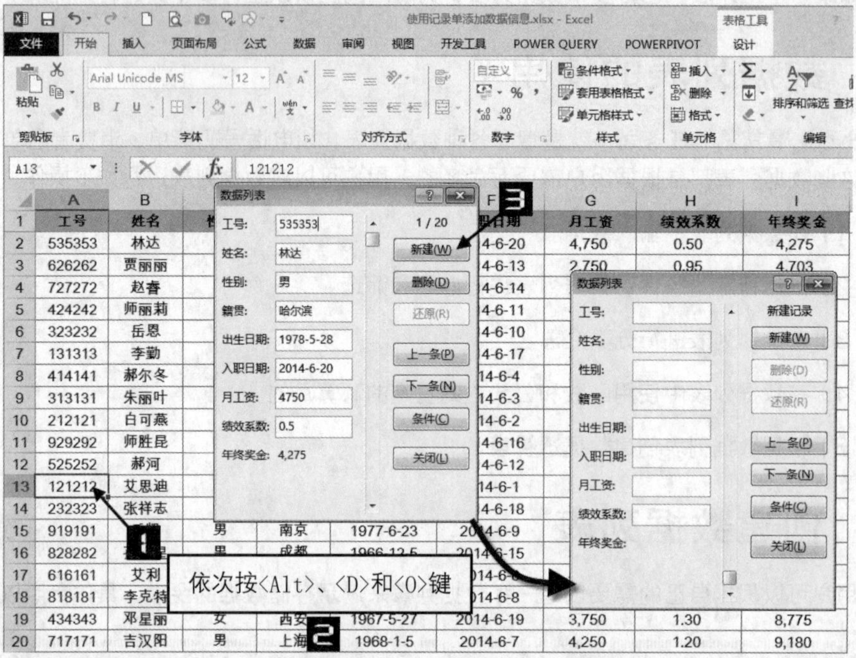

图 27-2 通过【记录单】输入和编辑的对话框

步骤3 在【数据列表】对话框的各个文本框中输入相关信息，用户可以使用<Tab>键在文本框之间依次移动，一条数据记录输入完毕后可以在对话框内单击【新建】或【关闭】按钮，也可以直接按<Enter>键，新增的数据即可保存到数据列表中。

提示 “年终奖金”是利用公式计算出的，Excel 会自动把它们添加到新记录中去。

有关“记录单”对话框中按钮的用途如表 27-1 所示。

表 27-1　Excel【记录单】对话框按钮的用途

记录单按钮	用　途
新建	单击【新建】按钮可以在数据列表中添加新记录
删除	删除当前显示的记录
还原	在没有单击【新建】按钮之前，恢复所编辑的任何信息
上一条	显示数据列表中的前一条记录
下一条	显示数据列表中的下一条记录
条件	用户输入设置搜索记录的条件，单击“上一条”和“下一条”按钮显示符合条件的记录
关闭	关闭“记录单”对话框

27.5 数据列表排序

Excel 提供了多种方法对数据列表进行排序，用户可以根据需要按行或列、按升序或降序来排序，也可以使用自定义排序命令。Excel 2013 的【排序】对话框可以指定多达 64 个排序条件，还可以按单元格的背景颜色及字体颜色进行排序，甚至还能按单元格内显示的图标进行排序。

27.5.1 一个简单排序的例子

未经排序的数据列表看上去杂乱无章，不利于用户查找分析数据，如图 27-3 所示。

	A	B	C	D	E	F	G	H
1	月	日	凭证号数	部门编号	项目	部门名称	摘要	金额
2	01	14	银-0035	02ZH	电费	综合2	睡袋二厂电费	28,919.38
3	04	14	银-0059	02ZH	电费	综合2	3月份电费	32,177.08
4	04	14	银-0071	02ZH	采暖费	综合2	采暖费煤	26,398.23
5	02	16	银-0067	02ZH	电费	综合2	2月份电费睡袋二厂	23,740.06
6	03	17	银-0086	02ZH	电费	综合2	2月份电费	33,485.29
7	05	17	银-0053	02ZH	电费	综合2	4月份电费	27,197.15
8	05	17	银-0053	Z7	水费	厂务后勤	4月份水费	6,876.87
9	01	20	银-0077	03ZH	水费	综合3	12月份水费	3,053.74
10	03	21	银-0095	01ZH	水费	综合1	2月份水费一厂	1,469.03
11	03	21	银-0095	01ZH	水费	综合1	3月份水费一厂	1,229.66
12	03	21	银-0095	03ZH	水费	综合3	2月份水费三厂	1,862.27
13	03	21	银-0095	03ZH	水费	综合3	3月份水费三厂	2,071.71
14	03	21	银-0106	Z7	水费	厂务后勤	2月份水费 新立	1,399.46
15	03	21	银-0106	Z7	电费	厂务后勤	2月份电费 新立	6,601.20
16	04	21	银-0090	Z7	水费	厂务后勤	新立3月份水费	1,676.05
17	04	21	银-0090	Z7	电费	厂务后勤	新立3月份电费	6,295.66
18	02	25	银-0088	01ZH	电费	综合1	2月份电费	20,271.65

图 27-3　未经排序的数据列表

要对图 27-3 所示的数据列表按“项目”升序排序，可选中表格在 E 列中的任意一个单元格（如 E7），在【数据】选项卡中单击【升序】按钮，如图 27-4 所示。这样就可以按照“项目”为关键字对表格进行升序排序，其具体规则是根据项目名称的拼音字母为序，进行升序排列。

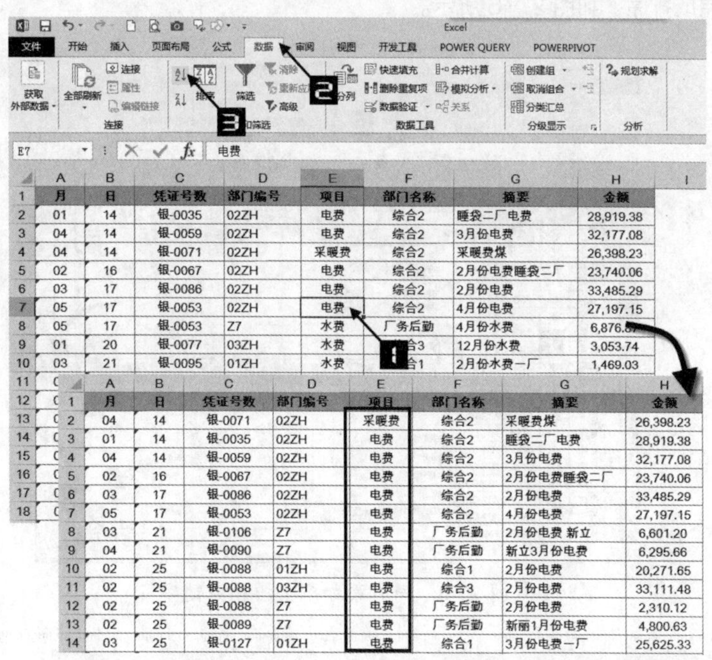

	A	B	C	D	E	F	G	H
1	月	日	凭证号数	部门编号	项目	部门名称	摘要	金额
2	04	14	银-0071	02ZH	采暖费	综合2	采暖费煤	26,398.23
3	01	14	银-0035	02ZH	电费	综合2	睡袋二厂电费	28,919.38
4	04	14	银-0059	02ZH	电费	综合2	3月份电费	32,177.08
5	02	16	银-0067	02ZH	电费	综合2	2月份电费睡袋二厂	23,740.06
6	03	17	银-0086	02ZH	电费	综合2	2月份电费	33,485.29
7	05	17	银-0053	02ZH	电费	综合2	4月份电费	27,197.15
8	03	21	银-0106	Z7	电费	厂务后勤	2月份电费 新立	6,601.20
9	04	21	银-0090	Z7	电费	厂务后勤	新立3月份电费	6,295.66
10	02	25	银-0088	01ZH	电费	综合1	2月份电费	20,271.65
11	02	25	银-0088	03ZH	电费	综合3	2月份电费	33,111.48
12	02	25	银-0088	Z7	电费	厂务后勤	2月份电费	2,310.12
13	02	25	银-0089	Z7	电费	厂务后勤	新丽1月份电费	4,800.63
14	03	25	银-0127	01ZH	电费	综合1	3月份电费一厂	25,625.33

图 27-4　按“项目”升序排序的列表

27.5.2 按多个关键字进行排序

示例 27-2 同时按多个关键字进行排序

假设要对图 27-5 所示表格中的数据进行排序，关键字依次为“单据编号”、“商品编号”、“商品名称”、“型号”和“单据日期”，可参照以下步骤。

	A	B	C	D	E	F	G	H
1	仓库	单据编号	单据日期	商品编号	商品名称	型号	单位	数量
2	1号库	XK-T-20080702-0009	2008-07-02	0207	31CM通用桶	1*48	个	1
3	1号库	XK-T-20080702-0013	2008-07-02	50362	鑫五福竹牙签（8袋）	1*150	个	1
4	1号库	XK-T-20080702-0020	2008-07-02	2717	微波单层大饭煲	1*18	个	1
5	1号库	XK-T-20080704-0018	2008-07-04	0412	大号婴儿浴盆	1*12	个	1
6	1号库	XK-T-20080704-0007	2008-07-04	1809-A	小型三层三角架	1*8	个	1
7	1号库	XK-T-20080701-0005	2008-07-01	2707	微波大号专用煲	1*15	个	2
8	1号库	XK-T-20080702-0014	2008-07-02	2703	微波双层保温饭煲	1*18	个	2
9	1号库	XK-T-20080702-0059	2008-07-02	1508-A	19CM印花脚踏卫生桶	1*24	个	2
10	1号库	XK-T-20080703-0003	2008-07-03	2601	便利保健药箱	1*72	个	2
11	1号库	XK-T-20080703-0004	2008-07-03	2703	微波双层保温饭煲	1*18	个	2
12	1号库	XK-T-20080703-0011	2008-07-03	1502-A	24CM印花脚踏卫生桶	1*12	个	2
13	1号库	XK-T-20080703-0014	2008-07-03	1802-B	孔底型三角架	1*6	个	2
14	1号库	XK-T-20080701-0001	2008-07-01	2602	居家保健药箱	1*48	个	3
15	1号库	XK-T-20080701-0005	2008-07-01	0403	43CM脸盆	1*60	个	3
16	1号库	XK-T-20080702-0005	2008-07-02	1801-A	平底型四方架	1*8	个	3
17	1号库	XK-T-20080702-0005	2008-07-02	1801-B	孔底型四方架	1*8	个	3
18	1号库	XK-T-20080702-0005	2008-07-02	1801-C	活动型四方架	1*8	个	3

图 27-5　需要进行排序的表格

步骤1 → 选中表格中的任意单元格（如A6），在【数据】选项卡中单击【排序】按钮，在弹出的【排序】对话框中，选择【主要关键字】为“单据编号”，然后单击【添加条件】按钮。

步骤2 → 继续在【排序】对话框中设置新条件，将【次要关键字】依次设置为“商品编号”、“商品名称”、“型号”和“单据日期”，单击【确定】按钮，关闭【排序】对话框，完成排序。如图27-6所示。

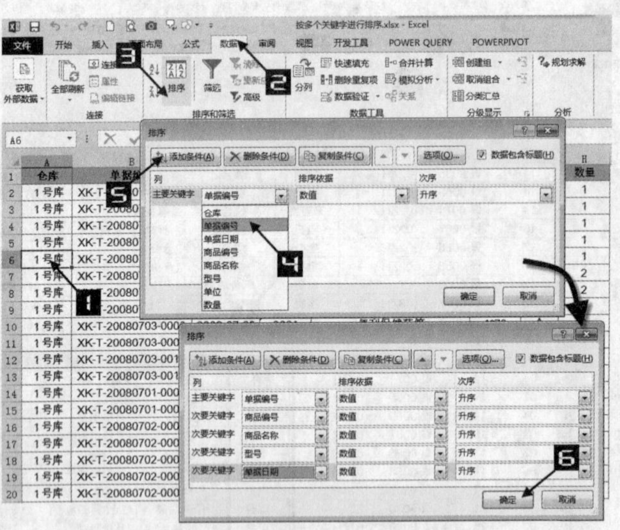

图 27-6　同时添加多个排序关键字

当要排序的某个数据列中含有文本格式的数字时，会出现【排序提醒】对话框，如图27-7所示。

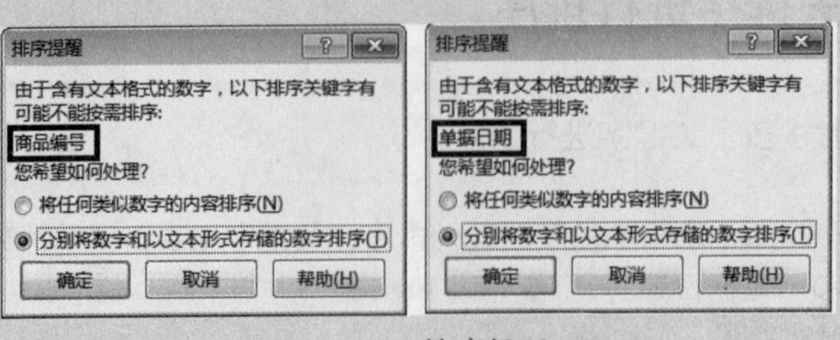

图 27-7　排序提醒

如果整列数据都是文本型数字，可以在【排序提醒】对话框中直接单击【确定】按钮，排序不受影响。此时选择不同选项会对应不同的排序结果。

经过排序后的表格如图 27-8 所示。

	A	B	C	D	E	F	G	H
1	仓库	单据编号	单据日期	商品编号	商品名称	型号	单位	数量
2	1号库	XK-T-20080701-0001	2008-07-01	0311	23CM海洋果蔬盆	1*60	个	10
3	1号库	XK-T-20080701-0001	2008-07-01	0601	CH-2型砧板（43X28cm）	1*20	个	5
4	1号库	XK-T-20080701-0001	2008-07-01	1440	小号欧式鼓型杯	1*120	个	18
5	1号库	XK-T-20080701-0001	2008-07-01	2106	欧式水壶	1*30	个	8
6	1号库	XK-T-20080701-0001	2008-07-01	2213	卫生皂盒	1*100	个	10
7	1号库	XK-T-20080701-0001	2008-07-01	2235	椭圆滴水皂盘	1*144	个	20
8	1号库	XK-T-20080701-0001	2008-07-01	2602	居家保健药箱	1*48	个	3
9	1号库	XK-T-20080701-0001	2008-07-01	2907	双色强力粘钩（1*3）	1*288	个	10
10	1号库	XK-T-20080701-0001	2008-07-01	H606	强力粘钩H606	1*160	个	10
11	1号库	XK-T-20080701-0001	2008-07-01	Y54485	云蕾家用桑拿巾30x100	1*100	个	10
12	1号库	XK-T-20080701-0001	2008-07-01	Y89906	云蕾高级沐浴条	1*100	个	10
13	1号库	XK-T-20080701-0001	2008-07-01	Y96088	云蕾泡泡搓得洁	1*100	个	10
14	1号库	XK-T-20080701-0001	2008-07-01	Y98731	云蕾万用擦巾（2片装）	1*100	个	10
15	1号库	XK-T-20080701-0001	2008-07-01	YB8102	奶瓶刷8102	1*48	个	5
16	1号库	XK-T-20080701-0002	2008-07-01	2114	居家保温饭壶	1*24	个	175
17	1号库	XK-T-20080701-0003	2008-07-01	0311	23CM海洋果蔬盆	1*60	个	60
18	1号库	XK-T-20080701-0003	2008-07-01	0431	38CM洗碗盆	1*60	个	60

图 27-8　多关键字排序后的表格

此外，可以使用 27.5.1 小节中介绍的方法，依次按"单据日期"、"型号"、"商品名称"、"商品编号"和"单据编号"来排序，即分成多轮次进行排序。

Excel 对多次排序的处理原则是：先被排序过的列，会在后续其他列的排序过程中尽量保持自己的顺序。

因此，在使用这种方法时应该遵循的规则是：先排序较次要（或者称为排序优先级较低）的列，后排序较重要（或者称为排序优先级较高）的列。

27.5.3 按笔划排序

在默认情况下，Excel 对汉字的排序方式是按照"字母"顺序的，以中文姓名为例，字母顺序即按姓名第一个字的拼音的首字母在 26 个英文字母中出现的顺序进行排列，如果同姓，则依次计算姓名的第 2 个字、第 3 个字。如图 27-9 所示，显示的表格包含了对姓名字段按字母顺序升序排列的数据。

	A	B	C	D	E
1	姓名	学号	性别	层次及专业	单位
2	蔡玲	05820759	女	护理学(专科)	广东省茂石化医院
3	蔡亚婵	05820760	女	护理学(专科)	广东省茂石化医院
4	曹玉玲	05820750	女	护理学(专科)	广东省茂石化医院
5	曾俊丽	05820758	女	护理学(专科)	广东省茂石化医院
6	陈春秀	05820711	女	护理学(专科)	广东省茂石化医院
7	陈翠恒	05820712	女	护理学(专科)	广东省茂石化医院
8	陈普	05820713	女	护理学(专科)	化州市江湖卫生院
9	陈小丽	05820714	女	护理学(专科)	广东省茂石化医院
10	陈颖娟	05820715	女	护理学(专科)	广东省茂石化医院院门诊
11	陈粤	05820716	女	护理学(专科)	广东医学院第三附属医院
12	程贤杰	05820756	女	护理学(专科)	广东省茂石化医院
13	冯剑	05820703	女	护理学(专科)	广东省茂石化医院
14	冯少梅	05820704	女	护理学(专科)	广东省茂石化医院
15	葛辉梅	05820757	女	护理学(专科)	广东省茂石化医院
16	龚小玲	05820751	女	护理学(专科)	广东省茂石化医院
17	何亦芹	05820717	女	护理学(专科)	广东医学院第三附属医院
18	黄小红	05820753	女	护理学(专科)	广东省茂石化医院

图 27-9　按字母顺序排列的姓名

然而，在中国人的习惯中，常常是按照"笔划"的顺序来排列姓名的。这种排序的规则大致上是：按姓字的笔划数多少排列，同划数内的姓字按起笔顺序排列（横、竖、撇、捺、折），划数和笔形都相同的字，按字形结构排列，先左右、再上下，最后整体字。如果姓字相同，则依次看姓名第 2、第 3 个字，规则同姓字。

示例 27-3　按笔划排列姓名

在 Excel 中，已经考虑到了这种需求。以图 27-9 所示的表格为例，使用姓氏笔划的顺序来排序的方法如下。

步骤1 单击数据区域中任意单元格（如 A8）。

步骤2 在【数据】选项卡中单击【排序】按钮，出现【排序】对话框。

步骤3 在【排序】对话框中，选择【主要关键字】为“姓名”，排序方式为升序。

步骤4 单击【排序】对话框中的【选项】按钮，在出现的【排序选项】对话框中，单击方法区域中的【笔划排序】单选按钮，如图 27-10 所示。

步骤5 先单击【确定】按钮，关闭【排序选项】对话框，再单击【确定】按钮，关闭【排序】对话框。

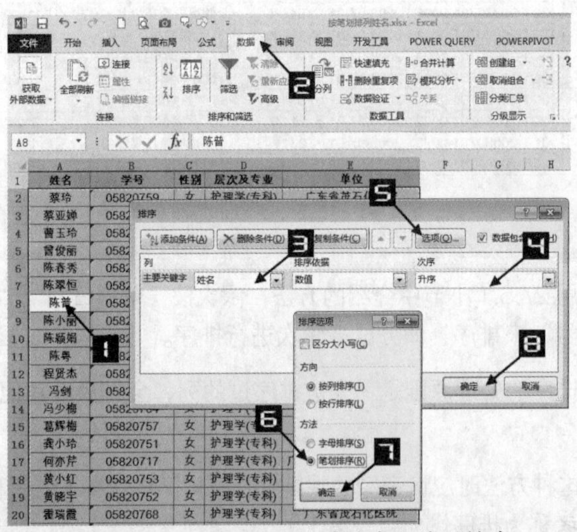

图 27-10　设置以姓名为关键字按笔划排序

最后的排序结果如图 27-11 所示。

	A	B	C	D	E
1	姓名	学号	性别	层次及专业	单位
2	王红	05820700	女	护理学(专科)	广东省茂石化医院
3	王晓娟	05820701	女	护理学(专科)	广东省茂石化医院
4	文兰玉	05820702	女	护理学(专科)	广东省茂石化医院
5	卢涛	05820705	女	护理学(专科)	广东省茂石化医院
6	邝冬明	05820706	女	护理学(专科)	广东省茂石化医院
7	冯少梅	05820704	女	护理学(专科)	广东省茂石化医院
8	冯剑	05820703	女	护理学(专科)	广东省茂石化医院
9	朱美玲	05820709	女	护理学(专科)	广东省茂石化医院
10	朱艳玲	05820710	女	护理学(专科)	广东省茂石化医院
11	刘丽梅	05820707	女	护理学(专科)	广东省茂石化医院
12	许小红	05820708	女	护理学(专科)	广东省茂石化医院
13	苏艳伟	05820724	女	护理学(专科)	广东省茂石化医院
14	李文金	05820721	女	护理学(专科)	广东省茂石化医院
15	李东霞	05820718	女	护理学(专科)	广东省茂石化医院
16	李肖丽	05820722	女	护理学(专科)	广东省茂石化医院
17	李国萍	05820719	女	护理学(专科)	广东省茂石化医院
18	李艳芬	05820723	女	护理学(专科)	广东省茂石化医院

图 27-11　按笔划排序的结果

注意　Excel 中按笔划排序的规则并不完全符合前文所提到的中国人的习惯。对于相同笔划数的汉字，Excel 实际上按照其内码顺序进行排列，而不是按照笔划顺序进行排列。对于简体中文版用户而言，相应的内码为 ANSI/OEM – GBK。

27.6 更多排序方法

27.6.1 按颜色排序

在实际工作中，用户经常会通过为单元格设置背景色或者字体颜色来标注表格中较特殊的数据。Excel 2013 能够在排序的时候识别单元格颜色和字体颜色，从而帮助用户进行更加灵活的数据整理操作。

1. 按单元格颜色排序

示例 27-4　将红色单元格在表格中置顶

在如图 27-12 所示的表格中，部分学号所在单元格被设置成了红色，如果希望将这些特别的数据排列到表格的上方，可以按如下步骤操作。

	A	B	C	D	E	F
1	学号	姓名	语文	数学	英语	总分
2	406	包丹青	56	103	81	240
3	447	贝万雅	90	127	95	312
4	442	蔡晓玲	88	97	97	282
5	444	陈洁	113	120	101	334
6	424	陈怡	44	83	105	232
7	433	董颖子	84	117	87	288
8	428	杜东颖	96	103	89	288
9	422	樊军明	51	111	111	273
10	419	方旭	86	72	55	213
11	416	富裕	88	100	94	282
12	448	高香香	89	109	105	303
13	403	顾锋	74	97	77	248
14	421	黄华	90	102	103	295
15	417	黄佳清	38	92	92	222
16	414	黄阚凯	45	115	78	238
17	431	黄燕华	92	128	96	316
18	443	金婷	78	144	102	324
19	432	康叶华	97	100	105	302
20	423	利剑	95	98	90	283
21	404	马辰	77	22	58	157

图 27-12　部分单元格背景颜色被设置为红色的表格

步骤1 选中表格中任意一个红色单元格（如 A6）。

步骤2 单击鼠标右键，在弹出的快捷菜单中依次单击【排序】→【将所选单元格颜色放在最前面】命令，即可将所有的红色单元格排列到表格最前面，如图 27-13 所示。

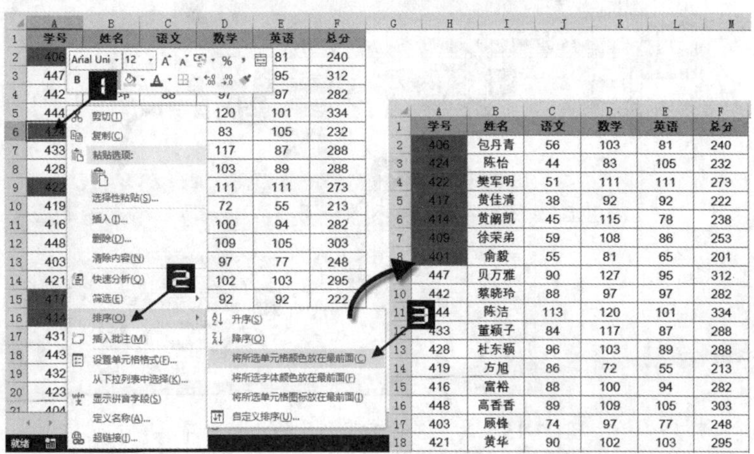

图 27-13　所有的红色单元格排列到表格最前面

2. 按单元格多种颜色排序

示例 27-5 按红色、茶色和浅蓝色的顺序排列表格

如果表格中被手工设置了多种单元格颜色，而又希望按颜色的次序来排列数据，例如要对图 27-14 所示的表格按 3 种颜色“红色”、“茶色”和“浅蓝色”的分布来排序，可以按照下面的步骤来操作。

	A	B	C	D	E	F
1	学号	姓名	语文	数学	英语	总分
2	401	俞毅	55	81	65	201
3	402	吴超	83	123	107	313
4	403	顾锋	74	97	77	248
5	404	马辰	77	22	58	157
6	405	张晓帆	91	98	94	283
7	406	包丹青	56	103	81	240
8	407	卫骏	87	95	88	270
9	408	马治政	73	103	99	275
10	409	徐荣弟	59	108	86	253
11	410	姚巍	84	49	82	215
12	411	张军杰	84	114	88	286
13	412	莫爱洁	90	104	68	262
14	413	王峰	87	127	75	289
15	414	黄阚凯	45	115	78	238
16	415	张琛	88	23	64	175
17	416	富裕	88	100	94	292
18	417	黄佳清	38	92	92	222

图 27-14 包含 3 种不同颜色单元格的表格

步骤1 → 选中表格中的任意一个单元格（如 C2），在【数据】选项卡中单击【排序】按钮，弹出的【排序】对话框。

步骤2 → 在弹出的【排序】对话框中，设置【主要关键字】为“总分”，【排序依据】为“单元格颜色”，【次序】为“红色”在顶端，单击【复制条件】按钮。

步骤3 → 继续添加条件，单击【复制条件】按钮，分别设置“茶色”和“浅蓝色”为次级次序，最后单击“确定”按钮关闭对话框，如图 27-15 所示。

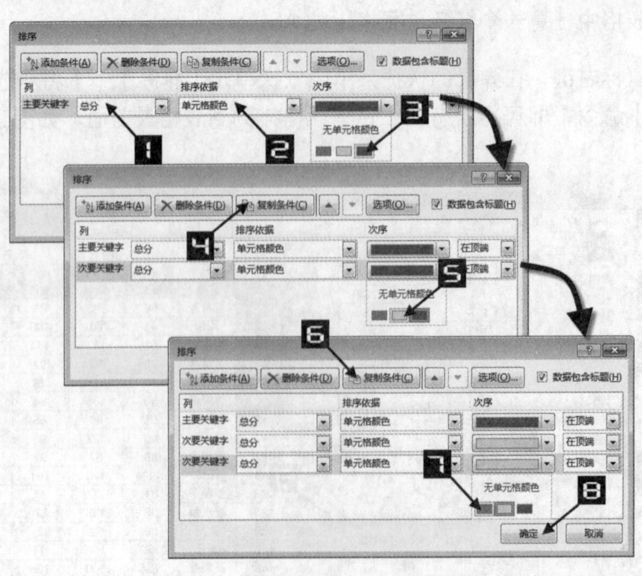

图 27-15 设置 3 种不同颜色的排序次序

排序完成后的效果如图 27-16 所示。

	A	B	C	D	E	F
1	学号	姓名	语文	数学	英语	总分
29	443	金婷	78	144	102	324
30	444	陈洁	113	120	101	334
31	445	叶怡	103	131	115	349
32	447	贝万雅	90	127	95	312
33	448	高香香	89	109	105	303
34	403	顾锋	74	97	77	248
35	409	徐荣弟	59	108	86	253
36	430	倪燕华	88	77	99	264
37	412	莫爱洁	90	104	68	262
38	404	马辰	77	22	58	157
39	415	张琛	88	23	64	175
40	401	俞毅	55	81	65	201
41	406	包丹青	56	103	81	240

图 27-16　按多种颜色排序完成后的表格

27.6.2　按字体颜色和单元格图标排序

除了单元格颜色外，Excel 还能根据字体颜色和由条件格式生成的单元格图标进行排序，方法与单元格颜色排序相同，在此不再赘述。

27.6.3　自定义排序

Excel 可以根据数字顺序或字母顺序进行排序，但它并不局限于使用标准的排序顺序。如果用户想用特殊的次序进行排序，可以使用自定义序列的方法。

示例 27-6　按职务大小排列表格

在如图 27-17 所示的表格中，记录着某公司员工的津贴数据，其中 C 列是员工的职务，现在需要按职务大小来排序整张表格。

	A	B	C	D	E
1	人员编号	姓名	职务	工作津贴	联系方式
2	00918	赵永福	销售总裁	1,275	022-8888800918
3	01142	苏荣连	销售副总裁	970	022-8888801142
4	01002	胥和平	销售副总裁	870	022-8888801002
5	01201	刘恩树	销售经理	645	022-8888801201
6	01084	高连兴	销售经理	675	022-8888801084
7	05552	刘忠诚	销售助理	620	022-8888805552
8	01223	许丽萍	销售助理	645	022-8888801223
9	00970	王俊松	销售助理	895	022-8888800970
10	00930	朱体高	销售助理	1,240	022-8888800930
11	05775	凌勇刚	销售代表	535	022-8888805775
12	05763	阎京明	销售代表	590	022-8888805763
13	05616	董连清	销售代表	610	022-8888805616
14	05592	秦勇	销售代表	610	022-8888805592
15	05579	张国顺	销售代表	620	022-8888805579
16	05572	张占军	销售代表	620	022-8888805572
17	05386	刘凤江	销售代表	735	022-8888805386
18	05380	李洪民	销售代表	630	022-8888805380

图 27-17　员工津贴数据

首先，用户需要告诉 Excel 职务大小的顺序，方法是创建一个自定义序列，具体的操作方法如下。

步骤 1 → 在一张空白工作表的连续单元格中（如 A1:A5）依次输入“销售总裁”、“销售副总裁”、“销售经理”、“销售助理”和“销售代表”，并选中该连续单元格。

步骤 2 → 依次按<Alt>键、<T>键和<O>键，打开【Excel 选项】对话框，单击【高级】类别右侧的【编辑自定义列表】按钮，调出【自定义序列】对话框。

步骤 3 → 此时，由于在步骤 1 中选中了单元格区域 A1:A5，因此在【从单元格中导入序列】文本框中已填入“$A$1:$A$5”，单击【导入】按钮。

第 27 章 Excel 2013

步骤4 → 单击【确定】按钮关闭【自定义序列】对话框，再次单击【确定】按钮关闭【Excel选项】对话框，完成自定义序列的创建，如图 27-18 所示。

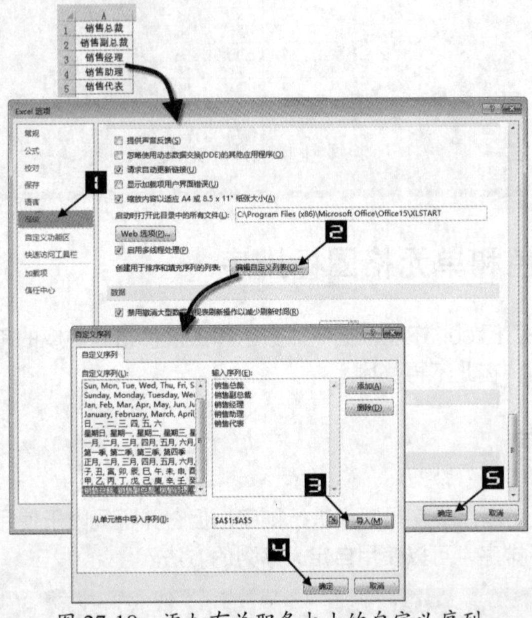

图 27-18　添加有关职务大小的自定义序列

然后，使用下面的方法，能够进行对表格按照职务大小排序。

步骤1 → 单击数据区域中的任意单元格，如 A2。

步骤2 → 在【数据】选项卡中单击【排序】按钮，出现【排序】对话框。

步骤3 → 在【排序】对话框中，选择【主要关键字】为“职务”，【排序依据】为数值，【次序】为“自定义序列”，在弹出的【自定义序列】对话框中选中刚才添加的新序列，单击【确定】按钮，如图 27-19 所示。

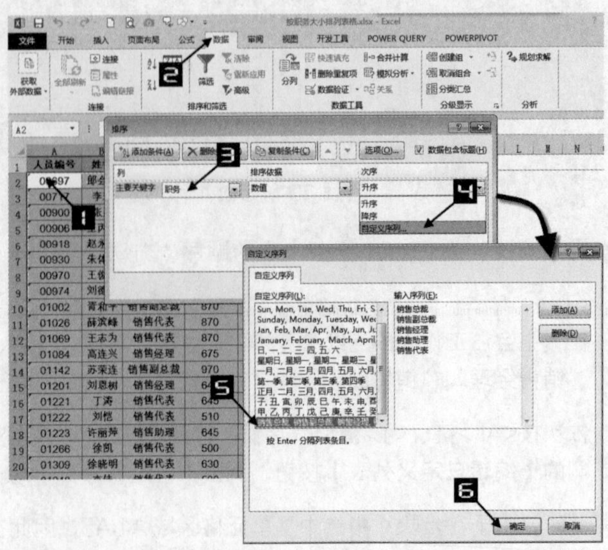

图 27-19　在【排序】对话框中设置主要关键字为“职务”

步骤4 → 单击【排序】对话框中的【确定】按钮，即完成了排序，排序后的效果如图 27-20 所示。

	A	B	C	D	E
1	人员编号	姓名	职务	工作津贴	联系方式
2	00918	赵永福	销售总裁	1,275	022-8888800918
3	01142	苏荣连	销售副总裁	970	022-8888801142
4	01002	胥和平	销售副总裁	870	022-8888801002
5	01201	刘恩树	销售经理	645	022-8888801201
6	01084	高连兴	销售经理	675	022-8888801084
7	05552	刘忠诚	销售助理	620	022-8888805552
8	01223	许丽萍	销售助理	645	022-8888801223
9	00970	王俊松	销售助理	895	022-8888800970
10	00930	朱体高	销售助理	1,240	022-8888800930
11	05775	凌勇刚	销售代表	535	022-8888805775
12	05763	阎京明	销售代表	590	022-8888805763
13	05616	董连清	销售代表	610	022-8888805616
14	05592	秦勇	销售代表	610	022-8888805592
15	05579	张国顺	销售代表	620	022-8888805579
16	05572	张占军	销售代表	620	022-8888805572
17	05386	刘凤江	销售代表	735	022-8888805386
18	05380	李洪民	销售代表	630	022-8888805380

图 27-20 按职务大小排列表格

提示 Excel 2013 允许同时对多个字段使用不同的自定义次序进行排序。

27.6.4 对数据列表中的某部分进行排序

示例 27-7 对数据列表中的某部分进行排序

如果用户只希望对数据列表中的某一特定部分进行排序，例如对图 27-21 所示的数据列表中的 A5:I20 单元格区域按“性别”排序，具体的操作方法如下。

	A	B	C	D	E	F	G	H	I
1	工号	姓名	性别	籍贯	出生日期	入职日期	月工资	绩效系数	年终奖金
2	121212	艾思迪	女	北京	1966-5-4	2003-6-1	3,250	1.20	7,020
3	131313	李勤	男	成都	1975-9-5	2003-6-17	3,250	1.00	5,850
4	212121	白可燕	女	山东	1970-9-28	2003-6-2	2,750	1.30	6,435
5	232323	张祥志	男	桂林	1989-12-3	2003-6-18	3,250	1.30	7,605
6	313131	朱丽叶	女	天津	1971-12-17	2003-6-3	3,250	1.10	6,435
7	323232	岳恩	男	南京	1983-12-9	2003-6-10	4,250	0.75	5,738
8	414141	郝尔冬	男	北京	1980-1-1	2003-6-4	3,750	0.90	6,075
9	424242	师丽莉	男	广州	1977-5-8	2003-6-11	4,750	0.60	5,130
10	434343	邓星丽	女	西安	1967-5-27	2003-6-19	3,750	1.30	8,775
11	515151	马豪	男	上海	1958-3-1	2003-6-5	4,250	1.50	11,475
12	525252	郝河	男	广州	1969-5-12	2003-6-12	3,250	1.20	7,020
13	535353	林达	男	哈尔滨	1978-5-28	2003-6-20	4,750	0.50	4,275
14	616161	艾利	女	厦门	1980-10-22	2003-6-6	4,750	1.00	8,550
15	626262	贾丽丽	女	成都	1983-6-5	2003-6-13	2,750	0.95	4,703
16	717171	吉汉阳	男	上海	1968-1-5	2003-6-7	4,250	1.20	9,180
17	727272	赵睿	男	杭州	1974-5-25	2003-6-14	2,750	1.00	4,950
18	818181	李克特	男	广州	1988-11-3	2003-6-8	3,750	1.30	8,775
19	828282	孙丽星	男	成都	1966-12-5	2003-6-15	3,750	1.20	8,100
20	919191	岳凯	男	南京	1977-6-23	2003-6-9	3,250	1.30	7,605

图 27-21 将要进行某部分排序的数据列表

步骤1 → 选中将要进行排序的 A5:I20 单元格区域，在【数据】选项卡中单击【排序】按钮，弹出【排序】对话框。

步骤2 → 在【排序】对话框中，取消勾选【数据包含标题】复选框。

步骤3 → 设置【主要关键字】为“列 C”，最后单击【确定】按钮关闭对话框完成排序，效果如图 27-22 所示。

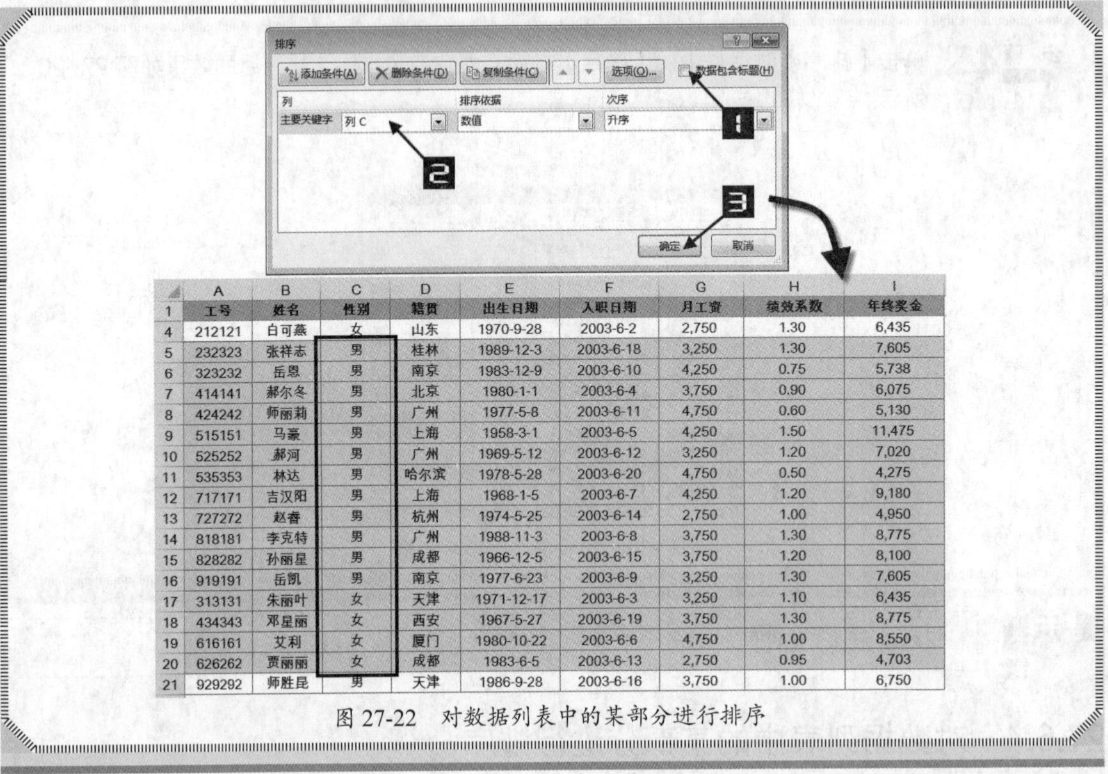

	A	B	C	D	E	F	G	H	I
1	工号	姓名	性别	籍贯	出生日期	入职日期	月工资	绩效系数	年终奖金
4	212121	白可燕	女	山东	1970-9-28	2003-6-2	2,750	1.30	6,435
5	232323	张祥志	男	桂林	1989-12-3	2003-6-18	3,250	1.30	7,605
6	323232	岳恩	男	南京	1983-12-9	2003-6-10	4,250	0.75	5,738
7	414141	郝尔冬	男	北京	1980-1-1	2003-6-4	3,750	0.90	6,075
8	424242	师丽莉	男	广州	1977-5-8	2003-6-11	4,750	0.60	5,130
9	515151	马豪	男	上海	1958-3-1	2003-6-5	4,250	1.50	11,475
10	525252	郝河	男	广州	1969-5-12	2003-6-12	3,250	1.20	7,020
11	535353	林达	男	哈尔滨	1978-5-28	2003-6-20	4,750	0.50	4,275
12	717171	吉汉阳	男	上海	1968-1-5	2003-6-7	4,250	1.20	9,180
13	727272	赵睿	男	杭州	1974-5-25	2003-6-14	2,750	1.00	4,950
14	818181	李克特	男	广州	1988-11-3	2003-6-8	3,750	1.30	8,775
15	828282	孙丽星	男	成都	1966-12-5	2003-6-15	3,750	1.20	8,100
16	919191	岳凯	男	南京	1977-6-23	2003-6-9	3,250	1.30	7,605
17	313131	朱丽叶	女	天津	1971-12-17	2003-6-3	3,250	1.10	6,435
18	434343	邓星丽	女	西安	1967-5-27	2003-6-19	3,750	1.30	8,775
19	616161	艾利	女	厦门	1980-10-22	2003-6-6	4,750	1.00	8,550
20	626262	贾丽丽	女	成都	1983-6-5	2003-6-13	2,750	0.95	4,703
21	929292	师胜昆	男	天津	1986-9-28	2003-6-16	3,750	1.00	6,750

图 27-22 对数据列表中的某部分进行排序

注意 如果排序对象是“表格”中的一部分，而不是数据列表中的一部分，则【排序】对话框中的【数据包含标题】复选框不可用。

27.6.5 按行排序

Excel 不但可以按列排序，还能够按行来排序。

示例 27-8 按行排序

在图 27-23 所示的表格中，A 列是行标题，用来表示部门；第 1 行是列标题，用来表示月份。现在需要依次按“月份”来对表格排序，下面的步骤可以实现这一目标。

	A	B	C	D	E	F	G	H	I	J	K	L	M	N
1	项 目	10	11	12	1	2	3	4	5	6	7	8	9	总计
2	财务科	22	5	11	7	4	5	6	6	5	10	12	12	78
3	经理室	11	5	6	9	9	8	8	24	5	8	6	6	88
4	培训中心	3	21	21	6	6	7	19	21	25	8	123	28	264
5	人力资源科	22	21	17	36	12	14	32	26	26	11	17	15	206
6	信息办公室	58	53	60	58	30	36	64	76	63	37	158	62	644
7	总计	116	105	115	117	61	71	128	152	125	73	315	122	1,280

图 27-23 同时具备行、列标题的二维表格

步骤1 选中单元格区域 B1:M6。

步骤2 在【数据】选项卡中单击【排序】按钮，出现【排序】对话框。

步骤3 单击【排序】对话框中的【选项】按钮，在出现的【排序选项】对话框中，单击方向区域中的【按行排序】单选按钮，再单击【确定】按钮关闭对话框，如图 27-24 所示。

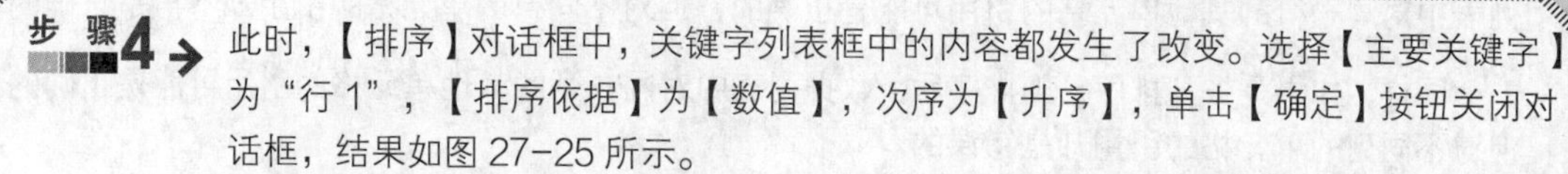

步骤4 → 此时，【排序】对话框中，关键字列表框中的内容都发生了改变。选择【主要关键字】为“行 1”，【排序依据】为【数值】，次序为【升序】，单击【确定】按钮关闭对话框，结果如图 27-25 所示。

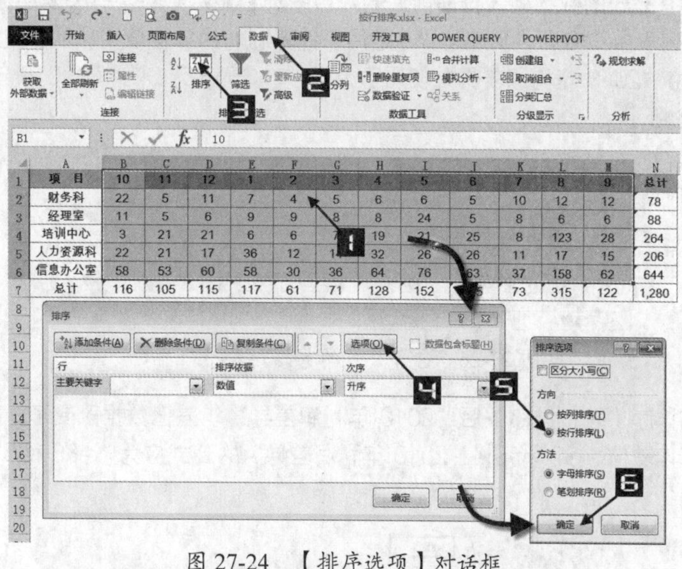

图 27-24 【排序选项】对话框

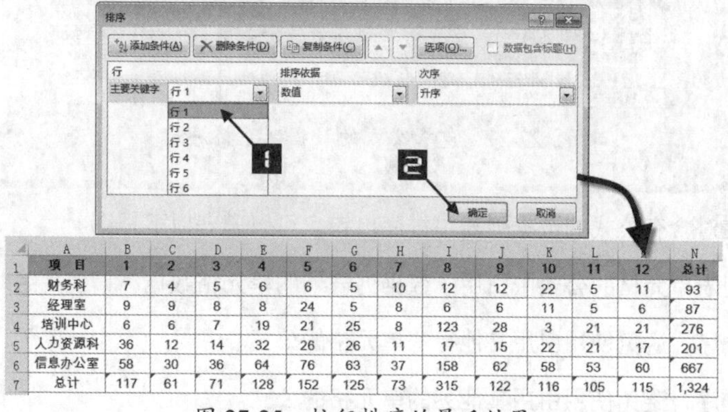

图 27-25 按行排序的最后结果

注意 → 在使用按行排序时，不能像使用按列排序时一样选中整个目标区域。因为 Excel 的排序功能中没有“行标题”的概念，所以如果选中全部数据区域再按行排序，包含行标题的数据列也会参与排序，出现意外的结果。因此，在本例的步骤 1 中，只选中行标题所在列以外的数据区域。

27.6.6 排序时注意含有公式的单元格

示例 27-9 含有公式的数据排序

当对数据列表进行排序时，要注意含有公式的单元格。如果是按行排序，则在排序之后，数据列表中对同一行的其他单元格的引用可能是正确的，但对不同行的单元格的引用却不再是正确的。

同样，如果是按列排序，则排序后，数据列表中对同一列的其他单元格的引用可能是正确的，但对不同列的单元格的引用却是错误的。

以下是对含有公式的数据列表排序前后的对照图，它显示了对含有公式的数据列表进行排序存在的风险。数据列表中第 6 行“利润差异”是用来计算利润的年差值变化的，使用了相对引用公式。例如，C6 单元格“2010 年利润差异”使用了公式“ = C5-B5”来计算 2010 年和 2009 年的利润差，如图 27-26 所示。

C6 =C5-B5

	A	B	C	D	E	F	G
1	年份 / 项目	2009	2010	2011	2012	2013	2014
2	主营业务收入	18,213,000	10,368,000	10,008,000	12,377,000	14,731,100	15,348,200
3	主营业务成本	15,483,506	8,819,665	8,512,633	10,527,174	12,527,420	13,047,003
4	期间费用	364,260	207,360	200,160	247,540	294,622	306,964
5	净利润	2,365,234	1,340,975	1,295,207	1,602,286	1,909,058	1,994,233
6	利润差异		-1,024,259	-45,768	307,079	306,771	85,176

图 27-26 包含公式的数据列表排序前

按年份降序排序（按行排序）后“2010 年利润差异”年差值数据改变了，如图 27-27 所示。为了能正确计算年差值，G6 单元格“2010 年利润差异”的公式应为“=F5-G5”，第 6 行的其他公式也是错误的。

F6 =F5-E5

	A	B	C	D	E	F	G
1	年份 / 项目	2014	2013	2012	2011	2010	2009
2	主营业务收入	15,348,200	14,731,100	12,377,000	10,008,000	10,368,000	18,213,000
3	主营业务成本	13,047,003	12,527,420	10,527,174	8,512,633	8,819,665	15,483,506
4	期间费用	306,964	294,622	247,540	200,160	207,360	364,260
5	净利润	1,994,233	1,909,058	1,602,286	1,295,207	1,340,975	2,365,234
6	利润差异	#VALUE!	-85,176	-306,771	-307,079	45,768	

图 27-27 包含公式的数据列表排序后

为了避免在对含有公式的数据列表中排序出错，可以遵守以下规则。

- 数据列表单元格的公式中引用了数据列表外的单元格数据，请使用绝对引用。
- 对行排序，避免使用引用其他行的单元格的公式。
- 对列排序，避免使用引用其他列的单元格的公式。

27.7 筛选数据列表

筛选数据列表的意思就是只显示符合用户指定的特定条件的行，隐藏其他的行。Excel 提供了两种筛选数据列表的命令。

- 筛选：适用于简单的筛选条件。
- 高级筛选：适用于复杂的筛选条件。

27.7.1 筛选

在管理数据列表时，根据某种条件筛选出匹配的数据是一项常见的需求。Excel 提供了一种叫做“筛选”的功能（Excel 2003 以及更早的版本中称为“自动筛选”），专门帮助用户解决这类问题。

对于工作表中的普通数据列表，可以使用下面的方法进入筛选状态。

以图 27-28 所示的数据列表为例，先选中列表中的任意一个单元格（如 B3），然后单击【数据】选项卡中的【筛选】按钮，即可启用筛选功能。此时，功能区中的【筛选】按钮将呈现高亮显示状态，数据列表中所有字段的标题单元格中也会出现下拉箭头。

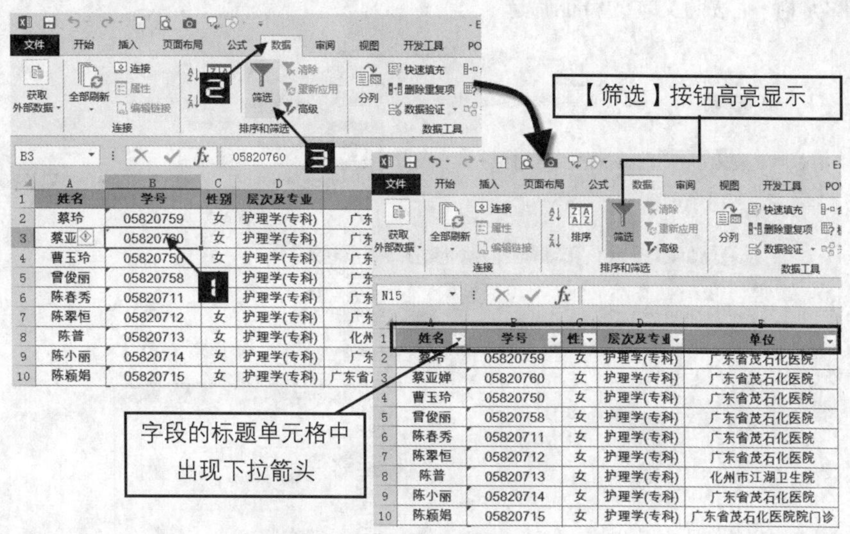

图 27-28　对普通数据列表启用筛选

因为 Excel 的“表格”（Table）默认启用筛选功能，所以也可以先将普通数据列表转换为表格，然后就能使用筛选功能。

数据列表进入筛选状态后，单击每个字段的标题单元格中的下拉箭头，都将弹出下拉菜单，提供有关“排序”和“筛选”的详细选项。如单击 B1 单元格中的下拉箭头，弹出的下拉菜单如图 27-29 所示。不同数据类型的字段所能够使用的筛选选项也不同。

通过简单的勾选，即可完成筛选。然后，被筛选字段的下拉按钮形状会发生改变，同时数据列表中的行号颜色也会改变，如图 27-30 所示。

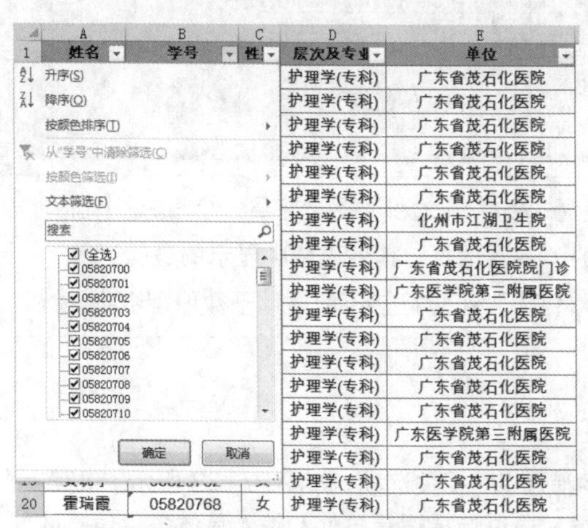

图 27-29　包含排序和筛选选项的下拉菜单

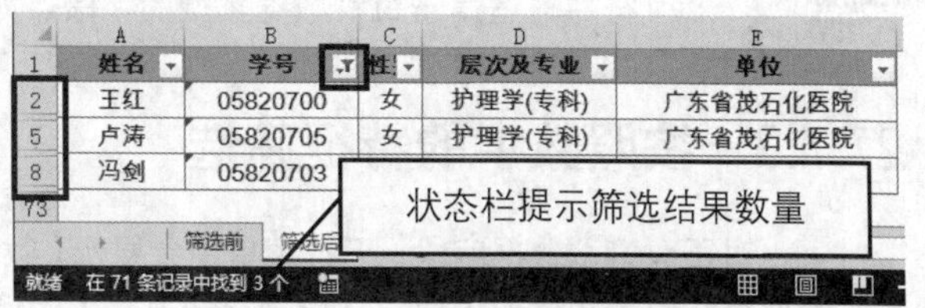

图 27-30　筛选状态下的数据列表

27.7.2　按照文本的特征筛选

对于文本型数据字段，下拉菜单中会显示【文本筛选】的相关选项，如图 27-31 所示。事实上，无论选择其中哪一个选项，最终都将进入【自定义自动筛选方式】对话框，通过选择逻辑条件和输入具体条件值，才能完成自定义筛选。

示例 27-10 按照文本的特征筛选

图 27-31 文本型数据字段相关的筛选选项

例如，要筛选出职务为“销售助理”的所有数据，可以参照图 27-32 所示的方法来设置。

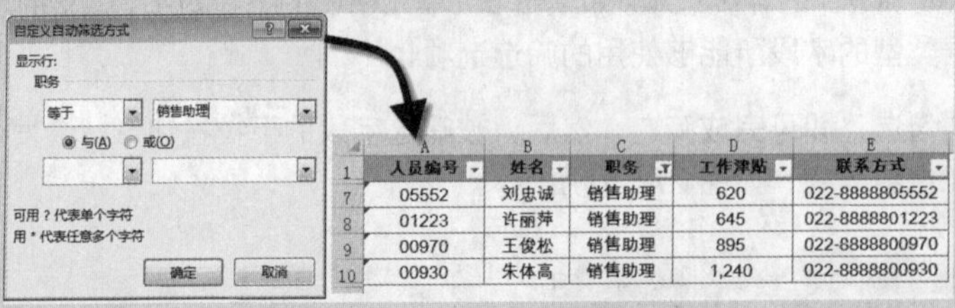

图 27-32 筛选出职务为“销售助理”的所有数据

注意 ① 在“自定义自动筛选方式”对话框中设置的条件，Excel 不区分字母大小写。②【自定义自动筛选方式】对话框是筛选功能的公共对话框，其列表框中显示的逻辑运算符并非适用于每种数据类型的字段。如“包含”运算符就不能适用于数值型数据。

27.7.3 按照数字的特征筛选

对于数值型数据字段，下拉菜单中会显示【数字筛选】的相关选项，如图 27-33 所示。事实上，大部分选项都将进入【自定义自动筛选方式】对话框，通过选择逻辑条件和输入具体条件值，才能完成自定义筛选。

【前 10 项】选项则会进入【自动筛选前 10 个】对话框，用于筛选最大（或最小）的 N 个项（百分比）。

【高于平均值】和【低于平均值】选项，则根据当前字段所有数据的值来进行相应的筛选。

例如，要筛选出工作津贴最多前 10 名的所有数据，可以参照图 27-34 所示的方法来设置。

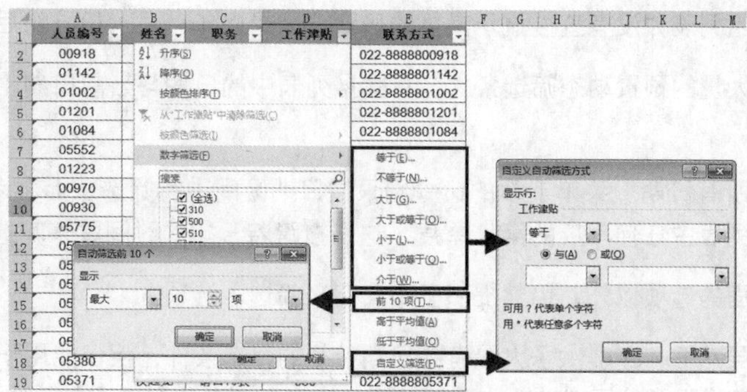

图 27-33　数值型数据字段相关的筛选选项

例如，要筛选出津贴介于 900 和 1300 的所有数据，可以参照图 27-35 所示的方法来设置。

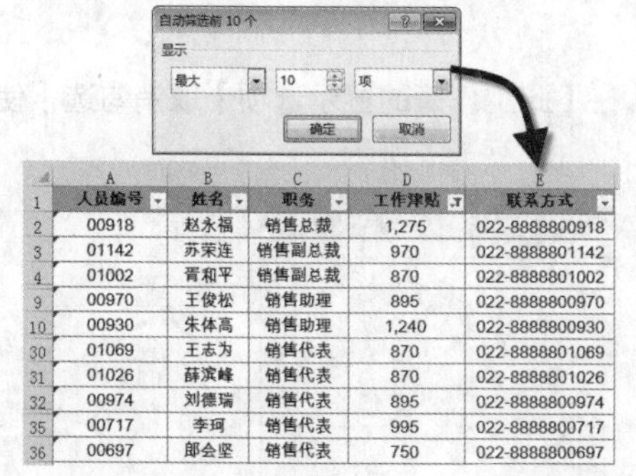

人员编号	姓名	职务	工作津贴	联系方式
00918	赵永福	销售总裁	1,275	022-8888800918
01142	苏荣连	销售副总裁	970	022-8888801142
01002	胥和平	销售副总裁	870	022-8888801002
00970	王俊松	销售助理	895	022-8888800970
00930	朱体高	销售助理	1,240	022-8888800930
01069	王志为	销售代表	870	022-8888801069
01026	薛滨峰	销售代表	870	022-8888801026
00974	刘德瑞	销售代表	895	022-8888800974
00717	李珂	销售代表	995	022-8888800717
00697	郎会坚	销售代表	750	022-8888800697

图 27-34　筛选工作津贴最多前 10 名的所有数据

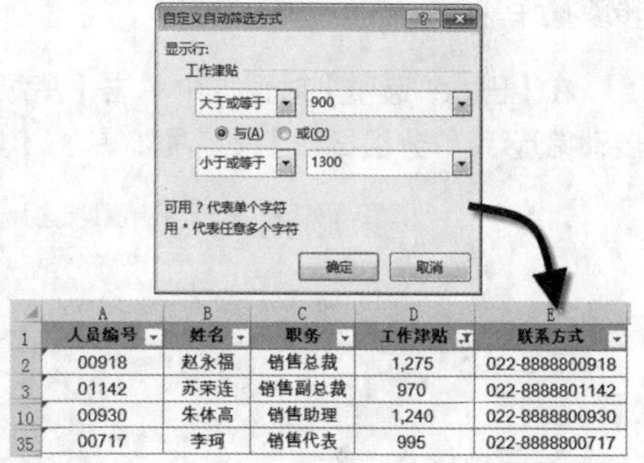

人员编号	姓名	职务	工作津贴	联系方式
00918	赵永福	销售总裁	1,275	022-8888800918
01142	苏荣连	销售副总裁	970	022-8888801142
00930	朱体高	销售助理	1,240	022-8888800930
00717	李珂	销售代表	995	022-8888800717

图 27-35　筛选工作津贴介于 900 和 1300 的所有数据

27.7.4　按照日期的特征筛选

对于日期型数据字段，下拉菜单中会显示【日期筛选】的更多选项，如图 27-36 所示。与文本筛选和数字筛选相比，这些选项更具特色。

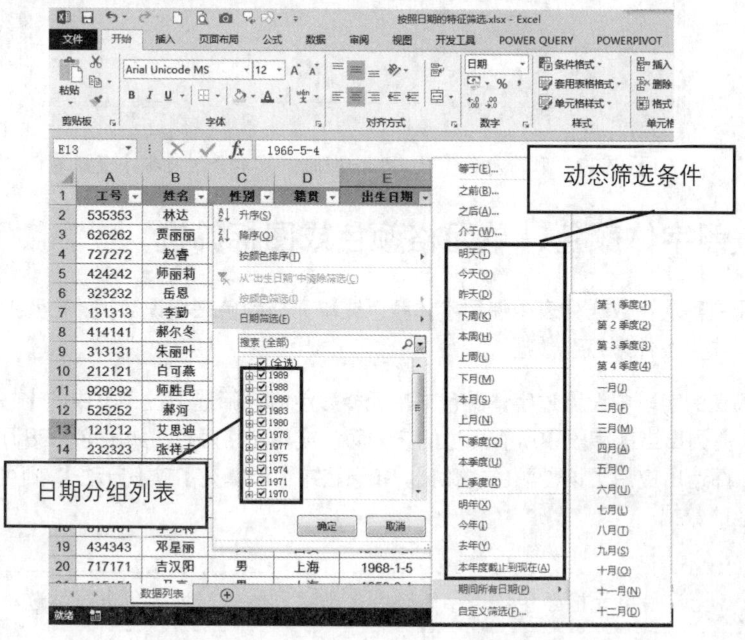

图 27-36　更具特色的日期筛选选项

◆ 日期分组列表并没有直接显示具体的日期，而是以年、月、日分组后的分层形式显示。

◆ 提供了大量的预置动态筛选条件，将数据列表中的日期与当前日期（系统日期）的比较结果作为筛选条件。

◆ 【期间所有日期】菜单下面的命令则只按日期区间进行筛选，而不考虑年。例如，【第 4 季度】表示数据列表中任何年度的第 4 季度，这在按跨若干年的时间段来筛选日期时非常实用。

◆ 除了上面的选项以外，仍然提供了【自定义筛选】选项。

遗憾的是，虽然 Excel 提供了大量有关日期特征的筛选条件，但仅能用于日期，而不能用于时间，因此也就没有提供类似于“前一小时”、“后一小时”、“上午”、“下午”这样的筛选条件。Excel 的筛选功能将时间仅视作数字来处理。

如果希望取消筛选菜单中的日期分组状态，以便可以按具体的日期值进行筛选，可以按下面的步骤操作。

在【Excel 选项】对话框中单击【高级】选项卡，在【此工作簿的显示选项】取消勾选【使用"自动筛选"菜单分组日期】复选框，单击【确定】按钮，如图 27-37 所示。

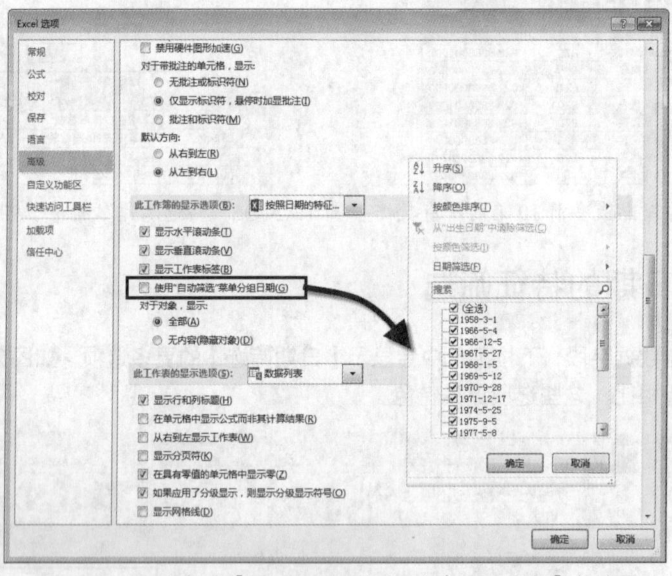

图 27-37 取消勾选【使用"自动筛选"菜单分组日期】复选框

27.7.5 按照字体颜色、单元格颜色或图标筛选

许多用户喜欢在数据列表中使用字体颜色或单元格颜色来标识数据，Excel 的筛选功能支持这些特殊标识作为条件来筛选数据。

当要筛选的字段中设置过字体颜色或单元格颜色时，筛选下拉菜单中的【按颜色筛选】选项会变为可用，并列出当前字段中所有用过的字体颜色或单元格颜色，如图 27-38 所示。选中相应的颜色项，可以筛选出应用了该种颜色的数据。如果选中【无填充】或【自动】，则可以筛选出完全没有应用过颜色的数据。

无论是单元格颜色还是字体颜色，一次只能按一种颜色进行筛选。

图 27-38　按照字体颜色或单元格颜色筛选

提 示

在 2007 以前的 Excel 版本中，根据单元格颜色或字体颜色来对筛选数据是一件困难的事情，必须先借助宏表函数在辅助列进行相应的计算，然后根据计算结果来排序。

如果数据列表中包含了由条件格式生成的单元格图标，Excel 的筛选功能甚至还可以将这些单元格图标筛选出来。

27.7.6 使用通配符进行模糊筛选

用于筛选数据的条件，有时并不能明确指定为某一项内容，而是某一类内容，如所有名字中有“华”字的员工、产品编号中第 3 位是 B 的产品等。在这种情况下，可以借助 Excel 提供的通配符来进行筛选。

模糊筛选中通配符的使用必须借助【自定义自动筛选方式】对话框来完成，并允许使用两种通配符条件，可用问号（？）代表一个（且仅有一个）字符，用星号（*）代表 0 到任意多个连续字符（可以是零个字符），如图 27-39 所示。

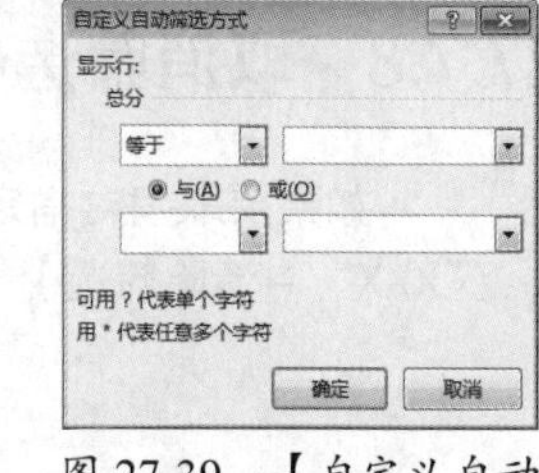

图 27-39 【自定义自动筛选方式】对话框

注意，通配符仅能用于文本型数据，而对数值和日期型数据无效。在“*”、“？”前面使用波形符（~）：“~*”、“~？”，代表“*”、“？”不作通配符，而作为原义字符。

有关通配符使用的说明如表 27-2 所示。

表 27-2　通配符使用的说明

条件		符合条件的数据
等于	Sh?ll	Shall、Shell
等于	杨?伟	杨大伟、杨鑫伟
等于	H??t	Hart、Heit、Hurt
等于	L*n	Lean、Lesson、Lemon
包含	~?	可以筛选出数据中含有?的数据
包含	~*	可以筛选出数据中含有*的数据

27.7.7 筛选多列数据

用户可以对数据列表中的任意多列同时指定“筛选”条件。也就是说，先对数据列表中某一列设置条件进行筛选，然后在筛选出的记录中对另一列设置条件进行筛选，以此类推。在对多列同时应用筛选时，筛选条件之间是“与”的关系。

示例 27-11 筛选多列数据

例如，要筛选出职务等于“销售代表”，工作津贴等于“500”的所有数据，可以参照如图 27-40 所示的方法来设置。

筛选后的结果，如图 27-41 所示。

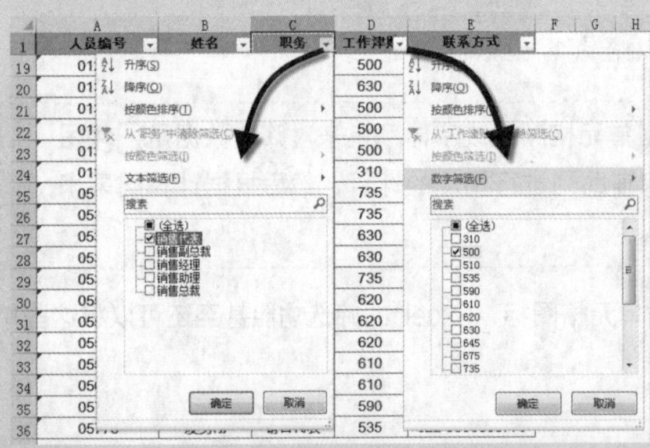

图 27-40 设置两列值的筛选条件

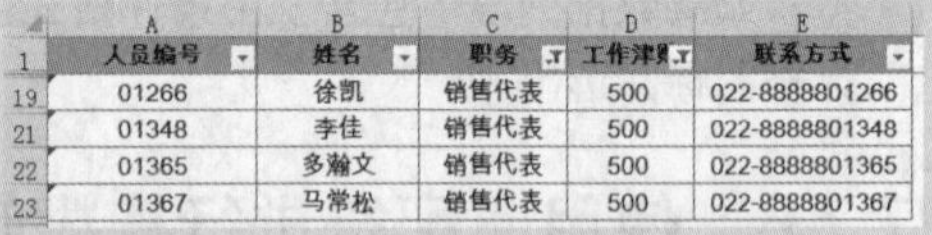

	A	B	C	D	E
1	人员编号	姓名	职务	工作津贴	联系方式
19	01266	徐凯	销售代表	500	022-8888801266
21	01348	李佳	销售代表	500	022-8888801348
22	01365	多瀚文	销售代表	500	022-8888801365
23	01367	马常松	销售代表	500	022-8888801367

图 27-41 对数据列表进行两列值的筛选

27.7.8 取消筛选

如果要取消对指定列的筛选，则可以单击该列的下拉列表框并选择【(全选)】，或者单击【从“XXX”中清除筛选】按钮，如图 27-42 所示。

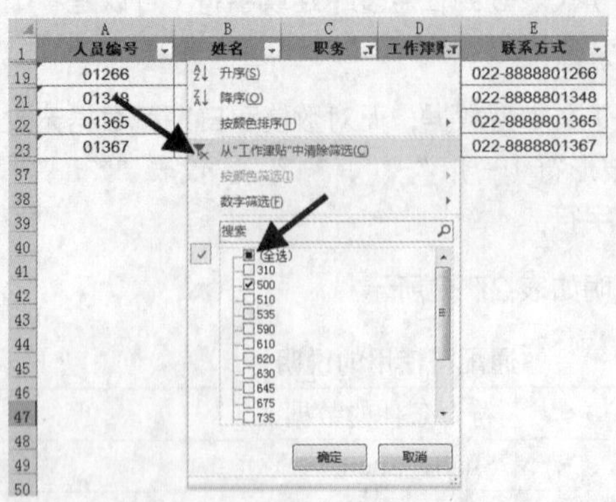

图 27-42 取消对指定列的筛选

如果要取消数据列表中的所有筛选，则可以单击【数据】选项卡中的【清除】按钮，如图 27-43 所示。

如果要取消所有的“筛选”下拉箭头，则可以再次单击【数据】选项卡中的【筛选】按钮，退出筛选状态，如图 27-44 所示。

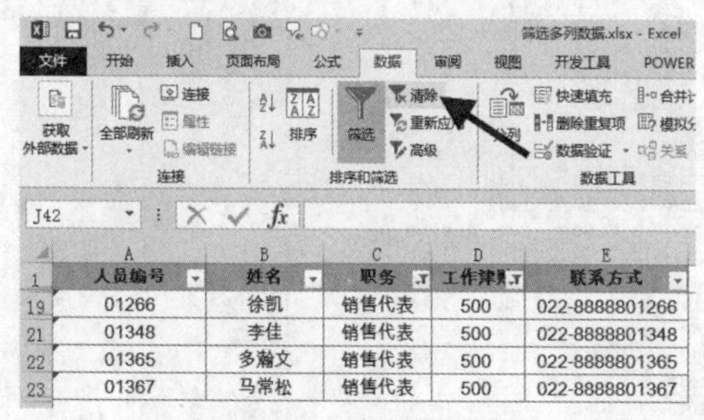

图 27-43　清除筛选内容

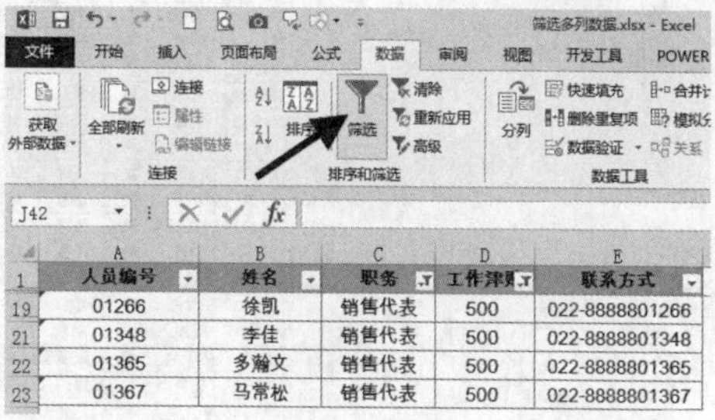

图 27-44　取消所有的“筛选”下拉箭头

27.7.9　复制和删除筛选后的数据

当复制筛选结果中的数据时，只有可见的行被复制。

同样，如果删除筛选结果，只有可见的行被删除，隐藏的行不受影响。

27.8　使用高级筛选

Excel 高级筛选功能是筛选的升级，它不但包含了筛选的所有功能，而且还可以设置更多更复杂的筛选条件。高级筛选能够提供以下功能。

- ◆ 可以设置更复杂的筛选条件。
- ◆ 可以将筛选出的结果输出到指定的位置。
- ◆ 可以指定包含计算的筛选条件。
- ◆ 可以筛选出不重复的记录项。

27.8.1　设置高级筛选的条件区域

【高级筛选】与【筛选】不同，它要求在一个工作表区域内单独指定筛选条件，并与数据列表的数据分开来。在执行筛选的过程中，不符合条件的行将被隐藏起来，所以如果把筛选条件放在数据列表的左侧或右侧时，可能导致条件区域也被隐藏起来。因此，通常把这些条件区域放置在数据列表的上面或下面。

一个【高级筛选】的条件区域至少要包含两行，第一行是列标题，列标题应和数据列表中的标题匹配，建议采用【复制】、【粘贴】命令将数据列表中的标题粘贴到条件区域的顶行，第二行必须由筛选条件值构成。条件区域并不需要含有数据列表中的所有列的标题，与筛选过程无关的列标题可以不使用。

27.8.2　两列之间运用“关系与”条件

示例 27-12　“关系与”条件的高级筛选

以图 27-45 所示的数据列表为例，运用“高级筛选”功能将“性别”为“男”并且“绩效系数”为“1.00”的数据筛选出来，可以参照下面的步骤操作。

	A	B	C	D	E	F	G	H	I
1	工号	姓名	性别	籍贯	出生日期	入职日期	月工资	绩效系数	年终奖金
2	535353	林达	男	哈尔滨	1978-5-28	2013-6-20	4750	0.50	4,275
3	626262	贾丽丽	女	成都	1983-6-5	2013-6-13	2750	0.95	4,703
4	727272	赵睿	男	杭州	1974-5-25	2013-6-14	2750	1.00	4,950
5	424242	师丽莉	男	广州	1977-5-8	2013-6-11	4750	0.60	5,130
6	323232	岳恩	男	南京	1983-12-9	2013-6-10	4250	0.75	5,738
7	131313	李勤	男	成都	1975-9-5	2013-6-17	3250	1.00	5,850
8	414141	郝尔冬	男	北京	1980-1-1	2013-6-4	3750	0.90	6,075
9	313131	朱丽叶	女	天津	1971-12-17	2013-6-3	3250	1.10	6,435
10	212121	白可燕	女	山东	1970-9-28	2013-6-2	2750	1.30	6,435
11	929292	师胜昆	男	天津	1986-9-28	2013-6-16	3750	1.00	6,750
12	525252	郝河	男	广州	1969-5-12	2013-6-12	3250	1.20	7,020
13	121212	艾思迪	女	北京	1966-5-4	2013-6-1	3250	1.20	7,020
14	232323	张祥志	男	桂林	1989-12-3	2013-6-18	3250	1.30	7,605
15	919191	岳凯	男	南京	1977-6-23	2013-6-9	3250	1.30	7,605
16	828282	孙丽星	男	成都	1966-12-5	2013-6-15	3750	1.20	8,100
17	616161	艾利	女	厦门	1980-10-22	2013-6-6	4750	1.00	8,550
18	818181	李克特	男	广州	1988-11-3	2013-6-8	3750	1.30	8,775

图 27-45 需要设置“关系与”条件的表格

步骤1 在数据列表上方新插入 3 个空行用来放置高级筛选的条件。

步骤2 在新插入的 1 到 2 行中，写入用于描述条件的文本和表达式，如图 27-46 所示。

	A	B	C	D	E	F	G	H	I
1	性别	绩效系数							
2	男	1.00							
3									
4	工号	姓名	性别	籍贯	出生日期	入职日期	月工资	绩效系数	年终奖金
5	535353	林达	男	哈尔滨	1978-5-28	2013-6-20	4750	0.50	4,275
6	626262	贾丽丽	女	成都	1983-6-5	2013-6-13	2750	0.95	4,703
7	727272	赵睿	男	杭州	1974-5-25	2013-6-14	2750	1.00	4,950
8	424242	师丽莉	男	广州	1977-5-8	2013-6-11	4750	0.60	5,130
9	323232	岳恩	男	南京	1983-12-9	2013-6-10	4250	0.75	5,738
10	131313	李勤	男	成都	1975-9-5	2013-6-17	3250	1.00	5,850
11	414141	郝尔冬	男	北京	1980-1-1	2013-6-4	3750	0.90	6,075
12	313131	朱丽叶	女	天津	1971-12-17	2013-6-3	3250	1.10	6,435
13	212121	白可燕	女	山东	1970-9-28	2013-6-2	2750	1.30	6,435
14	929292	师胜昆	男	天津	1986-9-28	2013-6-16	3750	1.00	6,750
15	525252	郝河	男	广州	1969-5-12	2013-6-12	3250	1.20	7,020
16	121212	艾思迪	女	北京	1966-5-4	2013-6-1	3250	1.20	7,020
17	232323	张祥志	男	桂林	1989-12-3	2013-6-18	3250	1.30	7,605
18	919191	岳凯	男	南京	1977-6-23	2013-6-9	3250	1.30	7,605

图 27-46 设置“高级筛选”“关系与”的条件区域

步骤3 单击数据列表中的任意单元格，如 C12 单元格。

步骤4 单击【数据】选项卡中的【高级】按钮，弹出【高级筛选】对话框。

步骤5 将光标定位到【条件区域】框内，输入“$A$1:$B$2”，最后单击【确定】按钮，如图 27-47 所示。

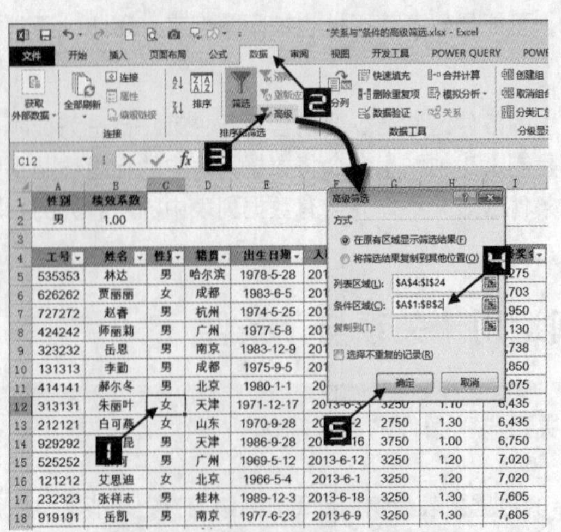

图 27-47 设置参数以进行高级筛选

如此即可得到按目标条件筛选出来的数据了，如图 27-48 所示。

	A	B	C	D	E	F	G	H	I
1	性别	绩效系数							
2	男	1.00							
3									
4	工号	姓名	性别	籍贯	出生日期	入职日期	月工资	绩效系数	年终奖金
7	727272	赵春	男	杭州	1974-5-25	2013-6-14	2750	1.00	4,950
10	131313	李勤	男	成都	1975-9-5	2013-6-17	3250	1.00	5,850
14	929292	师胜昆	男	天津	1986-9-28	2013-6-16	3750	1.00	6,750

图 27-48 按“关系与”条件筛选得到的数据

如果不希望将筛选出的结果在原表位置显示，按下面的步骤操作可以将筛选结果复制到其他位置（如复制到数据列表的下方单元格 A26 所在的区域中）。

步骤 1 在【高级筛选】对话框内选择【方式】下的【将筛选结果复制到其他位置】选项。

步骤 2 将光标定位到【复制到】框内，输入“$A$26”，最后单击【确定】按钮，如图 27-49 所示。

	A	B	C	D	E	F	G	H	I
1	性别	绩效系数							
2	男	1.00							
15	525252	郝河	男	广州	1969			20	7,020
16	121212	艾思迪	女	北京	1966			20	7,020
17	232323	张祥志	男	桂林	1989			30	7,605
18	919191	岳凯	男	南京	1977			30	7,605
19	828282	孙丽星	男	成都	1966			20	8,100
20	616161	艾利	女	厦门	1980-			00	8,550
21	818181	李克特	男	广州	1988			30	8,775
22	434343	邓星丽	女	西安	1967				8,775
23	717171	吉汉阳	男	上海	1968			20	9,180
24	515151	马豪	男	上海	1958			50	11,475
25									
26	工号	姓名	性别	籍贯	出生日期	入职日期	月工资	绩效系数	年终奖金
27	727272	赵春	男	杭州	1974-5-25	2013-6-14	2750	1.00	4,950
28	131313	李勤	男	成都	1975-9-5	2013-6-17	3250	1.00	5,850
29	929292	师胜昆	男	天津	1986-9-28	2013-6-16	3750	1.00	6,750
30									

高级筛选
方式
在原有区域显示筛选结果(F)
将筛选结果复制到其他位置(O)
列表区域(L): $A$4:$I$24
条件区域(C): $A$1:$B$2
复制到(T): $A$26
选择不重复的记录(R)
确定 取消

图 27-49 将高级筛选结果复制到其他位置

27.8.3 两列之间运用“关系或”条件

示例 27-13 “关系或”条件的高级筛选

以图 27-45 所示的数据列表为例，运用“高级筛选”功能将“性别”为“男”或“绩效系数”为“1.00”的数据筛选出来，可参照两列之间运用“关系与”条件的步骤，只是设置条件区域的范围略有不同，如图 27-50 所示。

	A	B	C	D	E	F	G	H	I
1	性别	绩效系数							
2	男								
3		1.00							
4									
5	工号	姓名	性别	籍贯	出生日期	入职日期	月工资	绩效系数	年终奖金
6	535353	林达	男	哈尔滨	1978-5-28	2013-6-20	4750	0.50	4,275
7	626262	贾丽丽	女	成都	1983-6-5	2013-6-13	2750	0.95	4,703
8	727272	赵春	男	杭州	1974-5-25	2013-6-14	2750	1.00	4,950
9	424242	师丽莉	男	广州	1977-5-8	2013-6-11	4750	0.60	5,130
10	323232	岳恩	男	南京	1983-12-9	2013-6-10	4250	0.75	5,738
11	131313	李勤	男	成都	1975-9-5	2013-6-17	3250	1.00	5,850
12	414141	郝尔冬	男	北京	1980-1-1	2013-6-4	3750	0.90	6,075
13	313131	朱丽叶	女	天津	1971-12-17	2013-6-3	3250	1.10	6,435
14	212121	白可燕	女	山东	1970-9-28	2013-6-2	2750	1.30	6,435
15	929292	师胜昆	男	天津	1986-9-28	2013-6-16	3750	1.00	6,750
16	525252	郝河	男	广州	1969-5-12	2013-6-12	3250	1.20	7,020
17	121212	艾思迪	女	北京	1966-5-4	2013-6-1	3250	1.20	7,020
18	232323	张祥志	男	桂林	1989-12-3	2013-6-18	3250	1.30	7,605
19	919191	岳凯	男	南京	1977-6-23	2013-6-9	3250	1.30	7,605
20	828282	孙丽星	男	成都	1966-12-5	2013-6-15	3750	1.20	8,100

图 27-50 设置“高级筛选”“关系或”的条件区域

筛选后的结果如图 27-51 所示。

性别	绩效系数
男	
	1.00

工号	姓名	性别	籍贯	出生日期	入职日期	月工资	绩效系数	年终奖金
535353	林达	男	哈尔滨	1978-5-28	2013-6-20	4750	0.50	4,275
727272	赵春	男	杭州	1974-5-25	2013-6-14	2750	1.00	4,950
424242	师丽莉	男	广州	1977-5-8	2013-6-11	4750	0.60	5,130
323232	岳恩	男	南京	1983-12-9	2013-6-10	4250	0.75	5,738
131313	李勤	男	成都	1975-9-5	2013-6-17	3250	1.00	5,850
414141	郝尔冬	男	北京	1980-1-1	2013-6-4	3750	0.90	6,075
929292	师胜昆	男	天津	1986-9-28	2013-6-16	3750	1.00	6,750
525252	郝河	男	广州	1969-5-12	2013-6-12	3250	1.20	7,020
232323	张祥志	男	桂林	1989-12-3	2013-6-18	3250	1.30	7,605
919191	岳凯	男	南京	1977-6-23	2013-6-9	3250	1.30	7,605
828282	孙丽星	男	成都	1966-12-5	2013-6-15	3750	1.20	8,100
616161	艾利	女	厦门	1980-10-22	2013-6-6	4750	1.00	8,550
818181	李克特	男	广州	1988-11-3	2013-6-8	3750	1.30	8,775
717171	吉汉阳	男	上海	1968-1-5	2013-6-7	4250	1.20	9,180
515151	马豪	男	上海	1958-3-1	2013-6-5	4250	1.50	11,475

图 27-51 运用“关系或”条件“高级筛选”后的结果

运用“高级筛选”功能时，最重要的步骤是设置筛选条件。高级筛选的条件需要按照一定的规则，手工编辑到工作表中。一般情况下，将条件区域置于原表格的上方将有利于条件的编辑以及表格数据的筛选结果显示。

在编辑条件时，必须遵循以下规则。

（1）条件区域的首行必须是标题行，其内容必须与目标表格中的列标题匹配。但是条件区域标题行中内容的排列顺序与出现次数，都可以不必与目标表格中相同。

（2）条件区域标题行下方为条件值的描述区，出现在同一行的各个条件之间是“与”的关系，出现在不同行的各个条件之间则是“或”的关系。

27.8.4 在一列中使用 3 个“关系或”条件

示例 27-14 在一列中使用 3 个“关系或”条件

以图 27-45 所示的数据列表为例，运用“高级筛选”功能将“姓名”中，姓氏为“师”、“郝”和“李”的人员记录筛选出来，这时，应将“姓名”标题列入条件区域，并在标题下面的 3 行中分别输入“师”、“郝”、“李”，如图 27-52 所示。

姓名
师
郝
李

工号	姓名	性别	籍贯	出生日期	入职日期	月工资	绩效系数	年终奖金
535353	林达	男	哈尔滨	1978-5-28	2013-6-20	4750	0.50	4,275
626262	贾丽丽	女	成都	1983-6-5	2013-6-13	2750	0.95	4,703
727272	赵春	男	杭州	1974-5-25	2013-6-14	2750	1.00	4,950
424242	师丽莉	男	广州	1977-5-8	2013-6-11	4750	0.60	5,130
323232	岳恩	男	南京	1983-12-9	2013-6-10	4250	0.75	5,738
131313	李勤	男	成都	1975-9-5	2013-6-17	3250	1.00	5,850
414141	郝尔冬	男	北京	1980-1-1	2013-6-4	3750	0.90	6,075
313131	朱丽叶	女	天津	1971-12-17	2013-6-3	3250	1.10	6,435
212121	白可燕	女	山东	1970-9-28	2013-6-2	2750	1.30	6,435
929292	师胜昆	男	天津	1986-9-28	2013-6-16	3750	1.00	6,750
525252	郝河	男	广州	1969-5-12	2013-6-12	3250	1.20	7,020
121212	艾思迪	女	北京	1966-5-4	2013-6-1	3250	1.20	7,020
232323	张祥志	男	桂林	1989-12-3	2013-6-18	3250	1.30	7,605
919191	岳凯	男	南京	1977-6-23	2013-6-9	3250	1.30	7,605

图 27-52 设置“高级筛选”3 个“关系或”的条件区域

筛选后的结果如图 27-53 所示。

	A	B	C	D	E	F	G	H	I
1	姓名								
2	师								
3	郝								
4	李								
5									
6	工号	姓名	性别	籍贯	出生日期	入职日期	月工资	绩效系数	年终奖金
10	424242	师丽莉	男	广州	1977-5-8	2013-6-11	4750	0.60	5,130
12	131313	李勤	男	成都	1975-9-5	2013-6-17	3250	1.00	5,850
13	414141	郝尔冬	男	北京	1980-1-1	2013-6-4	3750	0.90	6,075
16	929292	师胜昆	男	天津	1986-9-28	2013-6-16	3750	1.00	6,750
17	525252	郝河	男	广州	1969-5-12	2013-6-12	3250	1.20	7,020
23	818181	李克特	男	广州	1988-11-3	2013-6-8	3750	1.30	8,775

图 27-53　运用 3 个“关系或”条件“高级筛选”后的结果

27.8.5　同时使用“关系与”和“关系或”条件

示例 27-15　同时使用“关系与”和“关系或”高级筛选

要对如图 27-54 所示的数据列表同时使用“关系与”和“关系或”的高级筛选条件，例如：“顾客”为“天津大宇”、“宠物垫”产品的“销售额总计”大于 500 的记录，或者“顾客”为“北京福东”、“宠物垫”产品的“销售额总计”大于 100 的记录，或者“顾客”为“上海嘉华”、“雨伞”产品的“销售额总计”小于 400 的记录，或者“顾客”为“南京万通”的所有记录，可以参照图 27-55 所示进行设置。

筛选后的结果如图 27-56 所示。

	A	B	C	D
1	日期	顾客	产品	销售额总计
2	2006-1-1	上海嘉华	衬衫	302
3	2006-1-3	天津大宇	香草枕头	293
4	2006-1-3	北京福东	宠物垫	150
5	2006-1-3	南京万通	宠物垫	530
6	2006-1-4	上海嘉华	睡袋	223
7	2006-1-11	南京万通	宠物垫	585
8	2006-1-11	上海嘉华	睡袋	0
9	2006-1-18	天津大宇	宠物垫	876
10	2006-1-20	上海嘉华	睡袋	478
11	2006-1-20	上海嘉华	床罩	191
12	2006-1-21	上海嘉华	雨伞	684
13	2006-1-21	南京万通	宠物垫	747
14	2006-1-25	上海嘉华	睡袋	614
15	2006-1-25	天津大宇	雨伞	782
16	2006-1-26	天津大宇	床罩	162
17	2006-1-26	天津大宇	宠物垫	808
18	2006-2-3	北京福东	睡袋	203
19	2006-2-3	天津大宇	床罩	957
20	2006-2-4	天津大宇	袜子	66

图 27-54　待筛选的数据列表

	A	B	C	D
1	顾客	产品	销售额总计	
2	天津大宇	宠物垫	>500	
3	北京福东	宠物垫	>100	
4	上海嘉华	雨伞	<400	
5	南京万通			
6				
7	日期	顾客	产品	销售额总计
8	2006-1-1	上海嘉华	衬衫	302
9	2006-1-3	天津大宇	香草枕头	293
10	2006-1-3	北京福东	宠物垫	150
11	2006-1-3	南京万通	宠物垫	530
12	2006-1-4	上海嘉华	睡袋	223
13	2006-1-11	南京万通	宠物垫	585
14	2006-1-11	上海嘉华	睡袋	0
15	2006-1-18	天津大宇	宠物垫	876
16	2006-1-20	上海嘉华	睡袋	478
17	2006-1-20	上海嘉华	床罩	191
18	2006-1-21	上海嘉华	雨伞	684

图 27-55　在“高级筛选”中设置同时使用“关系或”和“关系与”的条件区域

	A	B	C	D
1	顾客	产品	销售额总计	
2	天津大宇	宠物垫	>500	
3	北京福东	宠物垫	>100	
4	上海嘉华	雨伞	<400	
5	南京万通			
6				
7	日期	顾客	产品	销售额总计
10	2006-1-3	北京福东	宠物垫	150
11	2006-1-3	南京万通	宠物垫	530
13	2006-1-11	南京万通	宠物垫	585
15	2006-1-18	天津大宇	宠物垫	876
19	2006-1-21	南京万通	宠物垫	747
23	2006-1-26	天津大宇	宠物垫	808
29	2006-2-17	上海嘉华	雨伞	380
31	2006-2-22	上海嘉华	雨伞	120
36	2006-3-4	天津大宇	宠物垫	533
37	2006-3-4	南京万通	雨伞	561
40	2006-3-12	南京万通	宠物垫	746
51	2006-4-4	南京万通	床罩	275
57	2006-4-18	上海嘉华	雨伞	277

图 27-56　在“高级筛选”中同时运用“关系或”和“关系与”条件筛选后的结果

27.8.6　高级筛选中通配符的运用

数据列表高级筛选的功能运用中，对于文本条件可以使用通配符。

- 星号（*）表示可以与任意多的字符相匹配。
- 问号（？）表示只能与单个的字符相匹配。

更多的例子如表 27-3 所示。

表 27-3 文本条件的实例

条 件 设 置	筛 选 效 果
＝“=天津”	文本中只等于“天津”字符的所有记录
天	以“天”开头的所有文本的记录
<>D*	包含除了字符 D 开头的任何文本的记录
>=M	包含以 M 至 Z 字符开头的文本的记录
天	文本中包含“天”字字符的记录
Ch*	包含以 Ch 开头的文本的记录
C*e	以 C 开头并包含 e 的文本记录
=“=C*e”	包含以 C 开头关以 e 结尾的文本记录
C?e	第 1 个字符是 C，第 3 个字符是 e 的文本记录
="=a?c"	长度为 3，并以字符 a 开头、以字符 c 结尾的文本记录
<>*f	包含不以字符 f 结尾的文本的记录
="=???"	包含 3 个字符的记录
<>????	不包含 4 个字符的记录
<>*w*	不包含字符 w 的记录
~?	以?号开头的文本记录
~?	包含?号的文本记录
~*	以*号开头的文本记录
=	记录为空
<>	任何非空记录

27.8.7 使用计算条件

示例 27-16 使用计算条件的高级筛选

“计算条件”指的是条件由根据数据列表中的数据以某种算法计算而来。使用计算条件可以使高级筛选功能更加强大，图 27-57 展示了一个运用计算条件进行高级筛选的例子。

	A	B	C	D
1				
2	FALSE	FALSE	1	
3				
4	顾客	身份证	产品	总计
5	北京高洁	360320198105121511	Good*Eats	302
6	天津刘坤	306320198009201512	GokS	530
7	上海花花	325156198202251511	Good*Treats	223
8	天津杨鑫豪	360320198005121000	GBIES	363
9	南京肖炜	306320198010201512	Cookies	478
10	四川宋炜	360320198405121511	Milk	191
11	杭州张林波	360320198705121511	Bread	684
12	重庆李冉	306320198003201512	GdS	614
13	北京高洁	360320198703251511	Good*Eats	380
14	北京高洁	360320198605121511	Bread	120
15	上海花花	360320198505121511	Milk	174
16	天津毕春艳	306320198009101512	Gookies	48
17	天津毕春艳	306320198009101512	Gookies	715
18	天津刘坤	306320198009201512	GokS	561
19	天津杨鑫豪	360320198005121000	Cake	468
20	天津刘坤	306320198009201512	GokS	746
21	上海朱殷	360320198311211511	GIRDS	752
22	上海花花	360320198221121511	Produce	399
23	天津杨鑫豪	360320198005121000	Cookies	746

筛选结果：

顾客	身份证	产品	总计
天津刘坤	306320198009201512	GokS	530
天津杨鑫豪	360320198005121000	GBIES	363
天津毕春艳	306320198009101512	Gookies	48
天津毕春艳	306320198009101512	Gookies	715
天津刘坤	306320198009201512	GokS	561
天津刘坤	306320198009201512	GokS	746
天津杨鑫豪	360320198005121000	GBIES	275

图 27-57 利用计算条件进行“高级筛选”

要求在数据列表中将“顾客”列中含有“天津”并在1980年出生，且“产品”列中第1个字母为G最后1个字母为S的产品数据筛选出来，在其他区域显示。

A2单元格包含下面的公式：

```
=ISNUMBER(FIND("天津",A5)) 也可以写成=ISNUMBER(FIND("天津",(顾客)))
```

公式通过在“客户”列中寻找“天津”并做出数值判断。

B2单元格包含下面的公式：

```
=MID(B5,7,4)="1980"
```

公式通过在“身份证”列中第7个字符开始截取4位字符来判断“1980”的存在。

C2单元格包含下面的公式：

```
=COUNTIF(C5,"G*S") 或者 =COUNTIF((产品),"G*S")
```

公式通过在“产品”列中对包含“G*S”即第1个字母为G最后1个字母为S的产品计数，来判断是否第1个字母为G最后1个字母为S。筛选时的设置如图27-58所示。

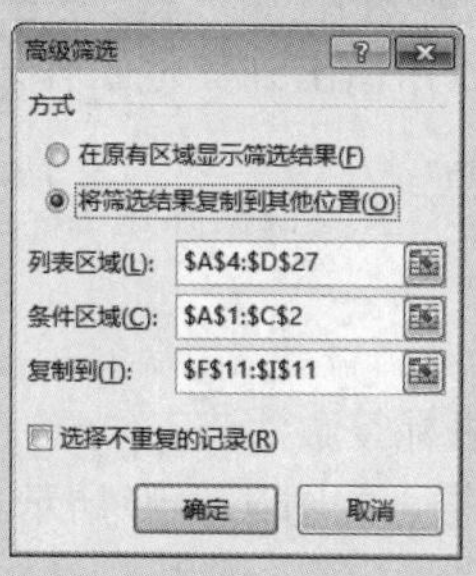

图27-58 注意“条件区域”

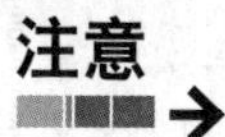

注意

条件区域是A1:C2，没有使用数据列表中的标题，而是使用空白标题，Excel【高级筛选】功能在设置计算条件时允许使用空白字段或创建一个新的字段标题，而不允许使用与数据列表中同名的字段标题。

使用计算条件时要注意以下两点。

（1）使用数据列表中首行数据来创建计算条件的公式，数据引用要使用相对引用而不能使用绝对引用。

（2）如果计算公式引用到数据列表外的同一单元格的数据，公式中要使用绝对引用而不能使用相对引用。

27.8.8 利用高级筛选选择不重复的记录

【高级筛选】对话框中的【选择不重复的记录】选项对已经指定的筛选区域又附加了新的筛选条件，它将删除重复的行。面对数据量较大的重复数据时，使用高级筛选的【选择不重复的记录】功能无疑是最佳的选择。

如图27-59所示的数据列表中存在着大量的重复数据。

	部门名称	姓名	考勤日期	星期	实出勤	加班小时	刷卡时间
26	一厂充绒	吴传贤	2006-06-29	四	8	2.5	07:50,19:43
27	一厂充绒	吴传贤	2006-06-29	四	8	2.5	07:50,19:43
28	一厂充绒	吴传贤	2006-06-29	四	8	2.5	07:50,19:43
29	一厂充绒	吴传贤	2006-06-29	四	8	2.5	07:50,19:43
30	一厂充绒	姚道侠	2006-06-29	四	8	3	07:48,19:51
31	一厂充绒	姚道侠	2006-06-29	四	8	3	07:48,19:51
32	一厂充绒	于洪秀	2006-06-29	四	8	2	07:42,19:13
33	一厂充绒	于洪秀	2006-06-29	四	8	2	07:42,19:13
34	一厂充绒	于洪秀	2006-06-29	四	8	2	07:42,19:13
35	一厂充绒	于洪秀	2006-06-29	四	8	2	07:42,19:13
36	一厂充绒	于维芝	2006-06-29	四	8	2.5	07:39,19:42
37	一厂充绒	于维芝	2006-06-29	四	8	2.5	07:39,19:42
38	一厂充绒	于维芝	2006-06-29	四	8	2.5	07:39,19:42
39	一厂充绒	于维芝	2006-06-29	四	8	2.5	07:39,19:42
40	一厂充绒	张改荣	2006-06-29	四	8	3	07:32,19:45
41	一厂充绒	张改荣	2006-06-29	四	8	3	07:32,19:45
42	一厂充绒	张改荣	2006-06-29	四	8	3	07:32,19:45
43	一厂充绒	张改荣	2006-06-29	四	8	3	07:32,19:45
44	一厂充绒	张红红	2006-06-29	四	8	2.5	07:44,19:40

图 27-59　存在大量重复数据的数据列表

示例 27-17　筛选不重复数据项并输出到其他工作表

如果希望将“原始数据”表中的不重复数据筛选出来并复制到“筛选结果”表中，可以按下面的步骤操作。

步骤1 单击“筛选结果”工作表标签激活该工作表，在【数据】选项卡中单击【高级】按钮，弹出【高级筛选】对话框，如图 27-60 所示。

步骤2 单击【高级筛选】对话框中【列表区域】编辑框的折叠按钮，单击“原始数据”工作表标签并选取“A1:G99”数据区域。

步骤3 再次单击【列表区域】编辑框的折叠按钮返回【高级筛选】对话框，选择【方式】项下的【将筛选结果复制到其他位置】选项。

步骤4 单击【复制到】编辑框的折叠按钮返回“筛选结果”表并单击 A1 单元格，再次单击【复制到】编辑框的折叠按钮返回【高级筛选】对话框，勾选【选择不重复的记录】的复选框，最后单击【确定】按钮完成设置，如图 27-61 所示。

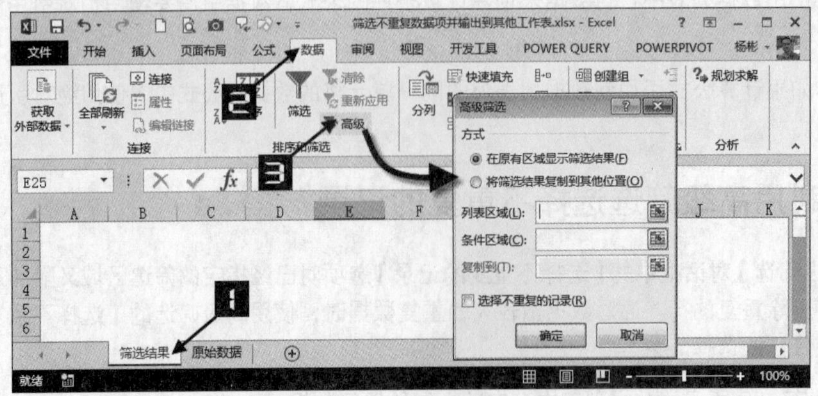

图 27-60　选中复制筛选结果的工作表

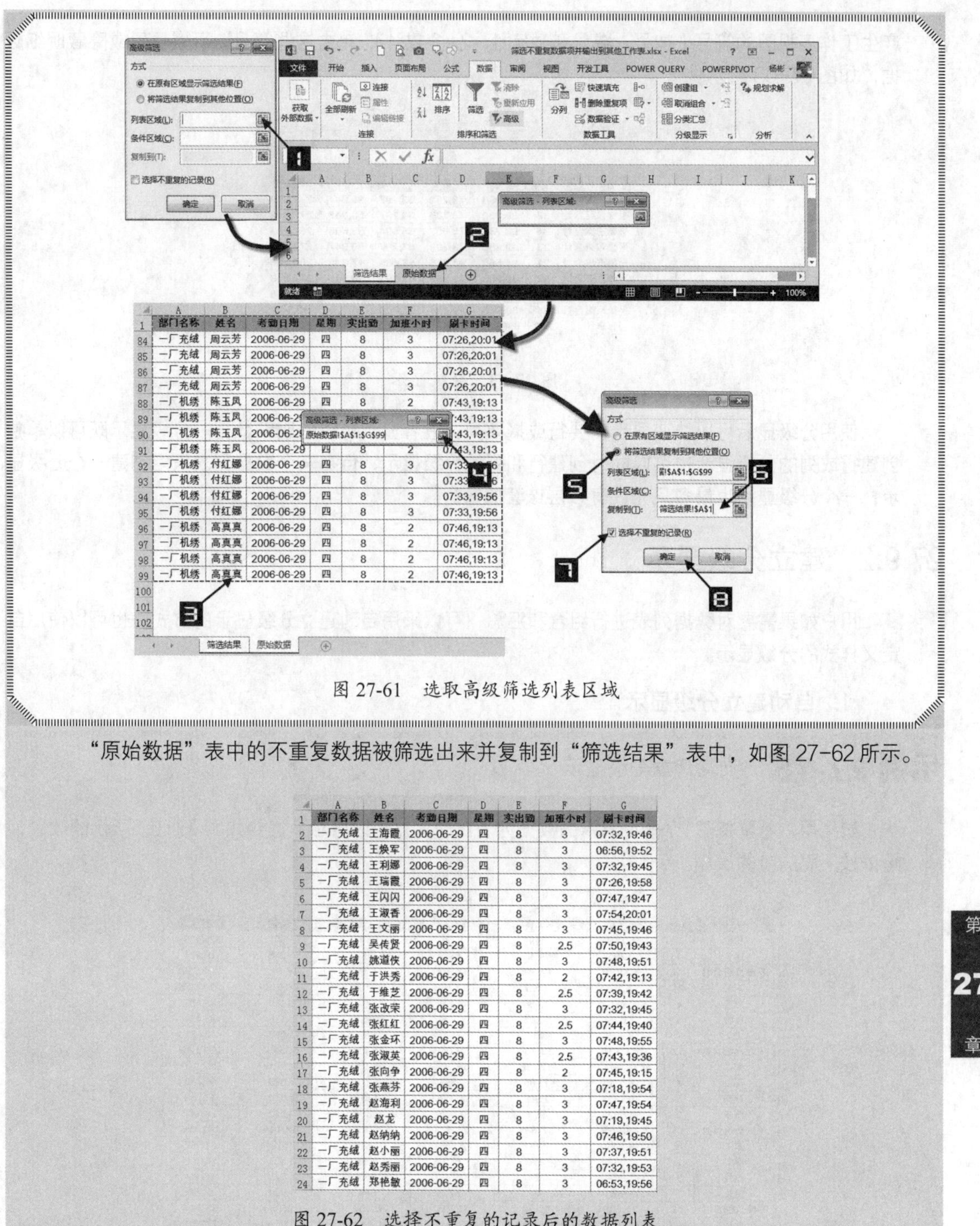

图 27-61　选取高级筛选列表区域

“原始数据”表中的不重复数据被筛选出来并复制到“筛选结果”表中，如图 27-62 所示。

	A	B	C	D	E	F	G
1	部门名称	姓名	考勤日期	星期	实出勤	加班小时	刷卡时间
2	一厂充绒	王海霞	2006-06-29	四	8	3	07:32,19:46
3	一厂充绒	王焕军	2006-06-29	四	8	3	06:56,19:52
4	一厂充绒	王利娜	2006-06-29	四	8	3	07:32,19:45
5	一厂充绒	王瑞霞	2006-06-29	四	8	3	07:26,19:58
6	一厂充绒	王闪闪	2006-06-29	四	8	3	07:47,19:47
7	一厂充绒	王淑香	2006-06-29	四	8	3	07:54,20:01
8	一厂充绒	王文丽	2006-06-29	四	8	3	07:45,19:46
9	一厂充绒	吴传贤	2006-06-29	四	8	2.5	07:50,19:43
10	一厂充绒	姚道侠	2006-06-29	四	8	3	07:48,19:51
11	一厂充绒	于洪秀	2006-06-29	四	8	2	07:42,19:13
12	一厂充绒	于维芝	2006-06-29	四	8	2.5	07:39,19:42
13	一厂充绒	张改荣	2006-06-29	四	8	3	07:32,19:45
14	一厂充绒	张红红	2006-06-29	四	8	2.5	07:44,19:40
15	一厂充绒	张金环	2006-06-29	四	8	3	07:48,19:55
16	一厂充绒	张淑英	2006-06-29	四	8	2.5	07:43,19:36
17	一厂充绒	张向争	2006-06-29	四	8	2	07:45,19:15
18	一厂充绒	张燕芬	2006-06-29	四	8	3	07:18,19:54
19	一厂充绒	赵海利	2006-06-29	四	8	3	07:47,19:54
20	一厂充绒	赵龙	2006-06-29	四	8	3	07:19,19:45
21	一厂充绒	赵纳纳	2006-06-29	四	8	3	07:46,19:50
22	一厂充绒	赵小丽	2006-06-29	四	8	3	07:37,19:51
23	一厂充绒	赵秀丽	2006-06-29	四	8	3	07:32,19:53
24	一厂充绒	郑艳敏	2006-06-29	四	8	3	06:53,19:56

图 27-62　选择不重复的记录后的数据列表

27.9　分级显示和分类汇总

27.9.1　分级显示概述

分级显示功能可以将包含类似标题且行列数据较多的数据列表进行组合和汇总，分级后会自动产生工作表视图的符号（加号、减号和数字 1、2、3 或 4），单击这些符号，可以显示或隐藏明细数据，如图 27-63 所示。

	A	B	F	J	N	R	S
1	工种	人数	一季度	二季度	三季度	四季度	工资合计
6	平缝一组合计	33	89,980	73,289	63,297	50,947	277,513
11	平缝二组合计	33	89,980	73,289	63,297	50,947	277,513
16	平缝三组合计	34	93,234	75,953	65,594	52,803	287,583
21	平缝四组合计	33	89,980	73,289	63,297	50,947	277,513
26	平缝五组合计	31	84,560	68,875	59,485	47,878	260,798
31	平缝六组合计	33	89,980	73,289	63,297	50,947	277,513
36	平缝七组合计	44	120,335	98,023	84,656	68,144	371,158
41	平缝八组合计	21	30,840	24,414	21,330	16,760	93,344
42	总计	262	688891	560418	484255	389372	2122936
43							

图 27-63 分级显示

使用分级显示可以快速显示摘要行或摘要列，或者显示每组的明细数据。分级显示既可以单独创建行或列的分级显示也可以同时创建行和列的分级显示，但在一个数据列表只能创建一个分级显示，一个分级显示也最多只允许有 8 层嵌套的数据。

27.9.2 建立分级显示

用户如果需要对数据列表进行组合和汇总，可以采用自动建立分级显示的方式，也可以使用自定义样式的分级显示。

1. 自动建立分级显示

示例 27-18 自动建立分级显示

如果用户希望将图 27-64 所示的数据列表自动建立分级显示，达到如图 27-63 所示的效果，可以按下面的步骤操作。

	A	B	N	O	P	Q	R	S
1	工种	人数	三季度	10月工资合计	11月工资合计	12月工资合计	四季度	工资合计
24	检验	3	5,719	1,191	1,720	1,691	4,602	25,073
25	组长	1	2,296	480	694	682	1,856	10,071
26	平缝五组合计	31	59,485	12,390	17,896	17,593	47,878	260,798
27	车工	24	45,751	9,527	13,762	13,529	36,818	200,581
28	副工	4	7,625	1,588	2,294	2,255	6,136	33,431
29	检验	4	7,625	1,588	2,294	2,255	6,136	33,431
30	组长	1	2,296	480	694	682	1,856	10,071
31	平缝六组合计	33	63,297	13,184	19,043	18,720	50,947	277,513
32	车工	32	61,001	12,703	18,349	18,038	49,090	267,440
33	副工	5	9,531	1,985	2,867	2,818	7,670	41,788
34	检验	5	9,531	1,985	2,867	2,818	7,670	41,788
35	组长	2	4,592	961	1,388	1,364	3,712	20,141
36	平缝七组合计	44	84,656	17,634	25,471	25,039	68,144	371,158
37	车工	16	15,539	3,152	4,553	4,476	12,181	67,987
38	副工	2	1,942	394	569	559	1,523	8,499
39	检验	2	1,942	394	569	559	1,523	8,499
40	组长	1	1,906	397	573	564	1,534	8,358
41	平缝八组合计	21	21,330	4,337	6,265	6,158	16,760	93,344
42	总计	262	484254.7126	100758.4182	145539.9374	143073.1588	389371.5144	2122936.03

图 27-64 建立分级显示前的数据列表

步骤1 在【数据】选项卡中依次单击【创建组】→【自动建立分级显示】命令即可创建一张分级显示的数据列表，如图 27-65 所示。

步骤2 分别单击行、列的分级显示符号 2，完成对建立分级显示工作表二级汇总数据的查看，如图 27-66 所示。

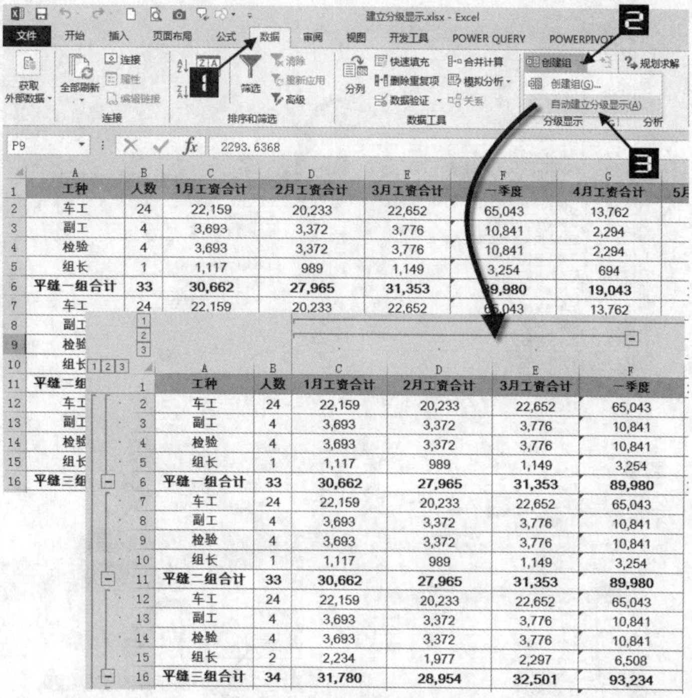

图 27-65　自动建立分级显示

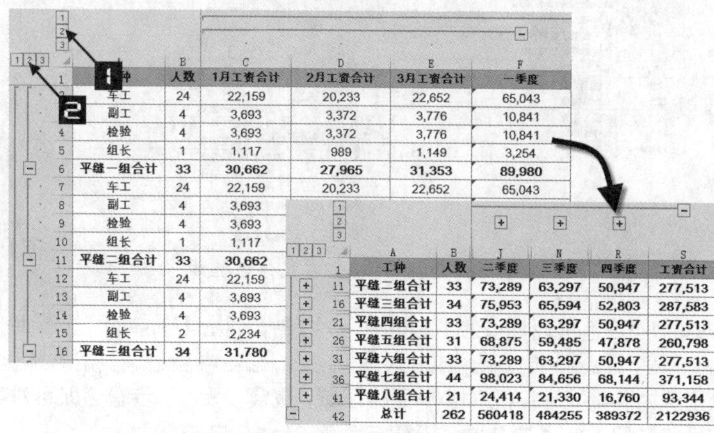

图 27-66　分级显示数据

2. 自定义分级显示

示例 27-19　自定义分级显示

自定义方式分级显示比较灵活，用户可以根据自己的具体需要进行手动组合显示特定的数据，如果用户希望将图 27-67 所示的数据列表按照大纲的章节号自定义分级显示，可以按下面的步骤操作。

步骤 1 → 选中第 1 章的所有小节数据（如 A3:A14 单元格区域），在【数据】选项卡中单击【创建组】按钮，在扩展菜单中单击【创建组】命令弹出【创建组】对话框，单击对话框中的【确定】按钮即可对第 1 章进行分组，如图 27-68 所示。

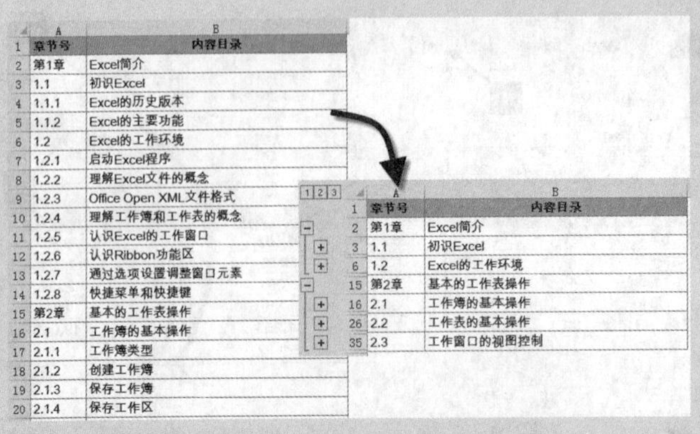

图 27-67 自定义方式分级显示

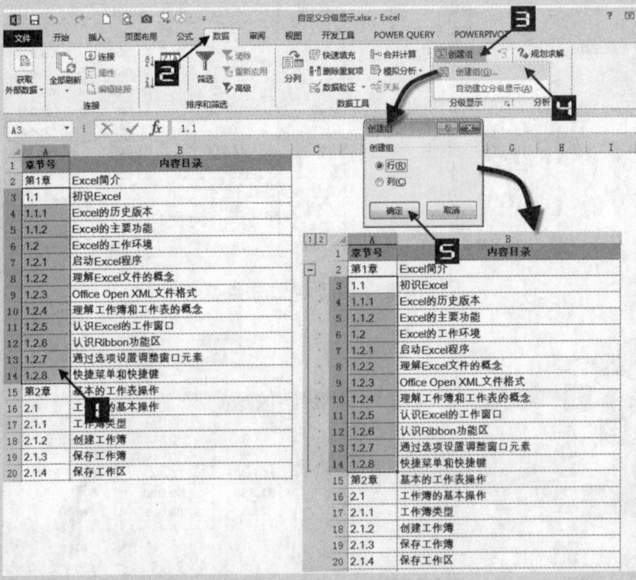

图 27-68 创建自定义方式分级显示

选中数据 A3:A14 后也可以按<Shift + Alt + →>组合键调出【创建组】对话框。

步骤2 分别选中 A4:A5 和 A7:A14 单元格区域，重复步骤 1、步骤 2 即可对第 1 章项下的小节进行分组，第 1 章节完成分组后如图 27-69 所示。

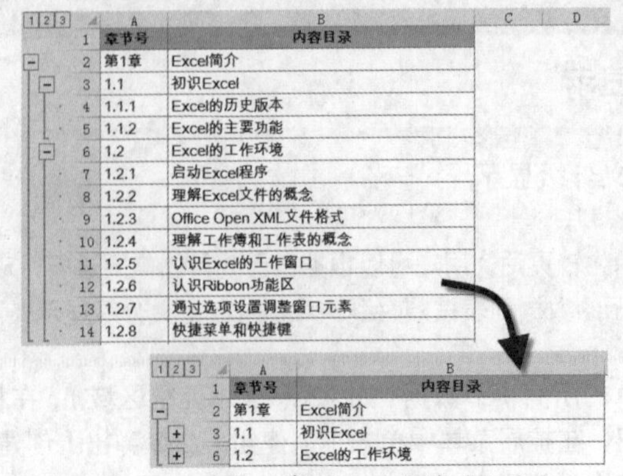

图 27-69 对第 1 章项下的小节进行分组

步骤3→ 重复以上步骤对第 2 章及项下的小节进行分组，完成后如图 27-70 所示。

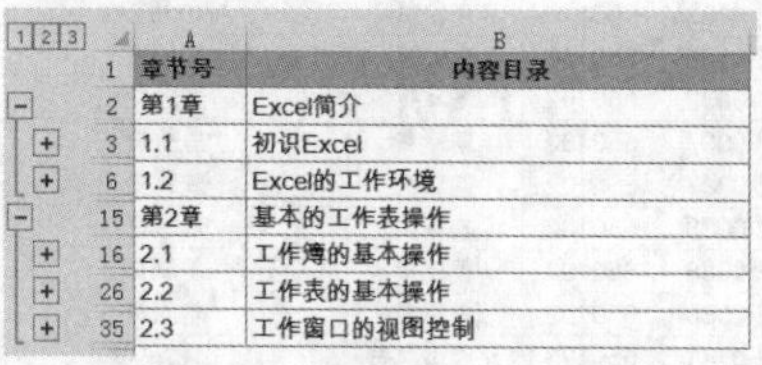

	A	B
1	章节号	内容目录
2	第1章	Excel简介
3	1.1	初识Excel
6	1.2	Excel的工作环境
15	第2章	基本的工作表操作
16	2.1	工作簿的基本操作
26	2.2	工作表的基本操作
35	2.3	工作窗口的视图控制

图 27-70 自定义方式分级显示

提示 分级显示创建完成后，用户可以分别单击加号、减号和数字 1、2 或 3 显示或隐藏明细数据。

27.9.3 清除分级显示

分级显示创建完成后，用户如果希望将数据列表恢复到建立分级显示前的状态，只需在【数据】选项卡中依次单击【取消组合】→【清除分级显示】命令即可，如图 27-71 所示。

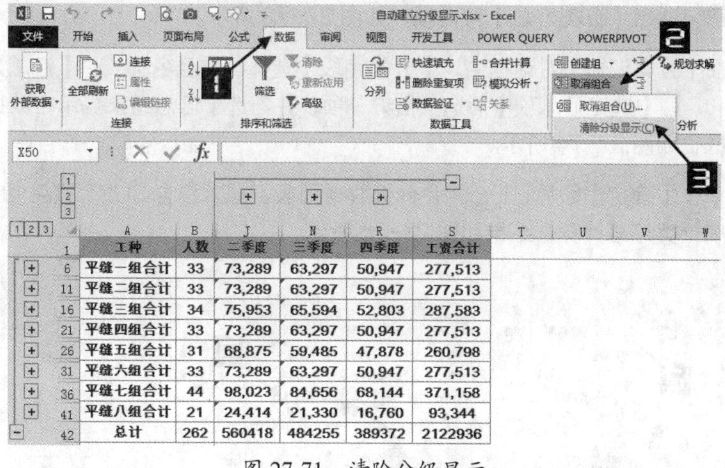

	A	B	J	N	R	S
1	工种	人数	二季度	三季度	四季度	工资合计
6	平缝一组合计	33	73,289	63,297	50,947	277,513
11	平缝二组合计	33	73,289	63,297	50,947	277,513
16	平缝三组合计	34	75,953	65,594	52,803	287,583
21	平缝四组合计	33	73,289	63,297	50,947	277,513
26	平缝五组合计	31	68,875	59,485	47,878	260,798
31	平缝六组合计	33	73,289	63,297	50,947	277,513
36	平缝七组合计	44	98,023	84,656	68,144	371,158
41	平缝八组合计	21	24,414	21,330	16,760	93,344
42	总计	262	560418	484255	389372	2122936

图 27-71 清除分级显示

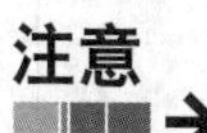

注意 无法使用撤消按钮或按<Ctrl+Z>组合键来完成清除分级显示。

27.9.4 创建简单的分类汇总

分类汇总能够快速的以某一个字段为分类项，对数据列表中的其他字段的数值进行各种统计计算，如求和、计数、平均值、最大值、最小值、乘积等。

示例 27-20 创建简单的分类汇总

以图 27-72 所示的表格为例，如果希望在数据列表中计算每个科目名称的费用发生额合计，可以参照以下步骤。

月	日	凭证号数	科目编号	科目名称	摘要	借方
04	21	现-0105	550116	办公费	文具	207.00
04	30	现-0130	550116	办公费	护照费	1,000.00
04	30	现-0152	550116	办公费	ARP用C盘	140.00
03	27	现-0169	550116	办公费	打印纸	85.00
04	04	现-0032	550102	差旅费	差旅费	3,593.26
03	06	现-0037	550102	差旅费	差旅费	474.00
05	23	现-0087	550102	差旅费	差旅费	26,254.00
05	23	现-0088	550102	差旅费	差旅费	3,510.00
05	23	现-0088	550102	差旅费	差旅费	5,280.00
05	23	现-0088	550102	差旅费	差旅费	282.00
04	30	现-0141	550123	交通工具费	出租车费	35.00
01	30	现-0149	550123	交通工具费	出租车费	18.00
01	30	现-0149	550123	交通工具费	出租车费	186.00
01	30	现-0158	550123	交通工具费	出租车费	10.00
01	30	现-0160	550123	交通工具费	出租车费	15.00
03	27	现-0163	550123	交通工具费	出租车费	43.50
02	13	银-0022	550111	空运费	友津货运公司 空运费	2,345.90

图 27-72 分类汇总前的数据列表

注意

使用分类汇总功能以前，必须要对数据列表中需要分类汇总的字段进行排序，如图 27-72 所示的数据列表已经对“科目名称”字段排序。

步骤1 单击数据列表中的任意单元格（如 C5），在【数据】选项卡中单击【分类汇总】按钮，弹出【分类汇总】对话框，如图 27-73 所示。

步骤2 在【分类汇总】对话框中，【分类字段】选择“科目名称”，【汇总方式】选择“求和”，【选定汇总项】勾选“借方”项，并勾选【汇总结果显示在数据下方】的复选框，如图 27-74 所示。

步骤3 单击【确定】钮后，Excel 会分析数据列表，插入包含 SUBTOTAL 函数的公式，完成分类汇总计算，结果如图 27-75 所示。

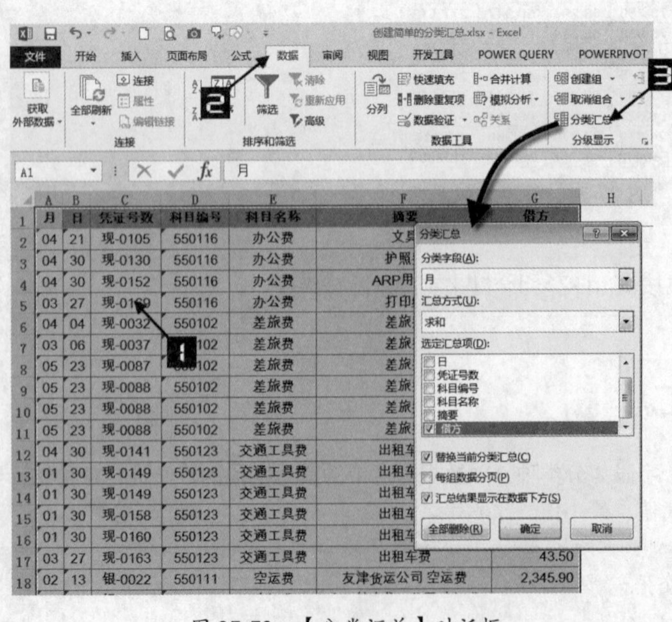

图 27-73 【分类汇总】对话框

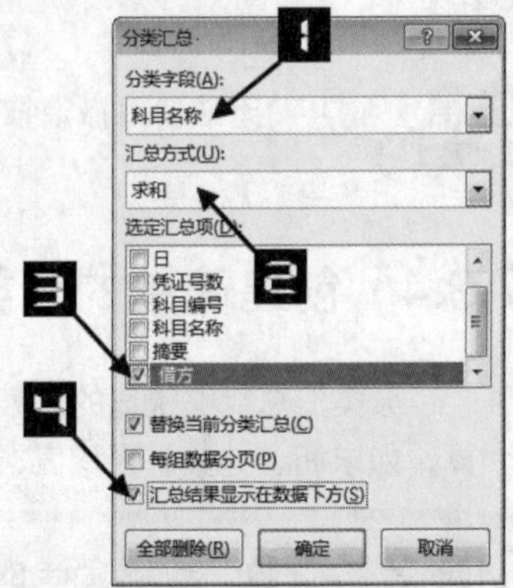

图 27-74 设置分类汇总

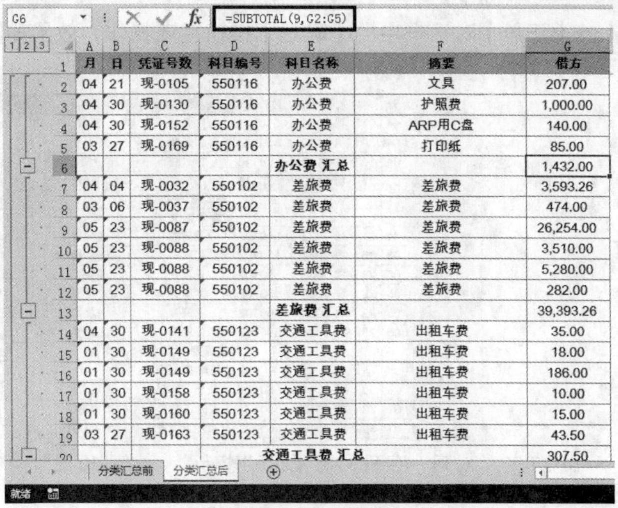

G6 =SUBTOTAL(9,G2:G5)

	A	B	C	D	E	F	G
1	月	日	凭证号数	科目编号	科目名称	摘要	借方
2	04	21	现-0105	550116	办公费	文具	207.00
3	04	30	现-0130	550116	办公费	护照费	1,000.00
4	04	30	现-0152	550116	办公费	ARP用C盘	140.00
5	03	27	现-0169	550116	办公费	打印纸	85.00
6					办公费 汇总		1,432.00
7	04	04	现-0032	550102	差旅费	差旅费	3,593.26
8	03	06	现-0037	550102	差旅费	差旅费	474.00
9	05	23	现-0087	550102	差旅费	差旅费	26,254.00
10	05	23	现-0088	550102	差旅费	差旅费	3,510.00
11	05	23	现-0088	550102	差旅费	差旅费	5,280.00
12	05	23	现-0088	550102	差旅费	差旅费	282.00
13					差旅费 汇总		39,393.26
14	04	30	现-0141	550123	交通工具费	出租车费	35.00
15	01	30	现-0149	550123	交通工具费	出租车费	18.00
16	01	30	现-0149	550123	交通工具费	出租车费	186.00
17	01	30	现-0158	550123	交通工具费	出租车费	10.00
18	01	30	现-0160	550123	交通工具费	出租车费	15.00
19	03	27	现-0163	550123	交通工具费	出租车费	43.50
20					交通工具费 汇总		307.50

分类汇总前　分类汇总后

就绪

图 27-75　分类汇总的结果

27.9.5　多重分类汇总

示例 27-21　多重分类汇总

如果希望在图 27-75 所示的数据列表中增加显示每个“科目名称”的费用平均值、最大值、最小值，则需要进行多重分类汇总，具体可以参照以下步骤操作。

步骤 1 单击分类汇总求和后的数据列表中的任意单元格（如 E7），在【数据】选项卡中单击【分类汇总】按钮，弹出【分类汇总】对话框，【分类字段】选择“科目名称”，【汇总方式】选择“平均值”，同时取消【替换当前分类汇总】复选框的勾选，如图 27-76 所示。

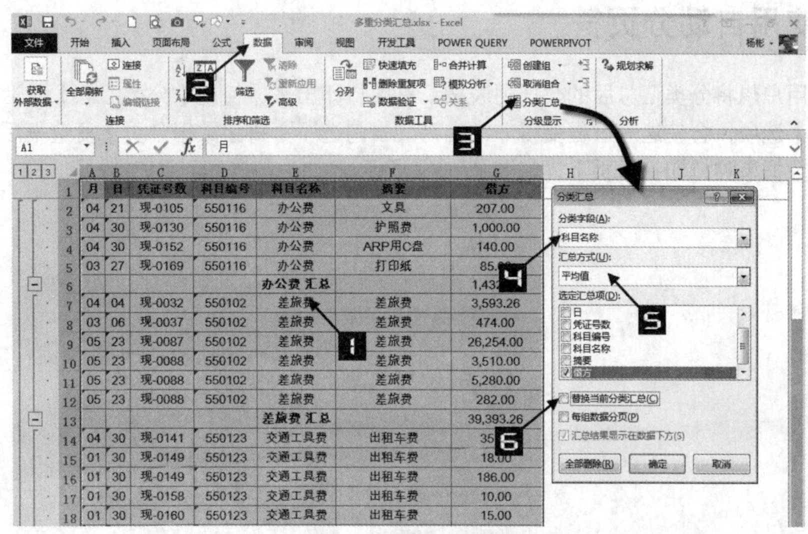

图 27-76　设置分类汇总

步骤2 → 单击【分类汇总】对话框中的【确定】按钮完成操作，效果如图 27-77 所示。

	月	日	凭证号数	科目编号	科目名称	摘要	借方
2	04	21	现-0105	550116	办公费	文具	207.00
3	04	30	现-0130	550116	办公费	护照费	1,000.00
4	04	30	现-0152	550116	办公费	ARP用C盘	140.00
5	03	27	现-0169	550116	办公费	打印纸	85.00
6					办公费 平均值		358.00
7					办公费 汇总		1,432.00
8	04	04	现-0032	550102	差旅费	差旅费	3,593.26
9	03	06	现-0037	550102	差旅费	差旅费	474.00
10	05	23	现-0087	550102	差旅费	差旅费	26,254.00
11	05	23	现-0088	550102	差旅费	差旅费	3,510.00
12	05	23	现-0088	550102	差旅费	差旅费	5,280.00
13	05	23	现-0088	550102	差旅费	差旅费	282.00
14					差旅费 平均值		6,565.54
15					差旅费 汇总		39,393.26
16	04	30	现-0141	550123	交通工具费	出租车费	35.00
17	01	30	现-0149	550123	交通工具费	出租车费	18.00
18	01	30	现-0149	550123	交通工具费	出租车费	186.00

图 27-77 对同一字段同时使用“求和”、“平均值”两种分类汇总方式

步骤3 → 重复以上操作，分别对“科目名称”进行最大和最小值的分类汇总，如图 27-78 所示。

	月	日	凭证号数	科目编号	科目名称	摘要	借方
2	04	21	现-0105	550116	办公费	文具	207.00
3	04	30	现-0130	550116	办公费	护照费	1,000.00
4	04	30	现-0152	550116	办公费	ARP用C盘	140.00
5	03	27	现-0169	550116	办公费	打印纸	85.00
6					办公费 最小值		85.00
7					办公费 最大值		1,000.00
8					办公费 平均值		358.00
9					办公费 汇总		1,432.00
10	04	04	现-0032	550102	差旅费	差旅费	3,593.26
11	03	06	现-0037	550102	差旅费	差旅费	474.00
12	05	23	现-0087	550102	差旅费	差旅费	26,254.00
13	05	23	现-0088	550102	差旅费	差旅费	3,510.00
14	05	23	现-0088	550102	差旅费	差旅费	5,280.00
15	05	23	现-0088	550102	差旅费	差旅费	282.00
16					差旅费 最小值		282.00
17					差旅费 最大值		26,254.00
18					差旅费 平均值		6,565.54
19					差旅费 汇总		39,393.26

图 27-78 对“科目名称”进行多重分类汇总

27.9.6 使用自动分页符

如果用户想将分类汇总后的数据列表按汇总项打印出来，使用【分类汇总】对话框中的【每组数据分页】选项，会使这一过程变得非常容易。当勾选了【每组数据分页】复选框后，Excel 就可以将每组数据单独打印在一页上，如图 27-79 所示。

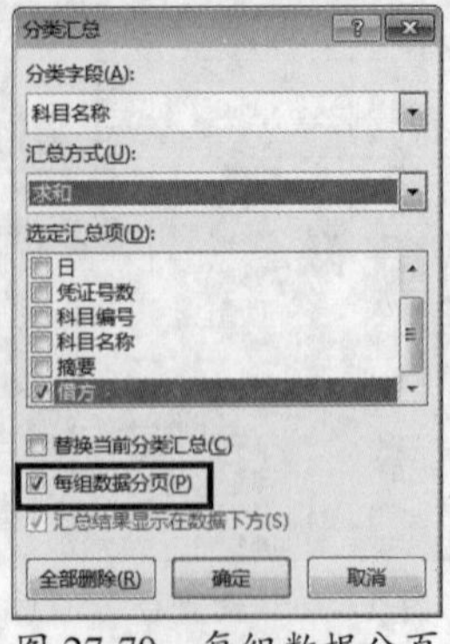

图 27-79 每组数据分页

27.9.7 取消和替换当前的分类汇总

如果想取消已经设置好的分类汇总，只需打开【分类汇总】对话框，单击【全部删除】按钮即可。如果想替换当前的分类汇总，则要在【分类汇总】对话框中勾选【替换当前分类汇总】复选框。

27.10 Excel 的“表格”工具

Excel 的“表格”是自 Excel 2007 引入的一个处理数据列表的新概念，并被称为“智能表”，它完全替代了 Excel 2003 中的“列表”功能。“表格”可以自动扩展数据区域，可以排序、筛选，可以自动求和、极值、平均值等又不用输入任何公式，可以随时转换为普通的单元格区域，从而极大地方便了数据管理和分析操作。

用户可以将工作表中的数据设置为多个“表格”，它们都相对独立，从而可以根据需要将数据划分为易于管理的不同数据集。

27.10.1 创建“表格”

示例 27-22 创建“表格”

要创建如图 27-80 所示的“表格”，可以按照下面的步骤来操作。

	A	B	C	D	E	F
1	CO	工单号	产品码	款号	订单数量	订单金额
2	C012376-003	C02-106	FG61	37303	81	632.50
3	C012376-005	C02-108	FG61	37501	250	1,952.18
4	C012376-006	C02-109	FG61	37504	38	296.73
5	C012376-007	C02-110	FG61	37505	57	445.10
6	C012376-008	C02-111	FG61	32123	59	
7	C012376-009	C02-112	FG61	32124	36	
8	C012376-011	C02-114	FG61	32301	25	
9	C012376-012	C02-115	FG61	32302	85	
10	C012376-013	C02-116	FG61	32303	50	
11	C012376-014	C02-117	FG61	32304	58	
12	C012376-021	C02-124	FG61	32612	30	
13	C012376-023	C02-126	FG61	32614	60	
14	C012819-001	D02-004	FG61	37120	304	
15	C012819-002	D02-005	FG61	37121	899	
16	C012819-003	D02-006	FG61	37122	678	
17	C012819-004	D02-007	FG61	37123	812	
18	C012819-005	D02-008	FG61	37124	617	

	A	B	C	D	E	F
1	CO	工单号	产品码	款号	订单数量	订单金额
2	C012376-003	C02-106	FG61	37303	81	632.50
3	C012376-005	C02-108	FG61	37501	250	1,952.18
4	C012376-006	C02-109	FG61	37504	38	296.73
5	C012376-007	C02-110	FG61	37505	57	445.10
6	C012376-008	C02-111	FG61	32123	59	460.71
7	C012376-009	C02-112	FG61	32124	36	281.11
8	C012376-011	C02-114	FG61	32301	25	195.22
9	C012376-012	C02-115	FG61	32302	85	663.74
10	C012376-013	C02-116	FG61	32303	50	390.44
11	C012376-014	C02-117	FG61	32304	58	452.90
12	C012376-021	C02-124	FG61	32612	30	234.26
13	C012376-023	C02-126	FG61	32614	60	468.52
14	C012819-001	D02-004	FG61	37120	304	2,373.84
15	C012819-002	D02-005	FG61	37121	899	7,020.02
16	C012819-003	D02-006	FG61	37122	678	5,294.30
17	C012819-004	D02-007	FG61	37123	812	6,340.66
18	C012819-005	D02-008	FG61	37124	617	4,817.97
19	汇总				4139	32,320.21

图 27-80 创建的“表格”

步骤 1 → 单击数据列表中的任意单元格（如 A5），在【插入】选项卡中单击【表格】按钮，弹出【创建表】对话框，如图 27-81 所示。

提示 此外，单击数据列表中的任意单元格后按<Ctrl+T>或<Ctrl+L>组合键也可以调出【创建表】对话框。

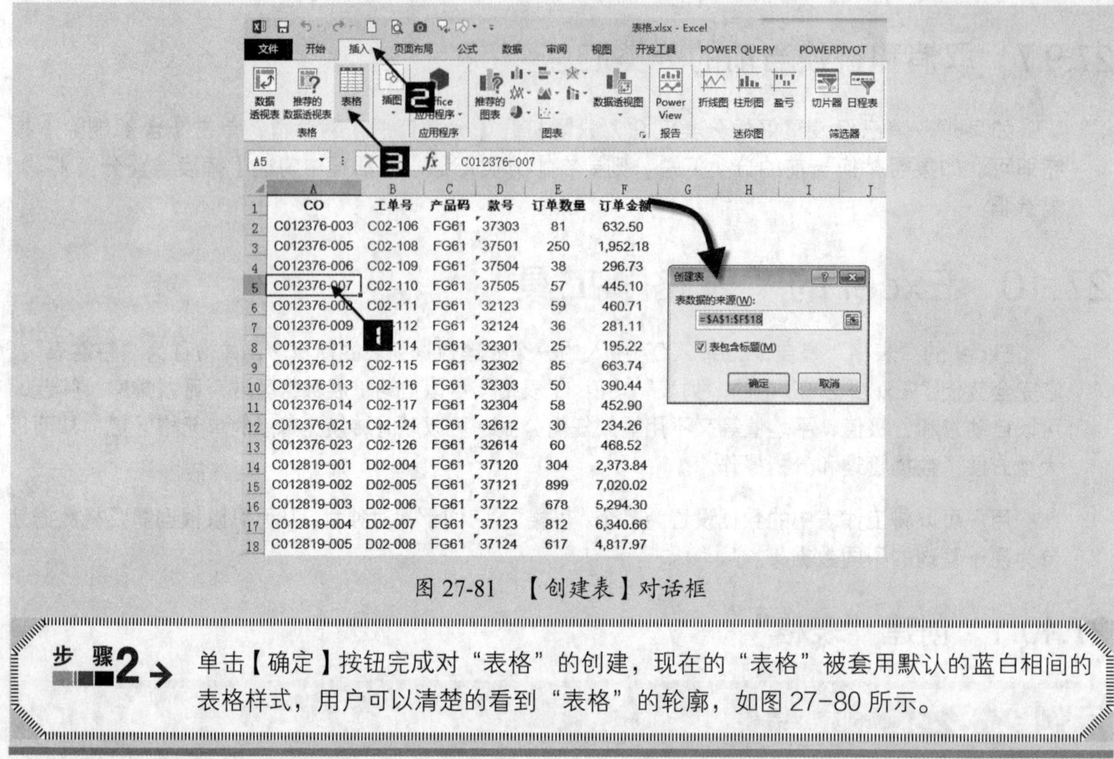

	A	B	C	D	E	F
1	CO	工单号	产品码	款号	订单数量	订单金额
2	C012376-003	C02-106	FG61	37303	81	632.50
3	C012376-005	C02-108	FG61	37501	250	1,952.18
4	C012376-006	C02-109	FG61	37504	38	296.73
5	C012376-007	C02-110	FG61	37505	57	445.10
6	C012376-008	C02-111	FG61	32123	59	460.71
7	C012376-009	C02-112	FG61	32124	36	281.11
8	C012376-011	C02-114	FG61	32301	25	195.22
9	C012376-012	C02-115	FG61	32302	85	663.74
10	C012376-013	C02-116	FG61	32303	50	390.44
11	C012376-014	C02-117	FG61	32304	58	452.90
12	C012376-021	C02-124	FG61	32612	30	234.26
13	C012376-023	C02-126	FG61	32614	60	468.52
14	C012819-001	D02-004	FG61	37120	304	2,373.84
15	C012819-002	D02-005	FG61	37121	899	7,020.02
16	C012819-003	D02-006	FG61	37122	678	5,294.30
17	C012819-004	D02-007	FG61	37123	812	6,340.66
18	C012819-005	D02-008	FG61	37124	617	4,817.97

图 27-81 【创建表】对话框

步骤2 → 单击【确定】按钮完成对“表格”的创建，现在的“表格”被套用默认的蓝白相间的表格样式，用户可以清楚的看到“表格”的轮廓，如图 27-80 所示。

要将“表格”转换为原始的数据区域，可以单击“表格”中的任意单元格，在【表格工具】项下【设计】选项卡中单击【转换为区域】按钮即可，如图 27-82 所示。

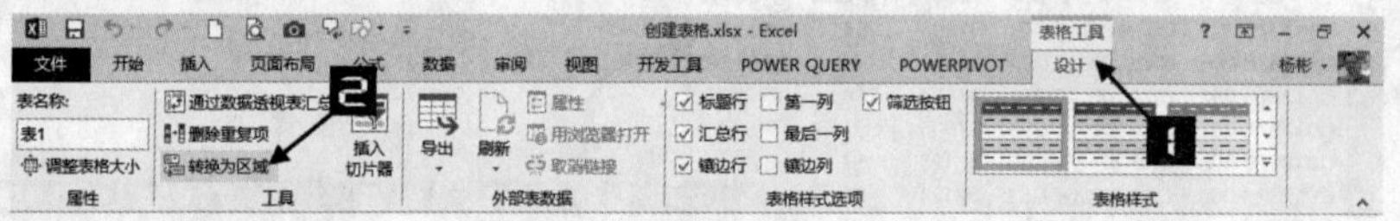

图 27-82 转换为区域

注意 → Excel 无法在已经设置为共享的工作簿中创建“表格”。若要创建“表格”，必须先撤消该工作簿的共享。

27.10.2 “表格”工具的特征和功能

1. 在“表格”中添加汇总行

要想在指定的“表格”中添加汇总行，可以单击“表格”中的任意单元格（如 A5），在【表格工具】项下【设计】选项卡中勾选【汇总行】复选框，Excel 将在“表格”的最后一行自动增加一个汇总行。

“表格”汇总行默认的汇总函数为 SUBTOTAL 函数（第一个参数为 109）。可以单击“表格”中“订单金额”汇总行的数据，单击出现的下拉箭头，可以从列表框中选择自己需要的汇总函数，如图 27-83 所示。

提示 单击“表格”中其他字段的汇总行，也可以为添加汇总公式。

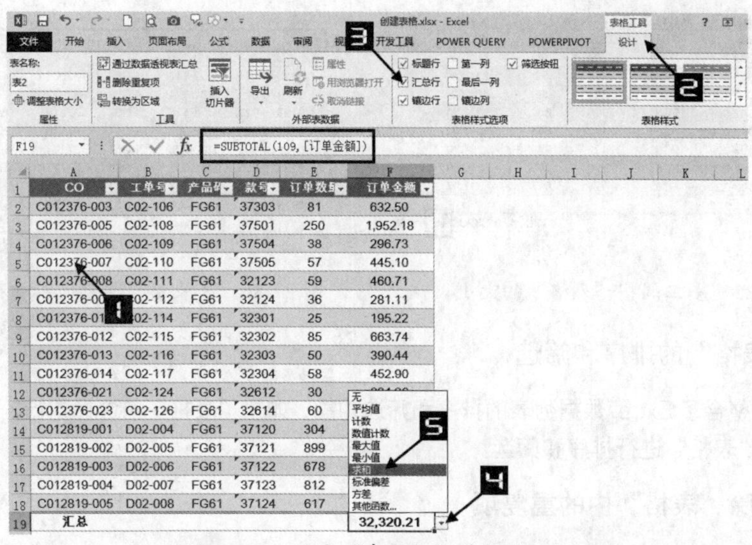

图 27-83　改变“表格”汇总行的函数

2. 在“表格”中添加数据

“表格”具有自动扩展特性。利用这一特性，用户可以随时向“表格”添加新的行或列。

单击“表格”中最后一个数据单元格 F18（不包括汇总行数据），按<Tab>键即可向“表格”中添加新的一行，如图 27-84 所示。

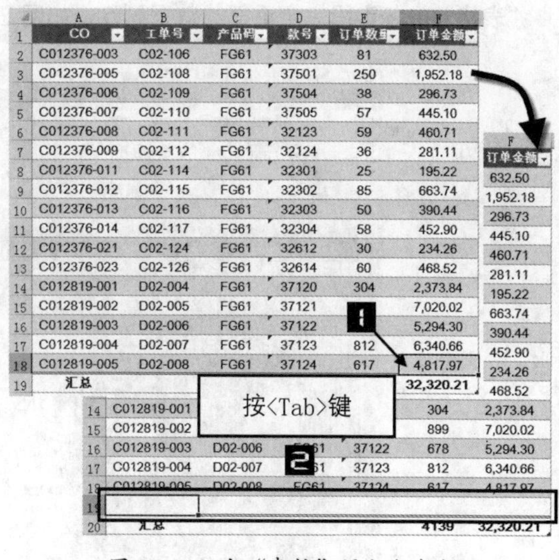

图 27-84　向“表格”添加行数据

此外，取消“表格”的汇总行以后，只要在“表格”下方相邻的空白单元格中输入数据，也可向“表”中添加新的一行数据。

如果希望向“表格”中添加新的一列，可以将光标定位到“表格”最后一个标题右侧的空白单元格，输入新列的标题即可。

“表格”中最后一个单元格的右下角有一个类似半个括号的数据标志，选中它并向下拖动可以增加“表格”的行，向右拖动则可以增加“表格”的列，如图 27-85 所示。

3. “表格”滚动时标题行仍然可见

当用户单击“表格”中的任意一个单元格后再向下滚动浏览“表格”时，可以发现“表格”中的标题出现在 Excel 的列标上面，使得“表格”滚动时标题行仍然可见，如图 27-86 所示。

但是，必须满足同时满足下列条件才能使“表格”在纵向滚动时标题行一直可见。

- 未使用冻结窗格的命令。
- 活动单元格必须位于“表格”区域内。
- 窗口中“表格”原有的标题行不可见。
- “表格”中至少有一行数据在窗口中是可见的。

	C0	工单号	产品码	款号	订单数量	订单金额
10	C012376-013	C02-116	FG61	32303	50	390.44
11	C012376-014	C02-117	FG61	32304	58	452.90
12	C012376-021	C02-124	FG61	32612	30	234.26
13	C012376-023	C02-126	FG61	32614	60	468.52
14	C012819-001	D02-004	FG61	37120	304	2,373.84
15	C012819-002	D02-005	FG61	37121	899	7,020.02
16	C012819-003	D02-006	FG61	37122	678	5,294.30
17	C012819-004	D02-007	FG61	37123	812	6,340.66
18	C012819-005	D02-008	FG61	37124	617	4,817.97
19						
20	汇总				4139	32,320.21
21						

图 27-85 手工调整“表格”的大小

	C0	工单号	产品码	款号	订单数量	订单金额
10	C012376-013	C02-116	FG61	32303	50	390.44
11	C012376-014	C02-117	FG61	32304	58	452.90
12	C012376-021	C02-124	FG61	32612	30	234.26
13	C012376-023	C02-126	FG61	32614	60	468.52
14	C012819-001	D02-004	FG61	37120	304	2,373.84
15	C012819-002	D02-005	FG61	37121	899	7,020.02
16	C012819-003	D02-006	FG61	37122	678	5,294.30
17	C012819-004	D02-007	FG61	37123	812	6,340.66
18	C012819-005	D02-008	FG61	37124	617	4,817.97
19						
20	汇总				4139	32,320.21
21						

图 27-86 “表格”滚动时标题行仍然可见

4. “表格”的排序和筛选

“表格”整合了 Excel 数据列表的排序和筛选功能，如果“表格”包含标题行，可以用标题行的下拉箭头对“表格”进行排序和筛选。

5. 删除“表格”中的重复项

对于“表格”中的的重复数据，可以利用【删除重复项】功能将其删除。

单击“表格”中的任意单元格（如 A5），在【表格工具】的【设计】选项卡中单击【删除重复项】按钮，在调出的【删除重复项】对话框中单击【全选】按钮，单击【确定】按钮后即可完成对“表格”中各字段完全重复的数据删除，如图 27-87 所示。

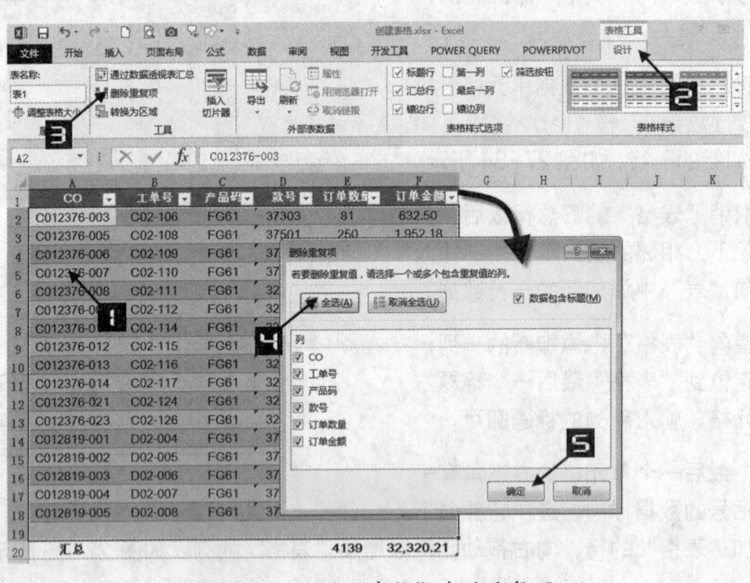

图 27-87 删除“表格”中的重复项

提 示

> 如果用户只希望删除某几个字段中存在的重复数据，可以在【删除重复项】对话框中单击【取消全选】按钮，在【列】中对需要的字段进行勾选，最后单击【确定】按钮即可完成对“表格”中某几个字段重复数据的删除。

6. 使用“套用表格格式”功能

如果用户对系统默认的“表格”的表格格式不满意，可以套用【表格工具】中的表格样式。【表格工具】中有 64 种可供用户套用的表格样式，其中浅色 22 种（其中有一个为“无”样式）、中等深浅 28 种、深色 11 种。

单击“表格”中的任意单元格（如 E15），在【表格工具】的【设计】选项卡中单击【表格样式】的下拉按钮，在弹出的扩展列表中选择【浅色】中的【表样式浅色 14】样式，如图 27-88 所示。

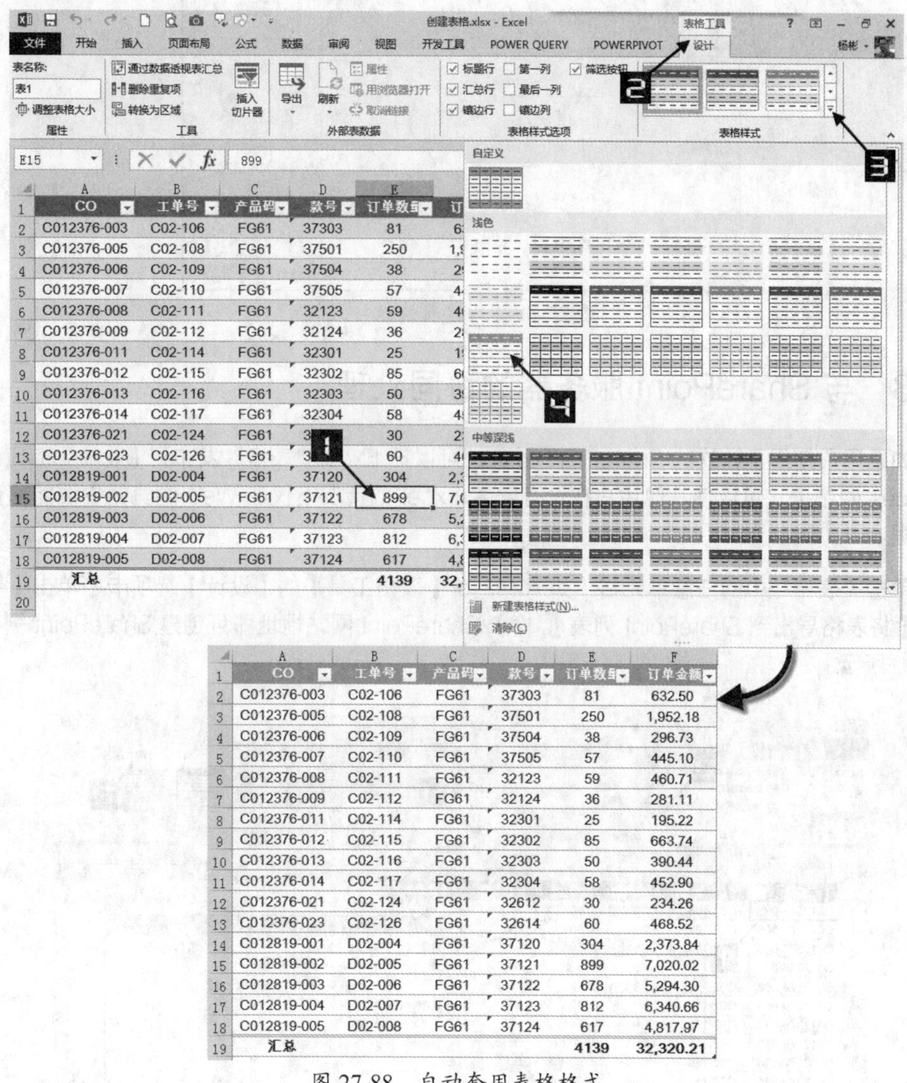

	A	B	C	D	E	F
1	CO	工单号	产品码	款号	订单数量	订单金额
2	C012376-003	C02-106	FG61	37303	81	632.50
3	C012376-005	C02-108	FG61	37501	250	1,952.18
4	C012376-006	C02-109	FG61	37504	38	296.73
5	C012376-007	C02-110	FG61	37505	57	445.10
6	C012376-008	C02-111	FG61	32123	59	460.71
7	C012376-009	C02-112	FG61	32124	36	281.11
8	C012376-011	C02-114	FG61	32301	25	195.22
9	C012376-012	C02-115	FG61	32302	85	663.74
10	C012376-013	C02-116	FG61	32303	50	390.44
11	C012376-014	C02-117	FG61	32304	58	452.90
12	C012376-021	C02-124	FG61	32612	30	234.26
13	C012376-023	C02-126	FG61	32614	60	468.52
14	C012819-001	D02-004	FG61	37120	304	2,373.84
15	C012819-002	D02-005	FG61	37121	899	7,020.02
16	C012819-003	D02-006	FG61	37122	678	5,294.30
17	C012819-004	D02-007	FG61	37123	812	6,340.66
18	C012819-005	D02-008	FG61	37124	617	4,817.97
19	汇总				4139	32,320.21

图 27-88　自动套用表格格式

如果用户希望创建自己的报表样式，可以通过新建表样式对“表格”的格式进行自定义设置，一旦保存后便存放于【表格工具】自定义的表格样式库中，可以随时调用。

要设置自定义的“表格”样式，可以按如下步骤操作。

步骤1 → 单击“表格”中的任意单元格，在【表格工具】的【设计】选项卡中单击【表格样式】的下拉按钮，在弹出的扩展列表中选择【新建表格样式】命令，弹出【新建表样式】对话框，如图 27-89 所示。

步骤2 → 在【名称】框内输入自定义样式的名称，【表元素】下拉列表中选中“整个表”可以对表格整体进行设置，单击【格式】按钮弹出【设置单元格格式】对话框，进行边框、填充效果和颜色以及字体方面的设置，最后通过单击【确定】按钮依次关闭【设置单元格格式】对话框和【新建表样式】对话框，完成设置。

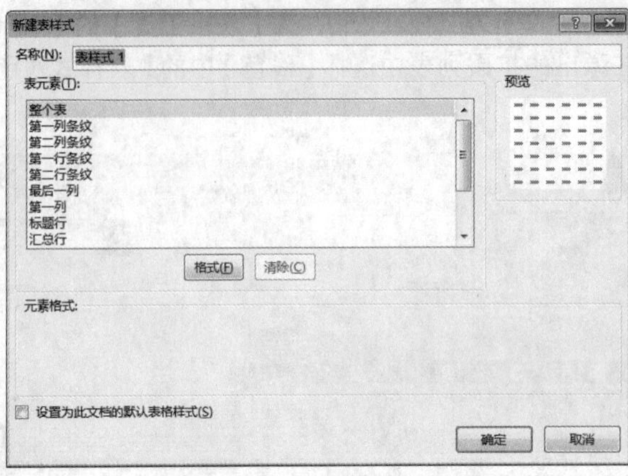

图 27-89 新建表快速样式

27.10.3 与 SharePoint 服务器的协同处理

如果用户使用了微软的 SharePoint 服务，可以把 Excel“表格”发布到 Microsoft SharePoint Services 网站上，可以使其他用户在没有安装 Excel 的情况下仅在 Web 浏览器中便能够查看和编辑数据。

单击“表格”中的任意单元格（如 A2），在【表格工具】的【设计】选项卡中单击【导出】按钮→【将表格导出到 SharePoint 列表】，输入 SharePoint 网站地址即可创建 SharePoint 列表，如图 27-90 所示。

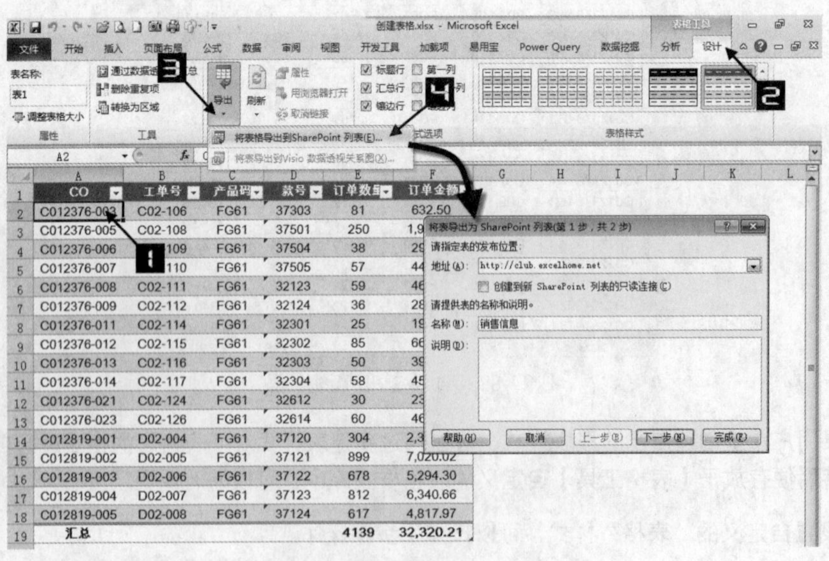

图 27-90 将表格导出到 SharePoint

27.10.4 通过“表格”定义动态名称

若要定义一个包含动态区域的名称，最常用的方法是利用 OFFSET+COUNTA 函数组合。实际上，“表格”的一个重要的特点就是创建“表格”的同时便自动定义了名称。在插入新的行、列数据后，整个“表格”将自动扩展，定义名称的引用区域也随之拓展。

按<Ctrl+F3>组合键，可以在“名称管理器”中查看当前工作表中各个“表格”对应的名称，

以及它们对应的引用区域。

表格的名称，默认以“表格”+数字序号的方式命名，比如当前工作簿中第一个创建的表格，其名称为“表格 1”。如果需要修改名称，可以先选中表格的任意单元格，在功能区的“表格”选项卡下，直接输入新的表格名称。

27.11 合并计算

在日常工作中，经常需要对包含相似结构或内容的多个表格进行合并汇总，使用 Excel 中的“合并计算”功能可以轻松完成这项任务。

27.11.1 合并计算的基本功能

Excel 的“合并计算”功能可以汇总或者合并多个数据源区域中的数据，具体方法有两种：一是按类别合并计算，二是按位置合并计算。

合并计算的数据源区域可以是同一工作表中的不同表格，也可以是同一工作簿中的不同工作表，还可以是不同工作簿中的表格。

1. 按类别合并

示例 27-23 快速合并汇总两张数据表

如图 27-91 所示，有两个结构相同的数据表“表一”和“表二”，利用合并计算可以轻松地将这两个表进行合并汇总，具体步骤如下。

步骤1 选中 B10 单元格，作为合并计算后结果的存放起始位置，在【数据】选项卡中单击【合并计算】按钮，打开【合并计算】对话框，如图 27-91 所示。

步骤2 激活【引用位置】编辑框，选中“表一”中 B2:D6 单元格区域，然后在【合并计算】对话框中单击【添加】按钮，所引用的单元格区域地址会出现在【所有引用位置】列表框中，如图 27-92 所示。

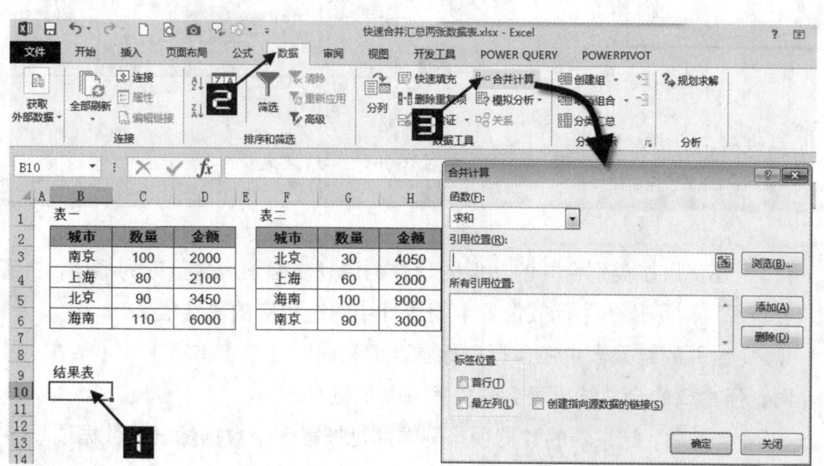

图 27-91 打开【合并计算】对话框

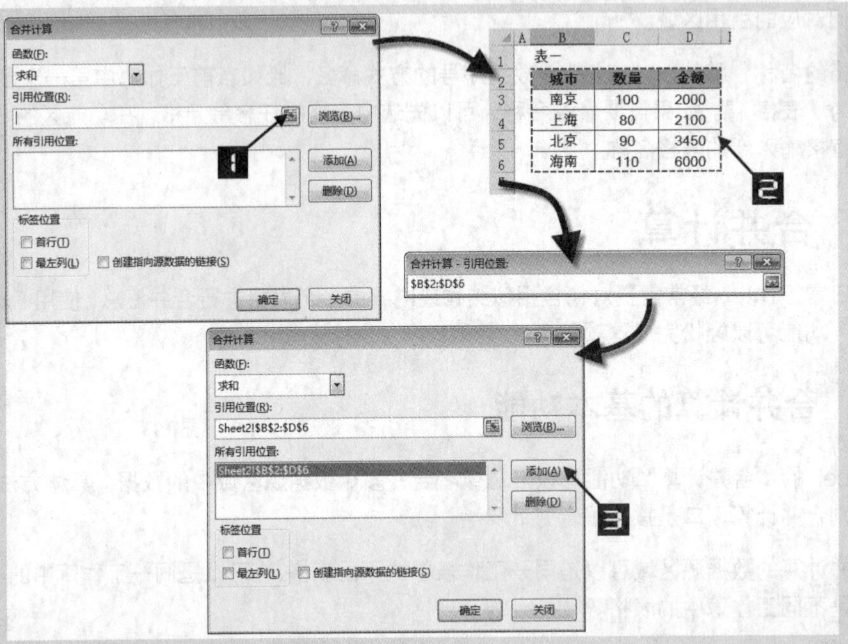

图 27-92 添加"合并计算"引用位置

步骤3 使用同样的方法将"表二"的 F2:H6 单元格区域添加到【所有引用位置】列表框中。依次勾选【首行】和【最左列】的复选框，然后单击【确定】按钮，即可生成合并计算结果表，如图 27-93 所示。

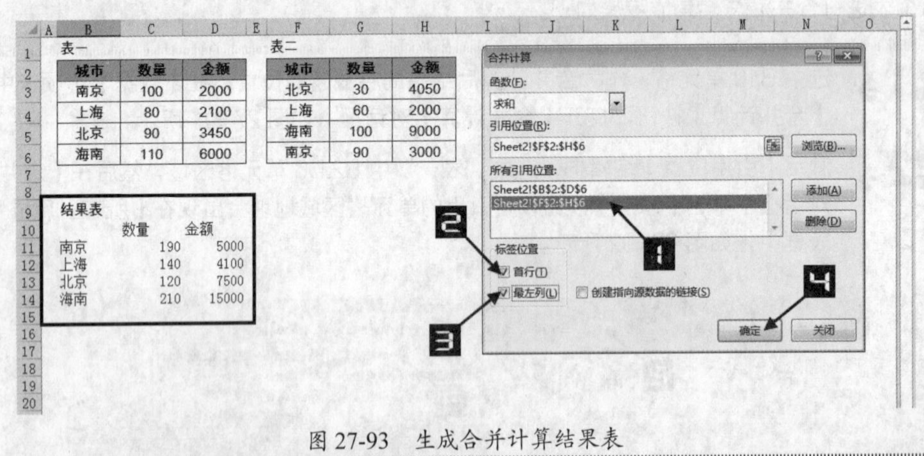

图 27-93 生成合并计算结果表

注意

(1) 在使用按类别合并的功能时，数据源列表必须包含行或列标题，并且在"合并计算"对话框的【标签位置】组合框中勾选相应的复选框。

(2) 合并的结果表中包含行列标题，但在同时选中【首行】和【最左列】复选项时，所生成的合并结果表会缺失第一列的列标题。

(3) 合并后，结果表的数据项排列顺序是按第一个数据源表的数据项排列的。

(4) 合并计算过程不能复制数据源表的格式。如果要设置结果表的格式，可以使用【格式刷】将数据源表的格式复制到结果表中。

2. 按位置合并

示例 27-24 按数据表的所在位置进行合并

合并计算功能，除了可以按类别合并计算外，还可以按数据表的数据位置进行合并计算。沿用示例 27-23 并在步骤 3 中取消勾选【标签位置】的【首行】和【最左列】复选项，然后单击【确定】按钮，生成合并后的结果表如图 27-94 所示。

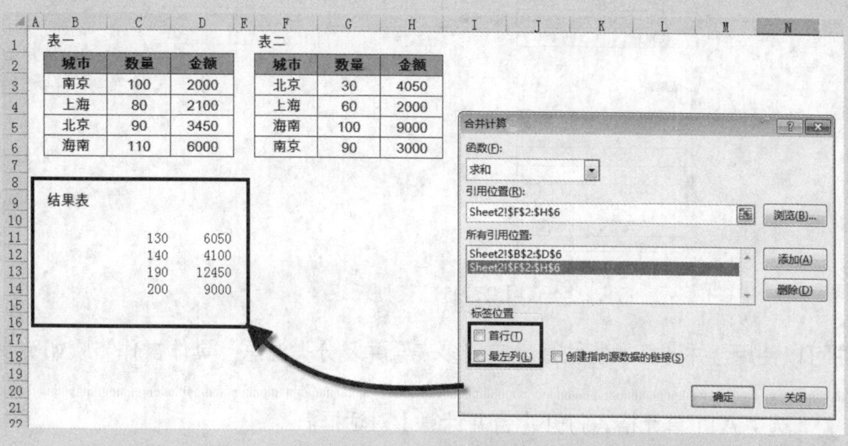

图 27-94 按位置合并

使用按位置合并的方式，Excel 不关心多个数据源表的行列标题内容是否相同，而只是将数据源表格相同位置上的数据进行简单合并计算。这种合并计算多用于数据源表结构完全一致情况下的数据合并。如果数据源表格结构不同，则会出现计算错误，如本例所示。

由以上两个例子，可以简单地总结出合并计算功能的一般性规律。

（1）合并计算的计算方式默认为求和，但也可以选择为计数平均值等其他方式。

（2）当合并计算执行分类合并操作时，会将不同的行或列的数据根据标题进行分类合并。相同标题的合并成一条记录、不同标题的则形成的多条记录。最后形成的结果表中包含了数据源表中所有的行标题或列标题。

（3）当需要根据列标题进行分类合并计算时，则选取【首行】，当需要根据行标题进行分类合并计算时，则选取【最左列】，如果需要同时根据列标题和行标题进行分类合并计算时，则同时选取【首行】和【最左列】。

（4）如果数据源列表中没有列标题或行标题（仅有数据记录），而用户又选择了【首行】和【最左列】，Excel 将数据源列表的第一行和第一列分别默认作为列标题和行标题。

（5）如果用户对【首行】或【最左列】两个选项都不勾选，则 Excel 将按数据源列表中数据的单元格位置进行计算，不会进行分类计算。

27.11.2 合并计算的应用

1. 多表分类汇总

运用合并计算功能可以对多个结构相同的数据表的数据进行分类汇总。

示例 27-25 分类汇总多张销售报表

如图 27-95 所示，“表一”、“表二”和“表三”是 3 张结构相同，但数据项不尽相同的销售报表，要求将这 3 张销售报表进行合并的同时按城市分类汇总，结果填入结果表内。

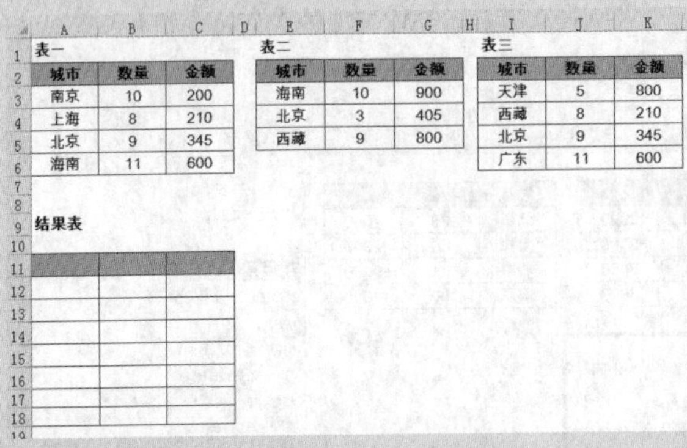

图 27-95 数据源表

用户可以使用合并计算功能快捷地实现多表合并及分类汇总，具体操作步骤如下。

步骤1 选中 A11 单元格，打开【合并计算】对话框。

步骤2 将“表一”、“表二”和“表三”数据区域的单元格地址添加到【合并计算】的【所有引用位置】列表框内。

步骤3 只勾选【标签位置】组合框中的【首行】，然后单击【确定】按钮，生成“结果表”，如图 27-96 所示。

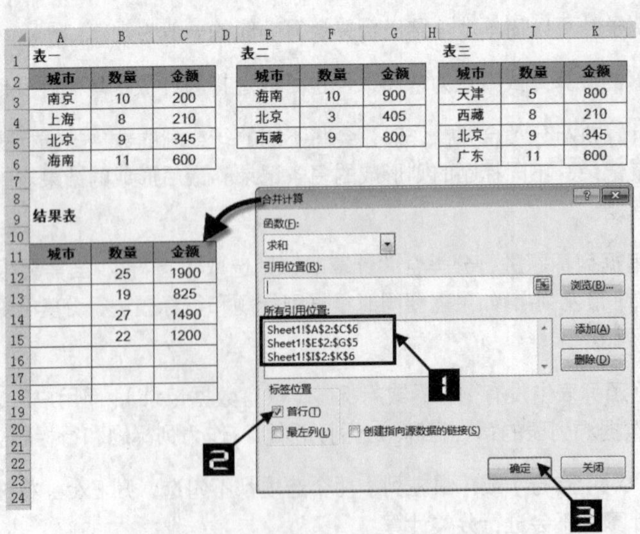

图 27-96 多表分类汇总之步骤 1

注意 此时的“结果表”只是按列标题进行合并，而在行内容上按位置合并，结果并不正确。

步骤4 再次选中 A11 单元格，打开【合并计算】对话框。

注意 步骤 3 生成初步结果表后，结果表的单元格区域 A11:C15 处于被选中状态，此时一定要再次选中 A11 单元格，否则继续操作所生成的结果将不正确。

步骤5 在【合并计算】对话框【标签位置】栏下勾选【最左列】复选框，然后单击【确定】按钮，生成最终的结果表，如图 27-97 所示。

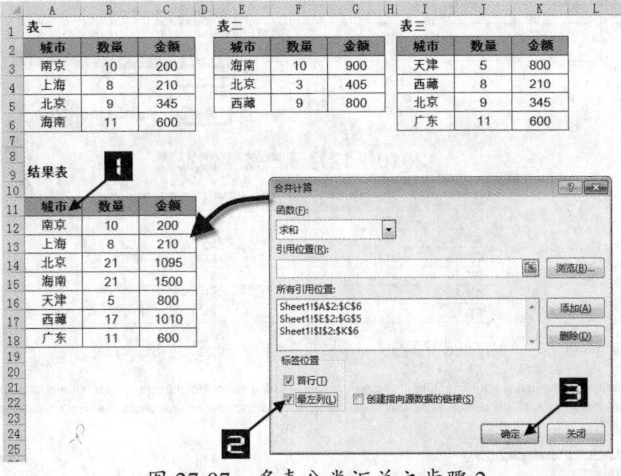

表一

城市	数量	金额
南京	10	200
上海	8	210
北京	9	345
海南	11	600

表二

城市	数量	金额
海南	10	900
北京	3	405
西藏	9	800

表三

城市	数量	金额
天津	5	800
西藏	8	210
北京	9	345
广东	11	600

结果表

城市	数量	金额
南京	10	200
上海	8	210
北京	21	1095
海南	21	1500
天津	5	800
西藏	17	1010
广东	11	600

图 27-97　多表分类汇总之步骤 2

2. 创建分户报表

合并计算可以按类别进行合并，如果引用区域的行列方向均包含了多个类别，则可以利用合并计算功能将引用区域中的全部类别汇总到同一表格上并显示所有明细。

示例 27-26　创建分户销售汇总报表

2014 年 12 月份南京、上海、海口和珠海 4 个城市的销售额数据，分别在 4 张不同的工作表上，报表结构和数据如图 27-98 所示。

2014年12月份销售情况表

品种	南京销售额
B产品	6650
C产品	8000
D产品	1000

2014年12月份销售情况表

品种	上海销售额
A产品	5000
C产品	7000
D产品	1000
G产品	6000

2014年12月份销售情况表

品种	海口销售额
B产品	6650
A产品	5000
C产品	8000

2014年12月份销售情况表

品种	珠海销售额
C产品	8000
F产品	1200

图 27-98　4 个城市销售情况表

运用合并计算功能可以方便地制作出 4 个城市的销售分户汇总报表，具体方法如下。

步骤1 → 在【汇总】工作表中选中 A3 单元格，打开【合并计算】对话框。

步骤2 → 在【所有引用位置】列表框中分别添加“南京”、“上海”、“海口”、“珠海”等 4 个工作表中的数据区域，并在【标签位置】组合框中勾选【首行】和【最左列】的复选项，然后单击【确定】按钮，即可生成各个城市销售额的分户汇总表，如图 27-99 所示。

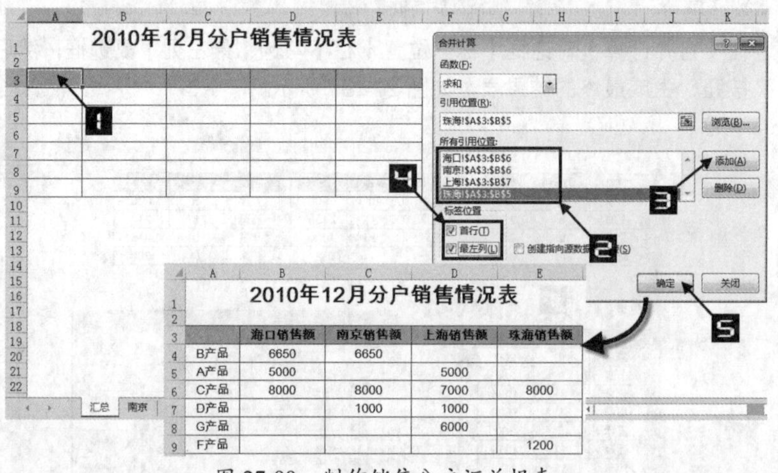

2010年12月分户销售情况表

	海口销售额	南京销售额	上海销售额	珠海销售额
B产品	6650	6650		
A产品	5000		5000	
C产品	8000	8000	7000	8000
D产品		1000	1000	
G产品			6000	
F产品				1200

图 27-99　制作销售分户汇总报表

3. 多表筛选不重复值

从多个工作表数据中筛选出不重复值，是数据分析处理过程中经常会遇到的问题，利用合并计算功能可以简便、快捷地解决这一类问题。

示例 27-27　多表筛选不重复编号

如图 27-100 所示，工作表“1”、“2”、“3”、“4”的 A 列各有某些编号，现要在“汇总”工作表中将这 4 张工作表中不重复的编号全部列示出来。

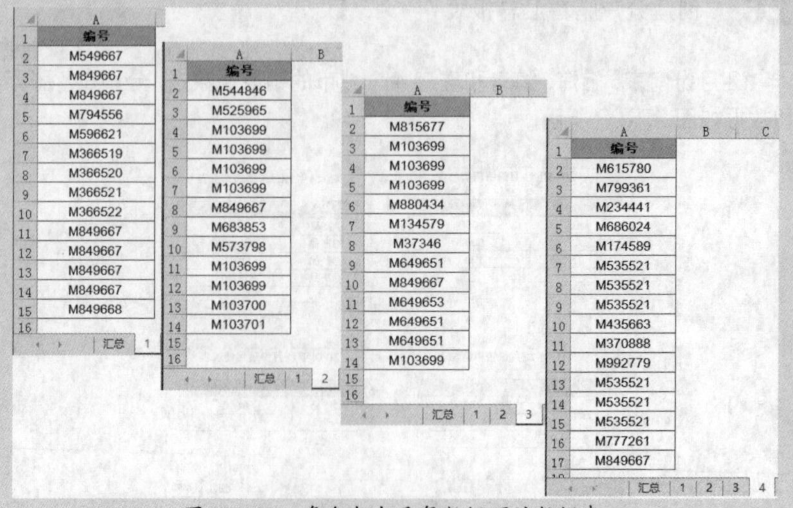

工作表“1”：

编号
M549667
M849667
M849667
M794556
M596621
M366519
M366520
M366521
M366522
M849667
M849667
M849667
M849667
M849668

工作表“2”：

编号
M544846
M525965
M103699
M103699
M103699
M103699
M849667
M683853
M573798
M103699
M103699
M103700
M103701

工作表“3”：

编号
M815677
M103699
M103699
M103699
M880434
M134579
M37346
M649651
M849667
M649653
M649651
M649651
M103699

工作表“4”：

编号
M615780
M799361
M234441
M686024
M174589
M535521
M535521
M535521
M435663
M370888
M992779
M535521
M535521
M535521
M777261
M849667

图 27-100　多个包含重复数据项的数据表

合并计算的【求和】功能不能对不包含任何数值数据的数据区域进行合并计算操作，但只要选择合并的区域内包含有一个数值即可进行合并计算相关操作，利用这一特性，可在源表中添加辅助数据来实现多表筛选不重复值的目的，具体步骤如下。

步骤1 → 在工作表“1”的 B2 单元格中输入任意一个数值，例如“0”。

步骤2 → 选中“汇总”工作表的 A2 单元格作为结果表的起始单元格。在【数据】选项卡中的【合并计算】按钮，打开【合并计算】对话框。

步骤3 → 在【合并计算】对话框中的【所有引用位置】列表框中分别添加“1”、“2”、“3”、“4”等 4 个工作表中的数据区域地址，并在【标签位置】组合框中勾选【最左列】的复选项，最后单击【确定】按钮，即可得到最终合并计算结果，如图 27-101 所示。

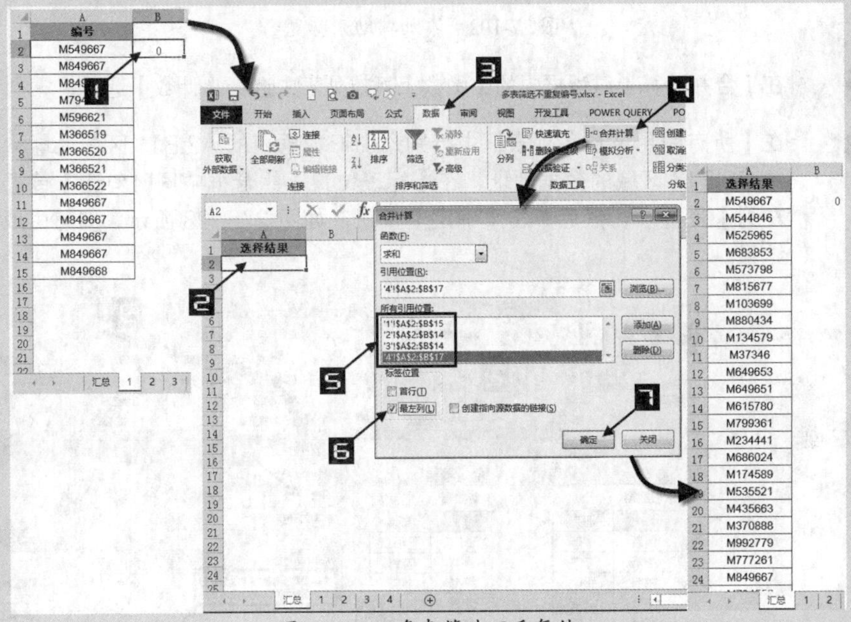

图 27-101　多表筛选不重复值

参照此方法，还可以对数值型数据源表筛选不重复值。此外，此方法还适用于对同一个工作表内的单个数据区域或多个数据区域筛选不重复值。

27.11.3　文本型数据核对

示例 27-28　利用合并计算进行文本型数据核对

利用合并计算还可以在多表间快速找出差异数据。由于数据列表中仅包含了“姓名”字段，不包含数值数据，所以可以通过一些辅助手段来实现最终数据核对目的，具体步骤如下。

步骤1 → 将新和旧数据表“姓名”列分别复制到 E2:E13 和 B2:B11 单元格区域，并分别添加列标题，如图 27-102 所示。

步骤2 → 选中 A16 单元格作为存放结果表的起始位置，在【数据】选项卡中单击【合并计算】命令按钮，打开【合并计算】对话框。

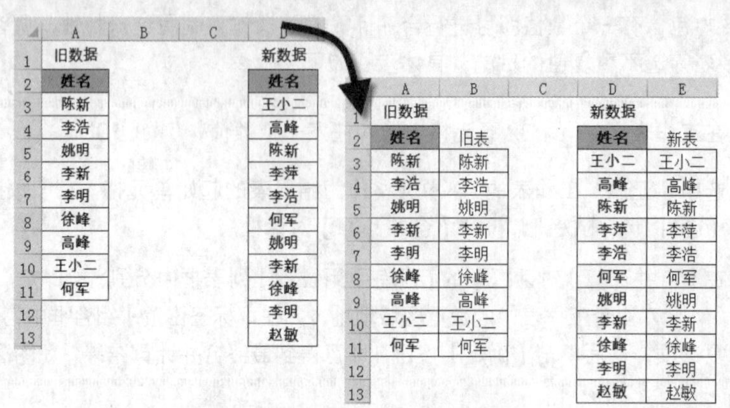

图 27-102 添加辅助列标题

步骤3 在【合并计算】对话框中的【函数】下拉列表中选择【计数】选项。

步骤4 在【所有引用位置】列表框中分别添加旧数据表的 A2:B11 区域地址和新数据表的 D2:E13 区域的数据地址，在【标签位置】组合框中同时勾选【首行】和【最左列】复选项，然后单击【确定】按钮，如图 27-103 所示，即可生成初步核对结果。

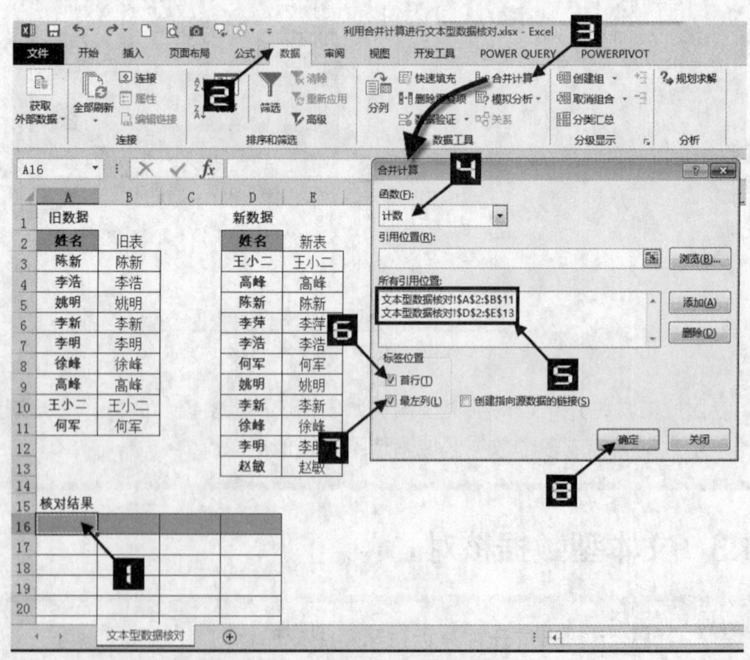

图 27-103 文本型数据核对操作步骤之一

步骤5 为进一步显示出新旧数据的不同之处，可在 D17 单元格输入公式：

```
=N(B17<>C17)
```

并复制公式向下填充至 D27 单元格。

步骤6 补齐列标题后，借助筛选功能即可得到新旧数据的差异对比结果，如图 27-104 所示。

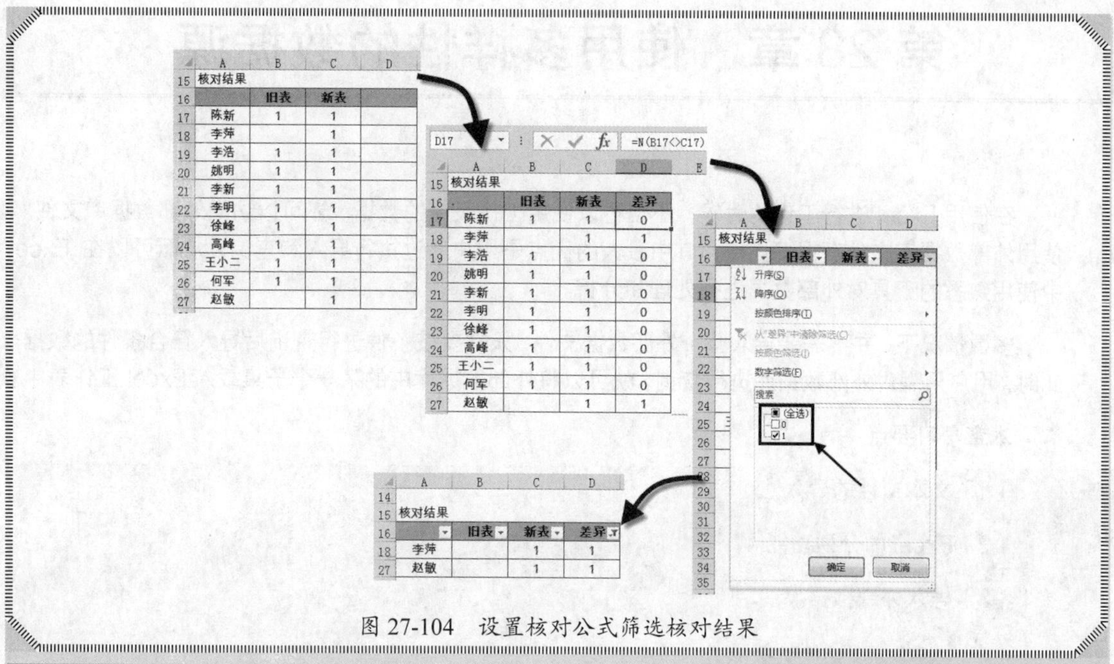

图 27-104　设置核对公式筛选核对结果

提示

在合并计算的统计方式中，【计数】适用于数值和文本数据计数，而【数值计数】仅适用于数值型数据计数，如图 27-105 所示。

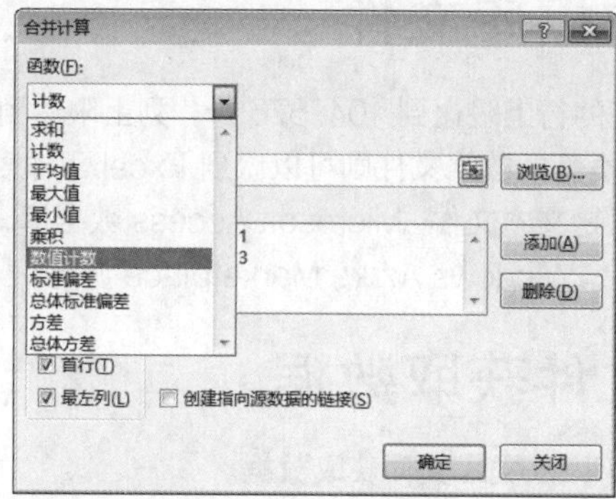

图 27-105　数值计数

第 28 章　使用多样性的数据源

在使用 Excel 进行工作的时候，不但可以使用工作表中的数据，还可以访问外部数据库文件。使用外部数据库文件有很多优点，其中最大的优点是用户通过执行导入和查询，从而可以在 Excel 中使用熟悉的工具对外部数据进行处理和分析。

多数情况下，并不需要导入整个外部数据文件，只需要按条件进行查询后导入符合条件的数据。此时，用户只需对外部数据库执行查询，就可以将外部数据库中的某一个子集载入 Excel 工作表中。

本章学习要点

（1）文本文件的导入。

（2）Excel 的分列功能。

（3）导入外部数据。

（4）Microsoft Query 功能。

（5）PowerPivot 功能。

（6）Power Query 功能。

28.1　了解外部数据库文件

虽然 Excel 2013 工作表的行上限达到 1048576 行，列上限达到 16384 列，但可能仍然无法满足用户的需求。而许多其他类型的数据文件则可以做到 Excel 工作表的千万倍，同时在性能上也超过 Excel。这些数据文件可以是文本文件、Microsoft Access 数据库、Microsoft SQL Server 数据库、Microsoft OLAP 多维数据集、Windows Azure Marketplace 源等。

28.2　利用文本文件获取数据

Excel 提供了多种方法可以从文本文件获取数据。

◆ 单击【文件】选项卡→【打开】命令，可以直接导入文本文件。

◆ 在【数据】选项卡中单击【自文本】命令按钮，可以直接导入文本文件。

◆ 使用 Microsoft Query。

◆ 使用 Power Query。

◆ 使用 PowerPivot。

使用第 1 种方法时，文本文件会被导入到单张的 Excel 工作表中，这种方式，如果文本文件的数据发生变化，并不会在 Excel 中体现，除非重新导入。

使用其他方法时，Excel 会在当前工作表的指定位置上显示导入的数据，同时 Excel 会将文本文件作为外部数据源。一旦文本文件中的数据发生变化，用户只需单击鼠标右键，在弹出的快捷菜单中单击【刷新】命令，即可获得最新的数据。

如果用户的文本文件数据量巨大，在 Excel 中不能导入全部数据，可以使用 Microsoft Query、

Power Query、PowerPivot，通过设置查询条件将导入操作限制在实际需要的记录上。

28.2.1 编辑文本导入

导入文本文件时，虽然不能满足用户只导入指定记录的需要，但它却能够向用户提供其他形式上的控制。例如，用户在导入文本文件时可以将不需要的列删除，还能够设置导入列的数据类型，主要为常规、文本、日期。

示例 28-1 向 Excel 中导入文本数据

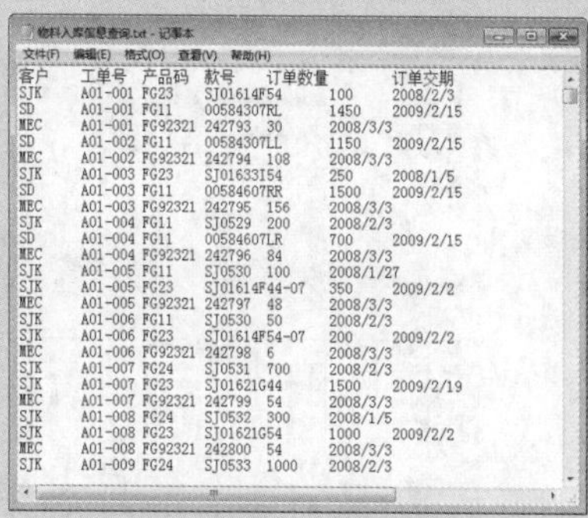

```
客户  工单号  产品码  款号  订单数量  订单交期
SJK  A01-001 FG23  SJ01614F54  100  2008/2/3
SD   A01-001 FG11  00584307RL  1450  2009/2/15
MEC  A01-001 FG92321 242793  30  2008/3/3
SD   A01-002 FG11  00584307LL  1150  2009/2/15
MEC  A01-002 FG92321 242794  108  2008/3/3
SJK  A01-003 FG23  SJ01633I54  250  2008/1/5
SD   A01-003 FG11  00584607RR  1500  2009/2/15
MEC  A01-003 FG92321 242795  156  2008/3/3
SJK  A01-004 FG11  SJ0529  200  2008/2/3
SD   A01-004 FG11  00584607LR  700  2009/2/15
MEC  A01-004 FG92321 242796  84  2008/3/3
SJK  A01-005 FG11  SJ0530  100  2008/1/27
SJK  A01-005 FG23  SJ01614F44-07  350  2009/2/2
MEC  A01-005 FG92321 242797  48  2008/3/3
SJK  A01-006 FG11  SJ0530  50  2008/2/3
SJK  A01-006 FG23  SJ01614F54-07  200  2009/2/2
MEC  A01-006 FG92321 242798  6  2008/3/3
SJK  A01-007 FG24  SJ0531  700  2008/2/3
SJK  A01-007 FG23  SJ01621G44  1500  2009/2/19
MEC  A01-007 FG92321 242799  54  2008/3/3
SJK  A01-008 FG24  SJ0532  300  2008/1/5
SJK  A01-008 FG23  SJ01621G54  1000  2009/2/2
MEC  A01-008 FG92321 242800  54  2008/3/3
SJK  A01-009 FG24  SJ0533  1000  2008/2/3
```

图 28-1 文本文件

如果要将如图 28-1 所示的文本文件导入到 Excel 中，可以参照以下步骤。

步骤1 新建一个 Excel 工作簿并打开。

步骤2 在【数据】选项卡中单击【自文本】命令按钮，在弹出的【导入文本文件】对话框中选择文本文件“物料入库信息查询.txt”所在路径，单击【导入】按钮，出现【文本导入向导-第 1 步，共 3 步】对话框，如图 28-2 所示。

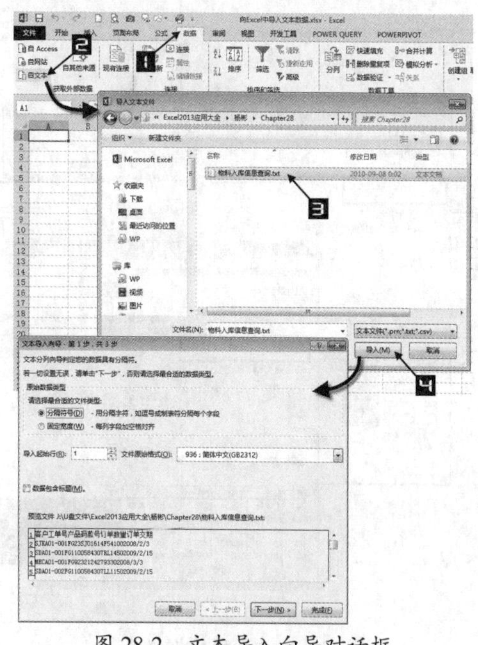

图 28-2 文本导入向导对话框

提示

【文本导入向导-第 1 步，共 3 步】对话框中的【导入起始行】默认为 1，即从第 1 行（标题行）导入，如果选择 2，则从第 2 行导入。【文件原始格式】的下拉列表中显示了 Excel 检测到的目标文件的字符编码格式，如果用户在对话框下部的预览窗口中发现字符显示为乱码，可以在列表中手动选择一个匹配的字符集。

步骤3 → 单击【下一步】按钮，设置分列数据所包含的分隔符号，本例中保持勾选【Tab 键】复选框，如图 28-3 所示。

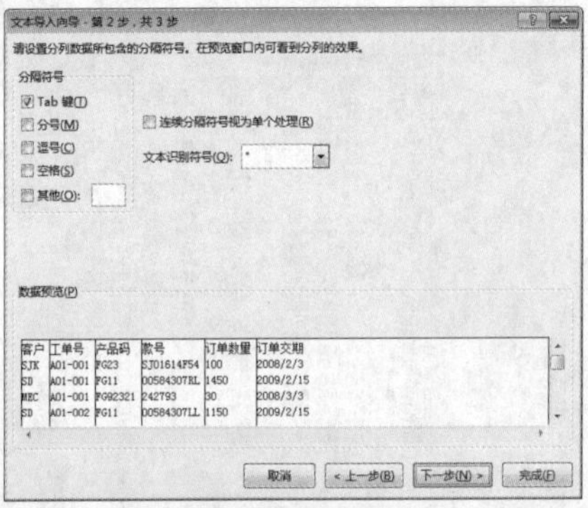

图 28-3　设置分隔符号

步骤4 → 单击【下一步】按钮，出现【文本导入向导-第 3 步，共 3 步】对话框，在此步骤中，可以取消对某列的导入，还可以设置每个导入列的数据格式。单击第四列“款号”，在【列数据格式】中选择【不导入此列（跳过）】选项按钮；单击“产品码”列，【列数据格式】中选择【文本】选项按钮；单击“订单交期”列，【列数据格式】选择【日期】选项按钮，如图 28-4 所示。

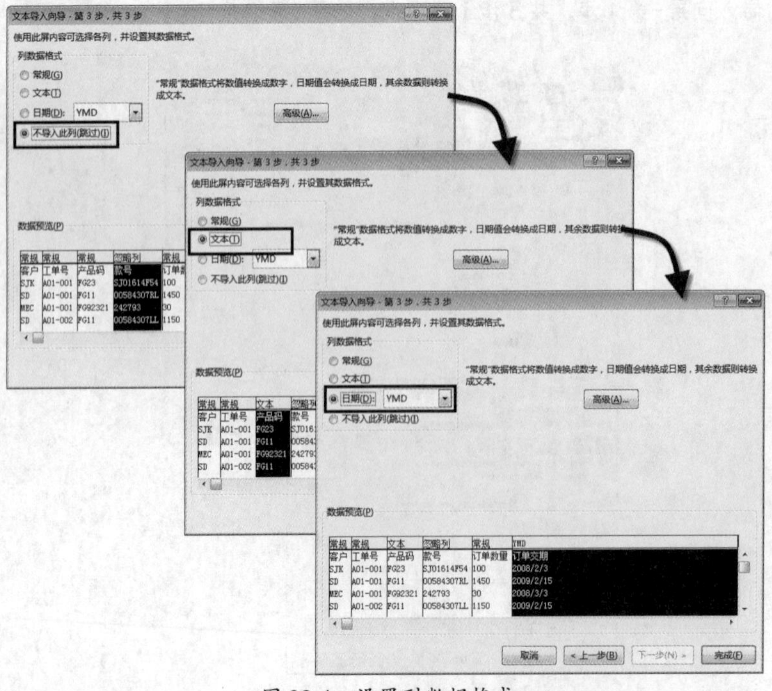

图 28-4　设置列数据格式

步骤5 → 单击【完成】按钮，在弹出的【导入数据】对话框中输入导入的开始位置（如 A1 单元格），单击【确定】按钮完成导入，效果如图 28-5 所示。

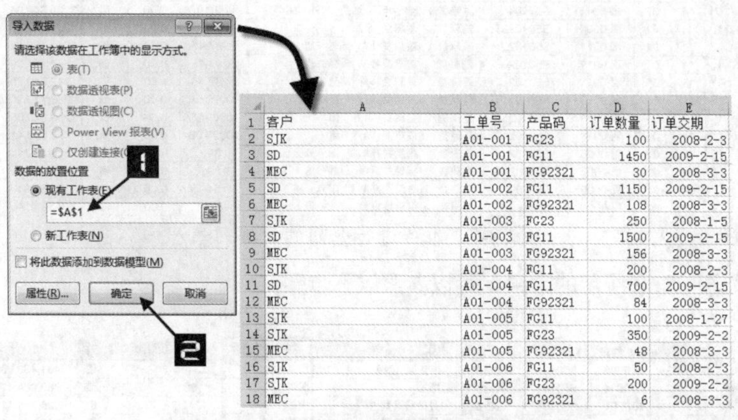

图 28-5　在 Excel 中完成文本文件的导入

如果文本文件中的数据信息发生了改变，可以在导入数据的任意单元格中单击鼠标右键，在弹出的扩展菜单中选择【刷新】命令，即可完成对文本文件的更新，如图 28-6 所示。

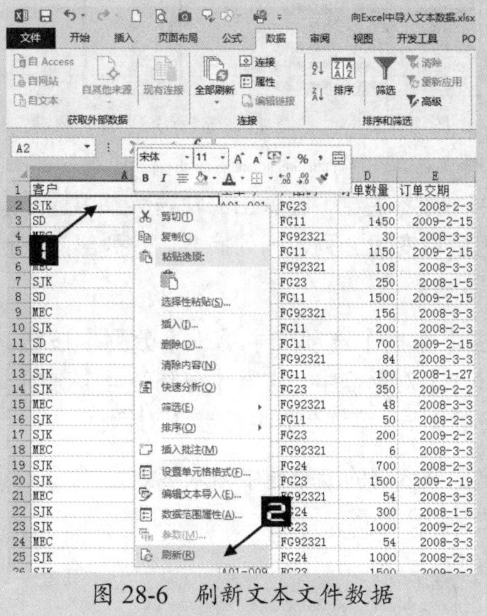

图 28-6　刷新文本文件数据

28.2.2　Excel 中的分列功能

Excel 中的分列功能能将一整列数据按照某种方式快速分隔成多列，以满足用户的需要，也可以一次性的转化数据的类型。

示例 28-2　在会计凭证的摘要中拆分部门

图 28-7 所示的数据列表是从财务软件中导出的费用数据，其中的 G 列“借方”为文本型数值，不能统计金额合计，F 列的“摘要”中“_”后面都是发生费用的各个部门，如图 28-7 所示。

第28章 Excel 2013

	A	B	C	D	E	F	G	H	I	J
1	月	日	凭证号数	科目编码	科目名称	摘要	借方	贷方	方向	余额
2	06	02	银-0006	550101	运输费	华丰货运 运费_国外一组	13495	0.00	借	461,493.40
3	12	02	现-0004	550101	运输费	运费_国外二组	60	0.00	借	883,464.41
4	12	02	银-0004	550101	运输费	10月份陆运费 中外运_国外一组	13480	0.00	借	896,944.41
5	12	02	银-0004	550101	运输费	10月份陆运费 中外运_国外三组	615	0.00	借	897,559.41
6	03	05	银-0036	550101	运输费	捷丰 运杂费_国外二组	330	0.00	借	96,543.34
7	04	07	银-0041	550101	运输费	华丰货运 运费_国外二组	25910	0.00	借	208,302.84
8	11	01	现-0004	550102	差旅费	差旅费_军品	1336	0.00	借	237,878.35
9	11	01	现-0011	550102	差旅费	差旅费补助_国外一组	3287.47	0.00	借	241,165.82
10	11	01	现-0011	550102	差旅费	差旅费补助_国外二组	3287.47	0.00	借	244,453.29
11	11	01	现-0011	550102	差旅费	差旅费补助_国外三组	3287.46	0.00	借	247,740.75
12	11	01	现-0011	550102	差旅费	差旅费_国外一组	10969.55	0.00	借	258,710.30
13	11	01	现-0011	550102	差旅费	差旅费_国外二组	10969.55	0.00	借	269,679.85
14	11	01	现-0011	550102	差旅费	差旅费_国外三组	10969.56	0.00	借	280,649.41
15	03	02	现-0005	550102	差旅费	差旅费补助费_国外一组	34	0.00	借	5,420.14
16	03	02	现-0005	550102	差旅费	报销差旅费_国外一组	89	0.00	借	5,509.14
17	03	02	现-0006	550102	差旅费	差旅费补助费_国外一组	54	0.00	借	5,563.14
18	03	02	现-0006	550102	差旅费	报销差旅费_国外一组	740	0.00	借	6,303.14

图 28-7 准备进行分列的数据列表

要达到如图 28-8 所示的效果，可以参照以下步骤。

	A	B	C	D	E	F	G	H	I	J	K
1	月	日	凭证号数	科目编码	科目名称	摘要	部门	借方	贷方	方向	余额
2	06	02	银-0006	550101	运输费	华丰货运 运费	国外一组	13495	-	借	461,493.40
3	12	02	现-0004	550101	运输费	运费	国外二组	60	-	借	883,464.41
4	12	02	银-0004	550101	运输费	10月份陆运费 中外运	国外一组	13480	-	借	896,944.41
5	12	02	银-0004	550101	运输费	10月份陆运费 中外运	国外三组	615	-	借	897,559.41
6	03	05	银-0036	550101	运输费	捷丰 运杂费	国外二组	330	-	借	96,543.34
7	04	07	银-0041	550101	运输费	华丰货运 运费	国外二组	25910	-	借	208,302.84
8	11	01	现-0004	550102	差旅费	差旅费	军品	1336	-	借	237,878.35
9	11	01	现-0011	550102	差旅费	差旅费补助	国外一组	3287.47	-	借	241,165.82
10	11	01	现-0011	550102	差旅费	差旅费补助	国外二组	3287.47	-	借	244,453.29
11	11	01	现-0011	550102	差旅费	差旅费补助	国外三组	3287.46	-	借	247,740.75
12	11	01	现-0011	550102	差旅费	差旅费	国外一组	10969.55	-	借	258,710.30
13	11	01	现-0011	550102	差旅费	差旅费	国外二组	10969.55	-	借	269,679.85
14	11	01	现-0011	550102	差旅费	差旅费	国外三组	10969.56	-	借	280,649.41
15	03	02	现-0005	550102	差旅费	差旅费补助费	国外一组	34	-	借	5,420.14
16	03	02	现-0005	550102	差旅费	报销差旅费	国外一组	89	-	借	5,509.14
17	03	02	现-0006	550102	差旅费	差旅费补助费	国外一组	54	-	借	5,563.14
18	03	02	现-0006	550102	差旅费	报销差旅费	国外一组	740	-	借	6,303.14

图 28-8 对“摘要”进行分列后的效果

步骤 1 → 选中 G 列后单击鼠标右键，在弹出的快捷菜单中选择【插入】命令插入一列空白列。因为 F 列分列后将变为 2 列，一列摘要，一列部门，新的列需要存储空间，否则会覆盖现有数据列。

步骤 2 → 选中 F 列，在【数据】选项卡中单击【分列】按钮，在弹出的【文本分列向导-第 1 步，共 3 步】对话框中，选择【分隔符号】选项，单击【下一步】按钮，此时出现【文本分列向导-第 2 步，共 3 步】对话框。

步骤 3 → 在【其他】复选框右侧的编辑框中输入下划线“_”，此时【数据预览】区域中会发生变化，如图 28-9 所示。

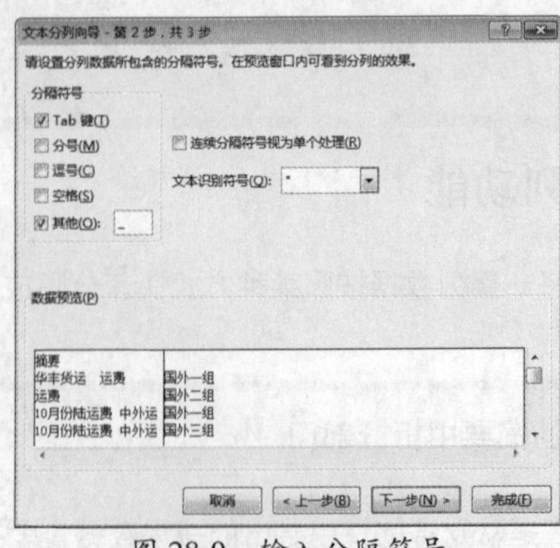

图 28-9 输入分隔符号

步骤4 → 单击【下一步】按钮，出现【文本分列向导-3 步骤之 3，共 3 步】对话框，单击【完成】按钮。此时，部门作为单独的一列被分离出来了，输入列标题“部门”，如图 28-8 所示。

同样，对“借方”进行文本与数值的转换，可以在【文本分列向导-第 3 步，共 3 步】 对话框中，【列数据格式】选择“常规”即可。

28.3 从 Access 获取外部数据

用户还可以通过使用 Excel“获取外部数据”的功能来达到引用 Access 数据库数据的目的。

示例 28-3 读取 Access 数据库中的工时数据

如果“标准工时数据.accdb”中的数据引用到 Excel 中并保持自动更新，可参照以下步骤进行。

步骤1 → 新建一个 Excel 工作簿文件，将其命名为“从 Access 获取外部数据”，打开它。

步骤2 → 在【数据】选项卡中单击【自 Access】按钮，在弹出的【选取数据源】对话框中，定位到“标准工时数据.accdb”，单击【打开】按钮，如图 28-10 所示。

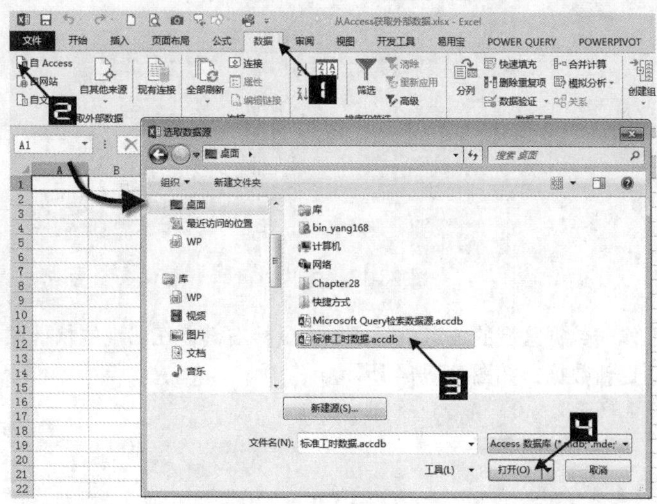

图 28-10　获取外部数据选择数据源“标准工时数据”

步骤3 → 在弹出的【选择表格】对话框中选中“标准工时数据”，单击【确定】按钮，在出现的【导入数据】对话框中，“数据的放置位置”选择【现有工作表】选项，并单击 A1 单元格，导入的数据将从当前工作表的 A1 单元格起顺序排列；用户也可以根据需要选择【新建工作表】，Excel 将新建一个工作表，然后从 A1 单元格开始插入数据，如图 28-11 所示。

步骤4 → 在【导入数据】对话框中单击【属性】按钮，出现【连接属性】对话框，勾选【打开文件时刷新数据】的复选框。这样，每次打开本工作簿，就会自动更新外部数据，如图 28-12 所示。

步骤5 → 单击【确定】按钮返回【导入数据】对话框，再单击【确定】按钮，完成设置，工作表中将会出现“标准工时数据：正在获取数据…”的提示行，几秒钟后就会出现导入的外部数据。

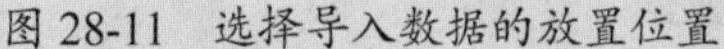

图 28-11 选择导入数据的放置位置

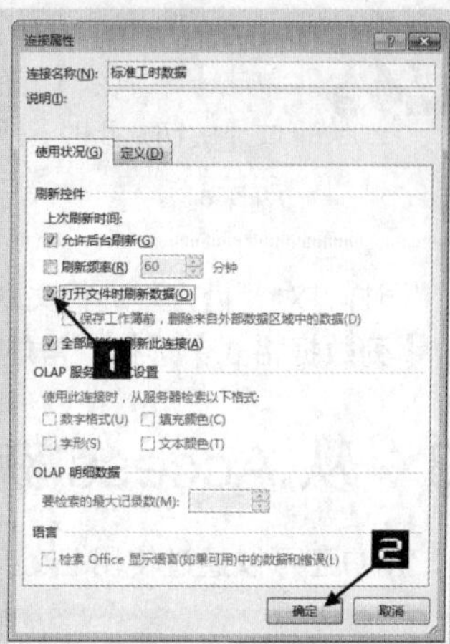

图 28-12 导入的外部数据

当用户首次打开已经导入外部数据的工作簿时就会出现【安全警告】提示栏，这是微软出于文件安全方面给出的用户确认提示，单击【启用内容】按钮后即可正常打开文件，如图 28-13 所示。

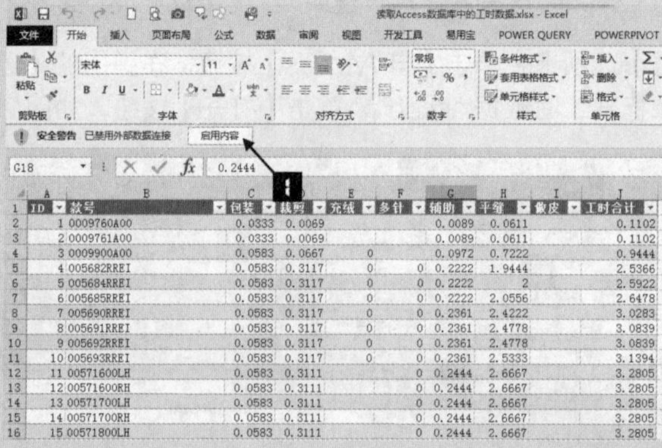

图 28-13 首次打开工作簿的安全警告

在工作表数据区域的任意单元格单击鼠标右键，在出现的快捷菜单中单击【刷新】命令，可以随时手动更新数据，如图 28-14 所示。

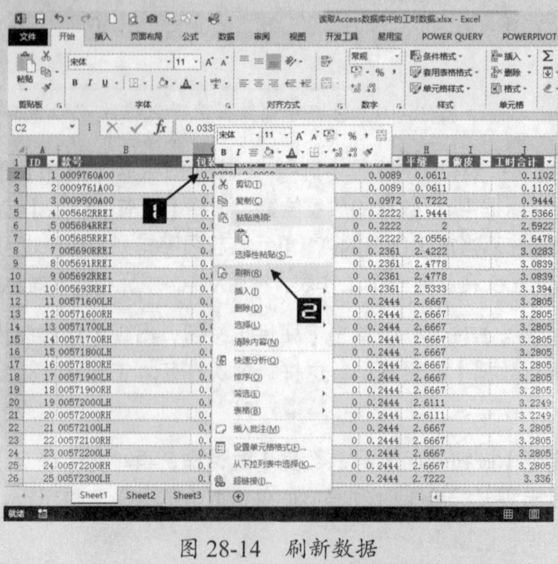

图 28-14 刷新数据

同时，【表格工具】选项卡中包含【属性】、【工具】、【外部表数据】、【表格样式选项】和【表格样式】组等诸多设置选项与功能，可以根据需要进行使用，如图 28-15 所示。

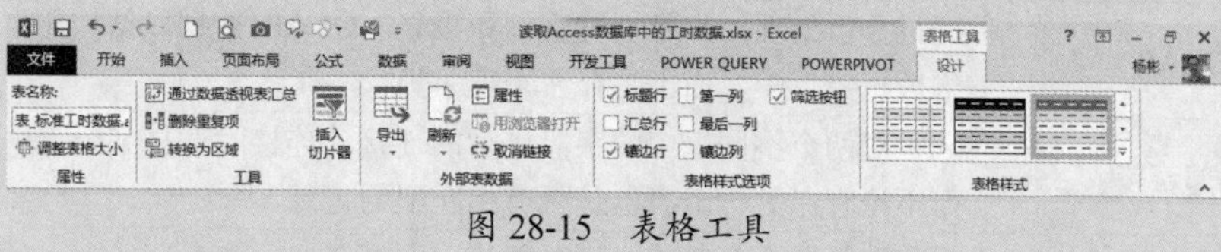

图 28-15　表格工具

28.4　利用 Microsoft Query 创建查询

Microsoft Query 充当 Excel 和外部数据源之间的桥梁作用。使用 Microsoft Query，可以连接到外部数据源后从中选择数据，并将该数据导入 Excel 中，还可以根据需要刷新数据与外部数据源中的数据保持同步。

28.4.1　Microsoft Query 简介

在 Microsoft Query 中将特定数据库设置数据源以后，只要想创建查询，便可以从该数据源中检索数据，而不必重新键入所有连接信息。创建查询并将数据返回到 Excel 数据列表后，Microsoft Query 会为 Excel 工作簿提供查询和数据源信息，以便用户在需要刷新数据时重新连接到数据库，如图 28-16 所示。

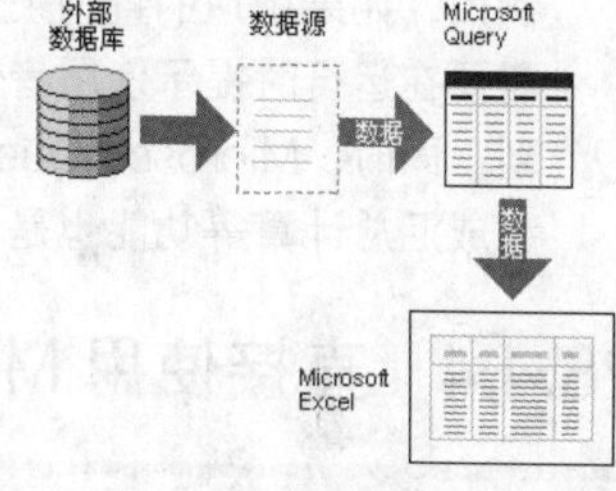

图 28-16　Microsoft Query 程序的作用

用户可以利用 Microsoft Query 来访问任何安装了 ODBC、OLE-DB 或 OLAP 驱动程序的数据源。Excel 为下列数据源提供了驱动程序：

- Access
- dBASE
- Excel
- Oracle
- Paradox
- Microsoft SQL Server OLAP Services
- 文本文件数据库

28.4.2　Microsoft Query 的有关数语

有关 Microsoft Query 的有关术语如表 28-1 所示。

表 28-1　Microsoft Query 有关术语

Microsoft Query 术语	解　释
数据源	一组储存的数据，允许 Excel 连接到外部数据库
字段/列	相当于一个 Excel 数据列表中的列
字段名	相当于 Excel 数据列表中的一个列标题
内部连接	一种对两个不同数据列表中的字段进行的连接，只选择被连接字段中值相同的记录

续表

Microsoft Query 术语	解　释
OLAP	联机分析处理，只是一种查询和报表，OLAP 数据以结构化层次存储于“多维数据集”中，而不是存在于表单里
外部连接	一种对两个不同表中的字段进行的连接，连接时选择某个表中的所有记录，而不论它在另一个表里是否有相匹配的记录
查询	为获取数据而存储的、可重复使用的规范
记录	相当于数据列表中的一列
结果集	满足用户当前的记录，Microsoft Query 将在数据窗格中显示结果集
SQL	结构化查询语言，是 Microsoft Query 从外部数据库中获取数据时所采用的语言
表	关于某个主题的信息集合，以字段和记录的形式组织在一起，相当于 Excel 中的一个数据列表

28.4.3 查询向导和 Query 的异同

【查询向导】是 Microsoft Query 的一种接口，可以帮助用户方便地设置条件和筛选方案。【查询向导】作为完成简单的查询是一种非常理想的方法，但它并不具备 Microsoft Query 的所有功能。例如，如果用户的查询条件中不仅涉及简单的比较，还涉及了对数据的计算，或者用户建立的查询需要在运行时提示使用者输入一个或多个参数，就必须使用 Microsoft Query，【查询向导】无法做到。同时，Microsoft Query 的重命名列、筛选不包括在结果集中的字段、将结果集限制为唯一项、完成汇总计算等功能也是【查询向导】无法完成的。

28.4.4 直接使用 Microsoft Query

示例 28-4 利用 Microsoft Query 创建参数查询

如果用户要想直接在 Microsoft Query 中创建带有参数的查询可以参照以下步骤进行。

步骤 1 在桌面新建一个 Excel 工作簿，命名为“利用 Microsoft Query 创建参数查询”，双击打开，在【数据】选项卡中依次单击【自其他来源】→【来自 Microsoft Query】命令，弹出【选择数据源】对话框，如图 28-17 所示。

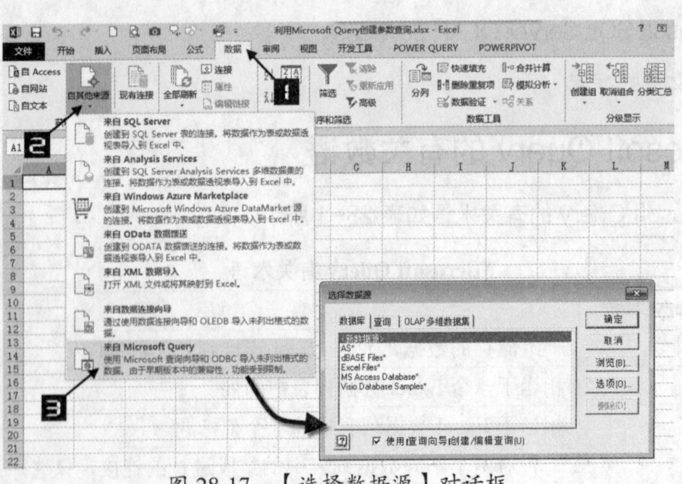

图 28-17 【选择数据源】对话框

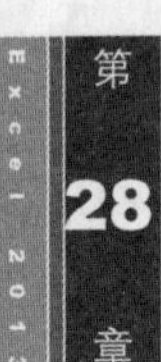

步骤2 由于是对“Microsoft Query 检索数据源.accdb”文件创建参数查询，所以在【数据库】选项卡中选择“MS Access Database *”文件类型，同时取消勾选【使用“查询向导”创建/编辑查询】的复选框，如图 28-18 所示。

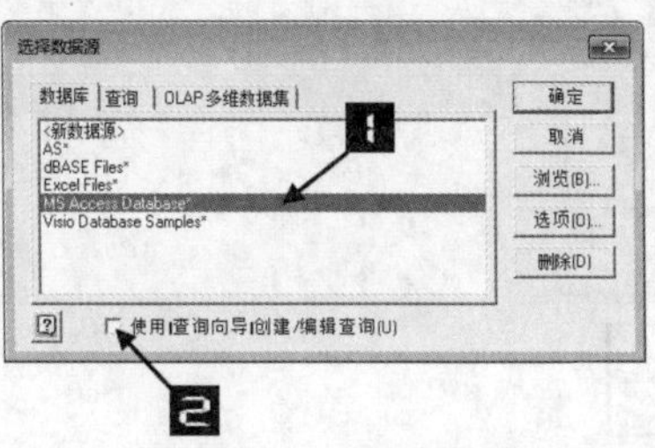

图 28-18　选择数据库

注意 必须先取消勾选【使用“查询向导”创建/编辑查询】复选框，否则将进入【查询向导】模式，而不是 Microsoft Query 的完整功能界面。

步骤3 单击【确定】按钮后弹出【选择数据库】对话框，在【目录】中指定数据源文件“Microsoft Query 检索数据源.accdb”所在的位置，如图 28-19 所示。

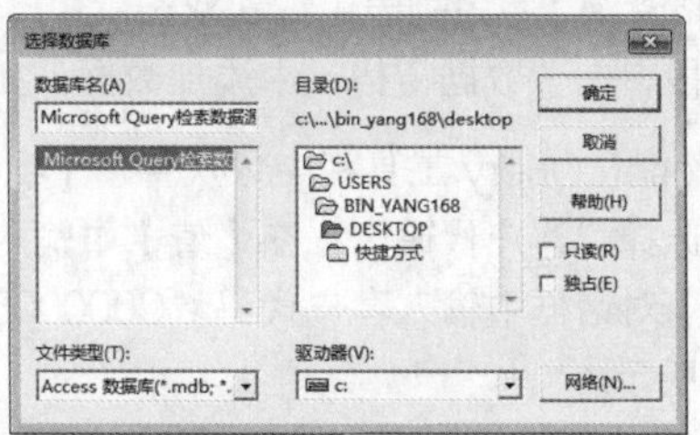

图 28-19　指定数据源

步骤4 单击【选择数据库】对话框内的【确定】按钮，弹出 Microsoft Query【添加表】对话框，选中表【价格查询】，单击【添加】按钮，Microsoft Query 中会出现来自【价格查询】的字段列表，如图 28-20 所示。

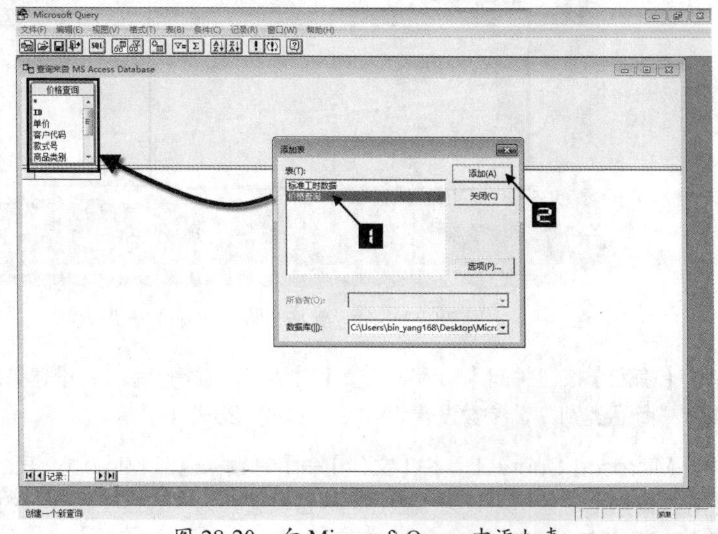

图 28-20　向 Microsoft Query 中添加表

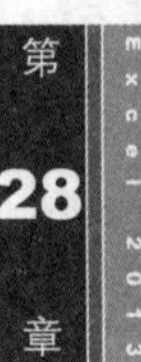

步骤5 → 单击【添加表】对话框中的【关闭】按钮，即可见 Microsoft Query 查询窗口，如图 28-21 所示。

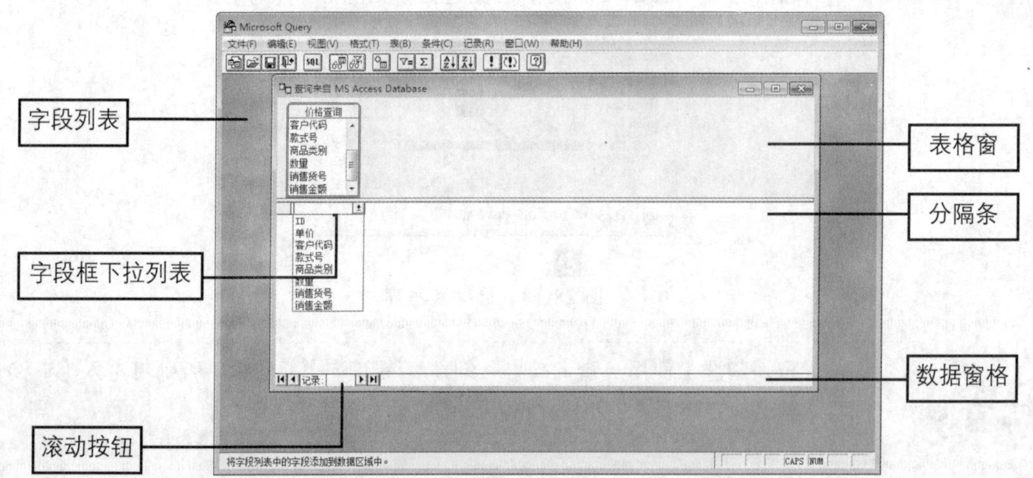

图 28-21 Microsoft Query 查询窗口

步骤6 → 在【价格查询】字段列表中依次双击“客户代码”、“款式号”、“商品类别”和“单价”字段，向“数据窗格”中添加数据，如图 28-22 所示。

步骤7 → 在 Microsoft Query 工具栏中依次单击【视图】→【条件】，在【条件】字段的下拉列表中选择“客户代码”，在【值】中输入“[]”，按下 Enter 键，在弹出的【输入参数值】对话框中输入客户代码“C000005”，也可以输入其他的客户代码，如图 28-23 所示。

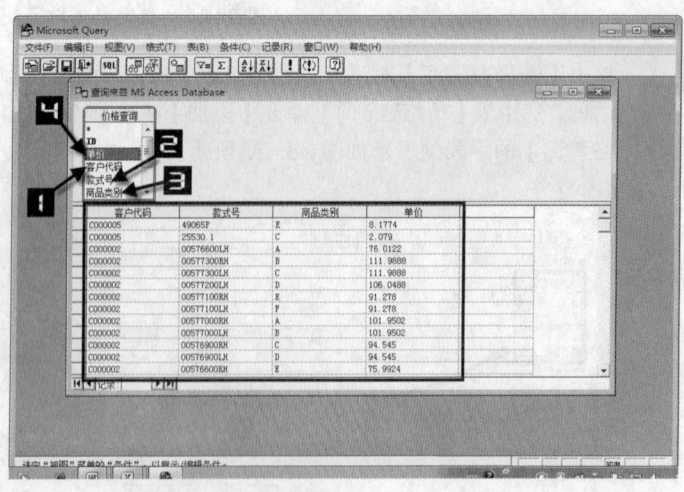

图 28-22 向“数据窗格”中添加查询数据

步骤8 → 单击【确定】按钮关闭【输入参数值】对话框，重复步骤 7，设置第二个条件查询字段为“商品类别”，参数设置为“A”，如图 28-24 所示。

步骤9 → 单击 Microsoft Query 工具栏【文件】→【将数据返回 Microsoft Excel】，在弹出的【导入数据】对话框中设置“数据的存放位置”为“现有工作表”的 A4 单元格，如图 28-25 所示。

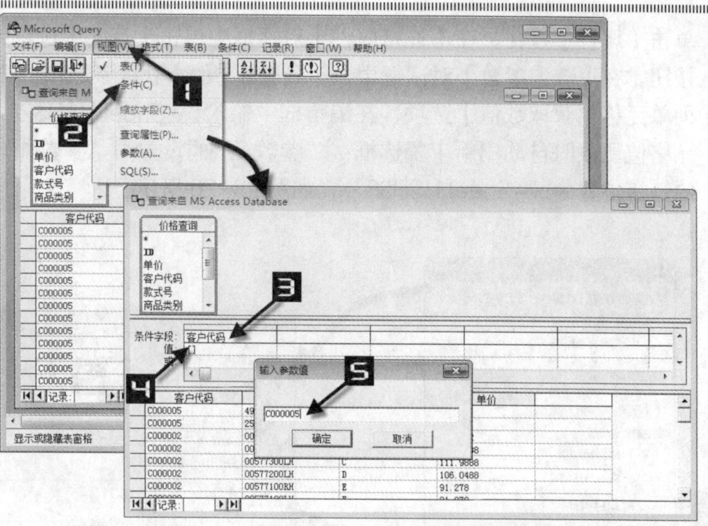

图 28-23　设置查询参数

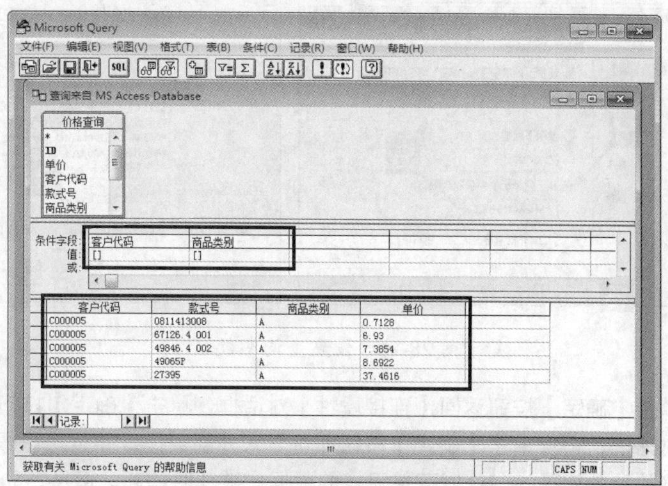

图 28-24　向 Microsoft Query 中添加查询字段和查询条件

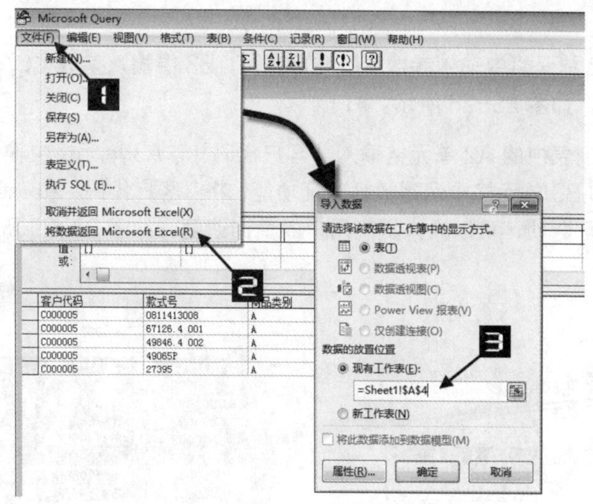

图 28-25　设置导入数据的放置位置

步骤10→ 单击【属性】按钮，在【连接属性】对话框中单击【定义】选项卡，单击【参数】按钮，在【查询参数】对话框中，“参数 1”的【获取参数值的方式】选择【从下列单元格中获取数值】选项，在编辑框中输入“=Sheet1!$B$2”，同时勾选【单元格值更改时自动刷新】复选框；“参数 2”的设置同“参数 1”，只是获取数值的链接位置为“=Sheet1!$B$3”，如图 28-26 所示。

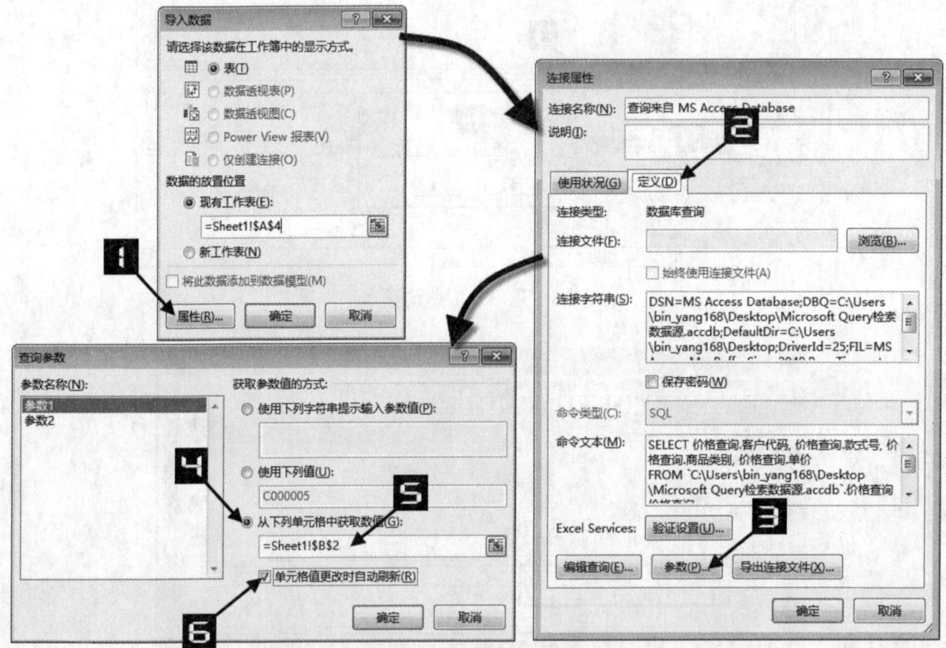

图 28-26 设置查询参数

步骤11→ 单击【确定】按钮返回【连接属性】对话框，单击【确定】按钮返回【导入数据】对话框，再次单击【确定】按钮即可导入外部数据，并且可以根据 B2 和 B3 单元格的参数变换，A4 以下单元格的数据会被及时刷新。但是，如果 B2、B3 单元格没有输入查询参数，查询表中将只会显示一行标题，并没有查询数据，如图 28-27 所示。

步骤12→ 在 B2 单元格中输入参数“C000002”，B3 中输入参数“C”立即可见查询的外部数据，如图 28-28 所示。

步骤13→ 在查询表中的 A2 单元格输入“客户代码”，A3 单元格中输入“商品类别”并在 B2 和 B3 单元格中运用数据验证功能，将“客户代码”和“商品类别”作为下拉列表的可选项，可以大大提高用户的查询速度，如图 28-29 所示。

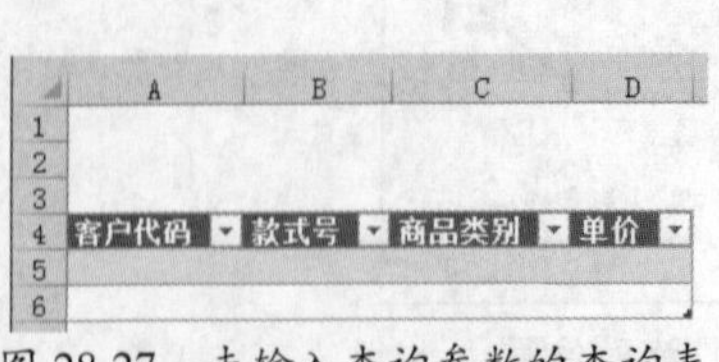

	A	B	C	D
1				
2				
3				
4	客户代码	款式号	商品类别	单价
5				
6				

图 28-27 未输入查询参数的查询表

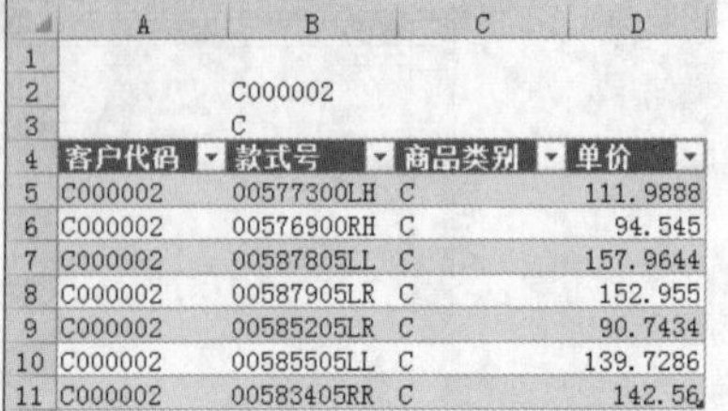

	A	B	C	D
1				
2		C000002		
3		C		
4	客户代码	款式号	商品类别	单价
5	C000002	00577300LH	C	111.9888
6	C000002	00576900RH	C	94.545
7	C000002	00587805LL	C	157.9644
8	C000002	00587905LR	C	152.955
9	C000002	00585205LR	C	90.7434
10	C000002	00585505LL	C	139.7286
11	C000002	00583405RR	C	142.56

图 28-28 输入查询参数的查询表

客户代码 C000003

商品类别

C000018
C000019
C000026
C000032
C000037
C000062
C000075
C000084

	A	B	C	D
1				
2	客户代码	C000003		
3	商品类别			
4	客户代码		商品类别	单价
5	C000003		C	218.87
6	C000003		C	42.57
7	C000003		C	45.60
8	C000003	32001533NB	C	23.84
9	C000003	32003411NB	C	22.87
10	C000003	36503153NB	C	27.50
11	C000003	36505133NB	C	22.08
12	C000003	31003231NB	C	37.56
13	C000003	32003151NB	C	32.47
14	C000003	32003411NB	C	21.66
15	C000003	32403111NB	C	23.23
16	C000003	32003152NB	C	32.47
17	C000003	31003131NB	C	32.25
18	C000003	31003132NB	C	32.25

图 28-29 在查询表中应用数据验证

28.5 自网站获取数据

示例 28-5 制作自动更新的天气预报

Excel 不但可以从外部数据库中获取数据，也可以从 Web 网页中轻松地获取数据，具体方法如下。

步骤 1 在桌面新建一个 Excel 工作簿，将其命名为“制作自动更新的天气预报.XLSX”，并打开它。

步骤 2 在【数据】选项卡中单击【自网站】按钮，弹出【新建 Web 查询】对话框，如图 28-30 所示。

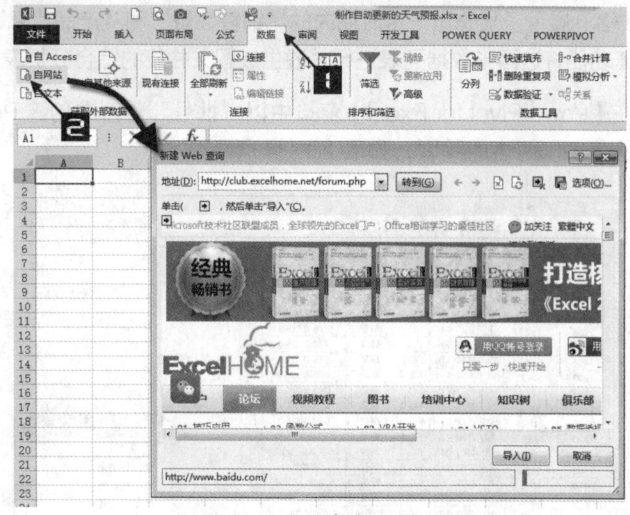

图 28-30 新建 Web 查询

步骤 3 在【新建 Web 查询】对话框中的【地址】栏中输入目标网址，如“http://weather. china. com.cn/forecast/1-1-2.html”，单击【转到】按钮，出现网页内容。在页面中单击要查询数据表左上角的➡图标，选中要查询的数据表，单击【导入】按钮，出现【导入数据】对话框，数据的放置位置选择【现有工作表】的 A1 单元格，如图 28-31 所示。

步骤4 → 单击【确定】按钮返回【导入数据】对话框，再单击【确定】按钮，完成设置，工作表中A1单元格将会出现“1-1-2：正在获取数据...”的提示行，几秒钟后就会出现导入的外部数据，如图28-32所示。

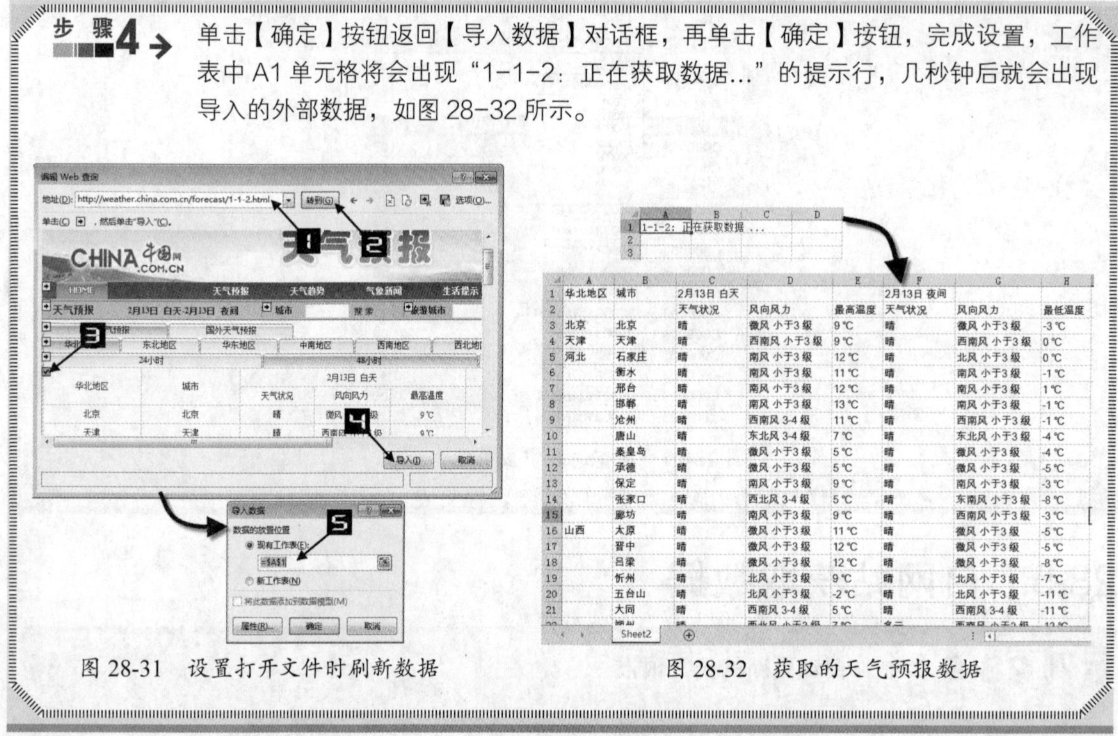

	A	B	C	D	E	F	G	H
1	华北地区	城市	2月13日 白天			2月13日 夜间		
2			天气状况	风向风力	最高温度	天气状况	风向风力	最低温度
3	北京	北京	晴	微风 小于3级	9 ℃	晴	微风 小于3级	-3 ℃
4	天津	天津	晴	西南风 小于3级	9 ℃	晴	西南风 小于3级	0 ℃
5	河北	石家庄	晴	南风 小于3级	12 ℃	晴	北风 小于3级	0 ℃
6		衡水	晴	南风 小于3级	11 ℃	晴	南风 小于3级	-1 ℃
7		邢台	晴	南风 小于3级	12 ℃	晴	南风 小于3级	1 ℃
8		邯郸	晴	南风 小于3级	13 ℃	晴	南风 小于3级	-1 ℃
9		沧州	晴	西南风 3-4级	11 ℃	晴	西南风 小于3级	-1 ℃
10		唐山	晴	东北风 3-4级	7 ℃	晴	东北风 小于3级	-4 ℃
11		秦皇岛	晴	微风 小于3级	5 ℃	晴	微风 小于3级	-4 ℃
12		承德	晴	微风 小于3级	5 ℃	晴	微风 小于3级	-5 ℃
13		保定	晴	南风 小于3级	9 ℃	晴	南风 小于3级	-3 ℃
14		张家口	晴	西北风 3-4级	5 ℃	晴	东南风 小于3级	-8 ℃
15		廊坊	晴	南风 小于3级	9 ℃	晴	西南风 小于3级	-3 ℃
16	山西	太原	晴	微风 小于3级	11 ℃	晴	微风 小于3级	-5 ℃
17		晋中	晴	微风 小于3级	12 ℃	晴	微风 小于3级	-5 ℃
18		吕梁	晴	微风 小于3级	12 ℃	晴	微风 小于3级	-8 ℃
19		忻州	晴	北风 小于3级	9 ℃	晴	北风 小于3级	-7 ℃
20		五台山	晴	北风 小于3级	-2 ℃	晴	北风 小于3级	-11 ℃
21		大同	晴	西南风 3-4级	5 ℃	晴	西南风 3-4级	-11 ℃

图 28-31　设置打开文件时刷新数据　　　图 28-32　获取的天气预报数据

28.6 PowerPivot for Excel 2013

在 Excel 2013 中，PowerPivot 成为了 Excel 的内置功能，无需安装任何加载项即可使用。运用 PowerPivot，用户可以从多个不同类型的数据源将数据导入 Excel 的数据模型中并创建关系。数据模型中的数据可供数据透视表、Power View 等其他数据分析工具所用。

图 28-33 展示了某公司一定时期内的“销售数量”和“产品信息”数据列表，如果用户希望利用 PowerPivot 功能将这两张数据列表进行关联生成图文并茂的综合分析表，可以运用以下主要功能。

◆ 在【PowerPivot for Excel】窗口中以“批号”为基准创建 PowerPivot“销售数量”和“产品信息”两表的关联，如图 28-34 所示。

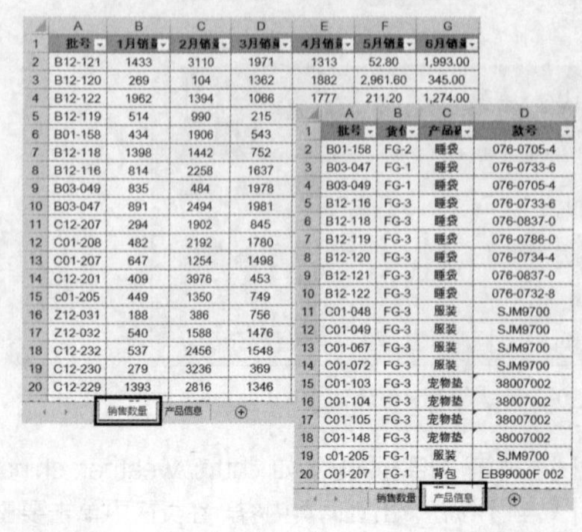

	A	B	C	D	E	F	G
1	批号	1月销量	2月销量	3月销量	4月销量	5月销量	6月销量
2	B12-121	1433	3110	1971	1313	52.80	1,993.00
3	B12-120	269	104	1362	1882	2,961.60	345.00
4	B12-122	1962	1394	1066	1777	211.20	1,274.00
5	B12-119	514	990	215			
6	B01-158	434	1906	543			
7	B12-118	1398	1442	752			
8	B12-116	814	2258	1637			
9	B03-049	835	484	1978			
10	B03-047	891	2494	1981			
11	C12-207	294	1902	845			
12	C01-208	482	2192	1780			
13	C01-207	647	1254	1498			
14	C12-201	409	3976	453			
15	c01-205	449	1350	749			
16	Z12-031	188	386	756			
17	Z12-032	540	1588	1476			
18	C12-232	537	2456	1548			
19	C12-230	279	3236	369			
20	C12-229	1393	2816	1346			

	A	B	C	D
1	批号	货位	产品码	款号
2	B01-158	FG-2	睡袋	076-0705-4
3	B03-047	FG-1	睡袋	076-0733-6
4	B03-049	FG-1	睡袋	076-0705-4
5	B12-116	FG-3	睡袋	076-0733-6
6	B12-118	FG-3	睡袋	076-0837-0
7	B12-119	FG-3	睡袋	076-0786-0
8	B12-120	FG-3	睡袋	076-0734-4
9	B12-121	FG-3	睡袋	076-0837-0
10	B12-122	FG-3	睡袋	076-0732-8
11	C01-048	FG-3	服装	SJM9700
12	C01-049	FG-3	服装	SJM9700
13	C01-067	FG-3	服装	SJM9700
14	C01-072	FG-3	服装	SJM9700
15	C01-103	FG-3	宠物垫	38007002
16	C01-104	FG-3	宠物垫	38007002
17	C01-105	FG-3	宠物垫	38007002
18	C01-148	FG-3	宠物垫	38007002
19	c01-205	FG-1	服装	SJM9700
20	C01-207	FG-1	背包	EB99000F 002

图 28-33　“销售数量”和“产品信息”数据列表

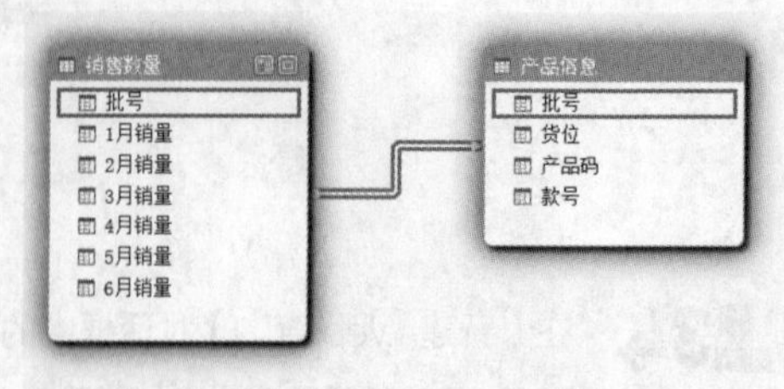

图 28-34　PowerPivot“销售数量”和“产品信息”创建关系

◆ 创建如图 28-35 所示的数据透视表。

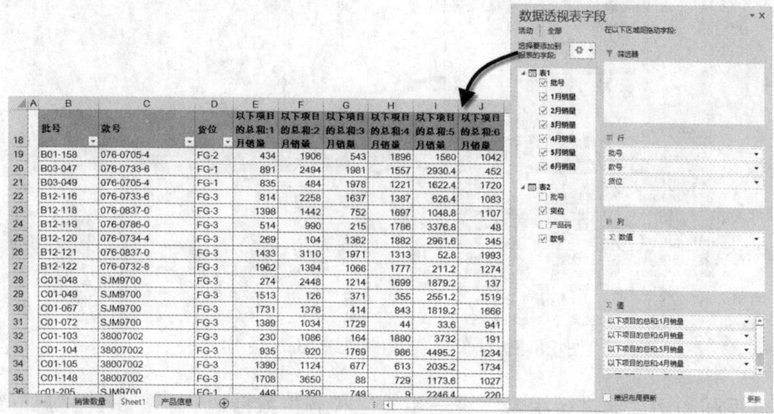

图 28-35　设置数据透视表

◆ 创建并美化如图 28-36 所示的数据透视图。

◆ 插入【产品码】切片器，并将数据透视表和数据透视图进行连接，如图 28-37 所示。

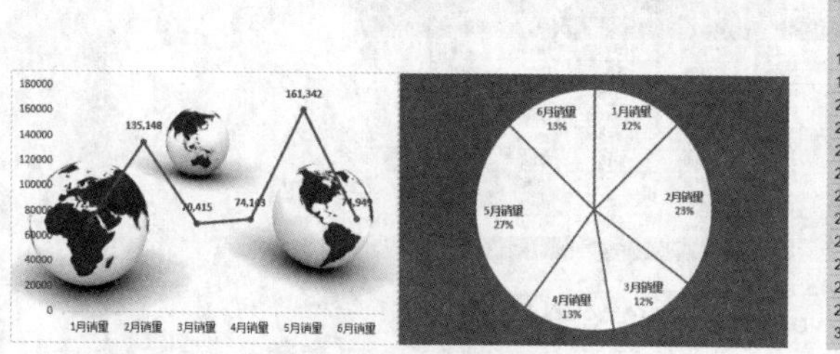

图 28-36　美化数据透视图

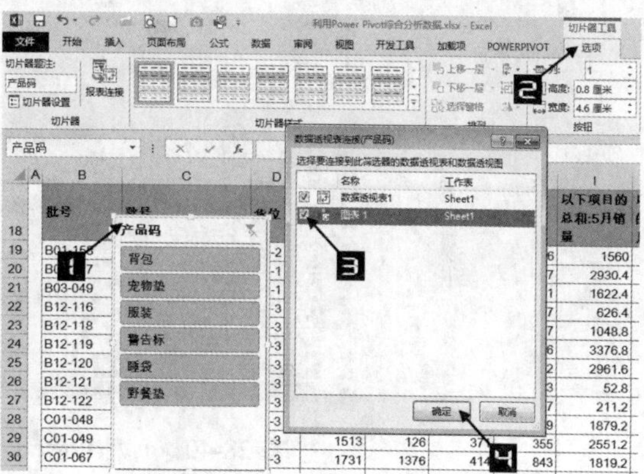

图 28-37　设置切片器的连接

◆ 在【PowerPivot for Excel】窗口中添加计算字段"CalculatedColumn1"计算 6 个月的平均销量，"CalculatedColumn2"为插入迷你图预留空间，如图 28-38 所示。

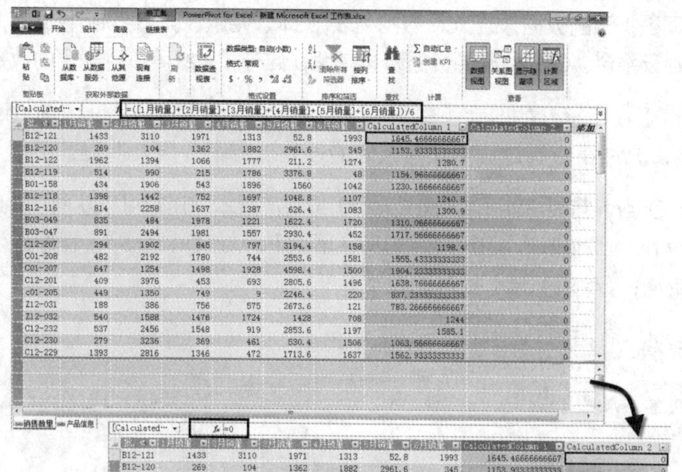

图 28-38　在"销售数量"表中添加列

◆ 在数据透视表中的插入“迷你图”，如图 28-39 所示。

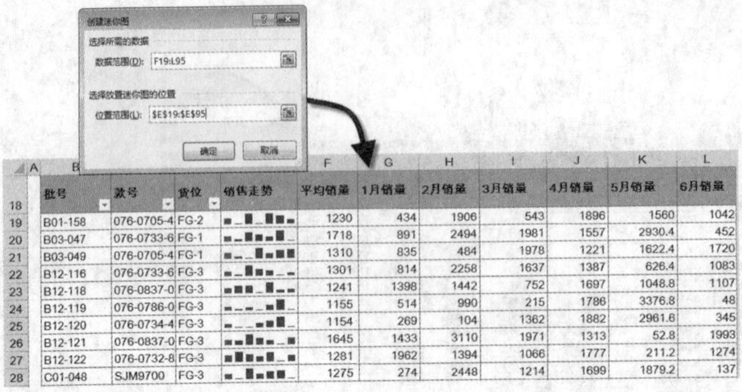

创建迷你图
选择所需的数据
数据范围(D): F19:L95
选择放置迷你图的位置
位置范围(L): $E$19:$E$95
确定 取消

批号	款号	货位	销售走势	平均销量	1月销量	2月销量	3月销量	4月销量	5月销量	6月销量
B01-158	076-0705-4	FG-2		1230	434	1906	543	1896	1560	1042
B03-047	076-0733-6	FG-1		1718	891	2494	1981	1557	2930.4	452
B03-049	076-0705-4	FG-1		1310	835	484	1978	1221	1622.4	1720
B12-116	076-0733-6	FG-3		1301	814	2258	1637	1387	626.4	1083
B12-118	076-0837-0	FG-3		1241	1398	1442	752	1697	1048.8	1107
B12-119	076-0786-0	FG-3		1155	514	990	215	1786	3376.8	48
B12-120	076-0734-4	FG-3		1154	269	104	1362	1882	2961.6	345
B12-121	076-0837-0	FG-3		1645	1433	3110	1971	1313	52.8	1993
B12-122	076-0732-8	FG-3		1281	1962	1394	1066	1777	211.2	1274
C01-048	SJM9700	FG-3		1275	274	2448	1214	1699	1879.2	137

图 28-39 在数据透视表中插入迷你图

将数据透视图和切片器进行组合，进一步美化和调整数据透视表，最终完成的综合分析表如图 28-40 所示。

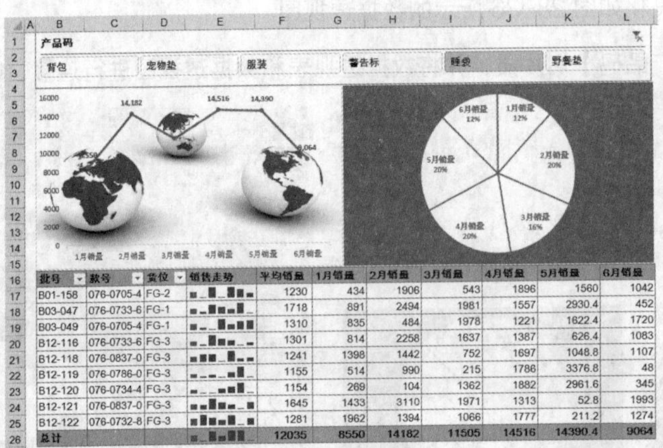

批号	款号	货位	销售走势	平均销量	1月销量	2月销量	3月销量	4月销量	5月销量	6月销量
B01-158	076-0705-4	FG-2		1230	434	1906	543	1896	1560	1042
B03-047	076-0733-6	FG-1		1718	891	2494	1981	1557	2930.4	452
B03-049	076-0705-4	FG-1		1310	835	484	1978	1221	1622.4	1720
B12-116	076-0733-6	FG-3		1301	814	2258	1637	1387	626.4	1083
B12-118	076-0837-0	FG-3		1241	1398	1442	752	1697	1048.8	1107
B12-119	076-0786-0	FG-3		1155	514	990	215	1786	3376.8	48
B12-120	076-0734-4	FG-3		1154	269	104	1362	1882	2961.6	345
B12-121	076-0837-0	FG-3		1645	1433	3110	1971	1313	52.8	1993
B12-122	076-0732-8	FG-3		1281	1962	1394	1066	1777	211.2	1274
总计				12035	8550	14182	11505	14516	14390.4	9064

图 28-40 利用 PowerPivot for Excel 综合分析数据

28.7 Power Query

Power Query 是微软发布的针对 Excel 2013 的一个外接程序。利用 Power Query 可以导入、转置、合并来自各种不同数据源的数据，如 Excel 数据列表、文本、Web、SQL Server 数据库，以及 Active Directory 活动目录、Azure 云平台、Odata 开源数据和 Hadoop 分布式系统等多种来源的数据。

作为 Power BI for Excel 的四大组件之一，Power Query 提供了远比 Microsoft Query 强大的外部数据查询功能，允许在查询过程中使用大量的预处理方案，极大地提升了用户的 BI 体验。

安装 Power Query 需要 Internet Explorer 9 或更高版本。用户可以从网址 http://www.microsoft.com/zh -cn/download/details.aspx?id=39379 下载 Power Query 外接程序，注意是与您所安装的 Office 的体系结构（x86 或 x64）相符的版本。

Power Query 界面如图 28-41 所示。

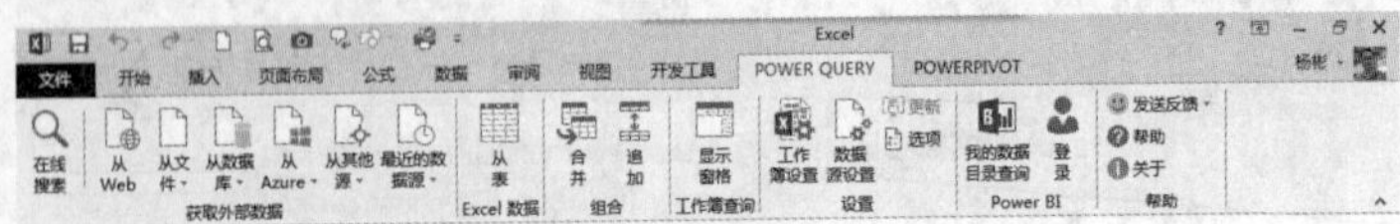

图 28-41 Power Query 界面

第 29 章 使用数据透视表分析数据

本章将向读者介绍如何创建数据透视表、设置数据透视表的格式、数据透视表的排序和筛选、数据透视表中的切片器和日程表、数据透视表组合、数据透视表内的复杂计算、创建动态数据源的数据透视表与利用多种形式数据源创建数据透视表以及创建数据透视图等内容。通过对本章的学习，读者能掌握创建数据透视表的基本方法和运用技巧。

本章学习要点

（1）创建数据透视表。

（2）数据透视表的排序和筛选。

（3）数据透视表中的切片器和日程表。

（4）数据透视表的项目组合。

（5）在数据透视表中插入计算字段及计算项。

（6）利用多种形式数据源创建数据透视表。

（7）钻取数据透视表。

29.1 关于数据透视表

数据透视表是用来从 Excel 数据列表、关系数据库文件或 OLAP 多维数据集中的特殊字段中总结信息的分析工具。它是一种交互式报表，可以快速分类汇总、比较大量的数据，并可以随时选择其中页、行和列中的不同元素，以达到快速查看源数据的不同统计结果，同时还可以随意显示和打印出你所感兴趣区域的明细数据。

数据透视表有机地综合了数据排序、筛选、分类汇总等数据分析的优点，可方便地调整分类汇总的方式，灵活地以多种不同方式展示数据的特征。仅靠鼠标移动字段位置，即可变换出各种类型的报表。同时，数据透视表也是解决函数公式运行速度瓶颈的一种非常高效的替代方法。因此，该工具是最常用、功能最全的 Excel 数据分析工具之一。

29.1.1 数据透视表的用途

数据透视表是一种对大量数据快速汇总和建立交叉列表的交互式动态表格，能帮助用户分析、组织数据。例如，计算平均数、标准差，建立列联表、计算百分比、建立新的数据子集等。建好数据透视表后，可以对数据透视表的布局重新安排，以便从不同的角度查看数据。数据透视表的名字来源于它具有“透视”表格的能力，从大量看似无关的数据中寻找背后的联系，从而将纷繁的数据转化为有价值的信息，以供研究和决策所用。

总之，合理运用数据透视表进行计算与分析，能使许多复杂的问题简单化并且极大地提高工作效率。

29.1.2 一个简单的例子

图 29-1 所示的数据展示了一家贸易公司的销售数据清单。清单中包括销售年份、销售季度、

销售地区、品名、数量、单价和金额，时间跨度为 8 个季度（2014－2015 年）。

利用数据透视表只需几步简单操作，就可以将这张“平庸”的数据列表变成有价值的报表，如图 29-2 所示。

	A	B	C	D	E	F	G	H
1	销售地区	销售人员	品名	数量	单价	销售金额	销售年份	销售季度
2	天津	苏容	按摩椅	13	800	10,400	2014	2
3	天津	苏容	显示器	98	1,500	147,000	2014	3
4	天津	苏容	显示器	49	1,500	73,500	2014	4
5	天津	苏容	显示器	76	1,500	114,000	2014	1
6	天津	苏容	显示器	33	1,500	49,500	2014	2
7	天津	苏容	液晶电视	53	5,000	265,000	2014	3
8	天津	苏容	液晶电视	47	5,000	235,000	2014	4
9	天津	苏容	液晶电视	1	5,000	5,000	2014	1
10	天津	张坤	液晶电视	43	5,000	215,000	2014	2
11	天津	张坤	液晶电视	34	5,000	170,000	2014	3
12	天津	张坤	微波炉	27	500	13,500	2014	4
13	天津	张坤	微波炉	69	500	34,500	2014	1
14	天津	张坤	微波炉	24	500	12,000	2015	1
15	天津	张坤	按摩椅	28	800	22,400	2015	2
16	天津	张坤	按摩椅	45	800	36,000	2015	3
17	天津	赵春雷	按摩椅	20	800	16,000	2015	4
18	天津	赵春雷	按摩椅	68	800	54,400	2015	1
19	天津	赵春雷	显示器	77	1,500	115,500	2015	2
20	天津	赵春雷	液晶电视	41	5,000	205,000	2015	3

销售明细表

图 29-1 用来创建数据透视表的数据列表

此数据透视表显示了不同销售人员在不同年份所销售的各种产品的销售金额汇总，最后一行还汇总出所有销售人员销售全部产品的销售额总计。

从图 29-2 所示的数据透视表中很容易找出原始数据清单中所记录的大多数信息，未显示的数据信息仅为销售数量、销售地区和单价，只要将数据透视表做进一步调整，就可以将这些信息显示出来。

将品名、销售年份、销售地区移到筛选器区域，数量与销售金额并排显示，只需简单地从销售年份、品名、销售地区字段标题的下拉列表框中选择相应的数据项即可查看不同时期和不同销售地区的数据记录，如图 29-3 所示。

	A	B	C	D	E	F	G	H	I
1	求和项:销售金额			品名					
2	销售人员	销售年份	销售季度	按摩椅	跑步机	微波炉	显示器	液晶电视	总计
33	杨静	2015	2			19,500	114,000	120,000	253,500
34			3			38,000	73,500	45,000	156,500
35			4	67,200			79,500	225,000	371,700
36	杨静 汇总			67,200		68,500	303,000	850,000	1,288,700
37	张坤	2014	1			34,500			34,500
38			2					215,000	215,000
39			3					170,000	170,000
40			4			13,500			13,500
41		2015	1			12,000			12,000
42			2	22,400					22,400
43			3	36,000					36,000
44	张坤 汇总			58,400		60,000		385,000	503,400
45	赵春雷	2015	1	54,400				270,000	324,400
46			2				175,500		175,500
47			3			32,500		205,000	237,500
48			4	16,000			78,000		94,000
49	赵春雷 汇总			70,400		32,500	253,500	475,000	831,400
50	总计			283,200	1,476,200	247,000	1,684,500	3,085,000	6,775,900

图 29-2 根据数据列表创建的数据透视表

	A	B	C	D
1	销售年份	(全部)		
2	品名	(全部)		
3	销售地区	(全部)		
4				
5	销售人员	销售季度	数量	销售金额
6	花永庆	1	43	94,600
7		2	56	123,200
8		3	44	66,000
9	花永庆 汇总		143	283,800
10	李兵	1	104	228,800
11		2	30	66,000
12		3	60	132,000
13		4	12	17,900
14	李兵 汇总		206	444,700
15	林海	1	161	354,200
16		2	37	23,000
17		3	113	169,500
18		4	56	71,900
19	林海 汇总		367	618,600

图 29-3 从数据源中提炼出符合特定视角的数据

29.1.3 数据透视表的数据组织

用户可以从 4 种类型的数据源中来创建数据透视表。

◆ Excel 数据列表

如果以 Excel 数据列表作为数据源，则标题行不能有空白单元格或者合并单元格，否则会出现错误提示，无法生成数据透视表，如图 29-4 所示。

图 29-4 错误提示

◆ 外部数据源

如文本文件、Microsoft SQL Server 数据库、Microsoft Access 数据库、dBASE 数据库等，Excel 2000 及以上版本还可以利用 Microsoft OLAP 多维数据集创建数据透视表。

◆ 多个独立的 Excel 数据列表

数据透视表在创建过程中可以将各个独立表格中的数据信息汇总到一起。

◆ 其他的数据透视表

创建完成的数据透视表也可以作为数据源，来创建另外一个数据透视表。

29.1.4 数据透视表中的术语

数据透视表中的相关术语如表 29-1 所示。

表 29-1 数据透视表相关术语

术 语	术 语 解 释
数据源	用于创建数据透视表的数据列表或多维数据集
轴	数据透视表中的一维，如行、列和筛选器
列字段	信息的种类，等价于数据列表中的列
行字段	在数据透视表中具有行方向的字段
筛选器	数据透视表中进行分页筛选的字段
字段标题	描述字段内容的标志。可以通过拖动字段标题对数据透视表进行透视
项目	组成字段的成员。图 29-2 所示的 2014 年和 2015 年就是组成销售年份字段的项
组	一组项目的集合，可以自动或手动组合项目
透视	通过改变一个或多个字段的位置来重新安排数据透视表布局
汇总函数	对透视表值区域数据进行计算的函数，文本和数值的默认汇总函数为计数和求和
分类汇总	数据透视表中对一行或一列单元格的分类汇总。
刷新	重新计算数据透视表，反映目前数据源的状态。

29.1.5 用推荐的数据透视表创建自己的第一个数据透视表

Excel 2013 新增了【推荐的数据透视表】命令按钮，单击这个按钮即可获取系统为用户量身定制的数据透视表，使从没接触过数据透视表的用户也可轻松创建数据透视表。

示例 29-1 创建自己的第一个数据透视表

图 29-5 所示的数据列表是某公司各部门在一定时期内的费用发生额流水账。

	A	B	C	D	E	F
1	月	日	凭证号数	部门	科目划分	发生额
1026	12	28	记-0125	销售部	出差费	3600
1027	12	14	记-0047	经理室	招待费	3930
1028	12	14	记-0046	经理室	招待费	4000
1029	12	04	记-0008	经理室	招待费	4576
1030	12	20	记-0078	销售部	出差费	5143.92
1031	12	20	记-0077	销售部	出差费	5207.6
1032	12	07	记-0020	销售部	出差费	5500
1033	12	20	记-0096	销售部	广告费	5850
1034	12	07	记-0017	经理室	招待费	6000
1035	12	20	记-0061	研发部	技术开发费	8833
1036	12	12	记-0039	财务部	公积金	19134
1037	12	27	记-0121	研发部	技术开发费	20512.82
1038	12	19	记-0057	研发部	技术开发费	21282.05

图 29-5 费用发生额流水账

面对这个上千行的费用发生额流水账，如果用户希望从各个统计视角进行数据分析，可以参照下述步骤。

步骤1 → 单击数据列表区域中的任意一个单元格（如 A8），在【插入】选项卡中单击【推荐的数据透视表】按钮，弹出【推荐的数据透视表】对话框，如图 29-6 所示。

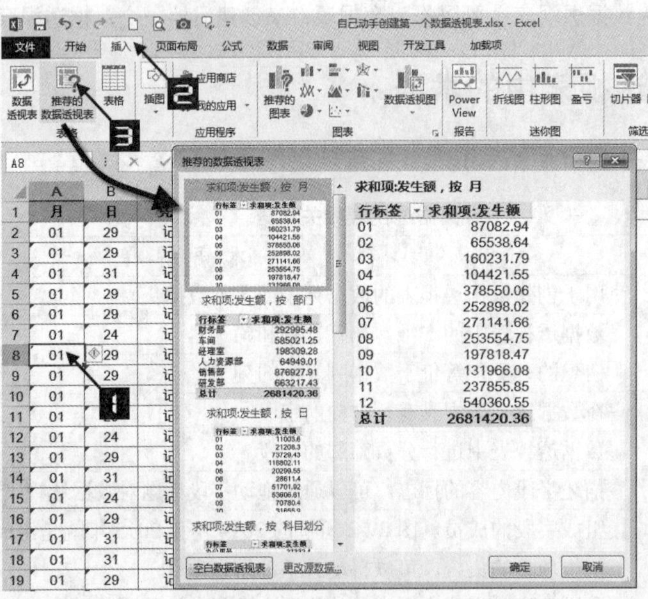

图 29-6 推荐的数据透视表

【推荐的数据透视表】对话框中列示出按发生额求和、按凭证号计数等 8 种不同统计视角的推荐，根据数据源的复杂程度不同，推荐数据透视表的数目也不尽相同，用户可以在【推荐的数据透视表】对话框左侧单击不同的推荐，在右侧即可显示出相应的数据透视表预览，如图 29-7 所示。

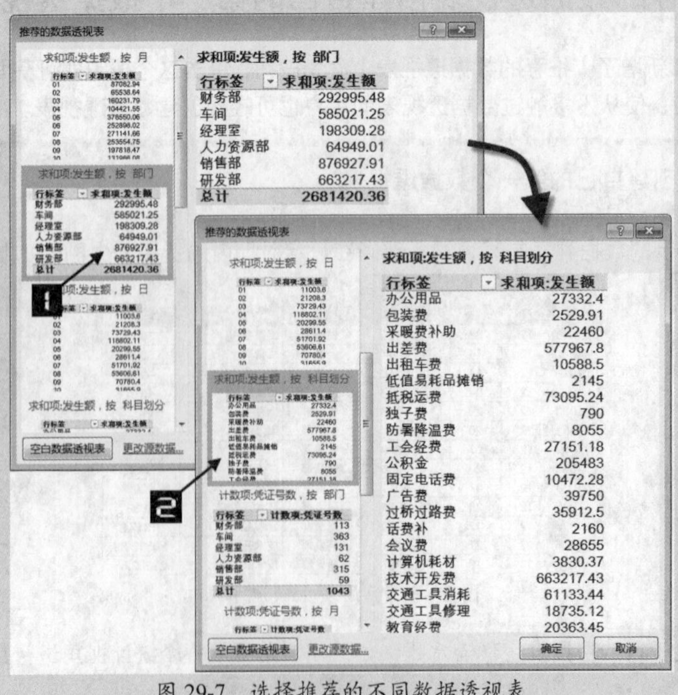

图 29-7 选择推荐的不同数据透视表

步骤2 → 如果用户希望统计不同科目的费用发生额，可以单击【求和项：发生额，按科目划分】，单击【确定】按钮即可迅速创建一张数据透视表，且不用进行字段布局，如图 29-8 所示。

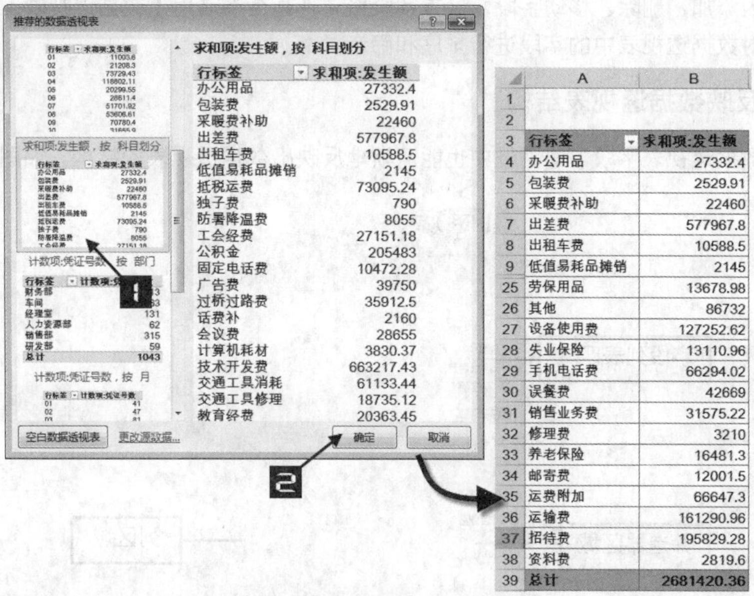

	A	B
1		
2		
3	行标签	求和项:发生额
4	办公用品	27332.4
5	包装费	2529.91
6	采暖费补助	22460
7	出差费	577967.8
8	出租车费	10588.5
9	低值易耗品摊销	2145
25	劳保用品	13678.98
26	其他	86732
27	设备使用费	127252.62
28	失业保险	13110.96
29	手机电话费	66294.02
30	误餐费	42669
31	销售业务费	31575.22
32	修理费	3210
33	养老保险	16481.3
34	邮寄费	12001.5
35	运费附加	66647.3
36	运输费	161290.96
37	招待费	195829.28
38	资料费	2819.6
39	总计	2681420.36

图 29-8 创建数据透视表

重复以上操作，用户即可创建各种不同统计视角的数据透视表。

29.1.6 数据透视表的结构

从结构上看，数据透视表分为 4 个部分，如图 29-9 所示。

◆ 行区域：此标志区域中的字段将作为数据透视表的行标签。

◆ 列区域：此标志区域中的字段将作为数据透视表的列标签。

◆ 值区域：此标志区域用于显示数据透视表汇总的数据。

◆ 筛选器：此标志区域中的字段将作为数据透视表的筛选页。

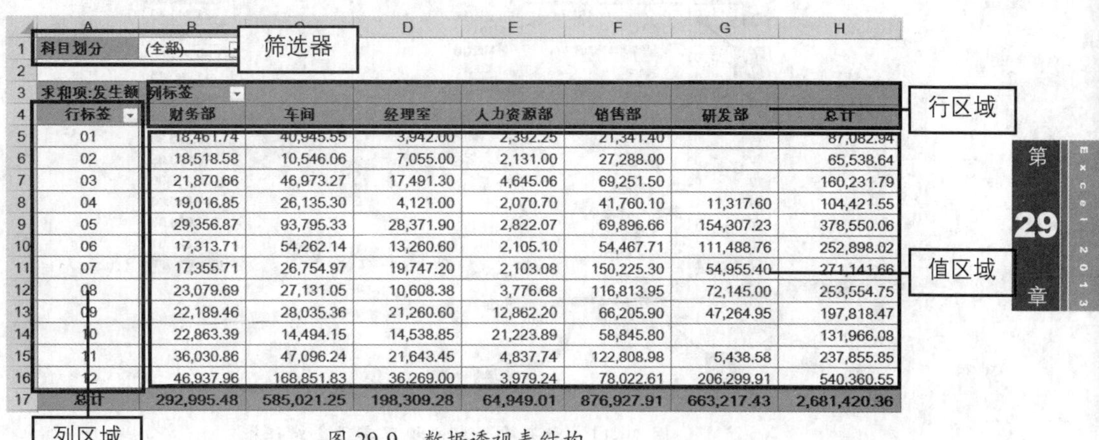

	A	B	C	D	E	F	G	H
1	科目划分	(全部)						
2								
3	求和项:发生额	列标签						
4	行标签	财务部	车间	经理室	人力资源部	销售部	研发部	总计
5	01	18,461.74	40,945.55	3,942.00	2,392.25	21,341.40		87,082.94
6	02	18,518.58	10,546.06	7,055.00	2,131.00	27,288.00		65,538.64
7	03	21,870.66	46,973.27	17,491.30	4,645.06	69,251.50		160,231.79
8	04	19,016.85	26,135.30	4,121.00	2,070.70	41,760.10	11,317.60	104,421.55
9	05	29,356.87	93,795.33	28,371.90	2,822.07	69,896.66	154,307.23	378,550.06
10	06	17,313.71	54,262.14	13,260.60	2,105.10	54,467.71	111,488.76	252,898.02
11	07	17,355.71	26,754.97	19,747.20	2,103.08	150,225.30	54,955.40	271,141.66
12	08	23,079.69	27,131.05	10,608.38	3,776.68	116,813.95	72,145.00	253,554.75
13	09	22,189.46	28,035.36	21,260.60	12,862.20	66,205.90	47,264.95	197,818.47
14	10	22,863.39	14,494.15	14,538.85	21,223.89	58,845.80		131,966.08
15	11	36,030.86	47,096.24	21,643.45	4,837.74	122,808.98	5,438.58	237,855.85
16	12	46,937.96	168,851.83	36,269.00	3,979.24	78,022.61	206,299.91	540,360.55
17	总计	292,995.48	585,021.25	198,309.28	64,949.01	876,927.91	663,217.43	2,681,420.36

图 29-9 数据透视表结构

29.1.7 数据透视表字段列表

【数据透视表字段】对话框中清晰地反映了数据透视表的结构，用户利用它可以轻而易举地向数据透视表内添加、删除、移动字段，设置字段格式，甚至不动用【数据透视表工具】和数据透视表本身便能对数据透视表中的字段进行排序和筛选。

1. 反映数据透视表结构

在【数据透视表字段】对话框中也能清晰地反映出数据透视表的结构，如图 29-10 所示。

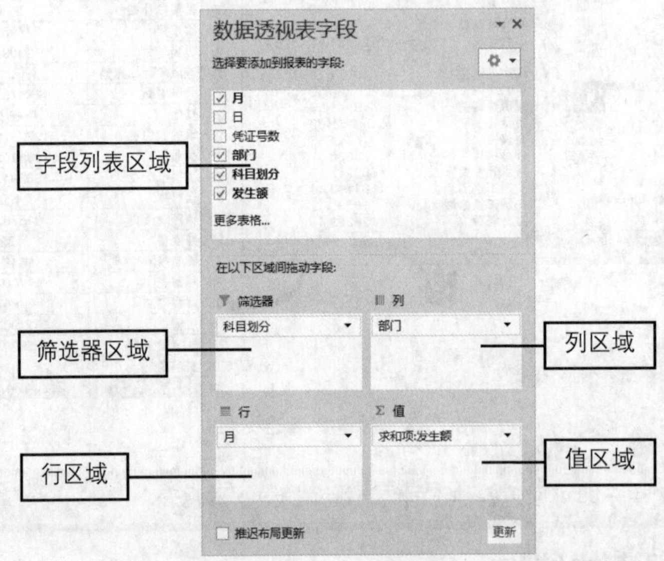

图 29-10 数据透视表结构

2. 打开和关闭【数据透视表字段】对话框

在数据透视表中的任意单元格上（如 A5）单击鼠标右键，在弹出的扩展菜单中选择【显示字段列表】命令即可调出【数据透视表字段】对话框，如图 29-11 所示。

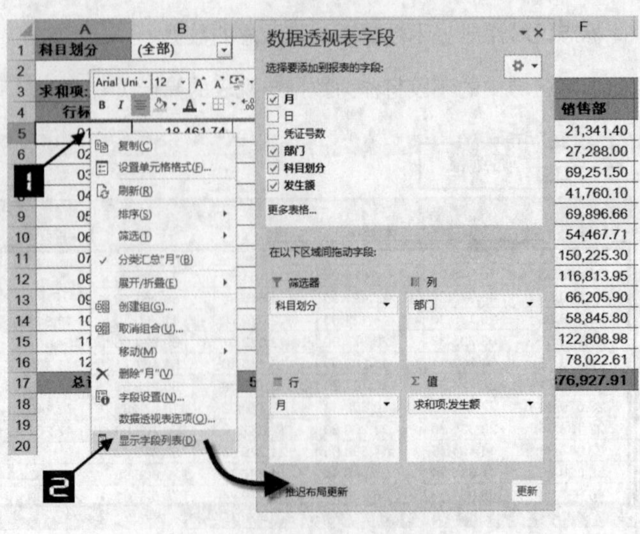

图 29-11 打开【数据透视表字段】对话框

单击数据列表区域中任意一个单元格（如 A5），在【数据透视表工具】的【分析】选项卡中单击【字段列表】按钮，也可调出【数据透视表字段】对话框，如图 29-12 所示。

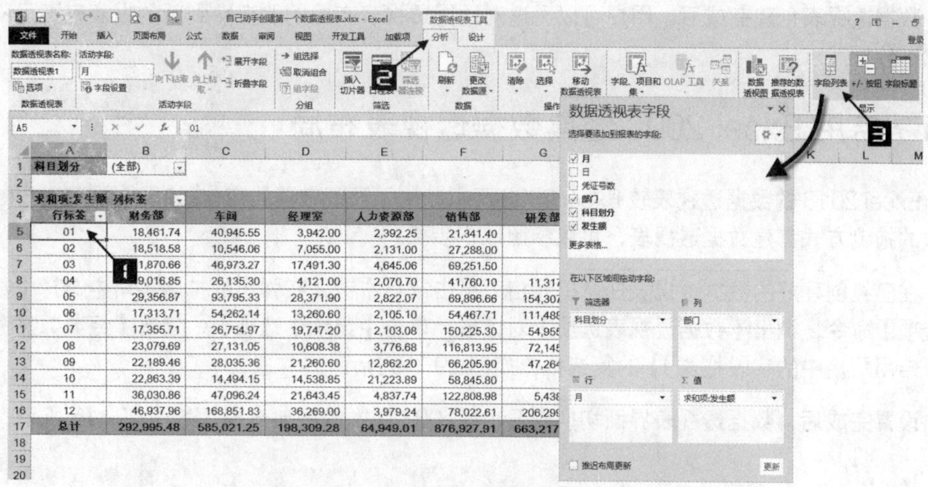

图 29-12 打开【数据透视表字段】对话框

【数据透视表字段】对话框一旦被调出之后，只要单击数据透视表就会显示。

如果要关闭【数据透视表字段】对话框，直接单击【数据透视表字段】对话框中的【关闭】按钮即可。

3. 在【数据透视表字段】对话框显示更多的字段

如果用户采用超大表格作为数据源创建数据透视表，那么数据透视表创建完成后很多字段在【选择要添加到报表的字段】列表框内无法显示，只能靠拖动滚动条来选择要添加的字段，影响用户创建报表的速度，如图 29-13 所示。

单击【选择要添加到报表的字段】列表框右侧的下拉按钮选择【字段节和区域节并排】命令即可展开【选择要添加到报表的字段】列表框内的所有字段，如图 29-14 所示。

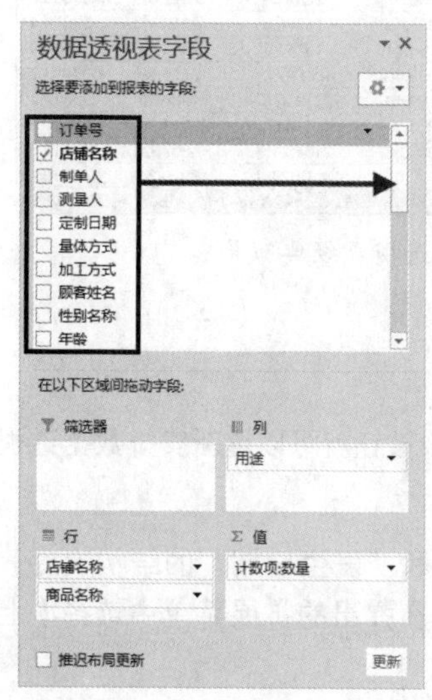

图 29-13 未完全显示数据透视表字段的【数据透视表字段】对话框

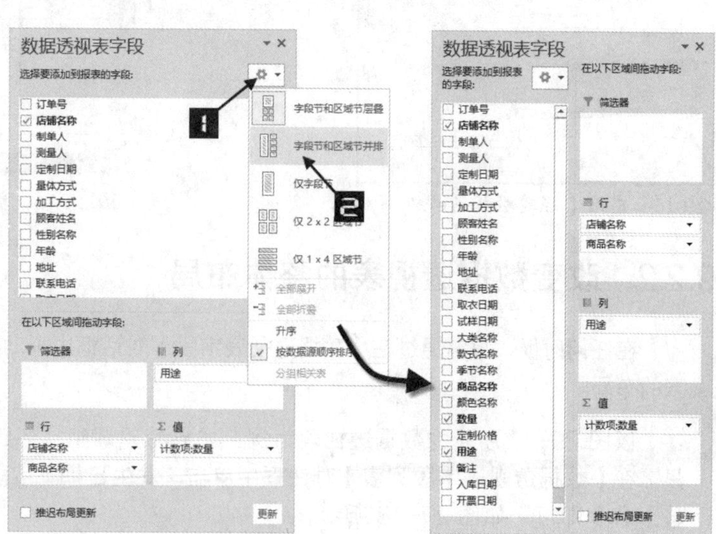

图 29-14 展开【选择要添加到报表的字段】列表框内的所有字段

第 29 章 Excel 2013

29.2 改变数据透视表的布局

数据透视表创建完成后，用户可以通过对数据透视表布局的改变得到新的报表来满足不同角度的数据分析需求。

29.2.1 启用 Excel 2003 经典数据透视表布局

Excel 2013 的数据透视表较 Excel 2003 版本产生了天翻地覆的变化，如果希望运用 Excel 2003 版本的拖曳方式创建数据透视表，可以参照以下步骤。

在已经创建好的数据透视表任意单元格上单击鼠标右键，在弹出的扩展菜单中选择【数据透视表选项】命令，调出【数据透视表选项】对话框，单击【显示】选项卡，勾选【经典数据透视表布局（启用网格中的字段拖放）】的复选框，如图 29-15 所示。

设置完成后，数据透视表界面切换到 Excel 2003 版本的经典布局，如图 29-16 所示。

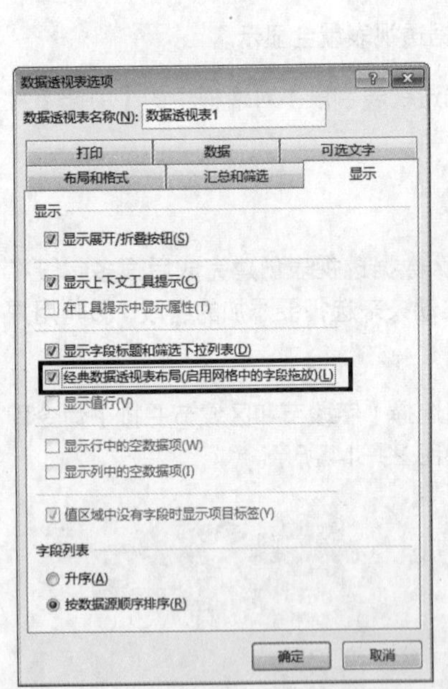

图 29-15 启用【经典数据透视表布局】

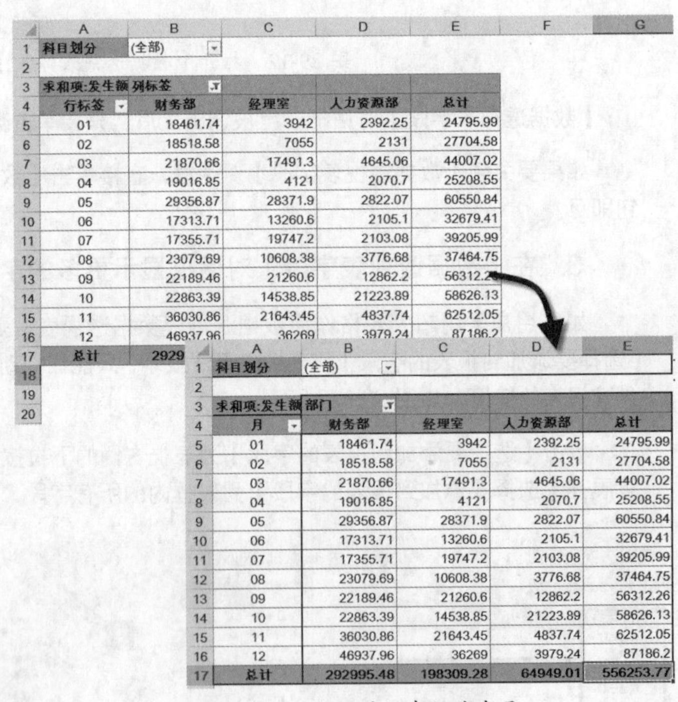

科目划分	(全部)			
求和项:发生额	列标签			
行标签	财务部	经理室	人力资源部	总计
01	18461.74	3942	2392.25	24795.99
02	18518.58	7055	2131	27704.58
03	21870.66	17491.3	4645.06	44007.02
04	19016.85	4121	2070.7	25208.55
05	29356.87	28371.9	2822.07	60550.84
06	17313.71	13260.6	2105.1	32679.41
07	17355.71	19747.2	2103.08	39205.99
08	23079.69	10608.38	3776.68	37464.75
09	22189.46	21260.6	12862.2	56312.2[illegible]
10	22863.39	14538.85	21223.89	58626.13
11	36030.86	21643.45	4837.74	62512.05
12	46937.96	36269	3979.24	87186.2
总计	2929[illegible]			

科目划分	(全部)			
求和项:发生额	部门			
月	财务部	经理室	人力资源部	总计
01	18461.74	3942	2392.25	24795.99
02	18518.58	7055	2131	27704.58
03	21870.66	17491.3	4645.06	44007.02
04	19016.85	4121	2070.7	25208.55
05	29356.87	28371.9	2822.07	60550.84
06	17313.71	13260.6	2105.1	32679.41
07	17355.71	19747.2	2103.08	39205.99
08	23079.69	10608.38	3776.68	37464.75
09	22189.46	21260.6	12862.2	56312.26
10	22863.39	14538.85	21223.89	58626.13
11	36030.86	21643.45	4837.74	62512.05
12	46937.96	36269	3979.24	87186.2
总计	292995.48	198309.28	64949.01	556253.77

图 29-16 数据透视表经典布局

29.2.2 改变数据透视表的整体布局

在任何时候，只需通过在【数据透视表字段】对话框中拖动字段按钮就可以重新安排数据透视表的布局。

以图 29-17 所示的数据透视表为例，如果希望调整“部门”和“发生日期”的结构次序，只需在【数据透视表字段列表】对话框中单击“发生日期”字段，在弹出的扩展菜单中选择【上移】命令即可，如图 29-18 所示。

此外，利用【数据透视表字段】对话框在区域间拖动字段也可以对数据透视表进行重新布局。

求和项:发生额		科目划分				
部门	发生日期	办公用品	出差费	广告费	会议费	总计
车间	第一季	4,974.00				4,974.00
	第二季	6,059.40				6,059.40
	第三季	8,054.60				8,054.60
	第四季	8,244.40				8,244.40
车间 汇总		27,332.40				27,332.40
人力资源部	第三季				10,321.00	10,321.00
	第四季				18,334.00	18,334.00
人力资源部 汇总					28,655.00	28,655.00
销售部	第一季		73,754.60			73,754.60
	第二季		133,172.80			133,172.80
	第三季		197,439.92	5,250.00		202,689.92
	第四季		173,600.48	34,500.00		208,100.48
销售部 汇总			577,967.80	39,750.00		617,717.80
总计		27,332.40	577,967.80	39,750.00	28,655.00	673,705.20

图 29-17　数据透视表

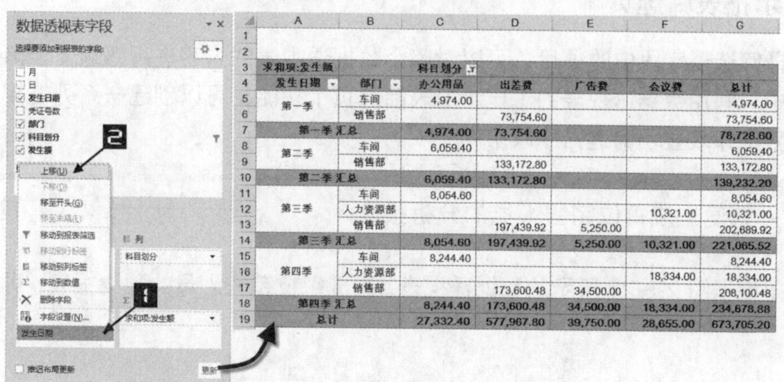

求和项:发生额		科目划分				
发生日期	部门	办公用品	出差费	广告费	会议费	总计
第一季	车间	4,974.00				4,974.00
	销售部		73,754.60			73,754.60
第一季 汇总		4,974.00	73,754.60			78,728.60
第二季	车间	6,059.40				6,059.40
	销售部		133,172.80			133,172.80
第二季 汇总		6,059.40	133,172.80			139,232.20
第三季	车间	8,054.60				8,054.60
	人力资源部				10,321.00	10,321.00
	销售部		197,439.92	5,250.00		202,689.92
第三季 汇总		8,054.60	197,439.92	5,250.00	10,321.00	221,065.52
第四季	车间	8,244.40				8,244.40
	人力资源部				18,334.00	18,334.00
	销售部		173,600.48	34,500.00		208,100.48
第四季 汇总		8,244.40	173,600.48	34,500.00	18,334.00	234,678.88
总计		27,332.40	577,967.80	39,750.00	28,655.00	673,705.20

图 29-18　改变数据透视表布局

29.2.3　数据透视表筛选器区域的使用

当字段显示在列区域或行区域上时，会显示字段中的所有项。当字段位于报表筛选区域中时，字段中的所有项都成为数据透视表的筛选条件。单击字段右侧的下拉箭头，在弹出的下拉列表中会显示该字段的所有项目，选中其中一项并单击【确定】按钮，则数据透视表将根据此项进行筛选，如图 29-19 所示。

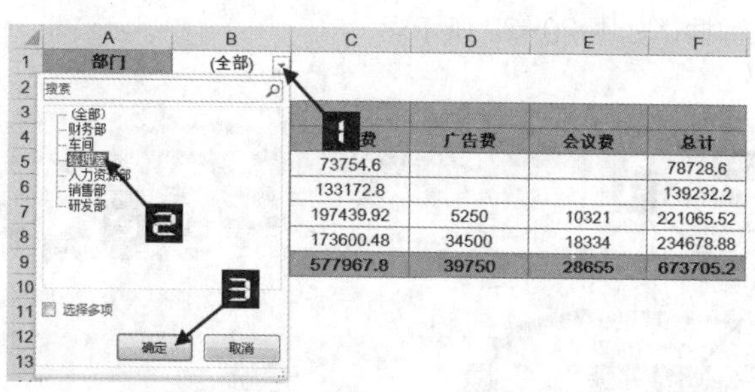

图 29-19　筛选器字段下拉列表的项目

1. 显示筛选器字段的多个数据项

如果希望对筛选器字段中的多个项进行筛选，请参照以下步骤操作。

单击筛选器字段"部门"的下拉按钮，在弹出的下拉列表框中勾选【选择多项】的复选框，去掉【(全部)】的勾选，依次勾选【财务部】和【人力资源部】的复选框，最后单击【确定】按钮，筛选器字段"部门"的内容由"(全部)"变为"(多项)"，数据透视表的内容也发生相应变化，如图 29-20 所示。

A	B	C	D	E	F
部门	(全部)				
		…费	广告费	会议费	总计
		73754.6			78728.6
		133172.8			139232.2
		197439.92	5250	10321	221065.52
		173600.48	34500	18334	234678.88
		577967.8	39750	28655	673705.2

A	B	C
部门	(多项)	
求和项:发生额	科目划分	
发生日期	会议费	总计
第三季	10321	10321
第四季	18334	18334
总计	28655	28655

图 29-20　对筛选器字段进行多项选择

2. 显示报表筛选页

通过选择筛选器字段中的项目，可以对整个数据透视表的内容进行筛选，但筛选结果仍然显示在一张表格中。利用数据透视表的【显示报表筛选页】功能，可以创建一系列链接在一起的数据透视表，每一张工作表显示筛选器字段中的一项。

示例 29-2　快速生成每位销售人员的分析报表

如果希望根据图 29-21 所示的数据透视表，生成每位销售人员的独立报表，可以按下面的步骤来操作。

A	B	C	D	E
用户名称	(全部)			
销售人员	(全部)			
求和项:销售额	列标签			
行标签	2013	2014	2015	总计
SX-D-128	6,938,000	1,889,000	3,009,000	11,836,000
SX-D-192	3,296,000	7,272,500	3,028,000	13,596,500
SX-D-256	3,212,800	6,113,000	3,213,000	12,538,800
总计	13,446,800	15,274,500	9,250,000	37,971,300

图 29-21　用于显示报表筛选页的数据透视表

步骤 1 单击数据透视表中的任意一个单元格(如 A6)，在【数据透视表工具】的【分析】选项卡中单击【选项】的下拉按钮，选择【显示报表筛选页】命令，弹出【显示报表筛选页】的对话框，如图 29-22 所示。

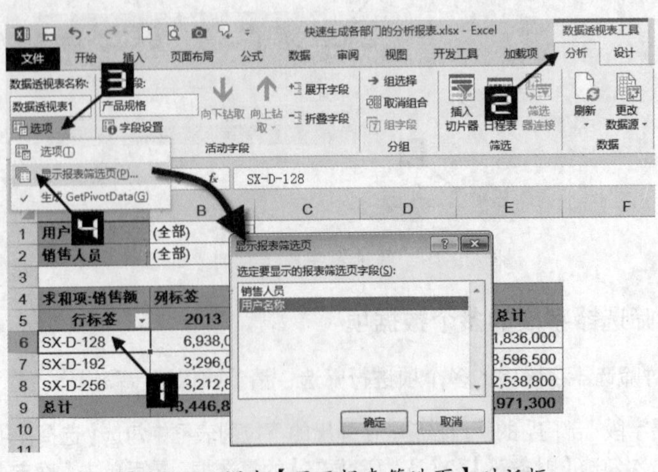

图 29-22　调出【显示报表筛选页】对话框

步骤2 在【显示报表筛选页】对话框中选择“销售人员”字段，单击【确定】按钮就可将“销售人员”字段中每位销售人员的数据分别显示在不同的工作表中，并且按照“销售人员”字段中的各项对工作表命名，如图 29-23 所示。

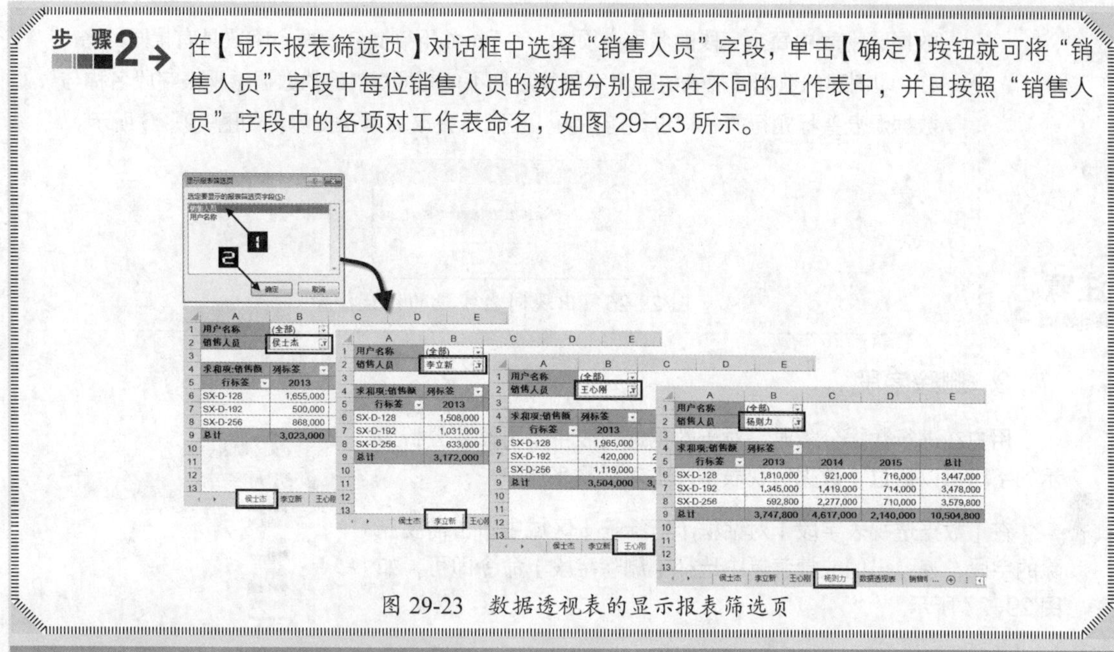

图 29-23 数据透视表的显示报表筛选页

29.2.4 整理数据透视表字段

整理数据透视表的筛选器区域字段可以从指定角度筛选数据的内容，而对数据透视表其他字段的整理，则可以满足用户对数据透视表格式上的需求。

1. 重命名字段

当用户向值区域添加字段后，它们都将被 Excel 重命名，例如 “本月数量” 变成了 “求和项:本月数量”或“计数项：本月数量”，这样就会加大字段所在列的列宽，影响表格的美观，如图 29-24 所示。

	A	B	C	D	E	F	G
1	销售季度	(全部)					
2							
3		列标签					
4		上海		天津		求和项:数量汇总	求和项:销售金额汇总
5	行标签	求和项:数量	求和项:销售金额	求和项:数量	求和项:销售金额		
6	李兵			206	444,700	206	444,700
7	林海	367	618,600			367	618,600
8	苏容			370	899,400	370	899,400
9	张坤			270	503,400	270	503,400
10	赵春雷			417	831,400	417	831,400
11	总计	367	618,600	1263	2,678,900	1630	3,297,500

图 29-24 数据透视表自动生成的数据字段名

如果要对字段重命名，让列标题更加简洁，可以直接修改数据透视表的字段名称。

单击数据透视表中的列标题单元格“求和项：本月数量”，输入新标题“数 量”，按<Enter>键即可。同理，“求和项：销售金额”修改为“销售 金额”，完成后效果如图 29-25 所示。

	A	B	C	D	E	F	G
1	销售季度	(全部)					
2							
3		列标签					
4		上海		天津		数 量汇总	销售 金额汇总
5	行标签	数 量	销售 金额	数 量	销售 金额		
6	李兵			206	444,700	206	444,700
7	林海	367	618,600			367	618,600
8	苏容			370	899,400	370	899,400
9	张坤			270	503,400	270	503,400
10	赵春雷			417	831,400	417	831,400
11	总计	367	618,600	1263	2,678,900	1630	3,297,500

图 29-25 对数据透视表数据字段重命名

注意

数据透视表中每个字段的名称必须唯一，Excel 不接受任意两个字段具有相同的名称，即创建的数据透视表的各个字段的名称不能相同，创建的数据透视表字段名称与数据源表头标题行的名称也不能相同，否则将会出现错误提示，如图 29-26 所示。

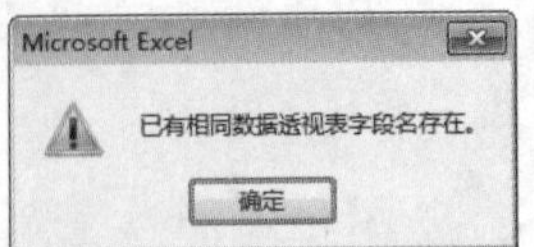

图 29-26 出现同名字段的错误提示

2. 删除字段

用户在进行数据分析时，对于数据透视表中不再需要分析显示的字段可以通过【数据透视表字段】对话框来删除。

在【数据透视表字段】对话框【行标签】区域中单击需要删除的字段，在弹出的快捷菜单中选择【删除字段】命令即可，如图 29-27 所示。

此外，在数据透视表希望删除的字段上单击鼠标右键，在弹出的快捷菜单中选择【删除“字段名”】命令，同样也可以实现删除字段的目的。

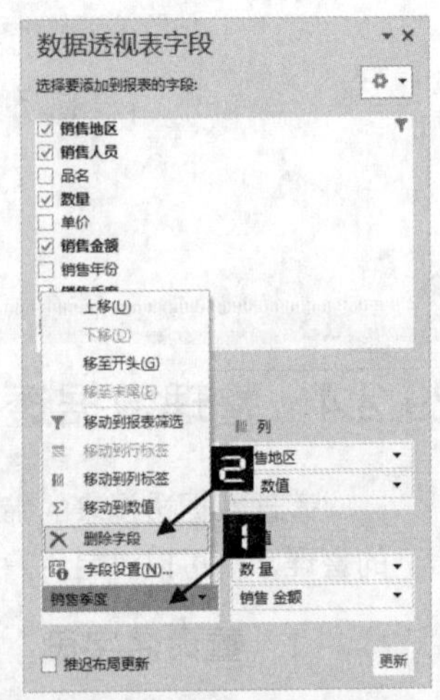

图 29-27 删除数据透视表字段

3. 隐藏字段标题

用户如果不希望在数据透视表中显示行或列字段的标题，可以通过以下步骤实现隐藏字段标题。

单击数据透视表（如 A5 单元格），在【数据透视表工具】的【分析】选项卡中单击【字段标题】切换按钮，原有数据透视表中的行字段标题“销售人员”、列字段标题“销售地区”将被隐藏，如图 29-28 所示。

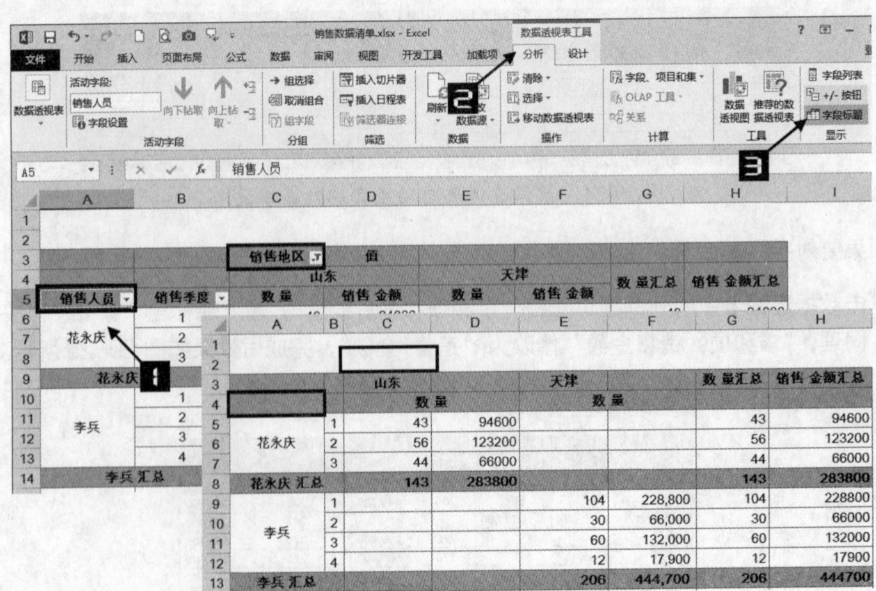

图 29-28 隐藏字段标题

再次单击【字段标题】切换按钮，可以显示被隐藏的行列字段标题。

4. 活动字段的折叠与展开

数据透视表工具栏中的字段折叠与展开按钮可以使用户在不同的场合显示和隐藏明细数据。

如果希望在图 29-29 所示的数据透视表中将“品名”字段先隐藏起来，在需要显示的时候分别展开，可以参照以下步骤。

	A	B	C	D	E
1	销售年份	(全部)			
2					
3	销售人员	销售地区	品名	数量	销售金额
4	⊟ 花永庆	⊟ 山东	跑步机	99	217,800
5			显示器	44	66,000
6	花永庆 汇总			143	283,800
7	⊟ 李兵	⊟ 天津	跑步机	201	442,200
8			微波炉	5	2,500
9	李兵 汇总			206	444,700
10	⊟ 林海	⊟ 上海	跑步机	178	391,600
11			微波炉	60	30,000
12			显示器	128	192,000
13			液晶电视	1	5,000
14	林海 汇总			367	618,600
15	⊟ 苏容	⊟ 天津	按摩椅	13	10,400
16			显示器	256	384,000
17			液晶电视	101	505,000
18	苏容 汇总			370	899,400

图 29-29 字段折叠前的数据透视表

步骤1 单击数据透视表中的“品名”或“销售地区”字段或字段下的各项，如 C4 单元格，在【数据透视表工具】的【分析】选项卡中单击【活动字段】中的【折叠字段】按钮，将“品名”字段折叠隐藏，如图 29-30 所示。

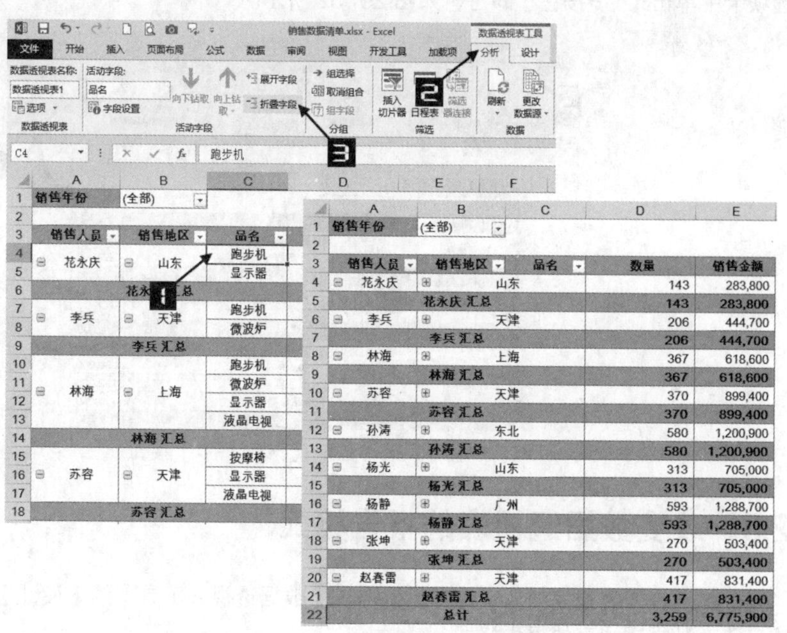

图 29-30 折叠“品名”字段

步骤2 单击数据透视表“销售地区”字段中的项的【+】按钮可以将 “项”展开用以显示指定项的明细数据，如图 29-31 所示。

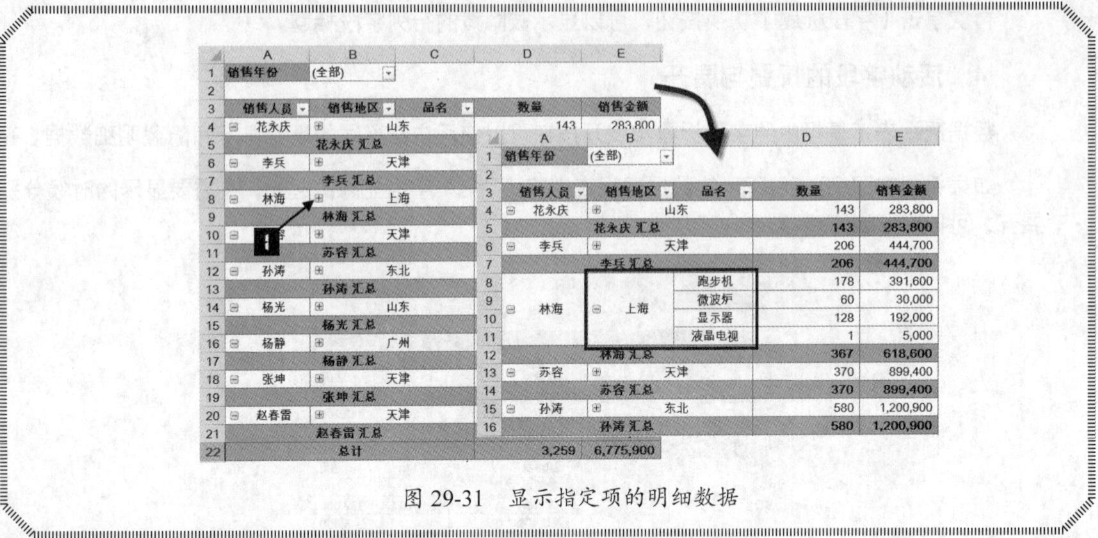

图 29-31 显示指定项的明细数据

提示 在数据透视表中各项所在的单元格上双击鼠标，也可以显示或隐藏该项的明细数据。

数据透视表中的字段被折叠后，在【数据透视表工具】的【分析】选项卡中单击【展开字段】按钮即可展开所有字段。

如果用户不希望显示数据透视表中各字段项的“+/−”按钮，在【数据透视表工具】的【分析】选项卡中单击【+/−按钮】即可，如图 29-32 所示。

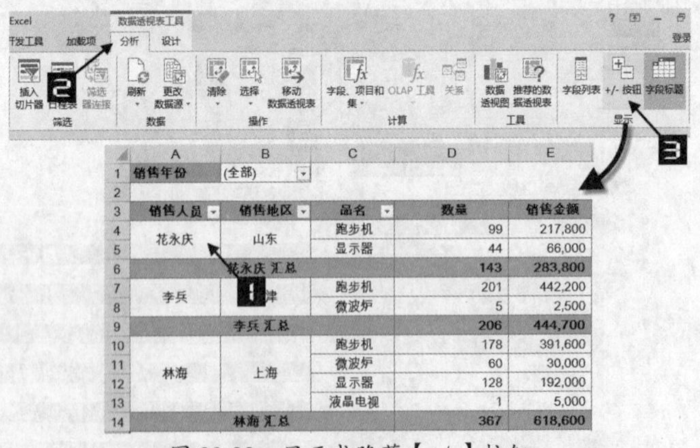

图 29-32 显示或隐藏【+/-】按钮

29.2.5 改变数据透视表的报告格式

数据透视表创建完成后，用户可以通过【数据透视表工具】的【设计】选项卡中【布局】命令组来改变数据透视表的报告格式。

1. 报表布局

数据透视表为用户提供了“以压缩形式显示”、“以大纲形式显示”和“以表格形式显示”3 种报表布局的显示形式。

新创建的数据透视表显示方式都是系统默认的“以压缩形式显示”，如图 29-33 所示。

“以压缩形式显示”的数据透视表所有的行字段都堆积在一列中，虽然此种显示方式很适合【展开字段】和【折叠字段】按钮的使用，但复制后进行值粘贴的数据透视表无法显示行字段标题，没有利用价值，如图 29-34 所示。

	A	B	C
1	行标签	求和项:数量	求和项:销售金额
2	⊟花永庆	143	283800
3	跑步机	99	217800
4	显示器	44	66000
5	⊟李兵	206	444700
6	跑步机	201	442200
7	微波炉	5	2500
8	⊟林海	367	618600
9	跑步机	178	391600
10	微波炉	60	30000
11	显示器	128	192000
12	液晶电视	1	5000
13	⊟苏容	370	899400
14	按摩椅	13	10400
15	显示器	256	384000
16	液晶电视	101	505000
17	⊟孙涛	580	1200900
18	按摩椅	96	76800
19	跑步机	193	424600
20	微波炉	38	19000

图 29-33　数据透视表以压缩形式显示

	A	B	C
1	行标签	求和项:数量	求和项:销售金额
2	花永庆	143	283800
3	跑步机	99	217800
4	显示器	44	66000
5	李兵	206	444700
6	跑步机	201	442200
7	微波炉	5	2500
8	林海	367	618600
9	跑步机	178	391600
10	微波炉	60	30000
11	显示器	128	192000
12	液晶电视	1	5000
13	苏容	370	899400
14	按摩椅	13	10400
15	显示器	256	384000
16	液晶电视	101	505000
17	孙涛	580	1200900
18	按摩椅	96	76800

图 29-34　以压缩形式显示的数据透视表复制后值粘贴的结果

用户可以将系统默认的“以压缩形式显示”报表布局改变为“以表格形式显示”，来满足不同的数据分析的需求，具体方法请参照以下步骤。

以图 29-33 所示的数据透视表为例，单击数据透视表中任意一个单元格如 A12，在【数据透视表工具】的【设计】选项卡中依次单击【报表布局】按钮→【以表格形式显示】命令，如图 29-35 所示。

重复以上步骤，在【报表布局】的扩展菜单中选择【以大纲形式显示】命令，也可使数据透视表以大纲的形式显示，如图 29-36 所示。

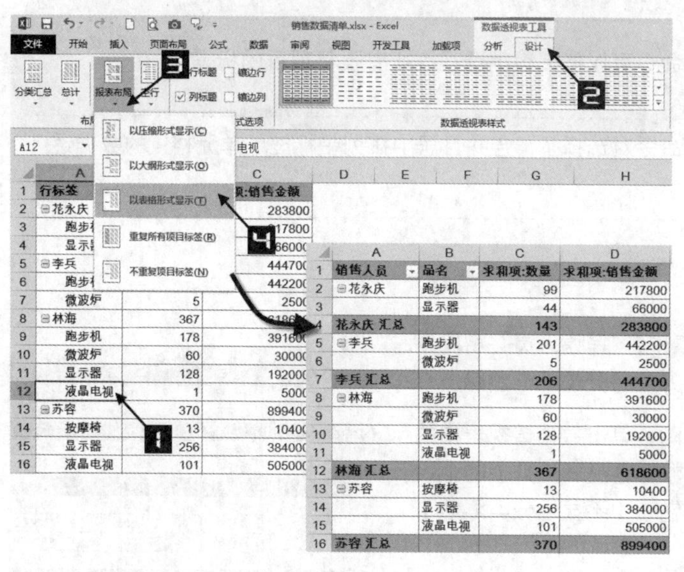

图 29-35　以表格形式显示的数据透视表

	A	B	C	D
1	销售人员	品名	求和项:数量	求和项:销售金额
2	⊟花永庆		143	283800
3		跑步机	99	217800
4		显示器	44	66000
5	⊟李兵		206	444700
6		跑步机	201	442200
7		微波炉	5	2500
8	⊟林海		367	618600
9		跑步机	178	391600
10		微波炉	60	30000
11		显示器	128	192000
12		液晶电视	1	5000
13	⊟苏容		370	899400
14		按摩椅	13	10400
15		显示器	256	384000
16		液晶电视	101	505000

图 29-36　以大纲形式显示的数据透视表

提示

以表格形式显示的数据透视表更加直观、便于阅读，是用户首选的数据透视表显示方式。

如果希望将数据透视表中空白字段填充相应的数据，使复制后的数据透视表数据完整或满足特定的报表显示要求，可以使用【重复所有项目标签】命令。

以图 29-35 所示的数据透视表为例，单击数据透视表中的任意一个单元格（如 A10），在【数据透视表工具】的【设计】选项卡中单击【报表布局】→【重复所有项目标签】命令，如图 29-37 所示。

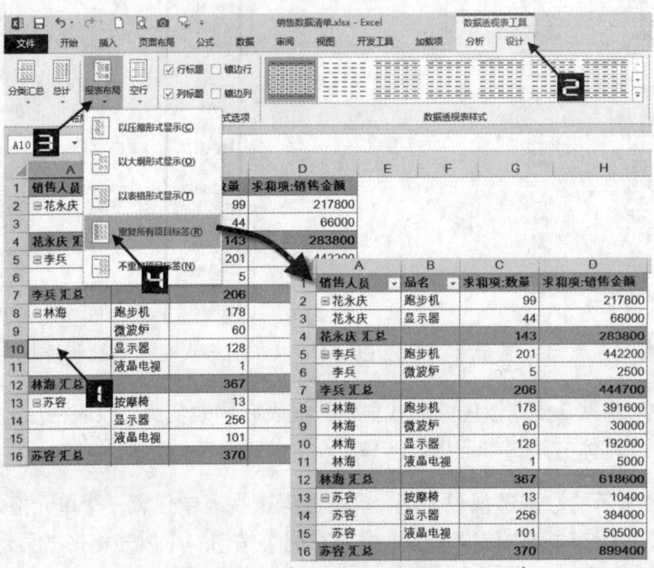

图 29-37　重复所有项目标签的数据透视表

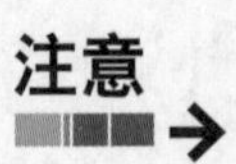

Excel 2010 版本前的数据透视表要实现重复显示所有项目标签的效果，需要在原始数据源添加比较复杂的辅助公式才能做到。

选择【不重复所有项目标签】命令可以撤消数据透视表所有重复项目的标签。

注意

【重复所有项目标签】命令对选择了“合并且居中排列带标签的单元格”的数据透视表无效。

2. 分类汇总的显示方式

在图 29-38 所示的数据透视表中，“销售人员”字段应用了分类汇总，用户可以通过多种方法将分类汇总删除。

	A	B	C	D
1	销售人员	品名	求和项:数量	求和项:销售金额
2	花永庆	跑步机	99	217800
3		显示器	44	66000
4	花永庆 汇总		143	283800
5	李兵	跑步机	201	442200
6		微波炉	5	2500
7	李兵 汇总		206	444700
8	林海	跑步机	178	391600
9		微波炉	60	30000
10		显示器	128	192000
11		液晶电视	1	5000
12	林海 汇总		367	618600
13	苏容	按摩椅	13	10400
14		显示器	256	384000
15		液晶电视	101	505000
16	苏容 汇总		370	899400

图 29-38　显示分类汇总的数据透视表

首先，可以利用工具栏按钮删除，单击数据透视表中的任意一个单元格（如 A13），在【数据透视表工具】的【设计】选项卡中单击【分类汇总】按钮→【不显示分类汇总】命令，如图 29-39 所示。

此外，通过字段设置也可以删除分类汇总，单击数据透视表中“销售人员”列的任意单元格，在【数据透视表工具】的【分析】选项卡中单击【字段设置】按钮，在弹出的【字段设置】对话框【分类汇总和筛选】选项卡中的【分类汇总】中选择【无】选项按钮，单击【确定】按钮关闭【字段设置】对话框。

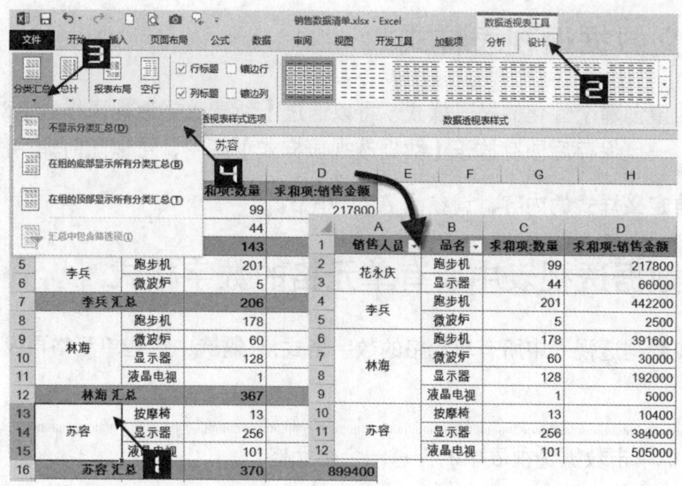

图 29-39 不显示分类汇总

在数据透视表中“销售人员”列的任意单元格上单击鼠标右键，在弹出的扩展菜单中去掉【分类汇总“销售人员”】的勾选也可以快速的删除分类汇总。

提 示

对于以联机分析处理 OLAP 数据为数据源创建的数据透视表，可以利用【分类汇总】扩展菜单中的【汇总中包含筛选项】命令来计算有筛选项或没有筛选项的分类汇总和总计，非 OLAP 数据为数据源创建的数据透视表，【汇总中包含筛选项】命令则显示为灰色不可用。

29.3 设置数据透视表的格式

在通常情况下，数据透视表创建完成后，还需要作进一步的修饰美化，才能得到更令人满意的效果。除了使用最普通的单元格格式（如字体类型、字体大小、颜色等）设置方法以外，Excel 还提供了许多控制选项来帮助用户达到目标。

29.3.1 数据透视表自动套用格式

【数据透视表工具】的【设计】选项卡中的【数据透视表样式】库中提供了 85 种可供用户套用的表格样式，其中浅色 29 种、中等深浅 28 种、深色 28 种，位于第一的格式为“无格式”。

单击数据透视表，鼠标指针在【数据透视表样式】库的各种样式缩略图上移动，数据透视表即显示相应的预览。单击某种样式，数据透视表则会自动套用该样式。

【数据透视表样式选项】命令组中还提供了【行标题】、【列标题】、【镶边行】和【镶边列】4 种应用样式的具体设置选项，如图 29-40 所示。

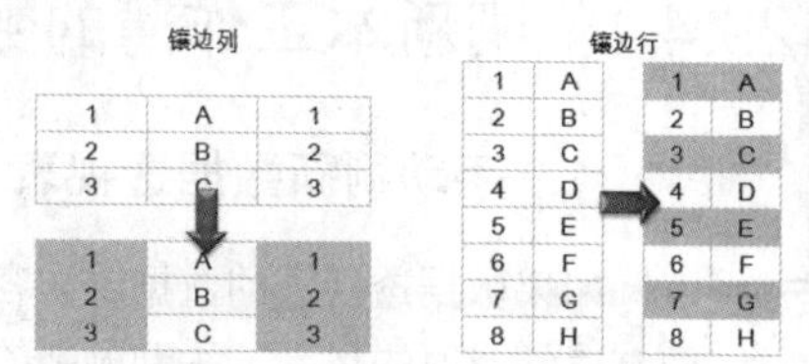

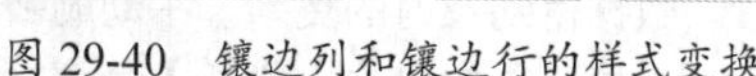

图 29-40 镶边列和镶边行的样式变换

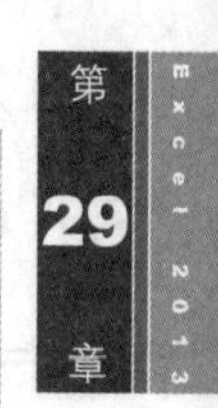

- 【行标题】为数据透视表的第一列应用特殊格式。
- 【列标题】为数据透视表的第一行应用特殊格式。
- 【镶边行】为数据透视表中的奇数行和偶数行分别设置不同的格式。
- 【镶边列】为数据透视表中的奇数列和偶数列分别设置不同的格式。

29.3.2 自定义数据透视表样式

如果用户希望创建个性化的报表样式，可以通过【新建数据透视表样式】对数据透视表格式进行自定义设置，一旦保存后便存放于【数据透视表样式】库中，可以随时调用。

有关设置自定义样式的内容，请参阅 7.2.2 小节。

29.3.3 改变数据透视表中所有单元格的数字格式

如果要改变数据透视表中所有单元格的数字格式，只需选中这些单元格再设置单元格格式即可，具体步骤如下。

步骤1 鼠标单击数据透视表中的任意一个单元格。

步骤2 按<Ctrl+A>组合键，选中除数据透视表筛选器以外的内容，按<Ctrl+1>组合键。

步骤3 在弹出的【设置单元格格式】对话框中单击【数字】选项卡，设置数字格式。

当调整数据透视表布局或是进行刷新操作时，数据透视表筛选器中的格式将应用新设置的数字格式。有关设置单元格数字格式的相关内容，请参阅 6.1.3 小节。

29.3.4 数据透视表与条件格式

如果将 Excel 的条件格式功能应用于数据透视表，可以增强数据透视表的可视化效果。

图 29-41 和图 29-42 分别展示了在数据透视表中设置“数据条”和“图标集”后的效果。有关条件格式的更多相关内容，请参阅第 34 章。

	A	B	C	D
1	行标签	求和项:销售额	求和项:累计到款	求和项:销售回款率%
2	NEW-C-256	650000	170000	26.15%
3	NEW-D-128	540000	430000	79.63%
4	NEW-D-192	4240500	3035000	71.57%
5	NEW-D-256	2000000	1855000	92.75%
6	NEW-G-128	236000	236000	100.00%
7	NEW-G-192	600000	159950	26.66%
8	NEW-G-256	123000	23000	18.70%
9	总计	8389500	5908950	70.43%

图 29-41 数据透视表中应用“数据条”

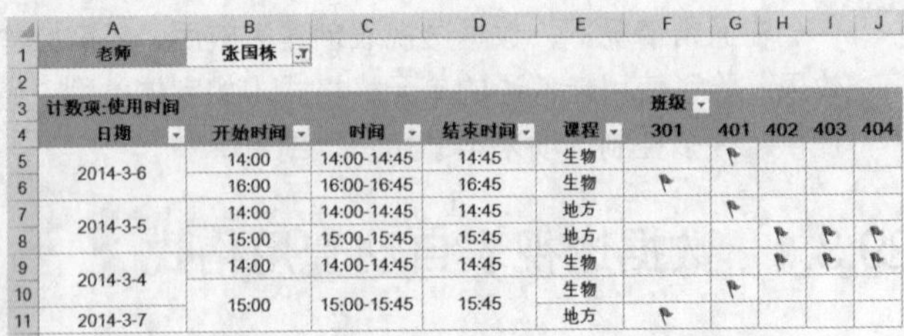

	A	B	C	D	E	F	G	H	I	J
1	老师	张国栋								
2										
3	计数项:使用时间					班级				
4	日期	开始时间	时间	结束时间	课程	301	401	402	403	404
5	2014-3-6	14:00	14:00-14:45	14:45	生物					
6		16:00	16:00-16:45	16:45	生物					
7	2014-3-5	14:00	14:00-14:45	14:45	地方					
8		15:00	15:00-15:45	15:45	地方					
9	2014-3-4	14:00	14:00-14:45	14:45	生物					
10		15:00	15:00-15:45	15:45	生物					
11	2014-3-7				地方					

图 29-42 数据透视表中应用“三色旗图标”

29.4 数据透视表的刷新

29.4.1 刷新本工作簿的数据透视表

1. 手动刷新数据透视表

如果数据透视表的数据源内容发生了变化，用户需要手动刷新数据透视表，使数据透视表中的数据得到及时的更新。手动刷新的方法是在数据透视表的任意一个区域上单击鼠标右键，在弹出的快捷菜单中单击【刷新】命令，如图 29-43 所示。

此外，在【数据透视表工具】的【分析】选项卡中单击【刷新】按钮也可以实现对数据透视表的刷新。

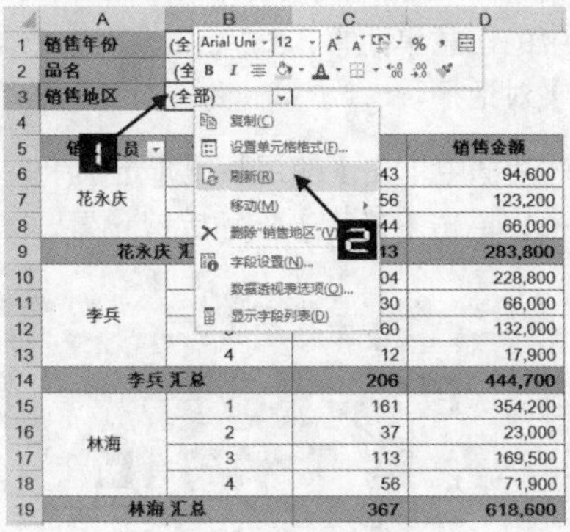

图 29-43 刷新数据透视表

2. 在打开文件时刷新

用户还可以设置数据透视表的自动更新，设置数据透视表在打开时自动刷新的方法如下。

步骤1 → 在数据透视表的任意一个区域单击鼠标右键，在弹出的快捷菜单中选择【数据透视表选项】命令。

步骤2 → 在【数据透视表选项】对话框中单击【数据】选项卡，勾选【打开文件时刷新数据】的复选框，最后单击【确定】按钮关闭对话框完成设置，如图 29-44 所示。

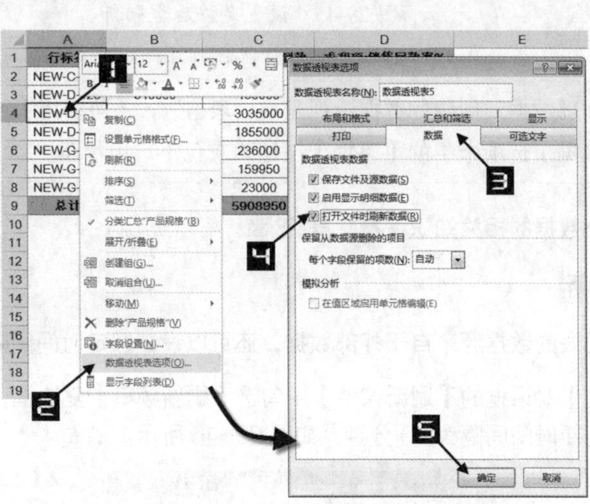

图 29-44 设置数据透视表打开时刷新

如此设置以后，每当用户打开数据透视表所在的工作簿时，数据透视表都会自动刷新数据。

3. 刷新链接在一起的数据透视表

当数据透视表用作其他数据透视表的数据源时，对其中任何一张数据透视表进行刷新，都会对链接在一起的数据透视表进行刷新。

29.4.2 刷新引用外部数据的数据透视表

1. 后台刷新

如果数据透视表的数据源是基于对外部数据的查询，Excel 会在后台执行数据刷新。

步骤1 单击数据透视表中的任意单元格（如A6），在【数据】选项卡中单击【属性】按钮，弹出【连接属性】对话框。

步骤2 在【连接属性】对话框中单击【使用状况】选项卡，在【刷新控件】中勾选【允许后台刷新】的复选框，单击【确定】按钮完成设置，如图29-45所示。

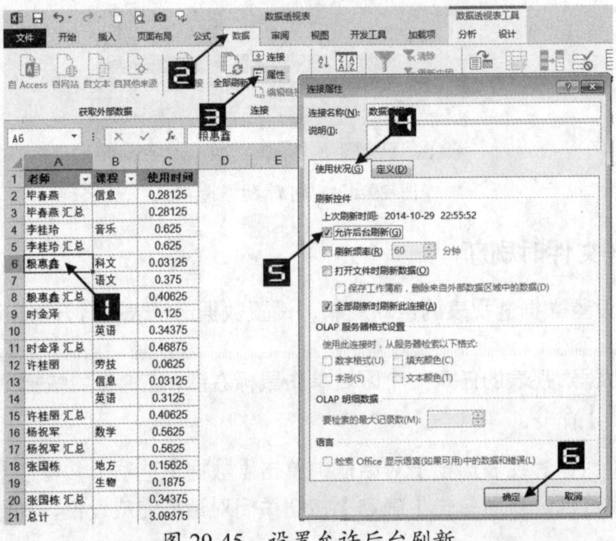

图 29-45　设置允许后台刷新

注意 使用外部数据源创建的数据透视表或“表格”，才可调用【连接属性】对话框，否则【数据】选项卡中的【属性】按钮为灰色不可用状态。

关于引用外部数据的相关知识请参阅第28章。

2. 定时刷新

如果数据透视表的数据源来自于外部数据，还可以设置固定时间间隔的自动刷新频率。

在【连接属性】对话框的【刷新控件】中勾选【刷新频率】复选框，并在右侧的微调框内选择以分钟为单位的刷新时间间隔为10分钟，如图29-46所示。

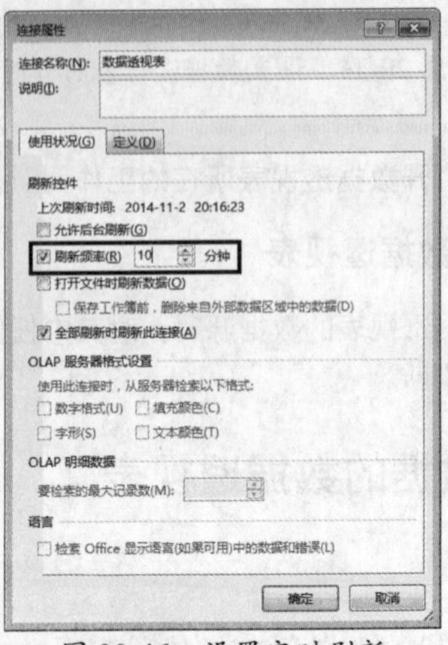

图 29-46　设置定时刷新

设置好刷新频率后，数据透视表会自动计时，每隔 10 分钟就会对数据透视表刷新一次。

3. 在打开文件时刷新

如果数据透视表的数据源来自于外部数据，也可以设置数据透视表在打开时自动刷新。

在【连接属性】对话框的【刷新控件】中勾选【打开文件时刷新数据】的复选框即可。

29.4.3 全部刷新数据透视表

如果要刷新工作簿中包含的多个数据透视表，可以单击任意一个数据透视表中的任意单元格，在【数据透视表工具】的【分析】选项卡中依次单击【刷新】→【全部刷新】命令，如图 29-47 所示。

图 29-47 全部刷新数据透视表

直接在【数据】选项卡中单击【全部刷新】按钮，也可以同时刷新一个工作簿中的多个数据透视表。

29.5 在数据透视表中排序

在 Excel 中，数据透视表有着与普通数据列表十分相似的排序功能和完全相同的排序规则，在普通数据列表中可以实现的排序效果，大多在数据透视表上也同样可以实现。

29.5.1 改变字段的排列顺序

在图 29-48 所示的数据透视表中，如果将行字段“销售年份”移动至“销售人员”字段的前方，请参照以下步骤。

	A	B	C	D	E	F	G
1	求和项:销售金额			品名			
2	销售人员	销售年份	销售季度	按摩椅	跑步机	微波炉	显示器
3	花永庆	2015	1		94,600		
4			2		123,200		
5			3				66,000
6		花永庆 汇总			217,800		66,000
7	李兵	2015	1		228,800		
8			2		66,000		
9			3		132,000		
10			4		15,400	2,500	
11		李兵 汇总			442,200	2,500	

图 29-48 字段排序前的数据透视表

步骤1 → 调出【数据透视表字段列表】对话框。

步骤2 → 在【数据透视表字段列表】对话框中单击【销售年份】字段按钮，在弹出的快捷菜单中选择【上移】命令，如图 29-49 所示。

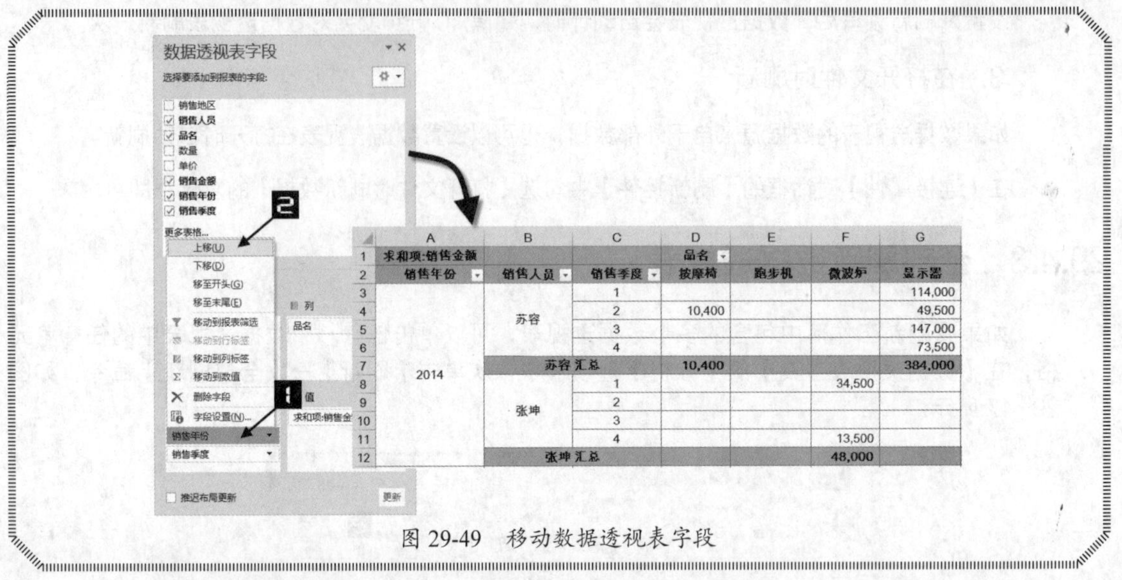

	A	B	C	D	E	F	G
1	求和项:销售金额			品名			
2	销售年份	销售人员	销售季度	按摩椅	跑步机	微波炉	显示器
3	2014	苏容	1				114,000
4			2	10,400			49,500
5			3				147,000
6			4				73,500
7		苏容 汇总		10,400			384,000
8		张坤	1			34,500	
9			2				
10			3				
11			4			13,500	
12		张坤 汇总				48,000	

图 29-49 移动数据透视表字段

29.5.2 排序字段项

如果要对如图 29-50 所示数据透视表中的行字段“销售季度”进行升序排列，请参照以下步骤。

	A	B	C	D	E	F	G
1	求和项:销售金额	品名					
2	销售季度	按摩椅	跑步机	微波炉	显示器	液晶电视	总计
3	4	83,200	215,600	28,000	517,500	550,000	1,394,300
4	2	35,200	264,000	47,000	417,000	340,000	1,103,200
5	3	110,400	132,000	105,000	556,500	985,000	1,888,900
6	1	54,400	864,600	67,000	193,500	1,210,000	2,389,500
7	总计	283,200	1,476,200	247,000	1,684,500	3,085,000	6,775,900

图 29-50 排序前的数据透视表

单击数据透视表中行字段“销售季度”的下拉按钮，在弹出的下拉列表中选择【升序】命令，如图 29-51 所示。

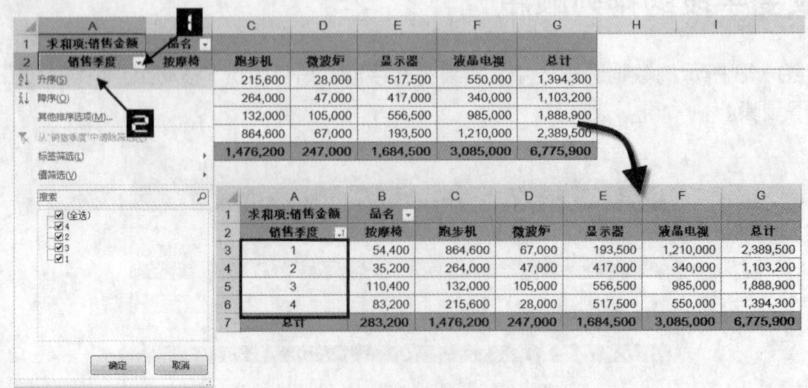

	A	B	C	D	E	F	G
1	求和项:销售金额	品名					
2	销售季度	按摩椅	跑步机	微波炉	显示器	液晶电视	总计
3	1	54,400	864,600	67,000	193,500	1,210,000	2,389,500
4	2	35,200	264,000	47,000	417,000	340,000	1,103,200
5	3	110,400	132,000	105,000	556,500	985,000	1,888,900
6	4	83,200	215,600	28,000	517,500	550,000	1,394,300
7	总计	283,200	1,476,200	247,000	1,684,500	3,085,000	6,775,900

图 29-51 排序后的数据透视表

29.5.3 按值排序

如果要对如图 29-51 所示数据透视表行字段“销售季度”中的“1”项按照品名的销售金额进行从左到右降序排列，请参照以下步骤。

步骤1 单击行字段“销售季度”中“1”项所在行的销售金额单元格如B3，在【数据】选项卡中单击【排序】按钮，弹出【按值排序】对话框。

步骤2 【按值排序】对话框中的【排序选项】选择【降序】，【排序方向】选择【从左到右】，单击【确定】按钮完成排序，如图29-52所示。

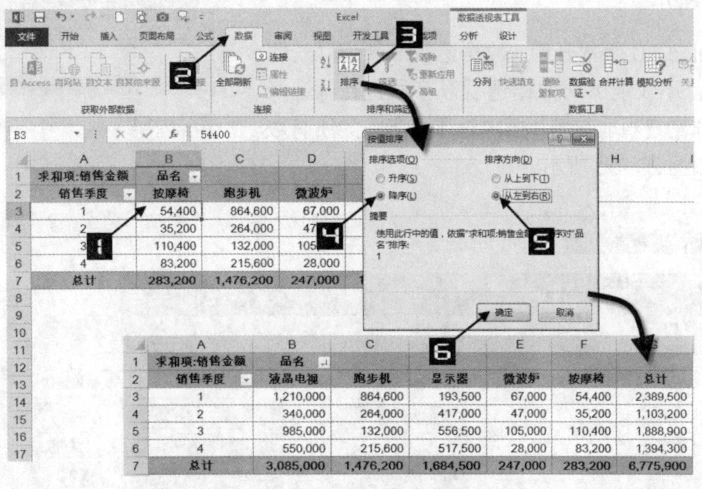

图 29-52 按值排序数据透视表

29.5.4 设置字段自动排序

Excel 2013在每次更新数据透视表的时候都可以对其进行自动排序。

步骤1 在数据透视表行字段上单击鼠标右键，在弹出的快捷菜单中选择【排序】→【其他排序选项】命令。

步骤2 在弹出的【排序】对话框中单击【其他选项】按钮。

步骤3 在弹出的【其他排序选项】对话框中勾选【自动排序】中【每次更新报表时自动排序】的复选框，单击【确定】按钮关闭【其他排序选项】对话框，再次单击【确定】按钮关闭【排序】对话框完成设置，如图29-53所示。

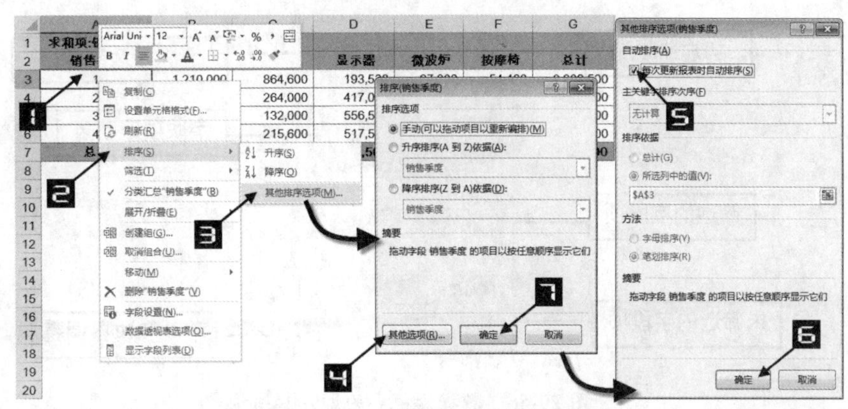

图 29-53 设置数据透视表自动排序

29.6 数据透视表的切片器

在 Excel 2010 之前版本的数据透视表中，当对某个字段进行筛选后，数据透视表显示的只是筛选后的结果，但如果需要看到对哪些数据项进行了筛选，只能到该字段的下拉列表中去查看，这很不直观，如图 29-54 所示。

	A	B	C	D	E
1	国家/地区	美国			
2					
3	求和项:订单金额	列标签			
4	行标签	10月	11月	12月	总计
5	李小明	15416.45	15348.8	20848.1	51613.35
6	林彩瑜	17169.85	8221.3	9725	35116.15
7	潘金	24473.08	12075.71	27752.7	64301.49
8	总计	57059.38	35645.81	58325.8	151030.99

图 29-54 处于筛选状态下的数据透视表

自 Excel 2010 版本开始，数据透视表新增了“切片器”功能，不仅能够对数据透视表字段进行筛选操作，还可以非常直观地在切片器内查看该字段的所有数据项信息，如图 29-55 所示。

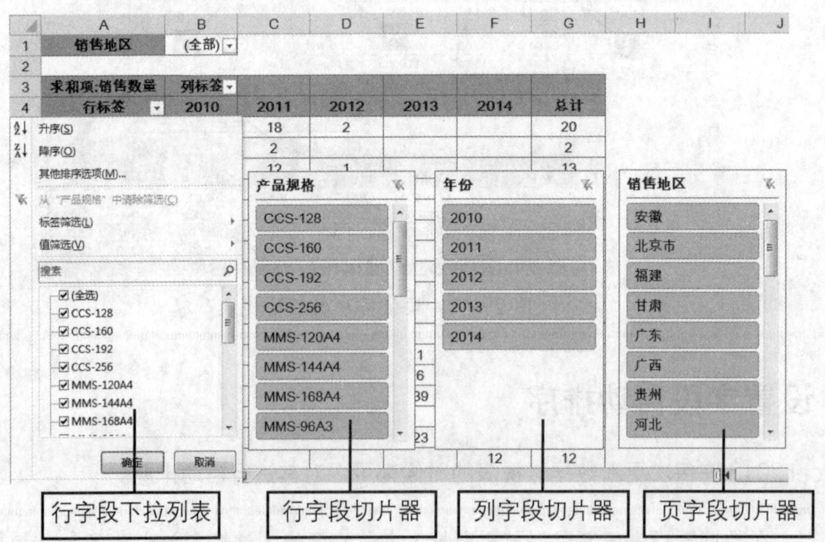

图 29-55 数据透视表字段下拉列表与切片器对比

“切片”的概念就是将物质切成极微小的横断面薄片，以观察其内部的组织结构。数据透视表的切片器实际上就是以一种图形化的筛选方式，单独为数据透视表中的每个字段创建一个选取器，浮动于数据透视表之上。通过对选取器中的字段项筛选，实现了比字段下拉列表筛选按钮更加方便灵活的筛选功能。共享后的切片器还可以应用到其他的数据透视表中，在多个数据透视表数据之间架起了一座桥梁，轻松地实现多个数据透视表联动。有关数据透视表的切片器结构如图 29-56 所示。

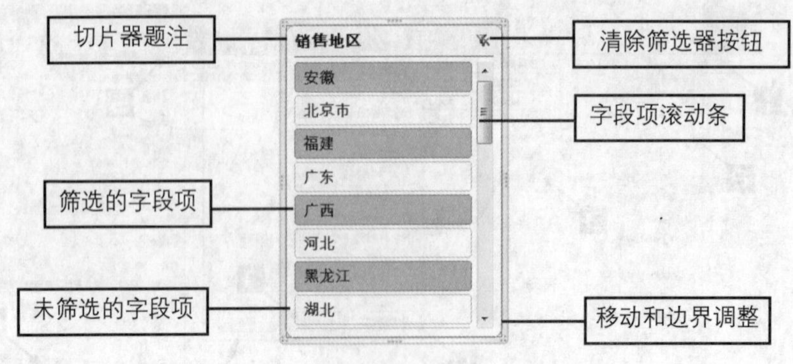

图 29-56 数据透视表的切片器结构

29.6.1 为数据透视表插入切片器

示例 29-3 为数据透视表插入切片器

如果希望在如图 29-57 所示的数据透视表中插入“年份”和“用户名称”字段的切片器，可参照如下步骤。

	A	B	C
1			
2	年份	(全部)	
3	用户名称	(全部)	
4			
5	产品规格	求和项:销售数量	求和项:销售额
6	CCS-128	20	4455000
7	CCS-160	2	540000
8	CCS-192	13	4028000
9	CCS-256	2	630000
10	MMS-120A4	20	3581000
11	MMS-144A4	6	1850000
12	MMS-168A4	18	4106000
13	MMS-96A3	2	305000
14	MMS-96A4	17	3050000
15	SX-C-192	1	350000
16	SX-C-192C	1	230000
17	SX-C-256	2	1056000
18	SX-D-128	38	7419000
19	SX-D-192	53	9836500
20	SX-D-192C	1	264000

图 29-57 数据透视表

步骤1 → 单击数据透视表中的任意单元格（如 B8），在【数据透视表工具】的【分析】选项卡中单击【插入切片器】按钮，弹出【插入切片器】对话框。

步骤2 → 在【插入切片器】对话框内分别勾选“年份”和“用户名称”的复选框，单击【确定】按钮完成切片器的插入，如图 29-58 所示。

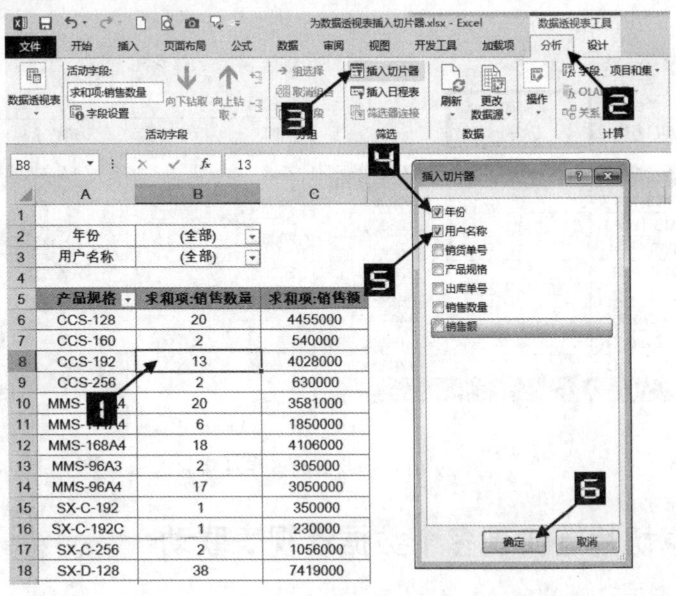

图 29-58 插入切片器

分别选择切片器【年份】和【用户名称】的字段项为“2010”和“广西”，数据透视表会立即显示出筛选结果，如图 29-59 所示。

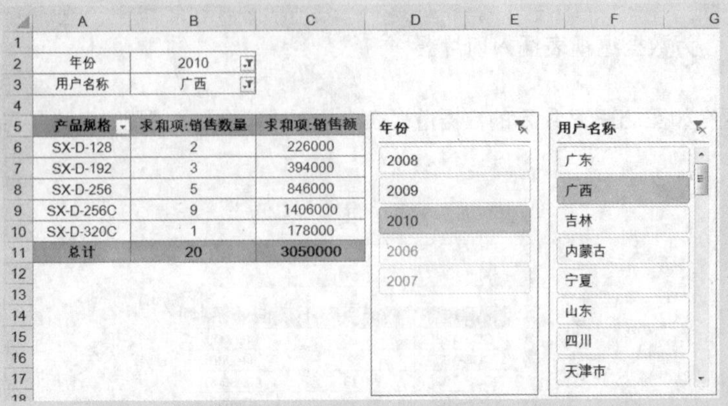

图 29-59 筛选切片器

此外，在【插入】选项卡中单击【切片器】按钮也可以调出【插入切片器】对话框为数据透视表插入切片器，如图 29-60 所示。

图 29-60 【插入】选项卡中的【切片器】按钮

29.6.2 筛选多个字段项

在切片器筛选框内，按<Ctrl>键的同时可以选中多个字段项进行筛选，如图 29-61 所示。

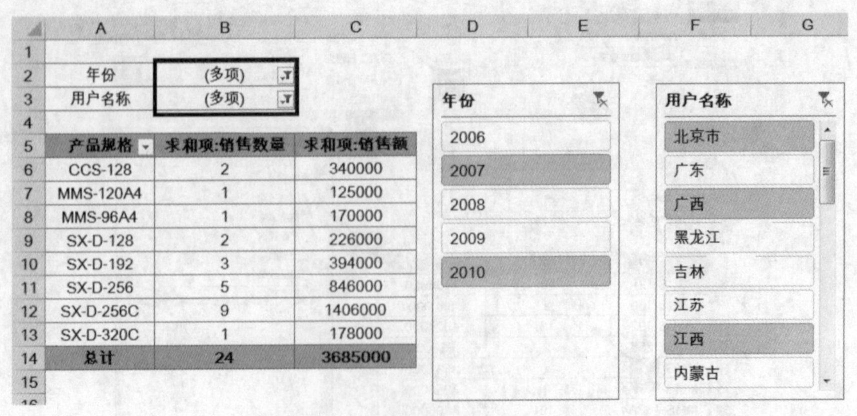

图 29-61 切片器的多字段项筛选

29.6.3 共享切片器实现多个数据透视表联动

图 29-62 所示的数据透视表是依据同一个数据源创建的不同分析角度的数据透视表，对页字段“年份”在各个数据透视表中分别进行不同的筛选后，数据透视表显示出相应的结果。

年份	2015

行标签	销售数量	销售额
SX-D-128	10	1,889,000
SX-D-192	42	7,272,500
SX-D-256	24	6,113,000
总计	76	15,274,500

年份	2015

行标签	销售数量	销售额
新疆	11	3,650,000
四川	4	453,000
总计	15	4,103,000

年份	2015

销售额	列标签	
行标签	内蒙古	上海市
侯士杰		155,000
李立新	642,000	
王心刚		155,000
杨则力	822,000	
总计	1,464,000	310,000

年份	2015

行标签	销售数量	销售额
内蒙古	5	1,464,000
天津市	4	1,000,000
总计	9	2,464,000

图 29-62 不同分析角度的数据透视表

示例 29-4 多个数据透视表联动

通过在切片器内设置数据透视表连接，使切片器实现共享，从而使多个数据透视表进行联动。每当筛选切片器内的一个字段项时，多个数据透视表同时刷新，显示出同一年份下的不同分析角度的数据信息，具体实现方法请参照如下步骤。

步骤1 在任意一个数据透视表中插入“年份”字段的切片器。

步骤2 在“年份”切片器的空白区域中单击鼠标，在【切片器工具】的【选项】选项卡中单击【报表连接】按钮，调出【数据透视表连接(年份)】的对话框，分别勾选【数据透视表 2】、【数据透视表 3】和【数据透视表 4】的复选框，最后单击【确定】按钮完成设置，如图 29-63 所示。

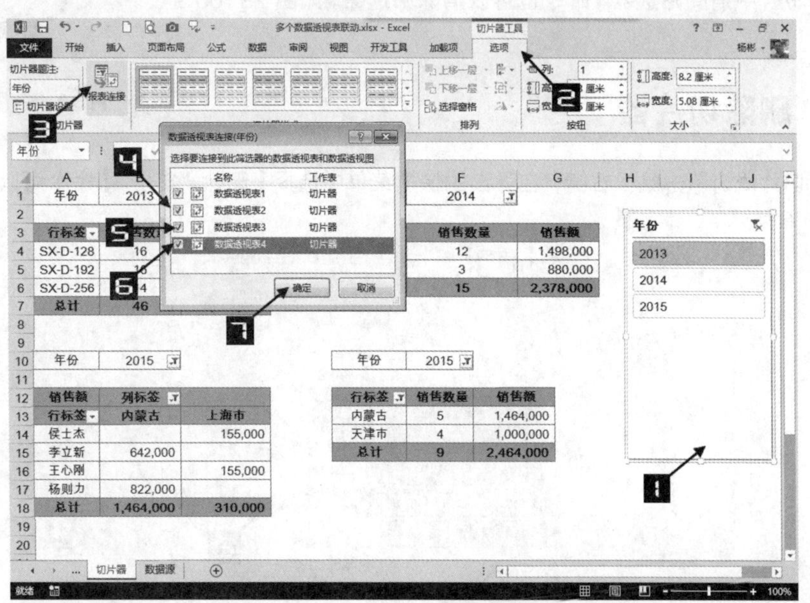

图 29-63 设置报表连接

在“年份”切片器内选择“2014”字段项后，所有数据透视表都显示出 2014 年的数据，如图 29-64 所示。

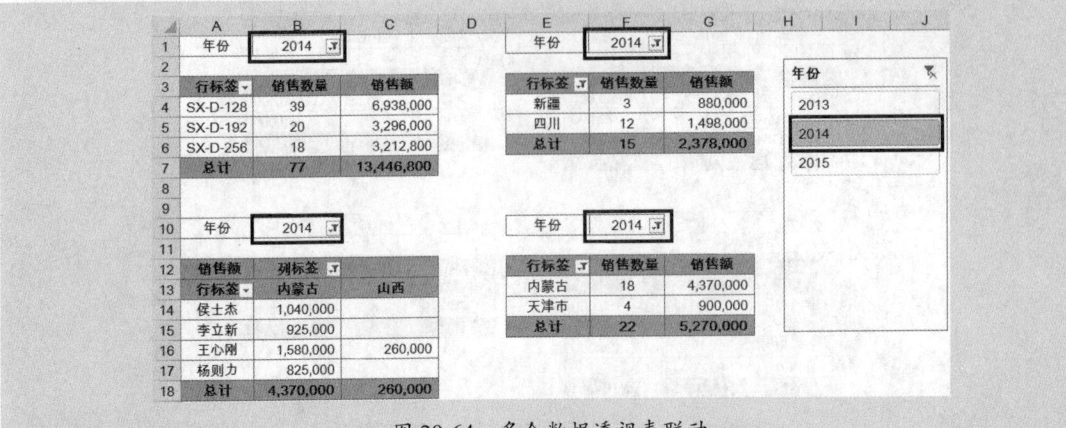

图 29-64　多个数据透视表联动

此外，在“年份”切片器的任意区域单击鼠标右键，在弹出的快捷菜单中选择【报表连接】命令，也可调出【数据透视表连接（年份）】对话框。

29.6.4　清除切片器的筛选器

清除切片器筛选器的方法较多，主要有以下几种。

◆　比较快捷的就是直接单击切片器内右上方的【清除筛选器】按钮。

◆　单击切片器，按<Alt+C>组合键也可快速地清除筛选器。

◆　在切片器内单击鼠标右键，在弹出的快捷菜单中选择【从“年份”中清除筛选器】命令也可以清除筛选器，如图 29-65 所示。

图 29-65　清除筛选器

29.6.5　删除切片器

在切片器内单击鼠标右键，在弹出的快捷菜单中选择【删除“年份”】命令可以删除切片器，如图 29-66 所示。

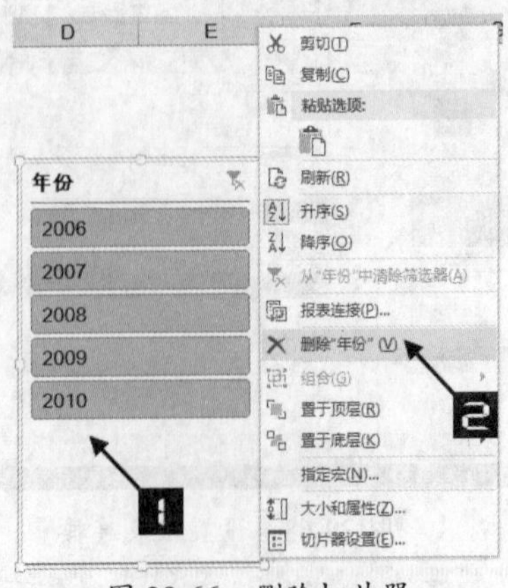

图 29-66　删除切片器

此外，选中切片器，按<Delete>键也可快速删除切片器。

29.7 数据透视表的日程表

"日程表"是 Excel 2013 版本新增的功能。对于数据源中存在的日期字段，可以在数据透视表中插入日程表进行按年、季度、月和日的分析。此功能类似数据透视表按日期的分组，但"日程表"完全脱离了数据透视表且无需使用筛选器便可对不同日期的数据进行查看。功能上等价于按日期分组后的切片器。

示例 29-5 利用日程表分析各门店不同时期商品的销量

图 29-67 展示了某知名品牌公司的各门店不同上市日期各款商品的销售量，如果希望插入日程表进行数据分析，请参照以下步骤。

	A	B	C	D	E	F	G	H	I	J
1	商品名称	性别名称	风格名称	款式名称	上市日期	大类名称	季节名称	商店名称	颜色名称	数量
2	00112-19D12	女	现代	长袖衬衫	2012-3-16	单衣	春	门店1	1号色	1
3	00112-601J12	女	现代	上衣	2012-7-22	夹衣	秋	门店2	2号色	1
4	00112-601J12	女	现代	上衣	2012-7-22	夹衣	秋	门店3	2号色	1
5	00112-601J12	女	现代	上衣	2012-7-22	夹衣	秋	门店4	2号色	3
6	00112-601J12	女	现代	上衣	2012-7-22	夹衣	秋	门店5	2号色	1
7	00112-602J12	女	现代	上衣	2012-8-19	夹衣	秋	门店6	1号色	1
8	00112-704J12	女	现代	上衣	2012-9-11	夹衣	秋	门店7	1号色	1
9	00112-704J12	女	现代	上衣	2012-9-11	夹衣	秋	门店8	1号色	3
10	00112-746J12	女	现代	上衣	2012-9-28	夹衣	秋	门店9	2号色	1
11	00112-808J12	女	现代	大衣	2012-11-3	夹衣	冬	门店10	2号色	1
12	00113-1004J13	女	现代	上衣	2012-12-21	夹衣	春	门店11	1号色	2
13	00113-1004J13	女	现代	上衣	2012-12-21	夹衣	春	门店7	1号色	2
14	00113-1006J13	女	现代	上衣	2012-12-26	夹衣	春	门店2	1号色	1
15	00113-1006J13	女	现代	上衣	2012-12-26	夹衣	春	门店12	1号色	1
16	00113-1010J13	女	现代	上衣	2012-12-23	夹衣	春	门店2	2号色	1
17	00113-1030J13	女	现代	上衣	2012-12-22	夹衣	春	门店13	1号色	1
18	00113-1030J13	女	现代	上衣	2012-12-22	夹衣	春	门店14	1号色	1
19	00113-1030J13	女	现代	上衣	2012-12-22	夹衣	春	门店15	1号色	3
20	00113-1030J13	女	现代	上衣	2012-12-22	夹衣	春	门店15	2号色	3

图 29-67 各门店不同时期商品的销量

步骤 1 根据图 29-67 所示的数据源创建如图 29-68 所示的数据透视表。

	A	B	C	D	E	F	G
1	以下项目的总和:数量	列标签					
2	行标签	单衣	夹衣	棉衣	下装	服配	总计
7	门店5	102	26	1	13	12	154
8	门店6	12	7		12		31
9	门店7	65	18		22		105
10	门店8	48	29	2	15		94
11	门店9	195	32	1	31		259
12	门店10	44	15		9		68
13	门店11	22	12		12		46
14	门店12	13	8		5		26
15	门店13	33	7		5		45
16	门店14	332	108		109	3153	3702
17	门店15	220	43		40	2	305
18	门店16	83	22		11		116
19	门店17	11	2				13
20	门店18	45	12		7	1	65
21	门店19	34	2		9	1	46
22	门店20	52	16	2	20	15	105
23	门店21	217	47		54	15	333
24	门店22	38	9		9	2	58
25	门店23	14	8		1	2	25
26	门店24	17	4		2	2	25
27	门店25	8	2		2	2	14
28	总计	1800	500	7	447	3219	5973

图 29-68 创建数据透视表

第 29 章 Excel 2013

创建数据透视表的时候，在【创建数据透视表】对话框内要取消【将此数据添加到数据模型】复选框的勾选，否则数据透视表将进入数据模型的关联模式。如图 29-69 所示。

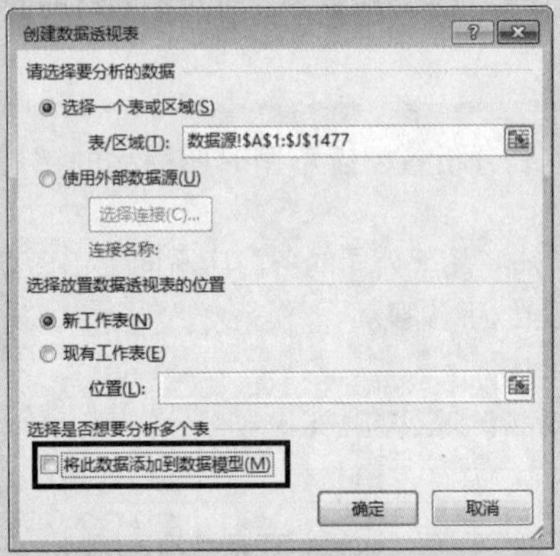

注意

图 29-69 去掉【将此数据添加到数据模型】复选框的勾选

步骤2 单击数据透视表中的任意单元格（如 A3），在【数据透视表工具】的【分析】选项卡中单击【插入日程表】按钮，在弹出的【插入日程表】对话框中勾选【上市日期】复选框，如图 29-70 所示。

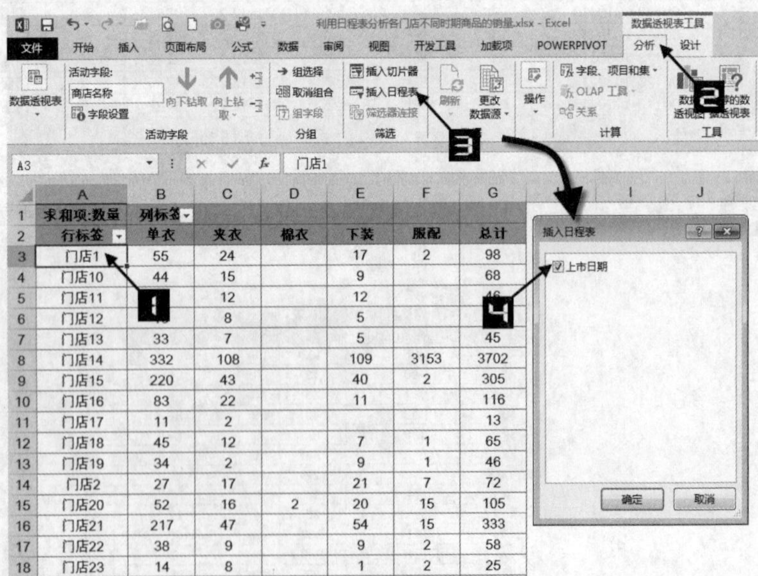

图 29-70 插入日程表操作

步骤3 单击【插入日程表】对话框中的【确定】按钮插入【上市日期】的日程表，如图 29-71 所示。

步骤4 单击【上市日期】日程表的“月”下拉按钮，选择“年”，即可变为按年显示的日程表。同时，分别单击“2010”、“2012”和“2014”年份项可以得到不同上市日期下各门店各款货品的销量，如图 29-72 所示。

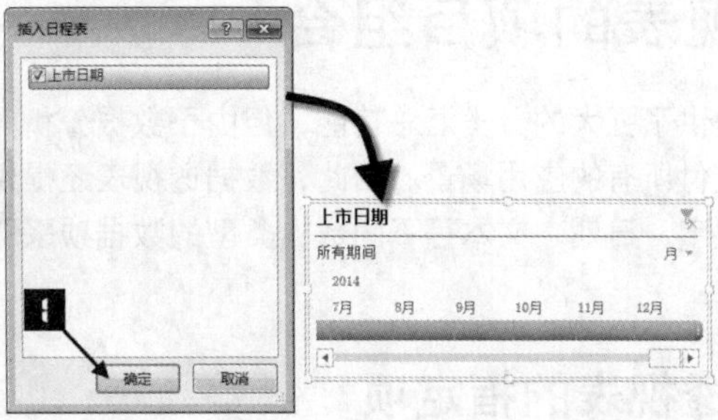

图 29-71　插入日程表

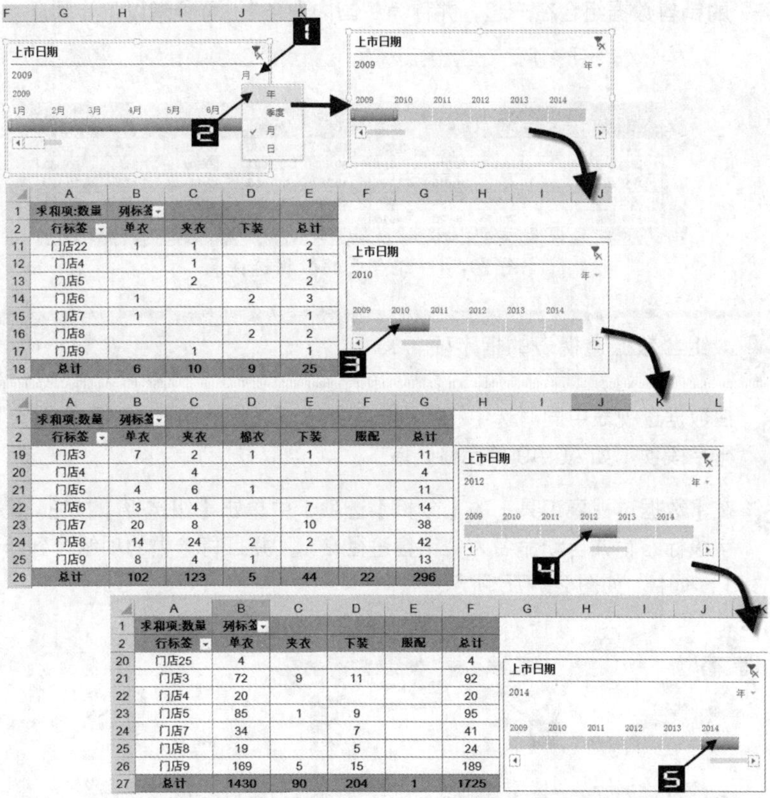

求和项:数量	列标签			
行标签	单衣	夹衣	下装	总计
门店22	1	1		2
门店4		1		1
门店5		2		2
门店6	1		2	3
门店7	1			1
门店8			2	2
门店9		1		1
总计	6	10	9	25

求和项:数量	列标签					
行标签	单衣	夹衣	棉衣	下装	服配	总计
门店3	7	2	1	1		11
门店4		4				4
门店5	4	6	1			11
门店6	3	4		7		14
门店7	20	8		10		38
门店8	14	24	2	2		42
门店9	8	4	1			13
总计	102	123	5	44	22	296

求和项:数量	列标签				
行标签	单衣	夹衣	下装	服配	总计
门店25	4				4
门店3	72	9	11		92
门店4	20				20
门店5	85	1	9		95
门店7	34		7		41
门店8	19		5		24
门店9	169	5	15		189
总计	1430	90	204	1	1725

图 29-72　查看不同上市日期下各门店各款货品的销量

此外，单击【上市日期】日程表的“年”下拉按钮，选择“季度”或“月”、“日”，可以得到不同上市季度和日期下各门店各款货品的销量，如图 29-73 所示。

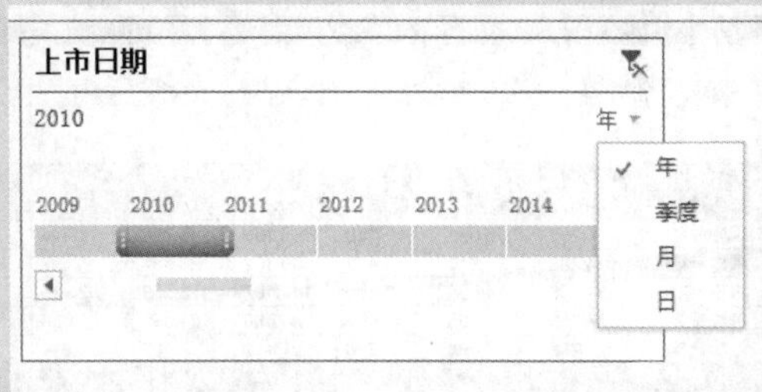

图 29-73　按季度或日期进行统计

29.8 数据透视表的项目组合

虽然数据透视表提供了强大的分类汇总功能，但由于数据分析需求的多样性，使得数据透视表的常规分类方式不能应付所有的应用场景。因此，数据透视表还提供了另一项非常有用的功能，即项目分组。它通过对数字、日期、文本等不同数据类型的数据项采取多种分组方式，增强了数据透视表分类汇总的适用性。

29.8.1 组合数据透视表的指定项

如果用户希望在图 29-74 所示的数据透视表中，将“国内市场”、“送货上门”、“网络销售”、“邮购业务”的销售数据组合在一起，并称为“国内业务”，可参考以下步骤。

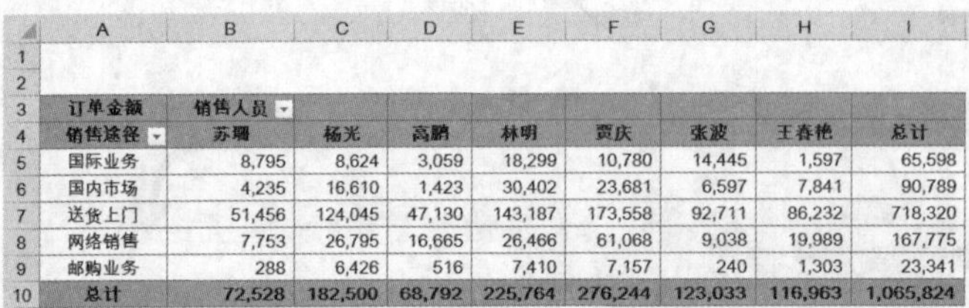

订单金额	销售人员							
销售途径	苏珊	杨光	高鹏	林明	贾庆	张波	王春艳	总计
国际业务	8,795	8,624	3,059	18,299	10,780	14,445	1,597	65,598
国内市场	4,235	16,610	1,423	30,402	23,681	6,597	7,841	90,789
送货上门	51,456	124,045	47,130	143,187	173,558	92,711	86,232	718,320
网络销售	7,753	26,795	16,665	26,466	61,068	9,038	19,989	167,775
邮购业务	288	6,426	516	7,410	7,157	240	1,303	23,341
总计	72,528	182,500	68,792	225,764	276,244	123,033	116,963	1,065,824

图 29-74 组合前的数据透视表

示例 29-6 组合数据透视表的指定项

步骤1 在数据透视表中同时选中“国内市场”、“送货上门”、“网络销售”、“邮购业务”行字段项（如 A6:A9 单元格区域）。

步骤2 在【数据透视表工具】的【分析】选项卡中单击【组选择】按钮。Excel 将创建新的字段标题，并自动命名为“销售途径 2”，并且将选中的项组合到新命名的“数据组 1”项中，如图 29-75 所示。

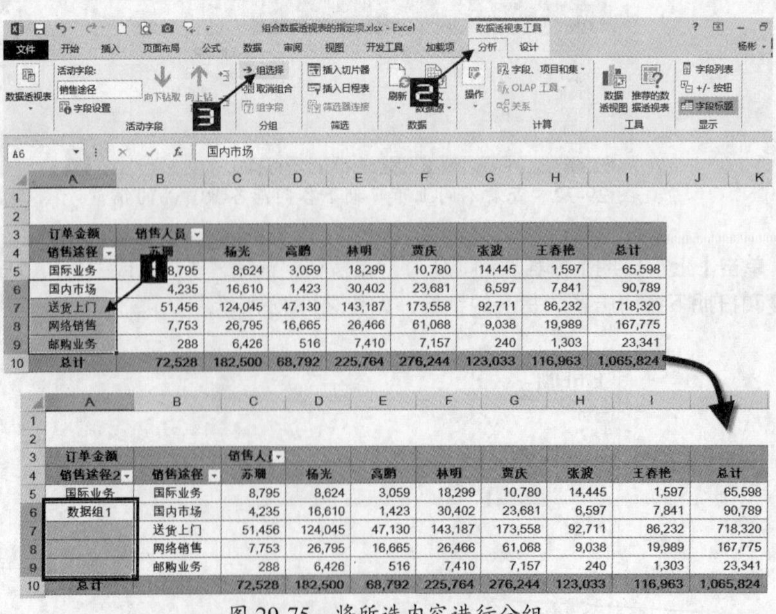

订单金额		销售人员							
销售途径2	销售途径	苏珊	杨光	高鹏	林明	贾庆	张波	王春艳	总计
国际业务	国际业务	8,795	8,624	3,059	18,299	10,780	14,445	1,597	65,598
数据组1	国内市场	4,235	16,610	1,423	30,402	23,681	6,597	7,841	90,789
	送货上门	51,456	124,045	47,130	143,187	173,558	92,711	86,232	718,320
	网络销售	7,753	26,795	16,665	26,466	61,068	9,038	19,989	167,775
	邮购业务	288	6,426	516	7,410	7,157	240	1,303	23,341
总计		72,528	182,500	68,792	225,764	276,244	123,033	116,963	1,065,824

图 29-75 将所选内容进行分组

步骤3 → 单击“数据组 1”单元格，输入新的名称“国内业务”，如图 29-76 所示。

	A	B	C	D	E	F	G	H	I	J
1										
2										
3	订单金额		销售人员							
4	销售途径2	销售途径	苏珊	杨光	高鹏	林明	贾庆	张波	王春艳	总计
5	国际业务	国际业务	8,795	8,624	3,059	18,299	10,780	14,445	1,597	65,598
6	国内业务	国内市场	4,235	16,610	1,423	30,402	23,681	6,597	7,841	90,789
7		送货上门	51,456	124,045	47,130	143,187	173,558	92,711	86,232	718,320
8		网络销售	7,753	26,795	16,665	26,466	61,068	9,038	19,989	167,775
9		邮购业务	288	6,426	516	7,410	7,157	240	1,303	23,341
10	总计		72,528	182,500	68,792	225,764	276,244	123,033	116,963	1,065,824

图 29-76　创建指定项的组合

29.8.2　数字项组合

对于数据透视表中的数值型字段，Excel 提供了自动组合功能，使用这一功能可以更方便地对数据进行分组。

示例 29-7　数字项组合数据透视表字段

如果用户希望将图 29-77 所示的数据透视表的“销售季度”字段按每 2 个季度分为一组，请参照以下步骤。

	A	B	C	D	E	F	G	H	I
1									
2									
3	订单金额			销售途径					
4	销售人员	销售年份	销售季度	国际业务	国内市场	送货上门	网络销售	邮购业务	总计
5	林茂	2013	3	15,590					15,590
6			4	2,709	3,011	21,226		7,410	34,355
7		2014	1		19,394	21,695			41,089
8			2		1,151	20,004	1,234		22,390
9			3		3,685	23,181	4,365		31,231
10			4		3,161	26,786			29,946
11		2015	1			20,128	20,067		40,195
12			2			10,168	800		10,968
13		林茂 汇总		18,299	30,402	143,187	26,466	7,410	225,764
14	苏珊	2013	3	8,795					8,795
15			4		642	4,795		288	5,725
16		2014	1			5,583			5,583
17			2		831	12,893	520		14,245
18			3		2,762	1,097	1,623		5,482
19			4			14,980	536		15,516

图 29-77　组合前的数据透视表

步骤1 → 单击数据透视表中的“销售季度”字段标题或其字段项（如 C5 单元格），在【数据透视表工具】的【分析】选项卡中单击【组字段】命令，弹出【组合】对话框，如图 29-78 所示。

步骤2 → 在【组合】对话框中的【步长】文本框中输入“2”，单击【确定】按钮，完成设置，如图 29-79 所示。

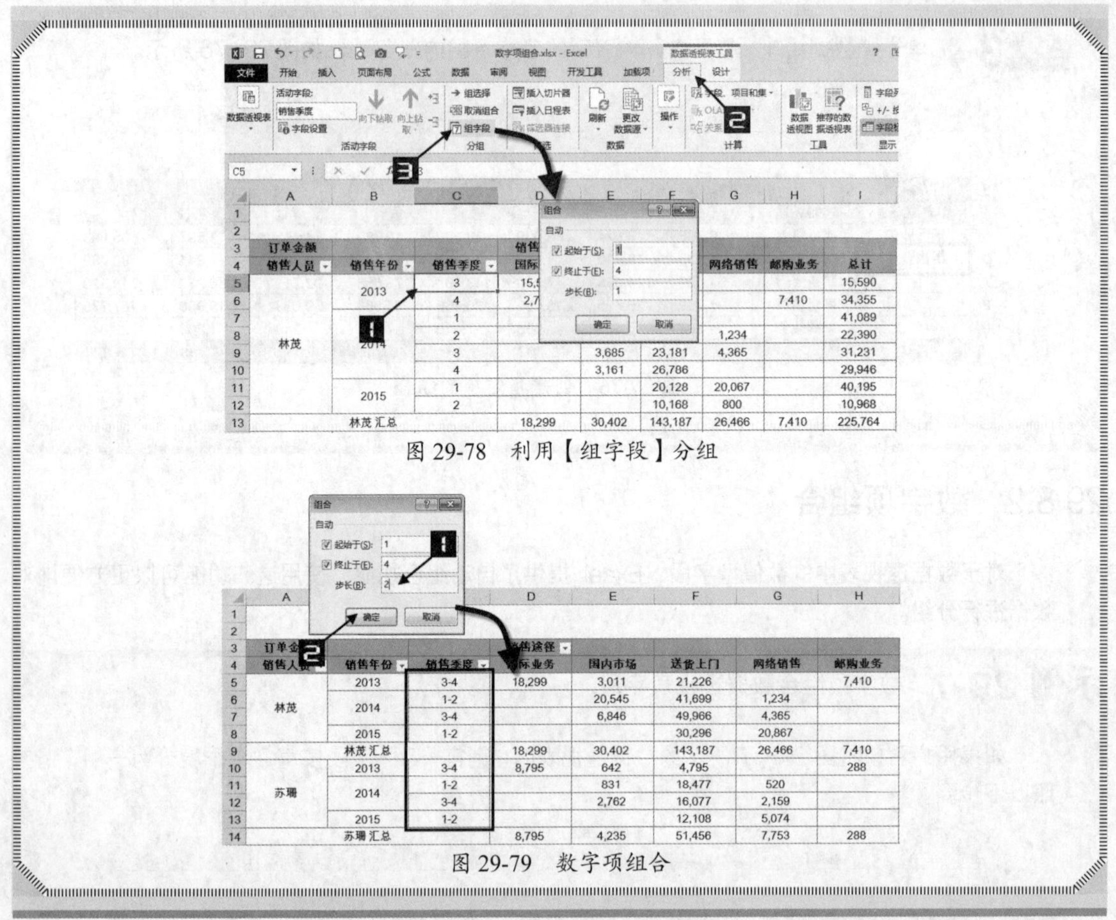

图 29-78 利用【组字段】分组

图 29-79 数字项组合

29.8.3 按日期或时间项组合

对于日期型数据，数据透视表提供了更多的组合选项，可以按秒、分、小时、日、月、季度、年等多种时间单位进行组合。

示例 29-8 按日期或时间项组合数据透视表

图 29-80 所示的数据透视表显示了按订单日期统计的报表，如果可以对日期项进行分组，可以使表格变得更有意义，请参照以下步骤。

求和项:订单金额	销售人员							
订单日期	毕春艳	高伟	何庆	林茂	苏珊	杨光	张林波	总计
2013-7-16		440	1,445					1,885
2013-7-10					1,863			1,863
2013-7-12				1,553				1,553
2013-7-15			3,145					3,145
2013-7-11				3,598				3,598
2013-7-23		557				1,615		2,172
2013-7-17			518					518
2013-7-22				1,120				1,120
2013-7-25				101			584	685
2013-7-29				1,505				1,505
2013-7-30				448				448
2013-7-31			2,220					2,220
2013-8-23			1,415		696			2,110
2013-8-6				3,537	1,456			4,993

图 29-80 日期按原始项目排列的数据透视表

步骤1 → 在数据透视表“订单日期”字段标题或其字段项上（如A5单元格）单击鼠标右键，在弹出的快捷菜单中单击【创建组】命令，弹出【组合】对话框，如图29-81所示。

步骤2 → 在【组合】对话框中，保持起始和终止日期的默认设置，单击【步长】列表框中的【年】选项，使列表框中同时选中“月”和“年”，单击【确定】按钮完成设置，如图29-82所示。

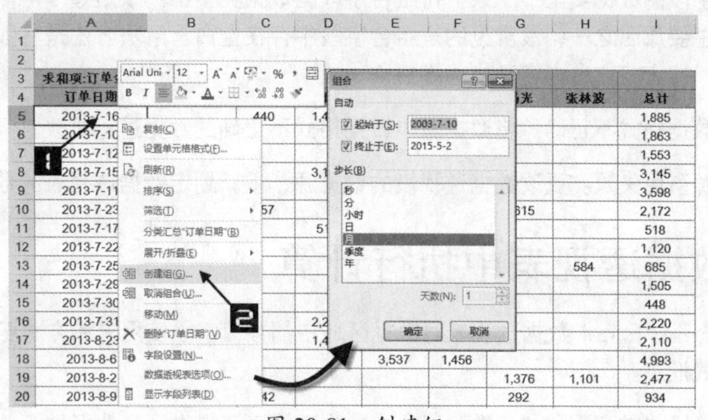

图 29-81 创建组

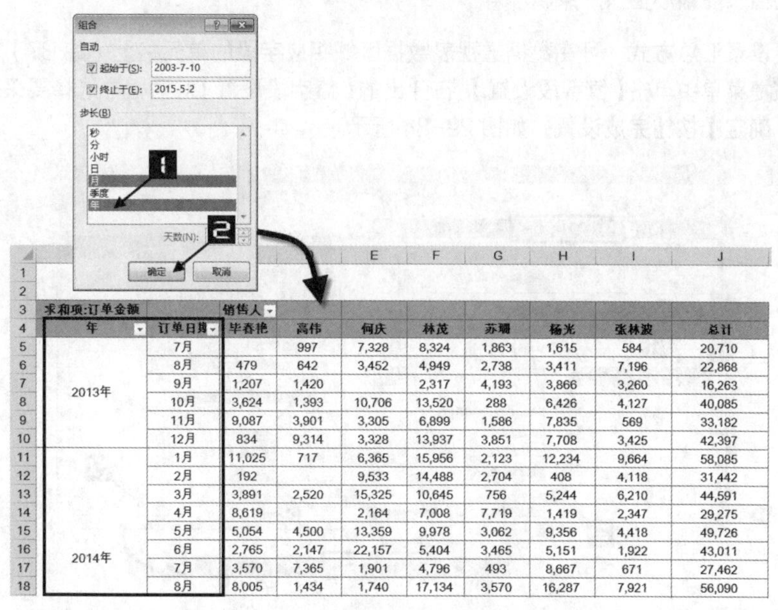

图 29-82 按日期项组合后的数据透视表

29.8.4 取消项目组合

如果用户不再需要已经创建好的某个组合，可以在个组合字段上单击鼠标右键，在弹出的快捷菜单中选择【取消组合】命令，即可删除组合，将字段恢复到组合前的状态。

29.8.5 组合数据时遇到的问题

当用户试图对一个日期或字段进行分组时，可能会得到一个错误信息警告，内容为“选定区域不能分组”，如图 29-83 所示。

图 29-83 选定区域不能分组

在数据透视表中对数据项进行组合时，“选定区域不能分组”是最常见的问题，导致分组失败的主要原因包括：组合字段的数据类型不一致，日期数据格式不正确，数据源引用失效。用户可以参阅以下方案解决这些问题。

◆ 组合字段的数据类型不一致：待组合字段的数据类型不一致是导致分组失败的主要原因之一，最常见的是组合字段中存在空白。解决方法是将数据源中包含空白内容的记录删除，或者将空白内容替换为零值。

◆ 日期数据格式不正确：将数据源中日期格式不正确的数据进行更改。

◆ 数据源引用失效：更改数据透视表的数据源，重新划定数据透视表的数据区域。

29.9 在数据透视表中执行计算

在默认状态下，Excel 数据透视表对数据区域中的数值字段使用求和方式汇总，对非数值字段则使用计数方式汇总。

事实上，除了“求和”和“计数”以外，数据透视表还提供了其他多种汇总方式，包括“平均值”、“最大值”、“最小值”、“乘积”等。

如果要设置汇总方式，可在数据透视表数据区域相应字段的单元格上（如 B7）单击鼠标右键，在弹出的快捷菜单中单击【值字段设置】，在弹出的【值字段设置】对话框中选择要采用的汇总方式，最后单击【确定】按钮完成设置，如图 29-84 所示。

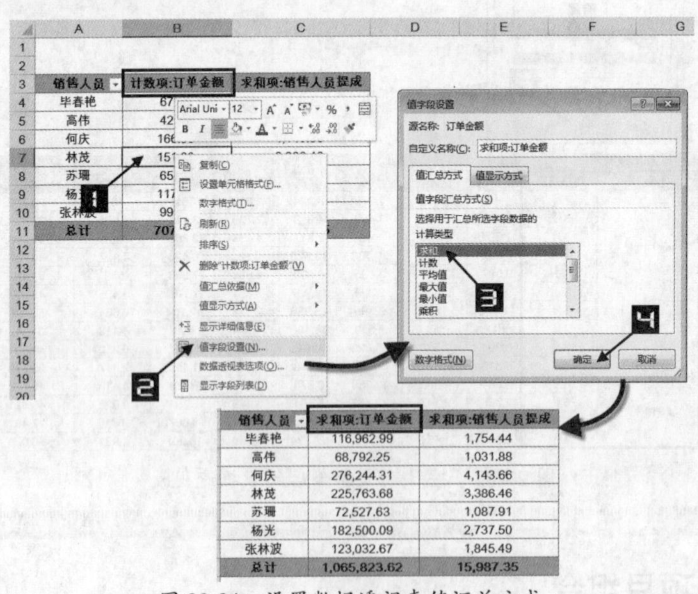

图 29-84 设置数据透视表值汇总方式

此外，在弹出的快捷菜单中选择【值汇总依据】，选择要采用的汇总方式也可以快速的对字段进行设置。

29.9.1 对同一字段使用多种汇总方式

用户可以对数值区域中的同一个字段同时使用多种汇总方式。要实现这种效果，只需在【数据透视表字段列表】对话框内将该字段多次添加进数据透视表的数值区域中，并利用【值字段设置】对话框分别选择不同的汇总方式即可。

29.9.2 自定义数据透视表的数据显示方式

如果【值字段设置】对话框内的汇总方式仍然不能满足需求，Excel 还允许选择更多的值显示方式。利用此功能，可以显示数据透视表的数据区域中每项占同行或同列数据总和的百分比，或显示每个数值占总和的百分比等。

自 Excel 2010 版本的数据透视表开始，"值显示方式" 较之以前版本增加了更多的计算功能，如"父行汇总的百分比"、"父列汇总的百分比"、"父级汇总的百分比"、"按某一字段汇总的百分比"、"升序排列" 和 "降序排列"。"值显示方式" 功能更易于查找和使用， 指定要作为计算依据的字段或项目也更加容易。

有关数据透视表自定义计算功能的简要说明如表 29-2 所示。

表 29-2 自定义计算功能描述

选　项	功能描述
无计算	数值区域字段显示为数据透视表中的原始数据
全部汇总百分比	数值区域字段分别显示为每个数值项占该列和行所有项总和的百分比
列汇总百分比	数值区域字段显示为每个数值项占该列所有项总和的百分比
行汇总百分比	数值区域字段显示为每个数值项占该行所有项总和的百分比
百分比	数值区域显示为基本字段和基本项的百分比
父行汇总的百分比	数值区域字段显示为每个数值项占该行父级项总和的百分比
父列汇总的百分比	数值区域字段显示为每个数值项占该列父级项总和的百分比
父级汇总的百分比	数值区域字段分别显示为每个数值项占该列和行父级项总和的百分比
差异	数值区域字段与指定的基本字段和基本项的差值
差异百分比	数值区域字段显示为与基本字段项的差异百分比
按某一字段汇总	数值区域字段显示为基本字段项的汇总
按某一字段汇总的百分比	数值区域字段显示为基本字段项的汇总百分比
升序排列	数值区域字段显示为按升序排列的序号
降序排列	数值区域字段显示为按降序排列的序号
指数	使用公式：((单元格的值)×(总体汇总之和))/((行汇总)×(列汇总))

29.9.3 在数据透视表中使用计算字段和计算项

数据透视表创建完成后，不允许手工更改或者移动数据透视表中的任何区域，也不能在数据透视表中直接插入单元格或者添加公式进行计算。如果需要在数据透视表中执行自定义计算，必须使用"添加计算字段"或"添加计算项"功能。在创建了自定义的字段或项之后，Excel 就允许在数据透视表中使用它们，就像是在数据源中真实存在的数据一样。

计算字段是通过对数据透视表中现有的字段执行计算后得到的新字段。

计算项是在数据透视表的现有字段中插入新的项，通过对该字段的其他项执行计算后得到该项的值。

计算字段和计算项可以对数据透视表中的现有数据(包括其他的计算字段和计算项生成的数据)以及指定的常数进行运算，但无法引用数据透视表之外的工作表数据。

1. 创建计算字段

示例 29-9 创建销售人员提成计算字段

图 29-85 展示了一张由销售订单数据列表所创建的数据透视表，如果希望根据销售人员业绩进行奖金提成的计算，可以通过添加计算字段的方法来完成，而无需对数据源做出调整后再重新创建数据透视表。

销售途径	销售人员	订单金额	订单日期	订单 ID
国际业务	李伟	440	2003-7-16	10248
国际业务	苏珊	1863.4	2003-7-10	10249
国际业务	林茂	1552.6	2003-7-12	1025
国际业务	刘庆	654.06	2003-7-15	1025
国际业务	林茂	3597.9	2003-7-11	1025
国际业务	刘庆	1444.8	2003-7-16	1025
国际业务	李伟	556.62	2003-7-23	1025
国际业务	刘庆	2490.5	2003-7-15	1025
国际业务	刘庆	517.8	2003-7-17	1025
国际业务	林茂	1119.9	2003-7-22	1025
国际业务	杨白光	1614.88	2003-7-23	1025
国际业务	林茂	100.8	2003-7-25	1025
国际业务	林茂	1504.65	2003-7-29	1026
国际业务	林茂	448	2003-7-30	1026
国际业务	周林波	584	2003-7-25	10262
国际业务	刘庆	1873.8	2003-7-31	10263
国际业务	苏珊	695.62	2003-8-23	10264

销售人员	求和项:订单金额
林茂	225,763.68
苏珊	72,527.63
李伟	68,792.25
刘庆	276,244.31
杨白光	182,500.09
周林波	123,032.67
张春艳	116,962.99
总计	1,065,823.62

图 29-85 需要创建计算字段的数据透视表

步骤 1 单击数据透视表列字段下的任意单元格（如 B6），在【数据透视表工具】的【分析】选项卡中依次单击【字段、项目和集】→【计算字段】，打开【插入计算字段】对话框。

步骤 2 在【插入计算字段】对话框的【名称】框内输入“销售人员提成”，将鼠标指针定位到【公式】框中，清除原有的数据“=0”。双击【字段】列表框中的“订单金额”字段，然后输入“*0.015”（销售人员的提成按 1.5%计算），得到计算“销售人员提成”的计算公式，如图 29-86 所示。

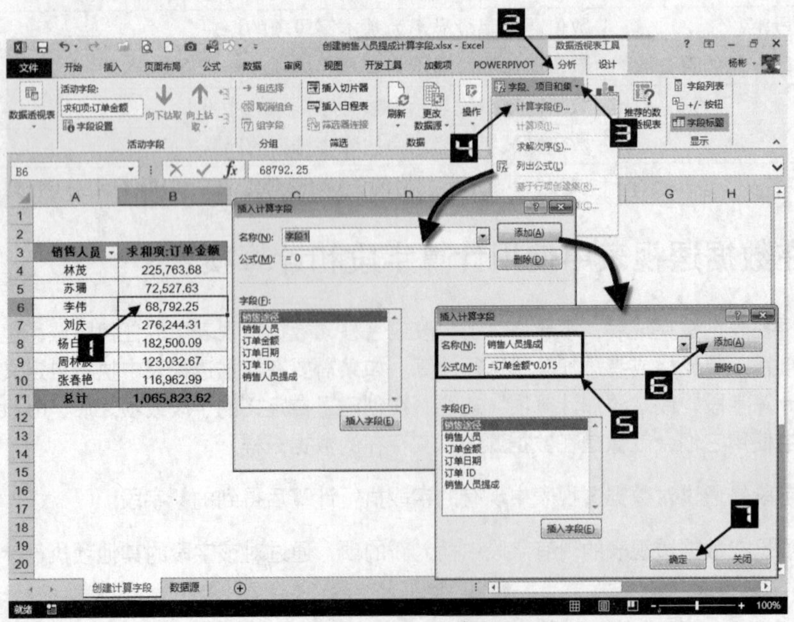

图 29-86 插入计算字段

步骤3 → 单击【添加】按钮，最后单击【确定】按钮关闭对话框。此时，数据透视表中新增了一个字段“销售人员提成”，如图 29-87 所示。

	A	B	C
1			
2			
3	销售人员	求和项:订单金额	求和项:销售人员提成
4	林茂	225,763.68	3,386.46
5	苏珊	72,527.63	1,087.91
6	李伟	68,792.25	1,031.88
7	刘庆	276,244.31	4,143.66
8	杨白光	182,500.09	2,737.50
9	周林波	123,032.67	1,845.49
10	张春艳	116,962.99	1,754.44
11	总计	1,065,823.62	15,987.35

图 29-87 添加“销售人员提成”计算字段后的数据透视表

2. 添加计算项

示例 29-10 通过添加计算项计算预算差额分析

图 29-88 展示了一张由费用预算额与实际发生额明细表创建的数据透视表，在这张数据透视表的数值区域中，只包含“实际发生额”和“预算额”字段。如果希望得到各个科目费用的“实际发生额”与“预算额”之间的差异，可以通过添加计算项的方法来完成。

	A	B	C	D
1	费用属性	月份	科目名称	金额
2	预算额	01月	办公用品	500.00
3	预算额	01月	出差费	20,000.00
4	预算额	01月	过桥过路费	1,000.00
5	预算额	01月	交通工具消耗	2,000.00
6	预算额	01月	手机电话费	5,000.00
7	预算额	02月	办公用品	100.00
8	预算额	02月	出差费	15,000.00
9	预算额	02月	过桥过路费	500.00
10	预算额	02月	交通工具消耗	2,000.00
11	预算额	02月	手机电话费	5,000.00
12	预算额	03月	办公用品	5,000.00
13	预算额	03月	出差费	30,000.00
14	预算额	03月	过桥过路费	1,500.00
15	预算额	03月	交通工具消耗	2,000.00
16	预算额	03月	手机电话费	5,000.00
17	预算额	04月	办公用品	3,500.00
18	预算额	04月	出差费	40,000.00

	A	B	C	D
1				
2				
3	求和项:金额	列标签		
4	行标签	实际发生额	预算额	总计
5	办公用品	27,332.40	26,600.00	53,932.40
6	出差费	577,967.80	565,000.00	1,142,967.80
7	固定电话费	10,472.28	10,000.00	20,472.28
8	过桥过路费	35,912.50	29,500.00	65,412.50
9	计算机耗材	3,830.37	4,300.00	8,130.37
10	交通工具消耗	61,133.44	55,000.00	116,133.44
11	手机电话费	66,294.02	60,000.00	126,294.02
12	总计	782,942.81	750,400.00	1,533,342.81

图 29-88 需要创建自定义计算项的数据透视表

步骤1 → 单击数据透视表中的列字段项（如 C4 单元格），在【数据透视表工具】的【选项】选项卡中依次单击【字段、项目和集】→【计算项】，打开【在“费用属性”中插入计算字段】的对话框。

步骤2 → 在【在“费用属性”中插入计算字段】对话框内的【名称】框中输入“差额”，把光标定位到【公式】框中，清除原有的数据“=0”，单击【字段】列表框中的【费用属性】选项，接着双击右侧【项】列表框中的“实际发生额”选项，然后输入减号“-”，再双击【项】列表框中的“预算额”选项，得到计算“差额”的公式，如图 29-89 所示。

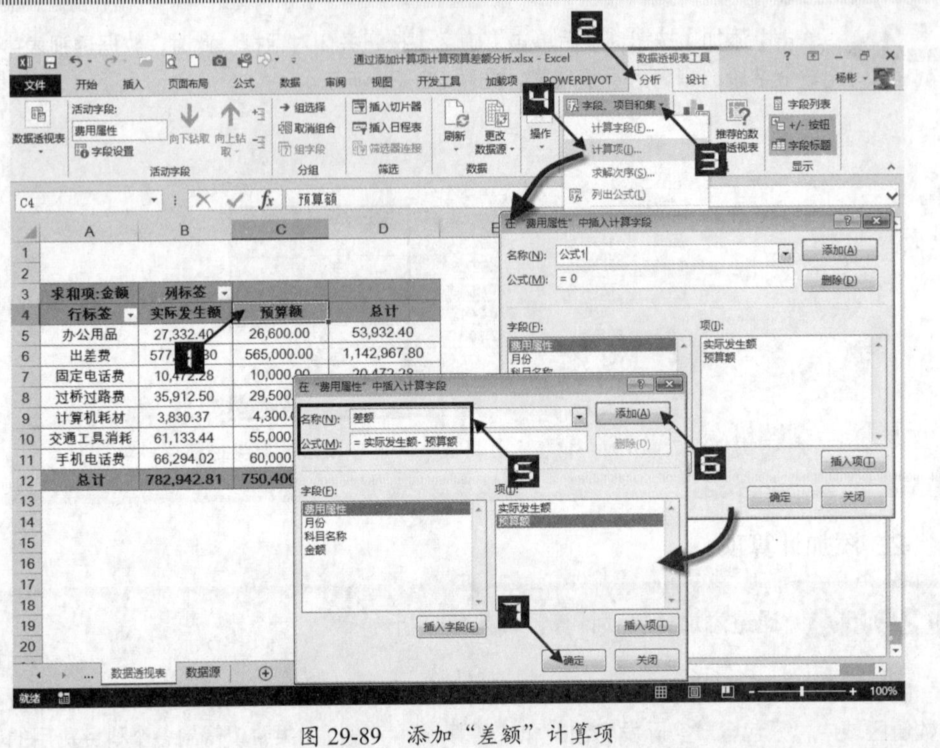

图 29-89 添加“差额”计算项

注意

事实上，此处用于设置“计算项”的对话框名称并不是“在某字段中插入计算项”，而是如图所示的“在某字段中插入计算字段”，这是 Excel 简体中文版中的一个 bug。

步骤3 单击【添加】按钮，最后单击【确定】按钮关闭对话框。此时数据透视表的列字段区域中已经插入了一个新的项目“差额”，其数值就是“实际发生额”项的数据与“预算额”项的数据的差值，如图 29-90 所示。

	A	B	C	D	E
1					
2					
3	求和项:金额	列标签			
4	行标签	实际发生额	预算额	差额	总计
5	办公用品	27,332.40	26,600.00	732.40	54,664.80
6	出差费	577,967.80	565,000.00	12,967.80	1,155,935.60
7	固定电话费	10,472.28	10,000.00	472.28	20,944.56
8	过桥过路费	35,912.50	29,500.00	6,412.50	71,825.00
9	计算机耗材	3,830.37	4,300.00	-469.63	7,660.74
10	交通工具消耗	61,133.44	55,000.00	6,133.44	122,266.88
11	手机电话费	66,294.02	60,000.00	6,294.02	132,588.04
12	总计	782,942.81	750,400.00	32,542.81	1,565,885.62

图 29-90 添加“差额”计算项后的数据透视表

由于数据透视表中的行“总计”将汇总所有的行项目，包括新添加的“差额”项，因此其结果不再具有实际意义。所以，需要通过设置去掉“总计”列。

步骤4 在数据透视表的“总计”列上单击鼠标右键，在弹出的快捷菜单中单击【删除总计】命令，完成后的数据透视表如图 29-91 所示。

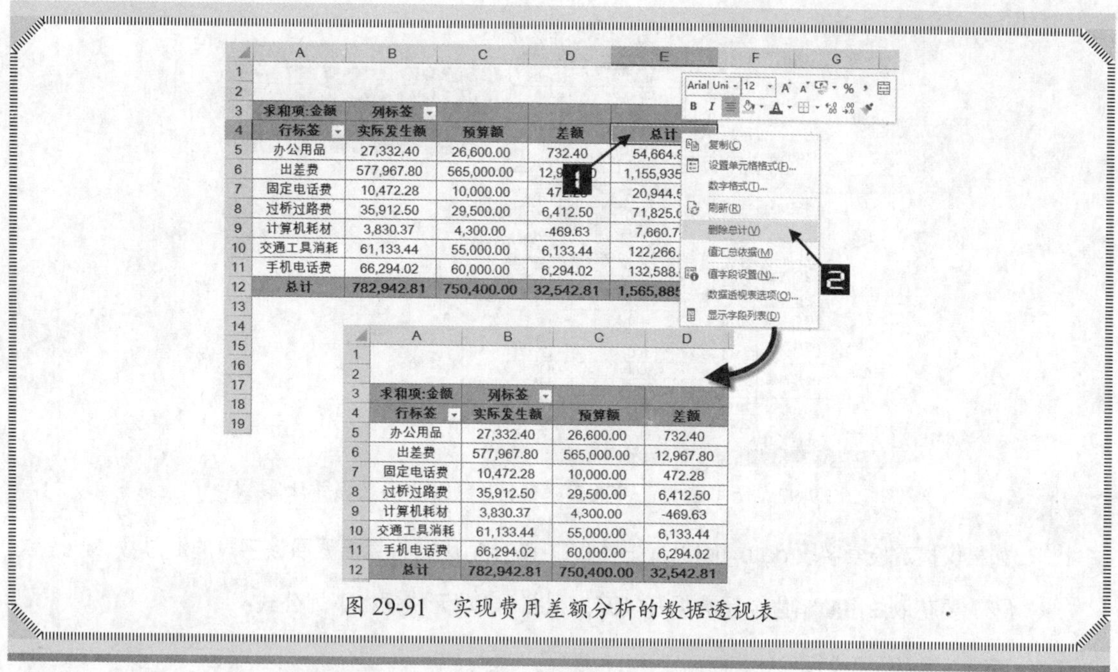

	A	B	C	D
1				
2				
3	求和项:金额	列标签		
4	行标签	实际发生额	预算额	差额
5	办公用品	27,332.40	26,600.00	732.40
6	出差费	577,967.80	565,000.00	12,967.80
7	固定电话费	10,472.28	10,000.00	472.28
8	过桥过路费	35,912.50	29,500.00	6,412.50
9	计算机耗材	3,830.37	4,300.00	-469.63
10	交通工具消耗	61,133.44	55,000.00	6,133.44
11	手机电话费	66,294.02	60,000.00	6,294.02
12	总计	782,942.81	750,400.00	32,542.81

图 29-91 实现费用差额分析的数据透视表

29.10 使用透视表函数获取数据透视表数据

Excel 提供了 GETPIVOTDATA 函数来返回存储在数据透视表中的数据。如果数据透视表中的汇总数据可见，则可以使用 GETPIVOTDATA 函数从中检索相关数据。

该函数的语法如下：

```
GETPIVOTDATA(data_field, pivot_table, [field1, item1, field2, item2], ...)
```

其中，参数 data_field 表示包含要检索数据的字段名称，其格式必须是以成对双引号输入的文本字符串。

参数 pivot_table 表示在数据透视表中对任何单元格引用，该信息用于决定哪个数据透视表包含要检索的数据。

参数 field1、item1、field2、item2 可以为单元格引用和常量文本字符串，主要用于描述检索数据的“字段名称”和“项名称”。

如果参数为数据透视表中“不可见”或“不存在”的字段，则 GETPIVOTDATA 函数将返回 #REF!错误。

示例 29-11 使用 GETPIVOTDATA 函数从数据透视表中检索相关数据

图 29-92 所示为一个销售数据汇总透视表，反映的是 3 个城市 2015 年 10 月份两天的分品种的销售金额和销售量汇总情况。

用户可以根据需要，从这张数据透视表中获取相关信息。

（1）要获取销售总量的数据 41200，则在 H2 单元格中输入如下公式：

```
=GETPIVOTDATA("求和项:数量",$A$1)
```

	A	B	C	D	E	F	G	H
1	销售组	品种	日期	求和项:数量	求和项:金额			
2	安阳站	0号轻柴油	2015-10-1	4800	26,160		1、销售总量	41,200
3			2015-10-2	2700	14,715		2、白水站销售金额	61,427
4		93号汽油	2015-10-1	8200	51,496		3、天仓站2015年10月2日93号	2,400
5			2015-10-2	4300	27,004		汽油的销售量	
6		97号汽油	2015-10-1	1000	6,640		4、0号轻柴油的销售总金额	#REF!
7			2015-10-2	500	3,320			
8	安阳站 汇总			21500	129,335			
9	白水站	0号轻柴油	2015-10-1	2600	14,170			
10			2015-10-2	2500	13,625			
11		90号汽油	2015-10-1	500	2,965			
12			2015-10-2	300	1,779			
13		93号汽油	2015-10-1	2800	17,584			
14			2015-10-2	1800	11,304			
15	白水站 汇总			10500	61,427			
16	天仓站	0号轻柴油	2015-10-2	900	4,905			
17		90号汽油	2015-10-1	600	3,558			
18			2015-10-2	100	593			
19		93号汽油	2015-10-1	3600	22,608			
20			2015-10-2	2400	15,072			
21		97号汽油	2015-10-1	900	5,976			
22			2015-10-2	700	4,648			
23	天仓站 汇总			9200	57,360			
24	总计			41200	248,122			

图 29-92 使用透视表函数获取数据透视表中的数据并计算

如果仅指定检索字段 data_field，GETPIVOTDATA 函数将直接返回该字段的汇总数。

（2）要获取白水站销售金额数据 61427，则在 H3 单元格输入下列公式：

```
=GETPIVOTDATA("求和项:金额",$A$1,"销售组","白水站")
```

该公式返回“销售组”字段中项目为“白水站”的金额汇总数。

（3）要获取天仓站 2015 年 10 月 2 日的 93 号汽油销售量 2400，则在 H4 单元格输入下列公式：

```
=GETPIVOTDATA("求和项:数量",$A$1,"品种","93 号汽油","销售组","天仓站","日期",DATE(2015,10,2))
```

注意

日期数据除了用 Date 函数计算得到外，还可以用"2015-10-2"的格式输入，但必须与数据透视表中的日期格式相一致。

（4）要获取 0 号轻柴油的销售总金额，在 H6 单元格输入：

```
=GETPIVOTDATA("求和项:金额",$A$1,"品种","0 号轻柴油")
```

因为数据透视表中并无 0 号轻柴油的销售总金额数据，所以此公式会返回#REF!错误。

29.11 创建动态的数据透视表

用户创建数据透视表后，如果数据源增加了新的行或列，即使刷新数据透视表，新增的数据仍无法出现在数据透视表中。为了避免这种情况的发生，可以为数据源定义名称或使用数据列表功能来获得动态的数据源，从而来创建动态的数据透视表。

29.11.1 定义名称法创建动态的数据透视表

示例 29-12 定义名称法创建动态的数据透视表

在图 29-93 所示的销售明细表中定义名称：

```
data=OFFSET(销售明细表!$A$1,0,0,COUNTA(销售明细表!$A:$A),COUNTA(销售明细表!$1:$1))
```

	A	B	C	D	E	F	G	H
1	销售地区	销售人员	品名	数量	单价￥	销售金额￥	销售年份	销售季度
2	北京	苏珊	按摩椅	13	800	10400	2015-3-6	2
3	北京	苏珊	显示器	98	1500	147000	2015-3-6	3
4	北京	苏珊	显示器	49	1500	73500	2015-3-6	4
5	北京	苏珊	显示器	76	1500	114000	2015-3-6	1
6	北京	苏珊	显示器	33	1500	49500	2015-3-6	2
7	北京	苏珊	液晶电视	53	5000	265000	2015-3-6	3
8	北京	苏珊	液晶电视	47	5000	235000	2015-3-6	4
9	北京	苏珊	液晶电视	1	5000	5000	2015-3-6	1
10	北京	白露	液晶电视	43	5000	215000	2015-3-6	2
11	北京	白露	液晶电视	34	5000	170000	2015-3-6	3
12	北京	白露	微波炉	27	500	13500	2015-3-6	4
13	北京	白露	微波炉	69	500	34500	2015-3-6	1
14	北京	白露	微波炉	24	500	12000	2014-2-10	1
15	北京	白露	按摩椅	28	800	22400	2014-2-10	2
16	北京	白露	按摩椅	45	800	36000	2014-2-10	3
17	北京	赵琦	按摩椅	20	800	16000	2014-2-10	4
18	北京	赵琦	按摩椅	68	800	54400	2014-2-10	1

图 29-93 销售明细表

有关定义名称的更多内容可以参阅 11.4 小节。

将定义的名称范围应用于数据透视表的方法请参阅以下步骤。

步骤1 单击“销售明细表”中任意一个有效数据单元格（如 A5），在【插入】选项卡下单击插入数据透视表的图标，弹出【创建数据透视表】对话框，如图 29-94 所示。

步骤2 在【创建数据透视表】对话框的【表/区域】编辑框中输入已经定义好的动态名称“data”，单击【确定】按钮完成区域指定，如图 29-95 所示。

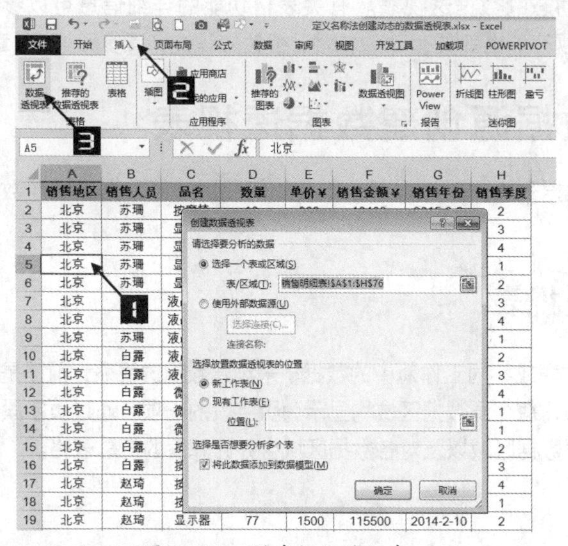

图 29-94 创建数据透视表

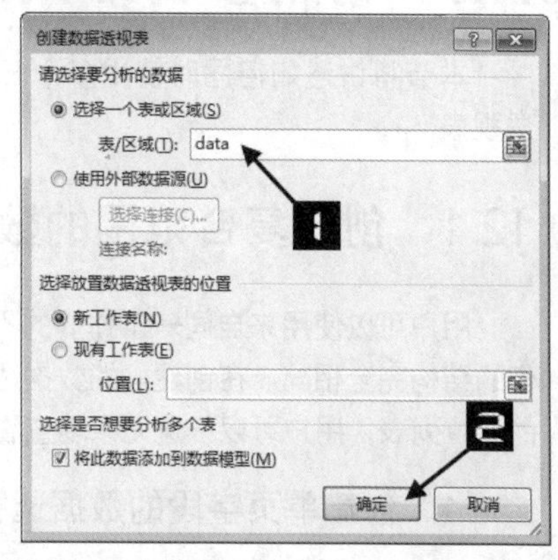

图 29-95 将定义的名称用于数据透视表

步骤3 向数据透视表中添加字段，完成布局设置。

现在，用户可以向作为数据源的销售明细表中添加一些新记录，如新增一条“销售地区”为“深圳”、“销售人员”为“张林波”的记录，在数据透视表中单击鼠标右键，在弹出的快捷菜单中单击【刷新】命令，即可见到新增的数据，如图 29-96 所示。

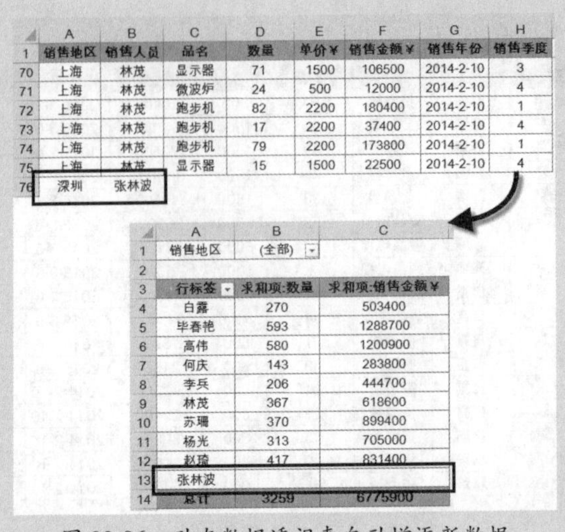

	A	B	C	D	E	F	G	H
1	销售地区	销售人员	品名	数量	单价￥	销售金额￥	销售年份	销售季度
70	上海	林茂	显示器	71	1500	106500	2014-2-10	3
71	上海	林茂	微波炉	24	500	12000	2014-2-10	4
72	上海	林茂	跑步机	82	2200	180400	2014-2-10	1
73	上海	林茂	跑步机	17	2200	37400	2014-2-10	4
74	上海	林茂	跑步机	79	2200	173800	2014-2-10	1
75	上海	林茂	显示器	15	1500	22500	2014-2-10	4
76	深圳	张林波						

	A	B	C
1	销售地区	(全部)	
2			
3	行标签	求和项:数量	求和项:销售金额￥
4	白露	270	503400
5	毕春艳	593	1288700
6	高伟	580	1200900
7	何庆	143	283800
8	李兵	206	444700
9	林茂	367	618600
10	苏珊	370	899400
11	杨光	313	705000
12	赵琦	417	831400
13	张林波		
14	总计	3259	6775900

图 29-96 动态数据透视表自动增添新数据

注意

由于在数据源“销售明细表”中添加的新记录只有销售地区和销售人员的数据，而没有相应地增加销售年份、销售季度、品名以及数量、金额数据，因此数据透视表中销售年份等字段会显示为“(空白)”。

29.11.2 使用“表格”功能创建动态的数据透视表

利用表格的自动扩展特性也可以创建动态的数据透视表。有关表格功能的详细信息可以参阅 27.10 小节。使用外部数据源创建的数据透视表，也都具有动态特性，相关知识点，请参阅第 28 章。

29.12 利用多种形式的数据源创建数据透视表

本节将讲述如何同时使用多个 Excel 数据列表作为数据源，以及如何使用外部数据源创建数据透视表。

29.12.1 创建复合范围的数据透视表

用户可以使用来自同一工作簿的不同工作表或不同工作簿中的数据，来创建数据透视表，前提是它们的结构完全相同。在创建好的数据透视表中，每个源数据区域均显示为页字段的一项。通过页字段上的下拉列表，用户可以一览无余地查看各个源数据区域以及对各数据区域合并计算后的汇总表格。

1. 创建单页字段的数据透视表

示例 29-13 创建单页字段的数据透视表

图 29-97 展示了同一个工作簿中的 3 张数据列表，分别位于“1 季度”、“2 季度”和“3 季度”工作表中，记录了某公司业务人员各季度的销售数据。

要对图 29-97 所示的“1 季度”、“2 季度”和“3 季度”3 个数据列表进行合并计算并生成数据透视表，可以参照以下步骤。

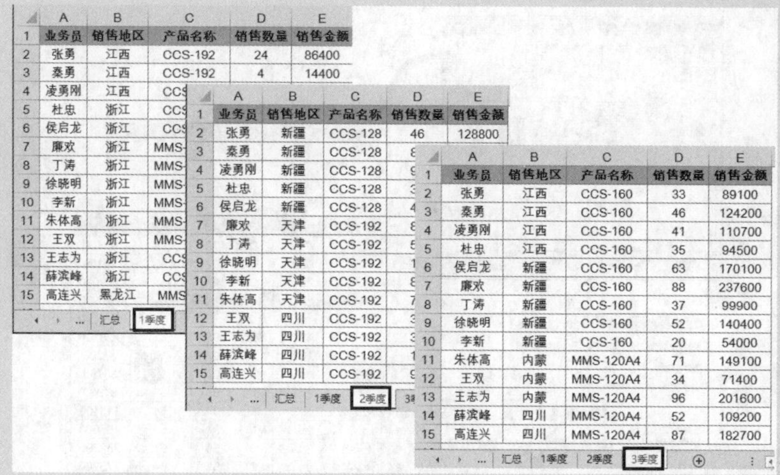

	A	B	C	D	E
1	业务员	销售地区	产品名称	销售数量	销售金额
2	张勇	江西	CCS-192	24	86400
3	秦勇	江西	CCS-192	4	14400
4	凌勇刚	江西	CCS		
5	杜忠	浙江	CCS		
6	侯启龙	浙江	CCS		
7	廉欢	浙江	MMS-		
8	丁涛	浙江	MMS-		
9	徐晓明	浙江	MMS-		
10	李新	浙江	MMS-		
11	朱体高	浙江	MMS-		
12	王双	浙江	MMS-		
13	王志为	浙江	CCS		
14	薛滨峰	浙江	CCS		
15	高连兴	黑龙江	MMS		

… 汇总 1季度

	A	B	C	D	E
1	业务员	销售地区	产品名称	销售数量	销售金额
2	张勇	新疆	CCS-128	46	128800
3	秦勇	新疆	CCS-128		
4	凌勇刚	新疆	CCS-128		
5	杜忠	新疆	CCS-128		
6	侯启龙	新疆	CCS-128		
7	廉欢	天津	CCS-192		
8	丁涛	天津	CCS-192		
9	徐晓明	天津	CCS-192		
10	李新	天津	CCS-192		
11	朱体高	天津	CCS-192		
12	王双	四川	CCS-192		
13	王志为	四川	CCS-192		
14	薛滨峰	四川	CCS-192		
15	高连兴	四川	CCS-192		

… 汇总 1季度 2季度

	A	B	C	D	E
1	业务员	销售地区	产品名称	销售数量	销售金额
2	张勇	江西	CCS-160	33	89100
3	秦勇	江西	CCS-160	46	124200
4	凌勇刚	江西	CCS-160	41	110700
5	杜忠	江西	CCS-160	35	94500
6	侯启龙	新疆	CCS-160	63	170100
7	廉欢	新疆	CCS-160	88	237600
8	丁涛	新疆	CCS-160	37	99900
9	徐晓明	新疆	CCS-160	52	140400
10	李新	新疆	CCS-160	20	54000
11	朱体高	内蒙	MMS-120A4	71	149100
12	王双	内蒙	MMS-120A4	34	71400
13	王志为	内蒙	MMS-120A4	96	201600
14	薛滨峰	四川	MMS-120A4	52	109200
15	高连兴	四川	MMS-120A4	87	182700

… 汇总 1季度 2季度 3季度

图 29-97　可以进行合并计算的同一工作簿中的 3 个工作表

步骤 1 依次按<Alt>、<D>和<P>键，调出【数据透视表和数据透视图向导--步骤 1（共 3 步）】对话框，选择【多重合并计算数据区域】单选按钮，单击【下一步】按钮调出【数据透视表和数据透视图向导--步骤 2a（共 3 步）】对话框，选择【创建单页字段】选项，如图 29-98 所示。

步骤 2 在弹出的【数据透视表和数据透视图向导--步骤 2a（共 3 步）】对话框中单击【下一步】按钮，调出【数据透视表和数据透视图向导--步骤 2b（共 3 步）】对话框，如图 29-99 所示。

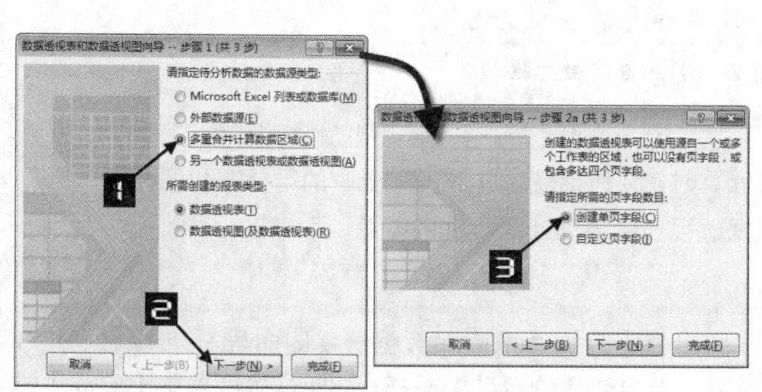

图 29-98　选择多重合并计算数据区域选项

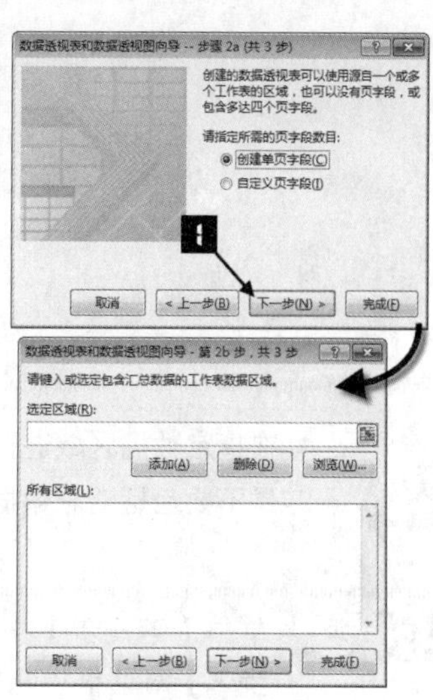

图 29-99　调出【数据透视表和数据透视图向导--步骤 2b（共 3 步）】对话框

步骤 3 单击【选定区域】文本框中的折叠按钮，单击工作表标签“1 季度”，然后选定“1 季度”工作表的 A1:E15 单元格区域。再次单击折叠按钮，【选定区域】文本框中出现了待合并的数据区域“'1 季度'!$A$1:$E$15”，单击【添加】按钮完成第一个待合并数据区域的添加，如图 29-100 所示。

图 29-100 选定第一个数据区域

步骤4 → 重复步骤 3 中的操作，将“2 季度”、“3 季度”工作表中的数据列表依次添加到“所有区域”列表中，如图 29-101 所示。

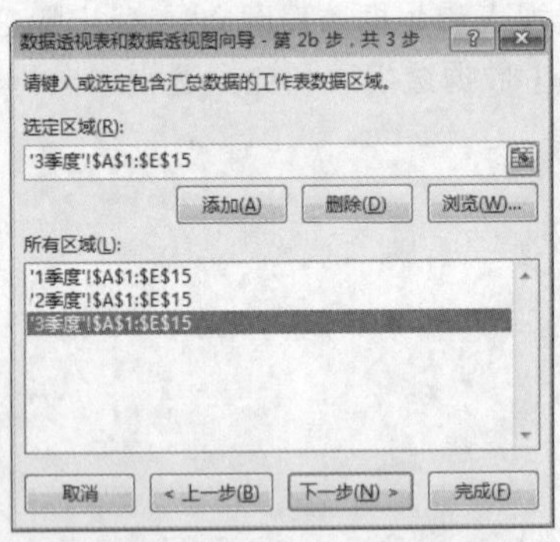

图 29-101 选定数据区域

注意 → 在指定数据区域进行合并计算时，要包括待合并数据列表中的行标题和列标题，但是不要包括汇总数据，数据透视表会自动计算数据的汇总。

步骤6 → 单击【下一步】按钮，在弹出的【数据透视表和数据透视图向导--步骤 3（共 3 步）】对话框中指定数据透视表的创建位置“汇总!$A$3”，然后单击【完成】按钮，结果如图 29-102 所示。

步骤7 → 在数据透视表“计数项：值”字段上单击鼠标右键，在弹出的快捷菜单中选择【值汇总依据】→【求和】命令，如图 29-103 所示。

步骤7 → 单击“列标签”B3 单元格的下拉按钮，取消下拉列表中“产品名称”、“销售地区”复选框的勾选，然后单击【确定】按钮。

第29章 Excel 2013

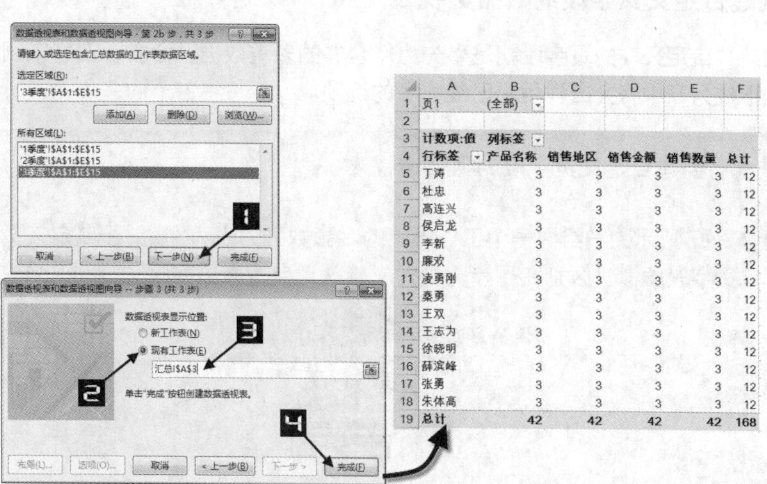

图 29-102　多重合并计算数据区域的数据透视表

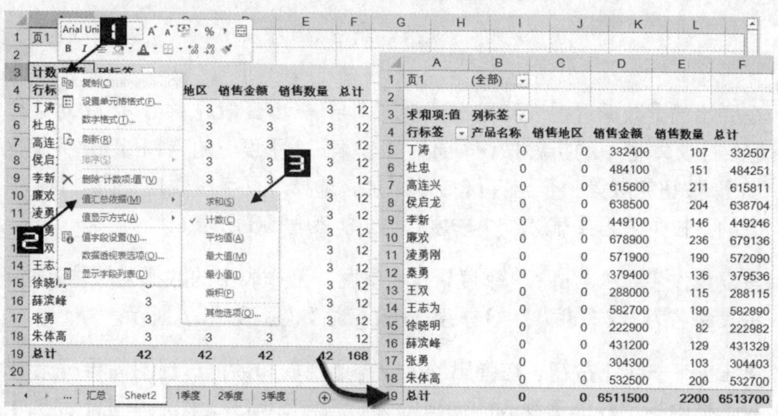

图 29-103　改变数据透视表的值汇总依据

步骤8 删除无意义的行总计后，套用自定义的数据透视表样式，最终完成的数据透视表如图 29-104 所示。

	A	B	C
1	页1	(全部)	
2			
3	求和项:值	列标签	
4	行标签	销售金额	销售数量
5	丁涛	332400	107
6	杜忠	484100	151
7	高连兴	615600	211
8	侯启龙	638500	204
9	李新	449100	146
10	廉欢	678900	236
11	凌勇刚	571900	190
12	秦勇	379400	136
13	王双	288000	115
14	王志为	582700	190
15	徐晓明	222900	82
16	薛滨峰	431200	129
17	张勇	304300	103
18	朱体高	532500	200
19	总计	6511500	2200

图 29-104　去掉无意义的行“总计”

现在页字段的显示项为“(全部)”，显示了工作簿中所有季度工作表的销售数据汇总；如果在页字段中选择其他选项，则可单独地显示各个季度工作表的销售数据。

2. 创建自定义页字段的数据透视表

所谓创建“自定义”的页字段就是事先为待合并的多重数据源命名，在将来创建好的数据透视表页字段的下拉列表中将会出现用户已经命名的选项。

示例 29-14 创建自定义页字段的数据透视表

仍以图 29-97 所示的一组同一个工作簿中的 3 张数据列表为例，创建自定义页字段的数据透视表的方法与单页字段类似，区别在于步骤 2 时，选择“自定义页字段”，如图 29-105 所示。

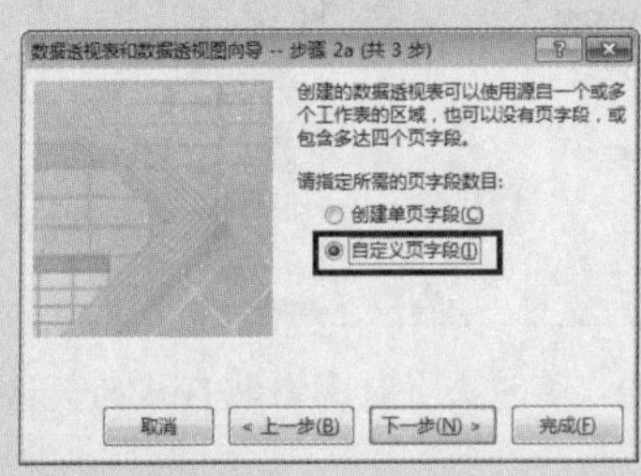

图 29-105 选择【自定义页字段】

步骤1 在弹出的【数据透视表和数据透视图向导--步骤 2b（共 3 步）】对话框中单击【选定区域】文本框中的折叠按钮，选定工作表“1 季度”的 A1:E15 单元格区域，单击【添加】 按钮完成第一个合并区域的添加，选择“页字段数目”为“1”，在【字段 1】下方的下拉列表框中输入“1 季度”，如图 29-106 所示。

步骤2 重复操作步骤 1，将“2 季度”、“3 季度” 工作表中的数据区域依次进行添加，分别将其命名为“2 季度”、“3 季度”，完成后如图 29-107 所示。

步骤3 单击【下一步】按钮，在弹出的【数据透视表和数据透视图向导--步骤 3（共 3 步）】对话框中指定数据透视表的创建位置“汇总!$A$3”，然后单击【完成】按钮，创建完成的数据透视表的页字段选项中出现了自定义的名称“1 季度”、“2 季度”、“3 季度”，如图 29-108 所示。

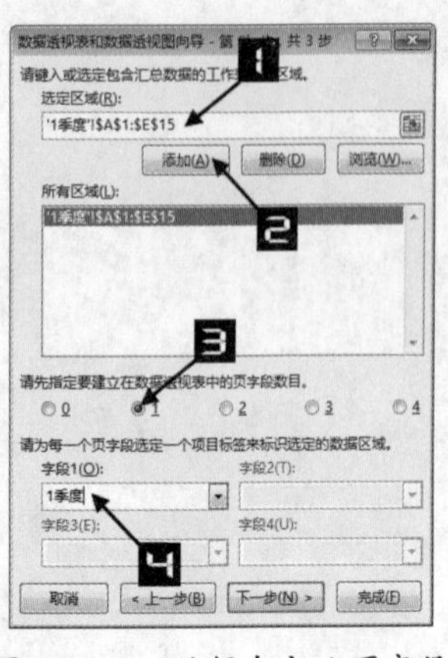

图 29-106 编辑自定义页字段

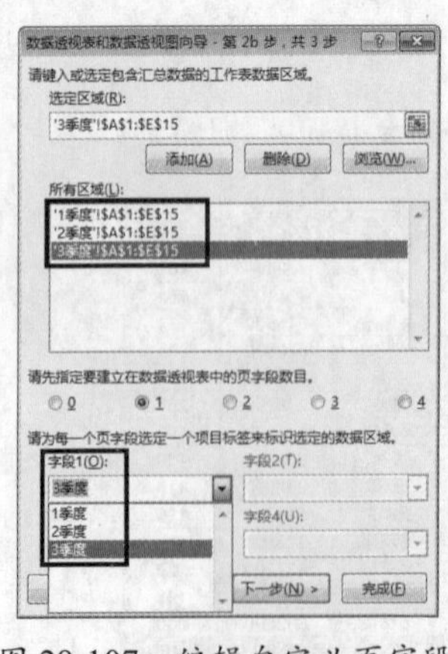

图 29-107 编辑自定义页字段

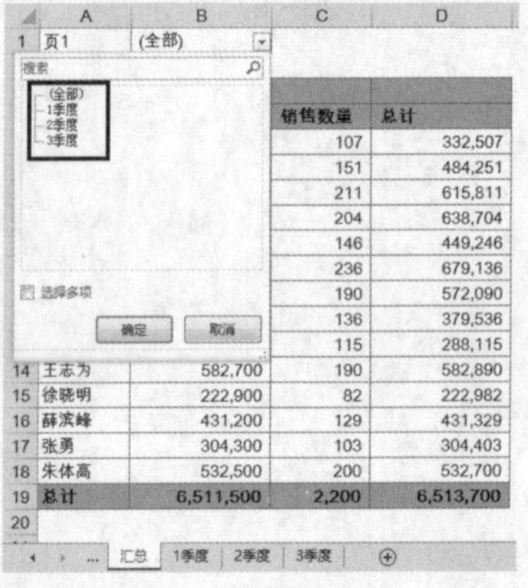

图 29-108 自定义页字段多重合并计算数据区域的数据透视表

3. 创建多重合并计算数据区域数据透视表行字段的限制

在创建多重合并计算数据区域的数据透视表时，Excel 会以各个待合并数据列表的第一列数据作为合并基准。即使子表需要合并的数据列有多个，创建后的数据透视表也只会选择第一列作为行字段，其他的列则作为列字段显示。这一点与 Excel 的合并计算功能比较类似。

29.12.2 利用外部数据源创建数据透视表

1. 通过编辑 OLE DB 查询创建数据透视表

OLE DB 的全称是"Object Linking and Embedding Database"。其中，"Object Linking and Embedding"指对象连接与嵌入，"Database"指数据库。简单地说，OLE DB 是一种技术标准，目的是提供一种统一的数据访问接口。

运用"编辑 OLE DB 查询"技术，可以将不同工作表，甚至不同工作簿中的多个数据列表进行合并汇总生成动态的数据透视表，该方法可以避免创建多重合并计算数据区域数据透视表只能选择第一列作为行字段的限制。

2. Microsoft Query 做数据查询创建透视表

"Microsoft Query"是由 Microsoft Office 提供的一个查询工具。它使用 SQL 语言生成查询语句，并将这些语句传递给数据源，从而可以更精准地将外部数据源中匹配条件的数据导入 Excel 中。实际上，Microsoft Query 承担了外部数据源与 Excel 之间的纽带作用，使数据共享变得更容易。

3. 使用文本文件创建数据透视表

许多企业管理软件或业务系统所创建的数据文件类型通常为*.TXT、*.CSV，如果希望对这些数据创建数据透视表进行分析，常规方法是先将它们导入 Excel，然后再创建数据透视表。事实上，Excel 数据透视表完全支持文本文件作为可动态更新的外部数据源。

4. 使用 Microsoft Access 数据创建数据透视表

作为 Microsoft Office 组件之一的 Microsoft Access 是一种桌面级的关系型数据库管理系统。Access 数据库可以直接作为外部数据源在 Excel 中创建数据透视表。

5. 在数据透视表中操作 OLAP

OLAP 英文全称为 On-Line Analysis Processing，其中文名称是联机分析处理。使用 OLAP 数据库的目的是为了提高检索数据的速度。因为在创建或更改报表时，OLAP 服务器（而不是 Microsoft Excel）将计算汇总值，这样就只需要将较少数据传送到 Microsoft Excel 中。OLAP 数据库按照明细数据级别（也就是维的层次）组织数据，采用这种分层的组织方法使得数据透视表和数据透视图更加容易显示较高级别的汇总数据。

在【数据】选项卡中单击【自其他来源】→【来自 Analysis Services】，弹出【数据连接向导】对话框，如图 29-109 所示。

OLAP 数据库一般由数据库管理员创建并维护，服务器在安装 SQL Server 后还需安装 Analysis Service 服务选项，否则无法与服务器进行连接。

连接数据库后，选择多维数据源即可创建数据透视表，使用 OLAP 多维数据集数据创建的【数据透视表字段列表】如图 29-110 所示。

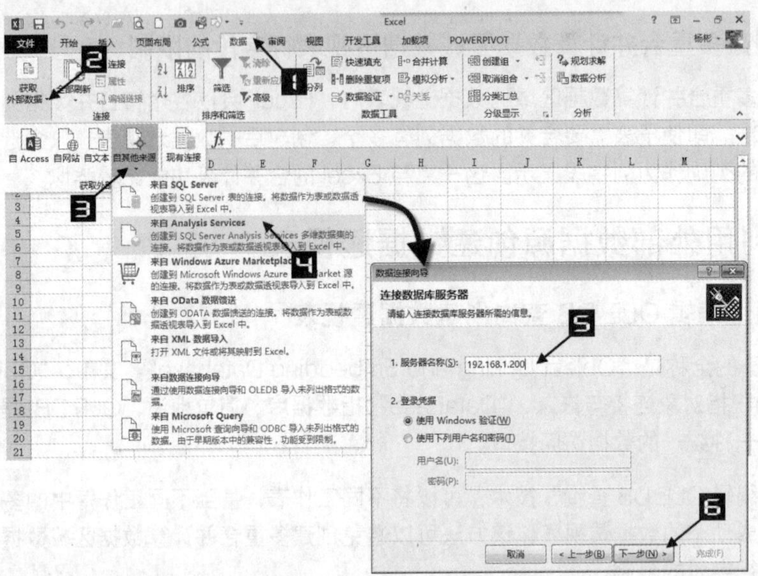

图 29-109 连接 OLAP 数据库

城市	全部				
省份	全部				
			数据		
客户	产品分类	产品规格	发票金额	回款额	欠款额
和美公司	家电	29″	200000	100000	100000
		35″	800000	300000	500000
和美公司 汇总			1000000	400000	600000
金泰山公司	IT产品	魅族	80000	0	80000
	家电	29″	800000	600000	200000
金泰山公司 汇总			880000	600000	280000
人和公司	IT产品	清华同方	100000	80000	20000
	家电	海尔	160000	80000	80000
人和公司 汇总			260000	160000	100000
唐维公司	IT产品	联想	500000	300000	200000
唐维公司 汇总			500000	300000	200000
维达公司	IT产品	清华同方	260000	50000	210000
维达公司 汇总			260000	50000	210000
玉泉山公司	IT产品	魅族	95000	95000	0
玉泉山公司 汇总			95000	95000	0
总计			2995000	1605000	1390000

图 29-110 使用 OLAP 多维数据集数据创建的数据透视表

注意

使用 OLAP 多维数据集数据创建数据透视表时，在数据透视表字段列表框中，字段有两种不同的标识。▤代表 OLAP 多维数据集中的"维"，该类字段只能被拖到数据透视表的行、列标签区域或者报表筛选字段区域。"Σ数值"代表 OLAP 多维数据集中的"度量"，该类字段只能被拖到数据透视表的数值区域。

29.13 利用 Excel 数据模型进行多表分析

"Excel 数据模型"是 Excel 2013 数据透视表新引入的功能，可以使用户在创建数据透视表过程中进行多表关联，并获取在 Excel 2010 版中必须通过安装 PowerPivot 加载项才能实现的强大分析功能。

示例 29-15 利用 Excel 数据模型创建多表关联的数据透视表

图 29-111 展示了某公司一定时期内的“成本数据”和“产品信息”数据列表，如果希望在“成本数据”表中引入“产品信息”表中的相关数据信息，请参阅以下步骤。

批号	本月数量	国产料	进口料	直接工资合计	制造费用合计
B12-121	348	5,150.22	3,431.75	1,690.64	3,054.30
B12-120	140	6,211.61	1,556.95	476.61	861.04
B12-122	888	37,288.99	4,962.18	2,969.36	5,364.45
B12-119	936	40,155.79	13,011.44	3,214.46	5,807.24
B01-158	1212	14,222.42	26.96	2,916.75	
B12-118	1228	18,153.97	12,109.75	5,965.81	
B12-116	394	16,787.11	3,286.22	1,320.05	
B03-049	4940	86,010.59	47,401.65	14,781.12	
B03-047	940	33,489.80	7,710.66	3,149.36	
C12-207	750	40,222.54	47.73	2,887.29	
C01-208	360	9,685.38	949.22	969.73	
C01-207	360	9,376.38	949.22	969.73	
C12-201	200	1,819.02	160.60	192.84	
c01-205	354	16,514.08	837.99	1,362.80	
Z12-031	400	388.00	0.00	0.00	
Z12-032	100	815.81	0.00	0.00	
C12-232	20	7.32	0.00	89.30	
C12-230	180	5,356.43	0.00	728.41	
C12-229	180	4,027.78	0.00	663.57	

成本数据 产品信息

批号	货位	产品码	款号
B01-158	FG-2	睡袋	076-0705-4
B03-047	FG-1	睡袋	076-0733-6
B03-049	FG-1	睡袋	076-0705-4
B12-116	FG-3	睡袋	076-0733-6
B12-118	FG-3	睡袋	076-0837-0
B12-119	FG-3	睡袋	076-0786-0
B12-120	FG-3	睡袋	076-0734-4
B12-121	FG-3	睡袋	076-0837-0
B12-122	FG-3	睡袋	076-0732-8
C01-048	FG-3	服装	SJM9700
C01-049	FG-3	服装	SJM9700
C01-067	FG-3	服装	SJM9700
C01-072	FG-3	服装	SJM9700
C01-103	FG-3	宠物垫	38007002
C01-104	FG-3	宠物垫	38007002
C01-105	FG-3	宠物垫	38007002
C01-148	FG-3	宠物垫	38007002
c01-205	FG-1	服装	SJM9700
C01-207	FG-1	背包	EB99000F 002

成本数据 产品信息

图 29-111 数据列表

步骤1 选中“成本数据”表的任意一个单元格（如 A3），在【插入】选项卡中单击【数据透视表】按钮，在弹出的【创建数据透视表】对话框内勾选【将此数据添加到数据模型】的复选框，最后单击【确定】按钮，在新创建的【数据透视表字段】列表框内出现了数据模型“区域”，如图 29-112 所示。

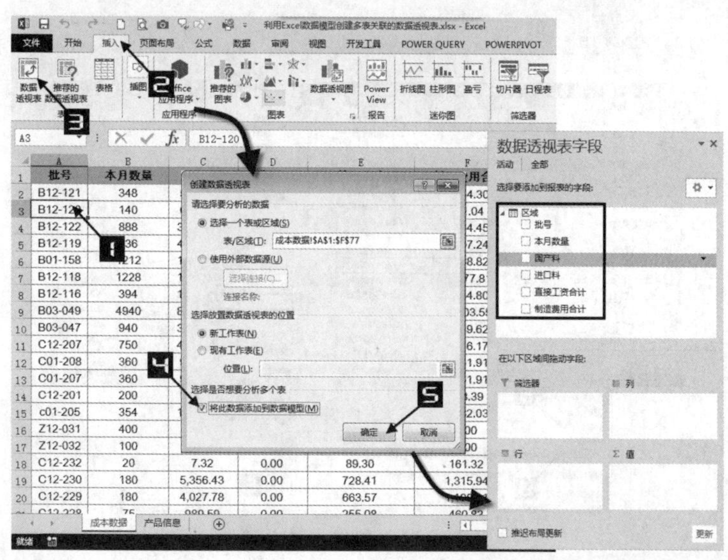

图 29-112 将数据添加到数据模型“区域”

步骤2 重复操作步骤 1，将“产品信息”表也添加到数据模型中，成为“区域 1”。

步骤3 → 在【数据透视表字段】列表框内单击【全部】选项卡，单击【区域】按钮，将“批号”字段移动至【行】区域，分别勾选“本月数量”、“国产料”、“进口料”、“直接工资合计”、“制造费用合计”字段的复选框，将数据添加进【Σ 值】区域，如图29-113所示。

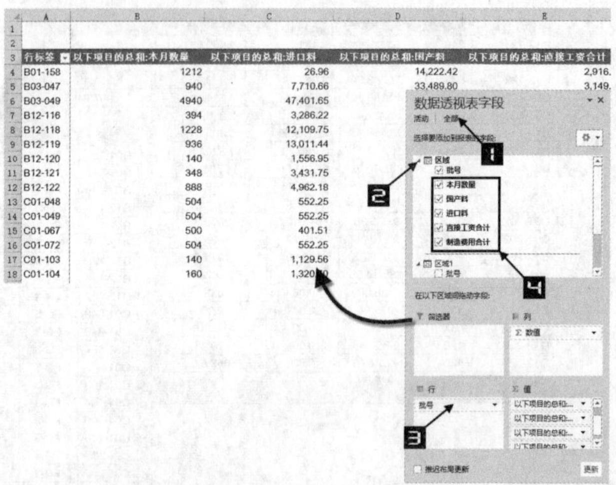

图 29-113 向“区域”添加数据透视表字段

步骤4 → 勾选【区域1】中的“货位”字段，在弹出的【可能需要表之间的关系】提示框中单击【创建】按钮，在【创建关系】对话框中【表】选择“区域”，【列】选择“批号”；【相关表】选择“区域1”，【相关列】选择“批号”，如图29-114所示。

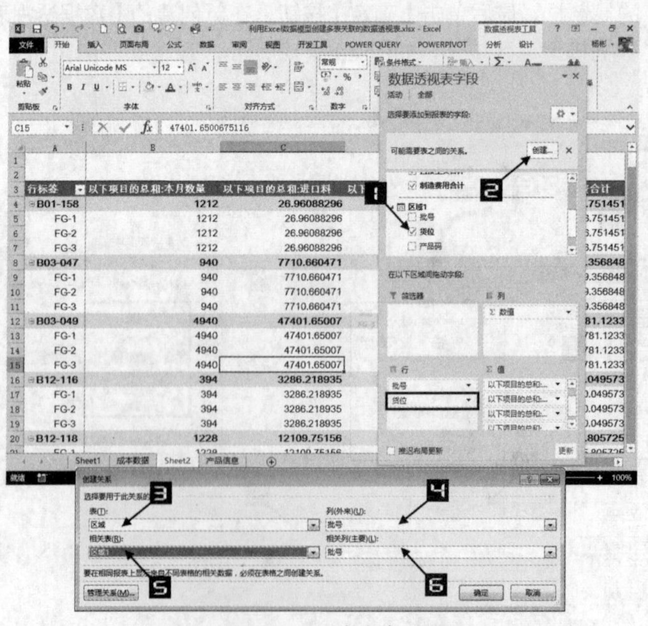

图 29-114 创建多表关系

步骤5 → 单击【创建关系】对话框中的【确定】按钮后，即可完成“成本数据”和“产品信息”在数据透视表中进行关联，将【区域1】中的“产品码”和“款号”字段依次添加进数据透视表，最终完成的数据透视表如图29-115所示。

	A	B	C	D	E	F	G	H
1	产品码	All						
2								
3	批号	货位	款号	本月数量	进口料	国产料	直接工资合计	制造费用合计
4	B01-158	FG-2	076-0705-4	1212	26.96	14,222.42	2,916.75	3,468.82
5	B03-047	FG-1	076-0733-6	940	7,710.66	33,489.80	3,149.36	5,689.62
6	B03-049	FG-1	076-0705-4	4940	47,401.65	86,010.59	14,781.12	26,703.55
7	B12-116	FG-3	076-0733-6	394	3,286.22	16,787.11	1,320.05	2,384.80
8	B12-118	FG-3	076-0837-0	1228	12,109.75	18,153.97	5,965.81	10,777.81
9	B12-119	FG-3	076-0786-0	936	13,011.44	40,155.79	3,214.46	5,807.24
10	B12-120	FG-3	076-0734-4	140	1,556.95	6,211.61	476.61	861.04
11	B12-121	FG-3	076-0837-0	348	3,431.75	5,150.22	1,690.64	3,054.30
12	B12-122	FG-3	076-0732-8	888	4,962.18	37,288.99	2,969.36	5,364.45
13	C01-048	FG-3	SJM9700	504	552.25	3,549.85	484.00	874.39
14	C01-049	FG-3	SJM9700	504	552.25	3,620.12	484.00	874.39
15	C01-067	FG-3	SJM9700	500	401.51	4,178.78	482.11	870.98
16	C01-072	FG-3	SJM9700	504	552.25	3,621.91	484.00	874.39
17	C01-103	FG-3	38007002	140	1,129.56	2,875.64	332.06	599.90
18	C01-104	FG-3	38007002	160	1,320.70	3,288.89	379.50	685.60
19	C01-105	FG-3	38007002	180	1,464.95	3,694.90	426.93	771.30
20	C01-148	FG-3	38007002	80	667.84	1,623.69	189.75	342.80

图 29-115 多表关联的数据透视表

此外，如果不勾选【将此数据添加到数据模型】复选框，直接创建传统数据透视表后，在【数据透视表字段】列表框内单击“更多表格”，在弹出的【创建新的数据透视表】对话框内单击【是】按钮也可以将数据添加到数据模型，具体操作如图 29-116 所示。

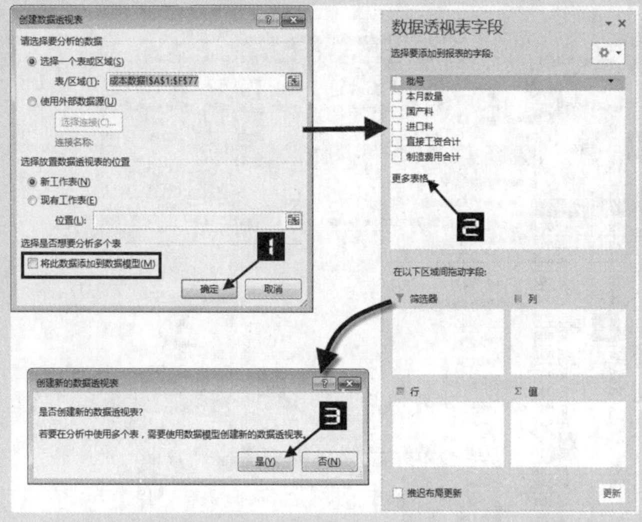

图 29-116 利用【数据透视表字段】列表框内的“更多表格”添加数据模型

29.14 钻取数据透视表数据

将数据列表添加到数据模型创建数据透视表后，用户便可以实现对数据透视表的钻取，更加快速地进行不同统计视角的切换，甚至不用拖动数据透视表的字段，此功能也是 Excel 2013 数据透视表新增的一大亮点。

29.14.1 钻取到数据透视表某个字段

示例 29-16 通过钻取数据透视表快速进行不同统计视角的切换

图 29-117 展示了某公司一定时期的费用发生额流水账，如果希望通过这张数据列表完成对数

据透视表的数据钻取，请参照以下步骤。

	A	B	C	D	E	F
1	月	日	凭证号数	部门	科目划分	发生额
1026	12	28	记-0125	销售2部	出差费	3,600.00
1027	12	14	记-0047	经理室	招待费	3,930.00
1028	12	14	记-0046	经理室	招待费	4,000.00
1029	12	04	记-0008	经理室	招待费	4,576.00
1030	12	20	记-0078	销售2部	出差费	5,143.92
1031	12	20	记-0077	销售2部	出差费	5,207.60
1032	12	07	记-0020	销售2部	出差费	5,500.00
1033	12	20	记-0096	销售2部	广告费	5,850.00
1034	12	07	记-0017	经理室	招待费	6,000.00
1035	12	20	记-0061	技改办	技术开发费	8,833.00
1036	12	12	记-0039	财务部	公积金	19,134.00
1037	12	27	记-0121	技改办	技术开发费	20,512.82
1038	12	19	记-0057	技改办	技术开发费	21,282.05
1039	12	03	记-0001	技改办	技术开发费	34,188.04
1040	12	20	记-0089	技改办	技术开发费	35,745.00
1041	12	31	记-0144	一车间	设备使用费	42,479.87
1042	12	31	记-0144	一车间	设备使用费	42,479.87
1043	12	04	记-0009	一车间	其他	62,000.00
1044	12	20	记-0068	技改办	技术开发费	81,137.00

费用发生额流水账

图 29-117　费用发生额流水账

步骤1 将费用发生额流水账添加到数据模型并创建如图 29-118 所示的数据透视表。

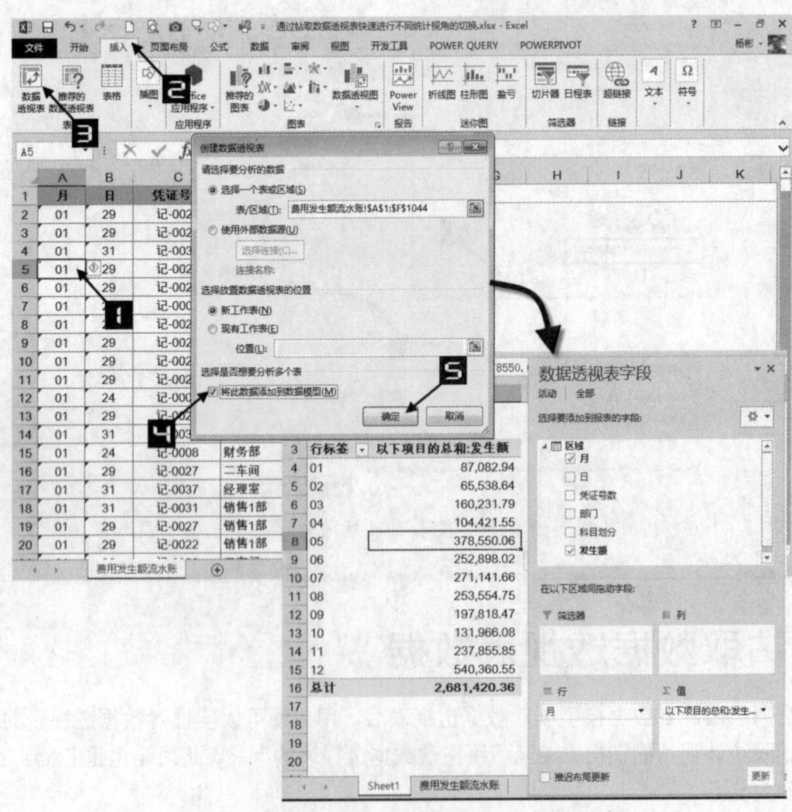

图 29-118　创建基于数据模型的数据透视表

步骤2 如果用户希望对 6 月各部门的费用发生额进行快速统计，只需在数据透视表中选定“06”字段项，单击【快速浏览】按钮，在弹出的【浏览】对话框中依次单击【部门】→【钻取到】，即可快速切换统计视角，如图 29-119 所示。

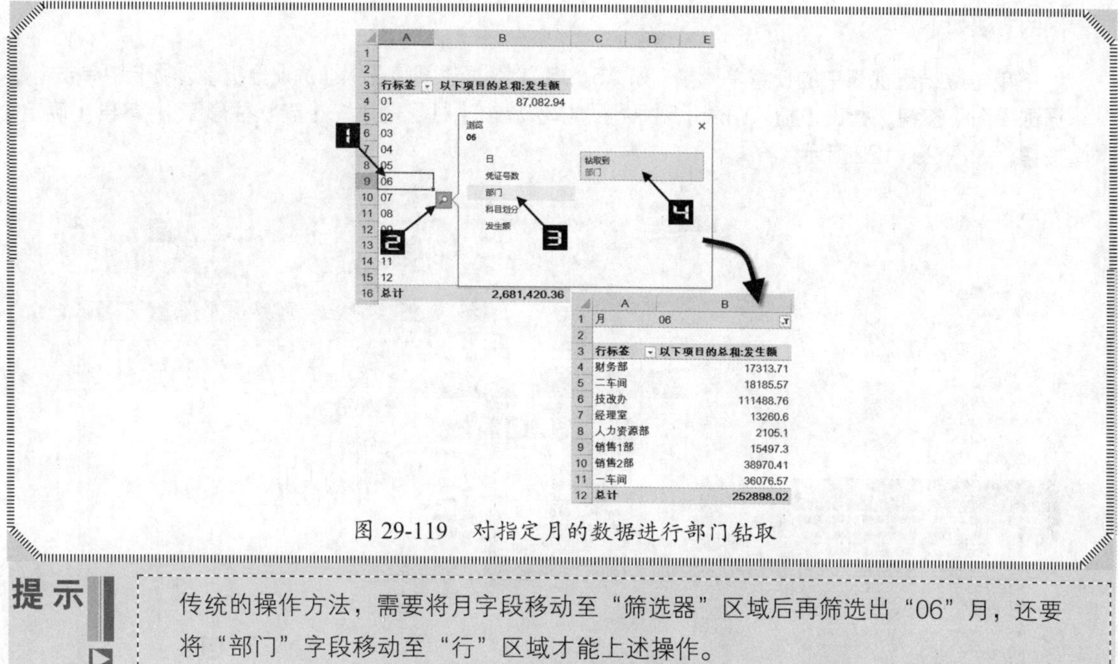

图 29-119　对指定月的数据进行部门钻取

提示

传统的操作方法，需要将月字段移动至“筛选器”区域后再筛选出“06”月，还要将“部门”字段移动至“行”区域才能上述操作。

29.14.2　向下或向上钻取数据透视表

Excel 2013【数据透视表工具】的【分析】选项卡中新增了【向下钻取】和【向上钻取】按钮，可以用来对更加复杂的字段项进行钻取分析，如图 29-120 所示。

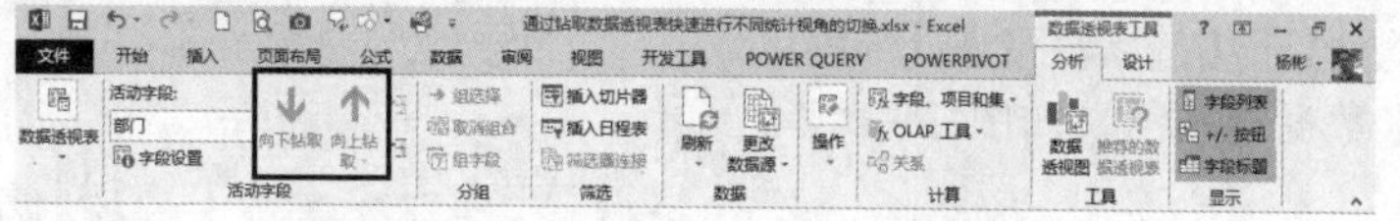

图 29-120　【向下钻取】或【向上钻取】按钮

注意

对于来自 Analysis Services 或联机分析处理 OLAP 的多维数据集文件创建的数据透视表才能进行向下或向下钻取分析，否则【向下钻取】和【向上钻取】按钮呈灰色不可用状态。

29.15　创建数据透视图

数据透视图建立在数据透视表基础之上，以图形方式展示数据，使数据透视表更加生动。从另一个角度说，数据透视图也是 Excel 创建动态图表的主要方法之一。

29.15.1　创建数据透视图

示例 29-17　创建数据透视图

图 29-121 所示为一张已经创建完成的数据透视表，以这张数据透视表为数据源创建数据透视

图的方法如下。

单击数据透视表中的任意单元格（如 A5），在【数据透视表工具】的【分析】选项卡中单击【数据透视图】按钮，弹出【插入图表】对话框，依次单击【柱形图】→【簇状柱形图】，单击【确定】按钮，如图 29-122 所示。

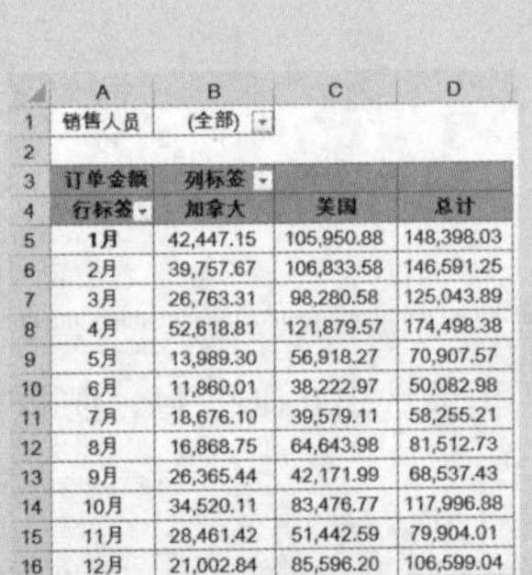

销售人员	(全部)		
订单金额	列标签		
行标签	加拿大	美国	总计
1月	42,447.15	105,950.88	148,398.03
2月	39,757.67	106,833.58	146,591.25
3月	26,763.31	98,280.58	125,043.89
4月	52,618.81	121,879.57	174,498.38
5月	13,989.30	56,918.27	70,907.57
6月	11,860.01	38,222.97	50,082.98
7月	18,676.10	39,579.11	58,255.21
8月	16,868.75	64,643.98	81,512.73
9月	26,365.44	42,171.99	68,537.43
10月	34,520.11	83,476.77	117,996.88
11月	28,461.42	51,442.59	79,904.01
12月	21,002.84	85,596.20	106,599.04

图 29-121 数据透视表

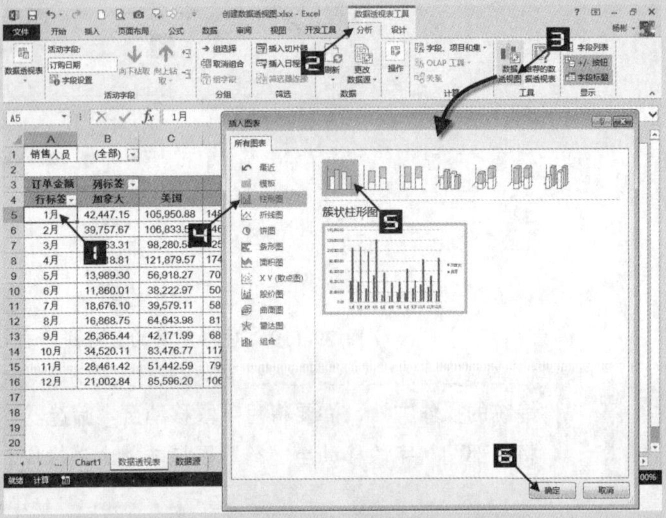

图 29-122 打开【插入图表】对话框

生成的数据透视图，如图 29-123 所示。

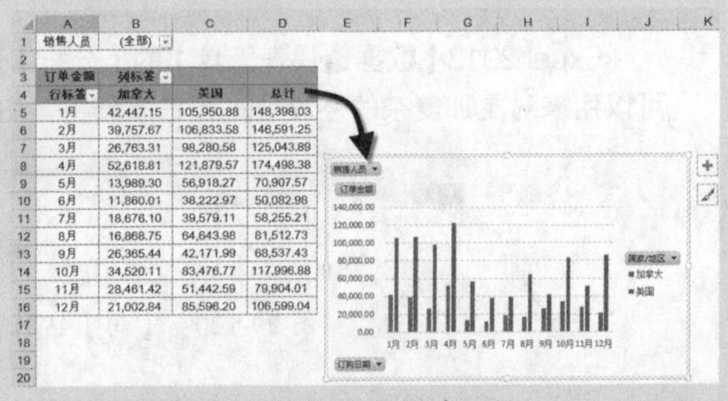

图 29-123 数据透视图

此外，单击数据透视表中的任意单元格（如 A5），在【插入】选项卡中依次单击【插入柱形图】→【簇状柱形图】，也可快速生成一张数据透视图，如图 29-124 所示。

如果用户希望将数据透视图单独存放在一张工作表上，单击数据透视表中的任意单元格，按<F11>键即可在创建一张数据透视图并存放在“Chart1”工作表中，如图 29-125 所示。

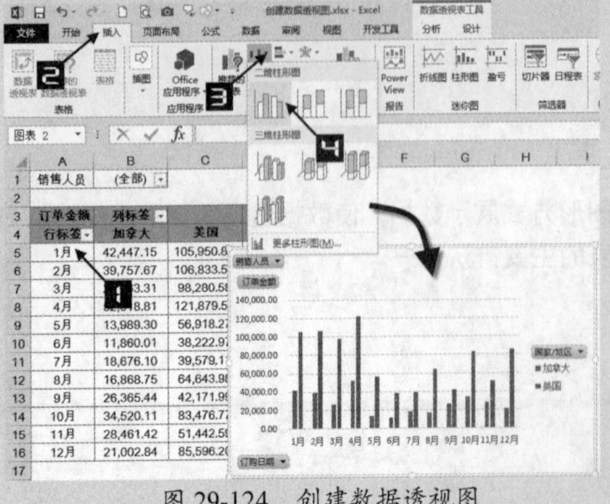

图 29-124 创建数据透视图

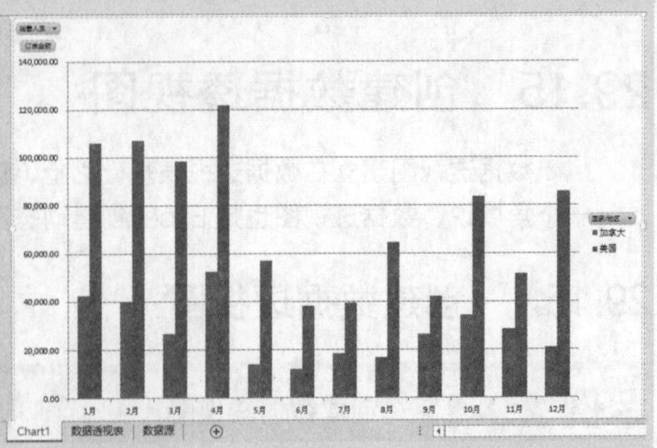

图 29-125 创建在“Chart1”工作表中的数据透视图

29.15.2 数据透视图术语

与其他 Excel 图表相比，数据透视图不但具备数据系列、分类、数据标志、坐标轴等通常的元素，还有一些特殊的元素，包括报表筛选字段、数据字段、系列图例字段、项、分类轴字段等，图 29-126 展示了这些元素。

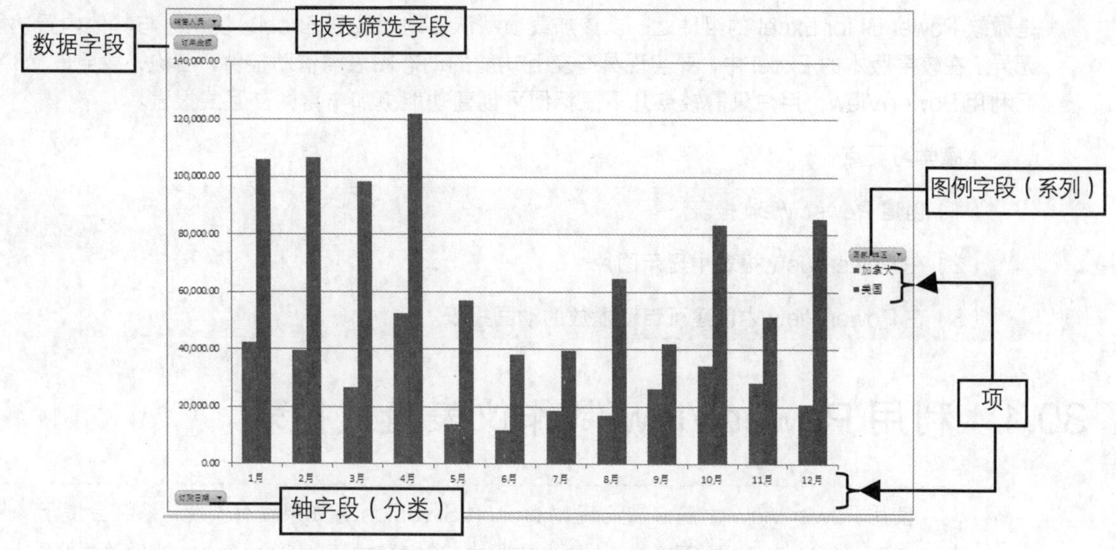

图 29-126 数据透视图的结构元素

用户可以像处理 Excel 图表一样处理数据透视图，包括改变图表类型、设置图表格式等。如果在数据透视图中改变字段布局，与之关联的数据透视表也会一起发生改变。同样，如果在数据透视表中改变字段布局，与之关联的数据透视图也会随之改变。

29.15.3 数据透视图中的限制

相对于普通图表，数据透视图存在很多限制，了解这些限制将有助于用户更好地使用数据透视图。

- 不能使用某些特定图表类型：在数据透视图中不能使用散点图、股价图、气泡图。
- 在数据透视表中添加、删除计算字段或计算项后，添加的趋势线会丢失。

无法直接调整数据标签、图表标题、坐标轴标题的大小，但可以通过改变字体的大小间接地进行调整。

第 30 章　使用 Power View 分析数据

Power View 是 Excel 2013 新增的一个功能强大的加载项，用于快速创建交互式仪表板报表，是微软 Power BI for Excel 的组件之一。该加载项默认自动加载到 Excel，使用时与其他内置功能无异。在较早版本的 Excel 中，要实现具有交互功能的动态图表需借助控件、名称，甚至是 VBA，而利用 Power View，用户只需轻点几下鼠标便可创建功能更加丰富的交互式报表。

本章学习要点

（1）创建 Power View 报表。

（2）在 Power View 报表中显示图片。

（3）在 Power View 中创建可自动播放的动画报表。

30.1　利用 Power View 制作仪表盘式报表

使用 Power View 之前必需安装 Microsoft Silverlight，如果没有安装，系统会提示“Power View 需要 Silverlight 的当前版本。请安装或更新 Silverlight，然后单击‘重新加载’以重试。”，同时系统会自动给出下载地址以供安装。

示例 30-1　利用 Power View 制作仪表盘式报表

图 30-1 展示了某水果批发公司某个时期内向全国各地区销售水果的数量列表，可以借助 Power View 快速制作仪表盘式报表，进行 BI 分析，获取有价值的信息，步骤如下。

	A	B	C
1	销售地区	商品名称	销售数量
2	天津	草莓	8,023
3	天津	西瓜	850
4	天津	青椒	1,566
5	天津	葡萄	9,088
6	天津	苹果	3,283
7	天津	南瓜	7,582
8	天津	黄瓜	2,368
9	天津	胡萝卜	1,479
10	天津	旱萝卜	2,693
11	天津	番茄	9,748
12	北京	草莓	3,651
13	北京	西瓜	5,887
14	北京	青椒	573
15	北京	葡萄	9,898
16	北京	苹果	3,079
17	北京	南瓜	9,553
18	北京	黄瓜	6,519
19	北京	胡萝卜	8,651
20	北京	旱萝卜	2,358

图 30-1　水果销售数据

步骤1 → 单击水果销售数据中的任意单元格（如 A6），在【插入】选项卡中单击【Power View】按钮，Excel 会创建一张新的 Power View 工作表，并且绘制一份数据表格，如图 30-2 所示。

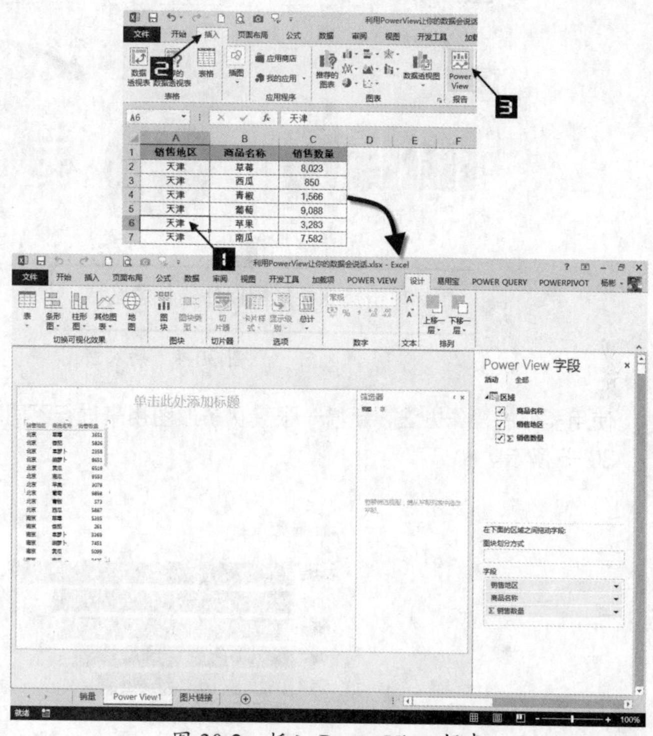

图 30-2　插入 Power View 报表

步骤2 → 在【Power View 字段】列表中取消对“销售地区”字段的勾选，目的是按商品名称分析销售量。

步骤3 → 单击现有的产品销量数据表格，在【设计】选项卡中依次单击【柱形图】→【簇状柱形图】，将其更改为柱形图，然后适当调整图表大小，结果如图 30-3 所示。

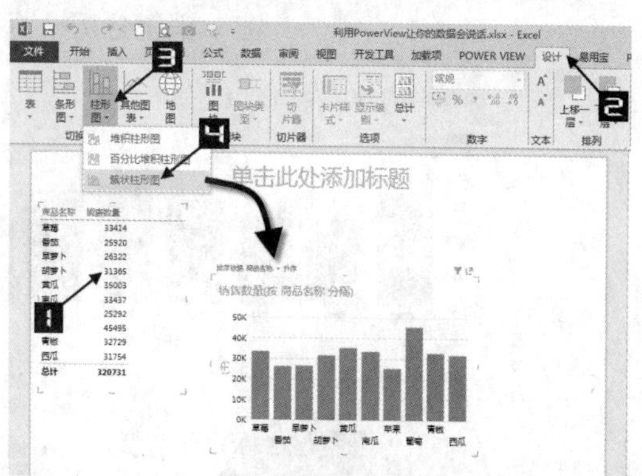

图 30-3　将数据表改为簇状柱形图

步骤4 → 鼠标单击簇状柱形图以外的任意区域，在【Power View 字段】列表中分别勾选“销售地区”和“销售数量”的复选框，新增一份关于不同地区销量的数据报表。在【设计】选项卡中依次单击【其他图表】→【饼图】，将其更改为饼图，如图 30-4 所示。

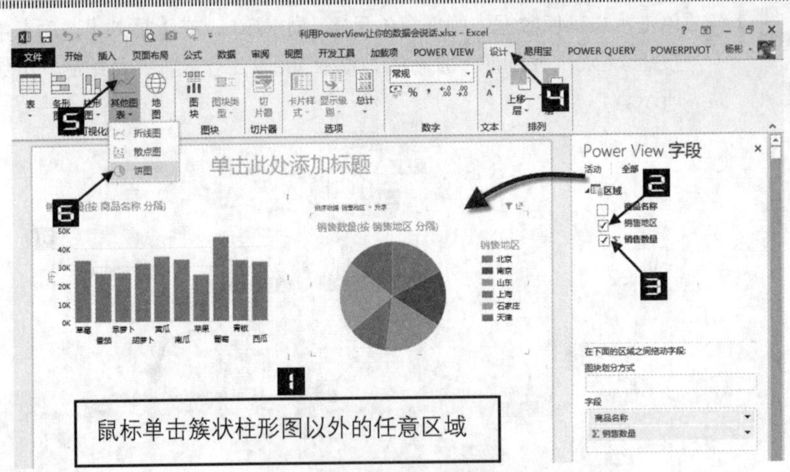

图 30-4 插入饼图

步骤5 使用类似的操作方法，新增一张簇状条形图用来进行不同地区的销售排名比较，如图30-5所示。

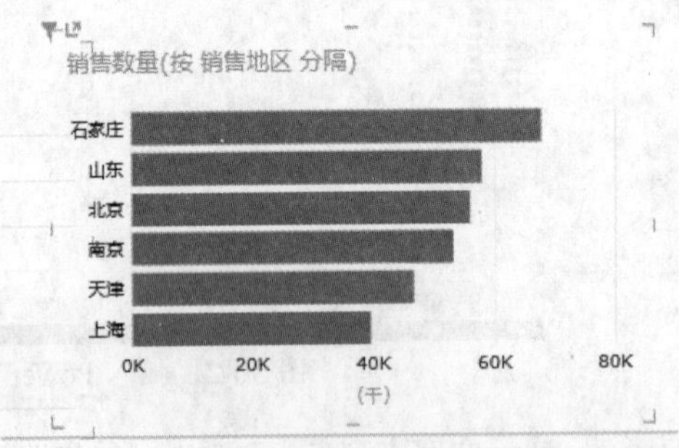

图 30-5 插入簇状条形图

步骤6 单击【单击此处添加标题】，输入图表标题“销售分析一览”，调整3份报表的大小和位置，关闭在【Power View 字段】列表，如图30-6所示。

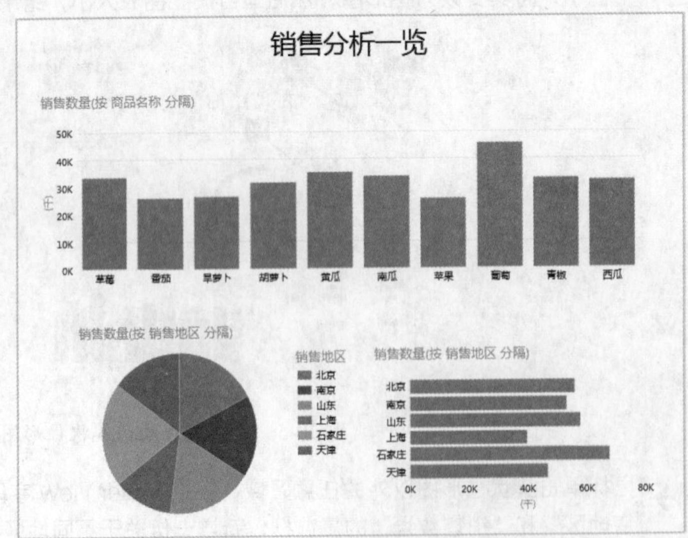

图 30-6 BI 动态仪表盘

步骤7 在【Power View】选项卡中依次单击【主题】→【Theme3】，美化 Power View 仪表盘，完成后的效果如图 30-7 所示。

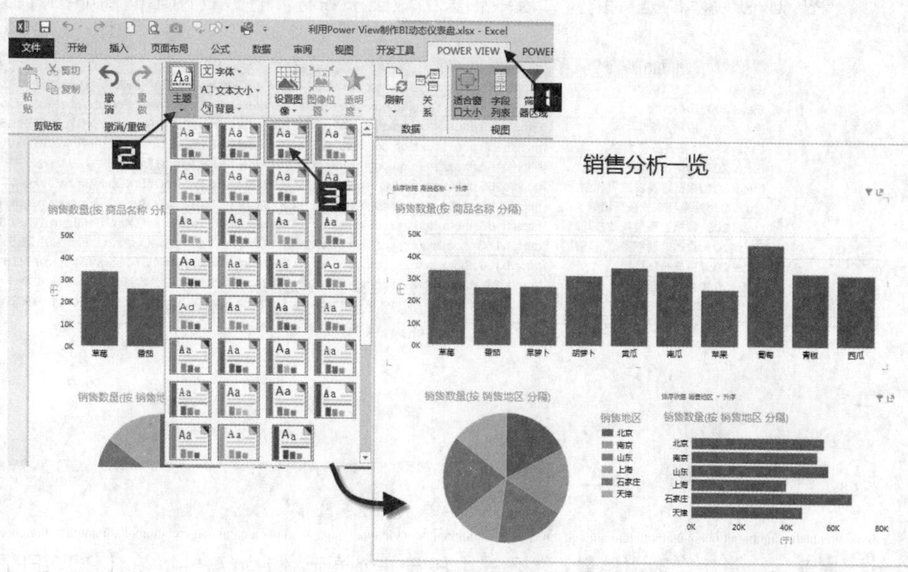

图 30-7 美化后的 Power View 仪表盘

当用户单击任意图表中的任意系列时，整个仪表盘图表都会发生变化，突出显示与该系列相关的元素或数据。如单击地区销量排名图中的北京条形，其他条形会显示为较淡的颜色，其他图表也会发生类似的变化，如图 30-8 所示。

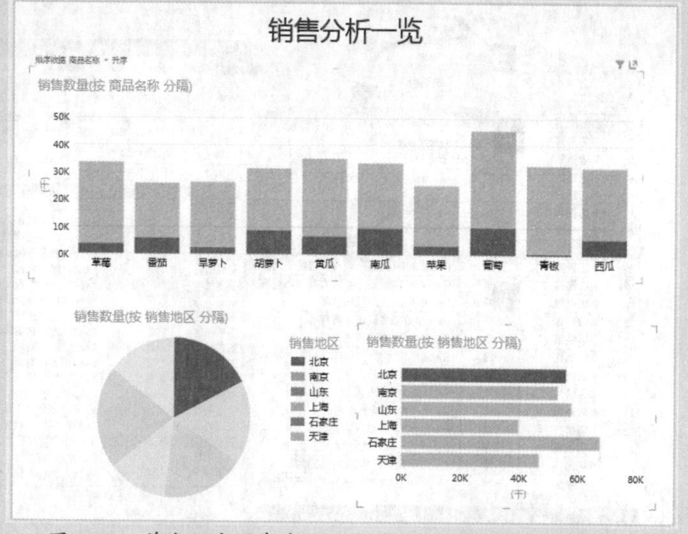

图 30-8 单击任意图表中的任意系列 BI 动态仪表盘的变化

30.2 在 Power View 中使用自定义图片筛选数据

Power View 允许使用图块划分方式来筛选图表数据，而且允许使用自定义的图片来作为图块，下面的步骤演示了这一特性。

示例 30-2 Power View 让你的数据会说话

图 30-9 展示的是“销量”表中相关出版图书名称和存放在网站的商品图片链接地址。

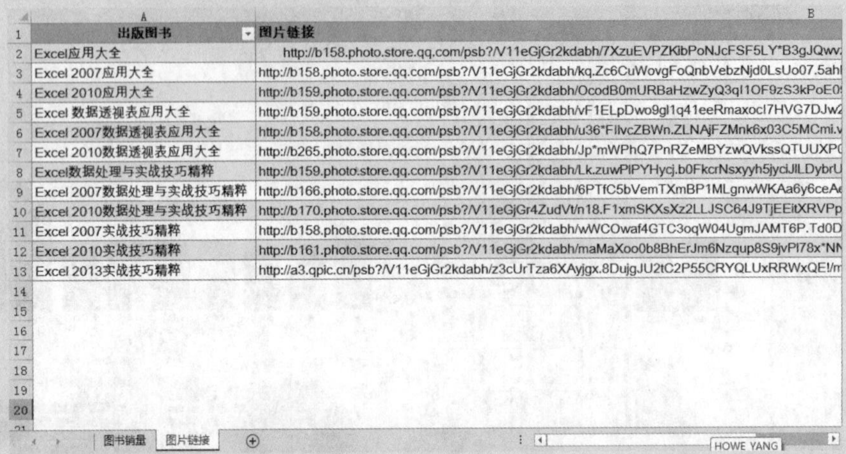

出版图书	图片链接
Excel应用大全	http://b158.photo.store.qq.com/psb?/V11eGjGr2kdabh/7XzuEVPZKibPoNJcFSF5LY*B3gJQwv
Excel 2007应用大全	http://b158.photo.store.qq.com/psb?/V11eGjGr2kdabh/kq.Zc6CuWovgFoQnbVebzNjd0LsUo07.5ahl
Excel 2010应用大全	http://b159.photo.store.qq.com/psb?/V11eGjGr2kdabh/OcodB0mURBaHzwZyQ3ql1OF9zS3kPoE0
Excel 数据透视表应用大全	http://b159.photo.store.qq.com/psb?/V11eGjGr2kdabh/vF1ELpDwo9gl1q41eeRmaxocl7HVG7DJw2
Excel 2007数据透视表应用大全	http://b158.photo.store.qq.com/psb?/V11eGjGr2kdabh/u36*FIlvcZBWn.ZLNAjFZMnk6x03C5MCmi.v
Excel 2010数据透视表应用大全	http://b265.photo.store.qq.com/psb?/V11eGjGr2kdabh/Jp*mWPhQ7PnRZeMBYzwQVkssQTUUXP
Excel数据处理与实战技巧精粹	http://b159.photo.store.qq.com/psb?/V11eGjGr2kdabh/Lk.zuwPIPYHycj.b0FkcrNsxyyh5jyciJILDybrU
Excel 2007数据处理与实战技巧精粹	http://b166.photo.store.qq.com/psb?/V11eGjGr2kdabh/6PTfC5bVemTXmBP1MLgnwWKAa6y6ceA
Excel 2010数据处理与实战技巧精粹	http://b170.photo.store.qq.com/psb?/V11eGjGr4ZudVt/n18.F1xmSKXsXz2LLJSC64J9TjEEitXRVPp
Excel 2007实战技巧精粹	http://b158.photo.store.qq.com/psb?/V11eGjGr2kdabh/wWCOwaf4GTC3oqW04UgmJAMT6P.Td0D
Excel 2010实战技巧精粹	http://b161.photo.store.qq.com/psb?/V11eGjGr2kdabh/maMaXoo0b8BhErJm6Nzqup8S9jvPI78x*NN
Excel 2013实战技巧精粹	http://a3.qpic.cn/psb?/V11eGjGr2kdabh/z3cUrTza6XAyjgx.8DujgJU2tC2P55CRYQLUxRRWxQE!/m

图 30-9 “图片链接”表

步骤1 单击“图书销量”工作表中任意一个单元格（如A8），在【POWERPIVOT】选项卡中单击【添加到数据模型】按钮，弹出【创建表】对话框，勾选【我的表具有标题】的复选框，单击【确定】按钮完成“表 1”的添加，如图 30-10 所示。

有关 PowerPivot 使用的更多内容请参阅第 28 章。

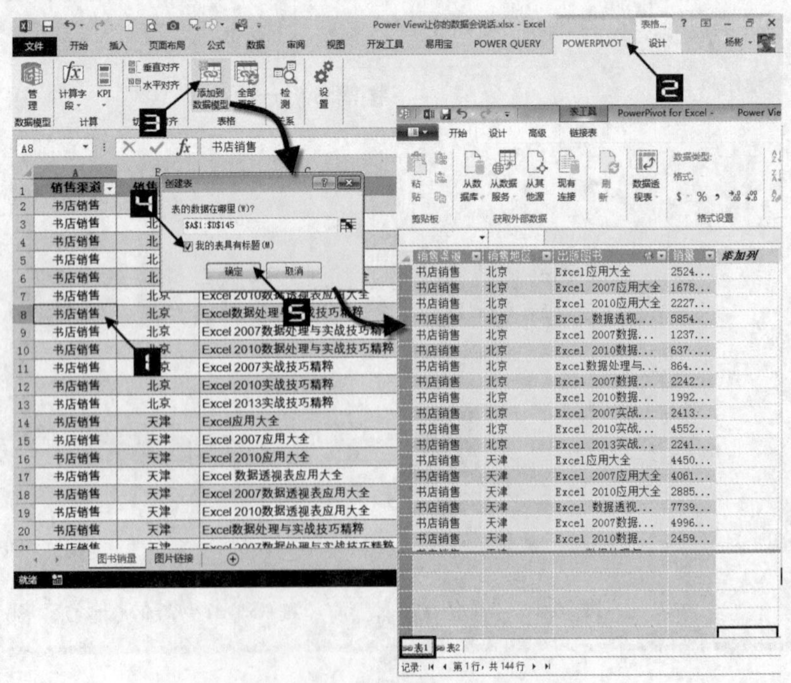

图 30-10 向 PowerPivot 中添加链接表“表 1”

步骤2 单击“图片链接”工作表中的任意一个单元格，重复步骤 1 操作，向 PowerPivot 中添加链接表“表 2”，如图 30-11 所示。

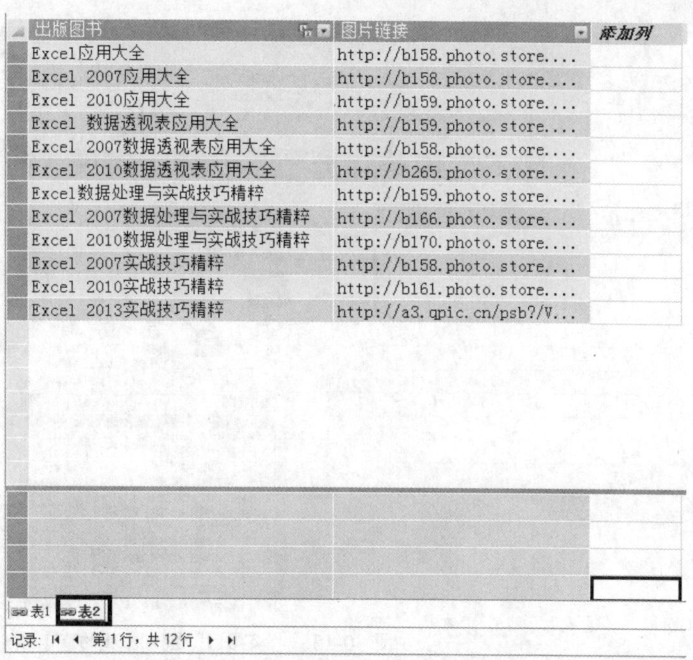

出版图书	图片链接	添加列
Excel应用大全	http://b158.photo.store....	
Excel 2007应用大全	http://b158.photo.store....	
Excel 2010应用大全	http://b159.photo.store....	
Excel 数据透视表应用大全	http://b159.photo.store....	
Excel 2007数据透视表应用大全	http://b158.photo.store....	
Excel 2010数据透视表应用大全	http://b265.photo.store....	
Excel数据处理与实战技巧精粹	http://b159.photo.store....	
Excel 2007数据处理与实战技巧精粹	http://b166.photo.store....	
Excel 2010数据处理与实战技巧精粹	http://b170.photo.store....	
Excel 2007实战技巧精粹	http://b158.photo.store....	
Excel 2010实战技巧精粹	http://b161.photo.store....	
Excel 2013实战技巧精粹	http://a3.qpic.cn/psb?/V...	

图 30-11　向 PowerPivot 中添加链接表“表 2”

步骤3 → 在【开始】选项卡中单击【关系图视图】按钮，在展开的视图界面中将【表 2】中的“出版图书”字段拖曳至【表 1】中的“出版图书”字段上，在两表中创建关系，如图 30-12 所示。

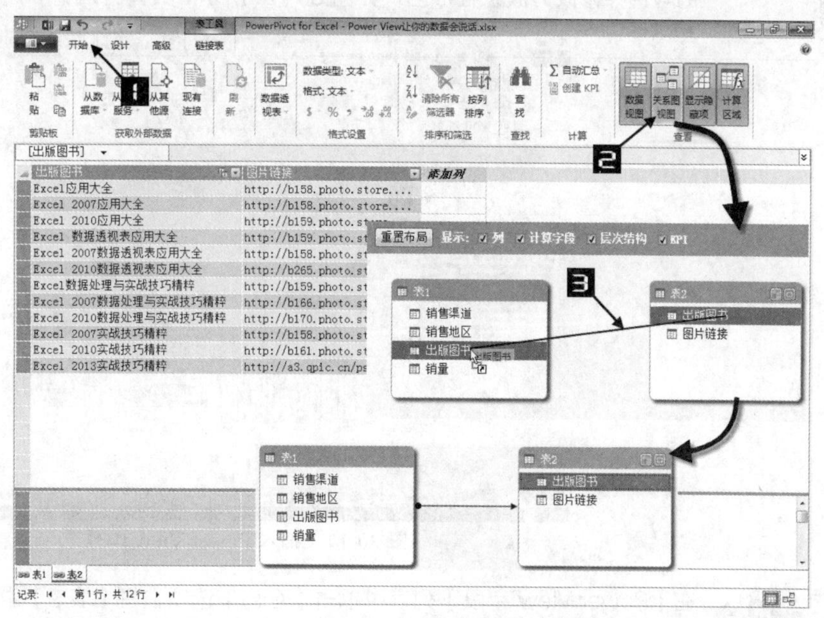

图 30-12　创建关系

步骤4 → 单击【数据视图】按钮切换至数据视图，在【高级】选项卡中单击任意一个商品的图片链接地址（如 Excel 2010 数据透视表应用大全），依次单击【数据类别】→【图像 URL】，为图片链接地址指定数据类型，如图 30-13 所示。

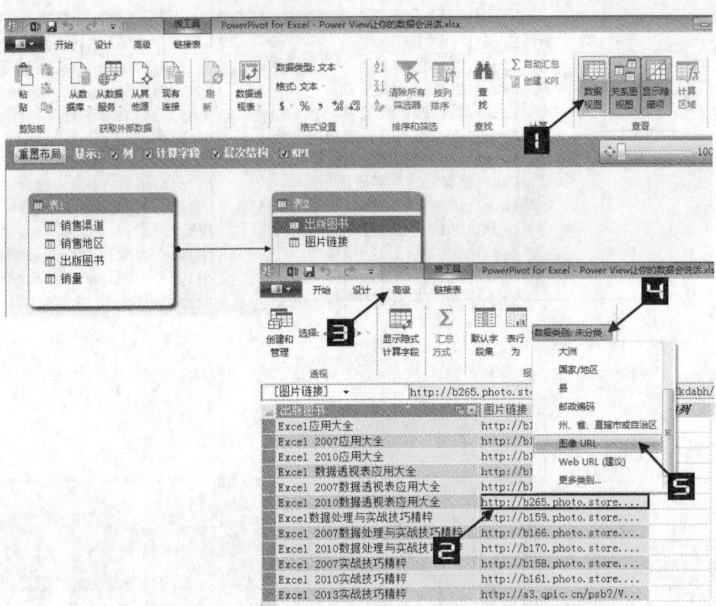

图 30-13 指定图片链接网址的“数据类型”

如果没有找到【高级】选项卡，可以单击【开始】选项卡左侧的下拉按钮，在弹出的下拉列表中单击【切换到高级模式】。

步骤5 → 利用“图书销量”表插入一个 Power View 工作表，取消【表 1】中对“销售渠道”的勾选并修改为簇状柱形图，如图 30-14 所示。具体方法请参阅 30.1 节。

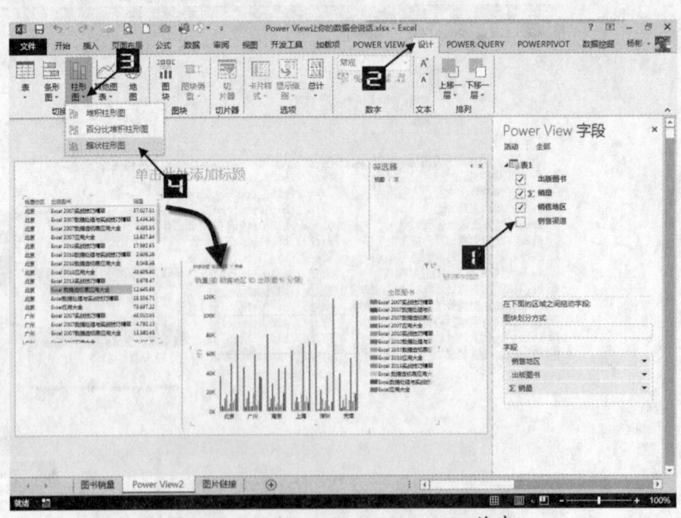

图 30-14 插入 Power View 工作表

步骤6 → 在【Power View 字段】列表中单击【全部】选项，将【表 2】中的“图片链接”字段拖拽至【图块划分方式】编辑框中，单击“安全警告”中的【启用内容】按钮得到商品的图片，如图 30-15 所示。

步骤7 → 调整图块区域至全部显示，添加报告标题“ExcelHome 出版图书销量分析”，并在【Power View】选项卡中单击【适合窗口大小】按钮充分展示报表，关闭【Power View 字段】列表，如图 30-16 所示。

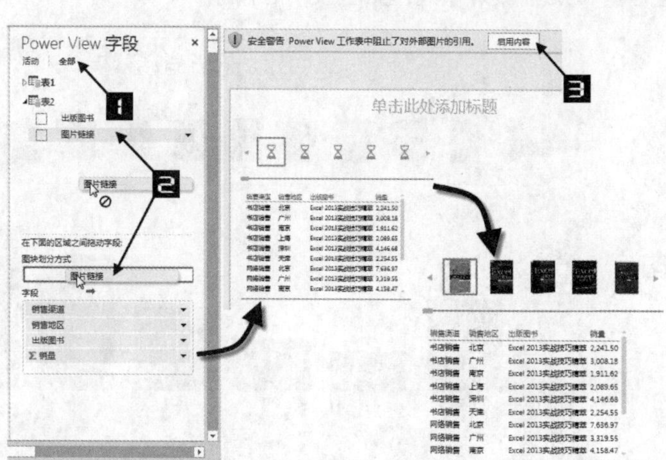

图 30-15 设置图块划分方式

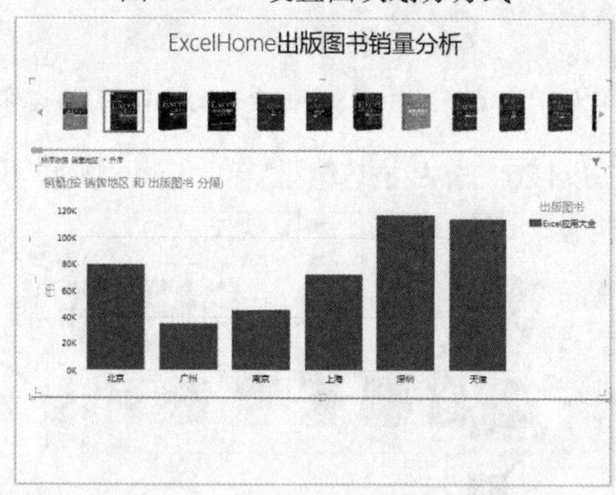

图 30-16 调整 Power View 报表

步骤8 美化 Power View 报表，调整图例、数据标签和背景，如图 30-17 所示。

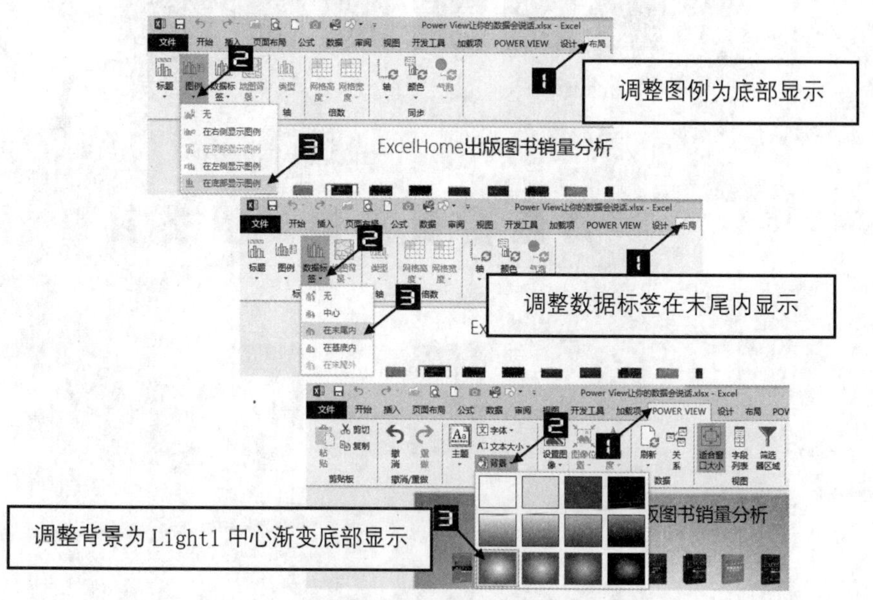

图 30-17 美化 Power View 报表

美化后的 Power View 报表，如图 30-18 所示。

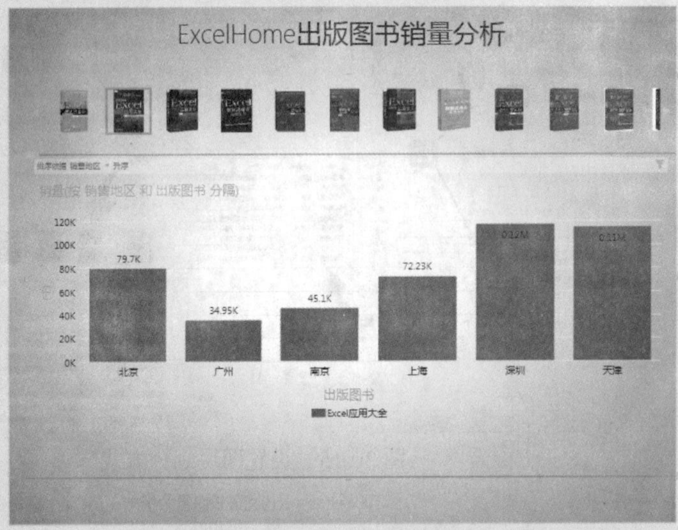

图 30-18 美化后的 Power View 报表

分别单击“Excel 2013 实战技巧精粹”和“Excel 2010 数据透视表应用大全”图片图块，将显示出不同的数据和图表信息，如图 30-19 所示。

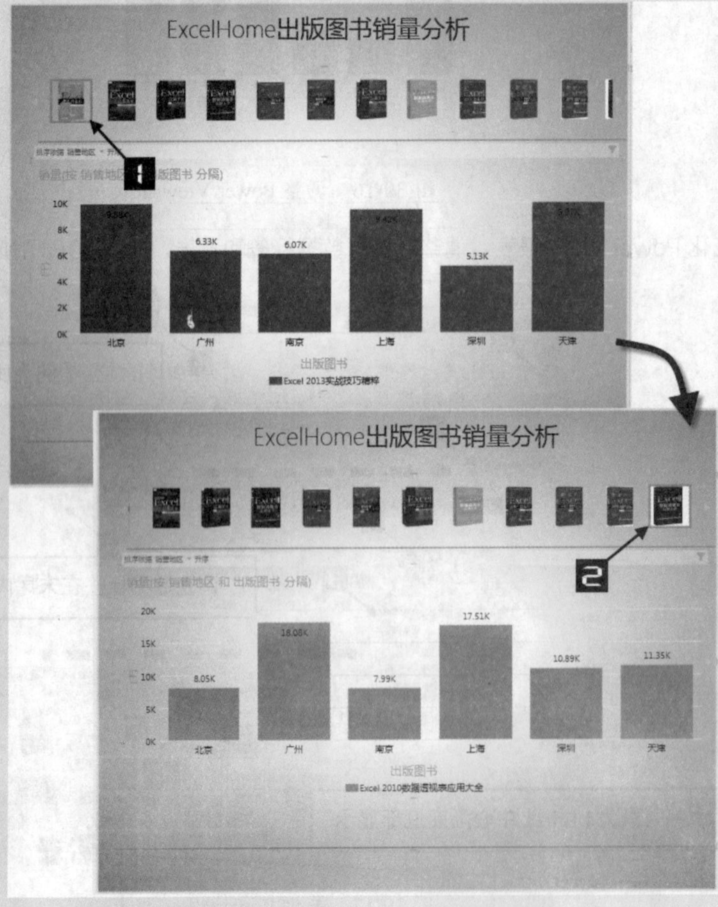

图 30-19 在 Power View 中使用自定义图片筛选数据

注意

在本例中，图片 URL 来自互联网。如果当前计算机无法正常连接互联网，将不能正常显示图块区域中的图片。

30.3 在 Power View 中创建可自动播放的动画报表

示例 30-3 在 Power View 中创建可自动播放的动画报表

图 30-20 列示了不同年份和地区 Excel Home 出版图书在实体书店和网络的销售数量，如果希望通过动画的方式对不同年份不同销售渠道的销售数量进行展示，可按以下步骤操作。

	A	B	C	D	E
1	销售年份	销售地区	出版图书	书店销售	网络销售
2	2013	北京	Excel 2007实战技巧精粹	24,132	12,895
3	2011	广州	Excel 2007实战技巧精粹	30,597	15,414
4	2008	南京	Excel 2007实战技巧精粹	21,191	58,675
5	2009	上海	Excel 2007实战技巧精粹	22,340	31,630
6	2015	深圳	Excel 2007实战技巧精粹	12,744	40,782
7	2010	天津	Excel 2007实战技巧精粹	7,300	57,225
8	2013	北京	Excel 2007数据处理与实战技巧精粹	2,242	3,194
9	2013	广州	Excel 2007数据处理与实战技巧精粹	1,608	3,174
10	2015	南京	Excel 2007数据处理与实战技巧精粹	1,536	3,002
11	2011	上海	Excel 2007数据处理与实战技巧精粹	586	491
12	2015	深圳	Excel 2007数据处理与实战技巧精粹	646	423
13	2011	天津	Excel 2007数据处理与实战技巧精粹	463	2,898
14	2014	北京	Excel 2007数据透视表应用大全	1,237	3,259
15	2014	广州	Excel 2007数据透视表应用大全	3,324	10,056
16	2015	南京	Excel 2007数据透视表应用大全	6,576	5,989
17	2015	上海	Excel 2007数据透视表应用大全	6,720	3,228
18	2014	深圳	Excel 2007数据透视表应用大全	2,453	104
19	2013	天津	Excel 2007数据透视表应用大全	4,996	6,491
20	2012	北京	Excel 2007应用大全	1,679	12,149

图书销量

图 30-20 Excel Home 出版图书销售量

步骤1 利用“图书销量”表插入一个 Power View 工作表，并将默认数据表格更改为散点图，如图 30-21 所示。

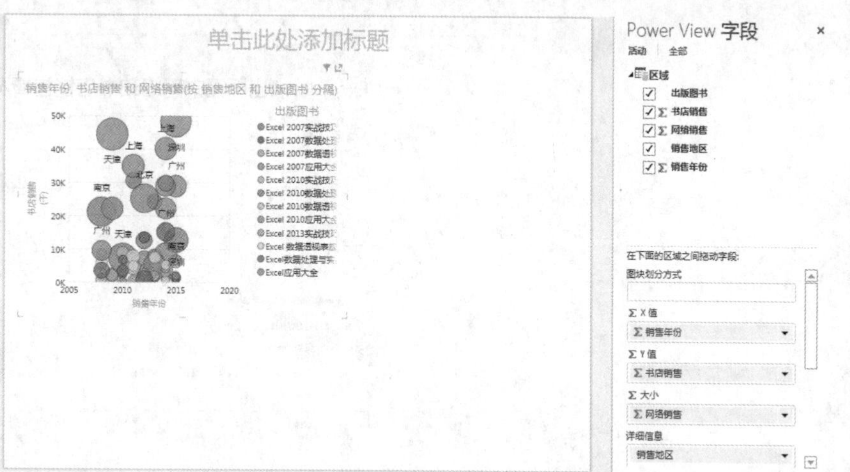

图 30-21 在 Power View 中插入“散点图”

步骤2 在【Power View 字段】列表中，分别将“网络销售”移动至【Σ X值】编辑框，“书店销售”移动至【Σ Y值】编辑框，将“销售地区”移动至【Σ 大小】编辑框，将“出版图书”移动至【详细信息】编辑框，将“销售年份”移动至【播放轴】编辑框，最后设置报告标题为“ExcelHome 出版图书网络和书店销售情况”，如图 30-22 所示。

第30章 Excel 2013

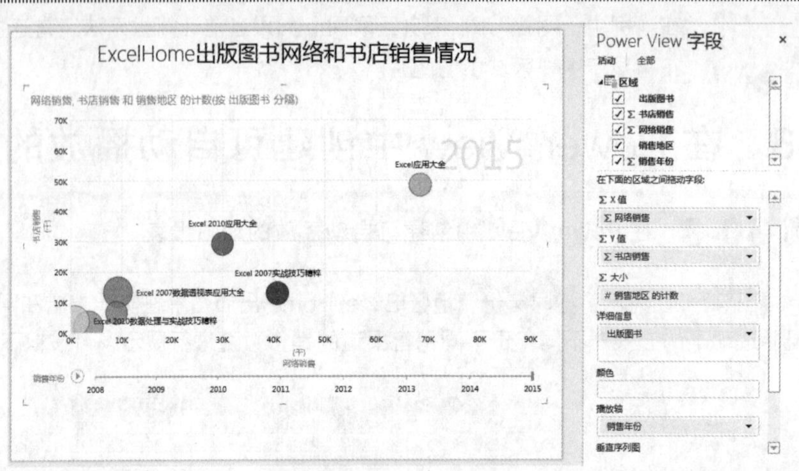

图 30-22 设置“播放轴”

步骤3 单击【销售年份】的播放按钮，就会呈现出逐年不同图书网络销售和实体书店销售动态变化的图表，如图 30-23 所示。播放过程中可以随时暂停。

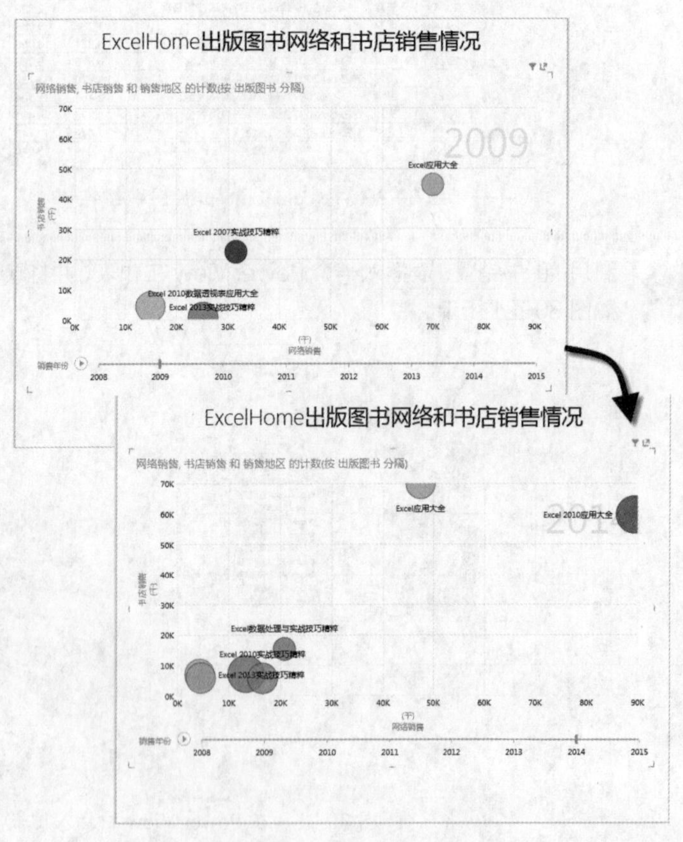

图 30-23 在 Power View 中播放动画

注意 Power View 中的散点图，可以只指定 X、Y 两个维度，此时相当于 Excel 的标准散点图。如果同时指定了“大小”这个维度，实际上相当于 Excel 的气泡图。

第 31 章　使用 Excel 进行模拟分析

模拟分析，又称假设分析，或者“What-if”分析，是管理经济学中一项不可或缺的重要分析手段。它主要是基于现有的计算模型，在影响最终结果的诸多因素中进行测算与分析，以寻求最接近目标的方案。例如公司在进行投资决策时，必须事先计算和分析贷款成本与盈利水平，这就需要对利率、付款期数、每期付款额、投资回报率等因素做充分的考虑，通过关注和对比这些因素的变化而产生的不同结果来进行判断。

Excel 作为先进的数据分析软件，提供了多项功能来支持类似的分析工作。本章主要介绍借助模拟运算表和方案管理来进行模拟分析，以及借助单变量求解工具来进行逆向模拟分析。

本章学习要点

（1）利用公式进行手动模拟运算。

（2）使用模拟运算表进行单因素分析或多因素分析。

（3）创建方案进行分析。

（4）单变量求解的原理及应用。

31.1　手动模拟运算

图 31-1 展示了一张某外贸公司用于 A 产品交易情况的试算表格。此表格的上半部分是交易中的各相关指标的数值，下半部分则根据这些数值用公式统计出的交易量与交易额。

在这个试算模型中，单价、每次交易数量、每月交易次数和美元汇率都直接影响着月交易额。相关的模拟分析需求可能如下。

◆　如果单价增加 0.1 元会增加多少交易额?

◆　如果每次交易数量提高 50 会增加多少交易额?

◆　如果美元汇率下跌会怎么样?

……

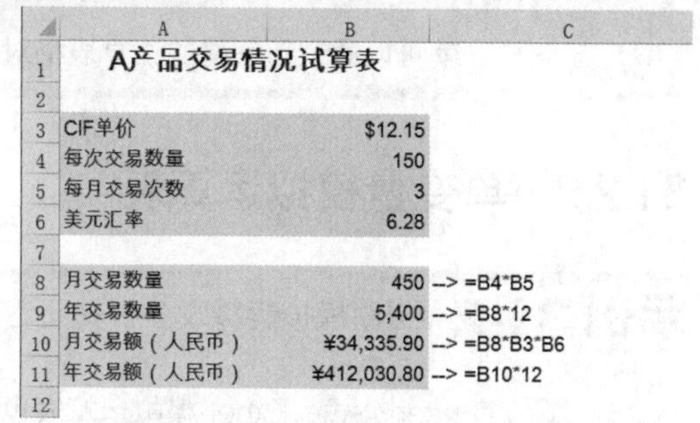

	A	B	C
1	A产品交易情况试算表		
2			
3	CIF单价	$12.15	
4	每次交易数量	150	
5	每月交易次数	3	
6	美元汇率	6.28	
7			
8	月交易数量	450	--> =B4*B5
9	年交易数量	5,400	--> =B8*12
10	月交易额（人民币）	¥34,335.90	--> =B8*B3*B6
11	年交易额（人民币）	¥412,030.80	--> =B10*12
12			

图 31-1　A 产品对外贸易试算模型表格

面对这些分析需求，最简单的处理方法是直接将假设的值填入表格上半部分中的单元格里，然后利用公式会自动重算的特性，观察表格下半部分的结果变化。

31.2　使用模拟运算表

只有在计算模型非常简单，模拟目标变化较小而且分析要求也不复杂的情况下才宜于使用刚才介绍的手动方式。如果要处理大量或复杂的模拟分析要求，则需要相应地创建新的试算表格来进行分析。用户可以借助 Excel 公式或 Excel 模拟运算表功能来创建试算表格。

31.2.1 使用公式进行模拟运算

示例 31-1 借助公式来试算分析美元汇率变化对外贸交易额的影响

沿用 31.1 节中的表格，在对外贸易中，最频繁变动也最不可控的因素是汇率，特别是近年来，人民币在外汇市场中日益走强，因此对汇率变化的影响进行分析显得尤为重要。本例将围绕美元汇率的变化来分析它对交易额的影响，使用公式完成试算表格的计算。

操作步骤如下。

步骤1 → 先在 D3:E3 单元格区域输入试算表格的列标题，然后在 D4:D11 单元格区域中输入可能的美元汇率值，从 6.58 开始以 0.1 为步长进行递减。

步骤2 → 在 E4 单元格输入公式计算当前汇率值下的月交易额：

```
=D4*$B$8*$B$3
```

将此公式复制到 E5:E11 单元格区域，如图 31-2 所示。

E4 =D4*$B$8*$B$3

	A	B	C	D	E
1	A产品交易情况试算表				
2					
3	CIF单价	$12.15		汇率	月交易额（人民币）
4	每次交易数量	150		6.58	¥35,976.15
5	每月交易次数	3		6.48	¥35,429.40
6	美元汇率	6.28		6.38	¥34,882.65
7				6.28	¥34,335.90
8	月交易数量	450		6.18	¥33,789.15
9	年交易数量	5,400		6.08	¥33,242.40
10	月交易额（人民币）	¥34,335.90		5.98	¥32,695.65
11	年交易额（人民币）	¥412,030.80		5.88	¥32,148.90
12					

图 31-2 借助公式来试算分析美元汇率变化对外贸交易额的影响

这样，就可以通过新创建的试算表格对不同汇率下的月交易额一目了然。

31.2.2 单变量模拟运算表

示例 31-2 借助模拟运算表分析美元汇率变化对外贸交易额的影响

除了 Excel 公式，Excel 模拟运算表也是用于模拟试算的很好的功能。模拟运算表实际上是一个单元格区域，它可以用列表的形式显示计算模型中某些参数的变化对计算结果的影响。在这个区域中，生成的值所需要的若干个相同公式被简化成一个公式，从而简化了公式的输入。根据模拟运算行、列变量的个数，可分为单变量模拟运算表和双变量模拟运算表。

以下步骤将演示借助模拟运算表工具创建与 31.2.1 小节相同的试算表格。

步骤1 → 先在 D4:D11 单元格区域中输入可能的美元汇率值，从 6.58 开始以 0.1 为步长进行递减，然后在 E3 单元格中输入公式 "=B10"。

步骤2 → 选中单元格区域 D3:E11，单击【数据】选项卡中的【模拟分析】下拉按钮，在其下拉列表中单击【模拟运算表】命令。

步骤3 → 在弹出的【模拟运算表】对话框中，在【输入引用列的单元格】框中单击，鼠标指向 B6 单元格并单击，【输入引用列的单元格】编辑框中将自动输入“$B$6”，最后单击【确定】按钮，如图 31-3 所示。

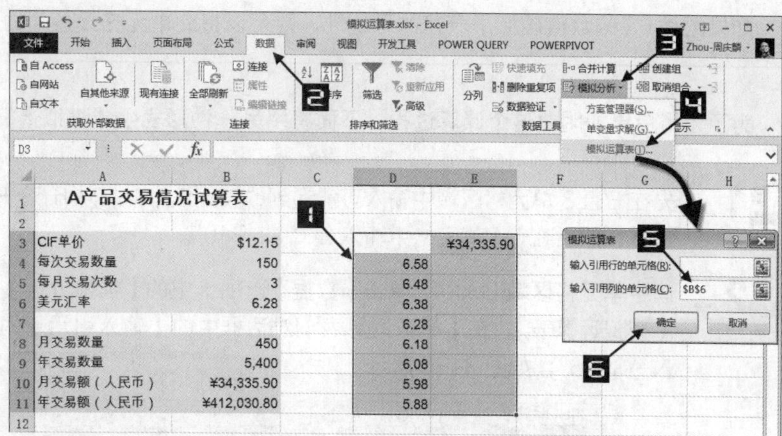

图 31-3 借助模拟运算表工具创建试算表格

创建完成的试算表格如图 31-4 所示。选中 E4:E11 中任意一个单元格，编辑栏均显示单元格内容为“{=TABLE(,B6)}”。利用此表格，用户可以快速查看不同汇率水平下的交易额情况。

E4 {=TABLE(,B6)}

	A	B	C	D	E
1	A产品交易情况试算表				
2					
3	CIF单价	$12.15			¥34,335.90
4	每次交易数量	150		6.58	¥35,976.15
5	每月交易次数	3		6.48	¥35,429.40
6	美元汇率	6.28		6.38	¥34,882.65
7				6.28	¥34,335.90
8	月交易数量	450		6.18	¥33,789.15
9	年交易数量	5,400		6.08	¥33,242.40
10	月交易额（人民币）	¥34,335.90		5.98	¥32,695.65
11	年交易额（人民币）	¥412,030.80		5.88	¥32,148.90

图 31-4 模拟运算表对汇率影响的分析

“{=TABLE(,B6)}”是一个比较特殊的数组公式，有关数组公式的更多内容，请参阅第 21 章。

在已经生成结果的模拟运算表中，原有的数值和公式引用都可以被修改，在本例中是 D4:D11 和 E3。而本例中的 E4:E11 结果区域则不能被修改。如果原有的数值和公式引用有变化，结果区域会自动更新。

模拟运算表的计算过程 深入了解

初次接触 Excel 模拟运算表的用户在被这个强大工具所吸引的同时，可能较难理解刚才所讲的每一步骤对最终结果产生的作用，下面来详细剖析一下。

步骤 1 和步骤 2 向 Excel 告知了两件事情：一是模拟运算表的表格区域是 D3:E11，二是本次计算要生成的结果是月交易额，以及月交易额是如何计算得到的。

步骤 3 的设置告诉 Excel 本次计算只有一个变量，即美元汇率，而且这个变量可能出现的数值都存放于D列中。当然，也正因为这些美元汇率值已经存放于D列中，所以在步骤3中，“B6”是“引用列的单元格”，而不是“引用行的单元格”，而且将“引用行的单元格”留空。

不必去关心D3为什么为空，Excel现在已经得到了足够的信息来生成用户需要的结果。

如果觉得E3的数值破坏了表格的可读性，则可以将此单元格设置为白色字体。

为了让用户更加明白这个计算过程，下面将用另一种形式生成模拟运算表。

步骤1 先在E3:L3单元格区域中输入可能遇到的美元汇率值，从6.58开始以0.1为步长进行递减，然后在D4单元格中输入公式“=B10”。

步骤2 选中单元格区域D3:L4，单击【数据】选项卡中的【模拟分析】，在其下拉列表中单击【模拟运算表】。在【模拟运算表】对话框中的【输入引用行的单元格】编辑框中输入“$B$6”，如图31-5所示。

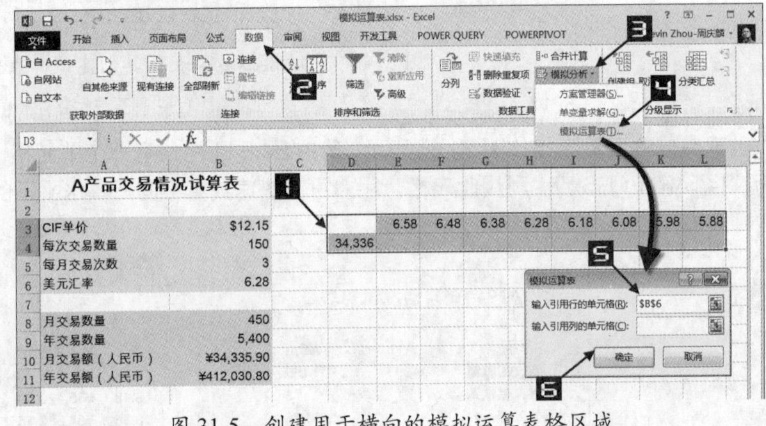

图31-5 创建用于横向的模拟运算表格区域

单击【确定】按钮后，生成计算结果如图31-6所示。

{=TABLE(B6,)}

D	E	F	G	H	I	J	K	L
	6.58	6.48	6.38	6.28	6.18	6.08	5.98	5.88
34,336	¥35,976.15	¥35,429.40	¥34,882.65	¥34,335.90	¥33,789.15	¥33,242.40	¥32,695.65	¥32,148.90

图31-6 横向的模拟运算表结果

在进行单变量模拟运算时，运算结果可以是一个公式，也可以是多个公式。在本例中，如果在F3单元格中输入公式“=B11”，然后选中单元格区域D3:F11，再创建模拟运算表，则结果如图31-7所示（为了阅读需要，在E2:F2加入了标题）。

	A	B	C	D	E	F
1	A产品交易情况试算表					
2					月交易额（人民币）	年交易额（人民币）
3	CIF单价	$12.15			¥34,335.90	¥412,030.80
4	每次交易数量	150		6.58	¥35,976.15	¥431,713.80
5	每月交易次数	3		6.48	¥35,429.40	¥425,152.80
6	美元汇率	6.28		6.38	¥34,882.65	¥418,591.80
7				6.28	¥34,335.90	¥412,030.80
8	月交易数量	450		6.18	¥33,789.15	¥405,469.80
9	年交易数量	5,400		6.08	¥33,242.40	¥398,908.80
10	月交易额（人民币）	¥34,335.90		5.98	¥32,695.65	¥392,347.80
11	年交易额（人民币）	¥412,030.80		5.88	¥32,148.90	¥385,786.80

图31-7 单变量模拟运算多个公式结果

31.2.3 双变量模拟运算表

双变量模拟运算可以帮助用户同时分析两个因素对最终结果的影响。

示例 31-3 分析美元汇率和交货单价同时变化对外贸交易额的影响

除了美元汇率以外，交货单价也是影响交易额的重要因素，下面使用模拟运算表分析这两个因素同时变化的情况下对交易额的影响。

步骤 1 → 先在 D4:D11 单元格区域中输入可能的美元汇率值，在 E3:J3 单元格区域中输入不同的单价，然后在 D3 单元格中输入公式“=B10”。

步骤 2 → 选中单元格区域 D4:J11，在【数据】选项卡中依次单击【模拟分析】→【模拟运算表】命令。

步骤 3 → 在弹出的【模拟运算表】对话框中，在【输入引用行的单元格】编辑框中输入“$B$3”，在【输入引用列的单元格】编辑框中输入“$B$6”，如图 31-8 所示。

	A	B	C	D	E	F	G	H	I	J
1	A产品交易情况试算表									
2										
3	CIF单价	$12.15		$34,335.90	$11.65	$12.15	$12.65	$13.15	$13.65	$14.15
4	每次交易数量	150		6.58						
5	每月交易次数	3		6.48						
6	美元汇率	6.28		6.38						
7				6.28						
8	月交易数量	450		6.18						
9	年交易数量	5,400		6.08						
10	月交易额（人民币）	¥34,335.90		5.98						
11	年交易额（人民币）	¥412,030.80		5.88						

模拟运算表
输入引用行的单元格(R): $B$3
输入引用列的单元格(C): $B$6
确定 取消

图 31-8 借助双变量模拟运算表进行分析

步骤 4 → 单击【确定】按钮，结果如图 31-9 所示。

	C	D	E	F	G	H	I	J
3		$34,335.90	$11.65	$12.15	$12.65	$13.15	$13.65	$14.15
4		6.58	¥34,495.65	¥35,976.15	¥37,456.65	¥38,937.15	¥40,417.65	¥41,898.15
5		6.48	¥33,971.40	¥35,429.40	¥36,887.40	¥38,345.40	¥39,803.40	¥41,261.40
6		6.38	¥33,447.15	¥34,882.65	¥36,318.15	¥37,753.65	¥39,189.15	¥40,624.65
7		6.28	¥32,922.90	¥34,335.90	¥35,748.90	¥37,161.90	¥38,574.90	¥39,987.90
8		6.18	¥32,398.65	¥33,789.15	¥35,179.65	¥36,570.15	¥37,960.65	¥39,351.15
9		6.08	¥31,874.40	¥33,242.40	¥34,610.40	¥35,978.40	¥37,346.40	¥38,714.40
10		5.98	¥31,350.15	¥32,695.65	¥34,041.15	¥35,386.65	¥36,732.15	¥38,077.65
11		5.88	¥30,825.90	¥32,148.90	¥33,471.90	¥34,794.90	¥36,117.90	¥37,440.90

图 31-9 查看汇率与单价所带来的双重影响结果

与单变量模拟运算不同，虽然双变量模拟运算能够同时处理两个变量，但是它一次只能显示一条公式的结果。

在双变量模拟运算表中，如果修改公式的引用，也能让计算结果全部自动更新。在本例中，如果将 D3 的公式改为“=B11”，则表格会改为计算年交易额，如图 31-10 所示。

	D	E	F	G	H	I	J
3	$412,030.80	$11.65	$12.15	$12.65	$13.15	$13.65	$14.15
4	6.58	¥413,947.80	¥431,713.80	¥449,479.80	¥467,245.80	¥485,011.80	¥502,777.80
5	6.48	¥407,656.80	¥425,152.80	¥442,648.80	¥460,144.80	¥477,640.80	¥495,136.80
6	6.38	¥401,365.80	¥418,591.80	¥435,817.80	¥453,043.80	¥470,269.80	¥487,495.80
7	6.28	¥395,074.80	¥412,030.80	¥428,986.80	¥445,942.80	¥462,898.80	¥479,854.80
8	6.18	¥388,783.80	¥405,469.80	¥422,155.80	¥438,841.80	¥455,527.80	¥472,213.80
9	6.08	¥382,492.80	¥398,908.80	¥415,324.80	¥431,740.80	¥448,156.80	¥464,572.80
10	5.98	¥376,201.80	¥392,347.80	¥408,493.80	¥424,639.80	¥440,785.80	¥456,931.80
11	5.88	¥369,910.80	¥385,786.80	¥401,662.80	¥417,538.80	¥433,414.80	¥449,290.80

图 31-10 修改公式引用将改变模拟运算表的计算结果

31.2.4 模拟运算表的纯计算用法

利用模拟运算表的特性，用户在某些情况下可以将它当作一个公式辅助工具来使用，从而能够在大范围内快速创建数组公式。

示例 31-4 使用双变量模拟运算制作九九乘法表

步骤1 在工作表的 B1:J1、A2:A10 单元格区域分别输入 1～9 的数字，然后在 A1 单元格输入公式 “=A11&"×"&A12&"="&A11*A12”，如图 31-11 所示。

A1 =A11&"×"&A12&"="&A11*A12

	A	B	C	D	E	F	G	H	I	J
1	×=0	1	2	3	4	5	6	7	8	9
2	1									
3	2									
4	3									
5	4									
6	5									
7	6									
8	7									
9	8									
10	9									
11										
12										

图 31-11 为九九乘法表准备数据

步骤2 选中单元格区域 A1:J10，在【数据】选项卡中依次单击【模拟分析】→【模拟运算表】命令。

步骤3 在弹出的【模拟运算表】对话框中，将光标定位到【输入引用行的单元格】编辑框中，鼠标指向 A11 单元格并单击，然后将光标定位到【输入引用列的单元格】编辑框中，鼠标指向 A12 单元格并单击。

步骤4 单击【确定】按钮，结果如图 31-12 所示。

B2 {=TABLE(A11,A12)}

	A	B	C	D	E	F	G	H	I	J
1	×=0	1	2	3	4	5	6	7	8	9
2	1	1×1=1	2×1=2	3×1=3	4×1=4	5×1=5	6×1=6	7×1=7	8×1=8	9×1=9
3	2	1×2=2	2×2=4	3×2=6	4×2=8	5×2=10	6×2=12	7×2=14	8×2=16	9×2=18
4	3	1×3=3	2×3=6	3×3=9	4×3=12	5×3=15	6×3=18	7×3=21	8×3=24	9×3=27
5	4	1×4=4	2×4=8	3×4=12	4×4=16	5×4=20	6×4=24	7×4=28	8×4=32	9×4=36
6	5	1×5=5	2×5=10	3×5=15	4×5=20	5×5=25	6×5=30	7×5=35	8×5=40	9×5=45
7	6	1×6=6	2×6=12	3×6=18	4×6=24	5×6=30	6×6=36	7×6=42	8×6=48	9×6=54
8	7	1×7=7	2×7=14	3×7=21	4×7=28	5×7=35	6×7=42	7×7=49	8×7=56	9×7=63
9	8	1×8=8	2×8=16	3×8=24	4×8=32	5×8=40	6×8=48	7×8=56	8×8=64	9×8=72
10	9	1×9=9	2×9=18	3×9=27	4×9=36	5×9=45	6×9=54	7×9=63	8×9=72	9×9=81
11										
12										

图 31-12 九九乘法表

提示 因为在习惯中，乘法表中每一格的计算式是列乘以行，所以根据 A1 中的公式中行、列的出现次序，在使用模拟运算表功能时，要将“输入引用行的单元格”指定到 A11 单元格而将“输入引用列的单元格”指向 A12 单元格。

用户还可以对表格进行必要的修饰，使乘法表更具观感。

步骤1 把 A1:J10 单元格区域的字体设置为白色（即与单元格填充色相同）。

步骤2 选中单元格区域 B2:J10，在【开始】选项卡中依次单击【条件格式】→【新建规则】命令，在弹出的【新建格式规则】对话框中选中规则类型为【使用公式确定要设置格式的单元格】，输入公式“=ROW()>=COLUMN()”。

步骤3 单击【格式】按钮，在弹出的【设置单元格格式】对话框中，设置字体颜色为“黑色”，外边框线为黑色。单击【确定】按钮以关闭【设置单元格格式】对话框，再单击【确定】按钮，关闭【新建格式规则】对话框，如图 31-13 所示。

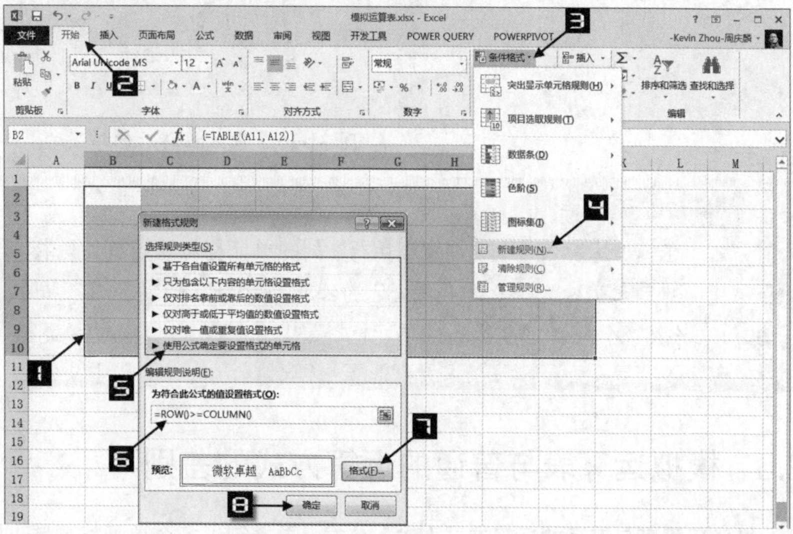

图 31-13 设置条件格式

经过修饰后的乘法表如图 31-14 所示。

	A	B	C	D	E	F	G	H	I	J
1										
2		1×1=1								
3		1×2=2	2×2=4							
4		1×3=3	2×3=6	3×3=9						
5		1×4=4	2×4=8	3×4=12	4×4=16					
6		1×5=5	2×5=10	3×5=15	4×5=20	5×5=25				
7		1×6=6	2×6=12	3×6=18	4×6=24	5×6=30	6×6=36			
8		1×7=7	2×7=14	3×7=21	4×7=28	5×7=35	6×7=42	7×7=49		
9		1×8=8	2×8=16	3×8=24	4×8=32	5×8=40	6×8=48	7×8=56	8×8=64	
10		1×9=9	2×9=18	3×9=27	4×9=36	5×9=45	6×9=54	7×9=63	8×9=72	9×9=81

图 31-14 修饰后的九九乘法表

示例 31-5 利用双变量模拟运算来解方程

有一方程式为“$z=5x-2y+3$”，现在要计算当 x 等于从 1 到 5 之间的所有整数，且 y 为 1 到 7 之间所有整数时所有 z 的值。

步骤1 B2 单元格输入公式“=5*B1-2*A2+3”。

步骤2 选中单元格区域 B2:G9，在【数据】选项卡中依次单击【模拟分析】→【模拟运算表】命令。

步骤3 → 在弹出的【模拟运算表】对话框中，在【输入引用行的单元格】框中单击鼠标，指向 B1 单元格并单击，在【输入引用列的单元格】框中单击鼠标，指向 A2 单元格并单击。

步骤4 → 单击【确定】按钮，所有的 *z* 值都返回到 C3:G9 单元格区域中，如图 31-15 所示。

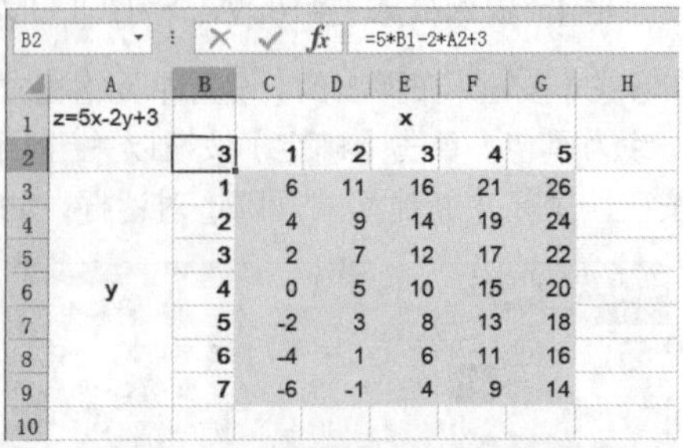

B2 =5*B1-2*A2+3

	A	B	C	D	E	F	G	H
1	z=5x-2y+3				x			
2		3	1	2	3	4	5	
3		1	6	11	16	21	26	
4		2	4	9	14	19	24	
5		3	2	7	12	17	22	
6	y	4	0	5	10	15	20	
7		5	-2	3	8	13	18	
8		6	-4	1	6	11	16	
9		7	-6	-1	4	9	14	
10								

图 31-15 求方程解后的结果

注意 → 在模拟运算表中，应注意引用行、列的单元格位置，如上例中，行是 C2:G2（即 *x*），列是 B3:B9（即 *y*），再看 B2 的公式“=5*B1-2*A2+3”，即用 B1 代替 *x*，用 A2 代替 *y*，因此“引用行的单元格”是 B1，而“引用列的单元格”是 A2。

31.2.5 模拟运算表与普通的运算方式的差别

模拟运算表与普通的运算方式（输入公式，再复制到各个单元格区域）相比较，有一定的差别，两者的特点比较如下。

（1）模拟运算表

- 一次性输入公式，如有更改也只需要改一个地方。
- 不用过多考虑在公式中使用绝对引用还是相对引用。
- 表格中计算生成的数据无法单独修改。
- 公式中引用的参数必须引用“输入引用行的单元格”或“输入引用列的单元格”指向的单元格。

（2）普通的运算方式

- 公式需要复制到每个对应的单元格或单元格区域。
- 需要详细考虑每个参数在复制过程中，单元格引用是否需要发生变化，以决定使用绝对引用、混合引用还是相对引用。
- 每次如果需要更改公式，就必须将所有的公式再重新输入或复制一遍。
- 表中的公式可以单独修改（多单元格数组公式除外）。
- 公式中引用的参数直接指向数据的行或列。

31.3 使用方案

在对计算模型中一到两个关键因素的变化对结果的影响进行分析时，使用模拟运算表非常方便。

但是，如果要同时考虑更多的因素来进行分析时，就暴露出其局限性了。虽然也可以为不同的因素创建更多的模拟运算表，但仍然较难满足要求。

另外，决策人在进行分析时，往往需要对比某些特定的组合，而不是从一大张充满可能性的表格中去肉眼甄别。在这样的情况下，使用 Excel 的方案将更容易处理问题。

31.3.1 创建方案

示例 31-6 使用方案分析交易情况的不同组合

沿用 31.1 节中的试算表格，影响结果的关键因素是单价、每次交易数量和汇率。根据试算目标可以为这些因素设置为多种不同的值的组合。假设要对比试算多种目标下的交易情况，如理想状态、保守状态和最差状态 3 种，则可以在工作表中定义 3 个方案与之对应，每个方案中都为这些因素设定不同的值。操作步骤如下。

步骤1 选中 A3:B11 单元格区域，单击【公式】选项卡中的【根据所选内容创建】，在弹出的【以选中区域创建名称】对话框中勾选【最左列】复选框，单击【确定】按钮。这样就为表格中现有的因素和结果单元格批量定义了名称。

提示 在创建方案前先将相关的单元格定义易于理解的名称，可以在后续的创建方案过程中简化操作，也可以让将来生成的方案摘要更具有可读性。本步骤不是必须的，但是非常有意义。

步骤2 单击【数据】选项卡中的【模拟分析】，在其下拉列表中单击【方案管理器】，弹出【方案管理器】对话框，如图 31-16 所示。

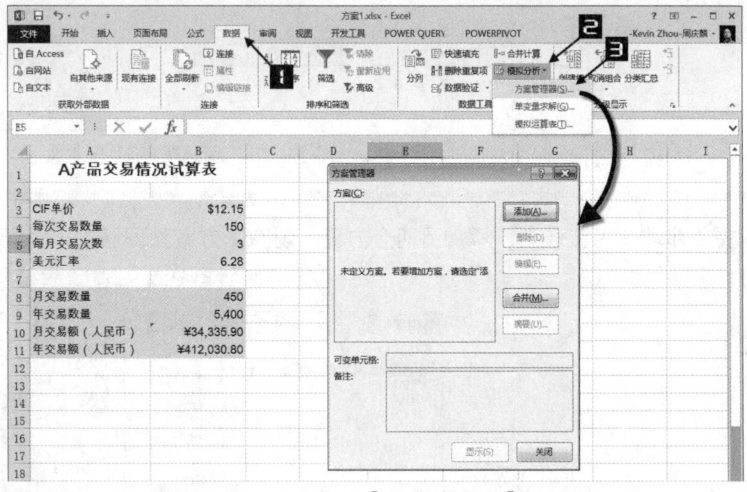

图 31-16 初次打开【方案管理器】对话框

此对话框目前显示“未定义方案”，表示之前没有在本工作表中定义过方案。下面可以单击【添加】按钮开始定义方案。

注意 Excel 的方案是基于工作表的，假设在 Sheet1 中定义了方案，如果切换到 Sheet2，则方案管理器中不会显示在 Sheet1 中定义过的方案。

步骤3 在【添加方案】对话框中，可以定义方案的各个要素，主要包括 4 个部分。

（1）【方案名】：当前方案的名称。

（2）【可变单元格】：也就是方案中的变量。每个方案允许用户最多指定 32 个变量，这些变量都必须是当前工作表中的单元格引用。被引用的单元格可以是连续的，也可以不是连续的。

（3）【备注】：用户可在此添加方案的说明。默认情况下，Excel 会将方案的创建者名字和创建日期，以及修改者的名字和修改日期保存在此处。

（4）【保护】：当工作簿被保护且【保护工作簿】对话框中的【结构】选项被选中时，此处的设置才会生效。【防止更改】选项可以防止此方案被修改，【隐藏】选项可以使本方案不出现在方案管理器中。

步骤4 在本例中，先定义理想状态下的方案，相关的设置如图 31-17 所示。在【添加方案】对话框中单击【确定】按钮后，会弹出【方案变量值】对话框，要求用户输入指定变量在本方案中的具体数值。因为在步骤 1 中定义了名称，所以此时每个变量都会显示相应的名称。输入完毕后单击【确定】按钮。

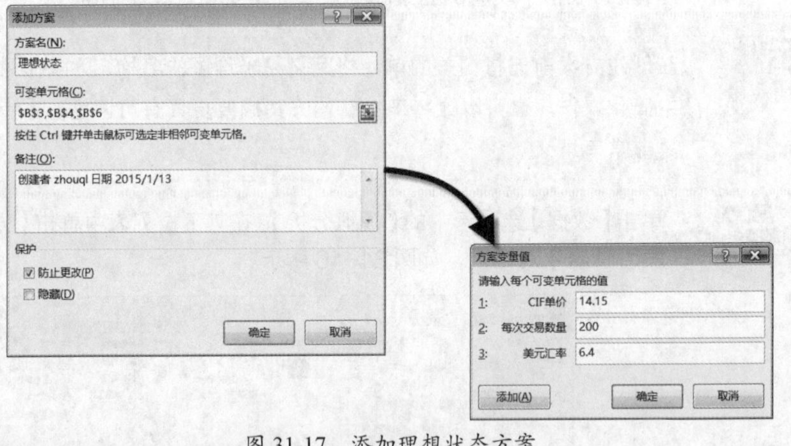

图 31-17 添加理想状态方案

重复步骤 2~步骤 4，添加另两个方案。现在【方案管理器】中会显示已创建方案的列表，如图 31-18 所示。

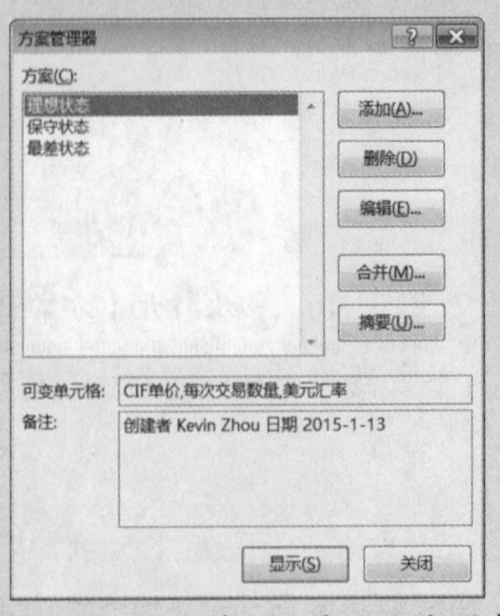

图 31-18 方案管理器中的方案列表

31.3.2 显示方案

在【方案管理器】对话框的方案列表中选中一个方案后单击【显示】按钮，或者直接双击某个方案，Excel 将用该方案中设定的变量值替换掉工作中相应单元格原来的值，以显示根据此方案的定义所生成的结果。

31.3.3 修改方案

在【方案管理器】对话框的方案列表中选中一个方案，单击【编辑】按钮，将打开【编辑方案】对话框。此对话框的内容与【添加方案】对话框完全相同，用户可以在此修改方案的每一项设置。

31.3.4 删除方案

如果不再需要某个方案，可以在【方案管理器】对话框的方案列表中选中它，然后单击【删除】按钮即可。

31.3.5 合并方案

如果计算模型的使用者有多人，而每人都定义了不同的方案，或者在不同工作表中针对相同的计算模型定义了不同的方案，则可以使用“合并方案”功能，将所有方案集中到一起。

步骤1 如果从多工作簿中合并方案，则打开所有需要合并方案的工作簿，激活要汇总方案的工作簿中方案所在工作表。如果从相同工作簿的不同工作表中合并方案，则激活要汇总方案的那张工作表。在本例中，在“方案 1.xlsx”中去合并“方案 2.xlsx”中包含的方案，因此需要先将这两个工作簿文件打开。

步骤2 激活“方案 1.xlsx”的方案所在工作表，单击【数据】选项卡中的【模拟分析】，在其下拉列表中单击【方案管理器】，在弹出的【方案管理器】对话框单击【合并】按钮，显示出【合并方案】对话框。

步骤3 在【工作簿】下拉列表中选择要合并方案的工作簿“方案 2.xlsx”，然后选中包含方案的工作表。在【工作表】列表框中，选中不同工作表时，对话框会显示该工作表所包含的方案数量，如图 31-19 所示。

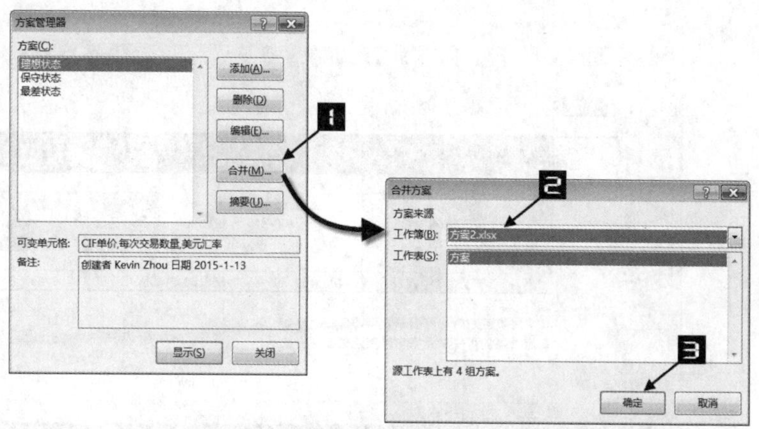

图 31-19 选择包含方案的目标工作簿与工作表进行合并

步骤4 → 单击［确定］按钮后，返回到【方案管理器】对话框，合并完成。现在方案列表中显示了合并后的所有方案（一共7个），如图31-20所示。

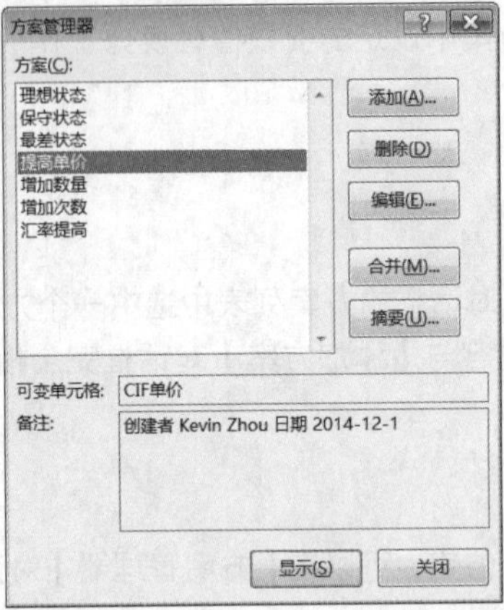

图 31-20 合并后的方案列表

31.3.6 生成方案报告

如果只能每次查看一个方案所生成的结果，那么显然是不便于对比分析的。Excel 的方案功能允许用户生成报告，以方便进一步的分析之用。

在【方案管理器】中单击【摘要】按钮，将显示【方案摘要】对话框，如图31-21所示。

方案摘要
报表类型
◉ 方案摘要(S)
○ 方案数据透视表(P)
结果单元格(R):
B11
确定 取消

图 31-21 设置方案摘要

在该对话框中可以选择生成两种类型的摘要报告：【方案摘要】是以大纲形式展示报告，而【方案数据透视表】则是数据透视表形式的报告。

【结果单元格】是指方案中的计算结果，也就是用户希望进行对比分析的最终指标。在默认情况下，Excel 会根据计算模型为用户主动推荐一个目标。如本例中，Excel 推荐的结果单元格为B11，即年交易额。用户可以按自己的需要改变【结果单元格】中的引用。

单击【确定】按钮，将在新的工作表中生成相应类型的报告，如图31-22和图31-23所示。

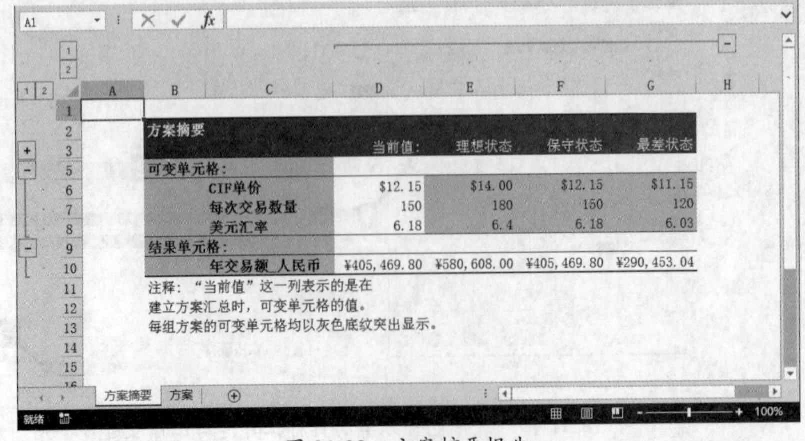

方案摘要		当前值:	理想状态	保守状态	最差状态
可变单元格:					
	CIF单价	$12.15	$14.00	$12.15	$11.15
	每次交易数量	150	180	150	120
	美元汇率	6.18	6.4	6.18	6.03
结果单元格:					
	年交易额_人民币	¥405,469.80	¥580,608.00	¥405,469.80	¥290,453.04

注释："当前值"这一列表示的是在
建立方案汇总时，可变单元格的值。
每组方案的可变单元格均以灰色底纹突出显示。

图 31-22 方案摘要报告

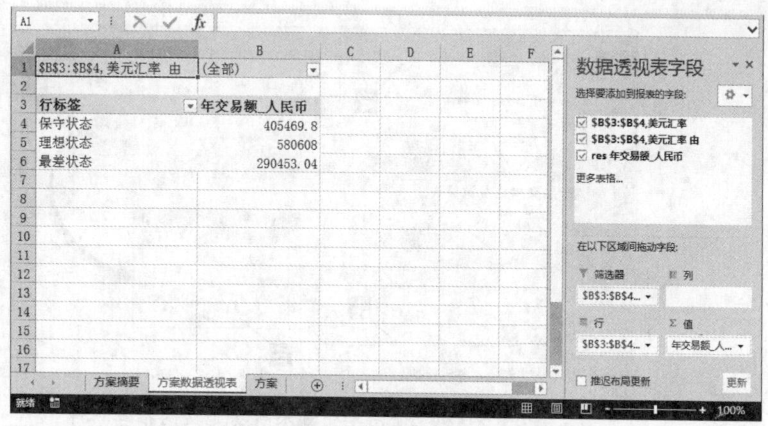

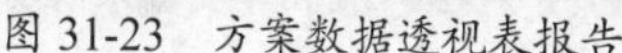
图 31-23 方案数据透视表报告

31.4 借助单变量求解进行逆向模拟分析

在实际工作中进行模拟分析时，用户可能会遇到与前两节相反的问题。沿用 31.1 节中的试算表格，如果希望知道当其他条件不变时，单价修改为多少才能使月交易额能达到 55 000 元，这时就无法使用普通的方法来计算了。因为在现有的计算模型中，月交易额根据单价计算得到的，而这个问题需要根据单价与月交易额之间的关系，通过已经确定的月交易额来反向推算单价。

对于类似这种需要进行逆向模拟分析的问题，可以利用 Excel 单变量求解和规划分析功能来解决。对于只有单一变量的问题，可以使用单变量求解功能，而对于有多个变量和多种条件的问题，则需要使用规划求解功能。

注意

从 Excel 2007 开始，Excel 不再支持通过直接拖动的方式来改变图表系列的值。因此，也不再支持直接对图表进行单变量求解。

31.4.1 在表格中进行单变量求解

示例 31-7 计算要达到指定交易额所必须采用的单价

使用单变量求解命令的关键是在工作表上建立正确的数学模型，即通过有关的公式和函数描述清楚相应数据之间的关系。例如图 31-1 所示的表格中月交易额及其他因素的关系分别是按下述公式计算的：

月交易额=月交易量×单价×美元汇率

月交易量=每次交易数量×每月交易次数

应用单变量求解功能的具体操作步骤如下。

步骤 1 选中月交易额所在的单元格 B10，在【数据】选项卡中依次单击【模拟分析】→【单变量求解】。此时弹出【单变量求解】对话框，Excel 自动将当前单元格的地址“$B$10”填入到【目标单元格】框中。

步骤 2 在【目标值】框中输入预定的目标“45000”，在【可变单元格】框中输入单价所在的单元格地址“$B$3”，也可激活“可变单元格”框后，直接在工作表中单击 B3 单元格。最后单击【确定】按钮，如图 31-24 所示。

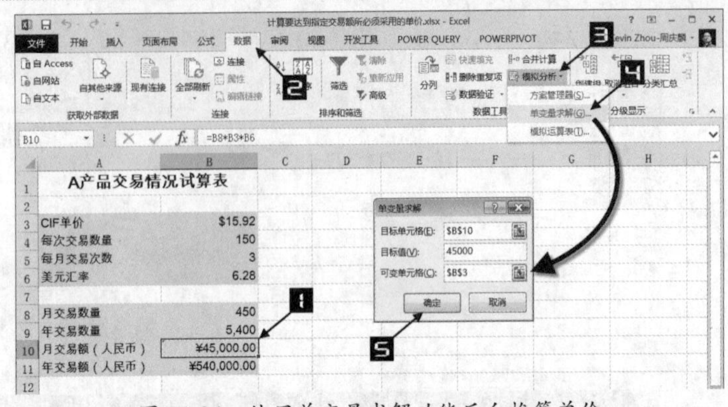
图 31-24 使用单变量求解功能反向推算单价

此时弹出【单变量求解状态】对话框，说明已找到一个解，并与所要求的解一致。同时，工作表中的单价和月交易额已经发生了改变，如图 31-25 所示。计算结果表明，在其他条件保持不变的情况下，要使月交易额增加到 45000 元，需要将单价提高到 15.92 元。

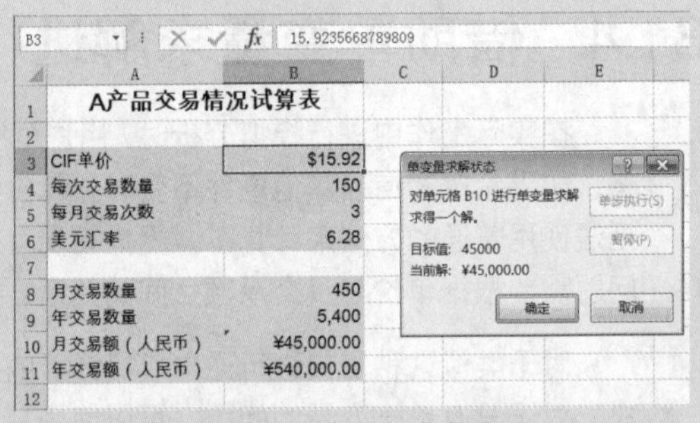
图 31-25 单变量求解完成

如果单击【单变量求解状态】对话框中的【确定】按钮，求解结果将被保留，如果单击【取消】按钮，则将取消本次求解运算，工作表中的数据恢复如初。

实际上，真正的结果并不是 15.92。单击 B3 单元格可以从编辑栏中查看到没有按两位小数舍入的精确结果，如图 31-25 所示。

31.4.2 求解方程式

许多计算模型中涉及诸多因素，而且这些因素之间还存在着相互制约的关系，那么归纳起来其实都是数学上的求解反函数问题，即对已有的函数和给定的值，反过来求解。Excel 的单变量求解功能可以直接求各种方程，特别是非线性方程的根。

示例 31-8 使用单变量求解功能求解非线性方程

如果要求解下述非线性方程的根：

$$2x^3 - 2x^2 + 5x = 12$$

其具体操作步骤如下。

步骤1 假设用 A1 单元格存放非线性方程的解，则选中 A1 单元格，并将其定义名称为 X。

步骤2 选中 A2 单元格，并在其中输入公式："=2*X^3-2*X^2+5*X-12"。此时因为 A1 单元格的值为空，故 X 的值按 0 计算，所以 A2 单元格的值为 "-12"。

步骤 3 → 在【数据】选项卡中依次单击【模拟分析】→【单变量求解】，弹出【单变量求解】对话框，Excel 自动将当前单元格“A2”填入【目标单元格】编辑框。在【目标值】文本框中输入“0”，指定【可变单元格】为 A1，如图 31-26 所示。

步骤 4 → 单击【确定】按钮后，出现【单变量求解状态】对话框，显示已求得一个解，此时 A1 单元格显示的是求得的方程的一个根，如图 31-27 所示。单击【确定】按钮，求解结果将得以保留。

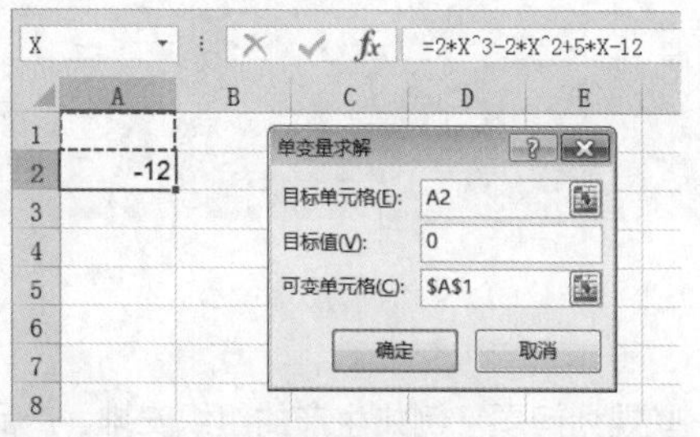

图 31-26 在单变量求解对话框中设置参数

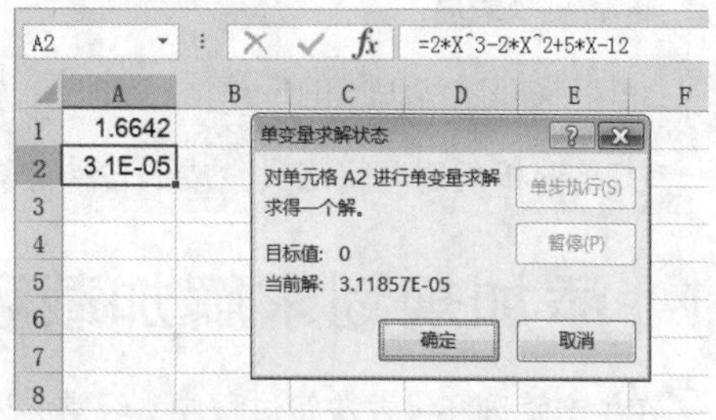

图 31-27 求得的方程式的根

提示

部分线性方程也许有不止一个根，但使用单变量求解每次只能计算得到其中的一个根。如果尝试修改可变单元格的初始值，有可能将计算得到其他的根。

31.4.3 使用单变量求解的注意事项

并非在每个计算模型中做逆向敏感分析都是有解的，比如方程式 $X^2=-1$，是没有根的。在这种情况下，【单变量求解状态】对话框会告知用户无解，如图 31-28 所示。

在单变量求解正在根据用户的设置进行计算时，【单变量求解状态】对话框上会动态显示“在进行第 N 次迭代计算”。事实上，单变量求解正是由反复的迭代计算来得到最终结果的。如果增加 Excel 允许的最大迭代计算次数，可以使每次求解进行更多的计算，以获得更多的机会求出精确结果。设置这一选项的方法是。

打开【Excel 选项】对话框，单击【公式】选项卡，在【最多迭代次数】框里面输入一个数值，该数值必须介于 1 到 32767 之间（本例为 100），最后单击【确定】按钮完成设置，如图 31-29 所示。

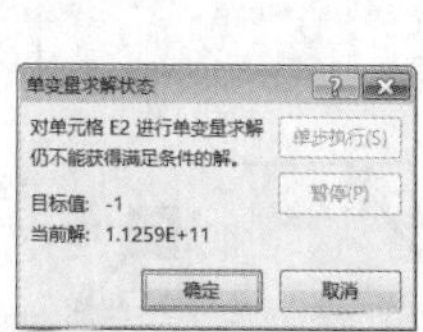

图 31-28 无解时的单变量求解状态对话框

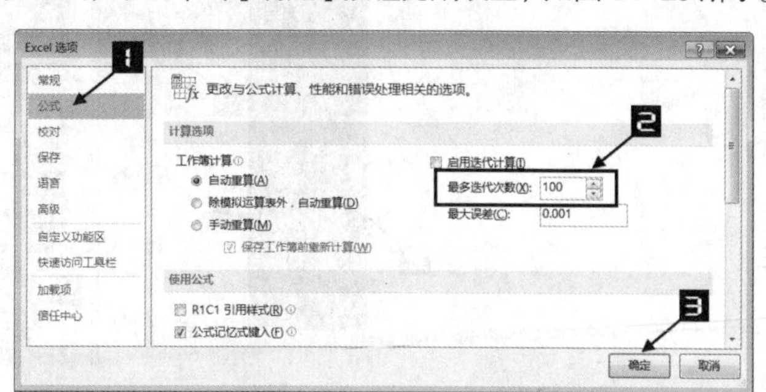

图 31-29 设置 Excel 最大迭代计算次数

第 32 章 规划求解

本章主要介绍规划求解工具的应用。通过本章的学习，读者能够根据实际问题建立规划模型，在 Excel 工作表中正确地应用函数和公式描述模型中各数据之间的关系，熟练应用规划求解工具对规划模型进行求解，并能理解和分析规划求解工具生成的各种运算报告。

本章学习要点

（1）规划求解工具的应用。

（2）分析规划求解工具生成的各种运算报告。

32.1 添加规划求解加载项

在生产管理和经营决策过程中，经常会遇到一些规划问题。例如生产的组织安排、产品的运输调度、作物的合理布局以及原料的恰当搭配等问题。其共同点就是如何合理地利用有限的人力、物力、财力等资源，得到最佳的经济效果，即达到产量最高、利润最大、成本最小、资源消耗最低等目标。

【规划求解】工具是一个 Excel 加载宏，在默认安装的 Excel 2013 中需要加载后才能使用，加载该工具可参照如下方法。

步骤 1 依次单击【文件】→【选项】命令，在弹出的【Excel 选项】对话框中单击左侧列表中【加载项】选项卡，然后在右下方【管理】下拉列表中选择【Excel 加载项】，并单击【转到】按钮。

步骤 2 在弹出的【加载宏】对话框中勾选【规划求解加载项】的复选框，并单击【确定】按钮完成操作，如图 32-1 所示。

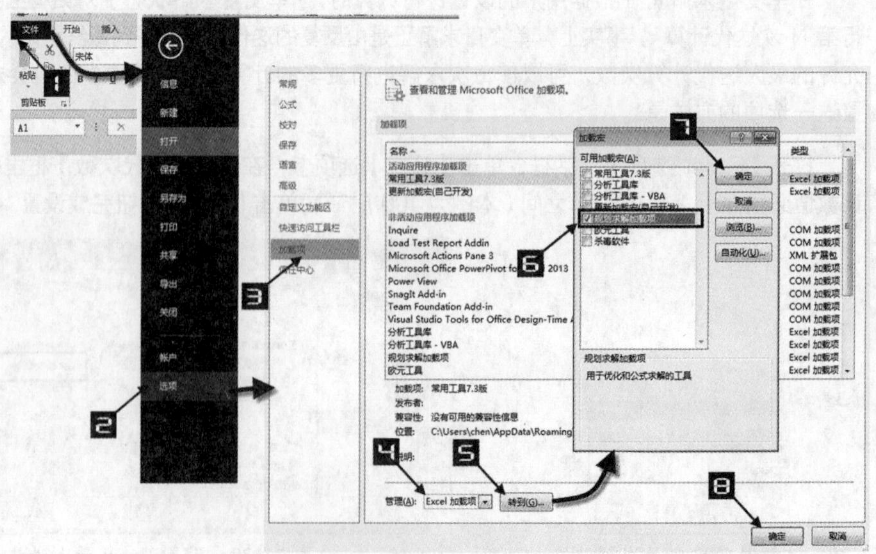

图 32-1 添加规划求解加载项

上述操作完成后，在【数据】选项卡中会显示【规划求解】命令按钮，如图 32-2 所示。

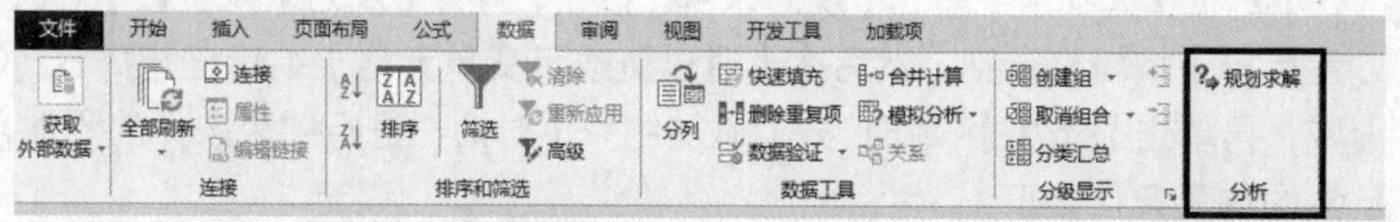

图 32-2 功能区中显示规划求解工具按钮

32.2 单纯线性规划

从 0~9 这 10 个数字中选择 3 个数字组成一个 3 位数 A，再从剩余数中选择 3 个数组成 3 位数 B，现在要求选择出来的两个 3 位数之和等于剩下 4 个数组合的 4 位数 C。是否存在这种组合，如果存在的话，是哪些数的组合?

示例 32-1 利用单纯线性规划解决数字组合问题

使用 Excel 规划求解工具来解决此问题的方法如下。

步骤 1 根据已知条件建立关系表格，如图 32-3 所示。

	A	B	C	D	E	F	G	H	I	J	K	L
1		加数百位数	加数十位数	加数个位数	加数百位数	加数十位数	加数个位数	和的千位数	和的百位数	和的十位数	和的个位数	是否选中
2	0											0
3	1											0
4	2											0
5	3											0
6	4											0
7	5											0
8	6											0
9	7											0
10	8											0
11	9											0
12		0	0	0	0	0	0	0	0	0	0	
13	选中数	0	0	0	0	0	0	0	0	0	0	
14	加数的和	0										
15	和	0										

图 32-3 建立关系表

其中，B2:K11 单元格区域用于记录数字的选择情况，用数字 0 表示数字未选取，数字 1 表示选取，此区域将作为规划求解的可变单元格区域。

◆ 对于此题来说，10 个数字只能选择其一，在 L2 单元格内输入以下公式并向下填充至 L11 单元格：

```
=SUM(B2:K2)
```

◆ 同理，10 个数字在等式中出现的位置也是唯一的，在 B12 单元格内输入以下公式并向右填充至 K12 单元格：

```
=SUM(B2:B11)
```

◆ 具体计算出所选择的数字，在 B13 单元格输入以下公式并向右填充至 K13 单元格：

```
=SUMPRODUCT($A$2:$A$11,B2:B11)
```

◆ 求出两个加数 A、B 的和，在 B14 单元格输入以下公式：

```
=B13*100+C13*10+D13+E13*100+F13*10+G13
```

◆ 求出和数的值，在 B15 单元格输入以下公式：

```
=H13*1000+I13*100+J13*10+K13
```

步骤2 → 在【数据】选项卡中单击【规划求解】按钮，打开【规划求解参数】对话框，其中【设置目标】编辑框留空，然后在【通过更改可变单元格】编辑框选择 B2:K11 单元格区域，再单击【添加】按钮打开【添加约束】对话框进行约束条件的添加，本例中所包含的约束条件如下：

条件 1：B2:K11=二进制

条件 2：B12:K12=1

条件 3：L2:L11<=1

条件 4：B2=0

条件 5：E2=0

条件 6：H2=0

条件 7：B14=B15

提示

条件 1 将可变单元格的数值约束为二进制，可以使得可变单元格的取值为 0 或 1。要将目标约束为二进制，可以在【添加约束】对话框中间的条件下拉列表框中选择【bin】。条件 3 可以改为 L2:L11=1。条件 4，条件 5，条件 6 是为了确保百位和千位数字非零。

添加完成单击【添加约束】对话框中的【确定】按钮返回【规划求解参数】对话框，如图 32-4 所示。

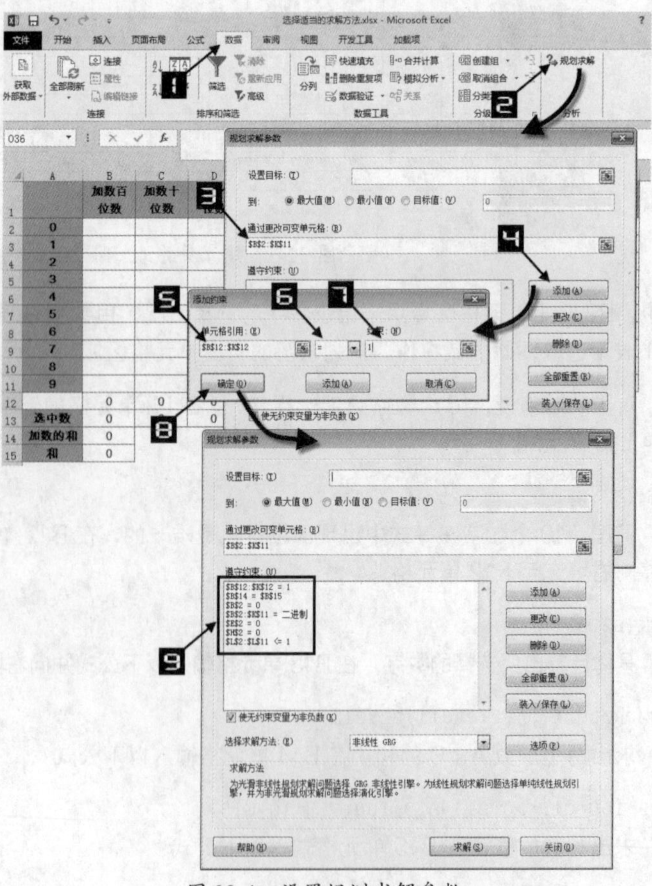

图 32-4 设置规划求解参数

步骤3 → 此问题属于线性规划问题，使用线性求解模型可以提高求解的速度，同时保证有解，在【规划求解参数】对话框中的【选择求解方法】下拉列表中选择【单纯线性规划】，如图 32-5 所示。

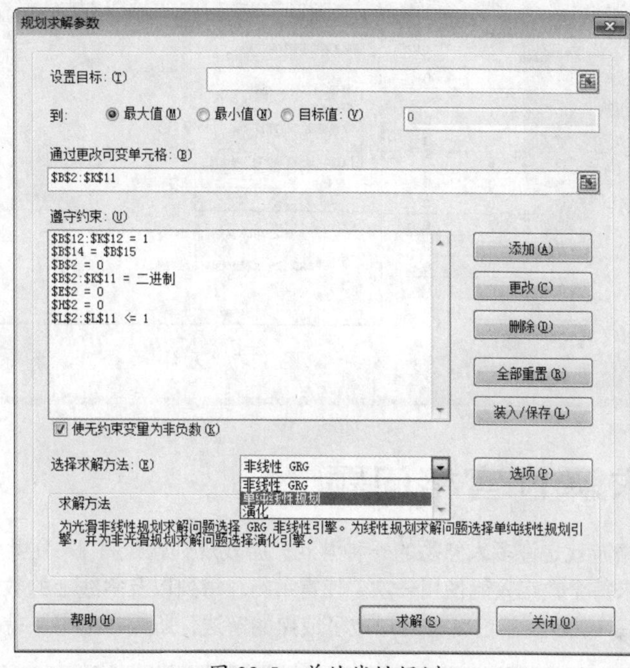

图 32-5　单纯线性规划

步骤4 → 单击【求解】按钮开始求解运算过程，并最终显示求解结果。选中对话框中的【保留规划求解的解】单选按钮，单击【确定】按钮，可以关闭对话框并在表格中保留最终结果的数值。如果选中【还原初值】单选按钮或者单击【取消】按钮，表格将恢复到使用规划求解之前的状态，如图 32-6 所示。

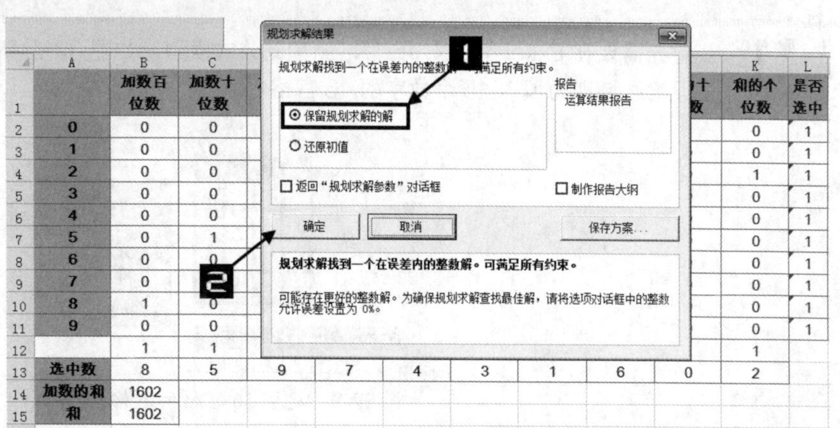

图 32-6　求解结果

提示

【规划求解结果】对话框显示找到一个在误差内的整数解，表格中直接显示了这个结果，859+743=1602，其实这只是其中一个解。读者不用为误差内而担忧，绝大多数情况这个误差内的解就是最优解。

如果步骤 3 选择【非线性 GRG】，结果将如图 32-7 所示。

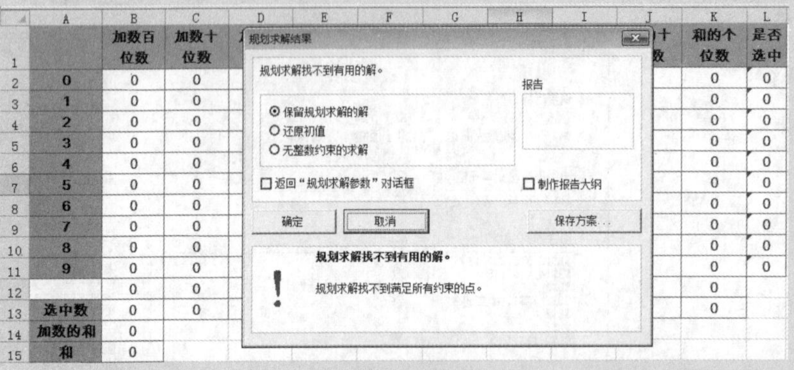

图 32-7 无解

32.3 求解 N 宫格问题

九宫格游戏是许多人熟悉的一种游戏，游戏规则就是将 1～9 共 9 个数字填入到 3 行列的九宫格里。要求每个数字只能使用一次，使得每行，每列以及斜线上的数值相加都等于 15。其实，此问题我国早在 1000 多年前就已经形成了成熟的解法，所谓"洛书"就是其中的一种。

示例 32-2 求解 N 宫格问题

利用 Excel 的规划求解功能也能很方便地解决九宫格问题，Excel 2013 版本可以解决更高难度问题，解决 16 宫格问题，16 宫格的数字规律同九宫格也是等差数列，笔者用 103、107、121……159 这 16 个数字组成 16 宫格，方法如下。

步骤 1 首先需要在 Excel 中建立 16 宫格的基础公式模型，如图 32-8 所示，其中 B2:E5 单元格区域即为填入 16 个数字的 16 宫格。

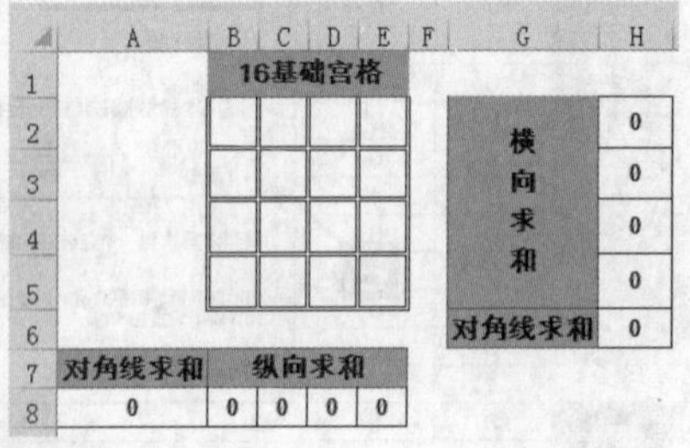

图 32-8 建立 16 宫格的表格模型

同时，在 H 列和第 8 行分别建立公式对九宫格的每一行、每一列以及对角线方向求和。

◆ 本例中在 H2 单元格内输入以下公式并向下填充至 H5 单元格：

```
=SUM(B2:E2)
```

◆ 同理可在 B8 单元格内输入以下公式并向右填充至 E8 单元格：

```
=SUM(B2:B5)
```

◆ 在 H6 单元格输入右下方向对角线求和公式：

```
=B2+C3+D4+E5
```

◆ 在 A8 单元格输入左下方向对角线求和公式：

```
=E2+D3+C4+B5
```

步骤2 在【数据】选项卡中单击【规划求解】按钮，打开【规划求解参数】对话框，其中【设置目标】编辑框留空，然后在【通过更改可变单元格】编辑框选择 B2:E5 单元格区域，再单击【添加】按钮打开【添加约束】对话框进行约束条件的添加，本例中所包含的约束条件如下：

条件 1：A8:E8=34

条件 2：H2:H6=34

条件 3：B2:E5<=16

条件 4：B2:E5>=1

条件 5：B2:E5=整数

条件 6：B2:E5=AllDifferent

提示 题目中的 16 宫格数字是由 1 至 16 这 16 个数字演化而来的，采用这种方法是由于 AllDifferent 条件要求各个数字是连续的整数。

约束条件添加完成后，单击【添加约束】对话框中的【确定】按钮返回【规划求解参数】对话框，在【选择求解方法】下拉列表中选择【非线性 GRG】，如图 32-9 所示。

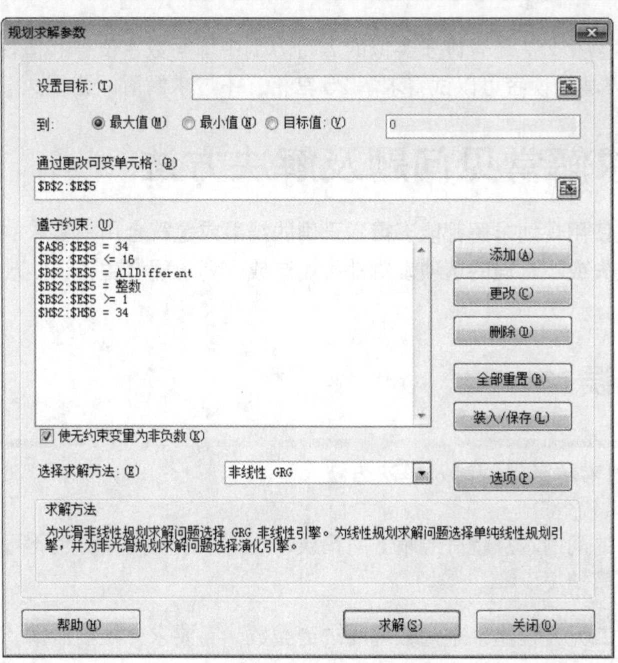

图 32-9 设置规划求解参数

步骤3 单击【求解】按钮开始求解运算过程，并最终显示求解结果，如图 32-10 所示，单击【规划求解结果】对话框中的【确定】按钮保存此结果。

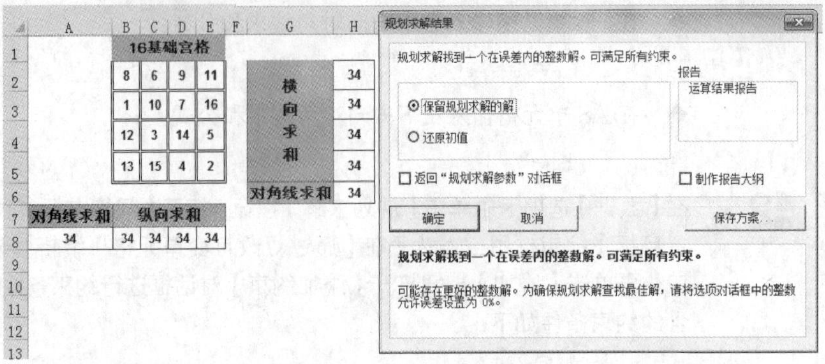

	A	B	C	D	E	F	G	H
1		16基础宫格						
2		8	6	9	11		横向求和	34
3		1	10	7	16			34
4		12	3	14	5			34
5		13	15	4	2			34
6							对角线求和	34
7	对角线求和	纵向求和						
8	34	34	34	34	34			

规划求解结果

规划求解找到一个在误差内的整数解。可满足所有约束。

报告：运算结果报告

⊙保留规划求解的解

○还原初值

□返回"规划求解参数"对话框　□制作报告大纲

确定　取消　保存方案...

规划求解找到一个在误差内的整数解。可满足所有约束。

可能存在更好的整数解。为确保规划求解查找最佳解，请将选项对话框中的整数允许误差设置为 0%。

图 32-10　求解结果

步骤4 → 在 N2 单元格输入公式，向右填充至 Q2 单元格，再向下填充至 Q5 单元格：

```
=B2*4+99
```

结果如图 32-11 所示。

	N	O	P	Q
1	16宫格			
2	131	123	135	143
3	103	139	127	163
4	147	111	155	119
5	151	159	115	107

图 32-11　最终结果

除九宫格，16 宫格外，还有许多类似的 *n* 行 *n* 列中填写数字使得和值相等的问题，此类问题被称为"幻方"，感兴趣的读者可以试着求解 25 宫格，不过求解时间会很久。

32.4　规划求解常见问题及解决方法

有时，并不是使用规划求解都能够得到正确的结果或是符合用户要求的结果。不正确的公式模型、约束条件的缺失或不合理的选项设置都可能造成规划求解产生错误。规划求解中常见的错误归纳总结如下。

32.4.1　逻辑错误

示例 32-3 规划求解常见问题及解决方法

如果需要求解的问题本身就有逻辑上的错误，规划求解工具自然也不可能找到合适的答案，这类似于方程中的无解情况。

例如以下整数二元方程组，未知数均要求为整数，需要求方程组的解：

$$\begin{cases} X+Y=9 \\ XY=17 \end{cases}$$

在第 1 个方程中，两个整数相加之和为奇数，则可判断出两个未知数中必定有一个奇数一个偶数；而第 2 个方程中两个整数的乘积为奇数，则可判断出两个未知数必定均为奇数。因此两个方程从数学逻辑上来说是互相矛盾的，方程组联立后无解。通过规划求解工具来对这样的逻辑上存在错误的问题进行求解，显然也无法得到正确的结果，如图 32-12 所示。

还有些目标问题本身没有逻辑错误问题，但如果在设置规划求解参数时使用了不正确的约束条件，那么也会造成整个求解对象产生错误。例如同样有二元方程组需要求解：

$$\begin{cases} X+Y=9.5 \\ X-Y=18 \end{cases}$$

这是一个简单的二元一次方程组，两个未知数的和是一个小数，那么未知数中肯定包含了非整数，如果此时在约束条件中添加了未知数为整数的条件，显然也会产生逻辑上的错误，造成规划求解无法得到正确的结果，如图 32-13 所示，由于约束条件中有整数的条件未能满足，因此规划求解仍然显示无法找到有用解的结果。

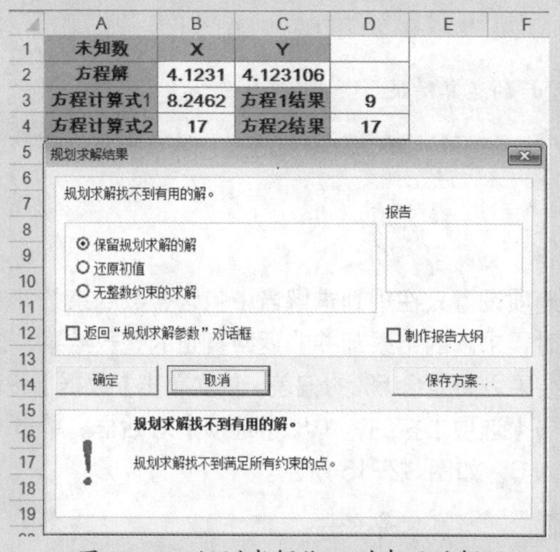

图 32-12　规划求解找不到有用的解

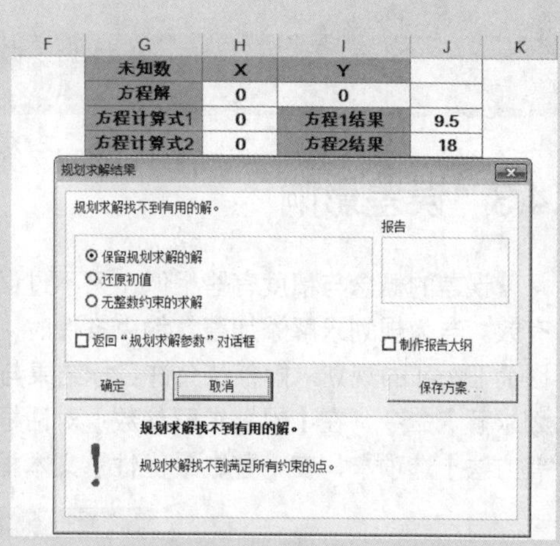

图 32-13　规划求解找不到有用的解

32.4.2　精度影响

精度是指规划求解结果的精确程度，在规划求解的迭代运算过程中，在满足所有的设置条件要求的情况下，当迭代运算的结果与目标结果值的差异小于预先设置的【约束精确度】参数选项时，即终止运算返回当前迭代结果，因此规划求解的最终计算结果的精确程度会受到计算精度的影响。

示例 32-4　影响精度运算

例如图 32-14 所示的 B2:G2 单元格区域内所显示的结果包含了极小的小数尾数部分（需要足够的列宽以显示小数部分），这就是在保持默认精度设置“0.000001”下的规划求解运算结果。如果在所示的【选项】对话框中将【约束精确度】调整为“0.000000001”，则可得出更为精确、更解决实际问题的答案，如图 32-14 所示，此时在 B2:G2 单元格区域内即可得到整数结果。

【约束精确度】选项设置中的数值越小，规划求解的运算精度就越高，但这同样是以增加更多的运算时间为代价，因此建议用户选择合理的精度设置。

A20 fx ={100,100,0.000000001,0.05,TRUE,FALSE,FALSE,1,1,1,0.0001,FALSE}

	A	B	C	D	E	F	G	H
1	未知数	X1	X2	X3	X4	X5	X6	
2	方程解	22.09928	9.182018	1.830768	-0.98287	1.136311	14.30514	
3	方程1系数	3	-8	0	7	6	4	
4	方程2系数	2	0	0	7	5	0	
5	方程3系数	5	-6	4	0	2	0	
6	方程4系数	0	4	-6	4	2	3	
7	方程5系数	6	-6	4	9	3	2	
8	方程6系数	3	-5	2	7	0	6	
9								
10	方程计算式1	50		方程1结果	50			
11	方程计算式2	43		方程2结果	43			
12	方程计算式3	65		方程3结果	65			
13	方程计算式4	67		方程4结果	67			
14	方程计算式5	108		方程5结果	108			
15	方程计算式6	103		方程6结果	103			
16								
17	保存模型							
18	6							
19	TRUE							
20	100							
21	100							
22	100							

图 32-14 调整精度后的运算结果

32.4.3 误差影响

误差的概念与精度有些相似，只不过误差的选项设置只在规划求解当中包含整数约束条件时才有效。当为规划求解添加整数约束条件时，有的时候求解的结果却并非返回真正的整数结果，这是因为 Excel 的规划求解默认允许目标结果与最佳结果之间包含 5%的偏差。依次单击【数据】→【规划求解】命令，在【规划求解参数】对话框中单击【选项】按钮，弹出【选项】对话框。单击【所有方法】选项卡，在【整数最优性】文本框中输入 0，如图 32-15 所示。

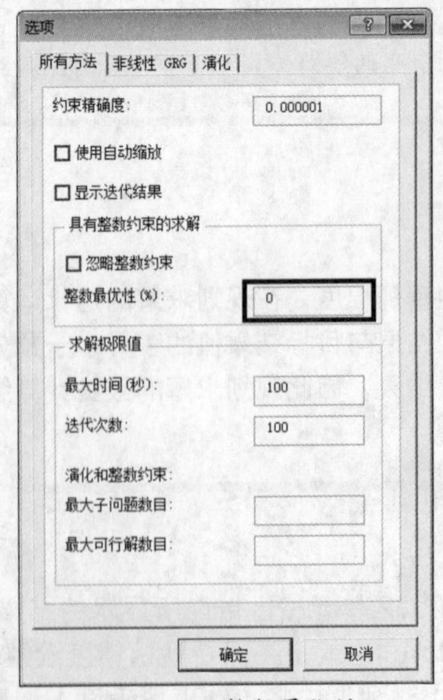

图 32-15 整数最优性

32.4.4 目标结果不收敛

对于非线性规划问题，通过迭代运算使得运算结果逼近目标值的方式与线性规划时有所不同，因此对于此类规划问题还存在着收敛度的参数要求。所谓收敛度，就是指在最近的 5 次迭代运算中，如果目标单元格的数值变化小于预先设置的收敛度数值且满足约束要求条件，规划求解则停止迭代运算返回计算结果。

在某些情况下，收敛度要求设置太高可能会造成规划求解无法得到最终结果，为此可以在图 32-15 所示的【选项】对话框中调整【约束精确度】的设置，在 Excel 2013 中的默认设置为 0.0001，数值越小意味着收敛度要求越高，反之则可降低收敛度的要求。一般情况下不需要修改此处的设置。

另外，约束条件的设置错误也可能造成迭代运算结果忽大忽小，无法逐渐向目标结果收敛逼近，此时规划求解会返回目标数值不收敛的错误提示信息。

例如要在 2≤x≤8 的范围内，求计算式 $x^2+6/x+9$ 的最大值。假设可变单元格为 B9 单元格，可以在目标单元格内设置公式：

```
=B9^2+6/B9+9
```

并且添加约束条件 B9>=2 和 B9<=8，如图 32-16 所示。如果此时在【规划求解参数】对话框中缺漏了 B9<=8 的约束条件，就会出现无法收敛结果的情况，如图 32-17 所示。

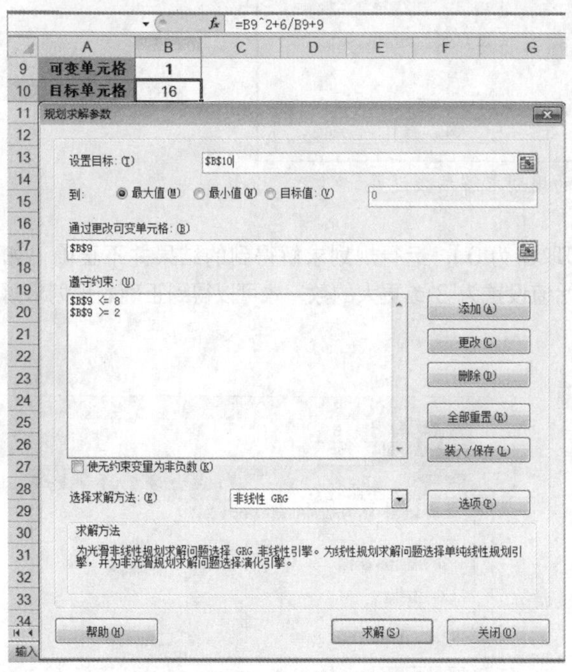

图 32-16 正确的约束条件设置

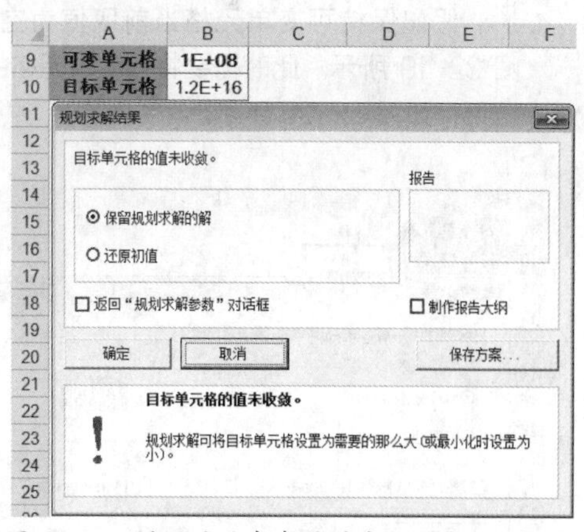

图 32-17 错误的约束条件造成目标结果不收敛

32.4.5 可变单元格初始值设置不合理

在进行规划求解时，可变单元格中的当前取值通常会作为规划求解迭代运算的初始值（在初始值满足可变单元格约束条件的情况下），在初始值的基础上逐渐增大或减小可变单元格取值来使运算结果向目标值接近。在非线性规划中，初始值的设置往往可以决定规划求解究竟是增大还是减小迭代取值，不合理的初始值设置会造成错误的运算方向从而导致错误的运算结果。

例如要在 0≤x≤8 的范围内，求计算式 x^2-6x+9 的最大值。假设可变单元格为 B9 单元格，可以在目标单元格内设置公式：

```
=B9^2-6*B9+9
```

并且添加约束条件 B9>=0 和 B9<=8，如图 32-18 所示。

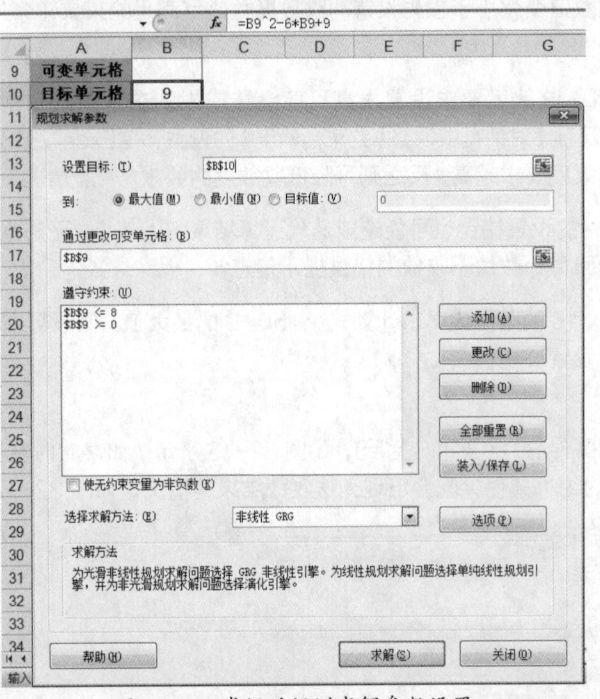

图 32-18 常规的规划求解参数设置

假如保持可变单元格当前取值为空（即取值为 0），运行规划求解得到的结果并不正确，如图 32-19 所示。此时需要将可变单元格的初始值设置为 3 或更大的数，才可以得到正确的规划求解结果，如图 32-20 所示。

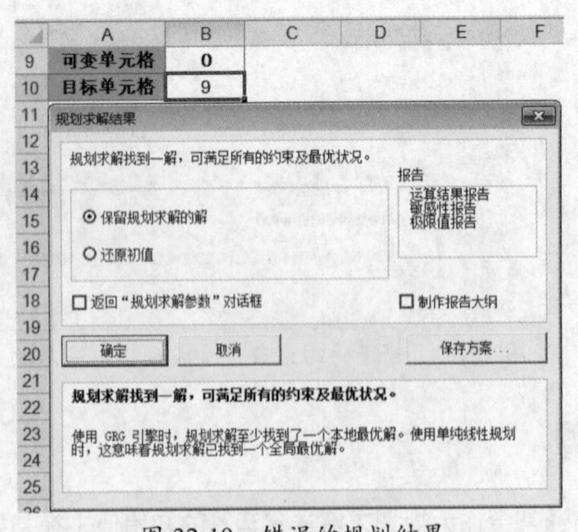

图 32-19 错误的规划结果

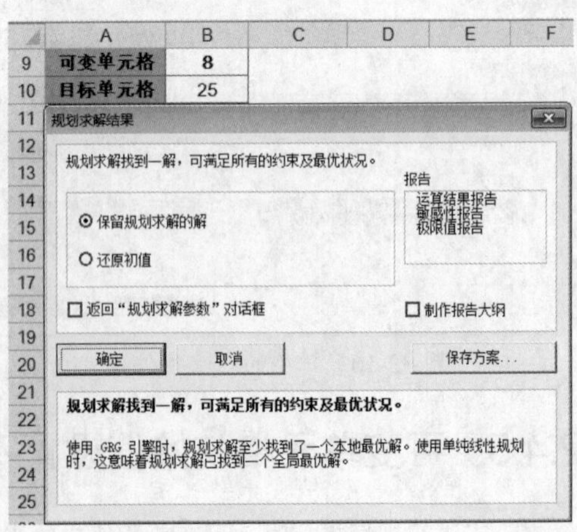

图 32-20 正确的规划结果

32.4.6 出现错误值

规划求解的迭代过程会不断地改变可变单元格的值。如果在变化的过程中相应的目标结果或中间计算结果在当前取值情况下产生了错误的结果或者超出了 Excel 的计算范围，就会造成规划求解因此错误而中止，如图 32-21 所示。

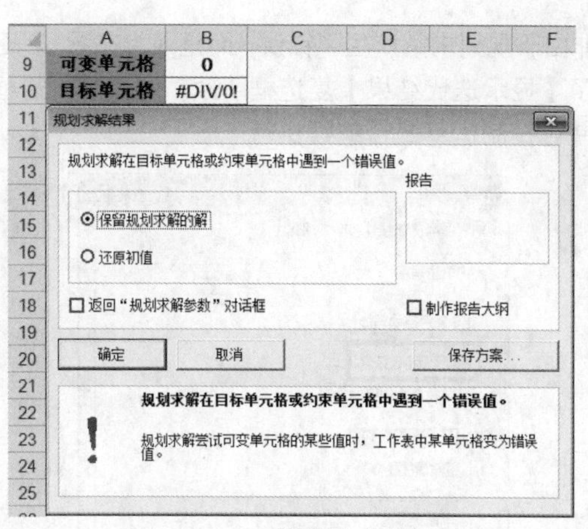

图 32-21　运算结果产生错误

32.4.7　非线性

当规划求解的目标结果函数为线性函数、约束条件为线性条件、规划问题为线性问题时，可以在【规划求解参数】对话框【选择求解方法】下拉列表中选择【单纯线性规划】复选框，以便于提高规划求解的运算速度。

但是如果目标对象为非线性关系又选择了单纯线性规划，就会在规划求解的过程中产生错误而中断，并出现"未满足此线性规划求解所需的线性的条件"的提示信息，如图 32-22 所示。

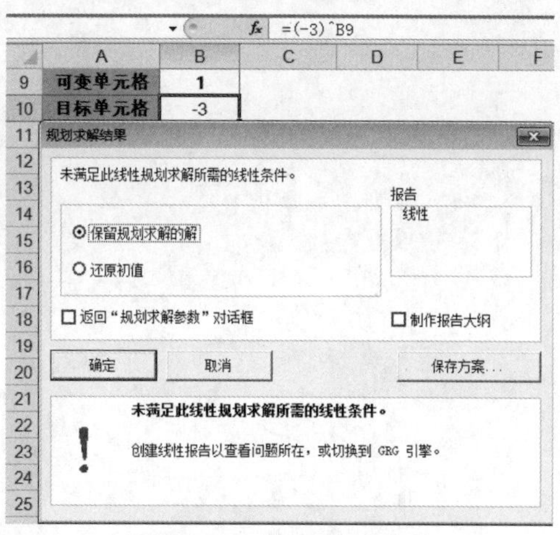

图 32-22　目标函数非线性

32.4.8　规划求解暂停

有些情况下，使用 Excel 规划求解的过程中会出现运算暂停，并显示中间结果，如图 32-23 所示。

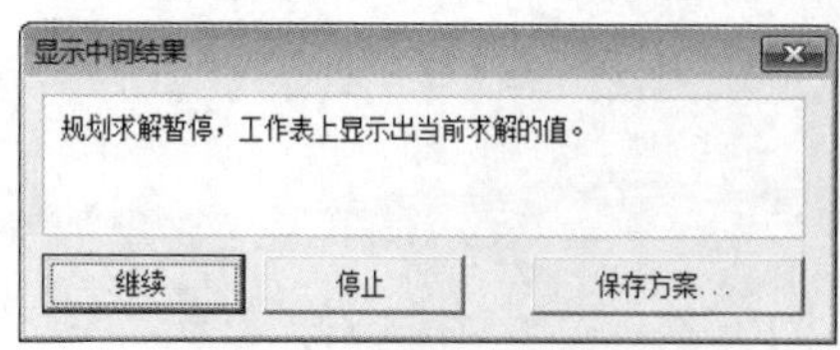

图 32-23　规划求解暂停

产生这样的暂停并非由于规划求解产生了错误，而是因为在图 32-24 所示的【选项】对话框【所有方法】选项卡中勾选了【显示迭代结果】复选框所致。勾选此复选框可以让用户有机会观察每一次的迭代过程和结果，并可控制运算是否继续执行。

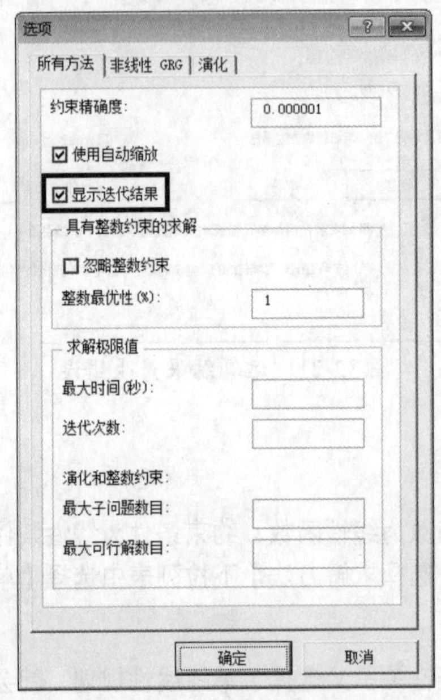

图 32-24 显示迭代结果

第五篇

使用Excel的高级功能

本篇内容主要包括运用分析工具进行数据分析、条件格式、数据验证、链接和超链接、使用语音引擎等。这些功能极大地加强了 Excel 处理电子表格数据的能力，使用户能够更轻松地驾驭自己的工作。同时，这些功能易于使用，读者无需花很多时间就能够快速掌握它们。

第 33 章 使用分析工具库分析数据

在日常工作中，用户通常使用 Excel 的函数和图表进行数据分析。除此以外，Excel 还提供了一些专用于统计分析的功能，可以帮助用户更直接更有效地分析数据。这些统计分析功能集成于加载项【分析工具库】中，本章将结合商业分析实例分享常用的统计分析功能。

本章学习要点

（1）分析工具库的安装。

（2）描述性统计分析。

（3）协方差和相关系数。

（4）F-检验双样本方差。

（5）方差分析：单因素方差分析。

（6）成对二样本分析。

（7）方差分析：无重复双因素分析。

（8）方差分析：可重复双因素分析。

33.1 安装分析工具库

用户如果需要使用 Excel 做统计分析方面的工作，就需要安装 Excel 自带的加载项：分析工具库。该加载项是提供用户统计和工程分析的数据分析工具。

默认状态下，Excel 不会自动加载此加载项，用户如果需要使用此功能，需要手动加载。安装分析工具库的方法如下：

在【文件】菜单下单击【选项】命令，在打开的【Excel 选项】对话框中选择【加载项】功能区，单击【转到】按钮，在【加载宏】对话框中勾选【分析工具库】复选框，最后单击【确定】按钮，完成安装以后，在【数据】选项卡下【分析】命令组中将会出现一个【数据分析】命令，如图 33-1 所示。

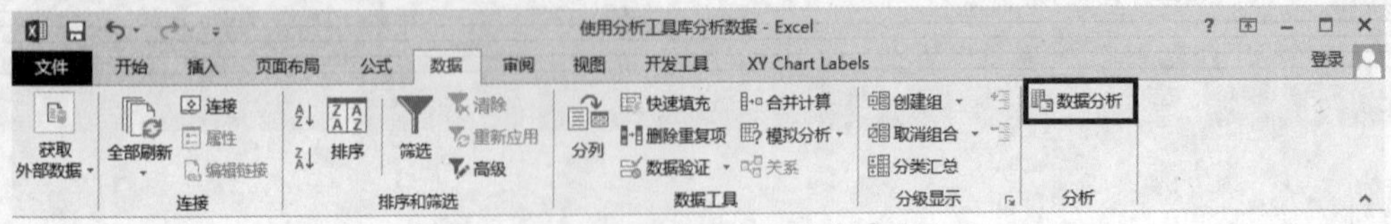

图 33-1 新出现的【数据分析】按钮

33.2 使用描述统计分析品牌的基本情况

在统计学中，描述统计是通过图表或者其他统计方法对数据进行整理、分析，并对数据的分布状态、数字特征和随机变量之间关系进行估计和描述的方法。描述统计分为集中趋势分析、离中趋势分析和相关分析三大部分。Excel 的【分析工具库】中【描述统计】功能主要能帮助用户呈现数据的集中趋势、差异性和分布状态等。

示例 33-1 使用描述统计分析品牌的基本情况

现有某公司代理 3 个品牌 10 个月的销售数据，可以通过描述统计功能来分析各品牌的基本情况。操作步骤如下。

步骤1 在【数据】选项卡中单击【数据分析】命令，打开【数据分析】对话框。

步骤2 在【数据分析】对话框中，选择【描述统计】，单击【确定】按钮。如图 33-2 所示。

步骤3 按照下列步骤进行参数设置：

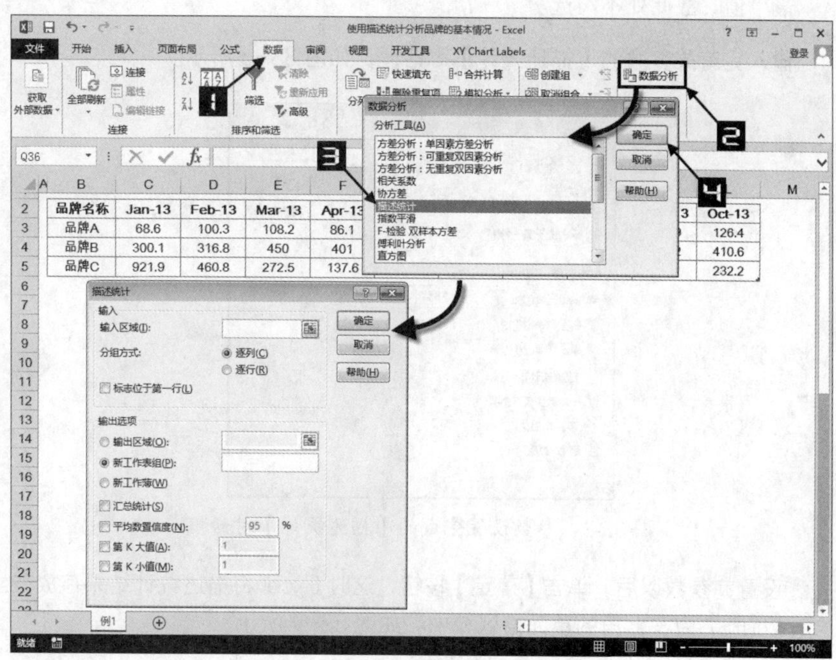

图 33-2 弹出【描述统计】对话框

① 【输入】参数

【输入区域】：指定要分析的数据所在的单元格区域。本例中指定需要分析的单元格区域为“$B$3:$L$5”。

【分组方式】：指定输入数据是以行还是以列方式排列的。一般情况下 Excel 会根据指定的输入区域自动选择，本例中使用【逐行】。

【标志位于第一列】复选框：若输入区域包括标志行，则必须勾选此复选框。否则，Excel 自动以行 1、行 2、行 3……作为数据的行标志。本例中有 3 行数据，并且均包含标题列，故此处勾选此复选框。注意，当【分组方式】勾选【逐列】时，此复选框会自动变为【标志位于第一行】，行列关系互换。

② 输出区域的有关参数。

指定存放结果的位置：根据需要可以指定输出到当前工作表的某个单元格区域，这时需在输出区域框键入输出单元格区域的左上角单元格地址；也可以指定输出到新工作表，这时需要键入工作表名称；还可以指定输出到新工作簿。本例中将结果输出到当前工作表的指定区域，可以在该框中键入输出区域的左上角单元格地址$B$7，也可以使用鼠标选中该框后，再单击$B$7 单元格。

【汇总统计】复选框：若勾选，则显示描述统计结果，否则不显示结果。本例勾选。

【平均数置信度】复选框：如果需要输出包含均值的置信度，则勾选此复选框，并输入所要使用的置信度。本例键入默认值 95，表明要计算在显著性水平为 5%时的均值置信度。

【第 K 大值】复选框：根据需要指定要输出数据中的第几个最大值。本例只需要得到最大值，故此处不勾选。

【第 K 小值】复选框：根据需要指定要输出数据中的第几个最小值。本例只需要得到最小值，故此处不勾选。

输入完有关参数的【描述统计】对话框，如图 33-3 所示。

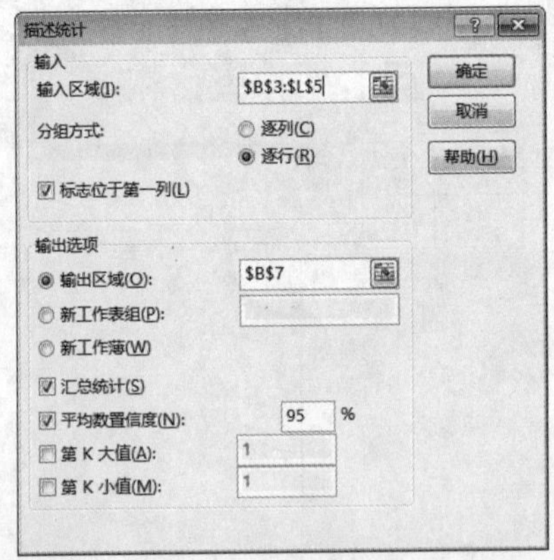

图 33-3 参数设置完成的【描述统计】对话框

步骤4 设置完参数以后，单击【确定】按钮，这时 Excel 将描述统计结果存放在当前工作表以$B$7 为左上角的单元格区域中。如图 33-4 所示。

品牌A		品牌B		品牌C	
平均	117.77	平均	397.65	平均	285.45
标准误差	9.405117	标准误差	20.15212	标准误差	77.64981
中位数	117.65	中位数	399	中位数	216.5
众数	#N/A	众数	#N/A	众数	#N/A
标准差	29.74159	标准差	63.72661	标准差	245.5503
方差	884.5623	方差	4061.081	方差	60294.93
峰度	-0.42152	峰度	1.200018	峰度	5.713559
偏度	0.044574	偏度	0.443762	偏度	2.322092
区域	92.7	区域	226.6	区域	815.8
最小值	68.6	最小值	300.1	最小值	106.1
最大值	161.3	最大值	526.7	最大值	921.9
求和	1177.7	求和	3976.5	求和	2854.5
观测数	10	观测数	10	观测数	10
置信度(95.0	21.27585	置信度(95.(	45.58727	置信度(95.(	175.6561

图 33-4 3 个品牌的描述统计结果

从统计的结果可以看出，3 个品牌的众数均为“#N/A”，表示众数不存在。品牌 A 月均成交 117.77，最低成交 68.6，最低成交 161.6，峰度系数为负值说明数据并不集中，销量比较平稳。品牌 B 的月均成交为 397.65 要高得多，峰度系数和偏度系数都比较小，接近于正态分布。品牌 C 的月均成交为 285.45，最高值达到 921.9，这个品牌的波动性很大，很可能受到季节性影响较大。

33.3 使用协方差和相关系数分析变量的相关性

协方差，也称为项目离均差之和。在统计学中被用于衡量两个变量的总体误差，通常使用 cov 来表示。详细的定义和计算公式可参阅相关统计学图书。

相关系数，也称为皮尔逊相关系数，通常用 r 来表示。它显示两个随机变量之间线性关系的强度和方向。在统计学中，相关的意义是用来衡量两个变量相对于其相互独立的距离。

协方差是用于计算相关系数的一部分，两者都可以表示两个变量之间的相关程度。在商业分析中，相关性分析重要且十分普遍。本例分析销售客服的答问比和平均响应时间与客服的销售额之间的相关性，并依此来判断这两个因素是否是影响客服销售额的重要因素。

33.3.1 使用协方差分析变量的相关性

示例 33-2 答问比和响应时间对销售额的影响分析

使用【协方差】方法分析的操作步骤如下。

步骤1 在【数据】选项卡中单击【数据分析】命令，打开【数据分析】对话框。

步骤2 在【数据分析】对话框中，选择【协方差】，单击【确定】按钮。如图 33-5 所示。

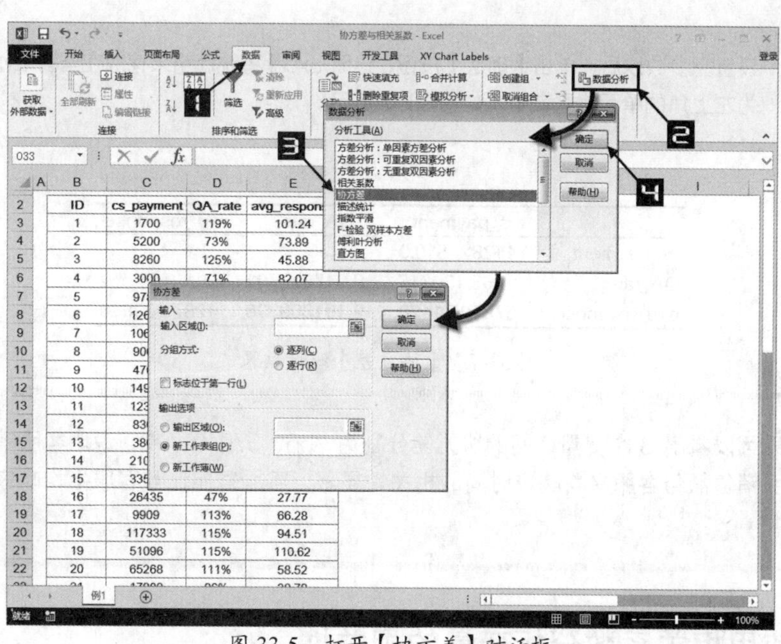

图 33-5 打开【协方差】对话框

步骤3 参数设置如下：

① 【输入】参数

【输入区域】：指定要分析的数据所在的单元格区域。本例中指定需要分析的单元格区域为“$C$2:$E$50”。

【分组方式】：指定输入数据是以行还是以列方式排列的。本例中使用【逐列】。

【标志位于第一行】复选框：若输入区域包括标志行，则必须勾选此复选框。否则，Excel 自动以列 1、列 2、列 3……作为数据的列标志。本例中有 3 列不同维度的数据，并且均包含标题行，故此处勾选此复选框。

② 【输出选项】

指定输出结果的输出区域。本例中将结果输出到当前工作表的指定区域，可以在该框中键入输出区域的左上角单元格地址$G$2。

输入完有关参数的【协方差】对话框，如图 33-6 所示。

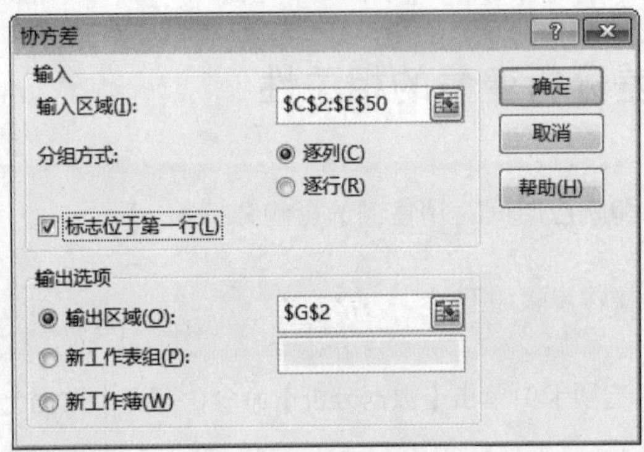

图 33-6 参数设置完成的【协方差】对话框

步骤4→ 设置完参数以后，单击【确定】按钮，这时 Excel 将统计结果存放在当前工作表以$G$2为左上角的单元格区域中。如图 33-7 所示。

	cs_payment	QA_rate	avg_response
cs_payment	412824519.9		
QA_rate	766.130317	0.047829701	
avg_response	57910.71428	-2.191309336	1287.099988

图 33-7 【协方差】统计结果

从结果可以看出 3 个变量之间的协方差分别为 766、57910、-2，说明客服销售额与客服答问比，客服销售额与客服平均响应时间的相关性显著，客服答问比与客服平均响应时间之间相关性不显著。

33.3.2 使用相关系数分析变量的相关性

使用【相关系数】方法分析操作步骤如下。

步骤 1 和步骤 2 同上，打开【相关系数】对话框，如图 33-8 所示。

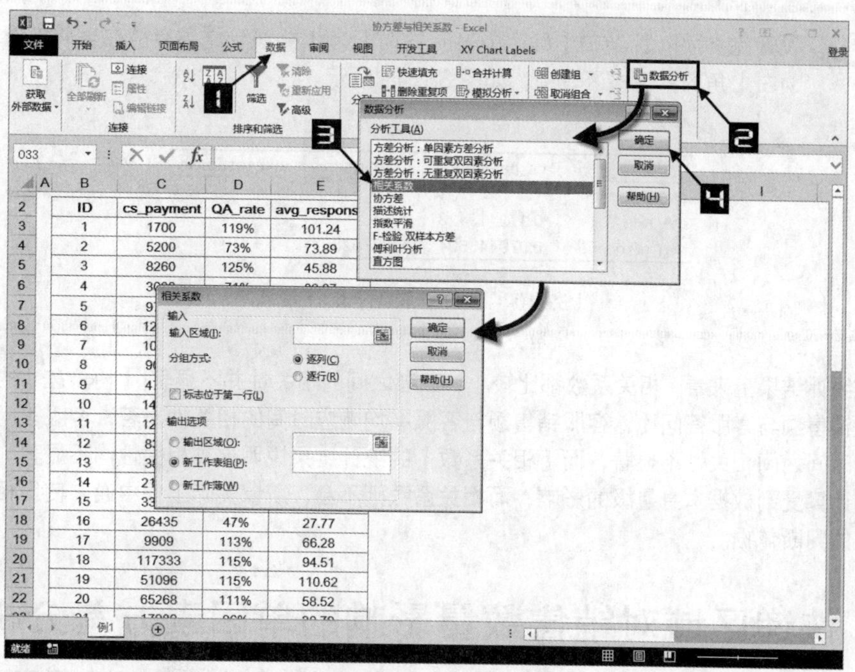

图 33-8 打开【相关系数】对话框

步骤1 参数设置如下

① 【输入】参数。

【输入区域】：指定要分析的数据所在的单元格区域。本例中同样指定需要分析的“$C$2:$E$50”单元格区域。

【分组方式】：指定输入数据是以行还是以列方式排列的。本例中使用【逐列】。

【标志位于第一行】复选框：若输入区域包括标志行，则必须勾选此复选框。否则，Excel 自动以列 1、列 2、列 3 ……作为数据的列标志。本例中有 3 列不同维度的数据，并且均包含标题行，故此处勾选此复选框。

② 【输出选项】

指定输出结果的输出区域。本例中将结果输出到当前工作表的指定区域，可以在该框中键入输出区域的左上角单元格地址$G$7。

输入完有关参数的【相关系数】对话框，如图 33-9 所示。

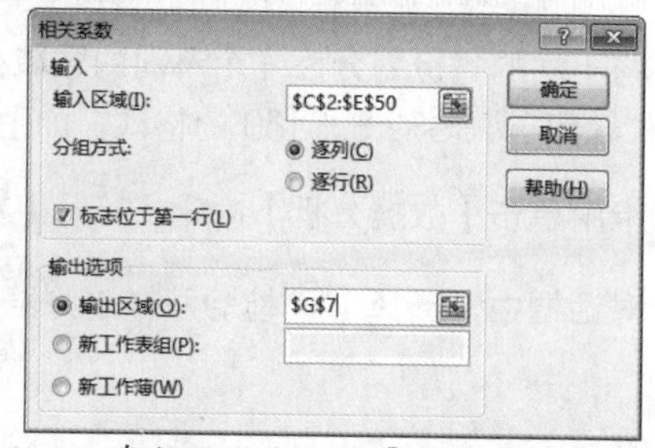

图 33-9 参数设置完成的【相关系数】对话框

步骤2 → 设置完参数以后，单击【确定】按钮，这时 Excel 将统计结果存放在当前工作表以$G$7为左上角的单元格区域中，如图 33-10 所示。

	cs_payment	QA_rate	avg_response
cs_payment	1		
QA_rate	0.172413423	1	
avg_response	0.079445634	-0.27928571	1

图 33-10 【相关系数】统计结果

从统计结果上来看，相关系数都比较小，三者之间的相关性并不显著。【协方差】的统计结果说明客服销售额与客服答问比，客服销售额与客服平均响应时间的相关性显著，客服答问比与客服平均响应时间之间相关性不显著，而【相关系数】的统计结果说明这种相关性均不显著。这是由于协方差的计算受到数据本身量级的影响，而相关系数则不会，所以实际工作中通常使用相关系数作为相关性的判断依据。

33.4 快递区域对销售数量影响的单因素方差分析

示例 33-3 快递区域对销售数量影响的单因素方差分析

在统计学中，方差分析是用于评估两个或多个总体之间平均数差异的一种假设检验，它通过对全部数据的差异进行分解，将某种因素下各组样本数据之间可能存在的系统性误差和随机误差加以比较，从而推断出各个总体之间是否存在显著差异。在方差分析中，用于分组的变量（自变量）被称为一个因素。如果我们进行分组的变量只有一个，即只考虑单个因素对总体的影响，这种分析方法被称为单因素方差分析。

本例中，分析某产品快递区域的不同对销售数量的影响。根据推测，快递距离越远的地区可能单次购买的数量会相对较高。单因素方差分析可以帮助用户验证这个推测。

将数据根据不同的快递区域，分为 4 个不同的组别。在进行单因素方差分析之前，需要对不同的分组进行方差齐性检验。方差齐性检验的目的是证明各组之间的方差没有显著差异，这是进行单因素方差分析的前提条件。

33.4.1 F-检验双样本方差

操作步骤如下。

步骤1 → 为了便于分析，将不同的省份划分为 4 个不同的区域类型。将原始数据区域“$B$2:$E$342”整理成"$G$2:$J$160"的格式，如图 33-11 所示。

步骤2 → 在【数据】选项卡中单击【数据分析】命令，打开【数据分析】对话框。

步骤3 → 在【数据分析】对话框中，选择【F-检验双样本方差】，单击【确定】按钮，如图 33-12 所示。

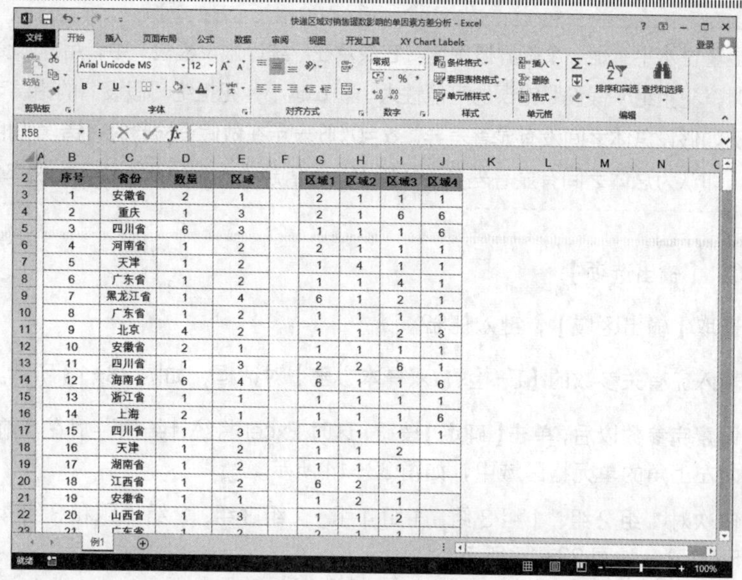

图 33-11 整理后的数据源

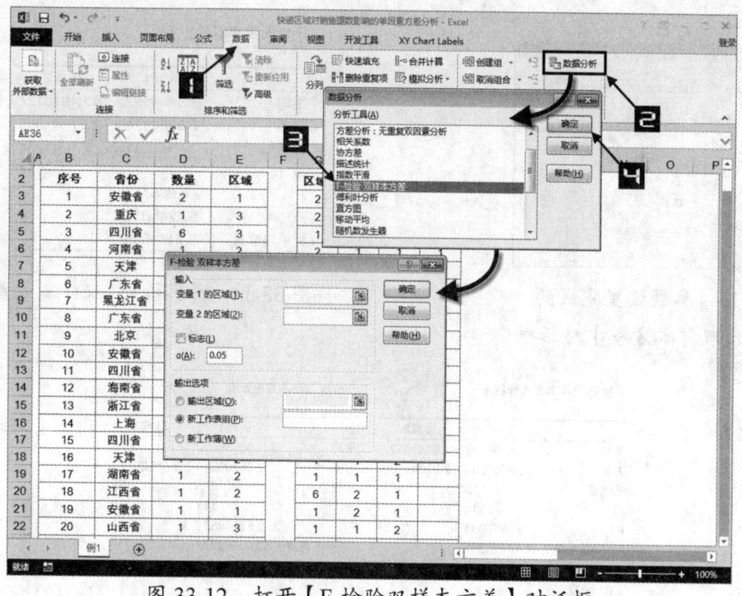

图 33-12 打开【F-检验双样本方差】对话框

步骤4 参数设置如下。

① 【输入】参数

双样本方差分析需要指定两个变量的单元格区域。

【变量 1 的区域】：指定变量 1 的单元格区域“$G$2:$G$117”。

【变量 2 的区域】：指定变量 2 的单元格区域“$H$2:$H$160”。

【标志】复选框：若输入区域包括标志行，则必须勾选此复选框。否则，Excel 自动以列 1、列 2、列 3……作为数据的列标志。本例中勾选此选项。

【α值】：根据需要指定显著性水平。本例键入 0.05。

注意

显著性水平：是一个临界概率值。它表示在“统计假设检验”中，用样本资料推断总体时，犯拒绝“假设”错误的可能性大小。α越小，犯拒绝“假设”的错误可能性越小。例如假设总体之间没有显著差异，α=0.05 表示在做假设检验时，错误的拒绝了原假设（即认为总体之间有显著差异）的概率。α值越小表示犯此类错误的概率值越小。

②【输出选项】

选取【输出区域】，键入$L$2。

输入完有关参数的【F-检验 双样本方差】对话框，如图 33-13 所示。

步骤5 设置完参数以后，单击【确定】按钮，这时 Excel 将统计结果存放在当前工作表以$L$2为左上角的单元格区域中，如图 33-14 所示。

步骤6 依次对 1 组 2 组、1 组 3 组、1 组 4 组、2 组 3 组、2 组 4 组和 3 组 4 组的数据进行F-检验，如图 33-15 所示。

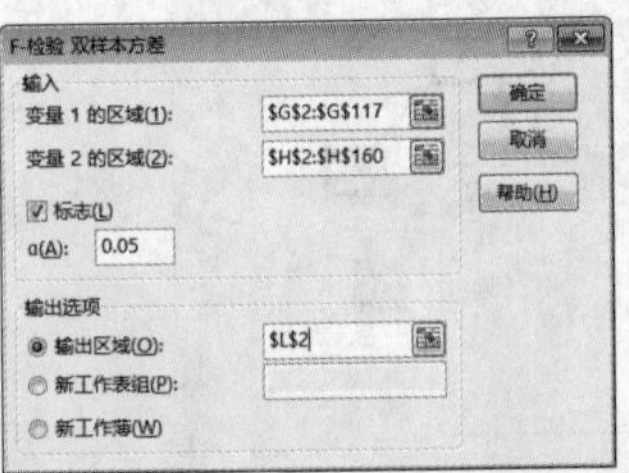

图 33-13 参数设置完成的【F-检验 双样本方差】对话框

F-检验 双样本方差分析

	区域1	区域2
平均	1.86956522	1.84810127
方差	2.86880244	2.97041038
观测值	115	158
df	114	157
F	0.9657933	
P(F<=f) 单尾	0.42456301	
F 单尾临界	0.74745397	

图 33-14 【F-检验 双样本方差】统计结果

F-检验 双样本方差分析

	区域1	区域2
平均	1.86956522	1.84810127
方差	2.86880244	2.97041038
观测值	115	158
df	114	157
F	0.9657933	
P(F<=f) 单尾	0.42456301	
F 单尾临界	0.74745397	

F-检验 双样本方差分析

	区域1	区域3
平均	1.86956522	2.25
方差	2.86880244	5.48529412
观测值	115	52
df	114	51
F	0.52299884	
P(F<=f) 单尾	0.00228772	
F 单尾临界	0.68547394	

F-检验 双样本方差分析

	区域1	区域4
平均	1.86956522	2.46666667
方差	2.86880244	5.12380952
观测值	115	15
df	114	14
F	0.55989639	
P(F<=f) 单尾	0.04891699	
F 单尾临界	0.56196675	

F-检验 双样本方差分析

	区域3	区域4
平均	2.25	2.46666667
方差	5.48529412	5.12380952
观测值	52	15
df	51	14
F	1.07054997	
P(F<=f) 单尾	0.46977084	
F 单尾临界	2.23845519	

F-检验 双样本方差分析

	区域2	区域3
平均	1.84810127	2.25
方差	2.97041038	5.48529412
观测值	158	52
df	157	51
F	0.54152254	
P(F<=f) 单尾	0.0021797	
F 单尾临界	0.69995237	

F-检验 双样本方差分析

	区域2	区域4
平均	1.84810127	2.46666667
方差	2.97041038	5.12380952
观测值	158	15
df	157	14
F	0.57972693	
P(F<=f) 单尾	0.05549804	
F 单尾临界	0.56972198	

图 33-15 六组数据之间的 F-检验统计结果

如果 P(F<=f)单尾的值小于 0.05 即拒绝原假设，认为两组变量的方差存在显著的差异。从结果来看，1 组 2 组、2 组 4 组、3 组 4 组没有显著差异，1 组 3 组、1 组 4 组、2 组 4 组方差存在显著差异。说明销售区域在 1 和 2 时，销售数量不会因为快递距离的增加而增长。但当快递距离增加到 3 时，销售数量就会随着距离的增长而增加。然而这种增加是有限的，快递区域 4 与快递区域 3 的销售数量并没有显著的差异。

33.4.2 方差分析：单因素方差分析

由于本例中存在方差不齐性的情况，需要对两组数据分别进行分析。首先对区域 1 和区域 2 进行单因素方差分析。操作步骤如下。

步骤 1 在【数据】选项卡中单击【数据分析】命令，打开【数据分析】对话框。

步骤 2 在【数据分析】对话框中，选择【方差分析：单因素方差分析】，单击【确定】按钮，如图 33-16 所示。

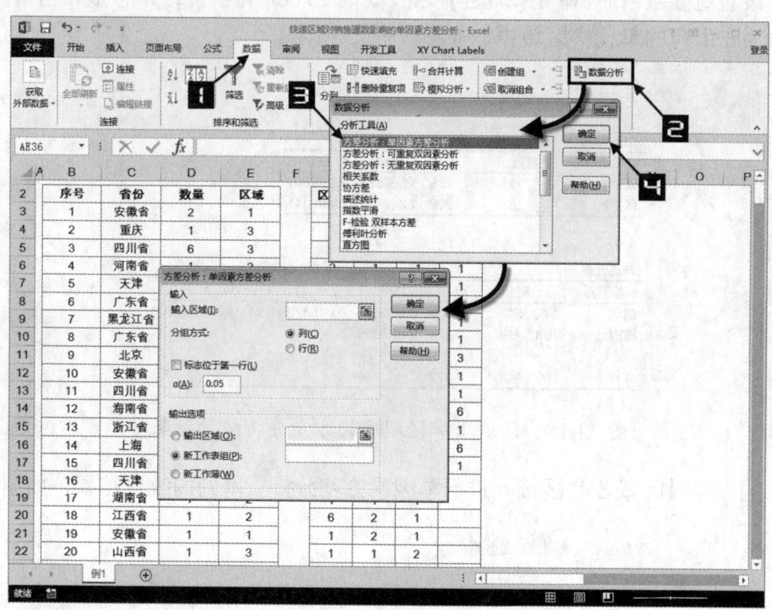

图 33-16 打开【方差分析：单因素方差分析】对话框

步骤 3 参数设置如下。

① 【输入】参数

【输入区域】：指定要分析的数据所在的单元格区域。本例中同样指定需要分析的“$G$2:$H$160”单元格区域。

【分组方式】：指定数据进行分组的方式。可以按行分组也可以按列分组，本例数据按列分组，故选择“列”。

【标志位于第一行】复选框：若输入区域包括标志行，则必须勾选此复选框。本例中勾选此选项。

【α值】：根据需要指定显著性水平。本例键入 0.05。

② 【输出选项】

选择【输出区域】，键入$T$2。

输入完有关参数的【方差分析：单因素方差分析】对话框，如图 33-17 所示。

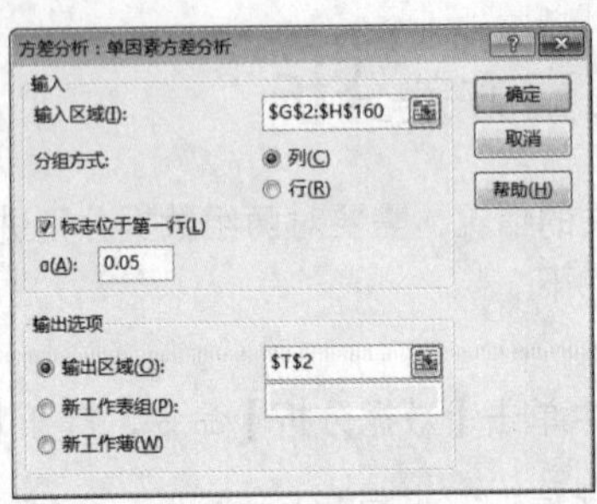

图 33-17 参数设置完成的【方差分析：单因素方差分析】对话框

步骤4 → 设置完参数以后，单击【确定】按钮，这时 Excel 将统计结果存放在当前工作表以$T$2为左上角的单元格区域中，如图 33-18 所示。

方差分析：单因素方差分析

SUMMARY

组	观测数	求和	平均	方差
区域1	115	215	1.869565	2.868802
区域2	158	292	1.848101	2.97041

方差分析

差异源	SS	df	MS	F	P-value	F crit
组间	0.030663	1	0.030663	0.010473	0.918563	3.876001
组内	793.3979	271	2.927668			
总计	793.4286	272				

图 33-18 区域 1 和区域 2 的方差分析统计结果

步骤5 → 同理，对区域 3 和区域 4 进行单因素方差分析。得到的统计结果，如图 33-19 所示。

方差分析：单因素方差分析

SUMMARY

组	观测数	求和	平均	方差
区域3	52	117	2.25	5.485294
区域4	15	37	2.466667	5.12381

方差分析

差异源	SS	df	MS	F	P-value	F crit
组间	0.546517	1	0.546517	0.101068	0.751571	3.98856
组内	351.4833	65	5.407436			
总计	352.0299	66				

图 33-19 区域 3 和区域 4 的方差分析统计结果

如果分析结果中 P-value 小于 0.05，即拒绝原假设，认为两组数据存在显著差异。从两组分析结果中可以看出，P-value 均大于 0.05，说明两组分析数据之间均没有显著差异。但是两组数据之间存在着显著差异。快递距离对于销售罐数的总体影响是显著的，但是距离存在着临界值，在低于临界值的范围内，影响并不显著。当达到和超过临界值时，影响将会变得显著。但这种接近于正相关的关系会受到产品本身消耗量的限制，并不是快递区域越远，购买罐数越多。

33.5 更换项目经理效果的成对二样本分析

示例 33-4 更换项目经理效果的成对二样本分析

成对二样本表示两个样本具有相关性，通常来自同一个总体。成对二样本分析一般用于检测一个研究对象受到外部环境变化影响前后的均值是否有显著变化。本例中某品牌商品由于经营不善决定更换项目经理。可以通过成对二样本分析的方法来分析更换项目经理前后商品的成交情况是否有显著变化，以此来考查新的项目经理管理是否有效。示例数据如图 33-20 所示，两列分别为更换项目经理之前和之后 27 天的成交金额。

更换前	更换后
32,245	47,104
23,717	55,520
9,712	57,358
5,706	50,176
10,770	53,655
12,014	44,624
30,772	45,796
29,063	38,741
31,630	43,424
28,819	46,757
26,146	40,036
28,422	40,741
34,071	34,617
29,353	32,814
28,629	33,838
24,430	48,181
24,880	39,261
30,603	38,618
29,745	32,463
32,160	40,487

图 33-20 更换项目经理前后的成交变化

操作步骤如下。

步骤1 在【数据】选项卡中单击【数据分析】命令，打开【数据分析】对话框。

步骤2 在【数据分析】对话框中，选择【t-检验：平均值的成对二样本分析】，单击【确定】按钮。如图 33-21 所示。

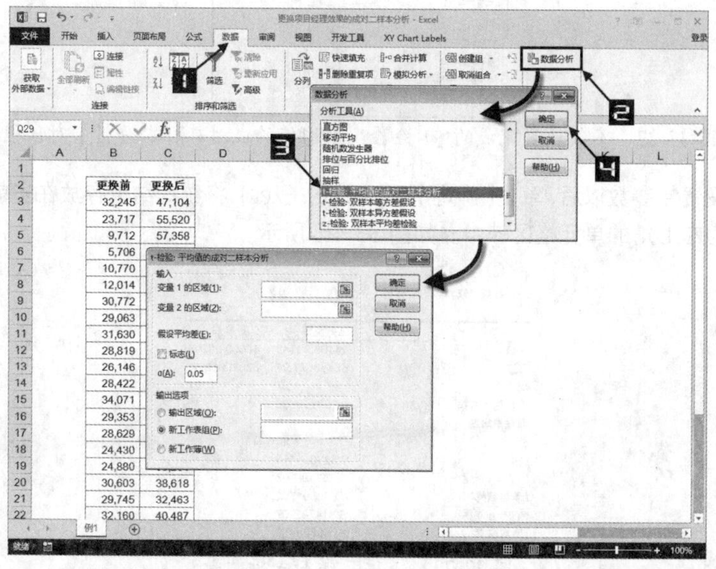

图 33-21 打开【t-检验：平均值的成对二样本分析】对话框

步骤3 参数设置如下。

① 【输入】参数

【变量 1 的区域】：指定需要进行分析的第一个变量。本例中选择单元格区域 \$B\$2:\$B\$29。

【变量 2 的区域】：指定需要进行分析的第二个变量。本例中选择单元格区域 \$C\$2:\$C\$29。

【假设平均差】：对于成对样本，原假设是两个变量前后无变化，即差异值为 0。本例也设置为 0。

统计检验中通常会有原假设 H_0 和备则假设 H_1 说法，针对于重复检验有两个类比能够帮助读者更便捷的理解两种假设的区别。

H_0 的类比：智力是个体稳定的特征。也就是说，在一个期间内个体的智力不能明显的变聪明和变笨。如果对测验者一周每天都进行 IQ 测试，每天可能得出不同的结果。但是变化的幅度是微小的，是随机的。平均来看，IQ 的平均差趋向于 0。

H_1 的类比：个体进行肌肉强度的锻炼，如果在一个月内每天测量肌肉的强度，每天变化的幅度也是微小的。但是变化并不是随机的，而是系统性的。虽然偶尔会减少，但总体趋势是不断增加的。平均来看，肌肉强度的平均差不为 0。

【标志】复选框：数据源是否包含数据标志。本例包含标志，勾选此选项。

② 【输出选项】参数

选择【输出区域】，键入\$E\$2。

输入完有关参数的【t-检验：平均值的成对二样本分析】对话框，如图 33-22 所示。

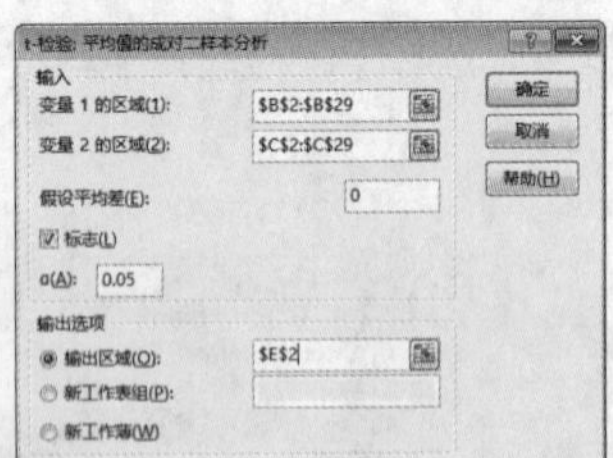

图 33-22 参数设置完成的【t-检验：平均值的成对二样本分析】对话框

步骤4 设置完参数以后，单击【确定】按钮，这时 Excel 将统计结果存放在当前工作表以\$E\$2 为左上角的单元格区域中。如图 33-23 所示。

t-检验: 成对双样本均值分析

	更换前	更换后
平均	24406.83148	40698.28296
方差	66433677.94	62820868.41
观测值	27	27
泊松相关系数	-0.299103866	
假设平均差	0	
df	26	
t Stat	-6.533055455	
P(T<=t) 单尾	3.15739E-07	
t 单尾临界	1.70561792	
P(T<=t) 双尾	6.31478E-07	
t 双尾临界	2.055529439	

图 33-23 成对二样本分析结果

因为更换后的效果可能变得更好，也有可能变得更差，故应该参考双尾的结果。从统计的结果可以看出，P(T<=t) 双尾远小于 0.05，应该拒绝原假设，即认为两个变量存在显著的差异。说明更换项目经理后，商品的成交金额有了明显的好转，这次决策非常有效。

33.6 销售业绩的双因素方差分析

双因素方差分析（Double factor variance analysis）有两种类型：一个是无交互作用的双因素方差分析，它假定因素 A 和因素 B 的效应之间是相互独立的，不存在相互关系；另一个是有交互作用的双因素方差分析，它假定因素 A 和因素 B 的结合会产生出一种新的效应。在统计学中，无相互作用的方差分析可以独立测量，有相互作用的方差分析需要重复测量。

33.6.1 方差分析：无重复双因素分析

示例 33-5 无重复双因素分析

本例研究不同销售客服在一周中不同天的成交情况。目前并不清楚销售客服对于每周中特定天是否有偏好。可以先假定这种偏好并不存在，使用【方差分析：无重复双因素分析】方法来进行分析。4 位个销售客服一周的成交数据如图 33-24 所示。

销售客服	周一	周二	周三	周四	周五	周六	周日
A	13,395	103,983	17,848	24,412	104,996	12,859	31,356
B	98,050	131,398	72,008	17,326	46,188	26,783	29,831
C	19,916	8,903	21,907	16,459	7,547	4,548	6,258
D	13,518	29,198	45,890	8,678	41,459	18,122	28,093

图 33-24 销售客服一周中不同天的成交情况

操作步骤如下。

步骤1 → 在【数据】选项卡中单击【数据分析】命令，打开【数据分析】对话框。

步骤2 → 在【数据分析】对话框中，选择【方差分析：无重复双因素分析】，单击【确定】按钮。如图 33-25 所示。

步骤3 → 参数设置如下。

① 【输入】参数

【输入区域】：指定需要进行分析的二维数据区域。本例中选择单元格区域$B$2:$I$6。

【标志】复选框：数据源是否包含数据标志。本例包含标志，勾选此选项。

【α值】：根据需要指定显著性水平。本例键入 0.05。

② 【输出选项】

选择【输出区域】，键入$B$8。

输入完有关参数的【方差分析：无重复双因素分析】对话框，如图 33-26 所示。

步骤4 → 设置完参数以后，单击【确定】按钮，这时 Excel 将统计结果存放在当前工作表以$B$8 为左上角的单元格区域中。如图 33-27 所示。

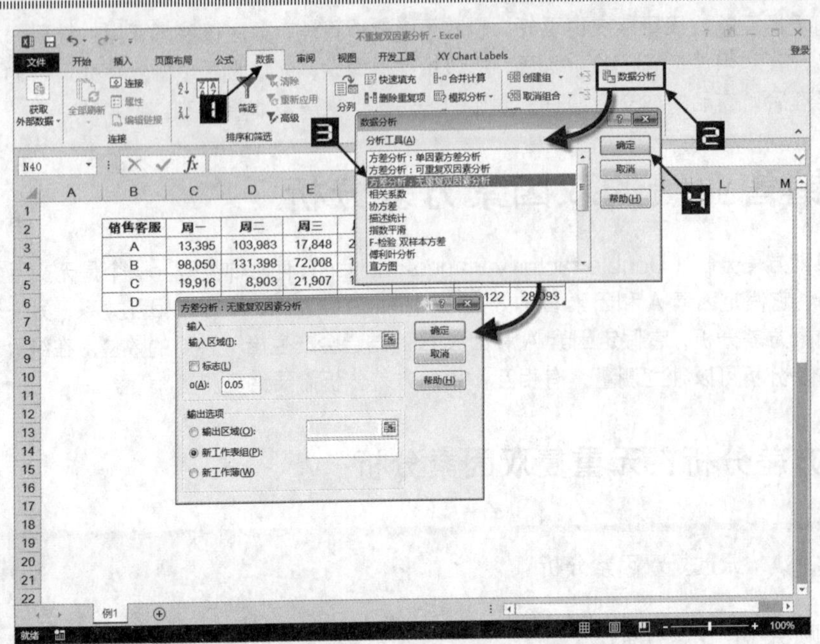

图 33-25 打开【方差分析：无重复双因素分析】对话框

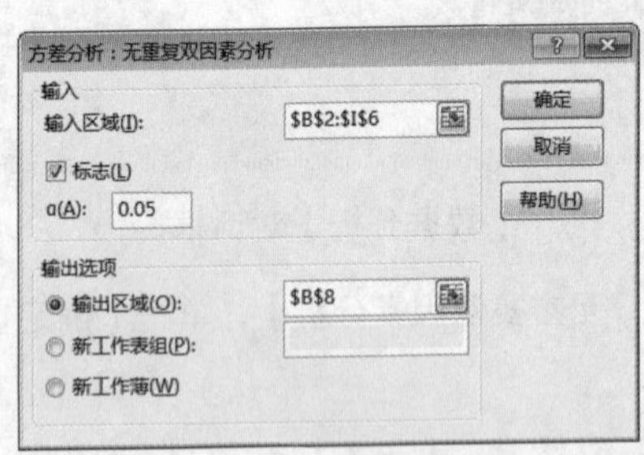

图 33-26 参数设置完成的【t-检验：平均值的成对二样本分析】对话框

方差分析：无重复双因素分析

SUMMARY	观测数	求和	平均	方差
A	7	308849	44121.3	1.7E+09
B	7	421584	60226.3	1.8E+09
C	7	85538	12219.7	5E+07
D	7	184958	26422.6	1.9E+08
周一	4	144879	36219.8	1.7E+09
周二	4	273482	68370.5	3.4E+09
周三	4	157653	39413.3	6.3E+08
周四	4	66875	16718.8	4.1E+07
周五	4	200190	50047.5	1.6E+09
周六	4	62312	15578	8.7E+07
周日	4	95538	23884.5	1.4E+08

方差分析

差异源	SS	df	MS	F	P-value	F crit
行	9.2E+09	3	3.1E+09	3.96838	0.024696	3.15991
列	8.8E+09	6	1.5E+09	1.89747	0.136516	2.6613
误差	1.4E+10	18	7.7E+08			
总计	3.2E+10	27				

图 33-27 无重复双因素分析结果

从统计结果中可以看出，行因素的 P-value 小于 0.05，列因素的 P-value 大于 0.05，所以行因素的影响显著，列因素的影响不显著。即不同的销售客服销售技巧存在着显著的差异，但是每周中的不同天并没有对销售产生显著的影响。

33.6.2 方差分析：可重复双因素分析

示例 33-6 可重复双因素分析

为了分析两个因素是否存在交叉影响的情况，对样本进行重构，每个销售客服取 3 条记录。这时使用【方差分析：可重复双因素分析】来进行分析。示例数据如图 33-28 所示。

销售客服	周一	周二	周三	周四	周五	周六	周日
A	16,790	75,141	63,564	12,900	9,108	8,780	1,600
A	22,678	55,948	69,366	9,820	11,800	11,338	16,480
A	12,557	41,254	14,960	33,639	13,100	2,640	22,010
B	3,077	2,699	11,928	7,958	7,805	1,549	3,079
B	1,500	78,744	5,920	1,000	4,406	11,310	5,395
B	8,818	12,660	7,228	8,368	33,977	1,200	3,840
C	24,133	38,190	19,719	9,106	12,508	8,309	2,400
C	10,040	26,688	25,774	10,145	20,770	7,266	1,500
C	22,882	4,449	18,480	7,774	14,720	19,499	3,300
D	3,750	699	7,208	7,235	5,511	840	1,315
D	6,100	108,530	9,328	17,177	99,485	4,317	8,516
D	3,689	12,071	19,199	7,350	900	669	13,626

图 33-28　重复测量的客服周期性成交数据

操作步骤如下。

步骤1 在【数据】选项卡中单击【数据分析】命令，打开【数据分析】对话框。

步骤2 在【数据分析】对话框中，选择【方差分析：可重复双因素分析】，单击【确定】按钮。如图 33-29 所示。

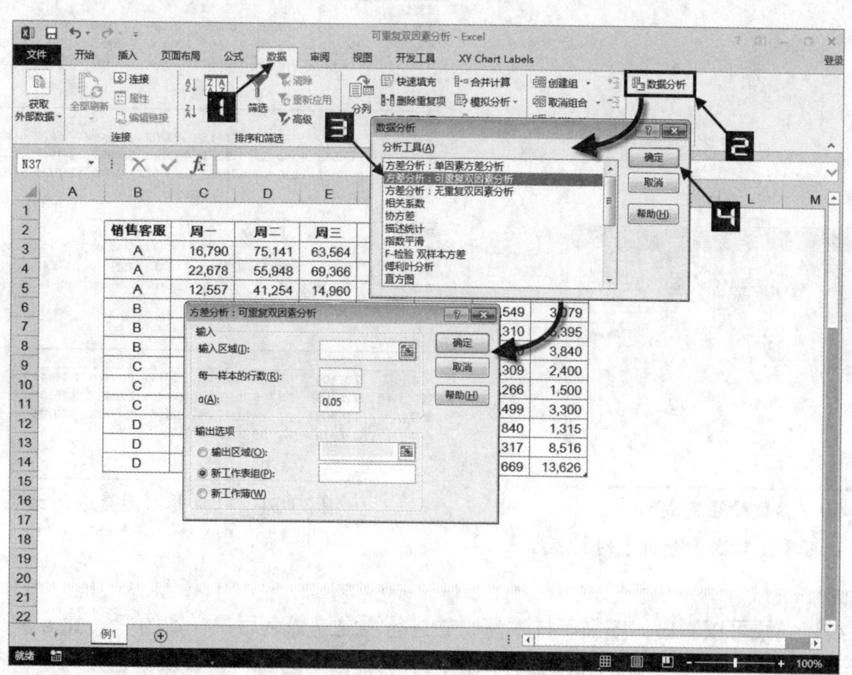

图 33-29　打开【方差分析：可重复双因素分析】对话框

步骤3 参数设置如下。

①【输入】参数

【输入区域】：指定需要进行分析的二维数据区域。本例中选择单元格区域 \$B\$2:\$I\$14。

【每一样本的行数】：因为样本测量是可重复的，此处需要制定每个样本的重复测量次数。本例为 3 次，故此处键入 3。

【α值】：根据需要指定显著性水平。本例键入 0.05。

② 【输出选项】

选择【输出区域】，键入$B$16。

参数设置完成的对话框如图 33-30 所示。

步骤4 → 设置完参数后单击【确定】按钮，这时 Excel 将统计结果存放在当前工作表以$B$16为左上角的单元格区域中。如图 33-31 所示。

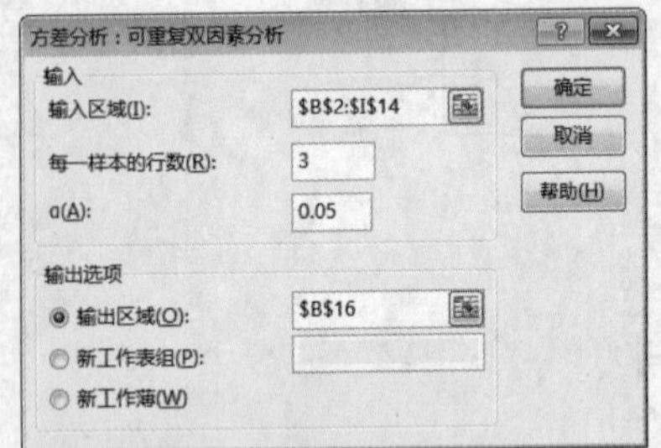

图 33-30 参数设置完成的【方差分析：可重复双因素分析】对话框

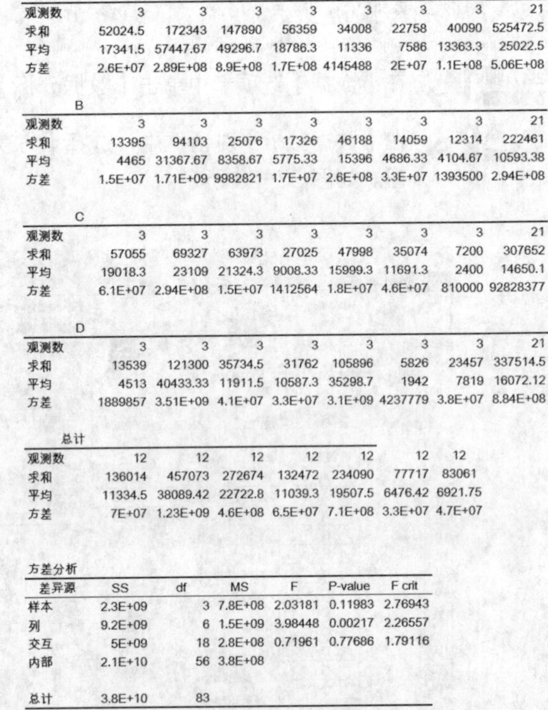

方差分析：可重复双因素分析

SUMMARY	周一	周二	周三	周四	周五	周六	周日	总计
A								
观测数	3	3	3	3	3	3	3	21
求和	52024.5	172343	147890	56359	34008	22758	40090	525472.5
平均	17341.5	57447.67	49296.7	18786.3	11336	7586	13363.3	25022.5
方差	2.6E+07	2.89E+08	8.9E+08	1.7E+08	4145488	2E+07	1.1E+08	5.06E+08
B								
观测数	3	3	3	3	3	3	3	21
求和	13395	94103	25076	17326	46188	14059	12314	222461
平均	4465	31367.67	8358.67	5775.33	15396	4686.33	4104.67	10593.38
方差	1.5E+07	1.71E+09	9982821	1.7E+07	2.6E+08	3.3E+07	1393500	2.94E+08
C								
观测数	3	3	3	3	3	3	3	21
求和	57055	69327	63973	27025	47998	35074	7200	307652
平均	19018.3	23109	21324.3	9008.33	15999.3	11691.3	2400	14650.1
方差	6.1E+07	2.94E+08	1.5E+07	1412564	1.8E+07	4.6E+07	810000	92828377
D								
观测数	3	3	3	3	3	3	3	21
求和	13539	121300	35734.5	31762	105896	5826	23457	337514.5
平均	4513	40433.33	11911.5	10587.3	35298.7	1942	7819	16072.12
方差	1889857	3.51E+09	4.1E+07	3.3E+07	3.1E+09	4237779	3.8E+07	8.84E+08
总计								
观测数	12	12	12	12	12	12	12	
求和	136014	457073	272674	132472	234090	77717	83061	
平均	11334.5	38089.42	22722.8	11039.3	19507.5	6476.42	6921.75	
方差	7E+07	1.23E+09	4.6E+08	6.5E+07	7.1E+08	3.3E+07	4.7E+07	

方差分析

差异源	SS	df	MS	F	P-value	F crit
样本	2.3E+09	3	7.8E+08	2.03181	0.11983	2.76943
列	9.2E+09	6	1.5E+09	3.98448	0.00217	2.26557
交互	5E+09	18	2.8E+08	0.71961	0.77686	1.79116
内部	2.1E+10	56	3.8E+08			
总计	3.8E+10	83				

图 33-31 可重复双因素分析结果

从统计结果可以看出，增加了样本量，并进行重复测量之后，样本的 P-value 大于 0.05 而列的 P-value 远小于 0.05。说明在增加样本量的情况下，不同的销售客服销售技巧不存在显著差异，同时他们在每周中不同天的表现则不尽相同，说明存在周期性因素。但是两个因素的交互作用并不显著，故并不存在销售客服对于某一天有偏好的情况。

第 34 章 条件格式

使用 Excel 的条件格式功能，用户可以预置一种单元格格式或者单元格内的图形效果，并在指定的某种条件被满足时自动应用于目标单元格。可预置的单元格格式包括边框、底纹、字体颜色等，单元格图形效果包括“数据条”、“色阶”、“图标集”等。

此功能根据用户的要求，快速地对特定单元格进行必要的标识，使数据更加直观读，表现力大为增强。

本章学习要点

（1）条件格式的设置与使用。

（2）条件格式与单元格格式的优先顺序。

（3）条件格式的高级应用。

（4）条件格式的规则与限制。

34.1 内置的单元格图形效果样式

Excel 在条件格式功能中提供了“数据条”、“色阶”和“图标集”3 种内置的单元格图形效果样式。

34.1.1 使用“数据条”

“数据条”从外观上主要分为“渐变填充”和“实心填充”两类，并且允许用户采用自定义方式设置具体的显示效果。

示例 34-1 借助数据条直观分析数据

图 34-1 所示为一份销售数据表格，可以使用“数据条”来更加直观地分析数据。具体操作步骤如下。

	A	B	C
1	日期	销量	金额
2	2014年8月1日	164	59,197.63
3	2014年8月2日	152	64,378.67
4	2014年8月3日	251	70,734.44
5	2014年8月4日	150	63,523.05
6	2014年8月5日	141	69,808.46
7	2014年8月6日	61	29,701.13
8	2014年8月7日	69	25,419.83
9	2014年8月8日	91	36,866.50
10	2014年8月9日	187	108,839.37
11	2014年8月10日	123	71,400.47
12	2014年8月11日	164	96,910.49
13	2014年8月12日	305	216,428.68
14	2014年8月13日	29	4,707.81
15	2014年8月14日	62	24,757.77
16	2014年8月15日	102	61,300.79
17			

图 34-1 销售数据

步骤1 选中需要设置条件格式的单元格区域，如 B2:B16 单元格区域。

步骤2 在【开始】选项卡中单击【条件格式】按钮，在展开的下拉菜单中，单击【数据条】命令。

步骤3 在展开的选项菜单中，选中【渐变填充】中的【浅蓝色数据条】样式即可，如图 34-2 所示。

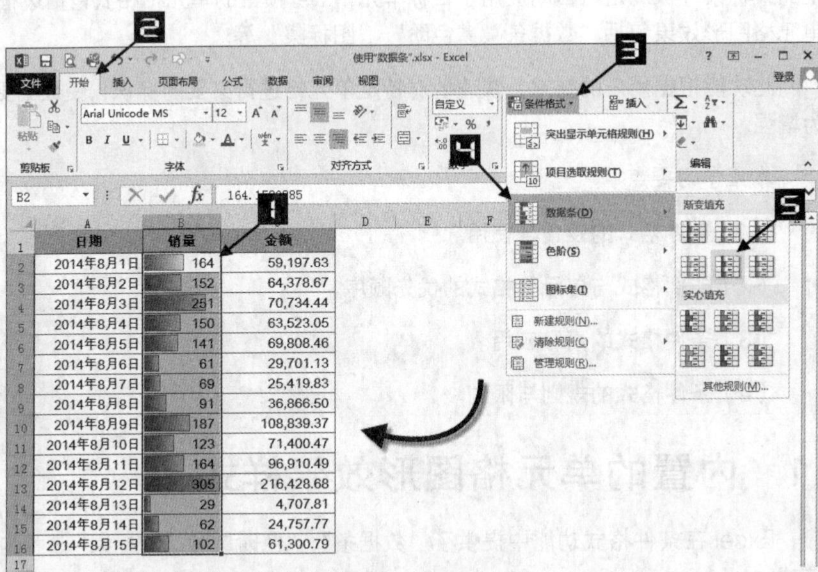

图 34-2 设置【渐变填充】-【浅蓝色数据条】条件格式样式

可以使用同样的操作，将 C2:C16 单元格区域设置成【实心填充】-【红色数据条】条件格式样式，效果如图 34-3 所示。

	A	B	C
1	日期	销量	金额
2	2014年8月1日	164	59,197.63
3	2014年8月2日	152	64,378.67
4	2014年8月3日	251	70,734.44
5	2014年8月4日	150	63,523.05
6	2014年8月5日	141	69,808.46
7	2014年8月6日	61	29,701.13
8	2014年8月7日	69	25,419.83
9	2014年8月8日	91	36,866.50
10	2014年8月9日	187	108,839.37
11	2014年8月10日	123	71,400.47
12	2014年8月11日	164	96,910.49
13	2014年8月12日	305	216,428.68
14	2014年8月13日	29	4,707.81
15	2014年8月14日	62	24,757.77
16	2014年8月15日	102	61,300.79
17			

图 34-3 【数据条】样式的两种样式

数据条的长短可以直观地反映数据值的大小。

提示 对于时间序列这样的有序数据，使用【数据条】，可以达到图表中"二维条形图"的直观效果。

1. 改变数据条的条件图显示方向及坐标轴位置

默认的数据条的条形图显示方向为“上下文”，即正数为“从左向右”，负数为“从右向左”，用户可以根据需要改变数据条的条形图显示方向，还可将数据条坐标轴设置为“单元格中点值”，从而制作出条形图与数据分离的效果，具体操作如下。

步骤1 选中需要设置条件格式的单元格区域，如 B2:B16 单元格区域。

步骤2 在【开始】选项卡中单击【条件格式】按钮，在展开的下拉菜单中，单击【数据条】命令。

步骤3 在展开的选项菜单中单击【其他规则】命令，打开【新建格式规则】对话框，如图 34-4 所示。

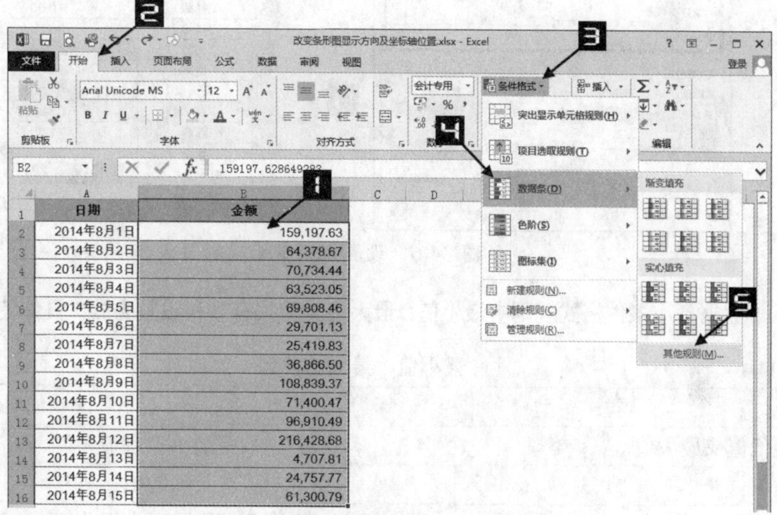

图 34-4 使用【数据条】的【其他规则】

步骤4 在【新建格式规则】对话框中的【条形图方向】下拉表列中选择【从右到左】。

步骤5 单击【负值和坐标轴】按钮，打开【负值和坐标轴设置】对话框，将坐标轴设置为【单元格中点值】，然后依次单击【确定】按钮，设置方法及结果如图 34-5 所示。

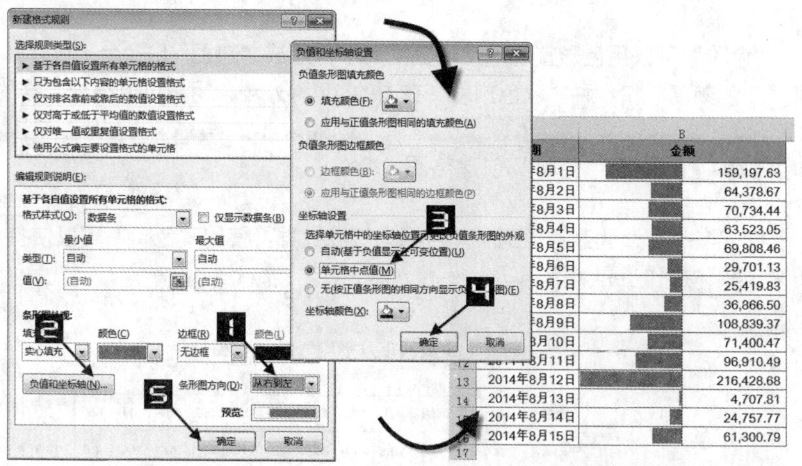

图 34-5 改变数据条的条件图显示方向及坐标轴位置

2. 设置区间有选择地显示【数据条】条形图

Excel 2013 还允许在条件格式规则中设置最小值和最大值来控制【数据条】条形图的显示。如图 34-6 所示，只将分数大于等于 60 分且小于等于 100 分的成绩用【数据条】显示出来，而小于 60 分的成绩不再显示。

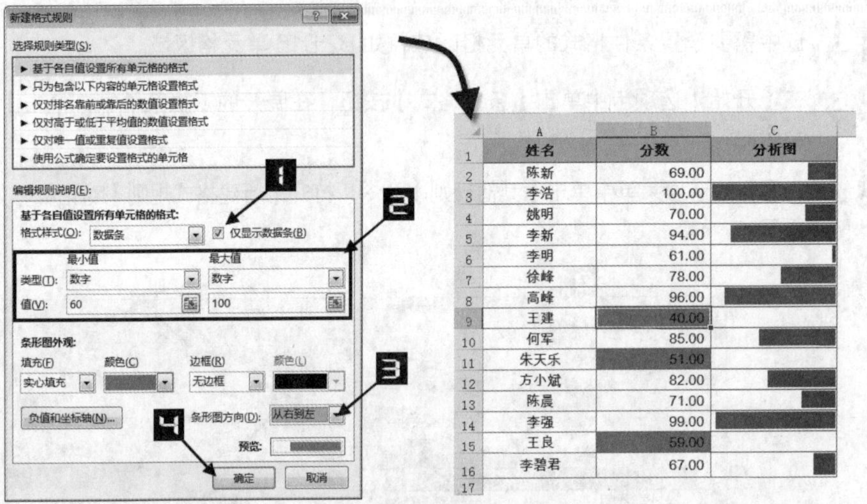

图 34-6 设置规则最小值和最大值

【数据条】条件格式规则中最小值、最大值类型共有 6 种设置方式，具体使用说明如表 34-1 所示。

表 34-1 最小值、最大值类型

类　型	说　明
最低值或最大值	数据序列中最小值或最大值
数字	由用户直接录入的值
百分比	数据序列各数值所占百分比
公式	通过公式计算出的值
百分点值	由用户直接录入的百分比值

34.1.2 使用"色阶"

"色阶"可以用色彩直观地反映数据大小，形成"热图"(Heat Chart)。"色阶"预置了包括 6 种"三色刻度"和 6 种"双色刻度"在内的 12 种外观，用户可以根据数据的特点选择不同的种类。

示例 34-2 使用"色阶"创建热图

图 34-7 所示为某市 2014 年月平均气温数据。使用"色阶"可以使各月气温数据直观地呈现出来，具体操作步骤如下。

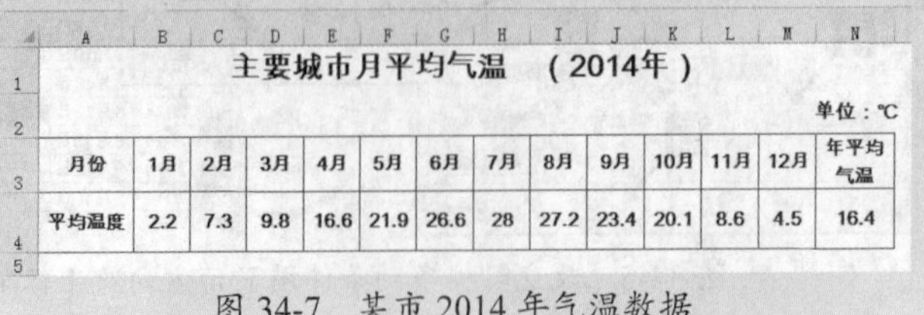

主要城市月平均气温 （2014年）

单位：℃

月份	1月	2月	3月	4月	5月	6月	7月	8月	9月	10月	11月	12月	年平均气温
平均温度	2.2	7.3	9.8	16.6	21.9	26.6	28	27.2	23.4	20.1	8.6	4.5	16.4

图 34-7 某市 2014 年气温数据

步骤1 选中需要设置条件格式的单元格区域，如 B4:N4 单元格区域。

步骤2 在【开始】选项卡中单击【条件格式】按钮，在展开的下拉菜单中，单击【色阶】命令。

步骤3 在展开的选项菜单中，用户可以移动鼠标在各种样式中逐一滑过，B2:B16 被选中的单元格中会同步显示出相应的效果。如果要使用“三色刻度”中的“红-黄-绿”，只要使用鼠标单击选中【红-黄-绿色阶】样式即可，如图 34-8 所示。

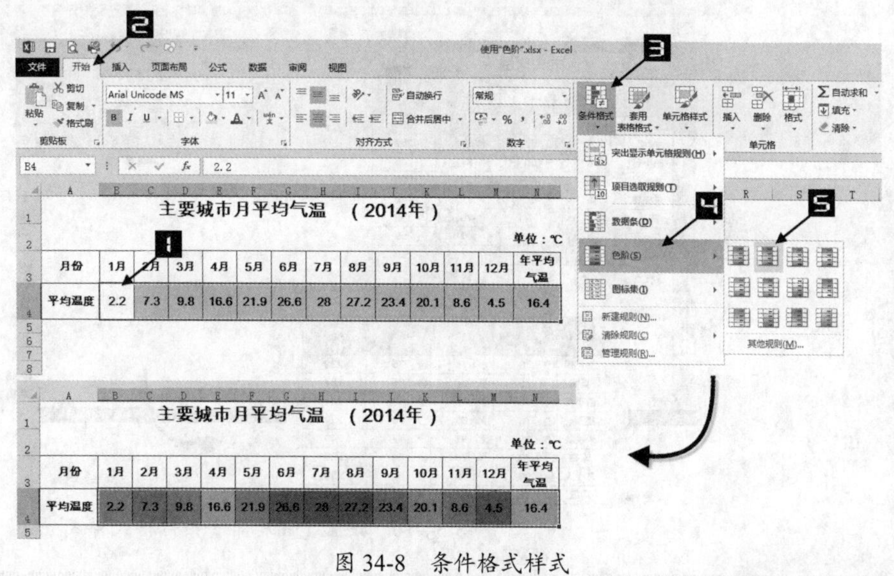

图 34-8　条件格式样式

图中红、黄、绿三色色阶的变化可以直观地反映出 2014 年一年内某市各月平均气温的变化情况，形成数据变化的“热图”。

34.1.3 使用“图标集”

图 34-9 所示为一份学生成绩表。“图标集”允许用户在单元格中呈现不同的图标来区分数据的大小。Excel 提供了“方向”、“形状”、“标记”、“等级”四大类，共计 20 种图标样式。

学生成绩表

金额	语文	数学	英语	总分
王一明	79	76	75	230
夏明	75	87	95	257
田小英	75	95	91	261
胡天一	76	83	70	229
朱晓晓	80	92	77	249
陈亮	70	78	88	236
方小天	99	80	80	259
周敏	85	97	87	269

图 34-9　学生成绩表

步骤1 选中需要设置条件格式的单元格区域，如 B3:D10 单元格区域。

步骤2 在【开始】选项卡中单击【条件格式】按钮，在展开的下拉菜单中，单击【图标集】命令。

步骤3 → 在展开的选项菜单中，用户可以移动鼠标指针在各种样式中逐一滑过，B3:D10 被选中的单元格中会同步显示出相应的效果。如果要使用“五象限图”，只要使用鼠标单击选中【五象限图】样式即可，图 34-10 所示。

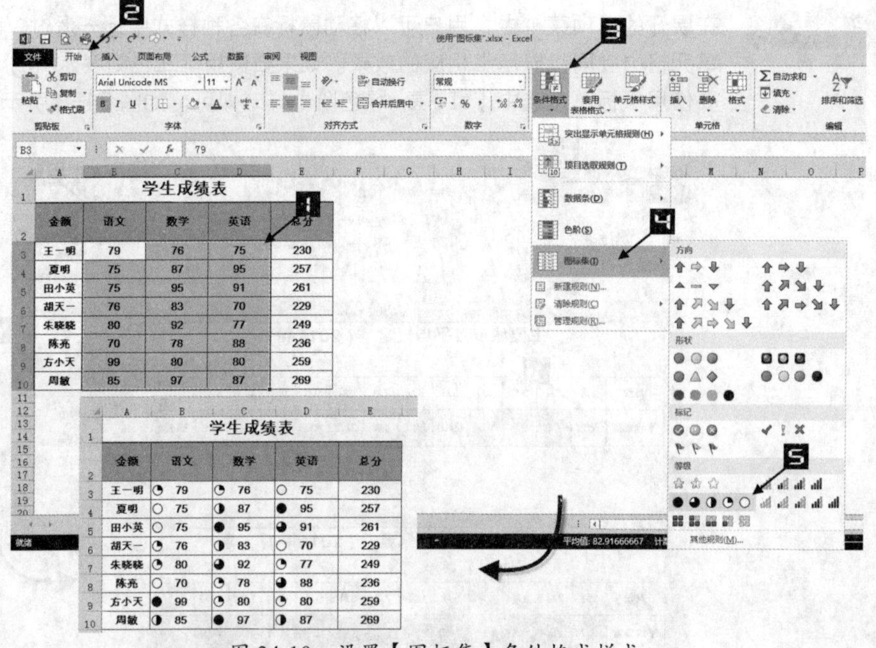

图 34-10　设置【图标集】条件格式样式

Excel 默认的“五象限图”显示规则是按百分比率对数据进行分组的，用户可以根据需要，如按每 10 分一个档次对数值进一步调整显示外观，调整方法如图 34-11 所示。

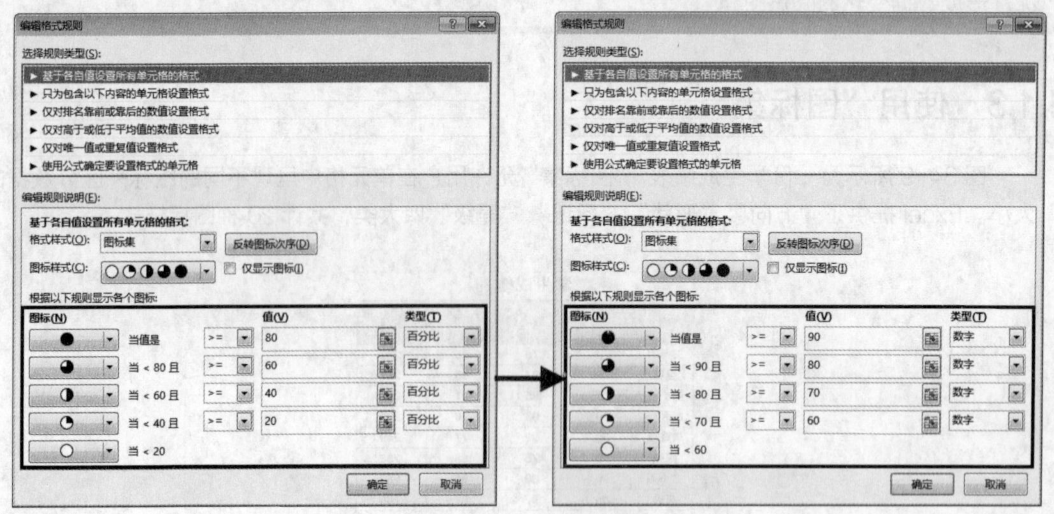

图 34-11　调整显示规则

调整后的结果如图 34-12 所示。

调整后图标可以直观地反映分数情况：90 分以上显示图标为“黑色圆”，80～90 分之间显示图标为“四分之一白色的圆”，70～80 分之间显示图标为“二分之一白色的圆”，60～70 分之间显示图标为“四分之三白色的圆”，60 分以下显示图标为“白色圆”。

学生成绩表				
金额	语文	数学	英语	总分
王一明	79	76	75	230
夏明	75	87	95	257
田小英	75	95	91	261
胡天一	76	83	70	229
朱晓晓	80	92	77	249
陈亮	70	78	88	236
方小天	99	80	80	259
周敏	85	97	87	269

图 34-12 调整后的结果

注意

Excel 条件格式不支持用户自定义图标样式。

34.2 基于各类特征设置条件格式

除了提供了各式条件格式样式外，Excel 还内置了多种基于特征值设置的条件格式，例如可以按大于、小于、日期、文件、重复值等特征突出显示单元格，也可以按大于或小于前 10 项或 10%、高于或低于平均值等项目要求突出显示单元格。

34.2.1 突出显示单元格规则

Excel 内置了 7 种“突出显示单元格规则”，包括“大于”、“小于”、“介于”、“等于”、“文本包含”、“发生日期”和“重复值”等。具体说明如表 34-2 所示。

表 34-2 Excel 内置的 7 种“突出显示单元格规则”

显示规则	说明
大于	为大于设定值的单元格设置指定的单元格格式
小于	为小于设定值的单元格设置指定的单元格格式
介于	为介于设定值之间的单元格设置指定的单元格格式
等于	为等于设定值的单元格设置指定的单元格格式
文本包含	为包含设定文本的单元格设置指定的单元格格式
发生日期	为包含设定发生日期的单元格设置指定的单元格格式
重复值	为重复值或唯一值的单元格设置指定的单元格格式

34.2.2 项目选取规则

Excel 内置了 6 种“项目选取规则”，包括“值最大的 10 项”、“值最大的 10%项”、“值最小的 10 项”、“值最小的 10%项”、“高于平均值”、“低于平均值”等。具体说明如表 34-3 所示。

表 34-3 Excel 内置的 6 种“项目选取规则”

显示规则	说明
值最大的 10 项	为值最大的 *n* 项单元格设置指定格式，其中 *n* 的值由用户设定
值最大的 10%项	为值最大的 *n*%项单元格设置指定格式，其中 *n* 的值由用户设定
值最小的 10 项	为值最小的 *n* 项单元格设置指定格式，其中 *n* 的值由用户设定

续表

显示规则	说明
值最小的 10%项	为值最小的 n%项单元格设置指定格式，其中 n 的值由用户设定
高于平均值	为高于平均值的单元格设置指定格式
低于平均值	为低于平均值的单元格设置指定格式

34.3 自定义条件格式

用户可以通过自定义规则和显示效果的方式来创建满足自己需要的条件格式。

34.3.1 自定义条件格式样式

如果内置的条件格式样式不能满足需要时，用户可以通过【新建规则】功能自定义条件格式。

示例 34-3 自定义条件格式分析学生成绩

图 34-13 所示为一份学生成绩表，用户可以根据自己定义的规则来设置条件格式，对学生成绩进行分析，如将 90 分以上成绩用“小红旗”显示。具体步骤如下。

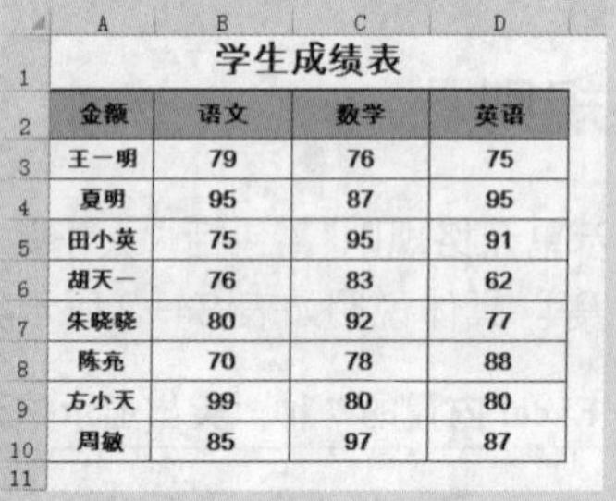

学生成绩表

金额	语文	数学	英语
王一明	79	76	75
夏明	95	87	95
田小英	75	95	91
胡天一	76	83	62
朱晓晓	80	92	77
陈亮	70	78	88
方小天	99	80	80
周敏	85	97	87

图 34-13 学生成绩表

步骤1 选择需要设置条件格式的 B3:D10 单元格区域。

步骤2 在【开始】选项卡中单击【条件格式】按钮，在展开的下拉菜单中，单击【新建规则】命令，打开【新建格式规则】对话框。操作步骤如图 34-14 所示。

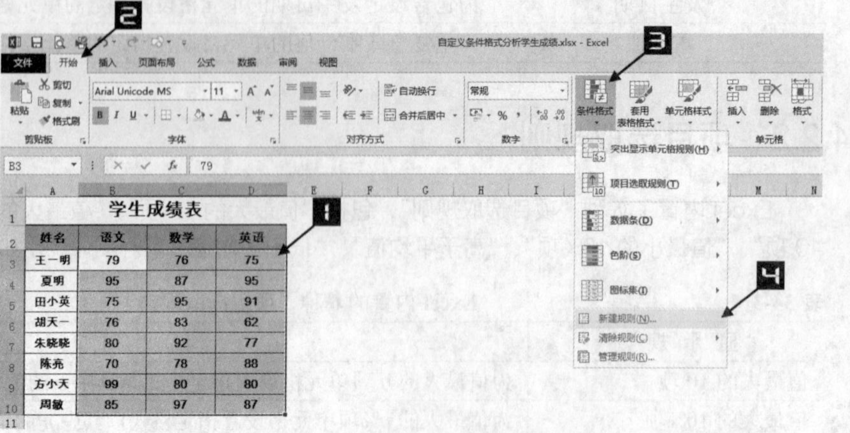

图 34-14 打开【新建格式规则】对话框

步骤3 → 在【新建格式规则】对话框的【选择规则类型】列表框中，选择【基于各自值设置所有单元格的格式】。

步骤4 → 【格式样式】下拉列表中，选择【图标集】格式样式。

步骤5 → 在【根据以下规则显示各个图标】组合框中，在【类型】下拉列表中，选择“数字”，在【值】编辑框中输入“90”，在【图标】下拉列表中选择 。

步骤6 → 在“当<90 且”和“当<33”两行的【图标】下拉列表中选择【无单元格图标】。

步骤7 → 单击【确定】按钮，依次关闭对话框。具体操作步骤及结果如图 34-15 所示。

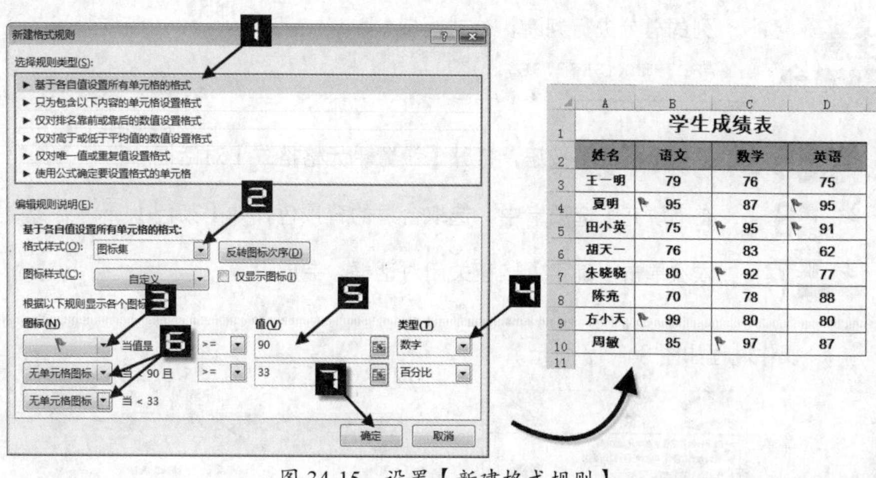

图 34-15 设置【新建格式规则】

34.3.2 使用公式自定义条件格式

Excel 还允许用户使用公式来设置自定义条件格式，从而使得自定义条件格式更加丰富。

示例 34-4 使用公式自定义条件格式分析学生成绩

如图 34-16 所示，用户可以使用公式自定义条件格式，将总分最高的同学成绩标示出来。具体操作步骤如下。

学生成绩表

姓名	语文	数学	英语	总分
王一明	79	76	75	230
夏明	95	87	95	277
田小英	75	95	91	261
胡天一	76	83	62	221
朱晓晓	80	92	77	249
陈亮	70	78	88	236
方小天	99	80	80	259
周敏	91	97	80	268

学生成绩表

姓名	语文	数学	英语	总分
王一明	79	76	75	230
夏明	95	87	95	277
田小英	75	95	91	261
胡天一	76	83	62	221
朱晓晓	80	92	77	249
陈亮	70	78	88	236
方小天	99	80	80	259
周敏	91	97	80	268

图 34-16 使用公式自定义条件格式标示总分最高的学生成绩

步骤1 → 选中 A3:E10 单元格区域，设置条件格式。

步骤2 在【开始】选项卡中依次单击【条件格式】→【新建规则】命令，打开【新建格式规则】对话框。

步骤3 在【新建格式规则】对话框的【选择规则类型】列表框中，选择【使用公式确定要设置格式的单元格】。

步骤4 在【编辑规则说明】组合框的【为符合此公式的值设置格式】编辑框中输入条件公式：

```
=SUM($B3:$D3)=MAX($E$3:$E$10)
```

注意 SUM 函数引用的单元格区域$B3:$D3 使用了混合引用方式。也可以直接根据 E 列的总分进行判断，公式写成：

```
=$E3=MAX($E$3:$E$10)
```

步骤5 单击【格式】按钮，打开【设置单元格格式】对话框。

步骤6 在【填充】选项卡中，选取合适的背景色，如【茶色】。

步骤7 依次单击【确定】按钮关闭对话框，完成设置。

操作过程如图 34-17 所示。

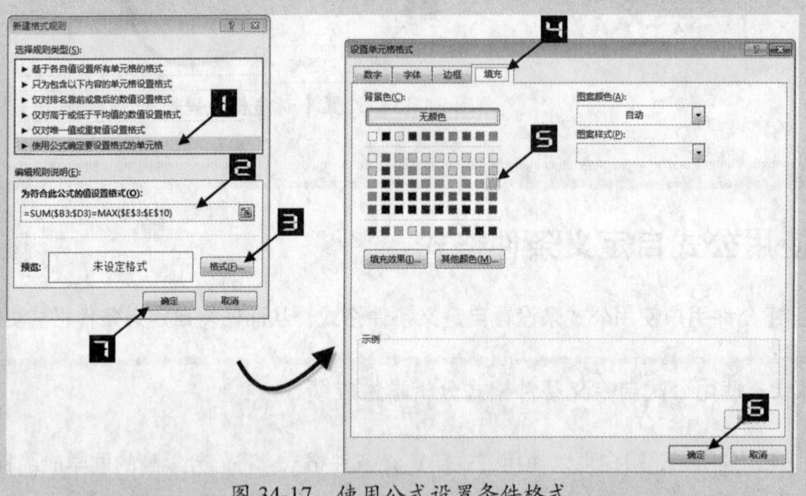

图 34-17 使用公式设置条件格式

34.4 编辑与查找条件格式

34.4.1 编辑条件格式

对已设置好的条件格式进行编辑修改，可以按以下步骤操作。

步骤1 选中需要修改条件格式的单元格区域。

步骤2 打开【条件格式规则管理器】对话框。

步骤3 → 在【条件格式规则管理器】对话框中，选中需要编辑的规则项目，单击【编辑规则】按钮，打开【编辑格式规则】对话框，用户可以根据需要对已设置的条件格式进行修改，如图 34-18 所示。

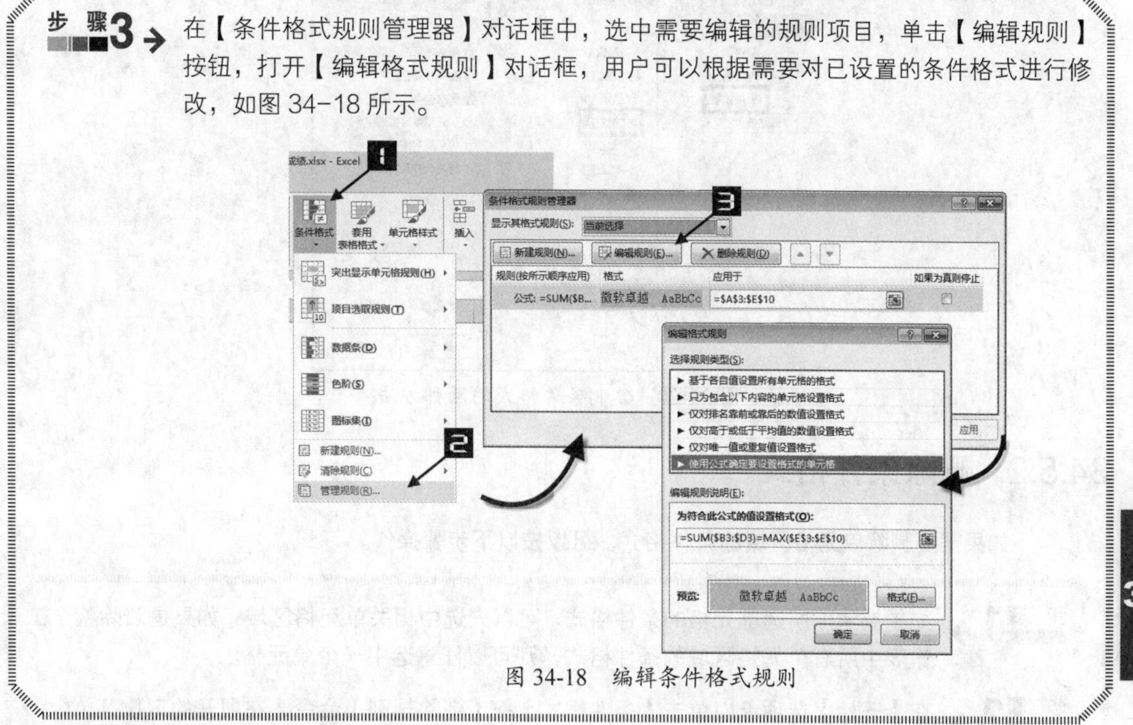

图 34-18 编辑条件格式规则

34.4.2 查找条件格式

如果需要查找哪些单元格区域设置了条件格式，只需在【开始】选项卡中单击【查找和选择】按钮，在下拉菜单中单击【条件格式】命令，即可选中包含条件格式的单元格区域，如图 34-19 所示。

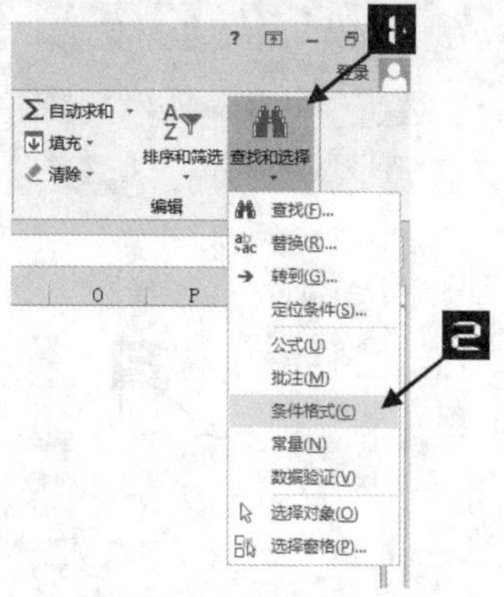

图 34-19 查找条件格式

34.5 复制与删除条件格式

34.5.1 复制条件格式

如图 34-20 所示，复制条件格式，可以通过【格式刷】或【选择性粘贴】两种途径来实现。这两种方式不仅适用于当前工作表或同一工作簿的不同工作表之间，也适用于不同工作簿中的工作表之间的单元格条件格式的复制。

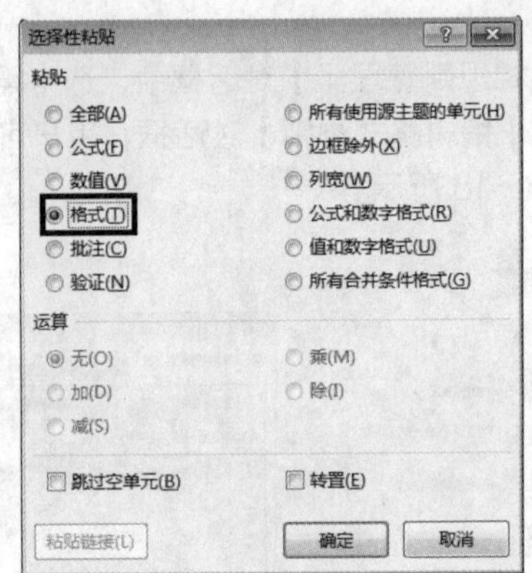

图 34-20 复制条件格式的两种方法

34.5.2 删除条件格式

如果需要删除单元格区域的条件格式，可以按以下步骤操作。

步骤1 → 如果要清除所选单元格的条件格式，可以先选中相关单元格区域；如果是清除整个工作表中所有单元格区域的条件格式，则可以任意选中一个单元格。

步骤2 → 在【开始】选项卡中单击【条件格式】→【消除规则】命令，在展开的下拉菜单中，如果单击【清除所选单元格的规则】命令，则清除所选单元格的条件格式；如果单击【清除整个工作表的规则】命令，则清除当前工作表中所有单元格区域中的条件格式，如图 34-21 所示。

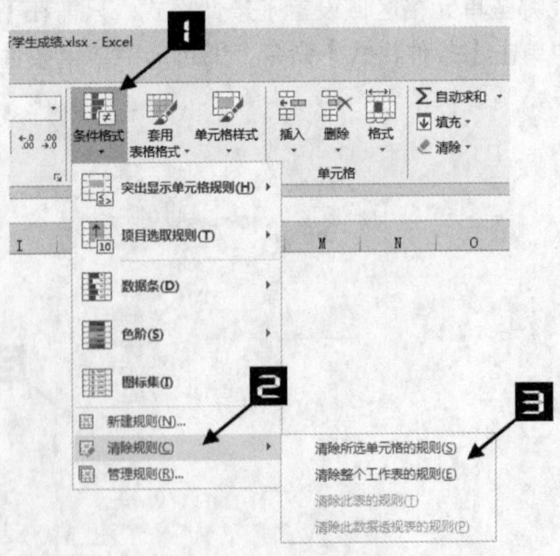

图 34-21 清除条件格式

此外，可以通过【条件格式规则管理器】删除条件格式。

步骤1 → 在【开始】选项卡中单击【条件格式】按钮，在展开的下拉菜单中，单击【管理规则】命令，打开【条件格式规则管理器】对话框。

步骤2 → 在【条件格式规则管理器】对话框中，选择要删除的条件格式规则，然后单击【删除规则】按钮。操作方法如图 34-22 所示。

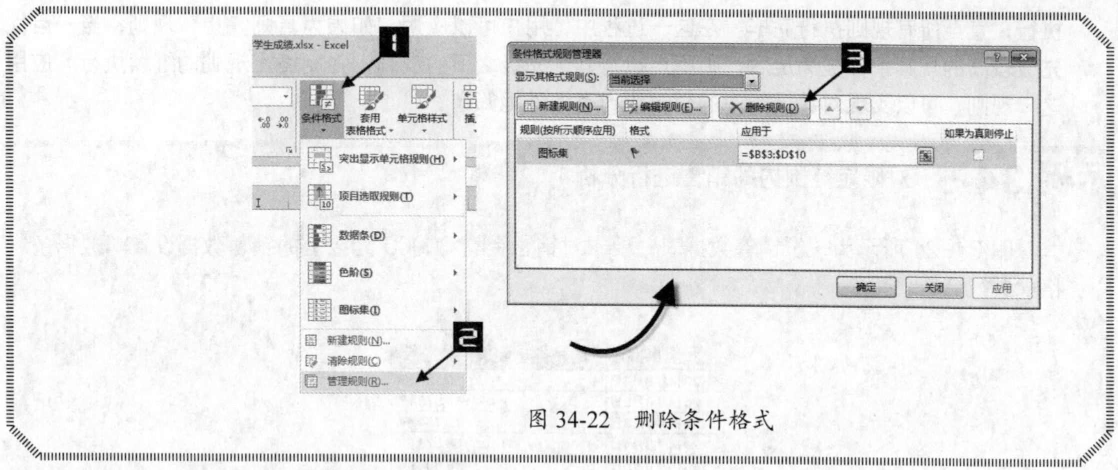

图 34-22 删除条件格式

34.6 管理条件格式规则优先级

Excel 允许对同一个单元格区域设置多个条件格式。当两个或更多条件格式规则应用于一个单元格区域时，将按其在【条件格式规则管理器】对话框中列出的优先级顺序执行这些规则。

34.6.1 调整条件格式优先级

用户可以通过编辑条件格式的方法打开【条件格式规则管理器】对话框。此时，在列表中，越是位于上方的规则，其优先级越高。默认情况下，新规则总是添加到列表的顶部，因此具有最高的优先级，用户也可以使用对话框中的【上移】和【下移】箭头更改优先级顺序，如图 34-23 所示。

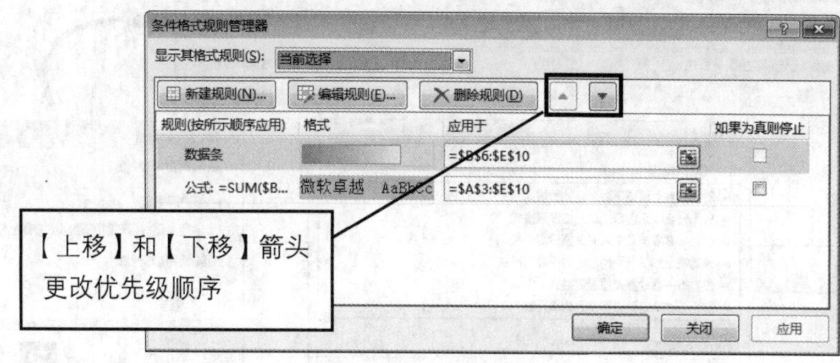

图 34-23 条件格式规则管理器

当同一单元格存在多个条件格式规则时，将按以下方式处理。

如果规则之间不冲突，则全部规则都有效。例如，一个规则将单元格格式设置为字体“宋体”，而另一个规则将同一个单元格的格式底色设置为“茶色”，则该单元格格式设置为字体为“宋体”且单元格底色为“茶色”。因为这两种格式间没有冲突，所以两个规则都得到应用。

如果规则之间有冲突，则只执行优先级高的规则。例如，一个规则将单元格字体颜色设置为“深蓝色”，而另一个规则将单元格字体颜色设置为“黑色”。因为这两个规则冲突，所以只应用一个规则，执行优先级较高的规则。

34.6.2 应用“如果为真则停止”规则

当同时存在多个条件格式规则时，优先级高的规则先执行，次一级规则后执行，这样逐条规则执行，直至所有规则执行完毕。在这一过程中，用户可以应用“如果为真则停止”规则，当一旦优先级较高的规则条件被满足后，则不再执行其优先级之下的规则，强制终止规则的继续执行。应用这一规则，可以实现对数据集中的数据进行有条件地筛选。

示例 34-5 对限定范围内的销售进行分析

图 34-24 所示为一份销售数据表，要求对销售金额 30000 元以上的销售数据设置“数据条”格式进行分析。

	A	B
1	日期	销售金额
2	2014年8月1日	-59,197.63
3	2014年8月2日	64,378.67
4	2014年8月3日	70,734.44
5	2014年8月4日	63,523.05
6	2014年8月5日	69,808.46
7	2014年8月6日	29,701.13
8	2014年8月7日	25,419.83
9	2014年8月8日	36,866.50
10	2014年8月9日	108,839.37
11	2014年8月10日	71,400.47
12	2014年8月11日	96,910.49
13	2014年8月12日	216,428.68
14	2014年8月13日	4,707.81
15	2014年8月14日	24,757.77
16	2014年8月15日	61,300.79
17		

图 34-24 数据表

步骤1 → 选中 B2:B16 单元格区域，如图 34-25 所示，添加条件格式规则。

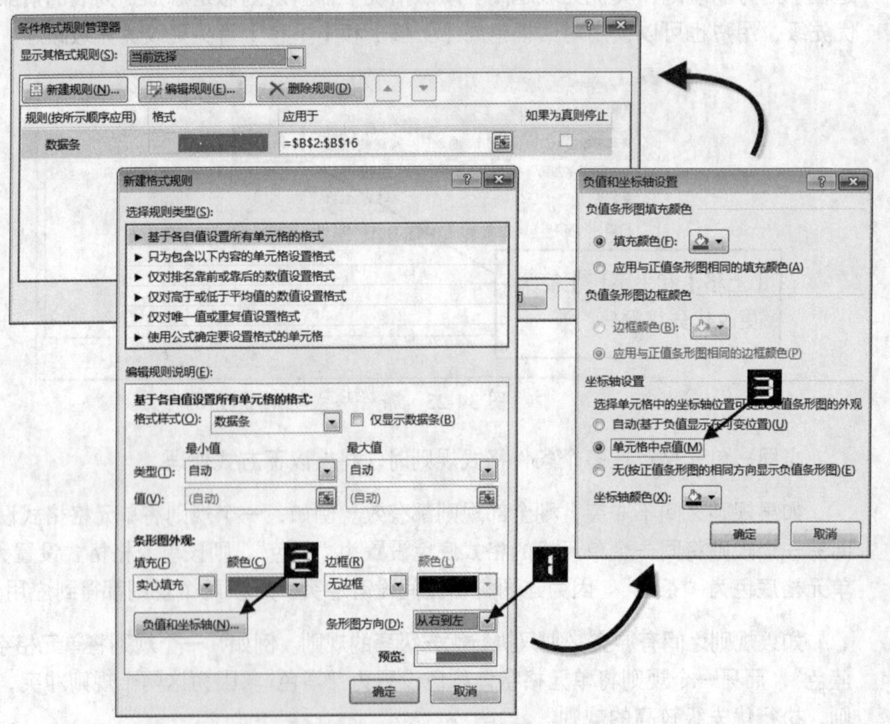

图 34-25 设置“数据条”条件格式

步骤2 → 在【条件格式规则管理器】对话框中，单击【新建规则】按钮，在【新建格式规则】对话框中，添加新格式规则为单元格值小于 30000，并不设置任何格式，表示当数值小于 30000 时无任何格式，单击【确定】按钮，返回【条件格式规则管理器】对话框，勾选“如果为真则停止”复选项，单击【应用】按钮。如图 34-26 所示。

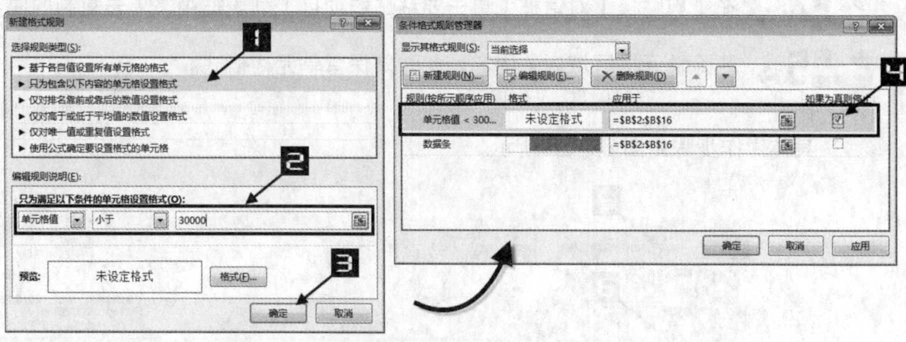

图 34-26　应用“如果为真则停止”规则设置条件格式

应用“如果为真则停止”规则设置条件格式后的效果如图 34-27 所示。“数据条”条形图只在大于 30000 的数据中显示出来。

日期	销售金额
2014年8月1日	-59,197.63
2014年8月2日	64,378.67
2014年8月3日	70,734.44
2014年8月4日	63,523.05
2014年8月5日	69,808.46
2014年8月6日	29,701.13
2014年8月7日	25,419.83
2014年8月8日	36,866.50
2014年8月9日	108,839.37
2014年8月10日	71,400.47
2014年8月11日	96,910.49
2014年8月12日	216,428.68
2014年8月13日	4,707.81
2014年8月14日	24,757.77
2014年8月15日	61,300.79

图 34-27　应用“如果为真则停止”规则设置条件格式后的效果

34.7　条件格式与单元格格式的优先顺序

（1）对于单元格区域，如果条件格式规则为真，它将优先于单元格格式。

例如先对同一单元格区域数据设置【色阶】条件格式，再将单元格区域通过单元格底色格式设置为“蓝色”，该单元格区域优先显示【色阶】条件格式。

（2）如果删除条件格式规则，单元格区域的单元格格式将仍然保留。

34.8　条件格式转化为单元格格式

条件格式是根据一定的条件规则设置的格式，单元格格式是对单元格设置的格式，前者需要在满足一定的条件规则情况下才能显示，后者没有条件约束。如果需要将条件格式转化，可以按如下步骤操作。

步骤1 → 在【开始】选项卡中单击右下侧的【对话框启动器】按钮，打开【剪贴板】对话框。

步骤2 → 选中设有条件格式的单元格区域，按<Ctrl+C>组合键复制。此时复制内容会出现在【剪贴板】对话框中。

步骤3 → 选中 E1 单元格。

步骤4 → 在【剪贴板】对话框【单击要粘贴的项目】列表框中，单击复制的内容。

步骤5 → 删除单元格区域内的内容，此时只保留单元格格式。

具体操作步骤如图 34-28 所示。

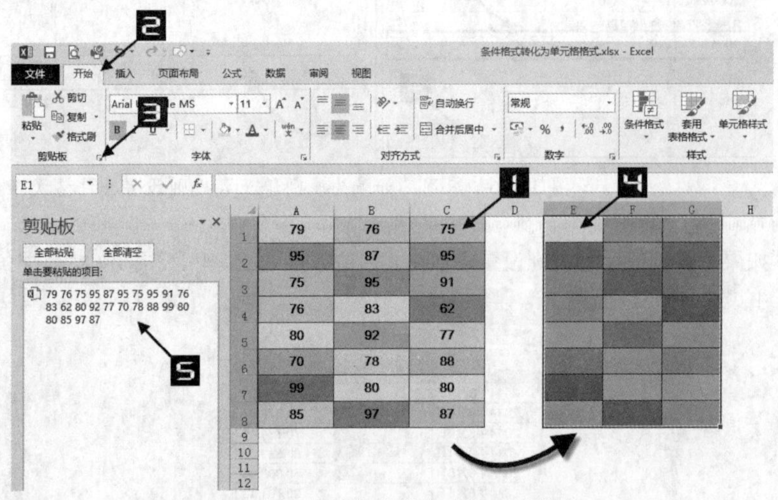

图 34-28　条件格式转化为单元格格式

34.9　条件格式高级应用示例

34.9.1　标示前三名成绩

示例 34-6　标示前三名成绩

图 34-29 所示为一张学成成绩表，要求标示出各科前三名的成绩，及总分前三名的成绩。

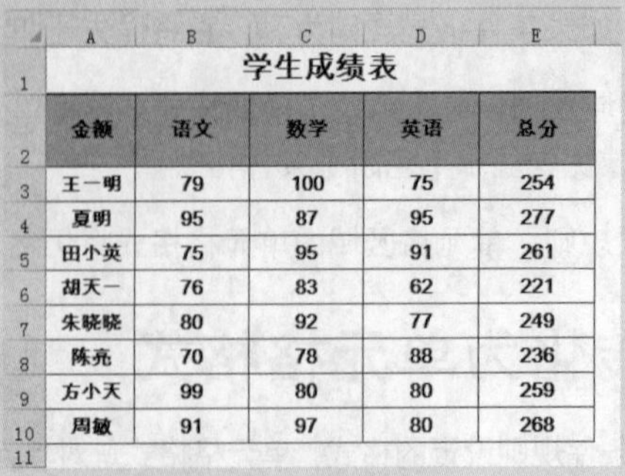

学生成绩表

金额	语文	数学	英语	总分
王一明	79	100	75	254
夏明	95	87	95	277
田小英	75	95	91	261
胡天一	76	83	62	221
朱晓晓	80	92	77	249
陈亮	70	78	88	236
方小天	99	80	80	259
周敏	91	97	80	268

图 34-29　学生成绩表

步骤1 → 选中 B3:B10 单元格区域。

步骤2 → 在【开始】选项卡中单击【条件格式】按钮，在展开的下拉菜单中，单击【项目选择规则】命令，在打开下拉菜单中单击【前 10 项】命令，打开【前 10 项】对话框。

步骤3 → 在【前 10 项】对话框中，在左侧的微调按钮中将值选为“3”，在右侧的下拉列表中选择相应的条件格式。具体操作如图 34-30 所示。

步骤4 → 选中 B3:B10 单元格区域，用格式刷分别将条件格式复制到 C3:C10、D3:D10、E3:E10 单元格区域。最后的效果如图 34-31 所示。

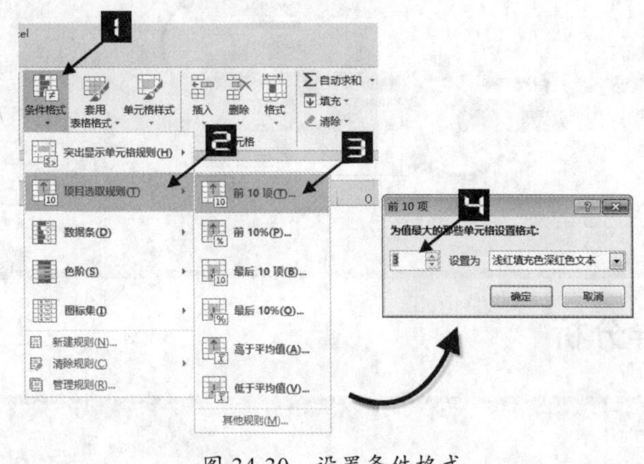

图 34-30 设置条件格式

学生成绩表

金额	语文	数学	英语	总分
王一明	79	100	75	254
夏明	95	87	95	277
田小英	75	95	91	261
胡天一	76	83	62	221
朱晓晓	80	92	77	249
陈亮	70	78	88	236
方小天	99	80	80	259
周敏	91	97	80	268

图 34-31 设置条件格式后的效果

34.9.2 查找重复值

示例 34-7 查找重复数据

使用条件格式，用户还可以快速地查找出重复值。

图 34-32 所示为一张含有重复编码的编码表，用条件格式可以快速地将重复编码查找出来。

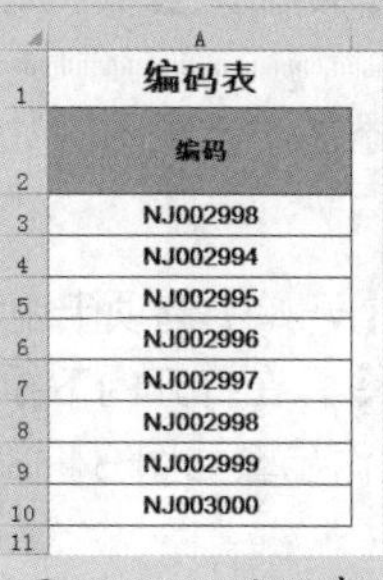

编码表

编码
NJ002998
NJ002994
NJ002995
NJ002996
NJ002997
NJ002998
NJ002999
NJ003000

图 34-32 编码表

步骤1 → 选中 A3:A10 单元格区域。

步骤2 → 在【开始】选项卡中单击【条件格式】按钮，在展开的下拉菜单中，单击【突出显示单元格规则】命令，在打开的下拉菜单中单击【重复值】命令，打开【重复值】对话框。

步骤3 → 在【重复值】对话框左侧的下拉列表中选择【重复】，在右侧的下拉列表中选择相应的条件格式。具体操作步骤及设置结果如图 34-33 所示。

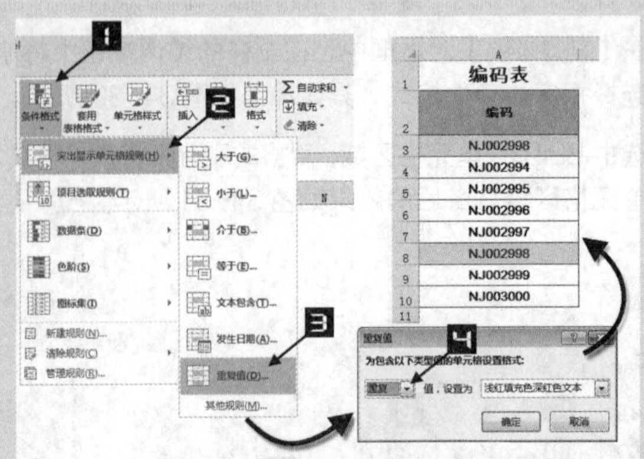

图 34-33 设置条件格式查找重复值

34.9.3 制作盈亏图进行差异分析

示例 34-8 制作盈亏图进行差异分析

图 34-34 所示为一张 2013 年与 2014 年各月数据对比分析表，两个年份中各月数据变化比较大，直接用数据对比不够直观，用户可以用条件格式对差异进行直观分析。

月份	2014年	2013年	差异
1月	4,941.00	5,357.00	-416.00
2月	3,143.00	4,263.00	-1,120.00
3月	5,419.00	4,691.00	728.00
4月	7,188.00	8,242.00	-1,054.00
5月	2,634.00	3,795.00	-1,161.00
6月	7,108.00	4,992.00	2,116.00
7月	6,743.00	5,159.00	1,584.00
8月	7,533.00	9,876.00	-2,343.00
9月	5,603.00	3,591.00	2,012.00
10月	6,241.00	7,950.00	-1,709.00
11月	5,696.00	7,045.00	-1,349.00
12月	3,863.00	1,849.00	2,014.00

图 34-34 差异分析表

步骤1 在 E1:E13 单元格区域，添加“示意图”数据列，在 E2 设置公式为：“=D2”，并将公式填充至 E13 单元格。

步骤2 选中 E2:E13 单元格，在【开始】选项卡中单击【条件格式】按钮，在展开的下拉菜单中，单击【数据条】命令，在打开的下拉菜单中单击【其他规则】命令，打开【新建格式规则】对话框。操作步骤如图 34-35 所示。

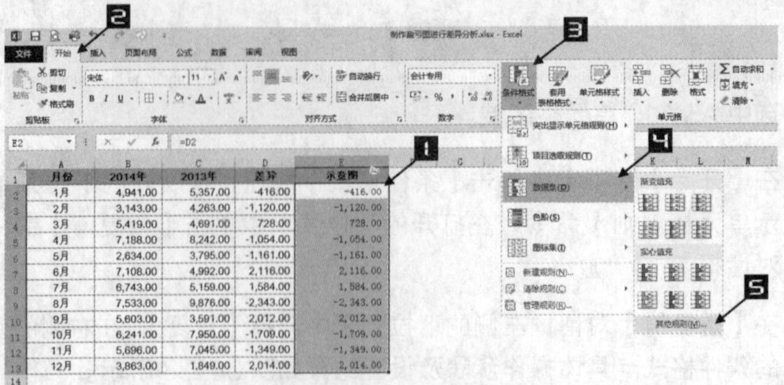

图 34-35 设置【数据条】条件格式

步骤3 → 在【新建格式规则】对话框的【选择规则类型】列表框中选择【基于各自值设置所有单元格的格式】

步骤4 → 勾选【仅显示数据条】单选项，单击【确定】按钮，完成设置。操作步骤及设置后的效果如图 34-36 所示。

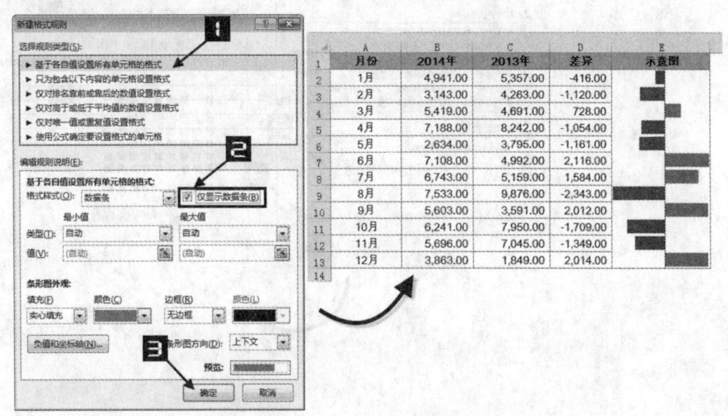

图 34-36 新建格式规则

【数据条】条件格式将两个年度每个月的差异一目了然地显示出来。

34.9.4 按凭证号分色显示

示例 34-9 按凭证号分色显示

图 34-37 所示为 ABC 公司的会计凭证清单，用户可以利用公式添加自定义条件格式，按凭证号对各凭证进行间隔区分。

会计凭证清单

2014年10月

借方:66680.84 贷方:66680.84
平均校验通过！

单位名称: ABC公司　　单位金额:元

日期	凭证号	摘要	科目代码	一级科目	二级科目	借方	贷方
2014年10月2日	1		1133	其他应收款	A2公司	27,900.00	
2014年10月2日	1		1002	银行存款	工行		27,900.00
2014年10月3日	2		5502	管理费用	业务招待费	6,010.15	
2014年10月3日	2		1002	银行存款	建行		6,010.15
2014年10月3日	3		5402	主营业务税金及附加		5,550.00	
2014年10月3日	3		2171	应交税金	营业税		5,000.00
2014年10月3日	3		2171	应交税金	城建税		350.00
2014年10月3日	3		2176	其他应交款	教育费附加		200.00
2014年10月6日	4		5502	管理费用	公积金	5,400.00	
2014年10月6日	4		1002	银行存款	工行		5,400.00
2014年10月10日	5		5502	管理费用	办公费	178.00	
2014年10月10日	5		2151	应付工资			178.00

图 34-37 会计凭证清单

步骤1 → 选中凭证分录区域，如 A7:H26 单元格区域。

步骤2 → 在【开始】选项卡的【样式】组中，单击【条件格式】按钮，在展开的下拉菜单中单击【新建规则】命令，打开【新建格式规则】对话框。

步骤3 → 在【新建格式规则】对话框中的【选择规则类型】列表框中，选择【使用公式确定要设置格式的单元格】。

步骤4 → 在【为符合此公式的值设置格式】编辑框中输入公式：

```
=MOD(SUM(N($B$6:$B6<>$B$7:$B7)),2)
```

步骤5 单击【格式】按钮，打开【设置单元格格式】对话框。

步骤6 在【设置单元格格式】对话框中，选择【填充】选项卡，在【背景色】中选择合适的颜色。设置方法如图 34-38 所示。

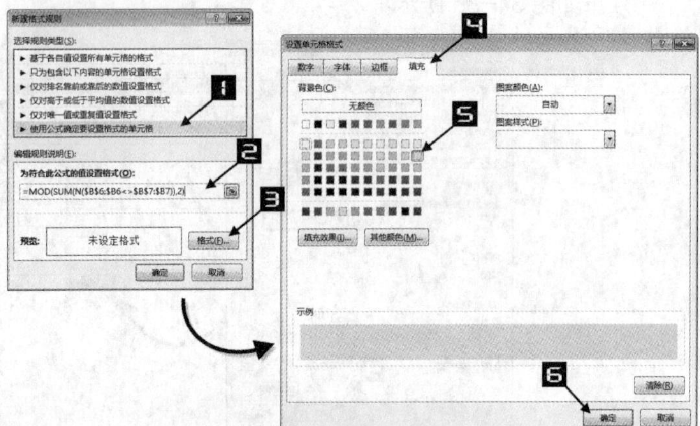

图 34-38 设置条件格式

步骤7 依次单击【确定】按钮，关闭对话框，完成设置。设置后的结果如图 34-39 所示。

会计凭证清单

2014年10月

借方:66680.84　贷方:66680.84

平均校验通过！

单位名称: ABC公司　　单位金额:元

日期	凭证号	摘要	科目代码	一级科目	二级科目	借方	贷方
2014年10月2日	1		1133	其他应收款	A2公司	27,900.00	
2014年10月2日	1		1002	银行存款	工行		27,900.00
2014年10月3日	2		5502	管理费用	业务招待费	6,010.15	
2014年10月3日	2		1002	银行存款	建行		6,010.15
2014年10月3日	3		5402	主营业务税金及附加		5,550.00	
2014年10月3日	3		2171	应交税金	营业税		5,000.00
2014年10月3日	3		2171	应交税金	城建税		350.00
2014年10月3日	3		2176	其他应交款	教育费附加		200.00
2014年10月6日	4		5502	管理费用	公积金	5,400.00	
2014年10月6日	4		1002	银行存款	工行		5,400.00
2014年10月10日	5		5502	管理费用	办公费	178.00	
2014年10月10日	5		2151	应付工资			178.00

图 34-39 设置结果

34.9.5 高亮显示光标选定数据

示例 34-10 高亮显示光标选定数据

图 34-40 所示为一张数据表，用户可以使用条件格式更醒目地显示光标所选中的数据的位置。

公司	1月份	2月份	3月份	4月份	5月份	6月份
北京	368	192	565	329	324	166
上海	523	158	471	-995	576	664
天津	439	995	-184	357	957	123
南京	250	-455	256	983	331	541
广州	268	431	769	820	946	290
海口	216	99	702	480	557	114

图 34-40 数据表

步骤1 选中 B3:H8 单元格区域。

步骤2 在【开始】选项卡单击【条件格式】按钮，在展开的下拉菜单中，单击【新建规则】命令，打开【新建格式规则】对话框。

步骤3 在【新建格式规则】对话框的【选择规则类型】列表框中，选择【使用公式确定要设置格式的单元格】

步骤4 在【编辑规则说明】组合框的【为符合此公式的值设置格式】编辑框中输入条件公式：

```
=CELL("row")=ROW()
```

步骤5 单击【格式】按钮，打开【设置单元格格式】对话框。

步骤6 在【填充】选项卡中，选取合适的背景色，例如“茶色”。

步骤7 依次单击【确定】按钮关闭对话框，完成设置。设置方法如图 34-41 所示。

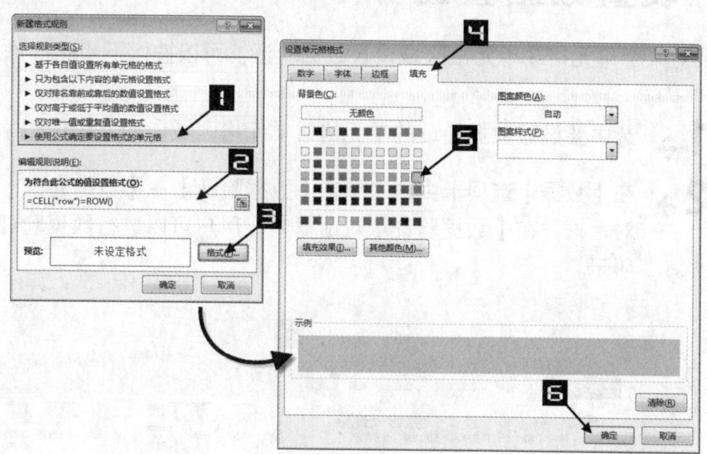

图 34-41　设置条件格式

步骤8 按<Alt+F11>组合键打开 VBE 编辑窗口，在代码窗口中输入以下代码，用于自动重算，以便当光标选定数据时立即以设定的条件格式反映被选数据行：

```
Private Sub Worksheet_SelectionChange(ByVal Target As Range)
ActiveSheet.Calculate
End Sub
```

如图 34-42 所示，当用户选定相关数据时，如 F5 单元格，该数据所在行立即以条件格式设置的颜色显示出来。

公司	1月份	2月份	3月份	4月份	5月份	6月份
北京	368	192	565	329	324	166
上海	523	158	471	-995	576	664
天津	439	995	-184	357	957	123
南京	250	-455	256	983	331	541
广州	268	431	769	820	946	290
海口	216	99	702	480	557	114

图 34-42　设置条件格式后的结果

第 35 章　数据验证

数据验证通常用来限制单元格中输入数据的类型和范围，防止用户输入无效数据。此外，用户还可以使用数据验证定义帮助信息，或是圈释无效数据。

本章学习要点

（1）数据验证的设置与使用。

（2）数据验证的规则与限制。

（3）数据验证的高级应用。

35.1　设置数据验证

要对某个单元格或单元格区域设置数据验证，可以按以下步骤操作。

步骤 1 → 选中要设置数据验证的单元格或单元格区域，如 A1 单元格。

步骤 2 → 在【数据】选项卡中依次单击【数据验证】→【数据验证】命令，打开【数据验证】对话框，在【数据验证】对话框中，用户可以进行数据验证的相关设置，如图 35-1 所示。

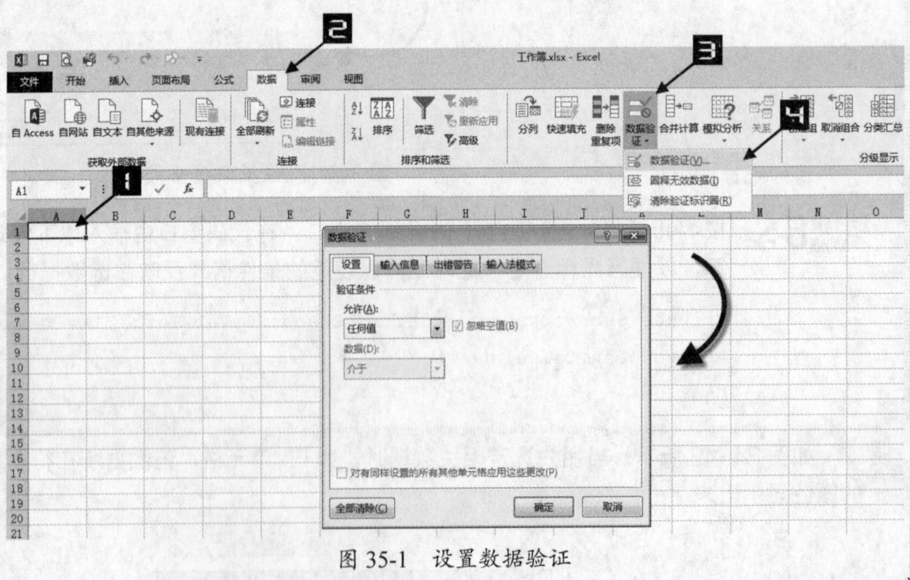

图 35-1　设置数据验证

35.2　数据验证允许的条件

在【数据验证】对话框的【设置】选项卡中，内置了 8 种数据验证允许的条件可以对数据录入进行有效的管理和控制。

35.2.1 任何值

此为默认的选项，即允许在单元格中输入任何数据而不受限制，如图 35-2 所示。

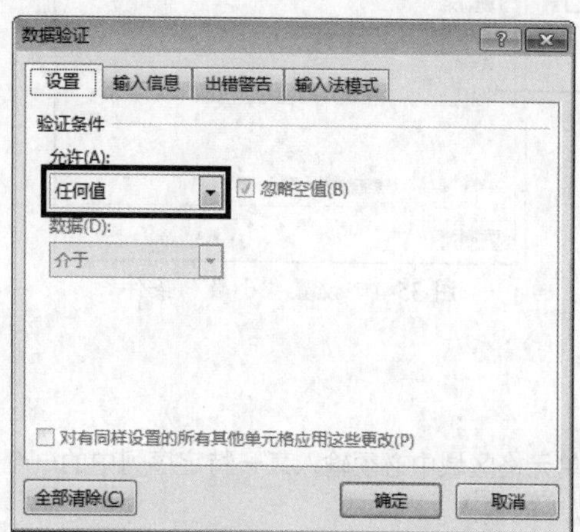

图 35-2 设置“任何值”条件

35.2.2 整数

限制单元格只能输入整数。

当在【设置】选项卡中选择数据验证的条件为【整数】后，会出现“整数”条件的设置选项，在【数据】下拉列表中可以选择数据允许的范围，如“介于”、“大于”、“小于”等，如果选择【介于】，则会出现【最小值】和【最大值】数据范围编辑框，供用户指定整数区间的上限和下限值。若要限制在单元格区域中只能输入 10 岁至 60 岁之间的年龄值，可按如图 35-3 所示的方法设置。

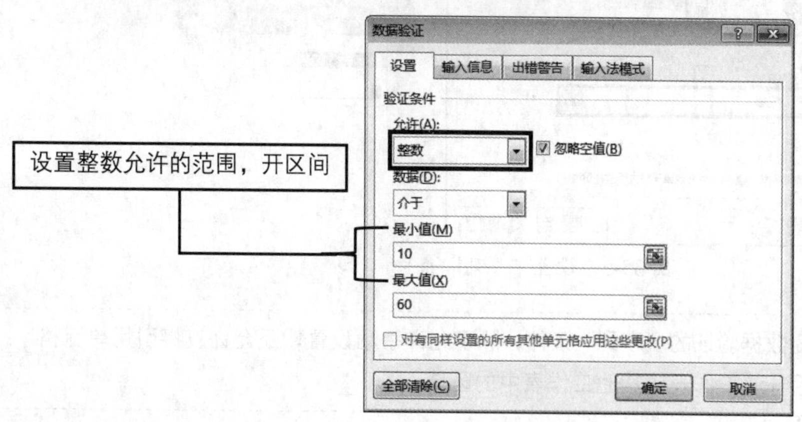

图 35-3 设置【整数】条件

35.2.3 小数

“小数”条件，限制单元格只能输入小数。

该条件的设置方法与“整数”相似。图 35-4 展示了如何限制在单元格中输入的“利率”值必须小于 0.1。

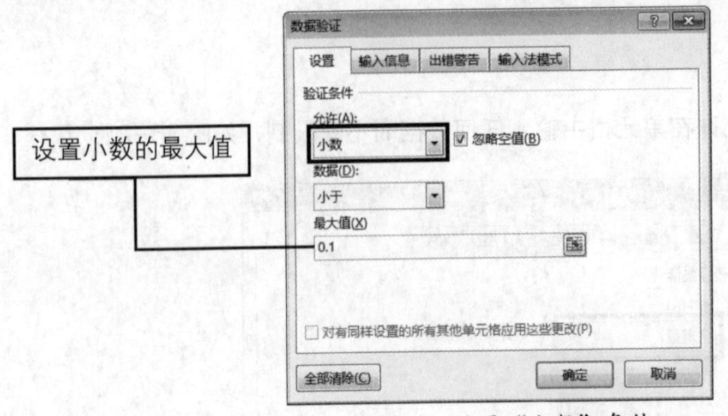

图 35-4 设置“小数”条件

35.2.4 序列

“序列”条件要求在单元格区域中必须输入某一特定序列中的一个内容项。序列的内容可以是单元格引用、公式，也可以手动输入。

当在【设置】选项卡中选择【数据验证】的条件为【序列】后，会出现“序列”条件的设置选项。在【来源】编辑框中，可用手动输入序列内容，并以半角的逗号隔开不同内容项，或者直接在工作表中选择单行或单列单元格区域中的现有数据。

如果同时勾选了【提供下拉箭头】复选框，则在设置完成后，当选定单元格时，在单元格右侧会出现下拉箭头按钮。单击此按钮，序列内容会出现在下拉列表中，选择其中一项即可完成输入，如图 35-5 所示。

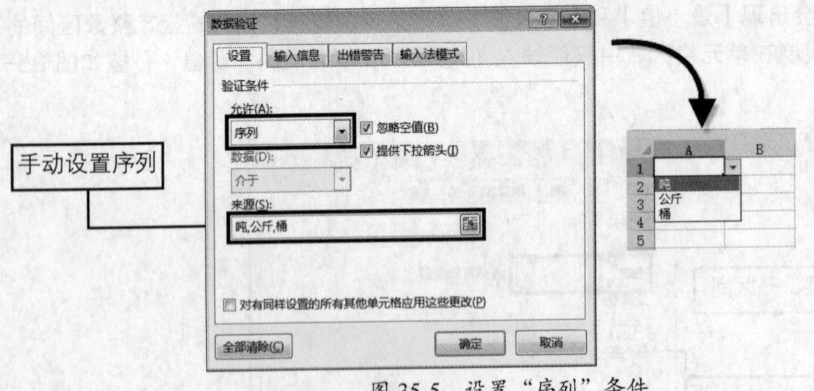

图 35-5 设置“序列”条件

提示 Excel 2013 数据验证的“序列”条件，除了允许手动设置，还允许直接引用单元格区域，包括当前工作表或其他工作表中的区域。

35.2.5 日期

“日期”条件，用于限制单元格只能输入某一区间的日期，或者是排除某一日期区间之外的日期。

例如，如果需要将日期限定在一、二、四季度，可以用“未介于”来排除三季度的日期，设置方法如图 35-6 所示。

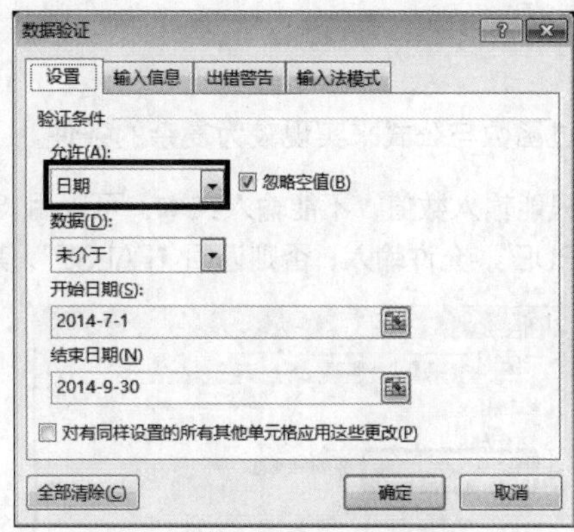

图 35-6 设置“日期”条件

35.2.6 时间

“时间”条件与“日期”条件的设置基本相同，主要用于限制单元格只能输入时间，图 35-7 展示了如何设置必须输入下午 2 点到 5 点之间的时间。

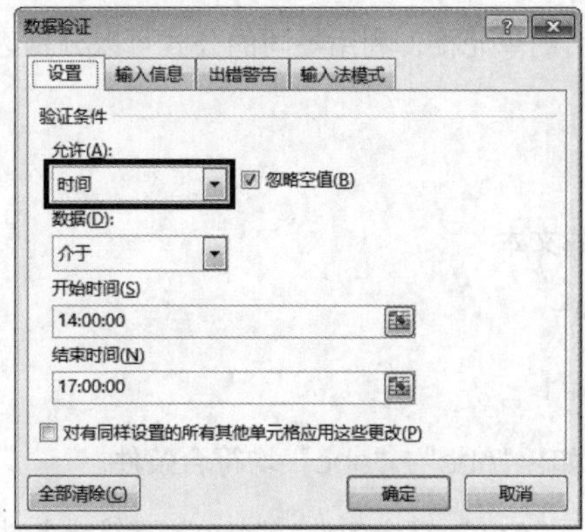

图 35-7 设置“时间”条件

35.2.7 文本长度

“文本长度”条件，主要用于限制输入数据的字符个数。例如要求输入某种编码的长度必须为 4 位，可按如图 35-8 所示的方式进行设置。

图 35-8 设置“文本长度”条件

35.2.8 自定义

自定义条件主要是指通过函数与公式来实现较为复杂的条件。

例如，要求 B15 单元格只能输入数值，不能输入文本，可以用 ISNUMBER 函数对输入的内容进行判断，如果是数值返回“TRUE”，允许输入；否则返回“FALSE”，禁止输入，设置如图 35-9 所示。

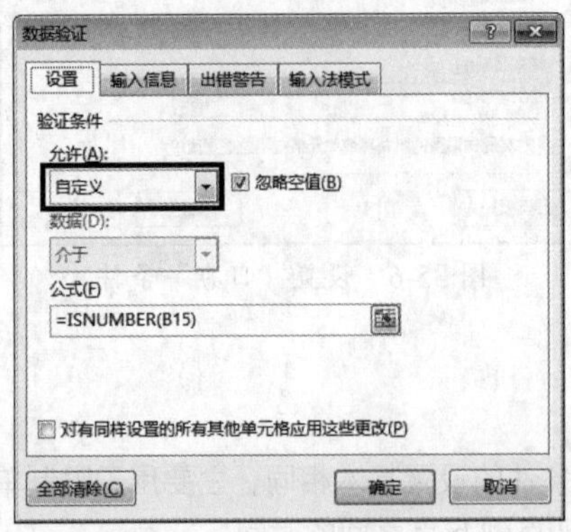

图 35-9 设置“自定义”条件

以下的例子假设 A1 为活动单元格，利用不同的公式可以分别达到以下效果。

（1）只能输入文本

```
=ISTEXT(A1)
```

（2）输入以“A”开头的文本

公式 1：=LEFT(A1)= "A"

公式 2：=FIND("A",A1)=1

公式 1 不区分大小写，如：“Abc”、“abc”均符合条件。

公式 2 区分大小写，如：“Abc”符合条件，“abc”不符合条件。

（3）最后两个字为“公司”

```
=RIGHT(A1,2)= "公司"
```

（4）第 3 个字符为“中”

```
=MID(A1,3,1)="中"
```

35.3 设置输入提示信息和出错警告提示

利用数据验证，可以为单元格区域预先设置输入信息提示，类似 Excel 的批注。此外，对于不符合验证条件的输入内容做出的警告提示内容，也可以自定义提示内容。

35.3.1 设置输入信息提示

用户可以对设置有数据验证的单元格设置提示信息，具体方法如下。

步骤1 选中准备设置提示信息的单元格，如 B2 单元格。

步骤2 → 在【数据】选项卡中依次单击【数据验证】→【数据验证】命令，打开【数据验证】对话框。

步骤3 → 在【数据验证】对话框中，单击【输入信息】选项卡，在【标题】编辑框中输入提示信息的标题，在【输入信息】列表框中输入提示信息的内容。

步骤4 → 单击【确定】按钮，关闭对话框，完成设置，如图 35-10 所示。

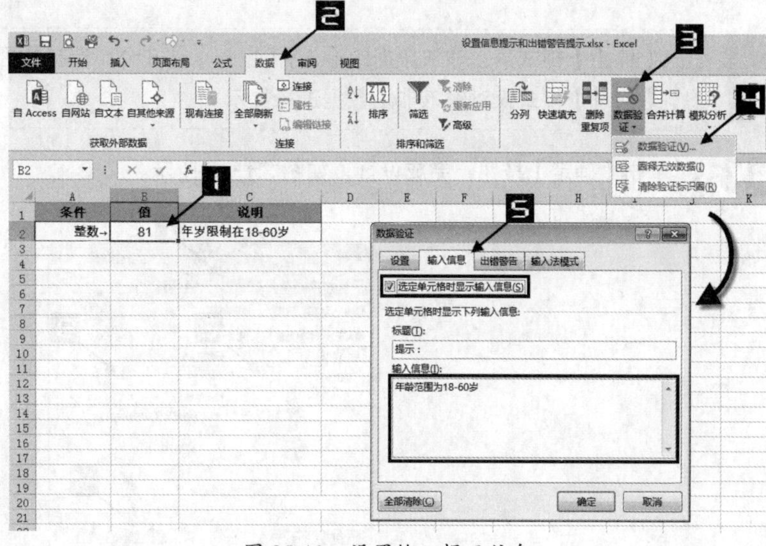

图 35-10　设置输入提示信息

当再次单击 B2 单元格时，单元格下方会出现设置的提示信息，如图 35-11 所示。

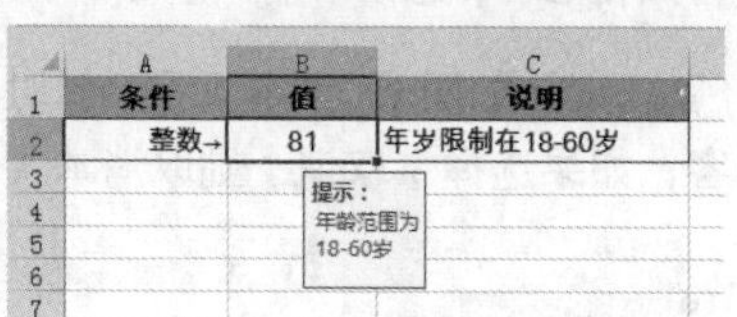

图 35-11　设置提示信息后的效果

选定此信息提示框，可以在工作表中进行拖动。

如果活动单元格不再是 B2 单元格，则此信息提示框会自动消失。

提示　输入信息提示与“数据验证”的条件设置没有关系。无论条件如何设置，包括允许任何值，都不影响输入信息提示的设置。

35.3.2　设置出错警告提示信息

当用户在设置了数据验证的单元格中输入了不符合条件的内容，Excel 会弹出警告信息，如图 35-12 所示。此时如果单击【重试】按钮，将返回单元格等待再次编辑；如果单击【取消】按钮，则取消本次输入操作。

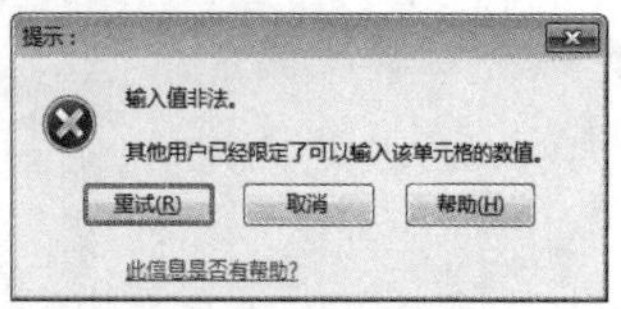

图 35-12　警告信息

Excel 数据验证可以对此警告信息做进一步设置，以达到更明确和个性化的效果，方法如下。

步骤1 选中 B2 单元格，打开【数据验证】对话框，在【设置】选项卡中设置条件为必须输入 18~60 之间的整数。

步骤2 单击【出错警告】选项卡，在【样式】下拉列表中选择一项，在【标题】编辑框中输入提示信息的标题，在【错误信息】列表框中输入提示信息。

提示

【停止】样式禁止非法数据的输入，【警告】样式允许选择是否输入非法数据，【信息】样式仅对输入非法数据进行提示。

步骤3 单击【确定】按钮，完成设置，如图 35-13 所示。

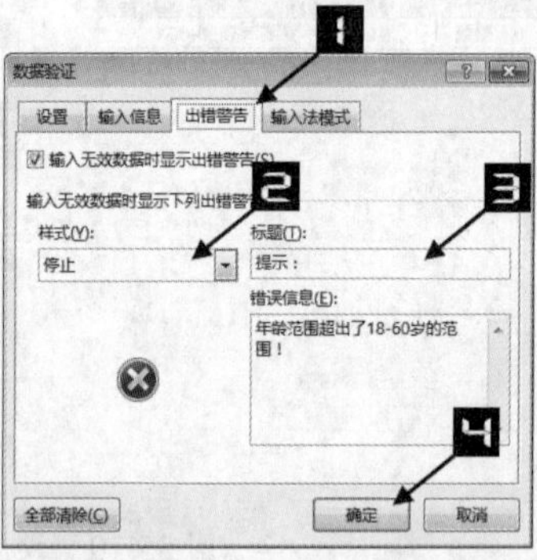

图 35-13　设置停止警告信息

当输入内容超过设置范围，如在 B2 单元格中输入了 81，会弹出警告提示信息。

如果样式设置为【停止】，警告提示如图 35-14 所示。此时，如果选择【重试】则返回 B2 单元格，等待重新输入正确的内容，如果选择【取消】则取消本次输入。

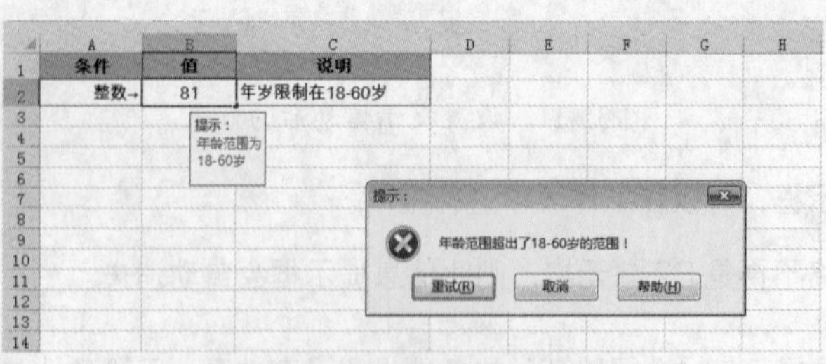

图 35-14 【停止】警告提示

如果【样式】设置为【警告】，警告提示如图 35-15 所示。此时，如果单击【是】则确认输入的内容为被允许的内容；如果单击【否】则返回单元格，等待重新输入；如果单击【取消】则取消输入的内容。

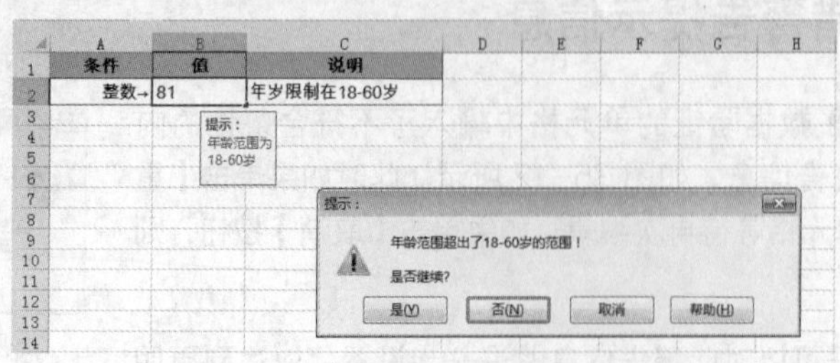

图 35-15 【警告】警告信息

如果【样式】选择了【信息】选项，警告提示如图 35-16 所示。此时，如果单击【确定】则接受所输入的内容，如果单击【取消】则恢复到原来的值。

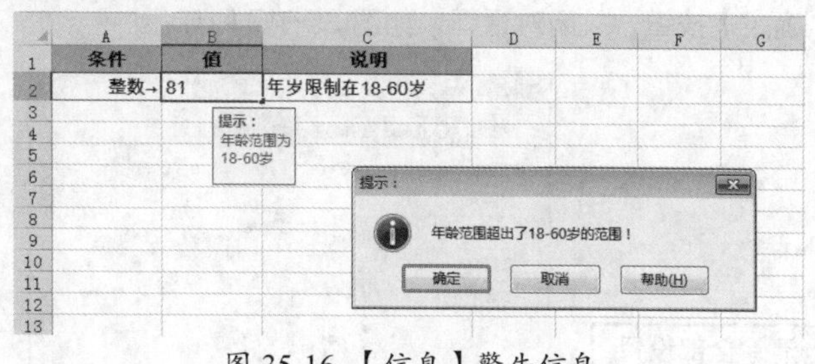

图 35-16 【信息】警告信息

35.4 定位、复制和删除数据验证

35.4.1 定位含有数据验证的单元格

如果要在工作表中查找设置了数据验证的单元格，可以按如下步骤操作。

步骤1 按<Ctrl+G>组合键，打开【定位】对话框，单击【定位条件】按钮，打开【定位条件】对话框。

步骤2 在【定位条件】对话框中，选中【数据验证】及【全部】选项。

步骤3 单击【确定】按钮，关闭对话框。当前工作表中所有设置了数据验证的单元格将被全部选中。

提示 如果要定位数据验证设置的条件及提示信息完全相同的单元格，可以在步骤 2 中，单选【数据验证】及【相同】选项。

35.4.2 复制数据验证

包含数据验证的单元格被复制时，数据验证会被一同复制。如果只需要复制单元格的数据验证而不需要复制单元格内容和格式，可以使用选择性粘贴的方法，在【选择性粘贴】对话框中单选【有效性验证】选项。

有关“选择性粘贴”的更多内容，请参阅第 6 章。

35.4.3 删除数据验证

1. 删除单个单元格的数据验证

如果要删除某一个单元格的数据验证，可以按如下方法操作。

步骤1 选中需要删除数据验证的单元格。

步骤2 打开【数据验证】对话框。

步骤3 → 在【数据验证】对话框的【设置】选项卡中，单击【全部清除】按钮。

步骤4 → 单击【确定】按钮，关闭对话框，如图 35-17 所示。

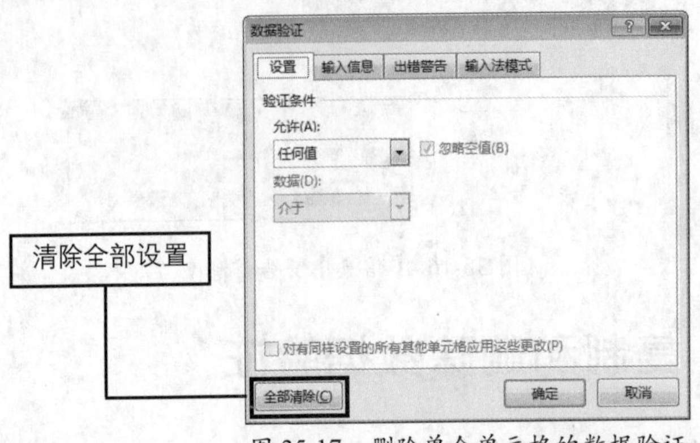

图 35-17 删除单个单元格的数据验证

2. 删除多个单元格区域的数据验证

如果需要删除多个单元格区域内包括多个设置不同的数据验证，可以按以下步骤操作。

步骤1 → 选中设置了数据验证的单元格区域，如 B2:B9 单元格区域。

步骤2 → 在【数据】选项卡中单击【数据验证】→【数据验证】命令，此时会弹出警告对话框，警告"选定区域含有多种类型的数据验证"。

步骤3 → 单击【确定】按钮，打开【数据验证】对话框。

步骤4 → 此时的【数据验证】对话框，默认选中【设置】选项卡，数据验证条件为【任何值】，此时可以直接单击【确定】按钮，关闭对话框，清除所选单元格区域内的数据验证，如图 35-18 所示。

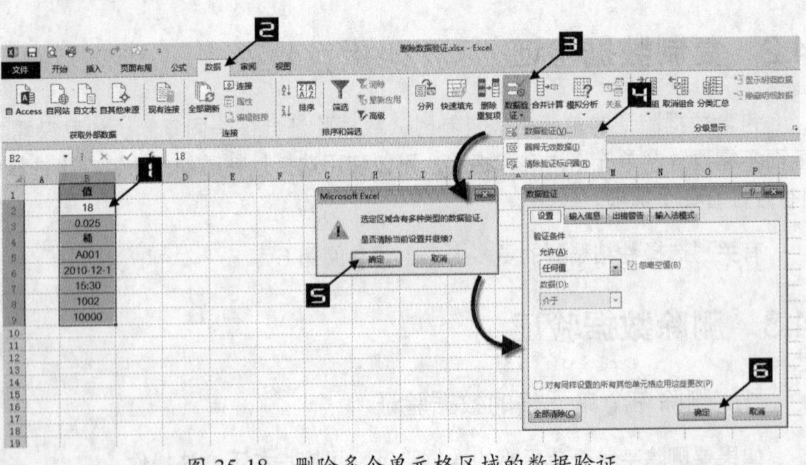

图 35-18 删除多个单元格区域的数据验证

35.5 数据验证的规则与限制

设置数据验证的条件时，应该注意其规则和限制，否则将造成错误和无效的设置。

35.5.1 数据验证的规则

数据验证的条件使用“自定义”时，当公式的结果返回逻辑值 TRUE 或非零数字时，条件才为真；其他结果，条件都为假。

35.5.2 数据验证的限制

数据验证的条件中，主要有以下几种限制条件。

（1）Excel 2007 之前版本不能直接使用对其他工作表或工作簿的引用。如果需要，必须定义名称或使用 INDIRECT 函数。

（2）不能使用联合、交叉引用或数组常量，如“=OR($B$10={1;2})。

（3）不能直接引用内存数组，如“=ROW($1:$8)”。

35.5.3 使用数据验证应注意的问题

数据验证可以限制错误数据录入，但不能阻止错误数据被复制粘贴。对于错误数据的检查，可以采用圈释无效数据的方法（详细方法请参见 35.6.1 小节）或采用设置条件格式的方法将错误数据查找出来。

35.6 数据验证的高级应用示例

35.6.1 圈释无效数据

数据验证具有圈释无效数据的功能，运用这一功能很方便地查找出错误的数据。

示例 35-1 查找借贷合计金额不等的凭证

根据会计记账的要求，同一凭证（即凭证号相同的记录）中的借方金额合计必须等于贷方金额合计。图 35-19 所示为一份含有借贷合计金额不等错误的会计凭证清单，用户可以运用数据验证将错误的凭证快速查找出来。

会计凭证清单

所属期间：2014年8月

单位名称： ABC公司　　　　单位金额：元

日期	凭证号	摘要	科目代码	一级科目	借方	贷方
2014年8月1日	1		1002	其他应收款	20,000.00	
2014年8月1日	1		1002	银行存款		200,001.00
2014年8月3日	2		1002	银行存款	160,000.00	
2014年8月3日	2		1002	银行存款		160,000.00
2014年8月5日	3		1002	银行存款	1,890,000.00	
2014年8月5日	3		2131	预收账款		1,890,000.00
2014年8月6日	4		2181	其他应付款		846,550.00
2014年8月6日	4		1002	银行存款	8,064,000.00	
2014年8月6日	4		1002	银行存款	40,150.00	
2014年8月10日	5		1002	银行存款	380,000.00	
2014年8月10日	5		1002	银行存款	67,000.00	
2014年8月10日	5		1002	银行存款	630,000.00	
2014年8月10日	5		2131	预收账款		1,077,000.00

图 35-19 含有借贷不平错误的会计凭证清单

具体操作步骤如下。

步骤1 → 选中 F5:G17 单元格区域，采用自定义方式对其设置数据验证，如图 35-20 所示。

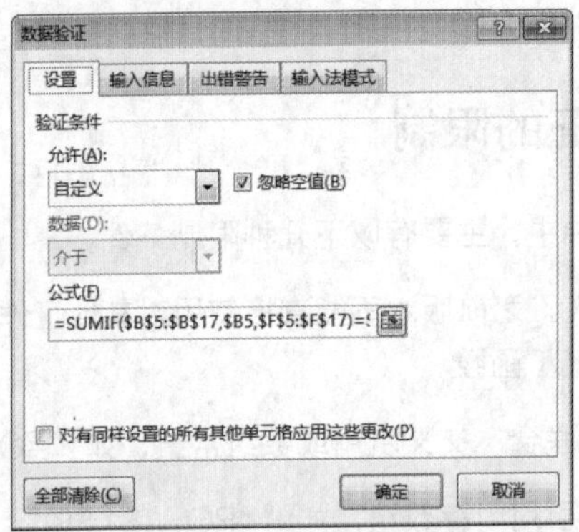

图 35-20 设置数据验证

自定义条件公式如下：

```
=SUMIF($B$5:$B$17,$B5,$F$5:$F$17)=SUMIF($B$5:$B$17,$B5,$G$5:$G$17)
```

解题思路如下。

用 SUMIF 函数分别按凭证号计算每个凭证借方金额和贷方金额之和，并设置数据验证条件是凭证号相同的借方金额合计与贷方金额合计相等，不相等则为无效数据。

步骤2 → 在【数据】选项卡中依次单击【数据验证】→【圈释无效数据】命令，不符合条件的错误数据立即被圈释出来。操作步骤及效果如图 35-21 所示。

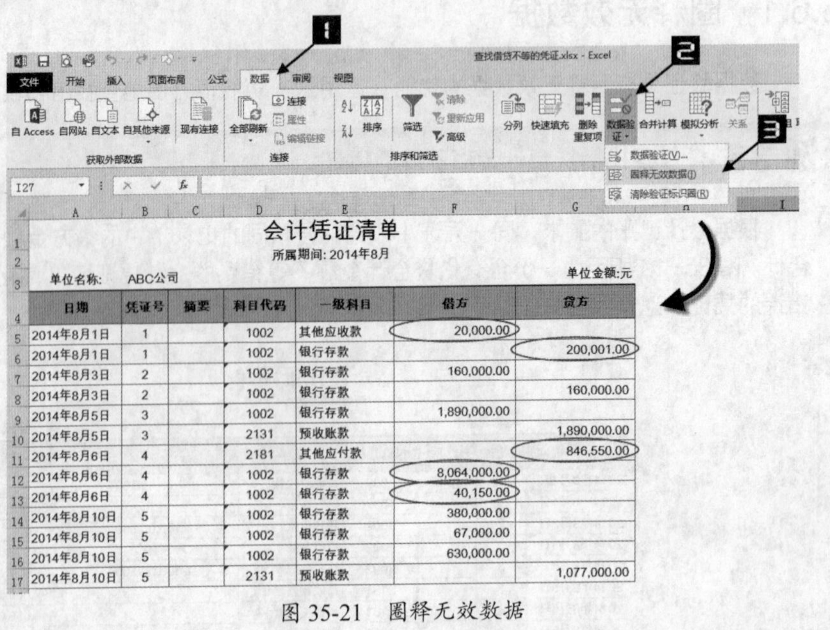

日期	凭证号	摘要	科目代码	一级科目	借方	贷方
2014年8月1日	1		1002	其他应收款	20,000.00	
2014年8月1日	1		1002	银行存款		200,001.00
2014年8月3日	2		1002	银行存款	160,000.00	
2014年8月3日	2		1002	银行存款		160,000.00
2014年8月5日	3		1002	银行存款	1,890,000.00	
2014年8月5日	3		2131	预收账款		1,890,000.00
2014年8月6日	4		2181	其他应付款		846,550.00
2014年8月6日	4		1002	银行存款	8,064,000.00	
2014年8月6日	4		1002	银行存款	40,150.00	
2014年8月10日	5		1002	银行存款	380,000.00	
2014年8月10日	5		1002	银行存款	67,000.00	
2014年8月10日	5		1002	银行存款	630,000.00	
2014年8月10日	5		2131	预收账款		1,077,000.00

图 35-21 圈释无效数据

35.6.2 限制输入重复数据

重复录入数据是常见的错误，使用数据验证可以很好地规避这一问题。

示例 35-2 防止重复录入身份证号码

图 35-22 所示为 ABC 公司的人员名单，要求输入这些人员的身份证号码，为防止重复输入身份证号码，可以用数据验证来进行限制。具体步骤如下。

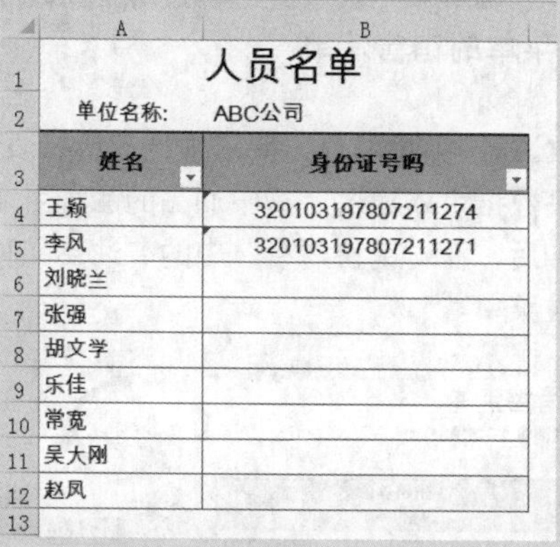

姓名	身份证号吗
王颖	320103197807211274
李风	320103197807211271
刘晓兰	
张强	
胡文学	
乐佳	
常宽	
吴大刚	
赵凤	

图 35-22 人员名单

步骤1 选中需要输入身份证号的单元格区域，如 B4:B12。

步骤2 按图 35-23 所示，设置数据验证。

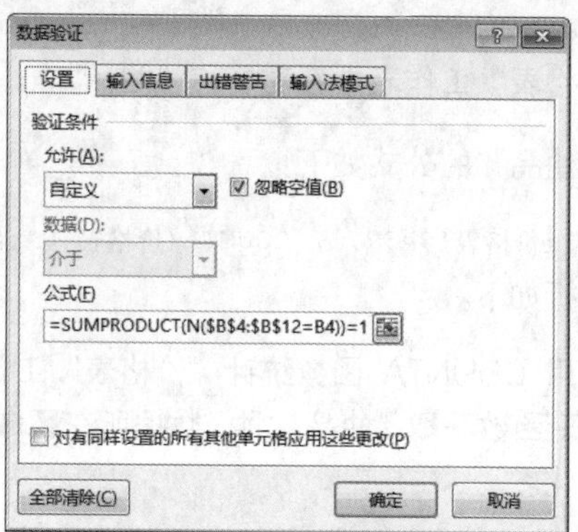

图 35-23 设置数据验证

数据验证的条件公式如下：

```
=SUMPRODUCT(N($B$4:$B$12=B4))=1
```

思路解释如下。

用 SUMPRODUC 函数计算输入的身份证号在 B 列身份证数据中的重复次数，并设置数据验证条件为重复次数为 1，大于 1 次的即为重复数据。公式中的 N 函数用于将逻辑值转为数值以便于计算重复次数。

注意 在许多情况下，常用 COUNTIF 函数来判断不重复值，用于数据验证时的公式常为：COUNTIF(B4:B12,B4)=1。但由于现在的身份证号码为 18 位，而 Excel 的运算精度只到 15 位，所以 COUNTIF 函数对身份证号码第 16 位以后不同的号码误作为相同号码进行统计，从而会造成数据验证设置错误。

35.6.3 制作动态下拉菜单

35.2.4 小节介绍了通过引用单元格区域，利用数据验证的“序列”条件设置单元格下接菜单的方法。本例将进一步介绍制作动态下拉菜单的方法。

示例 35-3 制作动态下拉菜单的销售清单

图 35-24 所示为一份某公司的销售清单，要求根据“价格表”，在“销售清单”中设置“产品品种”的下拉菜单，以便提高数据录入速度。其中油品的品种可能会随着销售情况随时增加，要求当“油品价格表”中品种增加后，在“销售清单”中的“油品品种”栏目的下拉菜单中同时反映品种增加的情况，形成动态下拉菜单。

销售清单

所属期间: 2014年8月

单位名称: 天顺油品公司

销售日期	油品品种	销售数量	销售单价（元/吨）	销售金额
2014年8月1日	0号柴油	100.000	6,800.00	680,000.00
2014年8月2日	93号汽油	200.000	7,000.00	1,400,000.00

油品价格表

油品名称	销价
90号汽油	6,700.00
93号汽油	7,000.00
97号汽油	7,300.00
0号柴油	6,800.00

图 35-24 销售清单

步骤1 在“价格表”工作表中新建名称“油品”。

名称“油品”的公式如下：

```
=OFFSET(价格表!$A$2,1,,COUNTA(价格表!$A:$A)-2)
```

思路解析如下。

公式中用 COUNTA 函数统计“价格表”工作表 A 列中不为空的单元格个数，再用 OFFSET 函数获取“油品品种”数据所在区域，该区域会因 A 列中油品名称的增减而动态变化。

步骤2 在“销售清单”工作表中，选中“油品品种”字段，如 B5:B10 单元格区域，设置数据验证，如图 35-25 所示。

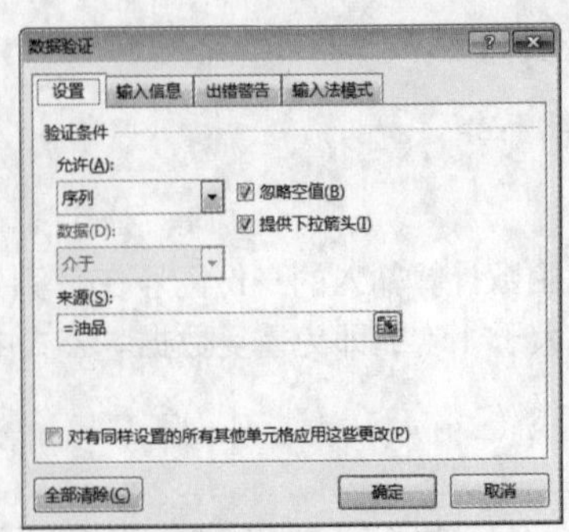

图 35-25 设置数据验证

步骤3 在“销售清单”工作表，单击 B7 单元格的下拉按钮，可以在展开的下拉列表中看到“价格表”中“油品名称”。

步骤4 → 当“价格表”中增加“-10号柴油”品种后，再次单击B7单元格的下拉按钮，可以在展开的下拉列表中看到相应的变化，如图35-26所示。

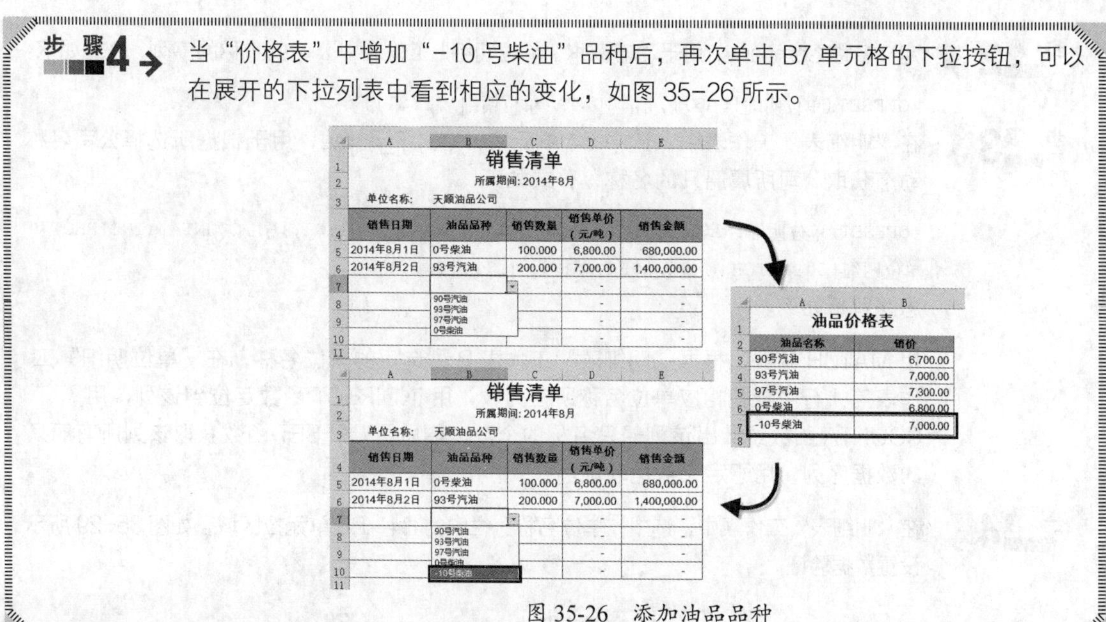

图 35-26　添加油品品种

35.6.4 设置两级联动菜单

实际工作中，用户可能需要创建两级或两级以上的联动菜单。

示例 35-4 制作两级联动的菜单

图35-27所示为一张单位船只加油的明细表，它反映加油单位和单位所属船只的加油情况。要求在录入明细表时，根据单元格下拉列表选择录入单位名称，同时在单位名称选定后，设置“所属船只”项目栏下拉列表只显示该单位所属的船只名称，创建一个两级联动的录入明细表。具体方法如下。

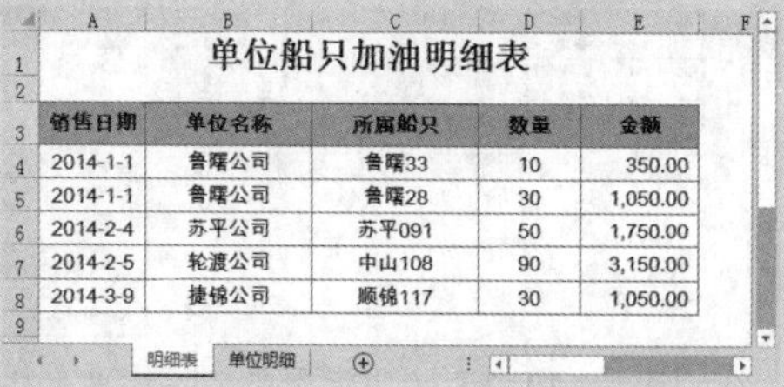

单位船只加油明细表

销售日期	单位名称	所属船只	数量	金额
2014-1-1	鲁曙公司	鲁曙33	10	350.00
2014-1-1	鲁曙公司	鲁曙28	30	1,050.00
2014-2-4	苏平公司	苏平091	50	1,750.00
2014-2-5	轮渡公司	中山108	90	3,150.00
2014-3-9	捷锦公司	顺锦117	30	1,050.00

明细表　单位明细

图 35-27　单位船只加油明细表

步骤1 → 编制如图35-28所示的加油单位及所属船只明细表。

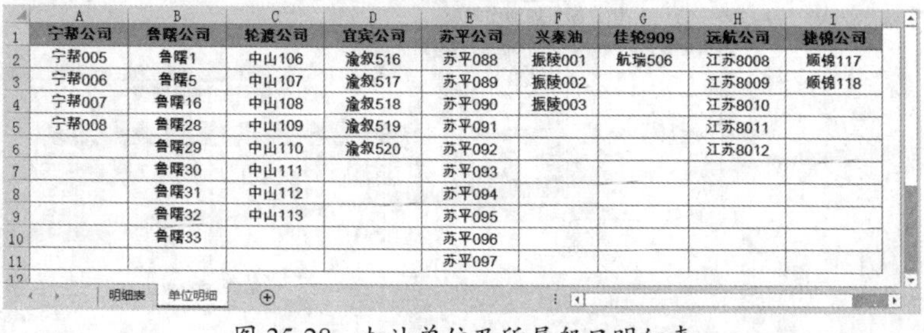

宁帮公司	鲁曙公司	轮渡公司	宜宾公司	苏平公司	兴泰油	佳轮909	远航公司	捷锦公司
宁帮005	鲁曙1	中山106	渝叙516	苏平088	振陵001	航瑞506	江苏8008	顺锦117
宁帮006	鲁曙5	中山107	渝叙517	苏平089	振陵002		江苏8009	顺锦118
宁帮007	鲁曙16	中山108	渝叙518	苏平090	振陵003		江苏8010	
宁帮008	鲁曙28	中山109	渝叙519	苏平091			江苏8011	
	鲁曙29	中山110	渝叙520	苏平092			江苏8012	
	鲁曙30	中山111		苏平093				
	鲁曙31	中山112		苏平094				
	鲁曙32	中山113		苏平095				
	鲁曙33			苏平096				
				苏平097				

明细表　单位明细

图 35-28　加油单位及所属船只明细表

步骤2 定义名称 Company，用于动态获取“单位明细”工作表中公司的名称的序列，公式如下：

```
=OFFSET(单位明细!$A$1,,,,COUNTA(单位明细!$1:$1))
```

步骤3 在“明细表”工作表中，选中 C4 单元格，定义 F_name，用于根据所选择公司名称动态获取公司所属船只的名称，公式如下：

```
=OFFSET(单位明细!$A$1,1,MATCH(明细表!$B4,单位明细!$1:$1,)-1,COUNTA (INDIRECT("单位明细!C"&MATCH(明细表!$B4,单位明细!$1:$1,),))-1)
```

思路解析如下。

用 MATCH 函数，根据“明细表”工作表 B 列选定的单位名称，在“单位明细”工作表第 1 行中查找相应单位名称所在列数，用 INDIRECT 函数定位到该列，用 COUNTA 函数统计出该列船只名称的个数，最后用 OFFSET 函数获取该列所有船只的数据序列，用于定义数据验证。

步骤4 在“明细表”工作表中，选中“单位名称”栏中的 B4：B8 单元拉区域，如图 35-29 所示设置数据验证。

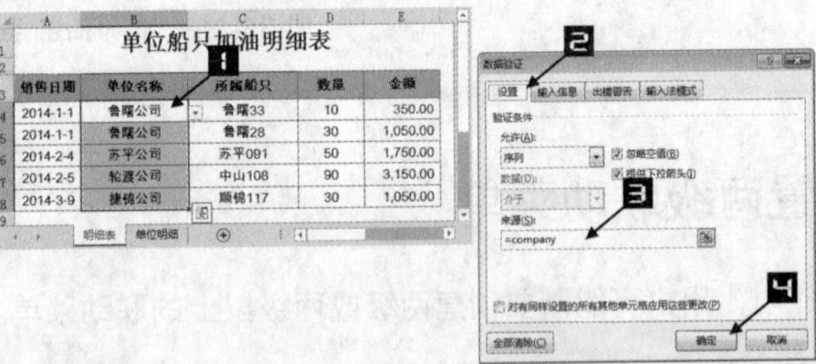

图 35-29 设置“单位名称”栏单元格的数据验证

步骤5 在“明细表”工作表中，选中“所属船只”栏中的 C4：C8 单元格区域，如图 35-30 所示设置数据验证。

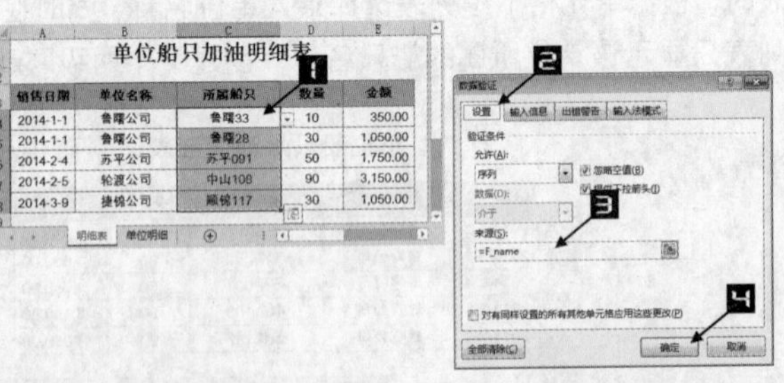

图 35-30 设置“所属船只”栏单元格的数据验证

当用户选择不同的单位名称后，“所属船只”栏只显示出相应的船只名称，如图 35-31 所示。

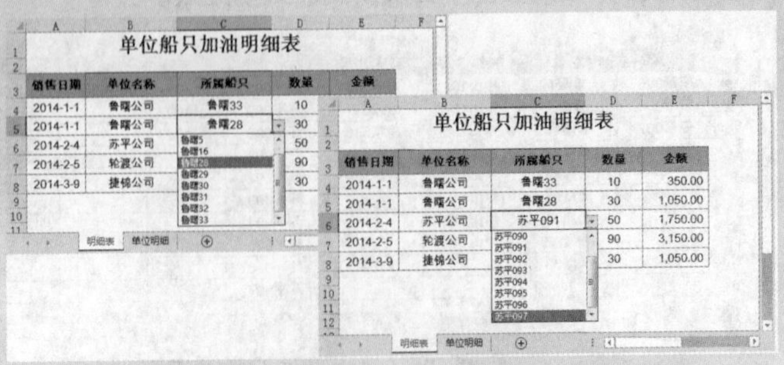

图 35-31 选择单位名称及相应所属船只

35.6.5 根据关键字动态设置数据验证

数据验证所设置的下拉列表的数据项除了使用固定选项，也可以使用动态数据选项。当选项较多时，如果下拉菜单能根据输入的关键字来筛选出相关的项显示在下拉列表中，将更加便于查找。

示例 35-5 根据关键字显示相关内容的下拉列表

图 35-32 所示为一份菜谱，要求按这份菜谱制作一份电子点菜单。其功能是根据输入的关键字，如“鱼”字，则可以将所有的包含鱼字的菜从菜谱挑选出来，供食客选择。

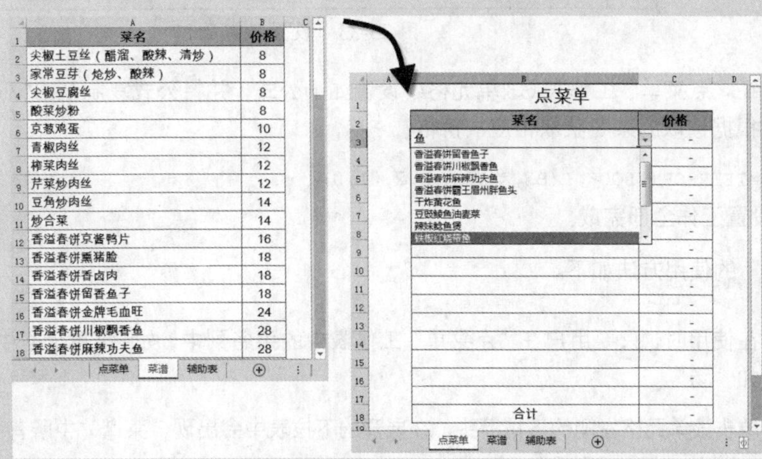

图 35-32 菜谱及点菜单

步骤 1 新增“辅助表”工作表，用于根据关键字从“菜谱”工作表中将相关菜名筛选出来。

步骤 2 新建名称“Cell”和“C_name”，

名称“Cell”的公式：

```
=CELL("contents")
```

该公式使用 CELL 函数获取最后编辑过的单元格的值。

名称“C_name”的公式：

```
=OFFSET(辅助表!$A$3,1,,COUNTIF(辅助表!$A:$A,"> ")-2)
```

该公式使用 OFFSET 函数根据“点菜单”工作表中最后录入的关键字，在“辅助表”工作表 A 列单元格区域中，选取筛选出的菜名所在单元格区域，用于设置数据验证。

步骤 3 在“辅助表”工作表的 B1 单元格中设置公式：“= Cell”

步骤 4 在“辅助表”工作表的 A4 单元格中设置数组公式，并将公式复制填充到 B86 单元格：

```
=INDEX(菜谱!A:A,SMALL(IF(ISNUMBER(FIND($B$1,菜谱!$A$2:$A$1000)),ROW($2:$1000),2^20),ROW(1:1)))&""
```

该公式用于根据 B1 单元格中的获取的关键字，从“菜谱”工作表中筛选中包含关键字的所有菜名。

步骤5 在“点菜单”工作表中，选中 B3:B17 单元格，如图 35-33 所示设置数据验证。

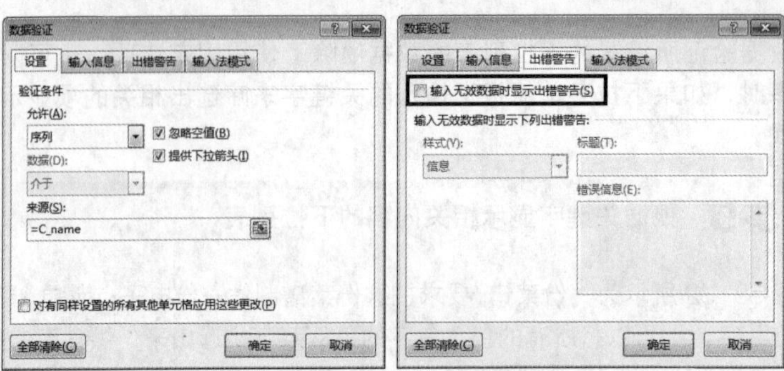

图 35-33 设置数据验证

步骤6 在“点菜单”工作表 C3 单元格中设置如下公式，并将公式复制至 C17 单元格，用于根据选取的菜名获取相应的价格：

```
=IFERROR(VLOOKUP(B3,菜谱!A:B,2,0),0)
```

至此，设置工作全部完成。

“点菜单”的使用方法如下。

步骤1 在使用时，只要用户在“点菜单”工作表中的菜名列中，如 B2 单元格中输入关键字，如“汤”。

步骤2 单击该单元格右侧的下拉箭头，在展开的下拉表中会出现“菜谱”中所有包含“汤”字的菜名，如图 35-34 所示。

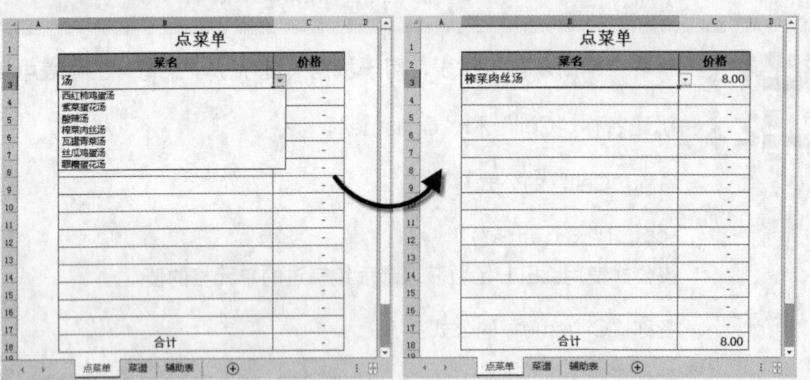

图 35-34 “点菜单”的使用

第 36 章　链接和超链接

在 Excel 中，如果需要引用其他工作簿的数据，可以使用链接。如果需要在 Excel 的不同位置、不同对象之间实现跳转，类似网页链接的效果，可以使用超链接。本章将介绍链接和超链接的使用方法。

本章学习要点

（1）链接的建立、使用和编辑的方法。

（2）超级链接的创建、编辑和删除的方法。

36.1　链接

所谓链接，就是在一个工作簿中引用另一个工作簿中的单元格内容。引用的目标可以是单元格或单元格区域，也可以是名称。一个工作簿文件如果被其他工作簿引用，则对于引用它的工作簿而言，可称为源工作簿或源文件。工作簿之间可以互相引用，因此“源”只是相对的说法。

36.1.1　外部引用公式的结构

链接通常是通过对另一个工作簿中的单元格的外部引用公式来建立的，其标准结构如下：

```
='文件路径[工作簿名.xlsx]工作表名'!单元格地址
```

工作簿的名称用半角中括号“[]”括起来，工作表名后要加半角感叹号“!”，最后是单元格地址。

如果引用目标是名称，则结构如下：

```
='文件路径[工作簿名.xlsx]'!名称
```

1. 源文件处于关闭状态下的外部引用公式

例如，引用打开处于关闭状态的 C 盘下“示例.xlsx”工作簿的“Sheet1”工作表中的 E7 单元格，公式为：

```
='C:\[示例.xlsx]Sheet1'!$E$7
```

注意

如果源工作簿或工作表名含有空格或其他特殊字符（如%、&等），外部引用公式必须用单引号将其括起来。Excel 默认状态下的外部引用公式即采用这种形式。

2. 源文件处于打开状态下的外部引用公式

如果源文件处于打开状态，外部引用公式中则省略全部路径及单引号，成为简化结构，公式为：

```
=[示例.xlsx]Sheet1!$E$7
```

如果源文件关闭后，外部引用公式会自动补上文件路径，变为标准结构。

36.1.2　常用建立链接的方法

1. 鼠标指针指向引用单元格

用鼠标指针指向源文件工作表中的单元格，是建立外部引用链接常用的方法，操作步骤如下。

步骤1 打开源工作簿和目标工作簿。

步骤2 在目标工作簿中，选定存放引用内容的单元格，输入“=”号。

步骤3 用鼠标选取源文件工作簿中要引用的单元格或单元格区域。

步骤4 单击<Enter>键。

采用这种方法生成的外部引用公式的单元格地址为绝对引用（如$D$5），可以根据需要将其修改成相对引用或混合引用。

2. 选择性粘贴链接

用户还可以通过选择性粘贴来创建外部引用链接。采用这种方法，同样要求源工作簿处于打开状态，具体步骤如下。

步骤1 在源工作簿中复制要引用的单元格。

步骤2 选定在目标工作簿中用于存放链接的单元格。

步骤3 单击鼠标右键，在弹出的快捷菜单中，选择【粘贴链接】命令。

具体操作过程如图 36-1 所示。

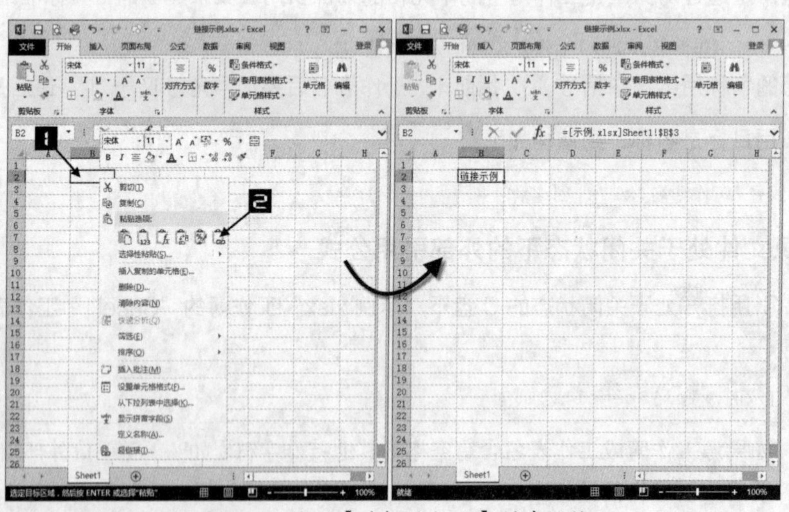

图 36-1 使用【选择性粘贴】创建链接

36.1.3 使用和编辑链接

1. 设置启动提示

当用户打开一个含有外部引用链接公式的工作簿时，如果源文件未处于打开状态，则 Excel 会弹出如图 36-2 所示的对话框，提示是否更新链接。

可以单击【更新】或【不更新】按钮来选择是否执行数据更新。

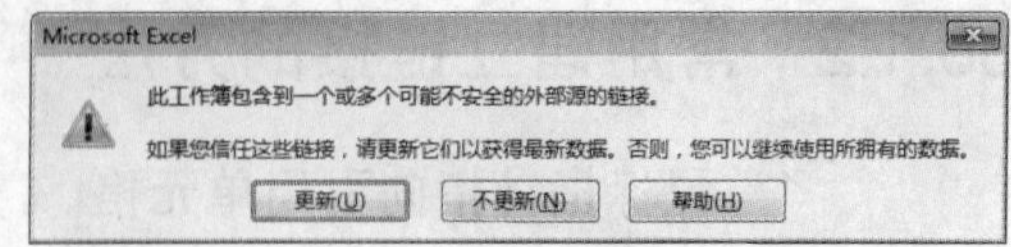

图 36-2 打开含有外部链接工作簿的启动提示

如果工作簿不存在或被移动至其他目标后，

当用户单击【更新】按钮后，会出现警告提示对话框。当用户单击【继续】按钮，则保持现在的链接不变；如果要修改链接源或尝试重新更换新值，则单击【编辑链接】按钮，打开【编辑链接】对话框。

在【编辑链接】对话框中，用户可以对链接进行编辑，同时可以设置打开包含链接的工作簿的【启动提示】，具体操作如图 36-3 所示。

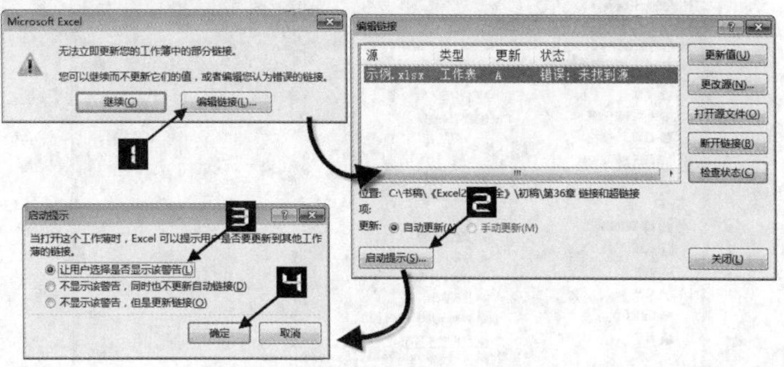

图 36-3　打开【启动提示】对话框

【启动提示】包括 3 个选项，具体如下。

① 让用户选择是否显示警告提示。

② 不显示警告提示，同时也不更新自动链接。

③ 不显示警告提示，但更新链接。

如用户选择了①，则在打开含有该链接的工作簿时，会弹出警告提示对话框，要求用户进行相应的选择操作。

如果用户不希望每次打开工作簿都弹警告对话框，则可以根据需要选择第②种或第③种方式。

2. 编辑链接

当用户选用了【启动提示】的第②种或第③种方式，再次打开目标工作簿时，将不会弹出警告提示，此时如果希望编辑链接，可以参照如下方法。

步骤1 → 打开含有链接的工作簿。

步骤2 → 在【数据】选项卡中单击【编辑链接】按钮，打开【编辑链接】对话框，具体操作如图 36-4 所示。

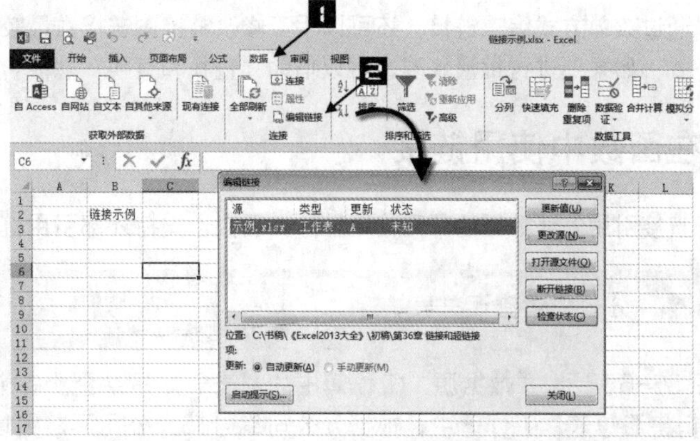

图 36-4　打开【编辑链接】对话框

【编辑链接】对话框中各命令按钮的功能介绍如下。

【更新值】：更新为用户所选定的源工作簿的最新数据。

【更改源】：弹出更改源对话框，可更改所选源工作簿为其他工作簿，如图 36-5 所示。

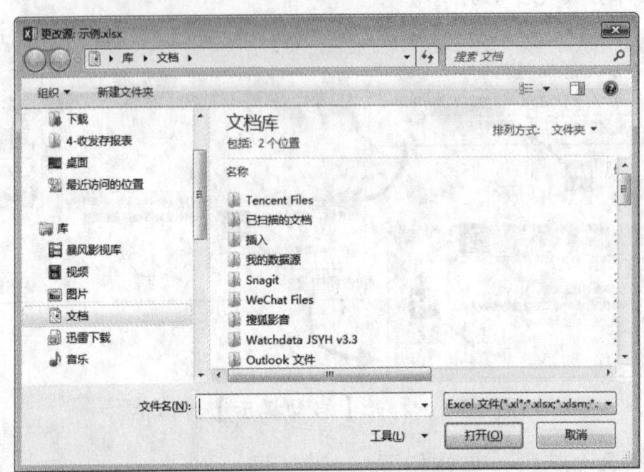

图 36-5 【更改源】对话框

【打开源文件】：打开所选的源工作簿文件。

【断开链接】：断开与所选的源工作簿的链接，只保留值。

【检查状态】：检查所有源工作簿是否可用，以及值是否已更新。

【启动提示】：设置是否更新源工作簿中的最新数据。

【关闭】：关闭【编辑链接】对话框。

提示

（1）如果用户收到一份包括链接的工作簿文件，而链接的源文件已不存在，则可以选择“断开链接”方式一次性将所有的链接公式转变为相应的值，防止因源文件不存在造成目标文件数据丢失。

（2）如果用户是数据文件的分发者，同样可以采用“断开链接”的方式，制作一份不包含外部引用链接的数据文件，分发给接收者。

3. 手工修改链接

除了通过菜单方式编辑链接，还可以手工修改链接。链接数量较小时，可以逐个修改单元格中的链接公式，如果要进行批量修改，可以借助“查找和替换”功能。

36.1.4 在函数中使用链接

除了直接引用外部数据的单元格地址外，函数也支持外部引用链接。

示例 36-1 分公司销售汇总表

如图 36-6 所示，“数据源”工作簿中的“表一”是某企业各个分公司的销售情况，要求在“分公司销售汇总表”工作簿中，根据分公司编号按分公司汇总销售额。具体操步骤及公式设置如下。

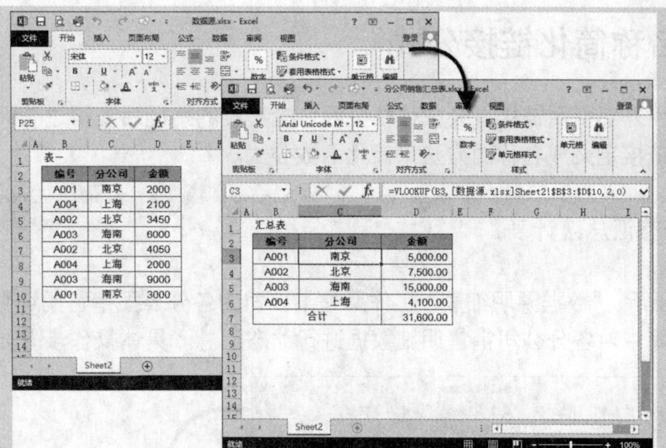

图 36-6 公司销售汇总

步骤1 分别打开“数据源”和“分公司销售汇总表”工作簿。

步骤2 在“分公司销售汇总表”工作簿的 C3 单元格中输入“=”并采用鼠标指向引用单元格的方法输入函数参数所需的外部引用单元格，公式如下：

```
=VLOOKUP(B3,[数据源.xlsx]Sheet2!$B$3:$D$10,2,0)
```

该公式使用 VLOOKUP 函数，根据公司编号查找出相应的公司名称，函数第 2 个参数使用外部引用链接。

步骤3 在 D3 单元格中，用步骤 2 的方法填入如下公式：

```
=SUMPRODUCT(([数据源.xlsx]Sheet2!$B$3:$B$10=B3)*1,[数据源.xlsx]Sheet2!$D$3:$D$10)
```

该公式使用 SUMPRODUCT 函数进行分类求和，公式中使用了外部引用链接。

步骤4 将 C3:D3 单元格中的公式复制填充到 C6:D6 单元格区域。

步骤5 在 D7 单元格中填入 SUM 求和公式。

注意

（1）上述例子中的外部引用链接，是在源文件打开时的结果，如果源文件关闭，公式中的外部引用链接会自动添加完整的路径，例如，关闭“数据源”工作簿后，C3 单元格的公式如下：

```
=VLOOKUP(B3,'C:\书稿\《Excel2013 大全》\初稿\第 36 章 链接和超链接\[数据源.xlsx]
Sheet2'!$B$3:$D$10,2,0)
```

（2）使用外部引用公式建立链接后，如果目标工作簿没有打开，而对源文件工作簿进行插入和删除行、列或单元格的操作，目标工作簿的单元格引用不能自动更新，需要手动修改引用位置。

这一问题可以通过对源工作簿数据表创建“表”来解决。（创建“表格”的方法，请参阅第 27 章）

（3）某些函数参数中使用链接，要求源工作簿必须打开才能更新数据，如果源工作簿未打开，在更新数据时会出现错误值#VALUE!，如 SUMIF、COUNTIF、INDIRECT、OFFSET 函数等。因此，可以考虑用 SUMPRODUCT 函数替代 SUMIF、COUNTIF 等函数进行条件统计，通过创建“表”来替代 OFFSET 函数设置动态数据表。

36.1.5 使用名称简化链接公式

在函数中使用外部引用链接，公式往往会因包含链接的路径后变得过长而难以阅读，用户可以通过将外部引用链接定义成名称的方法来简化函数公式。

示例 36-2 动态汇总统计表

如图 36-7 所示，“数据源明细表”工作簿是某公司的各分公司销售明细数据，要求在“动态汇总统计表”工作簿中对各分公司销售明细数据进行动态汇总。具体操作步骤如下。

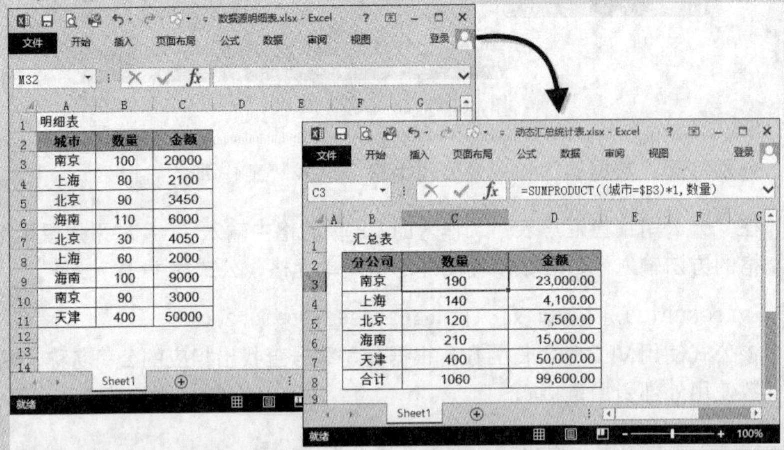

城市	数量	金额
南京	100	20000
上海	80	2100
北京	90	3450
海南	110	6000
北京	30	4050
上海	60	2000
海南	100	9000
南京	90	3000
天津	400	50000

分公司	数量	金额
南京	190	23,000.00
上海	140	4,100.00
北京	120	7,500.00
海南	210	15,000.00
天津	400	50,000.00
合计	1060	99,600.00

图 36-7 动态汇总统计表

步骤1 打开“数据源明细表”工作簿，对 A2:C11 单元格创建“表”，操作方法如图 36-8 所示。

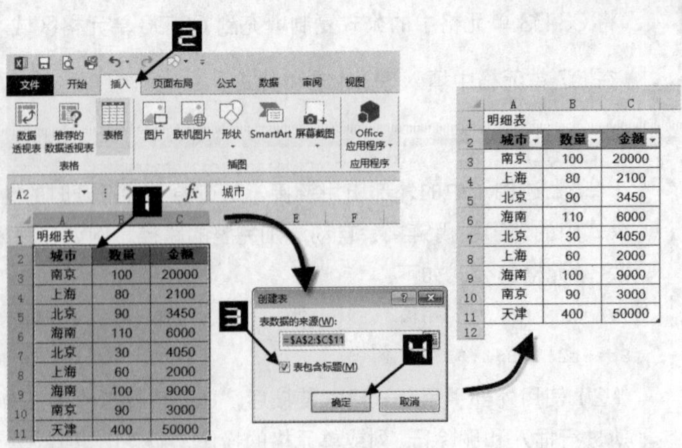

图 36-8 创建“表”

步骤2 打开“动态汇总统计表”，分别定义名称“城市”、“金额”、“数量”，公式分别如下。

“城市”：

```
='C:\书稿\《Excel2013 大全》\初稿\第 36 章 链接和超链接\[数据源明细表.xlsx]Sheet1'!$A$3:$A$11
```

“金额”：

```
='C:\书稿\《Excel2013 大全》\初稿\第 36 章 链接和超链接\[数据源明细表.xlsx]Sheet1'!$C$3:$C$11
```

"数量"：

='C:\书稿\《Excel2013 大全》\初稿\第 36 章 链接和超链接\[数据源明细表.xlsx]Sheet1'!$B$3:$B$11

设置如图 36-9 所示。

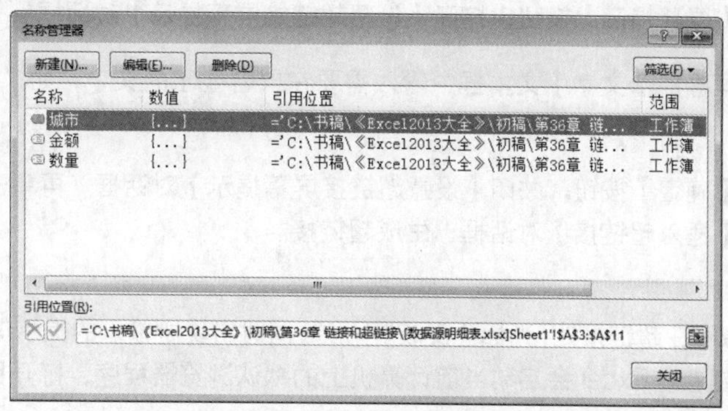

图 36-9 定义名称

步骤3 → 在"动态汇总统计表"工作簿 Sheet1 工作表的 C3 单元格中输入如下公式：

```
=SUMPRODUCT((城市=$B3)*1,数量)
```

在 D3 单元格中输入如下公式：

```
=SUMPRODUCT((城市=$B3)*1,金额)
```

步骤4 → 将公式复制填充到 C4:D8 单元格区域，完成公式设置。

36.2 超链接

所谓超链接是指为了快速访问而创建的指向一个目标的连接关系。

在浏览网页时，如果单击某些文字或图形，就会打开另一个网页，这就是超链接。在 Excel 中，也可以利用文字、图片或图形很轻松地创建这种具有跳转功能的超链接。

利用 Excel 的超链接功能，不但可以链接到工作簿中的任意一个单元格或区域，也可以链接到其他 Office 文件（如 Word、PowerPoint 等）、文本文件、多媒体文件、电子邮件地址或网页。

36.2.1 创建超链接的方法

用户可以通过菜单、鼠标右键或快捷键等 3 种方式来创建超链接。

1. 创建指向网页的超链接

用户可以创建指向网页的超链接，具体操作如下。

步骤1 → 选中 B3 单元格用于存放网页超链接，单击【插入】选项卡中的【超链接】按钮，打开【插入超链接】对话框。

步骤2 → 在【插入超链接】对话框中，单击【链接到】下的【现有文件或网页】，在【地址】框中输入要链接的网页地址，如 http://club.excelhome.net，此时输入的网址会同时出现在【要显示的文字】文本框中，用户可以根据需要修改要显示的文字。

提示

要查找网页，用户可以单击【浏览 Web】，打开要链接的网页，然后切换回 Excel，而不关闭浏览器。

步骤3 单击【屏幕提示】按钮，打开【设置超链接屏幕提示】对话框。

步骤4 在【屏幕提示文字】文本框中输入需要在屏幕显示的文字，如“打开 ExcelHome 网站”。

步骤5 单击【确定】按钮，关闭【设置超链接屏幕提示】对话框。再单击【确定】按钮，关闭【插入超链接】对话框，生成超链接。

将鼠标指针悬停在超链接处，光标会变成“手形”，同时出现所输入的提示信息“打开 ExcelHome 网站”。单击该超链接，Excel 会启动当前计算机上的默认浏览器程序，打开目标网页。

详细操作步骤如图 36-10 所示。

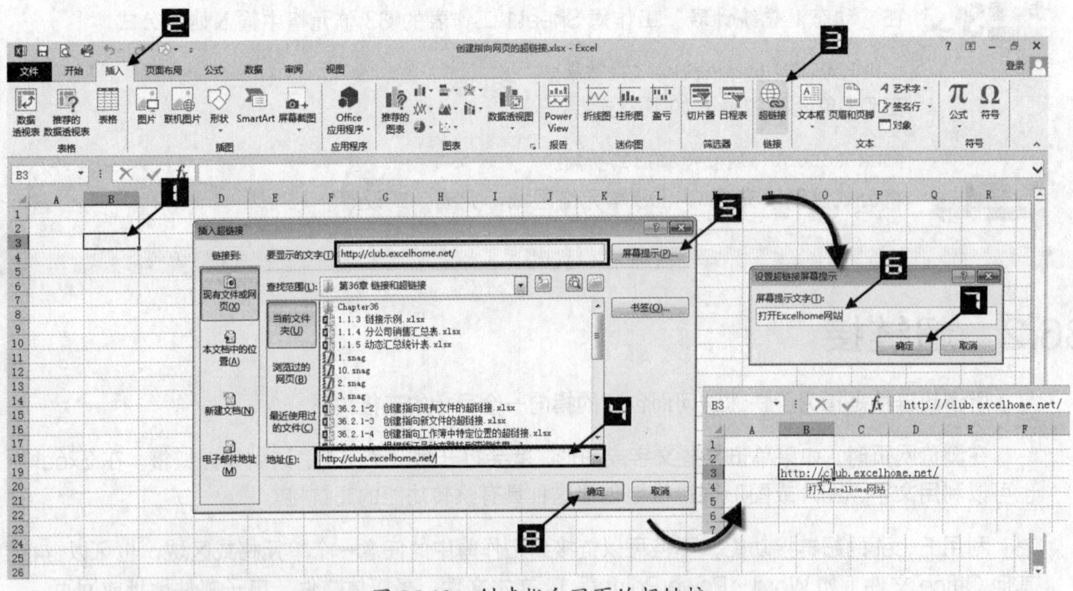

图 36-10 创建指向网页的超链接

2. 创建指向当前文件的超链接

如果要创建指向当前文件的超链接，可以按如下方法操作。

步骤1 选中 B3 单元格用于存放超链接，单击【插入】选项卡中的【超链接】按钮，打开【插入超链接】对话框，此时左侧的【链接到】默认选中【本文档中的位置】。

步骤2 在对话框右侧的【要显示的文字】文本框中输入“跳转到 Sheet2 的 B3 单元格”，在【请键入单元格引用】编辑框中输入“B3”，在【或在此文档中选择一个位置】中选择相关单元格引用工作表，如选中“Sheet2”。

步骤3 单击【确定】按钮关闭对话框，完成设置，具体操作如图 36-11 所示。

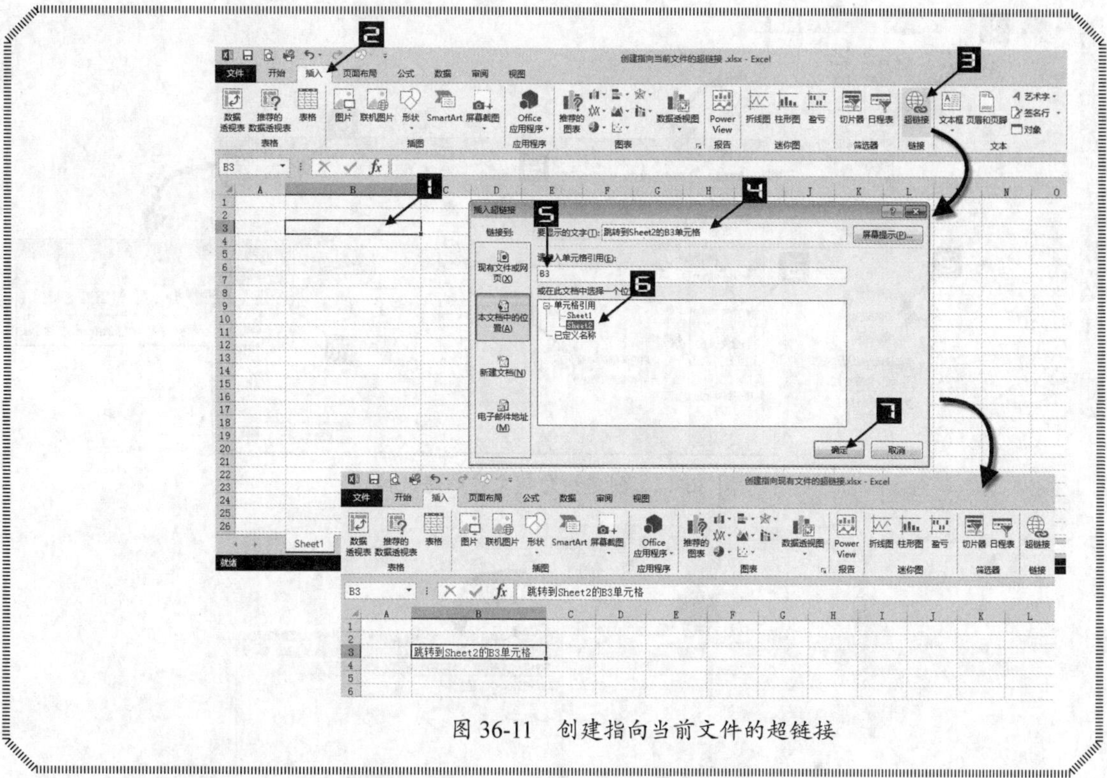

图 36-11 创建指向当前文件的超链接

3. 创建指向新文件的超链接

如果创建超链接时，文件尚未建立，Excel 允许用户创建指向新文件的超链接，具体步骤如下。

步骤1 插入一张图片，如一个六角形图案，单击鼠标右键，在弹出的快捷菜单中单击【超链接】命令，打开【插入超链接】对话框。

步骤2 在【插入超链接】对话框中，单击【链接到】下方的【新建文档】按钮，在【新建文档名称】文本框中输入要新建的文件名称，如“新文件.txt”。

注意 输入的新建文件名称，应该包括文件的扩展名，如“.txt、.docx、.xlsx”等。但如果无相应的应用程序，将无法打开所建的文件。

步骤3 如果不想立即编辑新文档，可以在【何时编辑】选项中选择【以后再编辑新文档】选项

步骤4 单击【屏幕提示】按钮，在打开的【设置超链接屏幕提示】对话框中输入屏幕提示文字，依次单击【确定】按钮关闭对话框，完成设置。此时会在设定的目录下生成一个名为“新文件.txt 的文件。”

详细操作如图 36-12 所示。

将鼠标指针悬停在图形上，光标会变成“手形”，同时出现所输入的提示信息。单击鼠标左键，即可打开所创建的文件，如图 36-13 所示。

4. 创建指向工作簿中特定位置的超链接

超链接还可以指向 Excel 工作簿中的特定位置，具体方法如下。

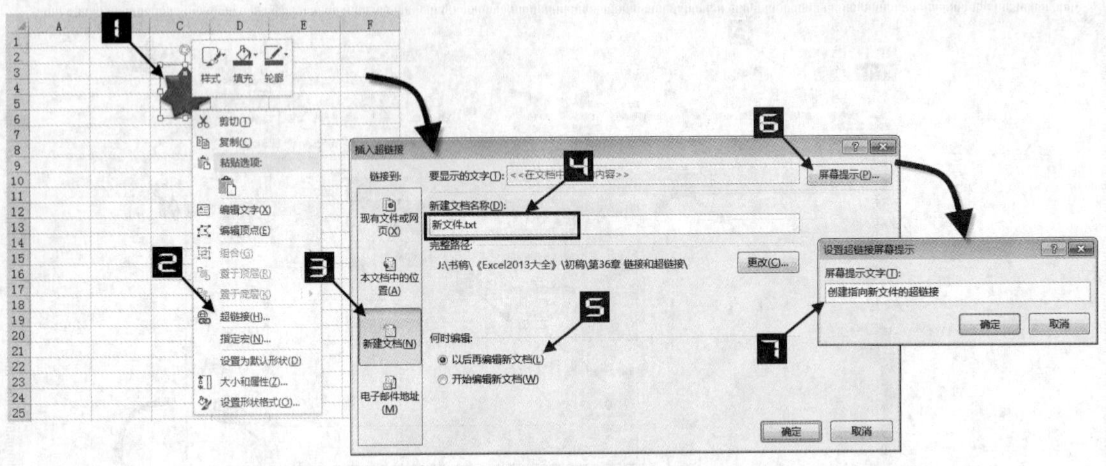

图 36-12 创建指向新文件的超链接

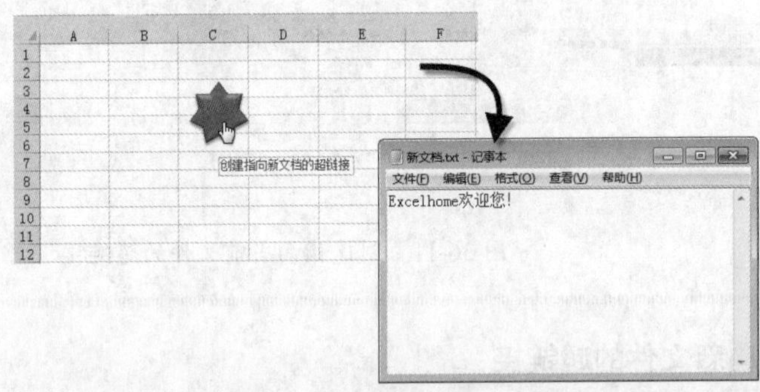

图 36-13 打开新创建的文件

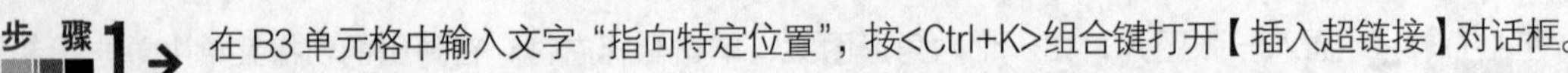

步骤1 在B3单元格中输入文字“指向特定位置”，按<Ctrl+K>组合键打开【插入超链接】对话框。

步骤2 在【插入超链接】对话框中，单击【链接到】下的【本文档中的位置】按钮。

步骤3 选中指向单元格所在的工作表，如“Sheet1”，在【请键入单元格引用】文本框中输入要指向的单元格地址：D8:E14。

步骤4 单击【确定】按钮，完成设置。详细操作如图 36-14 所示。

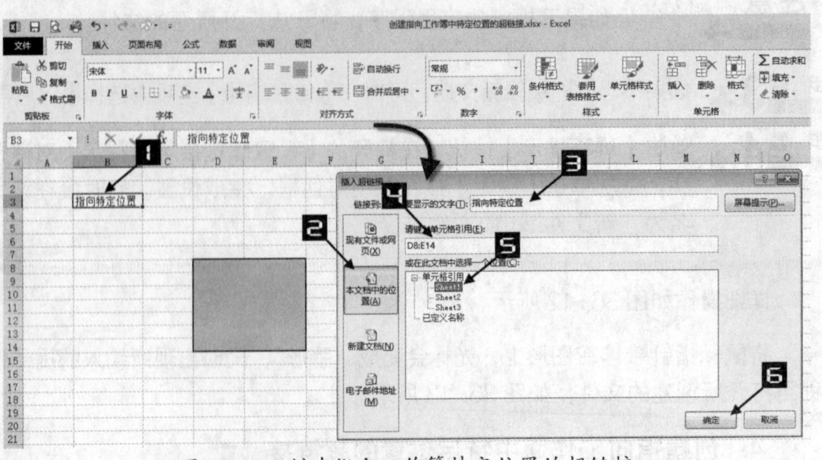

图 36-14 创建指向工作簿特定位置的超链接

单击 B3 单元格的超链接，将跳转并选中所设置指向的 D8:E14 单元格位置，如图 36-15 所示。

图 36-15 指向特定位置

5. 创建动态超链接

运用“创建指向工作簿中特定位置的超链接”的方法，结合“定义名称”，用户可以根据查询结果创建动态超链接。

示例 36-3 根据凭证号动态跳转至查询结果

图 36-16 所示为 ABC 公司 2014 年 8 月份的会计凭证清单，共列示了 1 至 41 号凭证，实际工作中凭证可能会上百份，凭证清单分录可能有上千条，因此无法在一个窗口内全部显示出来，就需要根据凭证号来快速地跳转到相应的清单位置，以便查看凭证内容。具体的设置方法如下。

会计凭证清单　　请输入查询凭证号—>

编制单位：ABC公司　　单位金额:元

日期	凭证号	摘要	科目代码	总账科目	借方	贷方
2014年8月4日	1		1001	现金	10,000.00	
2014年8月4日	1		1002	银行存款		10,000.00
2014年8月4日	2		1133	其他应收款	16,220.00	
2014年8月4日	2		1002	银行存款		16,220.00
2014年8月4日	3		5502	管理费用	540.60	
2014年8月4日	3		1001	现金		540.60
2014年8月4日	4		1001	现金	5,000.00	
2014年8月4日	4		1002	银行存款		5,000.00
2014年8月9日	4		1604	工程施工	46,500.00	
2014年8月9日	4		1002	银行存款		46,500.00
2014年8月9日	5		1604	工程施工	10,060.00	
2014年8月9日	5		1002	银行存款		10,060.00
2014年8月9日	6		5502	管理费用	630.00	
2014年8月9日	6		1002	银行存款		630.00
2014年8月9日	7		5502	管理费用	311.00	
2014年8月9日	7		1001	现金		311.00
2014年8月9日			1002	银行存款	19,439.50	
2014年8月9日	8		1131	应收帐款		19,439.50
2014年8月11日	9		1604	工程施工	19,405.00	
2014年8月11日	9		1002	银行存款		19,405.00

图 36-16 会计凭证清单

步骤 1 → 选中任意单元格（如 H2），定义名称“Link”=$H$2，如图 36-17 所示。

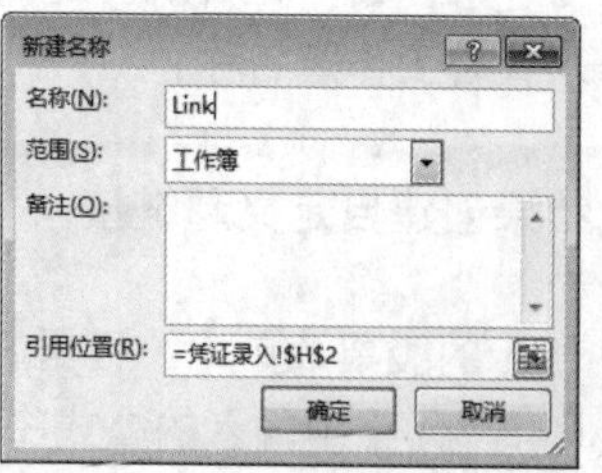

图 36-17 定义名称

步骤 2 → 选中 H2 单元格，用于存入超链接。

步骤3 按<Ctrl+K>组合键打开【插入超链接】对话框，在【链接到】下单击【本文档中的位置】按钮，可组合框中可以看到【已定义名称】下的已定义的名称“Link”，选中该名称。

步骤4 设置屏幕提示为“请输入查询凭证号”，单击【确定】按钮，关闭对话框，完成设置，如图36-18所示。

步骤5 如图36-19所示，修改名称“Link”的引用位置公式：

```
=INDEX(凭证录入!$C:$C,MATCH(凭证录入!$H$2,凭证录入!$C:$C,0))
```

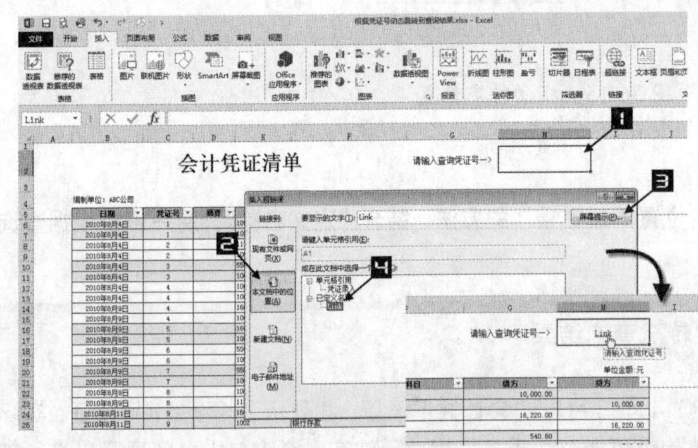

图36-18 根据定义的名称创建超链接

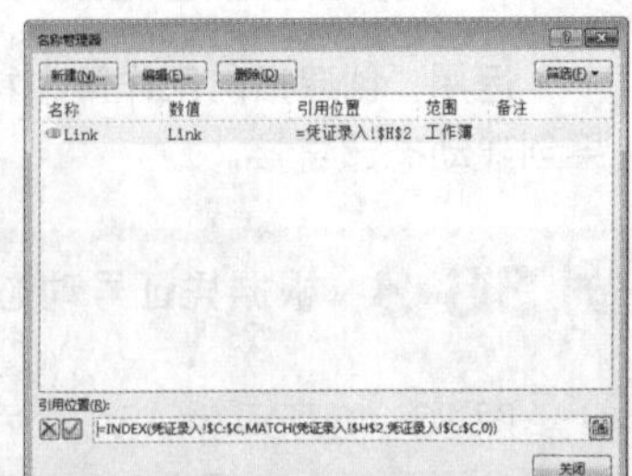

图36-19 修改名称“Link”的引用位置公式

步骤6 在【名称管理器】对话框中，单击【关闭】按钮，关闭对话框，完成名称修改。

步骤7 H2单元格中输入要查询的凭证号，如“40”然后用鼠标指向该凭证号，当光标变为“手形”后，单击鼠标左键，即可跳到凭证清单中的40号凭证的起始位置。

6. 使用HYPERLINK函数创建自定义超链接

用户还可以利用HYPERLINK函数在单元格创建动态超链接。HYPERLINK函数是Excel中唯一一个可以返回数据值外，还能够生成链接的特殊函数，下面将介绍如何利用HYPERLINK函数建立超链接。

HYPERLINK函数语法如下：

```
HYPERLINK (link_location, friendly_name)
```

参数link_location除了使用直接的文本链接以外，还支持使用在Excel中定义的名称，但相应的名称前必须加上前缀“#”号，如：#DATA、#LINKADDRESS。对于当前工作簿中的链接地址，也可以使用前缀“#”号来代替工作簿名称。

示例36-4 根据查找结果创建自定义超链接

例如要在图36-20所示的股票清单中，根据B3单元格指定的股票代码“600423”，在股票清单中查找并定位，在B4单元格中输入的公式将创建指向此股票的超级链接，并显示相应的股票名称：

```
=HYPERLINK("#清单!E"&MATCH($B$3,$D$1:$D$16,0),VLOOKUP(B3,D2:J16,2,0))
```

其中：

```
MATCH($B$3,$D$1:$D$16,0)
```

这部分公式根据选定股票代码在股票清单中查找到的行数为 9。

```
"#清单!E"&MATCH($B$3,$D$1:$D$16,0)
```

这部分公式指明了链接跳转的具体单元格位置为“#清单!E9”。

```
VLOOKUP(B3,D2:J16,2,0)
```

该公式显示建立的超级链接后显示的内容为“柳化股份”，当单击 B4 单元格中的链接时，将跳转到 E9 单元格。

代码	600423
简称	柳化股份
最新价	25.08

代码	简称	最新价	涨跌	涨跌幅	成交金额	成交量(万股)
600117	西宁特钢	23.53	2.1	0.098	64070.21	2777
600216	浙江医药	15.31	1.21	0.0858	26597.5	1780
600256	广汇股份	20.53	1.87	0.1002	77200.26	3822
600265	景谷林业	14.37	1.31	0.1003	13466.71	944
600271	航天信息	51.69	4.7	0.1	54954.99	1070
600290	华仪电气	38.6	2.78	0.0776	12026.27	313
600389	江山股份	22.49	2.01	0.0981	17526.6	793
600423	柳化股份	25.08	2.14	0.0933	25908.08	1040
600499	科达机电	22.49	1.82	0.0881	25507.63	1143
600596	新安股份	55.61	3.67	0.0707	19804.49	360
600617	联华合纤	20.32	1.5	0.0797	7843.3	386
600806	昆明机床	35.71	3.17	0.0974	28315.63	804
600880	博瑞传播	33.76	2.17	0.0687	8424.74	250
600986	科达股份	19.88	1.81	0.1002	5984.41	307
601919	中国远洋	60.35	5.49	0.1001	283437.32	4849

图 36-20 股票清单

36.2.2 编辑超链接

1. 选择包含超链接的单元格

当用户希望只选中包含超链接的单元格，而不激活该链接触发跳转时，只要用鼠标指针选中该单元格，并按住鼠标左键不放，待鼠标指针由“手形”变为“空心十字”即可，如图 36-21 所示。

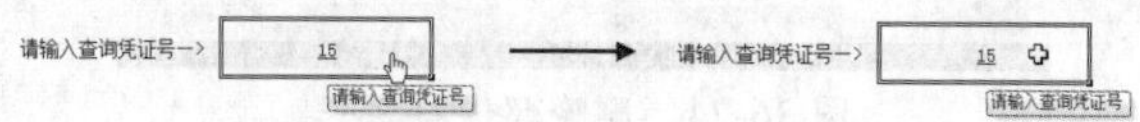

图 36-21 选中包含超链接的单元格

2. 更改超链接文本的外观

如果要对超链接文本的外观进行修改，可以按以下步骤操作。

步骤 1 在【开始】选项卡中单击【单元格样式】命令。

步骤 2 在【数据和模型】中，右键单击【超链接】，在弹出的菜单中单击【修改】命令，打开【样式】对话框。具体操作步骤如图 36-22 所示。

步骤 3 在【样式】对话框中单击【格式】按钮，打开【设置单元格格式】对话框。

步骤 4 在【设置单元格格式】对话框中，用户可以根据自己的需要设置超链接文本的格式，如将字体加粗并倾斜。

步骤 5 然后依次单击【确定】按钮，关闭对话框，完成设置，如图 36-23 所示。

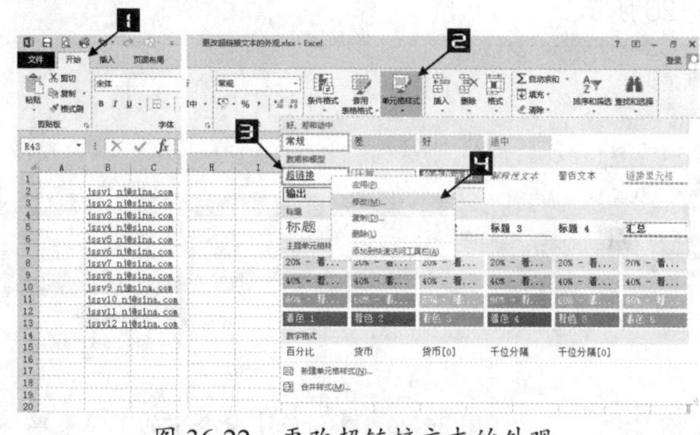

图 36-22 更改超链接文本的外观

图 36-23 设置效果

36.2.3 删除超链接

用户如果想删除超链接，而保留超链接中显示的文字，只要选中含有超链接的单元格区域，单击鼠标右键，在弹出的快捷菜单中单击【删除超链接】命令即可，如图 36-24 所示。

提示 该方法不仅可以删除单个超链接，而且可以批量删除多个超链接。

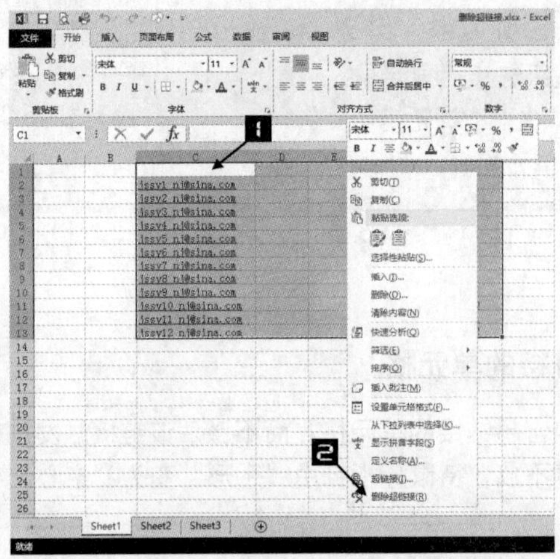

图 36-24 删除超链接之一

用户也可以采用菜单命令来批量删除超链接。

步骤1 选中含有超链接的单元格区域。

步骤2 在【开始】选项卡中单击【清除】按钮。

步骤3 在打开的下拉菜单中，单击【删除超链接】命令。

操作步骤如图 36-25 所示。

注意 在【清除】下拉菜单中，还包括【清除超链接】命令。当点击该命令时，被选中含有超链接的单元格区域右下角会出现一个“清除超链接选项”按钮，它包括【仅清除超链接】和【清除超链接和格式】两个选择，选择【仅清除超链接】选项，可以清除超链接，但不能清除超链接格式；选择【消除链接和格式】命令，可以删除超链接及超链接格式。如图 36-26 所示。

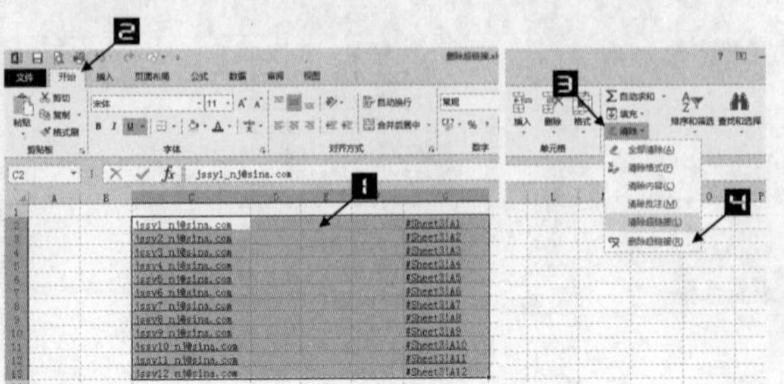

图 36-25 删除超链接之二

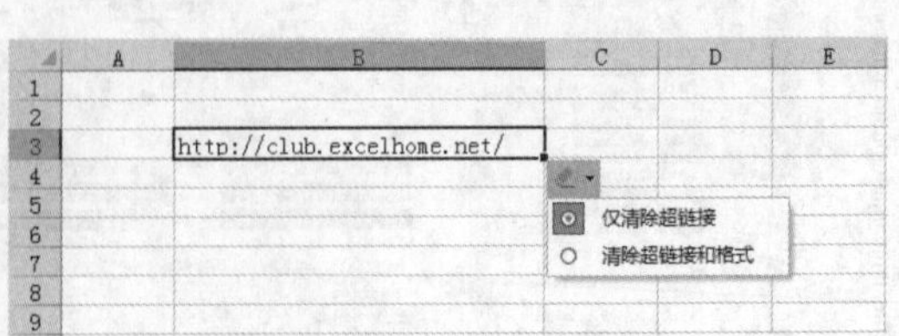

图 36-26 【清除】命令中的下拉菜单

第 37 章　使用 Excel 高级文本服务

随着用户处理电子表格任务的日趋复杂，Excel 不断增加各种功能来应对需求。利用 Excel 2013 的高级文本服务功能，用户可以利用朗读功能检验数据，利用简繁体转换功能让表格在简体中文和繁体中文之间进行转换，利用翻译功能快速地翻译文本。

本章学习要点

（1）语音朗读表格。

（2）中文简繁体转换。

（3）多国语言翻译。

37.1　语音朗读表格

Excel 2013 的“语音朗读”功能由早期版本 Excel 中的“文本到语音”功能演化而来，默认状态下并没有出现在功能区中。如果要使用该功能，必须先将相关的命令按钮添加到【快速访问工具栏】中。

进入【Excel 选项】对话框，单击【快速访问工具栏】选项卡，先选择【不在功能区中的命令】，然后在命令列表中分别找到【按 Enter 开始朗读单元格】、【朗读单元格—停止朗读单元格】、【朗读单元格】、【按列朗读单元格】和【按行朗读单元格】5 个按钮，单击【添加】按钮，最后单击【确定】按钮关闭对话框，如图 37-1 所示。

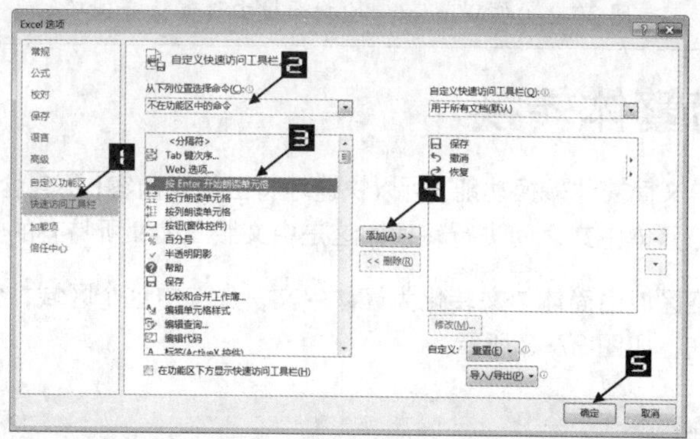

图 37-1　添加“朗读单元格”命令到“快速访问工具栏”中

有关“快速访问工具栏”的更多内容，请参阅第 2 章。

单击【自定义快速访问工具栏】中的按钮，可启用“按 Enter 开始朗读单元格”功能。当在单元格中输入数据后按<Enter>键，或者活动单元格中已经有数据时按<Enter>键，Excel 会自动朗读器内容。再次单击按钮可关闭该功能。

选中需要朗读的单元格区域，单击【自定义快速访问工具栏】中的按钮，Excel 将开始按行逐单元格朗读该区域中的所有内容。如果需要停止朗读，单击【自定义快速访问工具栏】中的按钮或单击工作表中的任意一个单元格即可。

单击按钮或按钮，可以切换朗读方向。

如果在执行朗读功能前只选中了一个单元格，则 Excel 会自动扩展到此单元格所在的数据区域进行朗读。

深入了解 关于语音引擎

Excel 的文本朗读功能（早期称为“文本到语音”）需要计算机系统中安装有语音引擎才可以正常使用。该功能以何种语言进行朗读，取决于当前安装并设置的语音引擎。

Windows Vista、Windows 7 和 Windows 8 都自带了多种语音引擎。因为 Office 2013 只支持安装在 Windows 7 和 Windows 8 上，所以可以直接在 Excel 中使用文本朗读功能。

事实上，Windows 的语音功能非常强大，不但可以作为语音引擎支持各类软件的相关功能，还可以实现控制计算机程序、读写文字等。详细用法可参阅 Windows 帮助或相关资料，具体设置请进入“Windows 控制面板”，如图 37-2 所示。

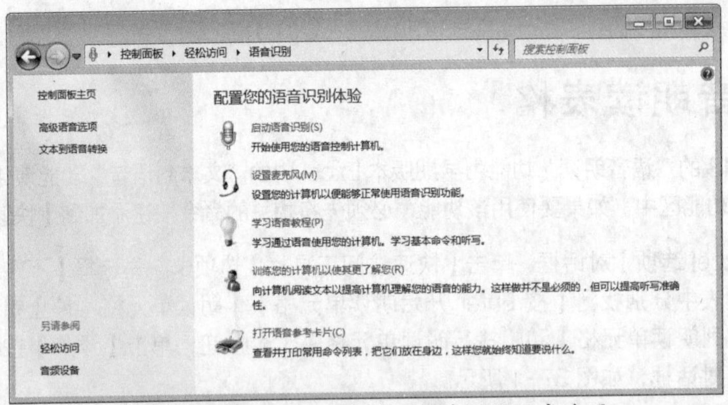

图 37-2 在 Windows 控制面板中设置语音选项

37.2 中文简繁体转换

使用 Excel 的中文简繁体转换功能，可以快速地将工作表内容（不包含名称、批注、对象和 VBA 代码）在简体中文与繁体中文之间进行转换。这是中文版 Excel 所特有的一项功能。

要将一个单元格区域由简体中文转化为繁体中文，先选中这个区域，然后单击【审阅】选项卡中的【简转繁】按钮，如图 37-3 所示。

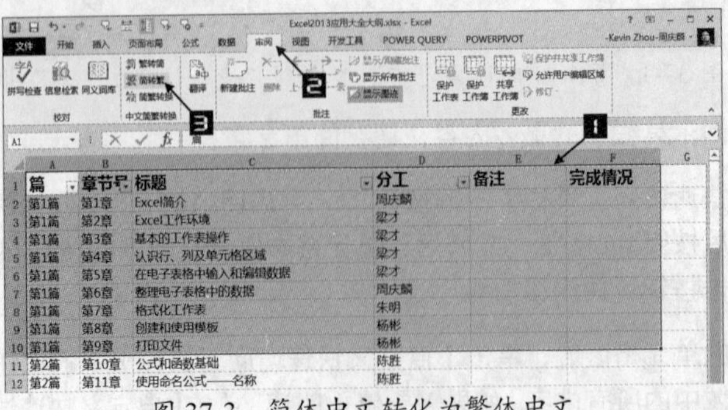

图 37-3 简体中文转化为繁体中文

如果此时工作簿尚未保存，将弹出对话框询问是否需要先保存再转化，如图 37-4 所示。单击【是】按钮可继续转换。

注意 简繁转换操作无法撤消，为了避免数据损坏，应该先保存当前文件，或者为当前文件保存一份副本后再执行转换。

转化后的结果如图 37-5 所示。从结果可以看出，简繁转化并非只是单纯的字转化，而是按词或短语进行转化，如“单元格”转化为“ 储存格”，“模板”转化为“範本”等。

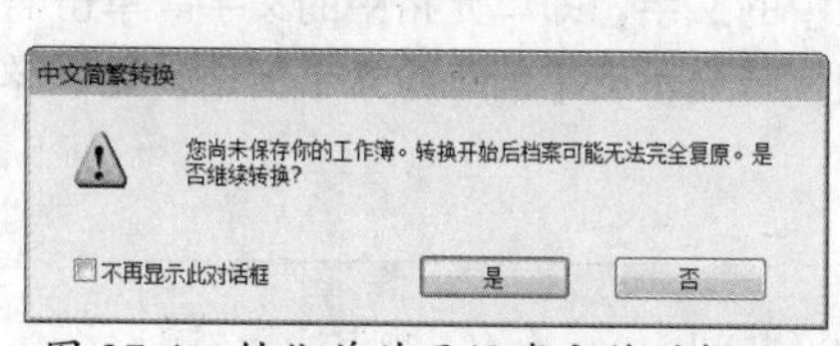

图 37-4　转化前关于保存文件的提示

	A	B	C	D	E	F
1	篇	章節號	標題	分工	備註	完成情況
2	第1篇	第1章	Excel簡介	周慶麟		
3	第1篇	第2章	Excel工作環境	梁才		
4	第1篇	第3章	基本的工作表操作	梁才		
5	第1篇	第4章	認識行、列及儲存格區域	梁才		
6	第1篇	第5章	在試算表中輸入和編輯資料	梁才		
7	第1篇	第6章	整理試算表中的資料	周慶麟		
8	第1篇	第7章	格式化工作表	朱明		
9	第1篇	第8章	創建和使用範本	楊彬		
10	第1篇	第9章	列印檔案	楊彬		

图 37-5　转化后的繁体中文内容

将繁体中文转化为简体中文的操作基本相同，先选中目标区域后，单击【繁转简】按钮即可。

如果要一次性将整张工作表的内容进行简繁转化，可以先选中工作表中的任意一个单元格，然后开始转化。如果要将整个工作簿的内容进行简繁转化，先选中所有工作表，然后开始转化。

单击【审阅】选项卡中的【简繁转化】按钮，在弹出的【中文简繁转化】对话框中单击【自定义词典】，将弹出【简体繁体自定义词典】对话框，如图 37-6 所示。用户可以在这里维护自己的词典，让转化结果更适应自己的工作。

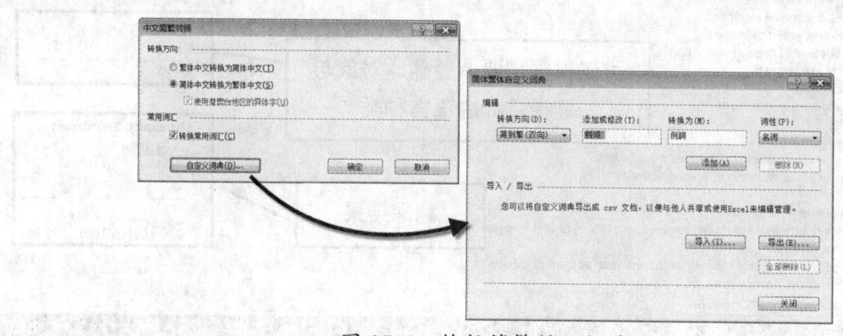

图 37-6　维护简繁转化词典

提 示 如果在【审阅】选项卡下没有【中文简繁转换】命令组，是因为该功能没有被 Excel 加载。可以单击【开发工具】选项卡中的【COM 加载项】按钮，在弹出的【COM 加载项】对话框中勾选【中文转换加载项】复选框后，单击【确定】按钮即可，如图 37-7 所示。

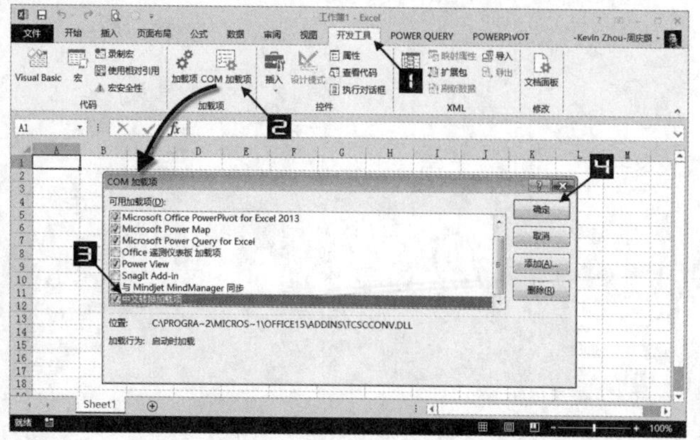

图 37-7　加载“中文转换加载项”

37.3 多国语言翻译

Office 2013 内置了由微软公司提供的在线翻译服务，该服务可以帮助用户翻译选中的文字、进行屏幕取词翻译或者翻译整个文件。该服务支持多种语言之间的互相翻译。

要使用翻译服务，用户必须保持计算机与 Internet 的连接。

由于 Excel 的信息存储由单元格构成，所以只能翻译选中的文字，即单元格中的文字。单击需要翻译的单元格，再单击【审阅】选项卡下的【翻译】按钮，将显示出【信息检索】窗格，显示详细的翻译选项与当前的翻译结果，如图 37-8 所示。

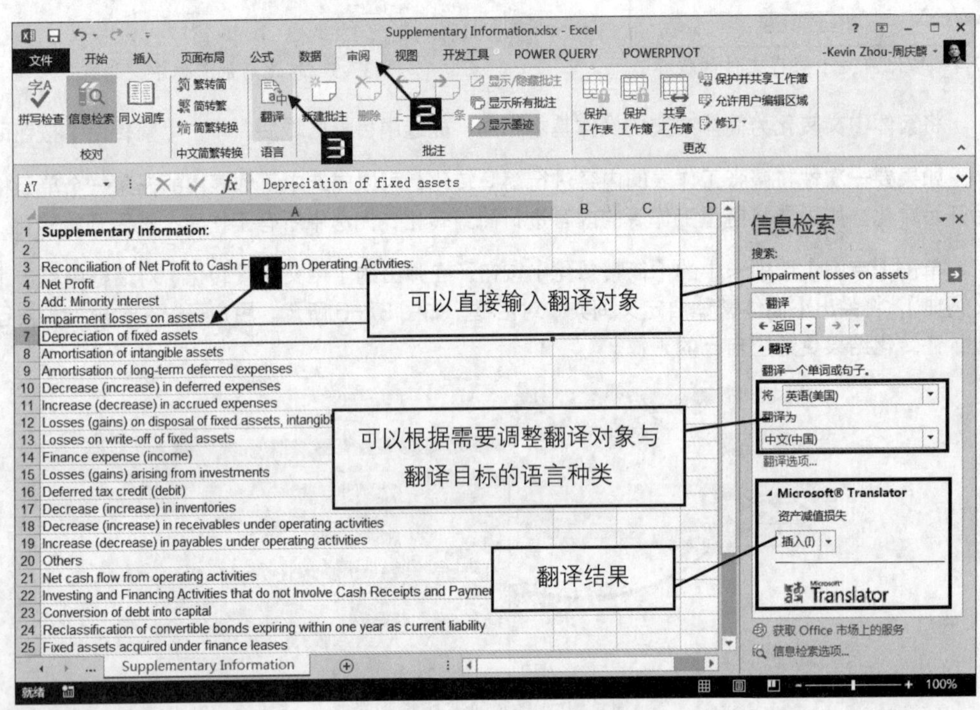

图 37-8 翻译单元格中的文字

第 六 篇

使用Excel进行协同

随着信息化办公环境的不断普及与互联网技术的不断改进，团队协同开始取代单机作业，在企业与组织中成为主要的工作模式。秉承这一理念的 Excel 2013，不但可以与其他 Office 组件无缝链接，而且可以帮助用户通过 Intranet 与其他用户进行协同工作，交换信息。同时，借助 IRM 技术和数字签名技术，用户的信息能够获得更强有力的保护。借助 Excel Online，用户可以随时随地协作处理电子表格。

第 38 章　信息安全控制

许多用户的 Excel 工作簿中可能包含着对个人或企业而言至关重要的敏感信息。当需要与其他用户共享此类文件时，安全问题将首当其冲。然而，尽管用户可以为 Excel 文件设置打开密码（请参阅 38.3.2 小节），但仅仅运用这样的机制来保护信息显然不能满足所有用户的需求，他们需要更强大更灵活的权限控制与安全防护。

Excel 2013 在信息安全方面具备了许多优秀功能，尤其是“信息权限管理”（Information Rights Management，IRM）功能和数字签名功能，可以帮助用户实现这些想法。

本章学习要点

（1）借助 IRM 进行信息安全控制。

（2）保护工作表与工作簿。

（3）为工作簿添加数字签名。

（4）保护个人私有信息。

（5）自动备份。

（6）发布工作簿为 PDF 或 XPS。

38.1　借助 IRM 进行信息安全控制

IRM 允许用户以 Excel 文件（或者其他 Office 文档）创建者的身份指定读取、编辑、打印或者复制文档内容的用户或用户组。只有被授权的用户得到了文件后，才能执行相应的操作，而未被授权的用户，即使得到文件也无法进行读取或其他操作。此外，IRM 还允许用户定义文件的有效期，文件一旦过期将不再可以访问。

IRM 技术通过安装一个数字证书来完成对文件的加密，此后的权限分配与权限验证均基于电子邮件地址进行，电子邮件地址用于保证用户身份的唯一合法性。

IRM 提供了比“用密码进行加密”更灵活的权限分配机制和更高的安全级别。文件打开密码本身的安全性有限，而且只要拥有密码的用户都能打开文件。而 IRM 只需在设置工作簿的相关权限时指定具体的用户以及他们控制工作簿的方式，权限的验证由服务器端来进行。

在 Office 2013 中使用 IRM 技术有两种途径，一是在企业内部部署 RMS 服务器或者带 RMS Online 的 Office 365，二是使用 Microsoft 公司免费提供的 IRM 服务。

38.1.1　部署 RMS 服务器

如果要在企业内部部署 RMS 服务器以更有效的使用 IRM 技术，事先要确定具备相应的条件，比如以下两条。

◆ 运行 Windows Rights Management Services（RMS）的 Windows Server 2003 或运行 Active Directory Rights Management Services（AD RMS）的 Windows Server 2008。

◆ 可用的 Internet 连接。

具体的技术细节、安装与配置过程请参阅微软网站上的相关文档或其他相关技术文章，本书将不做介绍。

38.1.2 Microsoft IRM 服务

对于不具备足够资源以部署RMS服务器的企业或者个人，Microsoft公司提供了一种免费的IRM服务，该服务使用 Microsoft 账号（以前称为 Windows Live ID 或.NET Passport）身份验证来代替企业的 Active Directory 身份验证。

Microsoft 账号是微软运行的一项广泛用于 Web 和电子商务中的数字服务，该服务允许用户使用一个账号在各项不同的应用中登录。比较典型的应用是读者所熟悉的即时通信工具 Windows Live Messenger（现已被 Skype 取代）、OneDrive 以及 Office 365 等。

本节将主要以使用 Microsoft 的 IRM 服务为例，示范 IRM 是如何保护文件的。

> Office 2013 之前的版本（包括 Office 2010、Office 2007、Office 2003），可以使用 Microsoft 的免费 IRM 服务的全部项目，但是 Office 2013 只能借助此服务打开受保护的文件，不能创建新的受保护的文件。
>
> 如果要了解较早版本的 Office 是如何使用 Microsoft 的免费 IRM 服务创建受保护的文件并详细设置权限，请查阅《Excel 2010 应用大全》等图书。

38.1.3 配置客户端以使用 IRM

当用户第一次在 Excel 2013 中（或者在 Word 和 PowerPoint）打开受 IRM 技术保护的文件时，系统会自动弹出对话框，询问是否进行服务注册和管理凭据配置。

步骤1 打开一个受 IRM 技术保护的 Excel 文件。

步骤2 在弹出的【Windows 权限管理】对话框中选择【是，我有 Microsoft 账户。】，确保已经连接上 Internet，然后单击【下一项】按钮，如图 38-1 所示。

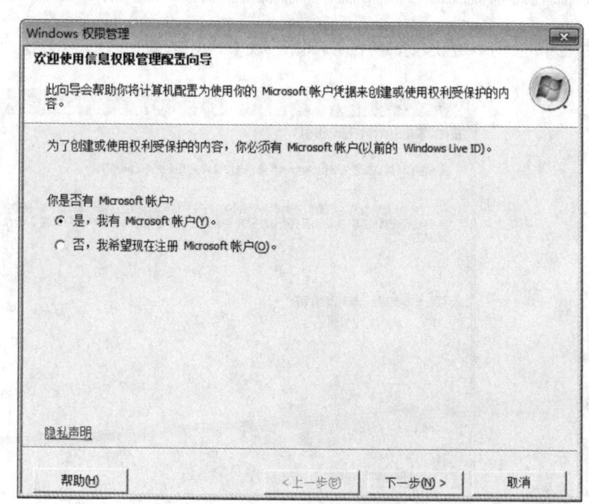

图 38-1 Microsoft IRM 服务注册

步骤3 → 在出现的登录对话框中输入 Microsoft 账户和密码，单击【登录】按钮，如图 38-2 所示。

图 38-2 用 Microsoft 账户登录

步骤4 → 根据自己的情况选择计算机类型，然后单击【我接受】按钮，如图 38-3 所示。

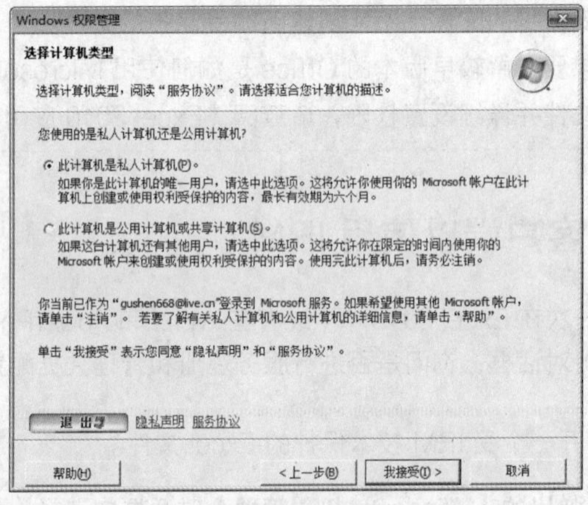

图 38-3 选择下载标准或临时证书

开始连接证书服务，进度条满格后即完成 IRM 配置向导，如图 38-4 所示，单击【完成】按钮即可。

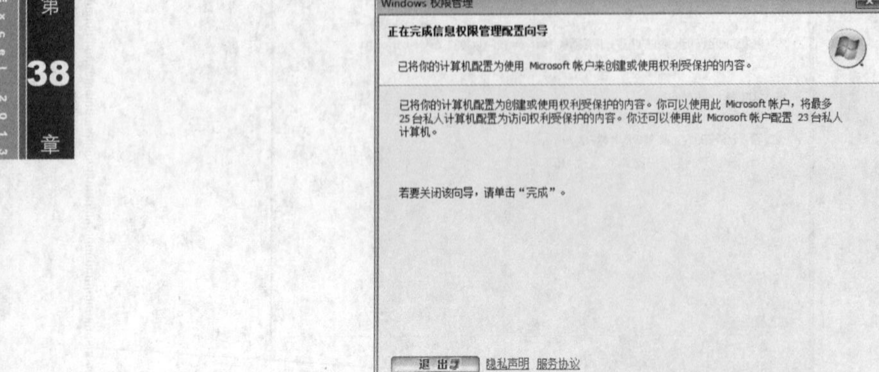

图 38-4 完成 IRM 配置向导

此时文件被打开，功能区的下方显示“限制访问”信息条，如图 38-5 所示。

图 38-5 设置权限保护的工作簿出现“限制访问”提示

单击【查看权限】按钮，将弹出对话框显示当前 Office 用户对于该文件的所有权限，如图 38-6 所示。

如果用户的账号被授予只读权限，将无法对该工作簿做出任何更改，甚至不可以复制和打印任何内容。

如果因为网络连接或其他问题导致无法正常打开受保护的文件，可能会出现如图 38-7 所示的提示，可以稍后再试。

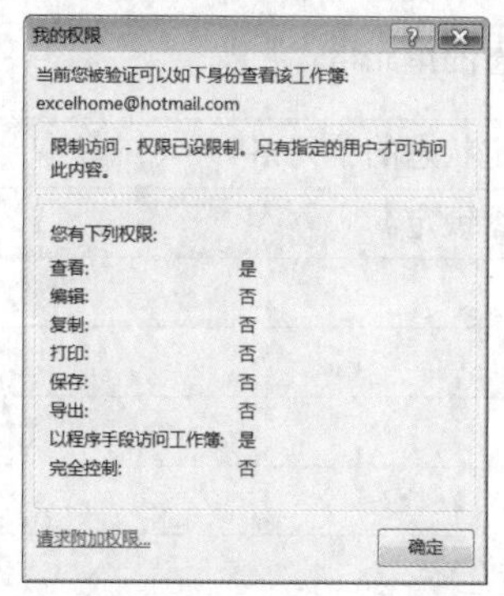

图 38-6 查看当前 Office 的文件使用权限

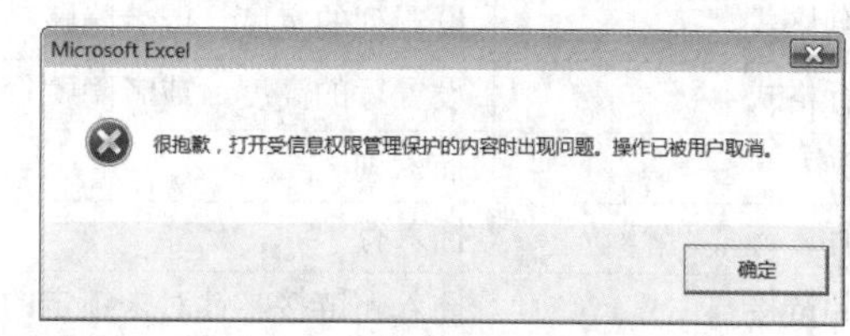

图 38-7 无法正常打开受保护的文件时的提示

注意

IRM 有其一定的局限性，它不能防止下述操作。

（1）恶意程序（如特洛伊木马）清除、盗取或捕获及传送内容。

（2）由于计算机病毒的操作导致内容丢失或损坏。

（3）对屏幕上显示的受限制内容手动抄写或拍摄照片。

另外，由于兼容性问题，使用了 IRM 进行保护的 Excel 工作簿文件将无法用于 Office Online。

38.2 保护工作表

通过设置单元格的“锁定”状态，并使用“保护工作表”功能，可以禁止对单元格的编辑，此部分内容请参阅第6章。

在实际工作中，对单元格内容的编辑，只是工作表编辑方式中的一项，除此以外，Excel 允许用户设置更明确的保护方案。

38.2.1 设置工作表的可用编辑方式

单击【审阅】选项卡中的【保护工作表】按钮，可以执行对工作表的保护。弹出的【保护工作表】对话框中有很多选项，如图 38-8 所示。它们决定了当前工作表在进入保护状态后，除了禁止编辑锁定单元格以外，还可以进行其他哪些操作。表 38-1 列出了这些选项的含义。

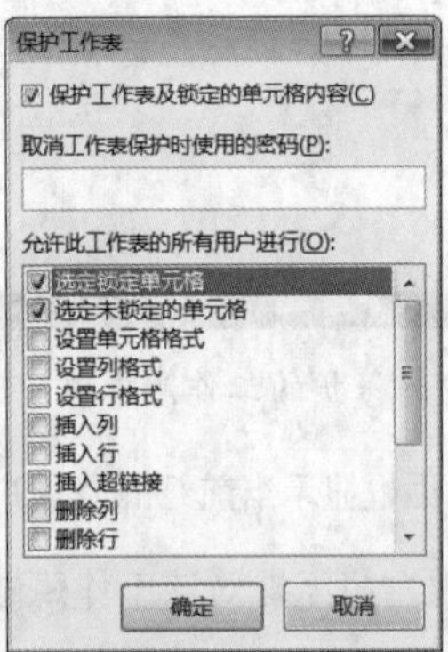

图 38-8 【保护工作表】对话框中有很多选项

表 38-1 【保护工作表】对话框各选项的含义

选 项	含 义
选定锁定单元格	使用鼠标或键盘选定设置为锁定状态的单元格
选定未锁定的单元格	使用鼠标或键盘选定未被设置为锁定状态的单元格
设置单元格格式	设置单元格的格式（无论单元格是否锁定）
设置列格式	设置列的宽度，或者隐藏列
设置行格式	设置行的高度，或者隐藏行
插入列	插入列
插入行	插入行
插入超链接	插入超链接（针对未锁定的单元格）
删除列	删除列
删除行	删除行
排序	对选定区域进行排序（该区域中不能有锁定单元格）
使用自动筛选	使用现有的自动筛选，但不能打开或关闭现有表格的自动筛选
使用数据透视表	创建或修改数据透视表
编辑对象	修改图表、图形、图片，插入或删除批注
编辑方案	使用方案

38.2.2 凭密码或权限编辑工作表的不同区域

默认情况下，Excel 的“保护工作表”功能作用于整张工作表，如果希望对工作表中的不同区域设置独立的密码或权限来进行保护，可以按下面的方法来操作。

步骤1 → 单击【审阅】选项卡中的【允许用户编辑区域】按钮，弹出【允许用户编辑区域】对话框。

步骤2 → 在此对话框中单击【新建】按钮，弹出【新区域】对话框。可以在【标题】栏中输入区域名称（或使用系统默认名称），然后在【引用单元格】栏中输入或选择单元格区域的范围，再输入区域密码。

如果要针对指定计算机用户（组）设置权限，可以单击【权限】按钮，在弹出的【区域 1 的权限】对话框中进行设置。

步骤3 → 单击【新区域】对话框的【确定】按钮，在根据提示重复输入密码后，返回【允许用户编辑区域】对话框。今后，用户可凭此密码对上面所选定的单元格和区域进行编辑操作。此密码与工作表保护密码可以完全不同。

步骤4 → 如果需要，使用同样的方法可以创建多个使用不同密码访问的区域。

步骤5 → 在【允许用户编辑区域】对话框中单击【保护工作表】按钮，执行工作表保护。上述过程如图 38-9 所示。

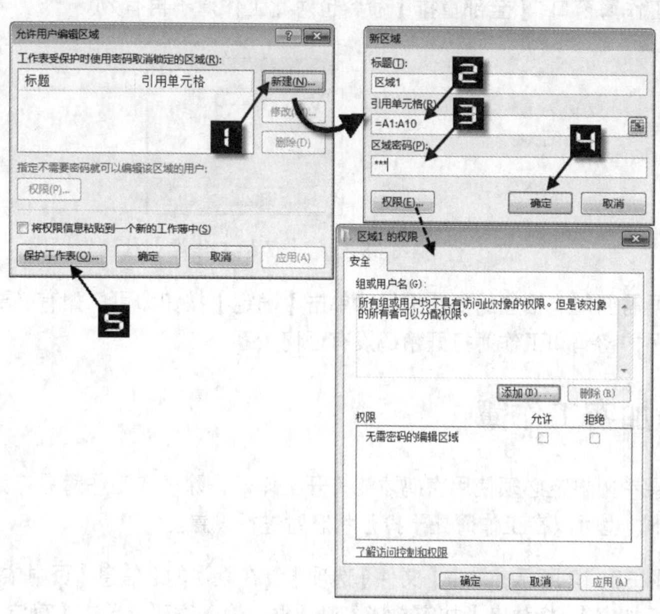

图 38-9 设置【允许用户编辑区域】对话框

完成以上单元格保护设置后，在试图对保护的单元格或区域内容进行编辑操作时，会弹出如图 38-10 所示的【取消锁定区域】对话框，要求用户提供针对该区域的保护密码。只有在输入正确密码后才能对其进行编辑。

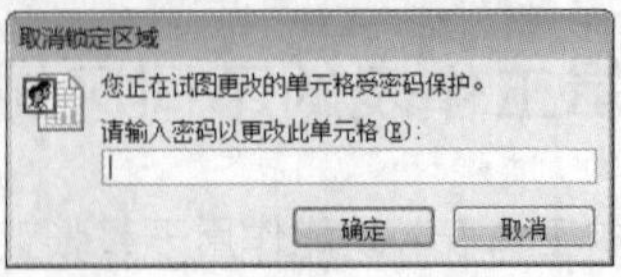

取消锁定区域

您正在试图更改的单元格受密码保护。

请输入密码以更改此单元格(P):

确定 取消

图 38-10 【取消锁定区域】对话框

如果在步骤 2 中设置了指定用户（组）对某区域拥有“允许”的权限，则该用户或用户组成员可以直接编辑此区域，不会再弹出要求输入密码的提示。

38.3 保护工作簿

Excel 允许对整个工作簿进行保护，这种保护分为两种方式。一种是保护工作簿的结构和窗口，另一种则是加密工作簿，设置打开密码。

38.3.1 保护工作簿结构和窗口

在【审阅】选项卡中单击【保护工作簿】按钮，将弹出【保护结构和窗口】对话框，如图 38-11 所示。在此对话框中，用户可以为当前工作簿设置两项保护内容。

◆ 结构：勾选此复选框后，禁止在当前工作簿中插入、删除、移动、复制、隐藏或取消隐藏工作表，禁止重新命名工作表。

◆ 窗口：勾选此复选框后，当前工作簿的窗口按钮不再显示，禁止新建、放大、缩小、移动或分拆工作簿窗口，【全部重排】命令也对此工作簿不再有效。

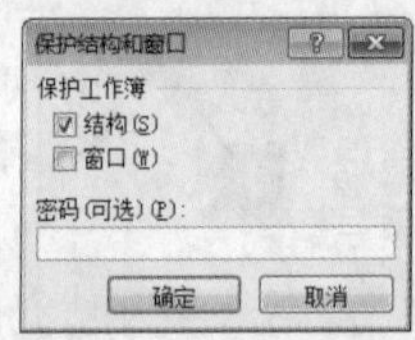

图 38-11 【保护工作簿】对话框

根据需要勾选相应的复选框后，单击【确定】按钮即可。如有必要，可以设置密码，此密码与工作表保护密码和工作簿打开密码没有任何关系。

38.3.2 加密工作簿

如果希望限定必须使用密码才能打开工作簿，除了在工作簿另存为操作时进行设置（请参阅第 3 章）外，也可以在工作簿处于打开状态时进行设置。

如图 38-12 所示，单击【文件】选项卡，在默认的【信息】页中依次单击【保护工作簿】→【用密码进行加密】，将弹出【加密文档】对话框。输入密码，单击【确定】后，Excel 会要求再次输入密码进行确认。确认密码后，此工作簿下次被打开时将提示输入密码，如果不能输入正确的密码，Excel 将无法打开此工作簿。

如果要解除工作簿的打开密码，可以按上述步骤再次打开【加密文档】对话框，删除现有密码即可。

除了给当前工作簿直接设置打开密码，也可以在工作簿另存为时设置打开密码，方法请参阅 3.1.4 小节。

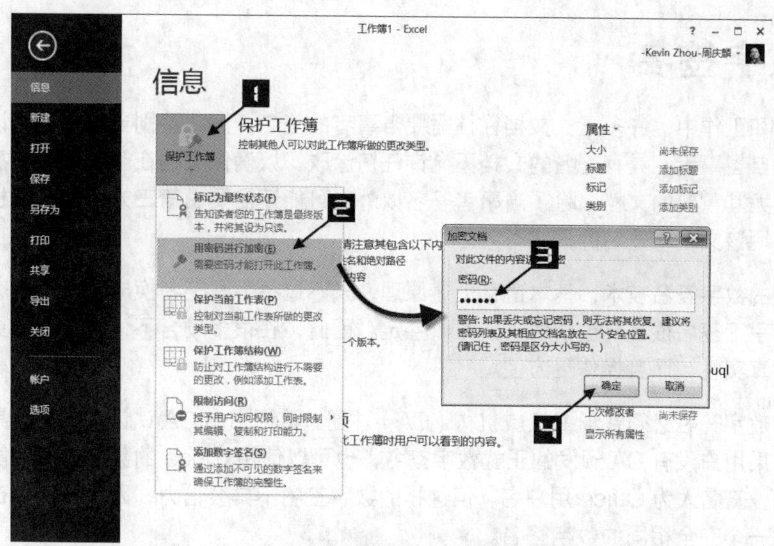

图 38-12　设置工作簿打开密码

38.4　标记为最终状态

如果工作簿文件需要与其他人进行共享，或被确认为一份可存档的正式版本，可以使用“标记为最终状态”功能，将文件设置为只读状态，防止被意外修改。

要使用此功能，可以单击【文件】选项卡，在默认的【信息】页中依次单击【保护工作簿】→【标记为最终状态】，在弹出的对话框中单击【确定】按钮，如图 38-13 所示。

系统弹出如图 38-14 所示的消息框，提示用户本工作簿已经被标记为最终状态。

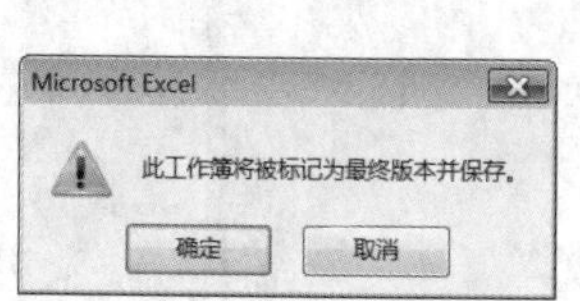

图 38-13　确认执行“标记为最终状态”的对话框

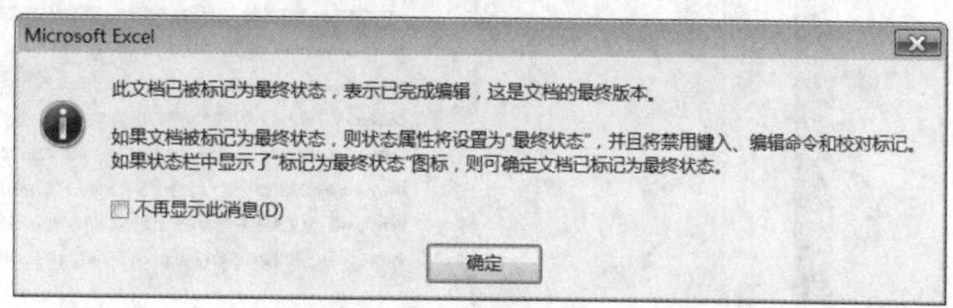

图 38-14　提示用户本工作簿已经被标记为最终状态

如果在一个新建的尚未保存过的工作簿上执行“标记为最终状态”，Excel 会自动弹出【另存为】对话框，要求先对工作簿进行保存。

现在，工作簿窗口的外观如图 38-15 所示，文件名后显示为“只读”，功能区的下方提示当前为“标记为最终版本”的状态，文件将不再允许任何编辑。

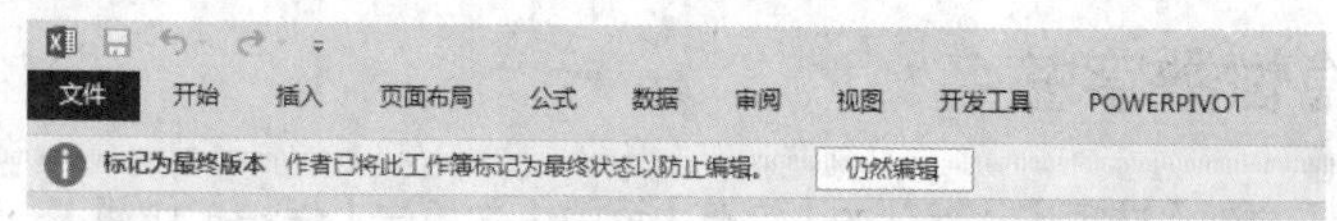

图 38-15　最终状态下的工作簿窗口

事实上，“标记为最终状态”功能更像一个善意的提醒，而非真正的安全保护功能。任何时候只需要单击功能区下方的【仍然编辑】按钮，就可以取消“最终状态”，使文件重新回到可编辑状态。

38.5 数字签名

在生活和工作中，许多正式文档往往需要当事者的签名，以此鉴别当事者是否认可文档内容或文档是否出自当事者。具有签名的文档不允许任何涂改，以确保文档在签名后未被篡改，是真实可信的。对于尤其重要的文档，除了当事者签名以外，可能还需要由第三方（如公证机关）出具的相关文书来证明该文档与签名的真实有效。

Office 的数字签名技术，基本遵循上述原理，只不过将手写签名换成了电子形态的数字签名。众所周知，手工签名很容易被模仿，且难以鉴定。因此，在很多场合下，数字签名更容易确保自身的合法性和真实性，而且操作更方便。

有效的数字签名必须在证书权威机构（CA）注册，该证书由 CA 认证并颁发，具有不可复制的唯一性。如果用户没有 CA 颁发的正式数字签名，也可以使用 Office 的数字签名功能创建一个本机的数字签名，签名人为 Office 用户名。但这样的数字签名不具公信力，因为任何人在任何计算机上都可以创建一个完全相同的数字签名。

提 示

全球有多家代理数字签名注册服务的公司，并按不同服务标准收取服务年费。在功能区的【插入】选项卡中单击【签名行】右侧的箭头按钮，在下拉列表中单击【添加签名服务】，将跳转到微软网站，介绍微软推荐的部分证书类型，如图 38-16 所示。

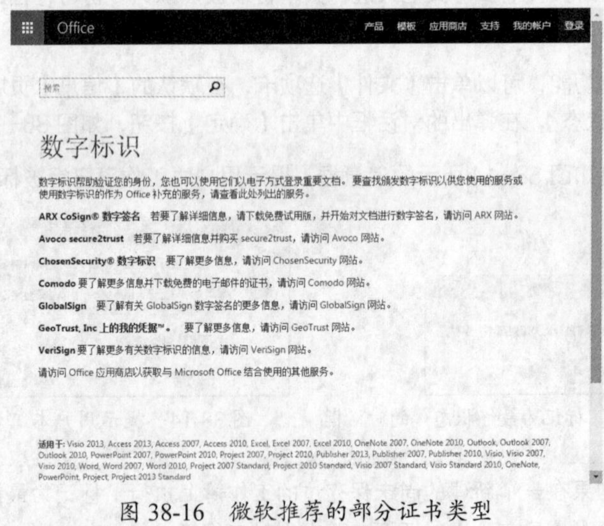

图 38-16 微软推荐的部分证书类型

Excel 允许向工作簿文件中加入可见的签名标志后再签署数字签名，也可以签署一份不可见的数字签名。无论是哪一种数字签名，如果在数字签名添加完成后对文件进行编辑修改，签名都将自动被删除。

38.5.1 添加隐性数字签名

步骤1 单击【文件】选项卡，默认的【信息】页中依次单击【保护工作簿】→【添加数字签名】。

步骤2 在弹出的【签名】对话框中，可以进行详细的数字签名设置，包括类型、目的和签名人信息等，如图 38-17 所示。对话框中的“承诺类型”、“签署此文档的目的”、“详细信息”等参数都是可选项，可以留空。单击【更改】按钮可以选择一个本机可用的数字签名。

根据需要填写各种签名信息后，单击【签名】按钮。

此时弹出对话框，显示签名完成，单击【确定】按钮即可，如图 38-18 所示。

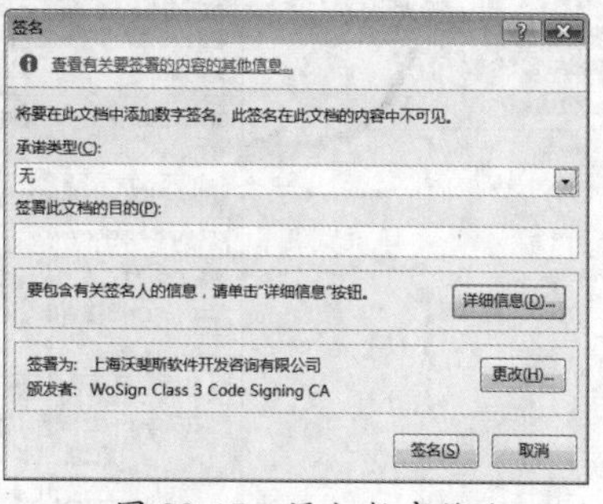

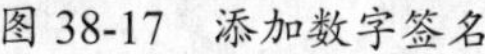
图 38-17　添加数字签名

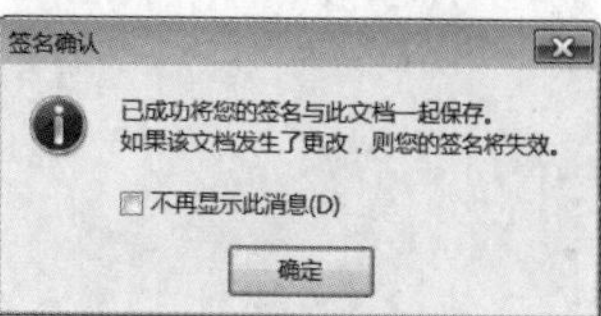

图 38-18　完成签名

成功添加数字签名后的工作簿文件将自动进入“标记为最终状态”模式，并在 Excel 状态栏的左侧会出现一个图标。单击此图标，将出现【签名】任务窗格，显示当前签名的详细信息，如图 38-19 所示。通过【签名】任务窗格，可以查看当前签名的详细信息，也可以删除签名。

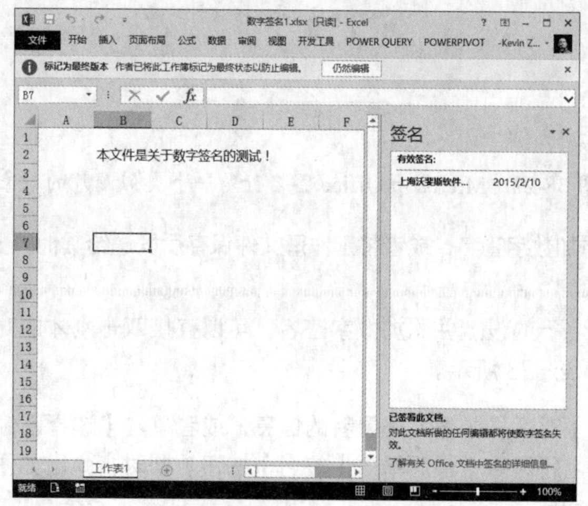

图 38-19　查看“签名”任务窗格

再次打开该文件时，Excel 窗口会显示如图 38-20 所示的提示栏。

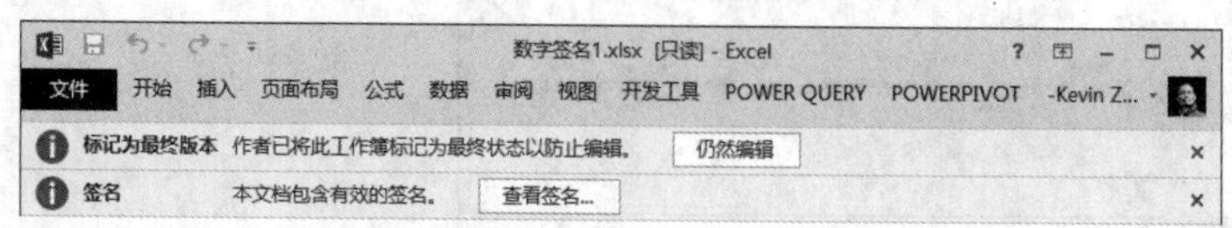

图 38-20　包含有效签名的工作簿文件

38.5.2　添加 Microsoft Office 签名行

步骤 1 → 单击【插入】选项卡中【签名行】右侧的箭头按钮，在下拉列表中单击【Microsoft Office 签名行】项，将弹出【签名设置】对话框。根据具体情况输入姓名、职务、电子邮件地址等信息后，单击【确定】按钮，如图 38-21 所示。

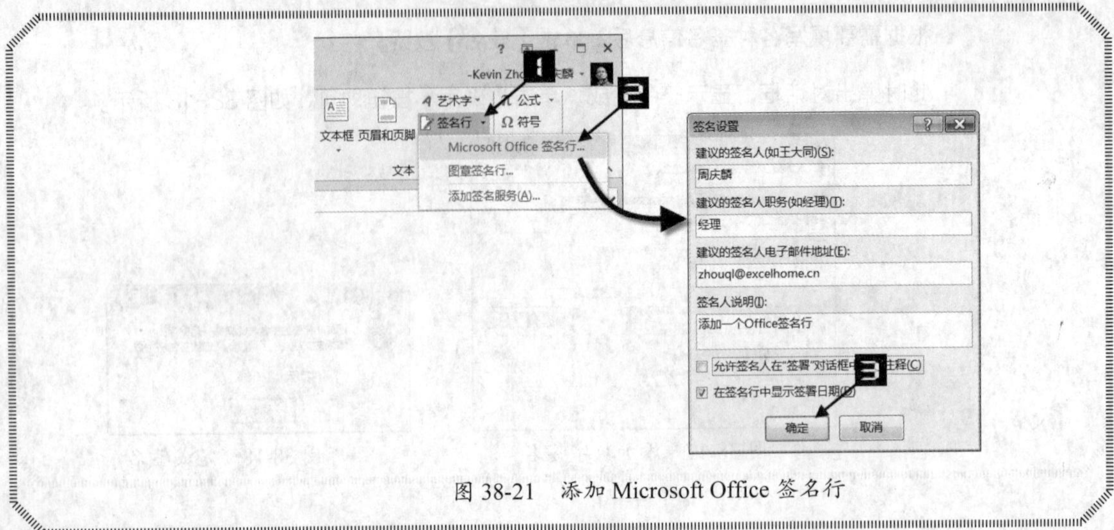

图 38-21　添加 Microsoft Office 签名行

此时，当前工作表中已经插入了一个类似图片的对象，显示了刚才填写的签名设置，这只是 Microsoft Office 签名行的一个半成品，如图 38-22 所示。

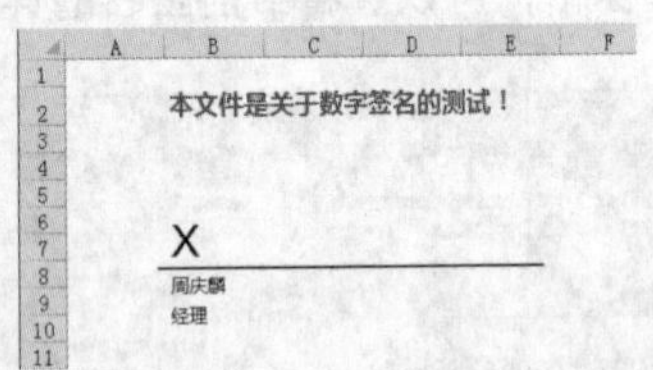

图 38-22　Microsoft Office 签名行是一个类似图片的对象

可以继续操作以添加数字签名，或者将工作簿文件保存后发送给其他人要求进行数字签名。

步骤2 要完成签名行的设置并添加数字签名，可以直接双击刚才的对象，弹出【签名】对话框，如图 38-23 所示。

步骤3 在【签名】对话框中输入签署者的信息，或者单击【选择图像】按钮，选择一张图片添加到签名行区域，最后单击【签名】按钮。此时会弹出如图 38-24 所示的对话框，表示签名完成。

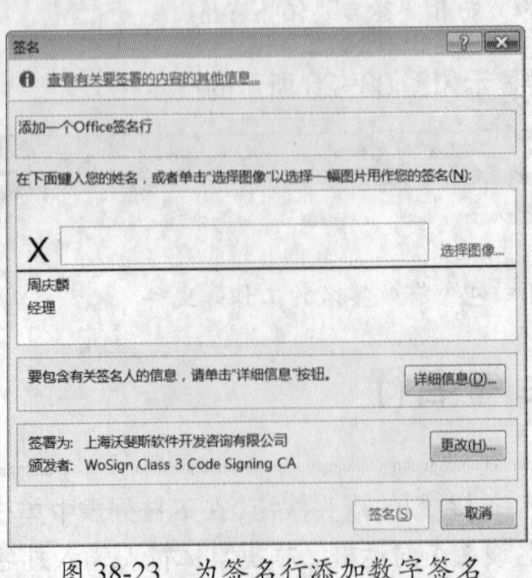

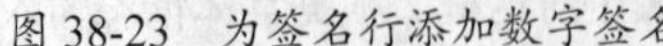

图 38-23　为签名行添加数字签名

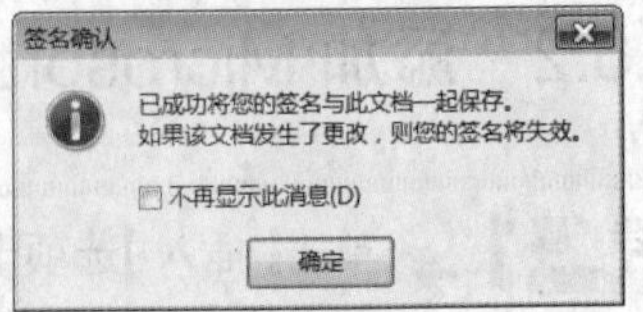

图 38-24　签名完成的提示

签署完成后的工作簿文件如图 38-25 所示，可以看到，除了在工作表中那个漂亮的签名行图片，其他方面与添加隐性数字签名后的状态基本一致。

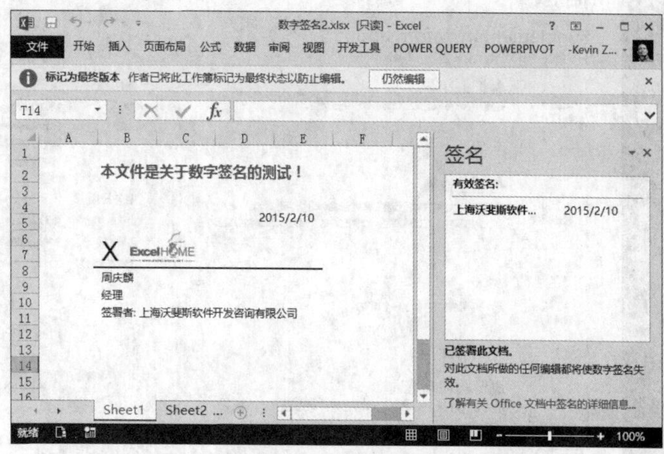

图 38-25 添加数字签名后的 Microsoft Office 签名行

38.5.3 添加图章签名行

添加图章签名行的方法与添加 Microsoft Office 签名行基本相同，在此不再赘述。

图章签名的效果如图 38-26 所示。

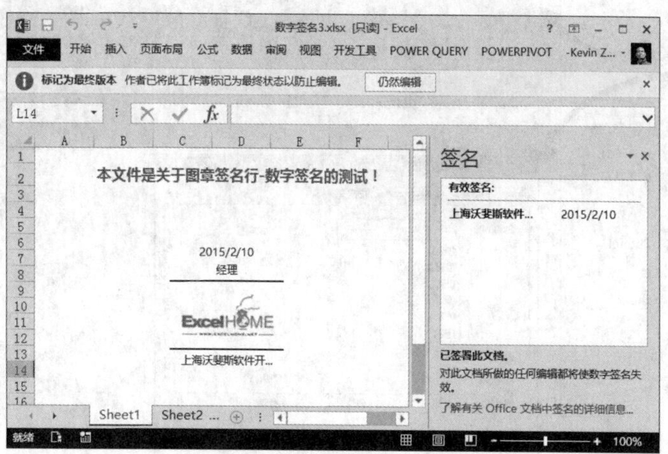

图 38-26 添加数字签名后的图章签名行

38.6 借助“检查文档”保护私有信息

每一个工作簿文件除了所包含的工作表内容以外，还包含其自身的很多信息。单击【文件】选项卡，在默认的【信息】页中可以看到这些信息，如图 38-27 所示。

一部分是信息是只读的，如文件大小、创建时间、上次修改时间、文件的当前位置等，另一部分信息则用于描述文件特征，是可编辑的，如标题、类别、作者等。在个人或企业内部使用 Excel 的时候，添加详细的文件信息描述是一个良好的习惯，可以帮助创建者本人和同事了解该文件的详细情况，并借助其他的应用（如 SharePoint Server）构建文件库，进行知识管理，同时也非常方便进行文件搜索。

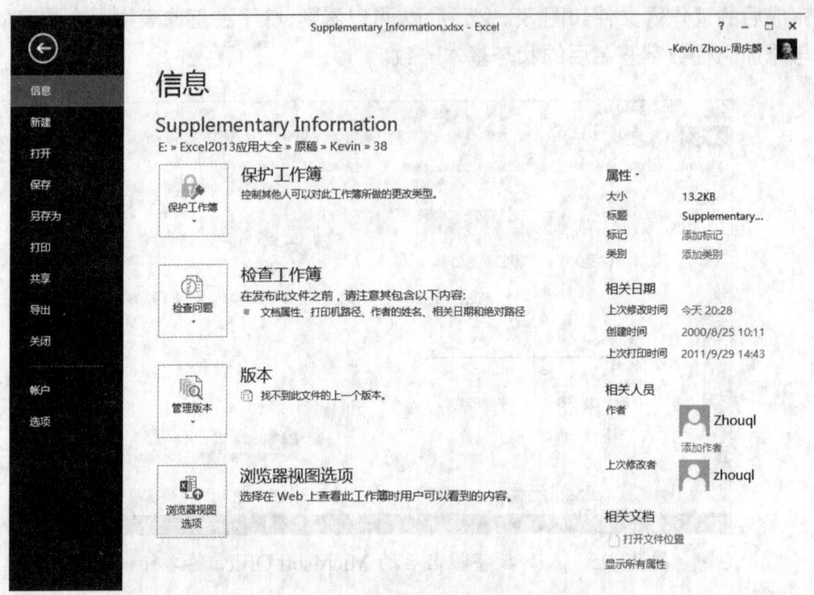

图 38-27 工作簿文件的自身信息

单击【属性】按钮，在下拉菜单中单击【显示文档面板】，将在工作簿窗口中显示“文档属性面板”，单击【高级属性】，将弹出【属性】对话框，进行详细的属性管理，如图 38-28 所示。

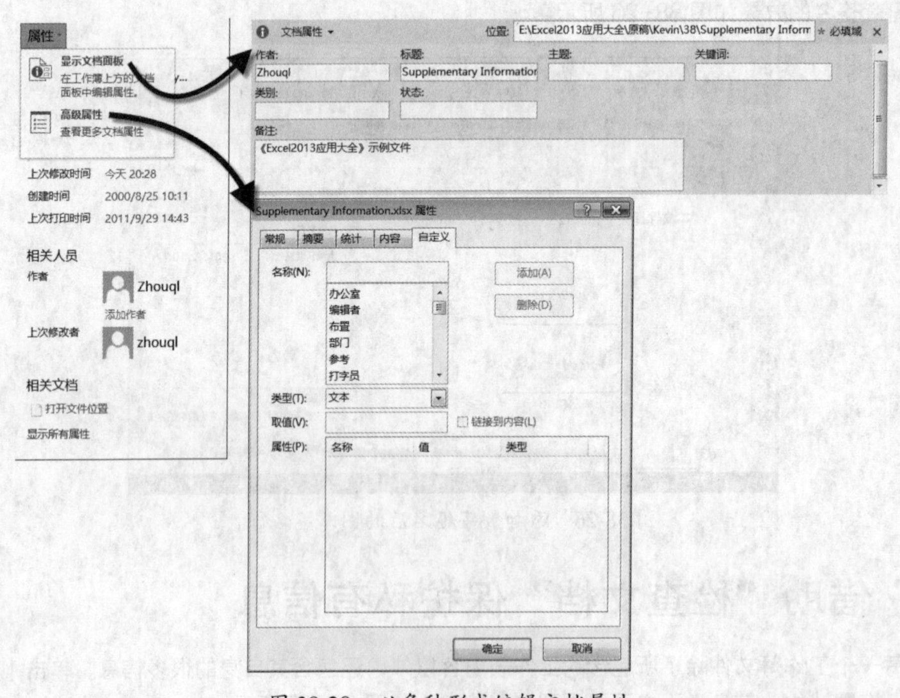

图 38-28 以多种形式编辑文档属性

此外，工作簿中还有可能保存了由多人协作时留下的批注、墨迹等信息，记录了文件的所有修订记录。

如果工作簿要发送到组织机构以外的人员手中，以上这些信息可能会泄露私密信息，应该及时进行检查并删除。此时，可以使用“检查文档”功能。

步骤1 → 单击【文件】选项卡的【信息】页，然后单击【检查问题】→【检查文档】，即可执行该功能，如图 38-29 所示。

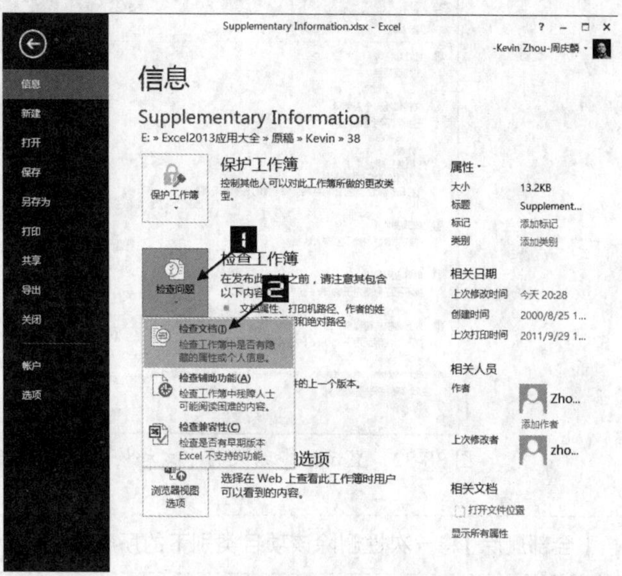

图 38-29　执行“检查文档”

步骤2 → 如果执行此功能之前对工作簿文件做过修改且尚未保存，则会弹出对话框要求保存，单击【是】按钮即可，如图 38-30 所示。

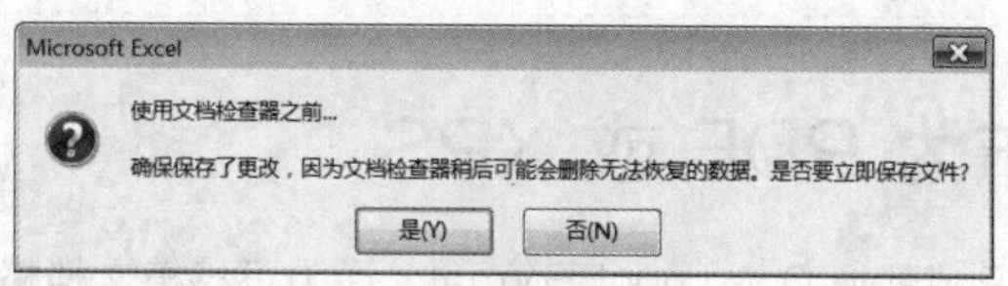

图 38-30　检查文档前要求先保存文件

步骤3 → 弹出【文档检查器】对话框，列出可检查的各项内容，默认进行全部项目的检查，如图 38-31 所示。单击【检查】按钮即可开始进行检查。

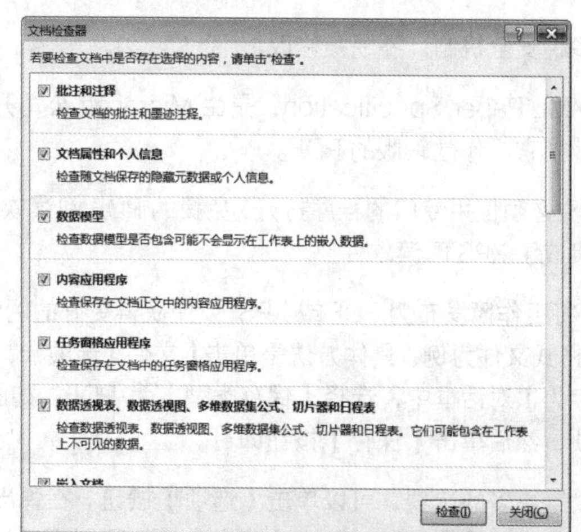

图 38-31　用于检查文档的“文档检查器”

第 38 章 Excel 2013

图 38-32 所示为显示检查结果的【文档检查器】对话框，如果用户确认检查结果的某项内容应该去除，可以单击该项右侧的【全部删除】按钮。

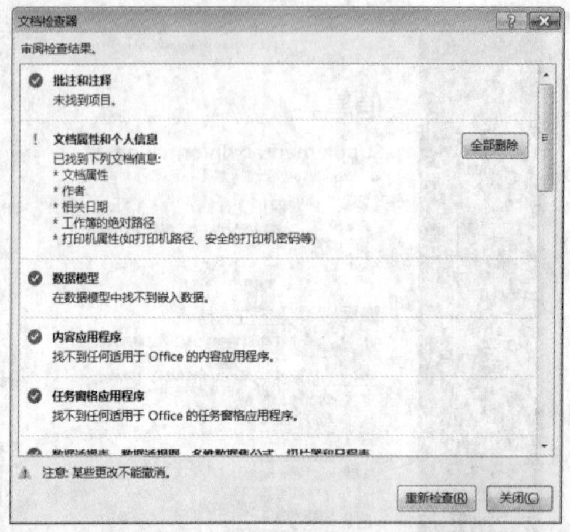

图 38-32　显示检查结果的【文档检查器】对话框

注意

【全部删除】将一次性删除该项目类别下的所有内容，且无法撤消，应该谨慎使用。

提示

与较早版本的 Excel 相比，Excel 2013 的文档检查器可检查的项目数量大幅增加，可以进行更细致的检查。

38.7　发布为 PDF 或 XPS

PDF 全称 Portable Document Format，译为可移植文档格式，由 Adobe 公司设计开发，目前已成为数字化信息领域中一个事实上的行业标准。它的主要特点如下。

◆ 在大多数计算机平台上具有相同的显示效果。

◆ 较少的文件体积，最大程度保持与源文件接近的外观。

◆ 具备多种安全机制，不易被修改。

XPS 全称 XML Paper Specification，是由 Microsoft 公司开发的一种文档保存与查看的规范。用户可以简单地把它看作微软版的 PDF。

PDF 和 XPS 必须使用专门的程序打开，免费的 PDF 阅读软件不计其数，而微软也从 Vista 开始在操作系统内集成了 XPS 阅读软件。

Excel 支持将工作簿发布为 PDF 或 XPS，以便获得更好的阅读兼容性以及某种程度上的安全性。以发布为 PDF 格式文件为例，具体方法是单击【文件】选项卡，在下拉列表中单击【另存为】命令，在弹出的【另存为】对话框中，选择【保存类型】为 PDF，如图 38-33 所示。可以根据情况选择不同的优化选项，然后单击【保存】按钮即可。

如果希望设置更多的选项，可以单击【选项】按钮。在弹出的【选项】对话框中，可以设置发布的页范围、工作表范围等参数，单击【确定】按钮可以保存设置，如图 38-34 所示。

发布为 XPS 文件的方法与此类似，在此不再赘述。

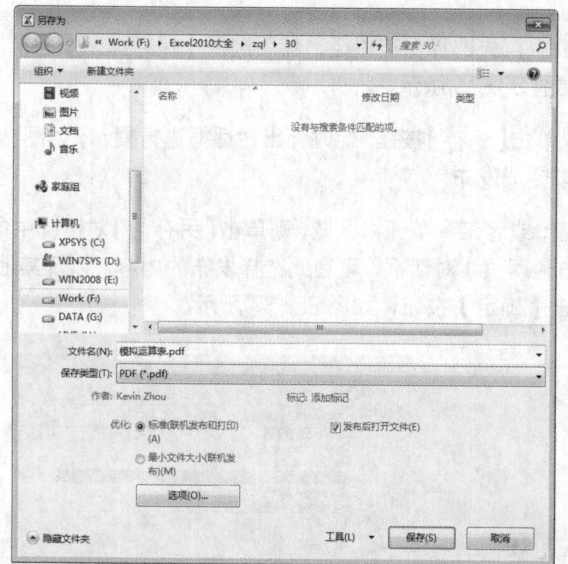

图 38-33　发布工作簿为 PDF 格式文件

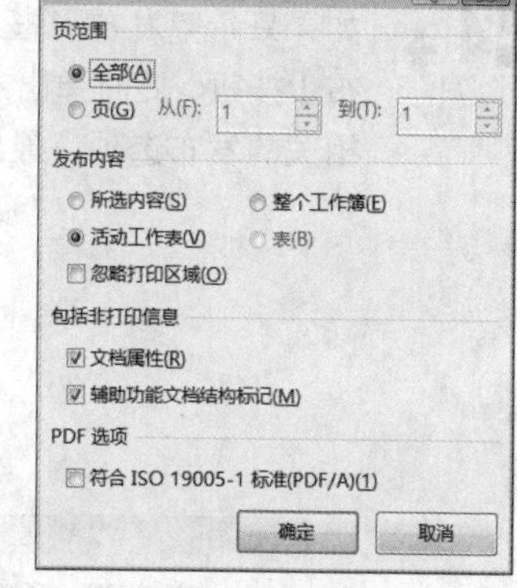

图 38-34　设置更多的 PDF 发布选项

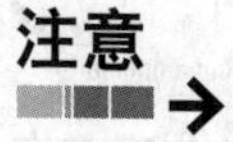

将工作簿另存为 PDF 或 XPS 文件后，无法将其转换回 Microsoft Excel 文件格式，除非使用专业软件或第三方加载项。但是，Word 2013 支持 docx 文件和 PDF 文件之间的互相转换。

38.8 发布为 HTML 文件

HTML，全称为 Hypertext Markup Language，译为超文本链接标示语言，是目前网络上应用最为广泛的语言，也是构成网页文档的主要语言。Excel 2013 允许用户将工作簿文件保存为 HTML 格式文件，然后就可以在企业内部网站或 Internet 上发布，访问者只需要使用网页浏览器即可查看工作簿内容。具体方法如下。

步骤 1 单击【文件】选项卡下的【另存为】按钮。

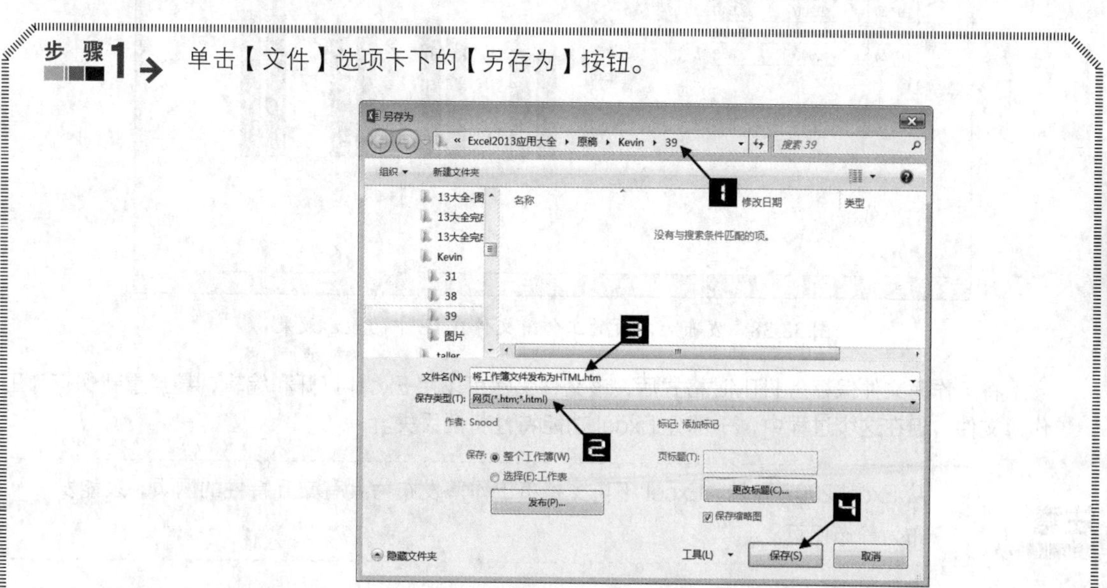

图 38-35　另存为网页对话框

步骤2 → 在弹出的【另存为】对话框中，先选择保存路径，然后选择【保存类型】为“网页 HTML”，输入文件名，如图 38-35 所示。

步骤3 → 如果发布整个工作簿，可以单击【保存】按钮。此时弹出对话框进行提示，如图 38-36 所示。单击【是】按钮可以完成发布。

步骤4 → 如果只希望发布一张工作表，或者某个单元格区域，则单击【另存为】对话框中的【发布】按钮。此时弹出【发布为网页】对话框，可在此选择发布的内容，以及其他一些相关的发布选项，最后单击【确定】按钮，如图 38-37 所示。

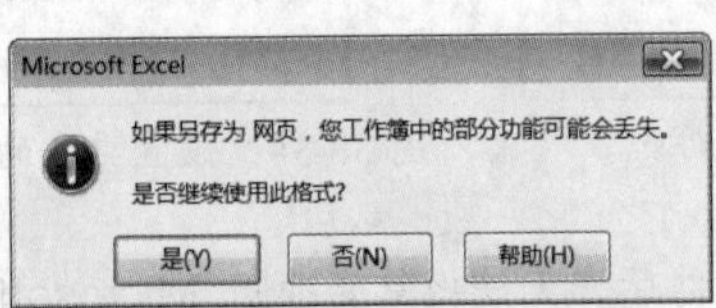

图 38-36　发布为网页前的提示

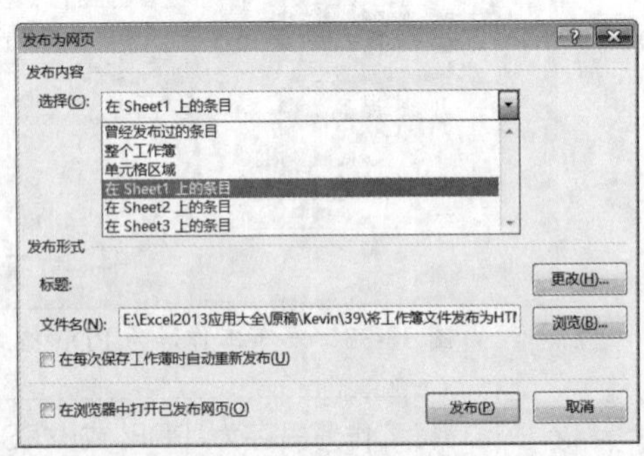

图 38-37　更详细的网页发布选项

图 38-38 所示为发布为网页的工作簿文件在 IE 浏览器中的显示效果，工作表中的内容与在 Excel 中基本相似，但没有 Excel 中的行号、列标和网格线。虽然是静态内容，但仍然在网页底部提供了按钮以供切换不同工作表。

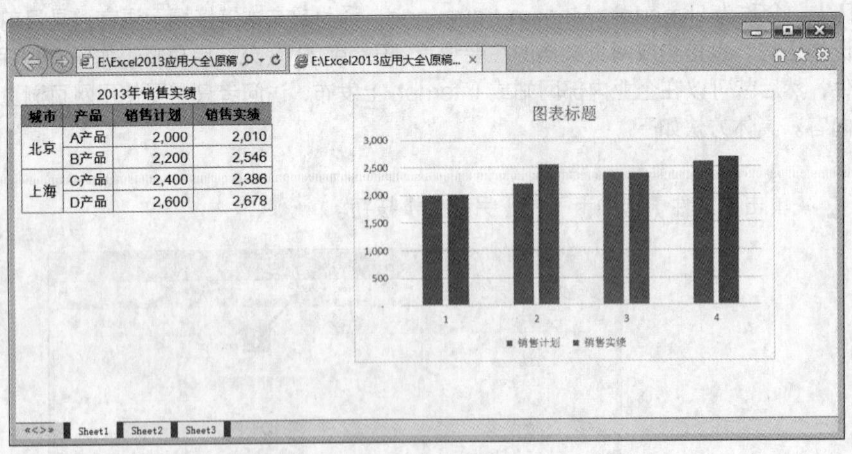

图 38-38　发布为网页的工作簿文件在 IE 中的显示效果

将工作簿文件保存为 HTML 格式后，该文件仍然可以用 Excel 打开和编辑，甚至重新保存为工作簿文件。但在这个过程中，一部分 Excel 功能特性将会丢失。

从 Excel 2007 开始，Excel 不再支持将工作簿发布为具有交互特性的网页，只能发布为静态网页。

第 39 章　与其他应用程序共享数据

Microsoft Office System 包含了 Excel、Word、PowerPoint、OneNote 等多个程序组件，用户可以使用 Excel 进行数据处理分析，使用 Word 进行文字处理与编排，使用 PowerPoint 设计演示文稿等。为了完成某项工作，用户常常需要同时使用多个组件，因此在它们之间进行快速准确的数据共享显得尤为重要。本章将重点讲解借助复制和粘贴的方式来进行 Excel 和其他应用程序之间的数据共享。

本章学习要点

（1）了解剪贴板的作用。

（2）在其他应用程序中使用 Excel 的数据。

（3）在 Excel 中使用其他应用程序的数据。

（4）将 Excel 工作簿作为数据源。

39.1　Windows 剪贴板和 Office 剪贴板

Windows 剪贴板是所有应用程序的共享内存空间，任何两个实际的应用程序只要互相兼容，Windows 剪贴板就可以帮助它们进行信息复制。Windows 剪贴板会一直保留用户从应用程序中复制来的信息，但永远只能保留一条，每次复制操作都将替换掉上一次复制的信息。Windows 剪贴板在后台运行，用户通常看不到它。

Office 剪贴板则是专门为 Office 各组件程序服务的，它可以容纳最多 24 条复制的信息。因此，它支持用户连续进行复制，然后再按需粘贴。

以 Excel 2013 为例，单击【开始】选项卡中【剪贴板】命令组右下角的【对话框启动器】，将显示【Office 剪贴板】窗格，如图 39-1 所示。现在，Office 剪贴板将替代 Windows 剪贴板。用户的每一次复制（包含但不限于在 Office 应用程序中的复制）都会被记录下来，并在该窗格中按操作顺序列出所有复制信息。

将鼠标指针悬浮于其中一项之上时，该项将出现下箭头按钮，单击该按钮可显示下拉菜单。单击【粘贴】可将该项信息进行粘贴，单击【删除】将从 Office 剪贴板中清除该项信息。

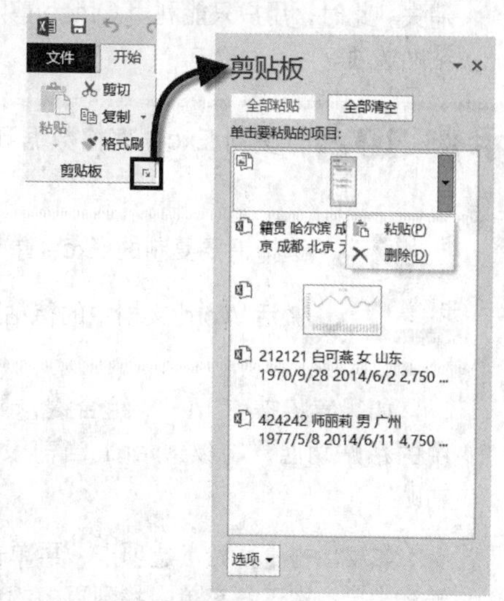

图 39-1　显示【Office 剪贴板】任务窗格

Office 剪贴板是所有 Office 组件程序共用的，所以它在所有 Office 组件程序中将显示完全相同的信息项列表。

单击【Office 剪贴板】窗格下方的【选项】按钮，可以在弹出的下拉菜单中设置 Office 剪贴板的运行方式，如图 39-2 所示。

自动显示 Office 剪贴板(A)
按 Ctrl+C 两次后显示 Office 剪贴版(P)
收集而不显示 Office 剪贴板(C)
在任务栏上显示 Office 剪贴板的图标(T)
复制时在任务栏附近显示状态(S)

图 39-2 Office 剪贴板的运行方式

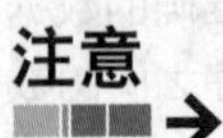

在 Office 组件程序中进行数据复制或剪切时，信息同时存储在 Windows 剪贴板和 Office 剪贴板上。尽管 Windows 剪贴板只保留最后一次复制的信息，但是它支持用户通过“选择性粘贴”转换信息的格式，这是 Office 剪贴板无法做到的。

39.2 将 Excel 数据复制到其他 Office 应用程序中

Excel 中的所有数据形式都可以被复制到其他 Office 应用程序中，包括工作表中的表格数据、图片、图表和其他对象等。不同的信息在复制与粘贴过程中有不同的选项，以适应用户的各种不同需求。

39.2.1 复制单元格区域

复制 Excel 的某个单元格区域中的数据到 Word 或 PowerPoint 中，是最常见的一种信息共享方式。利用“选择性粘贴”，用户可以选择以多种方式将数据进行静态粘贴，也可以选择动态链接数据。静态粘贴的结果是原数据的静态副本，与原数据不再有任何关联。而动态链接则会在原数据发生改变时自动更新粘贴结果。

如果希望在复制后能够执行“选择性粘贴”功能，用户在复制 Excel 单元格区域后，应该保持目标区域的四周闪烁的虚拟框状态。如果用户在复制单元格区域后又进行了其他某些操作，比如按<Esc>键，或者双击某个单元格，或者在某个单元格输入数据等，则刚才被复制区域的激活状态将消失。此时，用户只能利用 Office 剪贴板按默认方式粘贴数据，而不能使用“选择性粘贴”等其他粘贴选项。

示例 39-1 复制 Excel 表格数据到 Word 文档中

步骤1 选择需要复制的 Excel 单元格区域，按<Ctrl+C>组合键进行复制。

步骤2 激活 Word 文档中的待粘贴位置。

如果直接按<Ctrl+V>组合键，或者使用“Office 剪贴板”中的粘贴功能，将以 Word 当前设置的默认粘贴方式进行粘贴。

如果单击【开始】选项卡，再单击【粘贴】按钮下方的下箭头，可以在下拉菜单中找到更多的粘贴选项，以及【选择性粘贴】命令，如图 39-3 所示。单击【选择性粘贴】命令会弹出【选择性粘贴】对话框。

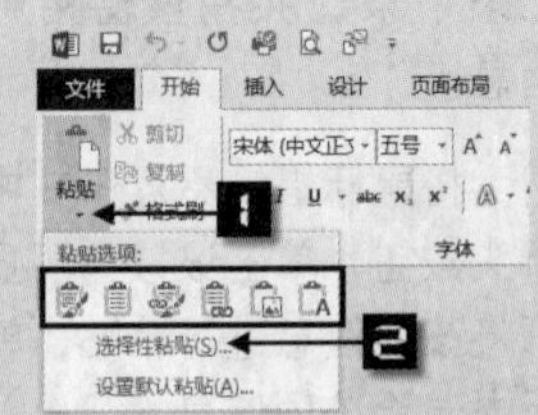

图 39-3 复制 Excel 单元格区域后在 Word 中执行“选择性粘贴”

步骤3 图 39-4 所示为 Word 中的【选择性粘贴】对话框，调整其中的选项，可以按不同方式和不同形式进行粘贴。默认的粘贴选项是粘贴为 HTML 格式。

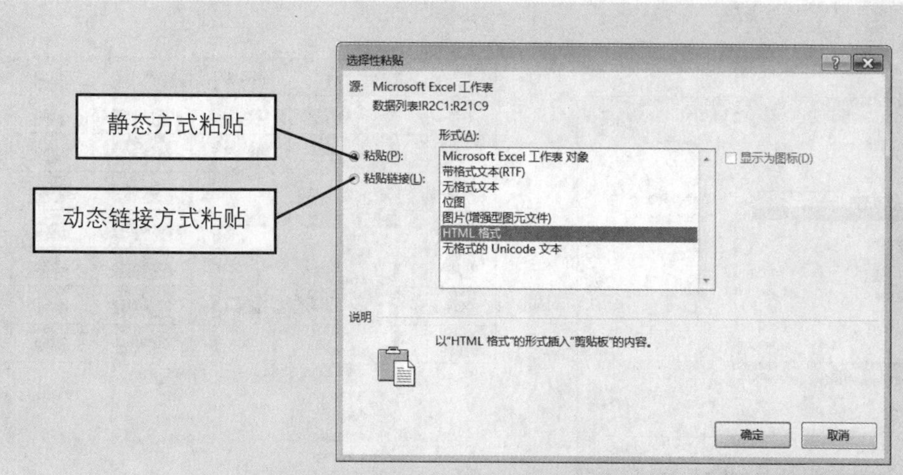

图 39-4 【选择性粘贴】对话框中"粘贴"方式下的各种形式

在静态方式下，各种粘贴形式的用途如表 39-1 所示。

表 39-1 静态方式下各种粘贴形式的用途

形　式	用　途
Microsoft Excel 工作表对象	作为一个完整的 Excel 工作表对象进行嵌入，在 Word 中双击该对象可以像在 Excel 中一样进行编辑处理
带格式文本（RTF）	成为带格式的文本表格，将保留源数据区域的行、列及字体格式
无格式文本	成为普通文本，没有任何格式
位图	成为 BMP 图片文件
图片（增加型图元文件）	成为 EMF 图片文件，占用文件体积比位图小
HTML 格式	成为 HTML 格式的表格，在格式上比 RTF 更接近源数据区域
无格式的 Unicode 文本	成为 Unicode 编码的普通文本，没有任何格式

如果希望粘贴后的内容能够随着源数据的变化而自动更新，可以使用"粘贴链接"方式进行粘贴。

注意

对于不同的复制内容，并非每一种选择性粘贴选项都是有效的。

示例 39-2 链接 Excel 表格数据到 Word 文档中

复制 Excel 中的表格数据后，在 Word 文档中执行【选择性粘贴】命令，在【选择性粘贴】对话框中，单击【粘贴链接】选项，如图 39-5 所示。

"粘贴链接"方式下各种形式的粘贴结果，在外观上与"粘贴"方式基本相同。如果粘贴以后，在 Excel 中修改了源数据，数据的变化会自动地更新到 Word 中。此外，粘贴结果具备与源数据之间的超链接功能。以"粘贴链接"为"带格式文本（RTF）"为例，如果在粘贴结果中单击鼠标右键，在弹出的快捷菜单中单击【编辑链接】或【打开链接】，将激活 Excel 并定位到源文件的目标区域，如图 39-6 所示。

"Word Hyperlink"是"粘贴链接"方式中唯一一种只创建到源数据区域的超链接但不会自动更新数据的形式。

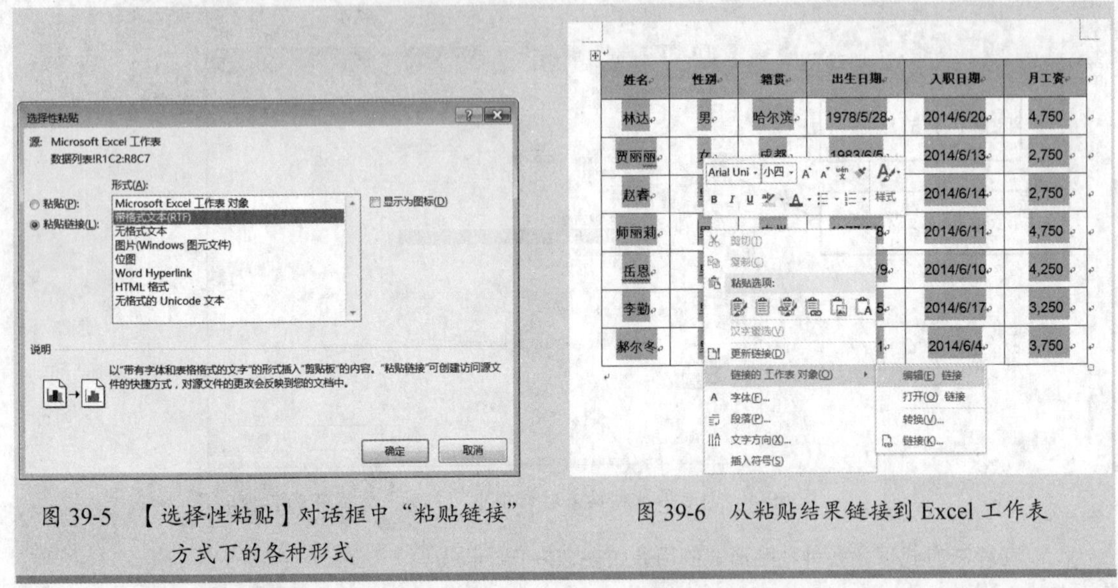

图 39-5　【选择性粘贴】对话框中"粘贴链接"方式下的各种形式

图 39-6　从粘贴结果链接到 Excel 工作表

39.2.2　复制图片

复制 Excel 工作表中的图片、图形后，如果在其他 Office 应用程序中执行【选择性粘贴】命令，将弹出如图 39-7 所示的【选择性粘贴】对话框。

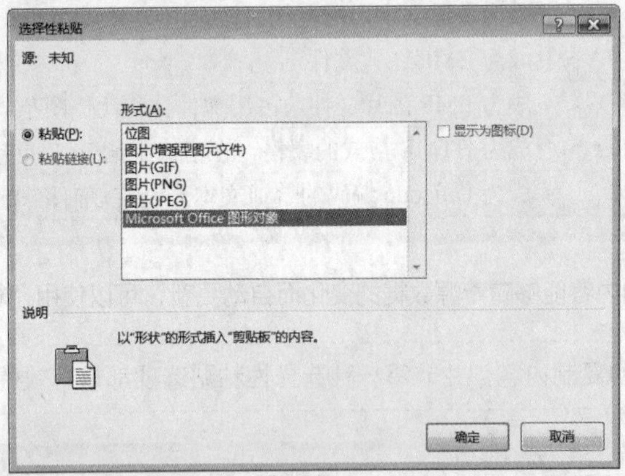

图 39-7　复制对象为图片时的【选择性粘贴】对话框

选择性粘贴允许以多种格式的图片来粘贴，但只能进行静态粘贴。不同格式的文件大小有所差异，表 39-2 所示为文件大小由大到小排列的不同格式说明，供用户参考。

表 39-2　粘贴图片的不同格式

形　式	文件格式
图片（PNG）	PNG
位图	BMP
图片（增加型图元文件）	EMF
图片（GIF）	GIF
图片（JPEG）	JPEG
Microsoft Office 图形对象	JPEG

39.2.3 复制图表

与 Excel 单元格区域类似，Excel 图表同时支持静态粘贴和动态粘贴链接。

示例 39-3 链接 Excel 图表到 PowerPoint 演示文稿中

步骤1 选中要复制的 Excel 图表，按<Ctrl+C>组合键进行复制。

步骤2 激活 PowerPoint 演示文稿中的待粘贴位置，执行【选择性粘贴】命令，在弹出的【选择性粘贴】对话框中，单击【粘贴链接】项，单击【确定】按钮，如图 39-8 所示。

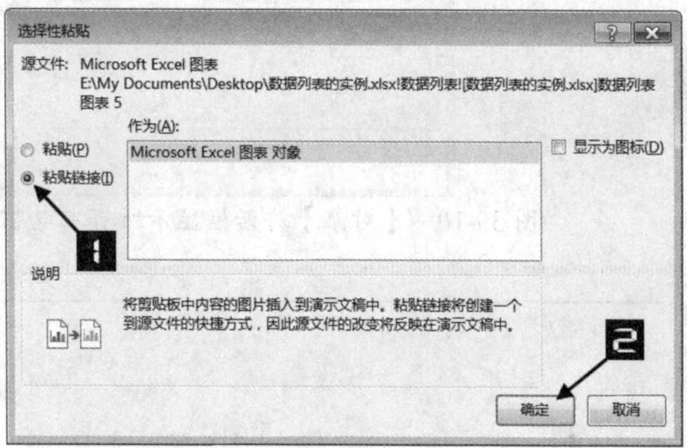

图 39-8 粘贴 Excel 图表链接到演示文稿中

图 39-9 所示为在 PowerPoint 演示文稿中具备动态链接特性的 Excel 图表，当源图表发生变化以后，这里的图表也会自动更新。对它单击鼠标右键，可以执行相关的链接命令。

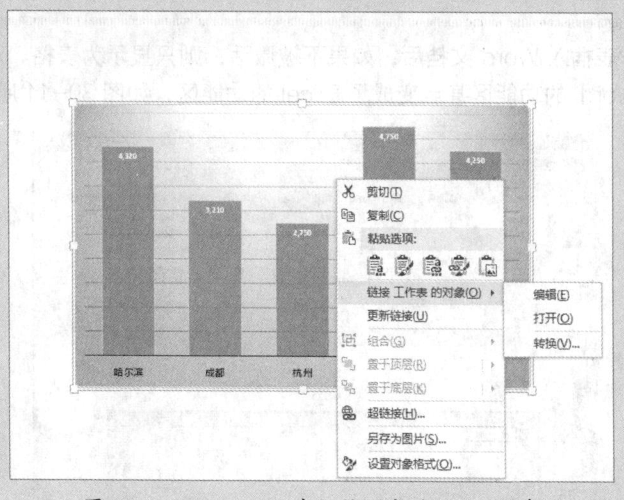

图 39-9 PowerPoint 中链接形式的 Excel 图表

39.3 在其他 Office 应用程序文档中插入 Excel 对象

除了使用复制粘贴方法来共享数据之外，用户还可以在 Office 应用程序文件中插入对象。如在 Word 文档或 PowerPoint 演示文稿中创建新的 Excel 工作表对象，将其作为自身的一部分。

步骤1 → 激活需要新建 Excel 对象的 Word 文档。

步骤2 → 单击【插入】选项卡中的【对象】按钮，弹出【对象】对话框，如图 39-10 所示。利用此对话框，可以“新建”一个对象，也可以链接到一个现有的对象文件。

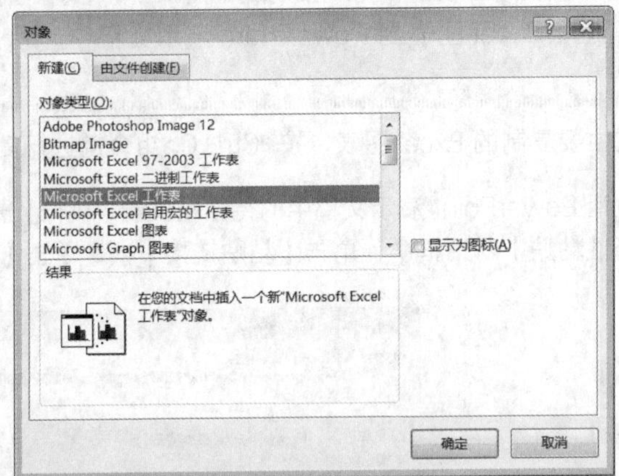

图 39-10 【对象】对话框显示所有本电脑上可供插入的对象列表

深入了解

【对象】对话框中显示的对象列表来源于本电脑安装的支持 OLE 的软件。例如，电脑上安装了 Auto CAD 制图软件的话，那么该列表中就会出现 CAD 对象，允许在 Word 文档中插入。

步骤3 → 选择【Microsoft Excel 工作表】项，单击【确定】按钮。

当 Excel 工作表插入 Word 文档后，如果不被激活，则只显示为表格。双击它可以激活对象，进行编辑，此时 Word 的功能区甚至变成了 Excel 的功能区，如图 39-11 所示。

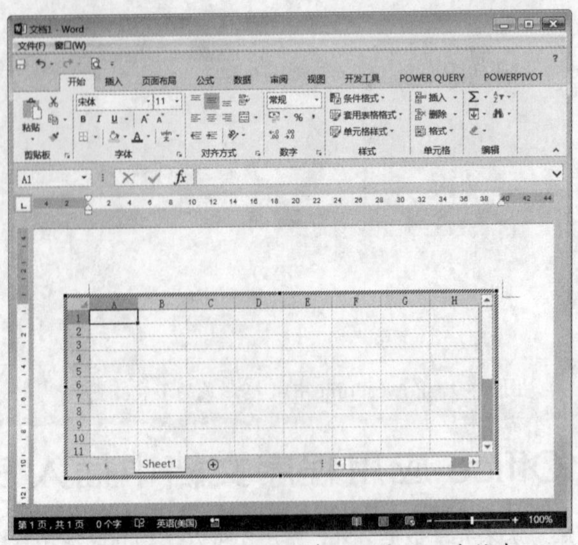

图 39-11 Word 文档中插入了新 Excel 工作表，用户可以直接在 Word 中使用 Excel

编辑完毕后，只需要激活 Word 文档中的其他位置，就会退出 Excel 工作表对象的编辑状态。

插入 Word 文档中的 Excel 对象，既可以使用 Excel 的大多数功能特性，又成为 Word 文档的一部分而不必单独保存为 Excel 工作簿文件。这一用法在需要创建复杂内容的文档时是非常有意义的。

39.4 在 Excel 中使用其他 Office 应用程序的数据

将其他 Office 应用程序的数据复制到 Excel 中，与将 Excel 数据复制到其他 Office 应用程序的方法基本类似。借助“选择性粘贴”功能，以及【粘贴选项】按钮，用户可以按自己的需求进行信息传递。

在 Excel 中也可以使用插入对象的方式，插入其他 Office 应用程序文件，作为工作表的一部分。

39.5 使用 Excel 工作簿作为外部数据源

许多 Office 应用程序都有使用外部数据源的需求，Excel 工作簿是常见的外部数据源之一。通常可以使用 Excel 工作簿作为外部数据源的应用包括以下几种。

◆ Word 邮件合并。

◆ Access 表链接。

◆ Visio 数据透视表与数据图形。

◆ Project 日程。

◆ Outlook 通信簿导入导出。

第 40 章　协同处理 Excel 数据

尽管 Excel 是一款个人桌面应用程序，但它并不是让用户只能在自己的个人电脑上进行单打独斗的应用程序。在网络技术日趋发达的今天，借助 Intranet 或电子邮件，Microsoft Excel 2013 提供了多项易于使用的功能，使用户可以方便地存储自己的工作成果、与同事共享数据以及协作处理数据。

本章学习要点

（1）从远程电脑上获取或者保存 Excel 数据。

（2）共享工作簿。

（3）审阅。

40.1　远程打开或者保存 Excel 文件

Excel 2013 允许用户选择多种位置来保存和打开文件，例如本地磁盘、FTP 文件夹、局域网共享文件夹、OneDrive 文件夹等。

在默认情况下，每一个 Excel 工作簿文件只能被一个用户以独占方式打开。如果试图在局域网共享文件夹中打开一个已经被其他用户打开的文件时，Excel 会弹出【文件正在使用】对话框，表示该文件已经被锁定，如图 40-1 所示。

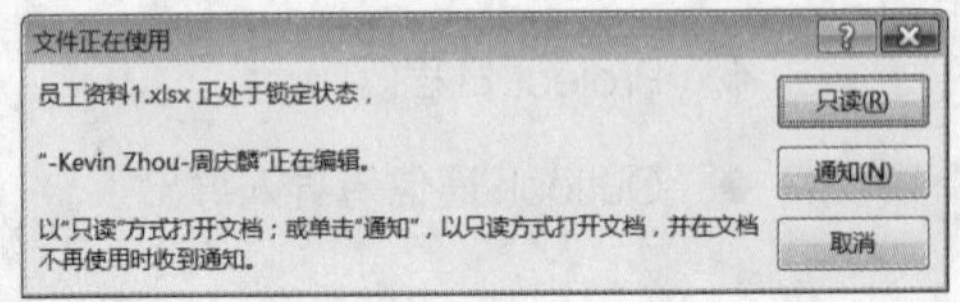

图 40-1　打开使用中的工作簿就会弹出“只读”提示对话框

遇到这种情况，可以与正在使用该文件的用户进行协商，请对方先关闭该文件，否则只能以只读方式打开该文件。当以只读方式打开文件后，虽然可以编辑，但编辑后不能进行保存，而只能另存为一个副本。

如果单击【只读】按钮，将以只读方式打开文件。

如果单击【通知】按钮，仍将以只读方式打开。不过，当对方（此处为 Kevin）关闭该文件后，Excel 将用一条信息通知后面打开文件的用户，如图 40-2 所示。

单击【现在可以使用的文件】对话框中的【读-写】按钮，将取得当前 Excel 工作簿的“独占权”，可以编辑并保存该文件。

Excel 2013 打开 OneDrive 上的文件时，尽管实际上是先从 OneDrive 将文件缓存到本地，保存时再上传到 OneDrive 服务器，但仍然支持独占编辑。Excel 2013 允许使用同一个 Microsoft 账户在多台设备上登录，如果同时打开该账户的 OneDrive 中的文件，则后打开的设备会被提示无法修改，如图 40-3 所示。

图 40-2　当前一个用户关闭文件时，Excel 通知后一个用户

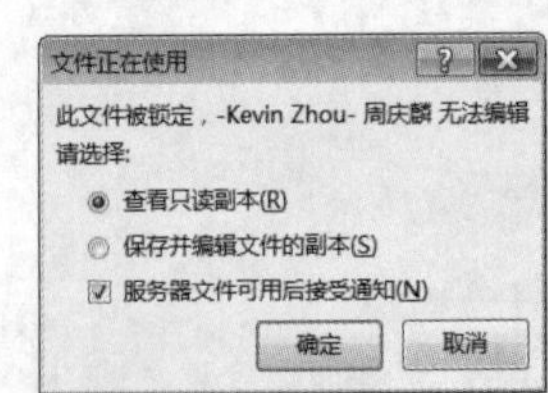

图 40-3　打开使用中的 OneDrvie 工作簿也会弹出提示框

40.2 共享工作簿

Excel 支持“共享工作簿”的功能，这使得局域网中多个用户同时编辑同一个 Excel 工作簿成为可能。例如，下面几种场景适合使用“共享工作簿”。

◆ 生产车间的不安全行为反馈。工厂的安全负责人可以设计一个不安全行为的反馈表格，放在局域网中某台电脑的共享文件夹里面。因为不安全行为一经发现必须立即反馈，而不同的人可能在同一时间要反馈不同的不安全行为。所以，记录这种信息的工作簿必须设置为共享，以允许多用户同时编辑。

◆ 项目清单 / 行动计划更新。各个部门都有自己部门的项目清单或者行动计划，需要定期更新并向老板汇报。那么最好的方法就是将不同部门的行动计划放在同一个工作簿的不同工作表里面，而且每个行动计划的模板是一样的。设置工作簿共享后，每个部门可以随时更新自己的部分，而老板可以随时查看所有部门最新的计划。

共享工作簿的所有者可以通过从共享的工作簿中删除用户并解决修订冲突，从而来管理此工作簿。在合并了所有更改后，可以停止工作簿的共享功能。

40.2.1 设置共享工作簿

示例 40-1 以共享方式多人同时编辑“行为反馈表”

安全对于任何工厂都极为重要，90%以上的安全事故是由于员工或者施工方的不安全行为造成的。因为安全是每个员工的责任，所以作为工厂安全协调员的用户设计了一个不安全行为反馈表，放在公司的局域网某台电脑上进行共享，使得每个员工都能够及时反馈不安全行为。

步骤1 打开需要共享的工作簿，在【审阅】选项卡的【更改】组中单击【共享工作簿】按钮。

步骤2 在弹出的【共享工作簿】对话框的【编辑】选项卡上，勾选【允许多用户同时编辑，同时允许工作簿合并】复选框，如图 40-4 所示。

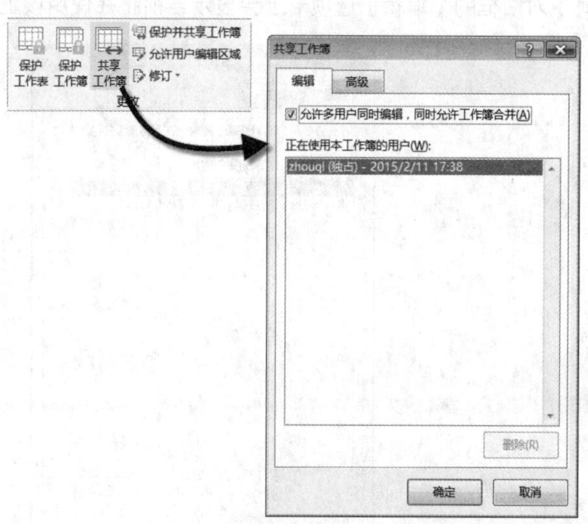

图 40-4 共享工作簿对话框

步骤3 切换到【高级】选项卡，选择是否保存修订记录，设置何时更新，如何解决冲突，以及个人视图设置等，如图 40-5 所示。

步骤4 单击【确定】按钮，Excel 会提醒用户保存工作簿，单击【确定】按钮即可。之后，此工作簿即成为共享工作簿，如图 40-6 所示。共享工作簿的 Excel 标题栏会显示“共享”二字。

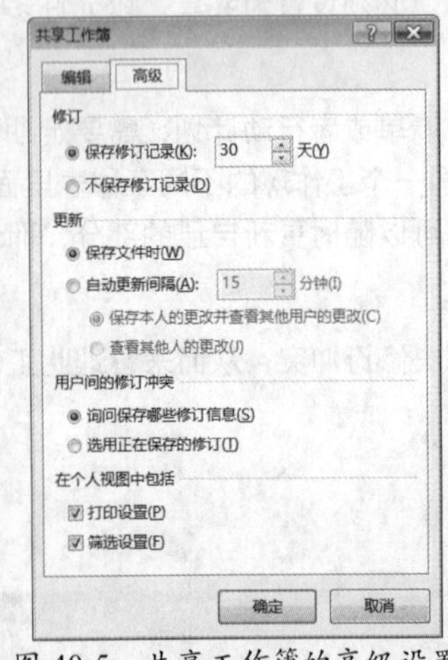

图 40-5 共享工作簿的高级设置

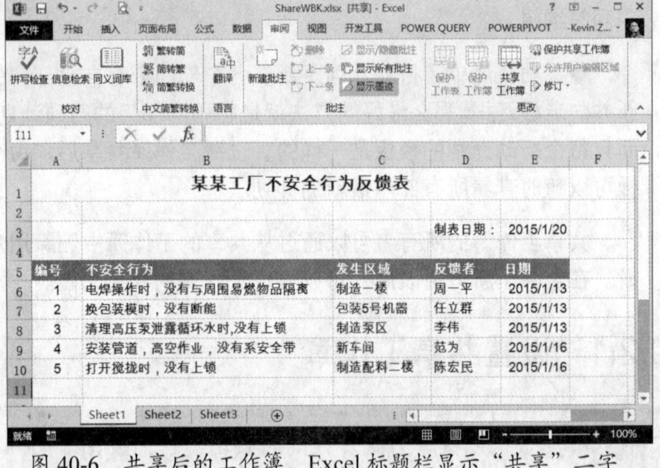

图 40-6 共享后的工作簿，Excel 标题栏显示“共享”二字

注意 要实现多人同时编辑，必须将共享工作簿存放于本地网络中的共享文件夹中，并且授予用户对该文件夹的读写权限。

40.2.2 编辑与管理共享工作簿

任何一个用户打开共享工作簿后，可以单击【审阅】选项卡中的【共享工作簿】按钮，在弹出的【共享工作簿】对话框的【编辑】选项卡上会显示当前正在使用该工作簿的用户，如图 40-7 所示。

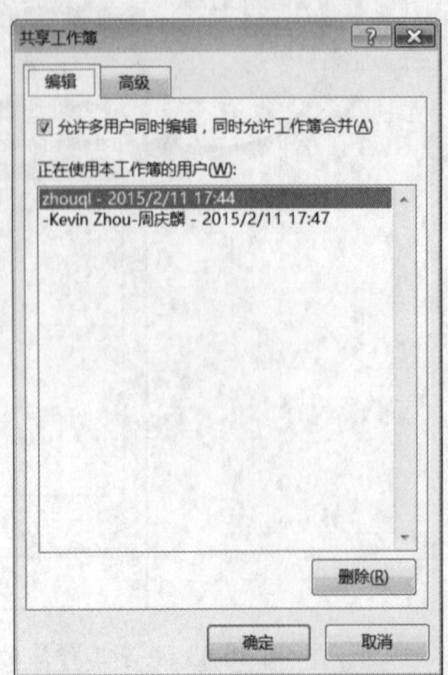

图 40-7 打开【共享工作簿】对话框，可以查看当前使用该工作簿的用户

选中其中一个用户，单击【删除】按钮，将断开该用户与共享工作簿的连接，但对方不会立即得到相关提示，也不会关闭工作簿。被断开的用户保存文件时，会被提示无法与文件连接，无法将编辑修改的内容保存到共享工作簿中，只能另存为一个副本。

提示 任何打开共享工作簿的用户，都拥有平等的控制权限。

如果用户在编辑该工作簿后进行保存时，其他的用户也对其做过修改并保存，当互相之间没有冲突时，Excel 会弹出对话框进行提示，如图 40-8 所示。

如果多位用户的编辑内容之间发生冲突，比如张三修改了 C7 单元格的内容并进行了保存，李四此后又修改了 C7 单元格，当 B 用户在进行文件保存时，系统将会询问如何解决冲突。用户可以互相协商后进行相应的处理，如图 40-9 所示。

图 40-8 提示别的用户更新了工作簿

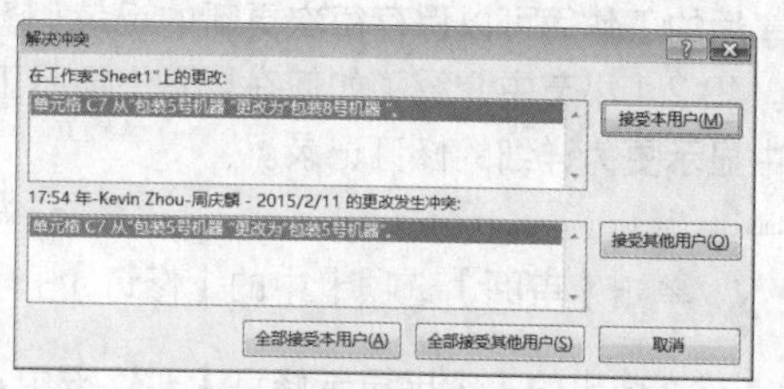

图 40-9 系统询问如何解决冲突

如果用户希望查看工作簿曾经被更改的记录（称为"修订记录"），可以单击【审阅】选项卡中的【修订】→【突出显示修订】按钮。在弹出的【突出显示修订】对话框中，设置相关选项，然后单击【确定】按钮，如图 40-10 所示。

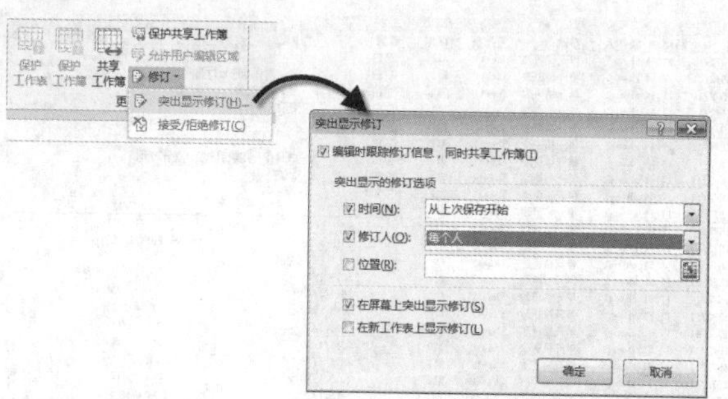

图 40-10 启用"突出显示修订"

这时，工作表中很多单元格会出现多种颜色的三角符号，当光标移动到该单元格时，会出现相应的提示，如图 40-11 所示。

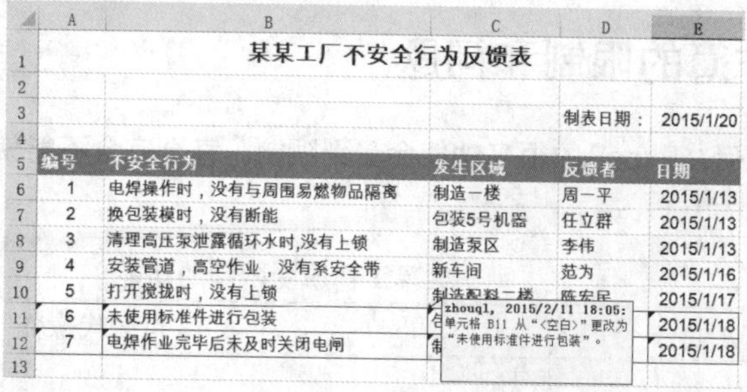

	A	B	C	D	E
1		某某工厂不安全行为反馈表			
2					
3				制表日期：	2015/1/20
4					
5	编号	不安全行为	发生区域	反馈者	日期
6	1	电焊操作时，没有与周围易燃物品隔离	制造一楼	周一平	2015/1/13
7	2	换包装模时，没有断能	包装5号机器	任立群	2015/1/13
8	3	清理高压泵泄露循环水时,没有上锁	制造泵区	李伟	2015/1/13
9	4	安装管道，高空作业，没有系安全带	新车间	范为	2015/1/16
10	5	打开搅拢时，没有上锁	制造配料一楼	陈安民	2015/1/17
11	6	未使用标准件进行包装	包		2015/1/18
12	7	电焊作业完毕后未及时关闭电闸	制		2015/1/18
13					

zhouql, 2015/2/11 18:05:
单元格 B11 从"<空白>"更改为"未使用标准件进行包装"。

图 40-11 打开"突出显示修订"可以查看不同用户的修订记录

40.2.3 停止共享工作簿

如果协作结束，可以停止共享工作簿。

单击【审阅】选项卡，在【更改】组中单击【共享工作簿】按钮。在弹出的【共享工作簿】对话框的【编辑】选项卡上，取消勾选【允许多用户同时编辑，同时允许工作簿合并】复选框，单击【确定】按钮。经系统提示确认后，工作簿将解除共享状态，变为个人工作簿。

在停止共享工作簿之前，应该确保所有用户都已经保存了修改。工作簿停止共享后，任何未保存的更改都将丢失，修订记录也将被删除。

40.2.4 打开或者关闭工作簿的修订跟踪

共享后的工作簿可以保存每次更新的记录(修订记录)，用户可以选择打开或者关闭工作簿的修订记录。40.2.1 小节中介绍了如何在屏幕上显示工作簿的修订记录，本节再为读者示范如何在新的工作表中显示更为详细的修订记录。

步骤1 单击【审阅】选项卡中的【修订】→【突出显示修订】按钮。

步骤2 在弹出的【突出显示修订】对话框中，勾选【在新工作表上显示修订】复选框，单击【确定】按钮，关闭对话框。

此时，工作簿会自动添加一个名为“历史记录”的工作表，记录指定时间内的修订记录，如图 40-12 所示。

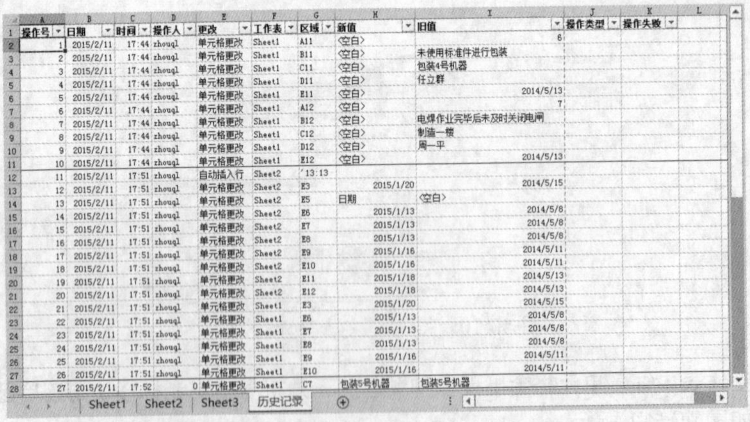

图 40-12 在新工作表中显示修订记录

40.2.5 共享工作簿的限制和问题

工作簿被共享之后，Excel 的很多功能会受到限制，甚至完全不能使用，详细情况如表 40-1 所示。

表 40-1 共享工作簿受限制的功能

无法使用的功能	可替代操作
创建 Excel 表	无
成块插入或删除单元格	可以插入整行和整列

续表

无法使用的功能	可替代操作
删除工作表	无
合并单元格或拆分合并的单元格	无
添加或更改条件格式	单元格值更改时，现有条件格式继续存在，但不可更改这些格式或重定义条件。
添加或更改数据有效性	键入新值时，单元格继续有效，但不能更改现有数据有效性的设置
创建或更改图表或数据透视表	可以查看现有的图表和报表
插入或更改图片或其他对象	可以查看现有的图片和对象
插入或更改超链接	现有超链接继续有效
使用绘图工具	可以查看现有的图形对象和图形
指定、更改或删除密码	现有密码仍然有效
保护或取消保护工作表或工作簿	现有保护仍然有效
创建、更改或查看方案	无
创建组及分级显示数据	可以继续使用现有分级显示
插入自动分类汇总	可以查看现有分类汇总
创建模拟运算表	可以查看现有数据表
创建或更改数据透视表	可以查看现有报表
编写、录制、更改、查看或指定宏	可以运行现有的只使用可用功能的宏。可以将共享工作簿的操作录制在一个存储于其他非共享工作簿的宏中
添加或更改 Excel 4.0 宏表	无
更改或删除数组公式	原有数组公式能够继续正确地进行计算
使用数据表单添加新数据	可以使用数据表单查找记录
处理 XML 数据	无

注意

除了以上列出的共享工作簿受限制的功能之外，共享工作簿还可能造成工作簿极其巨大，甚至占满硬盘空间。所以，作为共享工作簿拥有者的用户必须定时检查文件大小，并且定时取消工作簿共享，删除不同用户所做的不必要的格式设置，再保存文件，最后在新保存的工作簿上重新设置共享。

提示

如果希望通过 Internet 实现更大范围的协作，可以借助 Office Online，相关内容请参阅第 41 章。

40.3 审阅

在工作中，经常需要团队中的多个成员对文件进行审阅和修订，然后才能确定最终版本的正式文件。借助 Excel 的发送工作簿与比较合并工作簿功能可以轻松地处理此类需求。

40.3.1 使用邮件发送工作簿审阅请求

假如用户需要将 list.xlsx 发送给其他项目负责人进行审阅和修订，并且希望保存每个项目负责人的修订记录，可以按照下述步骤实现。

步骤1 → 打开 list.xlsx 工作簿，按照 40.2.1 小节所介绍的方法设置为共享工作簿，共享后的工作簿如图 40-13 所示。

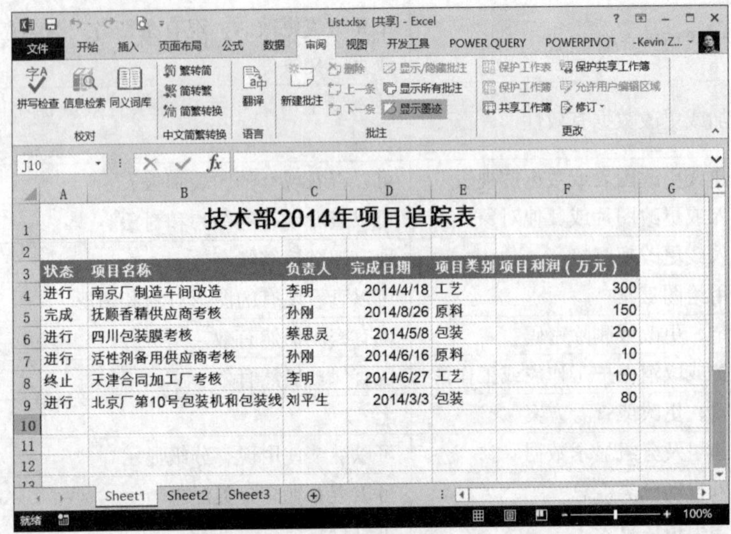

图 40-13 如果要保存审阅者的修订记录，就要共享工作簿

步骤2 → 单击【文件】选项卡→【共享】→【电子邮件】→【作为附件发送】，如图 40-14 所示。

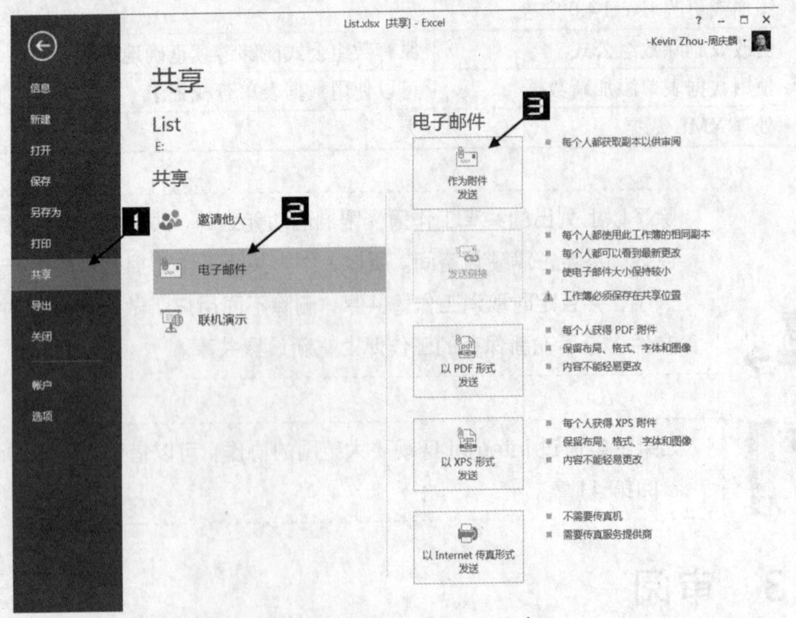

图 40-14 执行电子邮件发送命令

步骤3 → 此时电脑上默认的电子邮件客户端程序将被启动（如 Microsoft Office Outlook），并创建了一份将当前工作簿文件作为附件的邮件。输入一个或多个收件人（审阅者）的邮件地址、邮件主题及正文后，单击【发送】按钮，如图 40-15 所示。

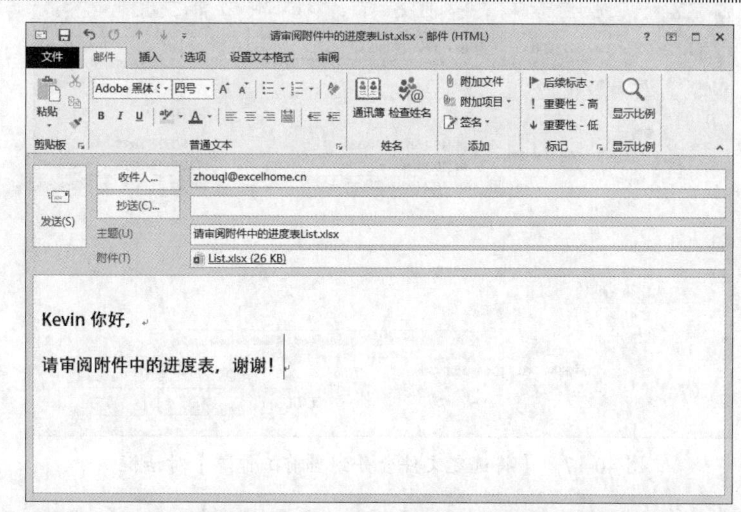

图 40-15　如同发一般的电子邮件一样，用户需要提供发件人和收件人地址

工作簿将被发送到审阅者处，等待审阅。

提 示

发送邮件只是传递文件的方式之一。实际上，还可以使用其他方式（如 QQ、Skype 等）将文件发送给审阅者。

40.3.2　答复工作簿审阅请求

审阅者收到请求邮件后，可以打开附件进行审阅，此时工作簿将只能以“只读”方式打开。

修改完成后，审阅者可以将该工作簿文件另存为一个副本文件，然后使用电子邮件或其他方式发送回审阅请求者。

40.3.3　比较与合并工作簿

审阅请求者收到所有审阅者回复的工作簿文件后，必须将它们保存到同一个文件夹中。

Excel 2013 的【比较和合并工作簿】命令不在功能区内，因此必须将其添加到“快速访问工具栏”以后才可以使用。添加完成后，Excel 的“快速访问工具栏”如图 40-16 所示。

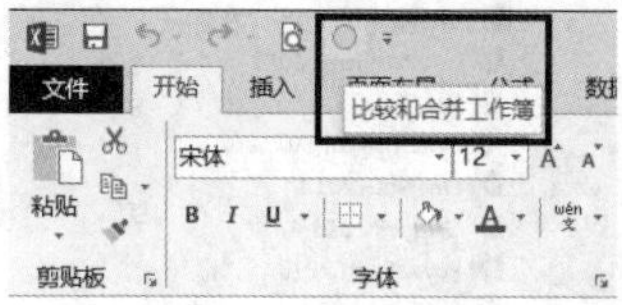

图 40-16　“快速访问工具栏”中的【比较和合并工作簿】命令

有关自定义快速访问工具栏的详细内容，请参阅第 2 章。

激活原工作簿文件 list.xlsx，单击【比较和合并工作簿】按钮，将弹出【将选定文件合并到当前工作簿】对话框，定位到保存审阅文件的文件夹，选择一个或多个文件后，单击【确定】按钮，如图 40-17 所示。

此时，审阅者所做的修订将合并到原工作簿，修订记录将突出显示，如图 40-18 所示。

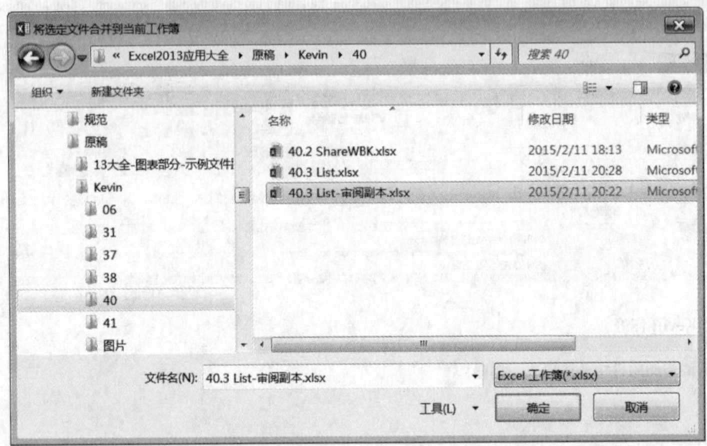

图 40-17 【将选定文件合并到当前工作簿】对话框

技术部2014年项目追踪表

状态	项目名称	负责人	完成日期	项目类别	项目利润（万元）
进行	南京厂制造车间改造	李明	2014/4/18	工艺	300
完成	抚顺香精供应商考核	孙刚	2014/8/26	原料	150
进行	四川包装膜考核	蔡思灵	2014/5/8	包装	200
进行	活性剂备用供应商考核	孙刚	2014/6/16	原料	5
终止	天津合同加工厂考核	李明	2014/6/27	工艺	100
进行	北京厂第10号包装机和包装线	刘平生	2014/3/3	包装	75

zhouql, 2015/2/11 20:22:
单元格 F7 从“10”更改为“5”。

Sheet1 Sheet2 Sheet3

图 40-18 审阅者所作的修订将合并到原工作簿

40.4 Excel 工作簿内容比对

在实际工作中，Excel 工作簿的内容经过多次、多人修改后，往往存在多个版本。如果工作簿的内容较多，要正确识别不同版本之间的差异是件很困难的工作。以前，要完成这样的工作，必须借助一些第三方的软件。幸运的是，Office 2013 自带了一款专用于 Excel 文件内容比较的工具，可以详细比对出两个工作簿的每一个相异之处。

用户可以在名为“Office 2013 工具”的应用程序组中找到“SpreadSheet Compare 2013”并且运行它，如图 40-19 所示。

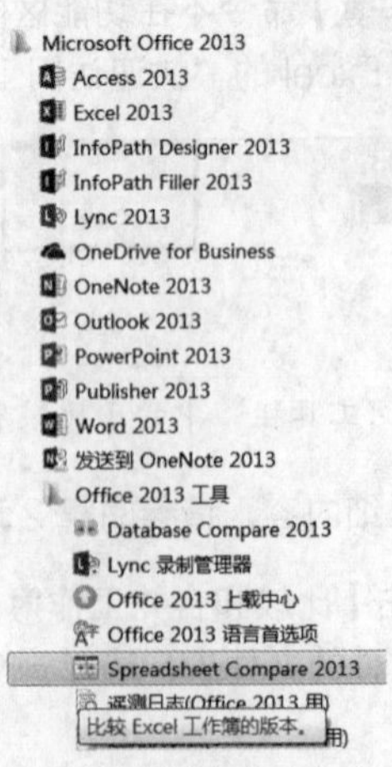

图 40-19 “Office 2013 工具”应用程序组中的“SpreadSheet Compare 2013”

在程序的主界面中，单击【Compare Files】按钮，然后在弹出的【Compare Files】对话框中指定待比较的两个文件，最后单击【OK】按钮，如图 40-20 所示。

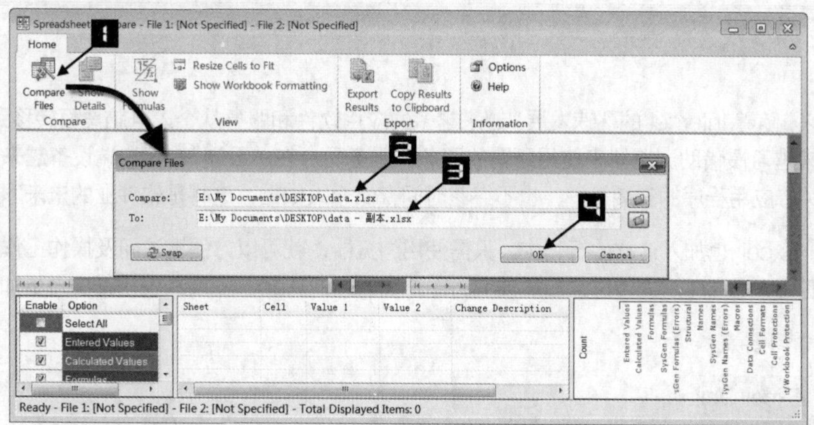

图 40-20 设置两个文件进行对比

图 40-21 所示为对比结果，每一处差异都会突出显示，供用户核对。

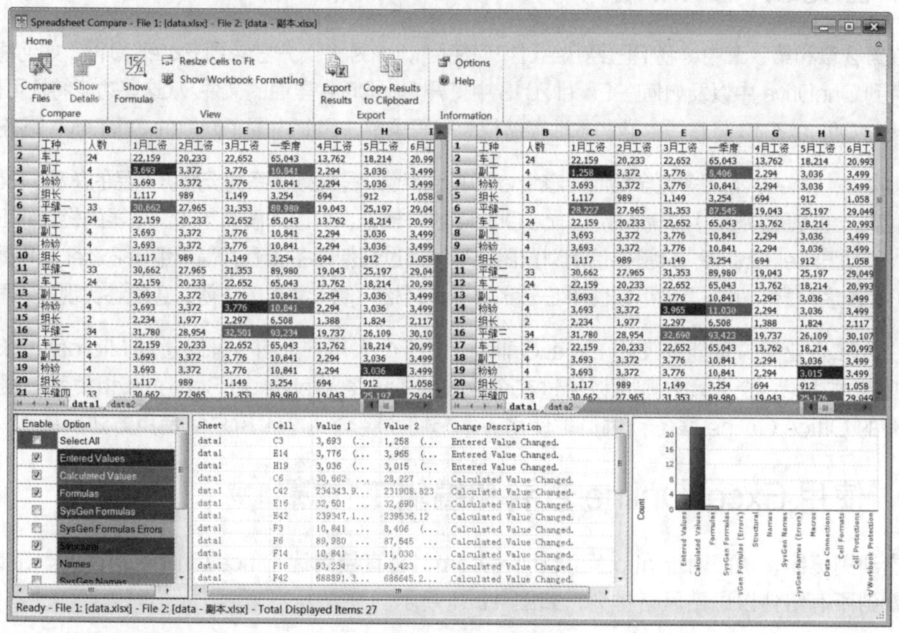

图 40-21 对比结果展示

第 41 章　云时代的 Excel

近年来，随着 Internet 的飞速发展，越来越多的应用软件和服务从个人电脑桌面转移到了互联网上，用户也越来越习惯借助浏览器来使用所需的服务。服务后台在“云端”，客户端设备越来越瘦身，用户可以不必关心应用程序的安装维护，也不必花时间存储个人数据，这将是软件业的未来发展趋势。

如今，Excel 也加入这样的行列中，只需使用浏览器，就可以方便地访问及操作工作簿。另外，越来越多的 Excel 增强应用由传统的加载项变为部署在云端的 App，安装和使用都变得更加方便。

本章学习要点

（1）Excel Online。

（2）Excel 应用程序。

41.1　Excel Online

在第 2 章和第 3 章中，我们已经介绍过如何使用 Microsoft 账户登录到 Excel 2013、如何将工作簿文件保存到 OneDrive 中以及如何在 Excel 2013 中打开 OneDrive 里面的文件。从这些功能特性可以了解到，云时代的 Office 2013 将在线存储和本地存储视为同等重要，因此内置了微软的 OneDrive 服务。

事实上，OneDrive 服务包含 Office Online 和在线存储，是微软一系列云服务产品的总称。Excel Online（曾用名 Excel Web App）作为微软 Office Online 的一部分，可以理解为基于浏览器的轻量级 Excel 应用程序。借助 Excel Online，只需要使用浏览器就可以通过任何设备查看并简单编辑 Excel 工作簿，而无需安装 Excel 客户端。另外，也可以使用 Excel Online 轻松与他人共享工作簿，还能够实现多人同时编辑。

个人和企业用户都能够使用 Excel Online。对于个人用户而言，可以通过 Microsoft 账户来免费使用其基本功能；企业用户则可以通过在企业安装 Office Web App Server 和相关服务器产品来组建私有的 Office Online 服务，供员工使用。本节将主要介绍个人用户的使用方法。

41.1.1　使用 Excel Online 查看和编辑工作簿

启动浏览器，访问网址 http://office.live.com，将直接到达 Office Online 的首页。在此页面上，可以看到所有组件以磁贴风格排列，如图 41-1 所示。

图 41-1　Office Online 首页

使用自己的 Microsoft 账户登录以后，单击“Excel Online”，即可进入到 Excel Online 的首页，该页面与 Excel 2013 的启动窗口极为相似，如图 41-2 所示。

图 41-2　Excel Online 首页

用户可以根据需要新建工作簿，或者打开已经保存在 OneDrive 里面的工作簿，如果在页面左侧“最近”列表里没有看到目标文件，可以单击【从 OneDrive 中打开】链接。

图 41-3 所示为新建空白工作簿后的 Excel Online 外观，用户可以使用多数最常用的编辑功能对工作簿进行编辑，操作方法与 Excel 2013 基本相同。

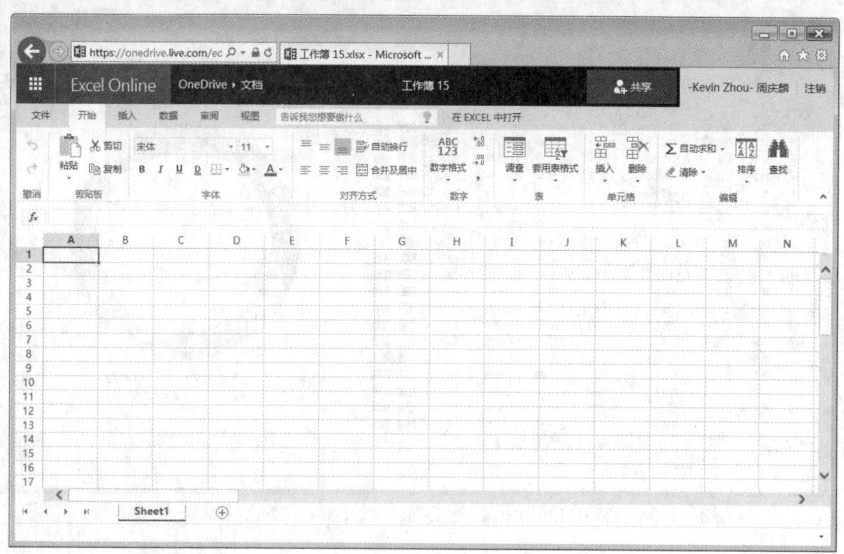

图 41-3　在 Excel Online 中新建工作簿

【从 OneDrive 中打开】链接将引导用户进入 OneDrive 主页，和其他多数网盘一样，用户可以在这个页面中管理自己的所有文件，包括上传、下载、移动、重命名、删除等。右键单击某一个 Excel 工作簿，将弹出快捷菜单，罗列出所有操作项，如图 41-4 所示。如果单击【在 Excel 中打开】，将使用 Excel 客户端打开此文件（自动缓存到本地）；如果单击【使用 Excel Online 打开】，将在浏览器的新选项卡中用 Excel Online 打开。

图 41-4 在 OneDrive 中管理文件

在 OneDrive 页面中直接单击某个 Excel 工作簿链接，默认由 Excel Online 打开，如图 41-5 所示。可以看到，工作簿的外观与在 Excel 客户端中看到的几乎没有区别：工作簿的表格、图表、条件格式甚至“迷你图”都丝毫无损地呈现出来。

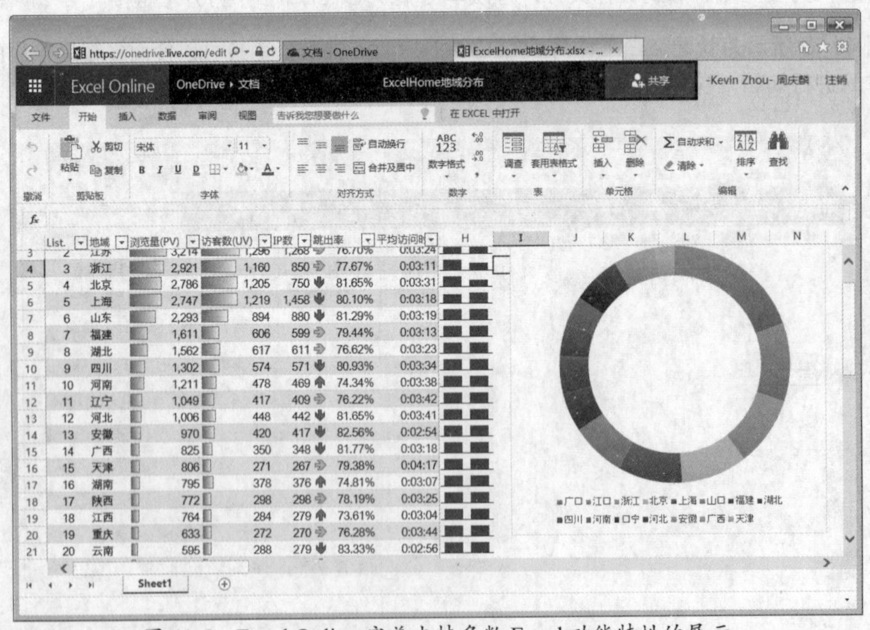

图 41-5 Excel Online 完美支持多数 Excel 功能特性的展示

Excel Online 是轻量级的 Excel 在线版本，如果需要使用完整的 Excel 功能，可以随时在页面中的功能区中单击【在 Excel 中打开】，将文件转交本机的 Excel 客户端来进行完全编辑（如果当前电脑上已安装 Microsoft Excel）。

提示

> 在使用 Excel Online 进行编辑时，所有的更改都直接自动保存，因此不需要 Excel 客户端中的“保存”操作。

41.1.2 通过 Excel Online 与他人共享工作簿，多人协作编辑

在云时代，利用先进的在线服务实现全球各地的工作者协同工作已经不再鲜见。在第 40 章介绍过的 Excel 共享工作簿功能，只能实现局域网环境下的共享。借助 Excel Online，则可以实现任何时间任何地点的共享。

对于已经保存在 OneDrive 中的文件，OneDrive、Excel Online 和 Excel 客户端都支持设置共享，共享时都可以设置权限是否包含编辑，非常方便。

1. 发送共享邀请邮件

在 Excel Online 中为已经打开的工作簿设置共享，需要先在页面右上角单击【共享】链接，然后在出现的【共享】对话框中选择共享方式。默认的方式是给目标对象发送邀请邮件，输入收件人的邮箱和说明文字后，单击【共享】按钮即可，如图 41-6 所示。

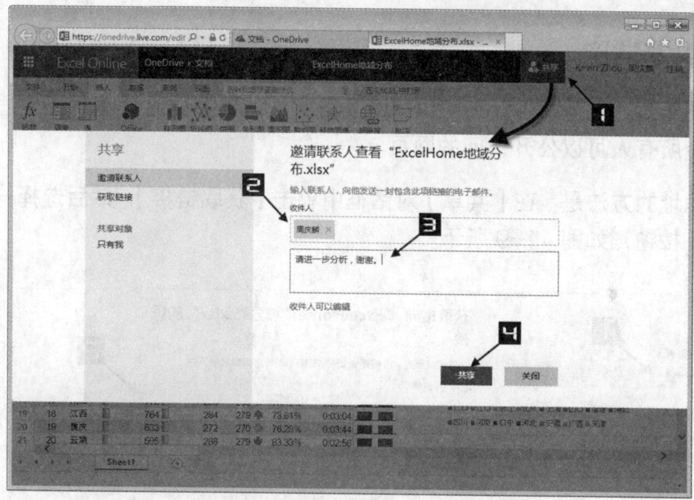

图 41-6 给共享目标人发送邀请邮件

邮件发送成功后，可以继续修改共享权限，如图 41-7 所示。

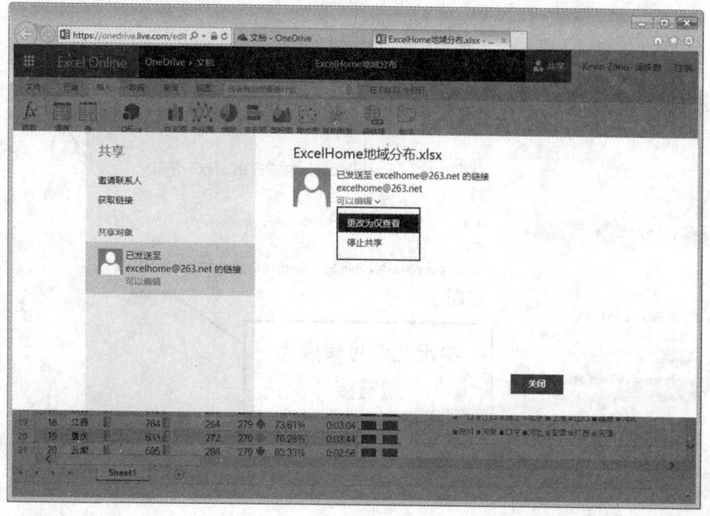

图 41-7 修改共享权限

受邀人收到的邮件内容如图 41-8 所示。只要单击邮件中的链接，即可进入 Excel Online 查看或共同编辑该文件——无需用 Microsoft 账户登录。

图 41-8 共享邀请邮件内容

2. 发送共享链接

如果不方便给对方发送邮件，还可以手动获得文件的链接网址，然后以合适的方式发送出去，甚至是创建一个所有人可以公开访问的网页。

获得链接网址的方法是：在【共享】对话框中单击【获取链接】，然后选择一个权限设置，再单击【创建链接】按钮，如图 41-9 所示。

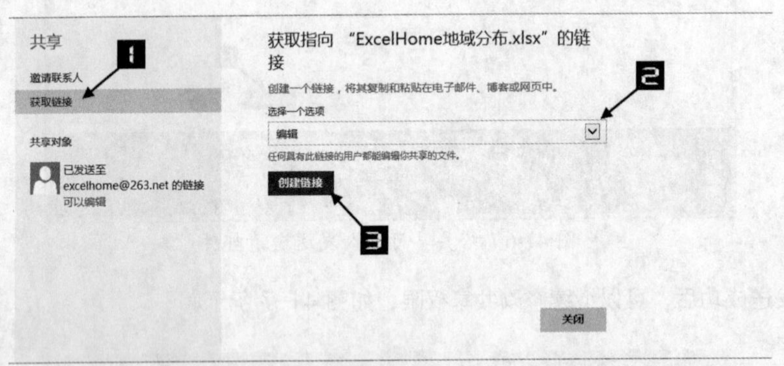

图 41-9 获取共享链接

很快，共享链接就生成了，如图 41-10 所示。

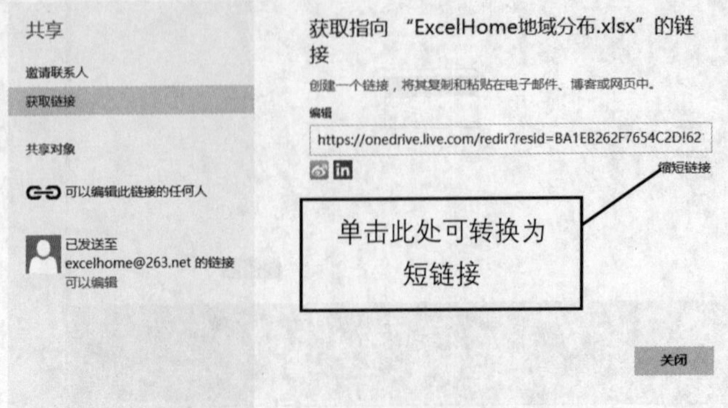

图 41-10 生成共享链接

如果觉得链接代码太长，可以单击代码下方的【缩短链接】按钮，得到一个短网址，如图 41-11 所示。将此网址复制，然后可以用各种合适的方式告知受邀者。

只要拥有对文件的编辑权限，那么无论此时是否已有其他人在编辑，用户都可以自如地对工作簿进行修改。当然，前提是协作各方都使用 Excel Online 打开工作簿。

协作编辑时，每个用户都可以几乎实时地看到其他人的修改内容，这样可以减少协作者之间的修改冲突。如果两人同时修改了同一个单元格的内容，Excel Online 将采用“最后者胜”的策略，根据提交时间来判定，以最后提交的内容为准。在浏览器的右上方，可以看到同时编辑的人有哪些，也可以看到此时谁正在工作簿中进行何种编辑，如图 41-12 所示。

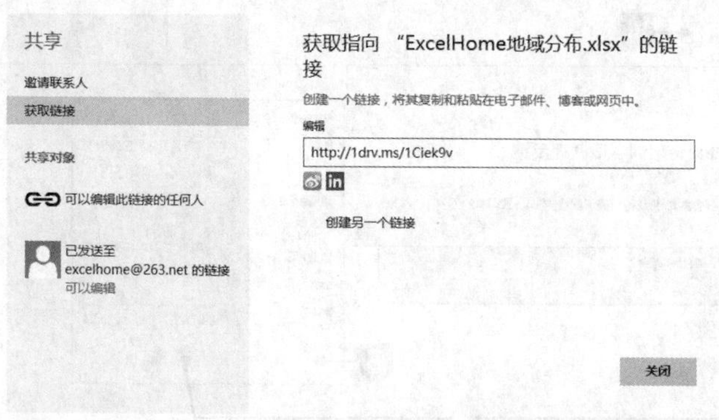

图 41-11 将共享链接转换为短网址

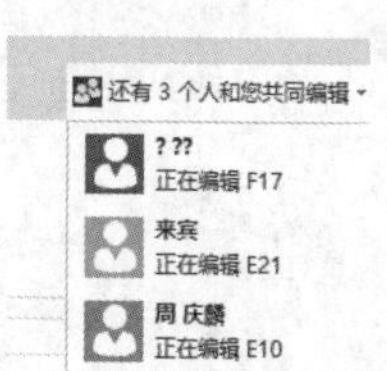

图 41-12 多人同时编辑

注意 微软会不定时地更新 OneDrive 的各项功能特性，如果读者发现实际情况与本章内容有少许出入，请以微软的更新说明为准。

41.1.3 借助 Excel Online 实现在线调查

实际工作中常常需要通过调查问卷的方式进行各种数据收集，比如针对产品的消费者市场调查、针对员工的工作内容调查等。传统的调查问卷费时费力，而且准确性和及时性都不高，因此基于互联网技术的在线调查方式特别受欢迎。借助 Excel Online，可以快速地设计、分发在线调查问卷，并且实时跟踪调查数据，非常方便。

示例 41-1 创建“培训课程反馈表”在线调查

如果要创建一份面向培训学员的课程反馈表，供学员在线填写，然后统计调查数据，可以按下面的步骤操作。

步骤1 在 Excel Online 里面新建一个工作簿文件。

步骤2 单击【开始】选项卡中的【调查】→【新建调查】，在出现的【编辑调查】对话框中，输入调查标题和调查说明。

步骤3 单击【在此处输入第一个问题】，弹出【编辑问题】对话框，设置第一个问题的详细内容，单击【完成】确认第一个问题的设置，如图 41-13 所示。

步骤4 单击【添加新问题】，根据需要设置更多的问题。最后单击【保存和查看】按钮，完成调查的创建。

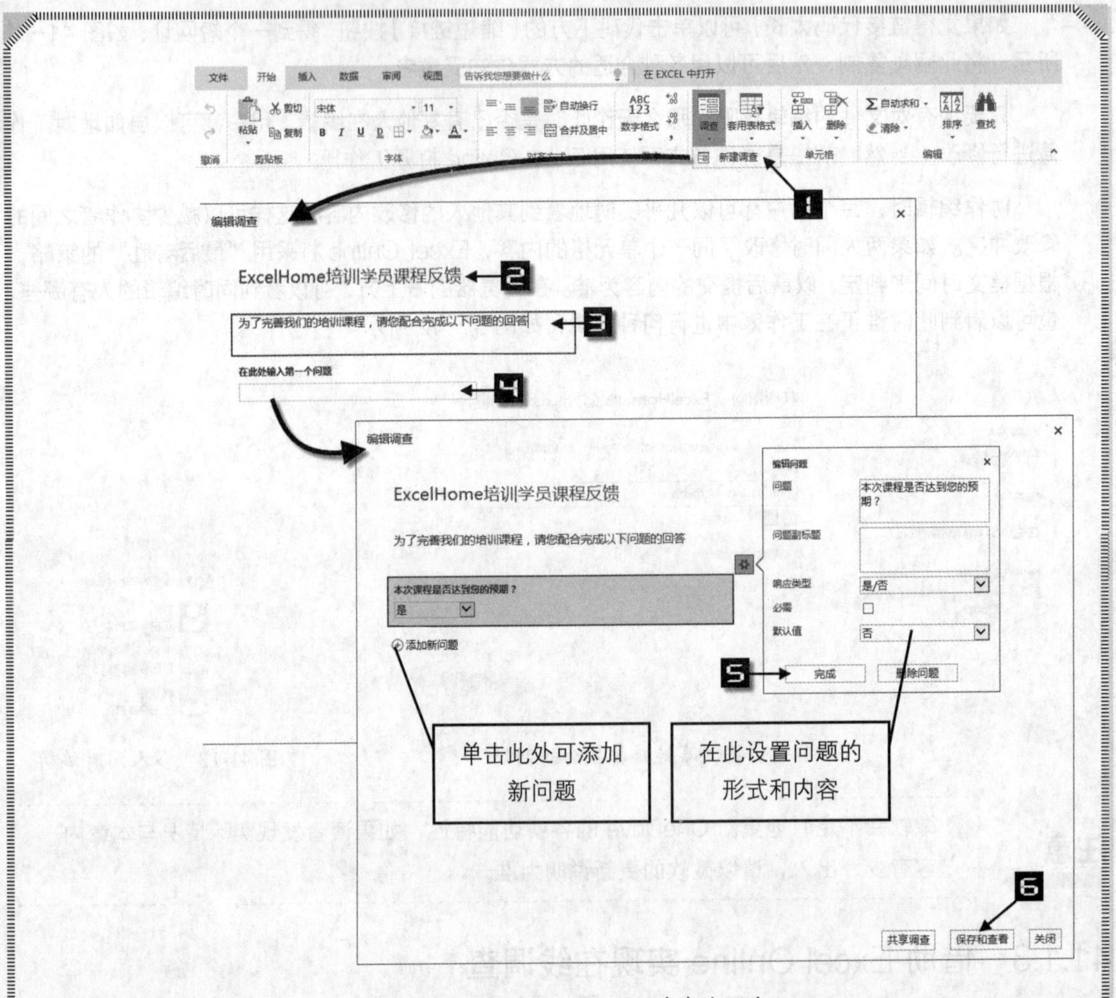

图 41-13 新建在线调查

创建好的调查问卷，如图 41-14 所示。

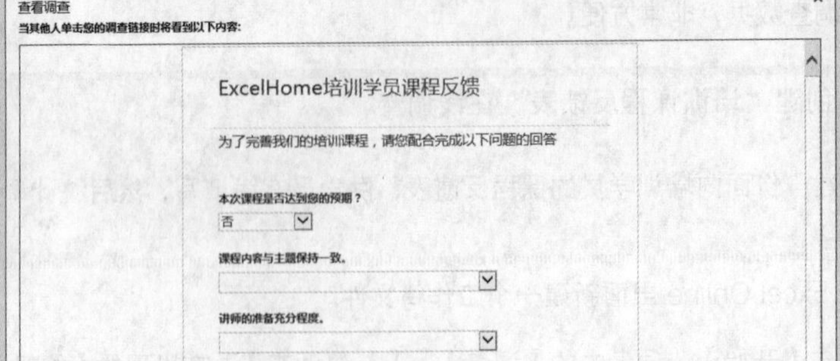

图 41-14 预览调查

确认无误后，单击【共享调查】，参照 41.1.2 小节所介绍的办法，将调查的共享链接网址发送给调查对象，就可以开始接收数据了。所有得到共享链接网址的用户可以利用各种设备进入 Excel Online 填写并提交调查报告，相应数据会实时写入调查表所在工作簿中，如图 41-15 所示。

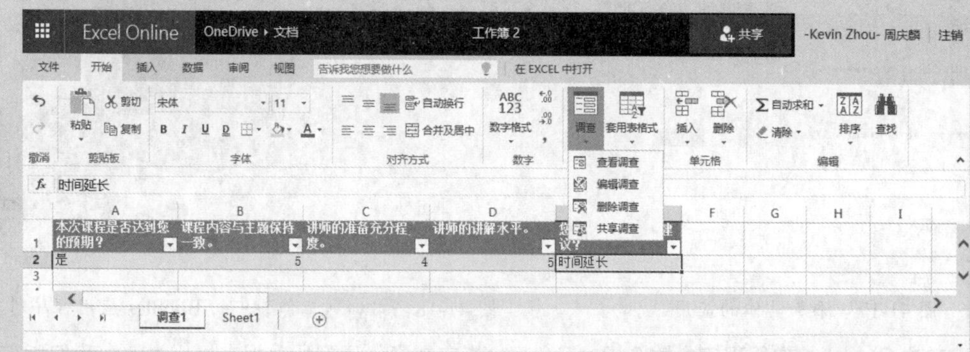

图 41-15　Excel Online 实时接收调查数据

创建者可以根据需要对调查和调查结果进行编辑加工，完成具体的调查任务。

41.2　Excel 应用程序

在较早版本的 Excel 中，如果需要增加额外的功能与特性，必须安装或加载 Excel 加载项程序。这种方式的缺点如下所示。

- 加载项的安装非常麻烦，经常失败。
- 用户不了解从哪里可以得到自己需要的加载项。
- 开发者难以维护和更新已经发布的加载项。
- 加载项的功能没有限制，可能对用户数据带来不安全因素。

在 Excel 2013 中，微软引入了一种新的机制——Apps for Office，用户可以像在智能手机的应用商店（如 Android 手机的 Google Play 和 iOS 的 iTunes Store）里安装 App 一样，在 Excel 中按需选择和使用应用程序。这些应用程序都托管在云端，计算处理也在云端，只将结果返回到 Excel 中，非常方便。

单击【插入】选项卡中的【应用商店】按钮，将弹出【Office 的应用程序】对话框，用于浏览和查找主流应用程序，如图 41-16 所示。

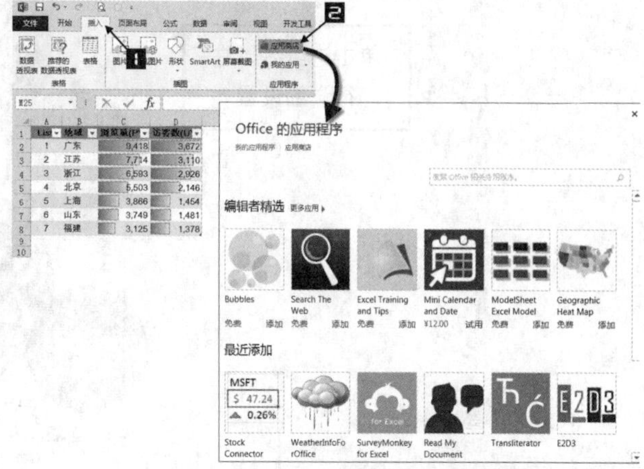

图 41-16　进入 Office 应用商店

找到需要的应用程序后，可以单击【添加】。对于第一次使用的应用程序，会要求进行应用的授权，以便今后随时使用。例如，添加应用“Bubbles”，将弹出对话框要求授权，单击【信任它】即可，如图 41-17 所示。

接下来，当前工作表中被添加了一个应用程序对象，如图 41-18 所示。

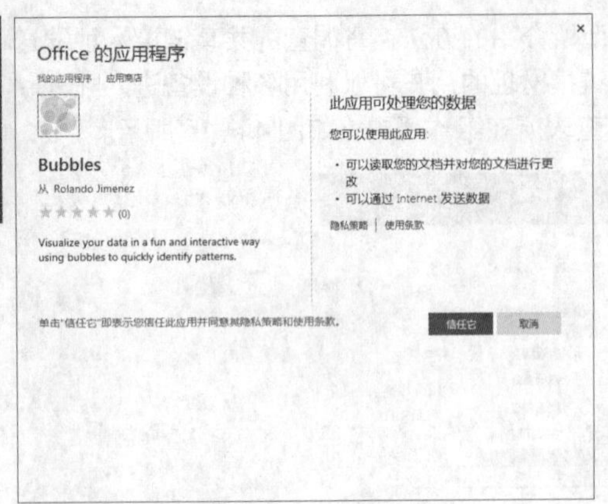

图 41-17 添加具体的应用

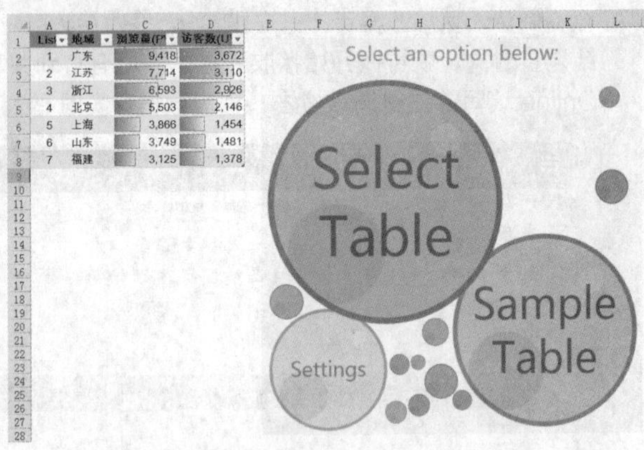

图 41-18 添加到工作表中的 Bubbles 应用程序对象

单击 Bubbles 应用程序中的 Select Table，指定需要作用到的数据表格，本例中我们指定左侧的表格，如图 41-19 所示。

图 41-19 指定需要作用到的数据表格

Bubbles 应用程序对象立即生成了可爱的气泡图，如图 41-20 所示。

除了上例中的 Bubbles，Office 应用商店目前还有非常多实用的应用程序（部分可能需要收费），包括 Bing 地图、Modern Trend、People Graph 等热门应用。这些应用的使用方法各不相同，但都很容易上手。

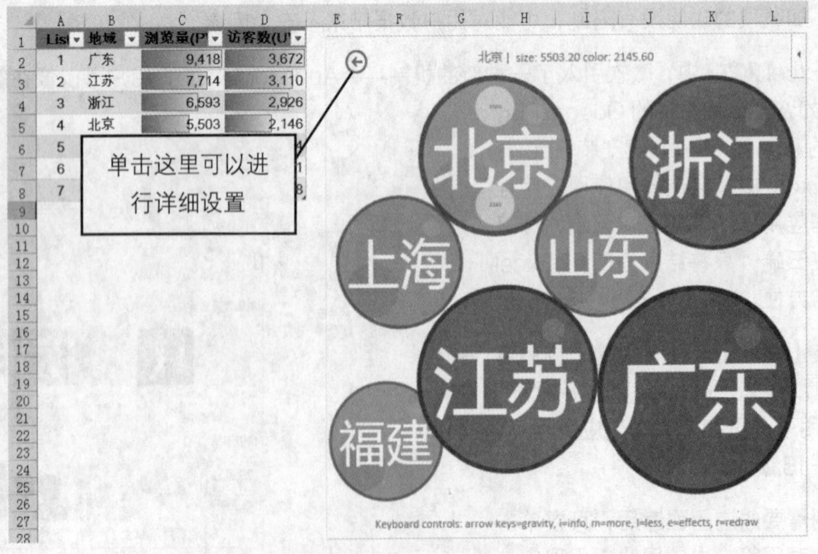

图 41-20 Bubbles 应用程序生成了可爱的气泡图

第七篇

Excel自动化

本篇将介绍如何使用 Visual Basic for Applications（VBA）实现 Excel 自动化。

本部分内容包括 VBA 的基本概念及其代码编辑调试环境、Excel 常用对象、自定义函数以及控件和窗体的应用等。

通过本篇的学习，读者将初步掌握 Excel VBA，并能够将 VBA 应用于日常工作之中，提高 Excel 的使用效率。

第 42 章　初识 VBA

VBA 全称为 Visual Basic for Applications，它是 Visual Basic 的应用程序版本，为 Microsoft Office 等应用程序增加了更多功能。VBA 作为功能强大的工具，使 Excel 形成了相对独立的编程环境。本章将简要介绍什么是 VBA 以及如何开始学习 Excel VBA。

本章学习要点

（1）关于 VBA 的基本概念。

（2）如何录制宏。

42.1　什么是宏

在很多应用软件中可能都有宏的功能，“宏”这个名称来自于英文单词 macro，其含义是：软件提供一个特殊功能，利用这个功能可以组合多个命令以实现任务的自动化。本书中讨论的宏仅限于 Excel 中提供的宏功能。

与通常意义上的编程语言不同，宏代码只能“寄生”于 Excel 文件之中，并且宏代码不能编译为可执行文件。

42.2　宏和 VBA

一般情况下，可以认为两个名称是等价的，但是准确地来讲这二者是有区别的。VBA for Office 的历史可以追溯到 Office 4.2（Excel 5.0），在此之前的 Excel 只能使用“宏表”来实现部分 Excel 应用程序功能的自动化。时过境迁，即使在 VBA 得到普遍应用的今天，最新发布的 Office 2013（Excel 15.0）版本中仍然保留了“宏表”的功能，也就是说用户同样可以在 Excel 2013 中使用宏表。在 Excel 中，VBA 代码和“宏表”都可以被统称为“宏”，由此可见宏和 VBA 是有区别的。但是为了和 Excel 及其相关官方文档的描述保持一致，本书中除了使用术语“Microsoft Excel 4.0 宏”特指宏表外，其他文字描述中“VBA”和“宏”具有相同的含义。

深入了解　什么是宏表?

宏表的官方名称是“Microsoft Excel 4.0 宏”，也被称为“XLM 宏”，其代码被保存在 Excel 的特殊表格中，该表格外观和通常使用的工作表完全相同，但是功能却截然不同。由于宏表功能本身的局限性，导致现在的开发者已经几乎不再使用这个功能开发新的应用。在 Excel 5.0 和 Excel7.0 中，用户录制宏时可以选择生成 Microsoft Excel 4.0 宏或者生成 VBA 代码，但是从 Excel 8.0 开始，录制宏时 Excel 只能将操作记录为 VBA 代码，这从一个侧面印证了微软的产品思路，即逐渐放弃 Microsoft Excel 4.0 宏功能，希望广大用户更多的使用 VBA 功能。

从 Excel 2010（即 Excel 14.0）开始，微软开发人员已经成功地将 Microsoft Excel 4.0 宏的部分功能移植到 VBA 中，这将有助于用户将以前开发的 Microsoft Excel 4.0 宏迁移为 VBA 应用程序。

42.3 VBA 的版本

伴随着 Office 软件的版本升级，VBA 版本也有相应的升级。不同版本 Excel 中 VBA 的版本信息如图 42-1 所示。

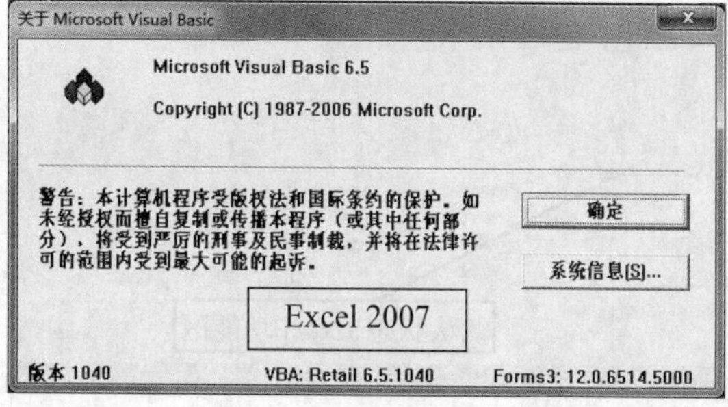

图 42-1　Excel 和 VBA 的版本

Office 2010 是微软发布的第一个支持 64 位的 Office 应用程序，与此同时在其中引入了 VBA 7.0，该版本 VBA 与低版本的显著区别是：能够开发和运行支持 64 位 Office 的代码。Office 2013 中的 VBA 版本为 7.1。

42.4 VBA 的应用场景

Excel VBA 作为一种扩展工具，得到了越来越广泛的应用，其原因在于很多 Excel 应用中的复杂操作都可以利用 Excel VBA 得到简化。一般来说，Excel VBA 可以应用在如下几个方面。

- 自动执行重复的操作。
- 进行复杂的数据分析对比。
- 生成报表和图表。
- 个性化用户界面。
- Office 组件的协同工作。
- Excel 二次开发。

42.5 Excel 2013 中 VBA 的工作环境

对于习惯使用 Excel 2003 菜单界面的广大用户来说，Excel 2013 带来了全新用户体验的同时，也带来了一些“不方便”——原来信手拈来的某些功能，现在却不知道藏身何处了。下面将为大家介绍在 Excel 2013 中如何使用 VBA。

42.5.1 【开发工具】选项卡

利用【开发工具】选项卡提供的相关功能，可以非常方便地使用与宏相关的功能。然而在 Excel 2013 的默认设置中，功能区中并不显示【开发工具】选项卡。

在功能区中显示【开发工具】选项卡的步骤如下。

步骤1 → 单击【文件】选项卡中的【选项】命令，打开【Excel 选项】对话框。

步骤2 → 在打开的【Excel 选项】对话框中单击【自定义功能区】选项卡。

步骤3 → 在右侧列表框中勾选【开发工具】复选框，单击【确定】按钮，关闭【Excel 选项】对话框。

步骤4 → 单击功能区中的【开发工具】选项卡，如图 42-2 所示。

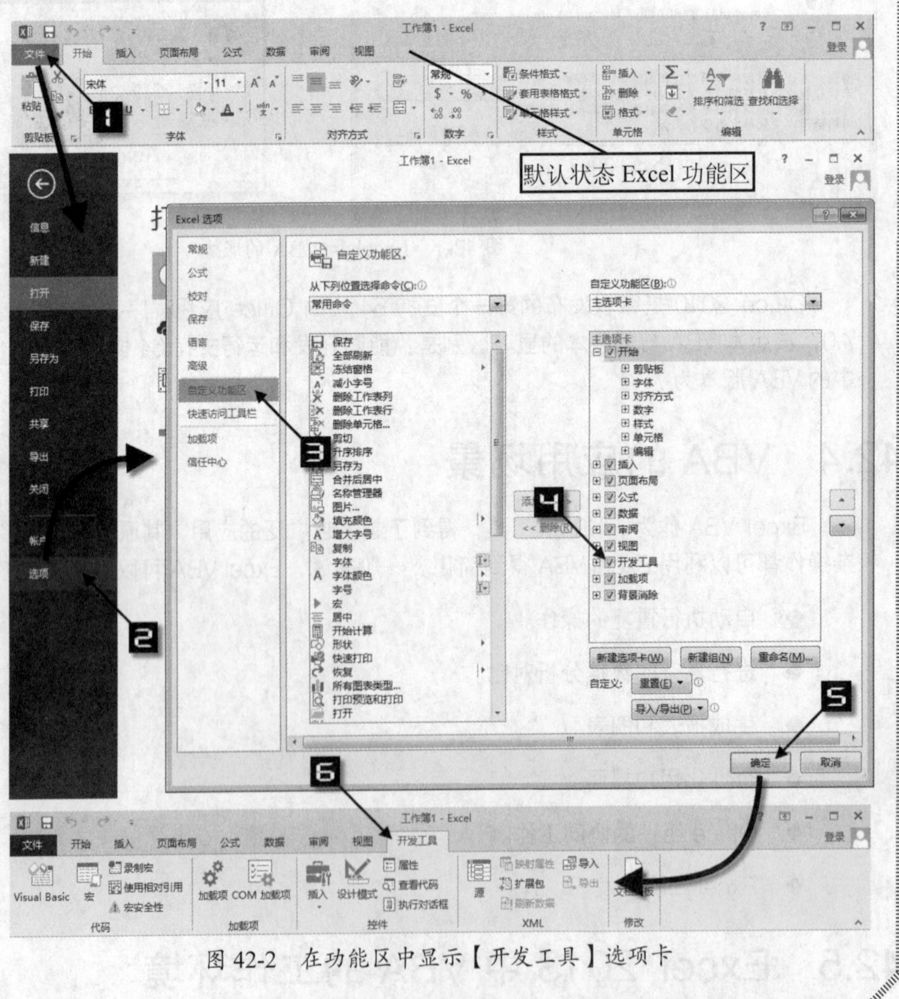

图 42-2 在功能区中显示【开发工具】选项卡

【开发工具】选项卡的功能按钮分为 5 个组：【代码】组、【加载项】组、【控件】组、【XML】组和【修改】组。【开发工具】选项卡中按钮的功能如表 42-1 所示。

表 42-1　　　　　　　　　　　　　　　【开发工具】选项卡按钮功能

组	按 钮 名 称	按 钮 功 能
代码	Visual Basic	打开 Visual Basic 编辑器
	宏	查看宏列表，可在该列表中运行、创建或者删除宏
	录制宏	开始录制新的宏
	使用相对引用	录制宏时切换单元格引用方式（绝对引用/相对引用）
	宏安全性	自定义宏安全性设置
加载项	加载项	管理可用于此文件的加载项
	COM 加载项	管理可用的 COM 加载项
控件	插入	在工作表中插入表单控件或者 ActiveX 控件
	设计模式	启用或者退出设计模式
	属性	查看和修改所选控件属性
	查看代码	编辑处于设计模式的控件或者活动工作表对象的 Visual Basic 代码
	执行对话框	执行自定义对话框
XML	源	打开【XML 源】任务窗格
	映射属性	查看或修改 XML 映射属性
	扩展包	管理附加到此文档的 XML 扩展包，或者附加新的扩展包
	刷新数据	刷新工作簿中的 XML 数据
	导入	导入 XML 数据文件
	导出	导出 XML 数据文件
修改	文档面板	指定要在 Office 兼容程序中显示的文档信息面板模板的类型

在开始录制宏之后，【代码】组中的【录制宏】按钮，将变成【停止录制】按钮，如图 42-3 所示。

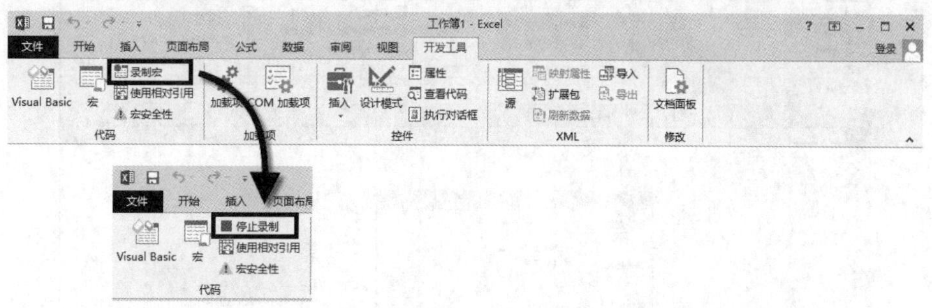

图 42-3　【停止录制】按钮

与宏相关的组合键在 Excel 2013 中仍然可以继续使用。例如，按<Alt+F8>组合键显示【宏】对话框，按<Alt+F11>组合键打开 VBA 编辑窗口等。

【XML】组提供了在 Excel 中操作 XML 文件的相关功能，使用这部分功能需要具备一定的 XML 基础知识，限于篇幅本书不对此部分内容进行讲解。

42.5.2 【视图】选项卡中的【宏】下拉菜单

对于【开发工具】选项卡【代码】组中【宏】下拉菜单中的【查看宏】、【录制宏】和【使用相对引用】按钮所实现的功能，在【视图】选项卡中也提供了相同功能的命令。在【视图】选项卡中单击【宏】下拉按钮，弹出的下拉列表如图 42-4 所示。

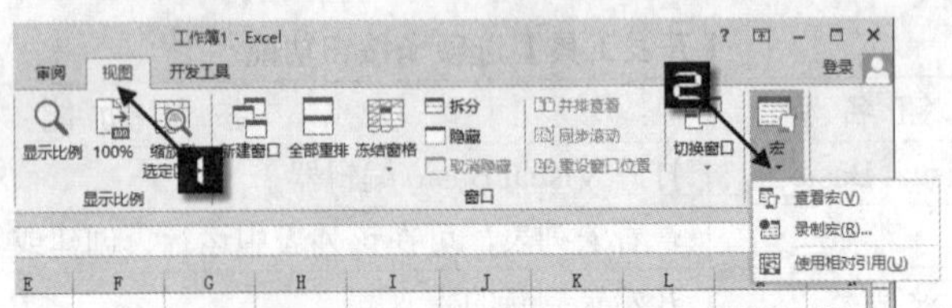

图 42-4 【视图】选项卡中的【宏】下拉菜单

在开始录制宏之后，下拉列表中的【录制宏】将变为【停止录制】，如图 42-5 所示。

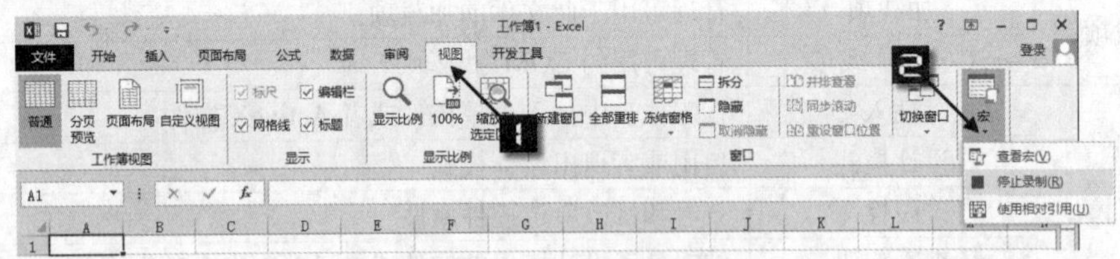

图 42-5 【视图】选项卡中【停止录制】命令

注意 由于【开发工具】选项卡提供了更全面的与宏相关的功能，因此本编后续章节的操作均使用【开发工具】选项卡。

42.5.3 状态栏上的按钮

位于 Excel 窗口底部的状态栏对于广大用户来说并不陌生，但是大家也许并没有注意到 Excel 2013 状态栏左部有一个【宏录制】按钮。单击此按钮，将弹出【录制宏】对话框，此时状态栏上的按钮变为【停止录制】按钮，如图 42-6 所示。

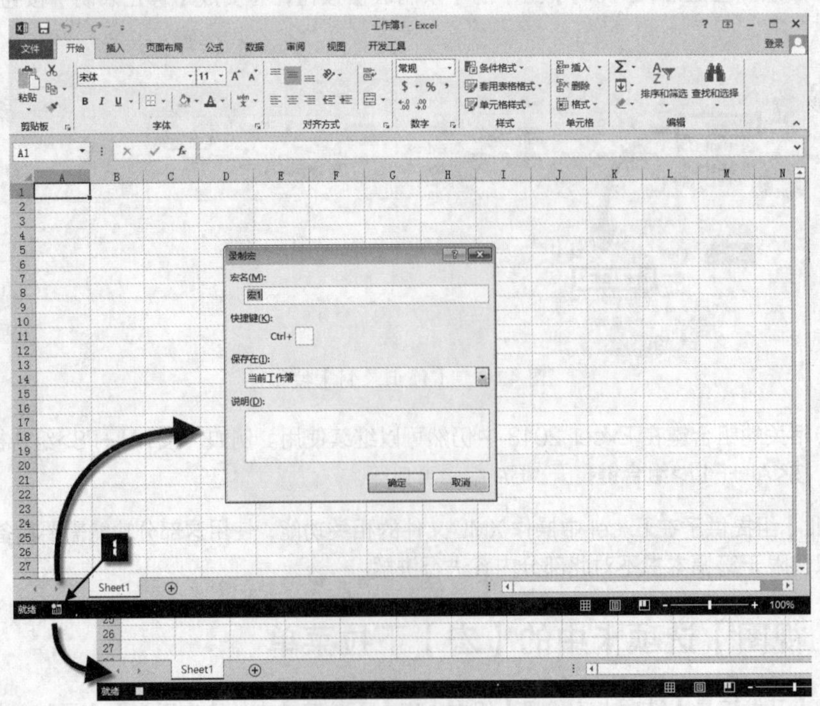

图 42-6 状态栏上的【宏录制】按钮和【停止录制】按钮

如果 Excel 2013 窗口状态栏左部没有【宏录制】按钮，可以按照下述操作步骤使其显示在状态栏上。

步骤1 在 Excel 窗口的状态栏上单击右键。

步骤2 在弹出的快捷菜单上勾选【宏录制（M）】选项。

步骤3 单击 Excel 窗口中的任意位置关闭快捷菜单。

此时，【宏录制】按钮将显示在状态栏左部，如图 42-7 所示。

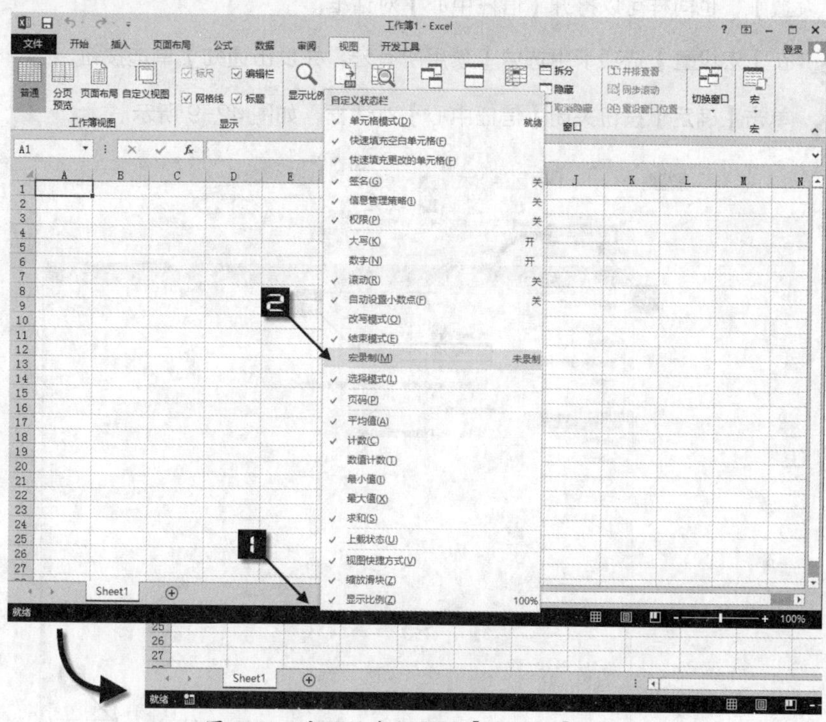

图 42-7 启用状态栏上的【宏录制】按钮

42.5.4 控件

在【开发工具】选项卡【控件组】组中单击【插入】下拉按钮，弹出的下拉列表中包括【表单控件】和【ActiveX 控件】两部分，如图 42-8 所示。Excel 2013 工作表中控件的使用方法与以前版本完全相同。

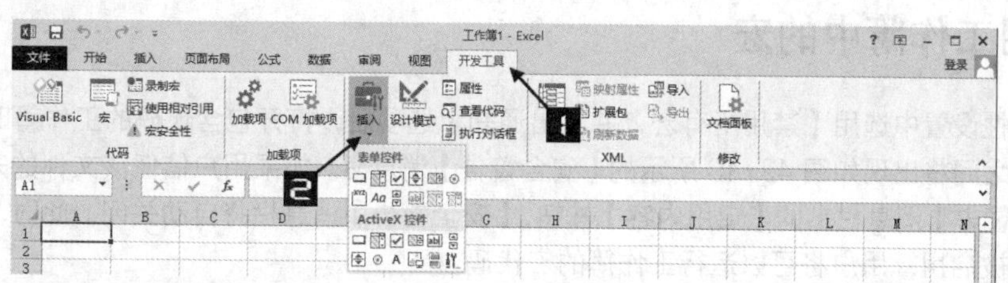

图 42-8 【插入】按钮的下拉列表

42.5.5 宏安全性设置

宏经常被用来实现日常工作中 Excel 任务的自动化，其在为广大用户带来极大便利的同时，也带来了潜在的安全风险。这是由于宏的功能并不仅仅局限于重复用户在 Excel 中的简单操作，使用

VBA 代码可以控制或者运行 Microsoft Office 之外的应用程序，此特性可以被用来制作计算机病毒或恶意功能。因此，用户非常有必要了解 Excel 中的宏安全性设置，合理使用这些设置可以帮助用户有效地降低使用宏的安全风险。

步骤1 → 单击【开发工具】选项卡中的【宏安全性】按钮，打开【信任中心】对话框。

在【文件】选项卡中依次单击【选项】→【信任中心】→【信任中心设置】→【宏设置】，也同样可以打开【信任中心】对话框。

步骤2 → 在【宏设置】选项卡中选中【禁用所有宏，并发出通知】单选按钮。

步骤3 → 单击【确定】按钮关闭【信任中心】对话框，如图 42-9 所示。

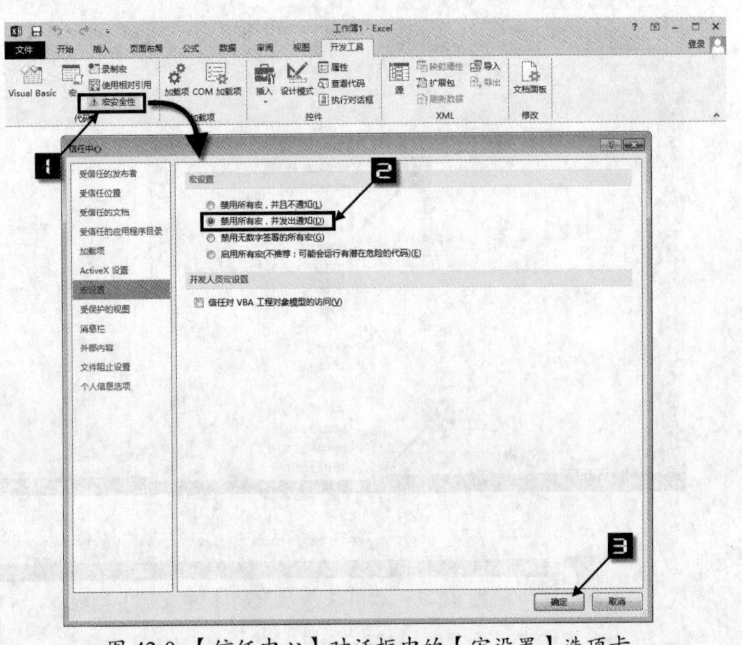

图 42-9 【信任中心】对话框中的【宏设置】选项卡

一般情况下，推荐使用【禁用所有宏，并发出通知】选项。启用该选项后，打开保存在非受信任位置的包含宏的工作簿时，在 Excel 功能区下方将显示【安全警告】消息栏，告知用户工作簿中的宏已经被禁用，具体使用方法请参考 42.5.6 小节。

42.5.6 启用工作簿中的宏

在宏安全性设置中选用【禁用所有宏，并发出通知】选项后，打开包含代码的工作簿时，在功能区和编辑栏之间将出现如图 42-10 所示的【安全警告】消息栏。如果用户信任该文件的来源，可以单击【安全警告】消息栏上的【启用内容】按钮，【安全警告】消息栏将自动关闭。此时，工作簿的宏功能已经被启用，用户将可以运行工作簿的宏代码。

注意 → Excel 窗口中出现【安全警告】消息栏时，用户的某些操作（如添加新的工作表）将导致该消息栏的自动关闭，此时 Excel 将禁用工作簿中的宏。在此之后，如果用户希望运行该工作簿中的宏代码，只能先关闭该工作簿，然后再次打开该工作簿，并单击【安全警告】消息栏上的【启用内容】按钮。

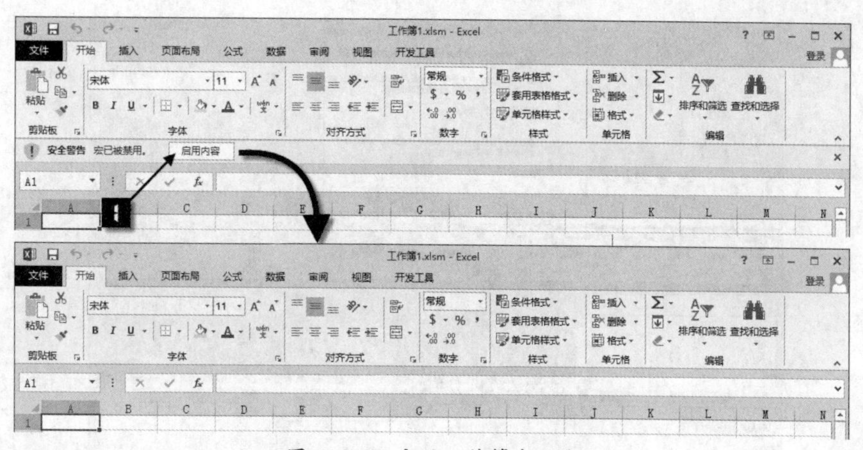

图 42-10 启用工作簿中的宏

上述操作之后，该文档将成为受信任的文档。在 Excel 再次打开该文件时，将不再显示【安全警告】消息栏。值得注意的是，Excel 的这个“智能”功能可能会给用户带来潜在的危害。如果有恶意代码被人为地添加到这些受信任的文档中，并且原有文件名保持不变，那么当用户再次打开该文档时将不会出现任何安全警示，而直接激活其中包含恶意代码的宏程序，这将对计算机安全造成危害。因此，如果需要进一步提高文档的安全性，可以考虑为文档添加数字签名和证书，或按照如下步骤禁用“受信任文档”功能。

步骤1 → 单击【开发工具】选项卡中的【宏安全性】按钮，打开【信任中心】对话框，选择【受信任的文档】选项卡。

步骤2 → 勾选【禁用受信任的文档】复选框。

步骤3 → 单击【确定】按钮关闭对话框，如图 42-11 所示。

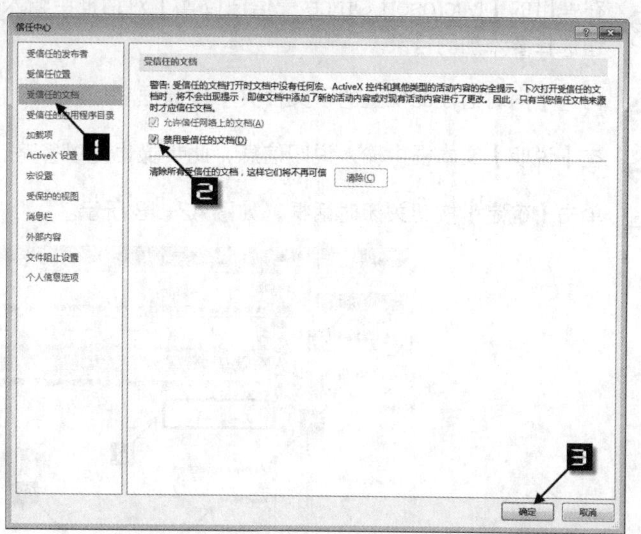

图 42-11 【信任中心】对话框中的【受信任的文档】选项卡

“受信任的文档”是从 Excel 2010 开始新增的功能，Excel 2007 和 Excel 2003 并不支持此功能。

如果用户在打开包含宏代码的工作簿之前已经打开了 VBA 编辑窗口，那么 Excel 将直接显示如图 42-12 所示的【Microsoft Excel 安全声明】对话框，用户可以单击【启用宏】按钮启用工作簿中的宏。

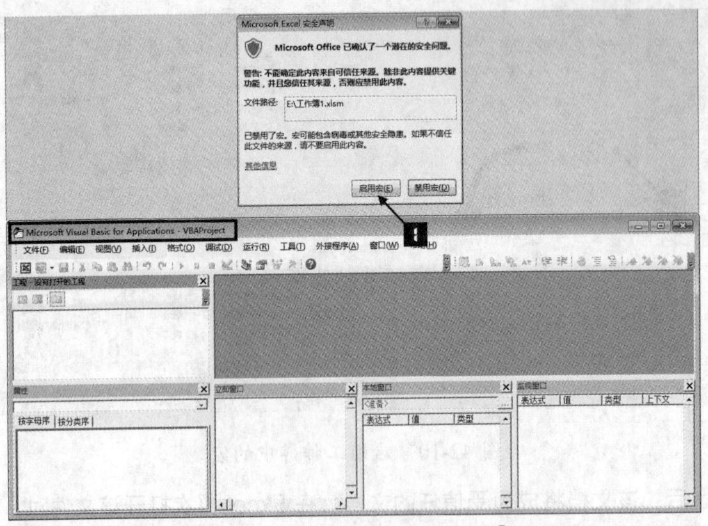

图 42-12 【Microsoft Excel 安全声明】对话框

42.5.7 受信任位置

对于用户来说，为了提高安全性，打开任何包含宏的工作簿都需要手工启用宏，这个过程确实有些烦琐。利用 Excel 2013 中的“受信任位置”功能将可以在不修改安全性设置的前提下，方便快捷地打开工作簿并启用宏。

步骤1 打开【信任中心】对话框，具体步骤请参考 42.5.5 小节。

步骤2 单击选中【受信任位置】选项卡，在右侧窗口单击【添加新位置】按钮。

步骤3 在弹出的【Microsoft Office 受信任位置】对话框中输入路径，或者使用【浏览】按钮选择要添加的目录。

步骤4 勾选【同时信任此位置的子文件夹】复选框。

步骤5 在【说明】文本框中输入说明信息，此步骤也可以省略。

步骤6 单击【确定】按钮关闭对话框，如图 42-13 所示。

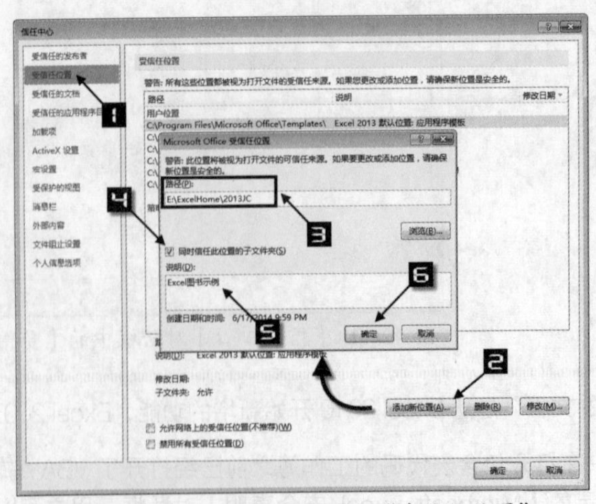

图 42-13 添加用户自定义的“受信任位置”

步骤7 → 返回【信任中心】对话框，在右侧列表框中可以看到新添加的受信任位置，单击【确定】按钮关闭对话框，如图 42-14 所示。

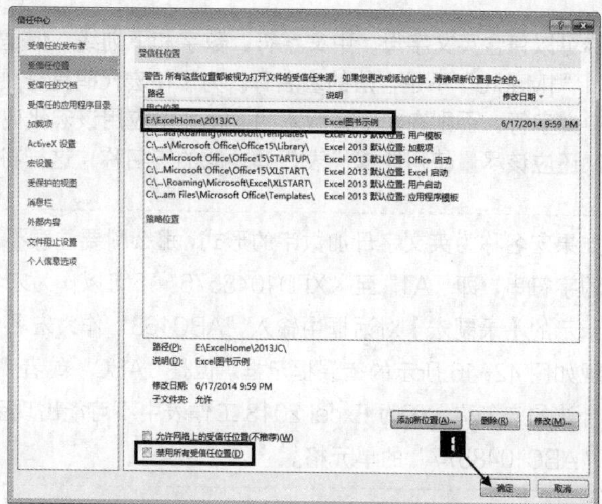

图 42-14　用户自定义受信任位置

此后打开保存于受信任位置（E:\ExcelHome\2013JC）中的任何包含宏的工作簿时，Excel 将自动启用宏，而不再显示安全警告提示窗口。

注意 → 如果在如图 42-14 所示【信任中心】对话框的【受信任位置】选项卡中勾选了【禁用所有受信任位置】复选框，那么所有的受信任位置都将失效。

42.6 在 Excel 2013 中录制宏代码

42.6.1 录制新宏

对于 VBA 初学者来说，最困难的事情往往是想要实现一个功能，却不知道代码从何写起，录制宏可以很好地帮助大家。录制宏作为 Excel 中一个非常实用的功能，对于广大 VBA 用户来说是不可多得的学习帮手。

在日常工作中大家经常需要在 Excel 中重复执行某个任务，这时可以通过录制一个宏来快速地自动执行这些任务。

按照如下步骤操作，将在 Excel 2013 中开始录制一个新宏。

单击【开发工具】选项卡中【代码】组的【录制宏】按钮开始录制新宏，在弹出的【录制宏】对话框中可以设置宏名（如 FormatTitle）、快捷键（如<Ctrl+Q>组合键）、保存位置和添加说明，单击【确定】按钮关闭【录制宏】对话框，并开始录制一个新的宏，如图 42-15 所示。

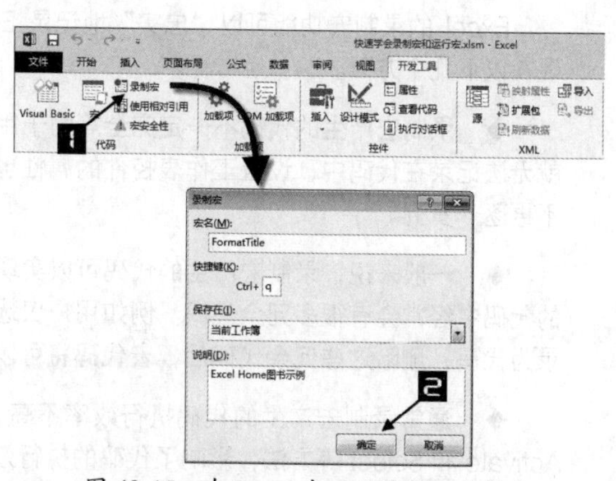

图 42-15　在 Excel 中开始录制一个新宏

录制宏时，Excel 提供的默认名称为“宏”加数字序号的形式（在 Excel 英文版本中为“Macro”加数字序号），如“宏 1”、“宏 2”等，其中的数字序号由 Excel 自动生成，通常情况下数字序号依次增大。

宏的名称可以包含英文字母、中文字符、数字和下划线，但是第一个字符必须是英文字母或者中文字符，如“1Macro”不是合法的宏名称。为了使宏代码具有更好的通用性，大家尽量不要在宏名称中使用中文字符，否则在非中文版本的 Excel 中应用该宏代码时，可能会出现兼容性问题。除此之外，大家还应该尽量使用能够代表代码功能的宏名称，这样将便于日后的使用维护与升级。

注意

如果宏名称为英文字母加数字的形式，那么需要注意不可以使用与单元格引用相同的字符串，即“A1”至“XFD1048576”不可以作为宏名称使用。例如在图 42-15 所示的【录制宏】对话框中输入“ABC168”作为宏名，单击【确定】按钮，将出现如图 42-16 所示的错误提示框。但是“ABC”或者“ABC1048577”就可以作为合法的宏名称，因为 Excel 2013 工作表中不可能出现引用名称为“ABC”或者“ABC1048577”的单元格。

开始录制宏之后，用户可以在 Excel 中进行操作，其中绝大部分操作将被记录为宏代码。操作结束后，单击【停止录制】按钮，如图 42-17 所示，将停止本次录制宏。

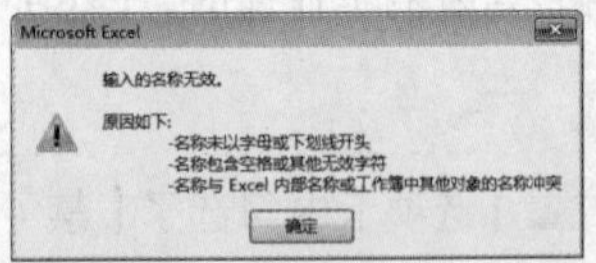

图 42-16　无效的宏名称

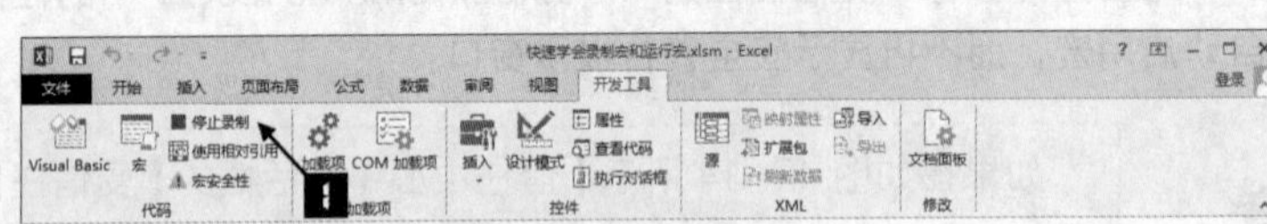

图 42-17　停止录制宏

单击【开发工具】选项卡【代码】组中的【Visual Basic】按钮或者直接按<Alt+F11>组合键将打开 VBE（Visual Basic Editor，即 VBA 集成开发环境）窗口，在模块代码窗口中将看到刚才录制的宏代码，在下一章中将详细讲述 VBE 中主要窗口的使用方法与功能。

通过录制宏，可以看到整个操作过程所对应的代码，请注意这只是一个“半成品”，经过必要的修改才能得到更高效、更智能、更通用的代码。

42.6.2　录制宏的局限性

Excel 的录制宏功能可以“忠实”地记录 Excel 中的操作，但是也有其本身的局限性，主要表现在以下几个方面。

◆　录制宏产生的代码不一定完全等同于用户的操作，例如用户设置保护工作表时输入的密码就无法记录在代码中，设置工作表控件的属性也无法产生相关的代码。这样的例子还有很多，这里不再逐一罗列。

◆　一般来说，录制宏产生的代码可以实现相关功能，但往往并不是最优代码，这是由于录制的代码中经常会有很多冗余代码。例如用户仅选中某个单元格或者滚动屏幕之类的操作，都将被记录为代码，删除这些冗余代码后，宏代码将可以更高效地运行。

◆　通常录制宏产生的代码执行效率不高，其原因主要有如下两点：第一，代码中大量使用 Activate 和 Select 等方法，影响了代码的执行效率，在实际应用中需要进行相应的优化；第二，录制宏无法产生控制程序流程的代码，如循环结构、判断结构等。

第 43 章　VBA 集成编辑环境

Visual Basic Editor（以下简称 VBE）是指 Excel 以及其他 Office 组件中集成的 VBA 代码编辑器，本章将介绍 VBE 中主要功能窗口的功能。

本章学习要点

（1）熟悉 VBE 界面。

（2）了解主要功能窗口的用途。

（3）掌握主要功能窗口的使用方法。

43.1　如何打开 VBE 窗口

在 Excel 2013 界面中可以使用如下多种方法打开 VBE 窗口。

◆　按<Alt+F11>组合键。

◆　单击【开发工具】选项卡的【Visual Basic】按钮。

◆　如果 VBE 窗口已经处于打开状态，按<Alt+Tab>组合键也可以由其他窗口切换到 VBE 窗口。

◆　在工作表标签上单击鼠标右键，在弹出的快捷菜单中选择【查看代码】命令，如图 43-1 所示。

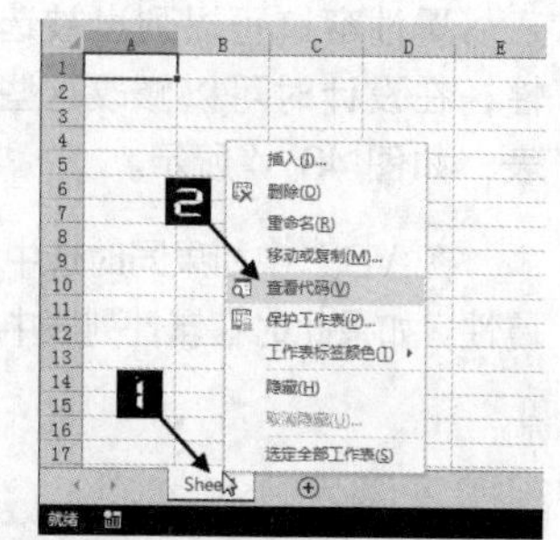

图 43-1　工作表标签的右键快捷菜单

注意　打开 VBE 窗口的方法并不局限于这几种，这里只是给大家列出了最常用的 4 种方法。

43.2　VBE 窗口介绍

在 VBE 窗口中，除了和普通 Windows 应用程序类似的菜单和工具栏外，在其工作区中还可以显示多个不同的功能窗口。为了方便 VBA 代码编辑与调试，建议在 VBE 窗口中显示最常用的功能窗口，主要包括工程资源管理器、属性窗口、代码窗口、立即窗口和本地窗口，如图 43-2 所示。

1. 工程资源管理器

工程资源管理器窗口以树形结构显示当前 Excel 应用程序中的所有工程（工程是指 Excel 工作簿中模块的集合），即 Excel 中所有已经打开的工作簿（包含隐藏工作簿和加载宏），如图 43-3 所示。不难看出，当前 Excel 中打开的两个工作簿分别为：用户文件“工作簿 1.xlsm”和分析工具库加载宏文件“FUNCRES.XLAM”。

在工程资源管理器窗口中，每个工程显示为一个独立的树形结构，其根结点一般以“VBAProject”+工作簿名称的形式命名。单击窗口中根节点前面的加号将展开显示其中的对象或者对象文件夹，如图 43-3 所示。

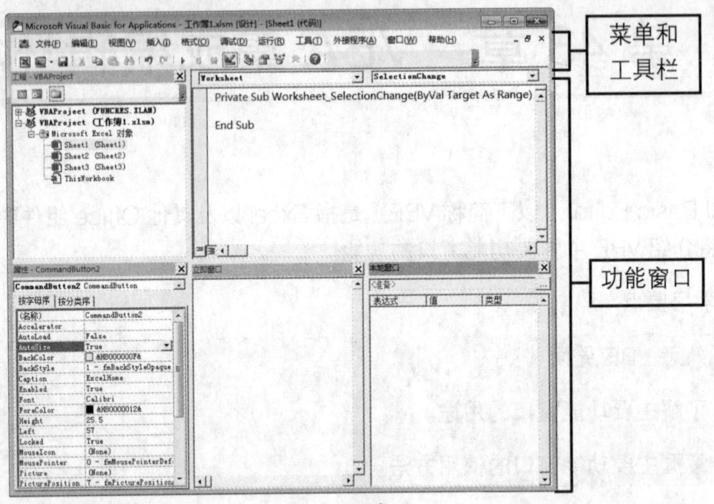

图 43-2 VBE 窗口

2. 属性窗口

属性窗口可以列出被选中对象（用户窗体、用户窗体中的控件、工作表和工作簿等）的属性，在设计时可以修改这些对象的属性值。属性窗口分为上下两部分，分别是对象框和属性列表，如图 43-4 所示。

在 VBE 中如果同时选中了多个对象，对象框将显示为空白，属性列表仅会列出这些对象所共有的属性。如果此时在属性列表中更改某个属性的值，那么被选中的多个对象的相应属性将同时被修改。

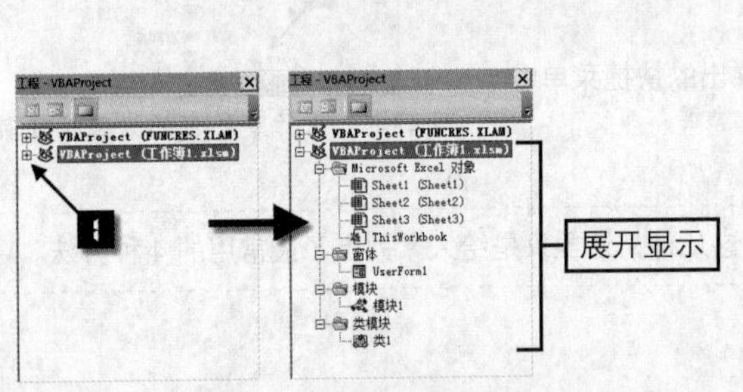

图 43-3 工程资源管理器窗口

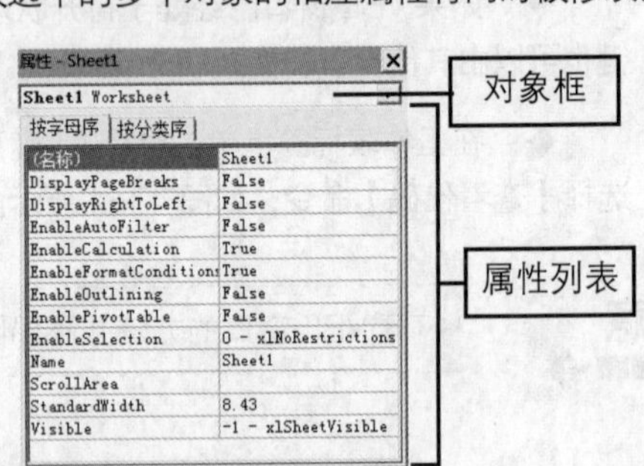

图 43-4 属性窗口

3. 代码窗口

代码窗口用来显示和编辑 VBA 代码。打开对象的代码窗口，可以查看其中的模块或者代码，并且可以在不同模块之间进行复制和粘贴。代码窗口分为上下两部分：上部分为对象框和过程 / 事件框，下部分为代码编辑区域，如图 43-5 所示。

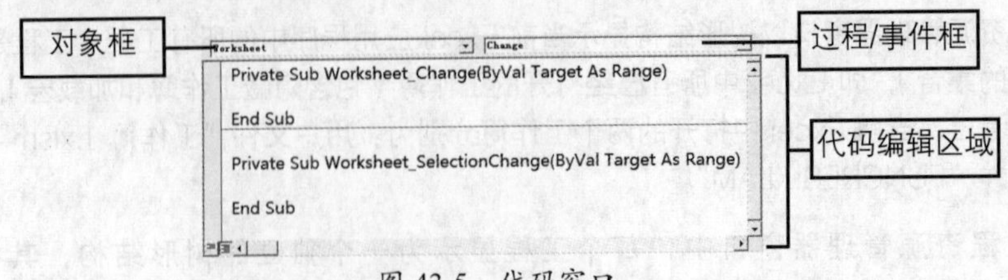

图 43-5 代码窗口

代码窗口支持文本拖动功能，即可以将当前选中的部分代码拖动到窗口中的不同位置或者其他代码窗口、立即窗口或者监视窗口中，其效果与剪切 / 粘贴完全相同。

4. 立即窗口

在立即窗口中可以键入或粘贴一行代码，然后按<Enter>键来执行该代码，如图 43-6 所示。除了在立即窗口中直接输入代码外，也可以在 VBA 代码中使用 Debug.Print 将指定内容输出到立即窗口中。

立即窗口中的内容是无法保存的，关闭 Excel 应用程序后立即窗口中的内容将丢失。

5. 本地窗口

本地窗口可自动显示出当前过程中的所有变量声明类型及变量值。如果本地窗口在 VBE 中是可见的，则每当代码执行方式切换到中断模式或是操纵堆栈中的变量时，本地窗口就会自动地更新显示，如图 43-7 所示。

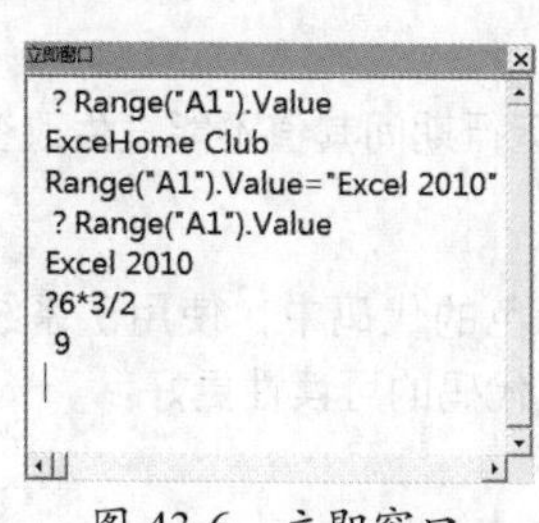

图 43-6　立即窗口

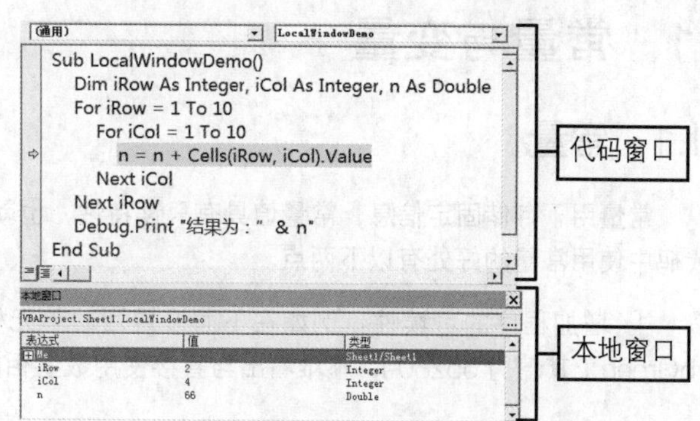

图 43-7　代码处于中断模式时的本地窗口

43.3　显示功能窗口

单击 VBE 的菜单栏上单击【视图】，将显示如图 43-8 所示的菜单项，用户可以根据需要和使用习惯选择在 VBE 工作区中显示的功能窗口。

由于 VBE 功能窗口显示区域面积所限，实际使用中可能需要经常显示或隐藏各个功能窗口，除了使用如图 43-8 所示的【视图】菜单来完成窗口设置以外，还可以使用快捷键来方便快速地显示相应功能窗口。表 43-1 列出了 VBE 功能窗口对应的快捷键。

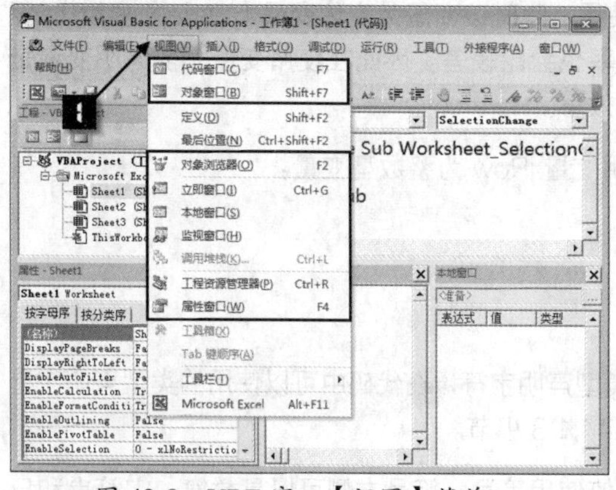

图 43-8　VBE 窗口【视图】菜单

表 43-1　　VBE 功能窗口快捷键

功能窗口名称	快　捷　键
代码窗口	F7
对象窗口	<Shift+F7>
对象浏览器	F2
立即窗口	<Ctrl+G>
本地窗口	无
监视窗口	无
调用堆栈	<Ctrl+L>
工程资源管理器	<Ctrl+R>
属性窗口	F4

第 44 章 VBA 编程基础

VBA 作为一种编程语言，具有其自身特有的语法规则。本章将介绍 VBA 编程的基础知识，掌握这些知识是大家日后熟练使用 VBA 不可或缺的基础。

本章学习要点

（1）常量与变量。

（2）3 种最基本的代码结构。

（3）对象的属性、方法和事件。

44.1 常量与变量

44.1.1 常量

常量用于存储固定信息，常量值具有只读特性，也就是在程序运行期间其值不能发生改变。在代码中使用常量的好处有以下两点。

① 增加程序的可读性：例如在下面设置活动单元格字体为绿色的代码中，使用了系统常量 vbGreen（其值为 65280），不难看出与直接使用数字相比较，下面代码的可读性更好：

```
ActiveCell.Font.Color = vbGreen
```

② 代码的维护升级更加容易：除了系统常量外，在 VBA 中也可以使用 Const 语句声明自定义常量。如下代码将声明字符型常量 ClubName：

```
Const ClubName As String = "ExcelHome"
```

假设在 VBA 程序发布后，需要将“ExcelHome”简写为“EH”，那么开发人员只需要修改上面一句代码，VBA 应用程序代码中所有的 ClubName 将引用新的常量值。

44.1.2 变量

变量用于存储程序运行过程中需要临时保存的值或对象，在程序运行过程中其值可以被改变。事实上，在 VBA 代码中无需声明变量就可以直接使用，此时该变量为变体变量（Variant 变量），但是变体变量将占用较大的存储空间，代码的运行效率也会比较差。因此在使用变量之前声明变量是一个良好的编程习惯，同时也可以提高程序的运行效率。

VBA 中使用 Dim 语句声明变量。下述代码声明变量 iRow 为整数型变量：

```
Dim iRow as Integer
```

利用类型声明字符，上述代码可以简化为：

```
Dim iRow%
```

在 VBA 中并不是所有的数据类型都有对应的类型声明字符，在代码中可以使用的类型声明字符如表 44-1 所示。有关数据类型的详细介绍请参阅 44.1.3 小节。

变量赋值是代码中经常要用到的功能。变量赋值使用等号，等号右侧可以是数值、字符串和日期等，也可以是表达式。如下代码将为变量 iSum 赋值：

表 44-1　　类型声明字符

数据类型	类型声明字符
Integer	%
Long	&
Single	!
Double	#
Currency	@
String	$

```
iSum = 365*24*60*60
```

注意

如下的 Dim 语句在一行代码中同时声明了多个变量，其中的变量 iRow 实际上被声明为 Variant 变量而不是 Integer 变量：

```
Dim iRow, iCol as Integer
```

如果希望将两个变量均声明为 Integer 变量，应该使用如下代码：

```
Dim iRow as Integer, iCol as Integer
```

44.1.3 数据类型

数据类型决定变量或者常量可用来保存何种数据。VBA 中的数据类型包括 Byte、Boolean、Integer、Long、Currency、Decimal、Single、Double、Date、String、Object、Variant（默认）和用户自定义类型等。不同数据类型所需要的存储空间并不相同，其取值范围也不相同，详情请参阅表 44-2。

表 44-2　　VBA 数据类型的存储空间及其取值范围

数据类型	存储空间大小	范　围
Byte	1 个字节	0 到 255
Boolean	2 个字节	True 或 False
Integer	2 个字节	-32768 到 32767
Long（长整型）	4 个字节	-2147483648 到 2147483647
LongLong（LongLong 整型）	8 个字节	-9223372036854775808 到 9223372036854775807（只在 64 位系统上有效）
LongPtr	在 32 位系统上为 4 字节，在 64 位系统上为 8 字节	在 32 位系统上为-2147483648 到 2147483647，在 64 位系统上为-9223372036854775808 到 9223372036854775807
Single（单精度浮点型）	4 个字节	负数时从-3.402823E38 到-1.401298E-45，正数时从 1.401298E-45 到 3.402823E38
Double（双精度浮点型）	8 个字节	负数时从-1.79769313486231E308 到-4.94065645841247E-324，正数时从 4.94065645841247E-324 到 1.79769313486232E308
Currency（变比整型）	8 个字节	从-922337203685477.5808 到 922337203685477.5807
Decimal	14 个字节	没有小数点时为+/-79228162514264337593543950335，而小数点右边有 28 位数时为+/-7.9228162514264337593543950335。最小的非零值为+/-0.0000000000000000000000000001

续表

数据类型	存储空间大小	范 围
Date	8个字节	100年1月1日到9999年12月31日
Object	4个字节	任何Object引用
String（变长）	10字节+字符串长度	0到大约20亿
String（定长）	字符串长度	1到大约65400
Variant（数字）	16个字节	任何数字值，最大可达Double的范围
Variant（字符）	22个字节+字符串长度	与变长String有相同的范围
用户自定义（利用Type）	所有元素所需数目	每个元素的范围与它本身的数据类型的范围相同

VBA 7.0 中引入的 LongPtr 并不是一个真实的数据类型，因为在 32 位操作系统环境中，它转变为 Long；在 64 位操作系统环境中，它转变为 LongLong。

44.2 运算符

VBA 中有以下 4 种运算符。

（1）算术运算符：用来进行数学计算的运算符。

（2）比较运算符：用来进行比较的运算符。

（3）连接运算符：用来合并字符串的运算符，包括&运算符和+运算符两种。

（4）逻辑运算符：用来执行逻辑运算的运算符。

如果一个表达式中包含多种运算符，代码编译器将先处理算术运算符，接着处理连接运算符，然后处理比较运算符，最后处理逻辑运算符。字符串连接运算符（&）不是算术运算符，但是就其优先顺序而言，它在所有算术运算符之后，而在所有比较运算符之前。所有比较运算符的优先级顺序都相同，也就是说，要按它们出现的顺序从左到右依次进行处理。而算术运算符和逻辑运算符则必须按如表 44-3 所示的优先级顺序进行处理。

表 44-3 运算符优先顺序

算 术	比 较	逻 辑
指数运算（^）	相等（=）	Not
负数（–）	不等（<>）	And
乘法和除法（*、/）	小于（<）	Or
整数除法（\）	大于（>）	Xor
求模运算（Mod）	小于或相等（<=）	Eqv
加法和减法（+、–）	大于或相等（>=）	Imp
字符串连接（&）	Like、Is	

44.3 过程

过程（Procedure）是可以执行的语句序列单元，所有可执行的代码必须包含在某个过程内，任何过程都不能嵌套在其他过程中。另外，过程的名称只能在模块级别进行定义。

VBA 中有以下 3 种过程：Sub 过程、Function 过程和 Property 过程。

① Sub 过程执行指定的操作，但不返回运行结果，以关键字 Sub 开头和关键字 End Sub 结束。可以通过录制宏生成 Sub 过程，或者在 VBE 代码窗口里直接编写代码。

② Function 过程执行指定的操作，可以返回代码的运行结果，以关键字 Function 开头和关键字 End Function 结束。Function 过程可以在其他过程中被调用，也可以在工作表的公式中使用，就像 Excel 的内置函数一样。

Sub 过程与 Function 过程即有相同点又有着明显的区别，表 44-4 对二者进行了对比。

表 44-4　　Sub 过程与 Function 过程对比

项　目	Sub 过程	Function 过程
调用时可以使用参数	✓	✓
返回值	×	✓
被其他过程调用	✓	✓
在工作表的公式中使用	×	✓
录制宏时生成相应代码	✓	×
在 VBE 代码窗口中编辑代码	✓	✓
用于赋值语句等号右侧表达式中	×	✓

③ Property 过程用于设置和获取自定义对象属性的值，或者设置对另外一个对象的引用。

44.4 程序结构

VBA 中的程序结构和流程控制与其他大多数编程语言相同或者相似，下面介绍最基本的几种程序结构。

44.4.1 条件语句

程序代码经常需要用到条件判断，并且根据判断结果执行不同的代码。在 VBA 中有 If…Then…Else 和 Select Case 两种条件语句。

下面的 If…Then…Else 语句根据单元格内容的不同而设置不同的字体大小，如果活动单元格的内容是“ExcelHome”，那么代码将其字号设置为 10，否则将字号设置为 9：

```
If ActiveCell.Value = "ExcelHome" Then
    ActiveCell.Font.Size = 10
Else
    ActiveCell.Font.Size = 9
End If
```

If…Then…Else 语句只能根据表达式的值（True 或者 False）决定后续执行的代码，也就是说使用这种代码结构，只能根据判断结果从两段不同的代码中选择一个去执行，非此即彼。如果需要根据表达式的不同结果，在多段代码中选择执行其中的某一段代码，那么就需要使用 If…Then…Else 语句嵌套结构，也可以使用 Select Case 语句。

Select Case 语句使得程序代码更具可读性。如下代码根据销售额返回相应的销售提成比率：

```
Function CommRate(Sales)
    Select Case Sales - 1000
    Case Is < 0
        CommRate = 0
```

```
    Case Is <= 500
        CommRate = 0.05
    Case Is <= 2000
        CommRate = 0.1
    Case Is <= 5000
        CommRate = 0.15
    Case Else
        CommRate = 0.2
    End Select
End Function
```

44.4.2 循环语句

在程序中对于多次重复执行的某段代码可以使用循环语句。在 VBA 中循环语句有多种形式：For...Next 循环、Do...Loop 循环和 While...Wend 循环。

如下代码中的 For...Next 循环将实现 1 到 10 的累加功能：


```
Sub ForNextDemo()
    Dim i As Integer, iSum As Integer
    iSum = 0
    For i = 1 To 10
        iSum = iSum + i
    Next
    MsgBox iSum, , "For...Next 循环"
End Sub
```

使用 Do...Loop 和 While...Wend 循环可以实现同样的效果：

```
Sub DoLoopDemo()
    Dim i As Integer, iSum As Integer
    iSum = 0: i = 1
    Do Until i > 10
        iSum = iSum + i
        i = i + 1
    Loop
    MsgBox iSum, , "Do...Loop 循环"
End Sub
Sub WhileWendDemo()
    Dim i As Integer, iSum As Integer
    iSum = 0: i = 1
    While i < 11
        iSum = iSum + i
        i = i + 1
    Wend
    MsgBox iSum, , "While...Wend 循环"
End Sub
```

44.4.3 With 语句

With 语句可以针对某个指定对象执行一系列的语句。使用 With 语句不仅可以简化程序代码，而且可以提高代码的运行效率。With...End With 结构中以“.”开头的语句相当于引用了 With 语句中指定的对象。在 With...End With 结构中，无法使用代码修改 With 语句所指定的对象，也就是说，不能使用一个 With 语句来设置多个不同的对象。

例如在下面的 NoWithDemo 过程中，第 2 行至第 4 行代码多次引用活动工作簿中的第 1 个工作表对象：

```
Sub NoWithDemo()
    Application.ActiveWorkbook.Sheets(1).Visible = True
    Application.ActiveWorkbook.Sheets(1).Cells(1, 1) = "ExcelHome"
    Application.ActiveWorkbook.Sheets(1).Name = _
        Application.ActiveWorkbook.Sheets(1).Cells(1, 1)
End Sub
```

使用 With...End With 结构，可以简化为如下代码，虽然代码行数增加了两行，但是代码的执行效率优于 NoWithDemo 过程，而且更加易读：

```
Sub WithDemo1()
     With Application.ActiveWorkbook.Sheets(1)
         .Visible = True
         .Cells(1, 1) = "ExcelHome"
         .Name = .Cells(1, 1)
     End With
End Sub
```

在 VBA 代码中 With...End With 结构也可以嵌套使用如下代码：

```
#001  Sub WithDemo2()
#002     With ActiveWorkbook
#003       MsgBox .Name
#004       With .Sheets(1)
#005           MsgBox .Name
#006           MsgBox .Parent.Name
#007       End With
#008     End With
#009  End Sub
```

其中第 3 行代码和第 5 行代码均为“MsgBox .Name”，但是其效果却完全不同。第 5 行代码中的“.Name”是在内层 With...End With 结构（第 4 行到第 7 行代码）中，因此其引用的对象是第 4 行 With 语句所指定的对象“.Sheets（1）”。第 5 行代码中的“.Name”等价于如下代码：

```
ActiveWorkbook.Sheets(1).Name
```

而第 3 行代码中的“.Name”等价于如下代码：

```
ActiveWorkbook.Name
```

44.5 对象与集合

对象是应用程序中的元素，如工作表、单元格、图表、窗体等。Excel 应用程序提供的对象按照层次关系排列在一起成为对象模型。Excel 应用程序中的顶级对象是 Application 对象，它表示 Excel 应用程序本身。Application 对象包含一些其他对象，如 Window 对象和 Workbook 对象等，这些对象均被称为 Application 对象的子对象。反之，Application 对象是上述这些对象的父对象。

注意：仅当 Application 对象存在（即应用程序本身的一个实例正在运行）时，才可以在代码中访问这些对象。

多数子对象仍然可以包含各自的子对象。例如 Workbook 对象包含 Worksheet 对象，同样可以表述为：Workbook 对象是 Worksheet 对象的父对象。

集合是一种特殊的对象，它是一个包含多个同类对象的对象容器。Worksheets 集合包含工作簿中的所有 Worksheet 对象。

一般来说，集合中的对象可以通过序号或名称两种不同的方式来引用。例如当前工作簿中有两个工作表，其名称依次为“Sheet1”、“Sheet2”。如下的两个代码同样都是引用名称为“Sheet2”的工作表：

```
ActiveWorkbook.Worksheets("Sheet2")
ActiveWorkbook.Worksheets(2)
```

44.5.1 属性

属性是指对象的特征，如大小、颜色或屏幕位置，或某一方面的行为，诸如对象是否被激活或是否可见。通过修改对象的属性值可以改变对象的特性。对象属性赋值代码中使用等号连接对象属性和新的属性值。如下代码设置活动工作表的名称为“ExcelHome”：

```
ActiveSheet.Name = "ExcelHome"
```

对象的某些属性是只读的，代码中可以查询只读属性，但是无法修改只读属性的值。

44.5.2 方法

方法指对象能执行的动作。例如使用 Worksheets 对象的 Add 方法可以添加一个新的工作表，代码如下：

```
Worksheets.Add
```

在代码中，属性和方法都是通过连接符“.”（注：半角字符的句号）来和对象连接在一起的。

44.5.3 事件

事件是一个对象可以辨认的动作，像单击鼠标或按下某个键盘按键等，并且可以指定代码针对此动作来做出响应。用户操作、程序代码的执行和操作系统系统本身都可以触发相关的事件。

下面示例为工作簿的 Open 事件代码，每次打开代码所在的工作簿时，将显示如图 44-1 所示的欢迎信息提示框：

图 44-1 欢迎信息提示框

```
Private Sub Workbook_Open()
    MsgBox "欢迎登录 ExcelHome 论坛！", vbInformation, "ExcelHome"
End Sub
```

第 45 章　与 Excel 进行交互

在使用 Excel 的过程中，应用程序经常会显示不同样式的对话框来实现多种多样的用户交互功能。在使用 VBA 编写程序时，为了提高代码的灵活性和程序的友好度，经常需要实现用户与 Excel 的交互功能。本章将介绍如何使用 InputBox 和 MsgBox 实现输入和输出简单信息，以及如何调用 Excel 的内置对话框。

本章学习要点

（1）使用 InputBox 输入信息。

（2）使用 MsgBox 输出信息。

（3）调用 Excel 内置对话框的方法。

45.1　使用 MsgBox 输出信息

在代码中，MsgBox 函数通常应用于以下几种情况。

- ◆ 输出代码最终运行结果。
- ◆ 显示一个对话框用于提醒用户。
- ◆ 在对话框中显示提示信息，等待用户单击按钮，然后根据用户的选择执行相应的代码。
- ◆ 在代码运行过程中显示某个变量的值，用于调试代码。

MsgBox 函数的语法格式如下：

```
MsgBox(prompt[, buttons] [, title] [, helpfile, context])
```

表 45-1 列出了 MsgBox 函数的参数及其含义。

表 45-1　　MsgBox 函数参数列表

参　数	描　述	可选/必需
prompt	显示在对话框中的文本信息。最大长度大约为 1024 个字符，由所用字符的宽度决定	必需
buttons	指定显示按钮的数目及形式，使用的图标样式，默认按钮是什么以及消息框的强制回应等	可选
title	对话框标题栏中显示的字符串表达式	可选
helpfile、context	设置帮助文件和帮助主题	可选

45.1.1　显示多行文本信息

prompt 参数用于设置对话框的提示文本信息，最大长度约为 1024 个字符（由所用字符的宽度决定），这么多字符显然无法显示在同一行。如果代码中没有使用强制换行，系统将进行自动换行处理，多数情况下这并不符合用户的使用习惯。因此，如果 prompt 参数的内容超过一行，则应该用回车符（Chr（13））、换行符（Chr（10））或是回车与换行符的组合（Chr（13）& Chr（10））将各行分隔开来。代码中也可以使用常量 vbCrLf 或者 vbNewLine 进行强制换行。

示例 45-1 利用 MsgBox 函数显示多行文字

步骤1 在 Excel 中新建一个空白工作簿文件，按<Alt+F11>组合键切换到 VBE 窗口。

步骤2 在【工程资源管理器】中插入“模块”，并修改其名称为“MsgBoxDemo1”。

步骤3 在【工程资源管理器】中双击模块 MsgBoxDemo1，在代码窗口中写入如下代码：

```
#001 Sub MultiLineDemo()
#002     Dim MsgStr As String
#003     MsgStr = "Excel Home 是微软技术社区联盟成员" & Chr(13) & Chr(10)
#004     MsgStr = MsgStr & "欢迎加入 Excel Home 论坛！" & vbCrLf
#005     MsgStr = MsgStr & "Let's do it better!"
#006     MsgBox MsgStr, , "欢迎"
#007 End Sub
```

步骤4 返回 Excel 界面，运行 MultiLineDemo 过程，将显示如图 45-1 所示的对话框。

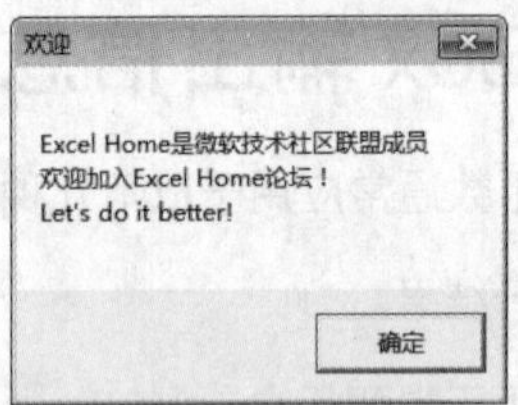

图 45-1 显示多行文字

代码解析如下。

第 3 行到第 5 行代码创建对话框的提示信息，其中第 3 行代码使用回车与换行符分割文本信息，第 4 行代码使用了 vbCrLf 常量分割文本信息。在图 45-1 中可以看出这两种方法实现的最终效果是完全相同的。

第 6 行代码用于显示对话框。

示例 45-2 利用 MsgBox 函数显示多行表格化数据

如果希望将工作表中的数据以列表的形式显示在对话框中，除了强制换行外，还要用到 vbTab 常量插入制表符，使得每列数据以左对齐的方式显示。

在示例工作簿中的数据如图 45-2 所示。

	A	B	C	D
1	城市	省份/州	国家	区号
2	北京	北京	中国	10
3	石家庄	河北	中国	311
4	广州	广东	中国	20
5	芝加哥	伊力诺依	美国	847
6	多伦多	安大略	加拿大	647

图 45-2 工作表中的数据

步骤1 在 Excel 中新建一个空白工作簿文件，按<Alt+F11>组合键切换到 VBE 窗口。

步骤2 在【工程资源管理器】中插入“模块”，并修改其名称为“MsgBoxDemo2”。

步骤3 → 在【工程资源管理器】中双击模块 MsgBoxDemo2，在代码窗口中写入如下代码：

```
#001  Sub MultiLineTableDemo()
#002      Dim iRow As Single, iCol As Single, MsgStr As String
#003      For iRow = 1 To 6
#004          For iCol = 1 To 4
#005              MsgStr = MsgStr & Cells(iRow, iCol) & vbTab
#006          Next
#007          MsgStr = MsgStr & vbCrLf
#008      Next
#009      MsgBox MsgStr, , "城市列表"
#010  End Sub
```

步骤4 → 返回 Excel 界面，运行 MultiLineTableDemo 过程，将显示如图 45-3 所示的对话框。

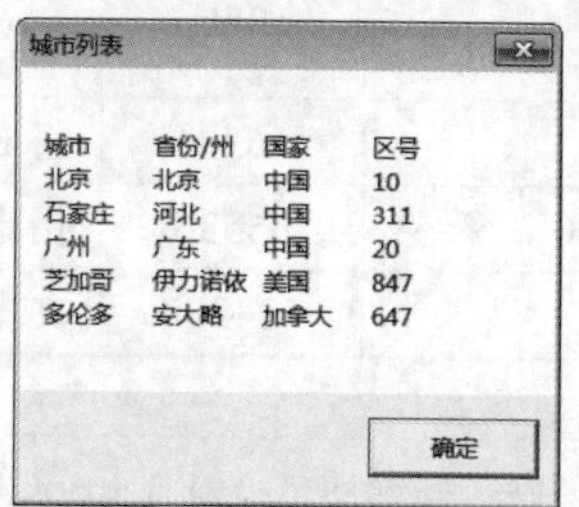

图 45-3　显示多行表格化数据

代码解析如下。

第 3 行到第 8 行代码为双层循环结构遍历工作表中的数据。

第 5 行代码用于创建对话框中显示的信息，相邻两列数据之间使用制表符作为分割符，即代码中的 vbTab 常量。

第 9 行代码用于显示对话框。

45.1.2　丰富多彩的显示风格

buttons 参数用于指定对话框显示按钮的数目及形式、图标样式和默认按钮等，组合使用如表 45-2 所示的参数值可以显示多种不同风格的对话框。代码中省略 buttons 参数时，对话框只显示一个【确定】按钮，如图 45-3 所示。

表 45-2　　MsgBox 函数 buttons 参数的部分常量值

常　数	值	描　述
vbOKOnly	0	只显示 OK 按钮
vbOKCancel	1	显示 OK 及 Cancel 按钮
vbAbortRetryIgnore	2	显示 Abort、Retry 及 Ignore 按钮
vbYesNoCancel	3	显示 Yes、No 及 Cancel 按钮
vbYesNo	4	显示 Yes 及 No 按钮
vbRetryCancel	5	显示 Retry 及 Cancel 按钮
vbCritical	16	显示 Critical Message 图标

续表

常　数	值	描　述
vbQuestion	32	显示 Warning Query 图标
vbExclamation	48	显示 Warning Message 图标
vbInformation	64	显示 Information Message 图标
vbDefaultButton1	0	第一个按钮是默认值
vbDefaultButton2	256	第二个按钮是默认值
vbDefaultButton3	512	第三个按钮是默认值
vbDefaultButton4	768	第四个按钮是默认值
vbApplicationModal	0	应用程序强制返回；应用程序一直被挂起，直到用户对消息框做出响应才继续工作
vbSystemModal	4096	系统强制返回；全部应用程序都被挂起，直到用户对消息框做出响应才继续工作
vbMsgBoxHelpButton	16384	将 Help 按钮添加到消息框
vbMsgBoxSetForeground	65536	指定消息框窗口作为前景窗口
vbMsgBoxRight	524288	文本为右对齐

注意

从 Excel 2010 开始，新增加了少量 buttons 参数的常量值，例如 vbMsgBoxSetForeground 和 vbMsgBoxRight，早期的 Excel 版本无法解析这些常量值。

示例 45-3 多种样式的 MsgBox 对话框

步骤1 在 Excel 中新建一个空白工作簿文件，按<Alt+F11>组合键切换到 VBE 窗口。

步骤2 在【工程资源管理器】中插入“模块”，并修改其名称为“MsgBoxDemo3”。

步骤3 在【工程资源管理器】中双击模块 MsgBoxDemo3，在代码窗口中输入如下代码：

```
#001 Sub MsgBoxStyleDemo()
#002     MsgBox "vbOKCancel + vbCritical", _
             vbOKCancel + vbCritical, "样式 1"
#003     MsgBox "vbAbortRetryIgnore+vbQuestion", _
             vbAbortRetryIgnore + vbQuestion, "样式 2"
#004     MsgBox "vbYesNo+vbInformation", vbYesNo + vbInformation, "样式 3"
#005     MsgBox "vbYesNoCancel+vbExclamation", _
             vbYesNoCancel + vbExclamation, "样式 4"
#006 End Sub
```

步骤4 返回 Excel 界面，运行 MultiLineTableDemo 过程，将依次显示如图 45-4 所示的 4 种不同风格的对话框。

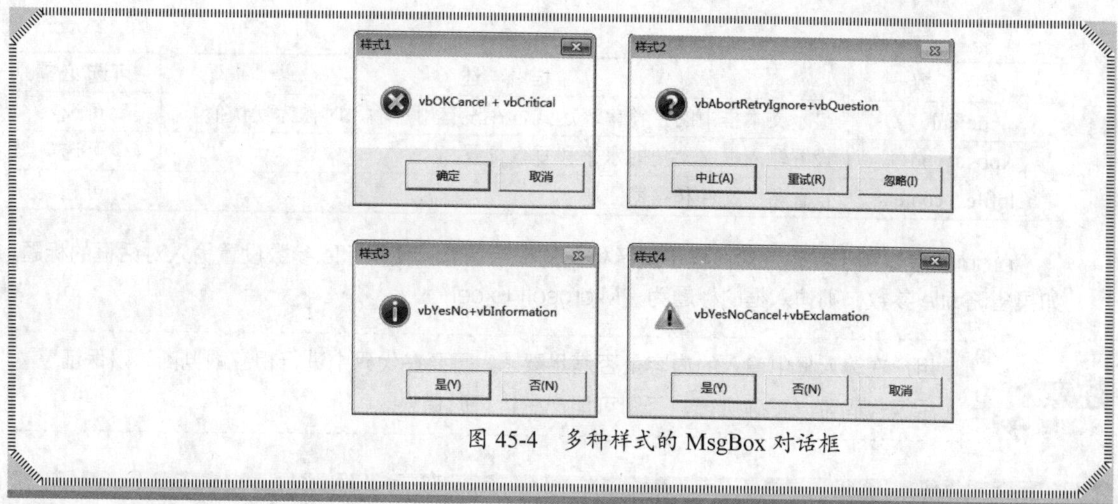

图 45-4　多种样式的 MsgBox 对话框

45.1.3 获得 MsgBox 对话框的用户选择

根据 MsgBox 函数的返回值，可以获知用户单击了对话框中的哪个按钮，根据用户的不同选择，可以运行不同代码。表 45-3 中列出了 MsgBox 函数的返回值常量。

表 45-3　**MsgBox 函数的返回值**

常　量	值	描　述
vbOK	1	【确认】按钮
vbCancel	2	【取消】按钮
vbAbort	3	【终止】按钮
vbRetry	4	【重试】按钮
vbIgnore	5	【忽略】按钮
vbYes	6	【是】按钮
vbNo	7	【否】按钮

45.2 利用 InputBox 输入信息

如果仅需要用户在“是”和“否”之间做出选择，使用 MsgBox 函数就能够满足需要，但是实际应用中往往需要用户输入更多的内容，如数字、日期或者文本等，这就需要使用 InputBox 获取用户的输入。

45.2.1 InputBox 函数

使用 VBA 提供的 InputBox 函数可以获取用户输入的内容，其语法格式为：

```
InputBox(prompt[, title] [, default] [, xpos] [, ypos] [, helpfile, context])
```

表 45-4 列出了 InputBox 函数的参数列表。

表 45-4　**InputBox 函数参数列表**

参　数	描　述	可选/必需
prompt	显示于对话框中的文本信息。最大长度大约为 1024 个字符，由所用字符的宽度决定	必需
title	对话框标题栏中显示的字符串表达式	可选

第 45 章 Excel 2013

续表

参　数	描　述	可选/必需
default	显示文本框中的字符串表达式，在没有用户输入时作为默认值	可选
xpos、ypos	设置输入框左上角的水平和垂直位置	可选
helpfile、context	设置帮助文件和帮助主题	可选

prompt 参数用于在输入对话框中显示相关的提示信息，使用 title 参数设置输入对话框的标题，如果省略 title 参数，则输入框的标题为“Microsoft Excel”。

注意

用户在输入框中输入的内容是否满足要求，需要在代码中进行相应的判断，以保证后续代码可以正确执行，否则可能产生运行时错误。

示例 45-4　利用 InputBox 函数输入邮政编码

步骤1 在 Excel 中新建一个空白工作簿文件，按<Alt+F11>组合键切换到 VBE 窗口。

步骤2 在【工程资源管理器】中插入“模块”，并修改其名称为“InputBoxDemo1”。

步骤3 在【工程资源管理器】中双击模块 InputBoxDemo1，在代码窗口中写入如下代码：

```
Sub VBAInputBoxDemo()
    Dim PostCode As String
    Do
        PostCode = VBA.InputBox("请输入邮政编码（6 位数字）", _
                "信息管理系统")
    Loop Until VBA.Len(PostCode) = 6 And VBA.IsNumeric(PostCode)
    MsgBox "您输入的邮政编码为：" & PostCode, vbInformation, "提示信息"
End Sub
```

步骤4 返回 Excel 界面，运行 VBAInputBoxDemo 过程，将显示输入对话框。

步骤5 输入“100101”，单击【确定】按钮，将显示一个【提示信息】对话框，如图 45-5 所示。

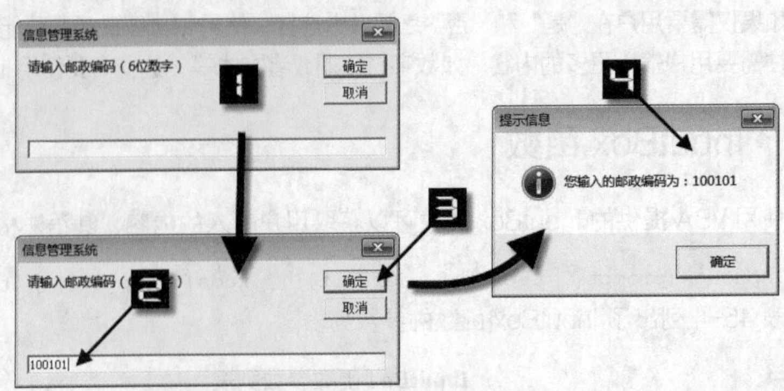

图 45-5　利用 InputBox 函数输入邮政编码

如果用户输入的内容包含非数字或者输入内容不足 6 位，单击【确定】按钮后【信息管理系统】输入对话框将再次显示，直到用户输入正确的邮政编码。

代码解析如下。

第 3 行到第 5 行代码使用 Do...Loop 循环结构读取用户的输入信息。

第 4 行代码将输入对话框的输入内容赋值给变量 PostCode。

注意 为了区别于 InputBox 方法，这里使用 VBA.InputBox 调用 InputBox 函数，此处的 VBA 可以省略，即代码中可以直接使用 InputBox。

第 5 行代码循环终止的条件有两个，其中 VBA.Len（PostCode）用于判断输入的字符长度是否符合要求，即要求用户输入 6 个字符；VBA.IsNumeric（PostCode）用于判断输入的字符中是否包含非数字字符，如果用户输入的字符全部是数字，InNumeric 函数将返回 True。

注意 无论输入的内容是否为数字，InputBox 函数的返回值永远为 String 类型的数据。本示例中输入内容为“100101”，变量 PostCode 的值为字符型数据“100101”。如果需要使用输入的数据参与数值运算，那么必须先利用类型转换函数 Val 将其转换为数值型数据。

45.2.2 InputBox 方法

除了 InputBox 函数之外，VBA 还提供了 InputBox 方法（使用 Application.InputBox 调用 InputBox 方法）也可以用于接收用户输入的信息。二者的用法基本相同，区别在于 InputBox 方法可以指定返回值的数据类型。其语法格式为：

```
表达式.inputBox(prompt[, title][, default][, left][, top][, helpFile, helpContextId][, type])
```

其中 left、top 参数分别相当于 InputBox 函数的 xpos、ypos 参数。type 参数可以指定 InputBox 方法返回值的数据类型。如果省略 type 参数，输入对话框将返回 String 类型数据，表 45-5 列出了 type 参数的值及其含义。

表 45-5 **Type 参数的值**

值	含 义
0	公式
1	数字
2	文本（字符串）
4	逻辑值（True 或 False）
8	单元格引用，作为一个 Range 对象
16	错误值，如 #N/A
64	数值数组

示例 45-5 利用 InputBox 方法输入邮政编码

步骤1 在 Excel 中新建一个空白工作簿文件，按<Alt+F11>组合键切换到 VBE 窗口。

步骤2 在【工程资源管理器】中插入“模块”，并修改其名称为“InputBoxDemo2”。

步骤3 → 在【工程资源管理器】中双击模块 InputBoxDemo2，在代码窗口中写入如下代码：

```
#001  Sub ExcelInputBoxDemo()
#002      Dim PostCode As Single
#003      Do
#004          PostCode = Application.InputBox("请输入邮政编码（6位数字）", _
                  "信息管理系统", Type:=1)
#005      Loop Until VBA.Len(PostCode) = 6
#006      MsgBox "您输入的邮政编码为：" & PostCode, vbInformation, "提示信息"
#007  End Sub
```

步骤4 → 返回 Excel 界面，运行 ExcelInputBoxDemo 过程，将显示输入对话框。如果用户输入的内容包含非数字字符，单击【确定】按钮后，将显示“无效的数字”错误提示对话框，如图 45-6 所示。

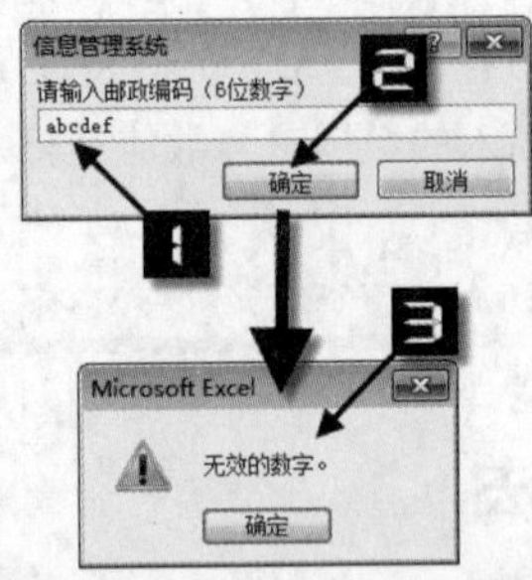

图 45-6　利用 InputBox 方法输入邮政编码

代码解析如下。

第 4 行代码中设置 Type 参数为 1，对照表 45-5 可知，输入对话框的返回值为数值型数据。

由于 InputBox 方法本身可以判断输入内容的数据类型是否符合要求，因此第 5 行代码中循环终止条件只需要判断输入内容的字符长度是否满足要求。

在工作表单元格中插入公式时，如果该函数的参数是一个引用，可以利用鼠标在工作表中选中相应区域，该区域的引用地址将作为参数的值传递给函数。使用 InputBox 方法可以实现类似的效果，只需要在代码中将 Type 参数值设置为 8 即可。

示例 45-6　利用 InputBox 方法输入单元格区域引用地址

步骤1 → 在 Excel 中新建一个空白工作簿文件，按<Alt+F11>组合键切换到 VBE 窗口。

步骤2 → 在【工程资源管理器】中插入“模块”，并修改其名称为“InputBoxDemo3”。

步骤3 → 在【工程资源管理器】中双击模块 InputBoxDemo3，在代码窗口中写入如下代码：

```
Sub SelectRangeDemo()
    Dim Rng As Range
    Set Rng = Application.InputBox("请选择单元格区域：", _
            "设置背景色", Type:=8)
    If Not Rng Is Nothing Then
```

```
#005            Rng.Interior.Color = vbBlue
#006        End If
#007    End Sub
```

步骤4 返回 Excel 界面，运行 SelectRangeDemo 过程，将显示【设置背景色】输入对话框。

步骤5 将鼠标指针移到至 B3 单元格，保持鼠标左键按下，拖动选中 B3:C8 的单元格区域，输入框中将自动填入选中区域的绝对引用地址“$B$3:$C$8”，如图 45-7 所示。

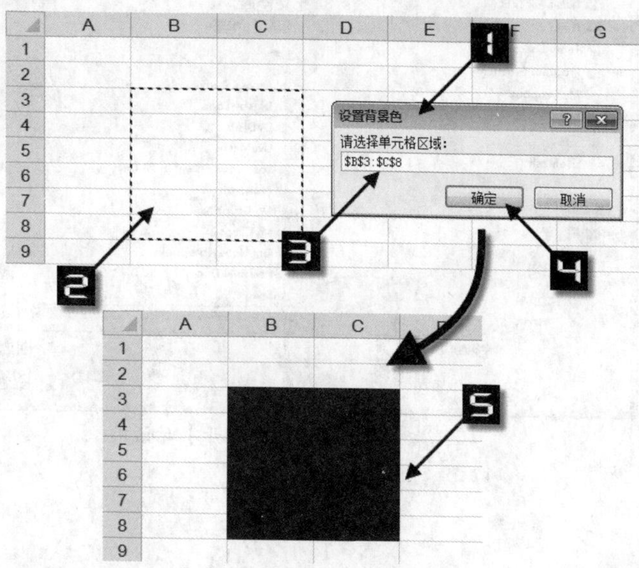

图 45-7　利用 InputBox 输入单元格区域引用地址

步骤6 单击【确定】按钮，B3:C8 单元格区域的背景色设置为蓝色。

代码解析如下。

第 3 行代码中 InputBox 方法将用户选中区域所代表的 Range 对象赋值给变量 Rng。

注意 对象变量的赋值需要使用关键字 Set。

第 4 行代码判断用户是否已经选中了工作表中的单元格区域。

第 5 行代码设置相应单元格区域的填充色为蓝色，其中 VBA 常量 vbBlue 代表蓝色。

45.2.3 Excel 内置对话框

用户使用 Excel 时，系统弹出的对话框统称为 Excel 内置对话框，例如依次单击【文件】→【打开】→【计算机】→【浏览】将显示【打开】对话框。VBA 程序也可以调用这些内置对话框来实现与用户之间的交互功能。

Application 对象的 Dialogs 集合中包含了大部分 Excel 应用程序的内置对话框，其中每个对话框对应一个 VBA 常量。在 VBA 帮助中搜索“内置对话框参数列表”，可以查看所有的内置对话框参数列表。

使用 Show 方法可以显示一个内置对话框，例如下面的代码将显示【打开】对话框，如图 45-8 所示。

```
Application.Dialogs(xlDialogOpen).Show
```

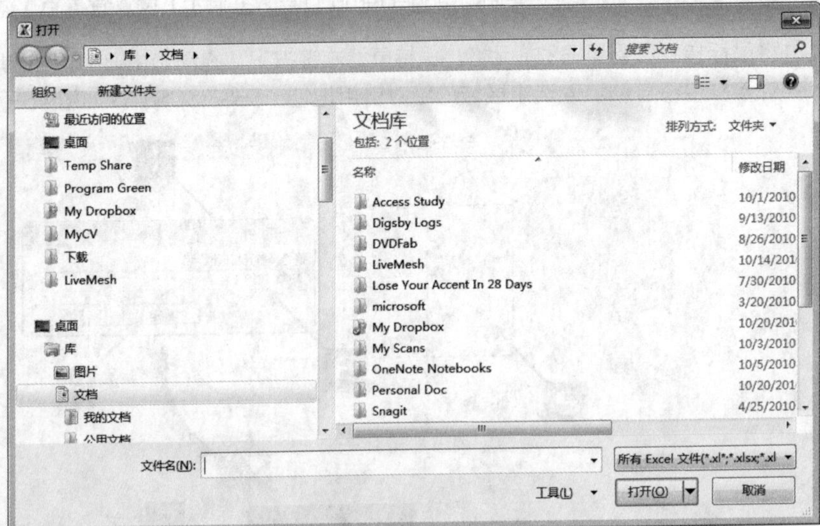

图 45-8 【打开】对话框

第 46 章　自定义函数

自定义函数与 Excel 工作表函数相比具有更强大和更灵活的功能，自定义函数通常用来简化公式，也可以用来完成 Excel 工作表函数无法完成的功能。

本章学习要点

（1）参数的两种传递方式。

（2）如何引用自定义函数。

（3）如何制作加载宏。

46.1　什么是自定义函数

自定义函数（User-defined Worksheet Functions，UDF）就是用户利用 VBA 代码创建的用于满足特定需求的函数。Excel 已经内置了数百个工作表函数可供用户使用，但是这些内置工作表函数并不能完全满足用户的特定需求，而自定义函数是对 Excel 内置工作表函数的扩展和补充。

自定义函数的优势如下。

◆　自定义函数可以简化公式：一般情况下，组合使用 Excel 工作表函数完全可以满足绝大多数应用，但是复杂的公式有可能太冗长和烦琐，其可读性非常差，不易于修改，除了公式的作者之外，其他人可能很难理解公式的含义。此时就可以通过使用自定义函数来有效地进行简化。

◆　自定义函数与 Excel 工作表函数相比，具有更强大和更灵活的功能。Excel 实际使用中的需求是多种多样的，仅仅凭借 Excel 工作表函数常常不能圆满地解决问题，此时就可以考虑使用自定义函数来满足实际工作中的个性化需求。

与 Excel 工作表函数相比，自定义函数的弱点也是显而易见的，那就是自定义函数的效率要远远低于 Excel 工作表函数，完成同样的功能需要花费更多的时间。因此对于可以通过在 VBA 中引用 Excel 工作表函数直接实现的功能，应该尽量使用 46.3 节中讲述的方法进行引用，而无需再去开发同样功能的自定义函数。

46.2　函数的参数与返回值

VBA 中参数有两种传递方式：按值传递（关键字 ByVal）和按地址传递（关键字 ByRef），参数的默认传递方式为按地址传递，因此如果希望使用这种方式传递参数，可以省略参数前的关键字。

这两种传递方式的区别在于，按值传递只是将参数值的副本传递到调用过程中，在过程中对于参数的修改，并不改变参数的原始值；按地址传递则是将该参数的引用传递到调用过程中，在过程中任何对于参数的修改都将改变参数的原始值。

由于按地址传递方式会修改参数的原始值，所以需要谨慎使用。

自定义函数属于 Function 过程，其区别于 Sub 过程之处在于 Function 过程可以提供返回值。函数的返回值可以是单一值或者是数组。如下自定义函数 CommRate 根据销售额返回相应的销售提成比率，如果在工作表中使用工作表函数实现通常需要多层 If 函数嵌套：

```
Function CommRate(Sales)
    Select Case Sales - 1000
    Case Is < 0
        CommRate = 0
    Case Is <= 500
        CommRate = 0.05
    Case Is <= 2000
        CommRate = 0.1
    Case Is <= 5000
        CommRate = 0.15
    Case Else
        CommRate = 0.2
    End Select
End Function
```

46.3 在 VBA 代码中引用工作表函数

由于工作表函数的效率远远高于自定义函数，对于工作表函数已经实现的功能，应该在 VBA 代码中直接引用工作表函数，其语法格式为：

```
Application.WorksheetFunction.工作表函数名称
WorksheetFunction.工作表函数名称
Application.工作表函数名称
```


在 VBA 中，Application 对象可以省略，所以第二种语法格式实际上是对第一种语法格式的简化。为了方便读者识别，本书后续章节中所有对于工作表函数的引用都将采用第一种完全引用格式。

在 VBA 代码中调用工作表函数时，函数参数的顺序和作用与在工作表中使用时相同，但是具体表示方法会略有不同。例如在工作表中求单元格 A1 和 A2 的和，编写公式为：

```
=SUM(A1,A2)
```

其中参数为两个单元格的引用 A1 和 A2，在 VBA 代码中调用工作表函数 SUM 时，需要使用 VBA 中单元格的引用方法，如下面代码所示：

```
Application.WorksheetFunction.Sum(Cells(1, 1), Cells(2, 1))
Application.WorksheetFunction.Sum([A1],[A2])
```

并非所有的工作表函数都可以在 VBA 代码中利用 Application 对象或 WorksheetFunction 对象进行调用，通常包括以下 3 种情况。

◆ VBA 已经提供了相应函数，其功能相当于 Microsoft Excel 工作表函数，对于此类功能只能使用 VBA 中的函数。例如 VBA 中的 Atn 函数功能等同于工作表函数 ATAN。

◆ VBA 内置运算符可以实现相应的工作表函数功能，在 VBA 代码中只能使用内置运算符，如工作表函数 MOD 的功能在 VBA 中可以使用 MOD 运算符来替代实现。

- 在 VBA 无需使用的工作表函数，如工作表中的 T 函数和 N 函数。

> **注意**
>
> 某些工作表函数和 VBA 函数具有相同名称，但是其功能和用法却不相同，如函数 LOG，VBA 函数的语法为 LOG（参数 1），其结果返回指定数值（参数 1）的自然对数值。如果引用工作表函数 LOG，需要使用 Application.WorksheetFunction.Log（参数 1，参数 2），其结果为按所指定的底数（参数 2），返回一个数值（参数 1）的对数值。

在 VBA 中调用自定义函数，除非自定义函数不使用任何参数，否则自定义函数不能通过依次单击 VBE 菜单【运行】→【运行子过程/窗体】命令来运行自定义函数过程。

在 VBA 代码中，通常将自定义函数应用于赋值语句中，例如：

```
MyComm = 5000 * CommRate(5000)
```

46.4 在工作表中引用自定义函数

在工作表的公式中引用自定义函数的方法和使用普通 Excel 工作表函数的方法基本相同。

示例 46-1 使用自定义函数统计指定格式的记录

在图 46-1 所示的销售数据中，需要统计被标记为粗体销售记录的销售总金额，使用 Excel 工作表函数无法解决这个问题，因此可以编写一个自定义函数来解决。

步骤 1 在 Excel 中打开示例工作簿文件，按<Alt+F11>组合键切换到 VBE 窗口。

步骤 2 在工程资源浏览器中插入“模块”，并修改其名称为“UDF”。

步骤 3 在工程资源浏览器中双击模块 UDF，在代码窗口中输入如下代码：

```
Function CountByFormat(rng As Range) As Long
    Dim rCell As Range, sCount As Single
    sCount = 0
    If Not rng Is Nothing Then
        For Each rCell In rng
            If rCell.Font.Bold Then sCount = sCount + _
              rCell.Offset(0, 2) * rCell.Offset(0, 3)
        Next
    End If
    CountByFormat = sCount
End Function
```

步骤 4 单击选中目标单元格 H2。

步骤 5 在公式编辑栏中输入公式“=CountByFormat(A2:A21)”，并按<Enter>键，H2 单元格中将显示统计结果。

	A	B	C	D	E	F	G	H	I
1	销售人员	品名	数量	单价¥	销售年份		销售统计		
2	苏珊	按摩椅	13	800	3/6/2005		销售金额	879,900	
3	苏珊	显示器	76	1500	3/6/2005				
4	苏珊	显示器	33	1500	3/6/2005				
5	林茂	跑步机	82	2200	2/10/2006				
6	林茂	跑步机	17	2200	2/10/2006				
7	毕春艳	微波炉	39	500	2/10/2006				
8	毕春艳	微波炉	76	500	2/10/2006				
9	林茂	微波炉	36	500	2/10/2006				
10	杨光	微波炉	69	500	2/10/2006				
11	毕春艳	显示器	76	1500	2/10/2006				
12	毕春艳	显示器	49	1500	2/10/2006				
13	杨光	显示器	52	1500	2/10/2006				
14	杨光	显示器	91	1500	2/10/2006				
15	杨光	显示器	14	1500	2/10/2006				
16	林茂	液晶电视	1	5000	2/10/2006				
17	杨光	液晶电视	27	5000	2/10/2006				
18	杨光	液晶电视	60	5000	2/10/2006				
19	毕春艳	显示器	53	1500	4/4/2006				
20	毕春艳	显示器	24	1500	4/4/2006				
21	林茂	显示器	42	1500	4/4/2006				

图 46-1　使用自定义函数统计指定格式的记录

代码解析如下。

第 3 行代码将统计变量初值设置为 0。

第 5 行到第 7 行代码使用 For...Next 循环遍历参数 rng 所代表区域中的单元格。

第 6 行代码用于判断 rCell 单元格的字体是否为粗体。如果单元格字体为粗体，那么将该行记录中的销售额累加至变量 sCount 中。

第 9 行代码设置自定义函数的返回值。

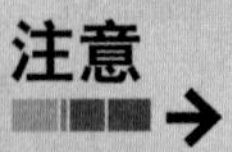
注意

自定义函数代码必须保存在“模块”中，否则无法在工作表中引用该自定义函数。

46.5 自定义函数的限制

在工作表的公式中引用自定义函数时，不能更改 Microsoft Excel 的环境，这意味着自定义函数不能执行以下操作。

- 在工作表中插入、删除单元格或设置单元格格式。
- 更改其他单元格中的值。
- 在工作簿中移动、重命名、删除或添加工作表。
- 更改任何环境选项，例如计算模式或屏幕视图。
- 向工作簿中添加名称。
- 设置属性或执行大多数方法。

其实 Excel 中内置工作表函数同样也不能更改 Microsoft Excel 环境，函数只能执行计算，并在其所在单元格中返回某个值或文本。

如果在其他过程中调用自定义函数就不存在上述限制，尽管如此，为了规范代码，建议所有上述需要更改 Excel 环境功能的代码应该使用 Sub 过程来实现。

46.6 如何制作加载宏

加载宏（英文名称为 Add-in）是对于某类程序的统称，它们可以为 Excel 添加可选的命令和功能。例如，“分析工具库”加载宏程序提供了一套数据分析工具，在进行复杂统计或工程分析时，可以节省操作步骤，提高分析效率。

Excel 中有 3 种类型的加载宏程序：Excel 加载宏、自定义的组件对象模型（COM）加载宏和自动化加载宏。本章节讨论的加载宏特指 Excel 加载宏。

理论上来说，任何一个工作簿都可以制作成为加载宏，但是某些工作簿不适合制作成为加载宏，例如一个包含图表的工作簿，如果该工作簿转换为加载宏，那么就无法查看该图表，除非利用 VBA 代码将图表所在的工作表复制成一个新的普通工作簿。

制作加载宏的步骤非常简单，通过以下两种方法可以将普通工作簿转换为加载宏。

46.6.1 修改工作簿的 IsAddin 属性

步骤1 在 VBE 的工程资源浏览器窗口中单击选中“ThisWorkbook”，按<F4>键显示【属性】窗口。

步骤2 在【属性】窗口中修改 IsAddin 属性的值为 True，如图 46-2 所示。

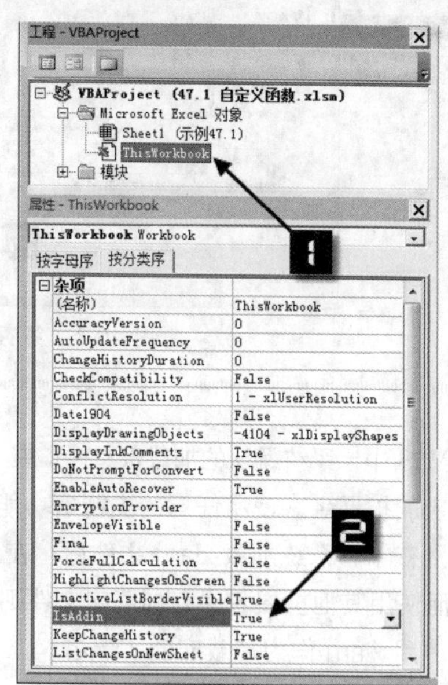

图 46-2 修改工作簿的 IsAddin 属性

46.6.2 另存为加载宏

步骤1 在 Excel 窗口中依次单击【文件】→【另存为】→【计算机】→【浏览】命令。

步骤2 在弹出的【另存为】对话框中，单击【保存类型】下拉列表框，选择【Excel 加载宏（*.xlam）】，Excel 将自动为工作簿名称添加文件扩展名“xlam”。

步骤3 → 选择保存位置，加载宏的默认保存目录为“C:\Users\<登录用户名>\AppData\Roaming\Microsoft\AddIns\”。

步骤4 → 单击【保存】按钮关闭【另存为】对话框，如图 46-3 所示。

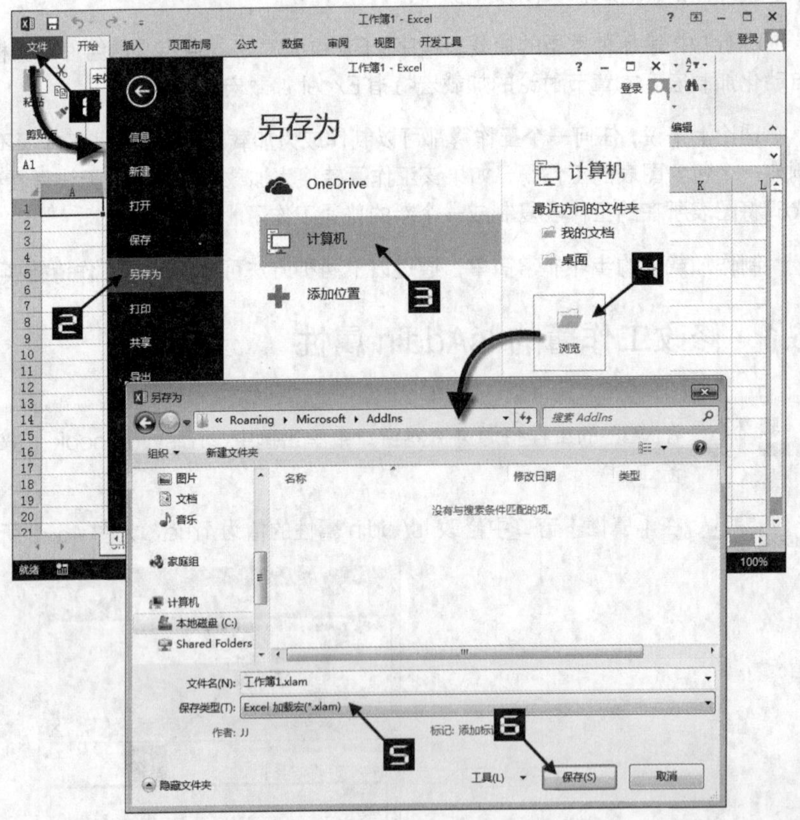

图 46-3 另存为加载宏

注意 →

在 Excel 2013 中，系统默认的加载宏文件扩展名为 xlam，但是并非一定要使用 xlam 作为加载宏的扩展名。使用任意的支持宏功能的扩展名都不会影响加载宏的功能，两者的区别在于，系统加载 xlam 文件后，在 Excel 窗口中无法直接查看和修改该工作簿，而使用其他扩展名保存加载宏文件则不具备这个特性。为了便于识别和维护，建议使用 xlam 作为加载宏的扩展名。

另外，Excel 97 ~ Excel 2003 的加载宏格式.xla 仍然可以在 Excel 2013 中作为加载宏使用。

第 47 章　如何操作工作簿、工作表和单元格

在 Excel 中对于工作簿、工作表和单元格的操作，多数都可以利用 VBA 代码实现同样的效果。本章将介绍工作簿对象和工作表对象的引用方法以及添加删除对象的方法。Range 对象是 Excel 最基本也是最常用的对象，对于 Range 对象处理的方法也有多种，本章将进行详细的介绍。

本章学习要点

（1）遍历对象集合中单个对象的方法。

（2）工作簿和工作表对象的常用属性和方法。

（3）使用 Range 属性引用单元格的方法。

47.1 Workbook 对象

Workbook 对象代表 Excel 工作簿，也就是通常所说的 Excel 文件，每个 Excel 文件都是一个 Workbook 对象。Workbooks 集合代表 Excel 应用程序中所有已经打开的工作簿——加载宏除外。

在代码中经常用到的两个 Workbook 对象是 ThisWorkbook 和 ActiveWorkbook。

- ThisWorkbook 对象指代码所在的工作簿对象。
- ActiveWorkbook 对象指 Excel 活动窗口中的工作簿对象。

47.1.1 引用 Workbook 对象

使用 Workbooks 属性引用工作簿有以下两种方法。

1. 使用工作簿序号

使用工作簿序号引用对象的语法格式为：

```
Workbooks.Item(工作簿序号)
```

工作簿序号是指创建或打开工作簿的顺序号码，Workbooks(1) 代表 Excel 应用程序中创建或者打开的第一个工作簿，而 Workbooks(Workbooks.Count) 代表最后一个工作簿，其中 Workbooks.Count 返回 Workbooks 集合中所包含的 Workbook 对象的个数。

Item 属性是大多数对象集合的默认属性，此处可以省略 Item 关键字，简化为下面的代码：

```
Workbooks(工作簿序号)
```

2. 使用工作簿名称

使用工作簿名称引用对象的语法格式为：

```
Workbooks(工作簿名称)
```

使用工作簿名称引用 Workbook 对象时，工作簿的名称不区分大小写字母。在代码中利用 Workbook 对象的 Name 属性可以返回工作簿名称，但是 Name 为只读属性，不能利用 Name 属性修改工作簿名称。如果需要更改工作簿名称，应使用 Workbook 对象的 SaveAs 方法以其他名称保存工作簿。

下面代码将工作簿 Book1.xlsx 另存到 C 盘 temp 目录，文件名称为 ExcelHome.xlsx，如果不指定目录，则新的工作簿将保存在与原来工作簿相同的目录中：

```
Workbooks("Book1.xlsx").SaveAs "c:\temp\ExcelHome.xlsx"
```

使用工作簿序号引用 Workbook 对象时，如果序号大于 Excel 应用程序中已经打开工作簿的总个数，或者使用不存在的工作簿名称引用 Workbook 对象，将会出现如图 47-1 所示的“下标越界”的错误提示对话框。

图 47-1 引用不存在的 Workbook 对象的错误提示

47.1.2 打开一个已经存在的工作簿

使用 Workbooks 对象的 Open 方法可以打开一个已经存在的工作簿，其语法格式如下：

```
Workbooks.Open(FileName)
```

如果被打开的 Excel 文件与当前文件在同一个目录中，FileName 参数可以省略目录名称，否则需要使用完整路径，即路径加文件名的形式。使用下面代码可以打开 C 盘 temp 目录下的文件 ExcelHome.xlsx：

```
Workbooks.Open FileName:="c:\temp\ExcelHome.xlsx"
```

注意 参数名和参数值之间应该使用“:=”符号，而不是等号。

在代码中参数名称可以省略，简化为如下代码：

```
Workbooks.Open "c:\temp\ExcelHome.xlsx"
```

对于设置了打开密码的 Excel，如果不希望在打开文件时再手工输入密码，可以使用 Open 方法的 Password 参数在代码中提供密码，假定工作簿的密码为“MVP”，打开工作簿的代码如下：

```
Workbooks.Open Filename:="c:\temp\ExcelHome.xlsx", Password:="MVP"
```

Open 方法的参数中，除了第一个 FileName 参数是必需参数之外，其余参数均为可选参数，也就是说使用时可以省略这些参数。如果省略代码中的参数名，那么必须保留参数之间的逗号分隔符。例如在上面的代码中，只使用了第一个参数 FileName 和第五个参数 Password，如果省略参数名称，需要保留两个参数间的 4 个逗号分隔符。

```
Workbooks.Open "c:\temp\ExcelHome.xlsx", , , , "MVP"
```

47.1.3 遍历工作簿

对于两种不同的引用工作簿的方法，分别可以使用 For Each...Next 和 For...Next 循环遍历 Workbooks 集合中 Workbook 对象。

示例 47-1 遍历工作簿名称

步骤1 在 Excel 中新建一个空白工作簿文件，按<Alt+F11>组合键切换到 VBE 窗口。

步骤2 在【工程资源管理器】中插入“模块”，并修改其名称为“AllWorkbooks”。

步骤3 在【工程资源管理器】中双击模块 AllWorkbooks，在【代码】窗口中写入如下代码：

```
#001  Sub Demo_ForEach()
#002      Dim WK As Workbook, sRow As Single
#003      sRow = 3
#004      For Each WK In Application.Workbooks
#005          ActiveSheet.Cells(sRow, 2) = WK.Name
#006          sRow = sRow + 1
#007      Next
#008  End Sub
#009  Sub Demo_For()
#010      Dim i As Integer, sRow As Single
#011      sRow = 3
#012      For i = 1 To Application.Workbooks.Count
#013          ActiveSheet.Cells(sRow, 3) = Workbooks(i).Name
#014          sRow = sRow + 1
#015      Next
#016  End Sub
```

步骤4 分别运行 Demo_ForEach 过程和 Demo_For 过程，运行结果如图 47-2 所示。两个过程的结果分别显示在第 2 列和第 3 列，内容完全相同。单击【视图】选项卡的【切换窗口】下拉按钮，在扩展菜单中可以看到 Excel 中共打开了 5 个文件。

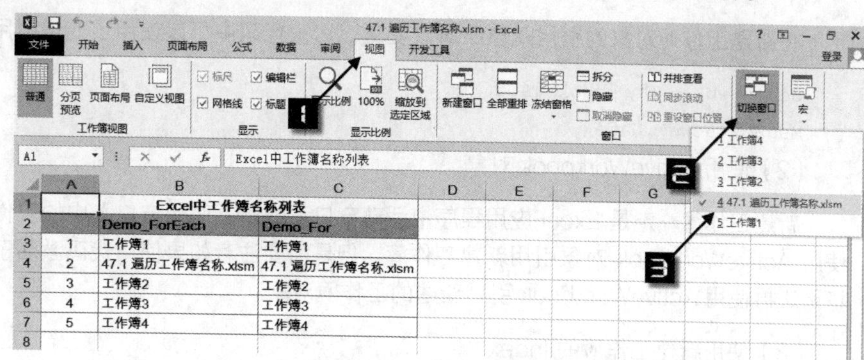

图 47-2 遍历工作簿名称

注意 由于打开的工作簿不同，读者运行代码得到的结果可能与图 47-2 有差别。

代码解析如下。

第 4 行到第 7 行代码为 For Each...Next 循环结构。

第 4 行代码中的循环变量 WK 为工作簿对象变量。在循环过程中，该变量将依次代表当前 Excel 应用程序中的某个已打开的工作簿。

第 12 行到第 15 行代码为 For...Next 循环结构。

第 12 行代码中的变量 i 为循环计数器，其初值为 1，终值为当前 Excel 应用程序中已打开的工作簿的总数，即 Application.Workbooks.Count 的返回值。

第 13 行代码中使用工作簿的索引号引用该对象，并将其名称写入工作表单元格中。

这两种循环遍历对象的代码结构，在功能上没有任何区别，实际应用中可以根据需要选择任意一种遍历方法。另外，这两种遍历方法适用于多数对象集合，例如遍历 Worksheets 集合中的 Worksheet 对象。

47.1.4 添加一个新的工作簿

在 Excel 2013 工作窗口中依次单击【文件】→【新建】命令，然后单击选择相应的模板，将在 Excel 中创建一个新的工作簿。利用 Workbooks 对象的 Add 方法也可以实现新建工作簿，其语法格式为：

```
Workbooks.Add
```

新建工作簿的名称是由系统自动产生的，在首次保存之前，其名称格式为“工作簿”加数字序号的形式，因为无法得知这个序号，所以无法使用工作簿名称来引用新建的工作簿。

注意

在保存之前，工作簿并没有扩展名，新建工作簿的名称是“工作簿 1”，而不是“工作簿 1.xlsx”。

使用以下 3 种方法可以在代码中引用新建的工作簿。

（1）使用对象变量

将新建工作簿对象的引用赋值给对象变量，后续代码中可以使用该变量引用新建的工作簿：

```
Set newWK = Workbooks.Add
MsgBox newWK.Name
```

（2）使用 ActiveWorkbook 对象

新建工作簿一定是 Excel 应用程序中活动窗口（即最上面的窗口）中的工作簿对象，因此可以使用 ActiveWorkbook 对象引用新建工作簿。但是需要注意如果使用代码激活了其他工作簿，那么将无法再使用 ActiveWorkbook 引用新建的工作簿对象。

（3）使用新建工作簿的 Index

Workbook 对象的 Index 属性是顺序标号的，新建工作簿的 Index 一定是最大的，利用这个特性，可以使用下述代码引用新建工作簿。

```
Workbooks(Workbooks.Count)
```

47.1.5 保护工作簿

从安全角度考虑，可以为工作簿设置密码以保护工作簿中的用户数据，Excel 中提供了两种工作簿的密码。

1. 工作簿打开密码

利用 Workbook 对象的 Password 属性可以设置 Excel 文件的打开密码，下面代码设置活动工作簿的打开密码为“abc”，如果关闭活动工作簿且保存修改，那么重新打开该工作簿时，将出现如图 47-3 所示的输入密码对话框，只有正确输入打开密码才能打开文件：

```
ActiveWorkbook.Password = "abc"
```

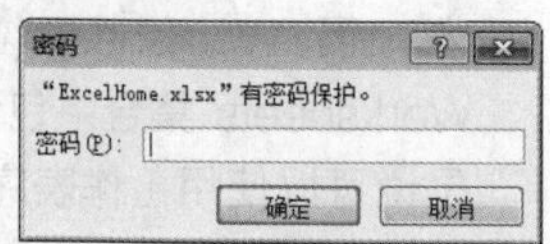

图 47-3　密码输入对话框

2. 工作簿保护密码

为工作簿设置保护密码后，不影响工作簿的打开和查看，但是用户无法修改工作簿。如果需要修改工作簿中的内容，必须先解除工作簿的保护。下面代码设置活动工作簿的保护密码为“abc”：

```
ActiveWorkbook.Protect Password:="abc"
```

如果需要修改工作簿，则需要先使用 Unprotect 方法取消工作簿的保护：

```
ActiveWorkbook.Unprotect Password:="abc"
```

47.1.6　关闭工作簿

使用 Workbook 对象的 Close 方法可以关闭已打开的工作簿，如果该工作簿打开后进行了内容更改，Excel 将显示如图 47-4 所示的对话框，询问是否保存更改。

关闭工作簿时设置 SaveChanges 参数值为 False，将放弃所有对该工作簿的更改，并且不会出现保存提示框：

图 47-4　保存提示对话框

```
ActiveWorkbook.Close SaveChanges:=False
```

另外一种变通的方法也可以实现类似的效果。其原理在于：如果工作簿的 Saved 属性为 False，关闭工作簿时将显示保存提示对话框。如果工作簿打开后并未做任何更改，则 Saved 属性值为 True，因此可以在关闭工作簿之前使用代码设置其 Saved 属性值为 True，Excel 会认为工作簿已经被保存或者尚未进行任何更改，也就不会出现保存提示框，代码如下：

```
ActiveWorkbook.Saved = True
ActiveWorkbook.Close
```

注意

第 2 种实现方法中修改工作簿的 Saved 属性，并没有真正的保存该工作簿，因此关闭工作簿后所有对于该工作簿的修改将全部丢失。

47.2　Worksheet 对象

Worksheet 对象代表一个工作表。Worksheet 对象既是 Worksheets 集合的成员，同时又是 Sheets 集合的成员。Worksheets 集合包含工作簿中所有的 Worksheet 对象。Sheets 集合除了包含工作簿中所有的 Worksheet 对象，还包含工作簿中所有的图表工作表（Chart）对象和宏表对象。

与 ActiveWorkbook 对象类似，ActiveSheet 对象可以用来引用处于活动状态的工作表。

47.2.1　引用 Worksheet 对象

对于 Worksheet 对象，有如下 3 种引用方法。

（1）使用工作表序号

使用工作表序号引用对象的语法格式为：

```
Worksheets(工作表序号)
```

工作表序号是按照工作表的排列顺序依次编号的，Worksheets(1)代表工作簿中的第一个工作表，而 Worksheets(Worksheets.Count) 代表最后一个工作表，其中 Worksheets.Count 返回 Worksheets 集合中包含的 Worksheet 对象的个数。即便是隐藏工作表也包括在序号计数中，也就是说可以使用工作表序号引用隐藏的 Worksheet 对象。

（2）使用工作表名称

使用工作表名称引用对象的语法格式为：

```
Worksheets(工作表名称)
```

使用工作表名称引用 Worksheet 对象时，工作表名称不区分大小写字母，因此 Worksheets("SHEET1") 和 Worksheets("sheet1") 引用的是同一个工作表，但是 Worksheet 对象的 Name 属性返回值是工作表的实际名称，Name 属性值和引用工作表时的名称的大小写可能会不一致。

（3）使用工作表代码名称（Codename）

假设工作簿中有 3 张工作表，名称依次是 “Sht1”、“Sheet2” 和 “Sht3”。在 VBE 窗口中显示【工程资源管理器】和【属性】窗口，如图 47-5 所示。

在【工程资源管理器】中 Worksheet 对象显示为 “工作表代码名称（工作表名称）” 的形式。对应在【属性】窗口中，【(名称)】栏为代码名称，【Name】栏为工作表名称。在 VBA 代码中使用工作表代码名 “Sheet1” 等同于 Worksheets（“Sht1”）。从图 47-5 中可以看出，工作表名称和其代码名称可以相同（如 “Sheet2” 工作表）也可以是不同的字符。工作表代码名称无法在 Excel 窗口中更改，只能在 VBE 中更改。

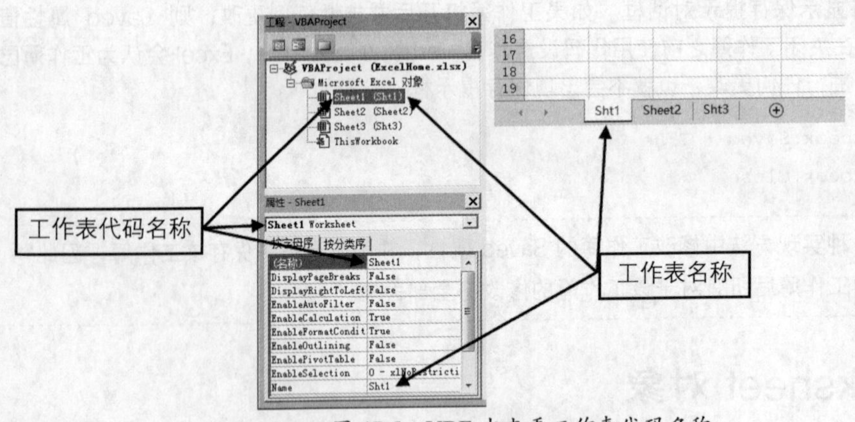

图 47-5 VBE 中查看工作表代码名称

47.2.2 遍历工作簿中的所有工作表

遍历工作表的方法与遍历工作簿的方法完全相同，可以使用 For Each...Next 循环或者 For...Next 循环，请参阅 47.1.3 小节。

47.2.3 添加新的工作表

在 Excel 2013 中单击工作表标签右侧的【新工作表】按钮，可以在当前工作簿中插入一个新的工作表。在代码中使用 Add 方法可以在工作簿中插入一张新的工作表，其语法格式为：

```
Sheets.Add
```

插入指定名称的工作表可以使用如下代码：

```
Sheets.Add.Name = "newSheet"
```

虽然在 VBA 帮助中没有说明 Add 方法之后可以使用 Name 属性，但是上述代码是可以运行的。

注意 采用上述简化方式插入工作表时，无法指定 Add 方法的其他参数，例如使用 Before 参数或者 After 参数指定工作表的插入位置。

47.2.4 判断工作表是否已经存在

更改工作表名称时，如果在工作簿中已经存在一个同名工作表，将出现如图 47-6 所示的运行时错误对话框。

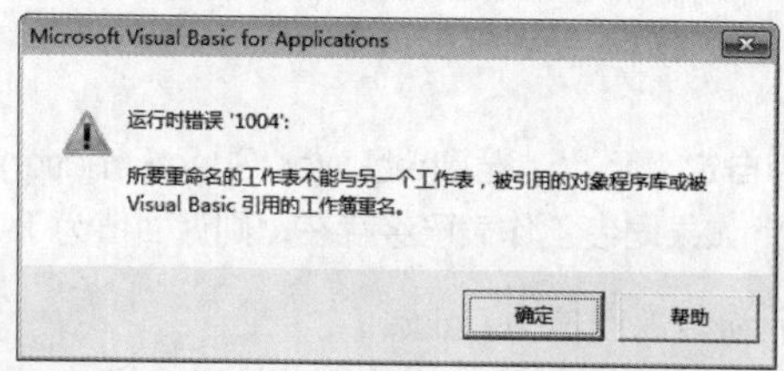

图 47-6 重命名同名工作表时产生运行时错误

在代码中为了避免这种错误的出现，在修改工作表名称之前，应检查是否存在同名的工作表。

示例 47-2 判断工作表是否存在

步骤1 在 Excel 中新建一个空白工作簿文件，按<Alt+F11>组合键切换到 VBE 窗口。

步骤2 在【工程资源管理器】中插入“模块”，并修改其名称为“CheckWorkSheetDemo”。

步骤3 在【工程资源管理器】中双击模块 CheckWorkSheetDemo，在【代码】窗口中写入如下代码。

```
Function CheckWorkSheetFunction(ByVal sName As String) As Boolean
    Dim Sht As Worksheet
    CheckWorkSheetFunction = False
    For Each Sht In ActiveWorkbook.Worksheets
        If VBA.UCase(Sht.Name) = VBA.UCase(sName) Then
            CheckWorkSheetFunction = True
            Exit Function
        End If
    Next
End Function
Sub CheckWorkSheet()
    Dim shtName As String
    shtName = "示例 47.2"
    If CheckWorkSheetFunction(shtName) = True Then
        MsgBox shtName & " 已经存在! ", vbInformation
    Else
        MsgBox shtName & " 不存在! ", vbInformation
    End If
End Sub
```

步骤4 → 运行 CheckWorkSheet 过程，将显示如图 47-7 所示的对话框。单击【确定】按钮关闭对话框。

图 47-7 CheckWorkSheet 运行结果

代码解析如下。

第 1 行到第 10 行代码为自定义函数过程 CheckWorkSheetFunction 用于检查是否存在同名工作表，函数的返回值为布尔型数值，如果同名工作表已经存在，则返回值为 True，反之返回值为 False。

第 3 行代码设置函数的初始返回值为 False。

第 4 行到第 9 行代码为 For Each...Next 循环遍历活动工作簿中的全部工作表对象。

第 5 行代码用于判断对象变量 Sht 的名称是否与要查找的工作表名称相同。为了避免大小字母的区别，代码中使用 UCase 将工作表名称转换为大写字母格式。

如果已经找到同名工作表，第 6 行代码将函数返回值设置为 True，第 7 行代码结束函数过程的执行。

第 11 行到第 19 行代码为过程 CheckWorkSheet 检查工作簿中是否存在名称为“示例 47.2”的工作表。

第 13 行代码将要查找的工作表名称赋值给变量 shtName。

第 14 行到第 18 行代码调用函数 CheckWorkSheetFunction，如果返回值为 True，则执行第 15 行代码显示该工作表已经存在的提示信息对话框，否则执行第 17 行代码显示该工作表不存在的提示信息对话框。

47.2.5 复制和移动工作表

Worksheet 对象的 Copy 方法和 Move 方法可以实现工作表的复制和移动。其语法格式为：

```
Copy(Before, After)
Move(Before, After)
```

Before 和 After 均为可选参数，二者只能选择一个。Copy 方法和 Move 方法除了可以实现同一个工作簿之内的工作表复制和移动，也可以实现工作簿之间的工作表复制和移动。下面的代码可以将工作簿 Book1.xlsx 中的工作表 Sheet1 复制到工作簿 Book2.xlsx 中，并放置在原有的第 3 个工作表之前：

```
Workbooks("Book1.xlsx").Sheets("Sheet1").Copy _
        Before:=Workbooks("Book2.xlsx").Sheets(3)
```

47.2.6 如何保护工作表

为了防止工作表被意外修改，可以设置工作表保护密码。Worksheet 对象 Protect 方法有很多可选参数，其中 Password 参数用于设置保护密码：

```
ActiveSheet.Protect Password:="ExcelHome"
```

如果需要在代码中操作被保护的工作表，一般思路是先使用 Unprotect 方法解除工作表保护，执行完相关工作表操作之后，再使用 Protect 方法保护该工作表。如果在保护工作表时设置 UserInterfaceOnly 参数为 True，代码可以直接操作被保护的工作表，而无需解除保护。

即使在使用代码保护工作表时，已经将 UserInterfaceOnly 参数设置为 True，保存并关闭该工作簿之后，再次打开该工作簿时，整张工作表将被完全保护，而并非仅仅禁止用户界面的操作，使用代码也无法直接操作被保护的工作表，即 UserInterfaceOnly 参数设置已经失效。若希望再次打开工作簿后仍然维持只是禁止用户界面的操作，必须在代码中先使用 Unprotect 方法解除工作表的保护，然后再次应用 Protect 方法，并且设置 UserInterfaceOnly 参数为 True。

47.2.7 删除工作表

使用 Worksheet 对象的 Delete 方法删除工作表时，将会出现如图 47-8 所示的警告对话框，单击【删除】按钮关闭对话，完成删除工作表的操作。

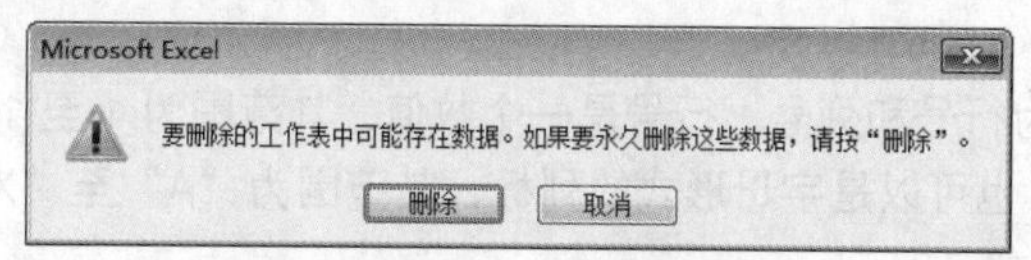

图 47-8 删除工作表警告对话框

如果不希望在删除工作表时出现这个对话框，可以设置 DisplayAlerts 禁止对话框的显示：

```
Application.DisplayAlerts = False
Worksheets("Sheet1").Delete
Application.DisplayAlerts = True
```

在代码中如果使用 Application.DisplayAlerts = False 之后，在使用 Application.DisplayAlerts = True 恢复之前，所有的系统提示信息都将被屏蔽。如果代码中没有恢复 DisplayAlerts 的设置，则在代码过程运行结束后，Excel 会自动将该属性恢复为 True。

47.2.8 工作表的隐藏和深度隐藏

在工作表标签上单击右键，选择【隐藏】命令，可以隐藏该工作表。处于隐藏状态的工作表的 Visible 属性值为 xlSheetHidden（Excel 中的常量，其值为 0），为了区别于下文将要介绍的另一种隐藏，这种方式被称为"普通隐藏"。Worksheet 对象的 Visible 属性的值可以是下面 3 个常量之一：xlSheetVisible、xlSheetHidden 或者 xlSheetVeryHidden。

在 VBA 中除了设置工作表为普通隐藏外，还可以设置工作表为深度隐藏，代码如下：

```
Sheets(1).Visible = xlSheetVeryHidden
```

深度隐藏的工作表无法通过在工作表标签上单击鼠标右键，选择【取消隐藏】命令进行恢复，此时可以使用 VBA 代码或在【属性窗口】中修改其 Visible 属性，恢复显示该工作表。

47.3 Range 对象

Range 对象代表工作表中的单个单元格、多个单元格组成的区域甚至可以是跨工作表的单元格区域，该区域可以是连续的也可以是非连续的。

注意 虽然单元格是 Excel 操作的最基本单位，但是 Excel VBA 中并不存在单元格对象。

47.3.1 引用单个单元格

在 VBA 代码中有多种引用单个单元格的方法。

（1）使用“[单元格名称]”的形式

这是语法格式最简单的一种引用方式。其中单元格名称与在工作表的公式中使用的 A1 样式单元格地址完全相同，如[C5]代表工作表中的 C5 单元格。在这种引用方式中单元格名称不能使用变量。

（2）使用 Cells 属性

Cells 属性返回一个 Range 对象。其语法格式为：

```
Cells(RowIndex,ColumnIndex)
```

Cells 属性的参数为行号和列号。行号是一个数值，其范围为 1 至 1048576。列号可以是数值，其范围为 1 至 16384；也可以是字母形式的列标，其范围为“A”至“XFD”。同样是引用 C5 单元格，可以有如下两种形式：

```
Cells(5,3)
Cells(5,"C")
```


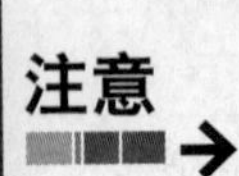

如果行号使用变量，那么在代码中需要将该变量定义为 Long 变量而不是 Integer 变量。由于工作表中最大行号为 1048576，但是 Integer 变量的范围为-32768 到 32767，所以必须使用 Long 变量作为行号。

（3）使用 Range（单元格名称）形式

单元格名称可以使用变量或者表达式。在参数名称的表达式中，可以使用“&”连接符连接两个字符串，例如：

```
Range("C5")
Range("C" & "5")
```

47.3.2 单元格格式的常用属性

常用的单元格格式有字体大小及颜色、背景色以及边框等，表 47-1 列出了相关的属性。

表 47-1 常用单元格格式属性

属 性	用 途
Range(…).Font.Color	设置字体颜色
Range(…).Font.Size	设置字体大小

续表

属　性	用　途
Range(…).Font.Bold	设置粗体格式
Range(…).Interior.Color	设置背景颜色
Range(…).Border.LineStyle	设置边框线型
Range(…).Border.Color	设置边框线颜色
Range(…).Border.Weight	设置边框线宽度

示例 47-3 自动化设置单元格格式

步骤1 在 Excel 中新建一个空白工作簿文件，按<Alt+F11>组合键切换到 VBE 窗口。

步骤2 在【工程资源管理器】中插入“模块”，并修改其名称为“CellsFormatDemo”。

步骤3 在【工程资源管理器】中双击模块 CellsFormatDemo，在【代码】窗口中写入如下代码：

```
#001  Sub CellsFormat()
#002      With Range("A1:D6")
#003          With .Font
#004              .Size = 11
#005              .Bold = True
#006          End With
#007          .Borders.LineStyle = xlContinuous
#008      End With
#009  End Sub
```

步骤4 运行 CellsFormat 过程，将设置“A1:D6”单元格区域的格式为：11 磅粗体字，并添加单元格边框线，如图 47-9 所示。

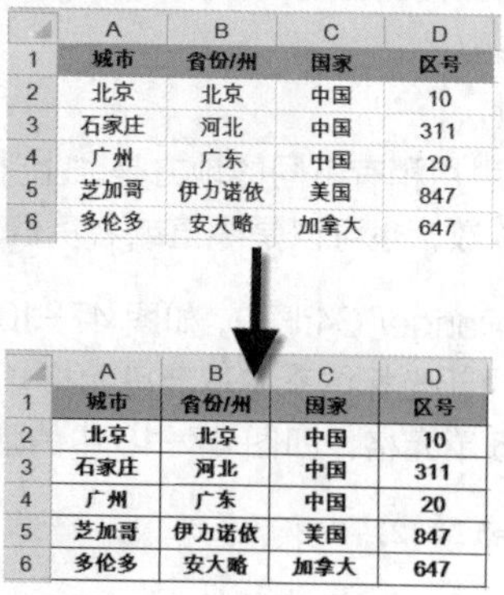

	A	B	C	D
1	城市	省份/州	国家	区号
2	北京	北京	中国	10
3	石家庄	河北	中国	311
4	广州	广东	中国	20
5	芝加哥	伊力诺依	美国	847
6	多伦多	安大略	加拿大	647

	A	B	C	D
1	城市	省份/州	国家	区号
2	北京	北京	中国	10
3	石家庄	河北	中国	311
4	广州	广东	中国	20
5	芝加哥	伊力诺依	美国	847
6	多伦多	安大略	加拿大	647

图 47-9　设置单元格格式

代码解析如下。

第 4 行代码设置字体大小为 11 磅。

第 5 行代码设置使用粗体字。

第 7 行代码添加单元格边框线。

47.3.3 添加批注

Comment 对象代表单元格的批注，是 Comments 集合的成员。Comment 对象并没有 Add 方法，在代码中添加单元格批注需要使用 Range 对象的 AddComment 方法。下述代码在活动单元格添加批注，内容为“ExcelHome”：

```
Activecell.AddComment "ExcelHome"
```

47.3.4 如何表示一个区域

Range 属性除了可以返回单个单元格，也可以返回单元格区域。Range 的语法格式如下：

```
Range(Cell1, Cell2)
```

参数 Cell1，必须为 A1 样式引用，是一个单元格或者区域的名称字符串；参数 Cell2，可选，可以是一个包含单个单元格、整列或整行的 Range 对象，或是表示一个单元格或者区域的名称字符串。

如果引用以 A3 单元格和 C6 单元格为顶点的矩形单元格区域对象，可以使用如下几种方法：

```
Range("A3:C6")
Range([A3], [C6])
Range(Cells(3, 1), Cells(6, 3))
Range(Range("A3"), Range("C6"))
```

第一种引用方式 Range("A3:C6")是最常用的方式，其中的冒号是区域运算符，其含义是以两个 A1 样式单元格为顶点的矩形单元格区域。由于单元格有多种不同的引用方法，所以产生了后 3 种不同的区域引用方法。

对于某个 Range 对象以其左上角单元格为基准，可以再次使用 Range 属性或者 Cells 属性返回一个新的单元格或者区域引用。常用的引用方式有如下几种：

```
Range(...).Cells(RowIndex,ColumnIndex)
Range(...)(RowIndex,ColumnIndex)
Range(...)(CellIndex)
Range(...).Range(...)
```

与 Excel 工作表中引用稍有不同的地方是，上述引用方式中的参数 RowIndex，ColumnIndex 和 CellIndex 可以是正整数，也可以是零值或者负值。

假定单元格区域为 Range("C4:F7")，如图 47-10 中的横线填充区域所示，该区域的左上角单元格（即 C4 单元格）成为新坐标体系中基准单元格，相当于普通工作表中的 A1 单元格，下面 4 个代码引用的对象均为 D5 单元格，即图 47-10 中的活动单元格：

```
Range("C4:F7").Cells(2, 2)
Range("C4:F7")(2, 2)
Range("C4:F7").Range("B2")
Range("C4:F7")(6)
```

参数是负值代表该单元格位于基准单元格的左侧区域或者上侧区域，例如 Range("C4:F7")(−2,−1) 代表工作表中的 A1 单元格。

利用 Range 对象的 Range 属性引用单元格区域理解起来稍显复杂，但是其引用规则与工作表中引用是完全相同的。Range("C4:F7").Range("E6:H7")代表新坐标体系中的 E6:H7 单元格区域，也就是图 47-10 中的斜线区域，这个引用相当于工作表中 G9:J10 单元格区域。

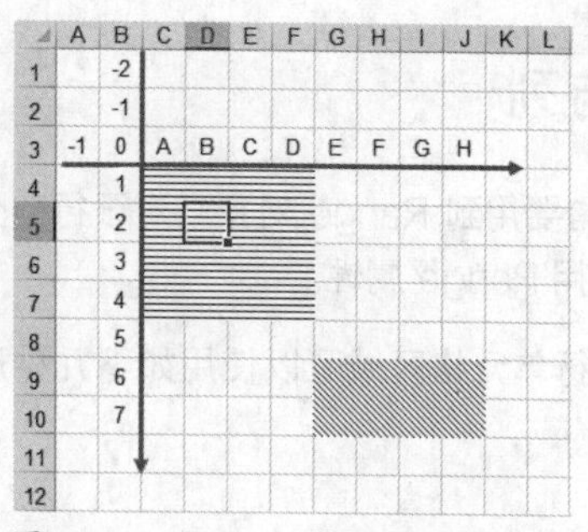

图 47-10　Range 属性的扩展应用

47.3.5 如何定义名称

在工作表公式中经常通过定义名称来简化工作表公式，本节所指的名称是单元格区域的定义名称。

Workbook 对象的 Names 集合是由工作簿中的所有名称组成的集合。Add 方法用于定义新的名称，参数 RefersToR1C1 用于指定单元格区域，格式为 R1C1 引用方式，例如：

```
ActiveWorkbook.Names.Add _
        Name:="data", _
        RefersToR1C1:="=Sheet1!R3C1:R6C4"
```

除了 Add 方法之外，利用 Range 对象的 Name 属性也可以添加新的名称，其代码为：

```
Sheets("Sheet1").Range("A3:D6").Name = "data"
```

47.3.6 选中工作表的指定区域

在 VBA 代码中经常要引用某些特定区域，CurrentRegion 属性和 UsedRange 属性是两个最常用的属性。

CurrentRegion 属性返回的 Range 对象就是通常所说的当前区域。当前区域是一个包括活动单元格在内，并由空行和空列的组合为边界的最小矩形单元格区域。直观上讲，当前区域即活动单元格所在的矩形区域，该矩形区域的每一行和每一列中至少包含有一个已使用的单元格，而区域的周围是空行和空列。按<Ctrl+Shift+8>组合键可以选中当前区域，图 47-11 中的着色区域是几种当前区域的示例。选中着色区域内的任意单元格，即使该单元格没有内容，按<Ctrl+Shift+8>组合键，同样会选中相应的着色区域。

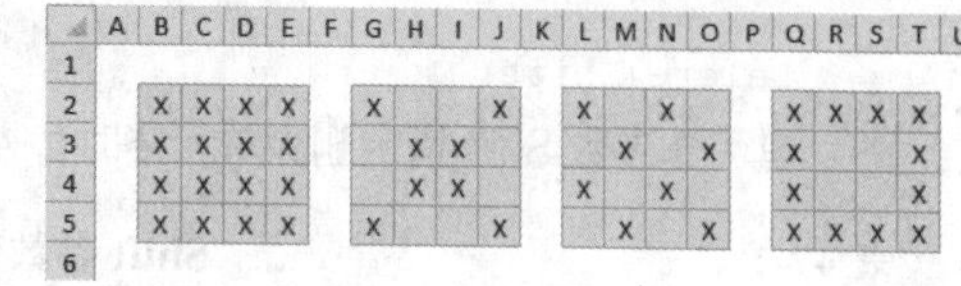

图 47-11　CurrentRegion 区域示例

UsedRange 属性返回的 Range 对象代表指定工作表上已使用区域，该区域是包含工作表中已经被使用单元格的最小矩形单元格区域。

注意

这里所指的“使用”与单元格是否有内容无关，即使只是改变了单元格的格式，那么这个单元格也被视作已使用，将被包括在 UsedRange 属性返回的 Range 对象中。

使用 Range 对象的 Select 方法或者 Activate 方法可以显示相应区域的范围：

```
Activesheet.UsedRange.Select
Activesheet.UsedRange.Activate
```

第 47 章 Excel 2013

47.3.7 特殊区域一行与列

行与列是操作工作表时经常要用到 Range 对象。对于行与列的引用不仅可以使用 Rows 属性和 Columns 属性，而且也可以使用 Range 属性。

例如，引用第 1 行至第 5 行单元格区域可以使用如下几种形式：

```
Rows("1:5")
Range("A1:XFD5")
Range("1:5")
```

列的引用方法与上述行的引用方式类似。例如引用 A 列至 E 列的区域可以使用如下几种形式：

```
Columns("A:E")
Range("A1:E1048576")
Range("A:E")
```

注意

> 虽然使用 Range 属性同样可以引用行与列，从 Range 对象的角度来看，二者包含的单元格区域是相同的，包含的单元格数量也是相同的，但是使用 Range 属性引用行或者列对象，无法使用某些行或者列对象所特有的属性。

例如，对于 Hidden 属性，可以使用下述代码隐藏工作表中的第 1 行：

```
Rows(1).Hidden = True
```

如果改为如下代码使用 Range 属性引用第 1 行，就会产生如图 47-12 所示的运行时错误。

```
Range("1:1").Hidden = True
```

图 47-12 使用 Range 属性替代 Rows 属性产生的运行时错误

47.3.8 删除单元格

Range 对象的 Delete 方法将删除 Range 对象所代表的单元格区域。其语法格式为：

```
Delete(Shift)
```

其可选参数 Shift 指定删除单元格时替补单元格的移动方式，其值为表 47-2 所示的两个常量之一。

表 47-2 Shift 参数值的含义

常 量	值	含 义
xlShiftToLeft	−4159	替补单元格向左移动
xlShiftUp	−4162	替补单元格向上移动

下面代码将删除 C3:F5 单元格区域，其下的替补单元格向上移动，也就是原来 C6:F8 单元格区域将向上移动到被删除的单元格区域：

```
Range("C3:F5").Delete Shift:=xlShiftUp
```

47.3.9 插入单元格

Range 对象的 Insert 方法在工作表中插入一个单元格或单元格区域，其他单元格将相应移动以腾出空间。下面代码在工作表的第 2 行插入单元格，原工作表的第 2 行及其下面的每一行单元格将下移 1 行：

```
Rows(2).Insert
```

47.3.10 单元格区域扩展与偏移

如果表格位置和大小是固定的，那么在代码中定位数据区域就很容易。但是实际使用中，表格的左侧可能有空列，表格上方可能会有空行，在这种情况下，表格数据区域的定位就比较复杂。

组合利用 Range 对象的 Offset 属性和 Resize 属性可以处理工作表中的特定区域。Offset 属性返回一个 Range 对象，代表某个单元格区域向指定方向偏移后的新单元格区域。Resize 属性返回一个 Range 对象，用于调整指定区域的大小。

示例 47-4 单元格区域扩展与偏移

示例文件中的数据如图 47-13 所示，现在需要将表格中数据区域（即 C3:F7 单元格区域）背景色设置为黄色。

步骤1 在 Excel 中打开示例工作簿文件，按<Alt+F11>组合键切换到 VBE 窗口。

步骤2 在【工程资源管理器】中插入“模块”，并修改其名称为“ResizeOffsetDemo”。

步骤3 在【工程资源管理器】中双击模块 ResizeOffsetDemo，在【代码】窗口中写入如下代码。

```
Sub ResizeOffset()
    Dim TableRng As Range, OffsetRng As Range, ResizeRng As Range
    Set TableRng = ActiveSheet.UsedRange
    Set OffsetRng = TableRng.Offset(1, 1)
    Set ResizeRng = OffsetRng.Resize(TableRng.Rows.Count - 1, _
                                     TableRng.Columns.Count - 1)
    ResizeRng.Interior.Color = vbYellow
End Sub
```

步骤4 运行 ResizeOffset 过程，工作表中数据区域背景色被设置为黄色，如图 47-13 所示。

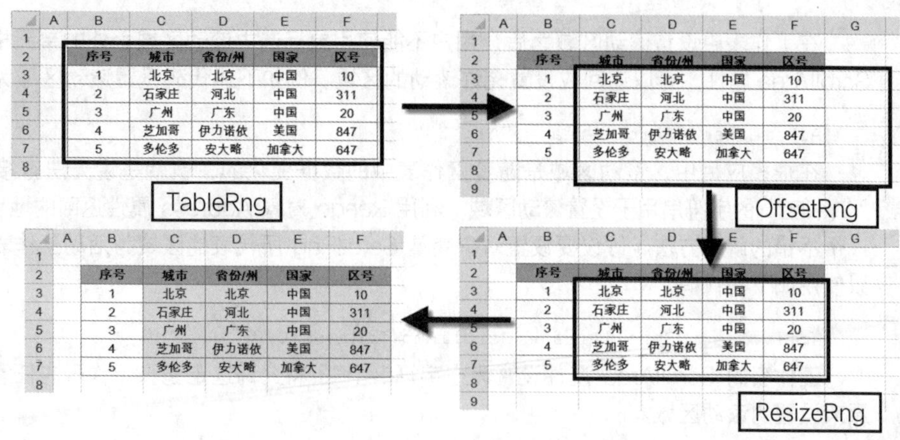

图 47-13 单元格区域扩展与偏移

代码解析如下。

第 3 行代码将工作表中已经使用区域 UsedRange 赋值给对象变量 TableRng，即 B2:F7 单元格区域。

第 4 行代码将 TableRng 区域向右移动一列，并且向下移动一行所形成的新区域赋值给对象变量 OffsetRng，即 C3:G8 单元格区域。OffsetRng 区域已经将 TableRng 区域的第一行和第一列剔除，由于整个区域的总行数和总列数与原单元格区域相同，因此新的区域包括了 TableRng 区域之外的空白单元格。

第 5 行代码利用 Resize 属性将 OffsetRng 区域减少一行和一列，形成新区域 ResizeRng，即 C3:F7。

第 6 行代码将 ResizeRng 区域背景色设置为黄色。

除了使用 Resize 扩展单元格区域，在 VBA 中还有两种特殊的扩展区域方法。

- EntireRow 属性返回一个 Range 对象，该对象代表包含指定区域的整行（或若干行）。
- EntireColumn 属性返回一个 Range 对象，该对象代表包含指定区域的整列（或若干列）。

例如，Range("B6:F16").EntireRow 返回的 Range 对象为第 6 行至第 16 行的单元格区域，相当于 Rows ("6:16")。Range("B6:F16").EntireColumn 返回的对象为 B 列至 F 列的单元格区域，相当于 Columns("B:F")。

47.3.11 合并区域与相交区域

Union 方法返回 Range 对象，代表两个或多个区域的合并区域，其参数为 Range 类型。

```
Application.Union(Range ("A3:D6"),Range ("C5:F8"))
```

Intersect 方法返回 Range 对象，代表两个或多个单元格区域重叠的矩形区域，其参数为 Range 类型，如果参数单元格区域没有重叠区域，那么结果为 Nothing。

```
Application.Intersect(Range ("A3:D6"),Range ("C5:F8"))
```

利用 Intersect 方法可以判断某个单元格区域是否完全包含在另一个单元格区域中。

47.3.12 设置滚动区域

在工作表中设置滚动区域之后，用户不能使用鼠标选中滚动区域之外的单元格。利用工作表的 ScrollArea 属性，可以返回或设置允许滚动的区域。例如下述代码设置滚动区域为 A1:K50：

```
ActiveSheet.ScrollArea = "A1:K50"
```

在很多应用中，滚动区域是随着工作表中的数据变化的，也就是说无法直接给出一个类似于“A1:K50”的字符串用于设置滚动区域，利用 Range 对象 Address 属性返回的地址设置滚动区域是一个不错的解决方法。假设要设置对象变量 ScrollRng 所代表的区域为活动工作表的滚动区域，可以使用如下的代码：

```
ActiveSheet.ScrollArea = ScrollRng.Address(0,0)
```

工作表的 ScrollArea 属性设置为空字符串（""）将允许选定整张工作表内任意单元格，即取消原来设置的滚动区域。

第 48 章　事件的应用

在 Excel VBA 中，事件是指对象可以辨认的动作。用户可以指定 VBA 代码来对这些动作做出响应。Excel 可以监视多种不同类型的事件，Excel 中的工作表、工作簿、应用程序、图表工作表、透视表和控件等对象都可以响应事件，而且每个对象都有多种相关的事件，本章将主要介绍工作表和工作簿的常用事件。

本章学习要点

（1）工作表的常用事件。

（2）工作簿的常用事件。

（3）禁止事件激活。

（4）非对象事件。

48.1　事件过程

事件过程作为一种特殊的 Sub 过程，在满足特定条件时被触发执行，如果事件过程包含参数，系统会为相关参数赋值。事件过程必须写入相应的模块中才能发挥其作用，例如：工作簿事件过程须写入 ThisWorkbook 模块中，工作表事件过程则须写入相应的工作表模块中，且只有过程所在工作表的行为可以触发该事件。

事件过程作为一种特殊的 Sub 过程，在 VBA 中已经规定了每个事件过程的名称和参数。用户可以利用键盘在【代码】窗口中手工输入事件过程的全部代码，但是更便捷的方法是在【代码】窗口中选择相应的对象和事件，VBE 将自动在【代码】窗口中添加事件过程的声明语句和结束语句。

在【代码】窗口上部左侧的【对象】下拉框中选中 Worksheet，在右侧的【事件】下拉框中选中 Change，Excel 将自动在【代码】窗口中输入如图 48-1 所示的工作表 Change 事件过程代码框架。

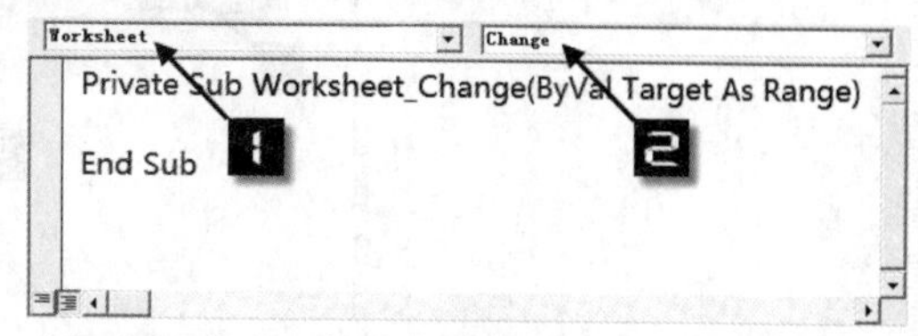

图 48-1　【代码】窗口中快速添加事件代码框架

事件过程的代码需要写入在 Sub 和 End Sub 之间，在代码中可以使用事件过程参数，不同的事件过程，其参数也不尽相同。

48.2　工作表事件

Worksheet 对象是 Excel 中最常用的对象之一，因此在实际应用中经常会用到 Worksheet 对象事件，即工作表事件。工作表事件只发生在特定的 Worksheet 对象中。

48.2.1　Change 事件

工作表中的单元格被用户或者 VBA 代码修改时，将触发工作表的 Change 事件。值得注意的是，虽然事件的名称是 Change，但是并非工作表中单元格的任何变化都能够触发该事件。

下列工作表的变化不会触发工作表的 Change 事件。

- ◆ 工作表的公式重新计算产生新值。
- ◆ 在工作表中添加或者删除一个对象（控件、形状等）。
- ◆ 改变单元格格式。
- ◆ 某些导致单元格变化的 Excel 操作：排序、替换等。

某些 Excel 中的操作将导致工作表的 Change 事件被“意外”触发。

- ◆ 选中空单元格并按<Delete>键。
- ◆ 按<F2>键或者双击单元格进入编辑状态，输入与原来内容相同的内容，使用鼠标单击其他单元格，按<Enter>键或者按方向键结束输入。

Change 事件的参数 Target 是一个 Range 变量，代表工作表中发生变化的单元格区域，它可以是一个单元格也可以是多个单元格组成的区域。在实际应用中，用户通常希望只有工作表中的某些特定单元格区域发生变化时才激活 Change 事件，这就需要在 Change 事件中对于 Target 参数进行判断。

示例 48-1 自动记录数据编辑的日期与时间

步骤1 在 Excel 中打开示例工作簿文件，按<Alt+F11>组合键切换到 VBE 窗口。

步骤2 在【工程资源管理器】中双击“示例 48.1”，在右侧的【代码】窗口中输入如下代码，如图 48-2 所示：

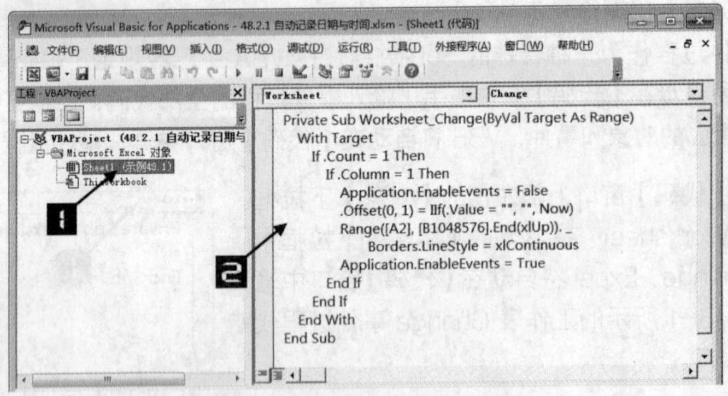

图 48-2 编辑 Change 事件代码

```
Private Sub Worksheet_Change(ByVal Target As Range)
    With Target
        If .Count = 1 Then
            If .Column = 1 Then
                Application.EnableEvents = False
                .Offset(0, 1) = IIf(.Value = "", "", Now)
                Range([A2], [B1048576].End(xlUp)). _
                        Borders.LineStyle = xlContinuous
                Application.EnableEvents = True
            End If
        End If
```

```
#011      End With
#012  End Sub
```

步骤3 → 返回 Excel 界面，在 A9 单元格中输入姓名“李刚”，并按<Enter>键。工作表的 Change 事件将自动在 B 列同行单元格中写入当前日期和时间，并添加单元格边框线，其结果如图 48-3 所示。

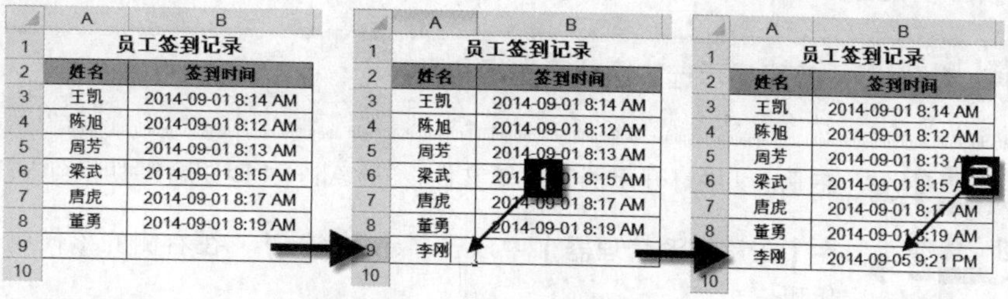

	A	B
1	员工签到记录	
2	姓名	签到时间
3	王凯	2014-09-01 8:14 AM
4	陈旭	2014-09-01 8:12 AM
5	周芳	2014-09-01 8:13 AM
6	梁武	2014-09-01 8:15 AM
7	唐虎	2014-09-01 8:17 AM
8	董勇	2014-09-01 8:19 AM
9		
10		

	A	B
1	员工签到记录	
2	姓名	签到时间
3	王凯	2014-09-01 8:14 AM
4	陈旭	2014-09-01 8:12 AM
5	周芳	2014-09-01 8:13 AM
6	梁武	2014-09-01 8:15 AM
7	唐虎	2014-09-01 8:17 AM
8	董勇	2014-09-01 8:19 AM
9	李刚	
10		

	A	B
1	员工签到记录	
2	姓名	签到时间
3	王凯	2014-09-01 8:14 AM
4	陈旭	2014-09-01 8:12 AM
5	周芳	2014-09-01 8:13 AM
6	梁武	2014-09-01 8:15 AM
7	唐虎	2014-09-01 8:17 AM
8	董勇	2014-09-01 8:19 AM
9	李刚	2014-09-05 9:21 PM
10		

图 48-3　自动记录日期与时间

代码解析如下。

第 3 行和第 4 行代码判断发生变化的单元格区域（即参数 Target 所代表的 Range 对象）是否位于第 1 列，并且是否是单个单元格。如果不满足这两个条件，将不执行后续的事件代码。

第 5 行代码使用 EnableEvent 属性禁止事件被激活，具体用法请参考 48.2.2 小节。

第 6 行代码用于写入当前日期和时间，如果被修改单元格的值为空，也就是用户删除了 A 列的姓名，那么代码将清除相应行 B 列单元格的内容。

第 7 行代码为数据区域添加单元格边框线，其中[B1048576].End(xlUp)为 B 列最后一个有数据的单元格。

第 8 行代码恢复 EnableEvent 属性的设置。

用户在工作表中除了 A 列之外的单元格输入时，工作表的 Change 事件同样会被触发，但是由于不满足第 4 行代码中的判断条件，所以不会执行写入当前日期和时间的代码。

48.2.2　如何禁止事件的激活

在上述代码中使用了 Application.EnableEvents=False 防止事件被意外多次激活。Application 对象的 EnabledEvents 属性可以设置是否允许对象的事件被激活。上述代码中如果没有禁止事件激活的代码，在写入当前日期的代码执行后，工作表的 Change 事件被再次激活，事件代码被再次执行。某些情况下，这种事件的意外激活会重复多次发生，甚至造成死循环，无法结束运行。因此在可能意外触发事件的时候，需要设置 Application.EnableEvents=False 禁止事件激活。

注意 →　这个设置并不能阻止控件的事件被激活。

EnableEvents 属性的值不会随着事件过程的执行结束而自动恢复为 True，也就是说需要在代码运行结束之前进行恢复。如果代码被异常终止，而 EnableEvents 属性的值仍然为 False，那么相关的事件都无法被激活。此时，可以在 VBE 的【立即】窗口中执行 Application.EnableEvents=True 进行恢复。

48.2.3 SelectionChange 事件

工作表中的选定区域发生变化将触发工作表的 SelectionChange 事件。SelectionChange 事件的参数 Target 与工作表的 Change 事件相同，也是一个 Range 变量，代表工作表中被选中的区域，相当于 Selection 属性返回的 Range 对象。

示例 48-2 高亮显示选定区域所在行和列

步骤1 在 Excel 中打开示例工作簿文件，按<Alt+F11>组合键切换到 VBE 窗口。

步骤2 在【工程资源管理器】中双击“示例 48.2”，在右侧的【代码】窗口中输入如下代码：

```
Private Sub Worksheet_SelectionChange(ByVal Target As Range)
    With Target
        .Parent.Cells.Interior.ColorIndex = xlNone
        .EntireRow.Interior.Color = vbGreen
        .EntireColumn.Interior.Color = vbGreen
    End With
End Sub
```

步骤3 返回 Excel 界面，在工作表“示例 48-2”中选中单元格 E8，第 8 行和 E 列单元格区域填充颜色为绿色高亮显示，如图 48-4 所示。

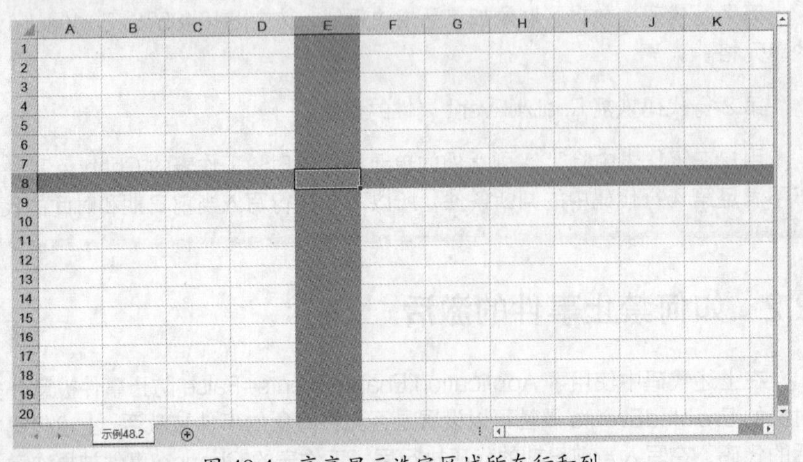

图 48-4 高亮显示选定区域所在行和列

48.3 工作簿事件

工作簿事件发生在特定的 Workbook 对象中，除了工作簿的操作可以触发工作簿事件外，某些工作表的操作也可以触发工作簿事件。

48.3.1 Open 事件

Open 事件是 Workbook 对象的最常用事件之一，它发生于用户打开工作簿之时。

注意

> 在以下两种情况下，打开工作簿时不会触发 Open 事件。
> - 在保持按下<Shift>键的同时打开工作簿。
> - 打开工作簿文件时，选择了【禁用宏】。

Open 事件经常被用来自动设置用户界面，这样做的好处在于，无论工作簿关闭时的状态如何，再次打开时都可以按照某个特定风格呈现在用户面前。

示例 48-3 自动设置 Excel 的界面风格

步骤1 在 Excel 中打开示例工作簿文件，按<Alt+F11>组合键切换到 VBE 窗口。

步骤2 在【工程资源管理器】中双击“ThisWorkbook”，在右侧的【代码】窗口中输入如下代码：

```
Private Sub Workbook_Open()
    Sheets("Welcome").Activate
    With ActiveWindow
        .WindowState = xlMaximized
        .DisplayHeadings = False
        .DisplayGridlines = False
    End With
    Application.WindowState = xlMaximized
End Sub
```

步骤3 返回 Excel 界面，单击工作表标签激活 Sheet2 工作表。

步骤4 依次单击【文件】→【保存】命令，保存工作簿的修改。

步骤5 依次单击【文件】→【关闭】命令，关闭工作簿。

步骤6 依次单击【文件】→【打开】命令，在“最近使用的工作簿”列表中单击打开示例工作簿文件，并启用宏功能。

工作簿打开后，Welcome 工作表成为活动工作表，而不是关闭工作簿时的 Sheet2 工作表，并且 Excel 窗口是最大化的，如图 48-5 所示。

图 48-5 打开工作簿的界面效果

代码解析如下。

第 2 行代码设置 Welcome 工作表为活动工作表。

第 4 行代码设置 Excel 中活动窗口最大化。

第 5 行代码隐藏行标题和列标题。

第 6 行代码隐藏工作表中的网格线。

第 8 行代码设置 Excel 应用程序窗口最大化。

48.3.2 BeforeClose 事件

工作簿被关闭之前 BeforeClose 事件将被激活。BeforeClose 事件经常和 Open 事件配合使用，对于在 Open 事件中修改的 Excel 设置和用户界面，可以在 BeforeClose 事件中进行恢复。

48.3.3 通用工作表事件代码

如果希望所有的工作表都具有相同的工作表事件代码，有两种实现方法。

- 在每个工作表代码模块中写入相同的事件代码。
- 使用相应的工作簿事件代码。

毫无疑问，第二种方法是最简洁的实现方法。部分工作簿事件名称是以“Sheet”开头的，如 Workbook_SheetChange、Workbook_SheetPivotTableUpdate 和 Workbook_SheetSelectionChange 等。这些事件的一个共同特点是工作簿内的任意工作表的指定行为都可以触发该事件代码的执行。

示例 48-4 高亮显示任意工作表中选定区域所在的行和列

与示例 48.2 相对应，如果希望在工作簿中的任意工作表都拥有这种高亮显示的效果，可以按照以下步骤进行操作。

步骤1 在 Excel 中新建一个工作簿文件，按<Alt+F11>组合键切换到 VBE 窗口。

步骤2 在【工程资源管理器】中双击“ThisWorkbook”，在右侧的【代码】窗口中输入如下代码：

```
Private Sub Workbook_SheetSelectionChange(ByVal Sh As Object, _
                                ByVal Target As Range)
    With Target
        .Parent.Cells.Interior.ColorIndex = xlNone
        .EntireRow.Interior.Color = vbGreen
        .EntireColumn.Interior.Color = vbGreen
    End With
End Sub
```

与示例 48.2 相比，由于不必为每个工作表代码模块中写入相同的事件代码，因此这种实现方法更为简洁。并且当工作簿中新增工作表时，也无需为新建工作表添加 Change 事件代码就可以实现高亮显示的效果。

48.4 事件的优先级

通过示例 48-2 和示例 48-4 的学习可以知道，工作簿对象的 SheetSelectionChange 事件和 Worksheet 对象的 SelectionChange 事件的触发条件是相同的。但是，Excel 应用程序在任何时刻都只能执行唯一的代码，即无法实现并行处理事件代码。如果同时使用此类触发条件相同的事件，就需要预先确切地知道事件的优先级，即相同条件下事件被激活的先后次序。这些优先级顺序并不需要大家刻意去记忆，可以利用代码轻松的获知事件的优先级。

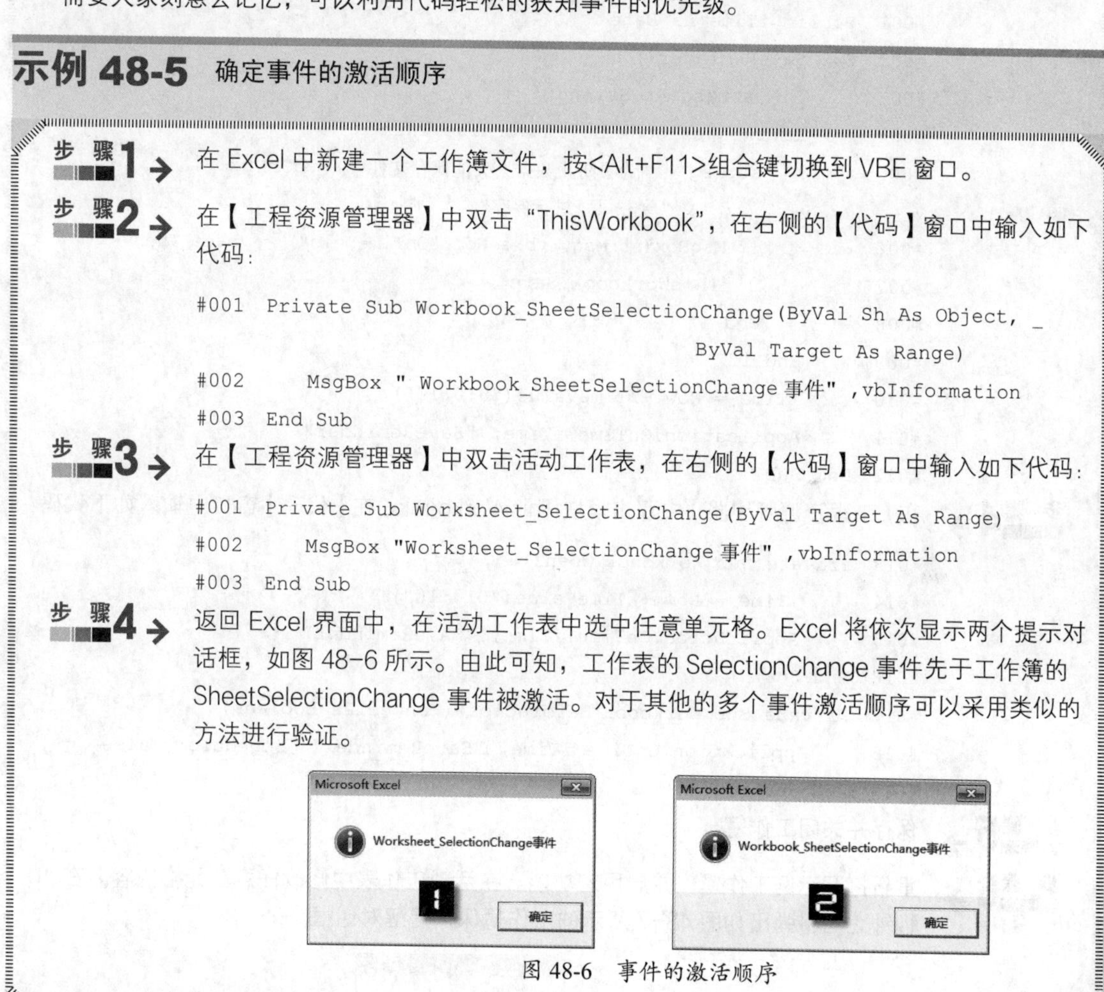

示例 48-5 确定事件的激活顺序

步骤1 在 Excel 中新建一个工作簿文件，按<Alt+F11>组合键切换到 VBE 窗口。

步骤2 在【工程资源管理器】中双击“ThisWorkbook”，在右侧的【代码】窗口中输入如下代码：

```
Private Sub Workbook_SheetSelectionChange(ByVal Sh As Object, _
                                          ByVal Target As Range)
    MsgBox " Workbook_SheetSelectionChange 事件" ,vbInformation
End Sub
```

步骤3 在【工程资源管理器】中双击活动工作表，在右侧的【代码】窗口中输入如下代码：

```
Private Sub Worksheet_SelectionChange(ByVal Target As Range)
    MsgBox "Worksheet_SelectionChange 事件" ,vbInformation
End Sub
```

步骤4 返回 Excel 界面中，在活动工作表中选中任意单元格。Excel 将依次显示两个提示对话框，如图 48-6 所示。由此可知，工作表的 SelectionChange 事件先于工作簿的 SheetSelectionChange 事件被激活。对于其他的多个事件激活顺序可以采用类似的方法进行验证。

图 48-6 事件的激活顺序

48.5 非对象事件

Excel 提供了两种与对象没有任何关联的特殊事件，利用 Application 对象的相应方法可以设置这些特殊事件。

48.5.1 OnTime

Ontime 方法用于指定一个过程在将来的特定时间运行，此处的特定时间既可以是具体指定的某个时间点，也可以是指定的一段时间之后。

示例 48-6 文件保存提醒

步骤1 在 Excel 中新建一个空白工作簿文件，按<Alt+F11>组合键切换到 VBE 窗口。

步骤2 在【工程资源管理器】中插入“模块”，并修改其名称为“SaveReminderDemo”。

步骤3 在【工程资源管理器】中双击模块 SaveReminderDemo，在【代码】窗口中输入如下代码：

```
#001  Public iTime As Date
#002  Sub SaveReminder()
#003      Dim strMsg As String
#004      If ThisWorkbook.Saved = False Then
#005          strMsg = "为了防止数据丢失请保存文件" & vbCrLf _
                  & "单击<是>进行保存"
#006          If MsgBox(strMsg, vbYesNo, "OnTimeDemo") = vbYes Then
#007              ThisWorkbook.Save
#008          End If
#009      End If
#010      iTime = Now + TimeValue("0:0:10")
#011      Application.OnTime iTime, "SaveReminder"
#012  End Sub
```

步骤4 在【工程资源管理器】中双击模块 ThisWorkbook，在【代码】窗口中输入如下代码：

```
#013  Private Sub Workbook_Open()
#014      iTime = Now + TimeValue("0:0:10")
#015      Application.OnTime iTime, "SaveReminder"
#016  End Sub
#017  Private Sub Workbook_BeforeClose(Cancel As Boolean)
#018      Application.OnTime iTime, "SaveReminder", Schedule:=False
#019  End Sub
```

步骤5 保存并关闭工作簿。

步骤6 重新打开示例工作簿，并启用宏功能。在活动工作表中修改任意单元格内容。在 10 秒钟之后将弹出如图 48-7 所示的工作簿保存提醒对话框。

图 48-7 工作簿保存提醒对话框

代码解析如下。

第 1 行代码声明全局变量用于保存触发代码运行的时间点。

第 2 行到第 12 行代码为 SaveReminder 过程，该过程是标准模块中在指定时间将要被执行的代码。

第 4 行代码判断工作簿从上次保存至今是否发生过更改，如果用户并未进行任何更改，那么将不显示提醒对话框。

第 5 行代码字符变量 strMsg 用于保存提醒对话框要显示的文本提示信息。

第 6 行代码显示保存提醒对话框，并判断用户的操作。如果用户单击了对话框的【是】按钮，那么第 7 行代码将保存当前工作簿文件。

第 10 行代码中 Now 函数返回当前计算机系统设置的日期和时间，TimeValue("0:0:10")函数返回一个 Date 类型数据，相当于 10 秒钟的时长。为了演示方便，示例中设定了较短的代码执行时间间隔，如果要改为 10 分钟间隔，可以使用 TimeValue("0:10:0")。

第 11 行代码设置 10 秒后再次运行 SaveReminder 过程。

第 13 行到第 16 行代码为工作簿的 Open 事件过程，打开示例工作簿时将会执行此事件过程代码，其中的 OnTime 设置 10 秒后运行 SaveReminder 过程。

第 17 行到第 19 行代码为工作簿的 BeforeClose 事件过程。

第 18 行代码利用 OnTiem 方法的 Schedule 参数清除已经设置但是尚未执行的定时运行过程。

注意

如果省略第 18 行代码，即使示例工作簿已经关闭但是 Excel 仍然在运行中，到达指定时间点后，Excel 将自动打开示例工作簿运行 SaveReminder 过程代码。因此在使用了 OnTime 方法的工作簿中，关闭工作簿退出之前一定要清除已经设置但是尚未执行的定时运行过程。

48.5.2 OnKey

使用 OnKey 方法可以设置按下某个键或者组合键时运行指定的过程代码。Excel 会一直都监视用户的任何键盘操作，因此理论上可设置任何一个键或者组合键来运行指定的过程代码。

注意

在工作表中单元格处于编辑状态时或者在对话框中输入时，OnKey 设置的组合键无效，另外，OnKey 方法所指定的代码过程必须放置在模板中。

示例 48-7 设置自定义快捷键

步骤 1 在 Excel 中新建一个空白工作簿文件，按<Alt+F11>组合键切换到 VBE 窗口。

步骤 2 在【工程资源管理器】中插入“模块”，并修改其名称为“OnKeyDemo”。

步骤 3 在【工程资源管理器】中双击模块 OnKeyDemo，在【代码】窗口中输入如下代码：

```
Sub OnKey_CtrlA()
    Application.OnKey "^a", "CtrlA"
End Sub
Sub CtrlA()
    MsgBox "您按下了 Ctrl+A 组合键", vbInformation
End Sub
```

步骤 4 返回 Excel 界面，运行 OnKey_CtrlA 过程设置自定义快捷键。

在默认情况下，Excel 中的<Ctrl+A>组合键为选中工作表中的全部单元格。运行 OnKeyDemo 过程之后，按<Ctrl +A>组合键将执行 CtrlA 过程代码。这也就是说，OnKey 方法设置的组合键与系统默认的组合键相比具有更高的优先级。按<Ctrl+A>组合键，将出现如图 48-8 所示的消息框。

图 48-8 按<Ctrl+A>组合键显示的对话框

代码解析如下。

第 2 行代码中 OnKey 方法的参数“^a”中的“^”代表<Ctrl>键，关于其他功能键的表示方法请参考 VBA 帮助。

第 4 行到第 6 行代码为按下<Ctrl+A>组合键时 Excel 所执行的过程代码。

使用如下的代码可以恢复<Ctrl+A>组合键的默认功能设置：

```
Application.OnKey "^a"
```

第 49 章　控件在工作表中的应用

在工作表中，既可以使用表单控件也可以使用 ActiveX 控件，二者既相似又有明显的区别。本章概括介绍了常用 ActiveX 控件的基本使用方法及相关属性。

本章学习要点

（1）表单控件和 ActiveX 控件。

（2）如何调整控件的属性。

（3）利用文本框控件实现快速录入。

49.1　表单控件和 ActiveX 控件

控件是在用户与 Excel 交互时用于输入数据或操作数据的对象。在工作表中使用控件可以为用户提供更加友好的操作界面。控件具有丰富的属性，并且可以被不同的事件所激活以执行相关代码。

在 Excel 中有以下两种控件。

◆　表单控件

有时也被称为“窗体控件”。表单控件是与 Excel 5 和 Excel 95 完全兼容的，可以用于普通工作表和 MS Excel 5.0 对话框工作表中。

◆　ActiveX 控件

有时也被称为“控件工具箱控件”。ActiveX 控件是用户窗体控件的子集，这些控件只能用于 Excel 97 或者更高版本的 Excel 中。

单击【开发工具】选项卡中【插入】组的下拉按钮，将弹出包含两种控件的命令列表，将鼠标悬停在某个控件上时，会显示该控件名称的悬浮提示框，如图 49-1 所示。

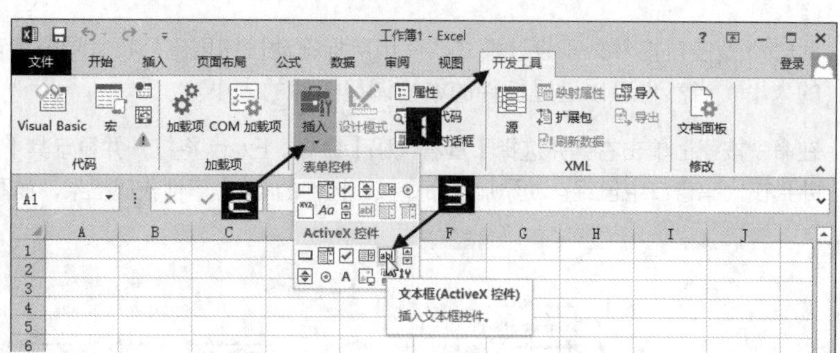

图 49-1　表单控件和 ActiveX 控件

不难看出，这两组控件中，部分控件从外观上看几乎是相同的，其功能也非常相似，例如表单控件和 ActiveX 控件中都有命令按钮、组合框和列表框等。与表单控件相比，ActiveX 控件拥有更丰富的控件属性，并且支持多种事件。正是由于 ActiveX 控件具有这些优势，使得 ActiveX 控件在 Excel 中得到了比表单控件更为广泛的应用。

本章后续章节中所涉及的控件均指 ActiveX 控件。

注意 图 49-1 中的显示为灰白色的表单控件处于禁用状态，这些表单控件只能用于 MS Excel 5.0 对话框工作表中，在普通的工作表中无法使用。

49.2 在工作表中插入控件

示例 49-1 在工作表中使用 ActiveX 命令按钮控件

步骤1 在 Excel 中新建一个工作簿文件。

步骤2 单击【开发工具】选项卡的【插入】下拉按钮，在弹出的命令列表中单击选中 ActiveX 命令按钮控件，此时鼠标指针变为十字形。

步骤3 移动鼠标至工作表上方，保持左键按下拖动鼠标，然后释放鼠标左键，工作表中将添加一个名称为 CommandButton1 的命令按钮，如图 49-2 所示。

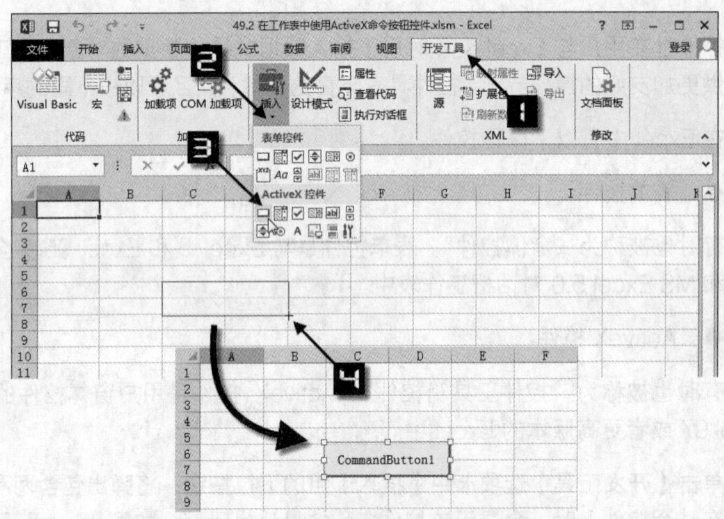

图 49-2 在工作表中插入 ActiveX 命令按钮

此时命令按钮控件处于设计模式，使用鼠标拖动按钮周围的尺寸调节钮可以调整控件的大小，当然也可以通过控件的属性调整控件的大小。

步骤4 在命令按钮上单击右键并选择【查看代码】命令。Excel 将打开并显示其【代码】窗口，并且在代码窗口中已经自动添加了命令按钮控件的 Click 事件代码框架，如图 49-3 所示。

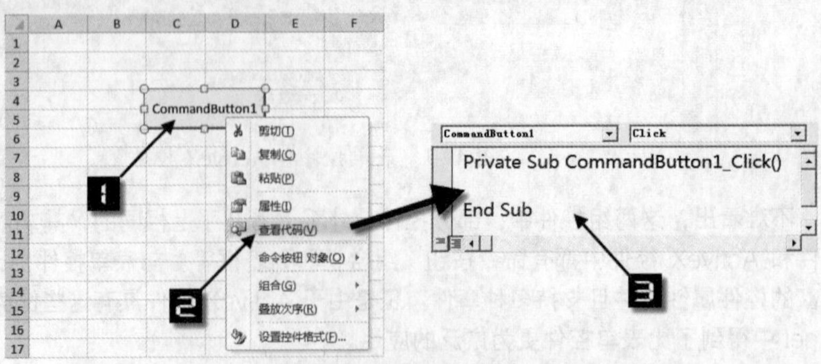

图 49-3 命令按钮控件的 Click 事件代码

步骤5 → 在【代码】窗口中输入如下事件代码：

```
#001  Private Sub CommandButton1_Click()
#002      MsgBox "  欢迎加入 Excel Home !", vbInformation, _
          "Www.ExcelHome.Net"
#003  End Sub
```

步骤6 → 返回 Excel 界面，单击【开发工具】选项卡的【设计模式】按钮退出设计模式。

步骤7 → 单击工作表中的命令按钮，将弹出如图 49-4 所示的对话框。

图 49-4　单击命令按钮显示对话框

49.3　控件的属性

每种控件都有多种属性，这些属性是对于控件某些特征的描述。ActiveX 控件的一个最重要的优势在于拥有丰富的属性。以命令按钮控件为例，更改其属性值的步骤如下。

步骤1 → 单击【开发工具】选项卡的【设计模式】按钮进入设计模式。

步骤2 → 在命令按钮上单击右键并选择【属性】命令。

步骤3 → 在弹出的属性对话框中，修改命令按钮的如下属性值。

- Caption 属性修改为“ExcelHome”。
- AutoSize 属性修改为“True”。

步骤4 → 单击【开发工具】选项卡的【设计模式】按钮退出设计模式。工作表中的命令按钮控件的尺寸将自动调整以适应新设置的 Caption，其效果如图 49-5 所示。

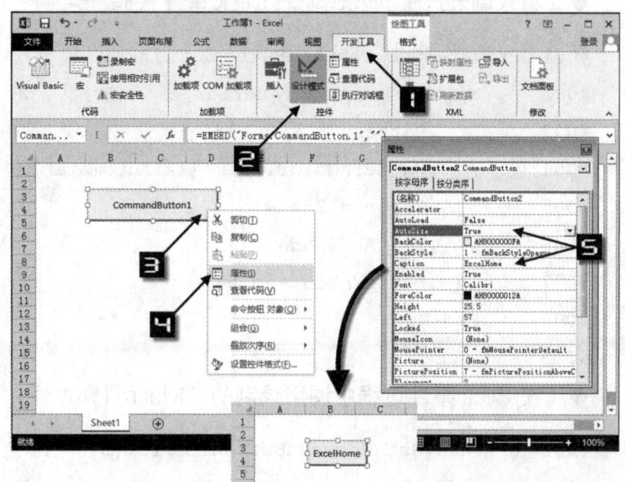

图 49-5　调整命令按钮属性值

49.4 认识常用 ActiveX 控件

本节将介绍几种常用的 ActiveX 控件。

49.4.1 最常用的控件——命令按钮（CommandButton）

命令按钮是最常用的 ActiveX 控件，一般用来执行指定的代码过程。鼠标单击命令按钮将触发命令按钮控件的 Click 事件。在 Click 事件代码中，可以显示消息对话框，也可以完成操作工作簿、工作表和单元格等对象的多种任务。

示例 49-2 使用命令按钮控件设置单元格格式

如果需要多次执行录制的宏，利用命令按钮执行宏代码，是最便捷的方法。

步骤1 在 Excel 中新建一个工作簿文件，在活动工作表中设置活动单元格填充色为红色，操作时录制宏，产生的代码如下，该代码已经保存在工作簿的“模块 1”中：

```
Sub Macro1()
    With Selection.Interior
        .Pattern = xlSolid
        .PatternColorIndex = xlAutomatic
        .Color = 255
        .TintAndShade = 0
        .PatternTintAndShade = 0
    End With
End Sub
```

步骤2 在工作表中添加命令按钮控件，具体步骤请参考 49.2 节的内容。

步骤3 双击处于设计模式的命令按钮，在 VBE 的【代码】窗口中将自动添加 Click 事件代码框架。

步骤4 使用如下两种方法，可以实现单击命令按钮运行相应的代码。

◆ 将录制宏产生的代码输入 Click 事件代码框架中：

```
Private Sub CommandButton1_Click()
    With Selection.Interior
        .Pattern = xlSolid
        .PatternColorIndex = xlAutomatic
        .Color = 255
        .TintAndShade = 0
        .PatternTintAndShade = 0
    End With
End Sub
```

◆ 在 Click 事件过程中调用录制的“Macro1”过程：

```
Private Sub CommandButton1_Click()
    Call Macro1
End Sub
```

如果某段代码需要被多个不同的过程调用，或者 Click 事件中的代码较多时，方法二使得事件代码更具有可读性，也便于日后的代码维护和修改。

步骤5 返回 Excel 界面，单击【开发工具】选项卡的【设计模式】按钮退出设计模式。

步骤6 在工作表中单击选中任意单元格，单击命令按钮将设置活动单元格填充色为红色。

49.4.2 复选框（CheckBox）

复选框控件用于进行二元选择，控件的返回值为 True 或者 False。利用复选框控件的 LinkCell 属性可以在单元格中得到控件的返回值。

示例 49-3 使用复选框控件制作多选调查问卷

步骤1 在 Excel 中新建一个工作簿文件，在活动工作表中添加 5 个复选框控件，并按照表 49-1 修改控件的相关属性。

表 49-1 复选框控件属性值

控 件 名 称	Caption 属性	LinkCell 属性
CheckBox1	Excel 基础应用	D3
CheckBox2	Excel 函数和公式	D4
CheckBox3	Excel VBA 程序开发	D5
CheckBox4	Excel 图表与图形	D6
CheckBox5	Excel 数据透视表	D7

步骤2 调整 CheckBox 控件的位置，使其分别位于 A3:A7 单元格内。

步骤3 单击【开发工具】选项卡的【设计模式】按钮，退出设计模式。

步骤4 单击选中 B3 单元格，保持<Shift>键按下单击 B7 单元格，输入公式“=IF(D3,"经常","偶尔")”，按<Ctrl+Enter>组合键填充公式。

步骤5 单击“Excel 基础应用”和“Excel VBA 程序开发”勾选复选框控件，相应行 B 列自动填充为“经常”，其他没有被勾选的行，B 列填充为“偶尔”，如图 49-6 所示。

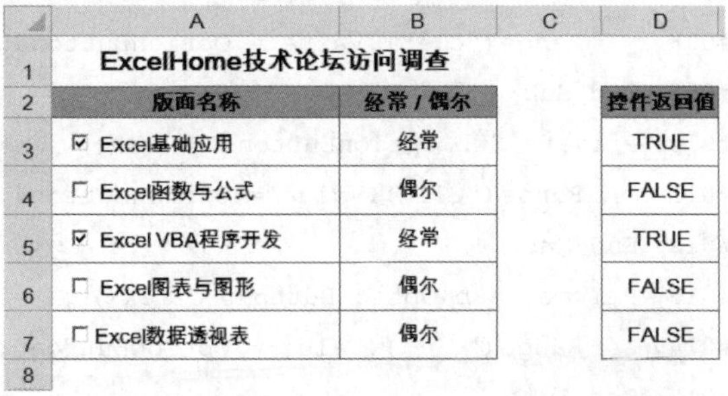

	A	B	C	D
1	ExcelHome技术论坛访问调查			
2	版面名称	经常 / 偶尔		控件返回值
3	☑ Excel基础应用	经常		TRUE
4	☐ Excel函数与公式	偶尔		FALSE
5	☑ Excel VBA程序开发	经常		TRUE
6	☐ Excel图表与图形	偶尔		FALSE
7	☐ Excel数据透视表	偶尔		FALSE
8				

图 49-6 多选调查问卷

在此示例中，为了便于用户理解控件值变化对最终结果的影响，将复选框控件的值显示在 D 列中。在实际应用中，可以隐藏 D 列单元格，从而使用户界面更加简洁。

49.4.3 选项按钮（OptionButton）

选项按钮控件同样用于进行二元选择，控件的返回值为 True 或者 False。与复选框控件的不同之处在于，选项按钮控件用于单项选择，在多个选项按钮成为一组时，选中其中某个选项按钮后，同组的其余选项按钮的值自动设置为 False。而复选框控件用于多项选择，某个复选框控件是否被勾选，并不影响其他的复选框控件的勾选状态。

示例 49-4 使用选项按钮控件制作单项调查问卷

步骤1 → 在 Excel 中新建一个工作簿文件，在活动工作表中在工作表中添加 5 个选项按钮控件，并按照表 49-2 修改控件的相关属性。

表 49-2 选项按钮控件属性值

控件名称	Caption 属性	GroupName 属性
OptionButton1	Excel 基础应用	Excel
OptionButton2	Excel 函数和公式	Excel
OptionButton3	Excel VBA 程序开发	Excel
OptionButton4	Excel 图表与图形	Excel
OptionButton5	Excel 数据透视表	Excel

步骤2 → 调整选项按钮控件的位置。

步骤3 → 单击【开发工具】选项卡的【设计模式】按钮，退出设计模式。

步骤4 → 按<Alt+F11>组合键切换到 VBE 窗口。

步骤5 → 在【工程资源浏览器】中双击“示例 49.4”，在【代码】窗口中输入如下事件代码:

```
Private Sub OptionButton1_Click()
    Range("C11").Value = OptionButton1.Caption
End Sub
Private Sub OptionButton2_Click()
    Range("C11").Value = OptionButton2.Caption
End Sub
Private Sub OptionButton3_Click()
    Range("C11").Value = OptionButton3.Caption
End Sub
Private Sub OptionButton4_Click()
    Range("C11").Value = OptionButton4.Caption
End Sub
Private Sub OptionButton5_Click()
    Range("C11").Value = OptionButton5.Caption
End Sub
```

步骤6 → 返回 Excel 界面，在工作表中单击选中任意一个选项按钮控件，在第 11 行将显示用户选择的结果，如图 49-7 所示。

	A	B	C	D
1	ExcelHome最佳版面评选			
2				
3	Excel基础应用			
4	Excel函数和公式			
5				
6	Excel VBA程序开发			
7	Excel图表与图形			
8				
9	Excel数据透视表			
10				
11	最佳版面为：		Excel VBA程序开发	
12				

图 49-7　单项调查问卷

在实际应用中，往往需要在多个类别的项目中实现多选一功能。以上面调查问卷为例，如果除了上述 4 个选项外，还有另外一组选项，最终希望用户在每组中分别选择一个项目，这就需要利用 GroupName 属性对于选项按钮控件进行分组，分组后改变某个选项按钮的值，不影响其他组中的选项按钮。

步骤7 在工作表再创建 5 个选项按钮，并按照表 49-3 修改控件的相关属性。

表 49-3　　第 2 组 OpionButton 控件属性值

控 件 名 称	Caption 属性	GroupName 属性
OptionButton6	会员广场	NonExcel
OptionButton7	电脑网络	NonExcel
OptionButton8	休闲吧	NonExcel
OptionButton9	MS Office Word	NonExcel
OptionButton10	版主圆桌	NonExcel

步骤8 参照步骤 3 到步骤 5 为新增控件添加如下 Click 事件代码：

```
Private Sub OptionButton6_Click()
    Range("C12").Value = OptionButton6.Caption
End Sub
Private Sub OptionButton7_Click()
    Range("C12").Value = OptionButton7.Caption
End Sub
Private Sub OptionButton8_Click()
    Range("C12").Value = OptionButton8.Caption
End Sub
Private Sub OptionButton9_Click()
    Range("C12").Value = OptionButton9.Caption
End Sub
Private Sub OptionButton10_Click()
    Range("C12").Value = OptionButton10.Caption
End Sub
```

步骤9 单击【开发工具】选项卡的【设计模式】按钮，退出设计模式。

用户可以在左右两组选项按钮控件中分别选中某个选项按钮，选择的结果显示在第 11 行和第 12 行单元格中，如图 49-8 所示。

图 49-8 分组选项按钮控件

49.4.4 列表框（ListBox）和组合框（ComboBox）

组合框控件与列表框控件非常相似，两种控件都可以在一组列表中进行选择，二者的区别在于列表框控件可以选中单个或者多个条目，而组合框控件只能选中单个条目。组合框的优点在于控件占用面积比较小，除了可以从预置选项中进行选择外，还可以接受用户输入列表中不存在的值。

表 49-4 列出了组合框控件的几个常用属性及其用途。

表 49-4 组合框控件常用属性

属性名称	用途
ListFillRange	指定列表来自于工作表中的某个区域
ListRows	指定下拉列表显示的行数
Style	指定是否允许输入列表中不存在的值

示例 49-5 使用组合框控件制作调查问卷

利用组合框控件也可以实现与示例 49.4 相同效果。

步骤1 → 在 Excel 中新建一个工作簿文件，在活动工作表中添加两个组合框按钮控件，并按照表 49-5 修改控件的相关属性。

表 49-5 组合框控件属性值

控件名称	ListFillRange 属性	LinkCell 属性	Style 属性
OptionButton1	F2:F6	C11	2-fmStyleDropDownList
OptionButton2	G2:G6	C12	2-fmStyleDropDownList

设置组合框控件的 Style 属性值为“2 – fmStyleDropDownList”，即只允许用户在列表中选择项目，禁止用户输入列表中不存在的内容。

步骤2 → 单击【开发工具】选项卡的【设计模式】按钮，退出设计模式。

步骤3 → 单击组合框控件，将弹出如图 49-9 所示的下拉列表，选中某个项目后将更新 C11 或者 C12 单元格。

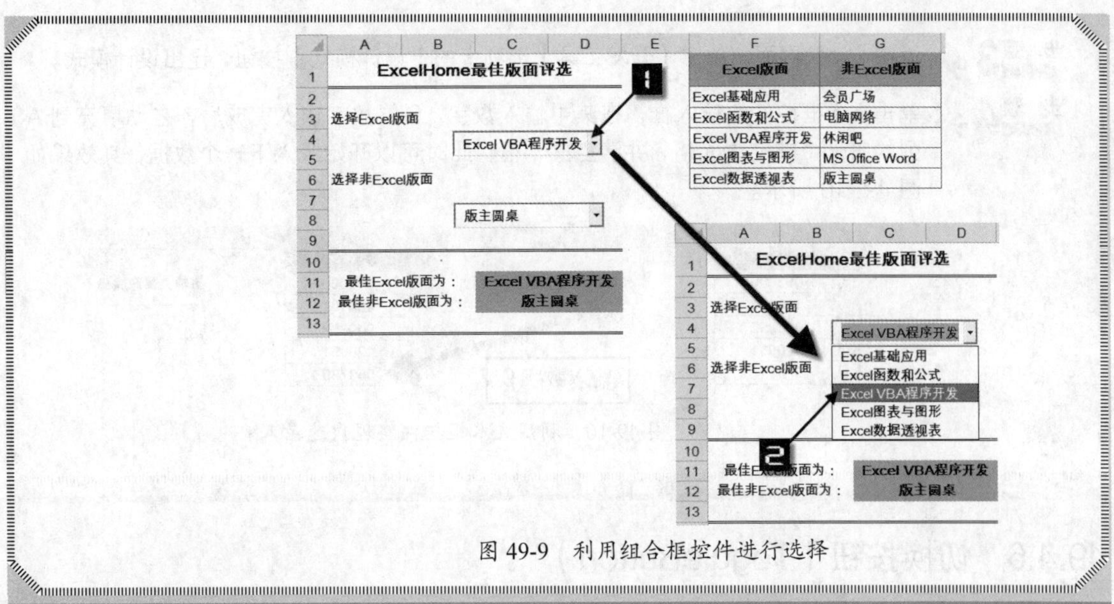

图 49-9 利用组合框控件进行选择

49.4.5 文本框（TextBox）

文本框控件主要用于接受用户的输入。一般情况下，用户都是在工作表的单元格中直接输入数据。在单元格中录入数据时，需要按<Enter>键才能完成输出，如果需要录入大量的数据， 每个单元格都按<Enter>键将会影响录入的效率。虽然单元格处于编辑状态时，Excel 应用程序无法运行任何代码，但是借助文本框控件，就可以实现对用户键盘输入的控制。

示例 49-6 使用文本框控件快速录入数字

假设录入的数据为 6 位数字的邮政编码，数据将依次保存于活动工作的第一列中，借助文本框控件可以实现快速录入，并防止意外的输入非数字字符。

步骤1 在 Excel 中新建一个工作簿文件，在活动工作表中添加一个文本框控件。

步骤2 双击文本框控件，在【代码】窗口中输入如下事件代码：

```
Private Sub TextBox1_Change()
    With TextBox1
        If VBA.Len(.Value) = 6 Then
            [A1].End(xlDown).Offset(1, 0) = .Value
            .Text = ""
        End If
    Next
End Sub
Private Sub TextBox1_KeyPress( _
        ByVal KeyAscii As MSForms.ReturnInteger)
    If KeyAscii < VBA.Asc("0") Or KeyAscii > VBA.Asc("9") Then
        KeyAscii = 0
    End If
End Sub
```

步骤3 返回 Excel 界面，单击【开发工具】选项卡的【设计模式】按钮，退出设计模式。

步骤4 单击文本框控件的输入框，在其中输入数字，6 位数字输入完成后，自动填充到 A 列的第一个非空单元格，并清空文本框，此时可以开始录入下一个数据，其效果如图 49-10 所示。

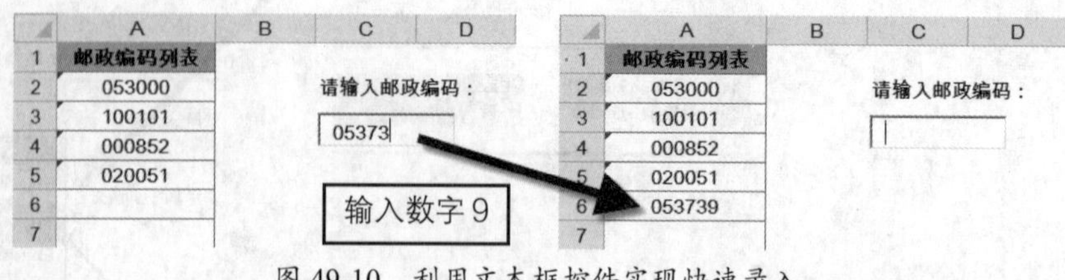

图 49-10 利用文本框控件实现快速录入

49.4.6 切换按钮（ToggleButton）

切换按钮控件也被称作开关按钮，单击该控件可以在两种状态“开”或“关”之间进行切换，其外观也随之变化，其返回值分别为 True（按下状态）或 False（弹起状态），如图 49-11 所示。

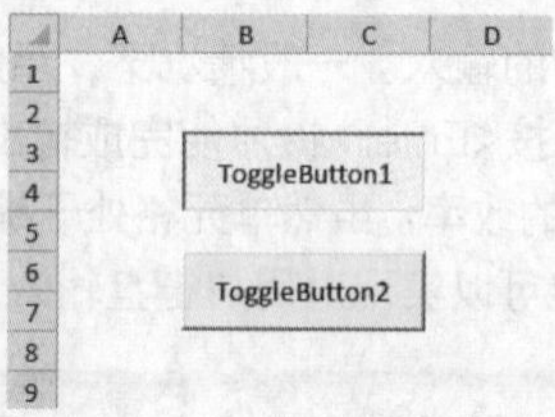

图 49-11 切换按钮控件

49.4.7 数值调节钮（SpinButton）

数值调节钮控件可以实现用户单击控件中的箭头来选择一个值，控件具有两个箭头，一个箭头用于增加值，一个用于减少值，增加或者减少是以 SamllChange 属性值为步长。表 49-6 列出了数值调节钮控件的几个常用属性及其用途。

表 49-6 组合框控件常用属性

属 性 名 称	用 途
Max	设置控件的最大值
Min	设置控件的最小值
SmallChange	设置控件值改变时的步长
Value	返回控件的当前值

49.4.8 滚动条（ScrollBar）

图 49-12 所示滚动条控件与数值调节钮控件非常类似，区别在于滚动条控件可按照如下两种不同的步长改变控件的值。

- ◆ 单击控件两端的按钮，将以 SmallChange 属性值为步长修改控件的值。
- ◆ 单击控件上滚动条滑块和箭头之间的部分，将以 LargeChange 属性值为步长修改控件的值。

除此之外用户也可以直接移动滚动条滑块，大幅度改变控件的值。

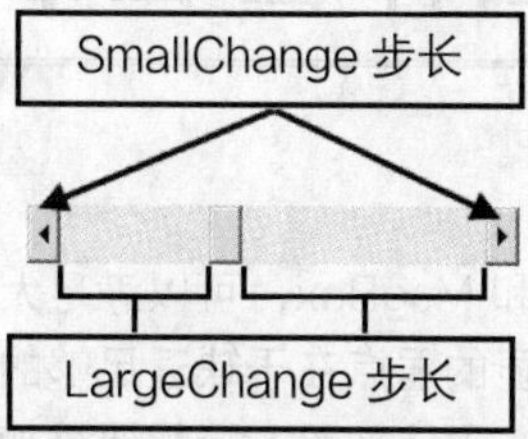

图 49-12　滚动条控件值的两种不同修改步长

49.4.9　标签控件（Label）

标签控件主要用于显示文本信息，除非必须使用标签控件的事件代码，否则在工作表中完全可以使用自选图形替代标签控件。

49.4.10　图像控件（Image）

图像控件用于显示一张图片，利用图像控件的 Picture 属性可以选择需要加载的图片文件。

注意　使用图像控件可能会使 Excel 文件的大小猛增。

第 50 章　窗体在 Excel 中的应用

在 VBA 代码中使用 InputBox 和 MsgBox，可以满足大多数交互式应用的需要，但是这些对话框并非适合所有的应用场景，其明显的弱点在于缺乏足够的灵活性。例如：除了对话框窗口的显示位置和几种预先定义的按钮组合外，无法按照实际需要添加更多的控件。用户窗体则可以实现用户定制的对话框。本章将介绍如何插入窗体、修改窗体属性、窗体事件的应用和在窗体中使用控件。

本章学习要点

（1）如何调用用户窗体。

（2）用户窗体的初始化事件。

（3）在用户窗体中使用控件。

50.1　创建自己的第一个用户窗体

在示例 45.4 中，利用了 InputBox 输入邮政编码，在实际工作中经常会输入多个相互关联的数据，这就需要多次调用 InputBox 逐项输入。使用用户窗体完全可以实现在一个窗体中输入全部信息，并且可以更加方便地定制用户输入界面。

50.1.1　插入用户窗体

示例 50-1　工作簿中插入用户窗体

步骤1 → 在 Excel 中新建一个工作簿文件，按<Alt+F11>组合键切换到 VBE 窗口。

步骤2 → 依次单击 VBE 菜单中的【插入】→【用户窗体】命令，Excel 将添加名称 UserForm1 的用户窗体。

步骤3 → 按<F4>键显示属性窗口，修改用户窗体的 Caption 属性为“员工信息管理系统”，如图 50-1 所示。

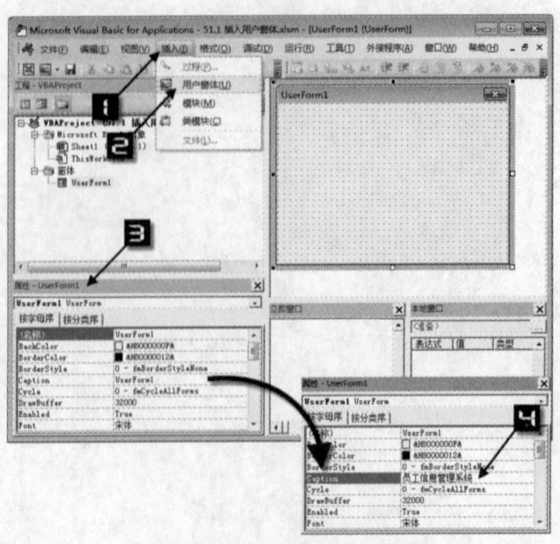

图 50-1　插入用户窗体

步骤4 → 依次单击 VBE 菜单中的【插入】→【模块】命令，修改模块名称为"UserFormDemo"。

步骤5 → 在【工程资源管理器】中双击 UserFormDemo，在代码窗口中写入 ShowFrm 过程代码，如图 50-2 所示。

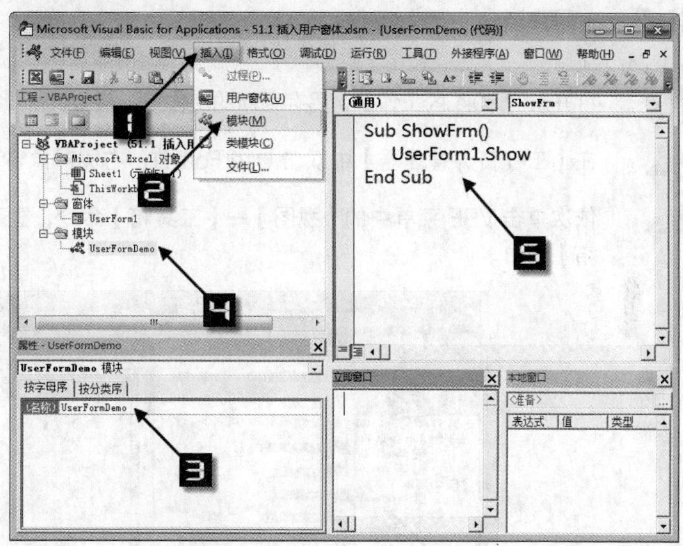

图 50-2 插入模块和代码

步骤6 → 返回 Excel 界面，运行 ShowFrm 过程，将显示如图 50-3 所示的用户窗体。

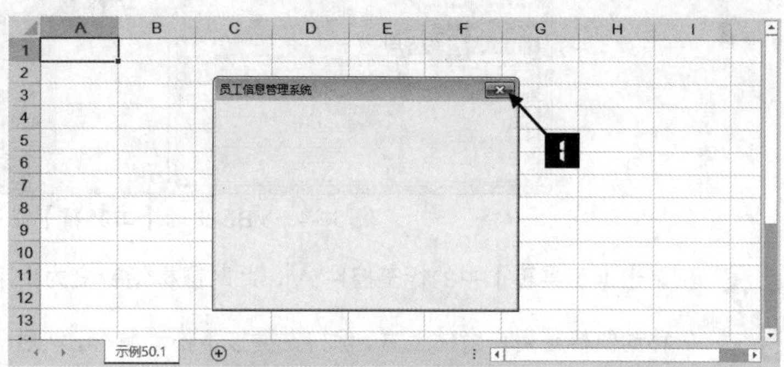

图 50-3 显示用户窗体

步骤7 → 单击用户窗体右上角的关闭按钮，将关闭用户窗体。

50.1.2 关闭窗体

除了用户使用鼠标单击用户窗体右上角的关闭按钮之外，使用如下代码也可以关闭名称为 UserForm1 的用户窗体。代码执行时用户窗体对象将从内存中被删除，此后无法访问用户窗体和其中的控件：

```
Unload UserForm1
```

50.2 在用户窗体中使用控件

图 50-3 中显示的用户窗体只是一个空白窗体，其中没有任何控件，因此也就无法进行用户交

互。本节将讲解如何在用户窗体中添加控件。

50.2.1 在窗体中插入控件

示例 50-2 在用户窗体中插入控件

步骤1 打开示例 50.1 的工作簿，另存为新的工作簿，按<Alt+F11>组合键切换到 VBE 窗口。

步骤2 在【工程资源管理器】中双击 UserForm1，右侧对象窗口中将显示用户窗体对象。

步骤3 依次单击 VBE 菜单中的【视图】→【工具箱】命令，显示如图 50-4 所示的【工具箱】窗口。

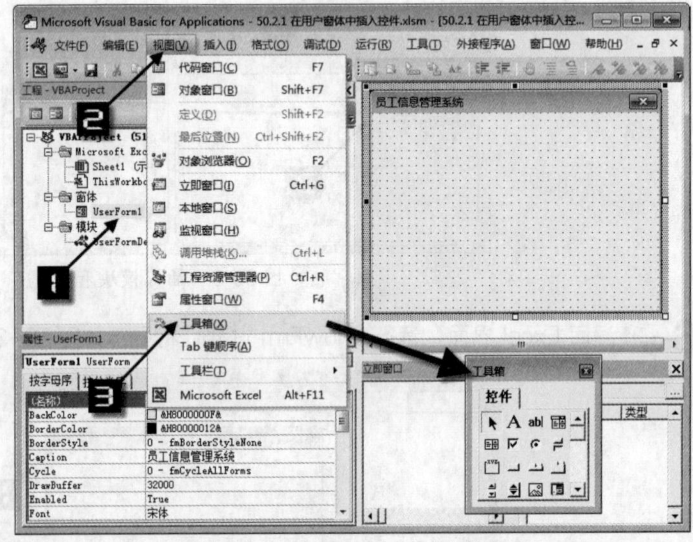

图 50-4 VBE 中的【工具箱】窗口

步骤4 单击【工具箱】中的标签控件 A，此时鼠标指针变为十字形。

步骤5 移动鼠标至用户窗体上方，保持左键按下拖动鼠标，然后释放鼠标左键，如图 50-5 所示，用户窗体中将添加一个名称为 Label1 的标签控件。

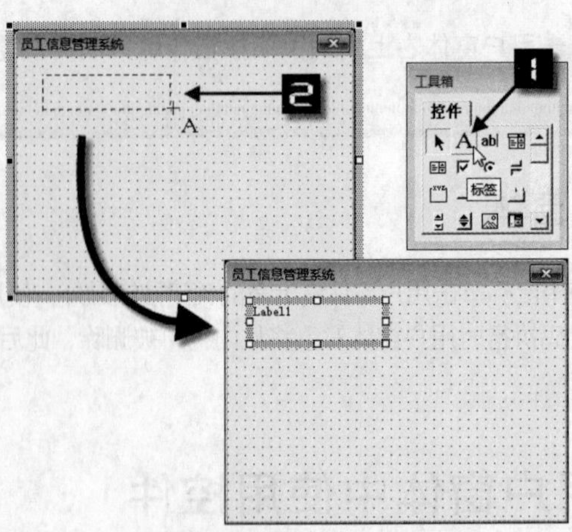

图 50-5 在用户窗体中添加标签控件

步骤6 使用相同的方法在用户窗体中再添加两个标签控件 Label2 和 Label3。

步骤7 在用户窗体上单击鼠标右键，在弹出的菜单中选择【全选】命令，用户窗体中全部控件都将处于选中状态。

步骤8 在被选中的控件上单击鼠标右键，在弹出的菜单中依次单击【对齐】→【左对齐】命令，其效果如图 50-6 所示。

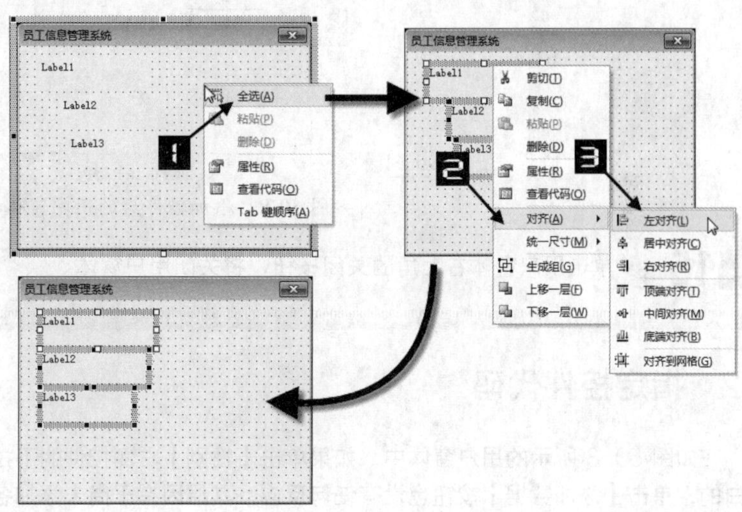

图 50-6 对齐多个控件

步骤9 按<F4>键显示属性窗口，并按照表 50-1 所示逐个修改控件的相关属性。

表 50-1 标签控件属性值

控 件 名 称	Caption 属性	AutoSize 属性
Label1	员工号	True
Label2	性别	True
Label3	部门	True

步骤10 在用户窗体中插入文本框控件，并设置 MaxLength 属性值为 4，即控件中最多输入 4 个字符。

步骤11 在用户窗体中插入两个组合框控件，并设置 Style 属性值为“2-fmStyleDropDownList”，即用户只能在下拉列表中选择条目，不能输入其他值。

步骤12 在用户窗体中插入两个命令按钮控件，将 Caption 属性分别设置为“添加数据”和“退出”。

步骤13 调整用户窗体以及控件的大小和位置，最终的控件布局如图 50-7 所示。

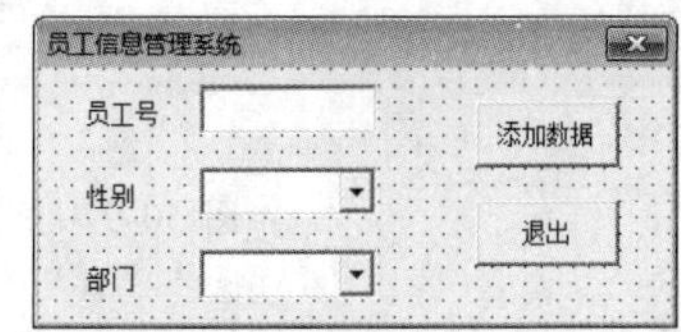

图 50-7 用户窗体中的控件布局

步骤14→ 返回 Excel 界面，运行 ShowFrm 过程，将显示如图 50-8 所示的用户窗体。

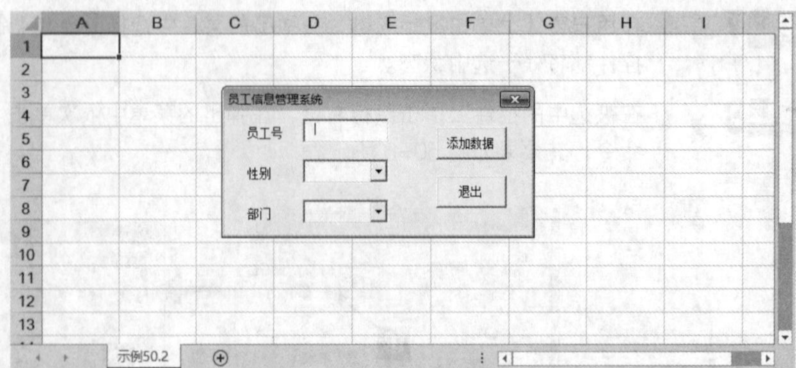

图 50-8 添加控件后的用户窗体

步骤15→ 单击用户窗体右上角的关闭按钮，将关闭用户窗体。

50.2.2 指定控件代码

在如图 50-8 所示的用户窗体中，如果单击【性别】右侧控件的下拉按钮，会发现下拉列表是空白的，单击【添加数据】按钮也没有任何反应，其原因在于尚未添加各控件相关的事件代码。下面来为控件添加事件代码。

示例 50-3 为窗体中控件添加事件代码

步骤1→ 打开示例 50-2 的工作簿，另存为新的工作簿，按<Alt+F11>组合键切换到 VBE 窗口。

步骤2→ 在【工程资源管理器】中 UserForm1 上单击右键，在弹出菜单中选择【查看代码】命令，如图 50-9 所示。

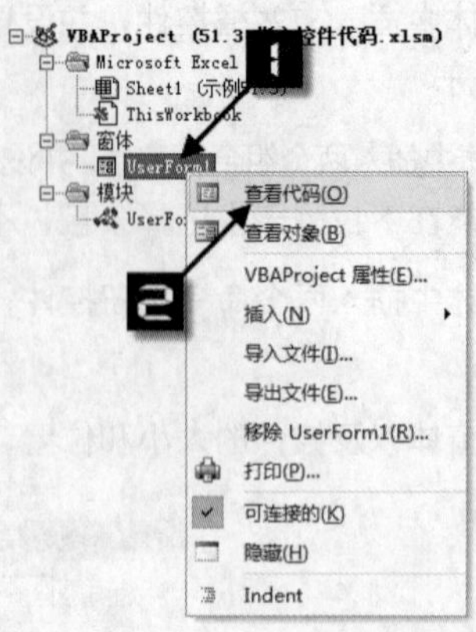

图 50-9 查看用户窗体代码

步骤3→ 在代码窗口中写入如下事件代码：

```
#001  Private Sub UserForm_Initialize()
```

```
    With Me.ComboBox1
        .AddItem "男"
        .AddItem "女"
    End With
    With Me.ComboBox2
        .AddItem "计划部"
        .AddItem "建设部"
        .AddItem "网络部"
        .AddItem "财务部"
    End With
End Sub
Private Sub TextBox1_KeyPress(ByVal KeyAscii _
                    As MSForms.ReturnInteger)
    If KeyAscii < Asc("0") Or KeyAscii > Asc("9") Then
        KeyAscii = 0
    End If
End Sub
Private Sub CommandButton1_Click()
    Dim iRow As Single
    iRow = [A1048576].End(xlUp).Row + 1
    Cells(iRow, 1) = Me.TextBox1.Value
    Cells(iRow, 2) = Me.ComboBox1.Value
    Cells(iRow, 3) = Me.ComboBox2.Value
    Me.TextBox1.Value = ""
    Me.ComboBox1.Value = ""
    Me.ComboBox2.Value = ""
End Sub
Private Sub CommandButton2_Click()
    Unload UserForm1
End Sub
```

步骤4 返回 Excel 界面，运行 ShowFrm 过程。

步骤5 在用户窗体的【员工号】文本框中输入“8080”，如果用户输入时的按键为非数字键，那么该按键将被忽略，并且文本框中最多只能输入 4 个数字。

步骤6 单击【性别】右侧组合框，在弹出的下拉列表中单击选择【男】。

步骤7 单击【部门】右侧组合框，在弹出的下拉列表中单击选择【网络部】。

步骤8 单击【添加数据】按钮，新输入的数据将添加到工作表中，同时用户窗体将被清空，用户可以开始输入下一组数据，如图 50-10 所示。

步骤9 单击【退出】按钮，将关闭用户窗体。

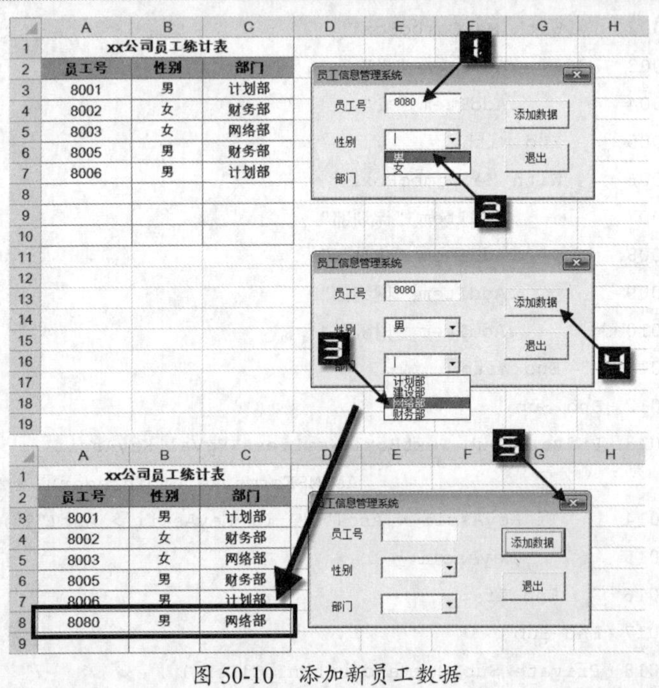

图 50-10 添加新员工数据

代码解析如下。

第 1 行到第 12 行代码是用户窗体的 Initialize 事件过程，即初始化事件过程。

第 2 行到第 5 行代码为 ComboxBox1 控件添加下拉列表条目。

第 6 行到第 11 行代码为 ComboxBox2 控件添加下拉列表条目。

第 13 行到第 17 行代码是文本框控件的 KeyPress 事件过程，用于防止用户意外地输入非数字字符。

第 14 行代码判断用户的按键输入是否为非数字字符。

如果用户输入的是非数字字符，第 15 行代码清空用户输入字符，也就是说用户输入的非数字字符不会显示在文本框控件中。

第 18 行到第 27 行代码为 CommandButton1 的 Click 事件过程。

第 20 行代码定位活动工作表中 A 列第一个非空单元格的行号，并将下一行作为新数据的保存位置。

第 21 行到第 23 行代码将用户输入的员工号、性别和部门保存在工作表中。

第 24 行到第 26 行代码清空文本框和组合框的内容。

第 28 行到第 30 行代码为 CommandButton2 的 Click 事件过程。

第 29 行代码用于关闭用户窗体。

50.3 窗体的常用事件

用户窗体作为一个控件的容器，本身也是一个对象，因此用户窗体同样支持多种事件。本节将介绍窗体的几个常用事件。

50.3.1 Initialize 事件

使用用户窗体对象的 Show 方法显示用户窗体时将触发 Initialize 事件，也就是说 Initialize 事件代码运行之后才会显示用户窗体，因此对于用户窗体或者窗体中控件的初始化工作可以在 Initialize 事件代码中完成。如示例 50.3 中，用户窗体的 Initialize 事件代码添加组合框控件的下拉列表条目。

50.3.2 QueryClose 事件和 Terminate 事件

QueryClose 事件和 Terminate 事件都是和关闭窗体相关的事件，关闭窗体时首先激活 QueryClose 事件，系统将窗体从屏幕上删除后，在内存中卸载窗体之前将激活 Terminate 事件，也就是说在 Terminate 事件代码中仍然可以访问用户窗体及窗体上的控件。

示例 50-4 用户窗体的 QueryClose 事件和 Terminate 事件

步骤1 在 Excel 中新建一个工作簿文件，按<Alt+F11>组合键切换到 VBE 窗口。

步骤2 依次单击 VBE 菜单中的【插入】→【用户窗体】命令，Excel 将添加名称 UserForm1 的用户窗体。

步骤3 在用户窗体中添加一个文本框控件和一个命令按钮控件，并修改命令按钮控件的 Caption 属性为“退出”。

步骤4 双击窗体，在代码窗口中写入如下事件代码：

```
Private Sub CommandButton1_Click()
    Unload UserForm1
End Sub
Private Sub UserForm_QueryClose(Cancel As Integer, _
                    CloseMode As Integer)
    Dim strMsg As String
    If CloseMode = 1 Then
        strMsg = "窗体显示状态" & vbTab & "文本框内容" & vbNewLine
        strMsg = strMsg & Me.Visible & vbTab & vbTab & TextBox1.Value
        MsgBox strMsg, vbInformation, "QueryClose 事件"
    Else
        Cancel = True
    End If
End Sub
Private Sub UserForm_Terminate()
    Dim strMsg As String
    strMsg = "用户窗体显示状态" & vbTab & "文本框内容" & vbNewLine
    strMsg = strMsg & Me.Visible & vbTab & vbTab & TextBox1.Value
    MsgBox strMsg, vbInformation, "Terminate 事件"
End Sub
```

步骤5 依次单击 VBE 菜单中的【插入】→【模块】命令，在模块中写入如下代码：

```
#020  Sub CloseEventDemo()
#021      UserForm1.Show
#022  End Sub
```

步骤6 返回 Excel 界面，运行 CloseEventDemo 过程，在用户窗体的文本框控件中输入“ExcelHome”。

步骤7 单击用户窗体中的【退出】按钮关闭用户窗体，在弹出的 QueryClose 事件提示消息对话框可以看到用户窗体的 Visible 属性值为 True。

注意 在本示例中单击用户窗体右上角的关闭按钮，并不能关闭用户窗体。

步骤8 单击【确定】按钮，将弹出 Terminate 事件的提示消息对话框，此时用户计算机屏幕上已经不再显示用户窗体，因此用户窗体的 Visible 属性值为 False，但是代码仍然可以读取用户窗体中文本框控件的值，如图 50-11 所示。

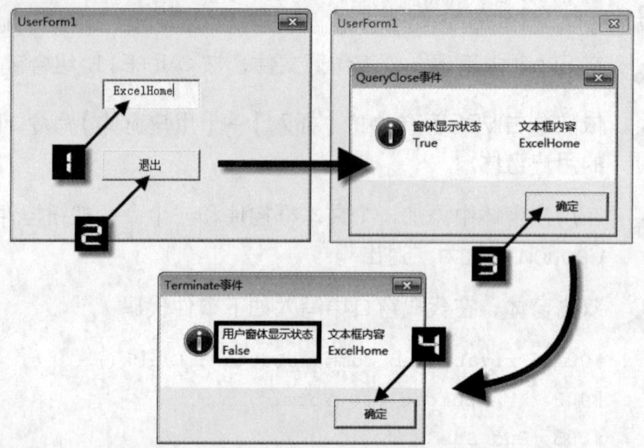

图 50-11　QueryClose 事件和 Terminate 事件

步骤9 单击【确定】按钮，将关闭对话框。

代码解析如下。

第 1 行到第 3 行代码为命令按钮控件的 Click 事件过程，用于关闭用户窗体。

第 4 行到第 13 行代码为用户窗体的 QueryClose 事件过程，该过程的参数 CloseMode 返回值代表触发 QueryClose 事件的原因。在代码中使用 Unload 语句关闭用户窗体时，参数 CloseMode 值为 1。

第 6 行到第 12 行代码用来实现屏蔽用户窗体右上角关闭按钮。如果参数 CloseMode 值为 1，说明用户通过单击【退出】按钮关闭用户窗体，接下来将执行第 7 行到第 9 行代码显示【QueryClose 事件】提示对话框。

如果用户试图使用其他方法关闭用户窗体，则第 11 行代码将 Cancel 参数设置为 True，停止关闭过程。

第 14 行到第 19 行代码为用户窗体的 Terminate 事件过程。

第 16 行到第 18 行代码显示【Terminate 事件】提示对话框。

第 21 行代码用于显示用户窗体。

附 录

附录 A　Excel 2013 规范与限制

表 A-1　　工作表和工作簿规范与限制

功　能	最 大 限 制
打开的工作簿个数	受可用内存和系统资源的限制
工作表大小	1 048 576 行×16 384 列
列宽	255 个字符
行高	409 磅
分页符个数	水平方向和垂直方向各 1 026 个
单元格可以包含的字符总数	32 767 个字符。单元格中能显示的字符个数由单元格大小与字符的字体决定；而编辑栏中可以显示全部字符
工作簿中的工作表个数	受可用内存的限制（默认值为 1 个工作表）
工作簿中的颜色数	1 600 万种颜色（32 位，具有到 24 位色谱的完整通道）
唯一单元格格式个数/单元格样式个数	64 000
填充样式个数	256
线条粗细和样式个数	256
唯一字型个数	1 024 个全局字体可供使用；每个工作簿 512 个
工作簿中的数字格式数	200 和 250 之间，取决于所安装的 Excel 的语言版本
工作簿中的命名视图个数	受可用内存限制
自定义数字格式种类	200 和 250 之间，取决于所安装的 Excel 的语言版本
工作簿中的名称个数	受可用内存限制
工作簿中的窗口个数	受可用内存限制
窗口中的窗格个数	4
连结的工作表个数	受可用内存限制
方案个数	受可用内存限制；汇总报表只显示前 251 个方案
方案中的可变单元格个数	32
规划求解中的可调单元格个数	200
筛选下拉列表中专案数	10 000
自定义函数个数	受可用内存限制
缩放范围	10%～400%
报表个数	受可用内存限制
排序关键字个数	单个排序中为 64。如果使用连续排序，则没有限制
撤销次数	100
页眉或页脚中的字符数	255
数据表单中的字段个数	32
工作簿参数个数	每个工作簿 255 个参数
可选的非连续单元格个数	2 147 483 648 个单元格

续表

功　能	最 大 限 制
数据模型工作簿的内存存储和文件大小的最大限制	32 位环境限制为同一进程内运行的 Excel、工作簿和加载项最多共享 2 千兆字节(GB)虚拟地址空间。数据模型的地址空间共享可能最多运行 500～700 MB，如果加载其他数据模型和加载项则可能会减少。 64 位环境对档大小不作硬性限制。工作簿大小仅受可用内存和系统资源的限制

表 A-2　　共享工作簿规范与限制

功　能	最 大 限 制
共享工作簿的同时使用用户数	256
共享工作簿中的个人视图个数	受可用内存限制
修订记录保留的天数	32 767（默认为 30 天）
可一次合并的工作簿个数	受可用内存限制
共享工作簿中突出显示的单元格数	32 767
标识不同使用者所作修订的颜色种类	32（每个使用者用一种颜色标识。当前用户所做的更改用深蓝色突出显示）
共享工作簿中的 Excel 表格	0（含有一个或多个 Excel 表格的工作簿无法共享）

表 A-3　　计算规范和限制

功　能	最 大 限 制
数字精度	15 位
最大正数	9.99999999999999E+307
最小正数	2.2251E-308
最小负数	-2.2251E-308
最大负数	-9.99999999999999E+307
公式允许的最大正数	1.7976931348623158e+308
公式允许的最大负数	-1.7976931348623158e+308
公式内容的长度	8 192 个字符
公式的内部长度	16 384 个字节
迭代次数	32 767
工作表数组个数	受可用内存限制
选定区域个数	2 048
函数的参数个数	255
函数的嵌套层数	64
数组公式中引用的行数	无限制
自定义函数类别个数	255
操作数堆栈的大小	1 024
交叉工作表相关性	64 000 个可以引用其他工作表的工作表
交叉工作表数组公式相关性	受可用内存限制
区域相关性	受可用内存限制
每个工作表的区域相关性	受可用内存限制
对单个单元格的依赖性	40 亿个可以依赖单个单元格的公式
已关闭的工作簿中的连结单元格内容长度	32 767

续表

功　能	最大限制
计算允许的最早日期	1900年1月1日（如果使用1904年日期系统，则为1904年1月1日）
计算允许的最晚日期	9999年12月31日
可以输入的最长时间	9999:59:59

表 A-4　　数据透视表规范和限制

功　能	最大限制
数据透视表中的页字段个数	256（可能会受可用内存限制）
数据透视表中的数值字段个数	256
工作表上的数据透视表个数	受可用内存限制
每个字段中唯一项的个数	1 048 576
数据透视表中的个数	受可用内存限制
数据透视表中的报表过滤器个数	256（可能会受可用内存限制）
数据透视表中的数值字段个数	256
数据透视表中的计算项公式个数	受可用内存限制
数据透视图中的报表筛选个数	256（可能会受可用内存限制）
数据透视图中的数值字段个数	256
数据透视图中的计算项公式个数	受可用内存限制
数据透视表项目的 MDX 名称的长度	32 767
关系数据透视表字符串的长度	32 767
筛选下拉列表中显示的项目个数	10 000

表 A-5　　图表规范和限制

功　能	最大限制
与工作表链接的图表个数	受可用内存限制
图表引用的工作表个数	255
图表中的数据系列个数	255
二维图表的数据系列中数据点个数	受可用内存限制
三维图表的数据系列中数据点个数	受可用内存限制
图表中所有数据系列的数据点个数	受可用内存限制

附录 B　Excel 2013 常用快捷键

表 B　**Excel 常用快捷键**

序　号	执 行 操 作	快捷键组合
	在工作表中移动和滚动	
1	向上、下、左或右移动单元格	箭头键
2	移动到当前数据区域的边缘	Ctrl+箭头键
3	移动到行首	Home
4	移动到窗口左上角的单元格	Ctrl+Home
5	移动到工作表的最后一个单元格	Ctrl+End
6	向下移动一屏	Page Down
7	向上移动一屏	Page Up
8	向右移动一屏	Alt+Page Down
9	向左移动一屏	Alt+Page Up
10	移动到工作簿中下一个工作表	Ctrl+Page Down
11	移动到工作簿中前一个工作表	Ctrl+Page Up
12	移动到下一工作簿或窗口	Ctrl+F6 或 Ctrl+Tab
13	移动到前一工作簿或窗口	Ctrl+Shift+F6
14	移动到已拆分工作簿中的下一个窗格	F6
15	移动到被拆分的工作簿中的上一个窗格	Shift+F6
16	滚动并显示活动单元格	Ctrl+BackSpace
17	显示“定位”对话框	F5
18	显示“查找”对话框	Shift+F5
19	重复上一次“查找”操作	Shift+F4
20	在保护工作表中的非锁定单元格之间移动	Tab
21	最小化窗口	Ctrl+F9
22	最大化窗口	Ctrl+F10
	处于“结束模式”时在工作表中移动	
23	打开或关闭“结束模式”	End
24	在一行或列内以数据块为单位移动	End, 箭头键
25	移动到工作表的最后一个单元格	End, Home
26	在当前行中向右移动到最后一个非空白单元格	End, Enter
	处于“滚动锁定”模式时在工作表中移动	
27	打开或关闭“滚动锁定”模式	Scroll Lock
28	移动到窗口中左上角处的单元格	Home
29	移动到窗口中右下角处的单元格	End
30	向上或向下滚动一行	上箭头键或下箭头键
31	向左或向右滚动一列	左箭头键或右箭头键
	预览和打印文档	
32	显示“打印内容”对话框	Ctrl+P

续表

序　号	执 行 操 作	快捷键组合
	在打印预览中时	
33	当放大显示时，在文件中移动	箭头键
34	当缩小显示时，在文件中每次滚动一页	Page UP
35	当缩小显示时，滚动到第一页	Ctrl+上箭头键
36	当缩小显示时，滚动到最后一页	Ctrl+下箭头键
	工作表、图表和宏	
37	插入新工作表	Shift+F11
38	创建使用当前区域数据的图表	F11 或 Alt+F1
39	显示“宏”对话框	Alt+F8
40	显示“Visual Basic 编辑器”	Alt+F11
41	插入 Microsoft Excel 4.0 宏工作表	Ctrl+F11
42	移动到工作簿中的下一张工作表	Ctrl+Page Down
43	移动到工作簿中的上一张工作表	Ctrl+Page UP
44	选择工作簿中当前和下一张工作表	Shift+Ctrl+Page Down
45	选择当前工作簿或上一个工作簿	Shift+Ctrl+Page Up
	在工作表中输入数据	
46	完成单元格输入并在选定区域中下移	Enter
47	在单元格中换行	Alt+Enter
48	用当前输入项填充选定的单元格区域	Ctrl+Enter
49	完成单元格输入并在选定区域中上移	Shift+Enter
50	完成单元格输入并在选定区域中右移	Tab
51	完成单元格输入并在选定区域中左移	Shift+Tab
52	取消单元格输入	Esc
53	删除插入点左边的字符，或删除选定区域	BackSpace
54	删除插入点右边的字符，或删除选定区域	Delete
55	删除插入点到行末的文本	Ctrl+Delete
56	向上下左右移动一个字符	箭头键
57	移到行首	Home
58	重复最后一次操作	F4 或 Ctrl+Y
59	编辑单元格批注	Shift+F2
60	由行或列标志创建名称	Ctrl+Shift+F3
61	向下填充	Ctrl+D
62	向右填充	Ctrl+R
63	定义名称	Ctrl+F3
	设置数据格式	
64	显示“样式”对话框	Alt+'（撇号）
65	显示“单元格格式”对话框	Ctrl+1
66	应用“常规”数字格式	Ctrl+Shift+～
67	应用带两个小数字的“贷币”格式	Ctrl+Shift+$
68	应用不带小数字的“百分比”格式	Ctrl+Shift+%
69	应用带两个小数字的“科学记数”数字格式	Ctrl+Shift+^

续表

序　号	执行操作	快捷键组合
	设置数据格式	
70	应用年月日“日期”格式	Ctrl+Shift+#
71	应用小时和分钟“时间”格式，并标明上午或下午	Ctrl+Shift+@
72	应用具有千位分隔符且负数用负号（–）表示	Ctrl+Shift+!
73	应用外边框	Ctrl+Shift+&
74	删除外边框	Ctrl+Shift+_
75	应用或取消字体加粗格式	Ctrl+B
76	应用或取消字体倾斜格式	Ctrl+I
77	应用或取消底线格式	Ctrl+U
78	应用或取消删除线格式	Ctrl+5
79	隐藏行	Ctrl+9
80	取消隐藏行	Ctrl+Shift+9
81	隐藏列	Ctrl+0（零）
82	取消隐藏列	Ctrl+Shift+0
	编辑数据	
83	编辑活动单元格，并将插入点移至单元格内容末尾	F2
84	取消单元格或编辑栏中的输入项	Esc
85	编辑活动单元格并清除其中原有的内容	BackSpace
86	将定义的名称粘贴到公式中	F3
87	完成单元格输入	Enter
88	将公式作为数组公式输入	Ctrl+Shift+Enter
89	在公式中键入函数名之后，显示公式选项板	Ctrl+A
90	在公式中键入函数名后为该函数插入变量名和括号	Ctrl+Shift+A
91	显示“拼写检查”对话框	F7
	插入、删除和复制选中区域	
92	复制选定区域	Ctrl+C
93	剪切选定区域	Ctrl+X
94	粘贴选定区域	Ctrl+V
95	清除选定区域的内容	Delete
96	删除选定区域	Ctrl+- （短横线）
97	撤销最后一次操作	Ctrl+Z
98	插入空白单元格	Ctrl+Shift+=
	在选中区域内移动	
99	在选定区域内由上往下移动	Enter
100	在选定区域内由下往上移动	Shift+Enter
101	在选定区域内由左往右移动	Tab
102	在选定区域内由右往左移动	Shift+Tab
103	按顺时针方向移动到选定区域的下一个角	Ctrl+. （句号）
104	右移到非相邻的选定区域	Ctrl+Alt+右箭头键
105	左移到非相邻的选定区域	Ctrl+Alt+左箭头键

续表

序 号	执 行 操 作	快捷键组合
	选择单元格、列或行	
106	选定当前单元格周围的区域	Ctrl+Shift+*（星号）
107	将选定区域扩展一个单元格宽度	Shift+箭头键
108	选定区域扩展到单元格同行同列的最后非空单元格	Ctrl+Shift+箭头键
109	将选定区域扩展到行首	Shift+Home
110	将选定区域扩展到工作表的开始	Ctrl+Shift+Home
111	将选定区域扩展到工作表的最后一个使用的单元格	Ctrl+Shift+End
112*	选定整列	Ctrl+空格
113*	选定整行	Shift+空格
114	选定活动单元格所在的当前区域	Ctrl+A
115	如果选定了多个单元格则只选定其中的活动单元格	Shift+BackSpace
116	将选定区域向下扩展一屏	Shift+Page Down
117	将选定区域向上扩展一屏	Shift+Page Up
118	选定了一个对象，选定工作表上的所有对象	Ctrl+Shift+空格
119	在隐藏对象、显示对象之间切换	Ctrl+6
120	使用箭头键启动扩展选中区域的功能	F8
121	将其他区域中的单元格添加到选中区域中	Shift+F8
122	将选定区域扩展到窗口左上角的单元格	ScrollLock, Shift+Home
123	将选定区域扩展到窗口右下角的单元格	ScrollLock, Shift+End
	处于“结束模式”时扩展选中区域	
124	打开或关闭“结束模式”	End
125	将选定区域扩展到单元格同列同行的最后非空单元格	End, Shift+ 箭头键
126	将选定区域扩展到工作表上包含数据的最后一个单元格	End, Shift+Home
127	将选定区域扩展到当前行中的最后一个单元格	End, Shift+Enter
128	选中活动单元格周围的当前区域	Ctrl+Shift+*（星号）
129	选中当前数组，此数组是活动单元格所属的数组	Ctrl+/
130	选定所有带批注的单元格	Ctrl+Shift+O（字母 O）
131	选择行中不与该行内活动单元格的值相匹配的单元格	Ctrl+\
132	选中列中不与该列内活动单元格的值相匹配的单元格	Ctrl+Shift+| （竖线）
133	选定当前选定区域中公式的直接引用单元格	Ctrl+[（左方括号）
134	选定当前选定区域中公式直接或间接引用的所有单元格	Ctrl+Shift+{ （左大括号）
135	只选定直接引用当前单元格的公式所在的单元格	Ctrl+] （右方括号）
136	选定所有带有公式的单元格，这些公式直接或间接引用当前单元格	Ctrl+Shift+} （右大括号）
137	只选定当前选定区域中的可视单元格	Alt+; （分号）

注：1.<Ctrl+空格>组合键在中文 Windows 系统中常被设置为中文输入法的切换热键，因此要使用此组合键来完成选定整列的操作，首先需要使用其他组合键来替代中文输入法的切换。

2.<Shift+空格>组合键在许多中文输入法中常被设置为全角/半角的切换快捷键，因此要使用此组合键来完成选定整行的操作，首先需要确保未打开中文输入法。

附录 C　Excel 2013 简繁英文词汇对照表

表 C　**Excel 2013 简繁英文词汇对照表**

简 体 中 文	繁 体 中 文	**English**
Tab	索引標籤	Tab
Visual Basic 编辑器	Visual Basic 編輯器	Visual Basic Editor
帮助	說明	Help
边框	外框	Border
编辑	編緝	Edit
变数	變數	Variable
标签	標籤	Label
标准	一般	General
表达式	陳述式	Statement
饼图	圓形圖	Pie Chart
参数	引數/參數	Parameter
插入	插入	Insert
查看	檢視	View
查询	查詢	Query
常数	常數	Constant
超级连结	超連結	Hyperlink
成员	成員	Member
程序	程式	Program
窗口	視窗	Window
窗体	表單	Form
从属	從屬	Dependent
粗体	粗體	Bold
代码	程式碼	Code
单击	單按	Single-click (on mouse)
单精度浮点数	單精度浮點數	Single
单元格	儲存格	Cell
地址	地址	Address
电子邮件	電郵/電子郵件	Electronic Mail / Email
对话框	對話方塊	Dialog Box
对象	物件	Object
对象浏览器	瀏覽物件	Object Browser
方法	方法	Method
高级	進階	Advanced
格式	格式	Format
工程	專案	Project
工具	工具	Tools

续表

简体中文	繁体中文	English
工具栏	工作列	Toolbar
工作表	工作表	Worksheet
工作簿	活頁簿	Workbook
功能区	功能區	Ribbon
规划求解	規劃求解	Solver
滚动条	捲軸	Scroll Bar
过程	程序	Program/Subroutine
函数	函數	Function
行	列	Row
宏	巨集	Macro
活动单元格	現存儲存格	Active Cell
加载宏	增益集	Add-in
监视	監看式	Watch
剪切	剪下	Cut
剪贴画	美工圖案	Clip Art
绝对引用	絕對參照	Absolute Referencing
立即窗口	即時運算視窗	Immediate Window
连结	連結	Link
列	欄	Column
流程图	流程圖	Flowchart
路径	路徑（檔案的）	Path
迷你图	走勢圖	Sparklines
命令	指令	Command
范本	範本	Template
模块	模組	Module
模拟分析	模擬分析	What-If Analysis
排序	排序	Sort
批注	註解	Comment
切片器	交叉分析篩選器	Slicer
区域	範圍	Range
趋势线	趨勢線	Trendline
散点图	散佈圖	Scatter Chart
色阶	色階	Color Scales
筛选	篩選	Filter
删除线	刪除線	Strikethrough Line
上标	上標	Superscript
审核	稽核	Audit
声明	宣告	Declare
事件	事件	Event
视图	檢視	View
属性	屬性	Property

续表

简 体 中 文	繁 体 中 文	English
鼠标指针	游標	Cursor
数据	數據 / 資料	Data
数据类型	資料型態	Data Type
数据条	資料橫條	Data Bars
数据透视表	樞紐分析表	PivotTable
数字格式	數位格式	Number Format
数组	陣列	Array
数组公式	陣列公式	Array Formula
双击	雙按	Double-click (on mouse)
双精度浮点数	雙精度浮點數	Double
缩进	縮排	Indent
填充	填滿	Fill
条件	條件	Condition
条形图	橫條圖	Bar Chart
调试	偵錯	Debug
通配符	萬用字元	Wildcards（＊或？）
图示集	圖示集	Icon Sets
拖曳	拖曳	Drag
微调按钮	微調按鈕	Spinner
文本	文字	Text
文件	檔案	File
下标	下標	Subscript
底线	底線	Underline
下拉列表框	清單方塊	Drop-down Box
相对引用	相對參照	Relative Referencing
斜体	斜體	Italic
信息	資訊	Info
选项	選項	Options
选择	選取	Select
循环	迴圈	Loop
循环引用	循環參照	Circular Reference
页边距	邊界	Margins
页脚	頁尾	Footer
页眉	頁首	Header
硬拷贝	硬本	Hard Copy
数据验证	驗證	Data Validation
右击	右按	Right-click (on mouse)
粘贴	貼上	Paste
折线图	折線圖	Line Chart
执行	執行	Execute
指针	浮標	Cursor

续表

简 体 中 文	繁 体 中 文	English
智能标记	智慧標籤	Smart Tag
注释	註解	Comment
柱形图	直條圖	Column Chart
转置	轉置	Transpose
字符串	字串	String
盈亏	輸贏分析	Win/Loss
日程表	時間表	Timeline
屏幕截图	熒幕擷取畫面	Screenshot
签名行	簽名欄	Signature Line
艺术字	文字藝術師	WordArt
快速分析	快速分析	Quick Analysis
快速填充	快速填入	Flash Fill
主题	佈景主題	Themes
背景	背景	Background
连接	連線	Connections
删除重复项	移除重複	Remove Duplicates
合并计算	合併運算	Consolidate
冻结窗格	凍結窗格	Freeze Panes
数据模型	資料模型	Data Model
KPI	KPI	KPIs
向上钻取	向上切入	Drill Up
向下钻取	向下切入	Drill Down
镶边行	帶狀列	Banded Rows
镶边列	帶狀欄	Banded Columns
条件格式	設定格式化的條件	Conditional Formatting

积淀孕育创新 智慧创造价值